Füllanlagen für Getränke

Ein Kompendium zur Reinigungs-, Füll- und
Verpackungstechnik für Einweg- und Mehrwegflaschen, Dosen,
Fässer und Kegs

Hans-J. Manger

Im Verlag der VLB Berlin

Bibliografische Information Der Deutschen Bibliothek:
Die Deutsche Bibliothek verzeichnet diese Publikation in der Deutschen National-
bibliografie; detaillierte bibliografische Daten sind im Internet über
dnb.ddb.de abrufbar.

Kontaktadresse:
Dr. Hans-J. Manger
Pflaumenallee 14
15234 Frankfurt (Oder)
E-mail: hans.manger@t-online.de

Autor und Verlag danken der KHS AG für die Unterstützung dieser Arbeit.

1. Auflage 2008

ISBN 978-3-921 690-60-4

© VLB Berlin, Seestraße 13, D-13353 Berlin, www.vlb-berlin.org
Alle Rechte, insbesondere die Übersetzung in andere Sprachen, vorbehalten.
Kein Teil des Buches darf ohne schriftliche Genehmigung des Verlages in
irgendeiner Form reproduziert werden.

All rights reserved (including those of translation into other languages).
No part of this book may be reproduced in any form.

Herstellung: VLB Berlin, PR- und Verlagsabteilung
Druck: Advantage Printpool, Gilching

Inhaltsverzeichnis

Inhaltsverzeichnis, detailliert	5
Abkürzungen	26
Bildnachweis	28
Vorwort	29
0. Einführung und allgemeine Hinweise	30
1. Allgemeines zu Füllanlagen für Getränke	33
2. Die Struktur von Füllbetrieben und Füllanlagen	35
3. Wichtige Begriffe zur Einschätzung von Füllanlagen	47
4. Entwicklungstrends neuzeitlicher Füllanlagen	49
5. Packmittel und Packhilfsmittel für die Getränkefüllung	51
6. Anlagen für Transport-, Umschlag- und Lagerprozesse	147
7. Transportanlagen	167
8. Anlagen für die Palettierung	227
9. Packanlagen	252
10. Anlagen für die Entfernung von Verschlüssen und Ausstattungselementen	272
11. Sortieranlagen für Behälter und Kästen	276
12. Mehrweg-Flaschenreinigungsanlagen	283
13. Einweg-Behälterreinigungsanlagen	328
14. Kastenreinigungsanlagen	338
15. Inspektionsanlagen für Behälter und Anlagen zum Ausschleusen	340
16. Füllmaschinen für Flaschen	363
17. Füllmaschinen für Dosen	459
18. Füllmaschinen und -anlagen für Kunststoffflaschen	467
19. Anlagen für die Kunststoffflaschenherstellung	474
20. Anlagen für die aseptische Füllung	486
21. Verschließmaschinen	508
22. Kontrollanlagen für gefüllte Gebinde und Packungen	568
23. Anlagen für die Ausstattung und Kennzeichnung	570
24. Anlagen für die Verbesserung der biologischen Haltbarkeit	642

25. Anlagen für die Fassreinigung und -füllung	696
26. Anlagen für die Keg-Reinigung und -Füllung	717
27. Biertransport in Tankwagen, Containern und Kellertanksysteme	760
28. Getränkeschankanlagen	763
29. Anlagen für die AfG-Herstellung	766
30. Anlagen für die Füllung von sonstigen Packungen	794
31. CIP-Anlagen, Chemikalienlagerung	799
32. Anlagen für die Ver- und Entsorgung; periphere Anlagen	801
33. Wartung und Instandhaltung	806
34. Werkstoffe	811
35. Raumgestaltung für Füllanlagen	815
36. Die Planung von Füllanlagen für Bier und AfG	823
37. Abnahme von Füllanlagen, Gewährleistungen	881
38. Betriebsdatenerfassung, Anlagensteuerung und Sensoren	889
39. Elektrische Antriebe und Pumpen	894
40. Verbrauchswerte, Kennzahlen	914
41. Unfallverhütung, technische Sicherheit, Hygiene	915
42. Glossar	918
Stichwortverzeichnis	921
Quellennachweis	939

Inhaltsverzeichnis

Verzeichnis der verwendeten Abkürzungen	26
Bildnachweis:	28
Vorwort	29
0. Einführung und allgemeine Hinweise	30
1. Allgemeines zu Füllanlagen für Getränke	33
2. Die Struktur von Füllbetrieben und Füllanlagen	35
3. Wichtige Begriffe zur Einschätzung von Füllanlagen	47
4. Entwicklungstrends neuzeitlicher Füllanlagen	49
5. Packmittel und Packhilfsmittel für die Getränkefüllung	51
5.1 Allgemeine Übersicht	51
5.2 Packstoffe	53
5.2.1 Übersicht und Anforderungen an Packstoffe	53
5.2.2 Behälterglas	55
5.2.3 Kunststoffe	57
5.2.3.1 Gaspermeation	58
5.2.3.2 Beschichtungen	60
5.2.4 Metallische Packstoffe	63
5.2.5 Papier und Pappe	64
5.2.6 Prüfkriterien für Packstoffe	65
5.3 Packmittel	66
5.3.1 Allgemeine Hinweise	66
5.3.2 Flaschen aus Glas	66
5.3.3 Flaschen aus Kunststoffen	69
5.3.4 Flaschen aus Aluminium	73
5.3.5 Flaschenmündungen	73
5.3.6 Flaschenverschlüsse	76
5.3.6.1 Kronenkorken	78
5.3.6.2 Drehkronenkorken	81
5.3.6.3 Verpackungen für Kronenkorken und Lagerung:	81
5.3.6.4 Kunststoff-Schraubverschlüsse	84
5.3.6.5 Aluminium-Anrollverschlüsse	86
5.3.6.6 Aufreißverschlüsse	88
5.3.6.7 Korken und Stopfen	88
5.3.6.8 Bügelverschlüsse	91
5.3.6.9 Hebelverschlüsse	92
5.3.6.10 Nockenverschluss	92
5.3.6.11 Sonstige Verschlüsse	93

5.3.7 Flaschenkästen	94
5.3.8 Faltschachteln	97
5.3.9 Trays	97
5.3.10 Wrap-Around-Packungen	99
5.3.11 Folien	100
5.3.12 Mehrstück-Packungen	102
5.3.13 Getränkedosen	102
5.3.14 Partydose/Partyfass	106
5.3.15 Transport-Fässer	108
5.3.15.1 Allgemeines	108
5.3.15.2 Holzfass	108
5.3.15.3 Metallfass	109
5.3.15.4 Kennzeichnung von Fässern	110
5.3.16 Kegs	111
5.3.16.1 Allgemeines	111
5.3.16.2 Bauformen	111
5.3.16.3 Kennzeichnung der Kegs	117
5.3.16.4 Softdrink-Container/-Kegs	117
5.3.16.5 Zapfköpfe für Keg-Fittinge	119
5.3.16.6 Kegreparaturen	119
5.3.16.7 Einweg-Behälter	120
5.3.17 Container/Tankwagen	122
5.3.18 Sonstige Packungen	123
5.3.18.1 Bier-Siphon:	123
5.3.18.2 Großgebinde aus Glas oder Kunststoff	123
5.3.18.3 Kartonverpackungen	123
5.3.18.4 Beutel-Verpackungen	123
5.3.18.5 Bag-In-Box-System	124
5.3.19 Paletten	125
5.3.20 Neue Präsentationskonzepte	128
5.3.20.1 Dolly-Systeme	128
5.3.20.2 System Logipack	128
5.4 Packhilfsmittel	130
5.4.1 Etiketten	130
5.4.1.1 Allgemeine Übersicht	130
5.4.1.2 Etiketten aus Papier	133
5.4.1.3 Selbstklebe-Etiketten	136
5.4.1.4 Etiketten aus Kunststofffolien	136
5.4.1.5 Flaschenhalsfolien aus Aluminium	137
5.4.1.6 Verschlusskappen-Etiketten	138
5.4.2 Flaschenausstattungen	138
5.4.3 Verschluss-Sicherungen	139
5.4.4 Klebstoffe	140

5.4.5 Folien und Folienetiketten	145
5.4.6 Klebebänder	146
5.4.7 Ladungssicherung	146
5.5 Packmittelprüfungen	146
6. Anlagen für Transport-, Umschlag- und Lagerprozesse	147
6.1 Allgemeiner Überblick	147
6.2 Flurfördersysteme	148
6.2.1 Gabelstapler	148
6.2.2 Horizontalförderer	152
6.2.2.1 Allgemeines	152
6.2.2.2 Rollenbahn-, Tragketten-, Schleppketten-Förderer	152
6.2.2.3 Hängebahnen	152
6.3 Lagersysteme für Leer- und Vollgut	153
6.3.1 Allgemeine Hinweise	153
6.3.2 Blockstapellager	154
6.3.3 Blockfließlager	155
6.3.4 Durchlaufregallager	156
6.3.5 Hochregallager	156
6.3.6 Freiflächen als Lager	161
6.3.7 Kapazitätsberechnungen	161
6.4 Spezielle Ladesysteme	162
6.4.1 Heckladesysteme	162
6.4.2 Ladekrane	164
6.4.3 Portalkräne	165
6.5 Kommissionierung	165
6.6 Ladehallen	166
7. Transportanlagen	167
7.1 Allgemeiner Überblick	167
7.2 Förderer für Flaschen und Dosen	168
7.3 Förderer für Flaschen aus Kunststoff	177
7.4 Förderer für Dosen	181
7.5 Spezielle Förderer/Kreisförderer, Klemmsterne, Gebindewender	183
7.6 Zusammenführungen, Auseinanderführen, Verteiler für Gebinde	186
7.7 Pufferstrecken	191
7.7.1 Allgemeine Hinweise	191
7.7.2 Die Speicherflächenbelegung und Speicherberechnung	194
7.7.3 Dynamische Speicher mit mechanischer Blockung	196
7.7.4 Mechanische Blockung mit Bypass-Speicher	199
7.8 Förderer für Kästen	202
7.8.1 Allgemeine Bemerkungen	202

7.8.2 Rollenbahn-Förderer	202
7.8.3 Gurtbandförderer	204
7.8.4 Tragketten-Förderer	204
7.8.5 Zubehör für Kastenförderer	205
7.8.5.1 Linienverteiler	205
7.8.5.2 Kasten-Drehvorrichtungen	207
7.8.5.3 Kastenstopper	208
7.9 Förderer für Kartons, Mehrstückpackungen, Trays	209
7.10 Förderer für Paletten	209
7.11 Zubehör für die Palettenförderung	215
7.11.1 Paletten-Eckumsetzer	215
7.11.2 Paletten-Drehtische	215
7.11.3 Paletten-Verschiebewagen	217
7.11.4 Zentrieranlagen für Paletten- und Kastenstapel	219
7.11.5 Paletten-Aufgabe-/Abgabe-Stationen	219
7.12 Speicher für Kästen und Paletten	220
7.13 Antriebe und Steuerungskonzepte für Förderer und Maschinen	222
7.14 Bandschmieranlagen	223
7.15 Reinigung von Transportanlagen	225
7.16 Sonstiges	226
8. Anlagen für die Palettierung	227
8.1 Allgemeine Hinweise	227
8.2 Palettieranlagen	228
8.2.1 Allgemeine Hinweise	228
8.2.2 Grundprinzipien der Palettierung	229
8.2.2.1 Säulenpalettierung	229
8.2.2.2 Schichtenstapelpalettierung	231
8.2.2.3 Schichtenpalettierung	231
8.2.3 Grundaufbau eines Palettierers	233
8.2.4 Ladekopf	234
8.2.5 Verschiebeplattform	237
8.3 Palettierroboter	237
8.3.1 Säulenroboter	238
8.3.2 Portalroboter	238
8.3.3 Knickarmroboter	241
8.4 Zubehör für Palettieranlagen	241
8.4.1 Anlagen für die Palettenkontrolle	241
8.4.2 Palettenstapelanlagen	243
8.4.3 Palettenmagazin	243
8.4.4 Palettendoppler	244
8.4.5 Palettenstapler	244

8.4.6 Palettenwechsler	244
8.4.7 Anlagen für die Sicherung der Palettenladung	244
8.4.8 Kennzeichnung von Paletten	246
8.4.9 Anlagen zur Entfernung der Ladungssicherung	246
8.4.10 Sonstiges Zubehör	247
8.5 Neuglasabschieber/-abheber	248
8.6 Dosenabräumer	250
8.7 Kunststoffflaschenabschieber und -palettierer	251
8.8 Palettenförderung/Senkrechtförderer	251
9. Packanlagen	252
9.1 Allgemeine Hinweise	252
9.2 Packanlagen für Mehrwege-Behälter	253
9.2.1 Aufbau eines Packers	253
9.2.2 Antriebsvarianten für Packer	253
9.2.3 Packköpfe	261
9.2.4 Packtulpen und andere Arbeitsorgane	262
9.2.5 Zubehör für Packmaschinen	262
9.2.5.1 Packkopfwechseleinrichtung/Packkopfmagazin	262
9.2.5.2 Flaschendrehvorrichtungen/-ausrichtung	264
9.2.5.3 Heißklebeanlagen	264
9.2.5.4 Schmelzklebstoffe	265
9.2.5.5 Verschluss mittel Selbstklebeband	265
9.3 Packanlagen für Einweg-Behälter	266
9.3.1 Allgemeine Bemerkungen	266
9.3.2 Anlagen für Mehrstückpackungen	267
9.3.3 Sammelpackanlagen	268
9.3.3.1 Traypacker	268
9.3.3.2 Tragegriffspender	269
9.3.3.3 Wrap-Around-Packer	271
9.3.3.4 Mehrfachstapler	271
9.4 Anlagen für Kartonverpackungen	271
10. Anlagen für die Entfernung von Verschlüssen und Ausstattungselementen	272
10.1 Allgemeine Hinweise	272
10.2 Anlagen zur Entfernung von Kronenkorken	272
10.3 Anlagen zur Entfernung von Schraubverschlüssen	272
10.4 Anlagen zur Entfernung von Etiketten und Folien	274
10.5 Anlagen zum Öffnen von Bügelverschlüssen	274
11. Sortieranlagen für Behälter und Kästen	276
11.1 Allgemeine Bemerkungen	276
11.2 Sortieranlagen für Kästen	278

11.3 Sortieranlagen für Behälter	278
11.4 Robotereinsatz beim Sortieren	279
11.5 Ausleiteinrichtungen für Kästen	281
12. Mehrweg-Flaschenreinigungsanlagen	**283**
12.1 Allgemeine Aufgabenstellung und Hinweise	283
12.2 Bauformen für Flaschenreinigungsmaschinen	283
12.3 Wesentliche Baugruppen der Flaschenreinigungsmaschinen	287
12.3.1 Flaschenaufgabe	287
12.3.2 Flaschenabgabe	289
12.3.3 Flaschenträgerkette	290
12.3.4 Flaschenzellenträger	290
12.3.5 Flaschenzellen	291
12.3.6 Vorweiche und Vorspritzung	291
12.3.7 Weichbad	292
12.3.8 Etikettenaustrag und Etikettenentfernung	293
12.3.9 Spritzzonen, Spritzrohre und Spritzdüsen	296
12.3.10 Pumpeninstallationen	299
12.3.11 Lauge- und Wasserbottiche	299
12.3.12 Abtropfstrecken	300
12.3.13 Antriebsgestaltung	300
12.3.14 Schwadenführung, Besaugung, Wrasenkondensation	301
12.3.15 Beheizung	301
12.3.16 Wärmedämmung	303
12.3.17 Werkstoffe	303
12.3.18 MSR und Automatisierung	304
12.4 Zubehör einer FRM	304
12.5 Sonderbauformen	305
12.6 Wärmebedarf	305
12.7 Temperatur-Zeit-Diagramme	306
12.8 Verfahrenstechnische Aspekte der Flaschenreinigung	308
12.8.1 Allgemeine Hinweise	308
12.8.2 Anforderungen an Reinigungsmittel für FRM	308
12.8.3 Parameter der Flaschenreinigung	309
12.8.4 Medienverschleppung	312
12.8.5 Verwendungsfähigkeit und Belastung der Lauge	317
12.8.6 Stein- und Belagbildung	318
12.8.7 Entsteinung	321
12.8.8 Korrosion der Flaschenwerkstoffe durch Reinigungsmittel	321
12.8.9 Gelöste Bestandteile der Reinigungslauge und Ausspülverhalten	321
12.8.10 Einsatz von Desinfektionsmitteln in der FRM	323
12.8.11 Wasser- und Laugenrecycling	324

12.9 Richtwerte für den Verbrauch einer FRM und Möglichkeiten zur Senkung der Verbrauchswerte	324
12.10 Besonderheiten der Reinigung von Mehrwege-Kunststoffflaschen	326
12.11 Etikettenpressen	327
13. Einweg-Behälterreinigungsanlagen	328
13.1 Allgemeine Hinweise	328
13.2 Bauformen	328
13.3 Reinigungsmedien	334
13.4 Rinser in Anlagen für die aseptische Abfüllung	334
14. Kastenreinigungsanlagen	338
14.1 Aufgabenstellung	338
14.2 Kastenreinigung	338
14.3 Verbrauchswerte für Kastenwascher	339
15. Inspektionsanlagen für Behälter und Anlagen zum Ausschleusen	340
15.1 Allgemeiner Überblick	340
15.2 Leerflascheninspektion	340
15.2.1 Aufgabenstellung	340
15.2.2 Messtechnik bei Inspektionsmaschinen	340
15.2.3 Bauformen bei Inspektionsmaschinen	346
15.2.4 Auswertung der Messungen	347
15.2.5 Testflaschen für Flascheninspektoren	349
15.3 Vollflascheninspektion	350
15.4 Verschlusskontrolle	351
15.5 Kontrolle der Füllhöhe	353
15.6 Kontrolle der Ausstattung und Vollständigkeit	355
15.7 Leerdoseninspektion	355
15.8 Fremdstoffinspektion im MW-Leergut	356
15.8.1 Allgemeine Bemerkungen	356
15.8.2 Analyse der Behälterrestflüssigkeit	356
15.8.3 Erkennung von aromatischen Verbindungen	356
15.8.4 Erkennung von Kohlenwasserstoffen	356
15.8.5 Erkennung von organischen Verbindungen	357
15.9 Ausleiteinrichtungen für Behälter	357
15.10 Kontrolle der Kästen	362
16. Füllmaschinen für Glasflaschen	363
16.1 Allgemeine Hinweise	363
16.2 Verfahrenstechnische Aufgabenstellung	363
16.3 Durchsatz einer FFM	364

16.4 Füllprinzipien — 366
16.5 Prinzipieller Aufbau von Flaschenfüllmaschinen — 369
16.6 Bau- und Funktionsgruppen von Rotations-Flaschenfüllmaschinen — 370
    16.6.1 Gestaltungsprinzipien — 370
    16.6.2 Bau- und Funktionsgruppen — 371
        16.6.2.1 Maschinengestell — 371
        16.6.2.2 Vortisch — 374
        16.6.2.3 Flaschenein- und Auslauf — 374
        16.6.2.4 Antrieb — 378
        16.6.2.5 Füllmaschinenrotor — 379
        16.6.2.6 Huborganträger — 379
        16.6.2.7 Huborgane — 380
        16.6.2.8 Getränkebehälter — 382
        16.6.2.9 Füllmaschinenkessel-Zubehör — 386
        16.6.2.10 Medienverteiler — 388
        16.6.2.11 Füllorgan-Ansteuerung — 389
16.7 Füllorgane für Flaschenfüllmaschinen — 391
    16.7.1 Allgemeiner Überblick — 391
    16.7.2 Die Gasaufnahme beim Füllprozess — 391
        16.7.2.1 Faktoren, die die Gasaufnahme beeinflussen — 392
        16.7.2.2 Möglichkeiten zur Reduktion der O2-Aufnahme — 393
        16.7.2.3 Varianten der Vorevakuierung — 393
        16.7.2.4 Dreifache Vorevakuierung nach KHS — 394
    16.7.3 Füllorgan-Bauformen — 402
        16.7.3.1 Getränke-Absperrarmatur — 404
        16.7.3.2 Betätigung der Getränke-Armatur — 406
        16.7.3.3 Armaturen für die Steuerung der Gas- und sonstigen Produktwege — 407
        16.7.3.4 Länge des Füllrohres — 408
        16.7.3.5 Gestaltung des Getränkeeinlaufes in die zu füllenden Behälter — 409
        16.7.3.6 Dosiervariante des Getränkes — 410
            16.7.3.6.1 Niveaufüllung — 410
            16.7.3.6.2 Maßfüllung — 411
            16.7.3.6.3 Dosierung nach Zeit — 412
        16.7.3.7 Druckniveau der Füllung — 412
        16.7.3.8 Gehäuse-Bauformen bei Füllorganen — 413
    16.7.4 Zubehör für Füllorgane — 416
    16.7.5 Welches Füllorgan für welches Produkt — 417
16.8 Einhaltung der Nennfüllmenge — 418
    16.8.1 Begriffe — 418
    16.8.2 Füllmengenanforderungen bei Kennzeichnung nach Masse oder Volumen — 418

16.8.3 Berechnungsunterlagen	420
16.8.4 Folgen der Unter- oder Überfüllung	422
16.9 Beispiele und Funktion von Füllorgan-Bauformen	423
16.9.1 Überblick und allgemeine Bemerkungen	423
16.9.2 Füllorgane für die Füllung bei atmosphärischem Druck	424
16.9.2.1 Allgemeine Bemerkungen	424
16.9.2.2 Niveaufüllung	425
16.9.2.3 Maßfüllung	425
16.9.3 Füllorgane für die Füllung bei Unterdruck	430
16.9.3.1 Allgemeine Bemerkungen	430
16.9.3.2 Vakuum-Füllorgane	431
16.9.3.3 Hochvakuum-Füllorgane	433
16.9.4 Füllorgane für die Füllung bei Überdruck	435
16.9.4.1 Allgemeine Bemerkungen	435
16.9.4.2 Niveaufüllung	439
16.9.4.3 Maßfüllung	446
16.9.5 Sonderbauformen	446
16.9.6 Füllorgane - eine Übersicht	447
16.9.7 Erreichbare Kennwerte	448
16.10 Zubehör für Flaschenfüll- und Verschließmaschinen	449
16.10.1 Lokalisierung von Füll- und Verschließorganen	449
16.10.2 Hochdruckeinspritzung	449
16.10.3 Spülbehälter für die Füllorganreinigung	450
16.10.4 Zentralschmierung	450
16.10.5 Behälter-Dusche	450
16.10.6 Scherbendusche	450
16.10.7 Vorrichtungen zur Überschwallung	451
16.10.8 Vakuum-Pumpen	452
16.10.9 MSR-Ausrüstung der FFM	452
16.10.10 Splitterschutz an den Füllorganen	452
16.10.11 Splitter-, Lärm- und Berührungsschutz an der Füllmaschine	453
16.10.12 Anlagen für die Ver- und Entsorgung	453
16.11 Störungen bei FFM und ihre Ursache	453
16.12 Reihenfüllmaschinen	453
16.13 Reinigung und Desinfektion von Flaschenfüllmaschinen	457
16.13.1 Innere Reinigung	457
16.13.2 Äußere Reinigung	457
17. Füllmaschinen für Dosen	459
17.1 Allgemeine Bemerkungen	459
17.2 Besonderheiten bei Füllmaschinen für Dosen	459
17.3 Füllorgane für Dosen-Füllmaschinen	462

17.4 Anpassung der Füllmenge	463
17.5 Zubehör für Dosenfüllmaschinen	465
17.5.1 Spülbehälter/Spülkappen	465
17.5.2 Dosenpressen	466
18. Füllmaschinen und -anlagen für Kunststoffflaschen	467
18.1 Allgemeine Bemerkungen	467
18.2 Besonderheiten bei Füllmaschinen für Kunststoffflaschen	468
18.2.1 Behältertransport	468
18.2.2 Füllorgane	468
18.2.3 Huborgane	472
18.2.4 Linear-Füllmaschinen	472
18.3 Besonderheiten der Füllanlagen für Kunststoffflaschen	472
19. Anlagen für die Kunststoffflaschenherstellung	474
19.1 Allgemeine Bemerkungen	474
19.2 Herstellung der Vorformlinge	474
19.3 Flaschenherstellung	475
19.3.1 Zuführung der Preforms	475
19.3.2 Erwärmung der Preforms	475
19.3.4 Streckblasen der Flaschen	478
19.4 Anlagen für die Oberflächen-Beschichtung	481
19.5 Möglichkeiten zur Verbesserung der Effizienz bei Blasanlagen	483
19.6 Blockung von Blas- und Füllmaschine	484
19.7 Medienversorgung	485
19.7.1 Elektroenergie	485
19.7.2 Druckluft	485
19.7.3 Kühlwasser	485
20. Anlagen für die aseptische Füllung	486
20.1 Allgemeine Bemerkungen und Definitionen	486
20.2 Varianten für die aseptische Füllung	486
20.2.1 Aufgaben der aseptischen Füllung	486
20.2.2 Sterilisieren der Anlage	487
20.2.3 Sterilisieren des Arbeitsraumes/Füllanlagenumfeldes	487
20.2.4 Pasteurisieren bzw. Sterilisieren des Getränkes	487
20.2.5 Füllen und Verschließen der Packungen	487
20.2.6 Reinigungs- und Desinfektionsmittel für die aseptische Fülltechnik	488
20.3 Sterilisieren der Packmittel und Packstoffe	489
20.3.1 Trockenverfahren	489
20.3.2 Nassverfahren	490
20.3.3 Fragen der Keimreduktion und allgemeine Hinweise	490
20.3.4 Entkeimung mittels Plasma	496

20.4 Anlagen für die Reinraumtechnik/Steriltechnik — 497
20.5 Aufstellungsvarianten für ACF-Anlagen — 501
20.6 Hygienic Design — 505
20.7 Hinweise zum Betriebsregime — 507

21. Verschließmaschinen — 508
    21.1 Allgemeine Bemerkungen — 508
    21.2 Kronenkork-Verschließmaschinen — 509
        21.2.1 Allgemeine Hinweise — 509
        21.2.2 Sortierwerk und Verschluss-Zuführung — 511
        21.2.3 Kronenkork-Übergabe — 513
        21.2.4 Verschließorgane — 515
        21.2.5 Verschließmaschinen für spezielle Verschlüsse — 525
    21.3 Schraubverschluss-Verschließmaschinen — 527
        21.3.1 Allgemeine Hinweise — 527
        21.3.2 Sortieren der Verschlüsse, Verschluss-Zufuhr und Übergabe — 527
        21.3.3 Antrieb der Schraubverschluss-Verschließmaschinen — 531
        21.3.4 Verschließelemente für Schraubverschlüsse — 532
        21.3.5 Verschließköpfe — 534
    21.4 Anrollverschluss-Verschließmaschinen — 538
        21.4.1 Allgemeine Hinweise — 538
        21.4.2 Sortieren der Verschlüsse, Verschluss-Zufuhr und Übergabe — 538
        21.4.3 Verschließköpfe für Anrollverschlüsse — 539
    21.5 Bügelverschluss-Verschließmaschinen — 542
        21.5.1 Allgemeine Hinweise — 542
        21.5.2 Ausgeführte Anlagen — 542
        21.5.3 Zubehör zu Bügelverschließmaschinen und -anlagen — 543
    21.6 Verschließmaschinen für Stopfen — 544
        21.6.1 Allgemeine Hinweise — 544
        21.6.2 Sortierwerk und Stopfen-/Korkzufuhr — 544
        21.6.3 Verschließorgane — 545
            21.6.3 1 Korkschloss — 545
            21.6.3.2 Funktionsweise eines Korkschlosses — 546
            21.6.3.3 Mögliche Probleme beim Verschließen mit Stopfen — 547
        21.6.4 Verschließmaschinen für PE-/PP-Stopfen — 549
        21.6.5 Zubehör für Naturkork-/Stopfen-Verschließmaschinen — 549
    21.7 Verschließmaschinen für Dosen — 550
        21.7.1 Allgemeine Hinweise — 550
        21.7.2 Der Antrieb — 550
        21.7.3 Die Dosenabführung zur Verschließmaschine — 551
        21.7.4 Die Verschließelemente — 551
        21.7.5 Der Verschließvorgang — 554

21.7.6 Die Unterdeckelbegasung	556
21.7.7 Deckelzufuhr und -vereinzelung	556
21.7.8 Deckelbereitstellung	557
21.8 Zubehör für Verschließmaschinen	559
21.8.1 Anlagen zur Förderung von Verschlüssen	559
21.8.2 Anlagen zur Verschlusskontrolle	562
21.8.3 Anlagen zur Entfernung von Getränkeresten an verschlossenen Flaschen	562
21.8.4 Originalitätssicherung des Verschlusses	563
21.9 Verschluss-Entkeimung	563
21.10 Maschinen für sonstige Verschlüsse	566
22. Kontrollanlagen für gefüllte Gebinde und Packungen	568
22.1 Etikettenkontrolle	568
22.2 Kontrolle der Kennzeichnung	568
22.3 Kontrolle der Vollzähligkeit	569
22.4 Zählen der Behälter und Packungen	569
23. Anlagen für die Ausstattung und Kennzeichnung	570
23.1 Allgemeine Bemerkungen	570
23.2 Etikettiermaschinen	571
23.2.1 Allgemeiner Überblick	571
23.2.2 Grundvarianten der Etikettierung	573
23.2.3 Bauformen der Etikettiermaschinen	574
23.2.4 Baugruppen der Etikettiermaschinen	576
23.2.4.1 Gestell	576
23.2.4.2 Antrieb	576
23.2.4.3 Rotor	576
23.2.4.4 Positionierung der Behälter bei Rundlaufmaschinen	578
23.2.4.5 Etikettieraggregate	580
Antrieb des Etikettieraggregates	580
Getriebegehäuse	580
23.2.4.6 Formatteile	582
Einteilschnecke	583
Behälterführungsgarnituren	584
Etikettenanpressung	585
23.2.5 Etikettieraggregate für die Nass-Etikettierung	586
23.2.5.1 Allgemeine Übersicht	586
23.2.5.2 Etikettenbehälter	592
23.2.5.3 Klebstoffwalze und -Dosierung	592
23.2.5.4 Klebstoffpaletten	595
23.2.5.5 Etikettenübergabe mittels Greiferzylinders	598
23.2.5.6 Reinigung der Etikettiermaschine	600
23.2.6 Etikettieraggregate für die Rundum-Etikettierung	601

	23.2.6.1 Allgemeine Hinweise	601
	23.2.6.2 Rundum-Etikettierung von der Rolle	601
	23.2.6.3 Rundum-Etikettierung mit Einzel-Etiketten	606
23.2.7	Etikettieraggregate für Selbstklebeetiketten	607
	23.2.7.1 Allgemeine Hinweise	607
	23.2.7.2 Spendeaggregat	607
	23.2.7.3 Thermo-Transfer-Druck	610
23.2.8	Maschinen für die Sleeve-Etikettierung	610
	23.2.8.1 Allgemeine Hinweise	610
	23.2.8.2 Stretch-Sleeve-Etikettierung	611
	23.2.8.3 Shrink-Sleeve-Etikettierung	613
	23.2.8.4 Schneidevorrichtung	614
	23.2.8.5 Schrumpftunnel	615
23.2.9	Zubehör für Etikettiermaschinen	615
	23.2.9.1 Klebstoffthermostat/Klebstoffpumpen	615
	23.2.9.2 Klebstoffversorgung	616
	23.2.9.3 Heißkleber-Aggregate	616
	23.2.9.4 Etikettenmagazine	616
	23.2.9.5 Datierungen	616
	23.2.9.6 Nachvergütung	617
	23.2.9.7 Etikettenkontrolle	617
23.3 Spezielle Etiketten		618
23.4 Anlagen zur Foliierung		620
23.4.1 Allgemeine Hinweise		620
23.4.2 Foliierung mit geschnittenen Aluminiumblättern		620
23.4.3 Foliierung von der Rolle		622
23.4.4 Sektschleife		622
23.4.5 Dosen-Verschlussfolie		622
23.4.6 Verschluss-Sicherung		622
23.5 Anlagen zur Ausstattung mit Schmuckkapseln		623
23.5.1 Allgemeine Hinweise		623
23.5.2 Aufbringen der vorgefertigten Kapseln		623
23.6 Anlagen zur Verdrahtung		630
23.7 Kasten- und Karton-Etikettierung		632
23.8 Kennzeichnungsanlagen		633
23.8.1 Allgemeine Hinweise		633
23.8.2 Inkjet-Anlagen		634
23.8.3 Laser-Datierung		635
23.8.4 Kennzeichnung mittels Etiketten		637
23.8.5 Sonstige Systeme		640
23.8.6 Sicherung der Rückverfolgbarkeit durch IT-Systeme		641

24. Anlagen für die Verbesserung der biologischen Haltbarkeit	642
24.1 Allgemeine Hinweise	642
24.2 Thermische Verfahren zur Haltbarkeitsverbesserung	643
24.3 Einschätzung der thermischen Verfahren zur Verbesserung der Haltbarkeit	649
24.4 Tunnel-Pasteurisationsanlagen	650
24.4.1 Allgemeine Hinweise	650
24.4.2 Aufbau und Baugruppen eines Tunnelpasteurs	650
24.4.2.1 Aufbau und Bauformen	650
24.4.2.2 Werkstoffe	652
24.4.2.3 Baugruppen	653
24.4.3 Regelung der PE-Einheiten	663
24.4.4 Kontrolle des Pasteurisiereffektes	666
24.4.5 Durchsatz eines Tunnelpasteurs	669
24.4.6 Hinweise zum Betrieb eines Tunnelpasteurs	670
24.4.6.1 Behälterbruch	670
24.4.6.3 Versteinung der Anlage	670
24.4.6.4 Wasserqualität/-parameter	671
24.4.6.5 Wachstum von Mikroorganismen	671
24.4.6.6 Sortenwechsel	671
24.4.6.7 An- und Abfahren der Anlage	671
24.4.6.8 Störungen im Durchlauf des Pasteurs	671
24.4.6.9 Wrasenaustritt	672
24.4.7 Einfluss des Behälterleerraumes auf den Innendruck	672
24.4.8 Pasteurisation von PET-Flaschen	675
24.4.9 Sonderformen des Tunnelpasteurs	675
24.4.9.1 Dosen - bzw. Flaschenwärmer	675
24.4.9.2 Kühltunnel	675
24.4.10 Wärmebedarf des Tunnelpasteurs	675
24.5 Kurzzeit-Erhitzer-Anlagen	677
24.5.1 Allgemeine Hinweise	677
24.5.2 Aufbau und Baugruppen einer KZE-Anlage	677
24.5.2.1 Wärmeübertrager	678
24.5.2.2 Heißhalter	679
24.5.2.3 Pumpen	680
24.5.2.4 Erhitzerkreislauf	680
24.5.2.5 Druckreduzierventil	681
24.5.2.6 Puffertank	681
24.5.2.7 MSR/Sensoren	684
24.5.3 Temperatur-, Druck- und Heißhalteregime bei KZE-Anlagen	685
24.5.4 Wärmebedarf bei KZE-Anlagen	686
24.5.5 Regelung und Kontrolle der PE-Einheiten	687
24.5.6 An- und Abfahren der KZE-Anlage	689

24.6 Heißabfüllung	690
24.7 Sonstige thermische Verfahren	691
24.8 Anlagen für die Sterilfiltration	692
24.9 Hochdruckbehandlung	694
24.10 Chemische Konservierung	695
25. Anlagen für die Fassreinigung und -füllung	**696**
25.1 Allgemeine Hinweise	696
25.2 Fassbehandlung	696
25.3 Fassreinigung	697
25.3.1 Allgemeine Hinweise	697
25.3.2 Reinigung gepichter Fässer	697
25.3.3 Reinigung ausgekleideter Fässer	697
25.3.4 Reinigung von Metallfässern	698
25.3.5 Fassreinigungsmaschinen	698
25.3.5.1 Linearmaschinen	698
25.3.5.2 Rundlaufmaschinen	698
25.3.6 Kenn- und Verbrauchswerte, Einschätzung der klassischen Fassreinigung	700
25.4 Klassische Fassfüllung	700
25.4.1 Fassfüller mit Getränkekessel	701
25.4.2 Fassfüller ohne Getränkekessel	702
25.4.3 Fassfüllorgane	704
25.4.4 Sauerstoffaufnahme	706
25.4.5 Das Verschließen der Fässer	706
25.5 Eichung der Fässer und Kegs	707
25.6 Moderne Fassfüllung	708
25.6.1 Fassreinigung	708
25.6.2 Fassfüllung mittels Rundlaufmaschinen	710
25.7 Reinigung und Desinfektion im Fasskeller	715
26. Anlagen für die Keg-Reinigung und -Füllung	**717**
26.1 Allgemeine Hinweise	717
26.2 Elemente der Keg-Anlagen	718
26.2.1 Entpalettierung und Palettierung der Kegs	722
26.2.2 Keg-Transport	723
26.2.3 Entkapselung und Wenden der Kegs	724
26.2.4 Keg-Eingangskontrolle	724
26.2.5 Außenreinigung	724
26.2.6 Vorreinigung, Hauptreinigung und Füllung	728
26.2.7 Wenden der gefüllten Kegs	730
26.2.8 Vollgutkontrolle	730
26.2.9 Kennzeichnung/Verkapselung	732

26.2.10 CIP bei Keg-Anlagen		733
26.3 Keg-Reinigung		734
26.3.1 Allgemeine Hinweise		734
26.3.2 Verfahrenstechnische Grundlagen der Reinigung		740
26.3.3 Reinigungsregime		740
26.3.4 Reinigungsmedien		741
26.3.5 Erwärmung der Kegs		742
26.3.6 Medientrennung		742
26.3.7 Ausspülverhalten		742
26.3.8 Sterilisieren		744
26.3.9 Behandlungszeiten		744
26.3.10 Druckaufbau		745
26.3.11 Winterbetrieb		745
26.3.12 Kontrolle der Keg-Reinigung		745
26.4 Keg-Füllung		746
26.4.1 Allgemeine Hinweise		746
26.4.2 Verfahrenstechnische Grundlagen der Füllung		746
26.4.3 Füllmaschinen		747
26.4.4 Möglichkeiten zur Beeinflussung der Füllgeschwindigkeit		750
26.4.5 Sauerstoffaufnahme		752
26.5 Zubehör für Keg-Anlagen		753
26.6 Verbrauchswerte bei der Keg-Abfüllung		753
26.7 Befüllen von Klein- und Partyfässern, Partydosen		753
27. Biertransport in Tankwagen, Containern und Kellertanksysteme		760
27.1 Allgemeine Hinweise		760
27.2 Transportsysteme		760
27.3 Mengenerfassung bei Tanktransport		762
28. Getränkeschankanlagen		763
29. Anlagen für die AfG-Herstellung		766
29.1 Allgemeine Hinweise		766
29.2 Anlagen für die Wasseraufbereitung		767
29.2.1 Filtration		767
29.2.2 Enteisenung, Entmanganung, Entschwefelung		767
29.2.3 Entkeimung		768
29.2.4 Entcarbonisierung		768
29.2.5 Vollentsalzung		768
29.2.6 Sonstige Verfahren		768
29.3 Anlagen für die Grundstofflagerung		768
29.4 Anlagen für die Zuckerlagerung und -Lösung		769
29.4.1 Zuckerarten, Süßungsmittel und Eigenschaften		769

29.4.2 Zuckerlagerung und Transport	772
29.4.3 Zuckerlösung	773
29.5 Anlagen für die CO_2-Versorgung	774
29.5.1 Diskussion der Qualitätsforderungen aus der Sicht der Anwender in der Brau- und Getränkeindustrie	774
29.5.2 Sauerstoffgehalt	774
29.5.3 Ölgehalt	775
29.5.4 Keimgehalt des CO_2	775
29.5.5 Sonstige Beimengungen in der Gärungskohlensäure	777
29.6 Anlagen für die Wasserentgasung	778
29.6.1 Allgemeine Hinweise	778
29.6.2 Varianten der Entgasung	779
29.6.2.1 Vakuum-Entgasung	779
29.6.2.2 Druck-Entgasung	779
29.6.2.3 Thermische Entgasung	781
29.6.2.4 Entgasung mittels Membranen	782
29.6.2.5 Katalytische Entgasung	785
29.6.2.6 Chemische Sauerstoffentfernung	785
29.6.2.7 Stapelung des entgasten Wassers	786
29.7 Anlagen für die Imprägnierung	786
29.8 Anlagen für die Mischung der Getränke	789
29.8.1 Allgemeine Hinweise	789
29.8.2 Lösung von Trockenprodukten	790
29.8.3 Dosierung der Komponenten	791
29.8.3.1 Grundprinzipien der Dosierung	791
29.8.3.2 Chargenweise Dosierung und Mischung	792
29.8.3.3 Kontinuierliche Dosierung und Mischung	792
29.8.3.4 Voraussetzungen für eine exakte Dosierung	792
29.8.4 Mischen der Komponenten	792
29.8.5 Verfahren zur Haltbarmachung	793
29.9 Anlagen für die Qualitätskontrolle/Messtechnik	793
30. Anlagen für die Füllung von sonstigen Packungen	794
30.1 Allgemeiner Überblick	794
30.2 Weithals-Gläser	794
30.3 Becher	795
30.4 Beutel	795
30.5 Kartonverpackungen	797
30.6 Kunststoffflaschen	798
31. CIP-Anlagen, Chemikalienlagerung	799
31.1 Allgemeine Hinweise	799
31.2 Behälterreinigung	799

31.3 Rohrleitungsreinigung	799
31.4 Flaschenreinigung	800
31.5 Sterilisation von Getränkebehältern	800
31.6 Anlagenreinigung	800
31.7 Chemikalienlagerung	800
31.8 Kontrolle des Reinigungseffektes	800
32. Anlagen für die Ver- und Entsorgung; periphere Anlagen	801
32.1 Allgemeine Hinweise	801
32.2 Anlagen für die Versorgung	801
32.2.1 Wärmeversorgung	801
32.2.2 Elektroenergieversorgung	801
32.2.3 Kälteversorgung	802
32.2.4 Druckluftversorgung	803
32.2.5 CO_2-Versorgung	803
32.3 Anlagen für die Entsorgung	803
32.4 Lagerräume	804
32.5 Werkstätten	804
32.6 Chemikalienlager	804
32.7 Toiletten	805
33. Wartung und Instandhaltung	806
33.1 Definitionen zur Instandhaltung	806
33.2 Instandhaltung	807
33.3 Voraussetzungen für die Instandhaltung	809
33.4 Schmierstoffversorgung	809
33.5 Hinweise für die Berücksichtigung der Wartung und Instandhaltung während der Planungsphase	810
34. Werkstoffe	811
34.1 Metallische Werkstoffe	811
34.2 Kunststoffe	812
34.3 Oberflächenzustand	812
34.4 Dichtungswerkstoffe	813
35. Raumgestaltung für Füllanlagen	815
35.1 Hinweise zur Gestaltung von Produktionsräumen	815
35.2 Hinweise zur Heizung, Lüftung/Klimatisierung (HLK)	815
35.3 Hinweise zur Lärmverringerung	816
35.4 Hinweise zur Wandgestaltung	817
35.5 Hinweise zur Fußbodengestaltung	817
35.5 Hinweise zur Beleuchtung	818

35.6 Fenster und Türen	819
35.7 Verkehrswege, Rampen, Treppen und Aufzüge in Produktionsgebäuden	819
35.8 Nachrichtentechnik	820
35.9 Elektroanschlüsse in Produktionsräumen	820
35.10 Brandschutz und Ex-Schutz	820
35.11 Wasserzapfstellen und sonstige Anschlüsse	820
35.12 Hinweise zur Oberflächenbeschaffenheit von Maschinen und Apparaten	821
36. Die Planung von Füllanlagen für Bier und AfG	823
36.1 Allgemeine Bemerkungen	823
36.2 Schwerpunkte bei der Planung von Füllanlagen	824
36.2.1 Auswahl und Festlegung des Standortes	824
36.2.2 Betriebsgröße	824
36.2.3 Hinweise für die Auslegung der Anlagentechnik	825
36.2.3.1 Hinweise für die Keg-Abfüllung	826
36.2.3.2 Sonstige Großgebinde-Füllung	826
36.2.3.3 Hinweise für die Fassfüllung	826
36.2.3.4 Hinweise für die Flaschenfüllung	826
36.2.3.5 Hinweise für die Kunststoff-Flaschenfüllung	829
36.2.3.6 Hinweise für die Dosenfüllung	830
36.2.3.7 Hinweise für die Stapelung von Voll- und Leergut, Kommissionierung	830
36.2.3.8 Hinweise für den Tanktransport	832
36.3 Der Flächen- und Raumbedarf für Füllanlagen	833
36.4 Der Flächen- und Raumbedarf für die Lagerung von Leer- und Vollgut	835
36.5 Projektmanagement	837
36.5.1 Allgemeines zum Projektmanagement	837
36.5.2 Aufgaben und Stellung des Projektmanagements bzw. der Projektleitung	838
36.5.3 Projektablauf und -kontrollen	840
36.5.4 Hinweise für die Vertragsgestaltung	841
36.5.5 Inbetriebnahme und Leistungsfahrt	843
36.5.6 Projektabschluss	845
36.5.7 Erkenntnisse und Rückläufe aus errichteten Anlagen	845
36.5.8 Die Projektdokumentation	846
36.5.9 Zum Inhalt von Betriebshandbüchern und -anweisungen	847
36.6 Gesetzliche Grundlagen der Anlagenplanung und -errichtung, erforderliche Genehmigungen	849
36.6.1 Europäisches Recht	850
36.6.2 Gesetze und Verordnungen	850
36.6.3 Technische Regeln	852

36.6.4 Vorschriften der Berufsgenossenschaften	852
36.6.5 Normen	853
36.6.6 VDMA-Einheitsblätter	854
36.6.7 VDI-Richtlinien	854
36.6.8 Hinweis für die Beschaffung aktueller Informationen	854
36.7 Allgemeine Übersicht über den Ablauf der Anlagenplanung	856
36.7.1 Allgemeine Übersicht	856
36.7.2 Genehmigungen nach dem Bundes-Immissionsschutzgesetz	856
36.7.3 Zweck und wichtige Begriffe des BImSchG	857
36.7.4 Die Durchführung des Genehmigungsverfahrens	858
36.7.5 Baurechtliche Genehmigungen	860
36.7.6 Überwachungsbedürftige Anlagen	861
36.7.8 Wasserrechtliche Erlaubnisse, Bewilligungen und Genehmigungen	861
36.7.9 Entsorgung von Abfällen und Reststoffen	862
36.8 Anlagenplanung	863
36.8.1 Grundfälle der Anlagenplanung	863
36.8.2 Grundsätze der Anlagenplanung	864
36.8.2 Variabilität der Anlagenplanung	867
36.8.3 Interdisziplinäre und ganzheitliche Planung	867
36.8.4 Varianten für die Durchführung der Anlagenplanung und -realisierung	867
36.8.5 Informationsbeschaffung	872
36.9 Kapazitätsberechnungen für Füllanlagen	873
36.9.1 Allgemeine Bemerkungen	873
36.9.2 Die Kapazitätsermittlung	873
36.9.2.1 Die systematische Berechnung der gesuchten Größe	873
36.9.2.2 Die Nutzung von Formeln aus der Literatur	874
36.9.3 Die Berechnung der Investitions- und Betriebskosten	875
36.10 Wichtige Dokumente und Unterlagen der Anlagenplanung	876
36.11 Aufstellungsvarianten für Füllanlagen	878
36.12 Anlagensimulation	880
37. Abnahme von Füllanlagen, Gewährleistungen	881
37.1 Allgemeine Hinweise	881
37.2 Vorbereitung der Anlagenabnahme	883
37.3 Durchführung der Abnahme	883
37.4 Ergebnis der Abnahme und Ermittlung der Verbrauchswerte	884
37.5 Auswertung des Abnahmeversuchs/der Abnahme	886
37.6 Gewährleistungen	887
37.7 Hinweise zum After-Sales-Geschäft	888
38. Betriebsdatenerfassung, Anlagensteuerung und Sensoren	889

38.1 Allgemeine Hinweise	889
38.2 BDE aus betriebswirtschaftlicher Sicht; Kostencontrolling	890
38.3 BDE im Sinne der Fertigpackungsverordnung und des Eichgesetzes	891
38.4 BDE im Sinne des Produkthaftungsgesetzes, der Kennzeichnungsverordnung, des QMS, der Qualitätssicherung, HACCP	892
38.5 Anlagensteuerungen	893
38.6 Sensoren für die Messwerterfassung	893
39. Elektrische Antriebe und Pumpen	894
39.1 Elektrische Antriebe	894
39.2 Sonstige Antriebe	896
39.3 Pumpen	897
39.3.1 Allgemeine Hinweise	897
39.3.2 Flüssigkeitspumpen	897
39.3.2.1 Kreiselpumpen für die allgemeine Verwendung	897
39.3.2.2 Kreiselpumpen für die Getränkeindustrie	897
39.3.3 Seitenkanalpumpen	899
39.3.4 Die Wellendichtung	901
39.3.4.1 Wozu dient eine Wellendichtung	901
39.3.4.2 Varianten einer Wellendichtung	902
39.3.4.3 Der Wellendichtring	903
39.3.4.4 Die Gleitringdichtung	904
39.3.4.5 Bauformen der Gleitringdichtung	906
39.3.4.6 Anforderungen an eine Wellendichtung	909
39.3.5 Kavitation	910
39.3.6 Vakuum-Pumpen	911
40. Verbrauchswerte, Kennzahlen	914
40.1 Elektroenergie	914
40.2 Wärme	914
40.3. Wasser und Abwasser	914
40.4 Kälte	914
40.5 Sonstige Verbrauchsmittel	914
41. Unfallverhütung, technische Sicherheit, Hygiene	915
41.1 Europäisches Recht und nationale gesetzliche Grundlagen	915
41.2 Unterweisung der Mitarbeiter	915
41.3 Hygiene	915
41.4 Betriebsanweisungen	916
41.5 Ladungssicherung	916
41.6 Betrieb von Staplern	916
41.7 Lichtschranken und Endschalter	916

42. Glossar		919
Stichwortverzeichnis		921
Quellennachweis		939

Verzeichnis der verwendeten Abkürzungen

a	Beschleunigung
A	Fläche
ACF	Aseptic Cold Filling
AD 2000	Regelwerk Druckbehälter der Arbeitsgemeinschaft Druckbehälter
AfG	alkoholfreie Getränke
AGW	Arbeitsplatzgrenzwert (ersetzt den MAK-Wert; s.a. GefStoffV vom 23.12.2004)
AG	Auftraggeber
AN	Auftragnehmer
AST	Aufgabenstellung
ASI	Arbeits-Sicherheits-Informationen
ASR	Arbeitstätten-Richtlinie
BAT	Best Available Techniques (s.a. BVT)
BImSchG	BundesImmissionsSchutzGesetz
BG	Berufsgenossenschaft
BGG	BG Grundsätze
BGN	BG Nahrungsmittel und Gaststätten
BGR	BG Regel
BGV	Unfallverhütungsvorschriften der BG
BHKW	Blockheizkraftwerk
BPF	British Plastics Federation
BSB	Biologischer Sauerstoffbedarf
BVT	Beste-Verfügbare-Technik (s.a. BAT)
c	spezifische Wärme
CAF	Cold Aseptic Filling
CE.T.I.E.	Centre Technique International de l'Embouteillage et du Conditionnement, Paris (Internationales Zentrum für Abfüll- und Verpackungstechnik)
CIP	Cleaning in Place
CSB	Chemischer Sauerstoffbedarf
CSD	Carbonated Soft Drinks
d	Durchmesser
d	Tag
DPG	Deutsche Pfandsystem GmbH
DSD	Duales System Deutschland GmbH
EAN	International Article Number (früher: European Article Number)
EW	Einweg
EPDM	Ethylen-Propylen-Dien-Mischpolymerisat
F	Kraft
FDA	Food and Drug Administration (USA)

fi-fo	first in, first out
FFA	Flaschen-Füllanlage
FFM	Flaschen-Füllmaschine
FRM	Flaschenreinigungsmaschine
FW	Frischwasser
g	Fallbeschleunigung, $g = 9{,}81\ m/s^2$
GDB	Genossenschaft Deutscher Brunnen e.V.
H	Förderhöhe
h	Enthalpie
HD-PE	High Density-PE
HD	Hochdruck
IFS	International Food Standard
ISBT	International Society of Beverage Technologists
IVU	integrierte Vermeidung und Verminderung der Umweltverschmutzung
l	Länge
LD-PE	Low-Density-PE
LED	Light Emitting Diode (Lumineszenz-Diode)
LLD-PE	Linear-Low-Density-PE
LFGB	Lebensmittel-, Bedarfsgegenstände- und Futtermittelgesetzbuch
KK	Kronenkork
KWK	Kraft-Wärme-Kopplung
KZE	Kurzzeiterhitzung
m	Masse
$\dot{m}$	Massenstrom
M	Moment
MAK	Maximale Arbeitsplatzkonzentration (s.a. AGW)
MCA	Metal Closures Alcoa
MHD	Mindesthaltbarkeitsdatum
MID	Magnetisch-induktives Durchflussmessgerät
MW	Mehrweg
n	Drehzahl
NSF	National Science Foundation (USA)
OPI	Overall Performance Indicator
OEE	Overall Equipment Effectiveness
p	Druck
$p_ü$	Überdruck
P	Leistung
PC	Polycarbonat
PCO	Plastic Closures Only
PE	Polyethylen
PEN	Polyethylennaphthalat
PET	Polyethylenterephthalat
PLA	Poly-Milchsäure
PP	Polypropylen

PS	Polystyrol
PUR	Polyurethan
PVC	Polyvinylchlorid
PWÜ	Platten-Warmeübertrager
r	Radius
RAL	Deutsches Institut für Gütesicherung und Kennzeichnung e.V. (ehemals **R**eichs-**A**usschuss für **L**ieferbedingungen)
RD	Reinigung- und Desinfektion
RFID	Radio Frequency Identification
RWÜ	Rohrbündel-Wärmeübertrager
s	Weg
SPS	speicherprogrammierte Steuerung
STLB	Spezielle Technische Liefer- und Bezugsbedingungen
t	Zeit
TS	Trockensubstanz
TRSK	Technische Regeln für Getränkeschankanlagen
TUL	Transport-, Umschlag- und Lagerung
U	Umdrehungen
US	Ultraschall
UVV	Unfall-Verhütungs-Vorschrift
v	Geschwindigkeit
V	Volumen
$\dot{V}$	Volumenstrom
VDI	Verein Deutscher Ingenieure
VDMA	Verband Deutscher Maschinen- und Anlagenbau e.V.
VMV	Verband Metallverpackungen e.V., Düsseldorf
WHG	Wasser-Haushalts-Gesetz
WÜ	Wärmeübertrager
x	Feuchte in g H_2O/kg trockener Luft
z	Anzahl
α	Winkel
$\hat{\alpha}$	Winkel im Bogenmaß
ϑ	Temperatur
$\Delta\vartheta$	Temperaturdifferenz
μ	Gutbeladung in kg Gut/kg Luft
μ_0	Haft-Reibungskoeffizient
ρ	Dichte
ω	Winkelgeschwindigkeit
φ	relative Luftfeuchte

Bildnachweis:

Die Bildquellen werden in den Bildunterschriften genannt. Unbezeichnete Abbildungen stammen vom Autor, bei einigen Abbildungen konnten die Quellen nicht ermittelt werden.

Vorwort

Die vorliegenden Ausführungen versuchen, das Thema „Füllanlagen für Getränke" komplex darzustellen, vor allem mit Bezug auf das Getränk Bier, die Getränke Wein und Spirituosen sowie alkoholfreie Erfrischungsgetränke.

Der Inhalt ist Teil der Ausbildung „Füllanlagen für Getränke" im Rahmen der Lehrveranstaltung „Maschinen, Apparate und Anlagen für die Brauerei und Mälzerei" an der TU Berlin bzw. der VLB Berlin.

Als der Autor mit der Texterarbeitung begann, gab es fast keine aktuelle Fachliteratur zur Thematik. In der Zwischenzeit ist zu einigen Teilgebieten detaillierte Fachliteratur erschienen, einzelne Themen wurden im Rahmen wissenschaftlicher Graduierungsarbeiten erschöpfend behandelt. Eine Gesamtdarstellung in Form einer Übersicht steht aber immer noch aus. Diese Lücke möchte der Autor schließen.

In der Zeit seit den 1990er Jahren hat sich die Anlagentechnik bedeutend entwickelt. Der Übergang von der überwiegend mechanisch gesteuerten Fülltechnik zur elektronisch/pneumatisch gesteuerten Anlage wurde vollzogen. Der Mikroprozessor hat fast überall Einzug gehalten. Die Zeiträume für Innovationen werden immer kürzer.

Damit wird es auch immer schwieriger, einen Gesamtüberblick über die Füllanlagen und ihre maschinen- und apparatetechnische Basis zu geben und die Halbwertzeit des Verfalls gedruckter Informationen reduziert sich immer mehr.

Andererseits wird es auch immer beschwerlicher, aus den immer „bunter" werdenden Informationsmaterialien und Publikationen der Maschinen- und Anlagenbauer funktionelle Details zu erkennen.

Dem Unternehmen *KHS AG*, Dortmund, möchte ich für zahlreiche Hinweise, Abbildungen und Ergänzungen danken, ebenso Herrn Dr. *Jahnen* von der Firma *Heuft*.

Ein besonderer Dank gilt Frau *Weber* von der Verpackungsprüfstelle der VLB und den Herren Dr. *Orzinski* und *Pahl* von der Maschinentechnischen Abteilung der VLB.

Der Verlagsabteilung der *VLB Berlin*, vor allem Herrn *Hendel*, und der *KHS AG* gilt mein Dank für die Realisierung des Projektes.

In den Bildunterschriften sind die Quellen vermerkt. Die Abbildungen sind zum überwiegenden Teil den Prospektunterlagen der beiden Hersteller *KHS AG* und *KRONES AG* entnommen. Bei diesen beiden Unternehmen und den nicht genannten Herstellern möchte ich mich vielmals bedanken.

Über kritische Hinweise zum Text würde ich mich sehr freuen.

Frankfurt (Oder), den 1. Oktober 2008 *Hans-J. Manger*

0. Einführung und allgemeine Hinweise

Ziel dieser Schrift, die eine vollständige Neubearbeitung der Lehrbriefserie „Füllanlagen für Getränke" [1] darstellt, ist es:
- Einen Überblick über die verfügbare und die genutzte Anlagentechnik zu geben. Dabei wird auch auf Packmittel und Packhilfsmittel eingegangen;
- Eine Einführung in die Funktion, Berechnung und die Einsatzbedingungen der Maschinen und Apparate vorzunehmen;
- Das Wissen für die Erarbeitung von Aufgabenstellungen der Anlagenplanung, die Formulierung von Ausschreibungen und die Bewertung von Angeboten zu vermitteln;
- Die Voraussetzungen für die schöpferische Anwendung und Weiterentwicklung der Anlagen zu schaffen, auf deren Grundlage sich der Brauerei- und Getränketechnologe mit Projektanten und Konstrukteuren des Maschinen- und Anlagenbaues verständigen oder selbst konstruktiv tätig werden kann;
- Das Verständnis zwischen Anlagenbau, Zulieferindustrie und Anwender zu fördern und
- Hinweise zu weiterführenden Informationsquellen zu geben.

Bei der Darstellung der Zusammenhänge wird versucht, neben der aktuellen Anlagentechnik auch auf die der jüngeren Vergangenheit mit einzugehen, da bei der physischen Lebensdauer der Füllanlagen (je nach täglicher Auslastung und Betriebsgröße 15...30 Jahre) sich auch etwas ältere Anlagen noch im Gebrauch befinden. Durch Modernisierung und „Tuning" lassen sich ältere Anlagenkomponenten durchaus langjährig nutzen. Der Markt für Gebrauchtanlagen expandiert.

Dabei versteht es sich von selbst, dass diese Schrift nicht die Grundkenntnisse zu den Fachgebieten Maschinenelemente, Werkstoffkunde, Technische Mechanik, Anlagenplanung, Elektro- und MSR-Technik, mechanische und thermische Verfahrenstechnik und Getränke-Technologie vermitteln kann, sondern voraussetzt.

Die getränkespezifische Literatur ist nicht allzu zahlreich. Beispiele sind *Kunze* [2] und *Schumann* [3] für die Abfüllung von Bier bzw. alkoholfreien Getränken.

Einen kurz gefassten Abriss in die Thematik Abfüllung gibt *Foitzik* [4].
Die Abfüllung von Wein, Sekt, Spirituosen, Säfte und Milch wird in der einschlägigen Fachliteratur nur zum Teil beschrieben [5], [6], [7], [8], [9].
In der Vergangenheit wurde die Abfülltechnik auch nur in wenigen Publikationen dargestellt, zum Beispiel von [10], *Fehrmann/Sonntag* [11] und *Stadler/Zeller* [12], die aus gegenwärtiger Sicht vor allem historische Bedeutung besitzen, sowie von *Petersen* [13].
An neuer Literatur sind vor allem zu nennen:
- Handbuch der Etikettiertechnik [14],
- Handbuch der Fülltechnik [15],
- Handbuch der Pack- und Palettiertechnik [16],
- Lexikon Verpackungstechnik [17] und
- Verpackungstechnik [18].

Neuere Informationen und Angaben sind im Prinzip nur in den Fachzeitschriften zu finden. Dabei ist jedoch leider die Tendenz der Hersteller erkennbar, interessante Details nicht zu publizieren und das fachspezifische Wissen selbst zu vermarkten.

Die Fachtagungen und -Seminare der VLB Berlin, der TU München und anderer Institutionen sind natürlich auch wertvolle Informationsmöglichkeiten, die genutzt werden können.

Eine wichtige Informationsquelle stellt gegenwärtig das Internet dar. Sehr viele Hersteller informieren auf ihrer Homepage über ihre Fertigungsprogramme und Produkte, teilweise sehr ausführlich. Diese Quellen können mit wenig Aufwand erschlossen werden und sie bieten fast immer weiterführende Hinweise oder Links.

Auch die Firmenschriften (z.B. *KHS-Journal*, *KRONES-Magazin*) und Produktinformationen auf modernen Datenträgern (z.B. CD-ROM, DVD) sind wichtige Informationsträger.

Es wird versucht, die zurzeit aktuellen DIN-Normen mit aufzuführen. Die jeweils aktuelle Gültigkeit muss aber individuell geprüft werden, z.B. mit [28] oder mit Hilfe der Website des *Beuth*-Verlages. Im Übrigen wird auch auf die angegebene und weiterführende Literatur verwiesen.

Allgemeine Hinweise zur Verpackungsentwicklung in der Getränkeindustrie

Zu Beginn der 1990er Jahre war die Verpackungssituation relativ übersichtlich: benutzt wurden die Euroform-2-Flasche (0,5 l), die Steinie-Flasche (0,33 l u. 0,5 l), die Vichy-Flasche (0,33 l, 0,5 l) und die Ale-Flasche (0,5 l). Die Mineralbrunnen füllten die GDB-Flasche (0,7 l; „Perlflasche").

Als Kasten wurde überwiegend für 0,5-l-Flaschen der rote PE-Einheitskasten und der 30er Kasten für Steinie-Flaschen genutzt. Als Palette kamen die Brauerei-Palette (1000 mm x 1200 mm) und die Brunnen-Palette zum Einsatz.

In den folgenden Jahren erfolgte ein relativ schneller Wandel: zuerst wurde die NRW-Flasche eingeführt, ebenso neue Kästen (im Maß 300 mm x 400 mm) und die Euro-Pool-Palette (800 mm x 1200 mm). Der Trend zur firmenspezifischen Individual-Verpackung wurde stärker und hält gegenwärtig unvermindert an.

Gegenwärtig konkurrieren Einweg- und Mehrweg-Packungen um die Gunst der Kunden. Gleiches gilt für die Packstoffe Glas, Metall und Kunststoff. Eine Bewertung oder Entscheidung für das eine oder andere Packmittel ist nur unter Beachtung zahlreicher Kriterien möglich.

Dazu zählen u.a. nachfolgend genannte Kriterien:
- die Indifferenz gegenüber dem Füllgut,
- die Permeation von Sauerstoff und CO_2,
- die Migrationseigenschaften,
- die Lichtdurchlässigkeit,
- die Transportmasse,
- die Recycelbarkeit,
- die Stabilität und Zerbrechlichkeit,
- der Preis des Packmittels,
- die Convenience beim Verbraucher,
- die Wünsche des Handels und nicht zuletzt
- die Forderungen des Gesetzgebers (Verpackungsverordnung).

Füllanlagen

Das Umweltbundesamt hat in der Vergangenheit eine „Ökobilanz Getränkeverpackung" erarbeiten lassen. Danach ist die Mehrweg-Verpackung günstiger als die Einweg-Verpackung, und die PET-Mehrweg-Verpackung wird als günstiger als die Glas-Mehrweg-Verpackung eingestuft [19]. Die „Verpackungsverordnung" [20] und weitere tangierende Unterlagen zu ökologischen und betriebswirtschaftlichen Fragen zur Getränkeverpackung müssen ausgeklammert werden. Hierzu sind die jeweils aktuellen Fassungen der Texte verbindlich.

Ein wichtiger Einfluss geht außer vom nationalen Gesetzgeber natürlich von den Wünschen des Handels aus. Damit ist beispielsweise in Deutschland die Dose als Packmittel nahezu vollständig vom Markt verschwunden, die PET-Flasche dominiert bei den alkoholfreien Getränken, insbesondere in der Einwegvariante. International werden dagegen die Vorteile der Dose umfassend genutzt.

Außerhalb der Bundesrepublik Deutschland geht der Trend offensichtlich zur Einweg-Verpackung, auch bei Glasflaschen. Für Bier ist zumindest in Deutschland die Mehrwege-Glasflasche noch dominierend. Die Bestrebungen zum verstärkten Einsatz von Individual-Flaschen in diesem Bereich sind für das Mehrwegesystem jedoch nicht förderlich.

Die PET-Flasche ist für Bier aus technologischer Sicht mit vielen Nachteilen behaftet. Es sind zwar PET- und PEN-Flaschen verfügbar, die bezüglich der Sauerstoffproblematik befriedigende Eigenschaften besitzen, allerdings mit dem Nachteil hoher Kosten. Da den technologischen Nachteilen aber offensichtlich in einigen Ländern keine Bedeutung beigemessen wird, gewinnen selbst Monolayer-Flaschen ohne Innenbeschichtung mit Füllmengen 2,5…≥ 3 Liter zunehmend an Verbreitung. Es ist anzunehmen, dass die Begriffe Alterung und Alterungsgeschmack und die Konsequenzen für die Sensorik noch nicht überall bekannt sind bzw. wird Geruchs- und Geschmacksstabilität nur bedingt honoriert.

Für den neutralen Beobachter ergibt sich gegenwärtig die Situation, dass die Aufwendungen für das Verpacken der Getränke bei sinkenden Absatzmengen und Erträgen steigen…! Der Anlagenbau hat dafür Vorteile durch erhöhten Bedarf an Sortieranlagen, Ausstattungs- und Packanlagen bzw. modernen und flexiblen Füllanlagen.

Die Getränkeindustrie vermeidet es außerdem konsequent, die resultierenden Verpackungskosten bzw. ihren Anteil am Gebindepreis offenzulegen. Es wird wohl immer das Geheimnis der Verantwortlichen bleiben, warum beispielsweise ein EW-Behälter Bier für den Kunden günstiger ist als das Bier in der MW-Flasche oder warum der Preis für Keg-Bier an der Spitze der Preisskala steht.

1. Allgemeines zu Füllanlagen für Getränke

Getränke (Bier, Mineralwasser, AfG u.a.) werden in Flaschen (Einweg-Flaschen, Mehrweg-Flaschen), Dosen und Fässer bzw. Kegs gefüllt. Die Struktur der Füllanlage wird von den zu verarbeitenden Packmitteln (Glasflaschen, Kunststoffflaschen, Dosen aus Aluminium oder Weißblech, Fässer, Kegs) geprägt.

Wesentliche Komponenten der Füllanlagen sind:
- Anlagen für das Ent- und Bepalettieren, für das Auspacken der Mehrweg-Gebinde aus Glas oder Kunststoffen aus den Transportkästen,
- Anlagen für die Reinigung und Kontrolle der Umverpackung (Kästen),
- Anlagen für die Reinigung und Kontrolle der Packmittel,
- Anlagen für das Füllen und Verschließen der Packmittel,
- Anlagen für die Ausstattung, Kennzeichnung und Kontrolle der Packmittel,
- Anlagen für die Verpackung und
- Anlagen für das Fördern der Gebinde, Packungen und Paletten.

Hinzu kommen bei Bedarf:
- Anlagen für die Verbesserung der biologischen Haltbarkeit,
- Anlagen für die Reinigung/Desinfektion,
- Anlagen für die Sortierung der Mehrwege-Gebinde sowie
- Anlagen für die Herstellung alkoholfreier Getränke (AfG).

Die Gebinde (Maßbehältnisse: Glasflaschen, Dosen, Fässer, Kegs) wurden in der Vergangenheit fast ausschließlich nach konstanter Höhe (Niveau-Füllung) unter Beachtung der Forderungen der Fertigpackungsverordnung gefüllt. Inzwischen erfolgt auch eine dosierte, volumetrische Füllung.

Die Füllung der CO_2-haltigen Getränke (Bier, AfG, Sekt, Schaumwein) muss zur Vermeidung von Gasentbindung bzw. des Schäumens unter einem Druck vorgenommen werden, der über dem Partialdruck des gelösten CO_2 liegt (abhängig von der Temperatur und der gelösten Gasmenge). Die Füllung erfolgt nach dem isobarometrischen Prinzip (Gleichdruckfüllung) als Überdruckfüllung. Treibende Kraft für die Füllgeschwindigkeit ist die Höhendifferenz zwischen Füllgutspiegel und Gebinde, zum Teil wird eine zusätzliche Druckdifferenz zwischen Spanngas/Füllgut und Atmosphäre für einige Millisekunden zur Erhöhung der Füllgeschwindigkeit genutzt.

Stille Getränke ohne CO_2 können bei Normaldruck gefüllt werden. Ebenso wird dafür die Vakuumfüllung benutzt, bei der eine Druckdifferenz zur Atmosphäre für den Getränkeeinlauf genutzt wird.

Füllanlagen für Flaschen und Dosen werden nach ihrer stündlichen Nenn-Ausbringung (Synonym Durchsatz) unterteilt.

Die Füllanlagen bestehen aus durch Förderelemente verketteten Einzelmaschinen. Ziel muss es sein, die gesamte Anlage möglichst störungsfrei und ohne Stillstand zu betreiben. Um kurzzeitige Störungen durch Stillstand einzelner Aggregate zu kompensieren, werden die Förderer durch Pufferstrecken ergänzt, die gefüllt oder

Füllanlagen

geleert werden können. Dazu werden alle Komponenten vor und nach der Füll- und Verschließmaschine mit einer größeren Nennausbringung als diese ausgelegt. Die Füllmaschine als so genannte Limitmaschine wird mit 100 % Nenn-Durchsatz festgelegt. Diese Aussage gilt vor allem für Füllanlagen für Glasflaschen und Dosen. Bei Einweg-PET-Anlagen ist die Blasmaschine die Limitmaschine.

Wichtige Ziele moderner Füllanlagen sind:
- die O_2-arme Abfüllung bei geringem Schwand,
- die Senkung des Energiebedarfs,
- die Minimierung des Chemikalien- und Wasserverbrauches,
- die exakte Einhaltung der Nennfüllmenge, Vermeidung von Fehlfüllungen,
- eine fehlerfreie Ausstattung incl. der Kennzeichnung,
- die Ausschaltung aller Kontaminationsquellen,
- die Lärmsenkung,
- wartungsarme Anlagen, geringer Reinigungsaufwand,
- geringer Personalbedarf,
- geringer Aufwand bei Umrüstungen der Anlage auf andere Gebinde oder Getränke,
- große Sicherheit beim Betrieb der Anlage,
- möglichst hohe Liefergrade und
- geringe Investitions- und Betriebskosten.

Wesentlich für den störungsfreien und effektiven Betrieb einer Füllanlage sind:
- fehlerfreie Packmittel und Packhilfsmittel,
- eine optimal geplante und realisierte Anlage,
- eine funktionstüchtige Anlage,
- geschultes und motiviertes Bedienungs- und Wartungspersonal und
- eine störungsfreie Bereitstellung des Füllgutes und der Betriebsmedien.

Die Benennung der Füllanlagenelemente wird in der einschlägigen Literatur nicht einheitlich vorgenommen. Bedingt durch die aus mehreren Begriffen zusammengesetzten Worte werden gern umgangssprachliche Abkürzungen verwendet. Statt Flaschen-Reinigungsmaschine wird zum Beispiel der Begriff „Waschmaschine" benutzt, statt Füll- und Verschließmaschine „Füller", statt Leerflaschen-Inspektor „Inspektor", statt Tunnelpasteur „Pasteur", statt Kronenkork-Verschließmaschine „Korker" usw.

Die Verwendung der korrekten Begriffe sollte aber trotz der größeren Wortlänge stets angestrebt werden.

2. Die Struktur von Füllbetrieben und Füllanlagen

In Abbildung 1 ist die Struktur eines Füllbetriebes schematisch dargestellt. Diese ist selbstverständlich davon abhängig, ob der Füllbetrieb als eigenständiger Betrieb errichtet wird oder ob er Teil eines Getränkeherstellers, eines Brunnenbetriebes oder einer Brauerei ist. Insbesondere die Peripherie wird davon beeinflusst.

Abbildung 1 Struktur eines Füllbetriebes, schematisch

Die in Abbildung 1 dargestellten Funktionsabteilungen bzw. -räume können räumlich sowohl der Füllanlage zugeordnet als auch im Rahmen des Gesamtbetriebes verteilt werden. Ziel muss es dabei aber stets sein, „kurze Wege" zu realisieren. Insbesondere die räumlich enge Verbindung von Füllanlage, Leer- und Vollgutlager und der Verladungsfläche sollte angestrebt werden.

Die eigentliche Füllanlage kann grob unterteilt werden in:
- den *Trockenteil* (von der Aufgabe/Abgabe der Paletten bis zu den Ein- und Auspackmaschinen) und in
- den *Nassteil*.

Diese beiden Teile können räumlich getrennt angeordnet werden, sie müssen es aber nicht. Die Palettieranlage kann auch im Leergut-/Vollgutlager stehen.

Üblicherweise werden alle Komponenten einer Füllanlage in einer Ebene aufgestellt, um vertikale Fördervorgänge zu vermeiden.

Bei räumlichen, standortbedingten Zwängen kann eine mehrgeschossige Aufstellung realisiert werden, die aber im Allgemeinen mit höheren Investitions- und Betriebskosten verbunden ist.

Die Aufstellung der Füllanlagen-Komponenten kann erfolgen:
- in Kamm-Aufstellung,
- in Arena-Aufstellung,
- in kombinierter Aufstellung.

Bei der *Kamm*-Aufstellung (Abbildung 2) besteht eine meist dreiseitige Zugänglichkeit zu den einzelnen Maschinen, dafür werden aber mehr Transportanlagen und teilweise mehr Grundfläche benötigt. Der allgemeine „Bearbeitungsfluss" der Gebinde wird für eine weitere Bearbeitungsstufe im rechten Winkel verlassen und nach dem Durchlauf durch die Maschine werden die Gebinde wieder in den Ablauf eingegliedert.

Die Zugänglichkeit betrifft sowohl die laufende Bedienung der Anlagenelemente als auch deren Reinigung und Wartung/Instandhaltung sowie Montage/Demontage. Bei der „freien" Zugänglichkeit müssen Förderelemente mit Treppen oder Podesten weder unter- noch überquert werden.

Die *Arena*-Aufstellung (Abbildung 3) benötigt zwar weniger Grundfläche und kommt mit weniger Förderelementen aus, hat aber den Nachteil, dass die Zugänglichkeit zu den einzelnen Maschinen gegenüber der Kammaufstellung eingeschränkt ist. Der Bearbeitungsfluss erfolgt dafür auf dem kürzesten Wege.

Zum Teil werden beide Aufstellungsvarianten kombiniert genutzt (Abbildung 4), um Grundfläche und Förderelemente zu reduzieren. Dem gleichen Ziel dient die *Blockung* von Einzelmaschinen. Dabei werden beispielsweise Inspektionsmaschine, Füll- und Verschließmaschine und Etikettiermaschine mechanisch oder elektronisch gekoppelt. Die Vorteile liegen:

- In der Grundflächenreduzierung;
- Dem Entfall von Förderelementen, insbesondere von Pufferstrecken und Vereinzelungen;
- Der Reduzierung von Störquellen (Verbesserung der Ausbringung bzw. des Wirkungsgrades);
- Der Verringerung des Bedienungsaufwandes und der Lärmverminderung.

Mit der Blockung sind jedoch auch einige Nachteile verbunden, beispielsweise:
- Ausgesonderte Gebinde bedingen eine Minderausbringung des Blocks (z.B. ausgesonderte Behälter in der Inspektionsmaschine);
- Die Störung einer Blockmaschine kann nicht durch eine Pufferstrecke ausgeglichen werden;
- Die gegenseitige Beeinträchtigung der geblockten Maschinen ist nur bedingt auszuschließen (Schutz der Etikettiermaschine bei einer routinemäßigen Heißwasserschwallung der Füll- und Verschließmaschine).

Ein nicht unwesentliches Kriterium für die Festlegung der Aufstellungsvariante ist natürlich der Bedarf an Bedienungspersonal.

Alle Einzelmaschinen einer Füllanlage werden in Links- und Rechts-Ausführung gefertigt, um optimale Anlagenkonfigurationen zu ermöglichen.

Die früher praktizierte *Linien*-Aufstellung (*I-Anordnung*) setzt getrennte Leergut- und Vollgut-Lager voraus. Die einzelnen Maschinen werden in der Reihenfolge ihrer Anwendung linear angeordnet (Abbildung 5). Es resultieren lange Förderwege für die Leer-Paletten (Transport in der Regel mit Stapler) und Leer-Kästen. Die Linienanordnung wird bei der Füllung von Mehrwegflaschen deshalb im Prinzip nur selten benutzt. Im Einweg-Bereich, z.B. bei PET-Flaschen, findet diese Form dagegen häufiger Anwendung, da die genannten Nachteile dafür nicht zutreffen. Der Produktionsfluss geht von der Blasmaschine bzw. Flaschenaufrichtung zur Palettieranlage.

Die im modernen Betrieb übliche *U-förmige* Anordnung der Anlagenelemente ermöglicht kombinierte Leer- und Vollgut-Lager. Die Füllanlage beginnt in diesem Falle mit der Entpalettier-Anlage und endet mit der Palettier-Anlage. Am Ende der U-

Schenkel werden die Palettieranlagen angeordnet. Dabei werden die Schenkel-Enden im Allgemeinen auf den benötigten Abstand der Ent- und Bepalettieranlage „eingezogen" (Abbildung 2 bis Abbildung 4).

Der Trend geht gegenwärtig dahin, die Funktion von einzelnen Maschinen zusammenzufassen. Neben der bereits vorstehend erwähnten Blockung werden die Funktionen von Pack- und Palettiermaschinen vereinigt, bei kleinen Durchsätzen kann auch die Gebindesortierung mit integriert werden. Dies wird vor allem bei kleineren und mittleren Anlagen durch den Einsatz von *Robotern* ermöglicht. Der Robotereinsatz reduziert den Grundflächenbedarf nicht unbeträchtlich und spart Förderelemente ein. Voraussetzung für diese Entwicklung war die kostengünstige Bereitstellung geeigneter Roboter.

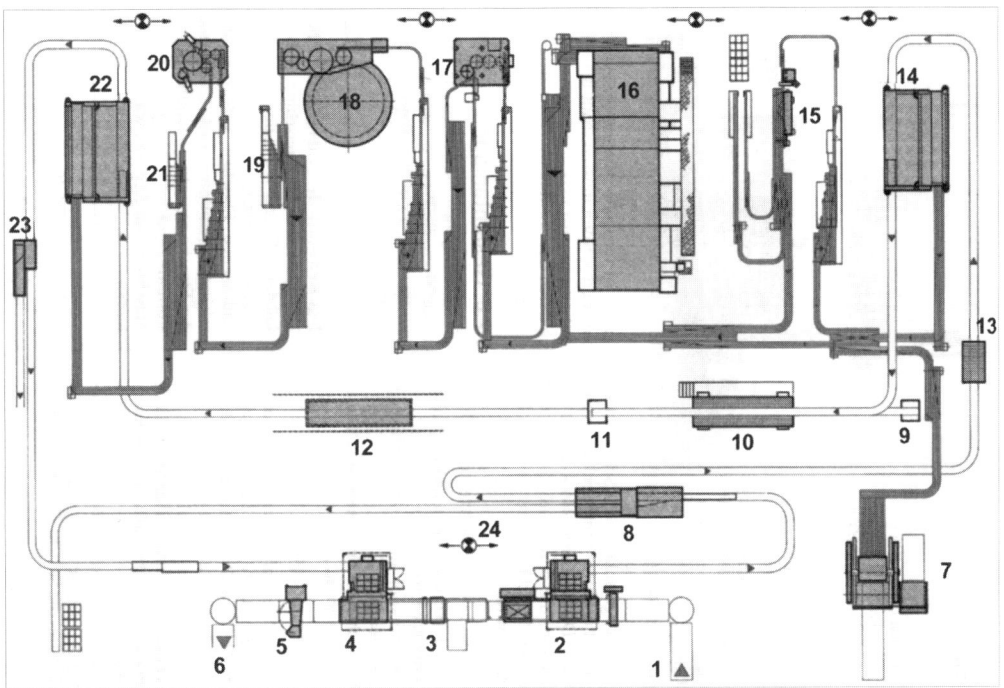

Abbildung 2 Kamm-Aufstellung einer Füllanlage, schematisch (nach TU München, Lehrstuhl für Brauereianlagen und Lebensmittelverpackungstechnik)
1 Leergutaufgabe **2** Entpalettiermaschine **3** Palettenkontrolle **4** Palettiermaschine
5 Palettensicherung **6** Vollgutabnahme **7** Neuglas-Zufuhr **8** Kastensortierung
9 Kastenwender 1 **10** Kastenwaschanlage **11** Kastenwender 2 **12** Kastenmagazin
13 Verschlussentfernung **14** Auspackmaschine **15** Sortieranlage **16** Flaschenreinigungsmaschine **17** Inspektionsmaschine **18** Füll- und Verschließmaschine
19 Flaschenkontrolle **20** Etikettiermaschine **21** Flaschenkontrolle **22** Einpackmaschine **23** Vollgutkontrolle **24** Personal

Füllanlagen

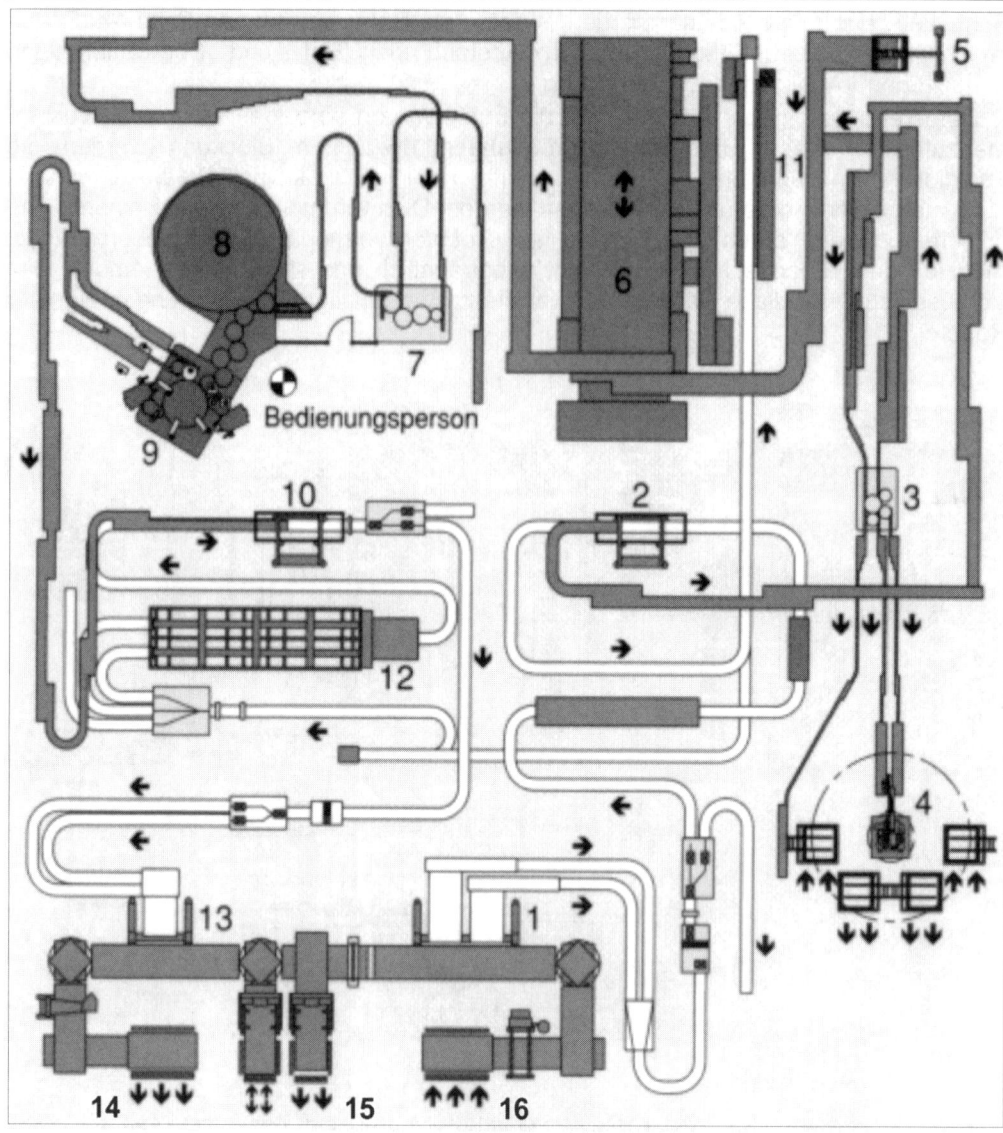

Abbildung 3 Arena-Aufstellung einer Füllanlage, schematisch (nach Fa. KRONES)
1 Entpalettiermaschine 2 Auspackmaschine 3 Rundlauf-Sortiermaschine 4 Palettiermaschine/-Roboter für Fremdflaschen 5 Neuglasabräumer 6 Flaschen-Reinigungsmaschine 7 Leerflaschen-Inspektor 8 Füll- und Verschließmaschine 9 Etikettiermaschine 10 Einpackmaschine 11 Kasten-Waschanlage 12 Leerkasten-Magazin 13 Palettiermaschine 14 Vollgut-Abgabe 15 Leerpalettten-Ein- und Ausschleusung 16 Leergut-Aufgabe

Struktur von Füllanlagen

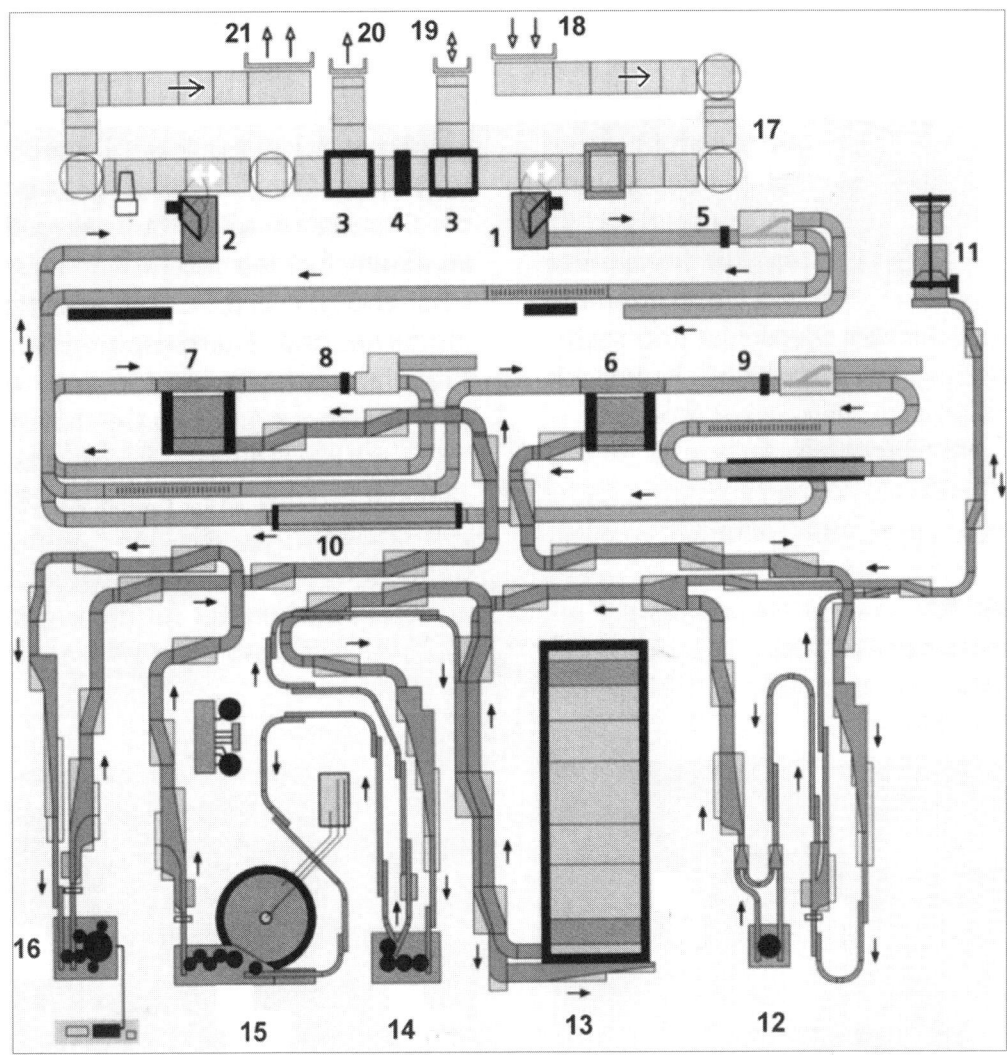

Abbildung 4 Gemischte Kamm- und Arena-Aufstellung einer Füllanlage (Nassteil in Kamm-Aufstellung, Trockenteil in Arena-Aufstellung) schematisch (nach Fa. KHS)
1 Palettenentlader **2** Palettenbelader **3** Palettenmagazin **4** Palettenkontrolle
5 Leergut-Kastenkontrolle **6** Flaschen-Auspackmaschine **7** Flaschen-Einpackmaschine **8** Kasten-Vollgutkontrolle **9** Leerkasten-Kontrolle **10** Kastenmagazin
11 Neuglasabräumer **12** Verschlussentfernung **13** Flaschen-Reinigungsmaschine
14 Leerflaschen-Inspektor **15** Füll- und Verschließmaschine **16** Etikettiermaschine
17 Palettentransport **18** Leergut-Aufgabe **19** Gut-Paletten **20** Defekt-Paletten
21 Vollgut-Abgabe

Abbildung 5 zeigt eine Aufstellung einer Füllanlage in *Linienform* für MW-Glasflaschen, Abbildung 5 a gibt eine optimierte Aufstellungsvariante für eine EW-PET-Flaschen-Anlage wieder und Abbildung 5 b eine EW-Glasanlage. Die Variante nach Abbildung 5 a wird damit auch zu einem Beispiel für eine Arena-Aufstellung.

Füllanlagen

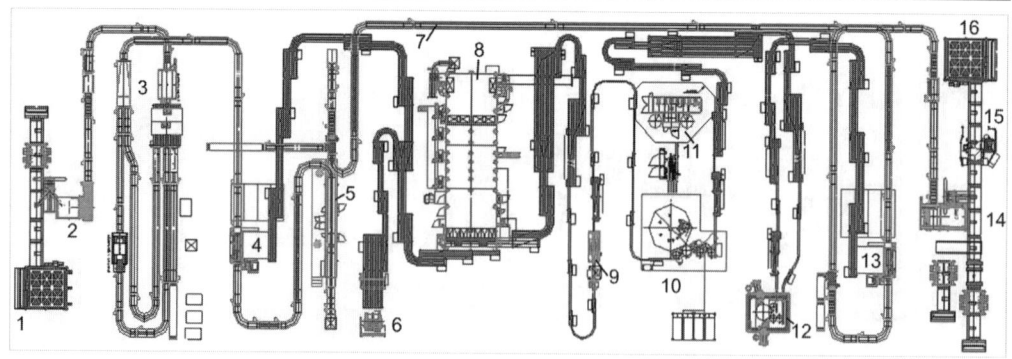

Abbildung 5 Linienaufstellung einer MW-Glasflaschen-Anlage
1 Leergut-Aufgabe **2** Palettenentlader **3** Sortieranlage **4** Kastenauspackanlage
5 Kastenwascher **6** Neuglas-Abräumer **7** Leerkastentransport **8** Flaschenreinigungsmaschine **9** Leerflascheninspektion **10** Füll- und Verschließmaschine **11** AfG-Bereitung **12** Flaschenausstattung **13** Kasteneinpackanlage **14** Bepalettierung
15 Palettensicherung **16** Vollgut-Abgabe

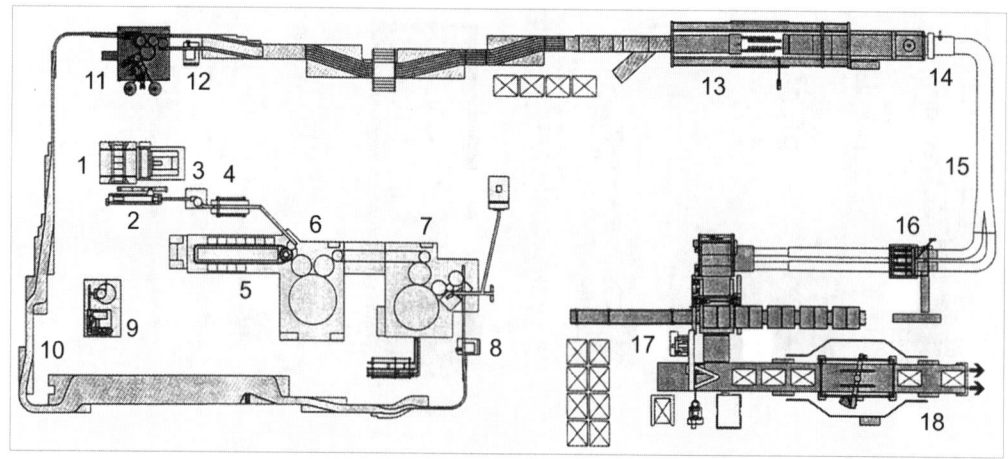

Abbildung 5 a Linienaufstellung einer EW-PET-Anlage auf einer rechteckigen Grundfläche (nach KRONES)
1 Kippvorrichtung **2** Preformzuführung **3** Preform Checkstation **4** Preformförderer
5, 6 Streckblasmaschine **7** Füll- und Verschließmaschine **8** Füllhöhenkontrolle
9 CIP-Anlage **10** Behältertransport **11** Etikettiermaschine und Datierung **12** Etikettenkontrolle **13** Tray-Packer **14** Gebindeausrichtung **15** Gebindetransport **16** Tragegriffapplikator **17** Palettieranlage **18** Palettenwickler

Abbildung 6 bis Abbildung 9 zeigen vereinfachte Verfahrensschemata für Füllanlagen verschiedener Packmittel.
Zur Planung von Füllanlagen wird auf Kapitel 36 verwiesen.

Struktur von Füllanlagen

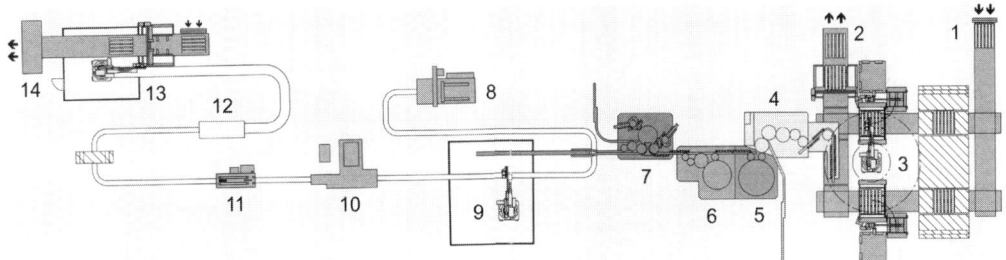

Abbildung 5 b EW-Glasanlage für die Spirituosenfüllung in Linienaufstellung (nach KRONES)
1 Glasflaschen-Paletten **2** Leerpalettenmagazin **3** Entpalettieranlage mit Zwischenlagenabheber und -Stapelung **4** Leerflaschenkontrolle **5** Rinser **6** Füll- und Verschließmaschine **7** Etikettierung/Flaschenausstattung **8** Kartonauffalter **9** Einpackmaschine **10** Gefachestecker **11** Kartonverschließer **12** Vollzähligkeitskontrolle **13** Bepalettierung **14** Vollgut-Paletten zur Palettensicherung

Füllanlagen

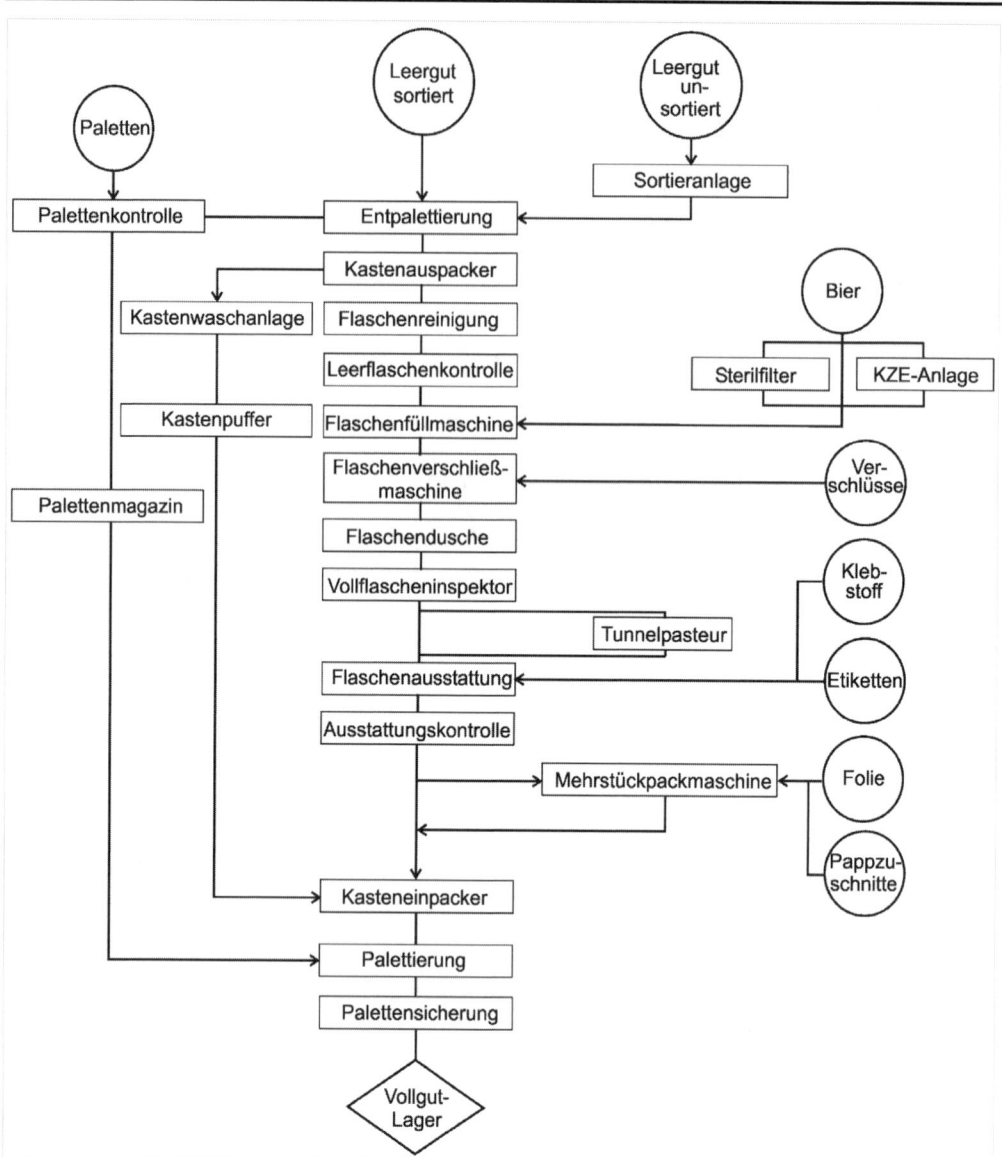

Abbildung 6 Verfahrensschema MW-Flaschen-Füllanlage

Struktur von Füllanlagen

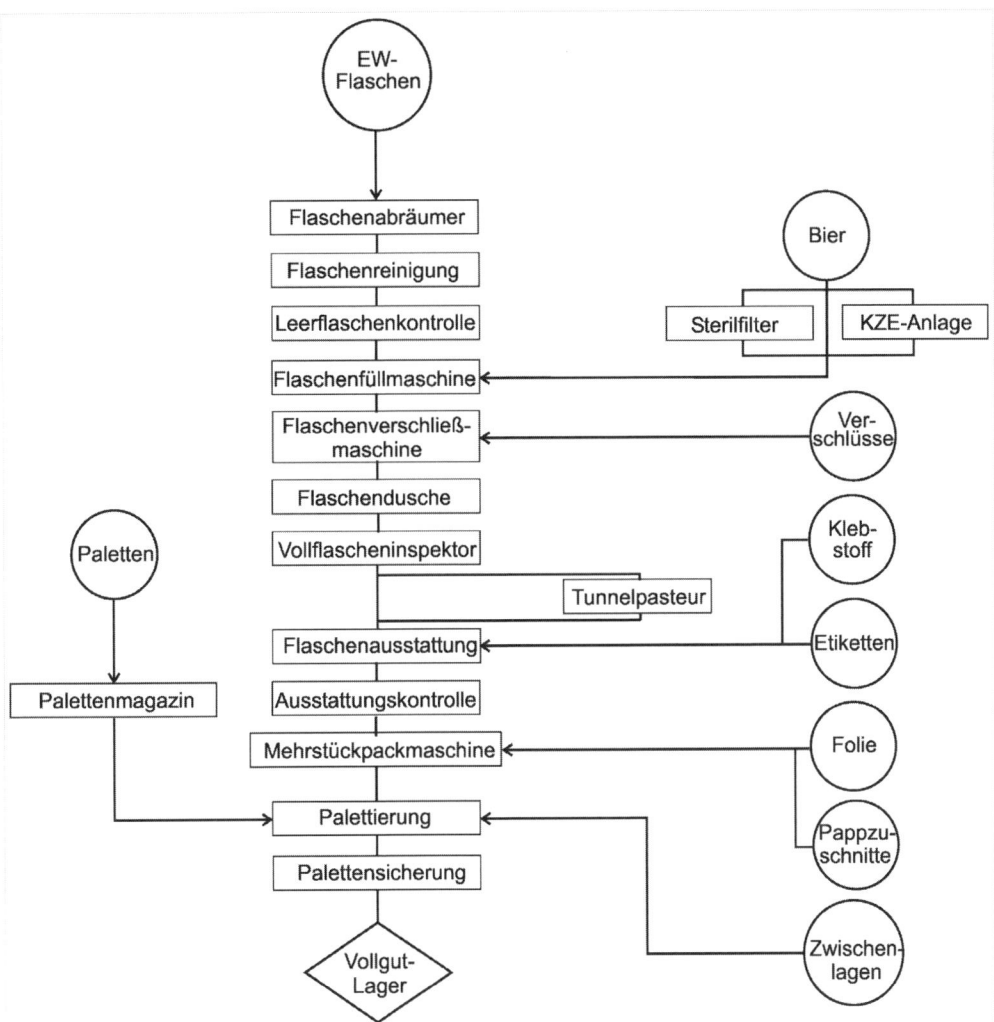

Abbildung 7 Verfahrensschema EW-Glasflaschen-Füllanlage

Füllanlagen

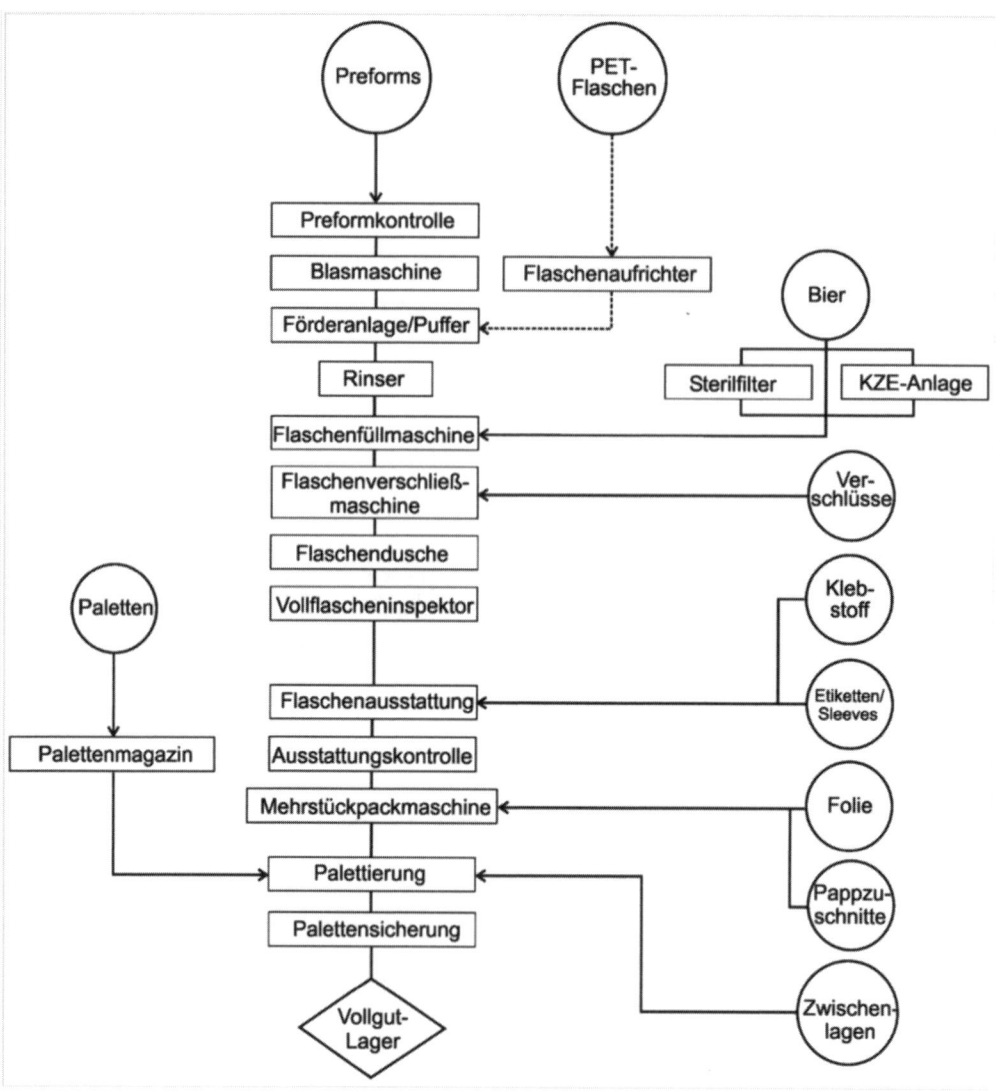

Abbildung 8 Verfahrensschema EW-Kunststoffflaschen-Füllanlage

Struktur von Füllanlagen

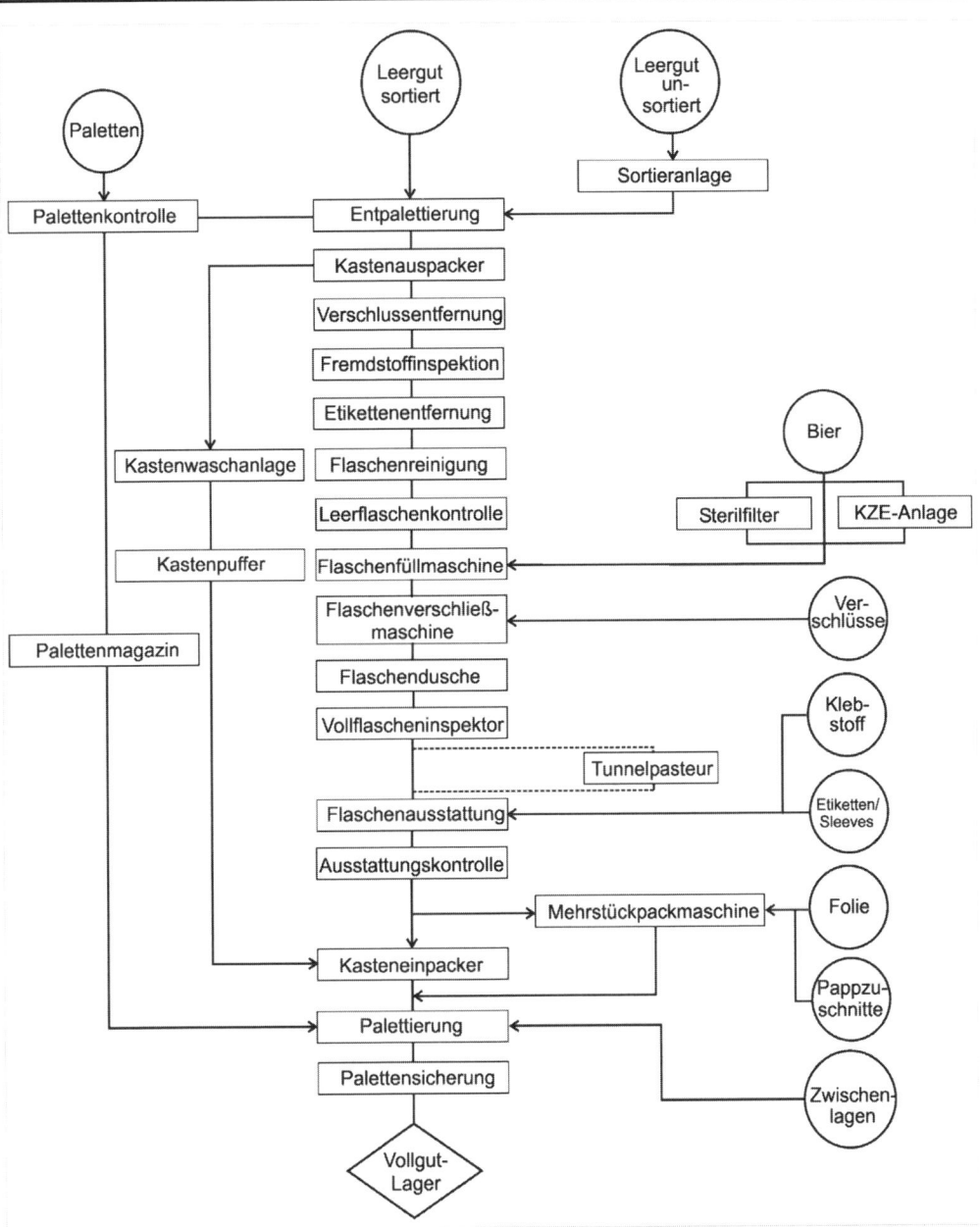

Abbildung 8a   Verfahrensschema MW-Kunststoffflaschen-Füllanlage

Füllanlagen

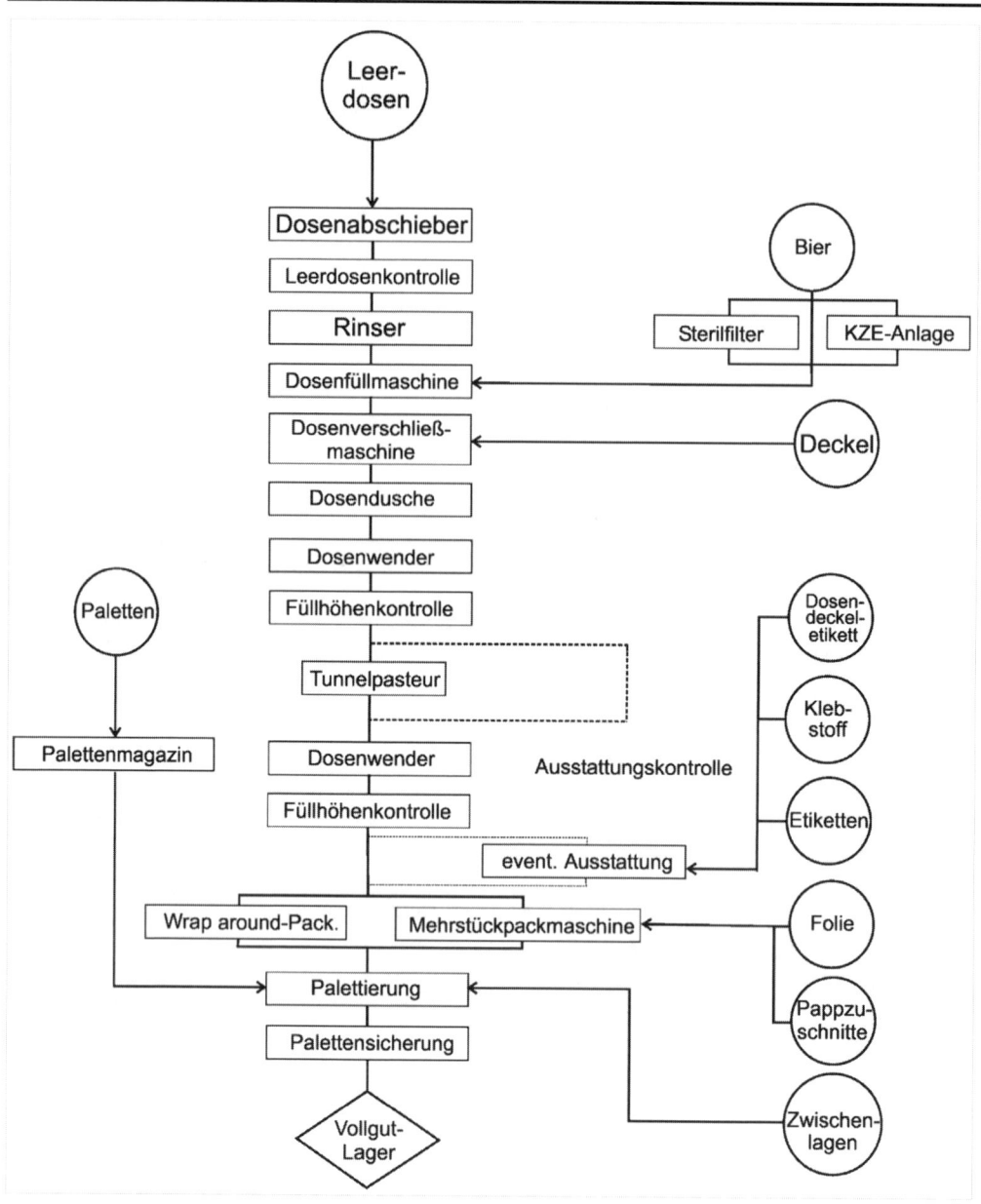

Abbildung 9 Verfahrensschema Dosen-Füllanlage

3. Wichtige Begriffe zur Einschätzung von Füllanlagen

Sowohl bei der Planung, der Beschaffung als auch bei der Abnahme, beim Betrieb und der Einschätzung oder dem Vergleich von Füllanlagen müssen einheitliche Begriffe und auswertbare Daten verwendet werden. In den DIN-Normen 8782…8784 [21] sind diese zusammengestellt, s.a. Tabelle 1.

Tabelle 1 Wichtige Begriffe für die Einschätzung von Füllanlagen

Nenn-Ausbringung (Q_{nA}):	Sie ist eine reine Rechengröße der Planung oder des Liefervertrages zur Charakterisierung der Ausbringung einer Maschine oder einer Anlage. Sie gibt die erzielbare Gebindezahl/h bei störungsfreiem Betrieb an.
Effektiv-Ausbringung (Q_{effA}):	Sie gibt die während der effektiven Betriebszeit erzielte Gebindemenge/h an. Q_{effA} = Stückzahl / Allgemeine Laufzeit.
Durchschnitts-Ausbringung (Q_{mA}):	Sie gibt die während der Arbeitszeit der Füllanlage im Durchschnitt erreichte Stückzahl an, zum Beispiel in Flaschen /h; Q_{mA} = Stückzahl/Arbeitszeit
Garantie-Ausbringung:	Sie gibt die vertraglich garantierte Gebindemenge/h während eines vereinbarten Zeitintervalls der Maschine oder Anlage an. Die Effektiv-Ausbringung bei der Anlagenabnahme muss $\geq$ der Garantie-Ausbringung sein.
Einstell-Ausbringung:	Die an der Maschine mechanisch eingestellte Ausbringung
Liefergrad (λ_A):	Er ist das (prozentuale) Verhältnis von Effektiv-Ausbringung der Anlage zu Nenn-Ausbringung der Anlage: $$\lambda_A = Q_{effA} / Q_{nA}.$$
Ausnutzungsgrad (φ_A):	Er ist das (prozentuale) Verhältnis von Durchschnitts-Ausbringung der Anlage zu Nenn-Ausbringung während der Betriebszeit: $$\varphi_A = Q_{mA} / Q_{nA}.$$ Er spiegelt die realen Verhältnisse der Anlagen-Ausbringung einschließlich der Stör- und Nebenzeiten wieder.
Wirkungsgrad (η_A):	Er ist das (prozentuale) Verhältnis von Effektiv-Ausbringung der Anlage zu Einstell-Ausbringung der Limitmaschine (Füllmaschine): $$\eta_A = Q_{effA} / \text{Einstell-A. der Limitmaschine}$$

Der Index *A* steht bei den o.g. Begriffen für Anlage, dafür kann auch bei Bedarf der Index *E* für Einzelaggregat stehen

Liefer- und Ausnutzungsgrad sind für die Einschätzung einer Anlage sinnvoller als der Wirkungsgrad, da sie sich auf die Nenn-Ausbringung beziehen. Die Einstell-Ausbringung ist subjektiv festgelegt.

Füllanlagen

Weitere Begriffe, wie der Auslastungsfaktor und die auf Einzelmaschinen bezogenen Liefer-, Ausnutzungs- und Wirkungsgrade, können für weitere Einschätzungen interessant sein.

Zeitbegriffe:
In Abbildung 10 und Tabelle 2 sind die Zeitbegriffe in ihrer Zuordnung dargestellt.

Tabelle 2 Zeitbegriffe bei Füllanlagen (nach DIN 8782)

Arbeitszeit t_1	ist die Summe aus Betriebszeit t_3 und Nebenzeiten t_2.
Nebenzeiten t_2	sind zum Beispiel: Rüstzeiten (Wechsel der Getränkesorte, Wechsel des Packmittels, u.a.), Wartungs- und Pflegezeiten, Anlauf- und Auslaufzeiten der Anlage, bezahlte Pausen.
Betriebszeit t_3	ist die Summe aus allgemeiner Laufzeit t_5 und maschinen-/anlagenfremden Störzeiten t_4. Es gilt: $t_3 = t_1 - t_2$
allgemeine Laufzeit t_5	ist die Summe aus effektiver Laufzeit t_7 und maschinen-/anlagenbedingten Störzeiten t_6. Es gilt $t_5 = t_3 - t_4$
effektive Laufzeit t_7	ist die Zeit, in der die Limitmaschine bzw. die Füllanlage mit der eingestellten Ausbringung arbeitet. Zeiten mit verringerter Ausbringung infolge von Störungen werden anteilig den Störzeiten zugerechnet. Es gilt $t_7 = t_1 - (t_2 + t_4 + t_6)$.

Arbeitszeit t_1			
Betriebszeit t_3			Nebenzeiten t_2
Allgemeine Laufzeit t_5		Maschinen- oder anlagenfremde Störzeiten t_4	
Effektive Laufzeit t_7	Maschinen- oder anlagenbedingte Störzeiten t_6		

Abbildung 10   Zeitbegriffe nach DIN 8782

Die Abnahme einer Anlage soll den Nachweis erbringen, dass sie den vertraglich zugesicherten Merkmalen entspricht (s.a. Kapitel 36.5 und 37). Grundlage dafür ist in Deutschland die DIN 8783 [21]. Deshalb kommt der Anlagenplanung und exakten Formulierung der von einer Anlage erwarteten Kriterien im Kaufvertrag eine grundsätzliche Bedeutung zu. Hierzu wird auch auf die Ausführungen in [22] verwiesen.

Hinweis: Die Norm DIN 8743 [23] gilt nicht für die Getränke-Fülltechnik.

4. Entwicklungstrends neuzeitlicher Füllanlagen

Die Entwicklungen der letzten Jahre haben zu Füllanlagen mit folgenden Merkmalen geführt:

- Reduzierung der Verbrauchswerte von Wärme, Elektroenergie, Kälte, Wasser, Reinigungsmittel, Druckluft, CO_2;
- Verringerung des erforderlichen Bedienungspersonals;
- Verringerung des Umstell-Aufwandes, insbesondere der Umstellzeit, beim Gebindewechsel, Einsatz automatischer Steuerungen und Roboter für diesen Zweck;
- Erhöhung der Anlagenverfügbarkeit;
- Verbesserung der technologischen Daten, wie beispielsweise Reduzierung der Gesamt-Sauerstoffaufnahme;
- Senkung des Kontaminationspotenzials, insbesondere im Bereich der Füll- und Verschließmaschine;
- Verringerung der Abfüllverluste;
- Verbesserung der Antriebstechnik (Getriebe, frequenzgesteuerte Antriebe, elektronisch synchronisierte Einzelantriebe statt zentralem Einzelantrieb mit mechanischer Drehmomentverteilung, Einsatz von Getriebemotoren statt pneumatischer Antriebe, wartungsfreie oder -arme Lager, Verbesserung des Schutzes gegen das Eindringen von Spritzwasser);
- Nutzung des kontinuierlichen statt taktweisen Antriebes bei Maschinen und Anlagen;
- Einsatz kurvengängiger Transportelemente beim Gebindetransport statt der Überschubtechnik;
- Verwendung korrosionsbeständiger Werkstoffe bzw. Verkleidungen;
- Verbesserung der Oberflächen und der Reinigungsfähigkeit (leichter Ablauf der Medien, keine Spalten, geschlossene Profile, Hutmuttern, weitestgehend Schweißverbindungen);
- Beachtung der Regeln des „Hygienic Design";
- Einsatz der aseptischen Fülltechnik;
- Umstellung der Maschinen, Aggregate und Anlagen auf automatische CIP-Reinigung;
- Reduzierung des Lärmpegels;
- Senkung des Wartungs- und Instandhaltungsaufwandes, Verlängerung der Lebensdauer der Anlagenkomponenten;
- Möglichkeiten zum „Update" der Anlagentechnik;
- Einsatz der Ferndiagnose für Maschinen;
- Einsatz von Modulmaschinen zur Erhöhung der Flexibilität;
- Einführung der Betriebsdatenerfassung (BDE);
- Verbesserung des Niveaus der Effektiv-Ausbringung und des Liefergrades.

Füllanlagen

Bedingungen für die Nutzung der letztgenannten Eigenschaft sind aber,
- dass die Bereitstellung qualitätsgerechter, fehlerfreier Pack- und Packhilfsmittel gesichert wird,
- dass motiviertes und geschultes Personal verfügbar ist und
- dass sich die Anlagen stets in einem technisch einwandfreien Zustand befinden.

Die Fortschritte der Werkstoff- und Fertigungstechnik, der Mikroelektronik, der Onlinemesstechnik und der Einsatz von Kunststoffgebinden haben seit Anfang der 1990er Jahre insbesondere zu einem verstärkten Einsatz der sensorgesteuerten Füllmaschinen geführt (s.a. Kapitel 16).

Mit der Nutzung der volumetrischen Füllung und der sensorgesteuerten Niveaufüllung sind beträchtliche Vorteile bei der Steuerung des Füllprozesses gegenüber den bis zu diesem Zeitpunkt dominierenden mechanisch gesteuerten Füllanlagen verbunden. Vor allem bei größeren Durchsätzen der Füllanlagen kommen die Vorteile zum Tragen.

Diese modernen Füllmaschinen haben z.B. vor allem Vorteile bei der Einhaltung oder Veränderung der Nennfüllmenge, beim Behälterwechsel, bei der Sicherung niedriger O_2-Aufnahmewerte, beim CIP-Prozess, bei der äußeren Reinigung, beim Hygienic Design usw.

Die beträchtlichen anlagentechnischen Vorteile der Normaldruckfüllung sind ohne Sensortechnik nicht denkbar.

Die mechanisch gesteuerten Füllmaschinen werden deshalb trotz erheblicher technischer Verbesserungen langsam verdrängt, haben aber bei geringeren Durchsätzen oder weniger hohen Ansprüchen an die Variabilität der Füllmaschine immer noch ihre Bedeutung.

So wie am Beispiel der Füllmaschine dargestellt, sind die Vorteile der o.g. Fortschritte auch bei allen anderen Füllanlagenkomponenten ersichtlich.

Die Fortschritte sind vor allem auch bei der sich immer weiter und schneller verbreitenden aseptischen Fülltechnik erkennbar.

Bei Ausstattungs- und Verpackungsanlagen ist ein verstärkter Einsatz von sogenannten Modulmaschinen erkennbar. Statt einer Spezialmaschine oder -anlage wird eine Grundmaschine installiert, die bei Bedarf mit verschiedenen spezialisierten Aggregaten gekoppelt werden kann. Beispiele sind Sammelpackmaschinen und Etikettiermaschinen, bei denen die Grundmaschine mit Nassklebeaggregaten oder/und Selbstklebeaggregaten oder mit Aggregaten für die Rundumetikettierung gekoppelt werden kann.

Unifizierte Schnittstellen vereinfachen den Aggregatwechsel, die nach der Kopplung sofort und ohne aufwendige Justierung einsatzfähig sind.

Wesentliche Vorteile der Modultechnik sind der Zeitgewinn bei der Gebindeumstellung, die Automatisierbarkeit der Umstellung und die Flexibilität während der gesamten Lebensdauer der Maschine.

5. Packmittel und Packhilfsmittel für die Getränkefüllung
5.1 Allgemeine Übersicht

Die Begriffe für das Verpackungswesen sind in DIN 55 405 genormt [24]. Beachtet werden muss, dass umgangssprachlich oft nicht die genormten Begriffe benutzt werden. In Abbildung 11 sind die Beziehungen zum Komplex „Verpacken" dargestellt. Aus Abbildung 12 sind wichtige Packstoffe, Packmittel und Packhilfsmittel ersichtlich.

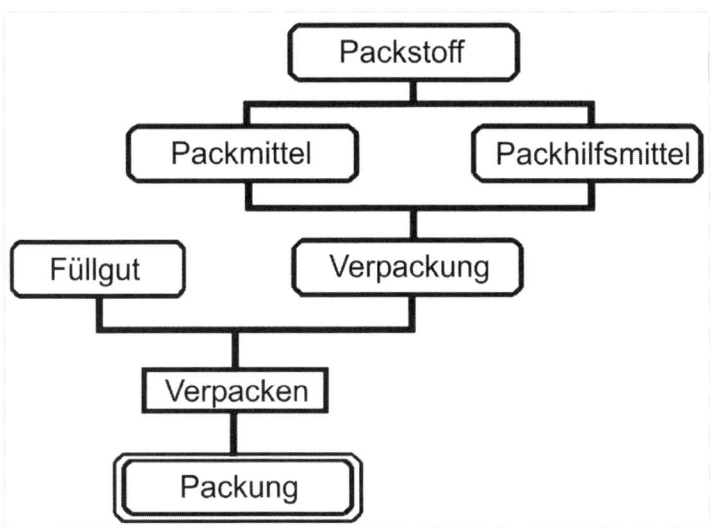

Abbildung 11   Zuordnung der Begriffe zum Komplex „Verpacken"

Wie bereits im Kapitel 4 angesprochen, sind Packmittel und Packhilfsmittel mit konstanten Eigenschaften und garantierten Qualitätsparametern unabdingbare Voraussetzung für den effizienten Betrieb von Füllanlagen.

Die Beschaffung dieser Produkte muss deshalb nicht nur nach Quantität und Termin gesichert werden, sondern vor allem auch nach dem Qualitätsniveau und nach den erforderlichen Verarbeitungseigenschaften. Diese müssen deshalb, ebenso wie die zugehörigen Probenahmevorschriften, Prüfkriterien und Prüfmethoden, integraler Bestandteil der Lieferverträge sein.

Für zahlreiche Packmittel, Packhilfsmittel und Packstoffe wurden zur Verbesserung und Vereinfachung der Qualitätssicherung neben den vorhandenen Normen und Werkstandards *„Spezielle Technische Liefer- und Bezugsbedingungen"* (STLB) von den Herstellern und der Brau- bzw. Getränkeindustrie erarbeitet, die immer Grundlage der Lieferverträge sein sollten.

Wichtig ist es natürlich, dass diese STLB eingehalten und die gelieferten Produkte auch regelmäßig geprüft werden.

Als neutrale Prüfer bieten sich akkreditierte Prüflabors an, beispielsweise die Verpackungsprüfstelle der VLB, Seestraße 13, 13353 Berlin.

Die aktuellen STLB und DIN-Normen sind aus Tabelle 3 ersichtlich.

Füllanlagen

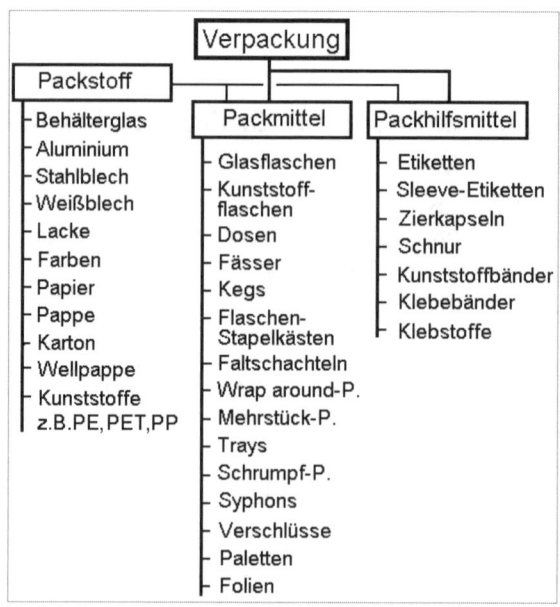

Abbildung 12   Packstoffe, Packmittel und Packhilfsmittel

Tabelle 3 Aktuelle STLB (Stand 01/2007)

STLB-Betreff	Abgeschlossen zwischen ... und ... sowie der Verpackungsprüfstelle der VLB-Berlin		aktuelle Ausgabe
Kronenkorken	Deutscher Brauer-Bund e.V.	Verband Metallverpackungen e.V. Düsseldorf	10/2003
Bierflaschen	Deutscher Brauer-Bund e.V.	Bundesverband der Glas- und Mineralfaserindustrie Düsseldorf	08/2008
Flaschenkästen aus PE	Deutscher Brauer-Bund e.V.	Fachverband Kunststoff-Konsumwaren Frankfurt am Main	11/2004
Zweiteilige Getränkedosen	Deutscher Brauer-Bund e.V.	Verband Metallverpackungen e.V. Düsseldorf	12/2002
Getränkeflaschen-Etiketten aus Papier	Deutscher Brauer-Bund e.V.	Bundesverband Druck e.V., Wiesbaden	02/1998
Etikettierklebstoffe	Deutscher Brauer-Bund e.V.	Industrieverband Klebstoffe e.V., Düsseldorf	12/2000 *)
DIN EN 55406	Packmittel-STLB für ein- und zweiteilige 28 mm Schraubverschlüsse aus PE und PP und Anrollverschlüsse aus Aluminium		04/2007
Trays aus Wellpappe	Deutscher Brauer-Bund e.V.	Verband der Wellpappen-Industrie e.V.	Entwurf 2008 **)
Flaschenhalsfolien aus Aluminium	Deutscher Brauer-Bund e.V.	GDA Gesamtverband der deutschen Aluminiumindustrie e.V., Bonn	2002

*) Neuausgabe 2008 in Vorbereitung   **) Verabschiedung voraussichtlich noch 2008

Aus Tabelle 3 geht hervor, dass für einige Packmittel und Packhilfsmittel, aber auch anderes Verbrauchsmaterial, entsprechende STLB noch fehlen bzw. wünschenswert wären, beispielsweise für Verschlüsse aus Kunststoffen, Kunststoffflaschen, Faltschachteln, Verpackungsfolien, Alu-Folien, Selbstklebe-Etiketten, Sleeve-Etiketten, Trays usw.

Für zahlreiche Packstoffe und Packmittel existieren DIN-Normen (s.a. [28]) oder Werkstandards der jeweiligen Fachverbände.

Die Mitteleuropäische Brautechnische Analysenkommission e.V. (MEBAK) hat die Untersuchungsverfahren für Gebinde- und Produktausstattungsmittel im MEBAK-Band V zusammengestellt [25], spezielle Untersuchungsvorschriften sind auch aus den STLB ersichtlich.

5.2 Packstoffe

5.2.1 Übersicht und Anforderungen an Packstoffe

Packstoffe sind die Werkstoffe für Packmittel und Packhilfsmittel. Wichtigster Packstoff war in der Vergangenheit das Glas, aus dem Mehrweg- als auch Einweg-Flaschen gefertigt wurden und werden.

Mitte der 1930er Jahre kam die Dose aus Weißblech, später auch aus Aluminium, hinzu.

Seit etwa 1989/90 konnte sich insbesondere für AfG und Mineralwasser, aber auch für Milch, Wein und Spirituosen, die Flasche aus Kunststoff einführen, vorzugsweise als Einweg-Packung, aber auch als Mehrweg-Packung.

Für Bier werden Versuche mit PET-Flaschen seit etwa 1998/99 durchgeführt, nachdem bereits in den 1960er Jahren Versuche mit Kunststoffflaschen (PVC) gemacht wurden.

Wichtige Eigenschaften und Forderungen an die Packstoffe sind:
- Indifferent gegenüber dem Füllgut, keine Migration;
- Korrosionsbeständigkeit;
- Gasundurchlässigkeit;
- Maximaler Lichtschutz, vor allem gegen UV-Strahlung;
- Geringe Masse;
- Möglichst geringe Kosten;
- Große mechanische Festigkeit, möglichst unzerbrechlich;
- Recycelbar;
- Glatte, geschlossene Oberfläche mit guter Reinigungsfähigkeit;
- Temperaturbeständigkeit, Formstabilität.

Die genannten Eigenschaften schließen sich teilweise aus. Packstoffe sind deshalb meistens ein Kompromiss, s.a. Tabelle 4.

Alle mit dem Füllgut in Kontakt kommenden Packstoffe müssen dem „Lebensmittel-, Bedarfsgegenstände- und Futtermittelgesetzbuch" (LFGB) [26] (früher: Lebensmittel- und Bedarfsgegenstände-Gesetz (LMBG)) und den Richtlinien der Europäischen Gemeinschaft (z.B. EWG-Richtlinie 90/128/EWG) entsprechen, ebenso der Bedarfsgegenständeverordnung (BedGgstV) [27]. Insbesondere muss gesichert sein, dass keine Stoffe auf das Füllgut übergehen (ausgenommen unbedenkliche Anteile). Bei Kunststoffen und Lacken muss vor allem auf Monomere, Weichmacher und Lösungsmittel geachtet werden.

Zur Gültigkeit von gesetzlichen Grundlagen und Normen siehe [28].

Füllanlagen

Tabelle 4 Eigenschaften der Packstoffe

Eigenschaft	Flasche aus Glas		Flasche aus PET [4]		Dose	Edelstahl-Fässer, Kegs
	EW	MW	EW	MW		
indifferentes Verhalten	+++	+++	++	+ bis -	+++	+++
Migrationsverhalten	+++	+++	+	- bis 0	+++	+++
Vermeidung von Gaspermeation	++ [1]	++ [1]	- bis 0	- bis 0	+++	+++
Korrosionsbeständigkeit	+++	+	++	+	++	+++
Scuffing	++	+	++	+ bis -	+	+ bis -
Lichtschutz	++	++	+	+	+++	+++
spez. Masse der Packung	+	+	++	++	+++	+
Zerbrechlichkeit ausgeschlossen	0 [3]	0 [3]	++	++	++	+++
Unfallgefahr ausgeschlossen	nein [3]	nein [3]	ja	ja	ja	ja
Recycling	+++	+++	+ bis ++	+	+++	+++
Reinigungsfähigkeit	+++	+++	+++	+ [2]	+++	+++
Temperaturbeständigkeit	+++	+++	- bis 0	- bis 0	+++	+++
Formstabilität	+++	+++	- bis +	- bis +	+++	++

+++ sehr gut   ++ gut   + befriedigend   - bedingt geeignet   0 ungeeignet
1) Schwachstelle ist der Verschluss,
2) irreversible Schimmelpilz-Migration ist möglich
3) gilt für unbeschichtete Glasflaschen,
4) einfache PET-Flasche ohne Sperrschicht/Beschichtung

Abbildung 13 Bildzeichen für Recycling allgemein (1) und vereinfachtes Bildzeichen (2)

Packstoffe und Packmittel aus Kunststoffen müssen zur Vereinfachung des Recyclings nach DIN 6120, Teil 1 und 2, gekennzeichnet werden.

Dazu wird ein Bildzeichen (s.a. Abbildung 13) verwendet, die Kunststoffart wird durch eine Zahlenkombination oder ein Kurzzeichen angegeben:

Zahlenkombination	01	02	03	04	05	06	07
Kunststoffart	PET	PE-HD	PVC	PE-LD	PP	PS	O *)

*) Others (andere)

5.2.2 Behälterglas

Behälterglas wird aus Quarzsand, Soda, Kalk, Dolomit und Feldspat erschmolzen. Altglas kann zu 100 % recycelt werden. Bedingung ist die sortenreine Erfassung nach Glasfarbe (weiß, braun, grün). Altglas darf keine Fremdkörper (Metalle, Keramik) enthalten. Grünes Glas kann aus jeder Altglasfarbe erschmolzen werden, weißes und braunes Glas erfordern entsprechendes sortenreines Altglas. Blaues Glas enthält Cobalt.

Die Glaszusammensetzung von Behälterglas ist aus Tabelle 5 ersichtlich. Für Bierflaschen aus Glas für die Abfüllung von Bier und bierhaltigen Getränken wird zum Beispiel Glas der hydrolytischen Klasse III nach DIN 4802 eingesetzt.

Tabelle 5 Durchschnittliche Zusammensetzung von Behälterglas (in Masse-%)

Siliciumdioxid	SiO_2	74,0
Calciumoxid	CaO	11,1
Natriumoxid	Na_2O	11,0
Magnesiumoxid	MgO	1,8
Aluminiumoxid	Al_2O_3	1,1
Kaliumoxid	K_2O	0,5
Sonstige, z.B. Fe_2O_3, Cr_2O_3		0,5

Glas ist ein Packstoff, der die meisten produktbedingten Anforderungen erfüllt (keine Beeinträchtigung des Füllgutes, geruchs- und geschmacksneutral, gasdicht, sterilisierbar/pasteurisierbar, gute Reinigungsfähigkeit, zu 100 % recycelbar (Neuglas besteht zu etwa 75 % aus Altglas), gut formbar, transparent. Seine Bruchempfindlichkeit lässt sich durch eine entsprechende Behandlung (Heiß- und Kaltendvergütung) oder Beschichtung verbessern. Nachteilig ist die große Masse.

Bei der Heißendvergütung (sie ist vor allem auch für die gute Haftung der Kaltendvergütung relevant) werden mikroskopisch kleine Risse, sogenannte Mikrorisse, (die infolge Kerbwirkung die Festigkeit negativ beeinflussen) mit Metalloxiden verfüllt. Auf die heißen Flaschen werden nach der Blasstation beispielsweise $TiCl_4$ bzw. $ZnCl_4$ aufgesprüht, die dann zu TiO_2 bzw. ZnO_2 oxidiert werden. Der unmittelbare Verschlussbereich wird nicht vergütet (Korrosionsgefahr bei Kronenkorken), hier dürfen es max. 10 CTU (Coating Thickness Units) sein.

Die Mindestbeschichtungsstärke der Heißendvergütung soll ≥ 20 CTU betragen.

Zusätzlich kann eine Kaltendvergütung in Form einer Beschichtung mit Polymeren (zum Beispiel PE-Dispersionen) die Oberfläche schützen. Die Beschichtung ermöglicht auch eine Verringerung der Wanddicke und damit der Tara.

Die Vergleichmäßigung der Wanddicke durch das Enghals-Press-Blas-Verfahren statt des Blas-Blas-Verfahrens ermöglicht ebenfalls eine Reduzierung dieses Parameters [29].

Füllanlagen

Die alkalische Flaschenreinigung trägt die Kaltendvergütung aus PE-Dispersionen ab, ebenso auch im Laufe der Zeit die Heißendvergütung.

Eine Nachvergütung verbessert nicht nur das Erscheinungsbild der Flasche, sondern schützt auch die Heißendvergütung (wird aber aus Kostengründen selten praktiziert).

Die Behälterglasoberfläche wird durch mechanische Einflüsse, hohe Temperaturen und Chemikalienwirkung korrodiert („Scuffing"). Das Scuffing kann durch Reduzierung der mechanischen Beeinflussung (optimale Anlagengestaltung) und durch Anti-Scuffing-Additive reduziert werden. Ungünstig wirken sich auf Glas aus (nach [30]):

- Hohe pH-Werte ($\geq 9{,}8$);
- Reine NaOH-Lösung ohne Additive;
- Hohe Temperaturen;
- Lange Verweilzeiten;
- Geringe Wasserhärte;
- Hohe Phosphat- und Carbonat-Gehalte;
- Sequestrierende Agentien (sie entfernen Ca- und Mg-Ionen).

Günstig für die Scuffing-Vermeidung sind:
- Dispergierend wirkende Agentien;
- Die Dosierung von Anti-Scuffing-Additiven;
- Minimierte pH-Werte;
- Minimierte Temperaturen;
- Minimierte Einwirkungszeiten;
- Eine höhere Wasserhärte.

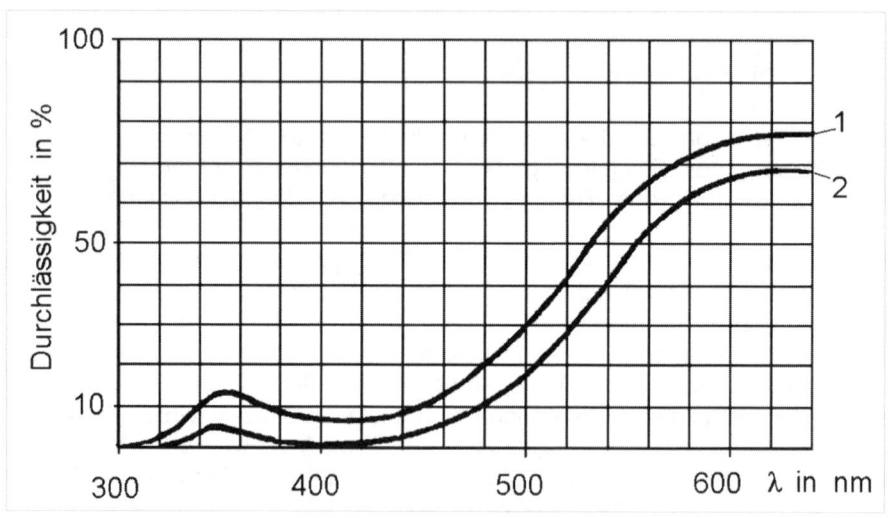

Abbildung 14   Durchlässigkeits-Grenzkurven für Braunglas (nach [31])
   1 oberer Grenzwert **2** unterer Grenzwert

Der Lichtschutz des Glases bzw. seine Transmission wird von der Glasfarbe bestimmt. Die Absorption des kurzwelligen Lichtes ist bei braunem Glas am Günstigsten, wie die Abbildung 14 und Abbildung 15 zeigen. Ziel ist eine minimale Transmission von Licht mit einer Wellenlänge von 300...500 nm. Die Glasdicke ist umgekehrt proportional zur Transmission.

Glas (weiß, grün) kann mit einem UV-Schutz in der Schmelze ausgerüstet werden. Ein vorhandener UV-Schutz kann durch Sensoren erkannt werden.

5.2.3 Kunststoffe

Nach Versuchen mit PVC-Flaschen in den 1960er Jahren wurden weitere Kunststoffe auf Eignung getestet. Als brauchbar stellten sich heraus: Polyethylenterephthalat (PET), Polyethylennaphthalat (PEN), Polyethylen (PE), Polypropylen (PP), PAN (Polyacrylonitril) und Polycarbonat (PC). Ein neuer, biologisch abbaubarer Kunststoff ist PLA (Polylactitacid, Polymilchsäure) [32, 33], der sich für die Flaschenproduktion eignet (weitere Hinweise s.a. [34]).

Die *Rigello*-Flasche war der erste Versuch, ein dünnwandiges, papierversteiftes (gewickeltes) PVC-Gebinde zu entwickeln.

Für Getränkeflaschen für Bier, Mineralwasser, AfG, Spirituosen, Wein sind nur PET und PEN mehr oder weniger geeignet. PC wird für Milchflaschen eingesetzt. PE und PP werden insbesondere als Verbundwerkstoffe (mit Pappe, Papier, Karton und Alu-Folie) verwendet.

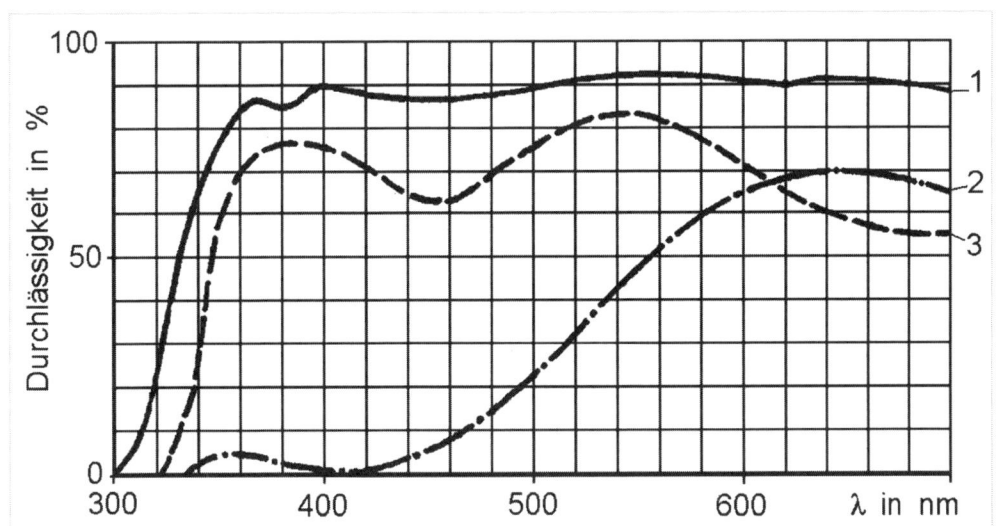

Abbildung 15 Lichtdurchlässigkeit der Glasfarben Weiß (**1**), Braun (**2**) und Grün (**3**), (nach [31])

Vorteilhaft sind bei den genannten Kunststoffen die geringe Masse, die Festigkeit, die relativ gute Verarbeitbarkeit zu Flaschen, die geringe Bruchgefahr und es besteht fast keine Unfallgefahr.

Bezüglich der Lichttransmission gelten die gleichen Forderungen wie unter Glas dargestellt. Zu beachten ist dabei, dass die Wanddicke der Kunststoffflasche gering ist und die Kunststoffe trotz Einfärbung nur einen geringen Lichtschutz besitzen, da sie im interessierenden Spektralbereich ein relatives Transmissionsmaximum haben. Es ist gegenüber Einwegglasflaschen um etwa den Faktor 3 größer [36], s.a. Abbildung 16.

Füllanlagen

5.2.3.1 Gaspermeation

Negativ sind die große Gaspermeation der Kunststoffe, die geringe Temperaturbeständigkeit und die Migrationsfähigkeit einzuschätzen. Hinzu kommen die relativ hohen Kosten des Werkstoffes und der Flaschenherstellung. Diese sind in durch Fortschritte in der Fertigung jedoch bereits gesunken und lassen sich sicher weiter reduzieren. Die Recycelbarkeit ist prinzipiell gegeben, praktisch scheitert sie an den hohen Kosten, wenn das Recyclat für neue Flaschen genutzt werden soll. Geringerwertige Produkte können gefertigt werden, im Allgemeinen bleibt oft nur die thermische Entsorgung.

Bezüglich der nutzbaren Temperaturgrenze (wichtig für die Reinigung von Mehrweg-Flaschen) sind weitere Verbesserungen bei PET und PEN zu erwarten.

Eine Reduzierung der Permeation kann nur erreicht werden durch:
- Größere Wanddicken (praktisch aus Kostengründen nur bedingt realisierbar);
- Beschichtung mit Werkstoffen mit großem Permeations-Widerstand;
- Mehrschichtige Verbundwerkstoffe mit Barriere-Schichten aus Materialien mit hohem Permeationswiderstand;
- Mehrschichtige Verbundwerkstoffe mit Scavenger-Schicht;
- Homogene Mischungen der Werkstoffe mit Scavengern (Blends).

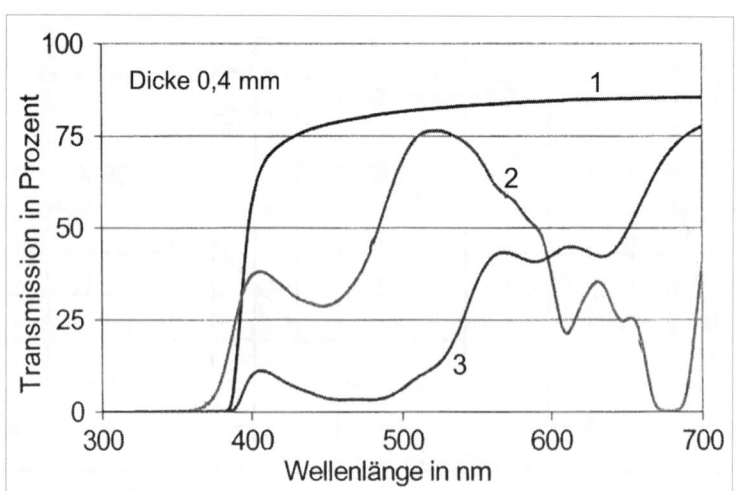

Abbildung 16   Lichtdurchlässigkeit von Kunststoffflaschen (Fraunhofer-Institut Verfahrenstechnik und Verpackung, ref. d. [35])
1 PET (weiß)   **2** PET (grün)   **3** PET (braun)

Die Verwendung metallischer Schutzschichten wird bei Flaschen bisher nicht praktiziert.

Die gute Permeation der Kunststoffe ist ein wesentlicher Punkt, der gegen den Einsatz von PET für Bier spricht. Dabei stört vor allem die Sauerstoff-Permeation aus der Umgebungsluft. Die CO_2-Verluste sind dagegen bedingt tolerierbar. Der Werkstoff PEN ist diesbezüglich wesentlich günstiger als PET, aber auch viel teurer.

Die Permeation ist werkstoffspezifisch und temperaturabhängig, ebenso ist sie dem Partialdruck des Gases proportional. Der Wassergehalt des Kunststoffes beeinflusst ebenfalls den Permeationskoeffizienten erheblich. Die Bezugswerte müssen deshalb stets mit angegeben werden.

In Tabelle 6 sind Permeationskoeffizienten genannt, aus denen sich die Gaspermeationsmenge bei bekannter Oberfläche des Packmittels unter Beachtung der Temperatur und des Gas-Partialdruckes berechnen lässt.

In Tabelle 8 sind die maximal möglichen Temperaturen bei der Reinigung und Abfüllung ersichtlich. Diese sind unter anderem eine Funktion des kristallinen Anteils im Kunststoff. Bei PET ist noch eine Verbesserung zu erwarten, PEN ist günstiger.

Die Permeationskoeffizienten verschiedener Gase stehen in einem bestimmten Verhältnis, das nicht vom Kunststoff abhängt. Nur Wasserdampf macht davon eine Ausnahme. Daraus folgt, dass bei Kenntnis des Permeationskoeffizienten eines Gases die Koeffizienten für andere Gase abgeschätzt werden können.

Wird der O_2-Permeationskoeffizient als Bezug genommen, ergeben sich folgende Verhältnisse (ref. durch [36]):

$O_2 : N_2 : CO_2$ = 1 : 0,2-0,3 : 3-4

Die Permeation eines Gases kann durch das erste *Fick*'sche Gesetz beschrieben werden:

$$J = A \cdot D \frac{\Delta c}{l} \quad \text{Gleichung 1}$$

J = Gasdurchlässigkeit des Packstoffes in ml Gas/d
A = Permeationsfläche in cm^2
D = Diffusionskoeffizient in cm^2/d bzw. $cm \cdot cm^3/(d \cdot cm^2)$
Δc = Konzentrationsdifferenz in ml Gas/cm^3
l = Packstoffdicke in cm

Die gelöste Gasmenge bestimmt sich zu:

$$c = S \cdot p \quad \text{Gleichung 2}$$

c = gelöste Gasmenge in ml Gas/cm^3
S = Löslichkeitskoeffizient des Gases in ml Gas/($cm^3 \cdot$bar)
p = Partialdruck des Gases in der Gasphase in bar

Wird Gleichung 2 in Gleichung 1 eingesetzt, wird Gleichung 3 erhalten:

$$J = A \cdot D \cdot S \frac{\Delta p}{l} \quad \text{Gleichung 3}$$

Wird nun P = S · D gesetzt, folgt Gleichung 4:

$$J = A \cdot P \frac{\Delta p}{l} \quad \text{Gleichung 4}$$

J = Gasdurchlässigkeit des Packstoffes in ml Gas/d
A = Permeationsfläche in cm^2
P = Permeationskoeffizient in ml Gas·cm/($cm^2 \cdot d \cdot bar$)
l = Packstoffdicke in cm
Δp = Partialdruckdifferenz des Gases in bar

Der Permeationskoeffizient wird üblicherweise in Milliliter Gas·100 µm/($m^2 \cdot d \cdot bar$) angegeben, die Schichtdicke wird dann in Mikrometern eingesetzt. Je nach den verwendeten Maßeinheiten und den Bezugswerten für Temperatur und relative Feuchte

Füllanlagen

für P muss umgerechnet werden. Zu weiteren Einzelheiten muss auf die Literatur verwiesen werden [37], [39].

Werden mehrere Werkstoffe kombiniert (Verbundwerkstoffe, Multilayer-Kunststoff), dann muss der Gesamt-Permeationskoeffizient P_{ges} berechnet werden, der dann ebenso wie l_{ges} in Gleichung 4 eingesetzt wird:

$$P_{ges} = \frac{l_{ges}}{\frac{l_1}{P_1} + \frac{l_2}{P_2} + \frac{l_n}{P_n}} \qquad \text{Gleichung 5}$$

Der Permeationskoeffizient ist gasspezifisch, werkstoffspezifisch, temperatur- und vom Wassergehalt abhängig (s.a. Tabelle 6 und Tabelle 7).

Einige der genannten Werkstoffe dürfen das Füllgut nicht kontaktieren oder sind hygroskopisch. Sie müssen deshalb zwischen inerten Packstoffschichten angeordnet werden (Multilayer-Technik). Das Gleiche gilt für die Scavenger-Dosierung, die den Sauerstoff chemisch bindet (s.a. Kapitel 5.3.6.1).

Multilayer-Packmittel sind ebenso wie beschichtete Werkstoffe nur bedingt recycelbar.

5.2.3.2 Beschichtungen

Beschichtungen können auf der inneren Oberfläche des Packmittels aufgebracht werden, um die Permeation der Gase zu verringern (das Beschichten der äußeren Oberfläche ist zwar prinzipiell möglich, wird aber nicht mehr praktiziert, da wesentliche Nachteile resultieren: mechanische Beschädigung, Abrieb, im Werkstoff gelöste Gase werden nicht eliminiert). Sie zeichnen sich durch kleine Permeationskoeffizienten aus. Die technische Realisierung wird seit Ende der 1990er Jahre betrieben. Vor allem die Plasmatechnik erscheint Erfolg versprechend.

Die Beschichtung der Innenwand eines Packmittels bietet den Vorteil, dass die im Kunststoff gelöste Sauerstoffmenge ohne direkten Einfluss bleibt, d.h., dass diese Flaschen bedingt auf Vorrat produziert werden können im Gegensatz zu einer eventuellen Außenbeschichtung, bei der der im Packstoff gelöste Sauerstoff direkt in das Getränk diffundiert.

Nur bei der direkten Füllung der Gebinde nach der Blasmaschine kann dies vernachlässigt werden.

Als Sauerstofflöslichkeit werden für PET unter atmosphärischen Bedingungen 0,012 ml O_2/g PET ≙ 0,017 mg O_2/g PET angegeben [38].

Ein Problem besteht in der O_2-Lösung im Werkstoff der Preforms bzw. fertigen Flaschen vor der Füllung. Es muss davon ausgegangen werden, dass der PET-Kunststoff nach kurzer Zeit mit Sauerstoff gesättigt ist (s.a. Tabelle 9). Dieser wird nach der Füllung an das Füllgut abgegeben und reagiert mit den Bierinhaltsstoffen. Ein analytischer Nachweis des entlösten Sauerstoffs ist relativ kompliziert. Dieses Problem tritt bei allen Multilayer-Flaschen, Flaschen mit Außen-Beschichtung und bei den Monolayer-Flaschen (auch mit Scavenger-Zusatz) sowie Verschlüssen auf.

Flaschen mit einer Innenbeschichtung, die unmittelbar vor der Füllmaschine aufgebracht wird, haben das Problem nicht oder nur eingeschränkt, weil der Sauerstoff erst die Beschichtung durchdringen muss.

Wird die Blasmaschine mit Preforms aus eigener Fertigung direkt beschickt, ist ebenfalls weniger O_2 gelöst (das PET-Granulat wird bei 180 °C ca. 6 Stunden lang getrocknet, dabei verringert sich die O_2-Löslichkeit/der O_2-Gehalt). S.a. Kapitel 19.

Tabelle 6 Permeationskoeffizienten von Packstoffen (ref. nach [36], [39], [40])
Bezugstemperatur 23 °C und 0 % relative Feuchte bei O_2 und CO_2

Kunststoff	Abkür-zung	O_2-Permeations-Koeffizient in ml·100 µm/(m²·d·bar)	CO_2-Permeations-Koeffizient in ml·100 µm/(m²·d·bar)	H_2O-Dampf-Permeations-Koeffizient in g·100 µm/(m²·d)
Polyethylen nied. Dichte	PE-LD	2000...2200	8200...8500	0,9...1,2
Polyethylen hoher Dichte	PE-HD	450...500	2300...2400	0,5
Polypropylen	PP	520...800	2800	0,6
Polypropylen, biaxial orient.	BOPP	250	760	0,3
Polystyrol	PS	1000...1100	6800...7800	15
Polyvinyl-chlorid	PVC	45...55	190	2...3
Polyvinyliden-chlorid	PVDC	2,5...4,0	10...15	< 0,1
Polyethylen-terephthalat	PET	15...20	55...65	1,8...2,2
Polyethylen-naphthalat	PEN	5	20	
Polycarbonat	PC	650...850	5200	nicht bestimmt
Polyamid	PA 5	10	20	
Ethyl-Vinyl-Alkohol-Copolymer	EVOH	0,1		
SiO_x		0,02		
Nylon MXD6		≈ 0,6		

Tabelle 7 O_2-Permeationskoeffizienten von Packstoffen (ref. nach [41], [40])
Bezugstemperatur 30 °C und 90 % relative Feuchte

Kunststoff	O_2-Permeations-Koeffizient in ml·100 µm/(m²·d·bar)
PET	21,7
PET/PEN (75/25)	14,6
PET/PEN (50/50)	12,2
PET/PEN (25/75)	8,7
PEN	5,5

Füllanlagen

Tabelle 8 Maximal zulässige Temperaturen für Kunststoffe

Kunststoff	Abkürzung	max. Abfülltemperatur in °C	max. Reinigungstemperatur in °C
Polyethylen niederer Dichte	PE-LD	75...100	
Polyethylen hoher Dichte	PE-HD	100	
Polypropylen	PP	100	
Polypropylen, biaxial orientiert	BOPP	100	
Polystyrol	PS	60...65	
Polyvinylchlorid	PVC	65	
Polyvinylidenchlorid	PVDC		
Polyethylenterephthalat	PET	65...(72)	58...(80)
Polyethylennaphthalat	PEN	100	< 85
Polycarbonat	PC	100	85

PEN schneidet bezüglich der Temperaturbeständigkeit deutlich besser ab als PET; nachteilig ist aber der höhere Preis.

Tabelle 9 Gelöster Sauerstoff in PET (nach [42]); die Umrechnung erfolgte mit einer Dichte von PET = 1,4 g/cm³ und Sauerstoff = 1,428 g/cm³
Der Druck bezieht sich auf einen Partialdruck des Sauerstoffs von 1 bar

Temperatur	Löslichkeit in cm³ O_2 /(cm³ · bar)	Löslichkeit in mg O_2 /(g · bar)
20 °C	0,07	≈ 0,071 *)
75 °C	0,03	≈ 0,031
100...140 °C	0,025	≈ 0,025
180 °C	keine Werte bekannt	

*) umgerechnet entspricht das 0,015 mg O_2 /(g · 0,209 bar), also ≈ dem oben von [38] genannten Wert, bezogen auf den atmosphärischen Druck von pO_2 = 0,209 bar

Die im Vakuum aufgedampften Beschichtungen sind zum Teil nicht homogen verteilt. Neben Unterschieden in der erzielten Schichtdicke können Fehlstellen vorhanden sein, an denen die Permeation vorrangig stattfindet.

Die zurzeit aktuellen Beschichtungsvarianten sind aus Tabelle 10 ersichtlich (einige Verfahren, wie z.B. Glaskin®, Sealica®, Bairocade®, sind bereits wieder vom Markt verschwunden).

Tabelle 10 Verbesserung der Barriereeigenschaften für Kunststoffflaschen (nach [38], [43], [44] und [45])

Verfahrens-bezeichnung	Hersteller	Barriereschicht	Verfahren	Systemdruck	Lage und Dicke der Schicht
DLC (Diamont Like Coating)	Kirin	amorpher Kohlenstoff	PCVD-Prozess (Plasma Chemical Vapor Deposition)	1 – 10 Pa	innen,
Actis™ (Amorphous Carbon Treatment on Internal Surface)	Sidel	wasserstoffhaltiger amorpher Kohlenstoff: $C_{0,59}H_{0,41}$	PICVD-Prozess *) siehe [44] *) Plasma Impuls Chemical Vapor Deposition	außen: ca. 5 kPa in der Fl. 10 Pa	innen < 0,15 µm
PLASMAX®	SIG Corpoplast [2]	SiO_X	PICVD-Prozess siehe [45]		
Starshield® Oxbar®	Constar	O_2-Scavenger in der Barriereschicht (PET-PA-PET)	Scavenger-Barriereschicht, Multilayer-Flasche		zwischen den PET-Schichten
Polyshield™	Invista™	PET + MXD6 [1]	Monolayer-Fl. [46]		Blend

1) PET mit 2 %, 5 % und 7 % MXD6-Anteil
2) Jetzt: KHS Corpoplast

5.2.4 Metallische Packstoffe

Aluminium nach DIN EN 541 wird in legierter Form für die Dosen- und Dosendeckelherstellung sowie die Fertigung von Anroll-Verschlüssen eingesetzt. Weitere Verwendung findet es für die Folienherstellung (Schmuckkapseln, Foliierung) und die Papierbeschichtung (Etiketten).

Zinn wird für die Weißblechfertigung genutzt und für die Herstellung von Schmuckkapseln (Wein-, Sekt-, Spirituosen-Flaschen).

Weißblech nach DIN EN 10202 wird für die Verschlussherstellung (Kronenkorken) und vor allem für die Dosenherstellung eingesetzt. Die Werkstoffoberfläche wird im Allgemeinen durch Lackbeschichtung gegen Korrosion geschützt. Weißblech für Kronenkorken wird mit Zinnauflagen nach Tabelle 11 eingesetzt.

Tabelle 11 Weißblech - Zinnauflage nach DIN EN 10202

Kurzzeichen	Beidseitige Nennauflage in g/m^2	untere Grenze der Zinnauflage in g/m^2
E 2.8/2.8	2,8	2,30
E 5.6/5.6	5,6	4,70
E 8.4/8.4	8,4	7,15
E 11.2/11.2	11,2	9,55

Zum Teil findet auch galvanisch spezial verchromtes Blech bzw. Band Verwendung ($\geq$ 50 mg/m^2, DIN EN 10202).

Die getränkeberührte Oberfläche von Dosen und Kronenkorken wird mit wasserlöslichen Epoxidharzlacken beschichtet, die Ofen härtend sind. Wichtig ist, dass aus diesen Beschichtungen keine Inhaltsstoffe an das Getränke abgegeben werden. Beispiele sind ortho-Phenylphenol (OPP) und Bisphenol-A-diglycidether (BADGE), die nachweisbar waren [47]. Hierzu ist auch die EU-Verordnung 2023/2006 zu beachten [48].

Bei metallischen Werkstoffen gibt es keine störende Permeation von Gasen.

5.2.5 Papier und Pappe

Die Begriffe für die Packstoffe Papier und Pappe sind in der DIN 6730 genormt.

Papier ist ein flächiger, im Wesentlichen aus Pflanzenfasern bestehender Werkstoff. Seine flächenbezogene Masse beträgt $\leq$ 225 g/m^2.

Hoch- und **Tiefdruckpapiere** sind für das jeweilige Druckverfahren speziell hergestellte Papiere.

Chromopapier ist ein Druckpapier, einseitig gestrichen, weiß oder farbig, Strichmasse mindestens 20 g/m^2. Die Oberfläche kann matt bis glänzend sein; lackierbar; bronzierbar, kaschierbar, auch nassfest und laugenfest.

Etikettenpapier ist ein Sammelbegriff für Papiere, deren Stoffzusammensetzung sich nach dem Verwendungszweck richtet. Sie müssen mindestens einseitig bedruckbar sein.

Karton ist ein flächiger, im Wesentlichen aus Fasern meist pflanzlicher Herkunft bestehender Werkstoff mit einer flächenbezogenen Masse von 150...600 g/m^2. Er ist steifer als Papier und fester als Pappe. Der Begriff wird nur im deutschen Sprachgebrauch benutzt.

Pappe ist der Oberbegriff für Vollpappe und Wellpappe.

Vollpappe ist eine massive Pappe mit einer flächenbezogenen Masse von > 225 g/m^2. Sie kann verschieden hergestellt werden.

Wellpappe ist eine Pappe, die aus einer oder mehreren Lagen gewellten Papiers, die auf eine Lage oder zwischen mehrere Lagen eines anderen Papiers oder Pappe geklebt ist, besteht. Es gibt einseitige, einwellige, zwei- und dreiwellige Wellpappe. Die spezifische Masse der Wellpappen konnte von 558 g/m^2 (1990) auf etwa 536 g/m^2 (2001) bei gleicher Festigkeit verringert werden. Wellenarten werden nach Tabelle 12 unterschieden.

Neuentwicklung sind die sogenannten Mikrowellpappen mit einer Wellenhöhe von etwa 0,5 mm.

Wichtige Prüfkriterien für Trays aus Wellpappe sind: flächenbezogene Masse, Kantenstauchwiderstand, Flachstauchwiderstand, Diagonalbiegesteifigkeit, Wasseraufnahmevermögen, Abmessungen.

Tabelle 12   Wellenart bei Wellpappe

Wellenart	Wellenhöhe in mm	
Grobwelle	A-Welle	4,0 - 4,8
Mittelwelle	C-Welle	3,2 - 3,9
Feinwelle	B-Welle	2,2 - 3,0
Feinstwelle	E-Welle	1,0 - 1,8

5.2.6 Prüfkriterien für Packstoffe

Wichtige Eigenschaften bzw. Prüfkriterien der Packstoffe sind beispielsweise:
- die flächenbezogene Masse,
- die vereinbarten Abmessungen,
- die Nassfestigkeit,
- die Laugebeständigkeit,
- die Reißfestigkeit,
- die Transparenz,
- die Oberflächenbeschaffenheit,
- das Wasseraufnahmevermögen,
- der Kantenstauchwiderstand und
- der Flachstauchwiderstand.

5.3 Packmittel

5.3.1 Allgemeine Hinweise

Packmittel dienen dem Transport des Getränks zum Verbraucher ohne Qualitätseinbuße. Wichtige Packmittel sind Flaschen, Dosen und Kunststoffflaschen sowie Fässer und Kegs (s.a. Abbildung 12).

Flaschen können Einweg- und Mehrweg-Packmittel sein, Dosen sind immer Einweg-Packmittel. Die Verschlüsse der Flaschen und Dosen zählen ebenfalls zu den Packmitteln.

Die sogenannte Transport- oder Umverpackung (Kästen, Kartons, Wrap-Around-Packungen, Trays, Multipacks), die Einzelpackungen zu transportfähigen Packeinheiten zusammenfasst, zählt ebenfalls zu den Packmitteln. Dazu gehören auch Paletten und die Ladungssicherung (Folien, Schnüre, Bänder).

Packmittel können als Maßbehältnis gefertigt und nach Füllhöhe gefüllt werden. Maßbehältnisse müssen als solche kenntlich sein oder geeicht werden, sie müssen formbeständig sein, z.B. Glasflaschen (s.a. Abbildung 17). Sind sie kein Maßbehältnis, muss die Füllung als Maßfüllung nach Masse oder Volumen erfolgen. Die zulässigen Toleranzen der Füllmenge ergeben sich aus der Fertigpackungsverordnung [49].

Die Problematik der Packmittel aus ökologischer Sicht wurde bereits in der Einleitung angesprochen (s.a. [19]). Die Entsorgung der Einweg-Packmittel erfolgt zurzeit in Deutschland teilweise durch das Duale System Deutschland (DSD; „Grüner Punkt"). Dabei wird die Tara für die Berechnung des Entsorgungsbeitrages genutzt (Glas schneidet deshalb ungünstig ab). 2006 ist ein neues Pfandsystem in Kraft getreten. Danach sind nur noch Flaschen für Fruchtsäfte, Diätetische Getränke, Nektare und Wein pfandfrei. Auf alle anderen Getränke in EW-Packungen wird Pfand erhoben. Für das Rücknahmesystem wurde die Deutsche Pfandsystem GmbH (DPG) gegründet, über die die Pfandbeträge verrechnet werden. Der Getränkehandel hat ein Rücknahmesystem installiert. Zu Einzelheiten wird auf [50] verwiesen.

Der wesentliche Vorteil des Mehrwegsystems „Glasflasche" beruhte in der Vergangenheit auf wenigen Flaschenformen, nur einer Glasfarbe je Flaschenform und einem Einheitskasten aus PE. Die Einführung zahlreicher neuer Flaschenformen, zum Teil als Individualflaschen der Abfüller, auch mit Relief-Prägungen, und der Übergang zu Individualkästen hat die Effizienz des Mehrwegesystems in Frage gestellt. Die Folgen dieser Entwicklung sind kostenintensive Sortieranlagen mit erheblichem Flächenbedarf.

5.3.2 Flaschen aus Glas

Flaschen aus Glas für Getränke werden als Einweg- und Mehrweg-Packmittel genutzt. Der Einwegflaschenanteil ist in Deutschland stark zurückgegangen, vor allem wegen der Einführung des Einwegpfandes und weil die Kosten für das Entsorgungssystem DSD („Grüner Punkt") relativ hoch sind, da die Tara der Flaschen gegenüber anderen Packmitteln groß ist.

Wichtige Mehrweg-Bierflaschenformen sind gegenwärtig die 0,33-l-Steinie-Flasche, die 0,5-l-NRW-Flasche (die so genannte Verbandsflasche der deutschen Brauwirtschaft) [51], die 0,33-l- und die 0,5-l-Ale-Flasche sowie deren Modifikation „Longneck"-Flasche aus braunem Glas und die 0,33-l-Vichy-Flasche (nach DIN 6075-1 und -2). Die 0,5-l-Flasche nach Euroform 2 (DIN 6198) wird nur noch wenig genutzt, sie hat im Prinzip den Status einer Individualflasche erreicht.

Von einigen Brauereien wird eine weiße 0,33-l-Flasche mit UV-Schutz eingesetzt, aber es sind auch Flaschen ohne UV-Schutz im Umlauf. Mit dem UV-Schutz kann jedoch nur die Autoxidation gehemmt werden, der Lichtgeschmack kann nicht vollständig verhindert werden [52].

Die Einwegflaschen nach den Formen Standard II, III (DIN 6193) und IV werden ebenso wie die o.g. Flaschen, für die keine DIN-Normen angegeben werden können, und die gegenwärtig verstärkt eingesetzten Individualflaschen bzw. Individual-Relieflaschen nach Werkstandards bzw. den Standardblättern der BV Glas [53] gefertigt.
Wichtig ist bei der Flaschenfertigung die Beachtung der DIN 6129 [54].

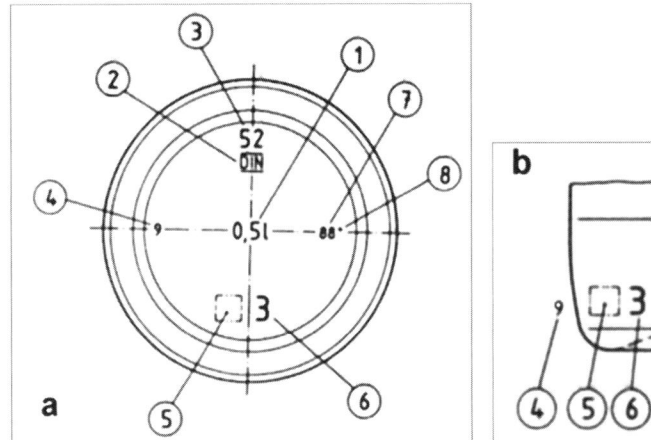
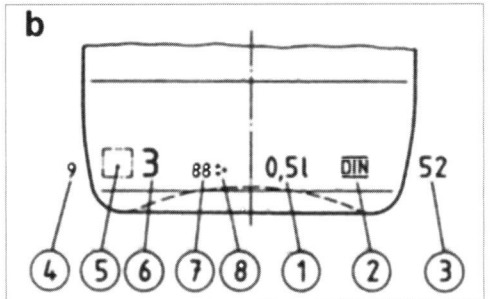

Abbildung 17 Kennzeichnung der Flaschen als Maßbehältnis nach DIN 6121
a Kennzeichnung am Boden b Kennzeichnung am Flaschenfuß
1 Nennvolumen 2 DIN-Zeichen (es entfällt in Kürze) 3 Soll-Randvollvolumen in Centilitern 4 Produktionsschlüssel 5 Herstellerzeichen 6 Kennzeichen für Maßbehältnisse 7 Herstellungsjahr (im Beispiel 1988) 8 Herstellungsquartal (im Beispiel 3. Quartal)

Kennzeichnung der Flaschen

Die Glasflaschen müssen gemäß DIN 6121 als Maßbehältnis gekennzeichnet sein (ein senkrecht stehendes Zeichen, ähnlich „m"; Flaschen mit einem Inhalt von $\leq$ 50 ml werden mit „M" als Maßbehältnis gekennzeichnet). Die Kennzeichnung erfolgt am Boden oder am Flaschenfuß (s.a. Abbildung 17). Weitere Pflichtangaben sind der Nenninhalt in Litern, das Randvoll-Volumen (Bruttofüllvolumen) in Centilitern und das Herstellerkurzzeichen. Daneben können Angaben zur Produktionszeit (Kalenderwoche, Monat, Jahr), zur Liniennummer und andere Angaben erfolgen, zum Teil kodiert.

Die Zeichen- bzw. Buchstabenhöhe (4 mm bei Bierflaschen) muss so gewählt werden, dass die automatische Leerflaschenkontrolle nicht beeinträchtigt wird (beispielsweise in Flachgravur, ca. 0,3 mm tief in der Form).
Beispiel NRW-Flasche: Nennfüllvolumen: 0,5 l
                       Bruttofüllvolumen: 52 $\triangleq$ 0,52 l = 520 ml

Das Leerraumvolumen der gefüllten Flasche wird mit 4 % vom Nennfüllvolumen festgelegt. Dieser Leerraum ist erforderlich, um auch bei Erwärmung den Innendruck bei CO_2-haltigen Getränken nicht über die Mindest-Innendruckfestigkeit ansteigen zu lassen. Im obigen Beispiel sind das 4 % von 500 ml = 20 ml.

In der neuen Ausgabe der DIN 6121 (05/2008) entfällt das DIN-Zeichen (Pos. 2). Statt des Randvollvolumens (Pos. 3) kann die dem Nennvolumen entsprechende Füllhöhe angegeben werden (Abstand des Flüssigkeitsspiegels vom oberen Rand in Millimetern; Ziffer und Maßeinheit). Die Angabe der Pos. 4, 7 und 8 in Abbildung 17 ist optional. Die Angabe des Herstellungsquartals (Pos. 8) wurde geändert: zum Bespiel für 2009:1. Quartal: 09 (ohne Punkt); 2. Q.: 09.; 3. Q.: 09: und 4. Q.: 09:. (drei Punkte).

Die Angabe der Pflichtzeichen erfolgt auf dem Boden oder dem halben Umfang einer Formhälfte.

Flaschenfarben: üblich sind weiß ($\hat{=}$ farblos), braun und grün, z.T. auch blau

Etikettenklebefläche
Der Durchmesser der Flaschen im Bereich der Etiketten wird etwas geringer ausgeführt als am Boden und Hals der Flasche, um das Etikett zu schützen. Die Verdickung wird auch als Reibring bezeichnet.

Die Flaschen berühren sich also nur an den Reibringen des Körpers oben und unten. An den Berührungsflächen bilden sich Abrieb- oder Zerkratzungsringe aus („Scuffing"), deren Breite von der Zahl der Umläufe und von der Anlagengestaltung abhängig ist. Die Abriebringe, auch als „Reiberinge" bezeichnet, sind unansehnlich; sie können durch Nachvergütung mit PE-Emulsionen kaschiert werden.

Das ursprüngliche Vorhaben mit der sogenannten „Verbandsflasche", zerkratzte Flaschen oder Flaschen mit einer bestimmten Abriebringbreite auszusondern, wurde vor allem aus Kostengründen nicht realisiert.

Innendruckfestigkeit
Die Mindest-Innendruckfestigkeit gebrauchter Bier-Flaschen muss bei 10 bar liegen. Nach neueren Erkenntnissen besteht kein Zusammenhang zwischen der Abriebringbreite mehrfach benutzter Flaschen und der Innendruckfestigkeit.

Fehler bei Glasflaschen: die Prüfkriterien und die messbaren und visuell erkennbaren Qualitätsmerkmale werden in den „STLB für Bierflaschen" (s.a. Tabelle 3) genannt.

Wichtige Prüfkriterien sind: das Randvoll-Volumen, die Höhe, der Durchmesser, die Achsabweichung und Mündungsschiefe, die Maßhaltigkeit der Mündung, die Innendruckfestigkeit, die Temperaturwechsel-Beständigkeit, die Schlagfestigkeit, die Glasfarbe, die Heißendvergütung.

Fabrikationsfehler sind unter anderem Glasfäden in der Flasche („Affenschaukeln"), Glasspitzen oder -zapfen, Grate am Innenrand der Mündung, Mündungsfehler, zu hohe Formnähte, unebene Standflächen, Blasen, Narben, Falten, „Orangenhaut". Ein Teil der Fehler führt zu Ausschuss. Beispielsweise können Innengrate an der Mündung beim Verschließen abbrechen und zu Glasteilchen in der verschlossenen Flasche führen! Diese Fehler können mit der brauereiüblichen Inspektionstechnik nicht gefunden werden. Moderne Glashütten müssen daher mit der entsprechenden Inspektionstechnik ausgerüstet sein.

Weitere Hinweise zu dieser Thematik sind in der Literatur zu finden, zum Beispiel [55].

Nocken für die Zentrierung
Flaschen können für die Ausrichtung in Ausstattungsanlagen am Boden oder an der Peripherie mit Nocken ausgerüstet werden. Bodennocken sind Vertiefungen, mit denen die Flasche nach der Drehung formschlüssig festgehalten wird. Nocken an der Peripherie können als Negativ- und seltener als Positiv-Nocken gestaltet werden. Beim Drehen der Behälter durch Abrollen werden sie nach dem Formschluss arretiert (s.a. Kapitel 23, Abbildung 436).

Tendenzen der Glasflaschenentwicklung
Der Trend geht zur leichten Flasche, die gegen mechanische äußere Einflüsse (Schlag, Stoß, Zerkratzungen) geschützt wird, beispielsweise durch eine Polymerbeschichtung. Geringere, aber gleichmäßige Wanddicken steigern den Gebrauchswert. Zurzeit werden ca. 300 g/0,5-l-EW.-Fl. erreicht [56]. Glasflaschen dominieren gegenwärtig bei Bier (Mehrwegflasche), Wein, Sekt und Schaumwein, Spirituosen.
Bei Glasflaschen gibt es keine Permeations- und Migrationsprobleme.

Aktuell ist ein Trend zur Individualflasche, meistens mit Firmenlogo (Embossing), erkennbar. Da die Flaschen nach individuellen Vereinbarungen mit dem Flaschenhersteller gefertigt werden, werden auch funktionell wichtige Maße individuell festgelegt. Deshalb sind auch die Schablonen zur Füllmengenbestimmung nicht mehr allgemeingültig, sie müssen individuell angepasst werden.

Die aus Marketinggründen verständliche Entwicklung zur Individualflasche bedeutet aber im MW-System einen nicht unwesentlich erhöhten Sortieraufwand und damit eine Kostenerhöhung! Die Frage zum Übergang auf EW-Flaschen ist deshalb berechtigt.

5.3.3 Flaschen aus Kunststoffen

Die Vorteile der Kunststoffflaschen werden vor allem in ihrer geringen Masse, der beträchtlichen Festigkeit und der fehlenden Verletzungsgefahr gesehen (das Einsatzspektrum reicht gegenwärtig von 0,25 l bis 5 l). Diese Aspekte kommen insbesondere den Einweg-Packungen zugute. Im Mehrwegbereich werden PET-Flaschen aus denselben Gründen für AfG eingesetzt.

Dominierender Packstoff ist Polyethylenterephthalat (PET). Günstigere Eigenschaften bezüglich der unerwünschten Permeation besitzt Polyethylennaphthalat (PEN), es ist auch temperaturbeständiger (Reinigung), aber teurer.

Die Anwendung der Multilayer-Technik ermöglicht es, Sperrschichten zwischen zwei oder mehrere PET-Schichten einzubringen. Als Sperrschicht eignen sich Kunststoffe mit geringen Diffusionskoeffizienten, beispielsweise Ethyl-Vinyl-Alkohol-Copolymer (EVOH), Polyamide (Nylon 66, Nylon 6, MXD6), s.a. Tabelle 6 (Kapitel 5.2.3.2), aber auch Scavengerschichten, die den Sauerstoff chemisch binden (Scavenger siehe Tabelle 17, Kapitel 5.3.6.1).

Scavenger können auch bei Monolayer-Flaschen zur Anwendung kommen als Zumischung („Blends") bei der Preformfertigung [46].

Bedingt durch die Aktivierung des Scavengers durch Feuchtigkeit setzt die Aktivierung bereits durch die Luftfeuchte nach der Fertigstellung der Preforms bzw. der Flasche ein. Die Lagerzeit der Preforms und insbesondere der Flaschen ist also begrenzt, sie sollte 7 Tage nicht überschreiten [57]. Alternativ müssen Preforms unter Schutzgas gelagert werden (N_2 oder CO_2). Die gleichen Aspekte müssen bei der Lagerung der Verschlüsse mit Scavenger-Schichten beachtet werden.

Die Scavenger-Wirkung bei Blends aus PET und MXD6 wird durch Cobaltsalze aktiviert. Der Scavenger ist also bereits bei der Preformherstellung aktiv. Durch die Dosagemenge an Co-Salzen kann die Aktivität gesteuert werden [46].

Multilayer-Flaschen sind wenig formstabil. Bei äußeren Belastungen durch Stoß und Druck neigen sie zum Delaminieren. Deshalb werden vorzugsweise Air-flow-Transportsysteme eingesetzt.

Das Recycling ist bei Multilayer-Flaschen nur bedingt möglich.

In einer anderen Variante werden die PET-Flaschen mit einem besonderen Werkstoff beschichtet, der eine sehr geringe Permeationsrate besitzt, s.a. Tabelle 10. Die allein sinnvolle Innenbeschichtung bietet Vorteile, da der im Kunststoff gelöste Sauerstoff nicht so schnell in das Getränk diffundieren kann (s.a. Kapitel 19.4).

Aus demselben Grund sind Füllanlagen mit integrierter Kunststoffflaschenfertigung vorteilhafter als die Verwendung vorgefertigter Flaschen, weil bei frisch geblasenen Flaschen die Sauerstofflöslichkeit praktisch keine bzw. eine geringe Rolle spielt.

PET-Flaschen für höhere Temperaturen

Der Werkstoff PET kann für die Nutzung bei höheren Temperaturen durch Einflussnahme auf die Kristallinität angepasst werden (z.B. für die Heißabfüllung) [58].

Recycling von PET-Flaschen

Prinzipiell ist das Recycling möglich, es wird bei sortenreiner Erfassung der Flaschen erleichtert. Ein etabliertes System stellt PETCycle® dar, das vor allem im Bereich AfG betrieben wird [59]. Über weitere PET-Recycling-Prozesse wird in [60] berichtet.

In der Regel werden zurzeit PET-Flaschen nur kompaktiert und oft thermisch entsorgt.

MW-Kunststoffflaschen

Problematisch sind Mehrweg-Kunststoffflaschen bezüglich des Scuffings, der gegenwärtig nur geringen Reinigungstemperatur (< 60 °C, zum Teil auch schon ≤ 75 °C) und der nicht gegebenen Formstabilität (Schrumpfung). Deshalb werden PET-Flaschen mit ≥ 1 Liter Inhalt vorzugsweise mit Maßfüllmaschinen gefüllt.

Ein weiteres Problem des Werkstoffes ist die Korrosionsneigung, verursacht durch mechanische, thermische und chemische Beanspruchungen.

Beim Verschluss mit Kronenkorken erfordern Kunststoffflaschen angepasste Verschließorgane. Die Schraubverschlüsse erfordern zusätzlichen Aufwand bei der Sauerstoffentfernung und gegen dessen Permeation.

Ein anderes Problem stellt das Schimmelwachstum dar. Die Schimmelreste lassen sich nicht oder nur teilweise aus der Flasche entfernen. Ursache hierfür ist die Werkstoffstruktur der Kunststoffe.

Die Migration der Oberfläche bedingt, dass Flaschen immer nur mit dem gleichen Getränk gefüllt werden können. Mehrweg-Flaschen für verschiedene Getränke müssen also unverwechselbar und sortierfähig sein (z.B. nach Form, Größe, Farbe).

Bei Mineralwasserflaschen (für CO_2-haltiges Wasser) kommt der Acetaldehydgehalt im PET-Werkstoff als Problem hinzu (≤ 10 µg/l sind nur zulässig, die Geschmacksschwelle liegt bei 20 ppb).

Grundsätzlich lässt sich die Bildung von Acetaldehyd (AA) bei der Verarbeitung von Polyethylenterephthalat nicht vollständig vermeiden. Der AA-Gehalt im Preform respektive in der Flasche kann jedoch auf einen sehr geringen und damit sensorisch nicht mehr feststellbaren Wert minimiert werden, teilweise auch durch AA-Blocker.

Die richtige Kombination aus Maschinentechnik, Prozessführung, Rohstoff und ggf. Additiv spielt in diesem Zusammenhang eine entscheidende Rolle. Mit den richtigen Voraussetzungen lassen sich geschmacksneutrale PET-Behälter für geschmackssensible Füllgüter herstellen. Prinzipiell ist die schonende Aufbereitung des PET-Granulats bei der Herstellung von Preforms eine notwendige Voraussetzung für niedrige Acetaldehydgehalte.

Des Weiteren steht der AA-Gehalt in direktem Zusammenhang mit dem Materialtyp. Die Rohstoffhersteller bieten spezielle PET-Typen für Anwendungen wie Mineralwasser etc. an. Zusätzlich existieren auf dem Markt Additive, welche eine Reduzierung des AA-Gehaltes ermöglichen [61].

Während die PET-Flasche im AfG-Bereich für Einweg- und Mehrweg-Packungen bereits sehr verbreitet ist, ist die Anwendung für die Bierfüllung gegenwärtig noch nicht befriedigend gelöst:

- entweder ist die Sauerstoff-Permeation bei den derzeitig üblichen MHD-Fristen zu groß oder
- die Flaschen mit akzeptabler Sauerstoffpermeation sind zu teuer.

Hauptproblem hierbei ist, dass im Gegensatz zu EW-Flaschen, bei denen mit Beschichtungen, mit Barriereschichten oder mit Scavenger-Materialien die O_2-Einflüsse relativ gut beherrscht werden, diese Möglichkeiten zur Ausschaltung des O_2-Einflusses nicht nutzbar sind. MW-Flaschen aus PET, PEN oder anderen Kunststoffen sind sauerstoffgesättigt. Dieser reagiert dann mit den Bierinhaltsstoffen. Scavenger-Materialien sind also nicht einsetzbar bzw. wirken nur beim ersten Umlauf. Als Alternative würde sich nur eine jeweils neue Innenbeschichtung anbieten (dafür muss aber die Oberfläche nach der Flaschenreinigung trocken sein). Der CO_2-Verlust ist kalkulierbar und kann durch Barriereschichten beeinflusst werden.

Alternativ bietet sich bei MW-Kunststoffflaschen nur ein drastisch reduziertes MHD an.

Unterscheidungsmerkmale bei Kunststoffflaschen

Kunststoffflaschen werden in der Regel nach individuellen betrieblichen Standards gefertigt. PET-Flaschen-Formen sind nur unternehmensspezifisch standardisiert, z.B. die GDB-PET-Flaschen mit 1 Liter und 1,5 Liter Inhalt für Mineralwasser und AfG, die Flaschen für das PETCycle®-System oder Coca-Cola-MW-Flaschen.

Nur die Mündungsformen sind genormt (vorzugsweise wird der Durchmesser 28 mm benutzt, z.T. 38 mm; s.a. Kapitel 5.3.6.4). Wichtige Unterscheidungsmerkmale sind die Preform-Masse und die Maßnahmen zur Verbesserung der Barrierewirkung für O_2 und CO_2.

Ein weiteres Unterscheidungsmerkmal ist die Bodengestaltung. Überwiegend wird aus Stabilitätsgründen der Flaschen der Petaloid-Boden benutzt, alternativ der Champagnerflaschen-Boden (vor allem bei MW-Flaschen), s.a. Kapitel 19, Abbildung 340.

Entwicklungsziele bei PET-Flaschen

Im Vordergrund der Entwicklungen stehen:

- Die Reduzierung der Masse durch Optimierung der Flaschen- und Bodenform und des Gewindes (s.a. Kapitel 5.3.5);
- Die Verringerung der O_2- und CO_2-Diffusion.

Füllanlagen

Die Reduzierung der Masse ist deshalb bedeutsam, weil die Werkstoffkosten mit etwa 80 % an den Kosten einer PET-Flasche beteiligt sind (12 % Preform-Herstellung, ca. 8 % Blasen der Flasche) [62], [63].

Zurzeit werden weniger als 10 g als Masse für eine 0,5-l-Wasserflasche angegeben [64]. Nach [65] sind bereits 8,8 g bei einer 0,5-l-Flasche erreicht worden.

Flaschen aus PLA (s.a. Kapitel 5.2.3) werden zunehmend für stille Getränke eingeführt. Für CO_2-haltige Getränke ist der Werkstoff zurzeit jedoch nicht geeignet [66].

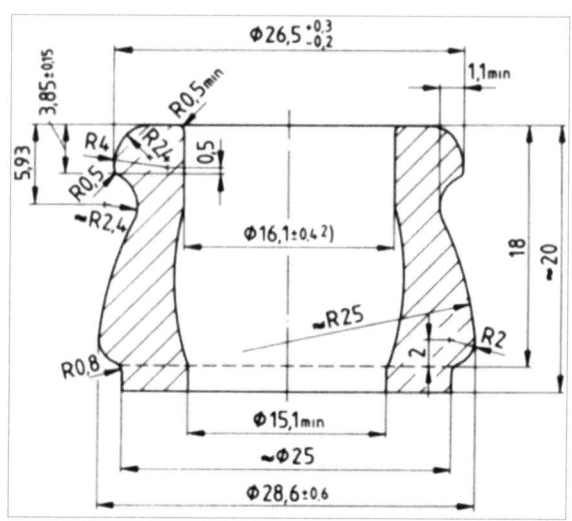

Abbildung 18 **a** *Kronenkorkmundstück nach DIN 6094-1*
Die wichtigen Änderung der Normen
DIN EN 14634 (Mundstück 26 H 180)
und
DIN EN 14635 (Mundstück 26 H 126)
sind:
Ø 26,5 mm jetzt: Ø 26,55 ± 0,25 mm
Ø$_i$ 16,1 mm jetzt: 16,5…18 mm bei
    einer Messtiefe von 3 mm
    z.T. werden auch bereits
    17 mm angegeben

Die Mündungsform A2 wurde gestrichen.

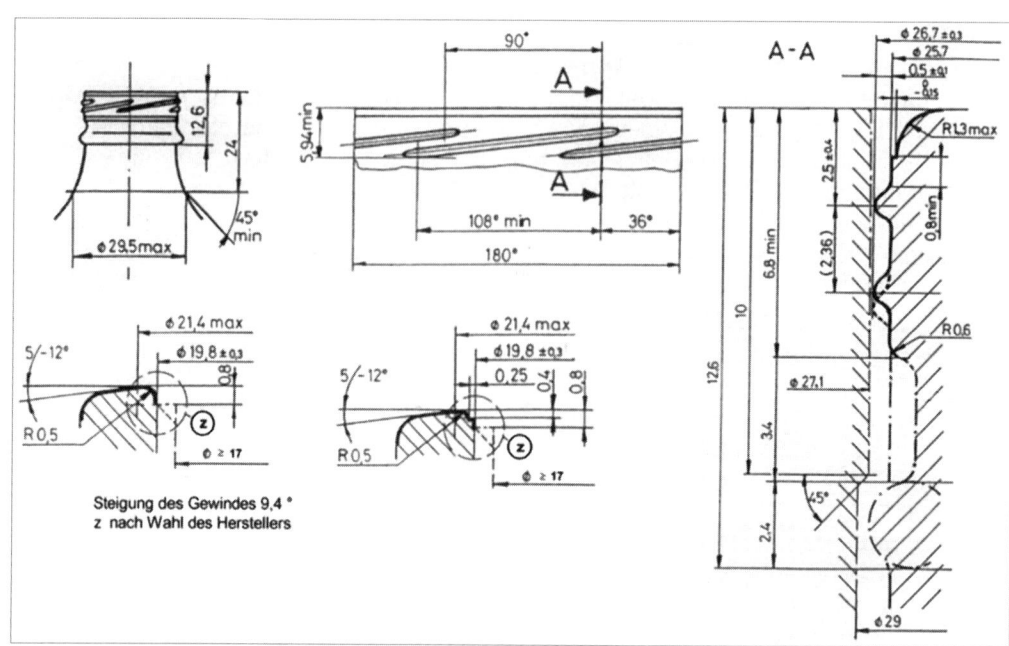

Abbildung 18 **b** *Drehkronenkork-Mundstück 26 H 126 nach Dokumentationsblatt GME 14.1 (CE.T.I.E.)*

5.3.4 Flaschen aus Aluminium

Aluminium-Flaschen in *Ale*-Form werden einteilig mit Schraubverschluss-, KK- und Bügelverschluss-Mündung gefertigt. Das Füllvolumen kann zurzeit im Bereich 200…500 ml liegen [67], [68].

5.3.5 Flaschenmündungen

Die Flaschenmündung ermöglicht das Verschließen mit einem Verschluss. Die Mündungen der Flaschen müssen in ihrer Geometrie auf den Verschluss korrekt abgestimmt sein, um die volle Funktion zu sichern, s.a. Punkt 5.3.6. Die Mündungen sind deshalb genormt bzw. standardisiert (s.a. Tabelle 13).

Das gilt insbesondere für Kunststoff-Schraubverschlüsse, deren Gewinde exakt auf das Mündungsgewinde abgestimmt sein muss. Bei Anrollverschlüssen wird das Gewinde beim Verschließvorgang erst entsprechend dem vorhandenen Mündungsgewinde gebildet.

Die Mündungsgewinde von Kunststoffflaschen werden mit vier oder mehr Schlitzen („Vent-Slots") versehen, über die der Überdruck beim Öffnen entweichen kann, ehe der Verschluss vollständig abgedreht wurde. Das so genannte Öffnungsverhalten ist ein wichtiges Kriterium bei der Beurteilung eines Verschlusses (wichtig vor allem bei größeren Flaschenvolumina).

Weiterhin bestehen im Bereich der Frucht- und Gemüsesaft-Abfüllung zahlreiche Weithalsmundstücke, die mit Nockenverschluss oder Mehrgang-Gewinde ausgestattet sind (z.B. DIN 5069 und verschiedene Werkstandards). Beispiele sind der Twist-Off- und der Press-On Twist-Off- Verschluss®.

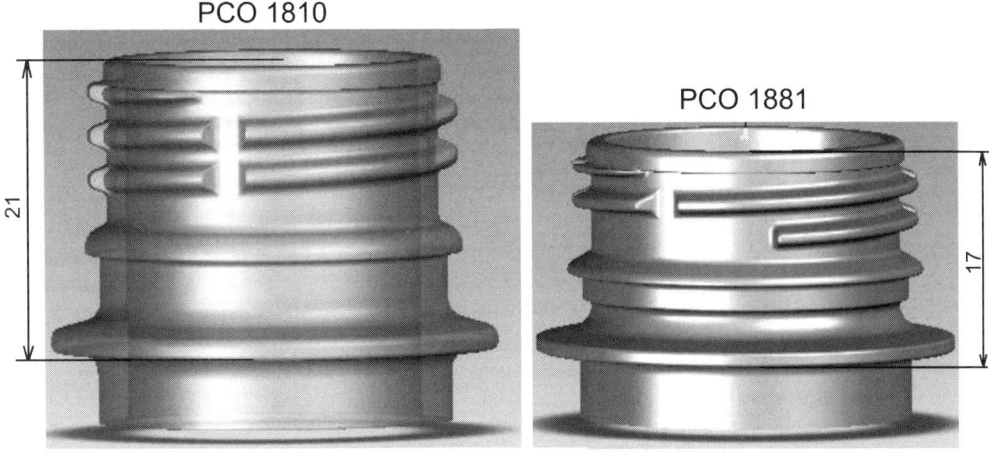

Masse in Gramm	PCO 1810 normale Mündung	PCO 1881 Kurzmündung	Einsparung je Verschluss
Mündung	5,05	3,74	1,31
Verschluss	3,00	2,40	0,60

Abbildung 19   Vergleich der Mündungen PCO 1810 und 1881 (nach Fa. Bericap)

Tabelle 13   Flaschenmündungen - eine Übersicht [2]

Name	Kurzzeichen	Norm DIN	Gewinde nach DIN	Characterist. Größen	Verwendung für
Kronenkorkmundstücke hohe Ausführung halbhohe Ausführung gekürzte Ausführung	Form A Form A1 Form A2	6094-1 [3] bzw. 26 H CE.T.I.E. [4]		Ø 26 mm; Höhe ≈ 20 mm Höhe ≈ 14 mm Höhe ≈ 12 mm	Glasflaschen
Drehkronenkork-Mundstück („Twist crown"-M.)		26 H 126 nach CE.T.I.E. – GME 14.1	4gängig	$Ø_{max}$ 26,7 ± 0,3	Glasflaschen
Bandmundstücke für Korken	D1 D2	DIN EN 12726		Ø 28 mm	Weinflaschen
Lochmundstücke für Bügelverschlüsse		6094-3		Ø 28	Glasflaschen
Mundstücke für Sekt- u. Schaumweinflaschen	Form K Form L	6094-5		für Kork für Kronenkork	Schaumweinflaschen
Pilferproofmundstücke		Standard, Deep, Extra Deep 6094-7			Spirituosen-Flaschen
Mundstücke für Außengewinde		6094-8			Anrollverschlüsse
Schraubmundstück 8 G für Glasflaschen mit Innendruck (8 Gewindegänge/Zoll)	MCA I, (MCA II), (MCA III)	6094-14		Ø 28	Anrollverschlüsse für Flaschen mit Innendruck
Mundstück MCA *) 7,5 R für Glasflaschen mit Innendruck (7,5 Gewindegänge/Zoll)	MCA 7,5-R	6094-12 nach Standardblatt DE 25, Bl. 1		Ø 28	Kunststoff- und Anrollverschlüsse für Flaschen mit Innendruck
Entwicklung der Fa. Alcoa in den USA für PET-Flaschen; erste PET-Mündung	1716	Trapezgewinde	1716 [1]	Ø 28 mm	Kunststoff- und Anrollverschlüsse für Flaschen mit Innendruck
Mündung für Kunststoffflaschen Entwicklung in GB (British Plastic Federation) [69] mit Halsunterstützungsring	BPF-C	Rundgewinde; Abmessungen ähnlich 1716	BPF [1]	Ø 28 mm	Kunststoff- und Anrollverschlüsse für Flaschen mit Innendruck
Mündung für Kunststoffflaschen (Plastic Closures Only) mit Hals-Unterstützungsring	PCO	Abmessungen und Form ähnlich 1716	PCO [1]	Ø 28 mm	nur für Kunststoffverschlüsse

*) MCA Metal Closed *Alcoa*   1) Die Mündungen werden von den Normstellen CE.T.I.E. [70] bzw. VMV [71] und ISBT [72] betreut   2) ohne Anspruch auf Vollständigkeit   3) zurückgezogen, aktuell sind seit 01/2005: DIN EN 14634 und DIN EN 14635   4) CE.T.I.E. GME 13.01 + 13.02

In Abbildung 18 bis Abbildung 21 sind Mundstücke für Flaschen als Beispiele dargestellt.

Neuere Entwicklungen haben zum Ziel, die Gewindelänge zu verkürzen, um die Flaschenmasse/Preformmasse zu reduzieren. Damit können auch Schraubkappen geringerer Höhe mit dem gleichen Vorteil eingesetzt werden (s.o.).

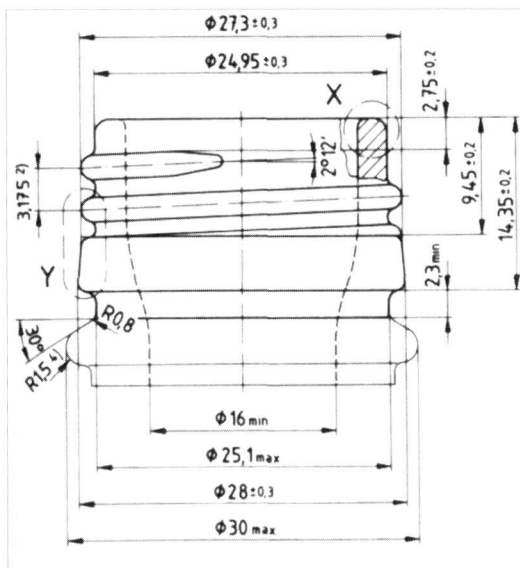

Abbildung 20   Schraubmundstück 8 G
für Flaschen mit Innendruck
(nach DIN 6094-14)

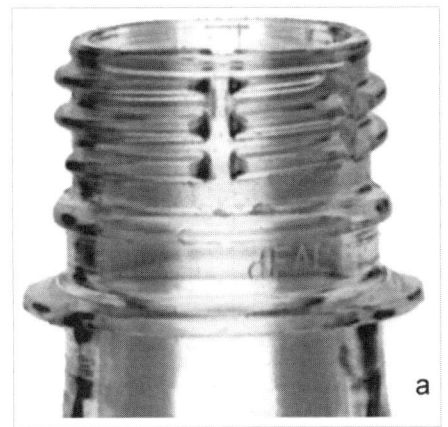

Abbildung 21   Schraubmundstücke für Kunststoffflaschen
   a PCO-Mündung   b BPF-Mündung

Nach Angaben von [73] reduziert sich bei einer Mündung von Ø = 28 mm (PCO 1881) mit einer Kurzkappe die Preformmasse um ca. 1,3 g gegenüber der üblichen Mündung PCO 1810, die Masse der Verschlusskappe um 0,4…0,6 g, je nach Ausführung im KK- oder üblichen Schraubkappen-Look (s.a. Abbildung 19 und Abbildung 26).

Füllanlagen

5.3.6 Flaschenverschlüsse

Wichtige Kriterien für die Beurteilung eines Verschlusses sind:
- Dichtheit für Flüssigkeiten und Gase;
- Verhinderung der CO_2- und O_2-Permeation und anderer Gase;
- Die Geschmacks- und Geruchsneutralität;
- Vermeidung von Gaseinschlüssen im Flaschenhals beim Verschließen;
- Vermeidung des Eindringens von Mikroorganismen;
- Möglichkeit der Entfernung von Getränkeresten aus dem Verschlussbereich/Gewindebereich nach dem Verschließen;
- Pasteurisierfähigkeit;
- Technischer Aufwand bei der Verschlusszuführung und beim Verschließen;
- Eignung für große Maschinen-Durchsätze;
- Öffnungsaufwand;
- Wiederverschließbarkeit;
- Widerstandsfähigkeit gegen Beanspruchungen beim Transport;
- Schutz vor Manipulation, Fälschungssicherheit, Erstöffnungsgarantie;
- Ventilfunktion bei Überdruck;
- Eignung als Werbeträger;
- Preis;
- Recycelbarkeit.

Nachfolgende Verschlüsse werden gegenwärtig als Flaschenverschluss für die Getränkefüllung genutzt:
- Kronenkork nach DIN 6099;
- Drehkronenkork („Twist-off"-Kronenkork);
- Kunststoff-Schraubverschluss mit Sicherungsring;
- Aluminium-Anrollverschluss mit und ohne Sicherungsring;
- Aufreiß-Verschluss (z.B. Ring-Pull-Verschluss);
- Korken und andere Stopfen;
- Bügelverschluss;
- Hebelverschluss;
- Nockendrehverschluss.

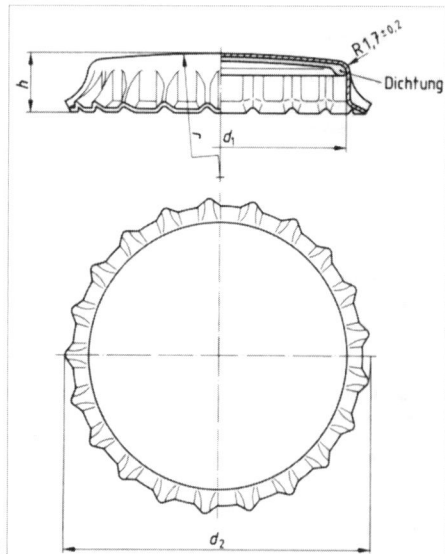

*Abbildung 22   Kronenkork nach DIN 6099
(Abmessungen siehe Tabelle 14)*

Die Verschlüsse lassen sich den nachfolgenden Kategorien zuordnen:
- Verschlussstopfen: diese werden form- bzw. kraftschlüssig von der Innenwand des Mundstücks gehalten (Korken, PE-Stopfen, Innengewindestopfen);
- Gelenkverschlüsse wie Hebel- und Bügelverschluss;
- Verschlusskappen: diese werden formschlüssig von der Außenkontur des Mundstückes gehalten, zum Beispiel von einem Gewinde (Schraubverschlüsse, Anrollverschlüsse) oder einer Glaslippe (Kronenkorken, Aufreiß-Verschluss).

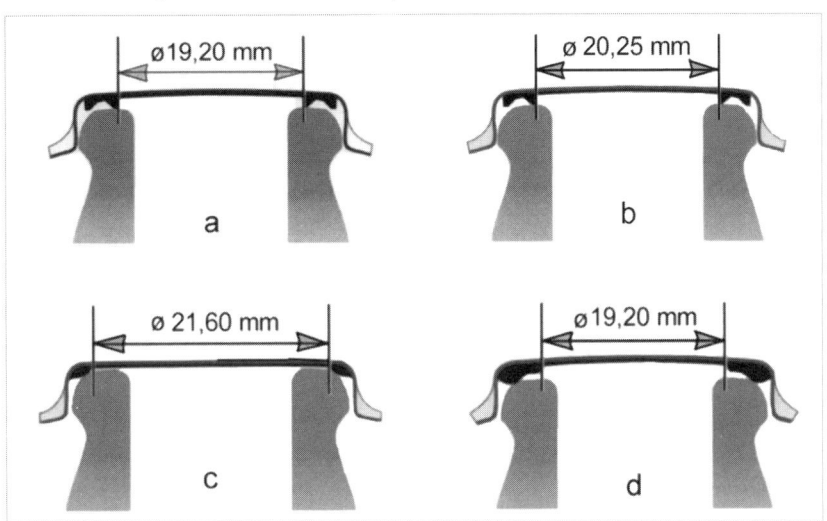

Abbildung 23 Kronenkork-Dichtungsprofile (nach Fa. H. Brüninghaus)
  a Profil 916   **b** Profil 923   **c** C-Profil 026   **d** DW-Profil 302

Bei einem Teil der Verschlüsse wird zunehmend die *Innendekoration* eingesetzt, beispielsweise bei Kronenkorken, Anrollverschlüssen und Kunststoff-Schraubverschlüssen. Die normale Innenbedruckung verzeichnet Motive aller Art, die als Sammelobjekt für Fanshop-Artikel oder sonstige Gewinne dienen können.

Das sog. „unique coding" ist besonders bei Jungendlichen heute gefragt, da simpel per SMS an Gewinnspielen teilgenommen werden kann, ohne den langwierigen Versand von Kronenkorken. Der Auslober kann zudem anhand der Telefonabsender sofort seine Kundendatei aktualisieren und erweitern. Das „Unique coding" gibt es als Inkjetsystem mit transparenter Dichtungseinlage oder auf die Dichtungseinlage gelasert (Silber-Ionen in der Dichtungsmasse werden durch das Laserlicht schwarz gefärbt).

Eine Innendekoration kann erfolgen mit:
- Innendruck: Die Druckplatte wird manuell so bestückt, dass die verschiedenen Druckmotive (z.B. bei einer Verlosung) in unterschiedlicher, vom Kunden vorgegebener Stückelung in gemischter Anordnung aufgebracht werden. Bedruckt wird das Blech.
- Tintenstrahl-Drucker: der gestanzte Verschluss wird vor dem Einbringen der transparenten Dichtung gekennzeichnet.
- Laser: die fertig eingebrachte spezielle Dichtungsmasse (z.B. mit Silber-Ionen) wird mit dem Laser bearbeitet.

Füllanlagen

5.3.6.1 Kronenkorken

Der bereits 1892 von *W. Painter* entwickelte Kronenkork mit ursprünglich 24, heute 21 Zacken ist der gegenwärtig dominierende Verschluss für Getränkeflaschen (s.a. Abbildung 22); Synonym: pry-off-Kronenkork.

Für Kronenkorken besteht eine STLB (s.a. Tabelle 3).

Kronenkorken werden aus Feinstblech nach DIN EN 10205 mit einer Dicke von (0,235 ± 0,02) mm gestanzt (Bezeichnung: T 61 CA, früher TH 415). Es wird sowohl Weißblech als auch elektrolytisch spezial verchromtes Blech (nach DIN EN 10202) eingesetzt, vereinzelt auch rostfreier Stahl.

Die Härte des Bleches liegt bei HR 30 T 61 ± 4 (HR = Härte Rockwell).

Die Bleche werden geschnitten, beidseitig lackiert (innen Haftlackierung für die Dichtungseinlage, oft auf Vinyl-Basis). Die Lackierung ist für den Korrosionsschutz erforderlich, der äußere Lack (Epoxidharz- und Polyester-Basis) sichert außerdem die „Mobilität" der Verschlüsse beim Sortieren und Verschließen.

Die Bleche können vor dem Stanzen im Offsetverfahren bedruckt werden. Je Farbe ist ein Druckvorgang erforderlich. Die Lackierung und die Druckfarben sind Ofen trocknend, gegenwärtig wird verstärkt auf mit UV-Licht trocknende Farben umgestellt.

Aus einer Blechtafel werden z.B. 729 Kronenkorken mit 6 mm Höhe gestanzt.

Die wesentlichen Abmessungen können Tabelle 14 entnommen werden.

Nach dem Bedrucken werden die KK aus den Blechtafeln gestanzt und geformt, anschließend wird die heiße Dichtungsmasse dosiert und die Dichtung geformt. Bei modernen Anlagen werden die KK einzeln mit einer Kamera kontrolliert und verpackt. Die Zahl der KK je Packung wird durch Zählung bestimmt.

Tabelle 14   Abmessungen von Kronenkorken nach DIN 6099 [74] (s.a. Abbildung 22)

Höhe h in mm	Innendurchmesser d_1 in mm	Außendurchmesser d_2 in mm	Blechdicke in mm	Radius r der Wölbung in mm
6 ± 0,15	26,75 ± 0,15	32,1 ± 0,2	0,235 ± 0,02	165 ± 25

Der Außendurchmesser des verschlossenen Kronenkorkens soll 28,6…28,8 mm betragen. Dieser Parameter muss regelmäßig mit einer Lehre kontrolliert werden.

Außer dem vorstehend beschriebenen Standard-Kronenkork für eine Mündung mit 26 mm Durchmesser gibt es auch Kronenkorken für andere Mündungsdurchmesser, beispielsweise für Mineralwasser- und Schaumweinflaschen mit einem Durchmesser von 29 mm mit 22 Zacken und verschiedenen Dichtungswerkstoffen.

Die Dichtungseinlage wird aus PVC-freien Compounds gefertigt, in der Vergangenheit kamen Dichtungseinlagen aus PVC-haltigem Compound, Kork und Presskork in Verbindung mit Al- und Sn-Folien zum Einsatz. Einige Eigenschaften sind in Tabelle 15 dargestellt.

Kronenkorken werden mit einem Öffner geöffnet, sie sind mit „normalen" Mitteln nicht wiederverschließbar, aber sie sind manipulierbar.

Form der Dichtungseinlage: es werden verschiedene Profile für die Dichtungseinlage gefertigt, um sie optimal zum Mundstück abzudichten. Gegenwärtig sind das die Profile „916" und „923" bei PVC-freien Dichtungen (PVC-haltige Compounds mit den Profilen „916", „C" und „DW" werden im Prinzip nicht mehr eingesetzt). Vor allem bei PVC-freien

Compounds ist die Profilauswahl wichtig, um die Innendruckfestigkeit zu sichern und die Seitenschlagempfindlichkeit zu verringern.

Untersuchungen mit beiden Profilen zeigten bei einem Test jedoch keine wesentlichen Unterschiede bei NRW-Flaschen [75]. Abbildung 23 zeigt einige Profile.

Wichtig ist jedoch das ordnungsgemäße Verschließen durch die korrekte Einstellung der Verschließwerkzeuge.

Ventilwirkung des Verschlusses: in vielen Fällen ist es günstig, wenn der Verschluss beim Erreichen eines bestimmten Innendruckes Gas entweichen lässt (Wirkung als „Sicherheitsventil"; „low venting"), um die Innendruckfestigkeit des Gebindes nicht zu überschreiten. Ein Problem besteht dabei insofern, dass zwischen Ansprechdruck und Schließdruck eine Druckdifferenz besteht (Hysterese), d.h., dass in dieser Phase die Gasverluste größer werden können als beabsichtigt.

Die Verschlüsse können bezüglich ihres Abblasverhaltens in drei Gruppen eingeteilt werden (zitiert nach [76] bzw. STLB Kronenkorken):

Typ	Abblasdruck min. in bar	Abblasdruck max. in bar	Kunststoffdichtung
A	8	> 11	PVC-frei oder PVC-haltig, ungeschäumt
B_1	5	11	PVC-frei oder PVC-haltig, ungeschäumt, low venting
B_2	5	8	PVC-haltig, geschäumt, low venting

Die PVC-freien Dichtungen sind für höhere Abblasdrücke verwendbar, PVC-Compounds (s.o.) zeigen einen größeren Hysteresebereich und entsprechen mehr dem Typ B.

Permeation: Die Dichtungsmasse ist für die Permeation von Sauerstoff und CO_2 verantwortlich. Die Folgen der CO_2-Permeation können im Allgemeinen nicht vernachlässigt werden (CO_2-Verlust führt zu schalen Getränken) und insbesondere die des Sauerstoffs führt zur Oxidation des Getränkes und damit zur Alterung, die sich vor allem bei Bier negativ bemerkbar macht.

Die O_2-Permeation wird bei einem Kronenkorken unter atmosphärischen Bedingungen und 23 °C wie in Tabelle 16 je Tag bzw. Halbjahr angegeben [77], [78]):

Da das Packungsvolumen je Verschluss unterschiedlich ist, besitzen große Volumina Vorteile.

Eine weitere Variante zur Verminderung der O_2-Permeation durch den Verschluss besteht in der Integration von passiven *Sperrschichten* (zum Beispiel EVOH, Al-Bedampfung, AlO_x, SiO_x) in die Dichtung (Multilayer-Dichtung) oder von *Reaktionsschichten* (*Scavenger*-Schichten, aktive Barriere; z.B. Sulfite, Ascorbate, Eisenbasierte Systeme), die den permeierten Sauerstoff durch chemische Reaktion binden. Diese Schichten verbrauchen sich natürlich, ihr Einsatzzeitraum ist begrenzt. Aktiviert werden sie durch die Feuchte im Gasraum der verschlossenen Flasche. Damit kann auch der Restsauerstoff im Flaschenhals chemisch gebunden werden, soweit er nicht bereits mit dem Bier bzw. Bierschaum reagiert hat. Das „Bindungsvermögen" für Sauerstoff liegt bei ca. 1 mg/Verschluss.

Füllanlagen

Bedingt durch die Aktivierung des Scavengers durch die Luftfeuchte setzt die Aktivierung bereits nach der Fertigstellung des Verschlusses ein. Die Lagerzeit der Verschlüsse ist also begrenzt und erfordert die Lagerung bei geringer Feuchte.

Über aktive O_2-Barriere-Packstoffe berichten *Rieblinger* [79] sowie *Wanner* und *Müller* [80] Tabelle 17.

Tabelle 15   Eigenschaften der Dichtungsmassen

Eigenschaft	PVC-haltiges Compound *)	PVC-freies Compound
Masse der Dichtung in Milligramm	200…250	ca. 170…200 bzw. 180 ± 20
Einbringen der Dichtungsmasse	einspritzen, Zentrifugalverteilung	eingestempelt, eingeprägt
Weichmacher	ja; meist Dioctylphthalat (DOP) oder Di-2-ethyl-hexylphthalat (DEHP)	ohne
Hauptbestandteile	geschäumtes PVC; Dichte 0,5…1 g/ml; Weichmacheranteil ≤ 35 %	PE, PP, Ethylenvinylacetat (EVA) -Copolymere, und andere Elastomere
O_2-Permeation	hoch	gering
definiertes Abblasverhalten	günstig	weniger günstig
mechan. Belastbarkeit, Seitenschlag-empfindlichkeit	weniger günstig	brauchbar
Ausgleich von Mündungsfehlern	günstig	weniger günstig

*) PVC-haltiges Compound wird im Prinzip nicht mehr eingesetzt.

Tabelle 16   Permeation von Sauerstoff bei Kronenkorken (nach [77], [78])

Dichtungswerkstoff	O_2-Permeation	O_2-Permeation nach 180 Tagen
PVC-Compound *)	4 - 5 µl/d	1…1,25 mg O_2/(180 d · Flasche)
PVC-freies Compound	ca. 1 µl/d	ca. 0,25 mg O_2/(180 d · Flasche)
Compound mit Sperrschicht	0,1 – 0,2 µl/d	30…70 µg O_2/(180 d · Flasche)

*) PVC-haltiges Compound wird im Prinzip nicht mehr eingesetzt.

Tabelle 17   Scavenger-Materialien (nach [79])

Bezeichnung	Wirkmechanismus
Eisenbasierte Systeme	Fe^{2+} wird zu Fe^{3+} in Gegenwart von H_2O und O_2
Sulfitbasierte Systeme	$Na_2SO_3 + \frac{1}{2} O_2 \rightarrow Na_2SO_4$ (vor allem für Verschlüsse)
Ascorbatbasierte Systeme	Ascorbinsäure wird mit ½ O_2 zur L-Dehydro-Ascorbinsäure + H_2O
Polyamidbasierte Systeme	PA-MXD6 ; Initialisierung durch therm. Strahlung hierzu zählt auch das System BindOx^{TM}
Enzymbasierte Systeme	z.B. Glucose wird mit Glucoseoxidase zur Gluconsäure oxidiert
Polyolefinbasierte Systeme	Initialisierung durch UV-Strahlung

5.3.6.2 Drehkronenkorken

Drehkronenkorken (Synonyme: Twist-crown-KK, Twist-off-KK) werden auf eine spezielle Mündung mit einem viergängigen Gewinde aufgesetzt. Das Mundstück muss den Normen CE.T.I.E.-GME 14.1 und CE.T.I.E.-GME 14.2 entsprechen (s.a. Abbildung 18 b). Die Handhabung beim Verschließen ist ähnlich wie beim Kronenkorken. Er ist praktisch nur für EW-Gebinde einsetzbar.

Bedingung für das angestrebte Öffnen mit der Hand ohne Hilfswerkzeug und ohne Verletzungsgefahr ist, dass der Drehkronenkork ordnungsgemäß verschlossen wird. Bedingungen für das funktionsgerechte Verschließen sind:
- Ein standardgerechtes Mundstück;
- Exakte Zentrierung der Flaschen und Verschlüsse beim Verschließen;
- Einen an den Verschlussradius angepassten Auswerferstempel;
- Einhalten des Durchmessers des verschlossenen Verschlusses von 28,5… 28,6 mm (der Durchmesser des Verschließkonus muss dafür 28,4 mm betragen);
- Vollständige Entfernung der Füllgutreste (möglichst mit Heißwasser) und „Trockenblasen" nach dem Verschließen.

Der Drehkronenkork ist wieder verschließbar. Wichtige Abmessungen des Drehkronenkorken sind aus Tabelle 18 ersichtlich.

Die Drehkronenkorken werden aus Blech nach DIN EN 10202 gefertigt.

Die Härte beträgt HR 30 T 57 ± 4 (Härte Rockwell).

Tabelle 18   Abmessungen von Drehkronenkorken (s.a. Abbildung 18b)

Höhe h in mm	Innendurchmesser d_1 in mm	Außendurchmesser d_2 in mm	Blechdicke in mm	Radius r der Wölbung in mm
6 ± 0,15	26,8 + 0,10	32,1 ± 0,2	0,22 ± 0,02	ca. 152,5

Der Kappenradius beträgt ca. 1,8 mm,
der innere Durchmesser des Dichtungsprofils (19,05 ± 0,25) mm,
die maximale Dichtungshöhe (0,88 ± 0,25) mm

Als Dichtung wird (wurde) ein spezieller PVC-Compound verwendet (Farbe grau oder weiß), Masse der Dichtung (240 ± 20) mg, Profile ZP 01 bzw. 912. Der Innendruck kann 6…>11 bar betragen. Die Dichtungseinlage kann inzwischen auch PVC-frei gestaltet werden, ebenso mit Scavenger-Einlage.

Der erforderliche Aufdrehwert wird mit 4…12 lbs/inch angegeben (1 lbs/inch ≙ 0,113 Nm). Zur Verminderung des Aufdrehmomentes kann die Dichtungsmasse ein Gleitmittel enthalten.

5.3.6.3 Verpackungen für Kronenkorken und Lagerung:

Kronenkorken werden gehandelt:
- In der EW-Faltschachtel: ca. 10.000 Verschlüsse/Karton = 23 kg netto; brutto ca. 24 kg; je Pool-Palette werden 30…42 Kartons gestapelt;
- Im Octabin-Behälter auf Palette 1000 mm x 1200 mm: Inhalt 340.000/370.000 Stück ≙ 750/830 kg brutto; der EW-Behälter aus Wellpappe mit einem seitlichen Auslauf hat eine Höhe von 1,7/1,8 m und ist nicht stapelbar.

Füllanlagen

❐ Im MW-Container („Silotainer") mit dem Palettenmaß 1000 mm x 1200 mm mit einem mittigen Auslaufkonus wird für 250.000 Verschlüsse (Brutto 750 kg, Tara 132 kg; Höhe 1450 mm) und für 300.000 Verschlüsse (Brutto 830 kg, Tara 145 kg; Höhe 1700 mm) gefertigt.
Der Container wird mit einer EW-PE-Folie ausgekleidet.
Der Container ist bis zu 5fach stapelbar.

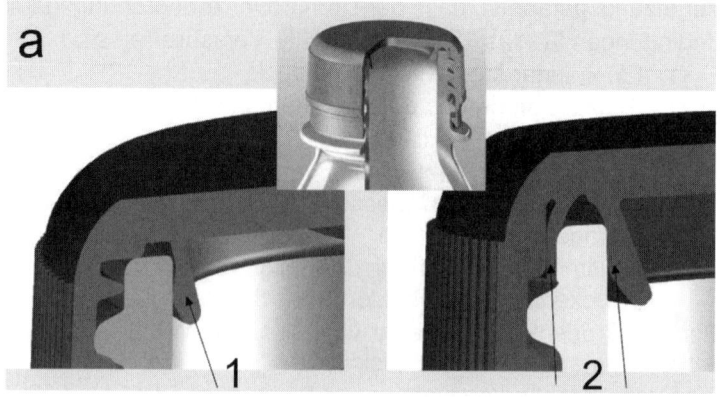

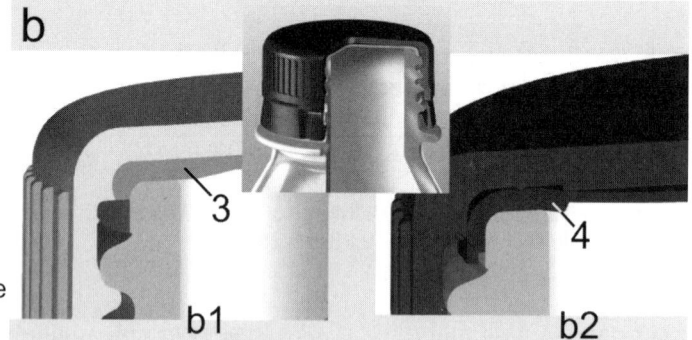

Abbildung 24   Ein- und Zweiteilige Verschlüsse (nach Fa. Bericap [81])
a Einteilige Verschlüsse
b Zweiteilige Verschlüsse
b1 Inshell moulded liner
b2 Outshell moulded liner
1 Einfachdichtung
2 Doppelte Dichtung
3 eingespritzte Dichtscheibe
4 eingelegte Dichtscheibe

Anzustreben ist die MW-Verpackung und der Bezug in Großpackungen (Kostenvorteil).

Die Lagerung der Kronenkorken muss so erfolgen, dass Kontaminationen und Schwitzwasserbildung ausgeschlossen sind.

Kronenkorken sind sehr empfindlich gegen mechanische Einflüsse, da sie leicht deformiert werden und dann beim Vereinzeln und Verschließen zu Störungen führen können.

KK mit Scavenger-Compounds müssen trocken (relat. Feuchte < 60 %) gelagert werden, die Lagerzeit sollte so kurz als möglich sein.

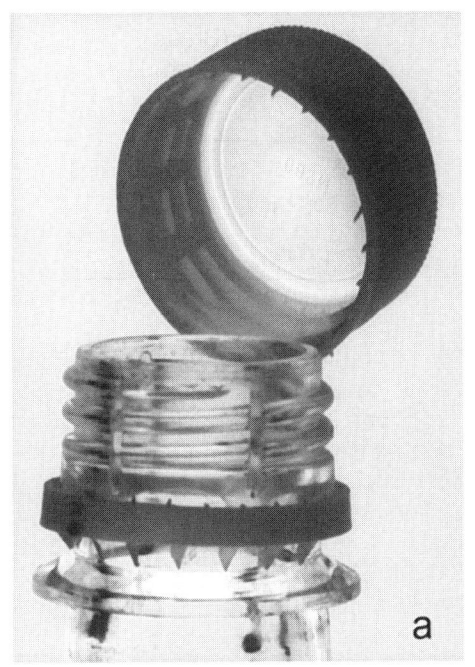

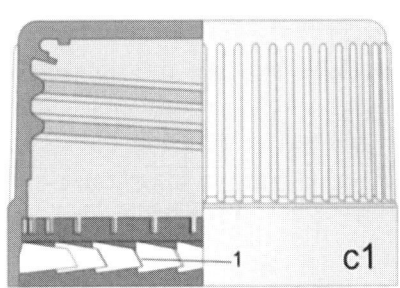
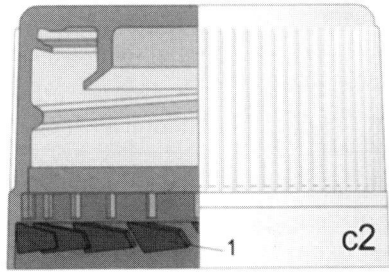
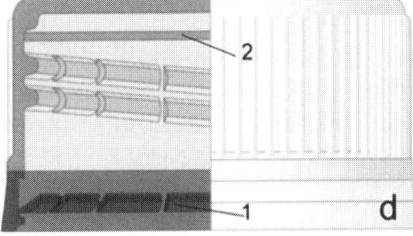

Abbildung 25   Kunststoff-Schraubverschlüsse
a mit Sicherungsring für Einweg **b** mit Sicherungsring für Mehrweg **c** Dichtlippen-Beispiele bei einteiligen Verschlüssen (**c1** für EW-PET, **c2** für MW-Glas)
d zweiteiliger Verschluss, top-side dichtend
1 Sicherungsring **2** Dichtungseinlage

5.3.6.4 Kunststoff-Schraubverschlüsse

Kunststoff-Schraubverschlüsse werden für Glas- und Kunststoffflaschen benutzt. Die Verschlüsse werden in sehr vielen Varianten gefertigt, auch mit Sicherungsring als Schutz vor Manipulation. Beispiele zeigen Abbildung 25 und Abbildung 26 (s.a. Kapitel 5.3.5).

Der Sicherungsring verbleibt nach dem Öffnen bei Einwegflaschen an diesen, bei Mehrwegflaschen muss der Sicherungsring nach dem Öffnen am Verschluss bleiben.

Das Gewinde des Verschlusses muss auf das Gewinde des Mundstückes abgestimmt sein. Die Kunststoffverschlüsse können eine Beschichtung zur Verringerung der Reibung im Gewinde erhalten. Es werden ein- und mehrgängige Gewinde verwendet. Die Innengewinde der Schraubkappen erhalten ebenso wie die Mündungsgewinde mehrere Schlitze, um beim Öffnen den Flascheninnendruck abzubauen („Vent slots").

Die Verschlüsse werden mit (mehrteilige Verschlüsse) und ohne Dichtungseinlage (einteilige Verschlüsse) eingesetzt (Abbildung 24). Das ist nicht nur eine Kostenfrage, sondern wird insbesondere von den Ansprüchen an die Permeation bestimmt. Dazu werden Scavenger und Barriereschichten (z.B. EVOH) genutzt.

Die Verschlüsse werden im Allgemeinen nach Werkstandards gefertigt, während die zugehörigen Gewinde zum großen Teil genormt sind oder ebenfalls nach Werkstandards gefertigt werden (siehe Tabelle 13), Werkstoffe sind PP und PE.

Die bevorzugten Gewinde-Durchmesser betragen 28 mm und 38 mm, zum Teil werden auch 21, 25, 27, 31,5 (32), (34) 35, 48 mm und andere verwendet.

Einteilige Verschlüsse dichten entweder
- flächig auf der Mündung oder
- kombiniert flächig und seitlich an der Mündungsschulter (top-side) oder
- mit Innenkonus oder
- mit 2 umlaufenden Dichtlippen innen und außen an der Mündung.

Zweiteilige Verschlüsse verfügen über eine Dichtungseinlage, die als Multilayer-Schicht ausgebildet sein und über eine aktive Barriereschicht (Scavenger) verfügen kann (s.a. unter „Kronenkorken", Kapitel 5.3.6.1) Die Dichtung kann aber auch je nach Anforderung eine einfache Kunststoffscheibe sein. Diese Dichtungen können nur flächig (*top*) aber auch flächig und seitlich dichten (*top-side*).

Zum Verschließen von PET-Bierflaschen wurde ein zweiteiliger Verschluss entwickelt, bei dem erst die Dichtscheibe aufgesetzt wird. Danach wird der Gewindebereich gespült, um Produktreste zu entfernen und anschließend wird die Schraubkappe aufgeschraubt. Der Vorverschluss verbleibt nach dem Öffnen in der Schraubkappe (s.a. Abbildung 27).

In einem weiteren Beispiel zum Verschließen von PET-Bierflaschen und Flaschen für andere Getränke wurde ein zweiteiliger Verschluss entwickelt, bei dem erst in einem Vorverschließer eine Dichtscheibe aufgesetzt wird. Danach wird der Gewindebereich gespült, um Produktreste zu entfernen, und anschließend wird mit einem Anrollverschluss verschlossen. Der Vorverschluss kann nach dem Öffnen im Verschluss verbleiben. Dieses System ist unter der Bezeichnung „ACTI-Seal" bekannt (s.a. Abbildung 28).

Nachteilig sind bei diesen Systemen die hohen Kosten für die Verschließmaschine und den Verschluss. Deshalb ist zurzeit keine praktische Anwendung bekannt.

Zu Lagerung und Transport siehe Kapitel 5.3.6.3, das sinngemäß gilt.

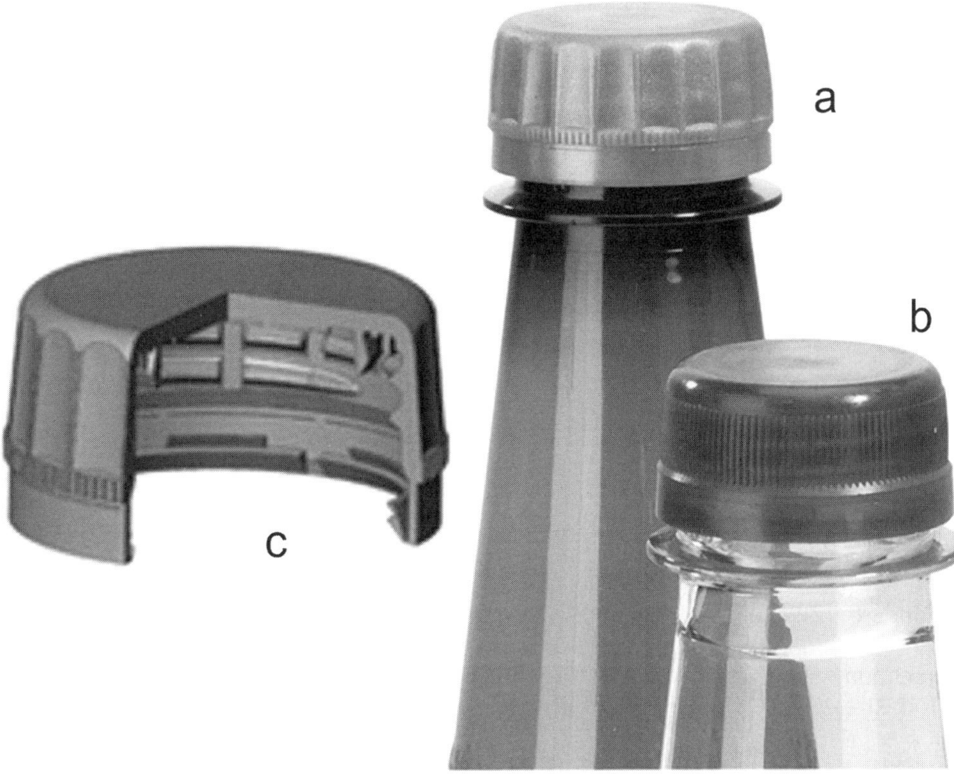

Pack- und Packhilfsmittel

Abbildung 26   Kurze Schraubkappe (Supershorty PCO 1881, nach [73])
a im Kronenkorken-Look   **b** im üblichen Schraubkappen-Look   **c** Verschluss geschnitten

Abbildung 27   Verschluss-System mit Vorverschluss für PET-Flaschen (nach CCT, Niedernhausen)
1 Verschluss vor dem Aufsetzen   **2** aufgesetzter Verschluss, Abspülen   **3** Verschlossene Kappe

85

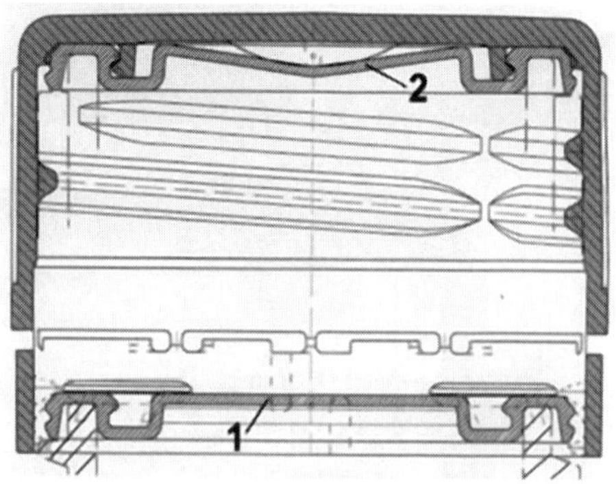

Füllanlagen

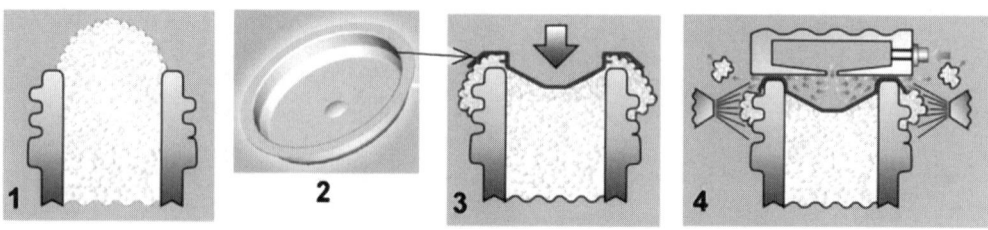

Abbildung 27a Verschlusskappe im Schnitt
1 Vorverschluss unverschlossen
2 Vorverschluss im verschlossenen Zustand

Abbildung 28 Zweiteiliges Verschluss-System „ACTI-Seal"
(nach Fa. Alcoa CSI Europe)
1 überschäumende Flasche **2** ACTI-Seal **3** Aufsetzen des ACTI-Seal **4** Entfernen der Produktreste

5.3.6.5 Aluminium-Anrollverschlüsse

Werkstoffe für diese Verschlüsse sind Aluminium-Legierungen, beispielsweise der Werkstoff 3.3105 (Al Mn 0,5 Mg 0,5) nach DIN EN 541 [82]. Die Dicke des Bandes beträgt (0,21 ± 0,02) mm, die Zugfestigkeit liegt bei σ_z = 150...200 N/mm².

Der Werkstoff wird beidseitig lackiert, innen mit einem Haftlack, außen farblos oder getönt, bei Bedarf auch bunt bedruckt, s.a. Tabelle 3.
Unterschieden werden Verschlüsse:

- Mit Sicherungsring für Einwegflaschen; der Sicherungsring verbleibt nach dem Öffnen an der Flasche;
- Mit Sicherungsring für Mehrwegflaschen; der Sicherungsring verbleibt nach dem Öffnen am Verschluss;
- Ohne Sicherungsring. Die Originalität muss durch ein Klebeetikett gewährleistet werden.

Der Sicherungsring kann Teil des metallischen Verschlusses sein. Seine Öffnung erfolgt durch gestanzte Bruchstellen. Er kann aber bei zweiteiligen Verschlüssen auch aus Kunststoff sein.

Pack- und Packhilfsmittel

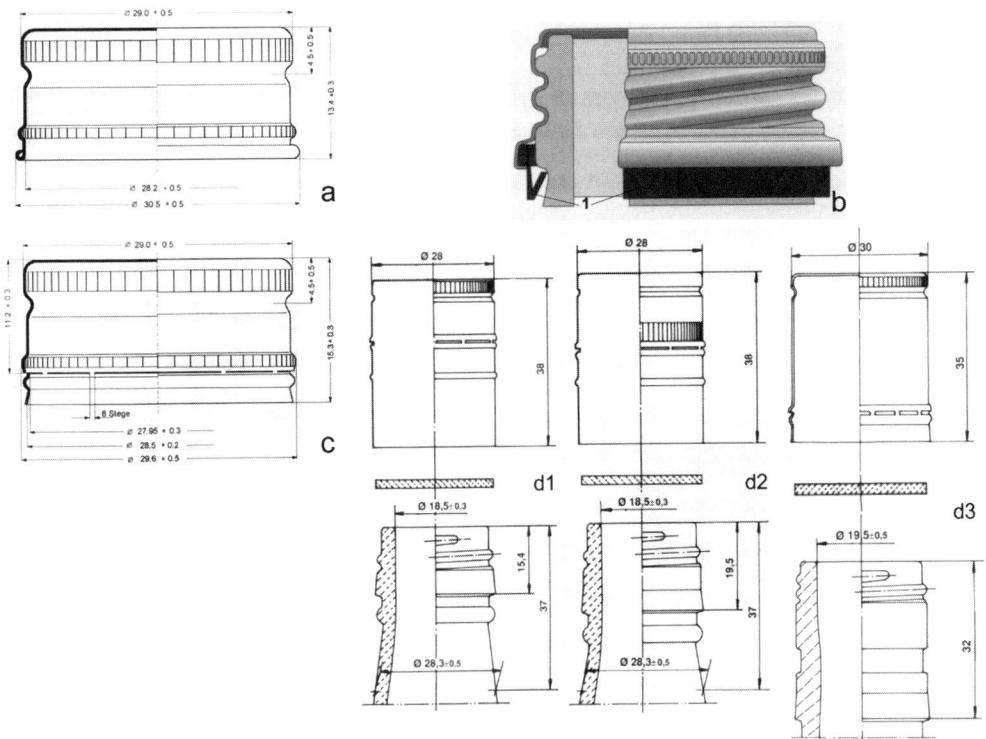

Abbildung 29 Aluminium-Anrollverschlüsse
a ohne Sicherungsring **b** mit Sicherungsring aus Kunststoff, der an der Flasche verbleibt **c** mit Sicherungsring, der an der Flasche verbleibt
d 1 - 3 Pilferproof-Verschlüsse in den Ausführungen Standard, Deep und Extra Deep
1 Sicherungsring

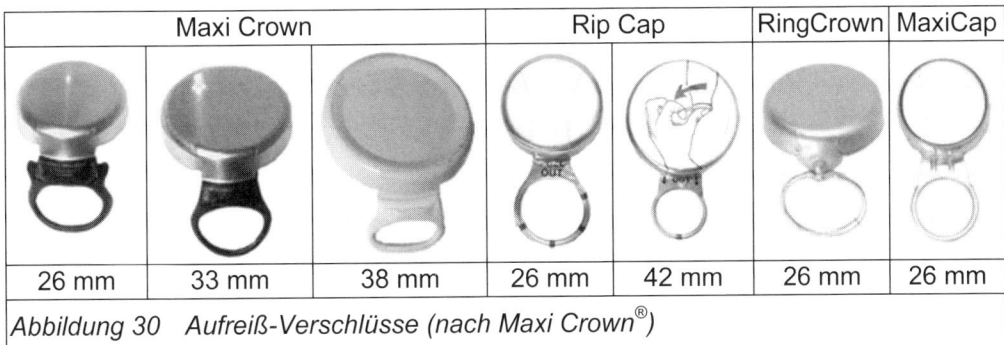

Maxi Crown			Rip Cap		RingCrown	MaxiCap
26 mm	33 mm	38 mm	26 mm	42 mm	26 mm	26 mm

Abbildung 30 Aufreiß-Verschlüsse (nach Maxi Crown®)

Der Pilferproof-Verschluss (Garantie-Verschluss) ist ein Anrollverschluss, bei dem der Sicherungsring an der Flasche verbleibt und der Verschluss eine größere Höhe besitzt. Er wird vor allem für Spirituosenflaschen eingesetzt. Es gibt ihn in den Ausführungen Standard, Tief und Extra-Tief (Verschlusshöhe beim 28er Verschluss bis zur Trennstelle = 15,4; 19,5 und 32 mm; die Gesamthöhe des Verschlusses beträgt 37 bzw. 32 mm).

Füllanlagen

Anrollverschlüsse werden vorzugsweise für den Verschluss von Glasflaschen verwendet. Bevorzugte Durchmesser sind 28 mm und 31,5 mm (Spirituosenflaschen), aber auch 25 und 30 mm werden benutzt. Anrollverschlüsse können mit einem Überdrucksicherungssystem ausgerüstet werden.
Zu Lagerung und Transport siehe Kapitel 5.3.6.3, das sinngemäß gilt.

5.3.6.6 Aufreißverschlüsse

Aufreißverschlüsse (zum Beispiel: Ring-pull®-Verschluss; Maxi Crown®-Verschluss; die Verschlüsse sind unter verschiedenen Handelsnamen im Einsatz; s.a. Abbildung 30) werden ähnlich wie Kronenkorken verschlossen, Kronenkorkverschließmaschinen lassen sich dazu relativ einfach umrüsten. Die Verschlüsse lassen sich ohne Werkzeug mittels des integrierten Ringes entlang zweier vorgestanzter Linien öffnen.

Die Herstellung erfolgt aus Weißblech (z.B. 0,17 mm dick) oder Band aus einer Aluminium-Knetlegierung.

Die Aufreißverschlüsse werden passend zur Kronenkorkmündung gefertigt, aber auch für größere Durchmesser (z.B. 42 mm). Die Abdichtung übernimmt eine Dichtung analog zum Kronenkorken.

Vorläufer des Ring-pull®-Verschlusses waren Aufreißverschlüsse, die eine Aufreißlasche besaßen („Alka"-Verschluss, „Flip-top").
Zu Lagerung und Transport siehe Kapitel 5.3.6.3, das sinngemäß gilt.

5.3.6.7 Korken und Stopfen

Der Kork ist der klassische Flaschenverschluss für Wein-, Sekt- und Schaumwein-Flaschen. Seit den 1990er Jahren wird der Korken im Niedrigpreissegment zunehmend durch den Anrollverschluss verdrängt. Bei Schaumwein- bzw. Sektflaschen wird in dem genannten Segment häufig ein PE- oder PP-Stopfen (mit und ohne integriertem Kork) verwendet, s.a. Abbildung 33.

In der Vergangenheit wurde der Kork auch für Bierflaschen eingesetzt, zum Teil auch noch in der Gegenwart (z.B. in Belgien). Die Zapflöcher der Bierfässer wurden ebenfalls mit Korken verschlossen, heute jedoch mit einem Gummi- oder Kunststoff-Stopfen.

Höherpreisige Spirituosenflaschen werden mit einem Korken verschlossen, der mit einer profilierten Kunststoffscheibe als Öffnungshilfe verklebt ist („Griffkorken"). Die Originalität wird dann durch eine zusätzlich aufgebrachte Schrumpfkapsel oder Metallkapsel gesichert, zum Teil mit Aufreißhilfe.

Korken werden aus der Rinde der Korkeiche geschnitten. Kork ist als Naturprodukt großen Qualitätsschwankungen unterworfen. Ein Problem ist die Bildung von TCA (Trichloranisol), das für den „Korkgeschmack" verantwortlich ist (s.a. [83]).

Insbesondere ist auf die Lage und Größe der Poren zu achten, wenn der Verschluss gasdicht sein soll. Die Poren müssen bei einteiligen Korken senkrecht zur Korkachse verlaufen.

Einteilige Qualitäts-Naturkorken sind relativ teuer. Die Gasdichtheit bei Sekt- und Schaumwein-Korken wird oft durch mehrteilige Korken erreicht, bei denen Korkscheiben versetzt verklebt werden (s.a. Abbildung 32), so dass die Poren versetzt sind. Die Länge der Korken beträgt etwa 38 und 44 mm, zum Teil bis zu 60 mm (s.a. Kapitel 21.6), die Durchmesser werden für übliche Weinflaschen im Bereich 23...24 mm festgelegt.

Beim Zweischeiben-Korken werden auf die Spiegel eines Natur- oder Presskorks hochwertige Korkscheiben aufgeklebt. In diesen können die Poren vertikal oder parallel zur Korkachse verlaufen.

Kostengünstige Korken werden als Presskorken aus gemahlenem Kork mit einem Kleber gefertigt.

Seit etwa 1998 werden mit gutem Erfolg die Kunststoff-Stopfen *Nomacorc*® eingesetzt, die aus einem geschäumten PE-Kern und einer glatten, elastischen PE-Hülle bestehen. Die beiden Werkstoffe werden durch Co-Extrusion hergestellt. Die Eigenschaften dieses Werkstoffes werden im Vergleich zu Kork als gut eingeschätzt, insbesondere die Diffusion.

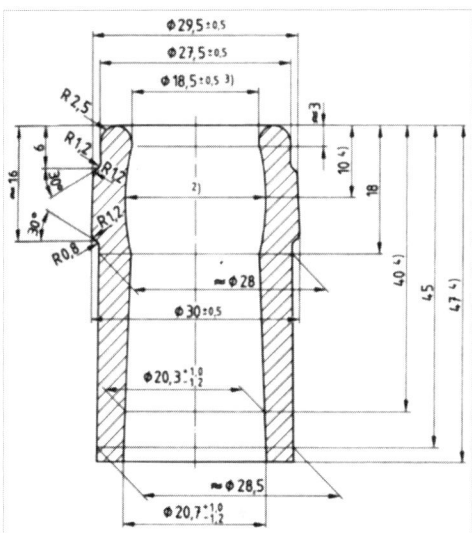

Abbildung 31   Bandmundstück nach DIN EN 12726 [84]

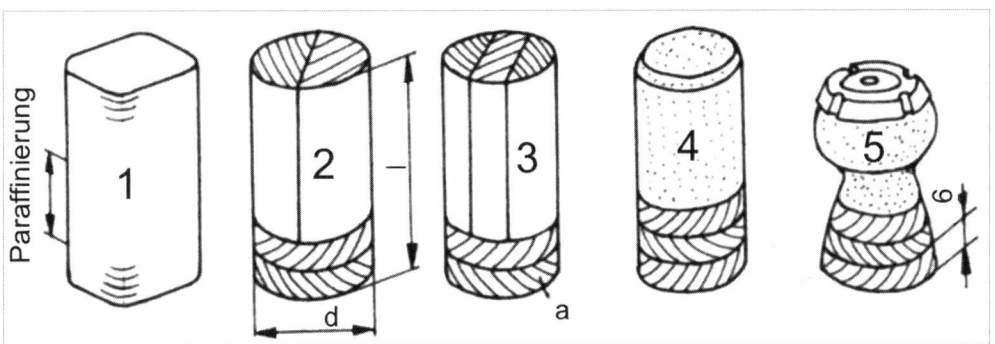

Abbildung 32   Beispiele für Korken für Sekt- bzw. Schaumweinflaschen
a Rondelscheibe d = (32 ± 1)mm l = (52 ± 2) mm   **1** Naturkork, einteilig   **2** Naturkork, vierteilig   **3** Naturkork, fünfteilig   **4** Presskork mit 3 Rondelscheiben   **5** wie Pos. 4, gebraucht

Ein weiterer Verschluss für Glasflaschen, insbesondere für Weinflaschen, ist der Verschluss Vino-lok® der Fa. Alcoa (für Spirituosenflaschen Spirit-lok® mit Ethanol

Füllanlagen

beständiger Dichtung). Ein Glaskegelstopfen mit dem zugehörigen Flaschenmundstück wird durch einen Dichtungsring abgedichtet (Abbildung 34). Der Stopfen wird durch eine Aluminiumkappe abgedeckt (Garantieverschluss). Nach dem Aufreißen bzw. Aufdrehen und Entfernen der Kapsel kann der Stopfen dann abgehoben werden. Statt des Glasstopfens ist auch ein PMMA-Stopfen möglich. Das Verschluss-System ist relativ aufwendig und deshalb dem höherpreisigen Getränkesegment vorbehalten.

Das zum Korken gehörende Wein-Flaschen-Mundstück ist das Bandmundstück [84]. Der Korkdurchmesser ist immer (bei Sekt- und Schaumweinflaschen erheblich) größer als der Innendurchmesser des zugehörigen Mundstückes. Sektkorken haben zum Teil einen quadratischen Querschnitt mit gerundeten Ecken.

Korken können mit einem Brennstempel gekennzeichnet und paraffiniert werden.
Die Sterilisation der Korken erfolgt in neuer Zeit mittels Mikrowellen-Technik.

Zu weiteren Details und zur Behandlung der Korken muss auf die Literatur verwiesen werden [5], [6].
Zu Lagerung und Transport siehe Kapitel 5.3.6.3, das sinngemäß gilt.

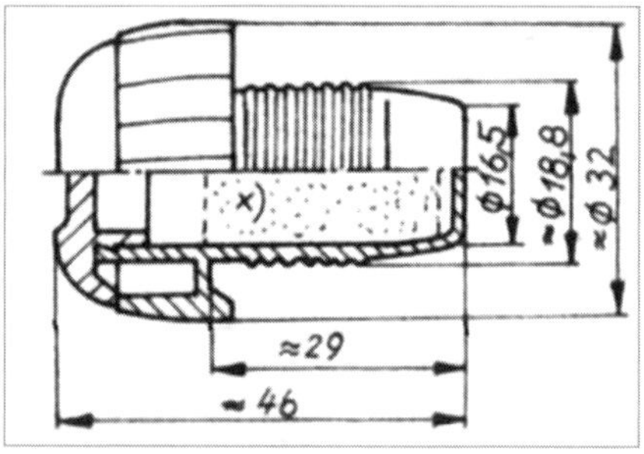

Abbildung 33   Beispiel für einen PE-/PP-Stopfen, schematisch
x) Presskorkstopfen; die Maße stellen nur ein Beispiel dar

*Abbildung 34   Flaschenverschluss Vino-lok®
(nach Fa. Alcoa CSI Europe)*
1 Dichtung

5.3.6.8 Bügelverschlüsse

Der Bügelverschluss wurde in den 1880er/1890er Jahren entwickelt. Er war jahrzehntelang in Verbindung mit dem Lochmundstück nach DIN 6094 T 3 (zurückgezogen 10/1998) der Standardverschluss für Bierflaschen, zurzeit ist die Norm DIN 6094-3 gültig [85]. Der Verschluss wird in verschiedenen Ausführungsformen aus Edelstahldraht (nach DIN EN 10270-3, früher DIN 17224) nach der überarbeiteten DIN 5097 gefertigt. Die Dichtungsscheibe wurde aus Naturkautschuk gefertigt, sie verhärtete relativ schnell (DIN 7750 [86]). Zur Historie des Bügelverschlusses wird auf [87] verwiesen.

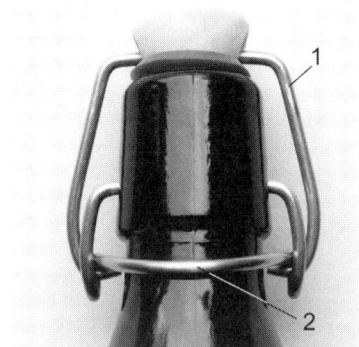

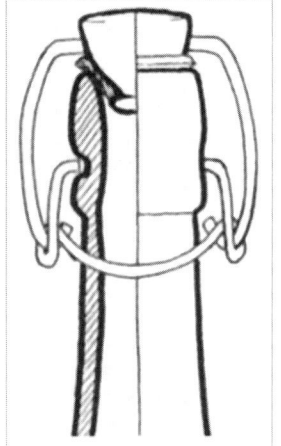

Abbildung 35   Bügelverschluss nach DIN 5097
1 Oberbügel mit Porzellanknopf
2 Unterbügel

Abbildung 36   Bügelverschluss, schematisch

Der Bügelverschluss (Abbildung 35 und Abbildung 36) wird gegenwärtig in überarbeiteter Form (Edelstahldraht Werkstoff z.B. 1.4404, verbesserte Gummi-Dichtscheibe) wieder für Individualflaschen mit einem Inhalt von 0,33 l und 0,5 l eingesetzt, zum Teil mit einem Trageing kombiniert. Auch für andere Flaschengrößen und Flaschen wird er genutzt (z.B. Probenahmeflaschen, Spirituosenflaschen).

In der Vergangenheit wurden die Verschlussknöpfe aus Porzellan gefertigt und zum Teil mit einer Unterglasur- oder Aufglasur-Kennzeichnung ausgerüstet (Farbe rotbraun, rot und schwarz). Porzellan war in der Maßhaltigkeit nicht optimal, Absplitterungen waren häufig.

Moderne Verschlussknöpfe werden aus Kunststoffen (z.B. PP) gefertigt, sie können mehrfarbig bedruckt werden. Als Dichtungswerkstoff wird neben Nitril-Butadien-Kautschuk (NBR) auch Polymethylsiloxan-Vinyl-Kautschuk (VMQ; Silicongummi) und TPE (s.u.) eingesetzt (bei der Auswahl muss die O_2-Durchlässigkeit beachtet werden, dabei schneidet die Standard-Dichtungsscheibe aus Naturkautschuk nach DIN 7750 schlecht ab [89]).

Die Verschließknöpfe werden in verschiedenen geometrischen Formen gefertigt, z.B. als DIN-Knopf, als Kugelknopf und als 3-K-Knopf (die Knöpfe sind jedoch nicht in der Norm DIN 5097 genannt).

Füllanlagen

Der 3-K-Knopf ist eine Neuentwicklung. Er besteht aus Sinterkeramik, die im Unterglasurverfahren bedruckbar ist, und einer PP-Kappe, auf die Thermoplastische Elastomere (TPE [Handelsnamen z.B. Santoprene®, Trefsin®] aufgespritzt werden: Thermoplastische Elastomere auf Olefinbasis, vorwiegend PP/EPDM-Kautschuk [Santoprene] bzw. PP/Butylkautschuk [Trefsin]). Zwischen Kappe und Dichtung gibt es also keinen Spalt mehr. Kappe und Sinterkeramikknopf werden formschlüssig verbunden (Schnappverschluss) [88]. Trefsin® besitzt Vorteile bezüglich geringer O_2-Diffusion [89].
TPE-Dichtungen werden als Flachdichtungen und in Hohlkegelform gefertigt.

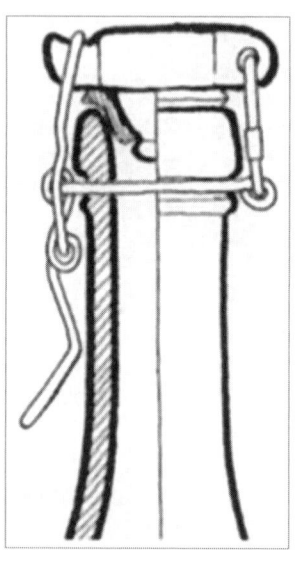

Abbildung 37   Hebelverschluss (Foto F. Rawlinson)

Abbildung 38   Hebelverschluss, schematisch

5.3.6.9 Hebelverschlüsse
Nahezu parallel zum Bügelverschluss wurde für den Bereich Mineralwasser/AfG der Hebelverschluss entwickelt, der nach DIN 5098 genormt war (Abbildung 37 und Abbildung 38). Er wurde bis in die 1970er Jahre verwendet. Diese Verschlussform wird gegenwärtig noch beispielsweise bei Bier-Siphons benutzt. Ein wesentlicher Nachteil ist die nicht gegebene automatische Verschließbarkeit des Verschlusses.
Zur Historie des Hebelverschlusses wird auf [87] verwiesen.

5.3.6.10 Nockenverschluss
Verschlussart, bei der das Verschließmittel (Deckel oder Kappe) an der Packmittelöffnung durch Aufstecken und Drehen per Nocken festgehalten wird.
Dieser Verschluss wird beispielsweise bei Weithalsflaschen (z.B. für Soßen, Ketchup) bzw. -gläsern (z.B. Konservengläser, Marmeladengläser) eingesetzt (s.a. Kapitel 30.2).

5.3.6.11 Sonstige Verschlüsse

Hier wird die „Algü"-Kappe (in der DDR eingesetzt) genannt, die für Kronenkorkmündungen in den 1960er Jahren aus einem Thermoplast gefertigt wurde. Öffnung ohne Werkzeug, die Kappe wurde nur aufgedrückt und wies allerdings zahlreiche Unzulänglichkeiten auf Abbildung 39.

In der BRD wurde eine ähnliche Kappe aus Kunststoff als „Euro-Cap" gefertigt.

Die Kunststoffverschluss-Kappe „Solar" für Kunststoffflaschen und Glasflaschen mit Kronenkork-Mündung kam über das Versuchsstadium nicht hinaus [90].

Ab etwa 1885 bis 1910 wurden Gewindestopfen benutzt, die in das Innengewinde der Flasche eingedreht wurden („*Foster*"-Verschluss, London).

Abbildung 39   Algü-Kappe

Füllanlagen

5.3.7 Flaschenkästen

Flaschenkästen werden als Umverpackung eingesetzt. Übliche Packmengen sind 6, 10, 12, 20, 24 und 30 Flaschen je Flaschenkasten. In jüngster Zeit werden auch 11 und 18 Flaschen je Kasten eingesetzt.

Gegenwärtig dominiert der Kasten aus Kunststoff (HD-PE). Dafür ist eine STLB vorhanden.

Der Kunststoffkasten wird mit dem Modulmaß 300 mm x 400 mm gefertigt. Dieses ist auf das *Flächenmodul* 600 mm x 400 mm nach DIN 55510 abgestimmt, das der Standard-Euro-Palette 800 mm x 1200 mm zugrunde liegt (s.a. [117]). Andere Flaschenkästen müssen sich auf dieses Grundmaß zurückführen lassen, beispielsweise 300 mm x 200 mm oder 400 mm x 200 mm.

Der Kunststoffkasten mit den Maßen 300 mm x 400 mm kann üblicherweise 20 Flaschen á 0,5 l [91] oder 24 Flaschen á 0,33 l [92] aufnehmen. Die Kastenhöhe wird so festgelegt, dass die Flaschen auch bei einem aufgesetzten Kasten frei stehen können. Der untere Rand bzw. Boden ist mit einer Höhe von 10...12 mm so eingezogen, dass er formschlüssig fixiert auf dem unteren Kasten stehen kann. Die Kästen können also einen Stapel bilden. Andere Kästen als die genannte Kastenabmessung lassen sich auch versetzt palettieren.

Aktuelle Kastenformen sind zurzeit außer den vorstehend genannten Kästen der sogenannte 11er Kasten (200 mm x 300 mm) für die NRW-Flasche und ein 16er Kasten für 0,5-l-Bügelverschlussflaschen.

Das Bodengitter wird so gestaltet, dass eventuelles Tropfwasser nicht auf den Verschluss tropfen kann.

Moderne Kunststoffkästen werden doppelwandig gespritzt, sodass keine äußeren Versteifungsrippen stören, die Oberflächen sind glatt, sie können über Durchbrüche verfügen (Display-Wirkung).

Die Flaschen werden durch eine Gefacheinteilung (Synonym: Fächereinteilung) auf Abstand gehalten. Diese ist so gestaltet, dass das Einsetzen der Flaschen durch eine Schräge zentrierend erleichtert wird. Aus den Gefachmaßen ergeben sich die maximalen Flaschendurchmesser.

Jede Kastenseite erhält zur formschlüssigen Handhabung einen Ausschnitt, der im Allgemeinen verstärkt ist und über gerundete Kanten verfügt. Die Ausschnitte an den Stirnseiten werden ergonomisch als Tragegriff gestaltet. So genannte Soft-Touch-Griffe werden vorgefertigt und beim Spritzen des Kastens nach dem Inmould-Verfahren eingebracht (s.u.).

Zur Verbesserung der Warenpräsentation werden Display-Kästen eingesetzt. Die Flaschen werden dafür beim Einsetzen in die Kästen so gedreht, dass das Etikett nach außen zeigt.

Die Kastenfarbe kann beliebig festgelegt werden. Mehrfarbige Kästen sind möglich. Dabei ist auf schwermetallfreie Farbpigmente zu achten, um das Recycling zu erleichtern.

Zur Verbesserung der Handhabung durch Verringerung der Masse werden von verschiedenen Abfüllern teilbare Kästen eingesetzt, die formschlüssig verbunden werden können (z.B. Splitt-Box-System). Beispielsweise kann ein 20er Kasten in zwei Teilkästen mit je 10 Flaschen geteilt werden. Diese Variante hat aber durch den o.g. 11er Kasten an Bedeutung verloren.

Insbesondere im AfG-/Brunnen-Bereich werden die Kunststoff-Flaschenkästen zur Transporterleichterung mit einem zentralen Tragegriff ausgerüstet. Diese Kästen werden zum Beispiel für 12 Stück 1-l-MW-PET-Flaschen gefertigt. Der Mittelhandgriff wird zunehmend auch bei anderen Kunststoffkästen eingesetzt.

Eine weitere Kastenvariante stellt der Pinolenkasten dar. Dieser besitzt keine Gefacheinteilung, aber bis zu 8 Pinolen. Er wird mit Sixpacks beladen, die Pinolen (sie ragen in die Mehrstückpackung hinein) fixieren die Packung im Kasten. Die Ausführung der Pinole kann so erfolgen, dass die eingestellten Flaschen unter Vorspannung bleiben (Abbildung 40). Damit wird der Lärm gemindert [93].

Bei der Kastengestaltung sollte stets an das Betriebsverhalten bzw. die erforderliche Sortierung gedacht werden.

Der Trend geht gegenwärtig zum Individualkasten nicht nur der Brauerei oder des Getränkeabfüllers, sondern für jede Getränkesorte. Bedingung ist dann natürlich die Sortierung der Kästen vor dem erneuten Einsatz.

Einen historischen Rückblick zur Entwicklung der Transportkästen gibt *Kasprzyk* [94].

 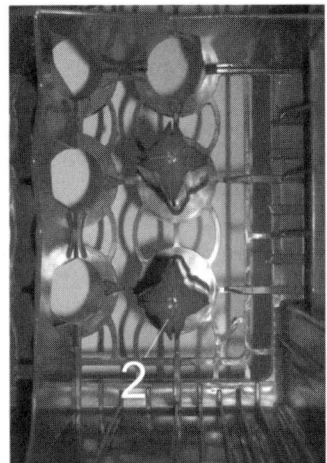 

Abbildung 40   Varianten der Pinolengestaltung (nach [93])
1 Normalausführung der Pinole   2 Flüsterpinole (Standard)
3 Flüsterpinole in spezieller Ausführung

Kastenkennzeichnung bzw. Etikettierung
Die Kästen können dauerhaft bedruckt werden oder sie werden etikettiert, z.B. mit Kunststofffolienetiketten. Dabei können die Varianten Permanentetikettierung mit Selbstklebeetiketten und die temporäre Etikettierung (lift-off-Etikettierung) unterschieden werden.

Eine Variante ist die Siegeltechnik unter dem Namen *Sealed Cover*. Dabei wird ein bedrucktes Folienetikett auf die Siegelkante des Kastens aufgesiegelt. Es können alle 4 Seiten des Kastens ausgestattet werden. Die Folie lässt sich rückstandsfrei wieder Abziehen bzw. Absaugen [95].

Eine moderne Form der Kennzeichnung (seit etwa 2001) ist das Inmould-Label-Verfahren, bei dem die Kennzeichnungen/die Bilder in die Kastenspritzform vor dem Spritzen eingelegt werden und beim Spritzen des Kastens mit diesem eine Schmelzverbindung eingehen. Diese Art der Kennzeichnung ist abriebfest und langlebig.

Eine andere Kennzeichnungsform ist die Ausrüstung der Kästen mit einem Stretch-Sleeve.

Füllanlagen

Prüfkriterien für Kästen

Wichtige Prüfkriterien für Flaschenkästen sind beispielsweise gemäß STLB:
- Maßhaltigkeit;
- Aussehen, die Oberfläche und das Druckbild;
- Dimensionsstabilität nach Warmlagerung;
- Stapeldruckfestigkeit;
- Stoßfestigkeit;
- Griffleistenstabilität;
- Falltest;
- Kennzeichnung (Herstellerzeichen, Fertigungsmonat und -jahr, Formnummer, Buchstabe Q, bei Regeneratverwendung R, ggf. eine maschinenlesbare Codierung).
  Bei schwermetallhaltigen Kunststoffen wird das Werkstoff-Kurzzeichen unterstrichen.

Palettierung der Kästen

Bis Anfang der 1990er Jahre wurde vorzugsweise die „Brauerei-Palette" mit den Maßen 1000 mm x 1200 mm eingesetzt. Diese Palette ist auch eine Europalette, die sich aber im europäischen Handel nicht eingeführt hat. Diese Palette konnte mit Kästen der Abmessung 400 mm x 333 mm für 20 Flaschen bzw. 400 mm x 500 (490) mm für 30 Flaschen flächendeckend beladen werden. Diese Kästen waren mit äußeren Versteifungsrippen ausgerüstet und fast ausnahmslos von dunkelroter Farbe („Einheitskasten", „Ochsenblutkasten"). Aktuell ist die Palette 800 mm x 1200 mm für Modulkästen.

Von der Genossenschaft Deutscher Brunnen (GDB) werden gegenwärtig noch braune und grüne Kästen mit den Abmessungen 275 mm x 356 mm für die 0,7 l bzw. 0,75 l Flasche eingesetzt. Dafür wird die „Brunnenpalette" mit den Maßen 1070 mm x 1100 mm verwendet (s.a. Kapitel 5.3.19).

Recycling der Kästen

Bei der Festlegung des Kastenwerkstoffes muss bereits an das Recycling gedacht werden. Das gilt insbesondere für die Farbauswahl. In der Vergangenheit wurden schwermetallhaltige Farbpigmente (Cu, Cd, Pb, Hg, Cr) benutzt. Deshalb kann Regenerat nur anteilig bei der Kastenherstellung verwendet werden. Für das Recycling von Altkästen gilt gegenwärtig eine Ausnahmeregelung der EU-Kommission von 02/1999, nach der der Anteil in Kunststoff-Neuware auf ≤ 20 % beschränkt ist. Die Recyclatkästen müssen gekennzeichnet sein. Diese „Altkästen" sind auch weiterhin bedingt verkehrsfähig und dürfen nur im vorgesehenen Bereich zirkulieren.

Pack- und Packhilfsmittel

5.3.8 Faltschachteln

Faltschachteln aus Vollpappe oder Wellpappe werden für Einweg-Packungen als Transportverpackung genutzt, vorzugsweise im Exportgeschäft. Sie werden unter Beachtung der DIN 55511-1 gefertigt [96].

Die Faltschachteln werden im Allgemeinen vorgefertigt geliefert und müssen nur aufgefaltet, gefüllt und verschlossen werden. Die Flaschen sollten durch ein Gefach (Steckgefach) getrennt werden (Abbildung 41), um Bruch zu vermeiden.

Die Faltschachteln werden in der Regel mit Heißkleber oder Selbstklebeband verschlossen, teilweise auch mittels Kaltleim oder Metallklammern.

Faltschachteln werden für Bier nur noch vereinzelt eingesetzt. Für Wein, Sekt und Spirituosen werden Faltschachteln benutzt. Diese können mit rechteckigem Grundriss oder mit abgeschrägten Ecken gefertigt werden, z.B. für 2 x 3 = 6 Flaschen.

In vielen Fällen werden die Seiten perforiert oder mit einer anderen Öffnungshilfe ausgestattet, um den Inhalt präsentieren zu können. Entweder werden die Faltschachteln diagonal aufgerissen oder der obere Teil kann entfernt werden.

Das Gefach

Ein Gefach besteht aus ineinander verschachtelten Einzelstegen in Längs- und Querausrichtung mit Mitten-Verriegelung gegen ungewolltes Lösen.

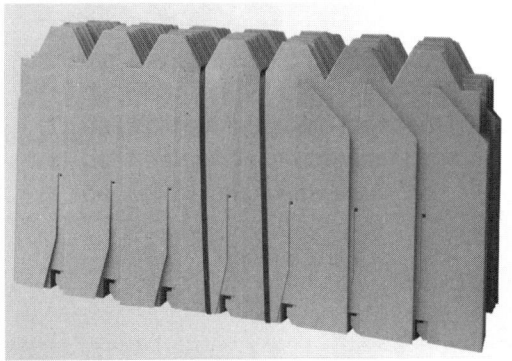
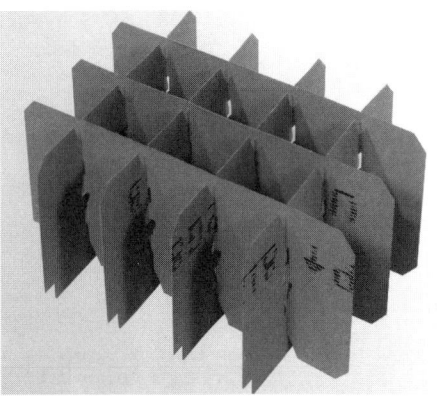

Abbildung 41 Beispiel eines Gefaches
  a Gefache im Bündel
  b Gefach aufgezogen

Die Einzelstege sind aus Vollpappe (Recycling Board) in festgelegten Grammaturen und werden in ihrer Höhe an den zylindrischen Anteil (Kontaktlinie) des Produktes angepasst.

Spezielle Steg-Lösungen erlauben es, auch vollzylindrische Körper wie Getränke- und Food-Dosen mit dem Schutz bei höchster Effektivität zu versehen.

5.3.9 Trays

Das Tray ist eine preiswerte Sammelpackung, um beispielsweise Dosen oder Mehrstückpackungen zu einer größeren Ladeeinheit zusammenzufassen. Trays sind direkt palettierfähig.

Trays werden aus flach liegenden Zuschnitten (Wellpappe) gefaltet und meist mit Schmelzkleber verklebt, selten geklammert. Der Tray-Zuschnitt wird dabei erst mit den

Füllanlagen

Gebinden beladen, dann werden die Seiten aufgerichtet und verklebt. Die Seitenhöhe richtet sich nach den Stabilitätsforderungen.

Die Seitenhöhe richtet sich häufig nach den Stabilitätsforderungen aber auch nach Etikettenlage am Produkt und Marketingaspekten. Je nach Anforderung werden Trays mit 90°-Ecken, 45°-Ecken oder auch runden Ecken hergestellt (Abbildung 42). Weiterhin gibt es die Variante mit Displaytrays für eine optimale Produktpräsentation im Verkaufsregal.

Die Grundfläche eines fertig geformten Trays ermittelt sich aus der Gebindemenge, dem Gebindedurchmesser, der Gebindeformation und der Kartonstärke (Wellpappe, Vollpappe). Die Grundfläche muss bzw. sollte dem Modulmaß entsprechen.

Das gefüllte Tray wird häufig noch mit Schrumpffolie umhüllt. Die zusätzliche Schrumpffolie dient der erhöhten Produktsicherung, Staubschutz und in bedruckter Form auch einer verkaufsfördernden Produktpräsentation. Trays können zweifach gestapelt werden, der Stapel wird dann mit Folie eingeschrumpft Abbildung 43.

Die Beladung der Palette wird im Verbund vorgenommen, indem die einzelnen Lagen spiegelbildlich formiert werden. Damit wird die Stabilität des Ladegutes verbessert.

Abbildung 42   Zuschnittzeichnung, Durchmesser 66 mm
   Trayzuschnitt 90°-Ecken   *Trayzuschnitt Displaytray*   *Trayzuschnitt 45°-Ecken*
      6 x 4 Dosen   *6 x 4 Dosen*   *3 x 6 Dosen*

Abbildung 43   Zweifach gestapelte Trays,
          geschrumpft (nach KHS)

Pack- und Packhilfsmittel

Variante Platte (Pad) und Folie

Alternativ zur Verpackung mit Tray und Folie wird je nach Verpackungsanforderung auch die kostengünstige Variante von Platte / Pad und Folie angewandt. Eine Platte ist eine Kartonunterlage, die ohne Einsatz von Schmelzkleber unter die Produktgruppe gelegt wird und anschließend mit dem Gebinde in Schrumpffolie eingeschrumpft wird. Platten / Pads gibt es in unterschiedlichen Ausführungen (Abbildung 44):

- ❏ Ohne Seitensteg;
- ❏ Mit Seitensteg an den dem Schrumpfloch zugewandten Seiten;
- ❏ Contourplatten (siehe Abbildung 44).

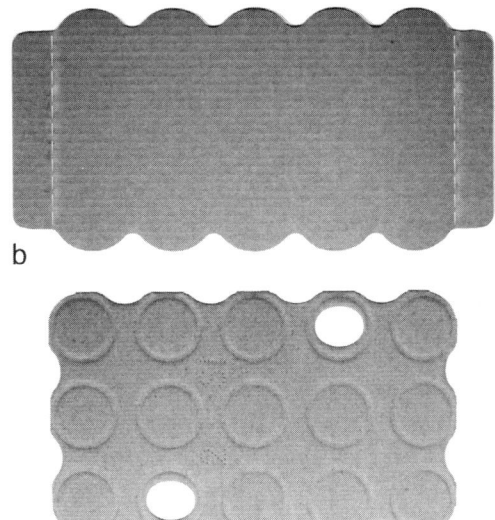

Abbildung 44   Variante Platte (Pad) und Folie

a Platte/Pad
b Contourpad mit Seitensteg
c Contourpad mit Bodenprägung und Öffnung für Produktdaten

5.3.10 Wrap-Around-Packungen

Wrap-Around-Packungen werden aus Pappzuschnitten hergestellt, die um die Gebinde herum gelegt und verklebt werden. Auch die Variante, dass die Gebinde auf den Zuschnitt geschoben werden, der dann um die Gebindeformation aufgerichtet und verklebt wird, kann praktiziert werden.

Im Allgemeinen wird versucht, die Pappe um die Gebinde mit Vorspannung zu legen. Damit wird erreicht, dass die Gebinde ohne Zwischenraum aneinander stehen. Ein Gefacheinsatz wird dadurch entbehrlich.

Die Wrap-Around-Packung kann allseitig geschlossen sein (Lichtschutz) oder über Ausschnitte mit Displaywirkung oder für die Entnahme verfügen (Abbildung 45).

Der Übergang zwischen Wrap-Around-Packung und anderen Mehrstückpackungen ist fließend (s.a. Kapitel 5.3.12).

Füllanlagen

Abbildung 45 Beispiele für die Wrap-Around-Packung
a Giebelkarton (KHS-Patent)
b Wrap Around Karton
c Beispiel für einen Wrap-Around-Zuschnitt

5.3.11 Folien

Folien werden verwendet für:
- das Einschlagen von einzelnen Flaschen (Schmuckfunktion bei hochpreisigen Spirituosen und Wein- bzw. Sekt-Flaschen);
  Teilweise werden auch Schlauchfolien bzw. Netzschlauchfolien als Flaschenbruchsicherung verwendet,
- die Sicherung von Trays,
- die Formierung von Mehrstück-Packungen ohne Tray: Folienverpackung,
- die Sicherung von Paletten (Staubschutz, Schutz gegen Wasser, Ladesicherung).

Die Foliierung von Trays und Mehrstück-Packungen wird mit PE-Schrumpffolien vorgenommen.
Die Palettensicherung erfolgt entweder mit Schrumpffolien (Shrink-Folien), die als
- Haube übergestülpt oder als Einschlagwickel gebildet und anschließend „geschrumpft" werden, oder mit
- Stretch-Folien, die vorgespannt um die Ladung gewickelt werden.

Die Folien werden von einer Rolle abgewickelt und die Enden ggf. verschweißt.
 Für Stretch-Folien wird PE-LLD (Linear Low Density) benutzt, Foliendicke je nach Anwendungsfall 15…50 µm.

PE-Schrumpffolien

PE-Schrumpffolien werden für Verpackung von Mehrstückpackungen (auch Folienmultipacks genannt) verwendet. Gebindegrößen, wie z.B. 2er, 3er, 4er, 6er, 8er, 10er, 12er und 15er sind im Markt üblich. Auch bei größeren Gebinden, z.B. 18er oder 32er, wobei die losen Produkte üblicherweise vorher auf Platte oder in ein Tray gesetzt werden, sind PE-Folien durchaus im Einsatz (Abbildung 46).

Auf Grund der verbesserten Schrumpfqualität und der verbesserten Schrumpftechnologie (KHS-Kisters), und wegen der geringen Verpackungskosten erfahren die PE-Schrumpffolienverpackungen seit einigen Jahren sehr hohe Zuwachsraten. Insbesondere in der Bier- und Softdrinkindustrie werden immer öfter Kartonverpackungen durch Schrumpffolienverpackungen ersetzt.

Ökologische Studien haben bewiesen, dass PE-Folien nicht nur die Menge des Verpackungsmaterials und damit den Verpackungsmüll um 80 % gegenüber Kartonverpackungen reduzieren, sondern auch Vorteile bei der Weiterverwertung, wie z.B. weniger benötigte Energie bei der Verbrennung und bei der Entsorgung auf der Deponie bieten (weniger Volumen, keine Grundwasserverschmutzung).

Mehrstückpackungen (Folien-Multipacks) werden vornehmlich in repräsentativen, hochglänzenden und bedruckten Schrumpffolien verpackt. Größere Gebinde auf Platte oder im Tray werden meistens mit einer kostengünstigen dünnen und klaren Schrumpffolie in erster Linie zum Produktschutz und zum sicheren Transport eingeschrumpft.

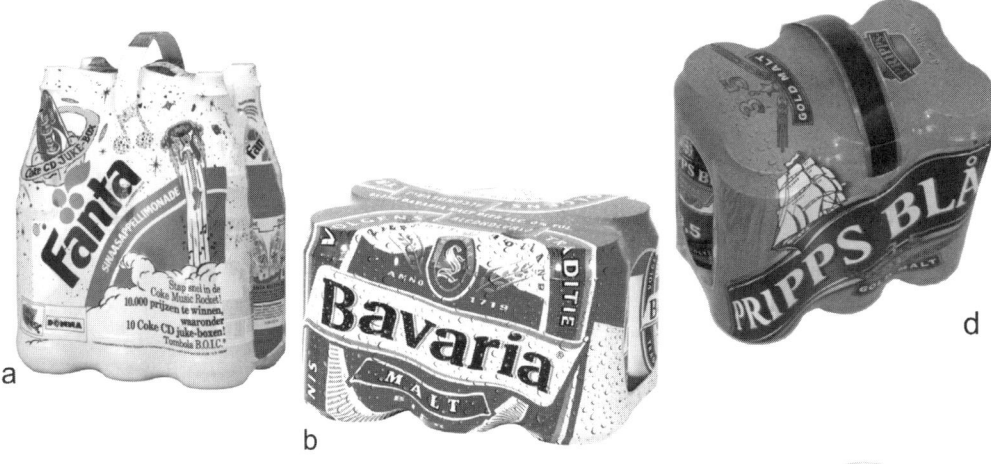

Abbildung 46   Beispiele für Folienverpackungen
a 6er-PET- Multipack mit Tragegriff
b 6er Dosen-Multipack
c 24er Tray mit Folie
d 6er Dosen-Multipack mit Tragegriff

Füllanlagen

5.3.12 Mehrstück-Packungen

Mehrstück-Packungen fassen mehrere Flaschen oder Dosen zu einer Sammelpackung zusammen. Vorzugsweise werden 4, 6, 12 und 18 Gebinde zu einer Sammelpackung vereinigt, aber auch 8 und 10 Packungen werden zusammengefasst. Es dominiert die 6er-Packung, auch *Sixpack* genannt. Die Mehrstück-Packung verfügt über eine Tragehilfe (Griff, Tragelasche, Ausschnitt), um den Transport durch den Kunden zu erleichtern.

Mehrstück-Packungen werden meistens am Boden verschlossen, nachdem die Zuschnitte über die Gebindeformation mit Vorspannung gelegt wurden. Der Bodenverschluss erfolgt durch Verkleben oder formschlüssig durch Laschen, die in entsprechende Aussparungen/Stanzungen gedrückt werden.

Bei größeren Packeinheiten (12, 18 und 24 Dosen) werden auch vorgefertigte Faltschachteln aufgerichtet und von beiden Seiten beladen (die Gebinde werden eingeschoben, während sich die Schachtel parallel zu den Gebinden bewegt). Danach werden die Seitenlaschen angedrückt und verklebt.

Mehrstück-Packungen sind überwiegend durch Patente oder Gebrauchsmuster geschützt. Die Verpackungsmaschine kann oft nur gemietet werden und die Pappzuschnitte müssen vom Vermieter gekauft werden. Daraus kann eine relativ starke Lieferantenabhängigkeit (mit Vor- und Nachteilen) resultieren. Beispiele sind die Firmen MeadWestvaco Packaging Systems/USA und Graphic Packaging International Inc./Riverwood International/USA.

Die Unterschiede zwischen Mehrstück-Packungen und Wrap-Around-Packungen sind oft fließend. Bei einem Teil der Systeme werden teilweise (Stirnseiten) offene Packungen gefertigt, aber auch allseitig geschlossene.

Trägersysteme

Bei den sogenannten Trägersystemen werden die Gebinde in den oben offenen Träger („Basket"; meist aus Pappe) gestellt, der über einen Tragegriff verfügt. Auch geschlossene Systeme werden benutzt. Dieses System ist in Deutschland relativ wenig verbreitet, es wird vor allem für kleine Chargen genommen.

Ein weiteres System ist „Hi-Cone®" [97]. Dabei wird über die einzelnen Gebinde, vorzugsweise Dosen und PET-Flaschen, ein vorgefertigtes Kunststoffband gezogen, das über Aussparungen in der Form der Packung verfügt. Dieses kann mit Tragegriffen komplettiert werden. Die Mehrstück-Gebinde werden durch die Vorspannung des Kunststoffes kraftschlüssig fixiert.

Zum System *Bottle Carrrier* wird auf Kapitel 9.3.3.2 verwiesen.

5.3.13 Getränkedosen

Dosen werden seit etwa 1933 für Bier eingesetzt, erster Abfüller war die Krueger Brewing Company, Newark, USA. Die ersten Dosen waren dreiteilige Weißblechdosen mit flachem Deckel, für die ein spezieller Öffner entwickelt wurde, mit dem 2 Löcher in den Deckel gestanzt werden konnten. Die dreiteilige „Dosenflasche" aus Weißblech mit einem konischen Oberteil und Kronenkorkverschluss kam etwa 1935 auf den Markt, in Deutschland etwa 1937. Aluminium wurde ab 1959 für zweiteilige Dosen verwendet. Hinweise zur Dosenentwicklung können [98] entnommen werden.

Die Entwicklung ging in folgenden wesentlichen Etappen zur heute bekannten zweiteiligen Dose:

- Dreiteilige Getränkedose aus Weißblech, Rumpf gelötet;

- Dreiteilige Getränkedose aus Weißblech, Rumpf geschweißt;
- Dreiteilige Getränkedose aus Weißblech mit eingezogenen Deckeln (necked in); die dreiteiligen Dosen wurden aus bedruckten Blechen gefertigt;
- Zweiteilige Getränkedose aus Weißblech; diese wird in einem Abstreck-Ziehverfahren aus Bandmaterial hergestellt und rundum bedruckt;
- Zweiteilige Getränkedose aus Aluminium, hergestellt im Abstreck-Ziehverfahren aus Bandmaterial und rundum bedruckt.

Die Entwicklung der Dosen geht zu geringerer Masse; so werden bei 0,33-l- bzw. 0,5-l-Weißblechdosen 20 g bzw. 29 g angestrebt, bei Al-Dosen 10 g bzw. 14 g. Weiterhin werden auch Dosen mit größeren Volumina hergestellt, zurzeit ≤ 1 Liter.

Neben den in Tabelle 19 genannten Al-Dosen werden auch solche mit anderen Nenndurchmessern gefertigt, beispielsweise: 2.02er; Ø = 52 mm mit dem Deckel 2.00 (50 mm) mit einem Nenninhalt von 150, 200 und 250 ml.

Die Entwicklung der zugehörigen Deckel verlief dahingehend, dass die Möglichkeiten zur Öffnung immer weiter verbessert wurden („Ring-Pull"). Heute dominiert ein Eindrückverschluss Typ SOT (Stay-on-tab), der an der Dose verbleibt, seit 1998 wird der LOE-Verschluss gefertigt (Large opening end).

Die Dosen- und Deckel-Durchmesser werden in Zoll angegeben. Die erste Zahl gibt den Durchmesser in Zoll an, die beiden letzten Ziffern in sechzehntel Zoll. Die Entwicklung verlief bei den 2.11er Dosen (Ø 66 mm) vom 2.11er über den 2.09er (63 mm; erster necked-in-Deckel), 2.06er (57 mm) zum 2.02er Deckel (52 mm). Angaben zur Masse und Deckeldicke sind aus Tabelle 19 zu entnehmen.

Die Entwicklung versucht, die Größe der Ausgießöffnung zu vergrößern und ggf. eine „Trinkhilfe" zu integrieren. Auch am Problem der Wiederverschließbarkeit wird gearbeitet, siehe z.B. [99].

Weitere Neuerungen sind „Dummy"-Deckel und geprägte Dosen, bei denen die Oberfläche hydraulisch einer Form/Kontur angepasst wird („Shaped Can"). Auch die Deckel können durch Prägung gestaltet werden. Von *Heineken* ist eine 0,33-l-Alu-Dose in Fäßchenform unter der Bezeichnung *KegCan* bekannt.

In einigen Ländern (GB) werden in die Dosen PE-Hohlkörper („Widgets") eingesetzt, die nach dem Füllen mit Bier mit Stickstoff (Dosierung als Flüssig-Stickstoff-Tropfen in die unverschlossene Dose) gefüllt werden und diesen nach der Öffnung der Dosen zur Schaumbildung freisetzen.

So genannte „Wedge" (gas- und flüssigkeitsdicht) werden in die Dose (unter dem Namen FreshCan) eingebracht, um trockene Zusätze erst beim Öffnen der Dose mit dem Getränk zu mischen [100].

Der Einsatz von PET als Dosenwerkstoff mit einem Alu-Deckel wird aktuell untersucht (PET Can [101]). Unter der Bezeichnung *CrazyCan 3* wird über eine PET-Dosen-Entwicklung mit wieder verschließbarem Kunststoff-Deckel berichtet [102]. Der Deckel wird aufgeprellt.

Deckel und Dosen werden mit Wasser verdünnbarem Epoxidharz-Lack beschichtet. Der Lackauftrag beträgt (170 bis 220 ± 20) mg Lack/Al-Dose und ca. (300 ± 30) mg/Weißblechdose, s.a. Kapitel 5.2.4. Für AfG-Deckel wird auch ein Vinyl-Organosol eingesetzt. Die Porigkeit der Innenlackierung ist ein wichtiges Prüfkriterium.

Die Dosen können außen nach einer Grundierung mehrfarbig bedruckt werden. Die Deckel und Aufreißlaschen können ebenfalls bedruckt bzw. gefärbt werden.

Füllanlagen

Tabelle 19 Getränke-Dosen Typ 2.11 (66 mm), wesentliche Daten (die Daten stammen von verschiedenen Herstellern und haben natürlich Toleranzen)

		Weißblech-Dose		Aluminium-Dose	
		2.11/2.06 [2]	2.11/2.02 [1]	2.11/2.06 [2]	2.11/2.02 [1]
Nenninhalt 330 ml					
Außendurchmesser	mm	66,1±0,25	≤ 66,5	66,0±0,2	≤ 66,5
Dosenhöhe	mm	115,2±0,4	115,2±0,4	115,2±0,4	115,2±0,3
Mündungs-Innendurchmesser	mm	57,4±0,3	52,4±0,3	57,4±0,3	52,4±0,3
Kopfraumhöhe	mm	12,2±0,5	12,2±0,5	12,2±0,5	12,2±0,5
Wanddicke Rumpf	mm	0,07	0,07	0,10	0,10
Wanddicke Boden	mm	0,26	0,22	0,28	0,25
Masse der Dose incl. Innenlackierung und Dekor	g	26±1	≤ 23	11,3±0,5	11,0
Deckelmasse	g	3,7	2,8	3,7	2,8
Deckeldicke, unbeschichtet	mm	0,27	0,224	0,27	0,224
Innendruckfestigkeit	kPa	620	620	620	620
Axialstauchfestigkeit	N	800	800	800	800
Nenninhalt 500 ml					
Außendurchmesser	mm	≤ 66,5	≤ 66,5	≤ 66,5	≤ 66,5
Dosenhöhe	mm	168,0±0,4	168,0±0,4	168,0±0,4	168±0,4
Mündungs-Innendurchmesser	mm	57,4±0,3	52,4±0,3	57,4±0,3	52,4±0,3
Kopfraumhöhe	mm	14,0±0,5	14,0±0,5	14,0±0,5	14,0±0,5
Wanddicke Rumpf	mm	> 0,07	0,07	> 0,10	0,10
Wanddicke Boden	mm	0,26	0,22	0,28	0,25
Masse der Dose incl. Innenlackierung und Dekor	g	36±1,5	30,4	15,3±0,5	14,2
Deckelmasse	g	3,7	2,9	3,7	2,9
Deckeldicke	mm	0,27	0,224	0,27	0,224
Innendruckfestigkeit	kPa	620	620	620	620
Axialstauchfestigkeit	N	800	800	800	800

1) Stand 12/2001   2) die Dose 2.11/2.06 wird seit etwa 2000/2001 kaum noch benutzt

Weiterentwicklungen der Metalldose

Aktuell wird die Prägetechnik genutzt, um Details von Abbildungen hervorzuheben. Beim so genannten *Embossing* werden Bildpartien nach innen gedrückt. Beim *Fluting* werden seitliche Rillen längs über die gesamte Seitenwand der Dose geprägt. Damit soll u.a. der Doseninhalt länger kühl bleiben [68].

Für Dosen sind thermochrome Farben verfügbar, die die optimale Trinktemperatur signalisieren. Druckfarben lassen sich inzwischen in hoher Auflösung aufbringen.

Dosentransport
Die Leerdosen werden auf Spezialpaletten palettiert und verschickt. Der Palettenstapel wird durch etwa 2 mal 2 Spannbänder fixiert, den oberen Abschluss bildet ein Winkelrahmen (ca. 15 kg), der durch ein zusätzliches Spannband fixiert wird. Auf jede Dosenlage wird eine Zwischenlage aus Spezialpappe (ca. 700 g/m^2) gelegt (1250 mm x 1180 mm; ca. 1 mm dick; ca. 1,1 kg).

Die Palette mit aufgelegtem Winkelrahmen wird zum Dosenhersteller zurückgeführt, Für die Rückführung der Paletten werden diese zu 15...20 Stück mit je einem Winkelrahmen gestapelt.

Die Zwischenlagen (auf einer Palette zu etwa 400 Stück/Palette; mit Spannbändern und einem Winkelrahmen oder einer gedrehten Palette gesichert) werden ebenfalls rückgeführt.

Die Paletten-Maße sind auf den Dosendurchmesser abgestimmt. Sie variieren je nach Hersteller und Land. In Deutschland ist vor allem die „Tall"-Palette im Einsatz mit den Abmessungen 1180 mm x 1250 mm x 130 mm. Auf diese können 360 Dosen mit 66 mm Durchmesser je Lage gestellt werden. Palettenwerkstoff war früher Holz, heute Kunststoff (PE-HD; silbergrau gefärbt; 140 mm hoch; ca. 22 kg).
Es können auf dieser Palette gestapelt werden (max. Höhe des Stapels 2850 mm):
- 0,33-l-Dosen: maximal 23 Lagen/Palette $\hat{=}$ 8280 Dosen/Palette,
- 0,50-l-Dosen: maximal 16 Lagen/Palette $\hat{=}$ 5760 Dosen/Palette.

Deckel werden auf einer EW-Palette 1000 mm x 1200 mm x 147 mm geliefert oder auf der Pool-Palette.
Die 2.02er Deckel werden in Papierbeutel verpackt: (545 ± 2) Stück je Beutel. Es können 12 bzw. 16/15 Reihen je Schicht gelegt werden. In der Höhe werden 20 bzw. 28 Schichten gestapelt. Die Beutel/Rollen werden durch ein Papierband („Papierschlange") zusammen gehalten („Slingpack").

Damit ergeben sich bei der Pool-Palette max. 130.800 Deckel/Palette und bei der EW-Palette 236.530 Deckel/Palette (das sind etwa 720 kg brutto).

Füllanlagen

5.3.14 Partydose/Partyfass

Die Partydose (Synonym Partyfass) wird als Einweggebinde mit einem Nennvolumen von 5 l gefertigt. Die wesentlichen Parameter können Tabelle 20 entnommen werden.

Die Füllung des Partyfässchens erfolgt isobarometrisch nach der Vorspannung mit CO_2. Der Füllvorgang verläuft ähnlich wie bei der Flaschenfüllung mit einem Füllorgan mit langem Füllrohr. Verschlossen wird das Gebinde durch einen Stopfen, der beim Entleeren auch für den Druckausgleich sorgt. Der Füll- und Verschließvorgang kann manuell oder automatisch erfolgen (s.a. Kapitel 26.7).

Tabelle 20   5 l-Partydose (s.a. Abbildung 47)

Durchmesser am Kopf/Boden in mm	165/157
Durchmesser max. in mm	175,3
Höhe in mm	242,2
Druck max. in bar	≤ 4
Inhalt netto in ml	5000
Inhalt brutto in ml	5140
Masse in g	520

Abbildung 47   Partydose
(nach HUBER Packaging Group)
a Verschlussstopfen   **b** Zapfhahn

Gezapft wird durch einen integrierten, seitlich unten herausziehbaren Zapfhahn. Dieser kann in das Fässchen zurückgeschoben werden. In der Vergangenheit wurde auch mit Zapfkopf und CO_2-Spanngas gezapft.

Das Blech kann vor der Fassfertigung beliebig im Offsetverfahren farbig bedruckt werden.

Als Zubehör werden Wärmedämm-Hüllen, Kühlbeutel (kühlbar im Kühlschrank) und Zapfutensilien angeboten. Die Partydosen können auf Trays gestellt und palettiert werden oder sie werden in einer Faltschachtel verpackt.

Pack- und Packhilfsmittel

Die leeren Partydosen werden mit einer Staubkappe verschlossen, mit Zwischenlagen auf der Pool-Palette palettiert und in Folie eingeschweißt geliefert: (30 Dosen/Schicht, bei 8 Schichten = 240 Dosen/Palette).

Eine weitere Variante der Partydose ist das mit integrierter CO_2-Versorgung ausgestattete EasyKeg (Abbildung 48). Die CO_2-Patrone mit integriertem Druckminderer wird durch Drehen der Lasche aktiviert.

Weitere Hinweise zu kleinen MW- und EW-Behältern siehe in den Kapiteln 5.3.16.2 und 5.3.16.7.

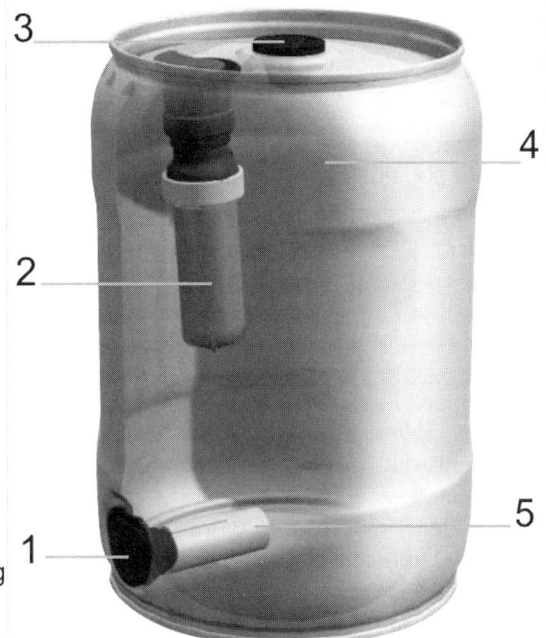

Abbildung 48 EasyKeg
(nach HUBER Packaging Group)
1 Zapfhahn   2 CO_2-Druckregelsystem
3 Verschlussstopfen mit Berstsicherung
4 CO_2 im Kopfraum
5 Drossel für schaumarmes Zapfen

Füllanlagen

5.3.15 Transport-Fässer

5.3.15.1 Allgemeines

Das Holzfass aus gepichtem Eichenholz war das klassische Transportfass (Synonym: Versandfass) der Vergangenheit. Die aufwendige Fertigung und die erforderliche Pflege führten aus Qualitäts- und Kostengründen zum Metallfass und später zum Keg.

Gegenwärtig werden zwar noch kleinere Holzfässer ($V \leq 50$ l) hergestellt, sie besitzen jedoch nur noch lokales oder historisches Interesse.

Das Holzfass wurde durch das bauchige Metallfass abgelöst (nach DIN 6648). Werkstoffe waren anfangs eine Aluminium-Knetlegierung, später auch nichtrostende Stähle. Die innere Oberfläche konnte durch Eloxierung, eine Lackierung oder Kunststoffbeschichtung gegen Korrosion geschützt werden, zum Teil wurden die Fässer auch gepicht.

Diese Fässer wurden für Nenninhalte von 30, 50, 75 und 100 l hergestellt, zeitweise auch mit 58 l („halbe Tonne", s.u.).

Das bauchige Metallfass wurde zum großen Teil durch das zylindrische Metallfass, das Keg, abgelöst. Es ist aber regional zum Teil noch von großer Bedeutung.

Transportbehälter müssen dem LFGB entsprechen. Hinweise zu Schankanlagen siehe im Kapitel 28.

5.3.15.2 Holzfass

Das klassische Holzfass wurde aus Eichenholz gefertigt. Die Fassdauben bilden mit den beiden Fassböden das Fass. Sie werden durch die Fassreifen (Flachstahl, vernietet, selten aus verzinktem Werkstoff) zusammengehalten. Die bauchige Form ermöglicht das „Antreiben" der Fassreifen, um das Schrumpfen des Holzes zu kompensieren.

Ende der 1930er Jahre wurde mit mäßigem Erfolg versucht, das Eichenholz durch wasserfest verleimtes Buchensperrholz zu ersetzen („Patentfass *Müller*").

Einzelheiten zum Holzfass, seiner Behandlung und Pflege müssen der Literatur entnommen werden (z.B. [103] und der historischen Fachliteratur).

Nachteilig sind beim Holzfass der erhebliche Pflegeaufwand (Pichen, Wässern, Antreiben), die Anfälligkeit der Pechschicht gegen Schlag und Stoß, die biologische Gefahr der defekten Pechauskleidung, die geringe zulässige Reinigungstemperatur mit ihren Folgen für mögliche Kontaminationen und die große Tara.

Vorteilhaft ist die Wärmedämmeigenschaft des Holzes beim Transport.

Die klassische Fassauskleidung ist das Brauerpech. Es wird vorzugsweise aus Kolophonium und Harzölen bereitet, teilweise wird Paraffin zugesetzt.

Ab den 1950er Jahren wurden Fässer mit einer Kunststoffauskleidung eingesetzt (z.B. Durolit®), die aber die meisten Nachteile des Fasses nicht kompensieren konnte.

In der Gegenwart werden in geringem Umfang auch Holzfässer mit Edelstahlblase und Keg-Armatur gefertigt.

Zubehör eines Fasses für die Reinigung, Füllung und das Zapfen sind die Fassverschraubungen (nach DIN 6649):

- Der Spundring mit Innengewinde für die Spundschraube oder glatt für die hölzerne Querscheibe. Der Spundring wird in die Daube eingeschraubt (Kegelgewinde);
- Die Zapflochbuchse; sie wird ebenfalls mittels Kegelgewinde eingeschraubt.

Die Zapflochbohrung (Ø = 17 mm) wird durch einen Korken/Gummi- oder Kunststoffstopfen verschlossen;
- Es kann eine weitere seitliche Zapflochbuchse vorhanden sein („Bayerischer Anstich").

Die Spundschraube mit kegeligem Trapezgewinde wurde mittels eines paraffinierten Spundlappens gedichtet. Zurzeit werden vor allem selbst dichtende Schrauben genutzt. Die Spundschraube kann ein Zapfloch besitzen.

Das Verschließen der Spundschraube kann mechanisiert werden, ebenso das Ausdrehen. Querscheiben müssen ausgebohrt werden.

Das Zapfloch wird mit manuell oder pneumatisch betätigter Vorrichtung mit einem Korken/Gummistopfen verschlossen. Auch selbst schließende Systeme wurden benutzt.

Fassgrößen: vorzugsweise 10…12,5…15, 20, 25, 30…35, 50, 58…65, 75, 100…120, 150 und 200 l. Diese Größen leiten sich vom Hektoliter (1/1 = 1 „Ganze") und seinen Teilen ab: 1/8, 1/5, 1/4, 1/3, 1/2. Die früher gebrauchte „Tonne" lässt sich nicht allgemeingültig in Liter umrechnen. In Berlin entsprach eine Tonne Bier einem Volumen von 1,25 hl, in Sachsen waren es nur 0,98 hl, in Preußen 1,16 hl, eine „Halbe Tonne" entspricht deshalb ca. 58 l Fassvolumen.

Eichpflicht für Bierfässer besteht im Deutschen Reich erst seit 1912! Die Inhaltsangabe erfolgte meist mittels sogenannter Eichplatten mit auswechselbaren Ziffern. Die Eichung wurde nach dem Auslitern mittels „Kubizierapparat" vom Eichbeamten mit einem Eichstempel/Bleiplombe beglaubigt.
Bezüglich der Eichung gelten die Eichvorschriften [104].

Der Eigentumsnachweis erfolgte bei Holzfässern im Allgemeinen mittels Brennstempel.

Der Betriebsdruck der Fässer muss auf $p_ü \leq 2$ bar begrenzt werden, bei Fässern >1 hl zum Teil auf $p_ü \leq 1$ bar.

5.3.15.3 Metallfass

Das bauchige Metallfass nach DIN 6648 aus einer Aluminium-Legierung (zum Beispiel AlMgSi 1) oder aus einem nichtrostenden Stahl (zum Beispiel 1.4301 o.ä.) wird mit zwei Laufringen gefertigt. Außerhalb der Norm können diese auch durch Gummireifen, form- und kraftschlüssig in Sicken gehalten, ersetzt werden. Das bauchige Edelstahlfass kann mit einer PUR-Hartschaum-Wärmedämmung ausgerüstet werden (s.a. Abbildung 550 im Kapitel 25.6).
Die Metallfässer werden meistens aus zwei Schalen zusammen geschweißt.

Der Betriebsdruck darf $p_ü \leq 7$ bar betragen, er darf nicht zu bleibenden Verformungen führen.
Zubehör eines Fasses für die Reinigung, Füllung und das Zapfen sind die Fassverschraubungen (nach DIN 6649) bzw. Buchsen, die beim bauchigen Metallfass auf einer Schnittlinie liegen:
- Der Spundring mit Innengewinde für die Spundschraube. Der Spundring wird eingeschweißt;
- Die Zapflochbuchse; sie wird ebenfalls eingeschweißt. Die Zapflochbohrung (Ø = 17 mm) wird durch einen Gummi- oder Kunststoffstopfen (früher Korken) verschlossen;

Füllanlagen

❐ Es kann eine weitere seitliche Zapflochbuchse vorhanden sein („Bayerischer Anstich").

Die Spundschraube mit kegeligem Trapezgewinde wurde in der Vergangenheit mittels eines paraffinierten Spundlappens gedichtet. Die Spundschraube kann ein Zapfloch besitzen. Die moderne Spundschraube wird elastisch beschichtet und ist damit selbst dichtend.

Das Verschließen der Spundschraube kann mechanisiert werden, ebenso das Ausdrehen (s.a. Kapitel 25.6).

Das Zapfloch wird mit manuell oder pneumatisch betätigter Vorrichtung mit einem Korken/Gummi- oder Kunststoffstopfen verschlossen.

Fassgrößen: vorzugsweise 30, 50, (58), 75 und 100 l. Teilweise werden auch kleinere Fässchen als Partyfässchen gefertigt mit ≥ 5 l Inhalt, die wie Kegs ausgerüstet und behandelt werden (s.u.).

Masse der Fässer bei Aluminium: 30 l = 6,2 kg, 50 l = 9,2 kg, 100 l = 17,4 kg, bei rostfreiem Stahl entsprechend mehr.

Bezüglich der Eichung gelten die Eichvorschriften [104]. Auf die Eichung kann verzichtet werden, wenn die Füllung als Maßfüllung mit geeichten Durchflussmessgeräten (MID) erfolgt.

Wesentlicher Nachteil von Aluminium ist, dass die alkalische Reinigung aus Korrosionsgründen nur stark eingeschränkt erfolgen kann.

Erste Metallfässer wurden bereits in den 1920er Jahren eingesetzt, vor allem ein „rostfreies" zylindrisches Fass der Fa. Krupp aus „V2A" mit einem Inhalt von etwa 40 Litern (das Zapfloch war in der Spundschraube integriert). Diese Fässer wurden auch als Pasteurisierfässer bezeichnet. Ein weiteres Metallfass war das so genannte „Schwelmer Eisenfass" mit elastischer Beschichtung oder in gepichter Ausführung.

5.3.15.4 Kennzeichnung von Fässern

Holzfässer müssen mit dem Eigentumsnachweis der Brauerei, der Fassnummer, der Inhaltsangabe in Litern gemäß Eichordnung (mit Eichstempel) gekennzeichnet sein.

Die Metallfässer nach DIN 6648 müssen entsprechend der Eichordnung gekennzeichnet sein. Dazu gehören die Inhaltsangabe in Litern (mit Eichstempel), der Eigentumsnachweis der Brauerei, die Fassnummer, das Herstellerzeichen bzw. die Herstelleranschrift, die Werkstoffangabe, der Betriebsdruck und bei gegebenen Voraussetzungen darf das DIN-Zeichen verwendet werden.

Die Eichordnung ist in der jeweilig gültigen Fassung zu benutzen [104].

5.3.16 Kegs

5.3.16.1 Allgemeines

Die weitere Entwicklung bei Transportbehältern führte zum zylindrischen Fass, dem Keg (Abbildung 49). Dieses wird heute ausschließlich aus rostfreiem Edelstahl gefertigt, in der Vergangenheit waren es auch Aluminium-Legierungen. Wesentliches Kennzeichen ist die Verwendung einer speziellen Armatur für die Reinigung, Füllung und das Zapfen. Diese wird auch als „Fitting" bezeichnet und in die standardisierte Fassmuffe eingesetzt, wobei verschiedene Bauformen unterschieden werden. Außer den speziellen Bier-Kegs (Synonym: Systemfass) mit 30 und 50 l Inhalt werden auch ähnlich gestaltete Gebinde mit kleinerem Volumen für Bier und AfG/ Softdrinks eingesetzt.

Transportbehälter müssen dem LFGB entsprechen, s.a. Kapitel 28.

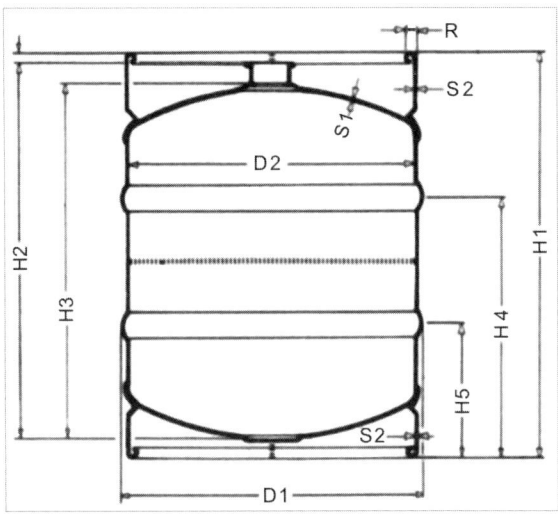

Abbildung 49   Keg, schematisch und im Schnitt (nach Fa. BLEFA)

5.3.16.2 Bauformen

Kegs werden in zwei verschiedenen Ausführungen als sogenannte System-Kegs gefertigt:
- nach DIN Normen (s.a. [105]) und
- nach Euro-Form (vorzugsweise im englischen Sprachraum).

Für Bier-Behälter ist DIN 6647-1, für AfG-Behälter ist DIN 6647-2, für größere Behälter ist DIN 6647-3 und für EW-Behälter ist die DIN 6647-4 zuständig.

Das DIN-Keg ist günstiger und dominiert, da es die Palettierung auf der Pool-Palette 800 mm x 1200 mm ermöglicht. Wichtige Maße können der Tabelle 21 entnommen werden.

Das Keg wird aus zwei tiefgezogenen Hälften zusammengeschweißt. Fuß- und Kopfring werden angeschweißt. Am Kopfring kann der Eigentümer-Name eingeprägt oder graviert bzw. geätzt werden.

Füllanlagen

Der Fußring wird im Durchmesser eingezogen, so dass das Keg formschlüssig stapelbar wird.

Tabelle 21 Wichtige Daten bei Bier-Kegs (System-Kegs), nach Firmenangaben BLEFA, s.a. Abbildung 49

Bezeichnung		Maßeinheit	Euro-Form		DIN-Keg	
Inhalt		Liter	30	50	30	50
Außen-Ø	D 1	mm ± 2	408		381	
Innen-Ø	D 2	mm	392		360,5	
Standring-Ø	D 3	mm	357		325	
Gesamthöhe	H 1	mm ± 2	365	532	400	600
Dichtungsrand bis Bodenwölbung	H 3	mm	296	461	341	541
Sickenabstand	H 4	mm	113	173	140	220
	H 5	mm	233	337	260	380
Abstand Muffe zu Oberkante	H 6	mm	15		14	
Wanddicke Boden, Mantel	S 1	mm	1,5			
Wanddicke Kragen	S 2	mm	1,5 oder 1,7			
Rollen-Ø	R	mm	20			
Masse ohne Fitting		kg	9,2 / 9,7	11 / 11,5	8,6 / 9	10,8 / 11,2

Am oberen Boden wird die Keg-Muffe nach DIN 3542 eingeschweißt. Diese dient zur Aufnahme des Fittings, der mit einem Rundgewinde Rd 52 x 1/6 ($\hat{=}$ Rd 52 x 6 tpi) oder mit einem Gewinde 2" x 14 tpi nach BS 84 (British Standard) eingeschraubt wird. Weitere Gewinde sind Rd 48 x 6 tpi, Rd 52,8 x 6 tpi und 2 1/8" x 7 tpi (tpi bzw. TPI bedeutet „Gewindegänge bzw. Umdrehungen pro Zoll"). Gewinde-Fittinge müssen mit einem definiertem Drehmoment angezogen werden (s.u.).

Außer den genannten beiden Gewinden gibt es noch verschiedene andere hersteller- oder anwenderspezifische Befestigungsformen. Hier sind vor allem gewindelose Formen („Sicherheitsfittinge") zu nennen, die auf formschlüssigen Verbindungen (Bajonett-Verschluss; Sicherungsring/„Seeger-Ring") beruhen. Ziel dieser Sonderformen ist es, das unbeabsichtigte oder beabsichtigte unbefugte Herausschrauben bzw. Manipulieren und die Lockerung des Fittings zu verhindern bzw. Unfallschutz zu betreiben. Diese Verbindungen lassen sich nur mit Spezialwerkzeugen montieren und lösen bzw. sind mit einer Manipulieranzeige ausgerüstet. Vorteilhaft ist bei diesen Verbindungen, dass die Fittingdichtung nur durch eine Normalkraft belastet und definiert gespannt wird und nicht durch Scherkräfte, die aus der Drehung resultieren.

Im unteren Boden kann eine Sollbruchstelle eingearbeitet werden, die als Sicherheits-Berstscheibe fungiert (bei $p_ü \approx 22...35$ bar). Der Betriebsdruck der Kegs liegt bei $p_ü \leq 7$ bar (Softdrink) bzw. ≤ 3 bar (Bier, Wein).

Die Druckbeständigkeit und die Prüfung sind in den o.g. Normen festgelegt (die Druckgeräterichtlinie findet bei Kegs keine Anwendung).

Werkstoff ist üblicherweise CrNi-Stahl 1.4301, der durch den Verarbeitungsprozess kaltverfestigt wird. Es werden Zugfestigkeiten von $\sigma_z \geq 1000$ N/mm² erreicht. Die Rautiefe R_a liegt bei ≤ 1 µm.

Geschweißt wird mit Automaten nach dem *WIG*-Verfahren.

Als Fitting können nach Kundenwunsch die folgenden Bauformen zum Einsatz gelangen:

- Flach-Fitting, s.a. Abbildung 52; ein Flach-Fitting mit spezieller Geometrie ist der Dreieck/Dreikant-Fitting, der einen speziellen Zapfkopf erfordert;
- Korb-Fitting, s.a. Abbildung 53;
- Kombi-Fitting, s.a. Abbildung 54;
- Softdrink-Fitting, s.a. Abbildung 55.

Diese Varianten unterscheiden sich in der Zahl ihrer Bauelemente und in der Zahl der Dichtungen. Jede Form hat Vor- und Nachteile.

Die Gewinde-Fittinge müssen mit einem vorbestimmten Drehmoment festgezogen werden, um das selbsttätige Lockern zu verhindern. Das Anzugsmoment beträgt 70 Nm, nach der ersten Reinigung wird empfohlen, mit 80 Nm nachzuziehen. Ein definiertes Anzugsmoment kann nur mit einem Drehmomentschlüssel gesichert werden. Zur Verringerung der Gewindereibung kann das Gewinde mit Teflon® (PTFE) beschichtet werden.

Moderne Fittinge lassen sich aus Sicherheitsgründen nur mit einem Spezialwerkzeug demontieren. Gewindelose Bauformen besitzen Vorteile (s.o.).

Die Entscheidung für die eine oder andere Ausführung muss wohl überlegt sein, da ein späterer Wechsel mit erheblichen Kosten verbunden ist. Dabei muss auch daran gedacht werden, dass die zugehörigen Zapfköpfe mit gewechselt werden müssen.

Da die bleibende Volumenvergrößerung bei Überdruck-Beanspruchung gering ist, kann auf die regelmäßige Nacheichung der Kegs verzichtet werden.

Eventuelle Beulen an den Kopf- und Fußringen, aus unsachgemäßer Behandlung resultierend, lassen sich per Dienstleistung reparieren (s.a. Punkt 5.3.16.6).

Das Gleiche gilt für das Richten der Muffe und das Ausbeulen des Kegbodens. Kopf- und Fußringe können auch erneuert werden. Eigentums-Prägungen können entfernt werden, ggf. werden Platinen mit neuer Prägung befestigt.

Deformierte Kegs müssen nachgeeicht werden. Alternativ besteht auch die Möglichkeit, die Kegs volumetrisch zu füllen.

Die automatische Erkennung der Kegs ist durch optische und elektronische Verfahren gegeben. Dazu werden die Kegs mit maschinenlesbaren Kodierungen versehen oder es werden Transponder (RFID) montiert.

Edelstahl-Kegs können auch mit anvulkanisierten/geklebten Kopf- und Fußringen aus Gummi, PE oder PP ausgestattet werden. Ebenso lassen sich Kegs ganz oder teilweise mit einer PUR-Hartschaummantel-Wärmedämmung ausrüsten (bei diesen werden allerdings eventuelle Beulen nicht sichtbar).

Außer den in Tabelle 21 genannten Keggrößen gibt es zahlreiche Kegs, die nach Firmenspezifikationen gefertigt werden, beispielsweise mit 5, 10, 15, 20, 25, 30 Litern bei einem maximalen Durchmesser von 239 mm…290 mm und Gesamthöhen von 276 bis 600 mm.

Füllanlagen

Im englischen Sprachraum werden Kegs vor allem mit 22-, 11- und 9 gallonen ($\approx$ 100 l, 50 l, 41 l) gefüllt, im angloamerikanischen Raum mit 1/2-, 1/4- und 1/6-barrel ($\approx$ 58 l, 30 l, 20 l).

Kegs werden auch mit Durchmessern wie DIN-Kegs, aber geringerer Gesamthöhe gefertigt.

Eine weitere Sonderbauform stellt das *Keggy*® dar, Volumen 5 und 12,5 l [106]. Hier sind die CO_2-Ausschankgasflasche und der Druckminderer mit integriert. Die Gasflasche muss dosiert gefüllt werden. Ausgeschenkt wird mit einem Kompensatorhahn, der mit dem Zapfkopf verbunden ist.

Einige Hersteller fertigen auch kleine Fässchen ($\leq$ 10 l; z.B. „Partyfässchen" der Fa. Franke), die in Fassform gestaltet sind und auch über ein integriertes CO_2-Versorgungssystem verfügen. Sie werden zum Teil mit einem PUR-Mantel in Holzimitatform ausgerüstet. Diese Fässchen werden mit einer Kegmuffe und einem Fitting bestückt und können auf Keganlagen mit einem Adapter gereinigt und gefüllt werden.

Ein weiteres MW-System ist das *Easy Draft*-Konzept [107]. Es handelt sich um einen zylindrischen Behälter (ca. 10 l) mit Kunststofftragring und -bodenring sowie integrierter CO_2-Versorgung einschließlich Druckminderer und seitlichem Anstich (Abbildung 51). Der Zapfhahn ist ein EW-Artikel. Zum Behälter gibt es eine Kühlbox.

Abbildung 50   freshKEG
(nach Fa. Schäfer in Zusammenarbeit mit der Brauerei Krombach [108])
1 Getränk (5,2 oder 10,4 l)
2 Gasraum für CO_2 (max. 7 bar)
3 Zapfgas **4** Sicherheitsfitting
5 Zapfkopf mit Druckminderer

Pack- und Packhilfsmittel

Abbildung 51 Fass-System Easy Draft
(nach Fa. Franke, Kreuztal [107])

Ein anderes System ist beispielsweise das MW-System *freshKEG* (Ø = 253 mm; Höhe 258 mm bzw. 394 mm bei einem Volumen von 5,2 bzw. 10,4 l; Abbildung 50 [108]). Auch hierfür gibt es eine Kühlbox.

Ein ähnliches System ist das *smartDraft*-System mit 10,3 l. Hier wird eine EW-Bierleitung eingesetzt.

Ein Teil der Sonderbauformen wird auch mit „bayerischem Anstich" gefertigt.

Als Sonderbauform muss auch das sich selbst kühlende Keg gesehen werden (CoolKeg®). Bei diesem Keg sind um die eigentliche Kegblase (V = ca. 14 und 20 l) zwei weitere Schalen bzw. hermetisch abschließbare Volumina angebracht. Ein Raum enthält Zeolith, der andere, an das Bier grenzende, Wasser. Werden Zeolith- und Wasserkammer verbunden, nimmt das Zeolith Wasserdampf auf. Durch die Verdunstung des Wassers wird die dafür erforderliche Wärmemenge dem Bier entzogen und dieses dadurch gekühlt (auf ca. 6…9 °C). Das Zeolith erwärmt sich dabei (ca. 80 °C) und gibt die Wärmemenge an die Umgebung ab. Deshalb muss das Keg einen Berührungsschutz erhalten, der durch ein Sleeve-Etikett aus PS gebildet wird.

Das Zeolith kann regeneriert werden: nach der Reinigung und Befüllung des Kegs wird das Zeolith von außen erhitzt (250 °C) und damit das Wasser verdampft. Dieses kondensiert an der Bierblasenwandung (das Bier wird damit auf ca. 38 °C erwärmt), danach werden die beiden Kammern wieder verschlossen und das Keg kann bis zum Verbrauch gelagert werden [109]. Die Betriebs- und Investitionskosten des Systems sind relativ hoch.

Das *Eco-Keg* [110] wird mit optimierter Wanddicke gefertigt. Inhalt beispielsweise 10,4-, 15,5-, 20,5-Liter; Ø 239 mm. Die Edelstahlblase wird mit Kopf- und Fußringen aus PP komplettiert. Die Eco-Kegs können für Bier und AfG ausgerüstet werden.

Ein 4-l-MW-Fässchen mit einem Kunststoff-Inliner wird mit dem Ausschanksystem „Beer Tender" benutzt (Hersteller Heineken). Es wird mit Druckluft ausgeschenkt.

Das „DAVID-System" von Heineken ist ein 20-l-MW-Keg mit einem integrierten EW-Zapfsystem, dass in der Gastronomie mit geringeren Zapfmengen benutzt werden kann [111]. Nach dem Einlegen der Bierleitung in den Zapfhahn wird die CO_2-Armatur aufgesetzt und das Zapfen kann beginnen. Das Keg muss vorgekühlt werden.

Füllanlagen

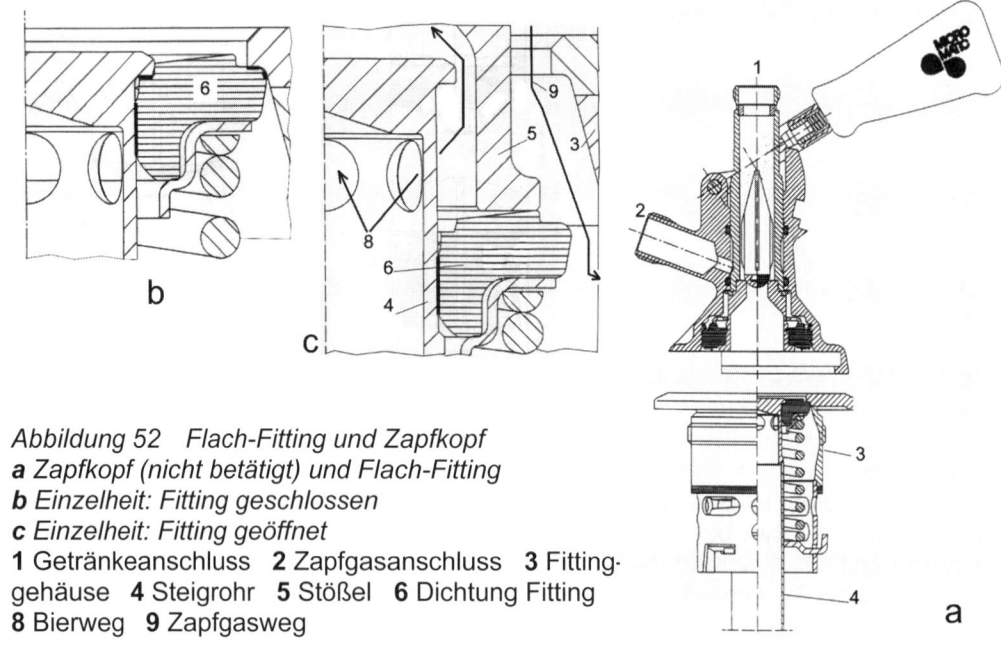

Abbildung 52 Flach-Fitting und Zapfkopf
a *Zapfkopf (nicht betätigt) und Flach-Fitting*
b *Einzelheit: Fitting geschlossen*
c *Einzelheit: Fitting geöffnet*
1 Getränkeanschluss **2** Zapfgasanschluss **3** Fittinggehäuse **4** Steigrohr **5** Stößel **6** Dichtung Fitting
8 Bierweg **9** Zapfgasweg

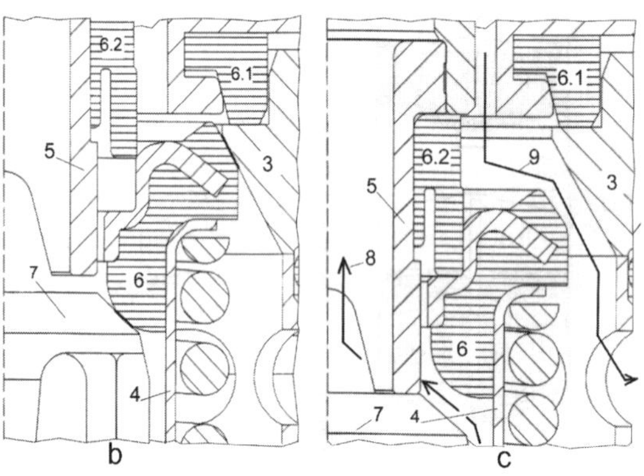

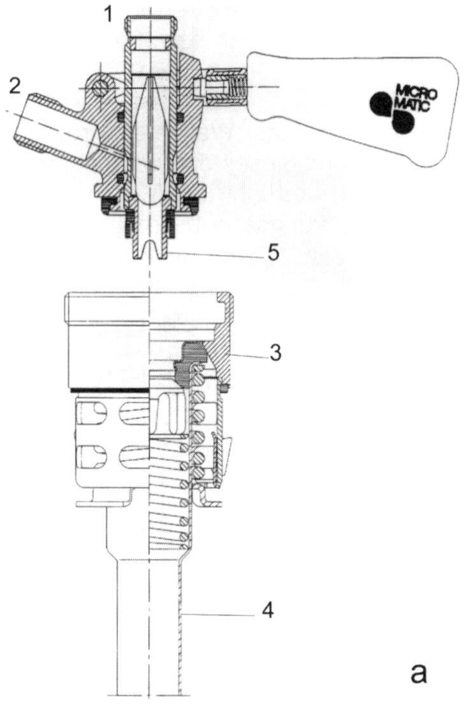

*Abbildung 53 **a** Korb-Fitting und Zapfkopf*
b *Einzelheit: Fitting geschlossen*
c *Einzelheit: Fitting geöffnet*
1 Getränkeanschluss **2** Zapfgasanschluss
3 Fittinggehäuse **4** Steigrohr **5** Stößel
6 Dichtung Fitting **6.1** Dichtung Zapfkopf
6.2 Dichtung Stößel **7** Bierventil
8 Bierweg **9** Zapfgasweg

Pack- und Packhilfsmittel

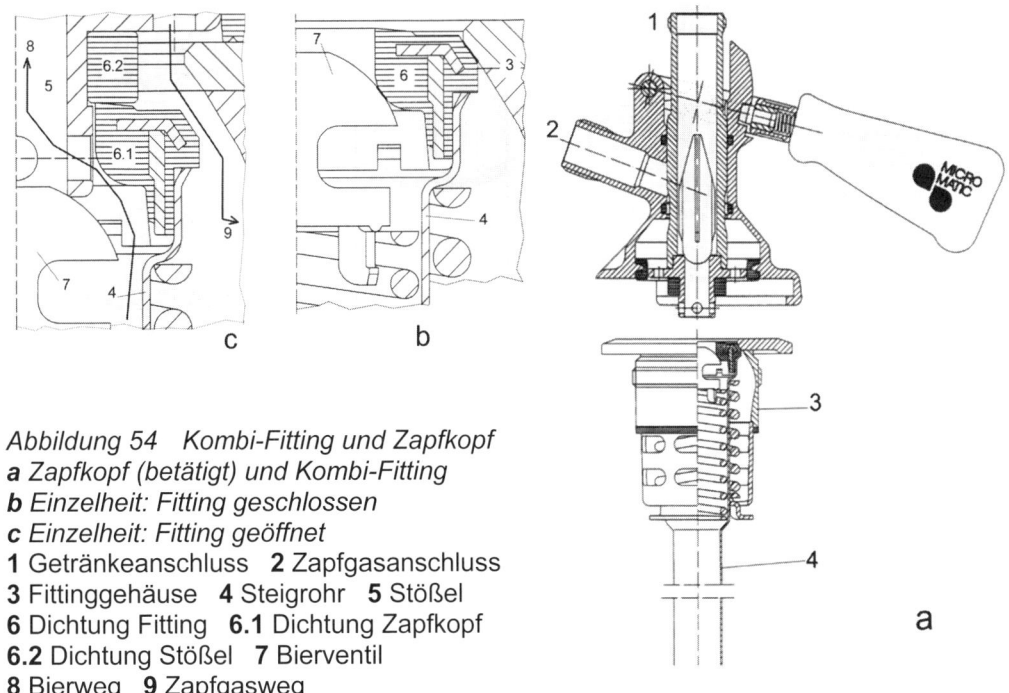

Abbildung 54 Kombi-Fitting und Zapfkopf
a *Zapfkopf (betätigt) und Kombi-Fitting*
b *Einzelheit: Fitting geschlossen*
c *Einzelheit: Fitting geöffnet*
1 Getränkeanschluss   2 Zapfgasanschluss
3 Fittinggehäuse   4 Steigrohr   5 Stößel
6 Dichtung Fitting   6.1 Dichtung Zapfkopf
6.2 Dichtung Stößel   7 Bierventil
8 Bierweg   9 Zapfgasweg

5.3.16.3 Kennzeichnung der Kegs

Kegs nach DIN 6647-1 und -2 werden gemäß Eichordnung mit der Inhaltsangabe in Litern, dem Herstellerzeichen bzw. der Herstelleranschrift, dem Betriebsdruck und dem Eigentumsnachweis gekennzeichnet.
Die Eichordnung ist in der jeweils gültigen Fassung zu benutzen.

5.3.16.4 Softdrink-Container/-Kegs

Softdrink-Container werden für dosierfertige Softdrink-Grundstoffe eingesetzt. Mit einem Durchmesser (Ø = 232 mm) werden durch Variation der Höhe (h = 340… 590 mm) unterschiedliche Volumina realisiert (V = 9…18 (18,9) l; 5 Gallonen).
Softdrink-Kegs nach DIN 6647-2 werden für den Ausschank fertiger AfG/Softdrinks eingesetzt.

Füllanlagen

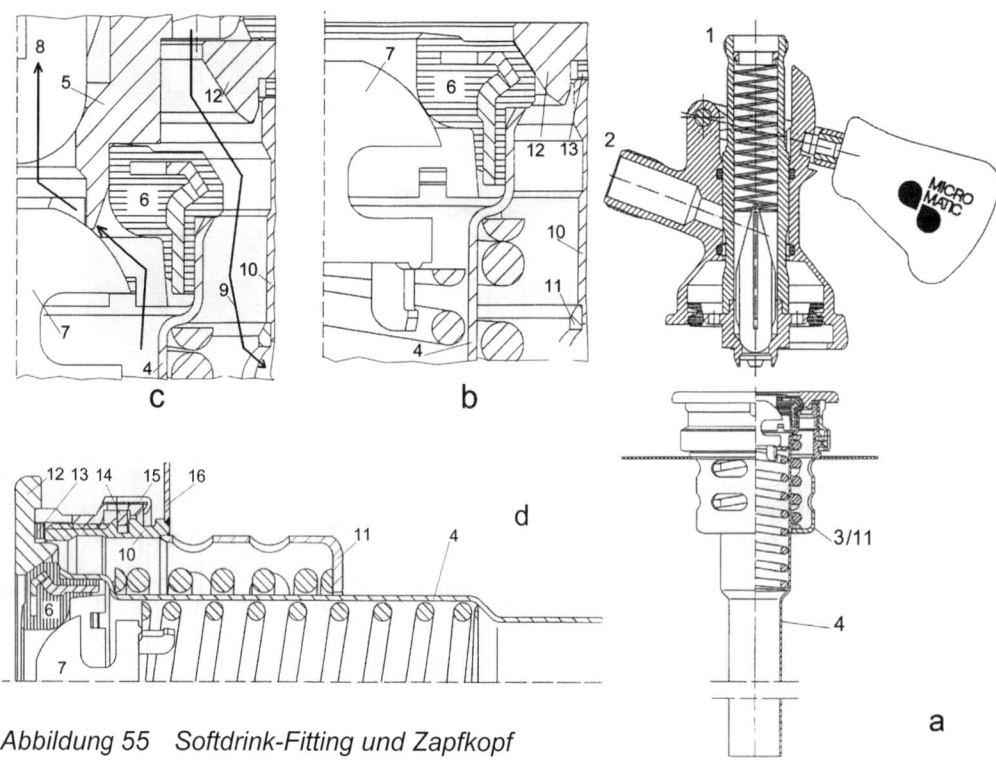

Abbildung 55 Softdrink-Fitting und Zapfkopf
a Zapfkopf (betätigt) und Softdrink-Fitting
b Einzelheit: Fitting geschlossen c Einzelheit: Fitting geöffnet d Fitting geschnitten
1 Getränkeanschluss 2 Zapfgasanschluss 3 Fittinggehäuse 4 Steigrohr 5 Stößel
6 Dichtung Fitting 6.1 Dichtung Zapfkopf 6.2 Dichtung Stößel 7 Getränkeventil
8 Getränkeweg 9 Zapfgasweg 10 Kegmuffe 11 Fittinggehäuse mit Pos. 10 verschweißt 12 Fitting-Oberteil 13 Dichtung 14 Sicherungsring Verschraubung
15 Manipulations-Sicherung aus Kunststoff 16 Kegwandung

Tabelle 22 Bier- und Wein- sowie Softdrink-Fittinge verschiedener Hersteller

Hersteller/ Ausführung	Fitting-Durchmesser in mm	Getränke-Anschluss des Zapfkopfes	CO_2-Anschluss des Zapfkopfes	Kennzeichnungsring
Coca-Cola	56	1/2" x 16 BSF	1/2" x 16 BSF	rot
Pepsi-Cola	58	7/16" x 20 UNF	7/16" x 20 UNF	blau
Standard	60	7/16" x 20 UNF	7/16" x 20 UNF	schwarz
Bier	Flach-F. Ø 74,5 Korb-F. Ø$_i$ 45 Kombi-F. Ø 74,5	G 5/8"	alt: G 5/8" neu: G 3/4" (seit 01/1999)	

Kopf- und Fußringe werden meist aus Gummi anvulkanisiert bzw. geklebt. Die Behälterdeckel und Fittinge werden oft nach Kundenspezifikation gefertigt, beispielsweise nach der Coca-Cola-Spezifikation.

Das Gleiche gilt für die Fitting-Bauformen. Im Allgemeinen wird die Bauform Kombi-Fitting eingesetzt (Abbildung 55). Sie sind ähnlich wie die Brauerei-Kombi-Fittinge gestaltet, haben aber andere Durchmesser, eine vereinfachte Ventil- und Zapfkopfbauform und die Getränke- und CO_2-Anschlüsse der Zapfköpfe sind verschieden, s.a. Tabelle 22. Zum Teil ist das Fittinggehäuse Teil der Kegmuffe. Das Muffengewinde ist meistens M 46 x 1,5.

5.3.16.5 Zapfköpfe für Keg-Fittinge

Die Zapfköpfe (s.a. Abbildung 52 bis Abbildung 55) für Softdrink-Keg-Fittinge aus rostfreiem Stahl sind der Alternative Messing mit Zinn/Nickel-Beschichtung oder Verchromung vorzuziehen. Diese ist zwar kostengünstiger, besitzt aber Nachteile bezüglich der Korrosionsbeständigkeit. Die getränkeberührten Teile des Zapfkopfes (der „Stößel") werden aus Edelstahl gefertigt.

Für Bier- und Wein-Kegfittinge werden auch Zapfköpfe aus Messing, verchromt oder mit Zinn/Nickel-Beschichtung benutzt. Vorzuziehen sind aber solche aus rostfreiem Stahl (s.o.).

Die Dichtungen (O-Ringe, Profildichtungen) werden aus EPDM (schwarz gefärbt) oder Acryl-Nitril-Kautschuk (NBR, blau gefärbt) gefertigt. EPDM ist vorzuziehen. Die Elastomere werden durch Siliconfett in Lebensmittelqualität zur Verringerung der Reibung und des Verschleißes „geschmiert".
Schaugläser werden aus Polycarbonat (PC) hergestellt.

Die Rückschlagventile („Lippenringdichtungen") bestehen meist aus Silicongummi (weiß, rot, transluzent).
Die Anschlüsse für Bier und Wein-Zapfköpfe sind aus Tabelle 22 ersichtlich.

Um Bauhöhe zu sparen, können die Getränkeleitungen mit einem 90°-Bogen angeschlossen werden oder die Zapfköpfe werden als „flache Versionen" gestaltet (Untertheken-Zapfkopf).

Zapfköpfe und das Ausschankzubehör (Druckminderer, Armaturen usw.) mussten das TRSK-Prüfzeichen (Technische Regeln für Getränkeschankanlagen) tragen, s.a. Kapitel 28. Das Baumusterkennzeichen (SK-Kennzeichen) wird weiterhin von der BG Nahrungsmittel und Gaststätten (BGN) vergeben. Die Baumusterprüfung wird jedoch auf freiwilliger Basis durchgeführt, da es nach dem Wegfall der Getränkeschankanlagenverordnung keine gesetzliche Grundlage mehr dafür gibt. Grundlage der Baumusterprüfung ist nun die DIN 6650-5 Getränkeschankanlagen - Prüfverfahren.

5.3.16.6 Kegreparaturen

Durch unsachgemäßen Gebrauch deformierte Kegs können repariert werden:
- Beulen in der Kegschale lassen sich hydraulisch beseitigen (innerer Überdruck; Keg im formschlüssigen Mantel); Verformungen der Kegfuß- und -kopfringe können gerichtet werden;
- Kopfringe können abgetrennt und gegen neu beschriftete Ringe ausgetauscht werden;
- Die geprägte Schrift des Kopfringes lässt sich glätten und ggf. mit einer neuen Prägung überdecken;
- Fußringe können gegen stapelbare Fußringe ausgetauscht werden;
- Zum Teil kann das Volumen des Kegs verringert werden;
- Alle für die Funktion wichtigen Maße können wieder hergestellt werden.

Die Fittinge können ebenfalls überholt werden.

Füllanlagen

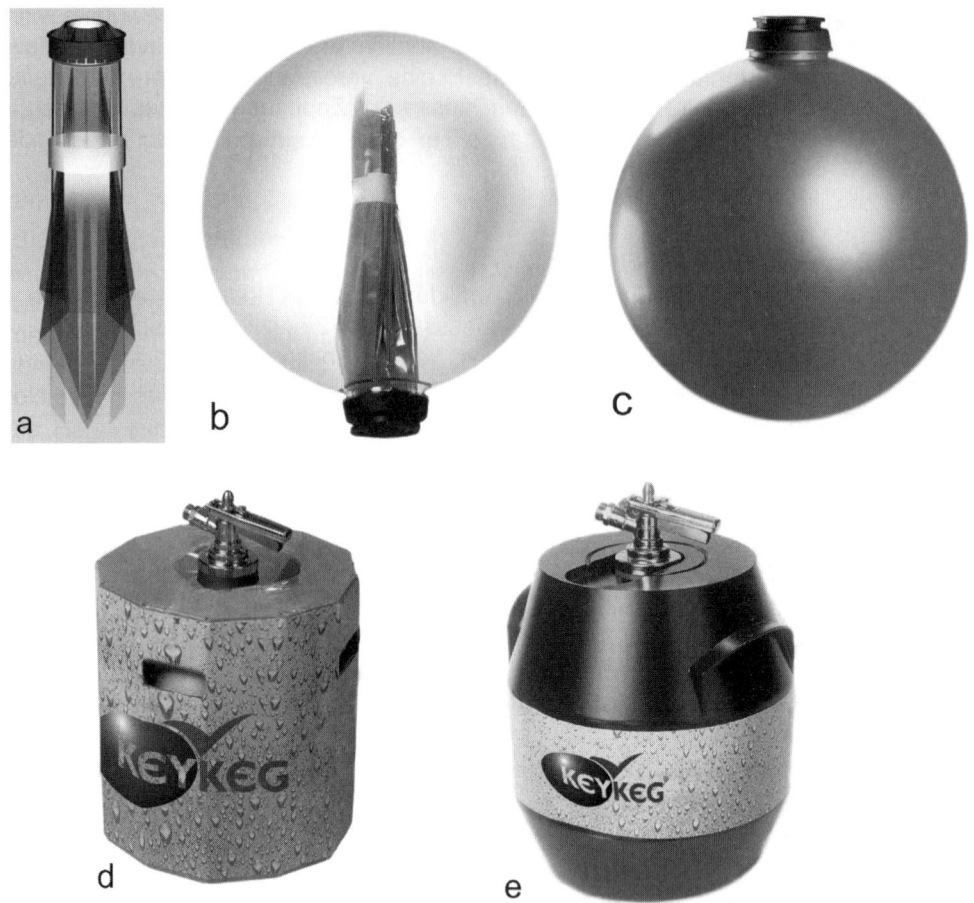

Abbildung 56 KeyKeg® (nach [112], Photo: Michel van Zwieten)
a Inliner b PET-Blase zu Beginn der Füllung c PET-Blase gefüllt d Transport-Packung 12-eckig e Transportpackung mit stapelbaren Kunststoff-Halbschalen

5.3.16.7 Einweg-Behälter

Seit etwa 2004 werden Einweg-Behälter für Getränke angeboten, zum Teil unter dem Namen EW-Keg.

Das sogenannte „Eurokeg 30" mit einem Inhalt von 30 Litern besteht aus einem mit Glasfasern verstärkten Rotationsellipsoid ($p_ü \leq 10$ bar). In die Hülle wird ein Aluminium beschichteter Sack eingelegt, der über einen Fitting befüllt und entleert wird. Der Zapfkopf ist ein Korbfitting. Als Umverpackung wurde Pappe benutzt. Dieses System wurde wegen zu hoher Kosten bereits wieder vom Markt genommen und durch das KeyKeg® abgelöst [112]. Das ist ein EW-Bag-in-box-System, das mit 20- und 30-l-Inhalt angeboten wird. Die kugelförmige Hülle wird aus PET geformt, der Inliner-Beutel aus mit Aluminium beschichtetem PE. Die Hülle wird mit Druckluft vorgespannt, die beim Füllen verdrängt wird. Es wird ein spezielles Fittingsystem benutzt. Zapfgas ist Druckluft. Die Kugel wird in einem 12-eckigen Karton palettiert und vertrieben (Abbildung 56).

Pack- und Packhilfsmittel

Das System DraughtMaster™ ist ein weiteres EW-System, das in Verbindung mit der *Carlsberg*-Brauerei entwickelt wurde (Abbildung 56 a). Es wird mit 5 l (für Endverbraucher) und 20 l Inhalt (für die Gastronomie) eingesetzt. Ein PET-Behälter (mit O_2-Barriere Polyshield™, ein Blend [46]) wird unter CO_2-Vorspannung mit langem Füllrohr gefüllt (Maßfüllung).

Der PET-Behälter wird in einen Karton verpackt. Die Entleerung erfolgt mit einem am Boden befindlichen Zapfschlauch mit einem Zapfsystem, das die Kühlung übernimmt und um den PET-Behälter Luftdruck in Höhe des CO_2-Partialdruckes des Bieres aufbaut. Beim Entleeren wird der PET-Behälter zusammengefaltet.

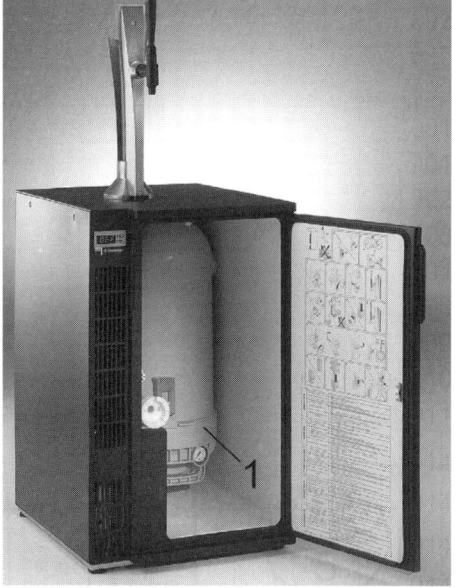

Abbildung 56 a DraughtMaster™-System
Das Bild zeigt einen gefüllten 20-l-PET-Behälter
Rechts ist die Zapfvorrichtung mit integrierter Kühlung zu sehen
1 ist der Druckbehälter, in den der PET-Behälter eingesetzt wird

Die Kegfüllung, das Verschließen und die Verpackung werden von einer Anlage übernommen. Durchsatz 150 Behälter/h bei 5-l-PET-Behältern und 50 Behälter/h bei 20-l-PET-Behältern.

Von *Heineken* stammt das System DraughtKeg®: ein 5-l-EW-Fässchen mit Tragegriff und integrierter CO_2-Patrone und Druckregler wird mit einem Zapfsystem aus PP verbunden.

Der Konzern *InBev* vertreibt das System PerfectDraft®, ein EW-6-l-System mit einem Inliner, gezapft wird mit Druckluft.

Alle EW-Systeme werden mit einem gekühlten Zapfsystem ausgeschenkt.

Füllanlagen

Es ist davon auszugehen, dass sich die Zahl der EW-Systeme mit den Zielen Kostenreduzierung und Convenience weiter entwickeln wird. Deshalb können die Ausführungen zu diesem Komplex auch keinen Anspruch auf Vollständigkeit haben.

Ein spezielles EW-System für den Bierausschank wird unter Kapitel 5.3.18.5 beschrieben.

5.3.17 Container/Tankwagen

Container bzw. Tankwagen müssen dem LFGB entsprechen.

Container mit einer Füllmenge zwischen 1 hl und 10 hl werden als kleine Tanks aus rostfreiem Stahl gefertigt und auf einem Rahmen mit den Euro-Paletten-Grundmaßen befestigt. Der Container wird mit einer Wärmedämmung (PUR-Hartschaum) ausgerüstet, die gleichzeitig die mechanische Hülle bilden kann.

Reinigung und Desinfektion erfolgen wie bei der Tankreinigung, die Füllung wie bei einem Tankwagen (s.a. Kapitel 27).

Die Armaturenausrüstung entspricht der eines Drucktanks.

5.3.18 Sonstige Packungen
5.3.18.1 Bier-Siphon:
Diese Glasflasche mit Hebelverschluss und montiertem Metallgriff wird aus braunem und grünem Glas gefertigt (Inhalt von 0,5 l bis 5 l; vorzugsweise 1, 2 und 3 l). Ursprünglich dienten sie dem Fassbierverkauf „über die Straße". Heute werden sie vorzugsweise als nostalgische Verkaufshilfe von (Gaststätten-)Brauereien genutzt. Die Partydose ist ihr direkter Konkurrent.
Die Innendruckfestigkeit der Siphonflasche ist auf $p_{ü} \leq 3$ bar begrenzt.
Als Zubehör werden Füll- und Zapfarmaturen gefertigt.
Einzelne Hersteller bieten die Siphonflasche auch mit integriertem Glashenkel an.

5.3.18.2 Großgebinde aus Glas oder Kunststoff
Großgebinde für einfache Getränkezapfanlagen („Wasserspender") mit einem Inhalt von vorzugsweise 4 oder 5 US-Gallonen (ca. 15 bzw. 18,9 l) werden für stille oder nur gering imprägnierte Getränke (Mineralwasser, AfG) aus Kunststoff (PET, PC) oder Glas eingesetzt. Die Gebinde sind bepfandet und werden automatisch gereinigt und befüllt. Auch 5-l-PET-Behälter werden für Wasser eingesetzt.

5.3.18.3 Kartonverpackungen
Getränke-Kartonverpackungen können nur für stille Getränke genutzt werden (zum Beispiel Milch, Milchmischgetränke, Milchprodukte, Frucht- und Gemüsesäfte, AfG, Wein, (Mineral-)Wasser, Tee, Icetea, Kaffee).

Die Packungen werden aus Verbundkarton gefertigt. Verbundwerkstoffe sind PE- und Aluminiumfolie. Damit werden die Gas- und Flüssigkeitsdichtheit sowie die Schweißbarkeit gesichert. Das Packmittel ist auch als Sterilverpackung einsetzbar (Sterilisation in der Regel mittels H_2O_2, zum Teil mit Peressigsäure).

Bei der Auswahl der Druckfarben muss u.a. darauf geachtet werden, dass diese durch Migration nicht in das Produkt gelangen können. Beispielsweise wurde in Milchprodukten Isopropylthioxanthon (ITX) nachgewiesen, das aus der Druckfarbe stammte [113].

Die Kartonverpackung wird im Allgemeinen als Quader gefertigt, beispielsweise die Tetrabrik®-Packung (s.a. Kapitel 30). Die Volumina reichen von 50 ml bis zu 2 Litern.

Moderne Kartonpackungen verfügen über wieder verschließbare Ausgießhilfen. Kleinpackungen können mit Trinkhilfen (Trinkröhrchen) ausgestattet werden.
Die Packungen werden aus Gründen der Stapelbarkeit fast „schwarz" gefüllt.

In der Vergangenheit wurden auch Tetraeder-Packungen hergestellt, die aber eine ungünstige Transportraumnutzung zur Folge haben.
Sammelpackungen werden meist mittels Tray erstellt.

5.3.18.4 Beutel-Verpackungen
Beutel erfreuen sich zunehmender Beliebtheit und werden heute auch für Getränke und andere Flüssigkeiten eingesetzt. Siegelrandbeutel und hierbei speziell der Bodenfaltbeutel vom Typ DOYPACK-Beutel (s.a. [18], Kap. G 3.4) kommen sowohl in intermittierender, wie auch kontinuierlicher Arbeitsweise zum Einsatz (s.a. Kapitel 30). Der Schlauchbeutel aus PE-Folie (z.B. für Milch) wird im Prinzip nicht mehr benutzt.

Füllanlagen

In jüngster Zeit werden Standbeutel in zylindrischer Form propagiert, die aus einer Folienrolle gebildet werden. Die Packungen werden unter dem Namen „Cyclero-Drinkbax" vertrieben [114], eine Packung für 200 ml Inhalt soll nur 4 g Packmittel benötigen. Der Boden wird angesiegelt, der Verschluss kann starr oder flexibel sein. Füllgüter sind beispielsweise stille Getränke und Trockenprodukte.

5.3.18.5 Bag-In-Box-System

Seit etwa 1955 gibt es das Bag-In-Box-System: ein Innenbeutel wird in einer Faltschachtel aus Karton gehandelt.

Der Innenbeutel wird z.B. aus einer Verbundfolie gefertigt, beispielsweise aus Aluminiumfolie/HDPE-Folie.

Ein EW-System, entwickelt von der Ankerbrauerei Nördlingen, wird unter dem Namen Beer-In-Box-System bzw. Bag-In-Box-System gehandelt (Abbildung 57, weitere Informationen unter [115], [116]).

Dabei wird ein 25-l-Folienbeutel mit entcarbonisiertem Bier (CO_2-Gehalt ≤ 1 g/l) gefüllt und in einem Wellpappenkarton zum Verkauf gebracht. Der Karton enthält die Anschlussarmatur.

Der Ausschank erfolgt über einen modifizierten, handelsüblichen Durchlaufkühler, eine Bierpumpe, eine Carbonisieranlage (bestehend aus CO_2-Flasche, Druckminderer und Mischkammer) und einen üblichen Theken-Zapfhahn. Der CO_2-Gehalt wird durch den Carbonisierdruck, in Abhängigkeit von der Temperatur, festgelegt.

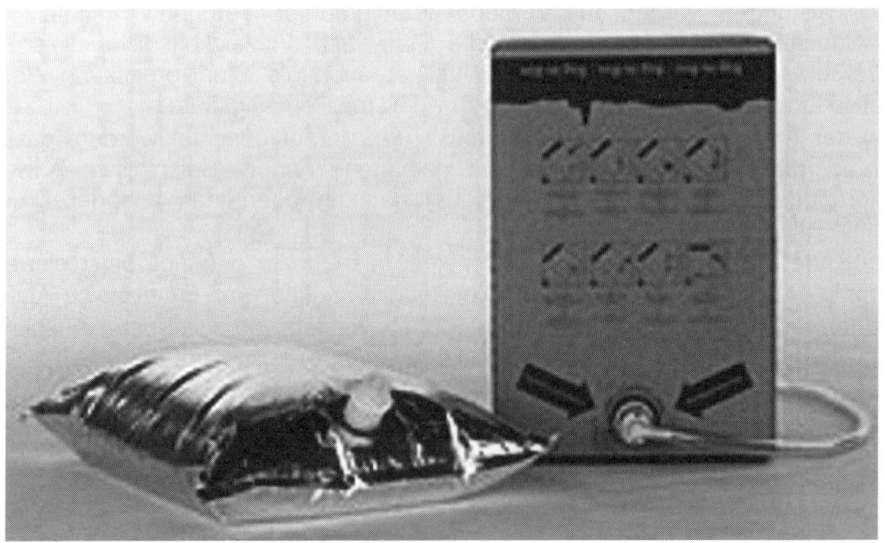

Abbildung 57 Beer-In-Box-System der Ankerbrauerei Nördlingen (nach [116])

5.3.19 Paletten

Paletten werden als Packungsträger eingesetzt. Packgut und Palette bilden die Versandpackung, die durch eine Ladungssicherung oder Folie geschützt werden kann.

Paletten sind international standardisiert. Die wesentlichen aktuellen Palettenabmessungen sind:
- 800 mm x 1200 mm
- 1000 mm x 1200 mm
- 800 mm x 600 mm

Die Palette 800 mm x 1200 mm wird in Europa am häufigsten eingesetzt. Sie ist eine uneingeschränkt nutzbare *EURO-Palette* (Synonyme: *Tausch-Palette*; *Pool-Palette*). Die Kennzeichnung erfolgt mittels Brennstempeln, beispielsweise mit dem EPAL-Zeichen (links), DB-Zeichen (Mitte, in Deutschland) und dem Zeichen EUR (rechts). Diese Zeichen garantieren die Einhaltung der Gütebedingungen. Fachgerecht reparierte Paletten werden mit einem „Reparaturpunkt" am jeweiligen Klotz gekennzeichnet (Abbildung 58, rechts vom EUR-Zeichen).

Abbildung 58   Brennstempel an den Palettenklötzern (nach [117]); s.a. Abbildung 59

Die Pool-Palette ist eine 4-Wege-Kufen-Palette und besitzt nur Laufbretter in Längsrichtung (s.a. Abbildung 59). Vier-Wege-P. bedeutet, dass Stapler von vier Seiten einfahren können, Hubwagen von zwei Seiten.

Die Höhe der Pool-Palette beträgt 144 mm, die Einfahrhöhe für Stapler 100 mm. Die Masse liegt bei ca. 32 kg.

Neben der Pool-Palette sind modifizierte Paletten im Umlauf. Diese können mit Rundklötzen (Paletten-Zylinder) oder Formspanklötzen gefertigt werden. Die wesentlichen Abmessungen stimmen mit der Pool-Palette überein. Bei der Beschaffung ist darauf zu achten, dass die Eigenschaften denen der Pool-Paletten mit Gütezeichen entsprechen. Weitere Hinweise, insbesondere zur Qualität, siehe unter [117].

Abbildung 59   Pool-Palette (EURO) 800 mm x 1200 mm (nach [117])

Füllanlagen

Die Paletten EURO 2 und EURO 3 (1000 mm x 1200 mm) sind ebenfalls standardisiert [117]. Sie waren auch als *Brauerei-* bzw. *Industrie-Palette* bekannt, werden aber vom Handel kaum oder nicht mehr akzeptiert. Die Palette EURO 3 ist eine 4-Wege-Kufen-Palette und besitzt nur Laufbretter in Längsrichtung (s.a. Abbildung 59). Die Einfahrhöhe beträgt allseitig 100 mm. Da die unteren Laufbretter nur in Längsrichtung angeordnet sind, können auch Hubwagen von der Schmalseite her unproblematisch eingefahren werden.

Bei der sogenannten Fenster-Palette sind die Bodenbretter fensterartig angebracht (Hubwagen müssen in diesem Fall immer über ein Brett hinweg fahren; s.a. Abbildung 60). Die Abbildung 60 zeigt verschiedene Paletten-Ausführungen.

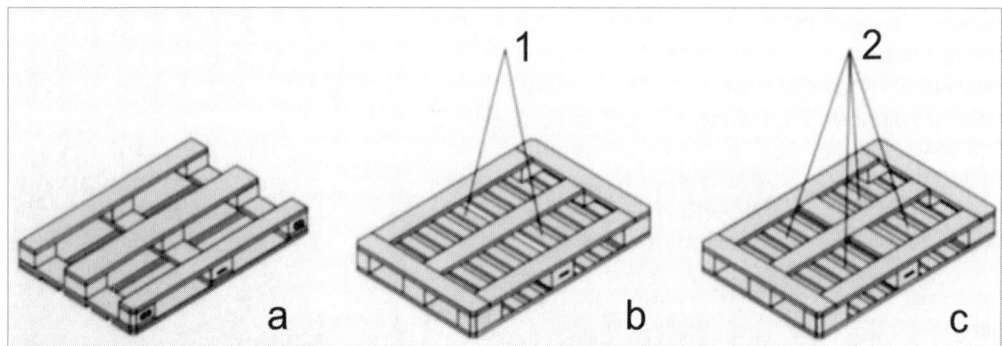

Abbildung 60   Paletten-Ausführungen (4-Wege-Paletten, Unterseite)
a Kufen-Palette   **b** Rahmen-Palette (2-Fenster-Palette)   **c** Kreuzrahmen-Palette (4-Fenster-Palette)   **1** zwei Fenster   **2** vier Fenster

Die *Brauerei-Palette* ist eine 4-Wege-Kreuzrahmen-Palette (Abbildung 60 c) mit den Abmessungen 1000 mm x 1200 mm und einer Höhe von 166 mm. Sie ist durch die Umstellung des Kastenmaßes von 333 mm x 400 mm auf 300 mm x 400 mm in der Brauerei und Getränkeindustrie entbehrlich geworden.

Die *Brunnen-Palette* mit den Abmessungen 1100 mm x 1070 mm x 166 mm ist eine 4-Wege-Kreuzrahmen-Palette. Die Deckbretter sind in einer speziellen Form angeordnet. Sie ist auf den Brunnen-Einheitskasten abgestimmt. Ihr Einsatz ist an die Verwendung der 0,7-l-GDB-Flasche gebunden.

Zweiwege-Paletten sind in der Getränkeindustrie nicht im Einsatz.

Einweg-Paletten
Einweg-Paletten werden für einmalige Transportaufgaben gefertigt. Sie müssen nach dem Gebrauch entsorgt werden. Es ist unzulässig, diese in den Paletten-Pool einzuführen, da sie den Betriebsablauf nachhaltig stören.

Eurogitterboxen
Eurogitterboxen (Gitterbox-Paletten) werden nach den Regeln der Gütegemeinschaft Paletten [117] gefertigt und behandelt.

Sonstige Paletten

Neben den genannten Paletten werden vom Handel zunehmend sogenannte *Halb-* und *Viertel-Paletten* gefordert. Die *Halb-Palette* (Synonym: *Düsseldorfer-Palette*) mit 600 mm x 800 mm und die Viertel-Palette mit 600 mm x 400 mm sind Kufen-Paletten und werden für Multi-Packs und Trays verwendet. Die Palette EUR 6 wird als Alternative zur „Düsseldorfer Palette" angeboten [117]. Die Handhabung der Halb-Paletten im Abfüllbetrieb ist nicht unproblematisch; sie werden zum Be- und Entladen und zum Transport meist auf Pool-Paletten gesetzt.

Die *CHEP*-Palette ist eine Palette des Dienstleisters *CHEP*, der einen eigenen Palettenpool unterschiedlicher Größen und Werkstoffe unterhält. Die Paletten und auch andere Transporthilfsmittel werden vermietet (Kennzeichen u.a. blaue Färbung [118]).

Sonstiges

Bei der Beschaffung von Paletten sowie bei der Reparatur ist auf die Qualität und Qualitätssicherung zu achten.

Die Holzgüte für Paletten ist standardisiert. Gleiches gilt für die Verbindungselemente bei der Palettenfertigung und -reparatur (Schraubnägel, Stahlnieten, Klötze) sowie die Fertigungs- und Reparaturvorschriften. Fachgerecht reparierte Paletten werden mit einem „Reparaturpunkt" an den jeweiligen ausgewechselten Eckklötzen gekennzeichnet (s.a. Abbildung 58).

Mit Getränken beladene, nicht foliierte Paletten (insbesondere Trays mit Dosen) sollten durch eine Folie bzw. eine Trennschicht (Pappe, Kunststoffplatte) aus hygienischen Gründen abgedeckt werden, vor allem dann, wenn mehrfach gestapelt wird.

Füllanlagen

5.3.20 Neue Präsentationskonzepte

Es wird zunehmend versucht, die Produkte Kunden nah, aber Platz sparend zu präsentieren.

5.3.20.1 Dolly-Systeme

Beim Dolly-System wird ein rollendes Transportsystem in der Größe der Viertelpalette benutzt [119]. Der Dolly besitzt zwei lenkbare und zwei feste Räder.

Der Dolly kann mit beliebigen Packungsformen beladen werden, vorzugsweise mit Mehrstückpackungen. Die Beladung kann direkt auf den Dollies erfolgen, beispielsweise mit einem Knickarm-Roboter, oder die Dollies werden auf einer Trägerpalette stehend beladen. Die Beladung kann auch auf spezielle Kunststoff-Ladungsträger erfolgen, die nach jeder Schicht aufgelegt werden.

Die Ladeeinheiten werden wie üblich gesichert.

5.3.20.2 System Logipack

Ein Dolly (s.o.) in der Größe der Viertelpalette wird mit Mehrstückpackungen, die auf einen Kunststoffträger gesetzt werden, beladen. Die Dollies lassen sich relativ leicht am Point of Sale bewegen. Das „rollende" Regal kann mit fünf Lagen beladen werden, s.a [120].

Eine Adapterpalette (800 mm x 1200 mm) mit der Funktion „Roll-on/Roll-off" transportiert die Dollies. Diese können aber auch einzeln verfahren werden.

Das System wird vorzugsweise für MW-Packungen genutzt, die mit demselben System in den Abfüllbetrieb zurückgeführt werden.

Abbildung 61   Das Logipack-System (nach [120])
1 Dolly mit 2 festen und 2 beweglichen Rädern **2** Kunststoffträger
a Kunststoffträger für sechs 6er-Packs und ggf. 4 zusätzliche Flaschen

Pack- und Packhilfsmittel

Ein weiteres Präsentationssystem wird als Dual-Tray-System von *IFCO-Systems* angeboten [121].Für alle wichtigen Verpackungsvarianten (0,33-l-Glas, 0,5-l-Glas, 0,5-l-PET und 1,5-l-PET) stehen spezielle Trays zur Verfügung, die auf einer Seite Multipacks und auf der anderen Seite Einzelflaschen aufnehmen können. Die Ware verbleibt über die gesamte Lieferkette auf dem Dual-Tray und kann so einfach, schnell und optimal direkt am Point of Sale präsentiert werden. Zusätzlich stehen spezielle Viertel- und Halbpaletten mit einem auf den Getränke-Tray abgestimmten Systemrand zur Verfügung. Als Vorteile werden gesehen: es sind keine Leerkästen für die Rückführung der MW-Flaschen erforderlich, Vorteile bei der Warenpräsentation, große Flaschendichte beim Transport.

*Abbildung 62   Das Dual-Tray-System von IFCO [121]
Oben links ein Tray, oben rechts die zugehörige
Viertel-Palette; das Tray lässt sich mit Mehrstück-
Packungen und mit Einzelflaschen beladen; rechts
ein Stapel mit Six-Packs*

5.4 Packhilfsmittel

5.4.1 Etiketten

5.4.1.1 Allgemeine Übersicht

Etiketten dienen der Kennzeichnung des Produktes und müssen das Produkt dem Käufer möglichst vorteilhaft und attraktiv nahe bringen. Das Etikettendesign ist deshalb eine sehr bedeutungsvolle Aufgabe. Dabei müssen Gebinde- und Etikettendesign und Markenauftritt/Corporate Design im Zusammenhang gesehen werden, aber auch in Verbindung zur vorhandenen Etikettiertechnik.

Bedingung ist deshalb, dass das Etikett sorgfältig gefertigt wird, dass es sich problemlos verarbeiten lässt und dass es unbeschädigt und ohne Qualitätseinbuße den Käufer erreicht. Für Etiketten existiert eine STLB (siehe Kapitel 5.1)

Bei Etiketten für die Ausstattung von Mehrwegflaschen kommt noch die problemlose Entfernung in der Flaschenreinigungsmaschine hinzu.

Etikettiert werden Flaschen, Dosen, Kästen und Kartons.

Etikettenform und -größe: die Etikettengeometrie ist von der Gebindegeometrie abhängig, die Verarbeitbarkeit ist zu beachten. Bei runden oder ovalen Etiketten ist die Nutzung einer geraden Konturergänzung sinnvoll. Rechteckige, auch schiefwinklige Formen lassen sich schneiden, runde, ovale oder geschwungene Konturen müssen gestanzt werden.

Die Form der Etiketten muss die gewünschte Etikettenposition berücksichtigen.

Etikettenarten: nach dem Klebeort auf dem Gebinde werden unterschieden: Rumpf-, Rücken-, Brust-, Halsring-, Halsschleifen-, Deckel-, Rundum- und Verschluss-Sicherungs-Etikett. In jüngster Zeit sind noch Etiketten für die Verschlusskappen-etikettierung hinzugekommen (s.u.).

Weitere Unterteilungsmöglichkeiten bestehen in der Art der Verbindung von Etikett und Gebinde:

- Verklebung nach Klebstoffauftrag („Nassetikettierung");
- Verklebung mittels Heißleim;
- Selbstklebe-Etiketten, bei denen sich der Klebstoff bereits auf dem Etikett befindet.

Weiterhin: ob geschnittene bzw. gestanzte Etiketten (Flachformate) verarbeitet werden oder ob „von der Rolle" etikettiert wird (Rollenetiketten): das Etikett wird von einem endlos bedruckten Band abgeschnitten.

Etikettenlänge und -breite: sind von der Gebindegeometrie abhängig. Für alle Gebindeformen sind maximale und minimale Etikettenmaße zu beachten. Kegelige Flächen lassen sich mit einem Manteletikett ausrüsten, zylindrische oder quaderförmige Flächen können auch vollflächig mit einem Rundumetikett beklebt werden, das überlappt verklebt wird.

Werkstoffe für Etiketten: verwendet werden je nach Einsatzzweck Papier, metallisiertes Papier, Kunststofffolien und Metallfolien, deren Spezifikation sich nach den Einsatzkriterien richtet.

Bei der Auswahl müssen auch die Kosten für Etiketten und Klebstoff, die Verarbeitung und die Fragen der Entsorgung berücksichtigt werden.

Etikettendruck: Etiketten werden je nach Verwendung im Offset-, Tiefdruck- oder Flexodruck-Verfahren gedruckt, s.a. Tabelle 23.

Es stehen schwermetallfreie Silber- und Gold-Farben zur Verfügung, die alle Wünsche erfüllen.

Bei Etiketten für EW-PET-Flaschen muss das DPG-Logo aufgedruckt werden.

Sondereffekte:

Thermochromatische Etiketten: werden mit thermoreaktiven Farben bedruckt, beispielsweise zur Signalisierung der optimalen Trinktemperatur.

Hologramm-Effekte: auf speziellen Kunststofffolien oder metallisiertem Papier; beispielsweise zum Schutz gegen Produktfälschungen.

Fluoreszenz- und Phosphoreszenz-Effekte: durch Spezialfarben. Diese Effekte können bei so genannten Aktivetiketten auch für die Flaschensortierung/-erkennung genutzt werden.

UV-reaktive Farben.

Härtelackierung: als Oberflächenschutz, zum Beispiel als UV-Härtelackierung.

Etiketten mit *Rubbelzone*

Peeloff-Etiketten: *beidseitig* bedruckte Folien-Etiketten, die sich leicht abziehen lassen (Nutzung der Rückseite z.B. für die Gewinnmitteilung).

Inmould-Etiketten: diese werden in die Gebindeform eingelegt und mit dem Gebinde aus PE oder PP beim Spritzgießen oder Blasextrudieren unlösbar verbunden.

Thermotransfer-Etiketten: Das revers gedruckte Bild (ähnlich wie beim Abziehbild) wird von einem Träger auf die heiße Flasche oder Dose übertragen und fixiert.

Lasermarkierbare Lacke: Farbumschlag auf der Druckfläche, z.B. von farblos zu schwarz für die Laser-Datierung.

Etiketten mit Wärmedämmeigenschaften: Sie sollen die Erwärmung des Flascheninhalts verzögern. Das metallisierte Etikett wird mit einem Dämmmaterial beschichtet [122].

Etiketten mit RFID-Transponder: Grundsätzlich ist die Integration eines Transponders auf einem Etikett realisierbar. Das ist vor allem eine Kostenfrage. Transponder bieten sich zurzeit vor allem bei Transportetiketten (z.B. an Paletten) an. Die Identifizierung im Logistikbereich wird dadurch vereinfacht, s.a. Kapitel 23.8.5.

Bei der Festlegung der Etikettengestaltung sollten Anwender, Designer, Druckerei, Klebstoff- und Etikettiermaschinenhersteller koordiniert zusammenarbeiten.

Einen ausführlichen Überblick zur Produktausstattung gibt das „Handbuch der Etikettiertechnik" [123].

Tabelle 23   Drucktechnik für den Etikettendruck

Merkmal	Offsetdruck	Tiefdruck	Flexodruck
Druckverfahren	indirektes Druckverfahren, Flachdruck, Bogendruck, zum Teil auch Druck von der Rolle	direktes Druckverfahren, Tiefdruck, Druck von der Rolle	Hochdruckverfahren
Farbe	Fettfarbe, hydrophob, höher viskos, oxidativ trocknend durch aufgestäubtes Druckpuder, auch UV-Trocknung möglich (nur für EW geeignet)	dünnviskos, schnell trocknend	lösemittelhaltig, auch auf Wasserbasis, Trocknung durch UV-Strahlung (nur für EW geeignet)
Eignung für Gold- und Silberfarbe	wenig geeignet, nur bei schwermetallhaltigen Farben werden Gold und Silber gut wiedergegeben, neuere Entwicklungen zeigen Fortschritte	auch bei schwermetallfreien Farben gute Brillanz von Gold und Silber und anderen Metallfarben	
Lösungsmittel		Alkoholbasis	
Druckform	Metall- oder Kunststoffplatte, Farbübertragung mittels Gummizylinder		preiswerte Druckformherstellung
Auflagenhöhe	kleine und mittlere Auflagen	mittlere und große Auflagen	auch für kleinere Auflagen kostengünstig
Bemerkungen	kostengünstige Druckformherstellung, Farbschwankungen sind möglich, längere Trocknungszeit, Lackierung erforderlich, Prägung des Papiers nach dem Druck nicht oder nur bedingt möglich	aufwendige Druckformherstellung, konstante Druckqualität, definierter Farbauftrag proportional zur Ätztiefe der Druckform, Lackierung nicht erforderlich, Prägung möglich	Druckqualität konnte deutlich verbessert werden, gut für Folienbedruckung geeignet
abriebfest, Scheuerfestigkeit	erst nach längerer Trocknungszeit, Neigung zum Verblocken (Verkleben), auch bei Feuchtigkeitseinwirkung	sofort gute Scheuerfestigkeit	sofort gute Scheuerfestigkeit

5.4.1.2 Etiketten aus Papier

Für Etiketten aus Papier gibt es eine STLB, s.a. Tabelle 3 (Kapitel 5.1). In der STLB sind alle wesentlichen Qualitäts- und Prüfkriterien sowie die Mess- und Prüfmethoden enthalten.

Etikettenpapiere gibt es in vielen Spezifikationen, dominierend sind holzfreie, geleimte, einseitig einfach oder doppelt gestrichene Papiere (maschinen- oder gussgestrichene Papiere), die nass- und laugenfest sind. Die flächenbezogene Masse (Synonym „Grammatur") ist aus Tabelle 24 zu entnehmen.

Tabelle 24   Flächenbezogene Masse von Etikettenpapieren

Verwendung für	Flächenbezogene Masse in g/m^2
Rumpf- und Rückenetiketten	70...80 (90)
Brust-, Halsringetiketten, Banderolen	65...70 (80)
Sektschleifen	80...90
Rundumetiketten mit Hot melt	80...110
Rundumetikettierung für Rollenetikett.	65...90
Folienetiketten: Alu-Folie 9...15 µm $\hat{=}$ 25...40 g/m^2 + Papier 40...60 g/m^2	65...80
metallisierte Papiere: Metallschicht 0,2...0,3 µm $\hat{=}$ 0,4 g/m^2 + Papier 55...60 g/m^2	70...80
Papier für Selbstklebeetiketten	(70) 80...90 (180)

Etikettenpapiere bestehen aus dem Rohpapier, dem Vorderseitenstrich (Kaolin, Kreide, Bindemittel) und der Rückseitenbehandlung. Die Leimung ist für die Verhinderung des Klebstoffdurchschlags und für die Festigkeit wichtig. Die Rückseitenbehandlung ist für die Planlage, die Benetzbarkeit, die Wasser-Absorption und das Abbindeverhalten des Klebstoffes verantwortlich.

Der Vorderseitenstrich und die Papierfaserrichtung beeinflussen die Rollneigung des Papiers. Diese muss bei der Papierausrichtung beachtet werden, s.a. Abbildung 63. Die Einrollachse ist identisch mit der Papierfaserrichtung.

Die Papiere können metallisiert sein. Dazu wird eine sehr dünne Metallschicht im Vakuum aufgebracht. Die Schichtdicke beträgt 200...300 nm, die spezifische Metallbeschichtung liegt dann bei ca. 400 mg/m^2. Metallisierte Papiere werden im Allgemeinen geprägt eingesetzt, um die Wasserdurchdringung bei der Flaschenreinigung zu erleichtern.

In einigen überseeischen Märkten werden nassfeste, aber laugenlösliche Papieretiketten benutzt, die in der Reinigungsmaschine zerfasern sollen.

Etikettenpapiere für Spirituosen, Weine und Schaumweine/Sekte werden gussgestrichen und bieten einen hohen Glanz.

Papiere können fungizid ausgestattet werden und über korrosionshemmende Zusätze verfügen.

Die Papierhersteller handeln ihre standardisierten Papiersorten nach betriebsspezifischen Bezeichnungen.

Füllanlagen

Prüfkriterien

Wichtige Prüfkriterien sind unter anderen die Abmessungen des Etiketts, die Zuschnittgenauigkeit, die spezifische Flächenmasse, die Dicke des Papiers, die Glätte, der *Cobb*-Wert (Wert für die Wasser-Absorptionsfähigkeit), der pH-Wert der Rückseite, die Trocken- und Nassfestigkeit, die Rollneigung, die Ablösezeit, die Laugenbeständigkeit und die Farbhaftung in der Lauge. Hierzu s.a. die STLB für Getränkeflaschen-Etiketten aus Papier (Tabelle 3).

Für die Papierauswahl sind der Verwendungszweck, das Druckverfahren und das Etikettierverfahren von Bedeutung.

Die Schnitt- oder Stanzkanten müssen gratfrei sein, sie dürfen nicht verkleben oder verblocken. Die festgelegten Formatgrößen müssen mit geringen Toleranzen eingehalten werden. Die maximale Toleranz darf ± 0,3 mm nicht übersteigen. Günstig sind Toleranzen von ± 0,2 mm und weniger.

Etiketten werden nach dem Schneiden bzw. Stanzen gebündelt bzw. banderoliert. Entweder werden bis zu 1000 Etiketten zu einem Päckchen gebündelt oder es werden bis zu 8000 Etiketten zu einer Stange für die Magazinbeschickung der Etikettiermaschine gepackt.

Die Bündel oder Stangen werden oft in MW-Kartons oder -Kästen eingesetzt oder mit Papier zu einem Paket eingeschlagen und anschließend palettiert. Die Paletten werden im Allgemeinen mit Folie eingeschrumpft.

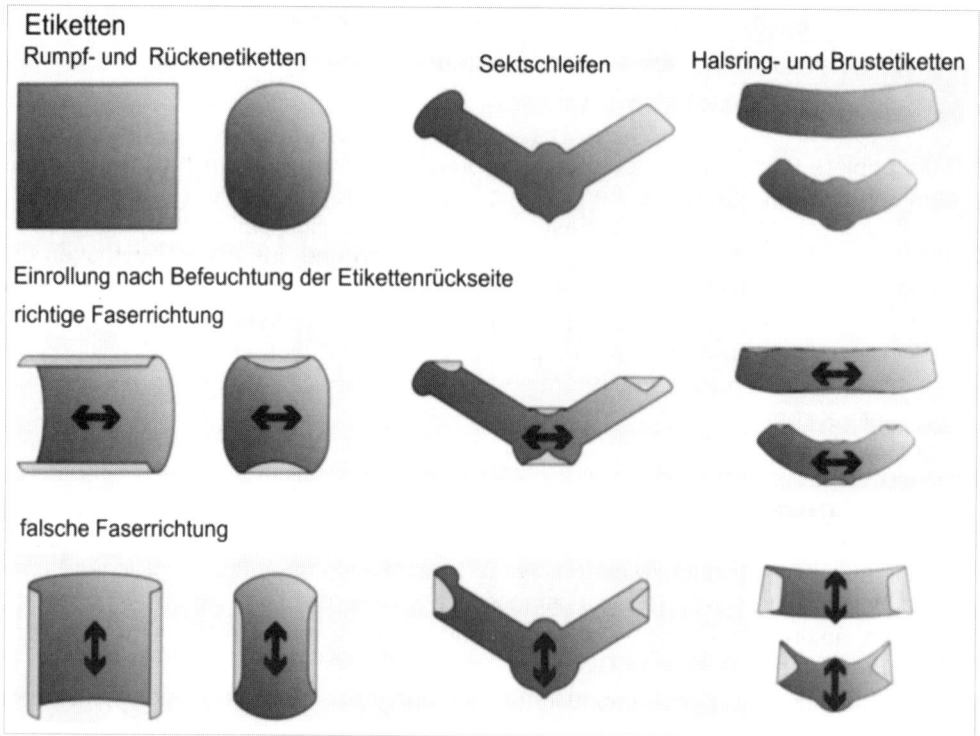

Abbildung 63   Rollneigung von Papieretiketten (nach KRONES [123])

Pack- und Packhilfsmittel

Abbildung 63 a Rollneigung von Papieretiketten; (nach KRONES) zu beachten ist die beabsichtigte abweichende Faserrichtung beim Bügelverschlussetikett

Etiketten können aber auch nur zweiseitig geschnitten und aufgerollt werden. Von dieser Etikettenrolle werden die Etiketten dann in der Etikettiermaschine abgeschnitten. Eine Rolle kann bis zu 6000 m Etikettenmaterial aufnehmen.

Schrumpfetiketten sollten gekühlt gelagert werden, um den Schrumpfprozess zu minimieren. Die Schrumpfung während der Lagerung kann bis zu 10 % betragen.

Etikettenlagerung: Im Getränkebetrieb müssen Etiketten bei 20 °C ± 2 K und bei einer relativen Luftfeuchte von 60...70 % gelagert werden. Direkte Sonneneinstrahlung ist auszuschließen. Ggf. müssen die genannten Parameter geregelt werden. Die Etikettenprüfung muss bei 23 °C ± 1 K und einer relativen Feuchte von (50 ± 2) % erfolgen.

Die Papierlagerung und Etikettenverarbeitung in der Druckerei wird bei 21 °C und einer relativen Feuchte von 55 % vorgenommen.

Auch beim Transport von der Druckerei zum Abfüller muss auf die klimatischen Bedingungen geachtet werden bzw. müssen geeignete Transportfahrzeuge benutzt werden.

Die „Reifezeit" der Etiketten zwischen Druck und Auslieferung/Verklebung im Getränkebetrieb sollte bei ≥ 14 Tagen liegen (nach STLB).

Die Entnahme der Etiketten aus dem Lager darf nur in einer Menge vorgenommen werden, die in etwa 3...4 Stunden verarbeitet werden kann. Die Verpackung der Etiketten soll erst kurz vor der Verarbeitung entfernt werden. Nicht verarbeitete Etiketten müssen in das Lager zurückgebracht werden. Sie dürfen nicht im Bereich der Füllanlage verbleiben.

Füllanlagen

5.4.1.3 Selbstklebe-Etiketten
Selbstklebe-Etiketten bestehen aus dem Etikett, einer Klebstoffschicht auf seiner Rückseite und einem Trägermaterial.

Auf dem Trägermaterial (Endlosband aus Spezialpapier oder PET- oder PP-Folie) sind die mit Haftklebstoff beschichteten Selbstklebe-Etiketten in definiertem Abstand aufgeklebt. Ihr Haftungsvermögen wird durch eine Beschichtung aus Silicon begrenzt, so dass sich das Etikett beim Ziehen des Trägers über die scharfkantige Spendekante infolge seiner Biegesteifigkeit und Überwindung der Trennkraft ablöst und auf das Gebinde übertragen und angedrückt werden kann. Das Trägerband wird aufgewickelt. Bedingung ist die synchrone Bewegung der vereinzelten Gebinde und des Etikettenträgers.

Die Haftkraft des Etiketts muss also deutlich größer als seine Trennkraft sein.

Haftklebstoffe können auf der Basis von Naturkautschuk, Synthesekautschuk und Acrylat-Klebstoff in vielen Varianten gefertigt werden. Haftklebstoffe zeigen ein druck- und temperaturabhängiges Fließverhalten.

Die Anwendung von Haftklebstoffen bzw. Selbstklebeetiketten setzt abgestimmte (Mindest-) Temperaturen des Gebindes voraus. Die Oberfläche muss sauber und trocken (Schwitzwasserbildung) sein.

Selbstklebe-Etiketten werden üblicherweise für EW-Gebinde eingesetzt. Es sind aber auch Selbstklebe-Etiketten entwickelt worden, die sich von MW-Glasflaschen in der Flaschenreinigungsmaschine ablösen lassen. Der Haftklebstoff verbleibt am Etikett und wird mit diesem ausgetragen.

Eine weitere Anwendung besteht in der 2- oder 4-seitigen Etikettierung von Kunststoffkästen. Diese Etiketten können so ausgerüstet werden, dass sie sich auch wieder mechanisch entfernen lassen (z.B. mit Druckwasser oder mit Lauge).

Zu Lagerung und Transport: siehe die Ausführungen unter Etiketten aus Papier, die sinngemäß gelten.

5.4.1.4 Etiketten aus Kunststofffolien
Etiketten aus Kunststofffolien sind vor allem im EW-Bereich für Glas- und Kunststoffflaschen im Einsatz, sie werden aber auch im MW-Bereich verwendet. Hier ist die Entfernbarkeit vor der Flaschenreinigungsmaschine wichtig.

Vorteilhaft bei Folienetiketten sind die Unempfindlichkeit gegenüber Wasser, die Elastizität (wichtig bei Kunststoffflaschen), die Möglichkeit der rückseitigen Bedruckung (Schutz), die klebstofflose Etikettenbefestigung durch Schrumpfung oder Stretchen und teilweise die Transparenz.

Kunststofffolien-Etiketten werden als Flachformat zu Rundum-Etiketten und als Folienschlauch (Sleeve) zu Schrumpf-Etiketten (Shrink sleeves) und zu Stretch-Etiketten (Stretch sleeves) verwendet. Die Rundum-Etiketten werden als Rollenformat („von der Rolle") oder als Flachformat (geschnittenes Etikett) verarbeitet, zum Teil auch schrumpffähig. Schrumpf- und Stretch-Etiketten werden von einem Folienschlauch (Rollenformat) „von der Rolle" geschnitten und über die Gebinde geschoben. Schrumpf-Etiketten können als Fullbody-Sleeve oder Teil-Sleeve ausgeführt werden.

Folienetiketten können verklebt werden, mit Nasskleber oder zum Teil mit Heißkleber, aber auch heiß gesiegelt werden. Die Siegelung bietet sich für größere Belastungen an, beispielsweise beim Schrumpfen.

Werkstoffe für Folienetiketten sind: PET, PE, PP, PS, zum Teil auch aus PVC. Teilweise werden die Werkstoffe nach der Extrusion zusätzlich zur Verbesserung der

Eigenschaften mechanisch gedehnt (Synonyme gereckt, orientiert: biaxial und monoaxial): OPP (Oriented PP), OPS (Oriented PS). Dazu wird die warme Folie mechanisch plastisch verformt („quer gedehnt/gereckt"). Danach wird die Folie gekühlt und damit die Verformung „eingefroren". Beim Schrumpfen wird die Folie erwärmt und die Rückstellkräfte versuchen, die Ursprungsmaße wieder zu erreichen.

PS-Folie kann auch geschäumt zum Einsatz kommen („Plasti-Shield"-Verfahren für EW-Flaschen).

Tabelle 25 Folienparameter

Folie	Dicke in µm	flächenbezogene Masse in g/m^2	Bemerkungen
Monofolie OPP	40	25	Rolle, opak
Monofolie PP für Formatetikett	40…60		opak oder transparent
PS geschäumt	130…160		
Verbundfolie	20 + Farbe/Kleber + 30		
	20 + Farbe/Kleber + 20…30		
Schrumpfetiketten		Dichte:	Schrumpfrate:
mo PET	40…60	1,4 g/m^3	50…70 %
mo PVC	40…75	1,3 g/m^3	45…65 %
mo PS	50…60	1,05 g/m^3	≤ 65 %
mo PLA	50	1,25 g/m^3	< 70 %
Stretchetikett	35…50		

mo: monoorthogonal gestreckt (Synonym monoaxial)

Die Folien müssen antistatisch beschichtet werden. Die Foliendicke und spezifische Masse sind aus Tabelle 25 ersichtlich.

Die Folien können bedruckt (Flexodruck, Tiefdruck) und /oder im Vakuum metallisiert werden. Mit transparenten Folien lässt sich ein No-label-look erzielen. Das Druckbild erweckt den Eindruck der Direktbedruckung des Behälters.

Der Druck kann frontal oder rückseitig (Konterdruck) erfolgen. Die frontal bedruckte Folie muss durch eine Lackierung oder eine weitere transparente Folie geschützt werden (Verbundfolie). Verbundfolien sind in verschiedenen Ausführungen am Markt. Hinweise zu Folienetiketten s.a. [124].

Zu Lagerung und Transport: Flachetiketten: siehe die Ausführungen unter Etiketten, die sinngemäß gelten, Rollenetiketten: werden liegend im Karton transportiert.

5.4.1.5 Flaschenhalsfolien aus Aluminium

Zur Dekoration des Flaschenhalses und zur Sicherung des Verschlusses werden Flaschenhalsfolien aus Aluminium (s.a. STLB, Kapitel 5.1) alternativ zur Ausstattung mit Schmuckkapseln verwendet (Synonym Foliierung, s.a. Kapitel 23.4).

Ursprünglich wurden dafür dünne Blei- oder Zinnfolien benutzt (Synonym Stanniolierung).

Füllanlagen

Aluminiumfolie wird ein- oder beidseitig vollflächig lackiert und anschließend bedruckt (Flexodruck, Tiefdruck). Die Foliendicke liegt im Bereich 8…15 µm (12 µm ≙ 32 g/m^2). Nach dem Druck wird die Folie geprägt (Würmchenprägung, Stäbchenprägung). Dadurch werden die Verarbeitbarkeit und die Ästhetik verbessert. Die Prägung kann im Bereich des Druckes geglättet werden. Die Prägetiefe kann 80…100 µm betragen.

Auch kaschierte Papiere sind möglich: Al-Foliendicke 9 µm ≙ 25 g/m^2 + Papier 20…30 g/m^2.

Neben der Prägung kann die Folie auch flächig perforiert werden. Damit bestehen relativ gute Bedingungen für die Trocknung des Klebstoffes unter der Folie. Die Perforation ist nicht sichtbar (Mikroperforation). Ebenfalls sind Abriss-Perforationen im Bereich des Verschlusses möglich, an denen die Folie beim Öffnen getrennt wird.

Danach werden die Folien im gewünschten Format geschnitten oder gestanzt sowie gebündelt (Blatt-Foliierung). Auch die Foliierung „von der Rolle" ist möglich. Hierbei wird von einer Folienrolle das Folienblatt abgeschnitten.

Die Foliierung kann als Spitz- oder Rundfoliierung erfolgen, aber auch so, dass der bedruckte Verschluss frei bleibt. Wird der Verschluss von der Folie überdeckt, kann diese über dem Verschluss geglättet („Glattstrich") oder gezwirbelt und danach angedrückt werden.

Zur Verarbeitung werden die Folien-Etiketten vereinzelt, beleimt und an die Flasche übergeben. Die rotierende Flasche und /oder rotierende bzw. fixe Bürsten formen die Folie an die Flaschenkontur an.

Die Folien können auch pneumatisch mit einer Manschette angedrückt werden.

Neben der Verschluss-Foliierung sind Aluminiumfolien auch als Rumpfetiketten/Rundumetiketten und als Verschluss-Sicherung einsetzbar.

Hygieneschutz: Dosen können mit einem quadratischen Aluminiumfolien-Abschnitt („Stanzling") versehen werden, der den Deckel gegen Verunreinigung schützt (Foliendicke 11, 13, 15 µm). Fixiert wird die Folie durch 5 Leimpunkte (mittig und an den vier Ecken).

Alufolien-Etiketten sind sehr empfindlich gegen mechanische Beanspruchungen; sie müssen sorgsam behandelt werden.

Zu Lagerung und Transport: siehe die Ausführungen unter Etiketten aus Papier, die sinngemäß gelten.

5.4.1.6 Verschlusskappen-Etiketten

Diese Etiketten werden in der Regel als Selbstklebeetiketten abwaschbar oder permanent klebend auf Verschlüsse aufgebracht, beispielsweise auf Bügelverschluss-Knöpfe. Damit wird eine einheitliche Flaschenoptik im Kasten erreicht [125].

5.4.2 Flaschenausstattungen

Hierzu zählen: Etiketten und Foliierungen (s.o.), Zier- bzw. Schmuckkapseln, Banderolen, dekorative Umhüllungen (Metalldrahtgewebe, Kunststoffnetze) und Schutzhülsen (Strohhülsen, geschäumte Folien).

Zier- und Schmuckkapseln aus Metall:
Diese Kapseln werden aus lackierter/bedruckter Aluminumfolie geformt, zum Teil geprägt. Die Kapseln sind meistens vorgefertigt und werden auf die verschlossene Flasche aufgesetzt. Entweder werden sie pneumatisch mit einer Manschette allseitig angedrückt oder es werden im ersten Schritt 4 Falten vorgebildet, die anschließend angedrückt werden. Auch die Kapselfertigung vor Ort wird praktiziert.

Vorgefertigte, konische Kapseln (früher nach DIN 5066) aus Blei-Zinn, Blei-Antimon, Aluminium und Aluminium/Kunststoff-Verbundwerkstoff mit einer Länge von 50...60 mm, einer Dicke von etwa 0,15 mm, für Bandmundstücke mit und ohne Schulter können von oben nach unten angerollt werden. Sie folgen dabei der Flaschenhalskontur faltenfrei, werden aber ca. 10 % länger.

Die Kapsellänge bei Sektflaschen kann 120...130 mm, maximal 150 mm, betragen.

Die Kapseln können bedruckt, lackiert, gelocht und geprägt sein und eine Aufreißperforation besitzen. Sie sind gleichzeitig Garantieverschluss.

Zier- und Schmuckkapseln aus Kunststoff:
Vorgefertigte Kapseln aus Polyester oder PE werden aufgesetzt und durch Schrumpfung an die Flaschenhalskontur angeschmiegt.

Diese Kapseln können eine geprägte Metallfolie als Kopfteil (Spiegel) besitzen, sie werden bedruckt und gelocht, üblich ist eine Aufreißperforation oder ein integriertes Aufreißband.

Zu Lagerung und Transport: Kapseln werden in Kartons verpackt und palettiert. Vor allem Kapseln aus Metallfolie sind sehr empfindlich gegen mechanische Einflüsse und müssen mit Vorsicht gehandhabt werden.

5.4.3 Verschluss-Sicherungen

Als Verschlusssicherungen werden benutzt:
- Als Originalitätssicherung:
  - Foliierungen;
  - Zier- bzw. Schmuckkapseln;
  - Sicherheitsetiketten/Steuerbanderolen;
  - die Verschlussausführung (Pilferproof, Aufreißverschlüsse, Verschlüsse mit Sicherungsring);
  - Schrumpfhülse;
- Als Verschlussfunktionssicherung bei gashaltigen Getränken:
  - Drahtkörbchen/Agraffen bei Korken;
  - „Apothekerknoten" als Schnursicherung.

Als Mundstücke sind dafür geeignet das Bandmundstück und das Mundstück für Sekt- und Schaumweinflaschen (s.a. Tabelle 13).

Agraffen werden als 4-strebige Agraffe und 2-strebige Agraffe ausgeführt, s.a. Abbildung 64.

Füllanlagen

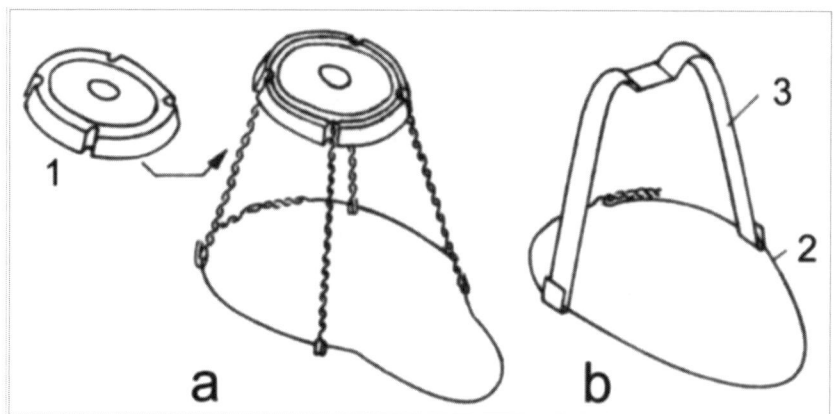

Abbildung 64   Agraffen-Ausführungen
a 4-strebige Agraffe   b 2-strebige Agraffe (Bügelverschluss)
1 Deckel, z.T. auch bedruckt, an Agraffe montiert   2 Grundring   3 Bügel (5 x 0,5) mm

5.4.4 Klebstoffe

Klebstoffe sind nichtmetallische Werkstoffe, die feste Körper durch Kohäsion und Adhäsion verbinden können, ohne dass sich das Gefüge und andere Eigenschaften der zu verbindenden Körper wesentlich ändern. Es lassen sich folgende Klebstoffe unterscheiden:

- Haftklebstoffe: Anwendung beispielsweise für Heftpflaster, Selbstklebeetiketten;
- Kontaktklebstoffe: sie basieren auf gelösten Natur- oder Kunststoffen, z.B. Kautschuktypen. Nach dem Verdunsten des Lösungsmittels werden die Klebestellen zusammengefügt. Anwendung beispielsweise für Schuhkleber;
- Festklebstoffe ohne Vernetzung: z.B. Schmelzkleber;
- Festklebstoffe mit Vernetzung: Vernetzung durch Polyaddition, -kondensation oder -merisation. Beispiel Zweikomponentenkleber (Epoxidharzkleber);
- Kleblacke: lösemittelhaltige Polymere, die die Oberfläche anlösen oder anquellen.

Klebstoffe werden in der Getränkeindustrie für das Fixieren der Etiketten und Foliierungen auf den Gebinden benötigt, aber auch zur Verklebung von Pappen aller Art. Für die einzelnen, teilweise sehr unterschiedlichen Anwendungsfälle werden verschiedene Klebstoffe genutzt (Tabelle 26). Für Etikettierklebstoffe besteht eine STLB (siehe Kapitel 5.1).

Klebstoff ist der Oberbegriff für alle klebenden Produkte. Als *Leim* werden natürlich vorkommende Klebstoffe bezeichnet, beispielsweise Casein-Leim, Dextrin-Leim, Stärke-Leim. Für Etikettierklebstoffe gibt es eine STLB (s.a. Tabelle 3).

Für die Verklebung zweier Werkstoffe müssen verschiedene Bedingungen erfüllt sein. Wichtige Parameter sind die Oberflächenspannung, die Temperatur (die Oberflächenspannung ist eine Funktion der Temperatur), die Klebstoffdicke, die Oberflächenstruktur und die Adhäsion auf der Oberfläche.

Tabelle 26 Klebstoffarten für die Getränkeindustrie (s.a. STLB)

Kleb-stoffart	Verwendung für	Anwendungs-temperatur	Vorteile	Nachteile	Bemerkungen
Casein-Leim	kalte, nasse Flaschen, auch für trockene Flaschen, warme Flaschen, Folierung pasteurisierfähig	24...30 °C 28...34 °C	schnell abbindend, schwitzwasserbeständig nicht so schnell antrocknend	frostempfindlich, Thermostatierung erforderlich, geringere Klebkraft als Dextrinkleber	z.T. eiswasserfest Viskosität bei 20 °C: 40... 140 Pa·s
Dextrin-Leim	trocken, warm, heiß, Dosen	20 °C	hohe Oberflächenklebrigkeit schnell abbindend frostunempfindlich	nicht schwitzwasserfest, Probleme bei oberflächenvergüteten Flaschen, schnell antrocknend empfindlich	Weinkellerei, nicht für nasse, kalte Flaschen
Stärke-Leim	trockene Flaschen warme Flaschen heiße Flaschen	24...28 °C	gute Schwitzwasserbeständigkeit	lange Fäden ziehend	
Dispersionsklebstoff	PET-EW, PET-MW, nass, trocken, kalt, Metall, Kunststoffe	18...30 °C		Klebstoffreste sofort entfernen	PE, PP vorbehandelt, Viskosität bei 20 °C: 25... 80 Pa·s
Schmelz-Klebstoff Hot-melt für Gebinde, für Karton	alle Werkstoffe Trays, Faltschachteln	120... 170 °C 160... 180 °C			Tropfzeit von mittel bis lang
Haft-Klebstoff	Selbstklebeetiketten	< 25 °C			

Von der Oberflächenspannung ist die Benetzbarkeit der zu verklebenden Werkstoffoberflächen mit Klebstoff abhängig, die die Voraussetzung für die Ausbildung von Adhäsionskräften ist. Diese beruhen auf den Anziehungskräften an der Grenzfläche Klebstoff-Werkstoffoberfläche. Die gute Benetzbarkeit setzt kleine Randwinkel (< 30°)

Füllanlagen

zwischen Klebstoff und Werkstoff voraus, s.a. Abbildung 65. Bei einem Randwinkel ≥ 90° ist eine Verklebung nicht mehr möglich. Beispiele dafür sind PE, PP, PTFE, Silicongummi. Beispiele für eine fehlende Benetzbarkeit sind ein Wassertropfen auf einer fettigen Unterlage oder ein Quecksilbertropfen auf einer festen Oberfläche.

Wichtig ist auch, dass die zu verklebenden Werkstoffoberflächen sauber und fettfrei sind, teilweise wird auch eine trockene Oberfläche gefordert.

Ein Klebstoff in der Getränkeindustrie muss geruchsneutral und biologisch stabil sein. Er muss weiterhin reproduzierbare, über längere Zeiträume stabile Verarbeitungseigenschaften besitzen, die Klebstoffkosten sollen möglichst gering sein.

Für die Anwendung muss der Klebstoff ein definiertes Temperatur-Scherkraft-Viskositätsverhalten besitzen. Er muss pumpfähig und spritzfrei sein.

Ein Teil der genannten Anforderungen schließt sich aus, deshalb ist ein gut geeigneter Klebstoff immer ein Kompromiss seiner relevanten Eigenschaften.

Für bestimmte Anwendungsfälle werden Klebstoffmischungen eingesetzt. Zum Beispiel werden für die Etikettierung von MW-PET-Flaschen Casein-Kunstharzdispersions-Mischungen benutzt, die gute Haftung mit schnellem Ablösen in der Reinigungsmaschine kombinieren.

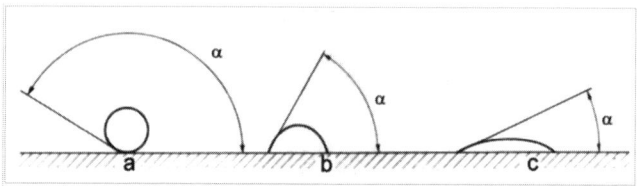

Abbildung 65   Benetzung fester Oberflächen, schematisch
 a Randwinkel α ≥ 90°:   keine Benetzung
 b Randwinkel α < 90°:   Benetzung
 c Randwinkel α < 30°:   gute Benetzung

Wichtige Unterscheidungskriterien für die Anwendung sind:
- Was wird etikettiert bzw. verklebt?
  zum Beispiel Glas, PET, Blech, Pappe, Papier;
- EW- oder MW-Packungen;
- Nasse oder trockene Oberfläche;
- Die Temperatur der Klebefläche.

Klebstoffe müssen gegen mikrobiellen Abbau geschützt werden. Die verwendeten Konservierungsmittel müssen schwermetallfrei und biologisch abbaubar sein, biologische Abwasserbehandlungsanlagen dürfen nicht beeinflusst werden. Phenole als Konservierungsmittel im Casein-Klebstoff können im Abwasser zu toxischen Chlor-Phenolen führen.

Zwischenzeitlich wurden auch caseinfreie Klebstoffe mit den positiven Eigenschaften der Caseinkleber entwickelt, die vor allem kostengünstiger sind, in ihren Eigenschaften konstanter und die eine bessere Lagerstabilität besitzen [126] (sogenannte synthetische Klebstoffe).

Der Vorteil der Casein-Klebstoffe liegt in deren Temperatur-Viskositäts-Verhalten, s.a. Abbildung 66.

Insbesondere bei der Etikettierung nasser, kalter Flaschen kommt dieser Vorteil zum Tragen. Sobald der auf > 26 °C temperierte Casein-Klebstoff mit der kalten Glasoberfläche in Berührung kommt, erhöht sich seine Viskosität erheblich und das Etikett ist fixiert.

Andere Klebstoffe zeigen zwar auch eine temperaturabhängige Viskosität, aber diese ist nicht nutzbar wie bei Casein-Klebstoffen.

Eine geringere Viskosität des temperierten Casein-Leimes ist auch eine Voraussetzung für eine mögliche geringe Klebstoffdicke bei der Beleimung des Etiketts (Klebstoffverbrauch).

Der Klebstoffverbrauch liegt im Bereich 150...200 mg/dm² Etikettenfläche, bei Folierungen bei 250 mg/dm² (Orientierungswerte, die von mehreren Faktoren abhängig sind).

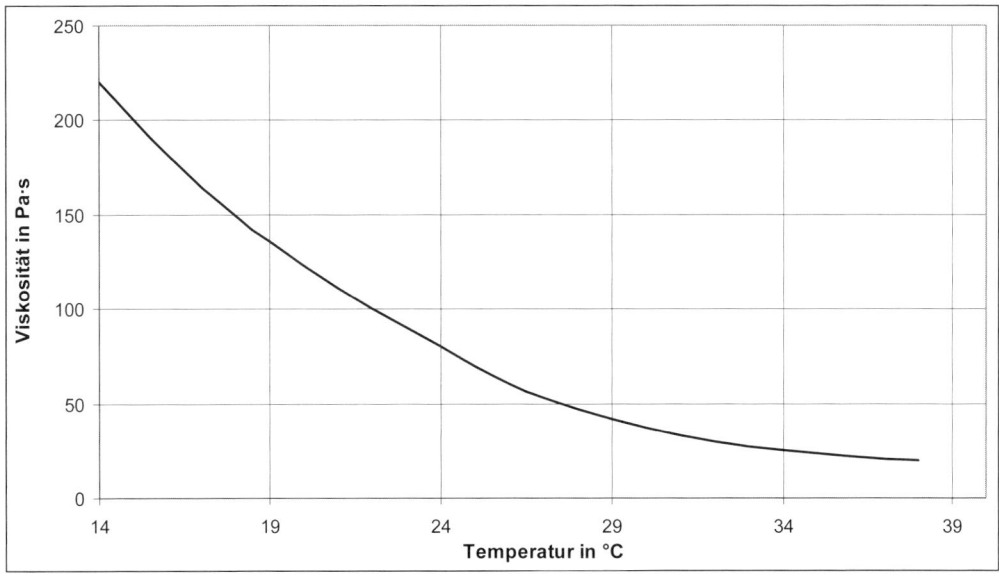

Abbildung 66   Temperatur-Viskositäts-Verhalten von Casein-Klebstoffen (Beispiel)

Eine weitere Eigenschaft der Klebstoffe muss bei der Verarbeitung berücksichtigt werden: das Fließverhalten der Klebstoffe unter dem Einfluss von Scherkräften (bei Scherkräften wirkt die Kraft in Richtung der Bewegungsfläche). Scherkräfte treten immer auf bei der Förderung von Fluiden in Rohrleitungen, in Pumpen und beim Rühren in Behältern, aber beispielsweise auch bei Ausbildung des Klebstofffilms auf der Leimwalze an der Wirkpaarung Leimwalze/Rakel.

Casein-Klebstoff zeigt dabei ein *thixotropes* Verhalten: unter dem Einfluss der Scherkraft wird die dynamische Viskosität immer geringer und nähert sich asymptotisch einem Grenzwert, s.a. Abbildung 67. Entfällt die Scherkraftwirkung, stellt sich die ursprüngliche Viskosität wieder ein („Regeneration"). Die für eine definierte Verarbeitung des Klebstoffes erforderliche relativ konstante dynamische Viskosität lässt sich deshalb nur durch eine Thermostatierung (Erwärmung oder auch Kühlung) und einen konstanten Scherkrafteinfluss sichern. Dazu wird der Klebstoff ständig durch eine pneumatisch betätigte Kolbenpumpe gefördert, temperiert und die Leimwalze läuft stetig, auch während kurz- und mittelfristiger Betriebspausen der Etikettiermaschine

Füllanlagen

(auch die Leimpaletten werden ständig mit Klebstoff beschichtet, um das Antrocknen zu verhindern). Auch bei Nutzung von Klebstoff-Containern lässt sich der Klebstoff vortemperieren, so dass er bei der Verarbeitung sofort ohne Einschränkungen nutzbar ist.

Für die Etikettierung von PET-Flaschen sind inzwischen laugenlösliche und dispergierbare Schmelzklebstoffe verfügbar, die sich beim Recycling von der PET-Oberfläche nahezu vollständig entfernen lassen [127].

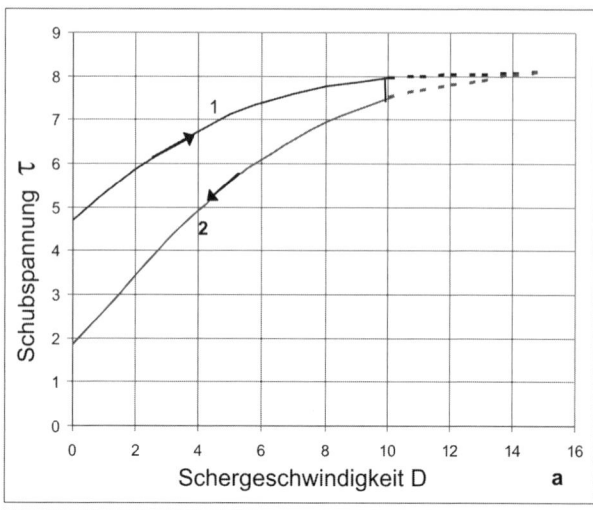

Abbildung 67
Schematische Fließkurve und Viskositätskurve eines thixotropen Fluides (bei D = konstant)
a Fließkurve b Viskositätskurve
1 Scherung 2 Regeneration
τ Schubspannung in N/m^2
η_s scheinbare dynamische
     Viskosität in Pa·s
D   Schergeschwindigkeit
     in 1/s
t   Zeit in s

Klebstoffhandel und -lagerung:
Klebstoffe werden in konischen, stapelbaren PE- oder PP-Eimern mit einem Volumen von 30 l palettiert gehandelt. Aber auch andere Packmittel können benutzt werden (zum Beispiel Metallverpackungen der Bauform Eindrückdeckeldose bzw. -eimer, konisch und stapelbar, nach DIN 2004-T2, Volumen 30 l, mit und ohne Foliensack-

Auskleidung). Die Kunststoffeimer sind meistens EW-Gebinde, aber die Nutzung als MW-Gebinde mit Rücknahme wird zunehmend praktiziert.

Der Transportdeckel wird bei der Verarbeitung durch eine Abdeckung ersetzt, auf der die Klebstoffpumpe und der Rücklauftrichter integriert sind.

Als Großgebinde können MW-Container aus PE oder PP, montiert in eine stapelbare Gitterbox-Palette (nach DIN 15155), verwendet werden. Der Netto-Inhalt liegt dann bei etwa 530 l Klebstoff, die Tara bei ca. 120 kg. Die Behälter werden im Betrieb oft in Leimeimer umgefüllt. Auch andere Gebindegrößen sind möglich.

Bei größeren Anlagen können die Zwischenbehälter der Etikettiermaschinen direkt aus dem Großgebinde mittels beheizter/thermostatierter Leitungen versorgt werden.

Casein-Klebstoffe müssen bei Temperaturen > 10 °C gelagert werden, optimal bei 15...18 °C. Auch andere Klebstoffe, außer Schmelzkleber, müssen zumindest frostfrei gelagert werden.

Die Lagerdauer muss auf weniger als 6 Monate begrenzt werden, da der Klebstoff altert; günstig sind ≤ 4 Wochen.

5.4.5 Folien und Folienetiketten

Folien werden als Pack- oder Packhilfsmittel benutzt, beispielsweise für Folienpackungen und für die Umhüllung von Trays, aber sie sind auch Ausgangsprodukt für Folienetiketten.

Folien werden als Schrumpf-Folien (Shrink-Folien) und als Wickel-Folien (Stretch-Folien) eingesetzt.

Werkstoff ist vor allem PE, insbesondere LD-PE bzw. LLD-PE: Dichte 0,98 g/cm^3 ebenfalls kann PP verwendet werden (PVC ist ebenfalls als Schrumpffolie geeignet, wird aber aus Gründen der Entsorgungsproblematik nicht mehr verwendet).

Die Reißfestigkeit beträgt bei einer Foliendicke von 25 μm: 24 N/mm

Stretchfolien sind monoaxial ausgerichtet, Schrumpffolien können monoaxial oder biaxial ausgerichtet sein. Zur Schrumpfung siehe Tabelle 27 und Tabelle 25. Die Schrumpfungstemperatur beträgt 118...120 °C.

Tabelle 27   Schrumpfung von PE-Folien

Ausrichtung	Schrumpfung in Längsrichtung	Schrumpfung in Querrichtung
monoaxial	60...70 %	15...20 %
biaxial	50...55 %	40...45 %

Folien werden in folgenden Formaten gefertigt:
    Rollen-Breite: 200...1000 mm
    Rollen-Länge: 300...2500 m
    Foliendicke: 8, 13, 15, 17, 20, 23, 25, 30, 35, 38, 40, 45, 50, 60, 70 μm

Füllanlagen

5.4.6 Klebebänder

Klebebänder, vor allem auf der Basis Polyester/PET, können zum manuellen oder maschinellen Verschluss von Kartons/Faltschachteln benutzt werden.

Die Klebebänder gibt es in den unterschiedlichsten Ausführungen (Farbe, Druck, Breite, Dicke, Haftkleber).

5.4.7 Ladungssicherung

Paletten

Sicherung durch *Umreifung* der obersten Gebindelage(n) mittels Schnur oder Umreifungsband. Letzteres kann aus PP oder PET hergestellt werden: Breite 5…16 mm, Dicke 0,4…0,6 mm. Die Umreifungsbänder werden vorzugsweise verschweißt oder geklammert. Schur wird nach der Umschlingung verknotet, die Schur ist geringfügig dehnbar.

Sicherung durch *Foliierung*. Eine Folie wird schraubenförmig um die Ladung gewickelt. Entweder erfolgt die Umwicklung mit einer vorgespannten Folie (Stretch-Folie) oder die Folie wird nur mäßig schwach gewickelt und anschließend durch Wärmeeinwirkung geschrumpft (Schrumpffolie).

Alternativ kann auch eine vorgefertigte *Folienhaube* (Dicke $\leq$ 120 µm) über die Palette gezogen werden, die anschließend geschrumpft wird.

Die Foliierung einer Palette ist außerdem ein guter Schutz gegen Verunreinigungen aller Art.

Antislip-Beschichtungen:

Auf die Kartonoberfläche der vorletzten Lage kann die Antislip-Beschichtung aufgesprüht werden. Die folgende Kartonlage wird dann gegen das Verrutschen gesichert. Die Topfzeit (Zeit bis zum Abbinden) ist produktabhängig in Grenzen variabel.

Antislipmittel müssen die Ladeeinheiten sichern, sie dürfen aber die Packmitteloberflächen nicht negativ beeinflussen. Sie müssen sich auch wieder leicht entfernen lassen (s.a. [128]).

Antislipmittel können auf Wasser als Lösungsmittel basieren oder es sind thermoplastische Systeme, die bei 100…180 °C verarbeitet werden. Die Antislipmittel werden in der Regel aufgesprüht: geeignet sind der Tröpfchen-Auftrag und der Spinnsprühauftrag, beide mit Druckluftunterstützung.

5.5 Packmittelprüfungen

Für die Packmittel gibt es im Allgemeinen DIN-Normen, STLB und andere branchenspezifische Untersuchungsvorschriften, insbesondere die MEBAK-Vorschriften.

Die Prüfung setzt neben erfahrenem Personal die entsprechenden Mess-Einrichtungen voraus.

Deshalb sollten diese Prüfungen durch akkreditierte Untersuchungslabors erfolgen. Beispiele sind u.a.:
- die Verpackungsprüfstelle der VLB-Berlin,
- das Fraunhofer-Institut für Verfahrenstechnik und Verpackung (IVV), Freising.

6. Anlagen für Transport-, Umschlag- und Lagerprozesse
6.1 Allgemeiner Überblick

Beim Transport des Leer- und Vollgutes wird unterschieden in:
- den Transport zum Kunden und den Gebinderücklauf und
- den innerbetrieblichen Transport.

Der Transport zum Kunden (Getränke-Fachgroßhandel, Getränke-Großhandel, Einzelhandel) und zurück erfolgt fast ausschließlich durch Straßenfahrzeuge. Der Lastkraftwagen in seinen verschiedenen Ausführungen, vor allem als Verteilerfahrzeug mit und ohne Anhänger, und als Sattelzug dominiert. Sattelauflieger lassen sich prinzipiell auch auf Spezialwaggons verladen und auf dem Schienenweg transportieren.

Für den Schienentransport sind außerdem die Norm-Container geeignet. Auch spezielle Abroll-Container sind im Einsatz. Diese lassen sich ohne Kran von den/auf die speziellen Waggons (mit Drehrahmen) ent-/verladen. Der LKW muss dafür vorbereitet sein (*Translift*-System).

Der Wasserweg wird im Allgemeinen nur für den Überseetransport genutzt, vereinzelt auch für den Binnentransport.

Auf die Fahrzeuge aller Art, die oft auch als Spezialfahrzeuge (mit Ladehilfen, speziellen Bordwänden usw.) gestaltet werden, wird an dieser Stelle nicht eingegangen.

Die Forderungen an die Transportfahrzeuge lassen sich wie folgt zusammenfassen:
- Schutz der Getränke vor Sonnenlicht;
- Schutz vor Staub und Wasser, Sicherung hygienischer Verhältnisse;
- Schutz vor Temperatureinflüssen. Insbesondere müssen Getränke frostfrei transportiert werden;
- Sicherung der Ladung gegen Verschiebung. Vor allem die Standsicherheit muss gegeben sein. Eine Eigenbewegung während des Transportes muss zuverlässig verhindert werden.
Das gilt insbesondere für den Gefahrenfall: Not-Bremsvorgänge, Auffahrunfall.
Die Transportverpackungen müssen stets den Schutz der Packungen sichern.

Der innerbetriebliche Transport umfasst vor allem alle Fördervorgänge des MW-Leer- und -Vollgutes und der EW-Packmittel und EW-Packungen:
- zwischen dem Lagerbereich und den Be- und Entladeflächen der Liefer- und Transportfahrzeuge,
- die Ent- und Beladung der Fahrzeuge,
- die Förderung zwischen dem Lager und der Produktion (Palettieranlage) und
- die Förderung innerhalb des Lagers.

Die Be- und Entladung der Lieferfahrzeuge für Hilfs- und Verbrauchsmittel verläuft in der Regel parallel dazu.

Die Transport-, Umschlag- und Lager-Prozesse sind Teil der Logistik eines Unternehmens. Verschiedentlich wird der Begriff TUL-Prozess benutzt.

Für die Getränkeindustrie haben folgende Fördersysteme für die genannten Aufgaben Bedeutung erlangt:

Füllanlagen

- Gabelstapler, auch in der Bauform Gabelhubwagen/Schubmaststapler als Regalbediengeräte, und in seiner einfachsten Form: der manuell betätigte Gabel-Hubwagen;
- Horizontalförderer (Rollenbahn-, Tragketten-, Schleppketten-Förderer, Hängebahnen), vereinzelt auch Vertikalförderer;
- Ladekrane;
- Spezielle Lade- und Transportsysteme (s.a. Kapitel 6.2.2.1).

Wichtig ist es bei der Planung der Transport- und Förderanlagen, die spezifischen Einsatzkriterien der Förderer und deren Vor- und Nachteile zu beachten.

Insbesondere müssen im betriebswirtschaftlichen Interesse die TUL-Prozesse optimiert werden. Dazu gehört vor allem, die Fördersysteme so einzusetzen, dass ihre spezifischen Vorteile genutzt werden.

Die Kommissionierung stellt Ladungseinheiten/Paletten für den Handel und Endabnehmer zusammen. Dabei werden von sortenreinen Paletten die Gebinde zu Mischpaletten entsprechend der Bestellung des Kunden zusammengestellt. Die Kommissionierung kann automatisch erfolgen.

Voraussetzung für die automatische Palettensteuerung und -verfolgung ist die maschinenlesbare Codierung der Paletten. Diese werden anforderungsgerecht abgerufen, gefördert und entladen. Die gebildete Mischpalette muss dann ebenfalls eine maschinenlesbare Codierung in Form eines Etiketts erhalten. Gegenwärtig wird dazu der EAN-128-Code genutzt.

Auch für die (Rück-)Verfolgung der Palette bzw. des Produktes vom Abfüller zum Kunden und umgekehrt wird das codierte Etikett genutzt. Es ist damit eine wesentliche Voraussetzung für die Umsetzung der Forderungen, die sich aus dem Produkthaftungsgesetz ergeben.

Für die Themenkomplexe „Flurförderzeuge" und „Lagerausrüstungen" bestehen zahlreiche zu beachtende DIN-Normen und VDI-Richtlinien.

6.2 Flurfördersysteme

6.2.1 Gabelstapler

Gabelstapler sind für das Heben und Transportieren von Lasten vorgesehen. Wichtige unterscheidende Merkmale sind ihre Tragfähigkeit (Tragmasse), ihre Hubhöhe und ihre Antriebsvariante.

Jeder Stapler benötigt eine Arbeitskraft. Deshalb müssen die Einsatzkriterien aufeinander abgestimmt sein: günstig sind kurze Fahrwege und häufige Hubvorgänge. In Tabelle 28 sind einige Kriterien zusammengestellt.

Antriebsvarianten:
- **Elektrischer Antrieb**: netzunabhängig durch Akkumulatoren. Die Einsatzzeit ist begrenzt, insbesondere dann, wenn lange Fahrwege gefordert sind.
Ladung während des Stillstandes oder es werden Wechselbatterien genutzt. Netzbetrieb (Drehstrom) ist möglich, der Einsatzradius ist dann aber begrenzt auf ≤ 18 m.
Moderne Stapler können die Bremsenergie zum Laden der Batterie nutzen. Der Antrieb nutzt die Drehstrom-Technik.
Die Ladestation ist zusätzlich erforderlich. Bei der Ladung kann Wasserstoff

Transport-, Umschlag- und Lagerprozesse

entstehen, der abgeleitet werden muss; der Korrosionsschutz ist zu beachten. Moderne Batterien sind nahezu wartungsfrei.
Vorteile: keine Abgase, geringe Geräuschemission.
Der elektrische Antrieb wird in der Regel bei Staplern nur bis ≤ 5 t Tragmasse genutzt.

- **Verbrennungsmotor**: Zur Anwendung kommen Otto-Motoren und Diesel-Motoren.
Otto-Motoren werden vorzugsweise mit Flüssiggas (Propan, Butan) betrieben, seltener mit Benzin. Flüssiggas wird vorzugsweise aus einer Flüssiggastankstelle getankt, auch der Wechsel der Gasflasche wird in kleineren Betrieben praktiziert.
Auch die Nutzung von verflüssigtem Erdgas (LNG Liquefied Natural Gas) wird in neuerer Zeit betrieben.
Bedingung für den Verbrennungsmotor-Einsatz ist die Einhaltung der Emissionsgrenzwerte, vor allem CO, NO_x, SO_x, Kohlenwasserstoffe und Partikel. Die Grenzwerte sind nur bei Nutzung eines geregelten Katalysators einzuhalten.
Dieselmotoren müssen ebenfalls über einen Katalysator verfügen, außerdem über einen „Rußfilter" zur Reduzierung der Partikelemission.
Stapler mit Verbrennungsmotor dürfen nur in gut gelüfteten Räumen eingesetzt werden.
Gasbetriebene Stapler dürfen nicht in Kellerräumen genutzt werden.

Der Fahrantrieb kann mechanisch oder hydrostatisch sein, der Hubantrieb ist in der Regel hydrostatisch. Als Hydraulik-Flüssigkeit werden biologisch abbaubare Fluide eingesetzt.

Tabelle 28   Einsatzkriterien für Gabelstapler und Horizontalförderer

Kriterium		Gabelstapler	Horizontalförderer
Fördergeschwindigkeit	in m/s	≤ 2,7	0,1…0,4
Tragmasse		1…8 t	1 t/m
Durchsatz		10…60 Ladespiele/h	250…1000 Paletten/h
Hubhöhe	in m	≤ 5 (z.T. ≤ 18 und mehr)	
Verfügbarkeit		abhängig von Antriebssystem	ständig
Betriebskosten		hoch	gering
Investitionskosten		relativ hoch	hoch
Einsatzbeschränkungen		ungünstig bei langen Förderwegen	im Prinzip keine
Automatisierbarkeit		nicht gegeben *)	gegeben
Flexibilität im Einsatz		sehr groß	nicht variabel
Arbeitskraftbedarf		hoch	vernachlässigbar

*) Ausnahme: gleislose, automatisierte Fördersysteme

Bereifung der Gabelstapler: Es können benutzt werden:
- Vollgummiräder: unempfindlich gegenüber Scherben, der Fahrweg muss relativ eben sein.

Füllanlagen

- Luftbereifung: empfindlich gegen Scherben. Gute Anpassung an den Fahrweg, der Reifendruck muss an die Beladung angepasst werden.
- Elastik-Bereifung: sie ist relativ scherbensicher, die Anpassung an die Belastung ist ein Kompromiss.

Sonstige Merkmale:
Gabelstapler werden mit Vierrad- und Dreirad-Fahrwerk gefertigt.
Der *Fahrersitz* soll möglichst hoch angeordnet sein (Übersicht) und er kann in Fahrtrichtung und als Quersitz angeordnet werden. Der Fahrersitz muss gegen herabfallende Teile zuverlässig geschützt sein, die Kabine kann geschlossen sein (Schutz gegen Witterungseinflüsse und Lärm).

Lastaufnahme: im Allgemeinen werden Traggabeln verwendet. Diese werden paarig angeordnet je Palette und können mit einem oder mehreren Seitenschieber(n) kombiniert werden. Dieser erleichtert die Positionierung, sie sind vor allem dann erforderlich, wenn mehrere Paletten parallel bearbeitet werden sollen (Mehrfach-Gabeln für bis zu 5 Paletten parallel). Die Gabellänge entspricht der Palettenlänge (1200 bzw. 2400 mm bei zwei Paletten). Bei Bedarf kann die Lastaufnahme auch geringfügig in Fahrtrichtung verschoben werden (Schubschieber).
Das Hubgerüst kann beim Transport um bis zu 5° zur Vertikalen geneigt werden.
Die Traggabeln können für die Regalbedienung auch als Schubgabeln gestaltet werden, zum Teil um 90° schwenkbar.

Fahrweg/Fahrfläche: gefordert wird eine glatte, möglichst fugenfreie Oberfläche ohne Kanten, Stufen usw. Die Oberfläche muss abriebfest sein, um Staubbildung zu vermeiden. Oberflächen werden deshalb mit Epoxidharz beschichtet (Verschleißschicht). Die Fahrflächen-Tragfähigkeit muss auf die Belastungen durch die Stapler abgestimmt sein.
Die Fahrfläche soll möglichst gefällefrei sein, zumindest gefällearm.

Tragmasse:
Beim Gabelstapler muss die Staplermasse ein größeres Lastmoment um die Lastachse besitzen als die Tragmasse, s.a. Abbildung 68. Deshalb müssen Stapler, die mehr als eine Palette heben können, eine große Eigenmasse besitzen.

$$M_L < M_S \qquad \text{Gleichung 6}$$

M_L = Lastmoment der Palette $= F_L \cdot l_L = m_L \cdot g \cdot l_L$
M_S = Lastmoment des Staplers $= F_S \cdot l_S = m_S \cdot g \cdot l_S$
F_L = Kraft der Last, resultierend aus der Masse der Last m_L
F_S = Kraft des Staplers, resultierend aus der Masse des Staplers m_S
l_L = Schwerpunktabstand der Palettenmasse
l_S = Schwerpunktabstand der Staplermasse
g = Fallbeschleunigung = 9,81 m/s^2

Beispiel: Masse einer Palette 1000 kg
      a) 2 Paletten in Reihe, l_L = (1200 + 600) mm
        (600 mm Abstand Gabel-Achse)
      b) 2 Paletten nebeneinander, l_L = (600 + 600) mm

Transport-, Umschlag- und Lagerprozesse

Gesucht: die erforderliche Staplermasse m_S. Der Schwerpunktabstand l_S der Staplermasse soll 1000 mm betragen.

Lösung: a) 2000 kg·9,81 m/s²·1,8 m < m_S·9,81 m/s²·1 m
m_S > <u>3600 kg</u>; gewählt würde z.B. ein 4 t-Stapler
b) 2000 kg·9,81 m/s²·1,2 m < m_S·9,81 m/s²·1 m
m_S > <u>2400 kg</u>; gewählt würde z.B. ein 3 t-Stapler

Das Beispiel zeigt, dass die erforderliche Staplermasse erheblich von der Anordnung der Tragmasse abhängig ist.
Erforderlich sind Stapler mit einer Nenntragmasse gemäß Tabelle 29

Tabelle 29   Erforderliche Tragmasse von Gabelstaplern

Beladung mit	Nenntragmasse
1 Getränkepalette	≥ 1,5 t
2 Getränkepaletten nebeneinander	≥ 2,5 t
2 Getränkepaletten in Reihe	≥ 4 t
4 Getränkepaletten (2 x 2)	≥ 6 t
6 Getränkepaletten (3 x 2)	≥ 8 t
8 Getränkepaletten (4 x 2)	≥ 12 t

Gabelstapler bzw. Hubwagen können so gestaltet werden, dass sie an Straßenfahrzeuge angehängt werden können (Mitnahme-Stapler).
Zur Planung des Gabelstaplereinsatzes wird auch auf die VDI-Richtlinien 2391 (Zeitrichtwerte für Arbeitsspiele) und 2695 (Ermittlung der Kosten) verwiesen.

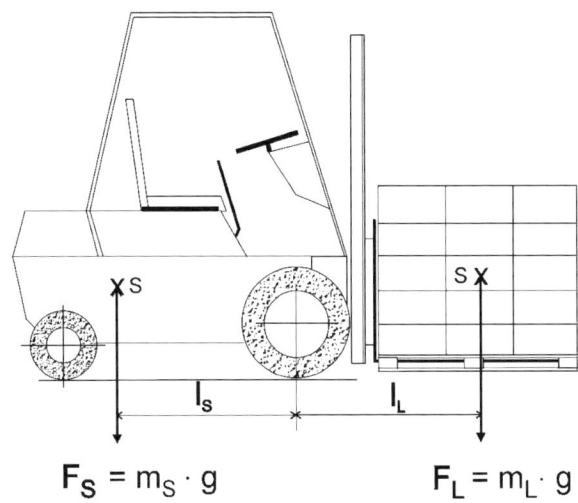

$$F_S = m_S \cdot g \qquad F_L = m_L \cdot g$$

Abbildung 68   Lastmomente am Gabelstapler, s.a. Gleichung 6

Füllanlagen

6.2.2 Horizontalförderer

6.2.2.1 Allgemeines

Horizontalförderer können für den Gebinde- bzw. Palettentransport zwischen Produktion und Lager sowie zwischen Lager und Verladung eingesetzt werden.

In vielen Fällen werden diese Förderer gleichzeitig als Pufferstrecken genutzt oder als Bereitstellungsförderer, um die Be- und Entladezeiten der Fahrzeuge zu minimieren und um längere Fahrwege der Gabelstapler zu vermeiden.

Bauformen sind vor allem:
- Rollenbahn-, Tragketten-, Schleppketten-Förderer;
- Hängebahnen.

Gleislose, automatisierte Fördersysteme (beispielsweise durch Induktionsschleifen gesteuert) haben sich bisher in der Getränkeindustrie kaum einführen können, über erste Anwendungen berichten beispielsweise [129], [130].

6.2.2.2 Rollenbahn-, Tragketten-, Schleppketten-Förderer

Diese Förderelemente werden im Kapitel 7 behandelt.

6.2.2.3 Hängebahnen

Hängebahnen können als Einschienen- und Zweischienen-Hängebahn ausgeführt werden.

Die Lastaufnahmemittel werden bei Bedarf mit dem endlos umlaufenden Förderstrang (Kette oder Seil) gekoppelt. Sie stehen beim Be- und Entladen still. Ein Beispiel ist das Fördersystem „Power & Free" [131] (Zweischienenbahn). Die Förderstrecke kann beliebig lang sein. Der Durchsatz ist u.a. von der Anzahl der Lastaufnahmemittel abhängig, er kann bis 650 Paletten/h zwischen jeder Auf- und Abgabestation betragen.

Bei der Elektrohängebahn haben die einzelnen Träger individuelle Antriebe. Die Energie- und Datenübertragung erfolgt vorzugsweise induktiv. Das System ist damit sehr flexibel, Höhenunterschiede können überbrückt werden (s.a. Kapitel 7.10).

6.3 Lagersysteme für Leer- und Vollgut
6.3.1 Allgemeine Hinweise

Das Leergut (MW-Leergut, EW-Packmittel, Leer-Kegs) und das Vollgut (EW, MW, Kegs) sind mengenmäßig dominierend. Hinzu kommen noch die Handelsware und zahlreiche palettierte Artikel (z.B. Bierdeckel, Gläser, Werbeartikel aller Art), die auch gelagert werden müssen.

Folgende Bedingungen muss ein Lagersystem in der Getränkeindustrie erfüllen:

- Die Realisierung des Prinzips: „first in" - „first out". Dieses Prinzip ist bei Vollgut unabdingbar;
- Das System muss den Betrieb im Bypass ermöglichen: bei Bedarf kann die Be- und Entladung der Transportmittel mit Leer- und Vollgut direkt zur bzw. von der Produktion aus erfolgen, um das Lager zu entlasten;
- Die maximale Nutzung der Lagergrundfläche bzw. des Lagerraumes für die eigentliche Lagerung bei einem Minimum an erforderlicher Verkehrsfläche;
- Kurze Ent- und Beladezeiten der Transportmittel. Ggf. können Bereitstellungsförderer und/oder spezielle Speicherplätze installiert werden;
- Minimale Zugriffszeiten für das gesamte Sortiment einschließlich der o.g. sonstigen Artikel;
- Flexible Nutzung für Voll- und Leergut;
- Sicherung der qualitätserhaltenden Lagerbedingungen: kein Sonnenlicht, Frostfreiheit, Verhinderung der Schwitzwasserbildung auf dem Vollgut, schnelles Trocknen von Etiketten und Gebinden;
  die Staubentwicklung muss minimiert werden;
- Ausreichende Lüftung, insbesondere bei Staplern mit Verbrennungsmotor;
- Maximale Verfügbarkeit und Zuverlässigkeit der Anlage.
  Daraus leitet sich bei automatisierten Lagersystemen der Zwang ab, Leergutpaletten vor der Einlagerung zu prüfen bzw. die Paletten auf geprüfte Paletten umzulagern;
- Ein zuverlässiges Informationssystem zu allen Vorgängen und Veränderungen im Lager.
  Dazu müssen alle Paletten eine maschinenlesbare Codierung besitzen, beispielsweise den EAN-128-Code.
  Die Datensicherung, auch im Havariefall, muss immer gesichert werden.
  Die Chargenverfolgung muss gegeben sein;
- Das Lager soll kostengünstig betreibbar sein: geringe Investitions- und Betriebskosten.

Es gibt zahlreiche Lagersysteme, die die vorstehend genannten Forderungen durchaus erfüllen. Das Problem stellt immer der zum Teil große Aufwand dar. Deshalb werden in vielen Fällen einfache Lagervarianten genutzt und dafür Nachteile geduldet.
Argumente für aufwendigere Lagersysteme sind beispielsweise:

- eine begrenzte Betriebsgrundfläche,
- eine große Sortimentsvielfalt,
- der Zwang zu kurzen Ladezeiten und
- der Zwang zur Senkung der Lohnkosten.

Füllanlagen

Von den zahlreichen Lagervarianten werden in der Getränkeindustrie genutzt:
- Das Blockstapellager in seinen Varianten;
- Das Blockfließlager mit Gabelstaplerbetrieb;
- Das Durchlaufregallager;
- Das Hochregallager.

In vielen Fällen müssen aus betriebsspezifischen und betriebswirtschaftlichen Gründen Kompromisse eingegangen werden, indem verschiedene Lagervarianten kombiniert werden.

6.3.2 Blockstapellager

Das Blockstapellager ist ein Bodenlager. Ein- und Auslagerung erfolgen mit Gabelstaplern. Voraussetzung ist eine befestigte Fläche, die für die Belastungen durch Paletten und Stapler ausgelegt ist. Die Oberfläche soll nach Möglichkeit kein Gefälle aufweisen. Die lichte Raumhöhe richtet sich nach der maximalen Stapelhöhe. Das sind im Getränkebetrieb 4 Leergut-Paletten á 1,6 m = 6,4 m, sodass $\leq$ 7 m lichte Höhe ausreichen. Bei Vollgut werden in der Regel nur 3 Paletten gestapelt (die Belastung ist limitierend).

Die Grundfläche ist zu 50...60 % für die Stapelung nutzbar, der Rest ist für den Staplerverkehr erforderlich.

Der Fahrweg der Stapler soll $\leq$ 35 m betragen. Daraus folgt für die maximale Größe eines Blockes eine Fläche von 35 m x 70 m.

Die Fahrwege lassen sich durch fest installierte staudrucklose Förderer reduzieren. Die Förderer können dabei gleichzeitig Speicherfunktionen übernehmen oder als Bereitstellungsförderer genutzt werden.

Eine Möglichkeit zur Reduzierung des Grundflächenbedarfs besteht darin, die Förderer für Leer- und Vollgut übereinander zu installieren.

Das Blockstapellager ist die dominierende Lagerform, die Investitionskosten sind am geringsten. Bedingung für die reibungslose Funktion sind qualifizierte Staplerfahrer, zuverlässige Stapler und Ordnung und Übersicht im Lager, z.B. durch automatisierte Informationssysteme.

Bei der Mehrfachstapelung von Paletten mit Trays oder Karton-/Mehrstück-Packungen sollten die Paletten mit einer Zwischenlage abgedeckt werden, um den direkten Kontakt Gebinde/Palettenbodenbrett aus hygienischen Gründen zu vermeiden. Die Zwischenlage aus Kunststoff muss unterscheidbare Oberflächen haben und ist mehrfach verwendbar oder es werden EW-Pappen benutzt.

Eine Sonderform des Blockstapellagers ist das Verschiebe-Regallager. Hierbei werden Regalanlagen mit Paletten einreihig beladen, drei Reihen übereinander. Die Regaleinheit lässt sich dann quer auf Schienen (im Boden bündig eingelassen) verschieben. Die Regaleinheiten können einen Block bilden und sind doch einzeln zugänglich. Die Grundflächenauslastung ist damit relativ gut.

Die Lagerflächen müssen mit geeigneten Vorrichtungen regelmäßig gereinigt werden (kombinierte Staubsauger/Scheuermaschinen).

Die Tragfähigkeit der Lagerflächen muss an die Belastungen des Lagergutes und der Gabelstapler angepasst sein.

Transport-, Umschlag- und Lagerprozesse

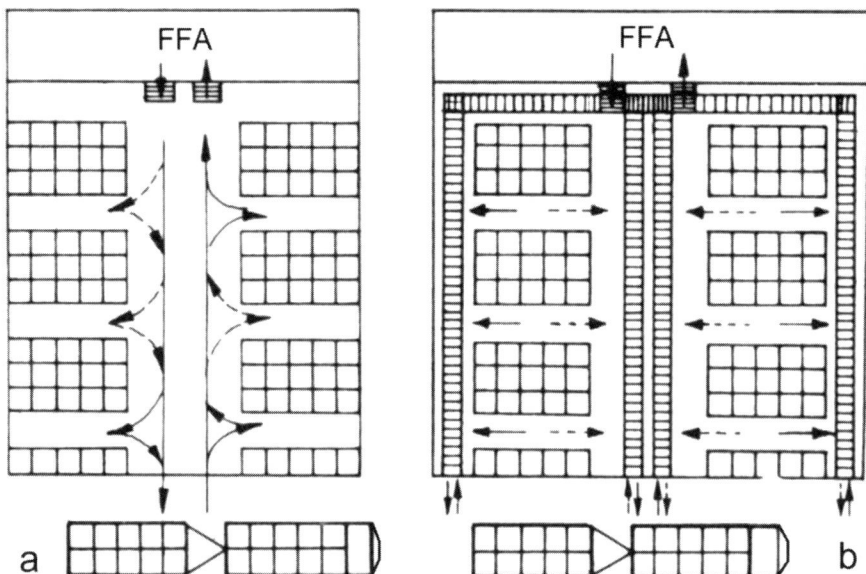

Abbildung 69 Blockstapellager, schematisch
a mit Staplerverkehr **b** mit Horizontalförderern und Staplerverkehr
FFA Flaschenfüllanlage

6.3.3 Blockfließlager

Beim Blockfließlager werden Palettenstapel auf Horizontalförderern abgesetzt und entsprechend staudrucklos gefördert. Die Palettenstapel können mittels Stapelanlage vorgebildet werden und danach erfolgt die Übergabe in das Blockfließlager oder die Palettenstapel werden direkt am Fließlageranfang gebildet, zum Beispiel mittels Gabelstaplers. Die Entnahme aus dem Blockfließlager kann analog der Einlagerung erfolgen, s.a. Abbildung 70.
Je Fließkanal ist eine Sorte möglich, ein Wechsel ist gegeben.

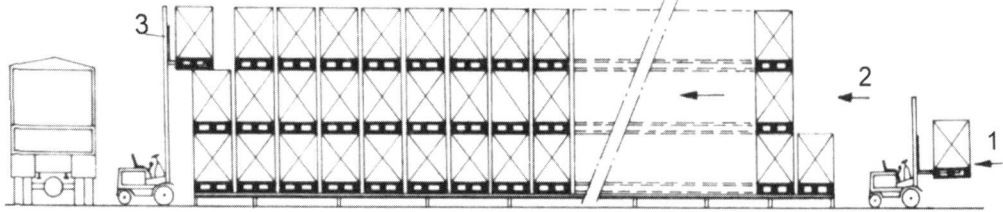

Abbildung 70 Blockfließlager, schematisch
1 von der Füllanlage **2** Einlagerung **3** Auslagerung und Verladung

Füllanlagen

6.3.4 Durchlaufregallager

Beim Durchlaufregallager werden die Paletten auf einer Seite des sogenannten Fließkanals aufgegeben und auf der anderen Seite abgenommen. Die gesamte Länge des Fließkanals ist als Speicherkapazität verfügbar. Praktisch werden die Fließkanäle für Längen bis zu 45...50 m ausgeführt.

Das Durchlaufregallager besteht aus horizontal und vertikal aneinandergereihten Fließkanälen (Abbildung 72; s.a. Abbildung 71).

Der mögliche Durchsatz, die praktisch realisierbare Kanallänge und die Funktionssicherheit werden neben den Fördermitteln für die Ein- und Auslagerung vor allem von den Eigenschaften des Fördermittels des Fließkanals bestimmt.

Für die Kanalförderung werden genutzt:

- Horizontalförderer (angetriebene Rollenbahnen, Tragkettenförderer);
- Spezielle Rollpaletten (relativ aufwendig);
- Spezielle Transportfahrzeuge, die die Paletten unterfahren, vertikal anheben und horizontal verfahren (relativ aufwendig).

Die Schwerkraftförderung ist praktisch nicht realisierbar, da die Paletten dafür infolge von werkstoffbedingten Toleranzen nicht geeignet sind.

Die Förderung muss staudrucklos erfolgen.

Für die Ein- und Auslagerung der Flachpaletten in die Fließkanäle bzw. aus den Kanälen werden je nach Höhe Gabelstapler, Regalbediengeräte oder Horizontalförderer in Kombination mit Palettenaufzügen, Verschiebewagen und anderen speziellen Übergabegeräten eingesetzt.

6.3.5 Hochregallager

Beim Hochregallager (Höhe 10 m...40 m) werden in der Getränkeindustrie die Paletten auf einem Speicherplatz durch das Regalbediengerät (Synonym Regalfahrzeug) einzeln abgesetzt. Es sind Einzelplatz-, Doppelplatz- und Mehrfachplatz-Systeme im Gebrauch (Abbildung 71). Auch die Durchlaufregallager-Variante ist möglich (s.o.). Die Ein- und Auslagerung kann parallel an 1...6 Stellplätzen gleichzeitig erfolgen, um die Anzahl der Ladespiele zu reduzieren. Ein Regalbediengerät kann durchschnittlich etwa 27 Doppelspiele/h erreichen (Ein- und Auslagerung bei einer Regalhöhe von 32 m). Die horizontale Fahrgeschwindigkeit erreicht ca. 3,5 m/s, die Hubgeschwindigkeit liegt bei 0,2...1 m/s.

Abbildung 73 zeigt ein Hochregallager schematisch.

In einem ausgeführten Projekt [132] werden in einem Hochregallager (Höhe 32 m, Länge 98 m, Breite 25 m, Kapazität 13.000 Palettenstellplätze; 14 Regalebenen á 1,88 m hoch, 6 Regalgänge mit einer Breite von je 1,5 m) bis zu 648 Paletten/h umgeschlagen. Diese Zahl errechnet sich aus 27 Doppelspielen/h á 4 Paletten je Regalbediengerät = 108 Paletten/(h · Regalbediengerät) entsprechend für das gesamte Lager: 108 x 6 Regalbediengeräte = 648 Paletten/h.

Das Regalbediengerät ist zwischen 2 Speicherreihen verfahrbar und nimmt die Paletten von den Horizontalförderern auf bzw. gibt sie an diese ab. Die Ein- und Auslagerung auf die Regalplätze besorgen Teleskop-Förderer oder -Gabeln, die vom Regalbediengerät aus agieren, oder Satelliten-Systeme (Abbildung 75).

Transport-, Umschlag- und Lagerprozesse

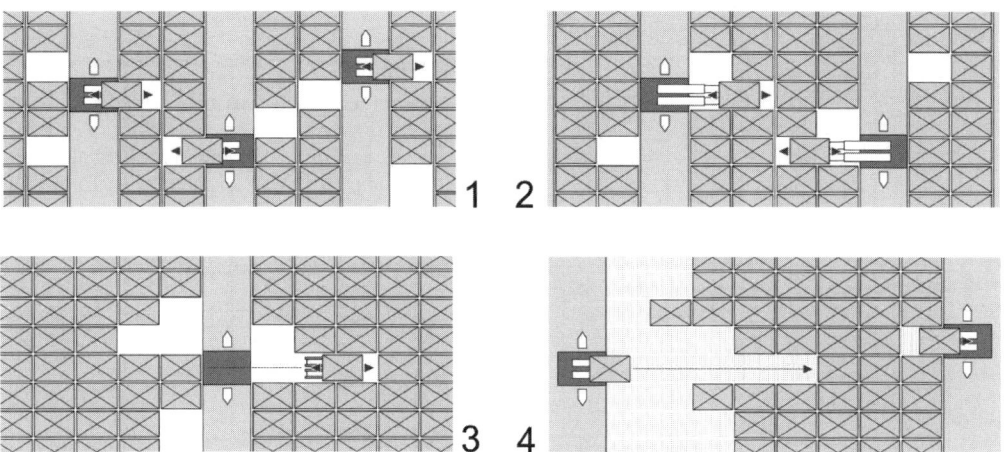

Abbildung 71   Lagersysteme (nach Westfalia [133])
1 Einzelplatzlager   **2** Zweiplatzlager   **3** Mehrfachtiefes Lager   **4** Durchlauflager

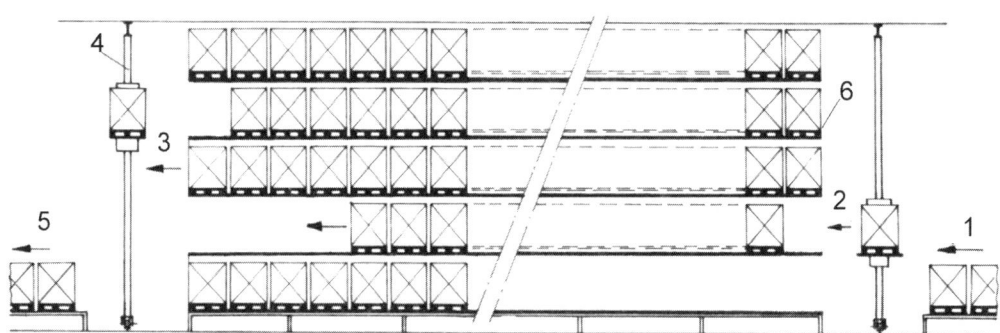

Abbildung 72   Durchlaufregallager, schematisch
1 von der Füllanlage   **2** Einlagerung   **3** Auslagerung   **4** Regalbediengerät   **5** Paletten zur Verladung   **6** Fließkanal

Außer den bodengeführten Regalbediengeräten sind flurfreie Lagerbediengeräte im Gebrauch. Das Lagergerät TransFaster® besteht aus einer Verfahreinheit und einer vertikal beweglichen Hubplattform. Die Verfahreinheit läuft wie ein Brückenkran auf zwei Fahrschienen. Diese sind in den Lagergassen in der obersten Fachebene angebracht. Die Hubplattform hängt an 4 Stahlseilen [134] (Abbildung 74).

Die Ein- und Auslagerung kann auf ein und derselben Seite des Lagers erfolgen oder wahlweise an den beiden Stirnseiten, und sie kann auf verschiedenen Höhenniveaus vorgenommen werden.

Das Hochregal wird in der Regel als Stahlbau ausgeführt (feuerverzinkter Stahl), es kann gleichzeitig tragendes Element für die Seitenwände und das Dach sein. Die Wände werden mit einer Wärmedämmung ausgerüstet.

Bei der Planung müssen insbesondere die Brandlast des Ladegutes und die Brandschutzinstallationen beachtet werden.

Füllanlagen

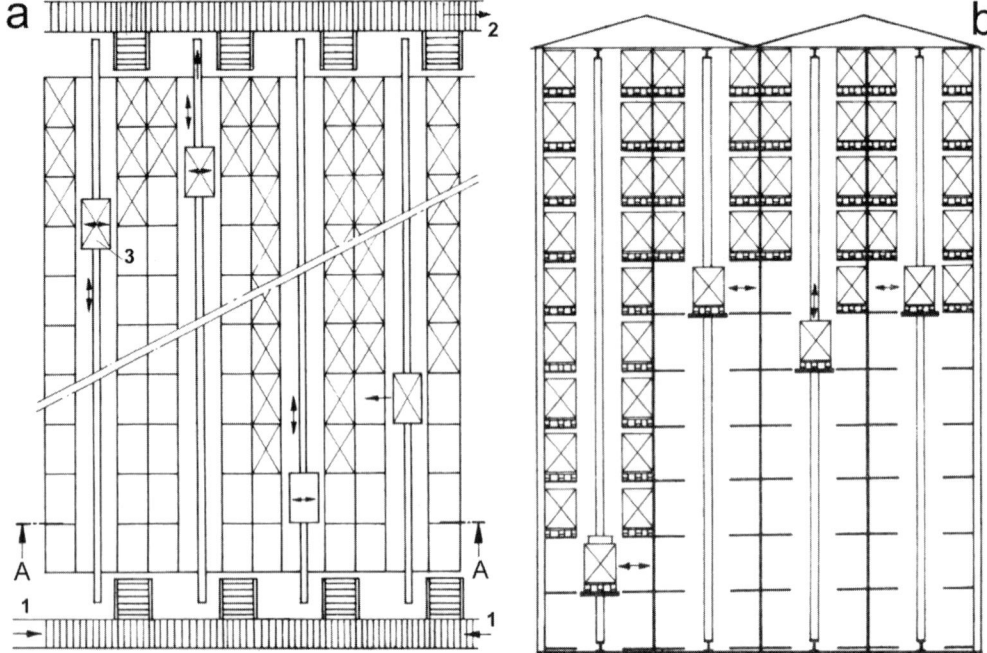

Abbildung 73 Hochregallager mit Einzelstellplätzen, schematisch
a Grundriss b Schnitt A - A; 1 Einlagerung 2 Auslagerung 3 Regalbediengerät

Hochregallager lassen sich in allen gewünschten Größen nach einem Baukastensystem errichten und auch ggf. erweitern.

Die Ein- und Auslagerung der Paletten erfolgt rechnergesteuert. Die Paletten werden automatisch beim Einlauf in das Lagersystem identifiziert und chaotisch eingelagert. Die Daten werden natürlich redundant gespeichert, sodass auch im Havariefall die Übersicht gewahrt bleibt.

Einziger bekannter Nachteil des Hochregallagers sind die hohen Investitionskosten.
Außer der genannten Hochregalbauform mit Einzelplatzlagerung sind auch Anlagen bekannt, bei denen mehrere Paletten je Regalfach gelagert werden können. Zur Ein- und Auslagerung werden dann sogenannte „Satelliten®" genutzt, die vom Regalbediengerät aus in das Regalfach einfahren und die Palette aufnehmen oder abgeben [135].

Hochregallager lassen sich sinnvoll nur automatisiert betreiben. Deshalb müssen Störquellen, wie defekte Paletten, zuverlässig ausgeschaltet werden. Die Konsequenz daraus ist, alle Rücklaufpaletten auf geprüfte Paletten umzuladen. Paletten müssen beim Transport stets in Dreipunktlage aufliegen.

Transport-, Umschlag- und Lagerprozesse

Abbildung 74 TransFaster® mit eingefahrener Hubplattform (nach [134])

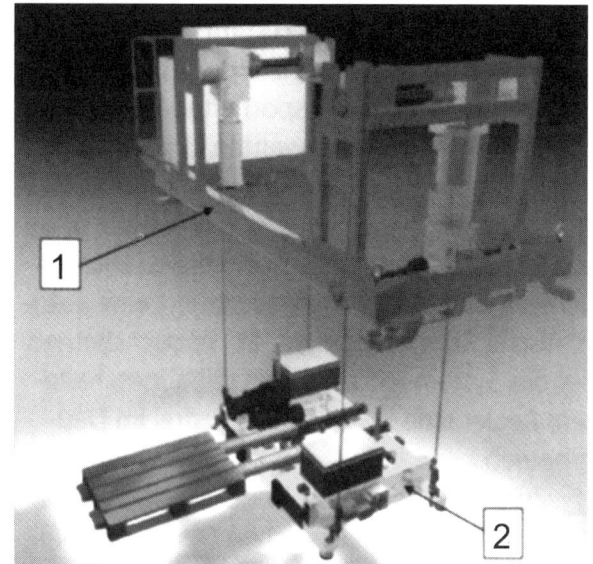

1 Verfahreinheit
2 Hubplattform mit Lastaufnahmemittel (abgesenkt)

Füllanlagen

Abbildung 74 TransFaster® mit ausgefahrener Hubplattform (nach [134])

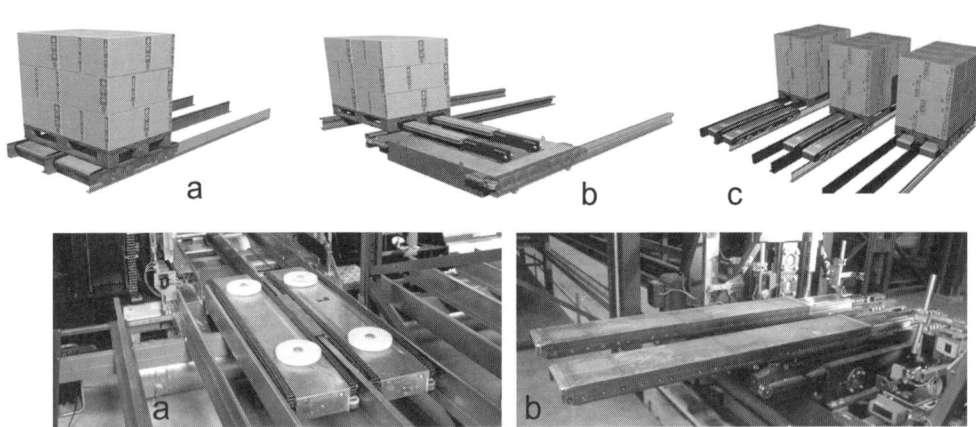

Abbildung 75 Satelliten-Systeme (nach [133])
a Ketten-Satellit **b** Teleskop-Satellit **c** Unterfahr-Prinzip beim Ketten-Satellit

6.3.6 Freiflächen als Lager

Freiflächen zur Lagerung von Leergut und Packmitteln müssen befestigt sein und über einen Regenwasserablauf verfügen. Das Gefälle soll ≤ 1 % sein.

Freiflächen können für die MW-Leergutlagerung genutzt werden. Das Leergut sollte nur in gereinigtem Zustand längere Zeit gelagert werden. Die Lagerung muss frostsicher erfolgen, d.h., in den Flaschen darf sich keine Flüssigkeit befinden und die Paletten müssen abgedeckt werden.

Neuglas kann im eingeschrumpften Zustand im Freien gelagert werden, wenn die Folienhaube dicht und unbeschädigt ist.

Zu beachten ist, dass Kunststoffe (Kästen, Flaschen) unter UV-Lichteinfluss geschädigt werden, sie altern. Deshalb sollten die Stapel durch Planen abgedeckt werden.

Leere Kastenstapel müssen gegen Umkippen (Sturm) gesichert werden, beispielsweise durch die Beschwerung mit Paletten.

Einen guten Kompromiss stellen überdachte Freiflächen dar. Für die Überdachung sind insbesondere Flächen zwischen zwei oder mehreren Gebäuden bzw. die sich an einem Gebäude anschließende Fläche geeignet.

6.3.7 Kapazitätsberechnungen

Eine Berechnungsmethode zur Festlegung der erforderlichen Lager- und Umschlagflächen für Leer- und Vollgut, Handelsware und sonstige Artikel kann allgemein nicht angegeben werden, da diese Flächen betriebsspezifisch festgelegt werden müssen. Wichtige Einflusskriterien sind unter anderem:

- Die Betriebsgröße, der Durchsatz der Füllanlagen;
- Das Abfüllregime und die minimale und maximale Chargengröße;
- Die benötigte artikel- oder sortimentsbezogene Vorratsmenge
  unter Beachtung der Mindest-Vorratsmenge.
  Die Mindest-Vorratsmenge muss auch unter Beachtung der Alterung
  des Bieres festgelegt werden, um stets frische Produkte zum Kunden
  bringen zu können, das ausgewiesene MHD ist dabei wenig hilfreich;
- Das Sortiment an Artikeln, Gebinden und Sorten;
- Saisonale Einflüsse;
- Die Lagervariante und die Lagerflächengestaltung;
- Die Verfügbarkeit und eventuelle Einschränkungen der Lagerfläche
  (z.B. durch Säulen, Versorgungsleitungen, Lüftungskanäle);
- Die vorhandenen Gabelstapler: Fahrwegbreite, erforderliche Wendefläche;
- Der Status des Lagers (Produktions- und Vertriebslager oder
  Verteilerlager, Depot);
  Ebenso ist die Produktion mit einem minimierten Zwischenlager und der
  Transport in das Vertriebslager unter Nutzung von Fahrzeugen (Shuttle-
  Verkehr) möglich.

Aus den Basisdaten, wie erforderliche Vorratsmenge, Getränkemenge /Palette, Stapelhöhe, Palettengrundfläche, erforderliche Fahrwegefläche usw., lassen sich die benötigten Lagerflächen berechnen. Der sich davon ableitende Lagerbelegungsplan lässt sich optimieren.

Füllanlagen

Bei der Erarbeitung des Lagerbelegungsplanes ist darauf zu achten, dass zwischen zwei Stapelreihen ein Mindestabstand eingehalten wird, um Beschädigungen beim Aufnehmen und Absetzen zu vermeiden.

Die Verfügbarkeit einer Lagerhallenfläche als Stapelfläche kann sich bei größeren Sortimenten auf 40...60 % reduzieren.

In vielen Betrieben wird mit der Netto-Lagerfähigkeit von 2...2,5 (3) Tages-Füllmengen bei Vollgut und mit 3...3,5 Tages-Füllmengen bei Leergut gerechnet, ohne die Flächen für Handelsware, Kommissionierung, Staplerverkehr [136].

Für Handelsware kann der wöchentliche Bedarf als Planungsgrundlage angenommen werden, für sonstige Artikel der Bedarf für 2...3 Wochen bzw. $\leq$ ein Monat. Weitere Basiszahlen sind nach [136]:

- Die Abfülltage je Woche: $\leq 4,5$ bei einer 5-Tage-Woche;
- Maximaler Ausstoß pro Monat: 10 % des Jahresausstoßes;
- Der Monat kann durchschnittlich mit 18,5 Tagen gerechnet werden.

Als Orientierungswert für die Größe einer Lagerfläche können 1 m^2/hl-Tagesfüllmenge angenommen werden (nach [136]).

6.4 Spezielle Ladesysteme

Neben dem Einsatz von Lademaschinen und Gabelstaplern für 4...8 Paletten wurden Systeme entwickelt, um die Be- und Entladezeiten weiter zu verringern. Ziel sind Gesamtzeiten von $\leq$ 10 min für einen LKW.

6.4.1 Heckladesysteme

Praxistaugliche Systeme werden als Heckladesystem gestaltet. Das Fahrzeug ist mit einem Horizontalförderer ausgerüstet (zum Beispiel Rollenbahn, Tragkettenförderer). Be- und Entladeort müssen gleich ausgestattet sein.

Das Fahrzeug dockt an der Ladevorrichtung an und wird mit dieser gekoppelt. Voraussetzung dazu sind pneumatische Federn des Fahrzeugs. Nach dem Einfahren der Ladung wird der Förderer abgesenkt. Die Entladung erfolgt umgekehrt, s.a. Abbildung 78. Heckladesysteme werden von verschiedenen Herstellern angeboten.

Alternativ werden in den Fahrzeugboden Förderelemente integriert, die pneumatisch schaltbar für das Heben und Absenken sind, z.B. das AutoLOAD-System (Abbildung 76 und Abbildung 77).

Für dieses System werden Beladezeiten von $\leq$ 10 Minuten angegeben.

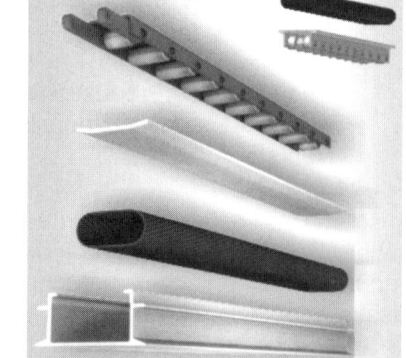

Abbildung 76 Förderelemente für das AutoLOAD-System, der dunkle Profilschlauch ist das pneumatisch schaltbares Hubkissen (nach [137])

Transport-, Umschlag- und Lagerprozesse

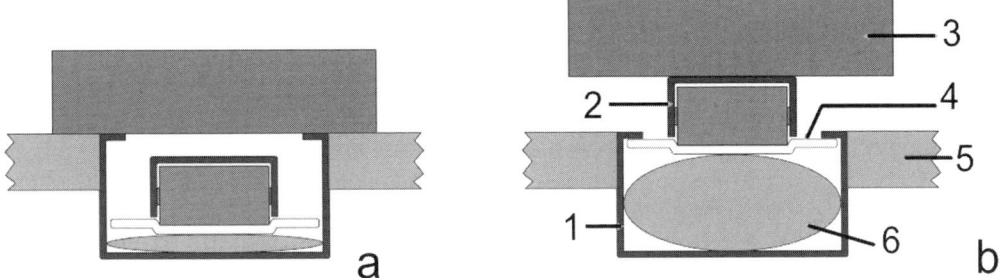

Abbildung 77   Funktionsprinzip der AutoLOAD-Skates (nach UTC [137])
a Skates abgesenkt   b Skates angehoben;   1 Kanal   2 Skates   3 Ladung
4 Tragplatte   5 Fahrzeugboden   6 pneumatisches Hubkissen

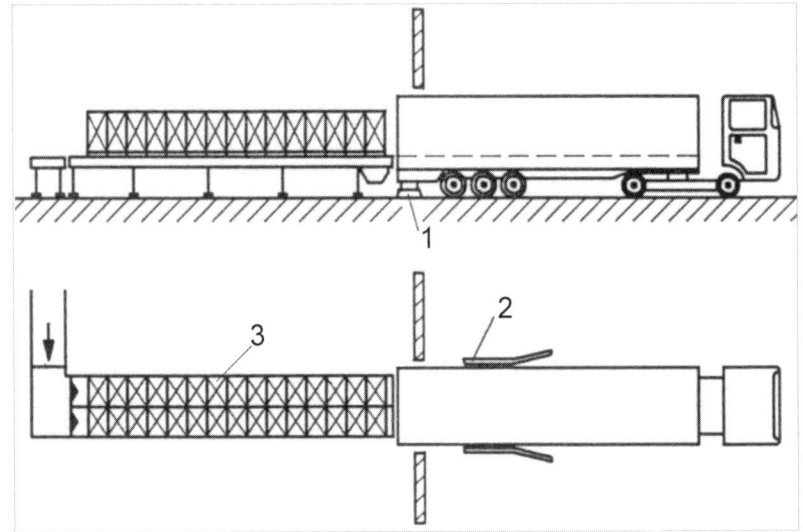

Abbildung 78   Heckladesystem, schematisch
1 Andocksystem   2 Führungshilfe   3 Ladeformation

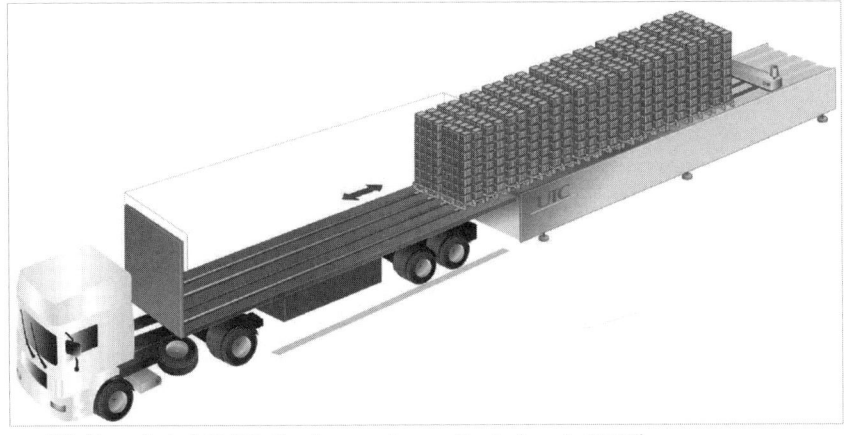

Abbildung 79 Das AutoLOAD-System schematisch (nach [137])

Füllanlagen

6.4.2 Ladekrane

Ladekrane bzw. Lademaschinen verfügen über ein schienengebundenes Portalfahrwerk oder sie sind auf einer Kranbahn in größerer Höhe montiert. Auf der Brücke ist die eigentliche Ladevorrichtung linear verschiebbar angeordnet. Die Ladegabel ist vertikal und horizontal beweglich, sie kann zusätzlich um die vertikale Achse drehbar sein, s.a. Abbildung 80. Die Ladegabel greift zwei oder vier Paletten gleichzeitig.

Die Beladung und Entladung erfolgen von Bereitstellungsförderern aus, sodass sich sehr kurze Taktzeiten erzielen lassen.

Ladekrane sind in der Regel netzgebunden und verfügen über große Kapazitäten.

Ladekrane lassen sich für die teilautomatische Be- und Entladung einsetzen. Das erste Ladespiel wird in diesem Fall manuell gesteuert und damit der Ladekranrechner programmiert. Die weiteren Ladespiele laufen dann selbsttätig ab.

Nachteilig ist bei diesem System, dass durch die Bereitstellungsförderer und ggf. das Portalfahrgleis (günstiger ist diesbezüglich die in 4…5 m Höhe angeordnete Kranbahn) relativ viel Fläche der Ladezone beansprucht wird. Auch die Vielfalt der LKW-Aufbauten verhindert eine sinnvolle (Teil-)Automation.

Gabelstapler für 4…8 Paletten/Ladespiel sind flexibler einsetzbar.

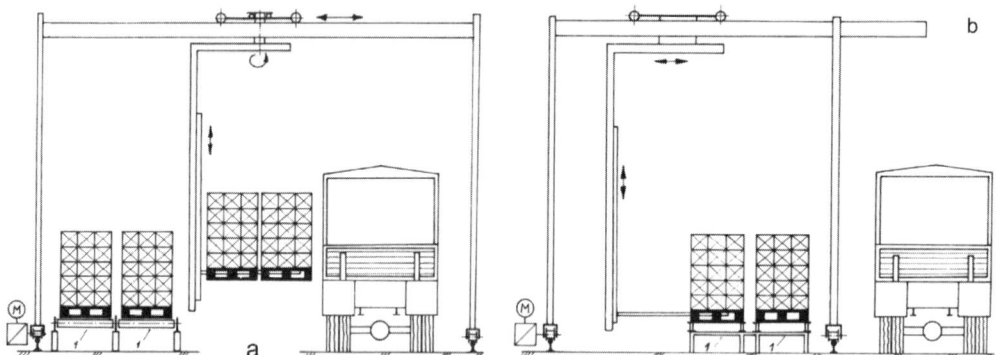

Abbildung 80   Ladekran, schematisch
        a Ladegabel drehbar **b** Ladegabel nur linear beweglich
        1 Bereitstellungsförderer

6.4.3 Portalkräne

Zur Verladung von Containern vom LKW auf die Bahn und umgekehrt eignen sich vor allem Portalkräne.

Abbildung 81   Portalkran zur Containerverladung in der Warsteiner Brauerei (Foto G. Arndt)

6.5 Kommissionierung

Unter Kommissionierung wird die Zusammenstellung der kundenspezifischen Ladung gemäß Bestellung verstanden.

Es müssen also einzelne Gebinde von sortenreinen Paletten entnommen und zu einer Misch-Palette zusammengestellt werden, ebenso können Mischkästen oder -Trays zusammengestellt werden.

Dazu gehört auch das Umpacken von Gebinden auf andere Ladungsträger, beispielsweise von Kästen auf Display-Paletten, oder die Ausrüstung mit Mehrfachträgern.

Das Umpacken von Pool-Paletten auf Viertel- oder Halb-Paletten und ggf. andere Ladungsträger, die wieder auf einer Pool-Palette stehen, sowie die Ladungssicherung dieser Kleinpaletten durch Umreifen ist ebenfalls eine Aufgabe der Kommissionierung.

In kleinen Betrieben wird teilweise noch von Hand kommissioniert, in größeren Betrieben dagegen teil- oder automatisch.

Die sortenreinen Paletten werden mittels Horizontalförderern bereitgestellt. Die Gebinde werden dann säulenweise, reihenweise oder lagenweise mittels Säulen-, Portal- oder Knickarm-Roboter vereinzelt und nach den Auftragsvorgaben zu einer neuen Ladung oder Palette zusammengestellt.

Füllanlagen

Die nicht vollständig geleerten Paletten werden zweckmäßigerweise in einem Regallager zwischengelagert.

Der Vorteil der Robotertechnik liegt darin, dass die Roboter-Hardwarebasis kostengünstig gefertigt werden kann und dass die verschiedensten Aufgaben programmiert werden können. Damit lässt sich ein Programmwechsel kurzfristig vornehmen, Programmänderungen sind relativ einfach möglich.

Außerdem ist die Roboter-Hardware zuverlässig im Betrieb bei geringen Betriebskosten.

Der Anteil kommissionierter Ware steigt ständig, der Investitionsaufwand bei automatisierten Anlagen ist beträchtlich.

6.6 Ladehallen

Die Be- und Entladung der Transportfahrzeuge sollte immer „unter Dach" erfolgen, um die Witterungseinflüsse auf das Ladegut auszuschließen.
Die Ladehalle schließt sich direkt an das Lager an bzw. ist ein Teil von diesem.

Die Ladehalle muss für mehrere Fahrzeuge Ladefläche bieten, die Fahrzeuge sollen ohne rangieren zu müssen ihren Ladeplatz erreichen.

Ziel ist die Abfertigung eines Fahrzeuges in 20...25, maximal in 30 min. Diese Zeit lässt sich nur erreichen, wenn von der Bestellungsaufgabe bis zur Bereitstellung der Ware nur wenige Minuten vergehen. Die Beladung und der Ausdruck der Rechnung und des Lieferscheines in dieser kurzen Zeit sind nur durch umfassende Datenverarbeitungstechnik mit automatisierten Abläufen möglich.

Die integrierte Datenermittlung und -verarbeitung lässt weitere beträchtliche Fortschritte erwarten.

Die Ladehallen müssen über eine ausreichende Lüftung verfügen, Staub- und Rußbildung muss verhindert werden. Abgase, insbesondere die von kalten Dieselmotoren, müssen abgesaugt werden (s.a. Kapitel 35.2).

In der kalten Jahreszeit müssen die Zufahrten durch geeignete selbsttätige Tore verschlossen werden (Rolltore, Falttore etc.).

Die Fahrflächen müssen für die zulässige Achsfahrmasse dimensioniert sein. Sie sollen über geringes Gefälle verfügen und sie müssen Regenwasser ohne Rückstau ableiten.
Die Fahrflächen müssen regelmäßig gereinigt werden.

7. Transportanlagen
7.1 Allgemeiner Überblick

Transportanlagen (Synonyme: Förderer, Transporteur) werden zur Verknüpfung der einzelnen Maschinen zur Füllanlage eingesetzt und als Bindeglied zwischen Füllanlage und Lager bzw. Ladezone.

Ziel ist es dabei, mit einem Minimum an Transportelementen eine funktionssichere Füllanlage mit hoher Ausbringung, mit geringem Grundflächenbedarf und geringen Kosten zu errichten.

In der Regel werden Förderer für Behälter, für Packungen (Kästen, Kartons, Trays usw.) und für Paletten unterschieden. Teilweise werden die Förderer für verpackte Behälter als Gebindeförderer bezeichnet. Das ist nicht ganz korrekt, da unter Gebinden sowohl Behälter als auch die Umverpackung verstanden werden können.

Weitere wichtige Aspekte bei der Planung von Förderern sind:
- Die Vermeidung von mechanischen Beschädigungen („Scuffing") durch Reibung der Gebinde untereinander und an den Führungsgeländern der Förderer;
- Die Vermeidung oder Verminderung von Lärm.

Gelöst können diese Probleme vor allem durch staudrucklose Förderung, günstig ist die Förderung der Gebinde mit Abstand, und abgestimmte Geschwindigkeiten werden. Vor allem das Zusammenführen von Gebindeströmen und das Aufprallen der Gebinde beim Abbremsen/Lückenschließen sind Scuffing- und Lärmquellen. Ideal ist die Förderung vereinzelter Gebinde, die prinzipiell mit frequenzgeregelten Antrieben möglich ist („elektronische Blockung"). Damit lassen sich Anfahren und Stillsetzung so durchführen, dass die Vereinzelung erhalten bleibt. Nachteilig sind die daraus folgenden hohen Bandgeschwindigkeiten.

Die Verringerung des Grundflächenbedarfs wird auch durch die sogenannte Blockung der Einzelmaschinen erreicht, indem die Maschinen direkt verbunden werden. Den Gebindetransfer übernehmen dann häufig Kreisbahnförderer (Klemmsterne, Transfersterne).

Die Förderer können das Fördergut einzeln/vereinzelt (mit Abstand) oder im Pulk (ohne Abstand) transportieren.

Bei der Förderung von Behältern muss darauf geachtet werden, dass diese nicht infolge zu großer Verzögerungen/Beschleunigungen beim An- und Abfahren der Anlage oder im Havariefall umfallen. Das ist möglich, wenn das Kipp-/Standmoment der Gebinde kleiner ist als das Moment der wirksamen Beschleunigungs- oder Verzögerungskraft $F_B \cdot l_S$, s.a. Abbildung 82. Problematisch wird es auch immer dann, wenn das Gleiten behindert wird, beispielsweise durch geringe Unebenheiten der Unterlage; „Stolperstellen" oder wenn Flaschen rotieren („tanzen"). Das Kippmoment ist proportional zum wirksamen Durchmesser der Standfläche. Solange die Wirkungslinie der resultierenden Kraft innerhalb des durch Winkel $\tan \mu$ beschriebenen Kegels verläuft, ist Standsicherheit gegeben.

Die einzelnen Transporteur-Bauarten werden firmenspezifisch in einem Baukastensystem gefertigt. Übergänge von einem zum anderen Erzeugnis sind möglich.

Füllanlagen

Werkstoff ist zunehmend rostfreier Edelstahl, im Nassbereich ausschließlich. Kunststoffe (beispielsweise PP, PE, PTFE, POM, EP, PUR, PA) werden verwendet, wenn deren spezifische Eigenschaften (Korrosionsbeständigkeit, Oberflächengüte, Lärm dämmend, geringe Reibung, mit Wasser schmierbar, Formbarkeit, geringe Fertigungskosten) vorteilhaft genutzt werden können.

Beschleunigungskraft F_B
Schwerpunktabstand l_s
Kippmoment = $F_N \cdot d/2$ um Punkt A
Reibkraft F_R
Reibungskoeffizient μ
resultierende Kraft F_{res} aus F_B und F_N

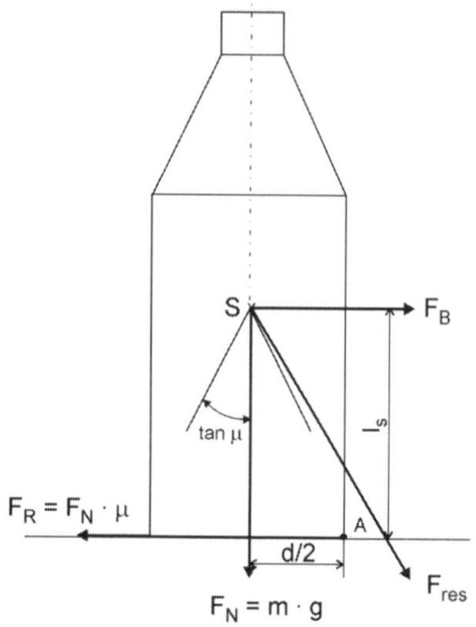

$F_R = F_N \cdot \mu$

$F_N = m \cdot g$

Abbildung 82   Standmoment eines Gebindes

Im Trockenbereich und im Bereich der Lagertechnik wird auch Stahl in feuerverzinkter Ausführung mit Erfolg genutzt, teilweise aus optischen Gründen mit zusätzlicher Farbbeschichtung.

Alle Lagerstellen von Wellen und Achsen müssen ebenso wie die Antriebe gegen das Eindringen von Spritz- und Schwallwasser oder Reinigungsmitteln zuverlässig geschützt sein. Abbildung 83 zeigt ein Beispiel für die Gestaltung eines geschützten Wälzlagers.

Die Förderanlagen müssen sich bei größeren und modernen Anlagen automatisch reinigen lassen.

Die Umstellung der Förderwege auf andere Gebindeabmessungen ist zeitaufwendig und wird deshalb bei modernen Anlagen automatisiert.

7.2 Förderer für Flaschen und Dosen

Verwendet werden ein- oder mehrbahnige Förderer für die Behälterförderung. Sie werden nach ihrem Förderelement auch bezeichnet als:
- Scharnierbandketten-Förderer;
- Plattenbandketten-Förderer;
- Stahlband-Förderer;
- Stauförderketten-Förderer;
- Förderer mit Mattenbändern bzw. Kunststoffgliederbändern.

Transportanlagen

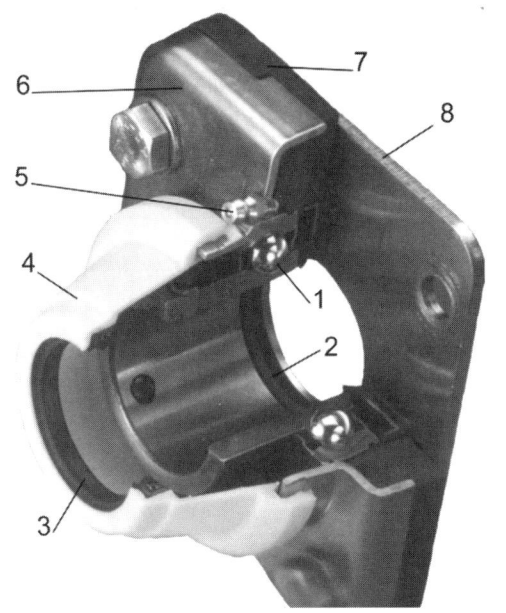

*Abbildung 83   Geschütztes Wälzlager
für Förderelemente*
1 Wälzlager **2** Lippenring-Dichtung innen
3 Lippenring-Dichtung außen **4** Abdeckung
5 Schmiernippel **6** Gehäuse **7** Gummiprofil
8 Grundplatte

Die Metallketten gleiten auf Kunststoff-Gleitleisten, Kunststoffketten oder Mattenbändern zum Teil direkt auf dem metallischen Träger. Die seitliche Führung des Fördergutes übernehmen einstellbare Geländer aus Metall, die meist mit Kunststoffprofilen belegt sind. Die Geländer werden so angeordnet, dass Etiketten nicht beschädigt werden können und dass Scherben ausgeschleust werden. Liegende Flaschen werden in seitliche Sammelrinnen ausgeleitet.

Der prinzipielle Aufbau eines Scharnierbandketten-Förderers ist aus Abbildung 84 zu ersehen, die anderen Bauformen sind ähnlich gestaltet.

Die Förderer können kurvenläufig, auch mehrbahnig, gestaltet werden (Radius ≥ 500 mm). Die Ketten werden dann formschlüssig oder kraftschlüssig (Magnet) geführt.

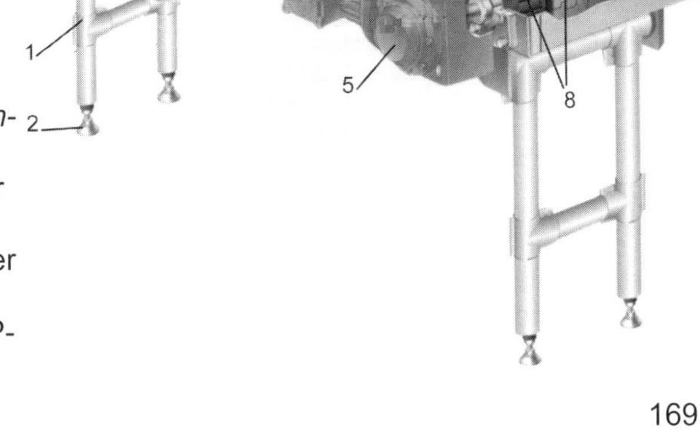

*Abbildung 84   Scharnierbandketten-
Förderer, schematisch (nach KHS)*
1 Gestell **2** Kalottenfuß **3** Geländer
halter, fest **4** Seitenwand (Wange)
5 Aufsteckgetriebemotor **6** Geländer
halter, verstellbar **7** Führungsge
länder **8** Antriebskettenräder **9** CIP-
Anschluss **10** Scharnierbandkette

169

Füllanlagen

Gestellgestaltung

Die Förderer werden mit einem Gestell oder auf Stützfüßen aufgestellt (nach einem firmenspezifischen Baukastensystem). Ausgeführt werden verschweißte Profilrahmen aus Rohren oder Vierkantprofilen (das ist die beste Lösung), mit Klemmlaschen verschraubte Profile und direkt verschraubte Verbindungselemente.

In modernen Anlagen werden nur noch reinigungsfreundliche, glattflächige, spaltfreie Ausführungen aus Edelstahl eingesetzt, die nach den Prinzipien des „Hygienic Design" gestaltet werden.

Bei Bedarf können unterhalb der Förderelemente Sammelrinnen („Tropfbleche") installiert werden, die Flüssigkeiten definiert in das Abwassersystem ableiten.

Abbildung 84a Scharnierbandketten-Förderer, moderne Bauform, ohne Abdeckbleche für effektiven Schmutzaustrag (in diesem Falle Teil einer drucklosen Zusammenführung, nach Fa. KRONES)

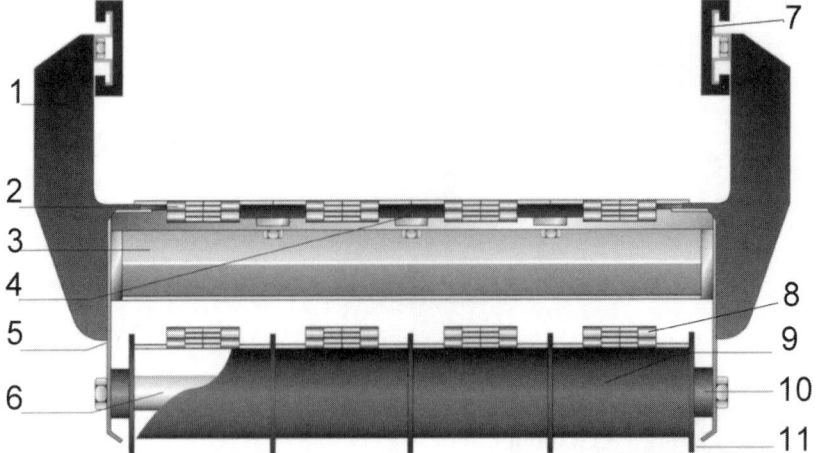

Abbildung 85 Schnitt durch den Scharnierbandketten-Förderer gemäß Abbildung 84
1 Geländerhalter **2** Scharnierbandkette **3** Distanzstück **4** Führungsgleitprofil
5 Seitenwand (Wange) **6** Distanzstück unten **7** Führungsgeländer **8** Rücktrum der Kette **9** Tragrolle geschlossen **10** Distanzring **11** Bordscheibe

Die Abstützung der Profile kann mit 2- oder 3-Punktstützen erfolgen, die entsprechend kombiniert werden können. Die Stützfüße werden zum Teil aus Kunststoff spritzgegossen. Diese Variante gilt aus der Sicht Hygienic Design als veraltet.

Zum Niveauausgleich werden die Stützfüße als einstellbare Kalottenfüße ausgebildet. Die Edelstahlkalotte wird mit einem Kunststoff-Standteller kombiniert (Schalldämpfung), s.a. Abbildung 86. Der Standteller verfügt über eine Gummi- bzw. Elastomerscheibe.

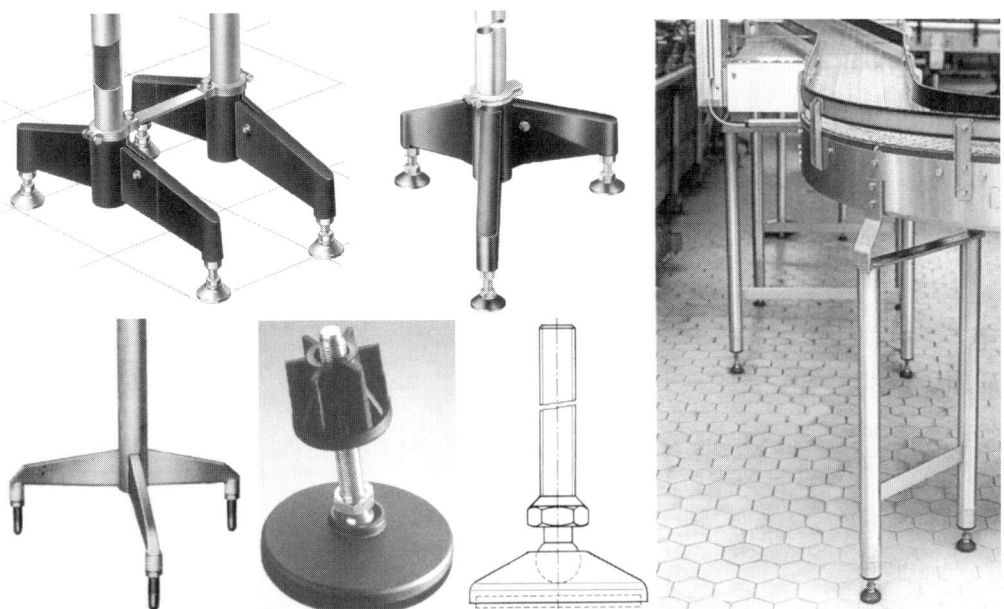

Abbildung 86 Stützfuß-Varianten und einstellbarer Kalottenfuß (verschiedene Hersteller)

Die Ausführung des Behältertransporteurs im rechten Bild entspricht den Prinzipien des „Hygienic Design" weitestgehend.

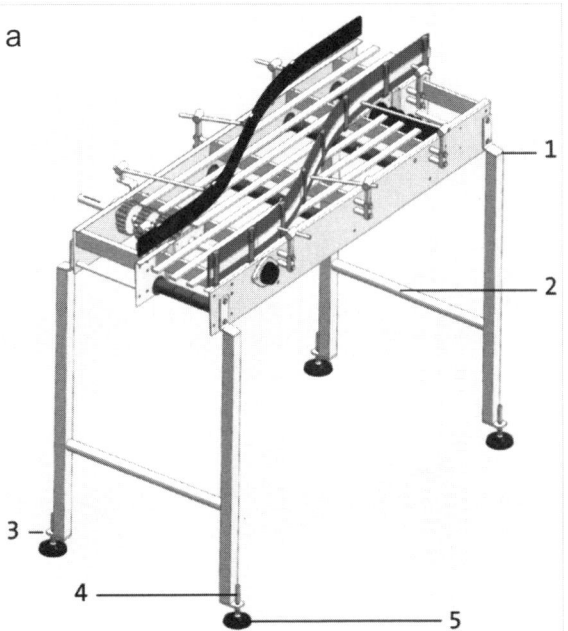

Abbildung 86a Behältertransporteur in Hygieneausführung (nach KRONES)
1 schräge Halterung
2 Querverstrebung verschweißt
3 Vierkantrohrträger verschweißt
4 Gewindespindel, außenliegend
5 Standteller

Füllanlagen

Bauformen

Neben den Grundformen des linearen Förderers und der Kurvenbahn, jeweils ein- oder mehrbahnig, sind der Überschub von einem auf den anderen Förderer, und die Eckstation wichtig. Hierbei werden die Gebinde in der Regel um 90° umgelenkt, soweit diese Aufgabe nicht von einer Kurvenbahn übernommen werden kann. In Abbildung 88 sind einige Bauformen bzw. Ausführungsformen der Förderer dargestellt. Beim Eck- und stumpfen Überschub muss die Breite des Überschubs minimiert werden. Günstig sind an diesen Stellen Förderketten mit kleiner Teilung einsetzbar, die kleine Radien ermöglichen, soweit nicht Lösungen, wie in Abbildung 89 gezeigt, genutzt werden können.

Bei mehrbahnigen Förderern werden die Förderelemente entweder mit minimalem Abstand durch die Antriebsräder geführt, sodass die Förderelemente eine nahezu bündige Fläche ergeben und mögliche Stolperstellen vermieden werden, oder die Gleitleisten sind profiliert. Beispiele zeigt Abbildung 87.

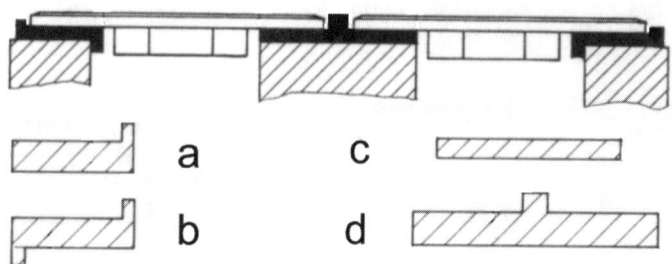

Abbildung 87   Beispiele für Kunststoffgleitleisten-Profile
a Winkel-Profil   **b** Z-Profil   **c** Flach-Profil   **d** Stegprofil (Wulstprofil)

Förderelemente:

Scharnierbandketten (Abbildung 90a bis e) werden vorzugsweise aus Edelstahl (z.B. Werkstoffe 1.4057, 1.4016 bzw. AISI 430 und 1.4301 bzw. AISI 304) oder auch aus Kunststoff (Werkstoffe z.B.: POM (Polyoxymethylen, Synonym Polyacetal) mit reibungsmindernden Zusätzen wie MoS_2, PTFE, PE (Polyacetal LF; ‚low friction'); Delrin® mit Kevlar® modifiziert) eingesetzt.

Edelstähle werden in kaltgewalzter Ausführung, teilweise geschliffen ($R_a \leq 0{,}6$ μm), genutzt, um die Reibungsverluste zu minimieren. Die Ketten müssen geschmiert werden.

Scharnierbandketten aus Edelstahl werden eingesetzt für Glas und Dosen, aus Kunststoffen für Dosen und Kunststoffflaschen.

Scharnierbandketten werden gerade laufend und kurvengängig mit einer Breite von 31,8...190,5 mm (1,25...7,5 inch) gefertigt, die Teilung beträgt 38,1 mm (1,5 inch). Ein bevorzugtes Maß in der Getränkeindustrie beträgt 82,6 mm (3 1/4 inch).

Es werden bei größeren Breiten zwei parallele Scharniere genutzt. Kunststoff-Ketten werden bis zu einer Breite von 304,8 mm (12 inch) hergestellt.

Transportanlagen

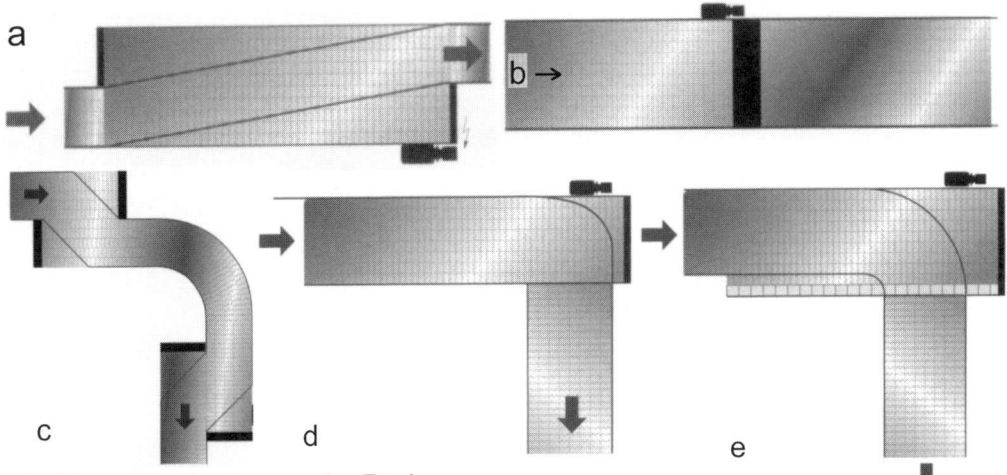

Abbildung 88 Bauformen der Förderer
a Parallel-Überschub, mehrbahnig **b** Überschub, stumpf **c** Eckstation als mehrbahniger Kurventransporteur **d** Eckstation konventionell **e** Eckstation optimiert mit Transferband

Abbildung 89 Überschub an einer optimierten Eckstation, ähnlich wie Abbildung 88e; Transferband abgeschrägt

Kurvengängige Scharnierbandketten werden entweder formschlüssig durch Niederhaltewinkel, Schräglappen („Schwalbenschwanz"), seitliche Nasen/Laschen oder magnetisch (bei ferritischem Kettenwerkstoff, bei Kunststoffketten in den Kunststoff integriert) in der Führung gehalten.

Plattenbandketten werden aus rostfreiem Edelstahl oder Kunststoff gefertigt (s.o.). Sie bestehen aus einer Rollenkette (Teilung 19,05 oder 38,1 mm bzw. 3/4 oder 1 1/2 inch) mit aufgesetzten Platten aus Edelstahl oder Kunststoff.
Plattenbandketten werden weniger häufig verwendet als Scharnierbandketten.

Stahlband-Förderer aus endlosem Edelstahlband haben sich in der Getränkeindustrie nicht durchsetzen können.

Stauförderketten aus Kunststoff werden mit Röllchen belegt („Röllchenkette"), mit denen die Kette bei Stau nahezu ohne Reibung unter den Packungen abrollen kann, s.a. Abbildung 90f.

Füllanlagen

Kunststoff-Mattenbänder bzw. **-Gliederbänder** werden gerade laufend und kurvenläufig gefertigt. Sie sind mit geschlossener Oberfläche, mit Rippenstruktur und durchbrochener Oberfläche (mit ≤ 44 % offener Fläche) erhältlich. Die Kettenbreite kann 1829 mm…≤ 6000 mm betragen, die Teilung 3/4… 1 inch, s.a. Abbildung 90g. Werkstoffe für Matten- und Gliederbänder sind PE, PP, PBT und Polyacetal. Verwendung vor allem für den Dosen- und Kunststoffflaschentransport.

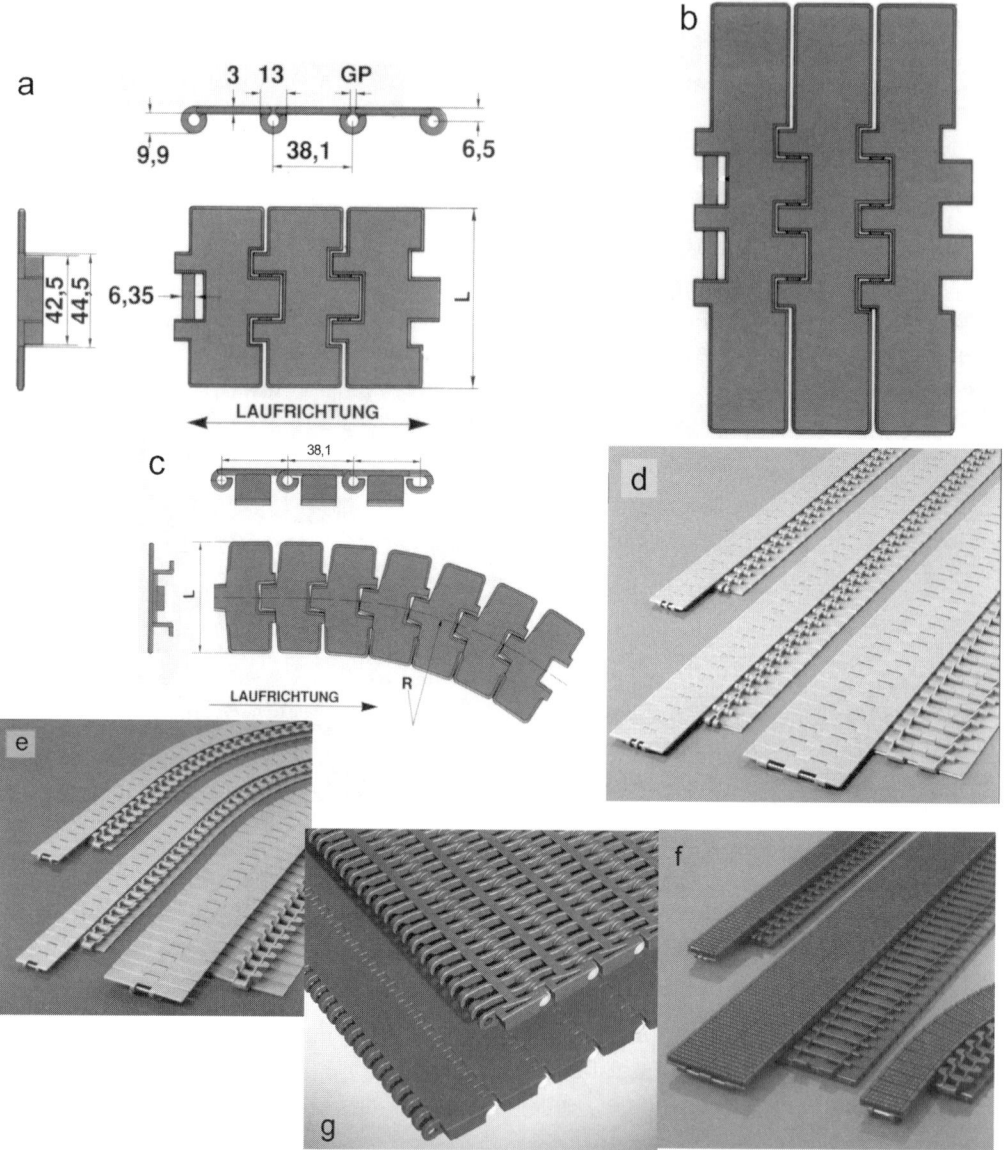

Abbildung 90   Förderelemente
a Scharnierbandkette mit einfachem Scharnier, gerade laufend   **b** Scharnierbandkette mit doppeltem Scharnier, gerade laufend   **c** Scharnierbandkette, kurvenläufig mit Niederhaltewinkel   **d** Scharnierbandketten aus Kunststoff, gerade laufend
e Scharnierbandketten aus Kunststoff, kurvenläufig   **f** Stauförderkette („Röllchenkette")
g Beispiel für Gliederbänder

Antriebsgestaltung

Der Antrieb erfolgt in der Regel durch einen Asynchron-Getriebemotor, dessen Drehzahl bei Bedarf mittels eines Frequenzumrichters stufenlos angepasst oder geregelt werden kann. Durch eine einstellbare Drehzahlerhöhung/Zeit („Sanftanlauf" bzw. „Sanftstopp") kann auf das Kippmoment der Gebinde Rücksicht genommen werden. Der Trend geht dabei zur Integration des Frequenzumrichters in den Motor-Anschlusskasten und die Ansteuerung mittels eines Bus-Systems.

Bei kleineren Anlagen wird zum Teil mit fixen Drehzahlen gearbeitet, die sich durch Riemen- oder Kettengetriebe leicht anpassen lassen oder es werden mechanische Stellgetriebe eingesetzt.

Die Getriebemotoren werden in den Bauformen Schneckenradgetriebe und Kegelradgetriebe gefertigt. Bei den zuletzt Genannten ist der mechanische Wirkungsgrad größer (weniger Energieverlust) und der Verschleiß geringer, sie haben aber oft ein etwas größeres Bauvolumen. Schneckenradgetriebe ermöglichen größere Übersetzungsverhältnisse je Stufe.

Der Getriebemotor kann als Aufsteckgetriebe gefertigt werden oder der Antrieb erfolgt über Kette und Kettenräder bzw. einen einstellbaren Riementrieb. In diesem Fall kann der Getriebemotor oberhalb, unterhalb oder in Höhe der Antriebswelle angeordnet werden, der Riemen- oder Kettentrieb muss einen Berührungs- und Wasserschutz erhalten. Der Antriebsmotor wird zum Teil in *Hygieneausführung* eingesetzt (ohne Lüfter und ohne Kühlrippen; der Wirkungsgrad ist allerdings schlechter als bei Standardmotoren; s.a. Kapitel 39.1).

Als Überlastschutz können Rutschkupplungen (Abschaltmoment einstellbar) oder Schalter genutzt werden, die drehmomentabhängig betätigt werden („Biegestab"), soweit nicht eine stromabhängige Abschaltung genutzt wird. Der Überlastschutz ist auch deshalb erforderlich, weil die zulässige Zugkraft der Förderelemente begrenzt ist und im Interesse der Lebensdauer nicht überschritten werden darf (Längung der Kette).

Die Ketten-Antriebsräder werden auf der Antriebswelle formschlüssig befestigt (selten kraftschlüssig), Werkstoff ist Kunststoff oder Kunststoff/Metall-Verbund (für die Nabe). Teilweise werden die Kettenräder aus Montagegründen geteilt ausgeführt.
Die Umlenkrollen werden aus selbstschmierenden Kunststoffen gefertigt.

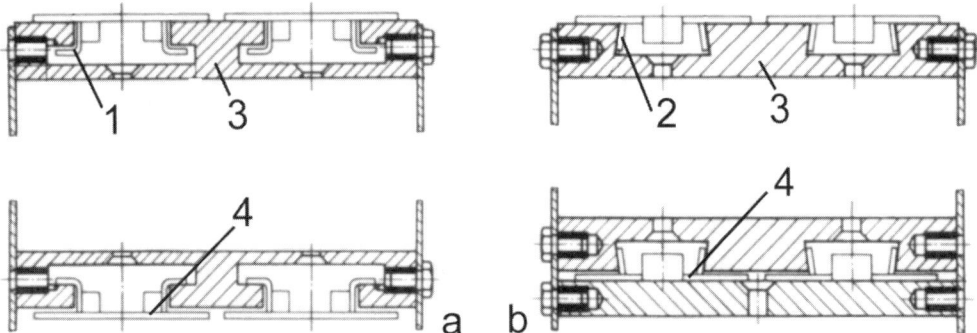

Abbildung 91 Beispiele für formschlüssige Kettenführungen für kurvenläufige Ketten
a Kette mit Niederhaltewinkel **b** Kette mit Schwalbenschwanz
1 Haltewinkel **2** Schwalbenschwanz **3** Führungsprofil **4** Rücktrum

Füllanlagen

Die Länge der Förderer ist durch die zulässige Beanspruchung der Transportkette (Gebindegröße, Leer- oder Vollgut) auf etwa 10...12 m begrenzt. Bei größeren Förderlängen werden zwei oder mehrere Förderer (mit je etwa ≤ 6 m Länge) in Reihe genutzt, die über Parallelüberschübe verknüpft werden (s.a. Abbildung 88a).

Lange Förderwege sollen auch aus Gründen des Verschleißes bei Staudruck vermieden werden. Günstiger sind mehrere Förderer in Reihe, die in Abhängigkeit vom Füllungsgrad geschaltet werden. Staudruck ist außerdem eine Scuffingquelle.

Die Geschwindigkeit der Kette sollte ≤ 0,3...0,6 m/s betragen, maximal 1 m/s. Die Aufprallgeschwindigkeit, die Standsicherheit der Gebinde und die Lärmentwicklung setzen Grenzen. Die Differenzgeschwindigkeit zwischen zwei Bändern beim Überschub sollte ≤ 0,3 m/s sein, bei Kunststoffflaschen ≤ 0,15 m/s; beim Parallelüberschub ist die Differenzgeschwindigkeit Null.

Die maximale Neigung bzw. Steigung der Förderer kann ca. 7 % betragen.

Die **vertikale Förderung** (≤ 12 m), soweit diese nicht vermeidbar ist, wird von Klemm(backen-)förderern übernommen, s.a. Abbildung 93. Die Mitnehmer aus profiliertem Elastomer laufen an zwei endlosen parallelen Ketten („Gripperketten") in Kurvenbahnen um. Die Mitnehmer fördern die Gebinde kraftschlüssig durch die Verformung des Elastomers (Gummi), s.a. Abbildung 92.

Es ist nicht nur die vertikale Förderung möglich. Nach dem gleichen Prinzip können auch 180°-Kurven gestaltet werden, beispielsweise für Rinser.

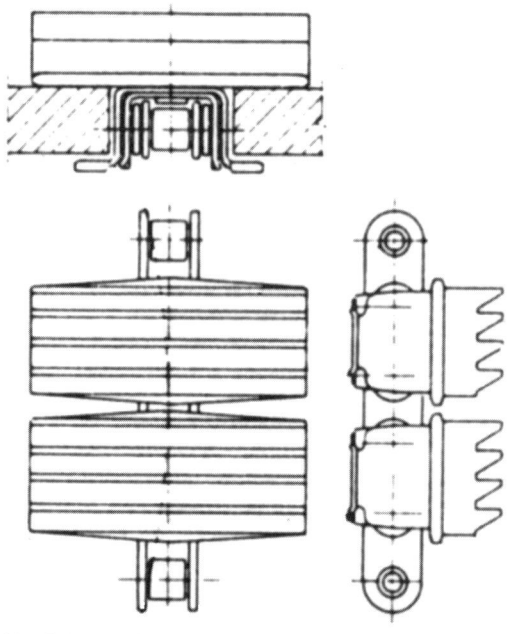
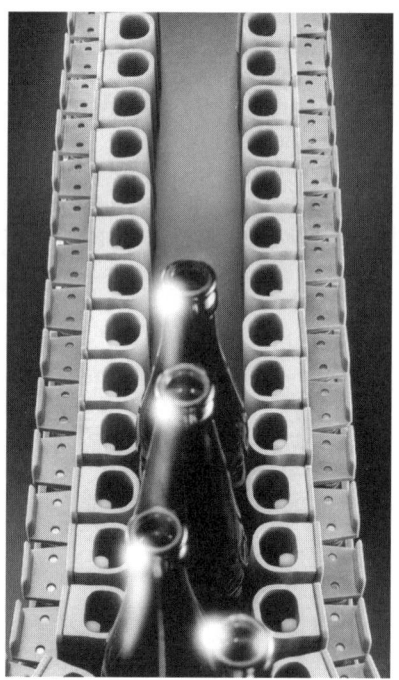

Abbildung 92   Beispiele für Gripperketten

Geländer begrenzen seitlich das Fördergut. Sie werden aus Edelstahlprofilen gefertigt, die meistens mit einem Kunststoffprofil (aus PP, PE, PA) verkleidet werden

(Verschleißteil). Das Geländer muss für die Gebindebreite einstellbar sein. Bei Anlagen mit automatischer Gebinde-Umstellung mittels Pneumatikzylindern resultiert daraus ein relativ großer Aufwand.

Die Geländerprofilgestaltung muss auf die Gegebenheiten des Behälters abgestimmt sein, beispielsweise auf die Etikettengröße, Behälterhöhe, Behälterwerkstoff.

Der Trend bei der Geländer- und auch Transporteur-Gestaltung geht zu spaltfreien, möglichst verschweißten Kontruktionen, die den Forderungen des Hygienic Design weitestgehend entsprechen. Kunststoffgleitleisten können geklemmt werden.

Abbildung 93   Vertikalförderer, Beispiele

7.3 Förderer für Flaschen aus Kunststoff

Die Förderung voller Flaschen ist ähnlich zu sehen wie bei Glasflaschen. Das Problem sind leere Flaschen, die bedingt durch ihre geringe Masse, den kleinen Durchmesser der Standfläche und den relativ hohen Schwerpunkt nur ein sehr geringes Standmoment besitzen. Probleme der Förderung von Kunststoffflaschen behandeln [138].

Die Förderung der leeren Flaschen erfolgt deshalb vorzugsweise im hängenden Zustand. Die Flaschen werden unterhalb des Halsringes geführt (*Neckhandling*).

Füllanlagen

Die Bewegung wird realisiert:
- durch einen Luftstrom, der beiderseitig schräg von hinten ansetzt („Lufttransport"), oder mittels
- mechanischem „Halsringtransport": entweder durch Mitnehmerstäbe, die an einer Kette umlaufen („Fingerkette"), oder form- oder kraftschlüssig durch umlaufende *Neckhandling*-Systeme (s.a. Abbildung 344, Kap. 19.6). Mechanische Fördersysteme sind funktionssicher und energetisch interessant, aber mit einem größeren mechanischen Aufwand verbunden.

Eine weitere Variante besteht in der Vakuumförderung. Dabei werden die zylindrischen Flaschenböden auf den perforierten Kunststoff-Scharnierbandketten durch ein Vakuum gehalten, das unterhalb der Förderkette erzeugt wird. Prinzipiell ist damit auch die Überkopfförderung möglich. Die Vakuumförderung wird nur für kurze Distanzen eingesetzt.

Die stehende mechanische Förderung ist auch möglich, wenn die Flaschen einseitig am Halsring und der gegenüberliegenden Wandung geführt werden und beidseitig am Boden. Außerdem sind geringe Bandgeschwindigkeiten, geringe Differenzgeschwindigkeiten und Sanftanlauf und -stopp zu sichern.

Lufttransport

Die Variante Lufttransport dominiert gegenwärtig, s.a. Abbildung 95.

Die Förderluft muss gefiltert werden, um Kontaminationen auszuschließen. Eingesetzt werden mehrstufige Filter auf textiler Grundlage oder aus Filterpapier auf der Saugseite (Vorfilter) bzw. auch auf Druckseite der Ventilatoren (Feinfilter). Die Filter werden differenzdruckabhängig gewechselt. Die Filterklasse der Filter liegt im Bereich G 4…F 5 (Vorfilter) bis F 7/F 9 (Hauptfilter) nach DIN EN 779. Bei höheren Anforderungen (Aseptic-Anlagen) müssen Schwebstofffilter nach DIN EN 1822-1 eingesetzt werden, beispielsweise die Filterklassen H 13/H14 (*HEPA*-Filter, s.a. Tabelle 59). Die Filterklassen U 15…17 (*ULPA*-Filter) kommen für die Getränkeindustrie nicht infrage.

Die Förderluft wird dem Förderer nach bestimmten Intervallstrecken zugeführt. Ein Ventilator kann eine Förderstrecke von bis zu 10…12 m versorgen. Der erforderliche Volumenstrom liegt dann bei etwa 2500…3000 m^3/h.

Die Drücke nach dem Lüfter liegen bei etwa 1,4…1,8 kPa in Abhängigkeit von der Länge des Förderers. Die Ventilatorenantriebe werden frequenzgesteuert bzw. -geregelt. Die Luftkanäle werden für geringe Druckverluste ausgelegt. Teilweise wird die Förderluft dazu benutzt, die Halsringe etwas zu entlasten, um die Reibung zu verringern, s.a. Abbildung 94.

Die hängenden Flaschen müssen seitlich geführt werden. Diese Geländer müssen an den Flaschendurchmesser angepasst werden, entweder durch manuelle Verstellung oder automatisch mittels Stellantrieben (z.B. Pneumatikzylinder). Sind mehr als zwei Durchmesser zu fördern, müssen dann mehrere Geländerpaare genutzt werden oder die Führungen lassen sich automatisch stufenlos anpassen.

Die Geländer werden aus vorzugsweise Edelstahl- oder auch Kunststoffprofilen gefertigt oder mit Bürsten belegt.

Bei besonderen Anforderungen an die Keimfreiheit können die Luftförderer gekapselt werden, sie müssen dann mit Schwebstoff-Filtern nach DIN EN 1822-1 (z.B. Klasse H 13/H 14) betrieben werden.

Transportanlagen

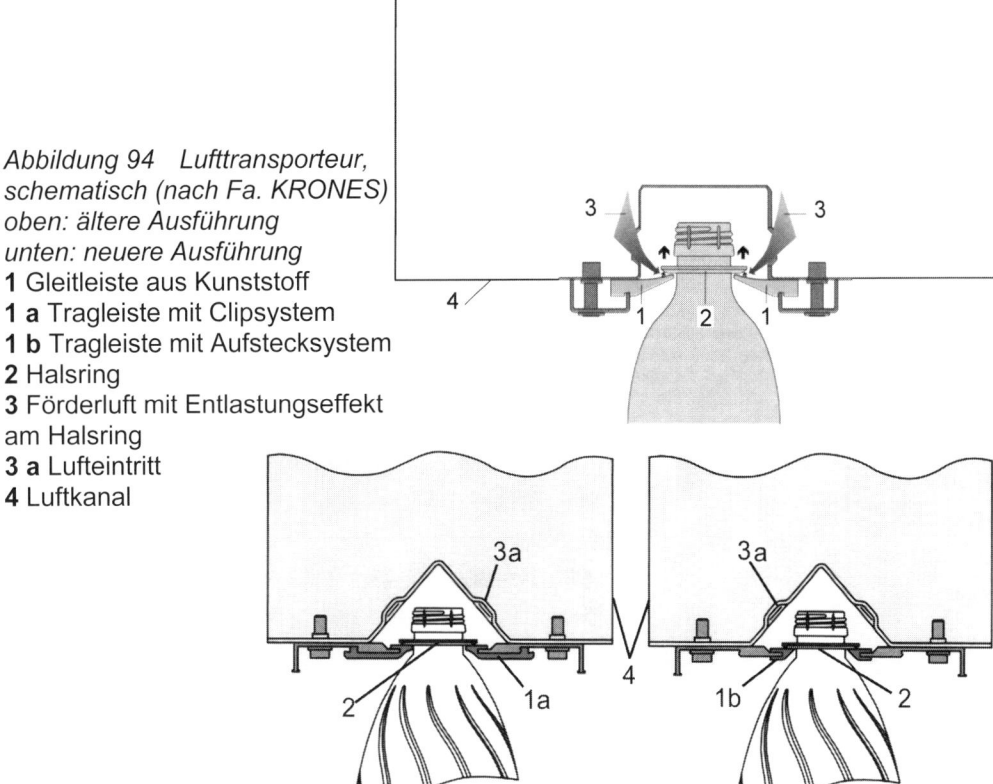

Abbildung 94 Lufttransporteur, schematisch (nach Fa. KRONES)
oben: ältere Ausführung
unten: neuere Ausführung
1 Gleitleiste aus Kunststoff
1 a Tragleiste mit Clipsystem
1 b Tragleiste mit Aufstecksystem
2 Halsring
3 Förderluft mit Entlastungseffekt am Halsring
3 a Lufteintritt
4 Luftkanal

Die Reinigung erfolgt bei Bedarf automatisch. Beachtet werden muss, dass durch elektrostatische Aufladung auch die Anlagerung von Luftpartikeln erfolgt.

Die Verbindung der Luftförderer mit vor- oder nachgeschalteten Anlagen erfordert Übergangsstücke. Die ohne Lücke stehenden Kunststoffflaschen werden in den Förderkanal eingeschleust. Auch die taktweise Einschleusung ist möglich, weil die Flaschen anschließend beschleunigt werden und aufschließen können.

Das Ausschleusen auf einen Kettenförderer ist relativ einfach möglich, wenn die Gebinde im Pulk übergeben werden. Danach können die Flaschen auf Abstand gebracht werden. Der Übergang kann höhenverstellbar sein (variable Gebindehöhe).

Die Transportgeschwindigkeit kann bis zu 4 m/s betragen, wichtig ist nur, dass die Aufprallgeschwindigkeit nicht zu groß wird. Deshalb müssen „Bremszonen" integriert und die Förderstrecke muss durch Sensoren überwacht werden. Die Flaschen werden in der Regel taktweise im Pulk (20…25 Behälter) gefördert.

Bei genügender Länge der Luftförderstrecke zwischen der Blasmaschine und der Füllmaschine kann diese gleichzeitig als Pufferstrecke genutzt werden.

Füllanlagen

Zubehör für den Lufttransport

Wichtige Zubehöre zur Komplettierung der Luftfördersysteme sind zum Beispiel:
- Zusammenführungen von zwei Bahnen auf eine Förderstrecke;
- Verteilungen von einer Förderstrecke auf zwei Bahnen;
- Verteilungen von einer auf drei Bahnen;
- Übergabestationen von Lufttransport auf „Neckhandling" (Abbildung 96);
- Übergabestationen von „normalem" Behältertransport auf Luftförderung.

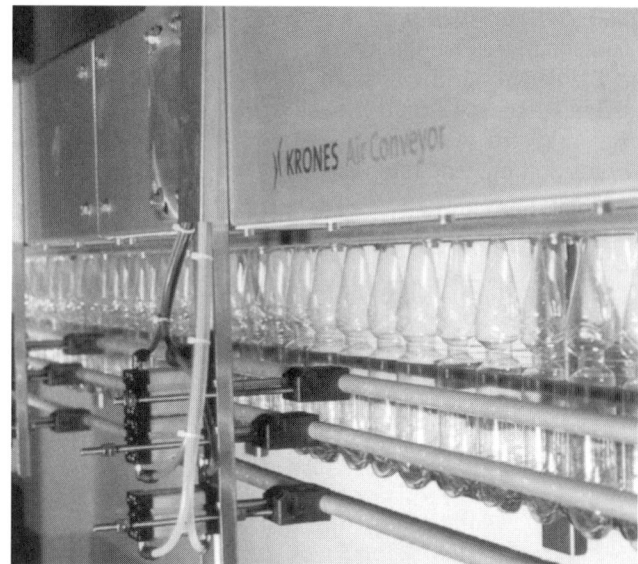

Abbildung 95   Luftförderer, mit pneumatischen Verstellantrieben für die Geländer (nach KRONES)

Abbildung 96   Übergang vom Luftförderer auf einen Übergabestern mit Neckhandling (nach KRONES)

7.4 Förderer für Dosen

Gefüllte Dosen werden mit den gleichen Förderern wie Flaschen transportiert. Leerdosen können im Pulk und mit geringem Abstand auf Kettenförderern gefördert werden, oberhalb muss sich eine Führungsleiste befinden.

Für die Förderung sind auch Mattenketten-Förderer geeignet, beispielsweise beim Dosenabräumen oder bei Pufferstrecken.

Für die Förderung von Leerdosen sind außerdem geeignet:
- Seiltransport;
- Luftkissen-Prinzip.

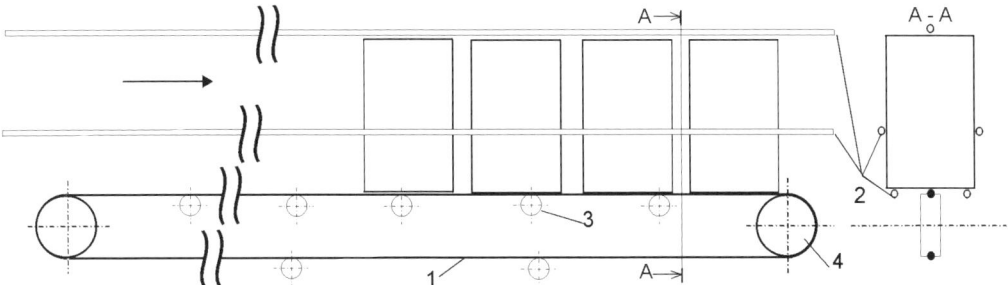

Abbildung 97   Seiltransport, schematisch
1 Förderseil   **2** Führungsgeländer   **3** Stützrolle   **4** Antriebsrolle

Größere Entfernungen lassen sich vorteilhaft mit dem Seilförderer einbahnig überbrücken, s.a. Abbildung 97 und Abbildung 98. Die Dosen werden auf ein umlaufendes endloses Transportseil geschoben und durch die Reibkraft mitgenommen. Seitlich und oberhalb werden die Dosen durch Gleitleisten aus Edelstahl oder Kunststoff geführt. Bei sehr großen Längen muss auf das nächste Seil gewechselt werden. Zubehör sind Kurvenstücke und Übergabestationen für andere Transportelemente. Das Seil wird in einer Spannstation gespannt.

Beim Luftkissen-Prinzip werden die Dosen durch die vertikale Komponente der Druckluft angehoben und durch die horizontale Komponente gefördert, s.a Abbildung 99. Die Luftkissen-Förderung ist gut einsetzbar, aber mit einem höheren Energiebedarf verbunden.

Füllanlagen

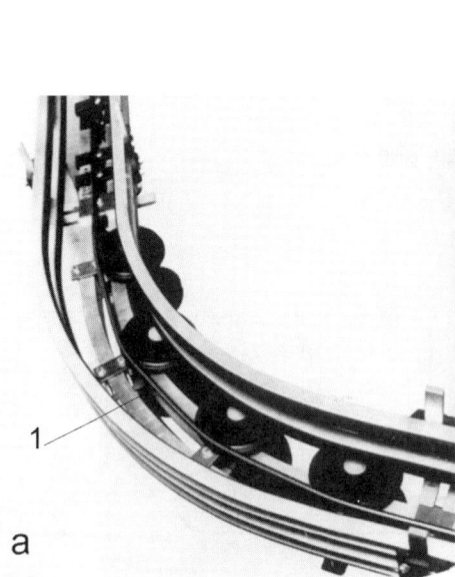

Abbildung 98 Seiltransport, Beispiele
a Kurvenstück
b 90°-Übergabe auf anderes Seil
c 90°-Übergabe auf Mattenband
1 Seil

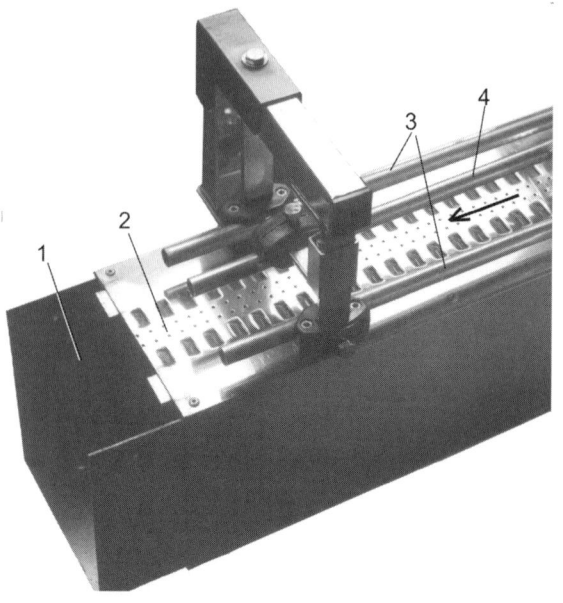

Abbildung 99 Luftkissen-Förderung
1 Förderluftkanal **2** perforierte Platte
3 seitliche Führung **4** obere Führung

182

7.5 Spezielle Förderer/Kreisförderer, Klemmsterne, Gebindewender

Fingerkette: genutzt nur für den Transfer von der Dosenfüllmaschine zur Dosenverschließmaschine. Die Dosen gleiten auf einer Edelstahlschiene und werden durch an einer Kette umlaufende Finger linear mit Teilungsabstand gefördert. Die Finger gleiten mit einem Abstand von ca. 8…10 mm über der Schiene.

Abbildung 100 Fingerkette an einer Dosenfüllmaschine (nach KHS)

Kreisförderer: sie werden als Ein- und Auslauf- bzw. Transfer-Sterne an Verarbeitungsmaschinen eingesetzt, um die Gebinde von dem Förderelement auf die Kreisbahn zu bringen bzw. umgekehrt sowie von einer Kreisbahn zur nächsten.

Klemmsterne („Klammersterne"): nehmen die vereinzelten Gebinde mittels geschalteten Klemmfingern auf und geben sie an der gewünschten Stelle wieder frei. Der Vorteil liegt in der frei schwebenden Förderung, ohne Führungsgeländer, Überschubbleche oder Gleitleisten. Die Klemmsterne können Durchmesserunterschiede von etwa 10 mm verarbeiten. Damit reduzieren sich die Zubehörteile für die Gebindeumstellung. Der Transport ist geräuscharm, gebindeschonend (scuffingfrei) und erschütterungsfrei. Die Klemmsterne sind als Ein- und Auslaufsterne sowie als Transfer-Sterne einsetzbar, außerdem können sie Verteiler- und Ausleitfunktionen übernehmen. Sie sind eine Alternative zu den klassischen Kreisförderern („Sterne"). Die Abbildung 101 und Abbildung 103 zeigen Anwendungsbeispiele.

Neckhandling

Alternativ können z.B. PET-Flaschen auch kraftschlüssig durch passive „Clips-Greifer" (Abbildung 102) gehalten werden. Diese werden nicht aktiv geschaltet/geöffnet. Die eingesetzten Kunststoffgreifer passen sich beim Einschieben der Flaschen automatisch dem Halsdurchmesser an und fixieren die Flasche sicher. Dabei hilft eine Anlaufkurve (Abbildung 102). Vorteile: es sind keine aktiven Federn, Kurven oder sonstige bewegte Teile erforderlich, der Verschleiß ist geringer, sie sind kostengünstig.

Füllanlagen

Abbildung 101 Demontrationsmuster eines Klemmsternes (Fa. KRONES)

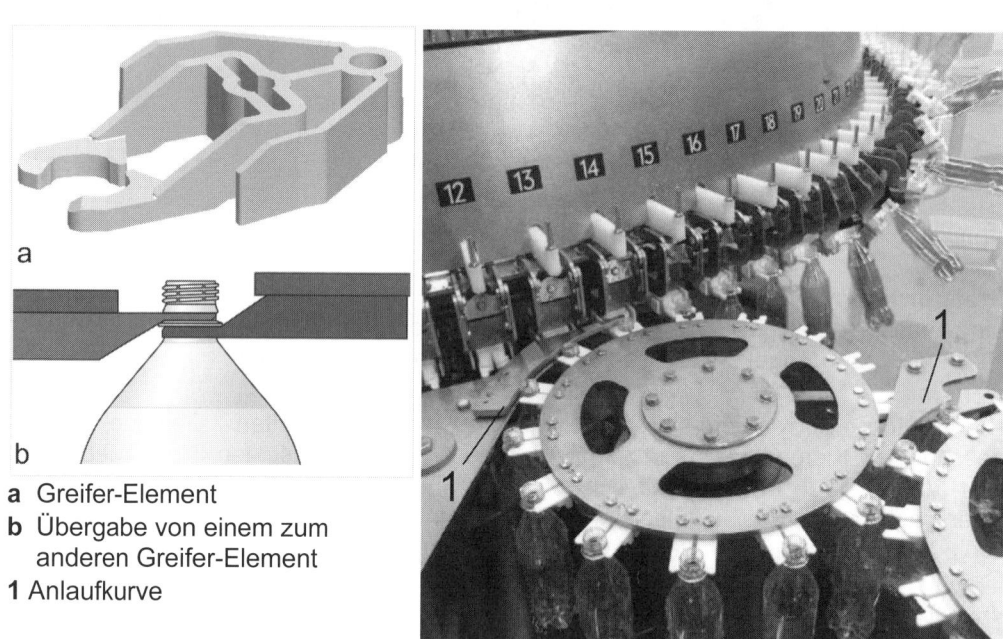

a Greifer-Element
b Übergabe von einem zum anderen Greifer-Element
1 Anlaufkurve

Abbildung 102 Flaschengreifer nach dem Clips-Prinzip (nach KHS); Im Bild werden die Flaschen mittels Transfersternen vom Rinser an die Füllmaschine übergeben.

Gebindewender: werden meistens als Dosenwender eingesetzt, beispielsweise nach der Füllmaschine und nach dem Tunnelpasteur.

Die Wender werden für jede Dosengröße entweder aus Edelstahldraht schraubenförmig geformt und verschweißt (Abbildung 104 a) oder aus gefrästen Kunststoffplatten zu einem Paket zusammengeschraubt (Abbildung 104). Der Antrieb der Gebinde erfolgt durch Staudruck. Die Wender werden auf einen Förderer aufgebaut.

Transportanlagen

Abbildung 103 Ein- und Auslauf-Klemmstern (**a**) und Auslaufstern als Bahnverteiler (**b**)
(nach KRONES)

Abbildung 104 a   Dosenwender aus Rundstahl (nach KHS)
Zusätzlich ist eine Abblasvorrichtung installiert, um Haftwasser zu entfernen

Füllanlagen

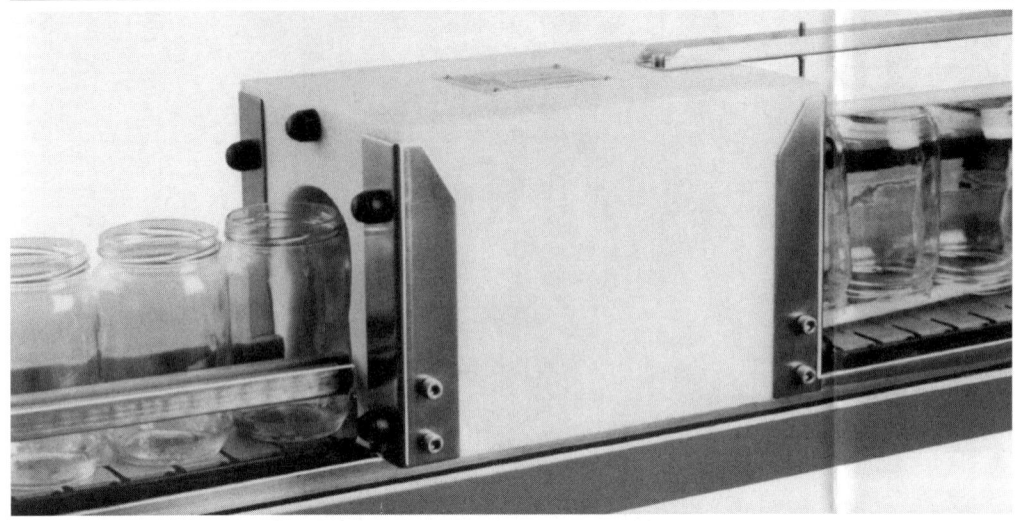

Abbildung 104 Gebindewender (Fa. Trans-Tech Hysek)

7.6 Zusammenführungen, Auseinanderführen, Verteiler für Gebinde
Zusammenführungen von Gebinden

Das Zusammenführen vom mehrbahnigen zum einbahnigen Transport wird gegenwärtig ausschließlich durch die sogenannte drucklose Zusammenführung vorgenommen (in der Vergangenheit wurden dazu staudruckbetriebene Vorrichtungen benutzt, die nur selten und nur unter definierten Bedingungen funktionstüchtig waren). Die Funktionssicherheit muss durch eine bestimmte Baulänge der Zusammenführung erkauft werden. Es sind Varianten bekannt, bei denen die Zusammenführung S-förmig gestaltet wird. Je kleiner das Kippmoment der Behälter, desto länger wird die drucklose Zusammenführung und desto feinstufiger muss die Geschwindigkeitsabstufung erfolgen.

Die Funktion der drucklosen Zusammenführung kann bei Glasflaschen durch die Neigung des Flaschentisches verbessert werden, s.a. Abbildung 105 (nach Fa. KRONES).

Das System „drucklose Zusammenführung" ist umkehrbar, kann also auch benutzt werden, um einbahnig auf mehrbahnig zu realisieren.

Das Prinzip der drucklosen Zusammenführung beruht auf der Geschwindigkeitsabstufung der Scharnierband-Förderketten, die an dem parabolisch geformten Anlaufgeländer als Folge der resultierenden Kraft zum Auseinanderziehen und zur „Einfädelung" der Gebinde führt, s.a. Abbildung 106.

Transportanlagen

*Abbildung 105 Drucklose Zusammenführung: von mehrbahnig auf einbahnig
(Fa. KRONES; Demo-Anlage; rechts ist eine geneigte drucklose Zusammenführung zu sehen ("Glideliner")*

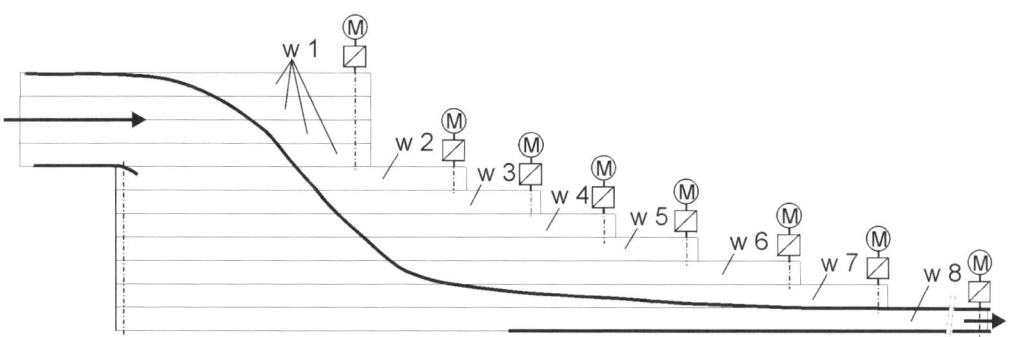

*Abbildung 106 Schema einer drucklosen Zusammenführung
Es gilt: w 1 < w 2 < w 3 < w 4 < w 5 < w 6 < w 7 < w 8
(teilweise werden zwei bis drei Antriebe zusammengefasst und mit festen Übersetzungsabstufungen betrieben)*

Auseinanderführen von Gebinden

Nach dem einbahnigen Maschinenauslauf müssen Gebinde oft mehrbahnig gefördert werden. Die Gebinde werden vom schnellen Band auf mehrere, abgestuft langsamere Bänder überführt. Bei genügender Länge kann die Funktion gesichert werden, aber mit zunehmendem Staudruck. Das Prinzip der drucklosen Zusammenführung kann also

Füllanlagen

auch für die Auseinanderführung von einbahnig auf mehrbahnig umgekehrt werden (s.o.).

Wenn Staudruck vermieden werden muss, können auch nachfolgende Vorrichtungen genutzt werden, um die Gebinde auf den Förderer zu verteilen:
◻ Wellenformierer (nach Fa. KHS, s.a Abbildung 107);
◻ Flowliner (nach KRONES, s.a. Abbildung 108);
◻ Flaschenausbreiter (nach Fa. Gebo, s.a. Abbildung 108a).

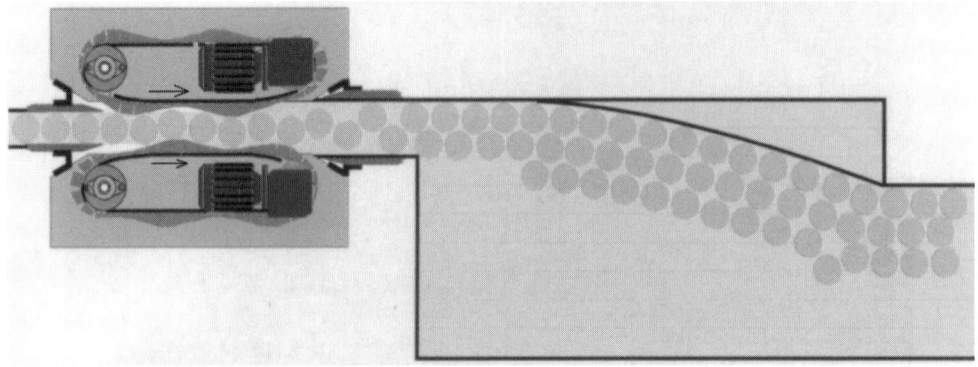

Abbildung 107 Wellenformierer (nach Fa. KHS)

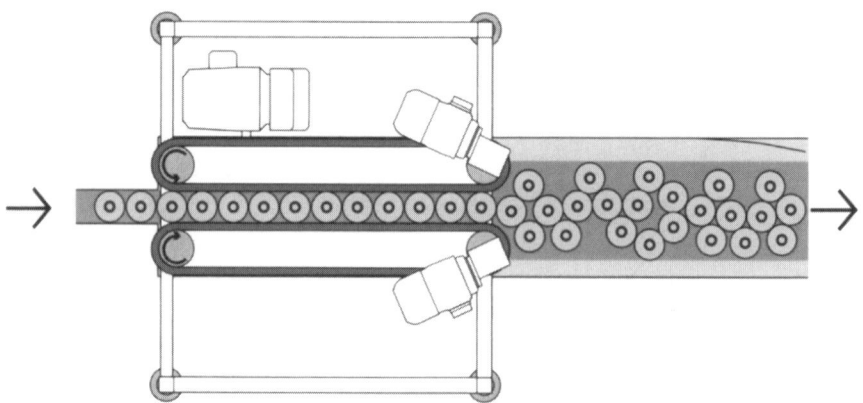

Abbildung 108 Behälterverteilung mittels Flowliner (geeignet vor allem auch für PET-Flaschen; nach KRONES)

Linienverteiler
Soll ein Behälterstrom auf zwei Linien gleichmäßig aufgeteilt werden, können Linienverteiler zum Einsatz kommen. Der Staudruck muss durch entsprechende verfügbare Wegstrecken begrenzt werden, d.h., die Verteilungszone darf nie vollständig gefüllt werden, s.a. Abbildung 109.

Bei Verteilung auf mehr als zwei Linien können vorzugsweise schaltbare Weichen genutzt werden. Hierbei werden beim Behältertransport häufig nur die Führungsgeländer geschaltet im Gegensatz zu Verteilern für Kästen und Trays, bei denen die Förderorgane geschaltet werden.

Transportanlagen

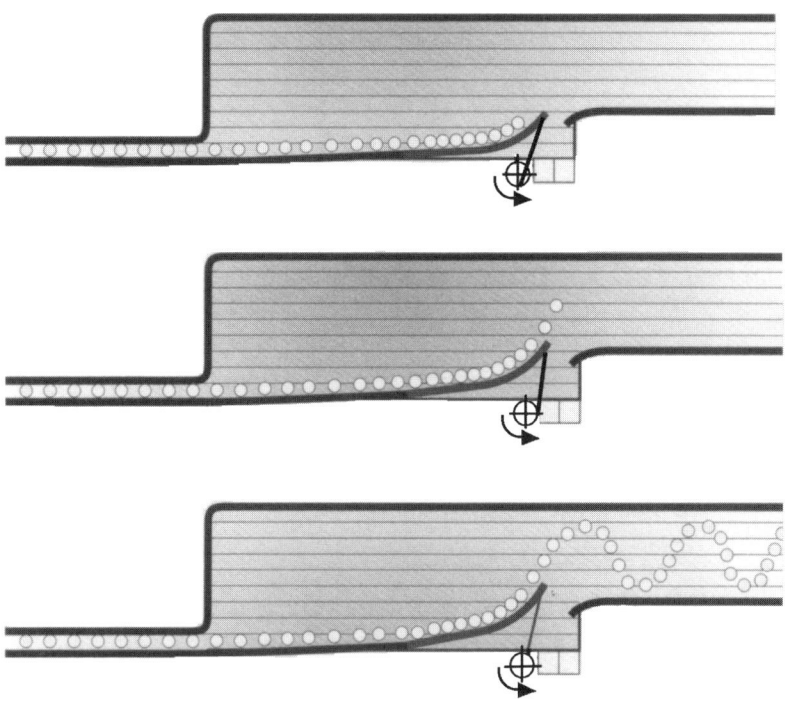

Abbildung 108a   Flaschenausbreiter (nach Fa. Gebo)

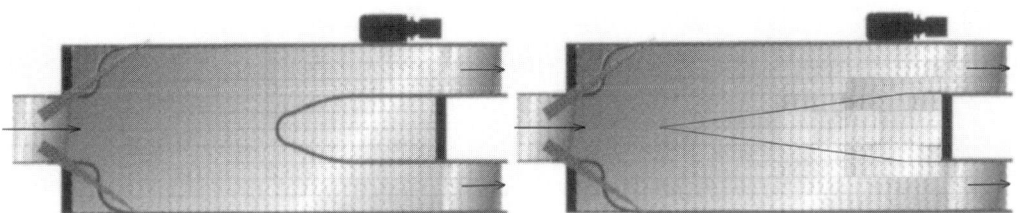

Abbildung 109 Linienverteiler, schematisch

Gebindeverteiler
Behälterverteiler werden benötigt, um mehrere Fördergassen, beispielsweise an Einpackmaschinen, gleichmäßig und ohne Staudruck zu füllen.
  Die Aufgabe wird entweder mit schaltbaren Weichen im Gebindestrom erreicht (Abbildung 110) oder es werden seitliche Impulsgeber (ähnlich den Auswerfern bei Inspektoren; „Pusher") installiert, die bei Bedarf geschaltet werden und die Gebinde pneumatisch, mechanisch-pneumatisch oder mit rotierenden Exzentern verteilen (Abbildung 110 b).
  Die Behälter werden zum Teil vor der Aufteilung in Gassen pulkweise vereinzelt. Die Pulks lassen sich dann den gewünschten Kanälen zuordnen.
Zum Verteilen eignen sich auch Klemmsterne, siehe Abbildung 103 b.

Füllanlagen

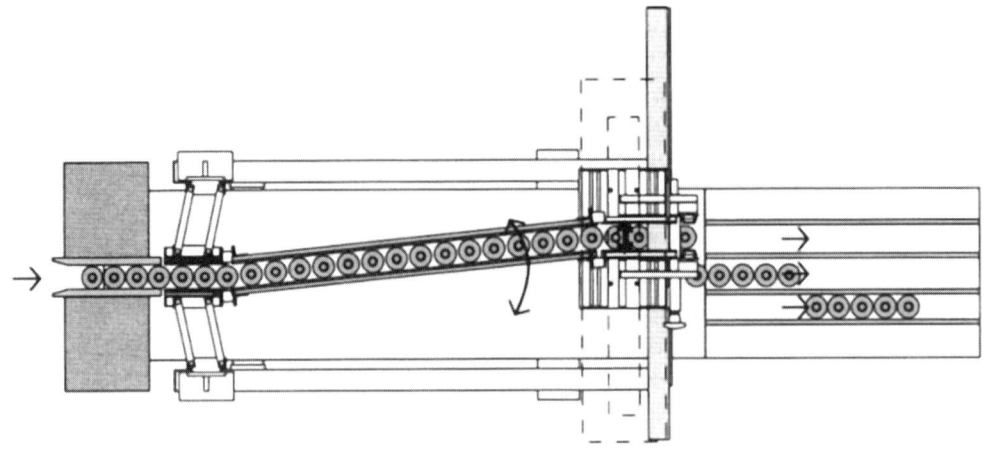

Abbildung 110 Aufteilweiche (nach KRONES)

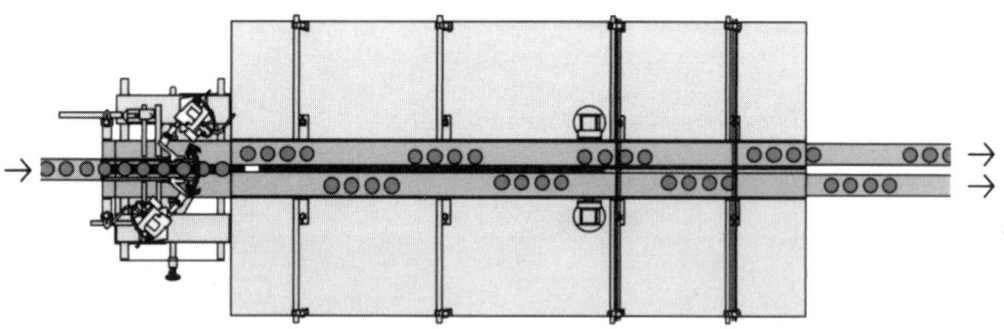

Abbildung 110a Behälterverteiler „Roof Divider" (nach KRONES)

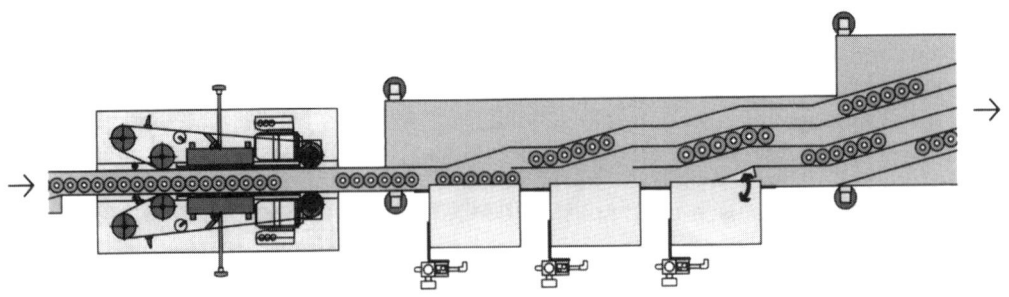

Abbildung 110b Behälterverteiler „PET-Divider" (nach KRONES)

7.7 Pufferstrecken
7.7.1 Allgemeine Hinweise

Pufferstrecken werden als dynamische Speicher zwischen einzelnen Maschinen angeordnet, um bei kürzeren Stillständen einer Maschine die Kontinuität der Anlage zu sichern. Ziel ist es, den Stillstand der vor- oder nachgeschalteten Maschine zu vermeiden, die Produktion weiterlaufen zu lassen und möglichst den Ausfall durch erhöhten Durchsatz nach Beseitigung der Störung zu kompensieren.

Stillstand einer Maschine bedeutet nicht nur Ausfall einer Produktmenge während des Stillstandes, sondern auch zusätzliche Verluste durch An- und Abfahrvorgänge mit entsprechend geringerer Ausbringung und bei einzelnen Maschinen oft zusätzliche Produktstörungen (z.B. unter- oder überfüllte Flaschen, erhöhte O_2-Werte).

Der finanzielle Aufwand und der Grundflächenbedarf für Pufferstrecken sind hoch. Deshalb muss bei der Dimensionierung ein Kompromiss gefunden werden. Mit Pufferstrecken lassen sich deshalb nur relativ kurze Störungen ausgleichen.

Während in der Vergangenheit der Füllungsgrad der Pufferstrecken über Stauschalter ein- oder mehrstufig erfasst wurde und die Durchsätze nur stufenweise verändert werden konnten, kann bei modernen Anlagen der Füllungsgrad stetig ermittelt werden (z.B. durch Zählung oder andere berührungslose Sensoren, über die *Kather* [139] und *Sorgatz* [140] berichten) und der Durchsatz kann dann stufenlos mit frequenzgesteuerten oder -geregelten Antrieben eingestellt werden. Die Zählung ist bei Maschinen-Ein- und Ausläufen, die ja einbahnig sind, relativ einfach möglich. Aus der Differenz dieser Werte folgt der aktuelle Füllungsgrad unter Beachtung der Prozesszeit.

Die Strategie zur Betriebsweise einer Pufferstrecke muss sorgfältig ermittelt werden. Dazu sind statistische Kenntnisse zum Ausfall- bzw. Störverhalten der einzelnen Maschinen erforderlich. So kann nur ein teilweise gefüllter Puffer noch Gebinde aufnehmen, wenn die nachfolgende Maschine stoppt und nur ein gefüllter Puffer kann die nachfolgende Maschine mit Gebinden versorgen, wenn die vorangestellte eine Störung hat. Andererseits kann ein nur zur Hälfte gefüllter, flexibler Puffer auch nur die halbe Stillstandszeit überbrücken.

Der Füllungsgrad der Pufferstrecken vor- und nach der Füll- und Verschließmaschine als der Limitmaschine der Anlage soll nach [141] vor der Maschine fast gefüllt sein und nach der Maschine aufnahmebereit sein.

Ausführliche Informationen zum Thema Pufferdimensionierung und -Simulation geben *Rädler* [142], *Voigt* [143] und *Glebe* [144], s.a. Kapitel 36.12.

Die Hersteller von Füllanlagen verfügen über Simulationsprogramme zur Ermittlung des optimalen Pufferstrecken-Betriebsregimes.

Pufferstrecken werden realisiert als (s.a. Abbildung 111):
- Parallel- oder Durchlauf-Speicher;
- Bypass-Speicher;
- Fließtisch-Speicher („flow table");
- Dynamische Speicher mit mechanischer Blockung.

Parallelspeicher werden als mehrreihige Gebindeförderer errichtet, der im Allgemeinen mit geringer Bandgeschwindigkeit betrieben werden. Die Gebinde unterliegen immer einem Staudruck, insbesondere wenn die vorgeschaltete Maschine bei höherem Durchsatz „aufholt", mit der Folge von Lärm und Scuffing. Ziel ist die Reduzierung dieser Folgen.

Füllanlagen

Die Länge der Speicherstrecke ist begrenzt, bei Bedarf werden mehrere Pufferstrecken in Reihe geschaltet und durch Parallelüberschübe verbunden (Abbildung 111a).

Eine spezielle Form des Parallelspeichers zeigt Abbildung 113. Bei dieser Variante werden die Behälter auf den mittleren Förderketten durch den Speicher gefahren. Bei einem Rückstau füllen sich die beiderseits vorhandenen Stauzonen, die äußeren Bänder werden in der Geschwindigkeit reduziert. Ist der Stau vorbei, werden die äußeren Behälterreihen wieder dem Kernstrom zugeführt. Der Aufwand dieses Systems ist relativ gering.

Bypass-Speicher sollten nur für verschlossene Behälter eingesetzt werden. Die Gebinde unterliegen dem Staudruck bei der Füllung des Speichers.

Fließtisch-Speicher sind nur für verschlossene Gebinde geeignet. Das Prinzip „fi-fo" ist nicht nutzbar, beim Füllen des Speichers unterliegen die Gebinde dem Staudruck.

Richtwerte für die Auslegung von Speichern sind in Tabelle 30 dargestellt.

Um die Pufferstrecken nutzen zu können, müssen die der sogenannten Limitmaschine (das ist in der Regel die Füll- und Verschließmaschine) vor- und nachgelagerten Maschinen für einen höheren Durchsatz ausgelegt werden. Die Limitmaschine wird mit 100 % Durchsatz angenommen, das entspricht dem Nenn-Durchsatz der Füllanlage. Die Abstufung der einzelnen Maschinen lässt sich grafisch als sogenanntes V-Diagramm darstellen (ursprünglich von Prof. *Berg* entwickelt). Ein Beispiel gibt Abbildung 112.

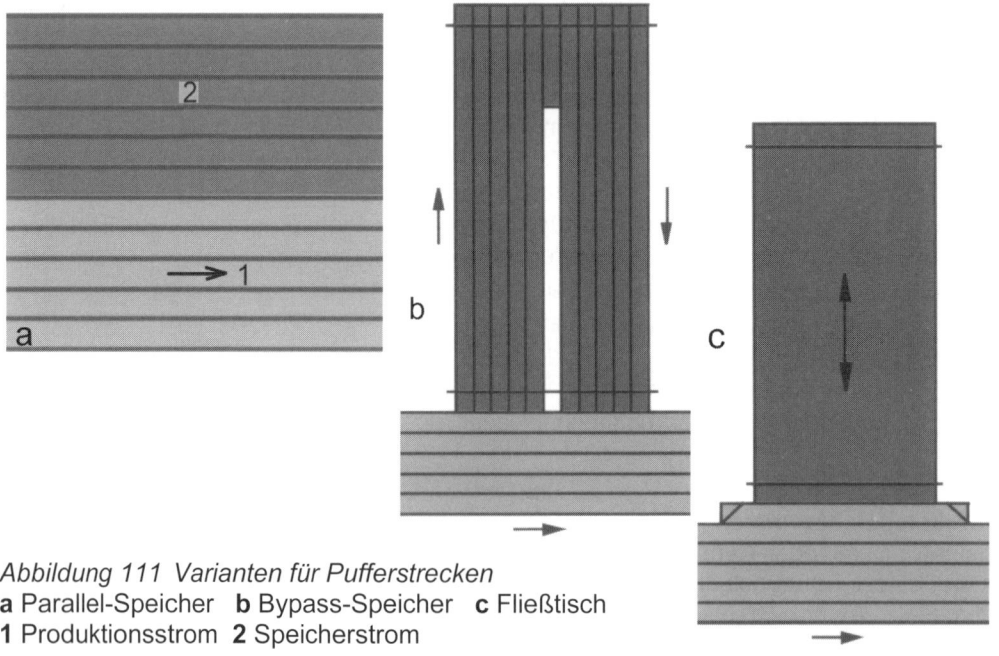

Abbildung 111 Varianten für Pufferstrecken
a Parallel-Speicher **b** Bypass-Speicher **c** Fließtisch
1 Produktionsstrom **2** Speicherstrom

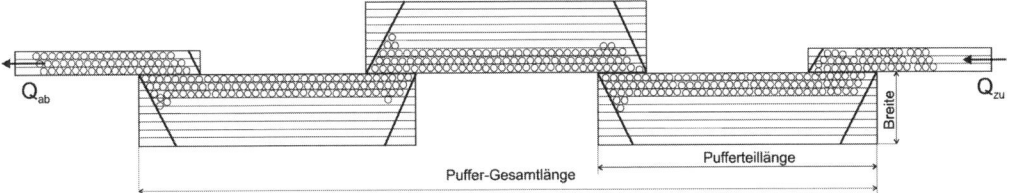

Abbildung 111 a   Parallelspeicher, bestehend aus drei Einzelspeichern, verbunden durch Parallelüberschub

Tabelle 30   Empfohlene Speicherzeiten für Pufferstrecken (nach [145])

zwischen	und	Speicherzeit in s
Entpalettierer	Auspacker	30...70
Auspacker	Flaschenreinigungsmaschine	20...60
Flaschenreinigungsmaschine	Leerflaschen-Inspektor	60...≥120
Leerflaschen-Inspektor	Füllmaschine	0 *)...90
Füllmaschine	Pasteur	40...90
Füllmaschine	Etikettiermaschine	40...≥ 120
Pasteur	Etikettiermaschine	60...180
Etikettiermaschine	Einpacker	30...60
Einpacker	Palettierer	30...70

*) bei Blockung

Die aus Abbildung 112 erkennbaren Größenordnungen für die Abstufungen der Anlagen führen natürlich zu erhöhten Investitionskosten. Durch weitere Durchsatzerhöhungen bei Palettier- und Packanlagen sowie bei den Sortiereinrichtungen wird versucht, den Anlagenwirkungsgrad bei gleich bleibendem Nenndurchsatz zu verbessern. Damit können aber zurzeit aktuelle Probleme, wie nicht sortenreines Leergut, Fremdkästen und Fremdbehälter, nicht kompensiert werden. Hier hilft nur sortenreines Leergut!

Rädler [142] konnte aber zeigen, dass auch ein sehr flaches „V-Diagramm" möglich ist, ohne den Anlagenwirkungsgrad zu verschlechtern, wenn die Puffer-Regelstrategie optimiert wird (beispielsweise alle Anlagen vor und nach der Füll- und Verschließmaschine werden mit 110 % festgelegt). Die Abflachung des V-Diagramms bedeutet zum Teil eine beträchtliche Kosten- und Grundflächen-Reduzierung der Füllanlage.

Füllanlagen

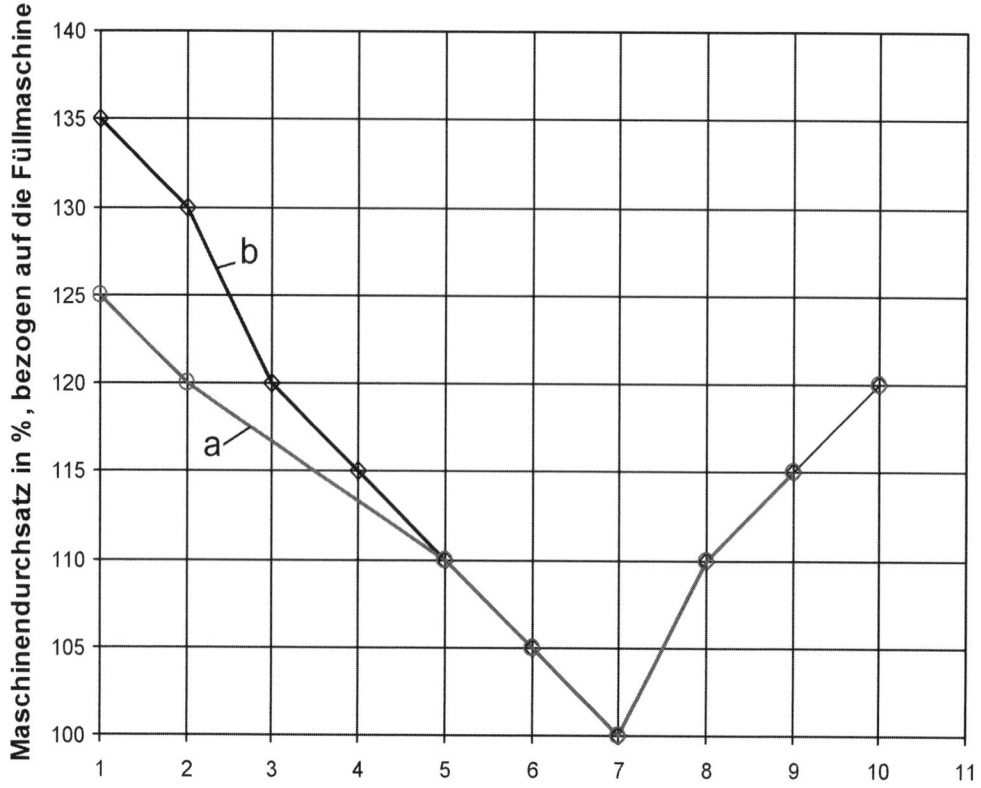

Abbildung 112 Durchsatzabstufung der Maschinen einer MW-Füllanlage (nach [146])
a Glasanlage **b** PET-Anlage
1 Entpalettierung **2** Auspacker **3** Sniffer **4** Desleever **5** Reinigungsmaschine
6 Leerflaschen-Inspektor **7** Füll- und Verschließmaschine **8** Etikettiermaschine/
Sleever **9** Einpacker **10** Palettierung

7.7.2 Die Speicherflächenbelegung und Speicherberechnung

Die Belegung einer Speicherfläche folgt dem Prinzip der „dichtesten Kugelpackung". Die Anzahl der Flaschen auf der Speicherfläche von einem Quadratmeter lässt sich mit Bezug auf Abbildung 111 a und Abbildung 112 a wie folgt berechnen:

$$n = \frac{2}{d^2 \sqrt{3}}$$ Gleichung 7

n = Anzahl der Flaschen/m^2
d = Durchmesser der Flaschen in m

Die Gleichung 7 folgt aus nachfolgenden Zusammenhängen:
Die Speicherfläche A eines Puffers errechnet sich zu:

$A = l \cdot b = 1 \text{ m}^2$
$l = x \cdot d$
$b = y \cdot d \cdot \cos 60°$
$n = x \cdot y$

$1\,m^2 = x \cdot y \cdot d^2 \cdot \cos 60° = n \cdot d^2 \cdot \cos 60°$

$n = \dfrac{1m^2}{d^2 \cdot \cos 60°} = \dfrac{2 \cdot m^2}{d^2 \cdot \sqrt{3}}$

x und y sind die Anzahl der Flaschen in der Länge und Breite des Speichers

Die Pufferkapazität Q auf einer beliebigen Speicherfläche A_P errechnet sich dann zu:

$Q = A_P \cdot n$ Gleichung 8

$A_P = L_P \cdot B_P$ Gleichung 9

L_P und B_P sind die Länge und Breite des Puffers

Die Pulkgeschwindigkeit v_P auf dem Puffer ergibt sich in m/s wie folgt:

$v_P = \dfrac{\text{Flaschendurchsatz}}{n \cdot B_P}$ Gleichung 10

Flaschendurchsatz = in Fl./s
n = in Flaschen/m²
B_P = in m

Grundsätzlich werden natürlich geringe Pulkgeschwindigkeiten angestrebt, insbesondere das Aufprallen der Flaschen führt zu Lärm.

Die Pufferzeit t_P in s folgt aus Pufferlänge L_P und Pulkgeschwindigkeit v_P:

$t_P = \dfrac{L_P}{v_P}$ Gleichung 11

Die effektive Pufferzeit t_{eff} errechnet sich aus t_P und der Puffertotzeit t_T (Aufholzeit):

$t_{eff} = t_P - t_T$ Gleichung 12

$t_T = \dfrac{L_P \text{ der einfachen Flaschenreihe}}{v_{Fl}}$ Gleichung 13

v_{Fl} = in m/s =
  Durchmesser der Flasche in m · spezif. Flaschendurchsatz
  in Flaschen/s

Zu beachten ist, dass die Pufferbreite und -länge die Pufferkapazität bestimmen. Breitere Puffer haben aber bei gleicher Pufferkapazität kürzere Puffertotzeiten.

Füllanlagen

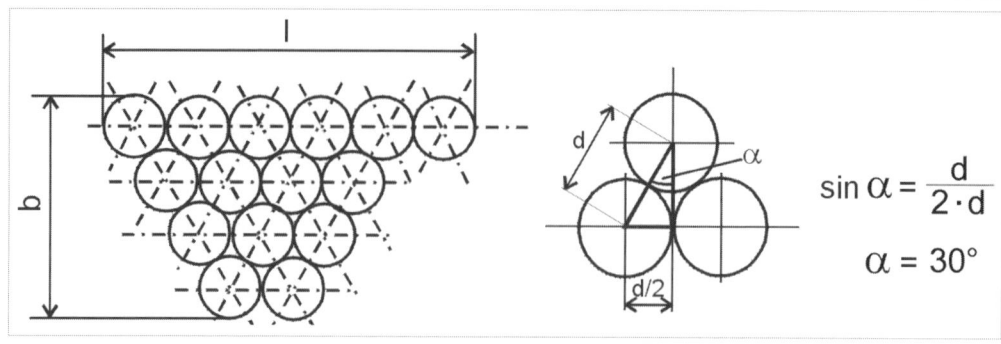

Abbildung 112 a   Speicherflächenbelegung

Abbildung 113 Parallel-Speichersystem Accuflow (nach KRONES)

7.7.3 Dynamische Speicher mit mechanischer Blockung

Dynamische Speicher mit mechanischer Blockung verbinden zwei Maschinen der Linie (Abbildung 114). Der Unterschied zum Parallel- oder Durchlauf-Speicher besteht vor allem darin, dass sich das Speichervolumen stetig in einem vorgegebenen Rahmen verändern kann, es kann größer und kleiner werden.

Dabei können die Behälter bei Bedarf immer auf konstantem Abstand bleiben. Ein Beispiel für den sinnvollen Einsatz dieses Speichersystems ist zwischen Blasmaschine und Füllmaschine gegeben, um zu vermeiden, dass die Blasmaschine bei Stillstand der Füll- und Verschließmaschine stillgesetzt werden muss.

Transportanlagen

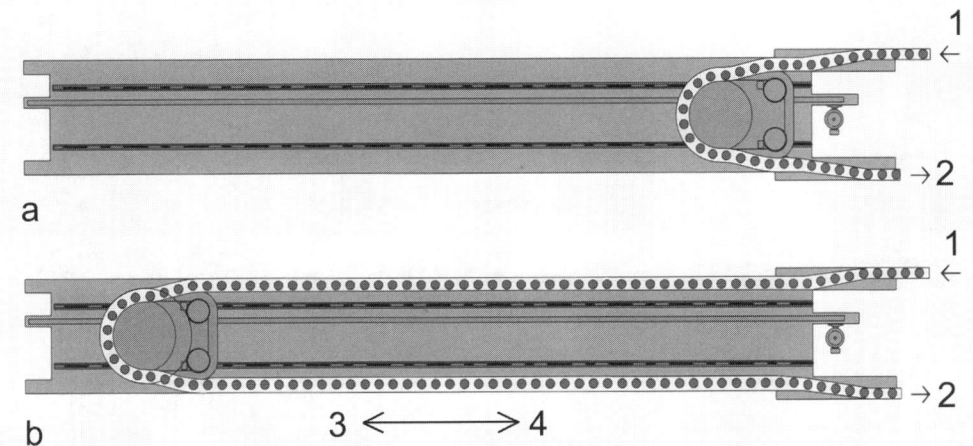

Abbildung 114 Dynamischer Speicher mit mechanischer Blockung, Arbeitsprinzip (Speicher Typ Accutable, KRONES)
a Speicher leer, Ausgangsstellung **b** Speicher gefüllt
1 Speichereinlauf **2** Speicherauslauf **3** Füllen des Speichers **4** Entleeren des Speichers

Bei dem Speicher gemäß Abbildung 114 ist das Speichervolumen nur von der Länge des Speichers abhängig. Es bietet sich deshalb an, den Speicher schraubenförmig zu gestalten. Der Vorteil liegt darin, dass auf einer relativ kleinen Grundfläche eine sehr große Speicherkapazität installiert werden kann. Abbildung 116 zeigt einen derartigen Speicher. Nachteilig sind die relativ hohen Kosten.

In Abbildung 115 wird ein Speicher für leere PET-Behälter gezeigt. Jeder Behälter wird individuell in liegender Position gehalten.

Abbildung 115 Speicher Typ Acculink (nach KRONES)

Füllanlagen

Abbildung 116 Speicher Typ Accutower (nach KRONES)

7.7.4 Mechanische Blockung mit Bypass-Speicher

Bei beengten räumlichen Verhältnissen können 2 Maschinen, z.B. Füll-/Verschließmaschine und Etikettiermaschine, mechanisch geblockt werden.

Bei einem einbahnigen Förderer lassen sich die Behälter mit dem Teilungsabstand der Füllmaschine auf dem Förderer zur Etikettiermaschine drucklos fördern, also „auf Lücke".

Kommt es zu einem Stopp der Etikettiermaschine, so müssen die bereits im Füller befindlichen Flaschen noch verschlossen werden, damit die Qualität des Produktes erhalten bleibt. Da dies im mechanischen Füller-/Etikettiererblock unmöglich ist, müssen die betroffenen Flaschen ausgeleitet werden. Bei älteren verteilten Systemen wurde diese Aufgabe durch Bereitstellung von entsprechendem Pufferraum auf Massentransporteuren gelöst.

Bei der o.g. elektronischen Blockung von Füller und Etikettierer, die besonders platzsparend, kostengünstig und Flaschen schonend ist, musste eine andere Lösung gefunden werden. Optimal hierfür war der neue, durchgehend einbahnige Transport von der Füllmaschine zur Etikettiermaschine. Parallel dazu wurde ein weiteres einbahniges Transportband als Bypass installiert, das als Pufferbereich dient (Abbildung 117 bis Abbildung 120). Hierauf werden bei einem Stopp des Etikettierers alle noch im Füller befindlichen Flaschen umgeleitet. Die Flaschen werden vereinzelt geführt, so dass kein Aufstauen notwendig ist. Ist die Störung in der Etikettiermaschine beseitigt, fährt auch der Füller sofort wieder an. Zur gleichen Zeit wird der Bypass leer gefahren. Verschwindet hieraus die letzte Flasche, fährt das reguläre Transportband wieder an. Die diffizile Steuerung arbeitet so genau, dass die ersten Flaschen aus dem Füller genau hier wieder anknüpfen und ohne störende Lücken in die Etikettiermaschine einlaufen.

Prinzipiell ist die Nutzung der Vorteile eines Bypass-Transporteurs als Speicher nicht nur einbahnig, sondern auch mehrbahnig möglich, natürlich bei steigendem Aufwand.

Füllanlagen

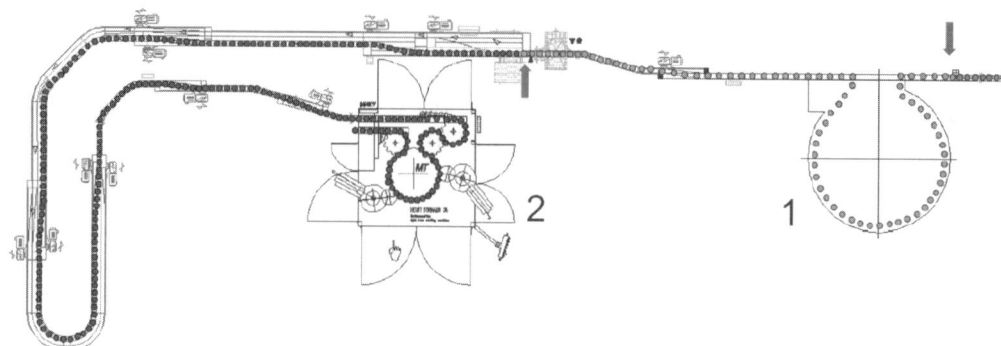

Abbildung 117 Standardproduktionsablauf bei elektronischer Blockung Füll- und Verschließmaschine/Etikettiermaschine (nach Fa. Heuft)
1 *Füll- und Verschließmaschine* **2** *Etikettiermaschine*

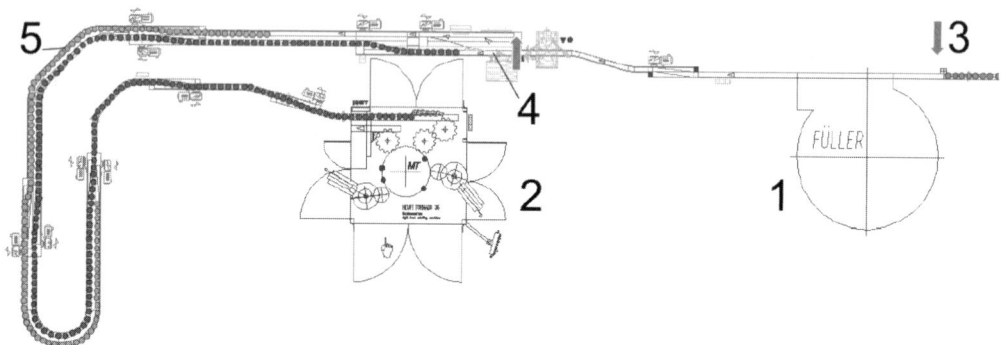

Abbildung 118 Bei Stopp der Etikettiermaschine wird die Füll- und Verschließmaschine in den Bypass leer gefahren (nach Fa. Heuft)
1 *Füll- und Verschließmaschine* **2** *Etikettiermaschine* **3** *Stopp am Einlauf Pos.1*
4 *Umschaltung Produktionstransporteur auf Bypass-Transporteur* **5** *Behälter im Bypass*

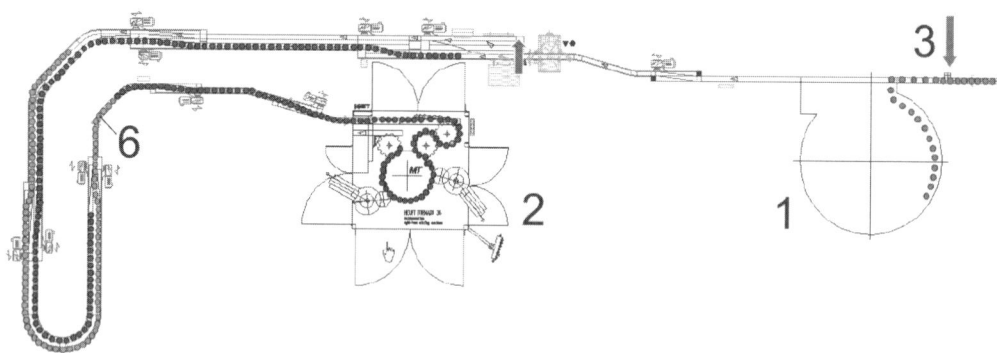

Abbildung 119 Nach Beseitigung der Störung wird die Etikettiermaschine angefahren und gleichzeitig die Füllmaschine gestartet; der Bypass wird leer gefahren (nach Fa. Heuft)
1 *Füll- und Verschließmaschine* **2** *Etikettiermaschine* **3** *Start der Pos.1* **6** *Leerung des Bypass-Transporteurs*

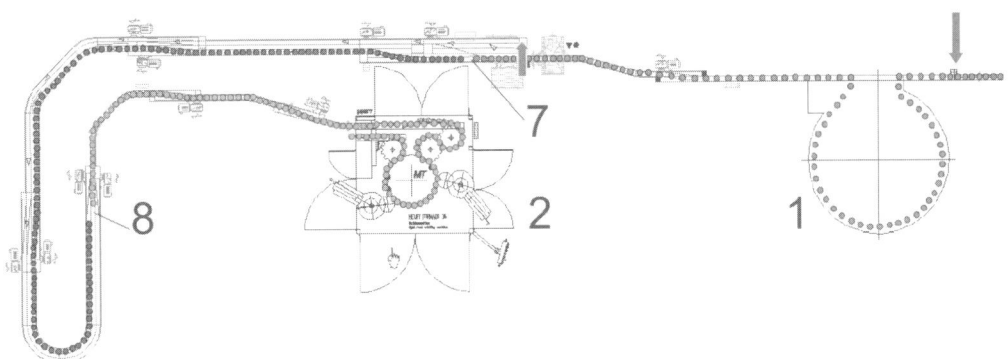

Abbildung 120 Sobald der Bypass-Transporteur geleert ist, wird auf den Produktionstransporteur umgeschaltet; der Standardproduktionsablauf ist wieder erreicht (nach Fa. Heuft)
1 *Füll- und Verschließmaschine* **2** *Etikettiermaschine* **7** *Umschaltung auf den Produktions-Transport* **8** *Anschluss der Produktions-Behälter an den letzten Bypass-Behälter*

Füllanlagen

7.8 Förderer für Kästen

7.8.1 Allgemeine Bemerkungen

Die Förderer können folgende Aufgaben übernehmen:
- Den geradlinigen Transport oder die Kurvenförderung;
- Den horizontalen Transport oder die Überwindung von Höhe.

Die Förderung kann durch Schwerkraft erfolgen oder mit angetriebenen Förderern. Letztere können mit Staudruck oder staudrucklos arbeiten.

Bei rechteckigen Kästen ist der Durchsatz von der Lage des Gebindes abhängig: in Längsrichtung = 100 %, in Querrichtung $\leq$ 120 %.

Die Förderer können ein- und mehrbahnig installiert werden. Die Geschwindigkeit der Förderer kann in weiten Grenzen variiert werden, üblich sind 0,2…0,6 m/s.

Begrenzend sind die mögliche Lärmentwicklung und die zulässige Aufprallgeschwindigkeit. Ggf. müssen Bremsstrecken vorgesehen werden.

Die Schwerkraftförderung ist von vielen Faktoren abhängig, die nur bedingt reproduzierbar sind. Deshalb werden in der Regel angetriebene Förderer eingesetzt.

Die ursprünglich dominierenden Rollenbahnen mit Schwerkraftantrieb wurden im Wesentlichen durch andere Förderer ersetzt (Lärm, Aufwand, begrenzte Länge bei Schwerkraftantrieb).

Als Förderer für Kästen aus Kunststoff (oder auch Holz) werden eingesetzt (ohne Wertung):
- Rollenbahnen, in der Regel mit Antrieb;
- Förderbänder/Gurtbandförderer;
- Tragketten-Förderer (Scharnierbandketten-Förderer).

Die in der Vergangenheit genutzten Tragriemen-Förderer mit zwei parallelen Endloskeilriemen werden in Neuanlagen nicht mehr benutzt.

7.8.2 Rollenbahn-Förderer

Abbildung 121 zeigt eine Rollenbahn schematisch. Die Rollen sind wälzgelagert und für die Lebensdauer geschmiert. Die zuverlässige Abdichtung ist nicht unproblematisch, deshalb werden Rollenbahnen vorzugsweise im Trockenbereich eingesetzt.

Die Rollen werden im Durchmesser von ca. 30…100 mm gefertigt, die Länge ist in der Regel auf $\leq$ 600 mm begrenzt, die Teilung muss auf das Fördergut abgestimmt sein und liegt im Bereich 80…200 mm. Werkstoff ist Stahl, Stahl verzinkt, Edelstahl, Kunststoff.

Kurvenläufige Rollenbahnen werden mit konischen Rollen bestückt.

Die Rollen können für leichte Fördergüter durch mehrere Röllchen auf einer Achse ersetzt werden. Röllchenbahnförderer werden nicht angetrieben.

Zubehör

Bogenstücke: 30°-, 45°-, 90°-, 180°-Bogenstücke, Weichen, Verteilungen, Zusammenführungen, klappbare Durchgänge.

Transportanlagen

Antriebsvarianten für Rollen
Der Antrieb kann erfolgen:
- Durch eine seitliche Kette für mehrere Rollen gleichzeitig oder durch eine Kette für jeweils zwei Rollen;
- Durch einen Riemen (Flach- oder Keilriemen) unterhalb der Rollen (Reibschluss); der Riemen kann geschaltet werden, sodass staudrucklose Förderung möglich ist.

Rollenbahnen für Schwerkraftförderung werden mit einem Gefälle von 3...4 % (Vollgut) und 5...6 % (Leergut) installiert.

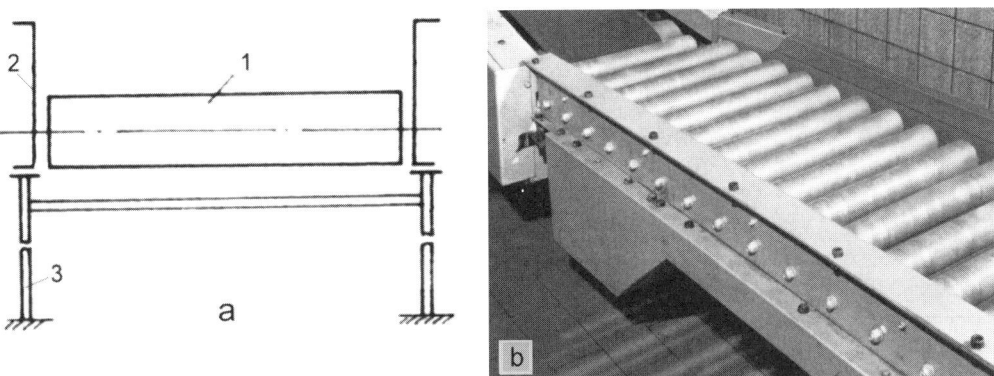

Abbildung 121 Rollenbahn-Förderer
a Rollenbahn schematisch **b** angetriebene Rollenbahn (s.a. Abbildung 122 a)
1 Rolle **2** Gerüst mit seitlicher Führung **3** Gestell, einstellbar

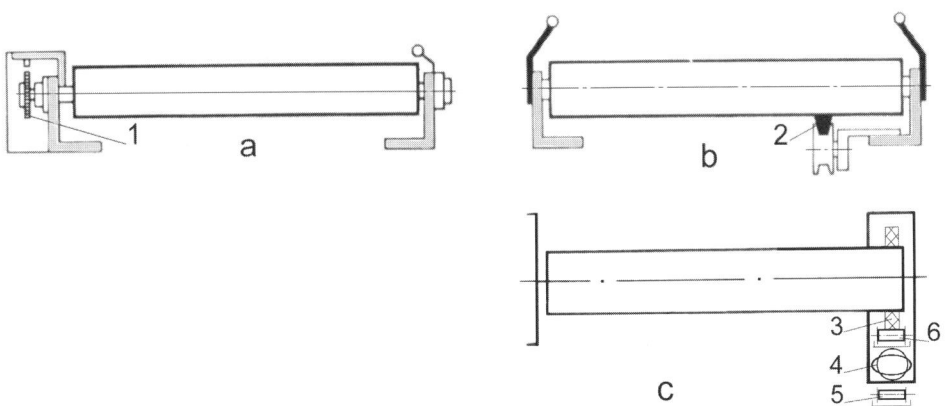

Abbildung 122 Antriebsvarianten für Rollen
a Kettenantrieb **b** reibschlüssiger Antrieb mit Keilriemen **c** formschlüssiger Antrieb, schaltbar mittels Pos. 4
1 Kettenrad **2** Keilriemen **3** elastischer Kunststoffring **4** Luftschlauch **5** Rücktrum
6 Rollenkette

Füllanlagen

7.8.3 Gurtbandförderer

Gurtbandförderer („Förderbänder") werden vorzugsweise eingesetzt, wenn Höhenunterschiede zu überwinden sind. Der endlose Gurt wird über Rollen umgelenkt und von Rollen unterstützt.

Teilweise wird die Antriebstrommel als Trommelmotor gestaltet. Die Umlenkrolle kann gleichzeitig Spannrolle sein. Die Gurtförderer werden oft durch ein sogenanntes Vorlaufband (Länge 0,5...1 m) zur Angleichung des Neigungswinkels beschickt, ein Auslaufband übernimmt die gleiche Funktion am Übergang zum nächsten Förderer.

Die textilen Gurte sind in der Regel beschichtet (PVC) oder gummiert und profiliert (geriffelt, genoppt). Ein großer Reibungskoeffizient wird angestrebt. Bei horizontaler Förderung kommen auch glatte Gurte zum Einsatz.

Der maximale Steigungswinkel kann $\leq 24°$ betragen.

Die Abbildung 123 zeigt einen Gurtband-Förderer.

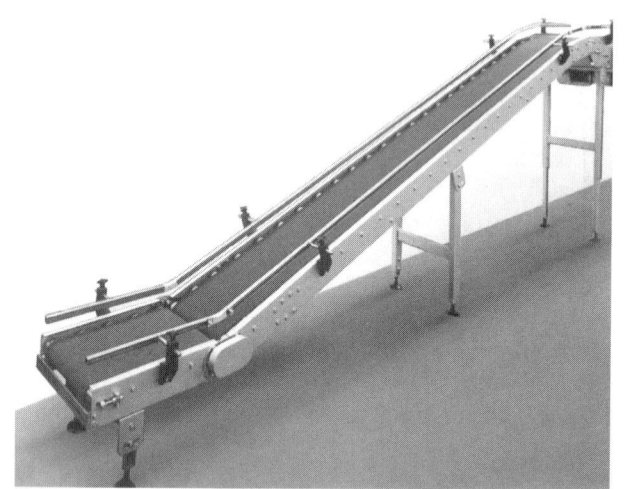

Abbildung 123 Gurtbandförderer mit Vorlaufbad

7.8.4 Tragketten-Förderer

Aus Abbildung 124 ist der schematische Aufbau eines Tragketten-Förderers ersichtlich. Als Tragketten werden eingesetzt (s.a. Kapitel 7.2):
- Scharnierbandketten aus Edelstahl;
- Scharnierbandketten aus Kunststoff, auch Röllchenketten für staudrucklose Förderung;
- Förderketten aus Kunststoff.

Die Ketten können einzeln oder paarweise angeordnet werden, ebenso können gerad- und kurvenläufige Ketten eingesetzt werden.

Die Führungsgeländer können bei genügender Kettenbreite im Verhältnis zur Kastenbreite entfallen.

Tragketten-Förderer sind in modernen Anlagen die bevorzugten Förderer für Kästen.

Die Förderketten aus Kunststoff (firmenspezifische Synonyme: Uniflexkette, Multiflexkette, Kastentransportkette) können in verschiedenen Formen eingesetzt werden. Abbildung 126 zeigt einige Beispiele von Förderketten.

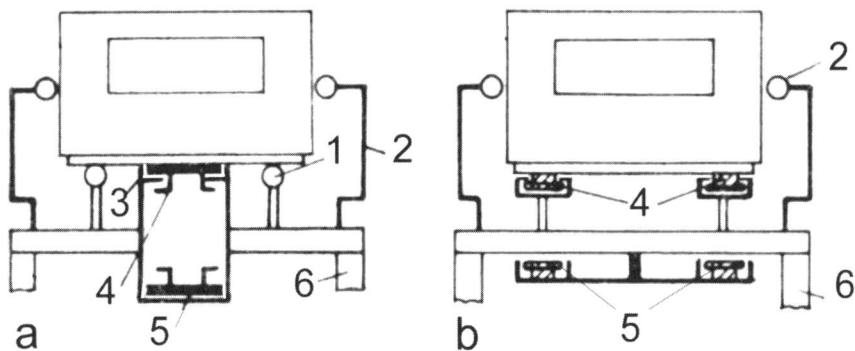

Abbildung 124 Tragketten-Förderer
a einsträngige Kette b zweisträngige Kette
1 Gleitleiste **2** Geländerführung (kann bei genügender Kettenbreite entfallen)
3 Gleitleiste der Scharnierbandkette **4** Scharnierbandkette, kurvenläufig **5** Rücktrum der Kette auf Rollen oder Gleitführung **6** Gerüst

7.8.5 Zubehör für Kastenförderer

7.8.5.1 Linienverteiler

Linienverteiler (Synonym Tragplattenverteiler) werden zur Verteilung der Kästen auf 2 oder 3 Bahnen eingesetzt. Die auf den Rollen verschieblichen Paletten auf dem *umlaufenden* Rollenteppich werden durch geschaltete Kurvenbahnen in die gewünschte Richtung gelenkt, s.a. Abbildung 127.

Eine weitere Möglichkeit besteht in der definierten Drehung der Gebinde mittels einer geschalteten Leiteinrichtung (Abbildung 127 a), die die Gebinde um einen einstellbaren Winkel dreht.

Abbildung 125 Tragketten-Förderer mit kurvenläufiger Scharnierbandkette

Füllanlagen

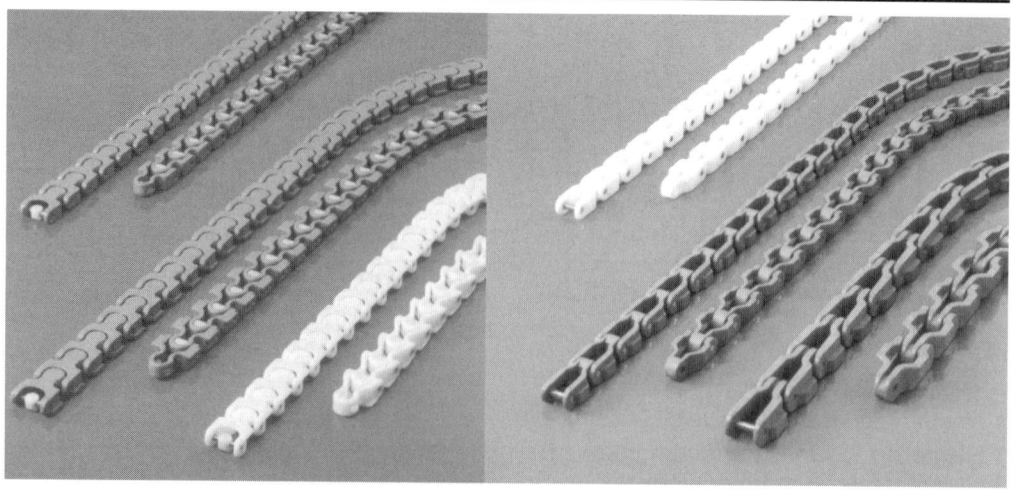

Abbildung 126 Förderketten aus Kunststoff

Abbildung 127 Linienverteiler, Beispiele

Transportanlagen

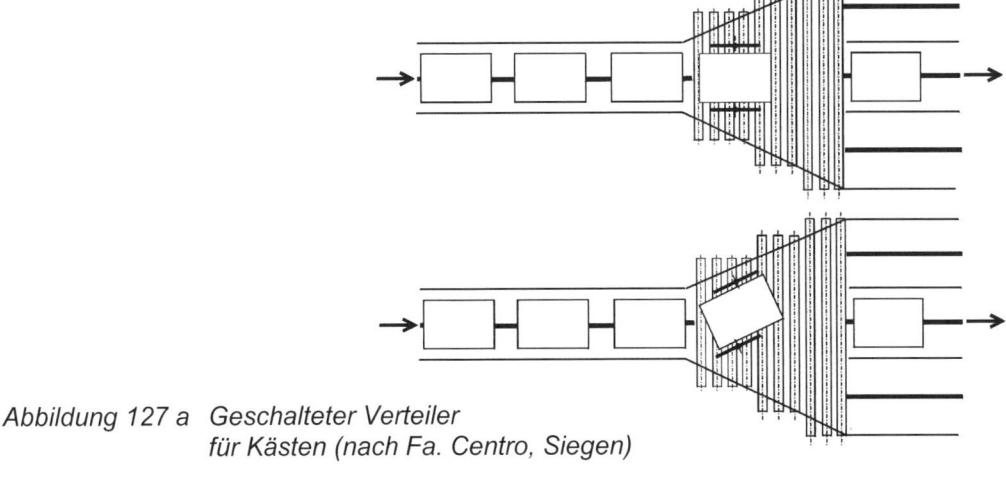

Abbildung 127 a Geschalteter Verteiler
für Kästen (nach Fa. Centro, Siegen)

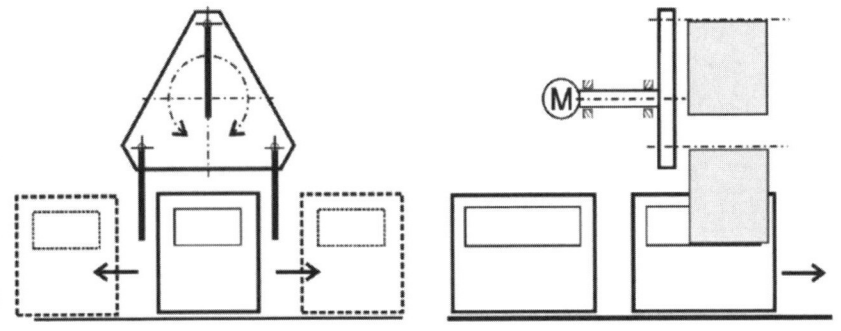

Abbildung 127 b Dreiwege-Sortiersystem „Tangens 360" (Fa. Sortec, Olpe)

7.8.5.2 Kasten-Drehvorrichtungen

Kasten-Drehvorrichtungen werden eingesetzt, wenn aus den Kästen auf dem Förderer eine Formation gebildet werden soll, zum Beispiel vor Palettieranlagen, oder wenn die Laufrichtung geändert werden soll. Drehvorrichtungen können geschaltet werden (Abbildung 129).

Die Drehung kann auch einfach durch Anlauf an eine feste Rolle oder Kante oder durch unterschiedliche Bandgeschwindigkeit (Bedingung genügend großer Reibungskoeffizient) erreicht werden, s.a. Abbildung 128.

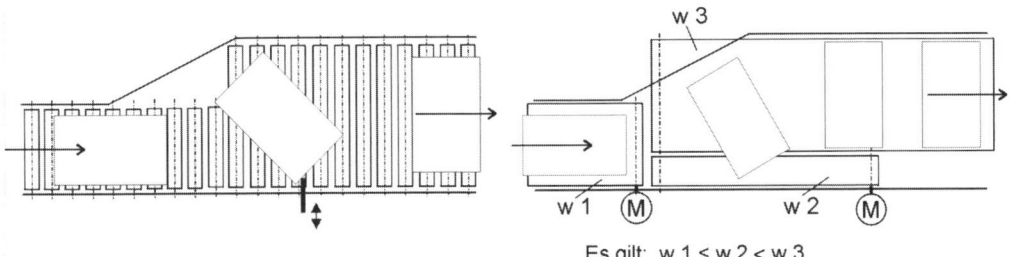

Es gilt: $w_1 \leq w_2 < w_3$

Abbildung 128 Kasten-Drehvorrichtung, Beispiele

Füllanlagen

Abbildung 129 Geschaltete Drehvorrichtung von Quer- auf Längstransport (nach Fa. Sortec, Olpe)
1 Anlaufrolle für Drehung des Hebels (**2**) für Drehvorrichtung **3** Rotor mit zwei Drehvorrichtungen

7.8.5.3 Kastenstopper

Kastenstopper halten die Kästen bei Bedarf kraft- oder formschlüssig, z.B. um definierte Lücken im Kastenstrom zu schaffen.

7.9 Förderer für Kartons, Mehrstückpackungen, Trays

Verwendet werden Bandförderer (auch mit Überhöhung), Scharnierbandketten-Förderer (zum Teil Stauröllchenketten mit röllchenbestückten Kettengliedern für staudruckloses Fördern), Mattenketten (gummiert und glatt), seltener Rollenbahnen, s.a. Kapitel 7.8.
Die Förderer können kurvenläufig gestaltet werden.
   Zubehör sind Drehvorrichtungen, z.T. schaltbar, Verteilerweichen/Linienverteiler, s.a. Kapitel 7.8.5.

7.10 Förderer für Paletten

Die Förderung von Leer- und Vollgutpaletten kann erfolgen durch:
- Rollenbahn-Förderer;
- (Trag-)Ketten-Förderer;
- Schleppketten-Förderer;
- Hängebahn-Förderer;
- Elektropalettenbahnen.

Rollenbahn-Förderer
Der angetriebene Rollenbahn-Förderer wird zur Förderung in Laufrichtung der Palette bevorzugt eingesetzt, der Tragketten-Förderer zur Förderung quer zur Laufrichtung. Der Schleppketten-Förderer wird ebenfalls in Laufrichtung der Palette benutzt.
   Der *Rollenbahn-Förderer* ist ähnlich dem für den Kastentransport aufgebaut (s.a. Kapitel 7.8), aber kräftiger dimensioniert, Abbildung 130.
   Palettenförderer werden in der Regel aus firmenspezifischen, standardisierten Segmenten zusammengesetzt (Länge: ≤ 3...4 m). Die Breite richtet sich nach der Palette. Die Teilung der Rollen liegt bei 95 und 100 mm: je kleiner, desto ruhiger laufen auch kleine Paletten.
Der Antrieb der Rollen kann „tangential" erfolgen oder günstiger „von Rolle zu Rolle". Bei tangentialem Antrieb wird die Kette nur geradlinig über die Kettenräder geführt und zentral gespannt, bei dem paarweisen Antrieb werden immer nur 2 Kettenräder umschlungen (eine separate Kettenspannung ist überflüssig), s.a. Abbildung 131.
   Zur staudrucklosen Förderung kann jedes Segment bei Bedarf separat geschaltet werden.

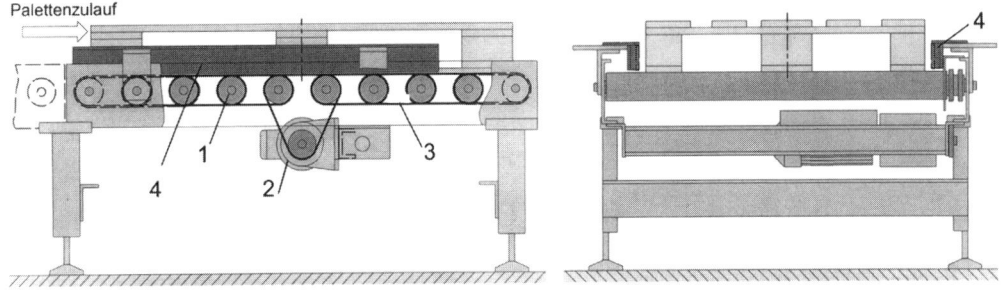

Abbildung 130 Rollenbahn-Förderer für Paletten (nach Fa. KRONES)
1 Tragrolle **2** Antrieb **3** Antriebskette **4** Palettenführung

Füllanlagen

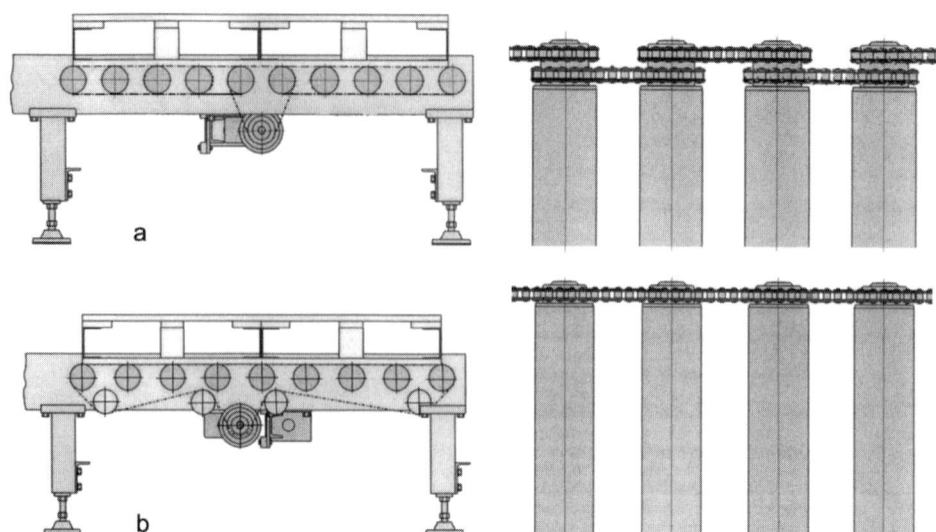

Abbildung 131 Antriebsvarianten der Rollen
a Antrieb „von Rolle zu Rolle" b Kette tangential

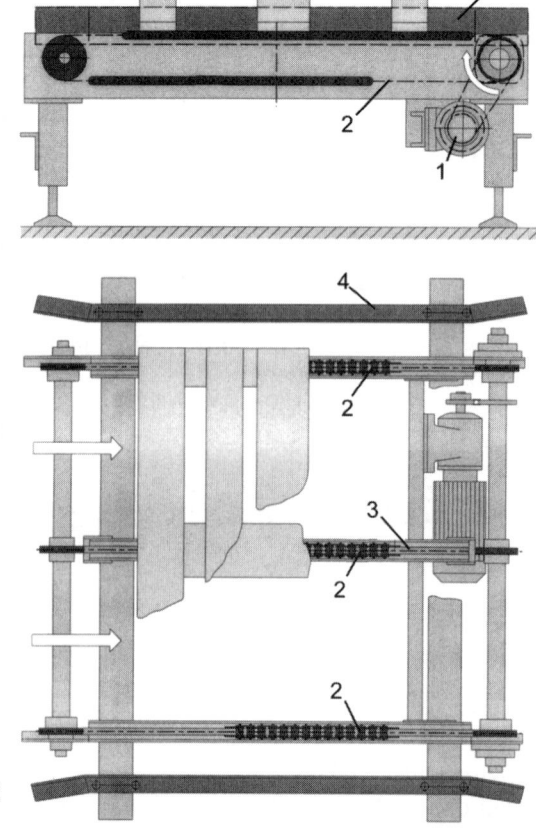

Abbildung 132 Ketten-Förderer
 (nach Fa. KRONES)
1 Antrieb 2 Förderkette 3 Gleitschiene
4 Führungsgeländer für Palette

Ketten-Förderer

Der Ketten-Förderer wird mit Laschenketten kleiner Teilung betrieben, die in einer Gleitschiene aus Stahl geführt werden, s.a. Abbildung 132.
Ketten-Förderer für Leerpaletten können mit zwei Ketten auskommen.

Ketten-Förderer werden bevorzugt zum Transport von kleinen Paletten (1/4-Palette, 1/2-Palette) eingesetzt, soweit diese nicht auf eine Pool-Palette („Mutterpalette") aufgesetzt gefördert werden.

Schleppketten-Förderer

Der Schleppketten-Förderer kann alternativ zum Rollen-Förderer eingesetzt werden. Die Variante nach Abbildung 133 a kann staudrucklos fördern, in dem die Kette durch einen Druckschlauch angepresst/abgesenkt wird. Die Druckluft wird von einer palettenbetätigten Schaltrolle gesteuert.

Die Hauptlast der Palette wird von den Rollen getragen. Diese können paarweise oder einzeln vorhanden sein.

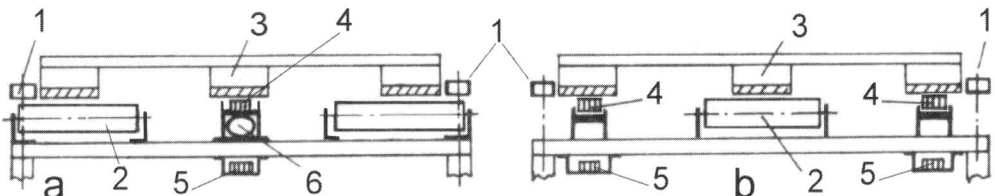

Abbildung 133 Schleppketten-Förderer, schematisch
a Schleppkette schaltbar **b** doppelte Schleppkette
1 seitliche Führungsrollen **2** Stützrolle **3** Palette **4** Schleppkette **5** Rücktrum
6 schaltbarer Druckschlauch für kraftschlüssige Verbindung der Kette mit der Palette

*Abbildung 133 c   Schleppketten-Förderer (nach Fa. KHS)   **1** Schaltrolle*

Füllanlagen

Hängebahn-Förderer

Hängebahn-Förderer werden dann eingesetzt, wenn neben längeren Wegen Höhenunterschiede überbrückt werden müssen. Ein Anwendungsbeispiel ist die Flaschen- und Kasten-Sortieranlage in der Brauerei *Veltins* (Abbildung 134).

Abbildung 134 Hängebahn-Förderer der Fa. Eisenmann AG in der Sortieranlage der Brauerei Veltins (aus [147])

Abbildung 134a Hängebahn-Förderer auf dem Weg zur Sortieranlage der Brauerei Veltins, Steigung 16 %, Geschwindigkeit bis zu 75 m/min (nach [148])

Transportanlagen

Abbildung 135 Elektrohängebahn in der Brauerei Sinebrychoff, Kerava, Finnland [149]

Abbildung 136 Übergabestation der Elektrohängebahn in der Brauerei Sinebrychoff, Kerava, Finnland (nach [149])

Füllanlagen

Elektropalettenbahn (EPB)

Das sind bodengestützte Fördersysteme, die als Ein- und Zwei-Schienenbahn gefertigt werden. Sie eignet sich für Längs- und Querfahrten. Weichen sind verfügbar. Abbildung 137 zeigt ein Ein-Schienen-System.

Abbildung 137 Elektropalettenbahn in der Brauerei Veltins (nach [148])

7.11 Zubehör für die Palettenförderung

Zur Komplettierung der Palettenförderstrecken dienen:
- Paletten-Eckumsetzer;
- Paletten-Drehtische;
- Paletten-Verschiebewagen;
- Zentrieranlagen für Palette/Kastenstapel;
- Paletten-Aufgabe-/Abgabe-Stationen.

7.11.1 Paletten-Eckumsetzer

Eckumsetzer werden genutzt, wenn eine 90°-Richtungsänderung bei gleichzeitigem Wechsel des Förderers vorgenommen werden soll, beispielsweise von einem Rollenförderer auf einen Kettenförderer oder umgekehrt (Abbildung 138).

7.11.2 Paletten-Drehtische

Paletten-Drehtische können als Rollen-Drehtisch und als Ketten-Drehtisch ausgeführt werden (Abbildung 139).

Sie werden eingesetzt, wenn die Transportrichtung eines Rollen- oder Ketten-Förderers um 90° oder einen anderen Winkel geändert werden soll. Abbildung 139 bis Abbildung 141 zeigen Beispiele für Drehtische.

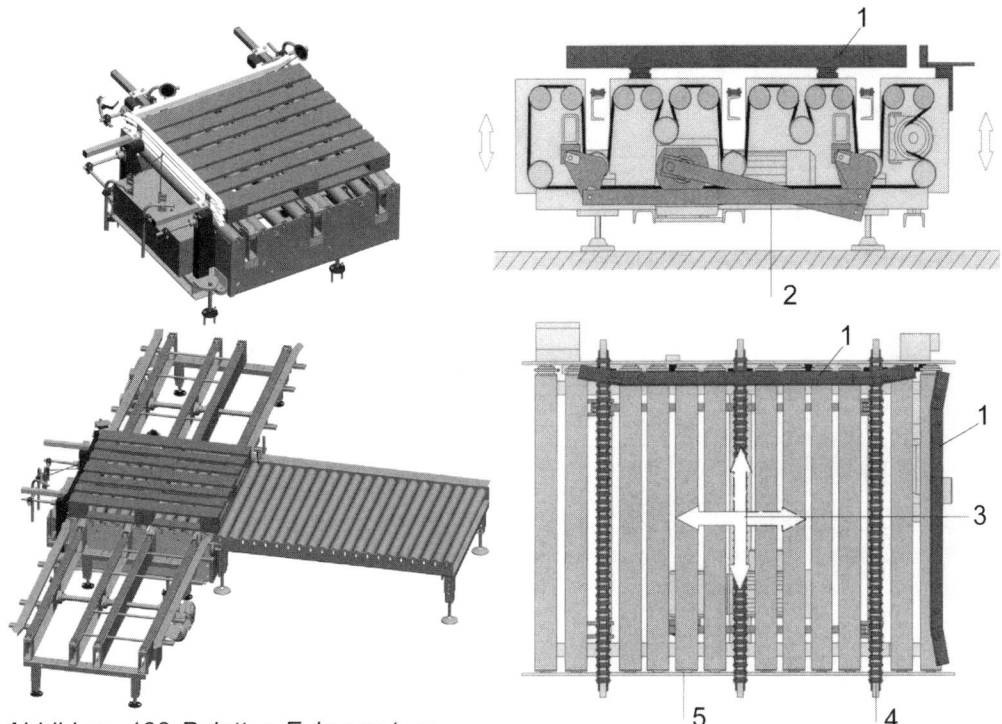

Abbildung 138 Paletten-Eckumsetzer
1 Führungsgeländer **2** Hubgetriebe **3** mögliche Förderrichtungen **4** Förderkette
5 Förderrolle

Füllanlagen

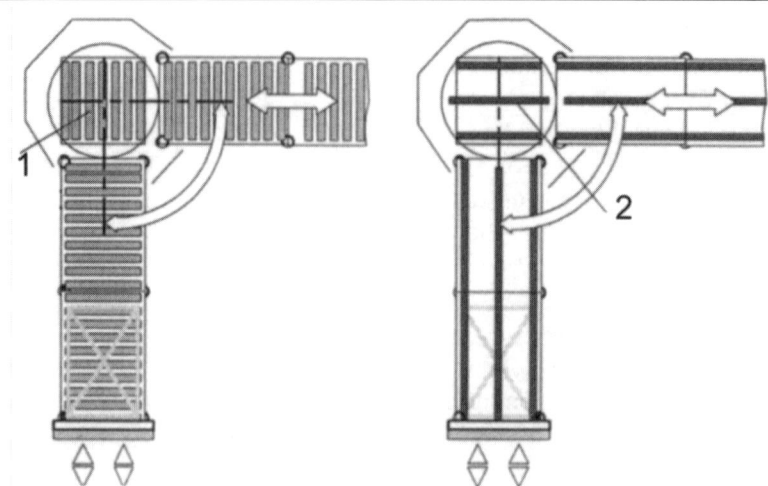

Abbildung 139 Paletten-Drehtische, schematisch
1 Rollen-Drehtisch **2** Ketten-Drehtisch

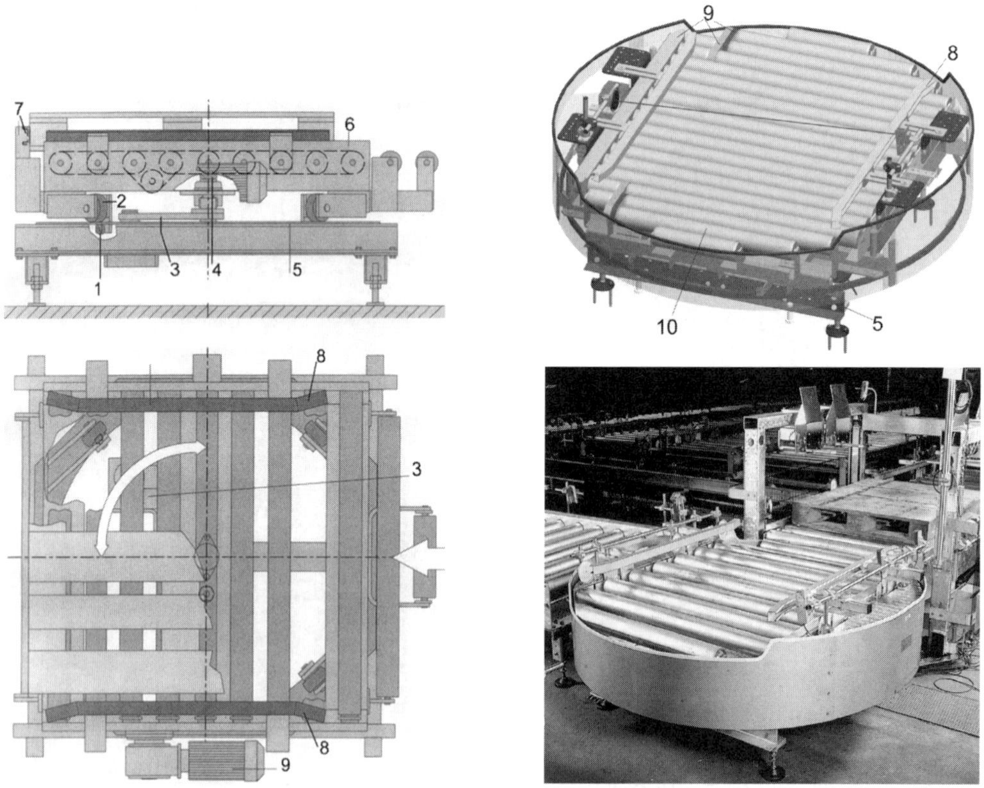

Abbildung 140 Rollen-Drehtisch (schematisch nach Fa KRONES und rechts Fa. KHS)
1 Rollenbahn **2** Stützrolle **3** Drehantrieb **4** Drehlager **5** Gestell **6** Rollenförderer
7 Endanschlag **8** Führungsgeländer **9** Rollenantrieb **10** Transportrolle

Transportanlagen

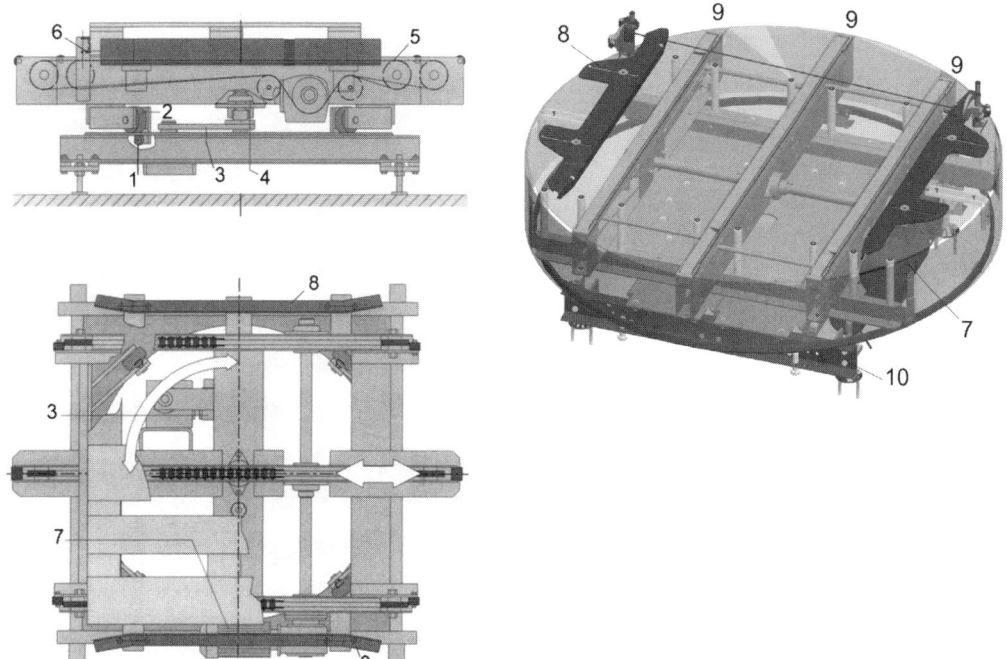

Abbildung 141 Ketten-Drehtisch (schematisch nach Fa. KRONES und rechts Fa. KHS)
1 Rollenbahn **2** Stützrolle **3** Drehantrieb **4** Drehlager **5** Kettenförderer **6** Endanschlag **7** Kettenantrieb **8** Führungsgeländer **9** Transportkette **10** Gestell

7.11.3 Paletten-Verschiebewagen

Palettenverschiebewagen können für die Verschiebung in Richtung des Palettentransportes oder quer zur Transportrichtung eingesetzt werden.
Die Abbildung 142 bis Abbildung 144 zeigen Verschiebewagen.

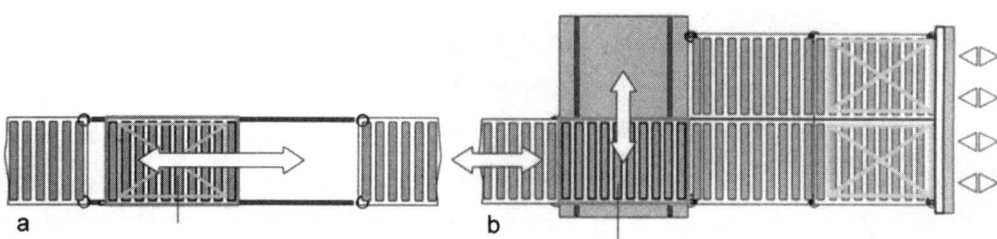

Abbildung 142 Verschiebewagen
a Verschiebung in Längsrichtung **b** Verschiebung in Querrichtung

217

Füllanlagen

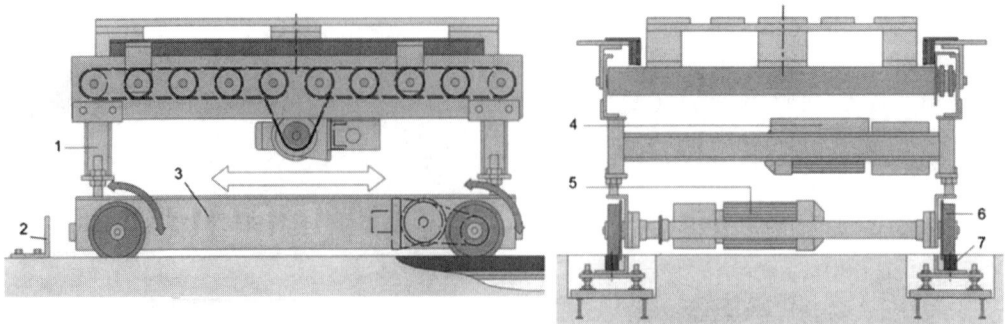

Abbildung 143 Verschiebewagen, Längsrichtung (schematisch nach Fa. KRONES)
1 Stütze **2** Anschlag **3** Fahrwagen mit Rollenförderer **4** Antrieb Rollenförderer
5 Antrieb Verschiebewagen **6** Spurkranzrad **7** Fahrschiene

Abbildung 143a Verschiebewagen mit im Boden versenkter Führungsschiene (nach KHS)

Abbildung 144 Verschiebewagen in Querrichtung auf Schienengerüst (nach KHS)

Transportanlagen

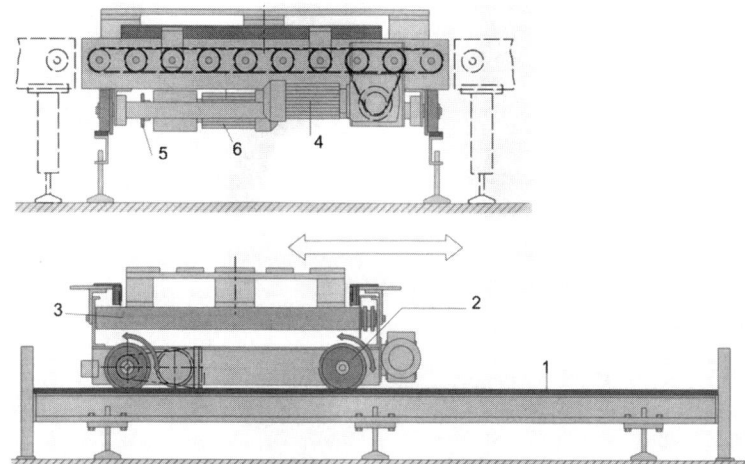

Abbildung 144a Verschiebewagen, Querrichtung (schematisch nach Fa. KRONES)
1 Gestell mit Fahrschiene **2** Spurkranzrad **3** Fahrwagen mit Rollenförderer **4** Antrieb Rollenförderer **5** Kettenrad **6** Antrieb Verschiebewagen

7.11.4 Zentrieranlagen für Paletten- und Kastenstapel

Für Rollen- und Kettenförderer sind Zentrieranlagen verfügbar. Diese zentrieren Kastenstapel zur Palette. Dazu wird die Palette angehalten bzw. fixiert und danach werden Zentrierleisten oder Rollen pneumatisch gegen die Kastenstapel gedrückt und diese dadurch zentriert.

7.11.5 Paletten-Aufgabe-/Abgabe-Stationen

Diese Stationen sollen Gabelstapler bei der Lastauf- oder -abnahme mechanisch von den Förderern entkoppeln. Dazu werden entsprechend massiv ausgeführte Anschläge und Aufsetzhilfen installiert (Abbildung 145 und Abbildung 145a).

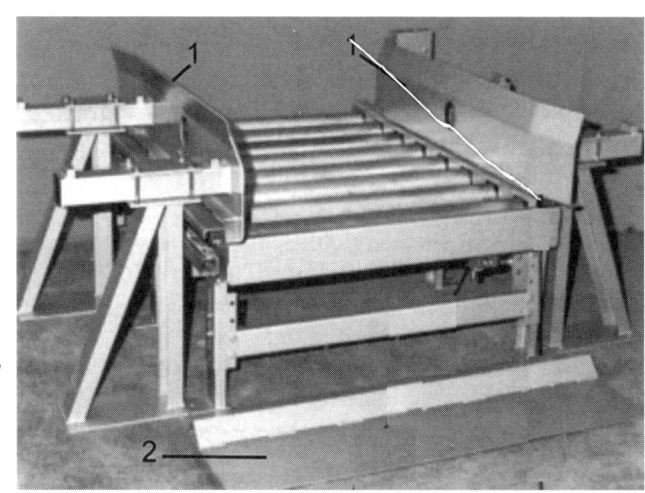

Abbildung 145 Aufgabestation, Beispiel
1 Aufsetzhilfe
2 Anfahrhilfe

Füllanlagen

Abbildung 145a   Aufgabestation für Paletten (nach KHS)

7.12 Speicher für Kästen und Paletten

Speicher für Kästen sind insbesondere bei MW-Anlagen zwischen Aus- und Einpackmaschine erforderlich, um die während der Füllung der Flaschenreinigungsmaschine anfallenden Leerkästen zu stapeln.

Ebenso können bei Sortieranlagen temporäre Speicher benötigt werden.

Die Kästen werden in der Regel reihenweise (5...9 Kästen) vom Transporteur abgehoben und ein Blockstapel (mit und ohne Abstand) auf einem Förderer (Stabkette) oder einer Gleitbahn gebildet (Stapelhöhe etwa $\leq$ 2,6 m). Auch die doppelreihige Entnahme ist möglich. Die Rückführung der Kästen erfolgt umgekehrt. Füllung und Entleerung des Speichers laufen automatisch ab. Die Speicher können für bis zu 10.000 Kästen ausgelegt werden, s.a. Abbildung 146.

Auch die Speicherung in vertikaler Linie ist möglich (ein- und zweibahnig), vorzugsweise für kurze Speicherzeiten ($\leq$ 10...12 min), s.a. Abbildung 147.

Der Speicher sollte nach dem Kastenwascher angeordnet werden.

Eine weitere Möglichkeit der Kastenspeicherung ist das Fließtisch-Prinzip (Flowtable-Prinzip, s.a. Abbildung 111 c). Die Speicherkapazität ist natürlich auf etwa 100 Kästen begrenzt.

Speicher für Paletten sind erforderlich, um Palettieranlagen störungsfrei betreiben zu können. Es müssen die ausgeschleusten Defekt-Paletten aufgenommen werden und es müssen geprüfte Paletten an die Anlage abgegeben werden.

Palettenspeicher werden in der Regel als Stapelanlagen betrieben: Abgabe und Aufnahme unten. Die Paletten werden immer nur um die Höhe einer Palette angehoben bzw. abgesenkt. Paletten werden zu maximal 10 oder 15 Stück/Stapel gespeichert.

Weitere Hinweise siehe unter Palettieranlagen.

Transportanlagen

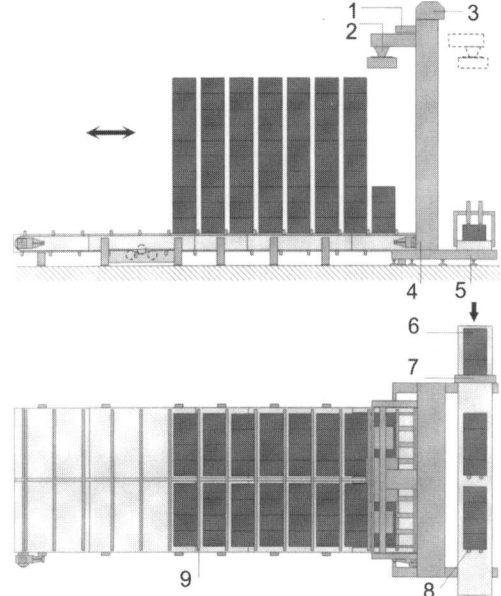

Abbildung 146
Leerkastenspeicher als Blockspeicher
(schematisch nach Fa. KRONES)
1 Quertransport Teleskoprahmen
2 Greiferkopf **3** Hubwerk **4** Säule
5 Bodenrahmen **6** Gebindetransport
7 Gebindetakter **8** Stopper
9 Stabkette

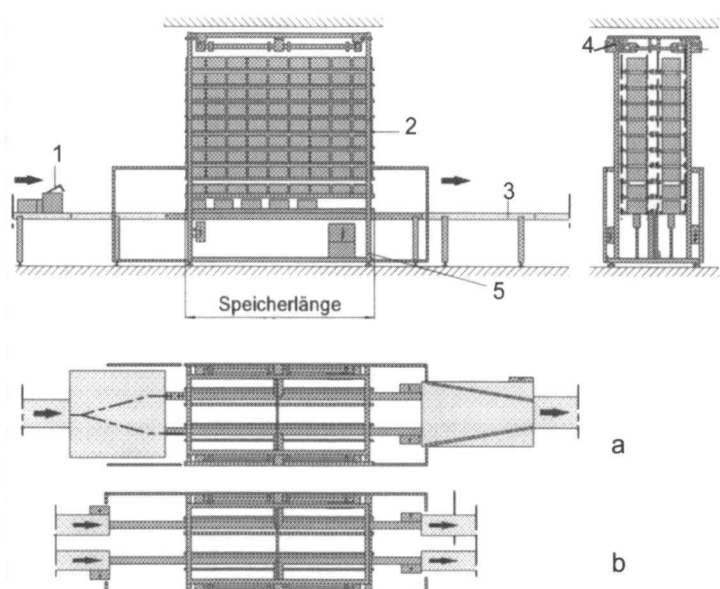

Abbildung 147 Leerkastenspeicher als zweibahniger Linienspeicher (schematisch nach Fa. KRONES) **a** mit Gebindeverteiler **b** zweibahnige Gebindezuführung
1 Gebindestopper **2** Tragschiene **3** Gebindebahn **4** Hubantrieb **5** Gestell

Füllanlagen

7.13 Antriebe und Steuerungskonzepte für Förderer und Maschinen

In modernen Anlagen werden frequenzgeregelte Antriebe für die Förderer installiert. Damit ist das definierte An- und Abfahren (Sanftanlauf, Sanftstopp; begrenzte Beschleunigung der Gebinde, um das Kippmoment der Gebinde nicht zu überschreiten und um das Aufeinanderprallen der Flaschen zu verhindern oder zu verringern) und die stufenlose Anpassung des Durchsatzes der Anlagenelemente möglich, so wie es die Steuerung der Anlage vorgibt.

Ziel ist es im Allgemeinen, die Förderer staudrucklos zu betreiben, um Überlastungen der Förderer und Beschädigungen der Gebinde zu vermeiden. Bei Stau wird der Förderer abgeschaltet.

Die Förderer müssen im Bedarfsfall noch die in einer Maschine befindlichen Gebinde aufnehmen können, zum Beispiel beim Halt der Füllmaschine oder Etikettiermaschine (die dafür benötigte Speicherfläche zählt nicht zur Pufferkapazität).

Die Förderer werden meist mittels Getriebemotoren angetrieben, vorzugsweise in der Bauform Aufsteckgetriebe oder/und mittels Kette, Zahnriemen oder Keilriemen (Poly-V-Riemen). Die Motoren können wahlweise oberhalb, unterhalb oder parallel zum Förderer installiert werden.

Stirnrad- oder Kegelradgetriebe und Umlaufrädergetriebe sind günstiger als Schneckenradgetriebe (Energiebedarf, Verschleiß). Schneckenradgetriebe haben den Vorteil, mit einer Getriebestufe große Übersetzungsverhältnisse realisieren zu können (i = 1 : ≤ 20 und mehr).

Die Antriebe sollten wassergeschützt und leicht zugänglich sein. Der Schutz der Elektromotoren und elektrotechnischen Ausrüstungen wird nach DIN EN 60529 unterteilt, s.a. Tabelle 104 (Kapitel 39.1).

Moderne Antriebe sind für die Lebensdauer geschmiert (d.h., dass ein Ölwechsel zum Teil erst nach 25.000 h erforderlich wird; Voraussetzung dafür sind alterungsbeständige synthetische Fette bzw. Öle, geschlossene Getriebe und eine verschleißarme Konstruktion und hohe Fertigungsqualität).

Üblich sind für Antriebe die Schutzarten IP 55 und IP 56.

Mechanische Stellgetriebe werden in Neuanlagen nicht mehr oder kaum noch eingesetzt.

In Abhängigkeit vom Speicherfüllungsgrad vor und nach einer Maschine werden die Antriebe so geregelt bzw. gestellt, dass die Maschine nicht angehalten werden muss.

Bei Maschinen mit großem Massenträgheitsmoment oder funktionsbedingt (z.B. Etikettiermaschine) ist es günstiger, diese nicht stillzusetzen, sondern leer, mit geringer Drehzahl, weiter zu betreiben, bis die Anlage wieder durchgängig betrieben werden kann.

Während in der Vergangenheit die sogenannte Inselsteuerung praktiziert wurde, nach der eine Maschine nur Einfluss auf die vor- und nachgeschaltete Maschine nahm, wird in modernen Anlagen die Gesamtanlage in das Steuerungskonzept einbezogen, um eine maximale Ausbringung zu erreichen.

Weitere wichtige und zu beachtende Auslegungskriterien für Elektromotoren sind nach DIN EN 60034: die Bauform des Motors/Getriebemotors, die Isolationsklasse (B für ≤ 120 °C; F ≤ 145 °C; H ≤ 165 °C), die Betriebsart (z.B.: S1: Dauerbetrieb; S2: Kurzzeitbetrieb; S3: Aussetzbetrieb mit Angabe der Einschaltdauer).

Weitere Hinweise siehe in den Kapiteln 7.2 und 39.1.

Blockung von Anlagenelementen

Seit geraumer Zeit werden einzelne Maschinen zu einem „Block" zusammengefasst, d.h., die Maschinen erhalten einen gemeinsamen Antrieb und werden räumlich soweit als möglich zusammengerückt und bei Bedarf gekapselt. Klassische Transporteure werden damit nahezu überflüssig, die Verknüpfung erfolgt durch Transfersterne, neuzeitlich mit eigenem Antrieb (Servomotor). Beispiele für eine Blockung sind Leerflaschen-Inspektor, Füll- und Verschließmaschine und Etikettiermaschine oder nur Füll- und Verschließmaschine und Etikettiermaschine, bei PET-Anlagen Blasmaschine, (Rinser) und Füllmaschine.

Vorteile der Blockung sind: geringerer Grundflächenbedarf, geringerer Bauaufwand (geringere Kosten), weniger Förderer (weniger Probleme mit umfallenden Gebinden).

Nachteile der Blockung sind: wenn ein Element ausfällt, fällt der gesamte Block aus, ein ausgeschleuster Behälter bleibt als Lücke erhalten (Minder-Ausbringung), ohne dass eine Speicherfunktion der Pufferstrecken genutzt werden kann, bei Störungen muss der gesamte Block leer gefahren werden, eine Nutzung von Pufferstrecken ist nicht möglich.

Neben der rein mechanischen Blockung ist auch die elektronische Blockung möglich. Durch synchronen Antrieb der Anlagenelemente können beispielsweise Behälter mit konstantem Abstand gefördert werden, eine erneute Vereinzelung ist nicht nötig.

7.14 Bandschmieranlagen

Zur Verringerung der Reibkräfte (s.a. Tabelle 31) werden die Transportanlagen für Flaschen und Dosen mit Bandschmiermitteln besprüht. Das ist im einfachsten Fall Wasser (bei Kunststoffbändern und -Scharnierbandketten). Üblicherweise werden aber dem Wasser reibungsmindernde, vor allem synthetische Additive zugesetzt.

Von einem Bandschmiermittel werden folgende Eigenschaften erwartet:
- Wirksam in geringen Konzentrationen;
- Schaumfrei;
- Biologisch abbaubar (um die Mikroorganismen der Abwasser-
  kläranlage nicht zu schädigen);
- Geringe CSB-Werte;
- Nicht toxisch (beim Aufsprühen ist Aerosolbildung möglich);
- Verhinderung oder Verminderung von Keimwachstum;
- Eine reinigende Komponente;
- Die Wasserzusammensetzung darf nicht zu Ausfällungen führen;
- Geringe Kosten.

Bei Kunststoffflaschen kommt noch die Forderung hinzu, dass das Bandschmiermittel nicht zur Korrosion des Kunststoffes (Spannungsrisskorrosion) beiträgt. Deshalb werden hierfür spezielle Kettengleitmittel eingesetzt. Ggf. müssen die Bandschmiermittel beim Gebindewechsel bei gemischten Glas-/PET-Anlagen gewechselt werden [150].

Oft werden spezielle Bandschmiermittel (Wirkstoff sind in der Regel synthetische Fettalkylamine) mit Desinfektionsmitteln unmittelbar bei Anwendung gemischt. Die in der Vergangenheit eingesetzten Seifen, auch Kernseife, führen zu Ausscheidungen mit den Wassersalzen, erfordern eine Wasseraufbereitungsanlage und werden deshalb nicht mehr/kaum noch eingesetzt.

Füllanlagen

Bandschmiermittel werden durch einstellbare Dosierpumpen dem Wasser mengenproportional zugesetzt und zu den Sprühdüsen gefördert. Für das Konzentrat und das Wasser/die Mischung sind im Förderstrang Produktmangelsicherungen erforderlich.

Die Förderung erfolgt durch Edelstahl-Leitungen (DN 4...6 im Endbereich; meistens als Schneidringverschraubungen ausgeführt). Das Leitungssystem muss an jeder Stelle den gleichen Systemdruck sicherstellen, um die Durchsatzmenge der Sprühdüsen konstant zu halten. Je Förderband muss eine Düse installiert werden, der Zulauf zu jeder Düsengruppe ist einstellbar, die einzelnen Förderstränge sind in Abhängigkeit vom Betrieb der Förderer zu- oder abschaltbar. Je Förderstrang können bis zu 200 Düsen installiert werden. Bei Bedarf können die einzelnen Förderstränge bzw. Düsenkomplexe getaktet geschaltet werden.

Zu jeder Düse, meistens sind es Flachstrahldüsen, die unter etwa 30° auf das Band sprühen, gehört ein integriertes Feinfiltersieb.

Der Durchsatz je Sprühdüse kann abgestuft bei 3...9 l/h liegen, durchschnittlich bei 5 l/h.

Die dosierte Menge je Band muss einstellbar sein, die Düsen müssen durch Filter gegen Verstopfungen gesichert werden.

Ihre Funktion muss regelmäßig kontrolliert werden.

In jüngster Zeit werden teilweise statt der Flachstrahldüsen zur Vermeidung der Aerosolbildung, vor allem im Bereich der offenen Behälter und der Füll- und Verschließmaschine, einfache Rohre mit mehreren Bohrungen installiert, aus denen das Bandschmiermittel tropfenweise zugeführt wird.

Zu Einzelheiten der Transportbandhygiene wird auf die Literatur verwiesen [151].

Tabelle 31   Reibwerte beim Behältertransport mit Scharnierbandketten (nach [146])

Werkstoff	Zustand	Glas-Flaschen	MW-PET-Flaschen	Dosen nach [152]
Stahl	trocken	0,35	0,31	0,40
	Wasser	0,25	0,24	0,35
	Wasser + Seife	0,10	0,17	0,20
	Wasser + synth. Bandschmiermittel	0,12	0,20	
LF-Acetal	trocken	0,15	0,23	0,25
	Wasser	0,13	0,10	
	Wasser + Seife	0,10	0,08	
	Wasser + synth. Bandschmiermittel	0,10		
Mattenkette Acetal	trocken	0,14		
	Wasser	0,13		
Delrin/Kevlar [153]	trocken	0,08		

Trockenbandschmierung

Besser müsste es heißen: wasserfreie Bandschmierung. Verwendet werden zurzeit Polyalkohole (Glycerin), Silicon-Emulsionen, PTFE-Emulsionen, synthetische und natürliche Öle. Diese Produkte werden nicht aufgesprüht, sondern mit rotierenden Bürstensystemen (still stehendes Band, keine Dosierung).

Vorteile werden gesehen durch (nach [154]):
- Geringere CSB-Werte im Abwasser (bei der Bandreinigung);
- Geringeren Wasserverbrauch;
- Geringere Reibung, damit geringere Antriebsleistung der Förderstrecken.

Positive Ergebnisse liegen vor bei allen Gebindearten auf Kunststoffketten. Beim Einsatz von Edelstahlketten gibt es noch Probleme mit MW-Glasflaschen und PET-Flaschen, da sich hier ein schwarzer Rand auf den Flaschenböden bildet.

Trotz der geringeren Reibwerte gegenüber der Nass-Schmierung bildet sich Abrieb. Dieser muss regelmäßig bei der Transportbänderreinigung entfernt werden. Trockenbandschmiermittel werden von verschiedenen Herstellern angeboten, z.B. [155].

7.15 Reinigung von Transportanlagen

Seit Beginn der Nutzung von Füllanlagen war und ist die Reinigung und Desinfektion der Anlagenelemente ein Teil der wöchentlichen Arbeitszeit. Seit den 1960er Jahren werden immer größere Aufwendungen unternommen, den hygienischen Status der Füllanlagen zu verbessern, zumal erkannt wurde, dass der wesentliche Teil der Kontaminationen bei der Abfüllung dem Umfeld der Füll- und Verschließmaschine und den unmittelbaren Transportanlagen zuzuordnen ist.

In der Vergangenheit wurden, zumindest in größeren Betrieben, die Transportanlagen nach Schichtende abgespritzt und während der wöchentlichen „Reinigungsschicht" manuell gereinigt. Hilfsmittel waren dabei Schrubber, diverse Bürsten und Reinigungsmittel sowie Hochdruck-Reiniger. Eine Verbesserung stellte die Einführung von Schaumreinigern dar. Die Hochdruckreinigung war insofern ein Problem, als die konstruktive Gestaltung der Lagerstellen der Antriebe ursprünglich dafür nicht geeignet war.

Moderne Transportanlagen zeichnen sich dadurch aus, dass die Reinigung der Förderer im Nassbereich der Füllanlage bei Bedarf automatisiert möglich ist. Dafür werden die Förderer mit rotierenden (Rückstoßantrieb) Sprühdüsen bzw. Sprühköpfen ausgerüstet, die auf die Problemstellen Ketten, Umlenkrollen, Antriebskettenräder und Kettenführung gerichtet werden. Mehrere Düsen (6...8 Stück) werden zu einem Düsenstock, 6...8 Düsenstöcke werden zu einer Gruppe zusammen geschaltet (Spülkreise) und in der Regel nach dem Prinzip der verlorenen Reinigung mit Reinigungsmittel und Spülwasser taktweise im Wechsel beaufschlagt.

Die Bereitstellung der Reinigungsmittel erfolgt von einer zentralen CIP-Versorgungsstation oder von dezentralen Reinigungsanlagen aus.

Der Spritzdruck liegt im Bereich 3...5 bar. Üblich sind Volumenströme von 25... 30 m^3/h je Spülkreis in DN 65. Eine Füllanlage kann in 15...20 Spülkreise aufgeteilt werden.

Die Taktzeit je Medium sollte bei 2...4 s liegen. Der Reinigungszyklus eines Spülkreises kann wie in Tabelle 32 genannt ablaufen.

Füllanlagen

Tabelle 32 Reinigungszyklus für Transportanlagen

Stufe	Zeitdauer
Vorspülen mit Wasser, ggf. Stapelwasser der CIP-Station	4...6 s
Reinigungsmittel, 1. Auftrag	2...4 s
Einwirkungszeit	6...9 min
Reinigungsmittel, 2. Auftrag	2...4 s
Einwirkungszeit	6...9 min
1. Wasserspülung	2...3 s
2. Wasserspülung	2...3 s
Gesamt: Spülung	12...20 s
Einwirkzeit	12...18 min

Die konstruktive Gestaltung der Förderer wird unter Beachtung der Reinigungsmöglichkeiten vorgenommen: u.a. Einsatz geschlossener Profile, Vermeidung von unzugänglichen Ecken und Spalten, glatte Oberflächen mit geringer Rauhtiefe, Schweißverbindungen statt Schraubverbindungen (wo es geht).

Prinzipiell ist auch die Kreislaufreinigung möglich, allerdings ist die Rückförderung der Medien aufwendig. Günstige Voraussetzungen dafür bieten unterkellerte Füllanlagen, die die Schwerkraftförderung ermöglichen.

Die regelmäßige, möglichst tägliche Reinigung ist eine Voraussetzung für saubere Anlagen, von denen keine Kontaminationsgefahren ausgehen.

Im Anschluss an die Transporteurreinigung sollte der Fußboden gereinigt werden; eventuelle Scherben müssen bereits vor der Reinigung entfernt werden.

Nach der abgeschlossenen Reinigung sollte die Bandschmieranlage 1 bis 2 min eingeschaltet werden, um die leere Anlage mit Gleitmittel zu versorgen.

Bei der manuellen Reinigung mittels Schaumreinigern bzw. Reinigungsgelen und HD-Spritzen ist darauf zu achten, dass Wellendurchführungen bzw. Lager nicht beaufschlagt werden (abgedeckte Lager sind anzustreben).

7.16 Sonstiges

Moderne Förderanlagen werden mit einer Zentralschmieranlage ausgerüstet, die betriebsstundenabhängig geschaltet oder betätigt wird.

8. Anlagen für die Palettierung
8.1 Allgemeine Hinweise

Getränke-Sammelpackungen (Kästen, Kartons, Trays, Mehrstückpackungen) werden im Allgemeinen palettiert, auch das Mehrwege-Leergut kommt palettiert in den Abfüllbetrieb zurück.

Kunststoffkästen stehen formschlüssig im unteren Kasten. Deshalb sind bei Kunststoffkästen die Säulen- und Schichten-Be- und -Entpalettierung möglich, teilweise werden spezielle Verfahren mit hoher Effizienz genutzt.

Alle anderen Packungen werden nach dem Schichtenpalettierverfahren im Verbund behandelt, soweit nicht bei kleineren Anlagen die Gebinde einzeln palettiert werden.

In der Vergangenheit dominierten spezielle Palettieranlagen, bei denen Säulen oder Schichten (ggf. in wechselnder Formation) gebildet wurden, die dann mittels Schieber, Überschubblech, „Rollenteppich" oder Übergabewagen auf die Palette gebracht wurden. Dabei gibt es die Varianten:
- Die Palette steht still und die Übergabevorrichtung wird gehoben/gesenkt sowie horizontal bewegt;
- Die Palette wird gehoben/abgesenkt. In diesem Fall wird die Übergabevorrichtung horizontal bewegt und in einer fixierten Höhe betrieben.

Gegenwärtig werden für die Be- und Entpalettierung, vor allem bei kleineren Anlagen, zunehmend Palettierroboter eingesetzt, die als Säulen-, Portal- oder Gelenkroboter die Palettierung und das Palettenhandling übernehmen. Die Übergänge zwischen den Bauformen sind fließend. Vorteile des Roboters sind der relativ geringe Platzbedarf, die geringeren Betriebskosten und die Flexibilität (s.a. Kapitel 8.3).

Teilweise lassen sich das Ein- und Auspacken aus Kästen und die Flaschensortierung mit der Ent-/Palettierung kombinieren.

Palettiert wird auf Pool-Paletten (800 mm x 1200 mm), aber auch auf Halb-Paletten (600 mm x 800 mm; zum Teil „Cheb"-Paletten) und Viertel-Paletten (400 mm x 600 mm). Letztere werden in der Regel für Verladung und Transport auf Pool-Paletten („Mutterpaletten") aufgesetzt.

Die ehemals dominierende Brauerei-Palette (1000 mm x 1200 mm) wird immer weniger genutzt. Vereinzelt werden noch andere Sonderpaletten verwendet, meist nur zwischen zwei Partnern. Hierzu s.a. Kapitel 5.3.19.

Voraussetzung für einen störungsfreien Palettierbetrieb sind maßhaltige defektfreie Paletten. Deshalb müssen die Paletten vor der Palettierung geprüft und ggf. ausgesondert und durch funktionstüchtige Paletten ersetzt werden. Bei automatischen Hochregallagern wird deshalb in der Regel ein Palettentausch vor der Einlagerung vorgenommen (s.a. Kapitel 6.3.5).

Die beladenen Paletten erhalten im Allgemeinen eine Ladungssicherung durch Umreifung oder durch eine Folienhülle. Andererseits müssen von Leergutpaletten vor der Entpalettierung die Ladungssicherungen entfernt werden.

Füllanlagen

Zu einer Palettieranlage gehören:
- Leergut-Palettenaufgabe;
- Palettenförderer;
- Entpalettieranlage;
- Palettenkontrollanlage mit Speichern und Aufgabestellen für Gut- und Defekt-Paletten;
- Palettieranlage;
- Palettensicherungsanlage;
- Palettenabgabe.

8.2 Palettieranlagen

8.2.1 Allgemeine Hinweise

In der Regel sind für Entpalettierung und Palettierung getrennte Anlagen vorhanden, insbesondere wenn größere Durchsätze gefordert sind. Bei kleineren Anlagen können beide Funktionen kombiniert werden.

Palettiert werden kann nach dem Schichten- und dem Säulen-Verfahren.

Beim Schichten-Verfahren können die einzelnen Ladeschichten spiegelbildlich gruppiert werden, um bei Kästen, Kartons und Trays einen Verbundstapel zu erreichen.

Bei der Säulenpalettierung steht die Palette immer auf Zuführniveau, bei der Schichtenpallettierung kann sie auch vertikal um jeweils eine Gebindehöhe gehoben oder abgesenkt werden, d.h., die Gebindezuführung kann obenliegend sein (vor allem bei Karton- und Tray-Palettierung genutzt).

Die Gebinde einer Schicht werden durch einen Ladekopf oder eine Verschiebeplattform aufgenommen und bewegt.

Für die Palettierung wurden ursprünglich Spezialmaschinen entwickelt, die über einen speziellen optimierten Bewegungsablauf verfügen. Eine Modifikation der Arbeitsaufgabe war nur bedingt gegeben. Die Fortschritte der Antriebs- und Steuerungstechnik haben das Einsatzspektrum wesentlich erweitert. Die neueren Knickarm-Roboter sind sehr variabel einsetzbar, unterliegen aber bezüglich der Tragmasse noch Einschränkungen, die für die ebenfalls universell einsetzbaren Portal- und Säulen-Roboter nicht gelten. Für den konkreten Anwendungsfall muss die geeignete Lösungsvariante aus dem bestehenden Angebot der konstruktiven Lösungen unter Beachtung der Investitions- und Betriebskosten erarbeitet werden.

Die Fortschritte der Antriebstechnik liegen insbesondere in der Nutzung elektromechanischer Antriebe und Koppelgetriebe statt pneumatischer Antriebe, in der Verwendung von Linear-Kugellagern statt Gleitführungen, in der Anwendung von wartungs- und schmierungsfreien Zahnriemen für vertikale und horizontale Bewegungen statt Rollenketten und im Einsatz von Servomotoren, die bei einem einstellbaren Drehwinkel ohne mechanische Bremsung punktgenau anhalten und verharren können. Nur bei der Abschaltung tritt eine mechanische Bremse in Funktion.

Bei modernen Antrieben besteht prinzipiell die Möglichkeit der Rückgewinnung der Bewegungsenergie und deren Rückspeisung ins Netz.

Die ursprünglich fast ausschließlich eingesetzten pneumatischen Antriebe mit Pneumatikzylindern für lineare Bewegungsabläufe in Richtung der drei Achsen des Raumes werden kaum noch genutzt (Energieaufwand). Pneumatikzylinder werden nur noch für kurze Bewegungen angewandt und bei räumlich beengten Verhältnissen.

Palettierung

In kleinen Betrieben werden Hubtische eingesetzt, die die Palette immer in Arbeitshöhe für die manuelle Ent- oder Beladung bringen können. Auch Hebevorrichtungen und Stapelmaschinen können Stapel bilden, die dann auf der Palette abgesetzt werden.

Der Durchsatz einer Palettieranlage wird u.a. von der Art und der Lage des Gebindezu- und -ablaufes, der Lagenbildung, der Anzahl der Packungen je Lage, vom Palettendurchlauf und von den Packgütern selbst wesentlich bestimmt.

Bei der Kastenpalettierung kann mit bis zu 500 Lagen/(h·Kopf) gerechnet werden, bei der Palettierung von Kartons usw. mit bis zu 600 Lagen/(h·Kopf).

8.2.2 Grundprinzipien der Palettierung

In Tabelle 33 sind die Grundprinzipien zusammengefasst dargestellt. Abbildung 148 bis Abbildung 150 zeigen schematisch diese Möglichkeiten.

Tabelle 33   Grundprinzipien der Palettierung

Grundprinzip	Palette	Gebinde-transport	geeignet für
Säulenpalettierung	unten stillstehend	unten	Kunststoffkästen
Schichtenpalettierung	unten stillstehend	unten	Kästen, Kartons, Trays, Multipacks, Wrap-Around-Packungen
	vertikal bewegt	von oben	
	unten stillstehend	in der Höhe anpassend	
Schichtenstapel-palettierung	wird unterfahren	unten	Kunststoffkästen

8.2.2.1 Säulenpalettierung

Bedingung dafür ist, dass die Kästen formschlüssig stapelbar sind. Flaschenkästen aus Kunststoff erfüllen diese Voraussetzung.

Beim Entpalettieren werden die Säulen der Palettenladung reihenweise von der fixierten Palette abgeschoben (der Reibungskoeffizient Palette/Kasten soll möglichst klein sein) und anschließend werden die Reihen entstapelt oder die Reihen werden zu Säulen vereinzelt, die dann entstapelt werden. Dieses Entpalettierverfahren wird kaum noch genutzt.

Beim Bepalettieren werden aus den einzelnen Kästen durch Stapelung Säulen gebildet bzw. werden gleichzeitig mehrere Kästen zu Säulen in Reihe gestapelt. Die gebildete Säulenreihe wird dann auf die fixierte Palette geschoben (in Richtung der Palettendeckbretter). Das Überschieben quer zu den Palettendeckbrettern wird durch ein Schiebeblech erleichtert. Dieses Hilfsmittel wird nach der Palettenbeladung durch eine horizontale Bewegung wieder entfernt.

Beim Säulen-Palettierverfahren verbleibt also die Palette stets auf dem Horizontalförderer. Die Säulenbildung erfolgt so, dass die Kästen soweit angehoben werden, dass die nächsten Kästen in den Freiraum darunter einlaufen können. Danach wird die nächste Kastenreihe angehoben usw.

Das Anheben der Kästen kann durch seitliche Greiferfinger oder von unten mittels eines Hubtisches erfolgen. Gehalten werden die Kästen formschlüssig in den seitlichen Griffleisten.

Füllanlagen

Werden größere Durchsätze gefordert, wird zwei- oder mehrbahnig gestapelt, sodass eine Schicht gebildet wird. Ist die gewünschte Stapelhöhe erreicht, kann eine Palette einlaufen, auf die dann der Stapel abgesenkt wird (s.a. Schichtenstapelpalettierung). Dieses Palettierverfahren lässt sich auch bei sehr großen Durchsätzen anwenden.

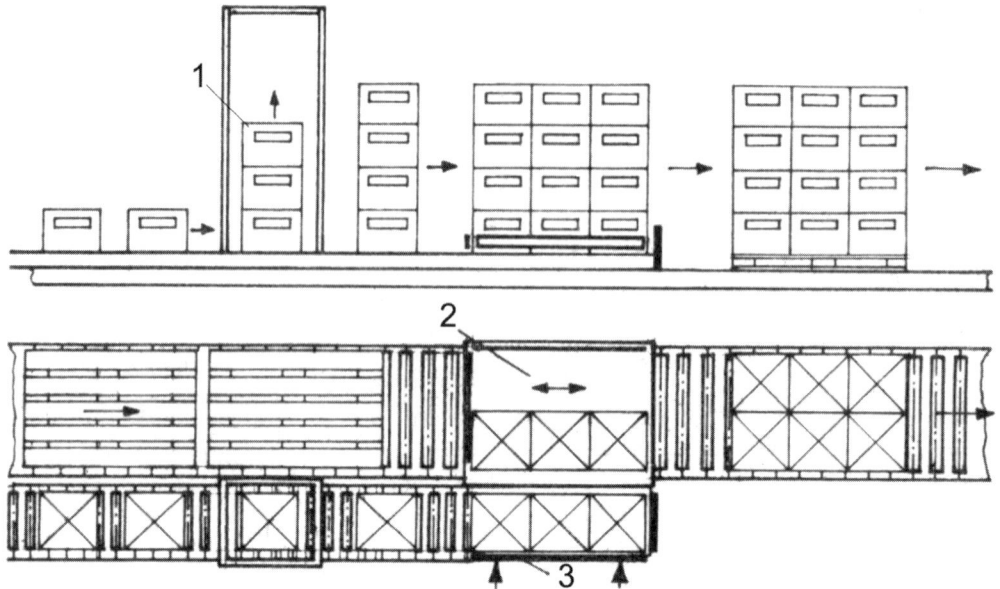

Abbildung 148 Säulenpalettierung, schematisch
1 Säulenbildung/Stapelvorrichtung **2** Überschiebeblech **3** Kastenschieber

1 Kastenzulauf
2 Kastenstapelung
3 Schieber
4 beladene Palette

Abbildung 149 Säulenpalettieranlage (nach Fa. Schaefer, München)

8.2.2.2 Schichtenstapelpalettierung

Das ist eine spezielle Form der Palettierung, die im Prinzip nur bei Kunststoffkästen genutzt werden kann. Sie ist sehr effizient und funktionssicher.

Bei der Palettierung werden die Kästen zweibahnig dosiert zugeführt, sodass eine Schicht gebildet wird. Diese wird um etwas mehr als Kastenhöhe angehoben und die nächste Schicht wird darunter formiert. Die obere Schicht wird abgesetzt und beide Schichten werden angehoben. Danach wird wieder abgesetzt, angehoben und die nächste Schicht darunter formiert usw. Ist die Ladehöhe erreicht, wird eine Palette unter die Schicht gebracht und der Schichtenstapel auf dieser abgesetzt und entfernt.

Dieses Prinzip ist zum Entpalettieren umkehrbar: der Stapel wird nach dem Einlauf der Leergut-Palette angehoben, fixiert und die Leerpalette wird entfernt; Absenken um eine Schichthöhe, geringes Anheben, fixieren, Auslauf der untersten Schicht. Danach wird der Stapel wieder abgesetzt, die oberen Schichten werden angehoben und die unterste Schicht wird entfernt usw., bis die ursprünglich oberste Schicht entfernt wurde. Danach läuft die nächste Leergut-Palette ein. Die Leerpaletten werden von Robotern gehandelt (s.a. Abbildung 149 a).

Abbildung 149 a   Schichtenstapel-Entpalettierung (nach Fa. KHS)
1 Portal mit Hubantrieb für Klemmkopf   **2** Klemmkopf mit Pneumatikzylindern

8.2.2.3 Schichtenpalettierung

Bei diesem Verfahren werden aus den einzelnen Gebinden Schichten gebildet, die dann übereinander gestapelt werden.

Aus formschlüssig stapelbaren Kästen werden also schichtweise Säulen gebildet. Alle nicht formschlüssig stapelbaren Gebinde werden zu spiegelbildlich angeordneten Schichten formiert, die dann aufeinander gestapelt werden und einen Stapelverbund ergeben.

Statt der Formierung wechselnder Lagebilder kann die Schicht mit dem gleichen Effekt auch vor dem Absetzen um 180° gedreht werden.

Füllanlagen

Bei modernen Schichtenpalettieranlagen werden die Schichten mit wechselnden Lagebildern unter Verwendung eines (Knickarm-)Roboters gebildet.

Bei kleineren Durchsätzen können die Schichtenbildung und auch die Entladung reihenweise erfolgen unter der Voraussetzung, dass die Kästen stapelbar sind.

Zur Stabilisierung der Palettenladung können auch zwischen den einzelnen Schichten Zwischenlagen eingefügt werden, beispielsweise wenn Multipacks direkt palettiert werden.

Beim Entpalettieren wird die Palette schichtweise entladen, danach werden die Schichten reihenweise vereinzelt.

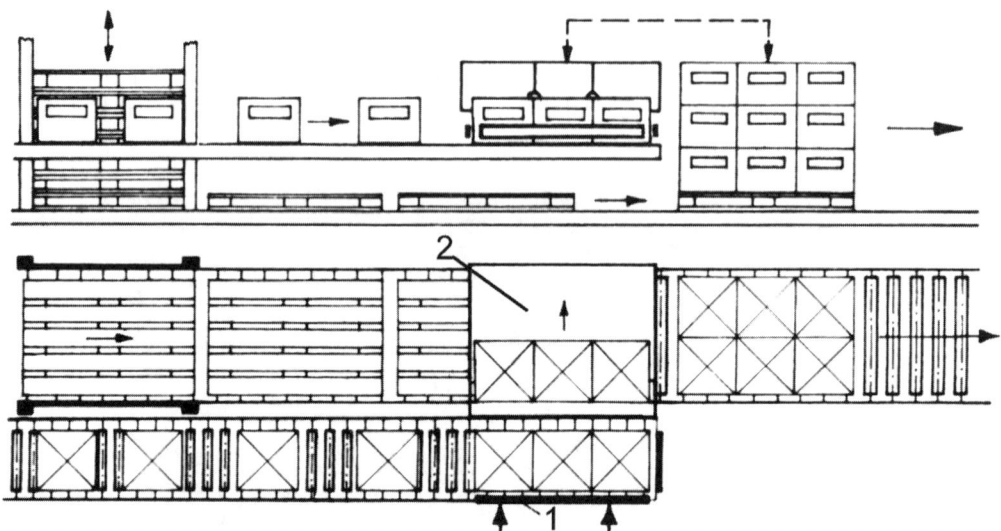

Abbildung 150 Schichtenpalettierung, schematisch
1 Kastenschieber **2** Schichtenbildung

Die in Abbildung 151 gezeigten Varianten für die Gebindezuführung bei der klassischen Palettieranlage sind natürlich bei modernen Palettierrobotern (Kapitel 8.3) entbehrlich.

Palettierung

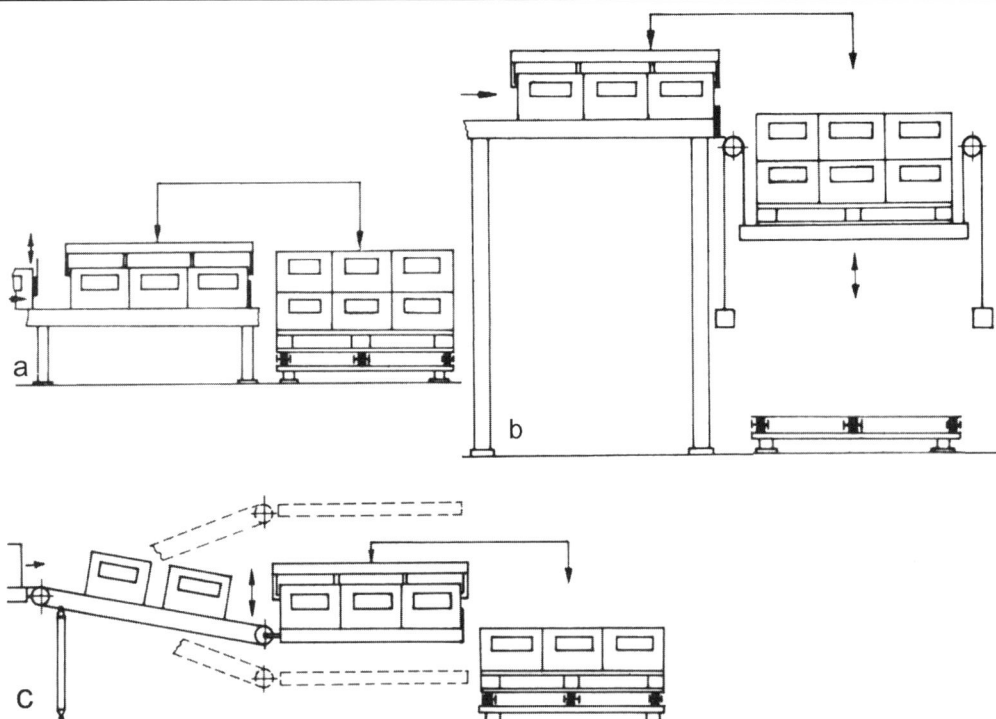

Abbildung 151 Varianten für die Gebindezuführung und Positionierung der Palette
a Zuführung unten, Palettenförderung unten
b Zuführung oben, Palette heb- und senkbar
c Zuführung und Schichtenbildung heb- und senkbar, Palettenförderung unten

8.2.3 Grundaufbau eines Palettierers

Wesentliche Baugruppen eines Palettierers sind:
- Das *Maschinengestell*. Es kann als Säule oder Portal gestaltet werden und nimmt die *Hubvorrichtung* auf. Diese wird an Rollen- oder Kugel-Geradführungen vertikal bewegt und von einem Getriebe-Bremsmotor oder Servomotor mittels Rollenketten oder Zahnriemen angetrieben; die Masse der Hubvorrichtung wird durch eine Gegenmasse ausgeglichen;
Die Säule kann fest oder drehbar sein.
- Die *Hubvorrichtung* nimmt den Ladekopf oder eine Verschiebeplattform auf. Der *Ladekopf* kann schwenkbar oder linear beweglich in einer oder zwei Achsen befestigt sein.
Verschiebeplattformen werden von einem Horizontalfahrwerk nur linear bewegt, meistens nur in Richtung einer Achse („Quertransport");
Das Horizontalfahrwerk kann als Teleskopfahrwerk ausgeführt werden;
Ladeköpfe und (seltener) Verschiebeplattformen können gewechselt werden. Bei größeren Anlagen kann der Wechsel automatisch in Verbindung mit einem Magazin erfolgen.
- Der *Gebindezu- oder -ablauf* (mehrbahnige Kettenförderer, Rollenförderer). Der Gebindezulauf kann unten, von oben oder vertikal angepasst erfolgen;
- Die *Gruppierstation* für die Bildung der Schicht.

Füllanlagen

8.2.4 Ladekopf

Ladeköpfe werden vor allem bei formstabilen Gebinden (Flaschen, Kästen, Glasflaschen und Dosen in Kartons, Multipacks und Trays) eingesetzt. Bauformen sind:

Hakengreiferkopf

Beim Hakengreiferkopf werden pneumatisch angetriebene, schwenkbare Haken benutzt, die in entsprechende Aussparungen der (Kunststoff-)Kästen greifen und das Packgut formschlüssig halten (s.a. Abbildung 152 a).

Hakengreiferköpfe können für verschiedene Packbilder automatisch umstellbar sein. Zentrierrahmen erleichtern das Greifen und Absetzen der Reihe oder Schicht.

Lagenklemmkopf

Beim Lagenklemmkopf werden von parallel geführten Klemmleisten die Gebinde kraftschlüssig von zwei, meistens vier Seiten gegriffen. Der Antrieb der Klemmleisten erfolgt pneumatisch (s.a. Abbildung 152 b).
Beim Klemmen wird gleichzeitig zentriert.
Die Klemmbacken werden in der Regel mit Gummi belegt.

Packtulpenkopf

Der Packtulpenkopf erfasst die einzelnen Gebinde und ermöglicht das lagenweise Übersetzen von einzelnen Flaschen, beispielsweise auf Displaypaletten. Für jeden Behälter ist eine Packtulpe vorhanden (s.a. Abbildung 152 c).
Die Behälter müssen zentriert werden.

Schlauchklemmkopf

Für Neuflaschenabheber werden Schlauchklemmköpfe benutzt, die die Gebinde reihenweise mittels elastischer Schläuche klemmen. Die Flaschen müssen zentriert werden.

Reihengreiferkopf

Reihengreiferköpfe nehmen Kunststoffflaschen (Neckhandling) schichtweise auf bzw. geben sie ab. Dabei wird das Lagebild reihenweise gegriffen/abgegeben. Der Abstand der Reihen ist dazu veränderlich, um die Gebinde zum Beispiel an Luftförderer zu übergeben oder von diesen aufzunehmen.

Vakuumsaugerkopf

Vakuumsaugerköpfe nehmen Zwischenlagen, Kartons, Multipacks, Dosen usw. auf, die sich nicht formschlüssig greifen lassen.

Kegladekopf

Kegladeköpfe erfassen Kegs schichtweise formschlüssig am Keghals. Ladeköpfe lassen sich bei Bedarf wechseln, auch automatisch.
Es werden auch Klemmköpfe eingesetzt.

Palettierung

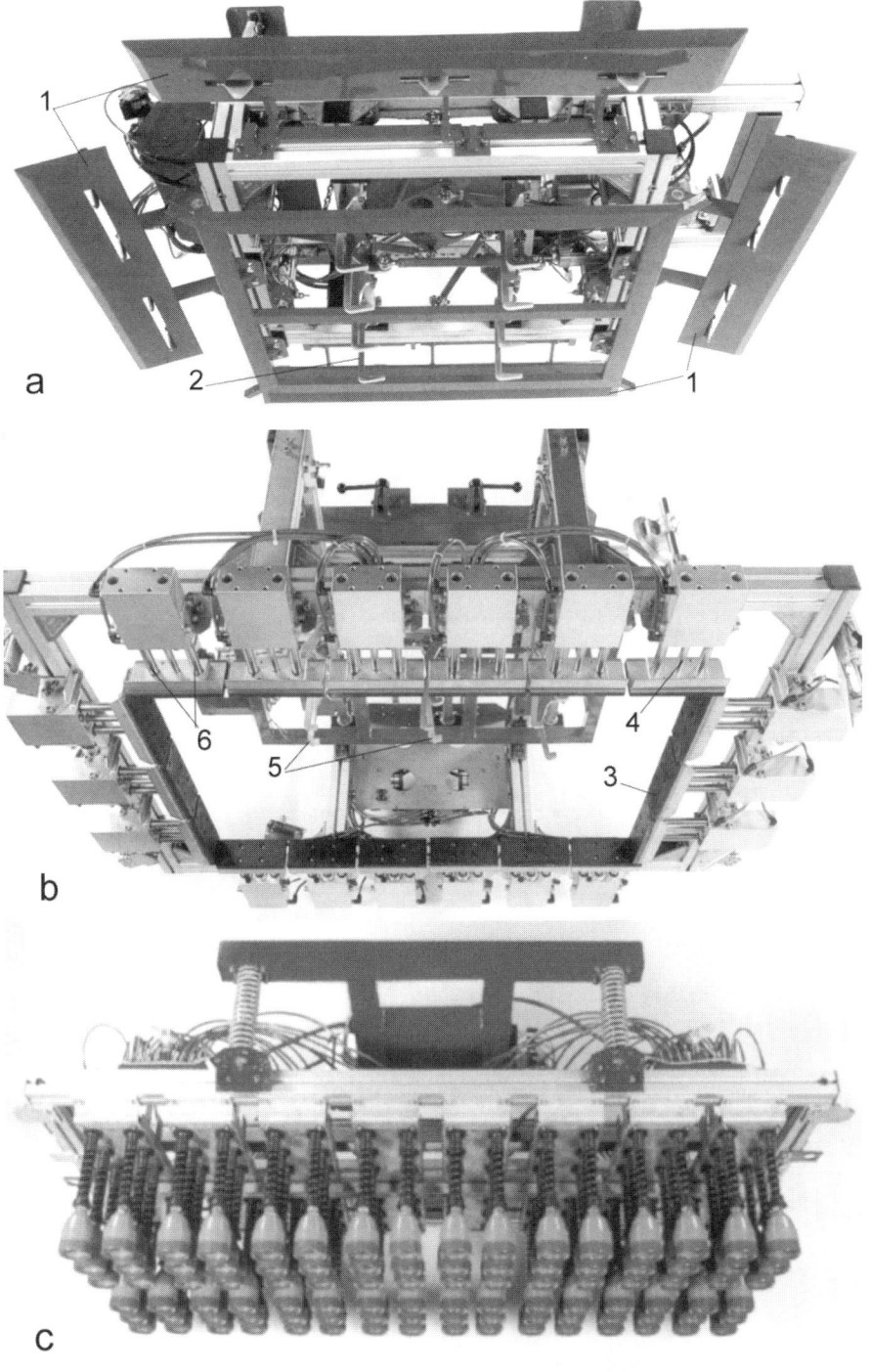

Abbildung 152 Beispiele für Ladeköpfe (nach Fa. KHS)
a Hakengreiferkopf   b Lagenklemmkopf   c Packtulpenkopf
1 äußere Haken mit Zentrierleiste, schwenkbar   2 innere Haken, schwenkbar
3 Klemmbacken   4 Kolbenstange   5 Hilfshaken   6 Geradführung

Füllanlagen

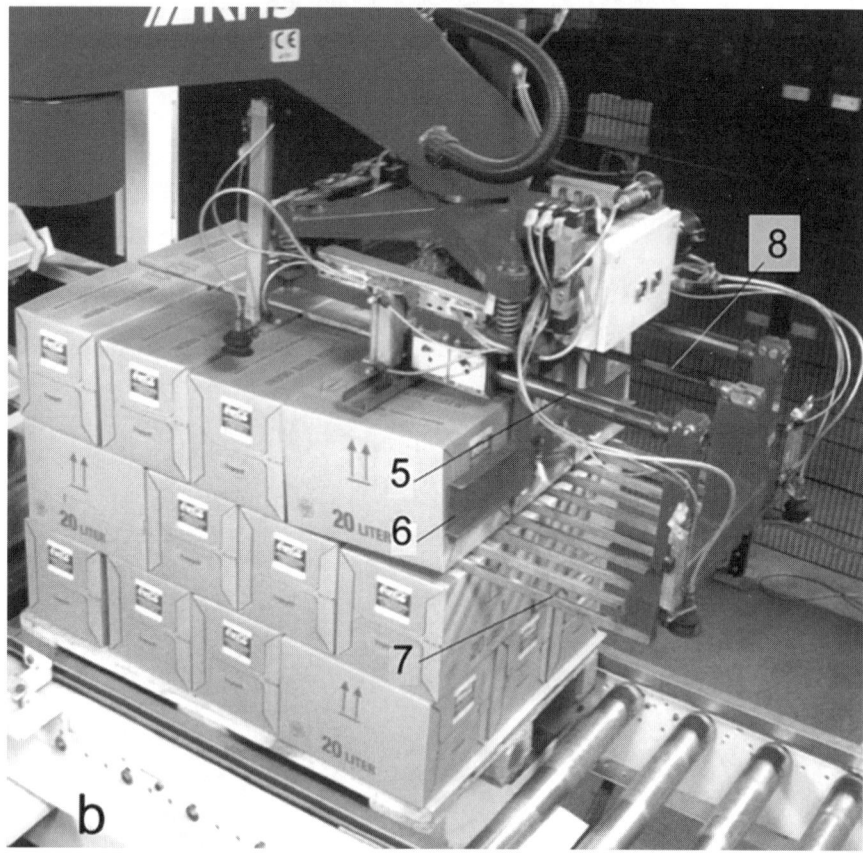

Abbildung 153 Beispiel für Verschiebeplattformen (nach Fa. KHS)
a Variante Rollenteppich   **b** Variante Rechen
1 Rollenteppich   **2** Antriebskette   **3** Gegenhalter   **4** Lichtschranke   **5** Geradführung
6 Gegenhalter   **7** Rechen   **8** Kolbenstange

8.2.5 Verschiebeplattform

Verschiebeplattformen (Abbildung 153) werden eingesetzt, um instabile, „weiche" Packungen zu palettieren (Trays, Kartons, Multipacks, geschrumpfte Kunststoffflaschen).

Auf der Verschiebeplattform werden die Gebindeformationen gebildet und anschließend über die Palette verfahren. Danach hält ein Zentrierrahmen die Formation, während die Plattformunterlage entfernt wird. Diese kann entweder ein einfaches Verschiebeblech oder ein „Rollenteppich" sein. Beide können einteilig oder zweiteilig sein. Letztere werden mittig in zwei Richtungen geöffnet, um die Absetzzeit im Sinne größerer Durchsätze zu reduzieren.

Beim Abschieben „fallen" die Gebinde um einen geringen Betrag von 30...50 mm und können anschließend durch Zentrierleisten geordnet werden.

Rollenteppiche bestehen aus einer Vielzahl von Röllchen oder Rollen (Ø ca. 12... 20 mm).

Statt der Verschiebebleche können auch Rechen genutzt werden, auf denen die Formation gebildet wird. Der Rechen wird unter den Packungen entfernt, während ein Anschlag die Gebindeformation fixiert.

Die Reibung der Packgüter auf Verschiebeblechen kann durch Druckluft verringert werden (Luftkisseneffekt). Diese Variante ist aus energetischen Gründen nicht mehr im Einsatz.

8.3 Palettierroboter

Wie im Kapitel 8.2 ausgeführt, sind die Palettierroboter die folgerichtige Weiterentwicklung der klassischen Palettieranlagen.

Ihre Vorteile resultieren aus der Variabilität ihres Einsatzes, der Flexibilität bei Umstellprozessen, ihrem relativ großen Arbeitsbereich und den optimierbaren Bewegungsabläufen bei relativ geringer benötigter Arbeitsfläche.

Wesentliche Fortschritte der Antriebs-, Mess- und Steuerungstechnik haben im Verein mit der kostengünstigen Massenfertigung, der Erhöhung der Nutzlast und der Erhöhung der Nutzungsdauer (Senkung der laufenden Betriebskosten) diese Vorteile ermöglicht.

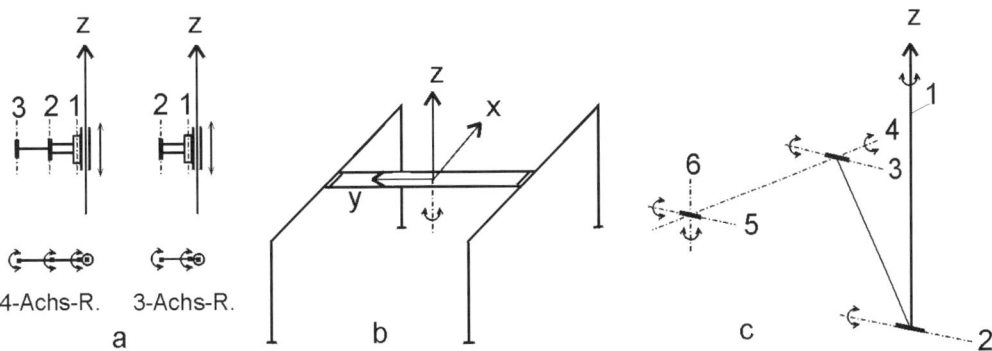

Abbildung 154 Bezugsachsen für Roboter
a Säulen-Roboter **b** Portal-Roboter **c** Knickarm-Roboter

Füllanlagen

Damit lassen sich Multifunktionsgeräte für das Entpalettieren und Palettieren, die Gruppierung von Lagebildern für das Beladen, das Ein- und Auspacken der Kästen und bei Bedarf auch für das selektive Auspacken und Sortieren der Flaschen gestalten. Palettierroboter werden in den folgenden Bauformen gefertigt:

- Säulen-Roboter;
- Portal-Roboter;
- Knickarm-Roboter.

Abbildung 154 zeigt die Bezugsachsen.

8.3.1 Säulenroboter

Der Säulenroboter (Synonym SCARA-Roboter, **S**elective **C**ompliance **A**ssembly **R**obot **A**rm) hat eine vertikale Achse für die Hubbewegung und 2 bzw. 3 parallele vertikale Achsen für Drehbewegungen, insgesamt 3- bzw. 4-Achsen.

Die Zahl der Arbeitsspiele ist auf ca. 500/h, max. 600/h begrenzt, die Tragmasse auf ca. 500 kg (Nutzlast + Greifer) bei 3-Achsen und auf ca. 180 kg bei 4-Achsen.
Ein Beispiel eines Säulenroboters für die Palettierung zeigt Abbildung 156.

8.3.2 Portalroboter

Das Arbeitsorgan des Portalroboters kann translatorisch in Richtung der x-, y- und z-Achse ($u \leq 2,1$ m/s, $v \leq 2,0$ m/s, $w \leq 1,5$ m/s) verfahren werden, außerdem ist eine Drehung um die z-Achse (ca. 216°/s) möglich [156].

Die Tragmasse beträgt 300 kg, die Positioniergenauigkeit ± 0,5 mm, die Wiederholgenauigkeit ± 0,4 mm.

Der Arbeitsbereich kann bis zu 6,2 m (x-Achse), 3,7 m (y-Achse) und 2 m (z-Achse) betragen.

Auf dem Portalwagen können mehrere Arbeitsorgane angeordnet werden. Beispiele für den Einsatz von Portalrobotern für die Kommissionierung zeigt Abbildung 155.

Portalroboter eignen sich insbesondere für das kombinierte Ein-/Auspacken und die Palettierung und für Sortier- und Kommissionieraufgaben.

Die klassische Palettieranlage in Portalbauweise mit Verschiebeplattform und Ladekopf kann ebenfalls zu den Portalrobotern gezählt werden (Tragmasse 500 kg; zum Teil noch mehr bei doppelten Ladeköpfen).
Das Beispiel eines Portalroboters für die Palettierung zeigt Abbildung 157.

Palettierung

Abbildung 155 Beispiele für Portalroboter-Anlagen für die Kommissionierung (nach Fa. ro-ber, Kamen)

Füllanlagen

Abbildung 156 Beispiel für eine Palettiermaschine in der Bauform Säulenroboter (nach Fa. KHS)

Abbildung 157 Beispiel für eine Palettiermaschine in Portalbauform mit Verschiebewagen und Doppel-Packkopf (nach Fa. KHS)

8.3.3 Knickarmroboter

Der Knickarmroboter ist ein 6-Achsen-Roboter. Die Achse 4 wird nicht angesteuert bzw. ist starr und Achse 5 ist eine passive Drehachse. Die Achsen 1 und 6 sind vertikale Achsen, Achse 6 ist immer senkrecht (Parallelogrammführung).

Die Tragmasse kann zurzeit bis zu 570 kg betragen, die Zahl der Lastspiele kann ≤ 600/h sein. Die Positionsgenauigkeit erreicht ± 0,5 mm.

Ein Beispiel eines Knickarmroboters für die Palettierung zeigt Abbildung 158.

Abbildung 158 Beispiel für eine Palettieranlage mit einem Knickarmroboter mit Zentrierrahmen (nach Fa. KHS)

8.4 Zubehör für Palettieranlagen

8.4.1 Anlagen für die Palettenkontrolle

Paletten sind nur funktionsfähig, wenn alle Lauf- und Deckbretter sowie die Palettenklötze vorhanden und unbeschädigt sind.

Die Kontrollen erfolgen automatisch mittels optischer und/oder mechanischer Abtastung, beispielsweise mittels Rollentastern. Der Einsatz von Druckstempeln ermöglicht die Erkennung von angebrochenen Brettern.

Füllanlagen

Hervorstehende Nägel können durch eine Eindrückwalze beseitigt werden. Weitere Kontrollen können sein: die Palettenhöhe, die Länge bzw. Breite.
Die Palette kann mittels rotierender Bürsten gereinigt werden.
Fehlerhafte Paletten werden zu einem Palettenstapelgerät ausgeschleust.

Zum Ausschleusen werden entweder Drehtische, Eckumsetzer oder Schieber eingesetzt oder es werden Knickarmroboter genutzt. Letztere haben Vorteile bezüglich Platzbedarf und sie können ein- und ausschleusen und gleichzeitig stapeln.

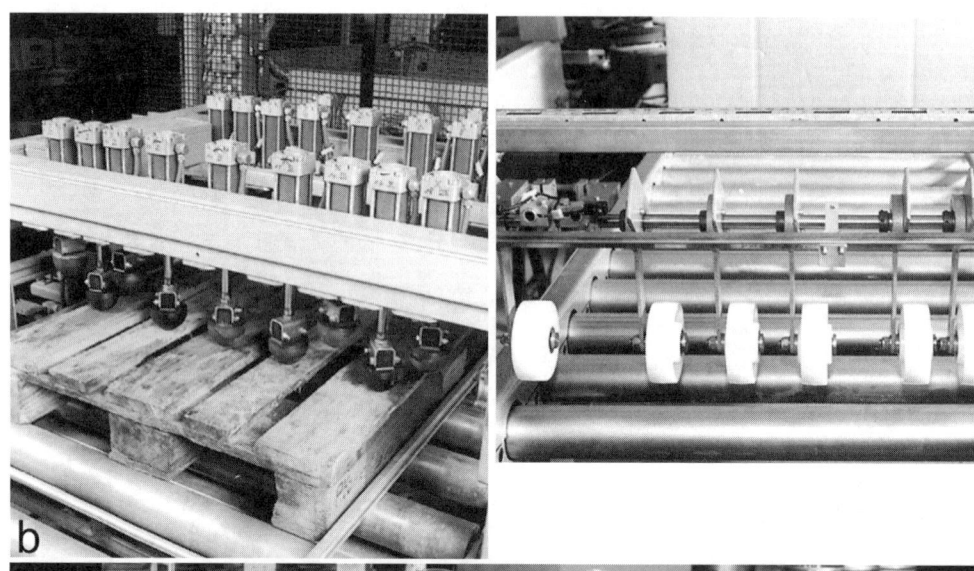

Abbildung 159 Palettenkontrollanlage (nach KHS)
a Kontrollanlage mit Reinigungsbürstenwalze   **b** Festigkeitsprüfung der Deckbretter
c Vollzähligkeitskotrolle der Deckbretter

8.4.2 Palettenstapelanlagen

Palettenstapelanlagen bilden Palettenstapel oder entstapeln diese. Stapel können aus defekten Paletten gebildet werden oder aus überzähligen. Entstapelt werden Gut-Palettenstapel.

Beim Robotereinsatz werden die Stapel „von oben" auf dem Stellplatz gebildet oder der Stapel wird „von oben" geleert. Der Stellplatz ist in der Regel Teil eines Förderers.

Stapelanlagen bilden den Stapel „von unten" oder lösen ihn ebenso auf.

Die Palette wird um etwas mehr, als der Palettenhöhe entspricht, angehoben und durch horizontal bewegliche Haltefinger gehalten. Danach wird die Hubvorrichtung (zum Beispiel ein Scherenhubtisch) abgesenkt und die nächste Palette kann einlaufen. Diese wird dann angehoben und der Stapel wird wieder durch die abgesenkten und ausgefahrenen Haltefinger gehalten usw.

Abbildung 160 Palettenstapelanlage (nach Fa. KHS)
1 Scherenhubtisch mit Rollenbahnförderer **2** Haltefinger

Ebenso ist es möglich, dass die Haltefinger die eingelaufene Palette anheben, und nach dem Einlauf der nächsten, auf diese absenken. Danach werden die Haltefinger abgesenkt und der Stapel wird wieder angehoben, sodass die nächste Palette einlaufen kann usw. (die zuletzt genannte Variante ist aufwendiger als die zuerst genannte, benötigt aber keinen Hubtisch).

Das Entstapeln erfolgt in umgekehrter Reihenfolge.

Palettenstapel werden üblicherweise aus ≤ 15 Paletten gebildet.

8.4.3 Palettenmagazin

Es wird auf einem Förderer aus mehreren Palettenstapeln gebildet. Die Stapel werden durch Gabelstapler aufgesetzt oder abgenommen. Die Stapel können auch durch Förderer zugeführt werden.

Es werden Magazine für Defekt- und Gutpaletten aufgestellt.

Füllanlagen

8.4.4 Palettendoppler

Bei Verwendung von Halb- und Viertel-Paletten müssen diese für den Transport auf Flachpaletten (Mutterpaletten) aufgesetzt werden. Soweit die Kleinpaletten nicht schon vor der Beladung auf die Mutterpalette aufgesetzt wurden, werden hierfür Palettendoppler genutzt.

8.4.5 Palettenstapler

Palettenstapler stapeln oder entstapeln Palettenblöcke oder Zwischenpaletten (beispielsweise bei der Kegpalettierung).

Abbildung 161 Stapelbildung mit Keg-Paletten (nach KHS)

8.4.6 Palettenwechsler

Palettenwechsler werden zum grundsätzlichen Wechsel der Paletten gegen geprüfte Paletten eingesetzt. Die Palettenladung wird um einen Betrag angehoben (der Stapel kann form- oder kraftschlüssig gehalten werden), die Palette kann auslaufen und wird durch eine geprüfte Palette ersetzt. Danach wird der Stapel abgesetzt und die Palette kann auslaufen.

8.4.7 Anlagen für die Sicherung der Palettenladung

Die Sicherung der Paletten kann erfolgen:
- gegen mechanische Beeinflussung der Ladung beim Transport, zum Beispiel durch Fliehkräfte;
- gegen Umwelteinflüsse (Regen, Schnee, Staub, Schmutz und andere Verunreinigungen);
- gegen Verluste und Diebstahl.

Die Sicherung kann vorgenommen werden durch (s.a. Kapitel 5.4):
- Umreifung der Ladung mit Schnur oder Kunststoffband. Kunststoffbänder werden im Allgemeinen verschweißt, Schnur wird verknotet; Prinzipiell ist auch das Umwickeln mit einer Folienbahn möglich.
- Umwicklung mit Kunststofffolie. Das kann eine Stretch- oder Schrumpf-Folie sein;

❒ Vorgefertigte Schrumpf-Folienhauben, die anschließend geschrumpft werden;
❒ Stretch-Folienhauben;
❒ Auftrag von Antigleitmittel. Anwendung zum Beispiel bei Kartonverpackungen, Faltschachteln usw.

Bei Kleinpaletten und Dollys wird bei Bedarf auch vertikal umreift, um die Ladung zu stabilisieren. Insbesondere bei der Foliensicherung von Paletten (z.B. Paletten mit losen Flaschen, Kunststoffgroß-Trays oder Multipacks) kann ein zusätzlicher Kantenschutz angebracht sein.

Schrumpffolien werden aus PE (PE-LHD und PE-LLD) vor allem mit einer Foliendicke von 40...150 µm gefertigt. Mit Heißluft von etwa 120 °C werden die bi-orientierten Folien schrumpft.

Wickelstretchfolien (LLD-PE) mit einer Foliendicke von ≥ 20 µm sind mono-orientiert. Sie werden unter Vorspannung horizontal gedehnt aufgebracht und dabei verfestigt. Die Ladung kann durch aufgelegte Deckfolien abgesichert werden. Die Vorspannung in vertikaler Richtung ist gering. Als Transportsicherung gegen horizontale Verschiebung der Ladung sind Wickelstretchfolien deshalb nur bedingt geeignet. Ihr Haupteinsatzgebiet ist die Ladungssicherung gegen Verschmutzungen aller Art (Abbildung 163).

Schrumpf-Folienhauben (Haubenspannfolie) mit einer Foliendicke von 60...150 µm üben nach dem Schrumpfen eine relativ große vertikale Kraft auf die Ladung aus und sichern diese deshalb gegen horizontale Verschiebungen. Bedingung ist natürlich, dass die Folienhaube die Palette mit einschließt.
Einen Vergleich zu den genannten drei Foliensicherungen von Palettenladeeinheiten gibt [157].

Stretch-Folienhauben werden aus einem Seitenfalten-Folienschlauch gefertigt [158]. Die Foliendicke beträgt 40...200 µm. Es werden Durchsätze von bis 150 Ladeeinheiten/h erreicht.

Vergleich der Folien-Varianten (nach [158])

Merkmal	Schrumpffolie	Wickelstretch	Stretchhaube
Verpackungskosten je Ladung	xx	xxx	xxx
Betriebskosten	x	xx	xxx
Verpackungsgeschwindigkeit	xx	x	xxx
Ladungssicherung	xxx	x	xxx
Ladungsflexibilität	x	xxx	xx
Betriebssicherheit	xxx	xx	xxx
Recyclingmöglichkeit	xxx	xxx	xxx

x Akzeptabel   **xx** Gut   **xxx** Optimal

Füllanlagen

Anbringen der Folie

Es gibt mehrere Varianten für das *Umwickeln* einer Palette mit Folie:
- Die Palette steht still und die Folie wird von der Vorratsrolle abgewickelt. Dazu kann der Folienträger die Palette umkreisen. Der Folienträger kann bodengeführt sein oder er rotiert als Ring „von oben" auf einer Kreisbahn (für 90...110 Paletten/h);
- Die Palette steht still und die an einem rotierenden Arm befindliche Folienrolle umkreist die Palette (für 20...90 Paletten/h, Abbildung 163);
- Die Palette wird gedreht und wickelt die Folie von einer stillstehenden Vorratsrolle ab (für 30...50 Paletten/h).

Anbringen der Stretch-Folienhauben

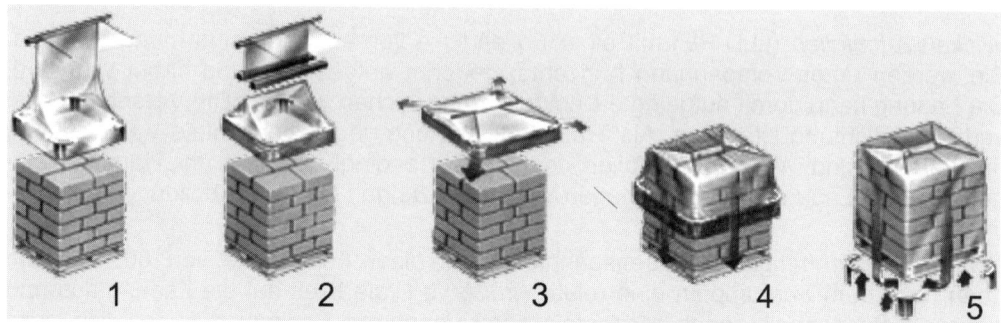

Abbildung 162 Bildung einer Stretch-Haube (nach BEUMER [158])
1. Aufspannen der Folienhaube und Übergabe in die Reff- und Reckeinrichtung.
2. Gleichmäßiges Einreffen der Haube; Abschweißen und Ablängen in der durch vorheriges Abtasten der Stapelhöhe bestimmten Länge.
3. Ausrecken der Haube; der Reckgrad wird durch die Stapeldimension, Folienelastizität und Folienabmessung definiert.
4. Absenken der Reckwinkel und gleichzeitige Reckung der Folien in vertikaler Richtung: „biaxialer Stretch".
5. Ausbildung des „Unterstretches".

8.4.8 Kennzeichnung von Paletten

Hierzu zählen Vorrichtungen, die Etiketten (zum Beispiel mit dem EAN 128-Code) drucken und an der Palette befestigen können. Sie werden teilweise mit der Vorrichtung zur Ladungssicherung kombiniert.

8.4.9 Anlagen zur Entfernung der Ladungssicherung

Schrumpf- oder Stretchfolien sowie Folienhauben werden in der Regel manuell aufgeschnitten und entfernt und einer Verwertung zugeführt.

Kunststoffbänder und Schnursicherungen werden aufgeschnitten und können abgesaugt werden.

Die Entfernung ist auch automatisch möglich. Die Folie wird senkrecht aufgeschnitten und die Folie wird ab- und auf eine Rolle aufgewickelt (die Aufwickelrolle

Palettierung

dreht sich um die Palette). Anschließend wird die Folie kompaktiert. Der Durchsatz dieser Defoliierungsanlagen beträgt bis zu 60 Paletten/h [159].

Abbildung 163 Wickelstretch-Anlage Octopus 1800 SF Twin für bis zu 140 Paletten/h
(nach Fa. Oy M. Haloila AB/ Finnland)

8.4.10 Sonstiges Zubehör

Hierzu zählen:
- Vorrichtungen zur Entnahme oder zum Einlegen von Zwischenlagen oder einer Bodenlage;
- Vorrichtungen zum Auflegen von Displaypaletten auf eine Palettenschicht;
- Vorrichtungen zum Auflegen einer Schutz-Abdeckung/Decklage (beispielsweise zur Abdeckung von Trays);
- Vorrichtungen zur Zentrierung von Palette und Ladung. Diese können in die Palettieranlage integriert werden, um die Ladung auszurichten oder in Form zu bringen (Kegstapelung „auf Lücke").

Für das Auflegen oder Entnehmen von Zwischenlagen usw. eignen sich kleine Roboter.

Füllanlagen

8.5 Neuglasabschieber/-abheber

Neuglas wird in der Glashütte palettiert. Dabei werden die Lagen durch Stülpdeckel, Stülpböden (z.B. bei Weinflaschen üblich) oder durch flache Zwischenlagen (meist aus beschichteter Pappe oder Kunststoff) getrennt. Anschließend wird die beladene Palette mit Folie eingeschlagen.

Aktuell dominieren die flachen Zwischenlagen mit einem Stülpdeckel als oberem Abschluss.

Die Palette kann eine Norm-Euro- oder Individual-Palette sein.

Zum Teil wird die oberste Lage durch einen aufgesetzten Winkelrahmen fixiert, der durch vertikale Spannbänder gehalten werden kann.

Die Bauform „Abschieber" dominiert zurzeit.

Neuglasabheber

Die Flaschenschicht wird durch einen Zentrierrahmen ausgerichtet, anschließend werden die Flaschen durch den Greiferkopf (Packtulpengreifer, Lagenklemmgreifer, Schlauchklemmgreifer) erfasst und auf dem Flaschenablauf abgesetzt. Dessen Höhe kann relativ frei gewählt werden.

Die Zwischenlage bzw. der Stülpboden wird von einem Vakuumsauggreifer abgehoben und in einem Magazin abgelegt. Die Zwischenlagen werden wiederverwendet oder recycelt.

Nach jeder abgehobenen Schicht wird die Palette um eine Flaschenhöhe angehoben. Die Palette wird dabei in einem Schacht dreiseitig geführt/zentriert. Die leere Palette verlässt den Abheber.

Neuglasabschieber

Die Flaschenschicht wird von einem Zentrierrahmen ausgerichtet und anschließend horizontal auf der Zwischenlage/Stülpdeckel der darunter befindlichen Schicht auf den Flaschenablauf abgeschoben, der Abheber entfernt dann die Zwischenlage/den Stülpdeckel und übergibt sie/ihn an ein Magazin.

Nach jeder abgeschobenen Schicht wird die Palette um eine Flaschenhöhe angehoben. Die Palette wird dabei in einem Schacht dreiseitig geführt/zentriert. Die leere Palette verlässt den Abschieber.

Während des Abschiebens wird die Zwischenlage mit pneumatisch betätigten Greifzangen fixiert. Der Flaschenablauf ist „oben".

Neuglasabschieber mit Hubbühne

Bei dieser Abschieberausführung bleibt die Palette während des Abräumens auf dem Palettenförderer stehen. Die obere Flaschenschicht wird von einem Zentrierrahmen ausgerichtet und auf eine Hubbühne geschoben.

Diese wird dann auf das Niveau des Flaschenablauftisches gesenkt und die Flaschen auf diesen abgeschoben. Ein Abheber entfernt die Zwischenlage/den Stülpdeckel und übergibt sie/ihn an das Magazin. Der Abschiebewagen und die Hubbühne werden dann auf das Niveau der nächsten Flaschenlage gehoben.

Während des Abschiebens wird die Zwischenlage mit pneumatisch betätigten Greifzangen fixiert. Die darunter befindliche Flaschenschicht kann optional durch einen separaten Zentrierrahmen fixiert werden.

Palettierung

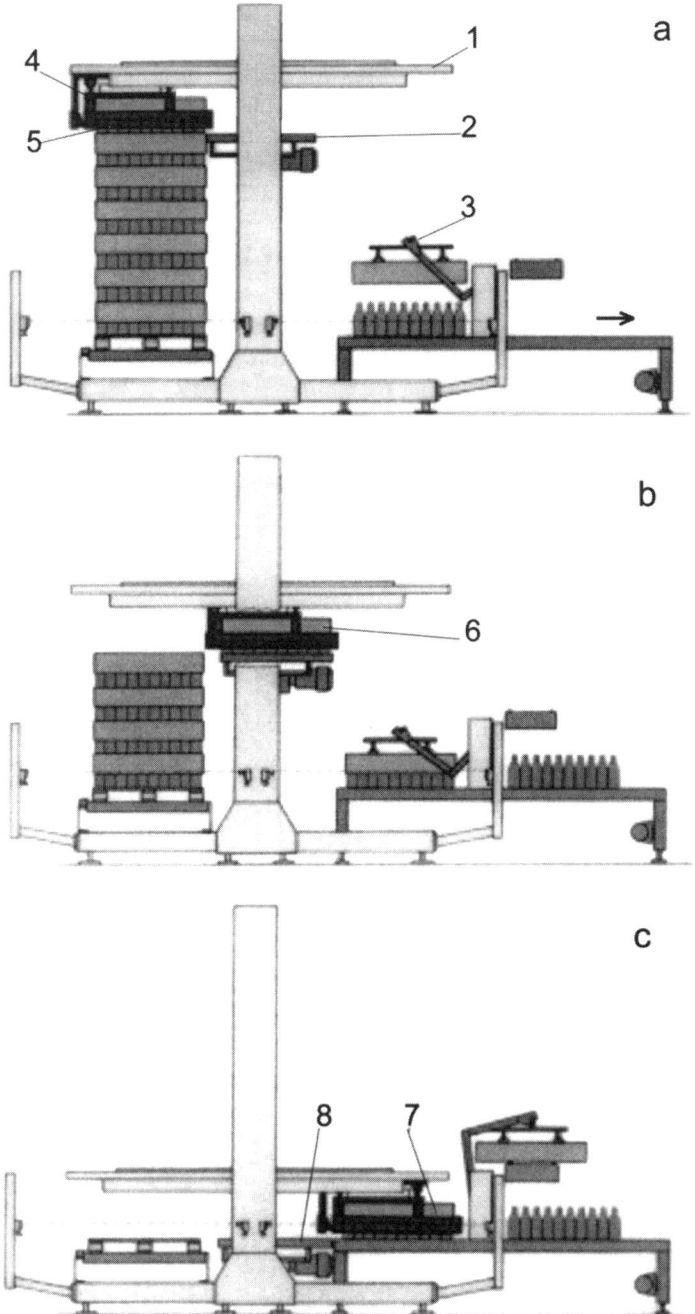

Abbildung 164 Neuglasabschieber mit Hubbühne (nach Fa. KRONES)
a Beginn des Abschiebevorganges, Zentrierung der Gebindelage   b Hubbühne mit übergeschobener Gebindelage   c Überschub der Gebindelage auf den Ablauftisch
1 Verschiebeplattform   **2** Hubbühne in Überschiebeposition   **3** Abheber für Stülpdeckel
4 Abschieberahmen   **5** Zentrierrahmen   **6** Gebindelage auf Hubbühne   **7** übergeschobene Gebindelage auf Ablauftisch   **8** Hubbühne in Abschiebeposition

Füllanlagen

8.6 Dosenabräumer

Dosen werden auf einer Spezialpalette angeliefert. Die Dosen stehen auf Zwischenlagen. Die oberste Lage ist mit einer Zwischenlage abgedeckt und durch einen aufgesetzten Winkelstahl- oder Holzrahmen zentriert. Die gesamte Ladung wird durch 2 plus 3 vertikale Spannbänder auf der Palette fixiert. Damit ist auch das Doseninnere geschützt.

Die Paletten werden zum Dosenhersteller zurückgeführt.

Das Abräumen der Dosen erfolgt in den nachfolgend genannten Schritten:

- Aufsetzen der Paletten auf die Zuführbahn (Rollenbahn- oder Kettenförderer).
  Die Zuführbahn ist gleichzeitig Speicherbahn.
  Entfernen der vertikalen Spannbänder (beispielsweise durch den Gabelstaplerfahrer).
  Das Handling der Dosen-Paletten vom Beladen der Transportfahrzeuge bis zur Entladung im Abfüllbetrieb und der Umgang mit den Dosen beim Abfüller erfordert Sorgfalt, um Dosendeformationen auszuschließen;
- Einlauf der Paletten in den Hubschacht. Dabei wird die Palettenladung dreiseitig zentriert;
- Anheben der Palettenladung in Abschiebeposition. Abheben des Winkelstahlrahmens mittels eines Hakengreiferkopfes und Verfahren des Greiferkopfes in eine Parkposition; Holzrahmen werden auf einer Zwischenlage abgelegt.
- Abheben der Deck-Zwischenlage mittels eines Vakuumgreifers und Übergabe auf eine Leer-Palette (mit aufgesetztem Winkelrahmen). Diese wird nach Erreichen einer vorbestimmten Menge an Zwischenlagen gewechselt;
- Abschieben der Dosenlage auf das Förderband (Mattenkettenförderer, veraltet: Scharnierbandkettenförderer). Dabei wird die Zwischenlage, auf der die Dosen stehen, mit pneumatisch betätigten Greifern gehalten. Das Abschieben kann allseitig geführt mit einem Zentrierrahmen erfolgen. Das Förderband ist gleichzeitig Dosenpuffer beim Palettenwechsel. Die Dosen werden dann vereinzelt und an einen Transporteur übergeben, beispielsweise an eine Seiltransportanlage (s.a. Kapitel 7.4);
- Anheben der Dosenpalette um genau eine Dosenhöhe und Abheben der nächsten Zwischenlage und Übergabe an den Zwischenlagenstapel;
- Abschieben der nächsten Dosenlage usw., bis die letzte Dosenlage abgeschoben ist;
- Aufsetzen des Winkelrahmens und Absenken der Palette. Förderung der leeren Palette zum Stapelmagazin;
- Einlauf der nächsten Palette usw.

Es muss angestrebt werden, dass die Leerdosen-Paletten bei Füllende oder Sortenwechsel immer vollständig abgeräumt werden.

Für die Leer-Palettenstapel und auch für die Zwischenlagen-Paletten sollten in der Anlage Stellplätze vorhanden sein, von denen mittels Gabelstapler die Stapel abgefahren werden.

Die Anlagenumstellung auf andere Dosengrößen wird in der Regel nach entsprechenden Programmen von einer Steuerung vorgenommen.

Der Dosentransport ist in der Regel „oben". Damit sind günstige Bedingungen für den Betrieb eines Rinsers gegeben, der mit Schwerkraftförderung arbeitet.

Die Steuerung ist eine SPS, die nach dem Prinzip der Folgesteuerung arbeitet, d.h., dass immer ein Vorgang abgeschlossen sein muss, bestätigt durch ein Sensorsignal, ehe der nächste Vorgang beginnt.

8.7 Kunststoffflaschenabschieber und -palettierer

Kunststoffflaschen werden vor allem bei kleineren Abfüllbetrieben palettiert angeliefert.
Die Entladung erfolgt im Prinzip wie im Kapitel 8.6 beschrieben mit dem Unterschied, dass in der Regel die Behälter an einen Luftförderer übergeben werden. Die Flaschen werden reihenweise abgenommen und in den Förderer eingeschleust.

Umgekehrt werden beim Kunststoffflaschen-Hersteller die Flaschen mit einem Luftförderer reihenweise in den Packkopf eingeführt (Neckhandling). Sind alle Packkopfgassen gefüllt, werden die Reihen auf den Mindestabstand zusammengeführt und die Flaschen werden auf der Palette bzw. auf der Zwischenlage/dem Stülpdeckel abgesetzt.
Die fertige Palettenladung wird umreift oder kann mit Folie eingeschlagen werden.

8.8 Palettenförderung/Senkrechtförderer

Paletten werden vorzugsweise mit angetriebenen Rollenbahnen oder Kettenförderern transportiert. Richtungsänderungen erfolgen mit Eckumsetzern oder Drehtischen.

Palettenaufzüge werden als Senkrechtförderer genutzt. Antrieb mittels Ketten oder Zahnriemen. Die Palettenauflage selbst kann ein Förderer (z.B. Eckumsetzer, Rollenbahn, Kettenförderer) sein, sodass das Ein- und Auslagern schnell erfolgen kann, ggf. mit Richtungsänderung.

9. Packanlagen

9.1 Allgemeine Hinweise

Packanlagen können aus Ein- und Auspackmaschinen bestehen, die über Förderer für die Behälter mit der Füllanlage und für die Packungen mit der Palettierung verknüpft sind.

MW-Flaschen erfordern in der Regel Ein- und Auspackmaschinen. Das Ein- und Auspacken kann aber auch nacheinander mit derselben Maschine erfolgen.

Ebenso ist das selektive Auspacken, ggf. in mehreren Schritten, möglich. Damit lassen sich also Pack- und Sortiervorgänge kombinieren.

Weitere Kombinationsvarianten vereinen das Entpalettieren und Palettieren, das Ein- und Auspacken und ggf. auch noch das Sortieren.

Beachtet werden muss aber, dass der Durchsatz einer Anlage mit der Zahl der geforderten Arbeitsaufgaben zurückgeht. Deshalb sind Kombinationsanlagen nur für geringe Durchsätze realisierbar.

EW-Behälter werden im Allgemeinen mit Abschiebern oder Abhebern abgeräumt und der Füllanlage zugeführt. Die gefüllten Behälter werden in der Regel zu Mehrstückpackungen zusammengefasst oder es werden mit Sammelpackmaschinen Verkaufseinheiten direkt gebildet. Mehrstückpackungen und Sammelpackungen (Trays, Kartons, Folienpackungen usw.) können direkt palettiert werden oder sie werden in Kästen, auf Trays oder andere Packmittel gesetzt und dann palettiert.

Während bis in die 1990er Jahre die Packmaschinen als mehr oder weniger differenzierte Spezialmaschinen gefertigt wurden, werden moderne Packmaschinen mit Komponenten der Robotertechnik, insbesondere der Antriebs- und Steuertechnik, gestaltet (dabei wird auf unifizierte Baukastensysteme und die modulare Bauweise zurückgegriffen) oder es werden gleich Roboter der verschiedenen Bauformen vorteilhaft genutzt.

Wurden in der Vergangenheit die Maschinen taktweise angetrieben und geschaltet, werden moderne Maschinen kontinuierlich angetrieben. Die Vorzüge der kontinuierlichen Betriebsweise liegen insbesondere in energetischen Vorteilen und gleichförmigen oder gleichmäßig beschleunigten oder verzögerten Bewegungsabläufen begründet. Nachteilig ist aber, dass kontinuierlich arbeitende Maschinen in der Anschaffung und Unterhaltung teurer sind, dass sie nicht für jede Kastenformation geeignet sind (z.B. 11er Kasten) und dass ein selektives Auspacken (Sortierung der Behälter) nicht möglich ist. Der kontinuierliche Bewegungsablauf kann sich auf einen Rundlauf, auf ein umlaufendes Koppelgetriebe mit Raststellungen oder auf die modernen Servoantriebe gründen. Bei den zuletzt Genannten ist prinzipiell die Rückgewinnung der Bremsenergie möglich. Variationen des Durchsatzes werden durch frequenzgesteuerte Antriebe ermöglicht.

Während in der Vergangenheit lineare Bewegungen durch pneumatische Antriebe (Zylinder) realisiert wurden, sind es heute vor allem elektromechanische Antriebe (Koppelgetriebe, Kurbelschwingen), Linearmotoren oder Servomotoren mit Getrieben. Lineare Bewegungen werden in der Regel durch die Kombination einer Geradführung (Rollen oder lineare Kugelumlauf-Lager) und eines Zahnriementriebes/Servomotors gesichert. Aus zwei orthogonalen Linearbewegungen lässt sich jeder Bewegungsablauf generieren und optimieren.

Packanlagen

Die stets senkrechte Position der Arbeitsorgane, beispielsweise des Packkopfes, wird fast ausschließlich durch Parallelogrammführungen gesichert (s.a. Abbildung 165).

Die Parallelogramme mit Stäben und Gelenken lassen sich auch durch Ketten/Kettenräder bzw. Zahnriemen/Zahnräder darstellen.

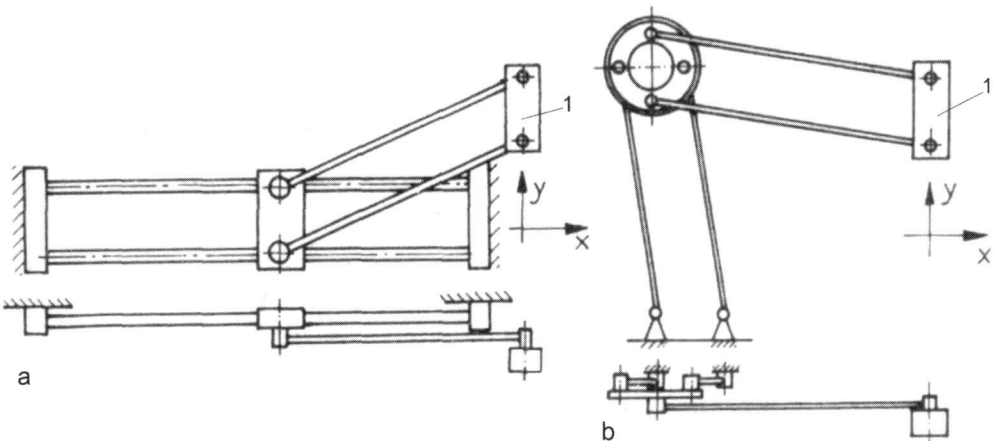

Abbildung 165 Parallelogramm-Führung, schematisch
a mit Geradführung **b** Doppel-Parallelogramm **1** Anschluss für Packkopf

9.2 Packanlagen für Mehrwege-Behälter

9.2.1 Aufbau eines Packers

Die wesentlichen Baugruppen einer modernen Packmaschine sind (soweit nicht Knickarmroboter eingesetzt werden):
- das Maschinengestell für taktweise arbeitende Maschinen in
  - Parallelogramm-Schwenkarm-Bauweise (s.a Abbildung 170; die Parallelogramm-Führung kann einseitig und zweiseitig (Portal) sein);
  - Portal-Bauweise (s.a. Abbildung 173) oder
  - Säulen-Bauweise;
- der Antrieb für den Packkopf bzw. der Verschiebewagen für den Packkopf mit horizontalem und vertikalem Antrieb;
- der Packkopf, in der Regel mit Zentrierrahmen, und ggf. das Packkopfmagazin;
- die Behälter- und Packmittelförderer (mit Formierung des Packschemas beim Einpacker, s.a. Abbildung 171);
- die Maschinensteuerung (SPS).

Der prinzipielle Aufbau einer Auspackmaschine und einer Packmaschine ist im Wesentlichen identisch.

9.2.2 Antriebsvarianten für Packer

Bei größeren geforderten Durchsätzen der Packmaschine und gegebenen Voraussetzungen (s.o.) kann der kontinuierliche Rundlauf günstig sein (s.a. Abbildung 166). Die Packköpfe werden auf einer horizontalen Langrund- oder ovalen Bahn geführt

Füllanlagen

und über Kurvenbahnen abgesenkt oder angehoben (s.a. Abbildung 167). Die Aufnahme der Behälter erfolgt während der synchronen Bewegung von Packkopf und Behältertransport, die Abgabe während der synchronen Bewegung von Packkopf und Kasten. Je Packkopf werden je nach Kastengröße ein bis vier Kästen bedient.
Bei Auspackmaschinen laufen die Bewegungsabläufe umgekehrt ab.

Eine elliptische Umlaufbahn kann auch durch ein Umlaufrädergetriebe, ohne Kurvenbahnen, erzeugt werden (s.a. Abbildung 169).

Eine weitere Variante des kontinuierlichen Rundlaufes ist die Bewegung der Packköpfe auf einer vertikalen Kreisbahn. Es werden 1...2 Kästen je Packkopf bedient (s.a. Abbildung 168). Dieses Prinzip gilt als veraltet.

Bei den kontinuierlichen Antrieben können - je nach konstruktiver Gestaltung - relativ große Beschleunigungen auftreten mit der Folge einer hohen mechanischen Belastung bzw. hohem Verschleiß.

Bei taktweise arbeitenden Packmaschinen gibt es folgende Möglichkeiten:
- Der Packkopf wird zur Behälteraufnahme und -abgabe angehalten, ebenso der Behältertransport. Der Kasten ist fixiert und zentriert;
  Diese Variante wird bei modernen Packmaschinen genutzt. Der horizontale Verschiebewagen-Antrieb und der vertikale Packkopf-Antrieb erfolgen mittels Servomotoren. Jede gewünschte Packkopfkurve lässt sich programmieren (s.a. Abbildung 173).
  Bei älteren Packmaschinen wurden Kurvenführungen in Verbindung mit einem Kurbelgetriebe genutzt, der Antriebsmotor wurde geschaltet und umgesteuert (s.a. Abbildung 172);
- Der Packkopf wird durch ein mehrgliedriges Koppelgetriebe bewegt, das kontinuierlich angetrieben wird. Das Getriebe hat zwei Raststellungen, bei denen die Behälter quasi bei Stillstand aufgenommen oder abgegeben werden. Ein Beispiel für eine derartige Packmaschine zeigt Abbildung 174. Diese Varianten werden nicht mehr gefertigt.

Bei den taktweise arbeitenden Maschinen können je Reihe 1...8 Kästen bearbeitet werden (bzw. 2...12 Kästen in Doppelreihe).

Die Roboter können je Arbeitsspiel eine oder zwei Kastenreihen der Palettenschicht bzw. eine ganze Schicht bearbeiten.

Tabelle 34 Mögliche Durchsätze eines Packkopfes

Antriebsvariante	Takte/h	Kästen je Takt
kontinuierlicher Rundlauf	≤ 600 Umläufe je Huborgan/h	≤ 6 Kästen/(Umlauf·Huborgan)
taktweiser Antrieb	≤ 600	≤ 12
Portalroboter	400...500	≤ 8
Einsäulenroboter		
Knickarmroboter		

Behälterzu- und -ablauf können vertikal über dem Kastentransport angeordnet werden. Die Alternative dazu ist die parallele Führung des Kasten- und Behältertransportes, wobei der Kastentransport in der Regel auf tieferem Niveau verläuft (s.a. Abbildung 171 und Abbildung 175).

Die Entwicklung der Packmaschinen geht gegenwärtig zur Modul- und Roboterbauweise.

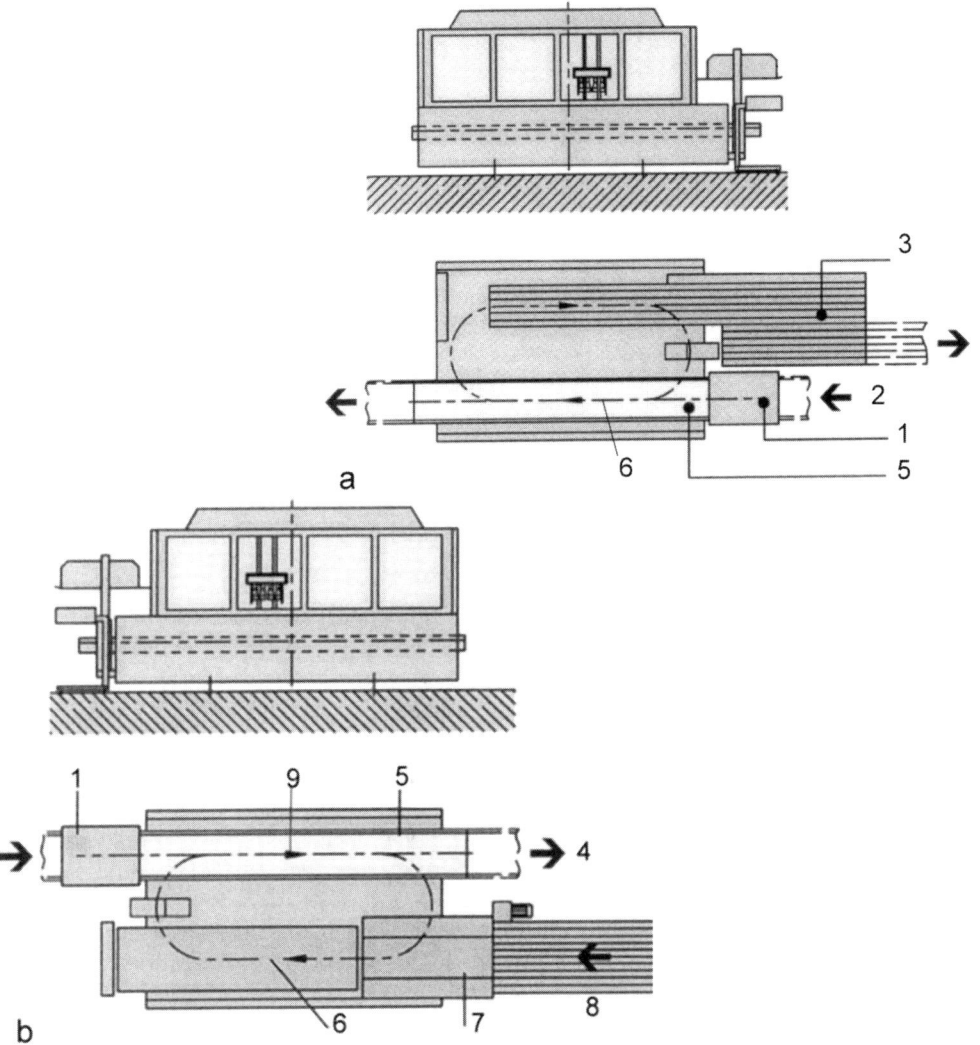

Abbildung 166 Packmaschine mit kontinuierlichem Rundlauf, einbahnig, schematisch
(nach Fa. Kettner, Typ Contipack)
a Auspackmaschine b Packmaschine
1 Kasteneinteiler 2 Leergutzulauf 3 Behälterablauf 4 Vollgutablauf 5 Kastentransport 6 Behälteraufnahme 7 Behältereinteilung 8 Behälterzulauf 9 Behälterabgabe in den Kasten

Füllanlagen

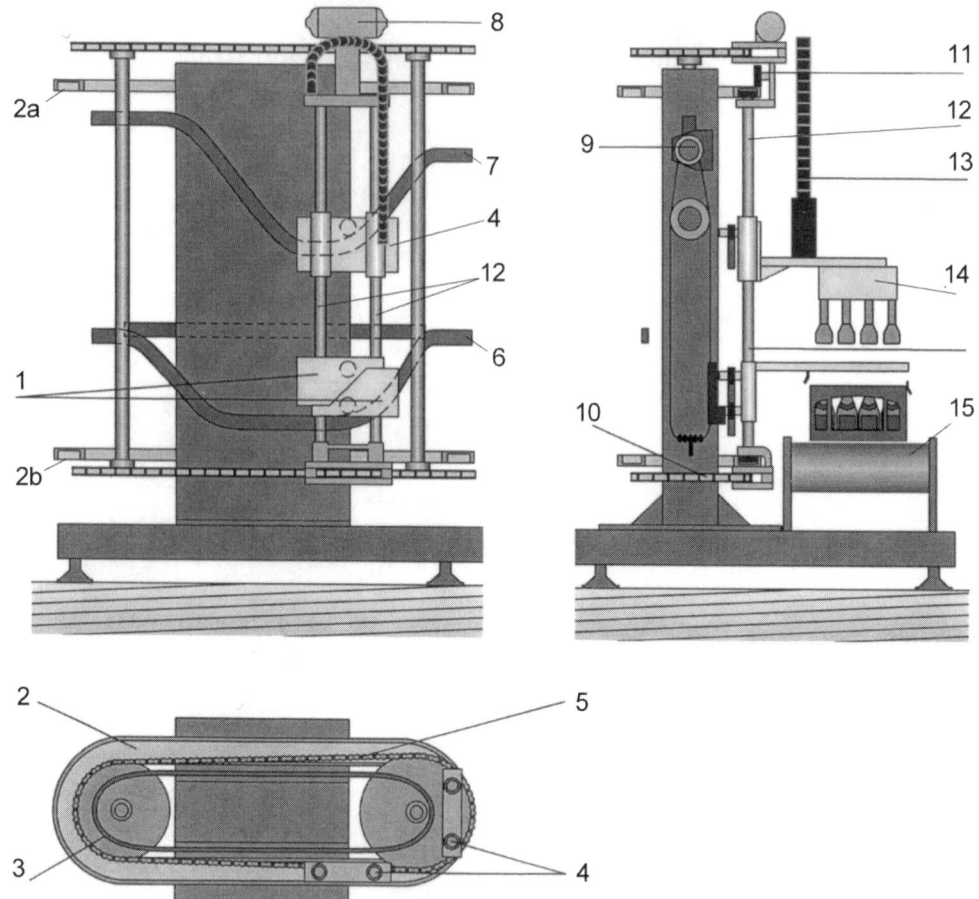

Abbildung 167 Packkopfantrieb bei einer kontinuierlich arbeitenden Packmaschine schematisch (nach Fa. Kettner, Typ Kontipack; im oberen Teil des Bildes es ist nur ein Greiferkopfantrieb dargestellt)
1 Zentrierrahmenführung, geteilt   2 Führungskurve   2a obere Kurve   2b untere Kurve
3 Steuerkurve   4 Greiferkopfwagen   5 Antriebskette   6 Steuerkurve Zentrierrahmen
7 Steuerkurve Greiferkopf   8 Luftspeicher   9 Hubantrieb des Greiferkopfes   10 Hauptantriebskette   11 Rollenführung   12 Führungsstangen   13 Energiezufuhr für Greiferkopf (elektrisch und pneumatisch)   14 Greiferkopf   15 Kastentransport

Packanlagen

Abbildung 168 Packkopfantrieb auf vertikaler Kreisbahn
(nach Fa. KRONES, Typ Roundpac)
1 Kurvenbahnen feststehend
2 Packkopf **3** Zahnriemen-Parallelogramm-Führung **4** Führungsrollen **5** angetriebene Greiferkopfträger

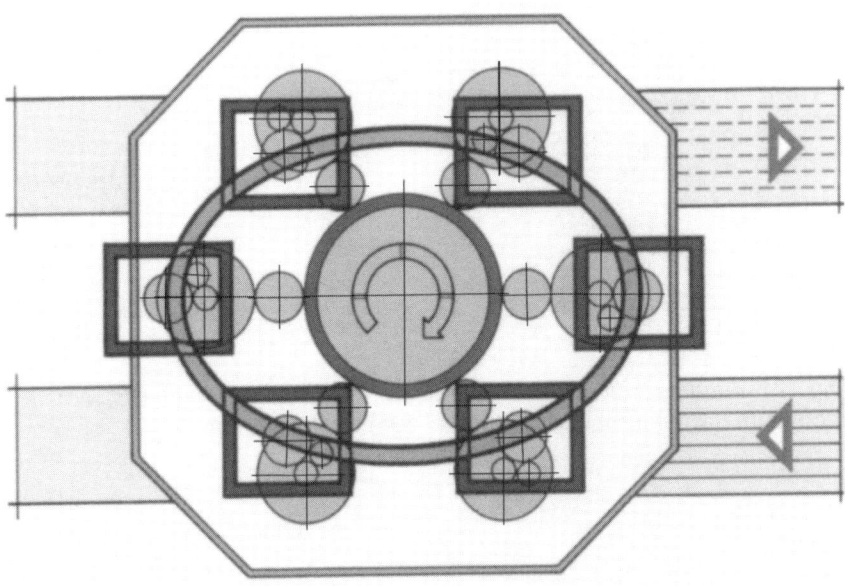

Abbildung 169 Elliptische Umlaufbahn der Packköpfe mittels eines Umlaufrädergetriebes (nach Fa. KHS, Typ Circlepack)

Füllanlagen

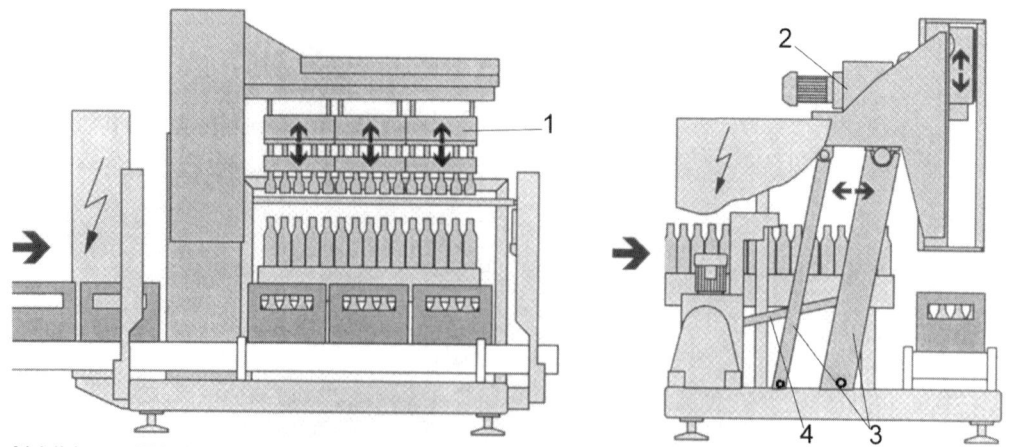

Abbildung 170 Parallelogramm-Schwenkarm-Gestell (nach Fa. Kettner, Typ Blitzpack)
1 Packkopf   **2** Vertikalantrieb für Packkopf   **3** Parallelogramm   **4** Kurbeltrieb

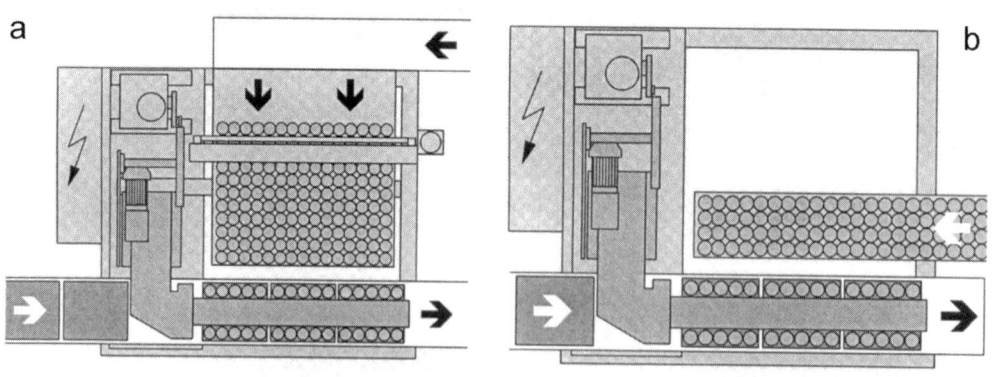

Abbildung 171 Varianten für den Behälterzulauf (schematisch nach KRONES)
a senkrecht zum Kastentransport   **b** parallel zum Kastentransport

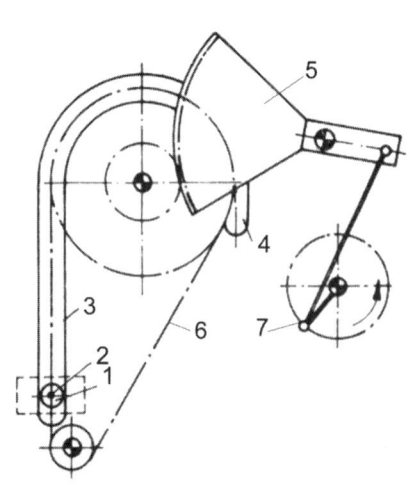

Abbildung 172 Antriebsvariante eines Packkopfes mit umlaufender Kurbel und Zahnsegment-Schwinge (der Packkopf wird durch ein Parallelogramm geführt); (nach KHS, Typ Consul); das Prinzip gilt als veraltet.
1 Rolle in der Kurvenbahn   **2** Anlenkpunkt des Greiferkopfes und Anfangspunkt der Bewegung   **3** Kurvenbahn des Greiferkopfes   **4** Endpunkt der Bewegung   **5** Zahnsegment   **6** Kette   **7** Kurbeltrieb

Packanlagen

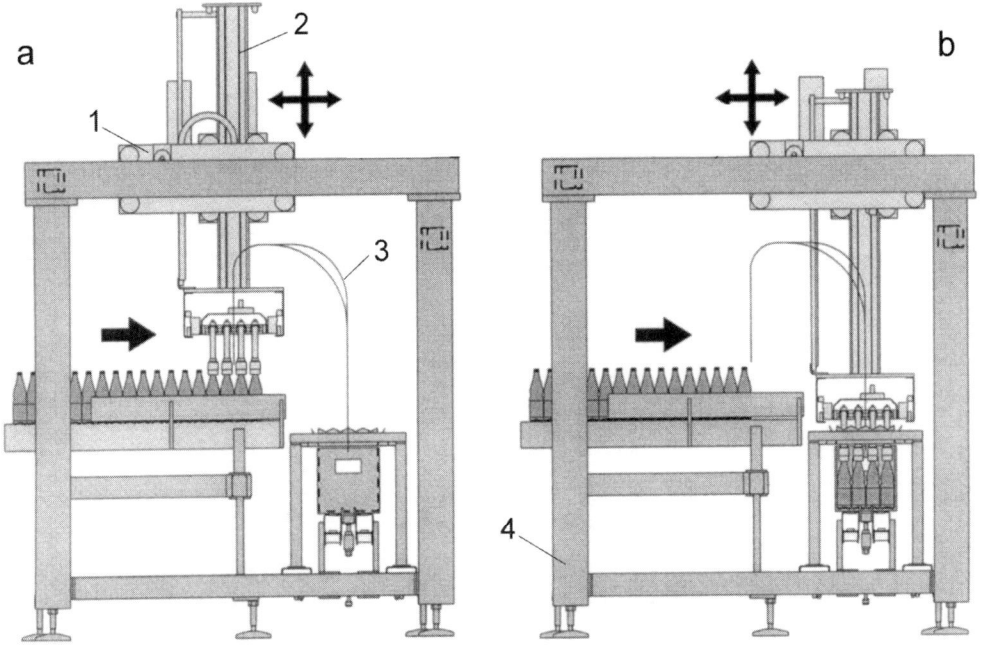

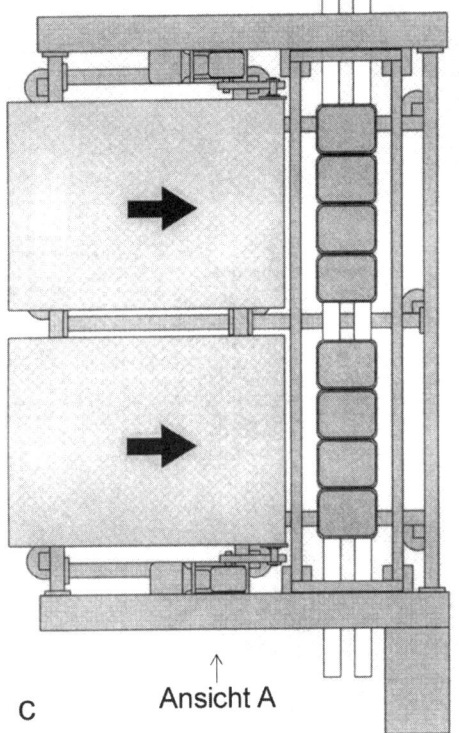

Abbildung 173 Packmaschine in Portalbauweise mit Verschiebewagen für den vertikalen und horizontalen Packkopf-Antrieb mit freiprogrammierbarer Packkurve (nach Fa. Kettner, Typ Linapac 462)
a Ansicht A, Aufnahme der Behälter
b Abgabe der Behälter **c** Draufsicht
1 Verschiebewagen **2** Vertikalantrieb
3 optimierte, freiprogrammierbare Packkurve **4** Gestell in Portalbauweise

Füllanlagen

Abbildung 173a   Packmaschine in Portalbauweise mit Verschiebewagen und seitlichem Packkopfmagazin (nach Fa. KHS)

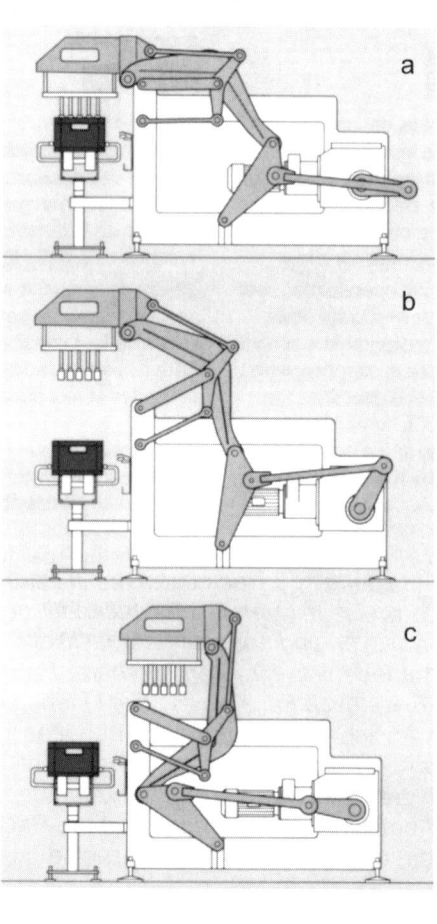

Abbildung 174 Greiferkopfantrieb mittels eines zehngliedrigen Koppelgetriebes mit zwei Raststellungen, Antrieb mittels Kurbelschwinge (nach Fa. KHS, Typ „Garant")
a Raststellung für Aufnahme/Abgabe der Behälter in den Kasten
b Bewegung
c Raststellung für Aufnahme/Abgabe der Behälter vom/auf Förderer

Abbildung 175 Varianten für den Behälter- und Kastentransport bei Packmaschinen

a Behälter und Kastentransport im rechten Winkel; nur für runde Behälter

b Behälter und Kastentransport parallel und nebeneinander; geeignet auch für Formbehälter und Mehrstückpackungen

c Behälter (oben) und Kastentransport übereinander und parallel; geringer Platzbedarf

d Behälter und Kastentransport parallel und gegenläufig; kontinuierlicher Rundlaufpacker

e Behälter (oben) und Kastentransport übereinander und parallel; kontinuierlicher Packer nach Abbildung 168

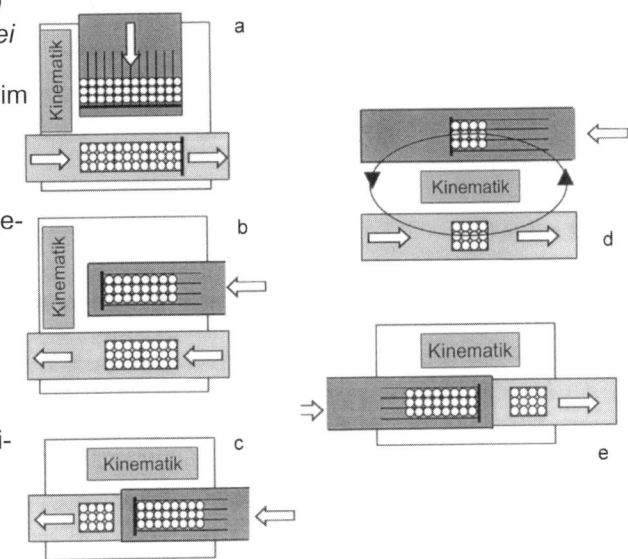

9.2.3 Packköpfe

Packköpfe (Synonym Greiferköpfe) tragen die Packtulpen oder entsprechende Greiferorgane für die Behälter in der Formation, wie sie die Packmittelabmessungen vorgeben (Kasten, Karton).

Sie werden entweder direkt betätigt oder sie sind Teil eines Verschiebewagens.

Zur Funktionsverbesserung werden Zentrierrahmen eingesetzt, die das Greifen oder Einführen der Packformation in den Kasten erleichtern sollen.

Werden mehrere Kästen gleichzeitig gefüllt/geleert, sollten die Kastenlängsseiten parallel liegen, um die Länge des/der Packkopfes/Packköpfe zu begrenzen. In der Regel sollte die Länge auf ≤ 6 Kästen begrenzt werden, um die negative Wirkung der Addition von Toleranzen zu reduzieren. Alternativ bietet es sich zum Ausgleich der Toleranzen an, die Kasten-/ Packkopfreihe zu sektionieren.

Sollen unterschiedliche Packmittel oder Gebinde verarbeitet werden können, werden entweder die Packköpfe gewechselt oder es werden verstellbare Greiferköpfe eingesetzt.

Packkopfwechsel bzw. die Greiferkopfeinstellung können automatisch erfolgen. Dazu wird entweder ein Packkopfmagazin mit den entsprechenden Packköpfen benötigt oder die Teilung des Greiferkopfes ist variabel in zwei Achsen einstellbar.

Es werden auch variable Greiferköpfe genutzt, die die Gebinde bei minimaler Teilung aufnehmen, dann auf den geforderten Abstand bzw. in die gewünschte Formation (z.B. 11er Kasten) bringen und in den Kasten setzen.

Füllanlagen

9.2.4 Packtulpen und andere Arbeitsorgane

Der Greiferkopf trägt entsprechend der Kastengeometrie die Arbeitsorgane, die die Behälter einzeln „greifen" können. Das können folgende Ausführungen sein:
- Packtulpen;
- Vakuumgreifer;
- Klemmleisten.

Packtulpen

Packtulpen umschließen die Behälter im Verschlussbereich form- oder kraftschlüssig. Die Packtulpe wird elastisch/beweglich in den Greiferkopf eingesetzt, um Lage- und Höhenunterschiede der Flaschen auszugleichen.
Das Halten der Behälter erfolgt beispielsweise mit:
- einer elastischen Manschette.
  Diese hält formschlüssig, teilweise auch kraftschlüssig, zum Teil kombiniert. Die Manschette wird durch Druckluft „aufgeblasen" (Abbildung 176 f und g) oder sie wird durch einen druckluftbetätigten Kolben verformt
  (s.a. Abbildung 176 e).
  Der Nachteil der aufblasbaren Manschette liegt in der Beschädigungsgefahr durch defekte Flaschen und im relativ hohen Druckluftbedarf.
  Die aufblasbare Manschette gilt als veraltet.
- mit Greiferfingern.
  Die Finger werden pneumatisch betätigt (Abbildung 176 a und b) oder von der Behältermündung geschlossen und pneumatisch geöffnet
  (Abbildung 176 h).

Vakuumgreifer

Die Behälter werden durch eine Elastomermanschette in Verbindung mit Vakuum erfasst. Der Rand der Manschette muss sehr flexibel sein, um eine gute Abdichtung zur Atmosphäre zu ermöglichen.

Klemmleisten

Sie erfassen die Behälter reihenweise formschlüssig. Dieses Prinzip gilt als veraltet bei Packmaschinen, wird aber noch in Sonderfällen genutzt (zum Beispiel bei PET-Flaschen).

9.2.5 Zubehör für Packmaschinen

9.2.5.1 Packkopfwechseleinrichtung/Packkopfmagazin

Für unterschiedliche Kastenformate müssen die Packköpfe gewechselt werden, soweit nicht verstellbare Packköpfe zum Einsatz kommen. Die verschiedenen Packköpfe werden zweckmäßigerweise in einem Magazin in oder an der Maschine gelagert.

Es ist möglich, den Packkopfwechsel automatisch durchzuführen. Die Versorgungsleitungen (Druckluft, Elektroenergie, MSR) können über entsprechende Kupplungen selbsttätig verbunden werden.

Packanlagen

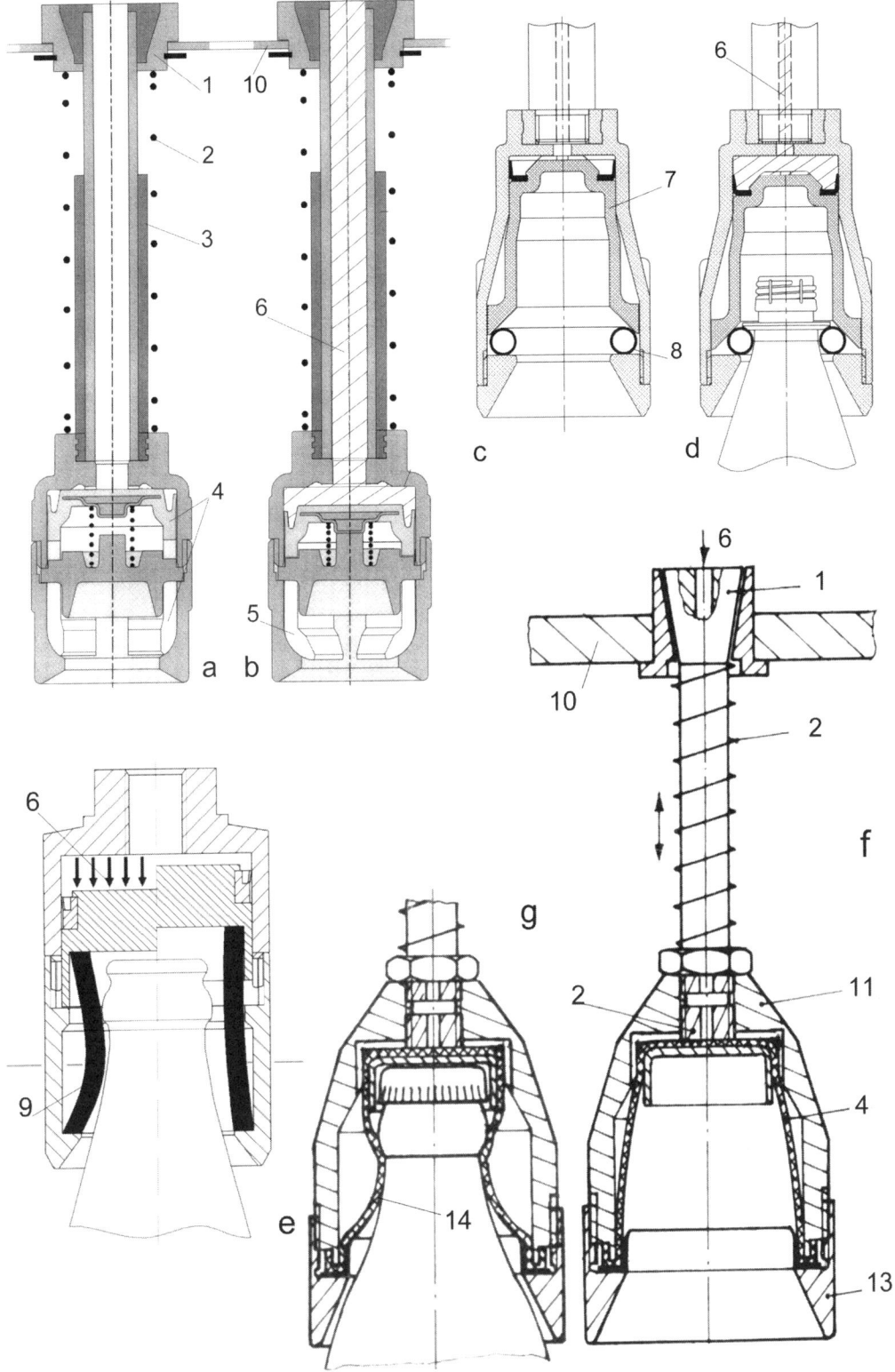

Füllanlagen

*Abbildung 176 Packtulpen, schematisch
(vorhergehende Seite)*
a Packtulpe mit elastischem Greifer (nach Fa. KRONES)
b Packtulpe betätigt
c Packtulpe für PET-Flaschen (nach Fa. KRONES)
d Packtulpe betätigt (ältere Ausführung)
e Packtulpe mit elastischer Manschette, links betätigt (nach Fa. Rico)
f Packtulpe mit „aufblasbarer" Manschette
g Pos. 4 von **f** betätigt
h Packtulpe mit Hakengreifern für Kunststoffbehälter mit Neckring (nach KRONES)
1 Packtulpenbefestigung, beweglich im Packkopf **2** Feder
3 Anschlaghülse **4** elastische Greifermanschette **5** Greifermanschette betätigt **6** Druckluft **7** Betätigungskolben mit Kegelfläche **8** Klemmring, geschlitzt **9** elastische Manschette, betätigt **10** Greiferkopf **11** Packtulpengehäuse
12 Schraube für Manschettenbefestigung mit Schutzhülse
13 Verschraubungsmutter **14** Greifermanschette betätigt
15 Zentrierhülse **16** Greiferfinger

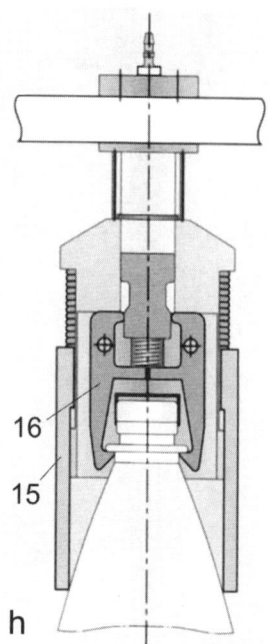

9.2.5.2 Flaschendrehvorrichtungen/-ausrichtung
Bei Bedarf können die Packtulpen der äußeren Behälterreihe eines Packkopfes mit je einem elektromotorischen Antrieb ausgerüstet werden, der es ermöglicht, die Behälter bzw. Etiketten im Display-Kasten einheitlich auszurichten. Die richtige Lage der Etiketten wird von Sensoren erkannt, die den Antrieb schalten.

9.2.5.3 Heißklebeanlagen
Heißklebeanlagen sind für die Kartonverklebung erforderlich (Faltschachteln, Trays, Wrap-Around-Packungen, Mehrstückpackungen).

Die Heißklebeanlage besteht aus dem beheizten Heißklebervorratsbehälter mit dem Thermostat, der beheizten Klebstoffpumpe, den beheizten flexiblen Leitungen, den beheizten Magnetventil-Düsen und der Steuerung der Anlage (s.a. Abbildung 177 und Abbildung 178).

Die Heißklebeanlage gibt es in unterschiedlichen technischen Ausführungen und sie können z.B. optional mit automatischen Füllsystemen ausgeführt werden.

*Abbildung 177 Heißleimsystem
(nach Nordson)*

Abbildung 178 Heißleimköpfe (nach Nordson/KHS)

9.2.5.4 Schmelzklebstoffe

Schmelzklebstoffe (Synonyme: Heißklebestoffe, Heißkleber, Heißleim, Hotmelt) sind lösungsmittelfreie und bei Raumtemperatur mehr oder weniger feste Produkte (s.a. Kapitel 5.4.4). Der Auftrag erfolgt im heißen geschmolzenen Zustand auf die jeweilige Klebefläche. Die Verbindung zwischen den Klebeflächen erfolgt durch Abkühlen des Produktes. Dieser Vorgang, bei dem die Wärme abgeleitet wird, lässt sich durch Verpressen der zu verklebenden Substrate beschleunigen.

Die Schmelzpunkte dieser Produkte liegen hauptsächlich im Bereich zwischen 80 und 120 °C, die Verarbeitung erfolgt in der Regel zwischen 120 und 180 °C. Diese auch als Hotmelt bekannte Gruppe von Klebstoffen basiert auf verschiedenen Grundstoffen, meistens sind es Harze, Wachse und Basispolymere wie z.B. EVA (Ethylenvinylacetat). In der Industrie erfolgt die Applikation mittels spezieller Heißleimgeräte. In diesen wird das Material geschmolzen und dann mit Druck über beheizte Schläuche und mit Düsen ausgestattete und ebenfalls beheizte Auftragsköpfe auf das Substrat aufgetragen (Abbildung 178).

9.2.5.5 Verschluss mittel Selbstklebeband

Der Verschluss gefüllter Kartonagen kann außer mittels Schmelzkleber auch durch Selbstklebeband erfolgen.

Neben dem manuell betriebenen Klebebandspender können die Klebebänder auch maschinell aufgebracht werden.

Füllanlagen

9.3 Packanlagen für Einweg-Behälter

9.3.1 Allgemeine Bemerkungen

In der Regel werden EW-Behälter zu Mehrstückpackungen (Multipacks) oder Sammelpackungen zusammengefasst. Beispielsweise werden vier Schrumpffolien-6er-Packs auf Trays, auf Platte (Pads) mit Schrumpffolie oder im Wrap-Around-Karton zu einer 24er-Sammelpackung gepackt. Vereinzelt werden Mehrstückpackungen (Multipacks) auch unter Verwendung von Zwischenlagen direkt palettiert.

Alternativ werden aber auch EW-Behälter, vor allem PET-Flaschen, direkt auf 1/1-, 1/2- oder 1/4-Paletten unter Verwendung von Großtrays oder Spezialdisplays geladen.

Zum Teil erfolgt die Umladung auf kleinere Paletten im Rahmen der Kommissionierung.

Die Gestaltung der Mehrstückpackungen und der Sammelpackungen ist sehr variantenreich, ein Ende der Neukreationen ist nicht abzusehen. Die Übergänge zwischen den Packungsvarianten sind teilweise fließend.

Mehrwege- und Sammelpackmaschinen benötigen relativ viel Grundfläche und sie besitzen eine relativ große Baulänge. Moderne Verpackungsmaschinen sind modular aufgebaut und können an wechselnde Aufgaben angepasst werden (Beispiele sind die modularen Verpackungsmaschinen der Baureihe *KHS Innopack Kisters*).

Die Umstellung auf andere Packungsgrößen oder Formate ist möglich, zum Teil automatisch. Verpackungsanlagen von *KHS Innopack Kisters* erreichen beispielsweise Durchsätze von bis zu 135 Trays/min oder bis zu 175.000 Dosen/h.

Des Weiteren ermöglicht der modulare Maschinenbau die Integration von umfangreichem Zubehör / Zusatzfunktionen. Hierzu gehören u.a. die Stapelfunktion von Tray-Verpackungen, Geschenkartikelspender, z.B. für CDs, Gewinnspiele, Prospekte etc., Steg-/Gefacheinsetzer für Produktschutzmaßnahmen, Tray-Kodierung u.v.m.

Optionsmodul Gefacheinsetzer

Der Gefacheinsetzer ist ein Optionsmodul, das sowohl an einer Wrap-Around-Maschine (Längsverarbeitung) als auch an einer Tray-verarbeitenden-Maschine (Querverarbeitung) eingesetzt werden kann. Der Gefacheinsetzer kann auch nachgerüstet werden.

Gefacheinsetzern werden für 60 Takte/min und in einer erweiterten Variante als Doppelmagazin-Lösung für bis zu 80 Takte/min angeboten.

Positioniert wird das Modul Gefacheinsetzer über dem Zufuhrbereich der Verpackungsmaschine, über dessen Einlauf die Gefache (Abbildung 179), per Mitnehmersystem (Rutsche) im Bereich der Gruppierung der Produkte, von oben zugeführt werden.

Hauptaufgabe des Gefacheinsetzers ist die Gewährleistung des Produktschutzes von Primärverpackungen. Insbesondere hochwertige Flaschen mit aufgeklebten Etiketten als auch Dosen mit aufwendigen Bedruckungen profitieren von den Trennstegen zwischen den einzelnen Produkten. Auf den oftmals langen Vertriebswegen bis zum Endverbraucher können, hervorgerufen durch Vibrationen beim Transport, ohne diesen Schutz unschöne Scheuerstellen das Produkt minderwertig erscheinen lassen.

Im Magazin noch zusammengefaltet wird das Gefach bei der Absaugung aufgeklappt und bildet so mit den Längs- und Querstegen die typischen Einzelzellen, in denen die Produkte nach der Vereinigung mit dem Gefach geschützt stehen (Abbildung 179, s.a. Kapitel 5.3.8).

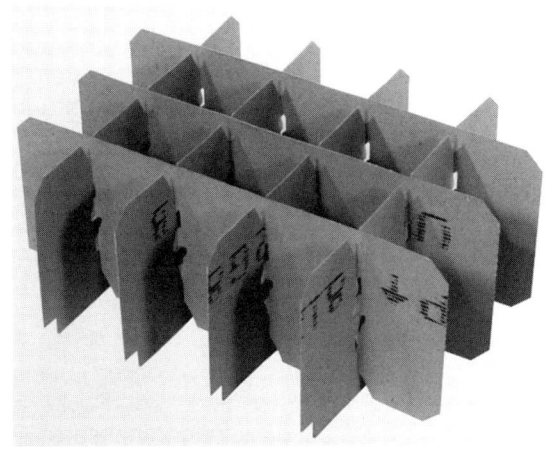

Abbildung 179 Gefach für 20 Behälter

Wichtiges Zubehör der Packmaschinen ist die Heißklebeanlage (Kapitel 9.2.5.3).

9.3.2 Anlagen für Mehrstückpackungen

Mehrstückpackungen werden in folgenden Varianten gefertigt (s.a. Kapitel 5.3.7 bis 5.3.12):

- Als Umhüllung der Behälter mittels eines Pappzuschnittes; es werden 4, 6, 8, 10, 12 Behälter zu einer Einheit zusammengefasst. Ein Beispiel ist der „Cluster-Pac", Fa. *Mead*;
- Als vorgefertigte Faltschachteln für 12, 18, 24 Behälter (z.B. Typ „Duodozen", Fa. *Mead*). Diese Packungsvariante und Wrap-Around-Packungen sind im Prinzip im verschlossenen Zustand identisch;
- Hi-Cone; die Behälter werden durch einen übergestülpten Kunststoffträger zusammengefasst, der gleichzeitig auch als Tragegriff genutzt wird;
- Mehrstückpackungen (z.B. 2 x 2, 2 x 3, 2 x 4): ein Tragegriff wird mittig eingebunden und mittels eines Stretch-Sleeves fixiert (System ITW Hi-Cone);
- Als offene Träger (Baskets; für 4, 6, 8 Behälter) mit Griff, in die die Behälter eingestellt werden;
- Folienpackungen, mit und ohne Pappträger.

Von einigen Herstellern werden vorgefertigte Kartonverpackungen oder flache Zuschnitte angeboten, aus denen mittels Spezialmaschinen Mehrstückpackungen anfertigt werden können (z.B. von *Mead*, *Riverwood* und *Meypack*):

- Die Gebinde werden gruppiert und in die aufgerichteten Kartons seitlich eingeschoben. Diese werden anschließend verklebt.
- Flache Zuschnitte werden um die gruppierten Gebinde herum gelegt und durch Laschen, die in entsprechende Aussparungen gedrückt werden, ohne Klebstoff, aber vorgespannt, verschlossen. Auch die Variante mit Heißkleber ist im Gebrauch.

Die Mehrstückpackungen sind zum großen Teil patentrechtlich geschützt oder besitzen Gebrauchsmuster-Schutz. Tragegriffe oder Tragehilfen sind meist integriert oder

Füllanlagen

werden durch eine Spendevorrichtung angebracht. Die Spezialmaschinen sind meist unverkäuflich, sie werden vermietet.

Eine weitere Variante ist das alleinige Verpacken der Behälter mit Schrumpffolie, mit und ohne Pappträger, zu Mehrstückpackungen. Folienpackungen erhalten überwiegend einen Tragegriff.

Die Mehrstückpackungen werden Sammelpackmaschinen zugeführt, soweit sie nicht direkt palettiert werden.

9.3.3 Sammelpackanlagen

9.3.3.1 Traypacker

Sammelpackmaschinen („Tray-Packer") beladen Trays mit Mehrstückpackungen (Sixpacks, 4er, 8er, 12er und 18er Packs etc.), die in Spezialmaschinen gefertigt wurden, oder auch mit einzelnen Behältern.

Der Tray-Zuschnitt wird schräg von unten zugeführt, die Behälter bzw. die Mehrstückpackungen werden gruppiert und positioniert, die Seitenklappen werden aufgerichtet und mit Heißkleber verklebt.

Die Trays können mit Schrumpffolie eingeschlagen und verschweißt und anschließend geschrumpft werden (IR-Strahler, elektrisch oder mit Gas beheizt).

Die Behälter können aber auch direkt mit Folie eingeschlagen, verschweißt und geschrumpft werden. Dabei kann ein Pappezuschnitt („Pad") als Träger dienen. Die Trays oder Folienpackungen werden palettiert. Die Folienrollen können automatisch gewechselt werden bzw. wird automatisch auf die nächste Rolle umgeschaltet.

Traypacker benötigen relativ viel Grundfläche, die Maschinenlänge ist beträchtlich.

Eine weitere Variante ist die zweifache Stapelung der Trays vor dem Einschrumpfen (Abbildung 180 und Abbildung 181).

Abbildung 180 Zweifachstapelung von Trays vor dem Schrumpfen (nach KHS)

Packanlagen

*Abbildung 181   Traypacker mit Zweifachstapelung der Trays
(Typ Contistapler nach KHS)*

9.3.3.2 Tragegriffspender

Tragegriffspender sind in der Regel selbstständig arbeitende Maschinen mit integrierter Fördertechnik zum Applizieren von Tragegriffen an Mehrstückpackungen (meistens Multipacks), die nach einem Schrumpf-Packer im Gebindetransport integriert werden. Die Anlagen können für 1- bis 3-bahnige Arbeitsweise bei bis zu 70 Takten/min. ausgelegt werden.

Als optionale Zusatzausrüstungen sind z.B. Labelmagazine (integriert od. extern) für nachträglich auf das Klebeband anzubringende produktspezifische Label und zusätzliche Packungskontrollen verfügbar.

Tragegriffe können auch an Konturverpackungen korrekt angeklebt werden (Abbildung 183). Des Weiteren werden die Label, bedingt durch die patentierte Applikationseinheit und durch eine Zusatzmechanik, mit ausreichend Spielraum zum Paket angebracht, so dass der Verbraucher den Griff komfortabel anfassen kann.

Der modulare Maschinenaufbau (s.a. Abbildung 182) ermöglicht die Verarbeitung verschiedener Tragegriffvarianten (vorkonfektionierte oder nicht vorkonfektionierte Tragegriffe, Softgripp-Tragegriffe, aufgedruckte Tragegriffe).

Unter dem Namen *Bottle Carrier* werden Tragegriffe aus PE für 4 bis 8 Flaschen mit Flaschen bestückt. Die Flaschen werden in die Laschen des Griffes eingeklippt. Es können auch größere Flaschen (≤ 1,5 l) eingestellt werden [160].

Füllanlagen

Abbildung 182 Tragegriffspender Innopack Kisters CSM (nach KHS)

Abbildung 183 Beispiel für einen angeklebtenTragegriff (nach KHS)

Abbildung 184
Das Bottle Carrier-System [160]
(nach Schoeller Arca Systems)

9.3.3.3 Wrap-Around-Packer

Die Behälterformation wird auf dem Verpackungszuschnitt positioniert. Danach wird der Zuschnitt um die Gebinde herum mit Vorspannung gefaltet, eingeschlagen und mittels Heißklebers verklebt. Auch das Zuführen des Zuschnittes von oben auf die Behälterformation ist möglich.

Wrap-Around-Verpackungen werden aus flachen Zuschnitten um die Gebindeformation herum aufgerichtet und verklebt. Da dies mit Vorspannung erfolgen kann, sind Gefache entbehrlich.

Ein Gefach kann aber bei Bedarf eingesetzt werden.

Die Mehrstückpackungen können aber auch mit Packmaschinen in Pinolen-Kästen eingesetzt werden (z.B. Sixpacks mit Mehrwege-Flaschen).

9.3.3.4 Mehrfachstapler

Mehrfachstapler werden vor allem als Zweifachstapler ausgeführt. Sie stapeln zwei Trays oder Wrap-Around-Packungen übereinander, die anschließend mit Folie geschrumpft werden. Ziel der Mehrfachstapelung ist die Einsparung von Folie. Ein Beispiel zeigen Abbildung 180 und Abbildung 181.

Die Stapeleinrichtung kann 1- und 2-bahnig ausgelegt werden mit einem Durchsatz von bis zu 100 bzw. 200 Trays von einer auf zwei Lagen.

Das Zweifachstapelmodul wird zwischen Trayfaltstation und Folieneinschlagstation integriert. Das Prozessmodul kann wahlweise auf Stapel- oder Durchfahrbetrieb (nicht stapeln) bei einem Formatwechsel umgeschaltet werden.

9.4 Anlagen für Kartonverpackungen

Einweg-Behälter können in Faltschachteln oder Wrap-Around-Packungen (s.o.) verpackt werden.

Faltschachteln werden aus vorgefertigten Zuschnitten durch Aufrichten und Verkleben des Bodens gefertigt. Ein Gefach (Gittersteg) kann vor oder nach der Beladung eingesetzt werden (s.a. Kapitel 9.3.1). Danach werden die Faltschachteln verklebt.

Eine Kartonverpackungsanlage besteht üblicherweise aus dem Faltschachtelauffalter, der Bodenverklebung, der Gefach-Einsteckmaschine, der Packmaschine und der Deckelverklebung.

Die Kartons können etikettiert oder in anderer Weise gekennzeichnet werden (z.B. mit Inkjet-Systemen).

Füllanlagen

10. Anlagen für die Entfernung von Verschlüssen und Ausstattungselementen

10.1 Allgemeine Hinweise

Bei Mehrwegflaschen aus Glas oder Kunststoff müssen die Verschlüsse vor dem Eintritt in die Flaschenreinigungsmaschine entfernt werden. Geeignete Stellen im Produktionsfluss sind die Behälter,

- solange sie noch im Kasten stehen oder
- die ausgepackten Behälter.

Die Anlagen müssen in der Lage sein, die Verschlüsse von allen Behältern eines Kastens in einem Arbeitsgang zu entfernen.

Während bei Kronenkorken die Flaschen weitestgehend ohne Verschluss zurückgeführt werden, wird eine vollständige Rückführung der verschlossenen Gebinde bei Schraubverschlüssen angestrebt. Vorteile dabei sind der gegebene Mündungs-/Gewindeschutz und die mehr oder weniger gegebene Sicherheit gegen Verschmutzungen aller Art und das Antrocknen der Getränkereste.

Die Wiederverschließbarkeit der Gebinde ist leider auch Motivation für ihre missbräuchliche Nutzung (Öl, Brennstoffe, Lösungsmittel, Urin etc.). Die sichere Erkennung und Ausschleusung dieser kontaminierten Behälter vor der Reinigungsmaschine muss gesichert werden. Deshalb müssen diese unmittelbar nach der Verschlussentfernung detektiert werden (Anlagen [„Sniffer"] für die Detektion siehe Kapitel 15.8).

Außer Verschlüssen sind vor der Reinigungsmaschine auch Etiketten (Sleeve-Etiketten, Rundum-Etiketten) und Halsfolien zu entfernen.

In der Regel werden die Entfernung des Schraubverschlusses, die Fremdstoffinspektion und die Etikettenentfernung in einer Maschine kombiniert.

10.2 Anlagen zur Entfernung von Kronenkorken

Kronenkorken (KK) lassen sich am einfachsten entfernen, solange die Flaschen noch im Kasten stehen, also vor der Auspackmaschine. Eingesetzt werden taktweise und im Durchlauf arbeitende Maschinen.

Bei den taktweise arbeitenden Anlagen werden die Flaschen durch einen Niederhalter im Kasten fixiert, während der KK-Abheber die Verschlüsse abzieht (s.a. Abbildung 185a). Anschließend kann der Gebindeinhalt entfernt werden (bei Bedarf Restbiergewinnung; Leerdrücken mit CO_2).

Bei der kontinuierlichen KK-Entfernung werden die KK reihenweise von einem rotierenden Abheber entfernt, der sich synchron zum Kastentransport dreht, s.a. Abbildung 185b.

10.3 Anlagen zur Entfernung von Schraubverschlüssen

Schraubverschlüsse werden nach dem Auspacken der Flaschen im vereinzelten Zustand, auf einer Kreisbahn, entfernt. Im Allgemeinen folgt darauf unmittelbar die Fremdstofferkennung.

Entfernung von Verschlüssen u.a.

Das Entschrauberwerkzeug mit zwei bis vier Klemmbacken rotiert. Es gilt das Prinzip: kein Verschluss, keine Betätigung der Backen, s.a. Abbildung 186.
Glasflaschen werden durch einen Halsstern gehalten, ggf. wird durch einen am Umfang der Flasche umlaufenden Riemen die Haltekraft verstärkt; PET-Flaschen werden am Halsring geführt (neck-handling). Die Verschlüsse werden gesammelt und entsorgt.

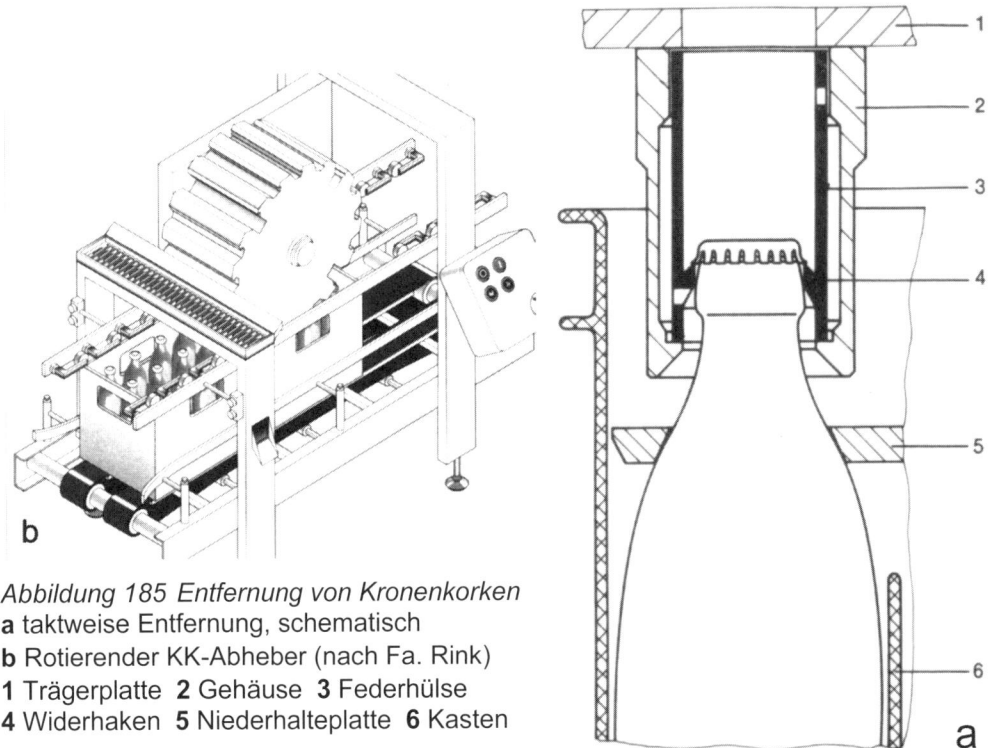

Abbildung 185 Entfernung von Kronenkorken
a taktweise Entfernung, schematisch
b Rotierender KK-Abheber (nach Fa. Rink)
1 Trägerplatte 2 Gehäuse 3 Federhülse
4 Widerhaken 5 Niederhalteplatte 6 Kasten

Abbildung 185 b Rotierender KK-Abheber (nach Fa. Rink)

273

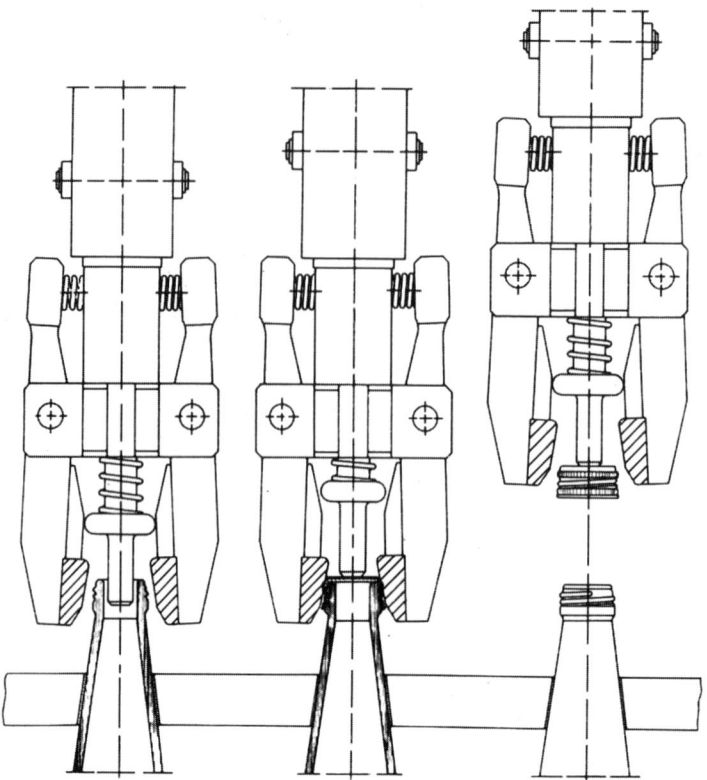

Abbildung 186 Entfernung von Schraubverschlüssen, schematisch

10.4 Anlagen zur Entfernung von Etiketten und Folien

Etiketten (Kunststoff-Etiketten als Rundum-Etiketten oder Sleeve-Etiketten) werden durch ein vertikal arbeitendes Messer aufgeschnitten und können danach durch Absaugen entfernt werden. Das Prinzip zeigt Abbildung 187.

Flaschenhalsfolien aus Aluminium können durch Abheber oder rotierende Werkzeuge von Glasflaschen entfernt werden (Entlastung der Flaschenreinigungsmaschine und der Umwelt).

Die Entfernung von Papier-Etiketten vor der Flaschenreinigung hat sich bisher nicht durchsetzen können [161].

10.5 Anlagen zum Öffnen von Bügelverschlüssen

Verschlossene Bügelverschluss-Flaschen werden entweder manuell geöffnet oder bei größeren Durchsätzen maschinell.

Die auf einer Kreisbahn befindlichen Flaschen werden zentriert und durch einen Anschlag geöffnet. Nach dem Öffnen kann sich eine Fremdstoffinspektion anschließen.

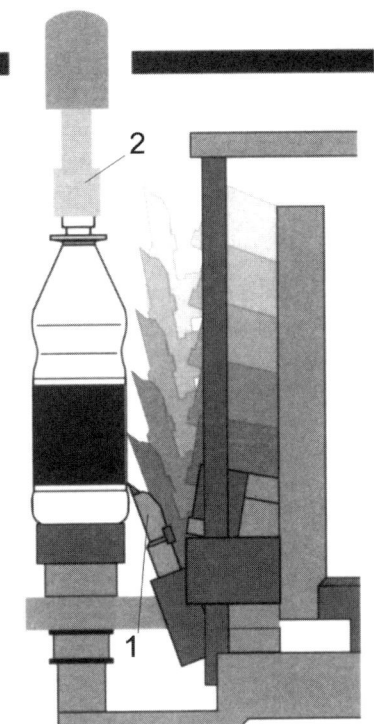

Abbildung 187 Etiketten-Entfernung, schematisch (nach Fa. Grässle)
1 vertikales Messer, kurvenbahngesteuert
2 Flaschenzentrierung

11. Sortieranlagen für Behälter und Kästen
11.1 Allgemeine Bemerkungen
Mehrweg-Gebinde (Flaschen, Kästen) kommen in der Regel nicht sortenrein bzw. sortiert zurück zum Abfüller, das Leergut enthält auch unterschiedliche Mengen EW-Behälter oder ist nicht auspackbar (z.B. durch liegende Behälter, Pappen u.a.).

Bei Mehrweganlagen muss sortenreines Leergut (Behälterfarbe, -form und -größe) verarbeitet werden, um eine Minderung der Anlageneffektivität zu verhindern. Diese Forderung wird mit steigender Anlagenausbringung immer wichtiger. Im Extremfall kann der Leergutmix zum Anlagenstillstand führen.

Zur Sortierung des Leergutes können zum Beispiel folgende prinzipielle Varianten genutzt werden (ohne Anspruch auf Vollständigkeit):

- Die Paletten werden der Anlage zugeführt und entpalettiert.
  Sortenreines Leergut wird direkt dem Auspacker zugeführt.
  Unauspackbare Kästen, Falsch-Kästen und Kästen mit Falsch-Flaschen werden ausgeschleust und müssen manuell bearbeitet werden;
- Die Paletten werden der Anlage zugeführt und entpalettiert.
  Unauspackbare Kästen werden ausgeschleust manuell bearbeitet.
  Nur Gut-Kästen, auch teilgefüllt, werden dem Auspacker zugeführt.
  Falsch-Kästen und Gut-Kästen mit Falsch-Flaschen werden separat sortiert und sortenrein palettiert;
- Die Paletten werden der Anlage zugeführt und entpalettiert.
  Unauspackbare Kästen werden ausgeschleust und manuell bearbeitet.
  Alle Gut-Kästen werden dem Auspacker zugeführt, der nur Gut-Flaschen auspackt.
  Falsch-Flaschen der Gut-Kästen werden separat ausgepackt, sortiert und sortenrein palettiert.
  Falsch-Kästen werden ausgeschleust und müssen manuell oder mechanisiert bearbeitet werden (auspacken und sortieren);
- Die Paletten werden der Anlage zugeführt und entpalettiert.
  Unauspackbare Kästen werden ausgeschleust manuell bearbeitet.
  Alle auspackbaren Kästen werden dem Auspacker zugeführt, der nur Gut-Flaschen auspackt. Die Falsch-Flaschen werden separat ausgepackt, sortiert und sortenrein palettiert.
  Falsch-Kästen werden ausgeschleust und müssen manuell oder mechanisiert bearbeitet werden (auspacken und sortieren); Sie können mit „richtigen" Falsch-Flaschen gefüllt werden.
- Das Leergut wird komplett entpalettiert, unauspackbare Kästen werden ausgeschleust und müssen manuell bearbeitet werden.
  Alle Kästen werden ausgepackt, Kästen und Flaschen werden sortiert.
  Die leeren Kästen können zumindest mechanisch gereinigt und Fremdkörper entfernt werden.
  Anschließend wird sortenrein gepackt und palettiert.
  Der Füllanlage wird nur sortenreines Leergut zugeführt.
  Diese Variante ist sicher die aufwendigste, bietet aber die größtmögliche Flexibilität. Ein Bespiel ist die Sortieranlage bei *Veltins* [163].

Die Entscheidung für eine der genannten Möglichkeiten kann nur unter Kenntnis der betriebsspezifischen Analyse der Leergutsituation, insbesondere der Fremdanteile, und der verfügbaren Pufferkapazität erfolgen. Neben den vorstehend genannten Varianten sind zahlreiche weitere möglich, die bei gegebenen betrieblichen Voraussetzungen genutzt werden können. Die Fachliteratur nennt einige gelungene Beispiele [162], [163], [164], [165], [166].

Die aussortierten fremden Flaschen und Kästen werden sortenrein gepackt, palettiert und ausgetauscht. Die Verarbeitung fremder Flaschen zu Glasbruch ist aus Kostengründen kaum noch möglich.

Der Trend zu Individualgebinden auch im MW-Bereich, insbesondere mit Reliefdarstellungen oder -Schriftzügen (Embossing) erschwert die Sortierarbeit und erhöht den Aufwand. Dieser kann für die Sortierung von Flaschen und Kästen erheblich sein und wird von Marketingverantwortlichen gern verdrängt. Die Sortierkosten steigen damit an und erreichen in einzelnen Unternehmen bereits Werte von $\geq 2{,}60$ €/hl-VB, Tendenz steigend.

Der Getränkehandel bzw. Getränkefachgroßhandel fällt als Sortierer im Prinzip aus, der Anteil des vollständig durchmischten Leergutes steigt an. Sortiertes Leergut ist nur bei entsprechender Vergütung denkbar. Die Kosten für Sortierdienstleistungen werden zurzeit im Bereich von 0,24…1,10 €/Kasten angegeben, entsprechend 2,4… 11 €/Kasten [167].

Situation in der Getränkeindustrie
In vielen Betrieben wird am Band noch manuell sortiert oder nachsortiert.

In kleineren Betrieben werden die Kästen nur in auspackbar und nicht auspackbar unterschieden, letztere werden dann häufig manuell ausgepackt.

Für den nachträglichen Einbau einer Sortieranlage fehlt in den meisten Fällen der erforderliche Platz. Deshalb muss die Problematik Sortierung bei der Anlagenplanung ständig beachtet werden.

Eine alternative Lösung kann an entsprechenden Standorten ein eigenständiger Leergut-Sortierbetrieb sein, der ggf. überbetrieblich geführt wird (diese Variante haben bereits die Berliner Altvorderen in der Zeit von 1893 bis etwa 1902 praktiziert, die eine wirtschaftlich eigenständige Flaschen- und Kastensortierung betrieben, das „Zentraldepot für vertauschte Fässer und Flaschen"; eine weitestgehende Vereinfachung brachte die 1906 eingeführte Berliner Einheitsflasche mit einem Inhalt von 0,33 l).

Aktuelle Beispiele externer Sortierunternehmen geben [168] und [169].
Anlagen zum Ausschleusen der Behälter siehe Kapitel 15.9.

Die Fragestellung: manuelle Sortierung oder automatische Sortierung mit einer Sortieranlage kann nur bei Kenntnis der Leergutzusammensetzung beantwortet werden. Diese Frage lässt sich nicht zuverlässig beantworten. Trotz der Nachteile der automatischen Sortierung (Kapitalbindung, Investitionsrisiko, Platzbedarf) spricht fast alles dafür, da eine sehr hohe Sortiergüte erzielt wird und mit einem Anstieg der Sortierproblematik gerechnet werden muss.

Eine große Effizienz einer Füllanlage setzt sortenreines Leergut voraus, dass in der Regel nur durch die Entkopplung von Sortierung und Füllanlage erreicht wird.

Die alternative Umgehung des Sortierproblems besteht nur im Übergang zum EW-System. Hier sind jedoch zurzeit durch den Gesetzgeber Grenzen gesetzt und nicht zuletzt sind die Kosten für EW-Behälter inclusive der Entsorgung relativ hoch. In einigen europäischen Ländern wird aber diese Variante genutzt.

Füllanlagen

11.2 Sortieranlagen für Kästen

Sortieranlagen müssen zwei Aufgaben erfüllen:
- das messtechnische Erkennen der Sortierkriterien und
- das Sortieren nach den gefundenen unterschiedlichen Merkmalen.

Sortierkriterien für Kästen sind u.a.:
- Kastengröße, Kastenhöhe, Kastenfarbe, Kastenlogo und -zustand, Kastencodierung;
- Kastengefache;
- auspackbar/nicht auspackbar (liegende Behälter, Behälter verkehrt, Fremdkörper, Pappen);
- Unversehrtheit des Kastens, Deformationen.

Die Kastenkontrolle erfolgt meistens mit hoch auflösenden CCD-Kameras. Voraussetzung dafür ist eine konstante Beleuchtung. Teilweise wird mit zwei Kameras gearbeitet (Stereobilder).

In die Kastenkontrolle kann die Flaschenerkennung nach Farbe, Form, Höhe, Kontur, Embossing und UV-Schutz integriert werden, ebenso die Verschlusskontrolle.

Zur Ausschaltung von Tageslicht wird zum Teil mit Abdeckungen oder mit IR-Licht gearbeitet, zum Teil kommt UV-Licht zur Anwendung. Die Erkennung von Behältern kann durch Ultraschall-Systeme verbessert werden, insbesondere für die Höhenbestimmung.

Die Auswerteelektronik liefert die Signale für das Ausschleusen oder selektive Auspacken und erfasst natürlich auch statistische Werte im Sinne einer BDE.

11.3 Sortieranlagen für Behälter

Sortierkriterien für Flaschen sind u.a.:
- Flaschenkontur;
- Flaschen-Relief („Embossing");
- Flaschenhöhe;
- Flaschenfarbe;
- Flaschenwerkstoff (Glas oder Kunststoff)
- UV-Schutz;
- Verschluss/Mündung;
- Unversehrtheit der Flasche.

Bei Bügelverschluss-Flaschen kann noch die Sortierung nach der Farbe der Dichtungsscheibe hinzukommen, eventuell auch noch die Unterscheidung des Logos auf dem Verschlussknopf sowie Flasche offen/geschlossen.

Flaschenkontur, -höhe, -farbe

Die geometrische Flaschenkontrolle erfolgt meistens mit hoch auflösenden elektronischen-Kameras (CCD-Kameras; Charge Coupled Devices), zum Teil durch Ultraschall-Systeme (Flaschenhöhe).

Voraussetzung dafür ist eine konstante langzeitstabile Beleuchtung, z.B. mittels LED (früher mittels Stroboskoplampen). Teilweise wird mit zwei Kameras gearbeitet (Stereobilder), s.o.

Unterscheidung des Werkstoffes
Glas und Kunststoffe lassen sich im UV-Licht unterscheiden, Kunststoffe lassen sich zusätzlich differenzieren. Gleiches gilt für UV-Beschichtungen bei Glasflaschen.

Flaschen mit Relief (Embossing)
Die Beleuchtung erfolgt mit einer zentrisch vor dem Kamera-Objektiv angeordneten LED-Beleuchtung. Es wird das Bild ausgewertet, wenn sich die Flasche konzentrisch unter dem Objektiv befindet. Damit ist ein kontrastreiches Bild für die Auswertung verfügbar, so dass die Reliefs am Flaschenhals identifizierbar werden [170].
Je Flaschenreihe im Kasten ist eine Kamera-/Beleuchtungseinheit installiert

Die Auswerteelektronik liefert die Signale für das Ausschleusen oder selektive Auspacken und erfasst natürlich auch statistische Werte im Sinne einer Betriebsdatenerfassung (BDE).

Sonstige Unterscheidungsmöglichkeiten
Die Flaschen können codiert werden, die Codierung kann z.B. mit UV-Licht lesbar sein. In gleicher Weise kann das Etikett mit einem Aktivcode für die Erkennung der Flaschen im Kasten von oben genutzt werden.

11.4 Robotereinsatz beim Sortieren
Das Sortieren nach den messtechnisch gefundenen unterscheidenden Merkmalen bei Behältern und Kästen kann vorteilhaft von Robotersystemen übernommen werden (s.a. Kapitel 8.3).

Die vereinzelten Kästen können selektiv in mehreren Stufen ausgepackt und anschließend sortiert werden (oder umgekehrt). Entnommene Falsch-Flaschen können mit Gut-Flaschen aufgefüllt werden.

Die selektierten Behälter werden dann sortenrein in die entsprechenden Kästen gesetzt und nachfolgend palettiert. Bei Bedarf können die Behälter zwischengestapelt werden. Hierfür werden entweder Leerkästen genutzt oder spezielle Stapelflächen (Abbildung 191).

Sowohl Knickarmroboter als auch Portalroboter sind für diese Arbeiten vorteilhaft einsetzbar.

Die Anzahl der unterschiedlich trennbaren Behälter ist im Prinzip nur von der verfügbaren Grundfläche abhängig.

Bei sehr starker Vermischung des Leergutes kann auch das vollständige Auspacken der Behälter aus den Kästen sinnvoll bzw. erforderlich sein. Das gilt vor allem auch dann, wenn sehr ähnliche Behälter unterschieden werden müssen. Die vereinzelten Behälter können dann nach den unterschiedlichsten Kriterien sortiert werden.

Insbesondere die Reliefflaschen sind nur sehr schwer im Kasten unterscheidbar, vor allem dann, wenn sich die Reliefs nicht am Flaschenhals, sondern am zylindrischen Teil der Flasche befinden.

Eine besonders flexible Sortieranlage wurde in der Brauerei *Veltins* erstellt [171]. Diese Anlage besteht aus zwei Linien (für 0,33-l-Fl. und 0,5-l-Fl.), jede kann bis zu 3300 Kästen/h sortieren (Abbildung 188).

Füllanlagen

Die Paletten werden von Portalrobotern schichtweise entpalettiert und anschließend vereinzelt. Nicht auspackbare Kästen werden ausgeschleust und manuell bearbeitet.

Das Herzstück des Sortierzentrums besteht aus zwei ovalen Elektrohängebahnstrecken (Loop 1 und Loop 2). Deren Fahrwerke sind mit speziellen Flaschengreifern ausgerüstet, die mit hoher Geschwindigkeit die auf dem Band ankommenden Kästen (in Querlage) mittels Flaschengreifertulpen auspacken (fünf Kästen werden gleichzeitig ausgepackt). Die 5 Flaschenreihen werden auseinandergezogen, so dass sie von hoch auflösenden Kameras in Sekundenbruchteilen identifiziert werden und sortiert auf verschiedenen Bändern abgesetzt werden können. Die ausgepackten Kästen werden ebenfalls detektiert und sortiert verteilt. Defekte Flaschen und Exoten werden in den Abfallcontainer entsorgt.

Die sortierten Flaschen werden von Portalrobotern wieder in die Kästen gesetzt, anschließend wird wieder palettiert und die Paletten werden an die Hängebahn übergeben, die sie zum Hochregallager bringt.

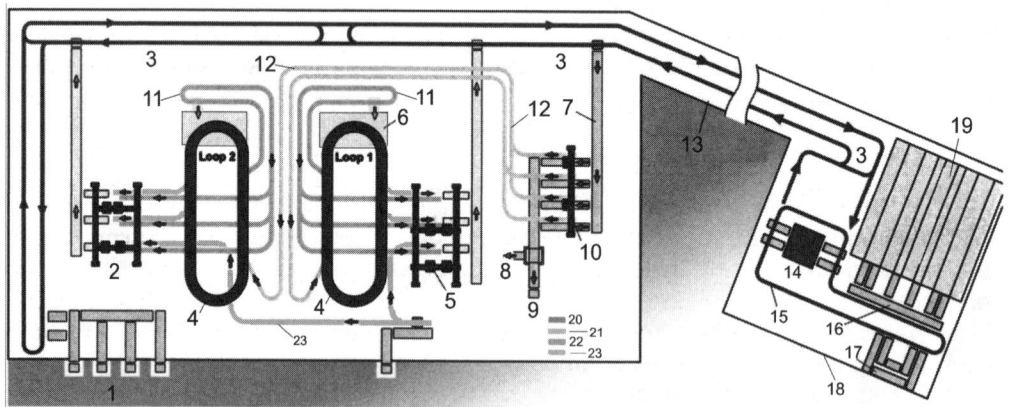

Abbildung 188 Layout der Sortieranlage der Brauerei C. & A. Veltins (nach [171])
1 Auf- und Abgabestationen **2** Portalroboter **3** Elektrohängebahn **4** Elektrohängebahn mit Flaschengreifern **5** Portalroboter zum Einsetzen der Flaschen in Kästen und Palettieren der Kästen **6** Falsch-Flaschen und Reststoffe **7** Palettenförderer **8** Leerpaletten zum Palettieren **9** Leerpaletten **10** Portalroboter zum Entpalettieren **11** leere Kästen zum Einpacken **12** volle Kästen zum Auspacken **13** Elektrohängebahnbrücke zwischen Leergutlager und Sortierzentrum **14** Hubstation **15** Elektrobodenbahn **16** Lager-Vorzone **17** Anbindung an Produktion **18** Verbindungsgebäude Brauerei **19** Hochregallager **20** Palettentransport **21** Volle Kästen **22** Leere Kästen **23** Einzelflaschen-Transport

11.5 Ausleiteinrichtungen für Kästen

Kästen, die als fehlerhaft oder falsch erkannt werden, müssen ausgeleitet werden.

Dazu sind außer Linienverteilern und Sortierverteilern nach Abbildung 127 auch Pusher (s.a. Abbildung 189 a), Ausleitschieber (senkrecht zur Förderrichtung, Abbildung 127 b) und andere Systeme geeignet (Abbildung 189b und c, Abbildung 190).

Abbildung 189 Ausleiteinrichtung für Kästen
a Pusher nach Fa. Heuft

Abbildung 189 c Kastenausleitung nach Beispiel Abbildung 189 b

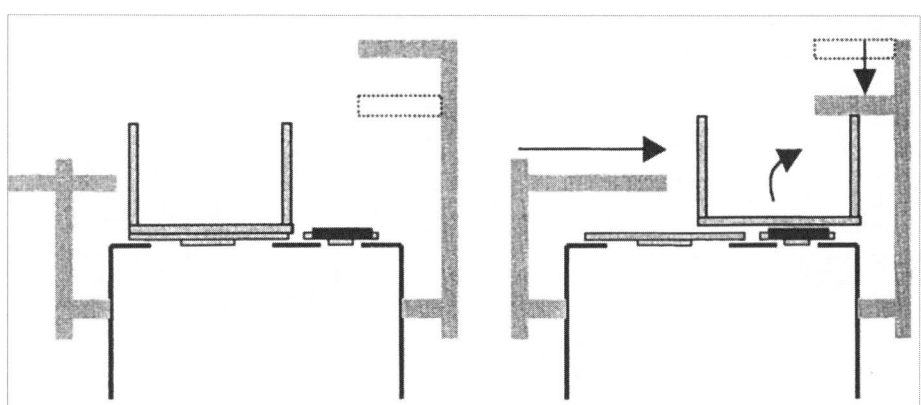

Abbildung 189 b Ausleitvorrichtung (nach Gebo-Industries)

Füllanlagen

Abbildung 190 90°-Segmentausleiter für Kästen (nach Fa. recop [172])

Abbildung 191 Portal-Sortierroboter „710" mit Zwischenstapelpuffer
(nach Fa. recop-electronik, Kassel)

12. Mehrweg-Flaschenreinigungsanlagen

12.1 Allgemeine Aufgabenstellung und Hinweise

Flaschenreinigungsmaschinen (FRM) müssen die gebrauchten MW-Flaschen so bearbeiten, dass sie zu
- sauberen, vollständig benetzten, rückstandsfreien Flaschen werden, die
- frei von pathogenen und getränkeschädlichen Mikroorganismen sind.

Dabei müssen Getränkereste, die darauf gewachsene Mikroflora und -fauna, Etiketten, Klebstoffe, Foliierungsreste, Staub- und andere Verunreinigungen (Farbe, Mörtelreste) entfernt werden.

Energie- und Wasserverbrauch sollen minimal sein und das Glas soll möglichst wenig korrosiv und thermisch beansprucht werden.

Die FRM haben eine Reihe von Entwicklungsstufen durchlaufen, die sich von der ursprünglich manuellen, überwiegend mechanischen Reinigung mittels Bürsten und Sodalösung ableiten und zu den heutigen kombinierten Weich- und Spritzmaschinen geführt haben, die auf der Grundlage der gemeinsamen Wirkung von speziellen Reinigungschemikalien sowie thermischen und mechanischen Effekten, vor allem als Funktion der Zeit, die komplexe Reinigung der Gebinde garantieren.

Die historische Entwicklung ist über so genannte „Weichräder" in Kombination mit Bürst- und Spülvorrichtungen über „Rund- und Linear-Spritzmaschinen" zu den heutigen „Weich- und Spritzmaschinen" verlaufen.

12.2 Bauformen für Flaschenreinigungsmaschinen

Flaschenreinigungsmaschinen werden in den Bauformen:
- Einend-FRM (Abbildung 192) und
- Zweiend-FRM (Abbildung 193) gefertigt.

Die moderne Einend-Maschine arbeitet mit einer anteiligen Weichzeit von $\leq$ 2/3 der Gesamtbehandlungszeit von 11…13 Minuten. Auf- und Abgabe der Flaschen erfolgen auf derselben Maschinen-Stirnseite.

Die Zweiend-Maschine kann für nahezu beliebig lange Weichzeiten ausgelegt werden, die Spritzzeiten sind verhältnismäßig kurz. Die Gesamtbehandlungszeiten betragen etwa 15…$\geq$ 25 Minuten. Die Maschine kann mit vertikal oder horizontal betonten Weichbädern gefertigt werden (die erforderliche Raumhöhe hängt davon ab).

Vorteil der langen „Weichzeiten", d.h. der Zeiten, die die Flaschen untergetaucht in Reinigungslauge und Wasser verbringen, ist, dass nicht nur lange Einwirkzeiten erreicht werden, sondern dass Anwärmung und Abkühlung feinstufig erfolgen können (Ausgleich der Glasspannungen) mit guter Wärmeregeneration.

*Abbildung 192 Einend-Flaschenreinigungsmaschnine, schematisch
(nach Fa. KRONES, Typ Lavatec KES), Seite 284*

1 Resteentleerung **2** Vorweiche I **3** Vorweiche II **4** Vorspritzung **5** Vorlauge **6** Hauptlauge **7** Nachlauge **8** Nachlauge Tauchbad **9** Warmwasser I **10** Warmwasser II **11** Kaltwasser **12** Frischwasser

Füllanlagen

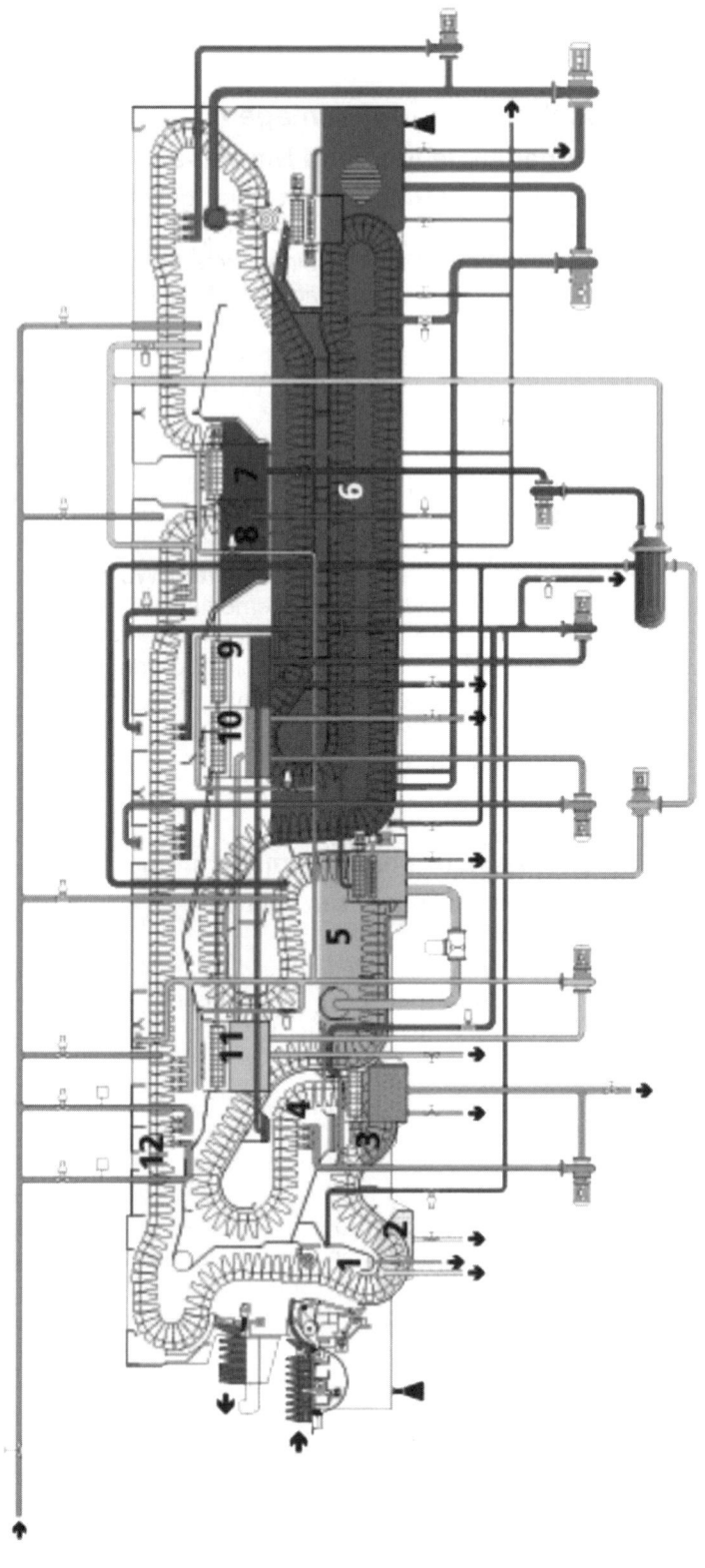

Der technische Aufwand, der Grundflächen und Raumbedarf sind größer als bei Einend-Maschinen. Auf- und Abgabe befinden sich an den gegenüberliegenden Stirnseiten. Das wird von einigen Betreibern auch als wichtiger Vorteil bei der Trennung von Schmutz- und gereinigten Flaschen bezüglich der Rekontaminationsgefahr gesehen.

Die FRM werden im Baukastensystem/Modulbauweise rationell gefertigt und können während der Planung in den vorgegebenen Grenzen an die Reinigungsaufgabe angepasst werden.

Für mitteleuropäische Bedingungen sind im Allgemeinen Einend-Maschinen ausreichend, soweit die Unternehmensphilosophie nicht andere Prämissen setzt. In tropischen und subtropischen Ländern dominieren Zweiend-FRM.
Weitere unterscheidende Merkmale bei FRM sind:
- Die Bauweise: Segment- oder Kompakt-/Block-Bauweise;
- Der Antrieb: kontinuierlich oder taktweise.

Die Segmentbauweise wird bei größeren FRM praktiziert, um akzeptable Transporteinheiten zu erhalten. Die Segmente werden am Einsatzort verschweißt oder verschraubt (Flansche). Die Blockbauweise ermöglicht es, kleinere FRM anschlussfertig oder weitestgehend vormontiert zu liefern. Auf der Baustelle werden in der Regel nur noch die Pumpen und Flaschenträger eingesetzt.

Durchsatz einer FRM
Der Durchsatz ist abhängig von:
- der Taktzeit bzw. der Geschwindigkeit der Transportkette,
- der Anzahl der Flaschenzellen je Flaschenzellenträger und
- der Anzahl der Flaschenzellenträger.

Die Abmessungen des zu reinigenden Flaschensortiments (Höhe, Durchmesser) bestimmen die Abmessungen der Flaschenzellen und damit die Anzahl der Flaschen je Flaschenzellenträger. Sie bestimmen auch die Teilung der Transportkette (Abstand von Flaschenzellenträger zu Flaschenzellenträger) und damit den Mindestradius der Kettenräder.

Die Abmessungen der Flaschenzellen, die Zahl der Flaschenzellen je Träger, die Zahl der Flaschenzellenträger in der Maschine und die Radien der Kettenräder bestimmen die Abmessungen der Maschine.

Die Verweilzeit der Flaschen in der FRM, sie ist im Wesentlichen mit der Behandlungszeit identisch, wird vor allem bestimmt:
- von der für die Reinigung der Flaschen erforderlichen Zeit (Ablösezeit aller Verschmutzungen),
- der benötigten Spülzeit für die Entfernung der gelösten Verschmutzungen und
- von der möglichen Aufheiz- und Abkühlzeit der Flaschen.

Abbildung 193 Zweiend-Flaschenreinigungsmaschine, schematisch (nach Fa. KRONES, Typ Lavatec KD-2), Seite 286
1 Resteentleerung **2** Vorweiche **3** Vorspülung **4** Rekuperation **5** Laugebad I
6 Laugebad II **7** Nachlauge **8** Warmwasser I **9** Warmwasser II **10** Kaltwasser
11 Nachlaugetauchbad **12** Tauchbad Warmwasser II **13** Frischwasser

Füllanlagen

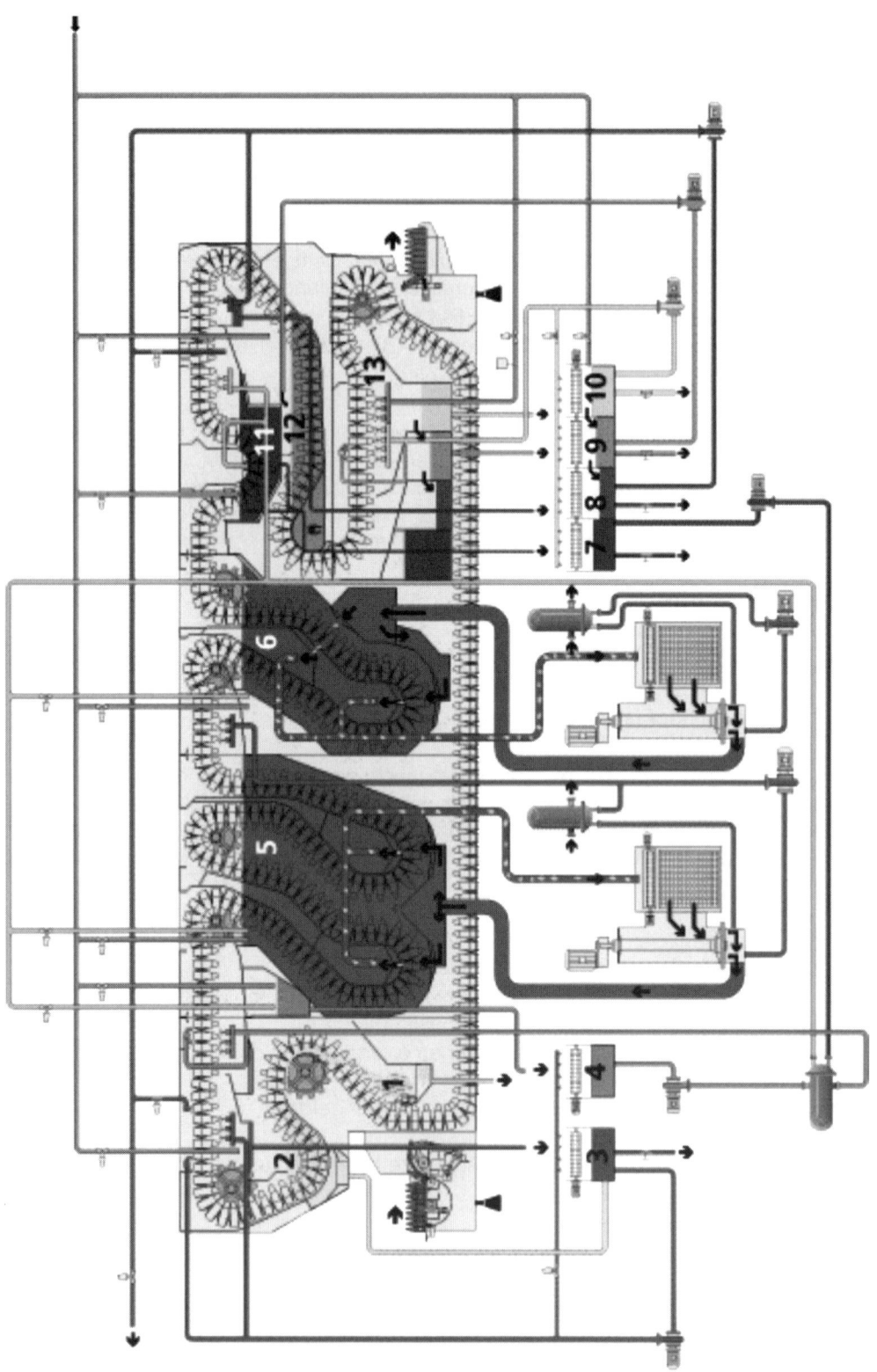

Flaschenreinigungsanlagen

Der Werkstoff Glas erfordert eine feinstufige Erwärmung und Abkühlung, um temperaturbedingte Spannungen im Glas zu begrenzen. Bei der Erwärmung sollte je Stufe ein $\Delta\vartheta \leq 25...30$ K nicht überschritten werden, bei der Abkühlung $\Delta\vartheta \leq 10...15$ K. Zwischen jeder Stufe muss eine ausreichende Verweilzeit für den Temperaturausgleich gesichert werden. Daraus folgen Mindestbehandlungszeiten der Flaschen von ≥ 11 min.

Im Allgemeinen werden FRM der beiden Bauformen nach einem Baukasten- und Modulsystem gefertigt, dass einen großen Spielraum bei der Festlegung der technologischen Parameter und der geometrischen Abmessungen zulässt.

Wichtige Konstruktionsziele sind dabei die Senkung des Energiebedarfs, der Wärmeverluste und des Wasserverbrauchs, die Verbesserung des Korrosionsschutzes und die Verringerung der Anlage- und Montagekosten bei Optimierung des Reinigungsergebnisses.

12.3 Wesentliche Baugruppen der Flaschenreinigungsmaschinen

12.3.1 Flaschenaufgabe

Die Leergutflaschen (sortenrein und unverschlossen) werden über mehrbahnige Scharnierbandkettenförderer der Drängelaufgabe zugeleitet („Flaschenkabinett") und in Gassen positioniert. In diesem Bereich muss der Staudruck minimiert werden, um Scuffing zu vermeiden.

Aus dem Bereich der Drängelaufgabe werden die Flaschen auf einer profilierten Gleitbahn durch an Ketten umlaufende Balken, rotierende Kurvenscheiben (s.a. Abbildung 194) oder von mehrgliedrigen Koppelgetrieben angetriebene Mitnehmer in die Flaschenkörbe geschoben. Die Aufgabevorrichtung kann zusätzlich noch eine oszillierende Bewegung vollführen, um die Beschleunigungen der Flaschen zu begrenzen und die verfügbare Einschubzeit zu verlängern (wichtig bei kontinuierlichem Antrieb der Trägerkette).

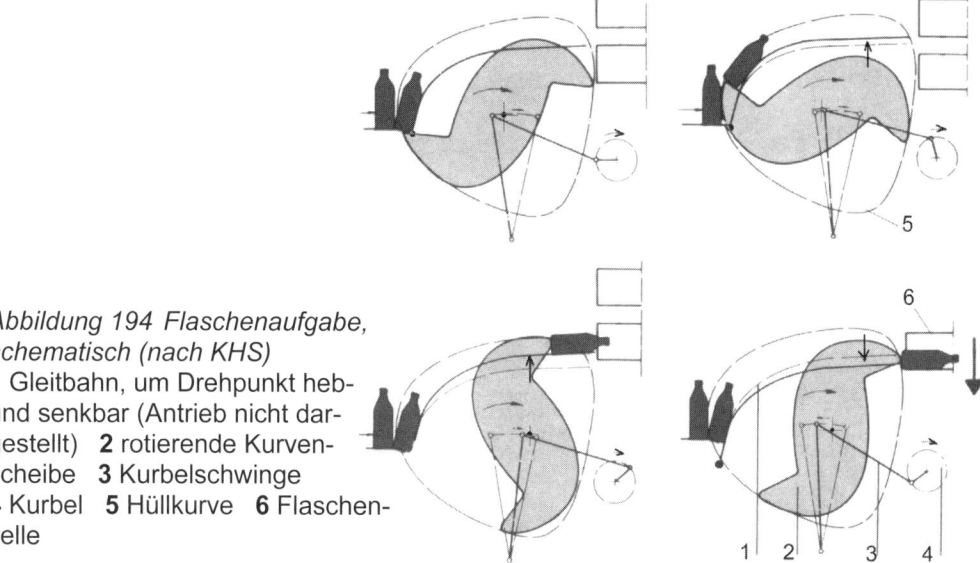

Abbildung 194 Flaschenaufgabe, schematisch (nach KHS)
1 Gleitbahn, um Drehpunkt heb- und senkbar (Antrieb nicht dargestellt) **2** rotierende Kurvenscheibe **3** Kurbelschwinge **4** Kurbel **5** Hüllkurve **6** Flaschenzelle

Füllanlagen

Bei modernen FRM werden die Einschubkurven (ähnlich wie in Abbildung 194) durch die Steuerung der Antriebsmotoren mit Servoumrichtern erzeugt, ohne mechanische Koppelgetriebe. Dadurch lassen sich die Einschubkurven für jeden Behälter optimieren und speichern [173]. Abbildung 194a zeigt eine Aufgabe mit Koppelgetriebe.

Prinzipiell ist es möglich, die Flaschenaufgabe auch räumlich getrennt und tiefer zu installieren (Stockwerksbeschickung).

Der Staudruckvermeidung dienen im Bereich der Flaschenaufgabe bewegliche Überschubbleche (Abbildung 196) und angetriebene translatorische Verteilerfinger (Abbildung 195).

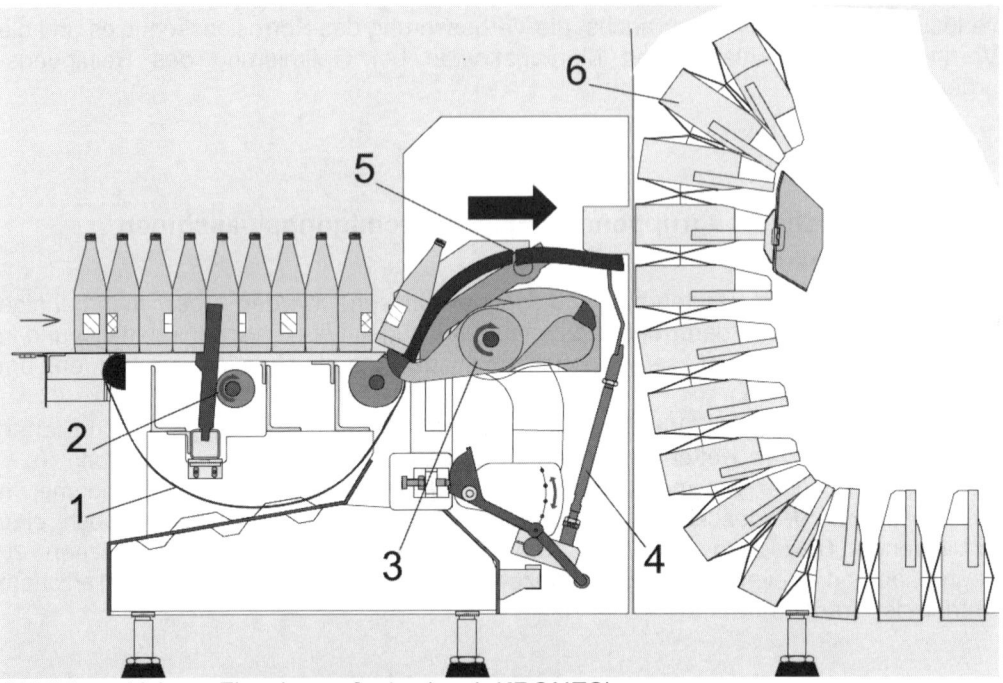

Abbildung 194 a   Flaschenaufgabe (nach KRONES)
1 Einschub-Förderband **2** Verteilerfinger-Antrieb **3** rotierende Einschubfinger
4 Antrieb Einschubgleitbahn **5** Einschubgleitbahn **6** Flaschenzelle

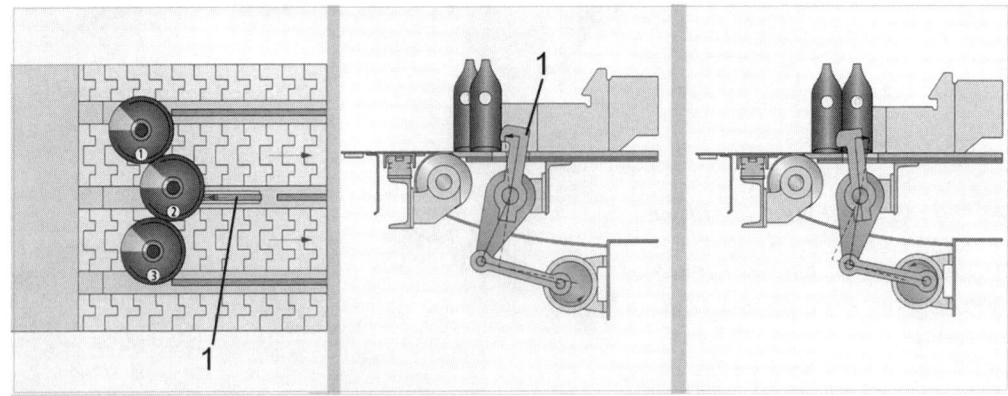

Abbildung 195 Bewegliche Verteiler mit translatorischem Bewegungsverlauf
(nach KHS)   **1** angetriebener Verteilerfinger

Flaschenreinigungsanlagen

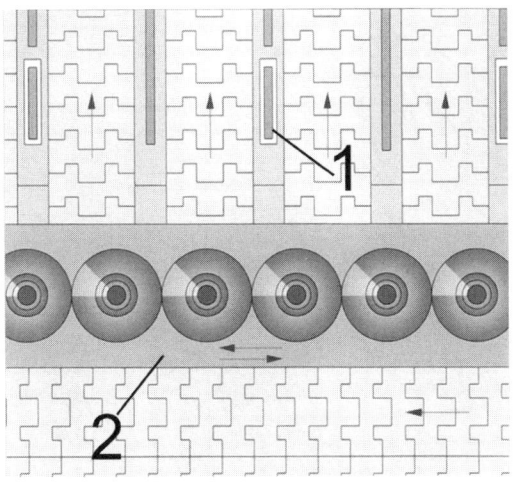
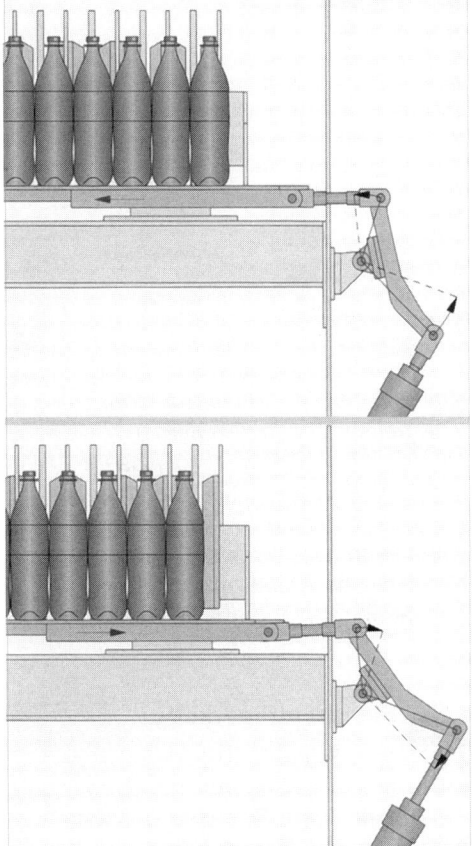

Abbildung 196 Bewegliches Überschubblech im Bereich der Flaschenaufgabe zur Vermeidung von Staudruck (nach KHS)
1 angetriebener Verteilerfinger
2 Überschubblech

12.3.2 Flaschenabgabe

Die gereinigten Flaschen gleiten mittels Schwerkraft reihenweise aus den Flaschenzellen und werden durch Übergabeorgane abgesenkt und durch einen Schieber auf den meist mehrbahnigen Förderer geschoben. Hierfür sind die verschiedensten Koppelgetriebe im Einsatz. Zwei Beispiele zeigt Abbildung 197.

Bei modernen Maschinen werden statt der Koppelgetriebe für die Arbeitsorgane einzeln angesteuerte Antriebe eingesetzt, die eine freiprogrammierbare und optimierte Absetzbahn ermöglichen.

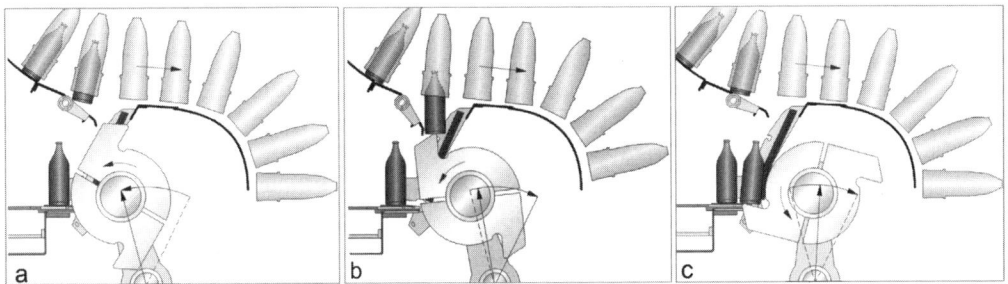

Abbildung 197 Flaschenabgabe, schematisch (nach KHS)
a Herausgleiten der Flaschen aus den Flaschenzellen und Überschub   b Aufnahme und Transport durch das Rotationselement   c Absetzen auf dem Übergabefeld

Füllanlagen

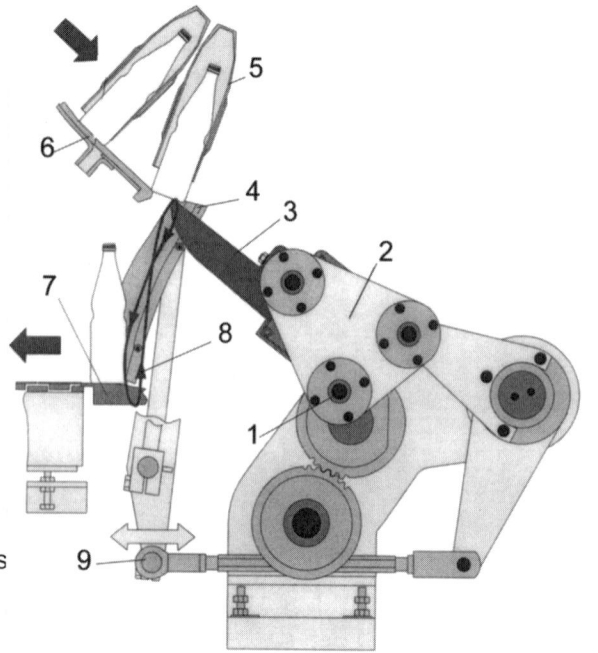

Abbildung 197a Flaschenabgabe, schematisch (nach KRONES)
1 Kurbeltrieb **2** Koppel **3** Absetzfinger **4** Gleitprofil **5** Flaschenzelle **6** Flaschenrutsche **7** Absetztisch **8** Bewegungskurve des Absetzfingers **9** Antrieb des Gleitprofils für Flaschenüberschub auf Förderer

12.3.3 Flaschenträgerkette

Die Flaschenträgerkorb-Enden werden an der Flaschenträgerkette angeschraubt.

Die beiden endlosen Flaschenträgerketten werden mittels Kettenrädern umgelenkt und folgen den Behandlungsstationen der FRM. Sie wird als Laschenrollenkette ausgeführt, die Rollen laufen auf auswechselbaren Führungsschienen (s.a. Abbildung 198), sie besitzen zum Teil reibungsarme Kunststofflager.

Die Flaschenträgerkette unterliegt einem relativ großen Verschleiß. Der Werkstoff der Laschen muss eine große Zugfestigkeit besitzen, um die Längenänderung der Kette in Grenzen zu halten. Die Zugkräfte in der Kette können durch mehrfache Einleitung des Antriebsmomentes in die Kette verringert werden. Deshalb werden möglichst viele Kettenräder bzw. Wellen synchron angetrieben.

12.3.4 Flaschenzellenträger

Der Flaschenzellenträger trägt die Flaschenzellen. Er muss so gestaltet werden, dass er um beide Querschnittsachsen eine große Biegesteifigkeit besitzt, um Durchbiegung zu vermeiden. Die Länge ist deshalb auf 65...70 Flaschen begrenzt.

Flaschenzellenträger werden entweder aus Stahlblech als Schweißkonstruktion gefertigt oder sie werden mit Kunststoff-Flaschenzellen bestückt, die mit Schnappverbindungen befestigt werden. Stahlblechzellen erhalten in der Regel einen Kunststoff-Mündungseinsatz zur Schonung der Flaschenmündung. Kunststoff-Zellen müssen sich leicht wechseln lassen (s.u.).

Flaschenreinigungsanlagen

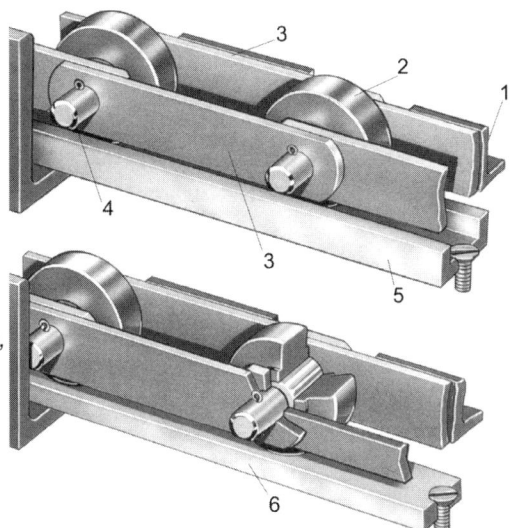

Abbildung 198 Flaschenträger-Rollenkette, schematisch
1 Befestigungswinkel für Flaschenzellenträger **2** Rolle **3** Lasche **4** Bolzen mit Splint **5** Lauf- und Führungsschiene als U-Profil **6** Laufschiene

12.3.5 Flaschenzellen

Flaschenzellen nehmen die Flaschen auf, zentrieren die Mündung und transportieren sie durch die FRM. Sie müssen so gestaltet sein, dass die Entfernung der Etiketten nicht behindert wird und dass die Spritzstrahlen die Flasche außen und innen, vor allem im Bereich der Mündung, erreichen.

Kunststoffflaschen müssen, bedingt durch ihre geringe Masse, während des Durchlaufes durch die FRM in den Zellen verankert werden.

Die Zellen sollen möglichst wenig Flüssigkeit verschleppen bzw. sich wenig benetzen lassen, Ausscheidungen von Wassersalzen sollen vermieden werden. Kunststoffe besitzen diesbezügliche Vorteile.

Die Wärmekapazität der Zellen trägt zum Wärmebedarf der FRM bei.

Flaschenzellen werden entweder als integraler Bestandteil des Trägers aus Stahlblech (s.a. Abbildung 199) oder aus Kunststoff gefertigt (Abbildung 200). Blechzellen erhalten meistens einen Mündungseinsatz aus Kunststoff (s.o.).

12.3.6 Vorweiche und Vorspritzung

Nach der Resteentleerung der Flaschen (die Getränkereste werden direkt in das Abwassernetz geleitet) werden die Flaschen regenerativ ein- oder mehrstufig vorgewärmt (40...60 °C) und -geweicht (Mündung nach oben, untergetaucht, entleert usw., teilweise auch zwischengespritzt; s.a. Abbildung 192).

Bei modernen FRM wird oft eine Hochdruck-Vorspritzung installiert, die den größten Teil des Schmutzes vor dem Eintauchen in die Vorweiche entfernen soll. Die entfernten Feststoffe werden zum Teil direkt über Siebbänder ausgetragen. Die alleinige Vorspritzung wird bei neueren Maschinen nicht mehr angewandt.

Bei mehrstufiger Vorweiche kann die letzte Vorweichestufe mit von der zweiten Spritzlauge rekuperativ erwärmter Lauge („Vorlauge") betrieben werden, um den Energie- und Wasserbedarf zu senken (s.a. Abbildung 192).

Im Bereich der Vorweichen kann ein Scherbenaustrag installiert werden, s.a. Abbildung 201.

Füllanlagen

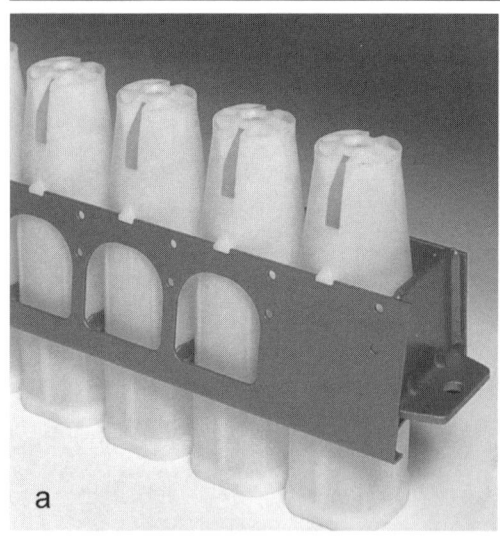
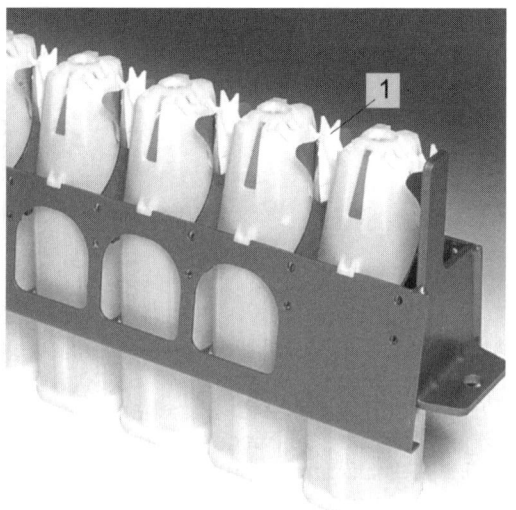

Abbildung 199 Beispiele für Flaschenzellenträger (nach KHS und KRONES)
a mit Kunststoff-Flaschenzellen **b** Metallzellen, geschweißt, mit Kunststoffmündungseinsatz
1 Flaschenzellen mit Verriegelung für PET-Flaschen

12.3.7 Weichbad
Tauchweiche:
Die nach der Vorweiche entleerten Flaschen werden in die Tauchweiche ($\geq$ 80 °C) eingeführt und 6...8 (10) min untergetaucht geweicht. Die Flaschen werden dabei schleifenförmig durch das Weichbad gefördert.

An der ersten Flaschenträger-Umlenkung werden Scherben abgetrennt; diese müssen regelmäßig aus der Maschine entfernt werden, s.a. Abbildung 201 und Abbildung 205.

Flaschenreinigungsanlagen

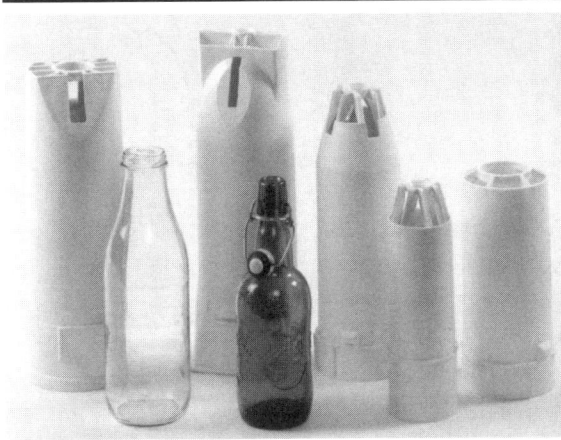

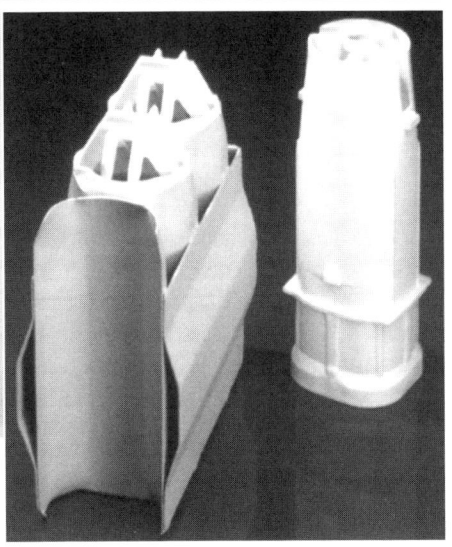

Abbildung 200 Beispiele für Flaschenzellen

12.3.8 Etikettenaustrag und Etikettenentfernung

Während der Tauchweiche und nach dem Auftauchen aus dem Weichbad werden die Flaschen kräftig überschwallt, um vor allem Etiketten von den Flaschen abzuschwemmen. Dies kann durch eine zusätzliche Bewegung der Flaschen in den Zellen unterstützt werden. Die Etiketten werden über Siebbänder oder Siebe und Kratzerketten abgetrennt und ausgetragen, s.a. Abbildung 202, Abbildung 203, Abbildung 204.

Eine gerichtete Strömung im Weichbad soll die Etiketten zum Abscheider fördern. Propeller-Pumpen mit einem großen Volumenstrom bei relativ geringer Förderhöhe werden dazu genutzt.

In den Saugleitungen der Umwälzpumpen werden Etiketten ebenfalls durch Rohr- oder Stecksiebe abgetrennt. In modernen FRM werden die Etiketten zu einer zentralen Siebvorrichtung gefördert und abgetrennt (Abbildung 203).

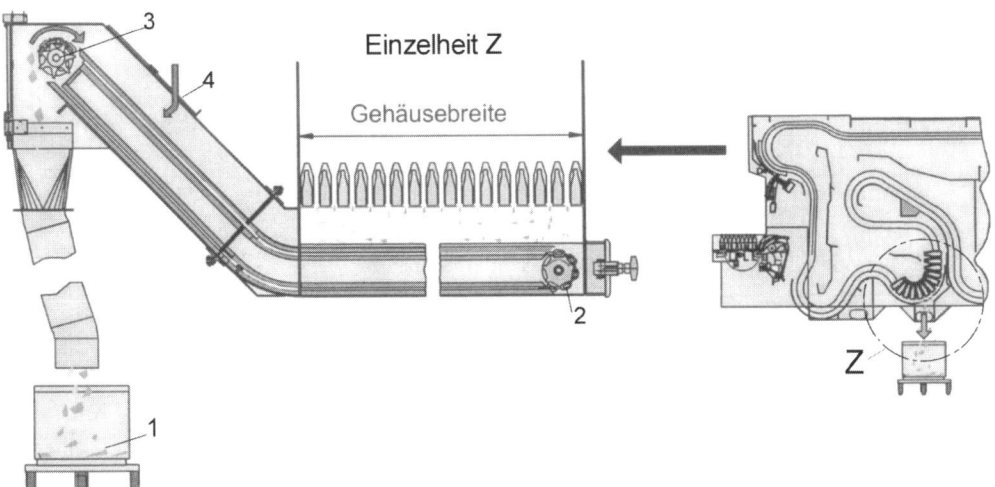

Abbildung 201 Scherbenaustrag, schematisch (nach Fa. KRONES)
1 Scherbenwagen **2** Kratzerkette (Stegkette) **3** Antriebsrad **4** Kontrollöffnung

Füllanlagen

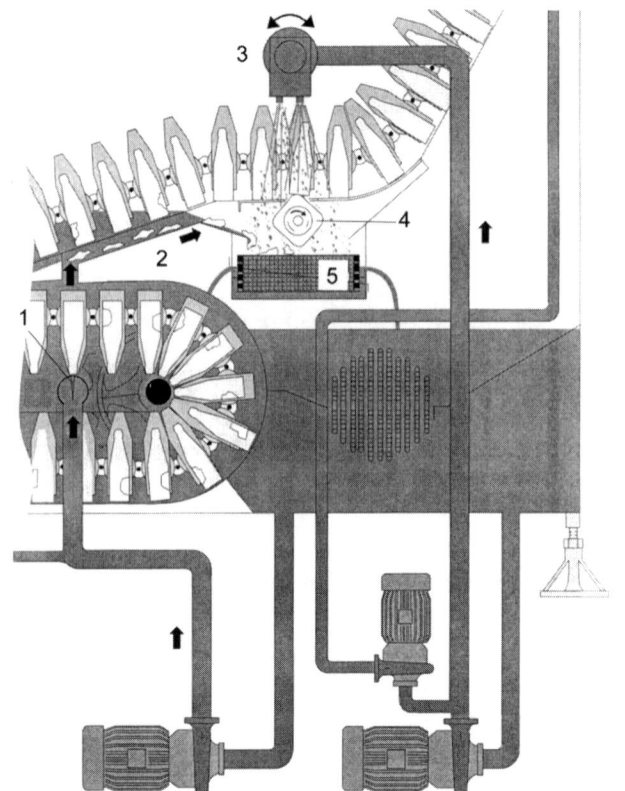

Abbildung 202 Etikettenaustrag, schematisch (nach Fa. KRONES)
1 Unterschwallung
2 Überlaufschacht
3 Überschwallung, Düsen schwenkbar
4 Rotationskörper für die Bewegung der Flaschen in der Flaschenzelle
5 Austrags-Siebband

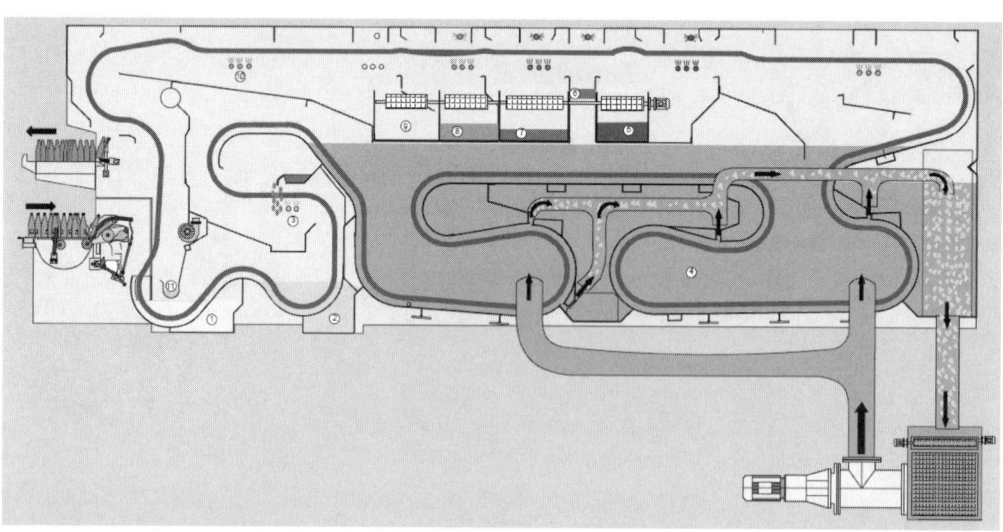

Abbildung 203 Etikettenaustrag über Siebband und gerichtete Strömung (n. KRONES)

Flaschenreinigungsanlagen

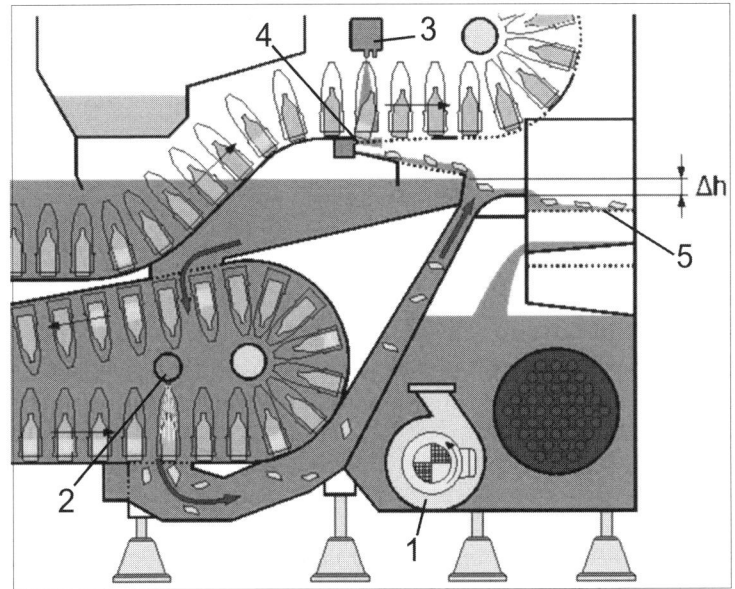

Abbildung 204 Etikettenaustrag, schematisch (nach KHS)
1 Pumpe **2, 3** Überschwallung **4** Stolperstufe und Unterschwallung **5** Siebband
Δ **h** Höhendifferenz im Laugebad bei Lauf der Pumpe

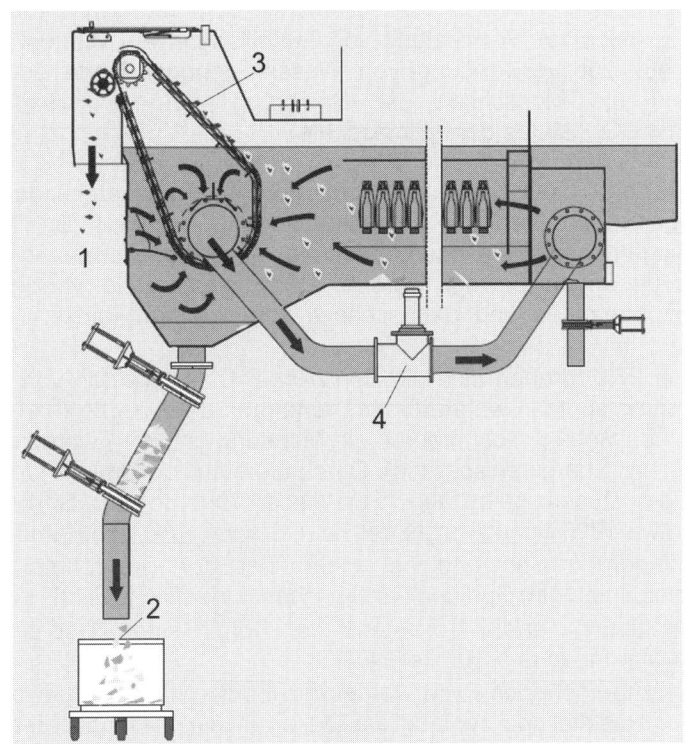

*Abbildung 205 Austrag von Schmutz und Etiketten im Bereich der Vorweichen
(nach KRONES)*
1 Etiketten **2** Sedimente **3** umlaufendes Siebband **4** Rohrpumpe für die Umwälzung

Füllanlagen

Im Bereich der Vorweiche lassen sich die Etiketten gemäß Abbildung 205 mittels gerichteter Strömung und Siebband austragen. Zusätzlich lässt sich Sediment entfernen. Nach dem Schließen des oberen Schiebers kann der untere geöffnet werden und das Sediment wird ausgetragen.

Ziel ist der möglichst schnelle Austrag der Etiketten aus der FRM, um eine Zerfaserung zu vermeiden.

Die ausgetragenen Etiketten können durch eine Etikettenpresse verdichtet und entfeuchtet werden.

12.3.9 Spritzzonen, Spritzrohre und Spritzdüsen

Spritzzonen: nach dem Verlassen des Weichbades werden die Flaschen entleert und mehrfach innen und außen (von oben und unten) und nacheinander mit Spritzlauge(n), Warm- und Kaltwasser gespritzt, zuletzt mit Frischwasser. Das Kaltwasser wird teilweise durch das kalte Bier rekuperativ gekühlt, um Wasser zu sparen.

Auch ein zweites Tauchweichebad (besser „Tauchkühlbad") kann folgen. Die Spritzungen werden mit abgestuft fallenden Temperaturen vorgenommen, um Glasspannungen beim Abkühlen zu reduzieren bzw. zu vermeiden (s.a. Kapitel 12.2).

Zwischen jedem Medium soll sich eine Abtropfzone befinden, um die Medien-Verschleppung zu vermindern, die Flaschenböden können dazu schräg gestellt oder abgeblasen werden.

Das Wasser der ersten Wasserspritzung nach der Laugespritzung, die so genannte Zwischenspritzung, wird direkt in die Vorweiche/Vorspritzung geleitet. Der pH-Wert dieser Spritzung muss zur Vermeidung von Ausfällungen auf Werten $\leq 8,3$ gehalten werden. Alternativ zur Verwendung von Wasser geringer Härte oder enthärtetem Wasser besteht die Möglichkeit der Dosierung von Mineralsäuren oder die Neutralisation mit CO_2 (Abgas der Füllmaschine).

Spritzrohre: die mit Düsen bestücken Spritzrohre (je Flaschenmündung eine Düse) müssen sich genau zentriert zur Flaschenmündung befinden. Bei Maschinen mit kontinuierlich angetriebener Flaschenträgerkette müssen die Spritzrohre synchron zu den Flaschenmündungen bewegt werden. Dazu werden sie von der Kette eine Wegstrecke mitgenommen und dann schnell zurückgeführt (diese Variante gilt als veraltet).

Bei modernen FRM drehen sich die Spritzrohre. Diese werden von den Flaschenträgern gedreht und spritzen während der Drehung in die Flasche (s.a. Abbildung 208 bis Abbildung 209). Sobald nicht mehr in die Mündung getroffen werden kann, wird die Düse verschlossen (Energieeinsparung). Durch die ständige Umkehr der Fließrichtung reinigen sich die Düsen selbsttätig. Für diese Variante der Spritzrohrgestaltung bestanden bis etwa 1990 Schutzrechte der Fa. *Ortmann + Herbst*, Hamburg.

Die zentrisch-gerade Spritzung hat gegenüber der Drehrohrspritzung Vorteile bezüglich der gleichmäßigen Spülung der Flascheninnnenfläche [174].

Die Außenspritzung erfolgt meistens in Form einer Überschwallung aus großformatigen Öffnungen (s.a. Kapitel 24.4).

Bei taktweise angetriebenen FRM werden die Spritzrohre auf Spritzrohrträgern fest installiert. In der Raststellung spritzen die Düsen in die Flaschen. Bedingung ist die genaue Zentrierung der Flaschenmündung über der Düse. Die genaue Zentrierung ist problematisch, da sich die Flaschenträgerkette längt. Die notwendige Justierbarkeit der Düsen bzw. der Spritzrohre wurde nur selten realisiert.

Die Düsengeometrie (Durchmesser, Länge der Bohrung) und Spritzdruck müssen so aufeinander abgestimmt werden, dass die Flaschen nicht „vergurgeln" können. Es muss also mehr aus der Flasche laufen, als eingespritzt wird. Alternativ kann die Spritzung auch pulsierend mit Pausen erfolgen.

Der maximale Volumenstrom bei einer 0,5-l-Euro-Flasche kann bei 3,5…3,6 l/min liegen. In Abbildung 206 sind die Zusammenhänge zwischen Volumenstrom, Düsendurchmesser und Spritzdruck dargestellt.

Die Frischwasserspritzung wird mit dem FRM-Antrieb geschaltet, um Wasser zu sparen. Dem gleichen Ziel dient die Anpassung/Regelung des FW-Volumenstromes an den Durchsatz der FRM.

Die Funktion der Düsen kann mittels Innenbeleuchtung und Sichtfenstern geprüft werden.

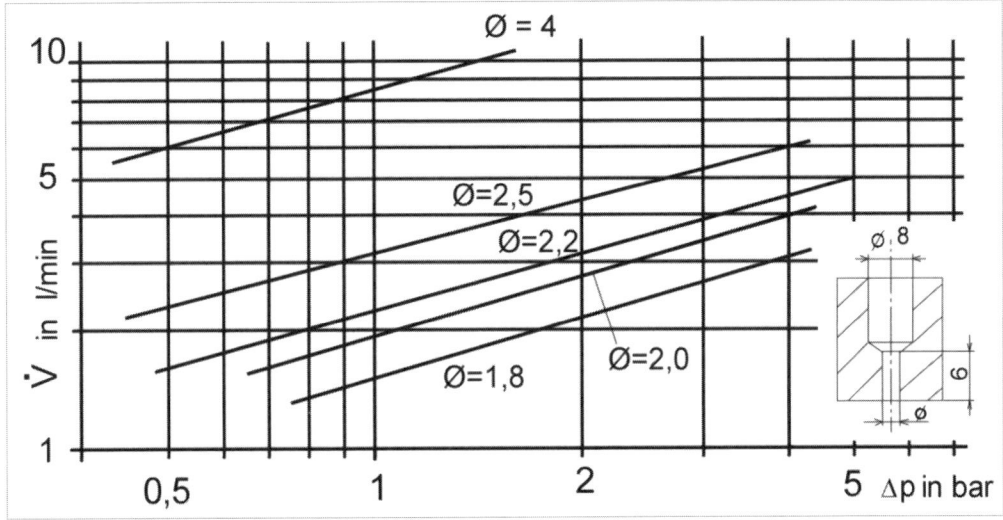

Abbildung 206 Volumenstrom bei Spritzdüsen als Funktion von Spritzdruck und Durchmesser (experimentelle Werte)

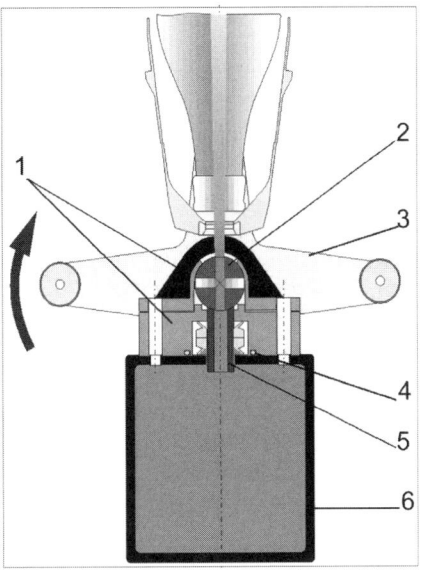

Abbildung 207 Drehendes Spritzrohr im Schnitt (nach KHS)

1 Lager
2 Düsenwelle
3 Stern für synchrone Drehung
4 O-Ring
5 Dichtung
6 Verteilerrohr

Füllanlagen

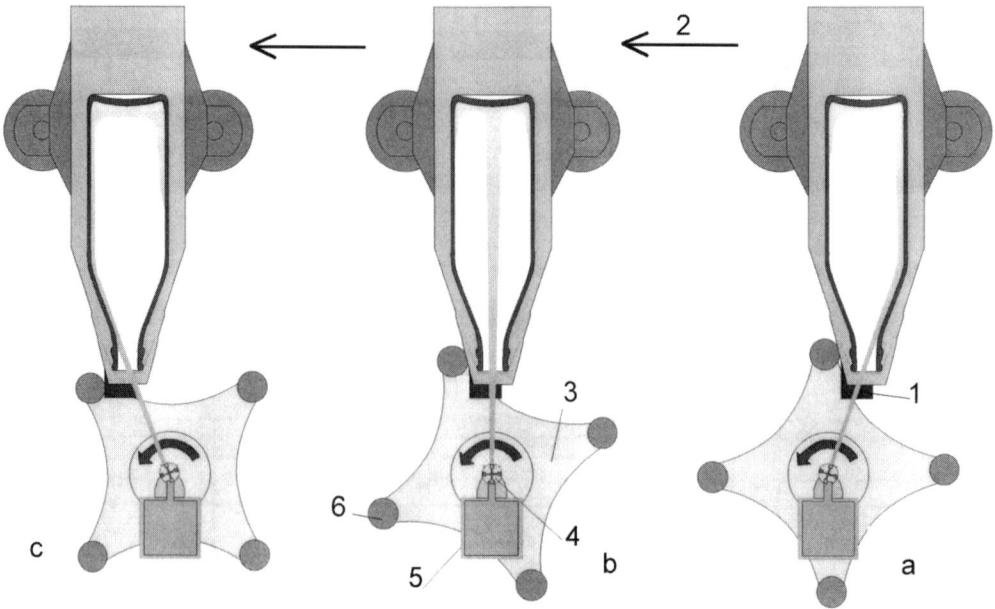

Abbildung 208 Drehende Spritzrohre, Funktionsprinzip schematisch
(nach Fa. KRONES)
a Beginn der Spritzung **b** Mitte der Spritzung **c** Ende der Spritzung
1 Mitnehmer des Flaschenzellenträgers **2** Bewegungsrichtung **3** Nockenscheibe
4 Spritzdüsenwelle **5** Verteilerrohr **6** Schaltnocken

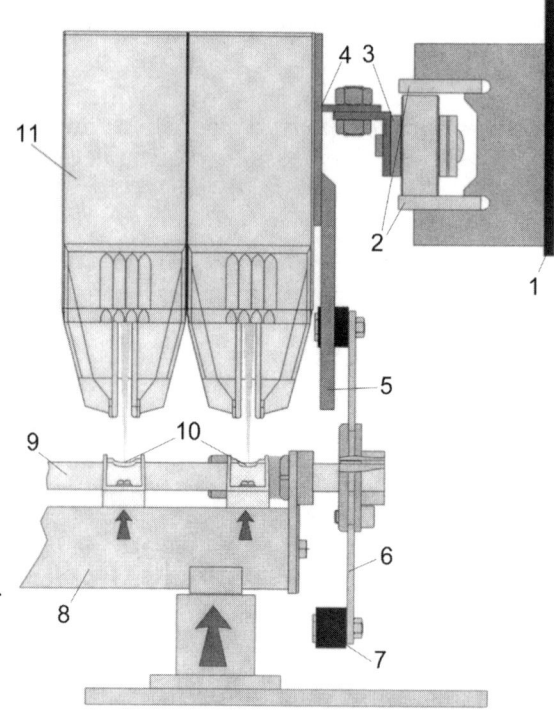

Abbildung 209 Spritzung mit drehendem Spritzrohr, schematisch
(nach Fa. KRONES)
1 Wand der FRM **2** Laufschiene
3 Flaschenträgerkette **4** Flaschenzellenträger **5** Mitnehmer **6** Nockenscheibe **7** Schaltnocken **8** Verteilerrohr **9** Spritzdüsenwelle **10** Spritzdüsen **11** Flaschenzelle

Flaschenreinigungsanlagen

Abbildung 210 Pumpeninstallation bei einer modernen FRM; Rohrleitungen und Pumpe entleeren sich selbsttätig, vor dem Saugstutzen ist ein wartungsfreies Schutzsieb installiert, das selbsttätig rückgespült wird.

Eine Verlängerung der Spritzzeit kann erreicht werden, wenn die Vorschubgeschwindigkeit der Flaschen in der Zeit, in der der Spritzstrahl bei sich drehenden Spritzdüsen in die Flaschen trifft, verringert wird. In der Spritzpause wird die Vorschubgeschwindigkeit wieder erhöht. Dieses System wurde unter dem Namen „Drive-Jet-Spritzung" vorgestellt [190].

12.3.10 Pumpeninstallationen

Die Pumpen werden auf einer Seite der FRM angeordnet. Eine zeitgemäße Installationsvariante zeigt Abbildung 210. Damit ist die gute Zugänglichkeit der Pumpen gesichert, die Pumpe läuft selbsttätig leer. Vor dem Saugstutzen werden Schutzsiebe installiert, die regelmäßig bei Abschaltung der Pumpe automatisch rückgespült werden. Damit werden die früher genutzten Steck- oder Rohrsiebe entbehrlich.

12.3.11 Lauge- und Wasserbottiche

Lauge- und Wasserbottiche dienen zur Speicherung der verschiedenen Spritzmedien. Sie werden unterhalb der entsprechenden Medien installiert, sodass der Rücklauf durch Schwerkraft möglich ist. Der Boden ist zum Auslauf hin geneigt.

Wasser- und Laugebecken müssen regelmäßig gereinigt werden, sie sind über Mannlöcher zugänglich. In modernen FRM werden die Bottiche mit Sprühköpfen für die CIP-Reinigung ausgestattet. Warmgehende Becken sollten über eine Wärmedämmung verfügen, zumindest über eine doppelte Wandung.

Füllanlagen

Die Aufheizung kann bei kleinen Maschinen durch Rohrschlangen erfolgen, größere werden durch externe oder interne Wärmeübertrager (RWÜ, PWÜ) beheizt. Die Beheizung der FRM im Betrieb wird durch einen in die Spritzlauge integrierten WÜ vorgenommen, die restlichen warmen Medien werden regenerativ durch die Flaschen, die Haftflüssigkeit und die Flaschenträger erwärmt (s.a. Kapitel 12.3.14).

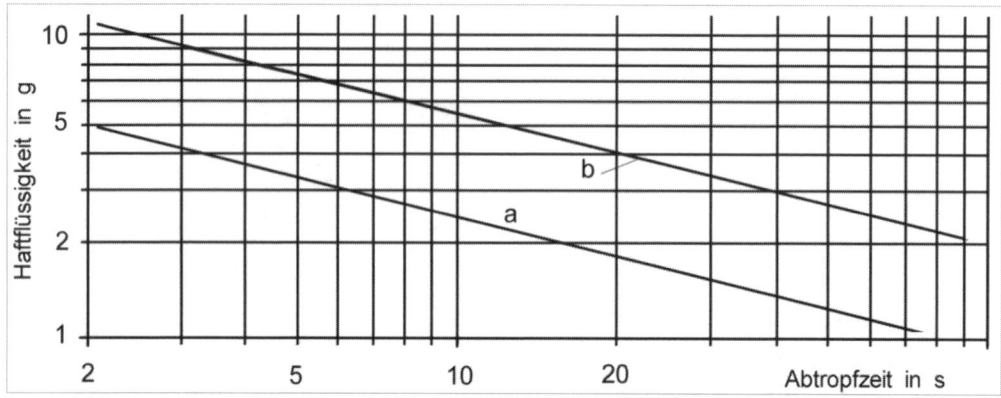

Abbildung 211 Medienverschleppung bei Flaschen und Flaschenzellen
a Flaschenzelle aus PP (l = 305 mm, Ø = 100 mm), ohne Zellenträger
b 0,5-l-Euroflasche

12.3.12 Abtropfstrecken

Zur Reduzierung der Medienverschleppung werden zwischen den einzelnen Behandlungsstufen so genannte Abtropfstrecken vorgesehen. Damit lässt sich das durch Flaschen, Flaschenzellen und -träger und die Transportkette verschleppte Flüssigkeitsvolumen reduzieren. Die verschleppte Menge ist zur Oberfläche exponentiell proportional, zur Zeit jedoch umgekehrt proportional (s.a. Abbildung 211).

Bei einer 0,5-l-Flasche kann mit einem Volumen von 8...15 ml/(Flasche, Flaschenzelle und -träger) gerechnet werden [175].

Im Interesse geringer Medienverschleppung müssen die beteiligten Oberflächen belagfrei sein, eventuelle Beläge müssen regelmäßig entfernt werden (Entsteinung).

12.3.13 Antriebsgestaltung

Grundsätzlich kann der Antrieb der Flaschenträgerkette:
- taktweise oder
- kontinuierlich erfolgen.

FRM für kleinere und mittlere Durchsätze wurden in der Vergangenheit nahezu ausschließlich taktweise angetrieben, d.h., dass die Flaschenträgerkette um genau eine Teilung vorwärts bewegt wurde. Die Bewegungszeit beträgt etwa 1...2 s/Takt, die Ruhezeit (Rastzeit) etwa 2...7 s/Takt. Die Gesamttaktzeit resultiert damit zu 3...9 s.
Für den taktweisen Antrieb werden Klinkenschaltwerke eingesetzt.

Nachteilig ist bei dieser Variante, dass die gesamte Masse (Flaschen, Körbe, Kette) ständig beschleunigt und wieder abgebremst werden muss. Diesen Nachteil besitzt ein kontinuierlicher Antrieb nicht. Der frühere Nachteil, die Spritzrohre müssen dann auch synchron bewegt werden, wurde durch die rotierenden Spritzrohre eliminiert. Moderne FRM aller Baugrößen werden in der Regel kontinuierlich angetrieben.

Um die Belastungen der Flaschenträgerketten zu begrenzen, werden die Kettenräder an den Umlenkungen der Maschine an mehreren Stellen synchron angetrieben.

In der Vergangenheit erhielten die Kettenrad-Wellen je ein Aufsteckgetriebe (Schneckenradgetriebe oder Kegel-/Stirnradgetriebe). Die Getriebe wurden über Gleichlaufgelenkwellen („Kardanwellen") verbunden und von einem zentralen Antriebsmotor angetrieben. Dieser kann als frequenzgesteuerter Asynchronmotor ausgeführt sein (in der Vergangenheit wurden auch andere drehzahlstellbare Antriebsmotore eingesetzt, beispielsweise thyristorgesteuerte Gleichstrommotoren).

Moderne FRM verfügen über synchron geregelte frequenzvariable Einzelantriebe der Aufsteckgetriebe ohne Gelenkwellen. Auch alle Hilfsantriebe für Auf- und Abgabe werden synchron geregelt.

Größere FRM müssen über eine Sanftanlaufschaltung verfügen, die den Anlaufstrom begrenzt.

Die Antriebe müssen eine Drehmoment-Begrenzung besitzen, die den Antrieb bei Überlastungsgefahr mittels eines Sensors abschalten.

Die Antriebswellen müssen torsionssteif gestaltet werden, um eine Verdrehung und damit Schieflauf der Flaschenträgerzellen bei großer Maschinenbreite auszuschließen. Alternativ ist auch der mittige oder beiderseitige Antrieb der Welle möglich.

12.3.14 Schwadenführung, Besaugung, Wrasenkondensation

Der in den heißen Laugespritzzonen bzw. Warmwasserbädern anfallende Wrasen muss durch einen Ventilator abgesaugt und über Dach gefördert bzw. kondensiert werden, soweit die Spritzzonen nicht hermetisch geschlossen werden können. Der Wrasen trägt zu den Wärmeverlusten durch zusätzliche Verdunstung bei.

Bei Einend-FRM wird außerdem der gesamte Bereich der Flaschenaufgabe besaugt mit der Zielstellung, Kontaminationen der gereinigten Flaschen auszuschließen („gerichtete Schwadenführung").

Eine Möglichkeit zur Verhinderung der Kondenswasserbildung ist auch die Beheizung der Gehäuseflächen im Bereich der Flaschenabgabe.

Der sich bei der alkalischen Reinigung aus Aluminumfolien bildende Wasserstoff muss ebenfalls abgesaugt werden, um mögliche Knallgaskonzentrationen zuverlässig zu verhindern.

12.3.15 Beheizung

Die Beheizung der FRM wird mittels eines Wärmeträgers (Dampf, Heißwasser, Wärmeträger-Fluide) vorgenommen. Die Beheizung erfolgt im Allgemeinen mit Wärmeübertragern (RWÜ, PWÜ). Die WÜ können in die Bottiche integriert werden oder sie werden in die Rohrleitungen eingebunden.

Für die Inbetriebnahme (Aufheizung) können bei (kleineren) FRM auch zusätzliche Rohrschlangen oder Dampfmischdüsen (Mischkondensation) in die Bottiche integriert werden.

Füllanlagen

Im normalen Betrieb wird nur die Spritzlauge nachgeheizt, alle weiteren Temperaturen stellen sich durch regenerative Wärmeübertragung selbsttätig ein.

Zur Verringerung des Energiebedarfes kann ein Teil des Wärmeinhaltes der Nachspritzlauge rekuperativ ein- oder zweistufig auf die letzte Vorweiche („Vorlauge") übertragen werden (s.a. Abbildung 192).

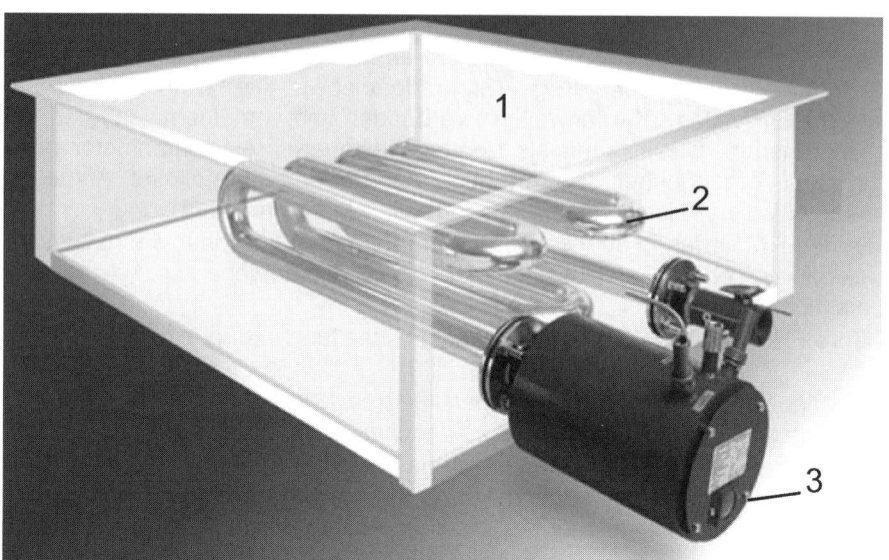

Abbildung 212 Direkte Beheizung des Laugebades mit einem Gasbrenner (nach [176])
1 Laugebad **2** Wärmeübertragerrohre **3** Brenner

Direkte Beheizung mittels Brennwerttechnik

Eine innovative Beheizungsvariante nutzt die Brennwerttechnik [176]. Das ist möglich, weil die Lauge der FRM nur auf Werte von ≤ 90 °C erhitzt werden muss.

Vorteilhaft ist außer der Energieeinsparung bzw. Verbesserung des Wirkungsgrades, dass die Verluste des Kesselhauses und der Übertragungsstrecke einschließlich der Kondensatrückführung entfallen, dass sich die laufenden Kosten verringern und dass sich die Investitionskosten reduzieren.

Vom Brennwert des Heizgases (H_0 = 11 kWh/m^3 i.N.) lassen sich etwa 10,6 kWh/m^3 i.N. nutzen.

Beheizt wird im Beispiel eine Einendmaschine mit einem Nenndurchsatz von 45.000 Fl./h. Die Wärme wird mittels Rohrschlange DN 150 übertragen, Werkstoff 1.4301. Die 2 Brenner (Hersteller: *Lanemark*/UK) besitzen eine Nennleistung von 730 kW (regelbar zwischen 60...100 %), die Abgastemperatur liegt bei 150...180 °C. Nachgeschaltet ist ein Brennwert-Wärmeübertrager (Abbildung 213), den die Rauchgase mit etwa 50 °C verlassen (Leistung 110 kW; Hersteller: *Hoval AG*/Liechtenstein). Die Wärme wird auf Kaltwasser (10 °C) übertragen, das den WÜ mit ca. 82 °C verlässt. Das anfallende Kondensat wird mit ca. 50 °C abgeleitet (etwa 1,5 l/m^3 Gas).

Werkstoff des WÜ ist Aluminium (rauchgasseitig), wasserseitig Edelstahl. Der Wasserinhalt beträt 222 Liter. Betriebsdruck: $p_ü$ = 6 bar, Druckverlust Rauchgas 1 mbar.

Flaschenreinigungsanlagen

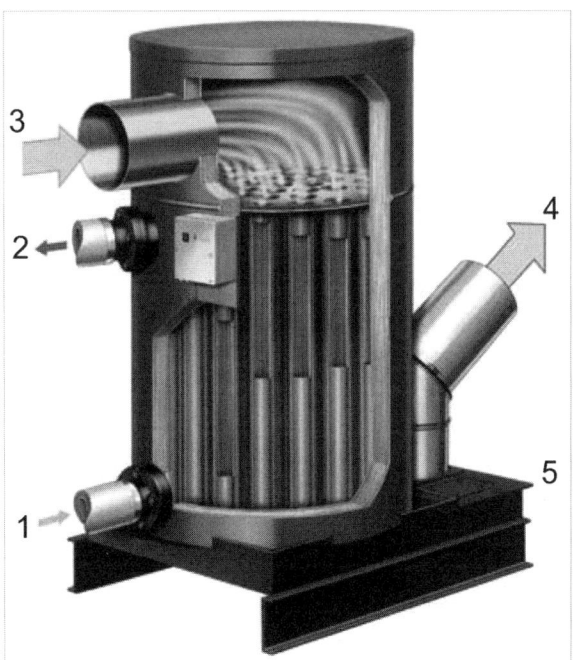

Abbildung 213 Brennwert-Wärmeübertrager
1 Kaltwasser mit 10 °C
2 Heißwasser mit 82 °C
3 Rauchgas-Eintritt 150...180 °C
4 Rauchgas-Austritt ca. 50 °C
5 Kondensat etwa 50 °C

Die Wärmebilanz (Mittelwert aus 3 Monaten):
- Gasverbrauch H_0:   64 kJ/Fl.
- Heisswassererzeugung: - 6 kJ/Fl.
- Verbrauch Reinigungsmaschine: 58 kJ/Fl.

Der Wert ist auf die gereinigten Flaschen bezogen, nicht auf den Nenndurchsatz.
Kondensatanfall: 50...70 l/h, Rauchgastemperatur: 47...50 °C

12.3.16 Wärmedämmung

Moderne FRM verfügen im Bereich der Warmwasser- und Laugezonen über eine integrierte Wärmedämmung. Das Gleiche gilt auch für alle heißgehenden Rohrleitungen. Das Mindeste sollten doppelwandige, abgedeckte Bottiche sein.
Ältere FRM haben keine Wärmedämmung. In diesen Fällen und auch ganz allgemein kann die Nutzung wärmegedämmter Sedimentationstanks den Energieverbrauch senken, wenn bei längeren Pausenzeiten oder über Nacht die Lauge eingelagert wird.

12.3.17 Werkstoffe

Üblicher Werkstoff ist Baustahl, der mit entsprechenden Beschichtungen laugefest gestaltet werden kann. Es bestehen Grenzen bei der automatischen Reinigung. Bei der regelmäßigen Entsteinung können, soweit notwendig, korrosive Einflüsse durch Inhibitoren begrenzt werden.

Deshalb werden FRM zumindest im Bereich der Flaschenauf- und -abgabe und im Bereich der Wasserspritzzonen aus Edelstahl Rostfrei® gefertigt. Gleiches gilt für Rohrleitungen und Armaturen.

Füllanlagen

Die erforderliche Edelstahlqualität ergibt sich aus der betriebsspezifischen Wasserzusammensetzung, insbesondere aus dem Gehalt an Chlor-Ionen im Betriebswasser.

12.3.18 MSR und Automatisierung

Die Messtechnik einer FRM sollte umfassen:
- Temperaturmessungen mit Grenzwertsignalisierung für alle Medien;
- Druckmessung mit Grenzwertsignalisierung nach allen Pumpen;
- Die induktive Leitfähigkeitsmessung der Hauptlauge mit automatischer Nachdosierung des Reinigungsmittels;
- pH-Wertmessung der Zwischenspritzung und ggf. die automatische Dosierung von Säure zur pH-Wertkorrektur;
- Einen Betriebstundenzähler;
- Messgeräte für die Bestimmung der Verbrauchswerte für Wasser, Elektroenergie und ggf. Wärme.

Moderne FRM verfügen über eine SPS, die alle Reinigungsprogramme und Betriebszustände steuert und überwacht.

12.4 Zubehör einer FRM

Wichtige Zubehöre einer FRM sind:
- Eine Maschinen-Innenbeleuchtung, z.T. mit Kameratechnik;
- Eine Etikettenpresse (s. Kapitel 12.11);
- Eine Zentralschmieranlage;
- Eine integrierte Innenreinigung mit fest installierten Spritzköpfen nach dem CIP-Verfahren;
- Feinfilter zur Reinigung der Nach-Spritzlauge; bei modernen FRM werden rückspülbare, automatische Feinfilter integriert;
- Vorrichtungen für die Laugereinigung durch Sedimentation oder Filtration;
- Laugestapeltank(s), vorzugsweise in zylindrokonischer Bauform.

Günstig sind zwei getrennt betreibbare Sedimentationstanks, sodass zwei separate Laugeansätze abwechselnd genutzt werden können. Die Sedimentationstanks sollten eine Wärmedämmung und zwei Anstiche besitzen, die zur Trennung vom Sediment genutzt werden. Die Füllung der Tanks kann durch Schwerkraftförderung erfolgen, wenn Kellerräume verfügbar sind. In der Regel erfordert die Füllung und Entleerung der Sedimentationstanks eine Pumpe.

Ob weitere Stapelbehälter sinnvoll sind, kann nur bei Kenntnis der Bottich-Volumina entschieden werden.

12.5 Sonderbauformen

Sonderbauformen der FRM werden eingesetzt bei:
- Heißabgabe der Flaschen;
- Erforderlicher Säureweiche/-spritzung der Flaschen;
- Zusätzlicher Desinfektionsmittel-Spritzung oder einem Desinfektionsmittel-Tauchbad.

12.6 Wärmebedarf

Der Wärmebedarf einer FRM errechnet sich aus der Kenntnis:
- der Temperatur der Flaschen am Einlauf und an der Abgabe,
- der spezifischen Wärme und der Masse der beteiligten Werkstoffe,
- dem stündlichen Flaschendurchsatz,
- der Temperatur des Frischwassers und der verbrauchten Menge,
- der Menge des Abwassers und seiner Temperatur,
- der Wärmeverluste der FRM durch
  - Strahlung der Oberflächen (abhängig von Oberflächentemperatur, Fläche, Strömungsverhältnisse),
  - Wärmeleitung und
  - durch Wrasen- und Lüftungsverluste (Temperatur, Luftfeuchte, Luftmenge).

Zur Berechnung werden außerdem die Werte der spezifischen Wärme der beteiligten Materialien benötigt (Tabelle 35).

Tabelle 35   Spezifische Wärme von Glas und anderen Werkstoffen

Werkstoff	spezifische Wärme in kJ/(kg·K)	Gegenstand	Masse in g
Stahl	0,44...0,45	Flaschenzelle aus PP	140...180
Edelstahl	0,5	Flaschenzellenträger	400...600
PE	2,0...2,5	Flaschenzelle aus Blech	500...900
PP	1,68		
PET	1,50		
PEN	ca. 1,55		
Glas	0,8...0,84	Flaschen	s. Punkt 5.3
eine Flasche mit anteiliger Flaschenzelle/-träger	1,05...1,3 kJ/(K·Flasche)		

Füllanlagen

12.7 Temperatur-Zeit-Diagramme

In Abbildung 214 und Abbildung 215 sind die Temperatur-Zeit-Diagramme für eine Einend- und eine Zweiend-Flaschenreinigungsmaschine dargestellt. Die Zahlenwerte für die Behandlungszeit und die Temperatur sind Beispielswerte, sie sich jederzeit modifizieren lassen.

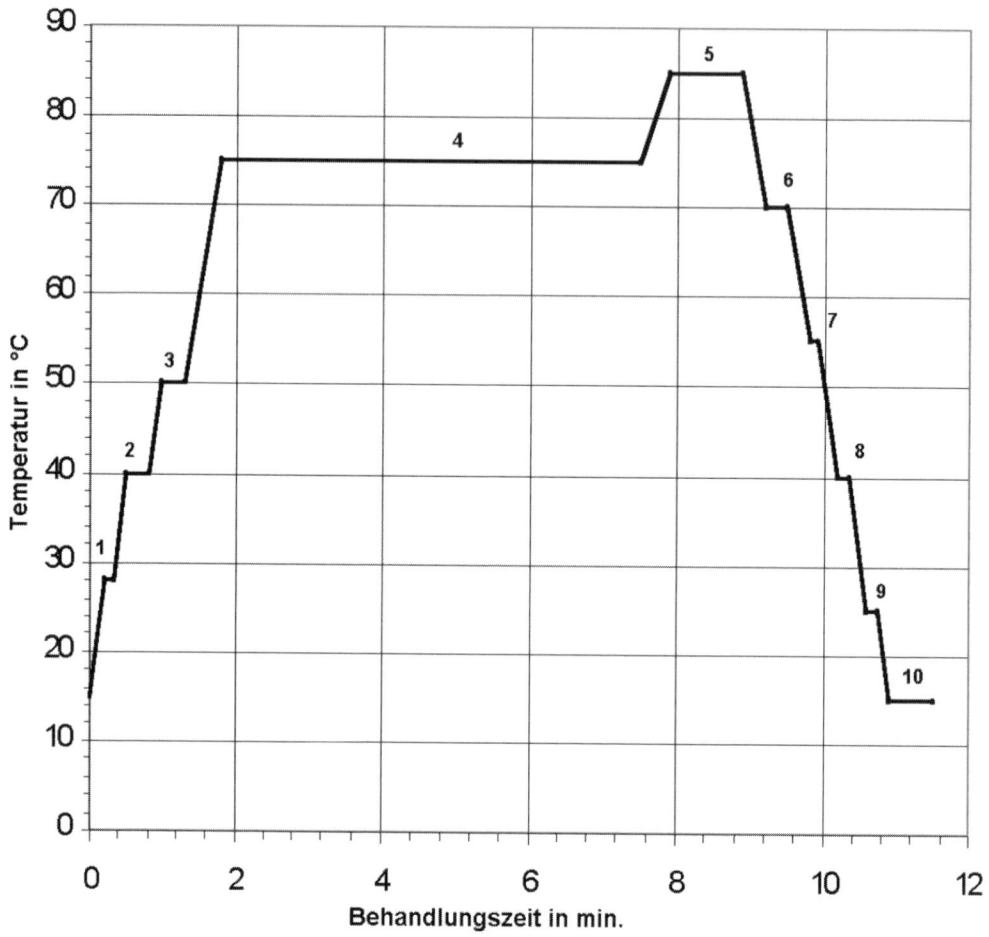

Abbildung 214 Temperatur-Zeit-Diagramm einer Einend-Flaschenreinigungsmaschine, schematisch

1, **2**, Vorweiche bzw. -spritzung   **3** Vorweiche bzw. -spritzung (bei Bedarf mit Wärmerekuperation)   **4** Lauge-1-Tauchweiche   **5** Lauge-1-Spritzung   **6** Lauge-2-Spritzung
7 Zwischenspritzung (bei Bedarf mit Wärmerekuperation)   **8**, **9** Warmwasser-Spritzung
10 Frischwasser-Spritzung

Flaschenreinigungsanlagen

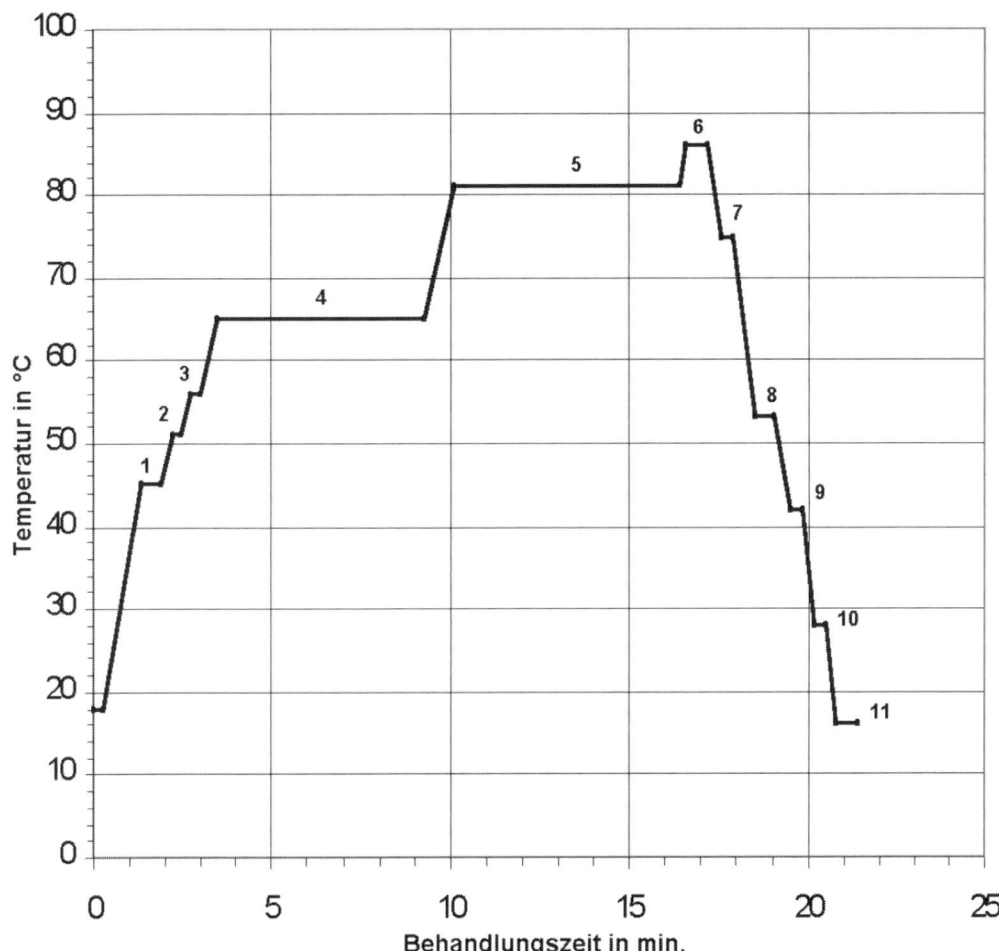

Abbildung 215 Temperatur-Zeit-Diagramm einer Zweiend-Flaschenreinigungsmaschine, schematisch
1 Vorweiche **2** Vorspritzung 1 **3** Vorspritzung 2 (mit Wärmerekuperation) **4** Weichlauge 1 und Spritzung **5** Weichlauge 2 **6** Spritzlauge 2 **7** Zwischenspritzung (mit Wärmerekuperation) **8** Warmwasser-Tauchbad **9** Warmwasser-Spritzung 1
10 Warmwasser-Spritzung 2 **11** Frischwasser-Spritzung

Füllanlagen

12.8 Verfahrenstechnische Aspekte der Flaschenreinigung

12.8.1 Allgemeine Hinweise

Die Reinigung einer Mehrwegeflasche ist ein komplexer Vorgang, bei dem vor allem die Einflussgrößen Reinigungsmittel-Zusammensetzung, -Konzentration und -Temperatur, Zeit, mechanische Beeinflussung und Verschmutzung beteiligt sind.

Zum Komplex „Verschmutzung" zählen nicht nur die Getränkereste und die sich darauf entwickelnde Mikroflora, sondern auch Schmutz und Staub, Klebstoffe (Casein, Dextrin, Stärke, Konservierungsmittel, organische Salze, Harnstoff, Entschäumer) und die Etikettenbestandteile (Papierfasern, Bindemittel [Stärke, Cellulose, Kunstharze, Harzleime], Pigmente, Druckfarben [zum Teil schwermetallhaltig, Firnisse, Lacke, Primer, Additive], Metall-Beschichtungen, Lösungsmittel, Tenside).

Die Verbrauchswerte für Chemikalien, Wasser und Wärme lassen sich durch Minimierung der Verluste (Haftflüssigkeit, Verschleppungsmenge) und das Gegenstromprinzip („Kaskadenschaltung") verringern. Grundsätzlich gilt: je mehr Stufen eine Kaskade besitzt, desto geringer werden die Verluste. Die technische Machbarkeit setzt aber Grenzen, insbesondere bezüglich der Kosten.

Die maximale Reinigungstemperatur wird nicht nur durch den Energieaufwand bzw. die Verluste begrenzt, sondern durch die temperaturbedingten Spannungen im Glas, die nur durch eine enge Temperaturstufung und ausreichende Abkühlzeiten abgebaut werden können. Bei Kunststoffen kommt noch die Temperaturbeständigkeit hinzu. Bei PET sind zurzeit nur etwa ≤ 60 °C möglich (zum Teil auch höher), die Erhöhung des kristallinen Anteils führt zu einer Erhöhung der möglichen Temperatur. Wird die zulässige Temperatur überschritten, tritt Schrumpfung ein.

Zur Beurteilung des Reinigungsergebnisses einer FRM sind geeignete Testflaschen hilfreich. Vorschläge für eine praxisbezogene reproduzierbare Verschmutzung wurden bereits unterbreitet (z.B. [177], [178]). Wünschenswert sind Testflaschen, die die Problemfälle der Flaschenreinigung (beispielsweise eiweißhaltige Rückstände, angetrocknete Insektenlarven) reproduzierbar repräsentieren.

Über das Ablöseverhalten von Etiketten berichten *Wenk* et al. [179], über die Wirkung von Additiven auf die Glas-Korrosion *Schneider* et al. [180].

Zur Kinetik der Reinigungsvorgänge und die sie beeinflussenden Faktoren wird auf Kapitel 31 verwiesen, sowie auf [181], [182], [183], [184], [185] und [186].

12.8.2 Anforderungen an Reinigungsmittel für FRM

Die wesentlichen Anforderungen an die Reinigungsmittel einer FRM sind:
- eine große Reinigungswirkung bei einem Minimum an Konzentration und Temperatur,
- eine möglichst geringe Beeinflussung durch die Wassersalze,
- eine möglichst geringe Beeinflussung des Werkstoffes (Korrosion, chemisches Scuffing),
- ein gutes Schmutzlöse- und Benetzungsvermögen,
- geringe Oberflächenspannung,
- gute Ausspülbarkeit, keine Rückstände auf der Behälteroberfläche,
- gute antimikrobielle Wirkung,
- keine toxischen Bestandteile (wichtig für Abwasserreinigungsanlagen) und eine geringe Belastung der Umwelt bei der Entsorgung,
- gutes Emulgier-, Suspendier- und Dispergiervermögen,

❑ geringe Schaumbildung,
❑ einfache Dosier- und Kontrollmöglichkeit und
❑ geringe Kosten.

Reinigungsmittel stellen bezüglich der vorgenannten Anforderungen immer Kompromisse dar, sie müssen bezüglich ihrer Zusammensetzung auf den konkreten Anwendungsfall abgestimmt werden.

Flüssige Reinigungsmittel und Additive lassen sich relativ einfach auch automatisch dosieren. Wichtig ist, dass sich einzelne Komponenten nicht „nicht proportional" verbrauchen.
Der Gehalt an Na_2CO_3, $NaHCO_3$ und Aluminium in der Lauge muss überwacht werden.

12.8.3 Parameter der Flaschenreinigung

Aus Abbildung 216 sind die Zusammenhänge der Reinigungsmittelkonzentration (bezogen auf NaOH), der Temperatur und der Einwirkzeit ersichtlich, um mikrobiologisch einwandfreie Flaschen zu erhalten.

Daraus ergibt sich auch, dass Temperaturen von 75...80 °C bei Verweilzeiten von 6...7 min im Weichbad bei Konzentrationen von 0,5...0,6 % ausreichend sind. Höhere Konzentrationen sind nur erforderlich, wenn Al-Folien entfernt werden müssen. Da dieser Fall alltäglich ist, werden praktisch Konzentrationen von 1,5...2,2 % gewählt.

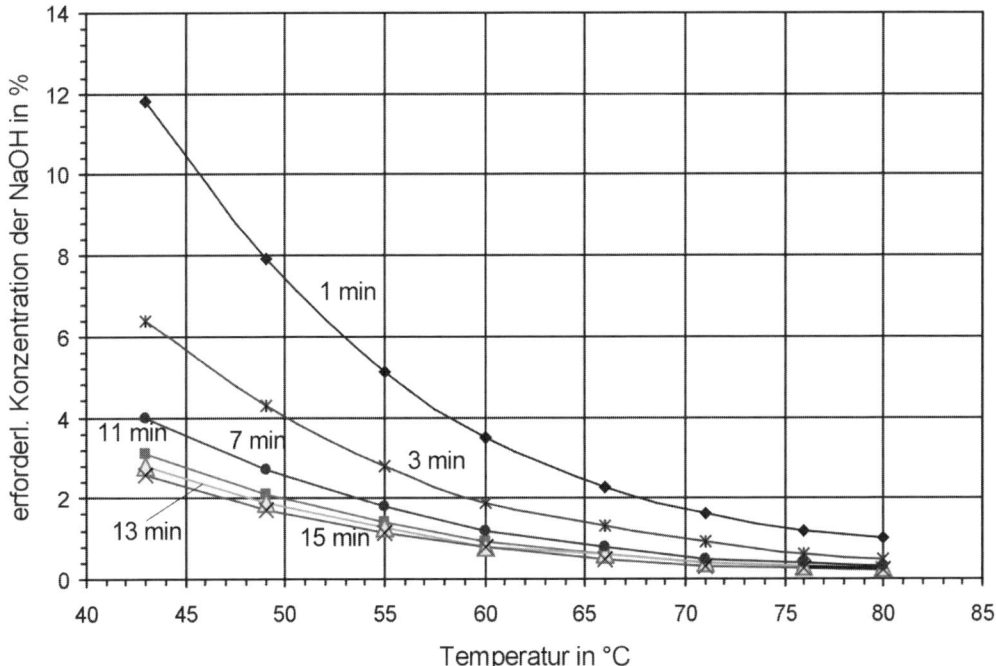

Abbildung 216 Erforderliche Reinigungsmittelkonzentration als Funktion der Temperatur und Einwirkungszeit für die sichere Keimabtötung (nach [185])
(Die Zahlenwerte sind nur tendenziell zu werten, da die Testorganismen nicht genannt werden)

Füllanlagen

Für die Reinigung von PET-Flaschen sind gegenwärtig nur (58 + 0,5) °C zulässig, bei so genannten „PET-Hochtemperaturflaschen" sind es ≤ 75 °C bei begrenzter Zeit (≤ 3 min), siehe auch Abbildung 218 und Abbildung 219.
Im Hinblick auf die Korrosion des Glases und die Kosten muss gelten: so viel wie nötig!

In Abbildung 216 bis Abbildung 222 sind die Einflüsse der Faktoren Zeit, Konzentration und Temperatur auf den „Reinigungseffekt" in ihren grundsätzlichen Zusammenhängen dargestellt. Daraus lassen sich die tendenziellen Wirkungen gut abschätzen.
  Wichtig ist die Erkenntnis, dass die Konzentration im Bereich von 0,6...1,2 % ein Optimum bezüglich der Reinigungswirkung besitzt. Höhere Konzentrationen sind kontraproduktiv für die Reinigung, beispielsweise wird das Zerfasern von Etikettenpapier gefördert.
  Eine Ausnahme stellt nur die Auflösung von Aluminium dar, bei der NaOH-Konzentrationen von etwa 1,8...2,2 % bei einer Temperatur von ca. 80 °C gefordert werden, um Auflösezeiten von 3...4 min zu erreichen.
  Die mechanische Komponente der Spritzstrahlen wird geringer als die Wirkung der Weichzeit eingeschätzt. Das erscheint auch logisch, weil nur gelöste Verunreinigungen durch die Spritzstrahlen entfernt werden können. Eine Verlängerung der Spritzzeit von 1 min auf 5 min ergibt nur eine um etwa 7 % verbesserte Reinigungswirkung.
  Die von einem Spritzstrahl ausgeübte mechanische Beeinflussung der Phasengrenzflächen Glas/Schmutz/Reinigungsmittel ist zwar von der Strömungsform bzw. Turbulenz der ablaufenden Flüssigkeit (Rieselfilm) abhängig, jedoch ist der Einfluss der Grenzschichten und der Konzentrations-, Temperatur und Geschwindigkeitsgradienten in diesen erheblich. Es muss auch beachtet werden, dass ein Spritzstrahl die Flaschenoberfläche nur partiell und nicht vollständig erreichen kann.
  Der positive Einfluss der Temperatur auf den Reinigungseffekt ist unter anderem auf die Senkung der Oberflächenspannung und die damit verbundene Verbesserung der Benetzung zurückzuführen.

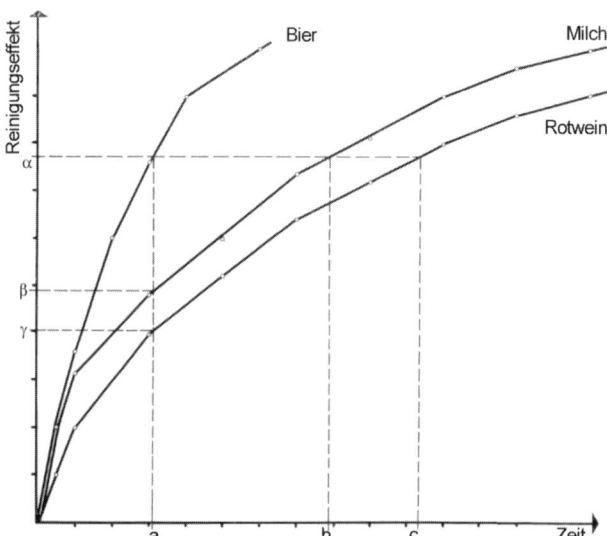

Abbildung 217 Abhängigkeit des Reinigungseffektes von der Zeit (nach [181] und [186])

Flaschenreinigungsanlagen

Getränk	Material	Mindestbehandlungszeiten in Min. bei					NaOH-Konzentration in %	Besonderheiten	Bem.
		58+2 °C	60-70 °C	75 °C	80 °C	85 °C			
Bier, normale Ausstattung	Glas				8	6	1,5…1,8		1)
Bier, Alu-Ausstattung	Glas				7	6	2,0…2,5	Al in Weichlauge ≤ 0,6	1)
Hefeweizen	Glas				8	7	2,0		1)
Coca Cola	Glas				6		1,5	CC-Spezifik.	1)
Softdrink	Glas			8	6		2,0		1)
Fruchtsaft	Glas				8	7	2,0		1)
Tomatensaft	Glas					9	2,0…2,5		1)
Mineralwasser	Glas			8	6…7		1,5		1)
Milch, Kakao	Glas				9	8	2,0…2,5		1)
Wein, Sekt	Glas			8	7		2,0		1)
Coca Cola	PET	7…12					2,8 ± 0,2	nach CC-Spezifikation	
Coca Cola	PET	7…12					1,7 ± 0,2	nach CC-Spezifikation	
Softdrink	PET	7…10					2,8 ± 0,2		
Bonaqa	HC-PET		12				1,7	max. zul. 73 °C	2)
Mineralwasser	HC-PET		7…10				2,5	GDB-Vorgab., max. zul. 73 °C	

1) Additive nach Maßgabe etablierter Spezialfirmen
2) Frischwassereinsatz 150 % bei 40 °C

Abbildung 218 Richtwerte für Mindest-Laugetauchzeiten für verschiedene Füllgüter und Laugetemperaturen (cit. nach [187]). Nach DIN 8784 ist die Tauchzeit die Zeit vom Eintauchen einer Flasche in ein Weichbad bis zum Verlassen des Flüssigkeitsbades. Die Gesamttauchzeit ist als Summe aller Einzeltauchzeiten definiert, wenn mehrere Tauchbäder vorhanden sind.

Material	Laugetemperatur	Laugekonzentration	Additiv	Bemerkung
PET	58 +/- 1° C	bis 2,5 % NaOH	spezielle Additive u. Entschäumer	- max. TZ 10 min. - Aufgrauung
HC - PET	bis 70 ° C	1,5 - 2,2 % NaOH	wie PET	- Stress – cracking - bessere Formstabilität - geringeres Flaschengewicht
PEN	bis 80 ° C	ca. 1,8 % NaOH	wie PET	- wesentlich bessere Barriere-Eigenschaften (bis zu 7x) - geringeres Gewicht
Glas	75 – 80 ° C	1,2 - 2,4 % NaOH	ca. 0,2 %	bekannt, Standard

Abbildung 219 Reinigungsbedingungen für PET-Flaschen (nach KRONES)

Füllanlagen

12.8.4 Medienverschleppung

Die Verschleppung der Medien erfolgt durch die Haftflüssigkeitsmengen der Flaschen, Flaschenzellen, -träger und der Transportkette, die von einer Behandlungszone zur anderen transportiert werden.

Die spezifischen Verschleppungsmengen werden mit 10...15 ml/Flasche angegeben (s.a. Abbildung 211). Je länger die Aus- bzw. Abtropfzeit, desto geringer die verschleppte Menge. Aus dem gleichen Grunde werden in den Wasserspritzzonen die Flaschen zum Teil nur noch innen gespritzt, um die Verschleppung durch die Zelle und den Träger zu verringern.

Der Flaschenboden kann durch Abblasen mit Druckluft oder durch Schrägstellen der Flaschen in den Flaschenzellen von Restflüssigkeit befreit werden.

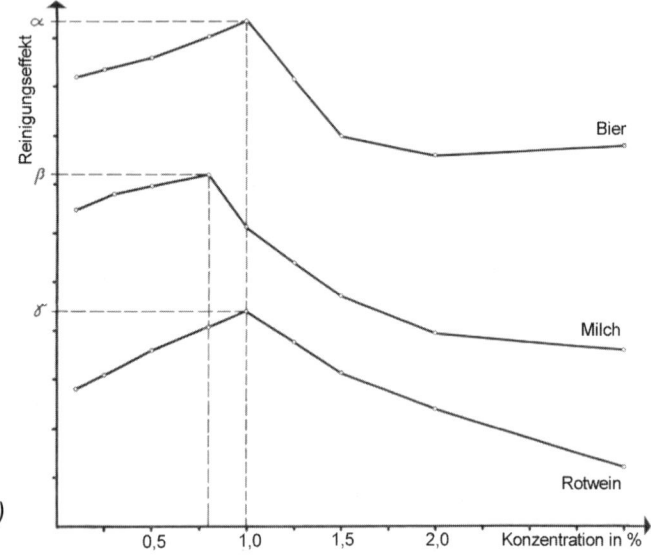

Abbildung 220 Abhängigkeit des Reinigungseffektes von der Konzentration (nach [186])

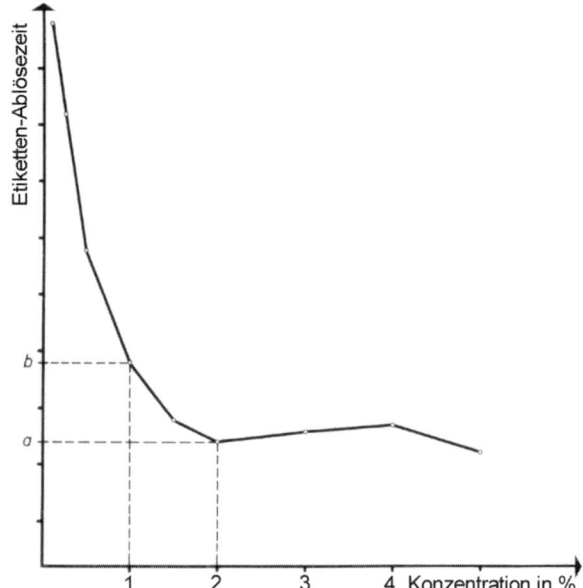

Abbildung 221 Abhängigkeit der Etikettenablösung von der Konzentration (nach [186])

Der Verschleppungsmenge proportional sind auch die weitergegebenen Schmutz-, Lauge- und Wärmemengen.

Bei FRM mit zwei oder mehr Laugen werden diese in relativ kurzer Zeit mit der Lauge-I usw. angereichert und nehmen in Abhängigkeit der vorstehend genannten Zusammenhänge deren Parameter an.

Die Aufkonzentrierung lässt sich nach Abbildung 223 und Abbildung 224 abschätzen. Die letzte „Lauge" wird deshalb oft ohne Lauge, nur mit Additiven angesetzt, um Steinausscheidungen zu vermeiden.

Im Bereich der Wasserspritzzonen wird das zugeführte Frischwasser bei modernen FRM deshalb im Gegenstrom zu den Flaschen geführt. Durch den zugeführten Frischwasservolumenstrom wird eine Aufkonzentrierung der Wasserbäder mit verschleppter Lauge und damit Steinausscheidung vermieden. Der letzte Teilstrom, die Warmwasser-Zwischenspritzung, wird direkt aus der FRM über die Vorweiche/ Vorspritzung abgeleitet.

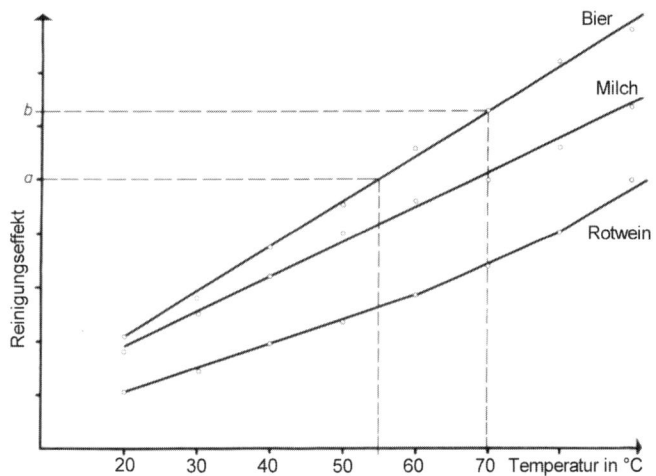

Abbildung 222 Abhängigkeit des Reinigungseffektes von der Temperatur (nach [186])

Die Gleichgewichtskonzentration in den einzelnen Bädern stellt sich relativ schnell ein. Die resultierende Konzentration kann aus Abbildung 224 abgeschätzt werden.

Die Gegenstromführung der Medien kann bei Tauchbädern und Stapelbottichen durch Trennwände in diesen unterstützt werden, die den Konzentrationsausgleich verringern.

Die Problematik Medienverschleppung wurde zuerst von *Tonn* bearbeitet [188]. Ein Beispiel gibt *Best* an [189], s.a. Abbildung 227, Gleichung 17 und Abbildung 228.

Füllanlagen

$$\dot{V}_{SB} = \frac{\dot{V}_S}{V} \quad \text{Gleichung 14}$$

$\dot{V}_{SB}$ = Verschleppungsbelastung in h^{-1}
$\dot{V}_S$ = Verschleppungsvolumen in m^3/h
V = Bottichvolumen in m^3
v_s = spezifische Ver-
schleppung
in ml/Flasche

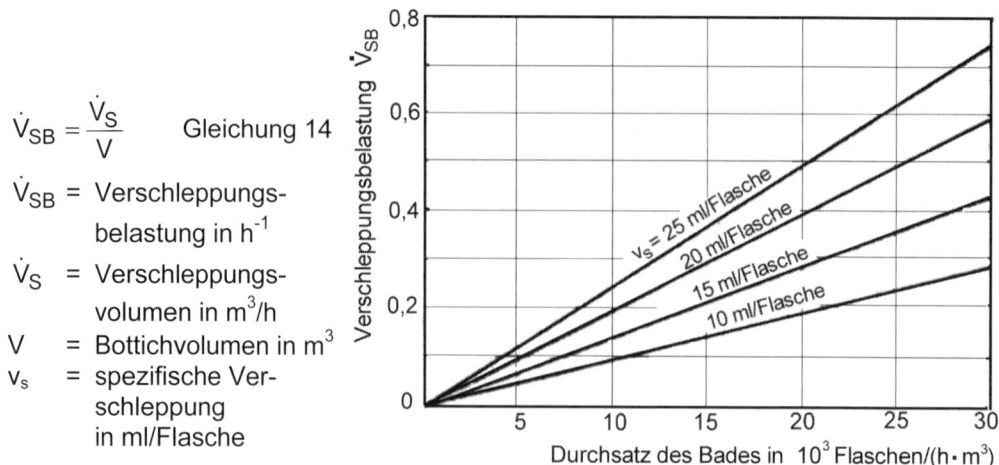

Abbildung 223 Verschleppungsbelastung $\dot{V}_{SB}$ des Bottichs

$$c^* = \frac{c}{c_1} \quad \text{Gleichung 15}$$

c = Bottichkonzentration
in %
c_1 = Zulaufkonzentration
in %

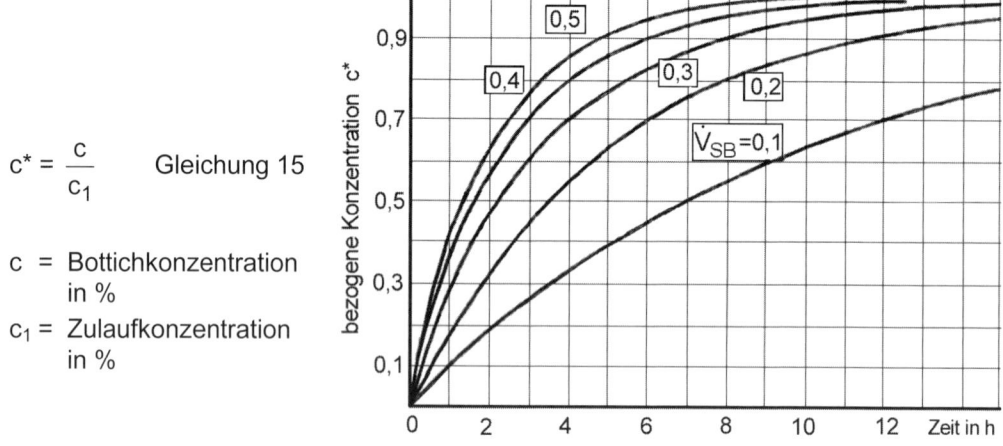

Abbildung 224 Bezogene Konzentration c^* in Abhängigkeit von der Zeit t
und der Verschleppungsbelastung $\dot{V}_{SB}$

Beispiel:
Durchsatz der FRM = 30.000 Flaschen/h
Lauge-II-Bottichvolumen = 2 m^3
$v_s \approx 20$ ml/Flasche
Durchsatz des Bottichs: 15.000 Flaschen/(h·m^3)
$\dot{V}_{SB}$ = 0,3 (aus Abbildung 223)

mit c^* (aus Abbildung 224) errechnet sich $c = c^* \cdot c_1$:
nach 4 Stunden ist $c = \underline{0,7 \cdot c_1}$
nach 8 Stunden ist $c = \underline{0,9 \cdot c_1}$

Flaschenreinigungsanlagen

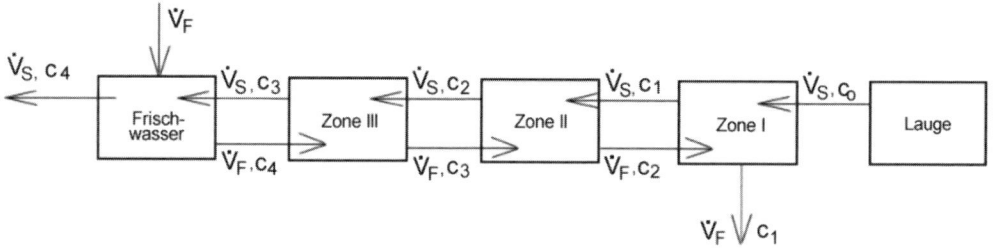

Abbildung 225 Konzentration in einzelnen Spritzzonen, schematisch zum Beispiel: Laugenkonzentration $c_0 = 1\ \%$

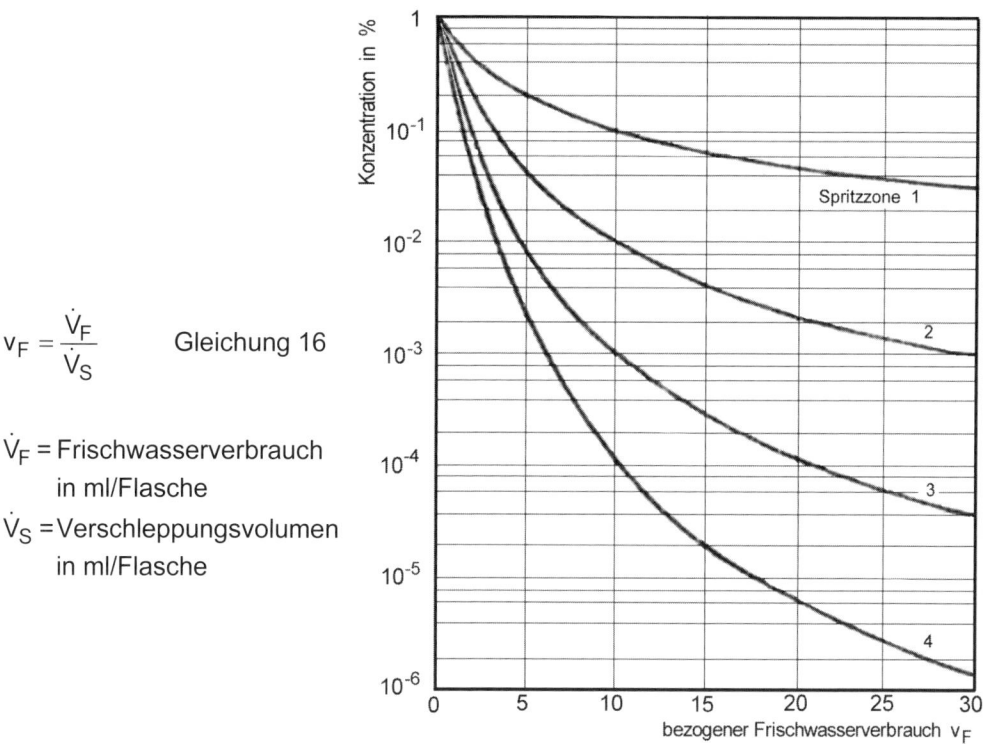

$$v_F = \frac{\dot{V}_F}{\dot{V}_S} \qquad \text{Gleichung 16}$$

$\dot{V}_F$ = Frischwasserverbrauch in ml/Flasche

$\dot{V}_S$ = Verschleppungsvolumen in ml/Flasche

Abbildung 226 Konzentration in einzelnen Spritzzonen als Funktion des bezogenen Frischwasserverbrauches v_F gemäß Gleichung 16

Beispiel:

Frischwasserverbrauch $\dot{V}_F = 150$ ml/Flasche

Verschleppungsvolumen $\dot{V}_S = 12$ ml/Flasche

Laugenkonzentration $c_0 = 1\ \%$

bezogener Frischwasserverbrauch nach Gleichung 16: $v_F = \dfrac{\dot{V}_F}{\dot{V}_S}$

$v_F = 150/12 = \underline{12{,}5}$

Füllanlagen

Damit werden aus Abbildung 226 abgelesen:
- in Spritzzone I stellt sich eine Konzentration von etwa 0,2 % ein;
- in Spritzzone II = 0,04 %;
- in Spritzzone III = 0,004 %;
- in Spritzzone IV = 0,0006 %.

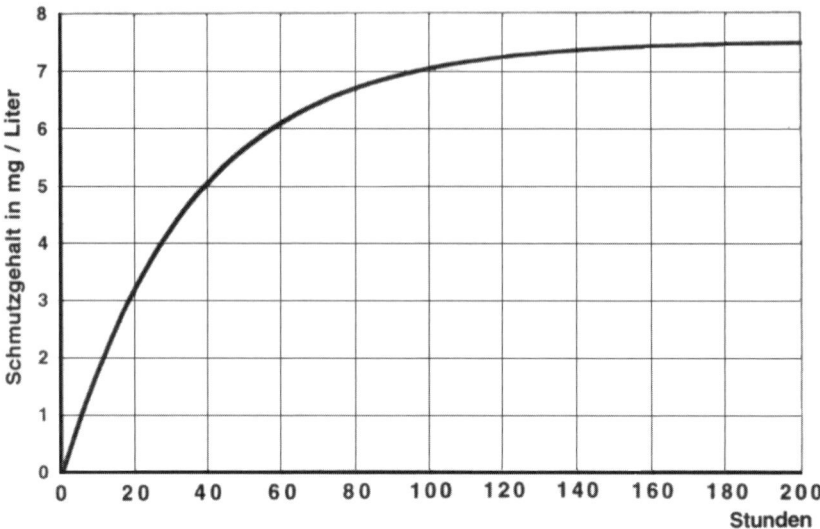

Abbildung 227 Schmutzkonzentration in der Weichlauge einer FRM (Beispiel nach [189])

Es gelten folgende Bedingungen:
- Durchsatz 56.000 Fl./h,
- Verschleppung 20 ml/Fl.,
- Schmutzmenge 150 mg/Fl.,
- Weichbadvolumen V = 40 m³

Der Zusammenhang folgt nach Gleichung 17:

$$c_t = \frac{\dot{m}_s}{\dot{V}_v} \cdot \left[1 - e^{\frac{-\dot{V}_v \cdot t}{V}}\right] \qquad \text{Gleichung 17}$$

c_t = Konzentration zur Zeit t
$\dot{m}_s$ = eingetragene Schmutzmenge je h
$\dot{V}_v$ = ausgetragenes Flüssigkeitsvolumen je h
V = Weichbadvolumen in m³
t = Zeit in h

Im Beispiel ergibt sich für:
$\dot{m}_s$ = 150 mg/Fl.·56.000 Fl./h = 8,4 kg/h
$\dot{V}_V$ = 20 ml/Fl.·56.000 Fl./h = 1,12 m³/h
$c_{(t=0)}$ = 0 g/m³
$c_{(t=\infty)}$ = $\dot{m}_s / \dot{V}_V$ = 7,5 kg/m³ = 7,5 mg/l

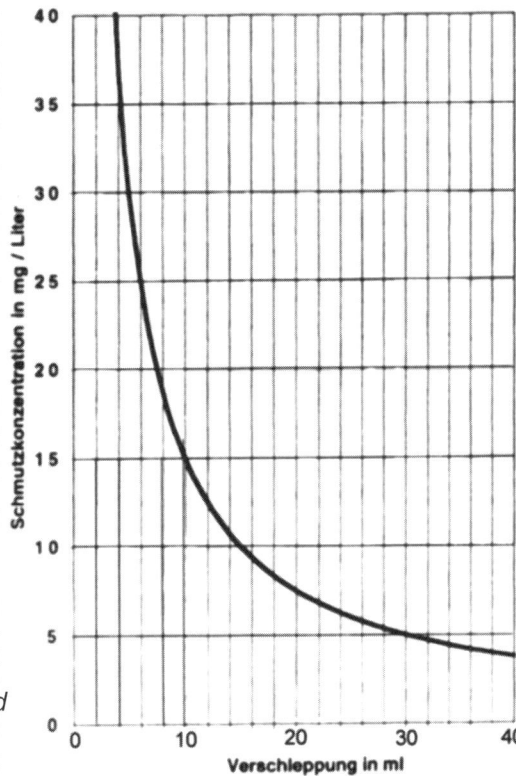

Abbildung 228 Schmutzkonzentration und Verschleppungsmenge (nach [189])

12.8.5 Verwendungsfähigkeit und Belastung der Lauge

Die mögliche Verwendungsfähigkeit (Standzeit) der Reinigungslauge ist nach neueren Auffassungen nahezu unbegrenzt. Durch die Verschleppung der Reinigungslauge zwischen den einzelnen Behandlungsstationen stellt sich nach relativ kurzer Zeit ein asymptotischer Grenzwert der Verschmutzungen ein (abhängig vom Durchsatz, der Flüssigkeitsverschleppung und vom Verschmutzungsgrad). Der Grenzwert kann beispielsweise anhand des CSB bestimmt werden.

Bei den derzeitigen Verschleppungsmengen von durchschnittlich 15 ml/Fl. besteht keine Limitierung für die Nutzung der Lauge aus der Sicht des Schmutzgehaltes, s.a. Abbildung 228. Nach [190] sind Werte von 8 ml/Fl. erreichbar.

Bedingung für die lange Nutzungsdauer ist jedoch die regelmäßige Entfernung der sedimentierfähigen Feststoffe und die Scherbenentfernung, d.h., dass (ein) Laugenstapeltank(s) vorhanden sein muss.

Eine weitere Limitierung ist der Gehalt an Na_2CO_3 und $NaHCO_3$, der bei ≤ 40...50 % der Laugekonzentration liegen sollte (die Reinigungswirkung beider Verbindungen ist deutlich schlechter als die der Natronlauge). Bei Bedarf (wenn die durch die Feststoff-

Füllanlagen

abtrennung im Sedimentationstank verlorene Menge nicht reicht) muss ein Teil der Reinigungslauge erneuert werden.

Auch ein zu hoher Aluminiumgehalt kann Anlass für den Laugen-Neuansatz sein. Der Grenzwert der Al-Belastung der Lauge soll $\leq$ NaOH-% x 0,34 sein [191].

Beispiel: NaOH-Konzentration 2 %: 2 %·0,34 = 0,68 % $\hat{=}$ $\underline{\leq 6,8\ kg\ Al/m^3}$-Lauge.

Die Belastung der Reinigungslauge kann verringert werden durch:
- Eine intensive Vorreinigung (Vorweiche, Vorspritzung) zur Reduzierung der Getränkereste und der allgemeinen Verschmutzung.
  Ein Beitrag hierzu kann auch die Anfüllung der Behälter mit Wasser oder Reinigungsmittelüberlauf im Auspacker oder auf dem Weg zur FRM sein. Damit werden nicht nur Getränkereste vorgelöst, sondern es wird auch die Standfestigkeit der Behälter verbessert;
- Minimierung der Etikettenfläche und des Klebstoffauftrages;
- Reduzierung der eingesetzten Aluminium-Menge (Foliendicke);
- Verbesserte Etikettenqualität (Papierqualität, Druckfarben, Druckverfahren);
- Einen möglichst schnellen Etikettenaustrag, ggf. an mehreren Stellen der FRM. Damit wird die Lösung bzw. Extraktion der Etikettenbestandteile verringert.

12.8.6 Stein- und Belagbildung

Die Wassersalze, insbesondere die Ca-Ionen, zum Teil auch die Mg-Ionen, werden durch Alkali zur Ausscheidung gebracht. Die Hydrogencarbonate werden außerdem durch Erwärmung als Carbonate ausgefällt.
Die nachfolgenden Gleichungen verdeutlichen diese Zusammenhänge:

$$Ca^{2+} + 2\ HCO_3^- + 2\ Na^+ + 2\ OH^- \rightarrow CaCO_3 \downarrow + 2\ Na^+ + CO_3^{-2} + 2\ H_2O \quad \text{Gleichung 18}$$

$$Ca^{2+} + SO_4^{-2} + 2\ Na^+ + CO_3^{-2} \rightarrow CaCO_3 \downarrow + 2\ Na^+ + SO_4^{-2} \quad \text{Gleichung 19}$$

$$Ca^{2+} + 2\ HCO_3^- \xrightarrow{Wärme} CaCO_3 \downarrow + CO_2 \uparrow + H_2O \quad \text{Gleichung 20}$$

An der „Versteinung" der FRM durch die Carbonate ist also die Gesamthärte des Wassers beteiligt.
Eine Vorstellung von den quantitativen Verhältnissen soll folgender Hinweis verdeutlichen: 1 °d $\hat{=}$ $\approx$ 18 g $CaCO_3/m^3$-Wasser.
Daraus leitet sich ab, die Alkali-Verschleppung in die warme/heiße Wasserspülzone zu minimieren und das aus dieser Spülzone, der „Zwischenspritzung" ablaufende Wasser möglichst schnell aus der FRM abzuleiten, denn die Ausscheidung der Carbonate ist auch eine Funktion der Zeit.
Der ausgefällte Härteschlamm muss regelmäßig aus den Bottichen und Fließwegen entfernt werden, um die Bildung fest haftender Beläge („Kesselstein") zu vermeiden.
Die Belagbildung auf den Flaschenzellen und -trägern sowie der Transportkette bedeutet aber gleichzeitig, dass die Laugeverschleppung zunimmt und sich damit die Lauge- und Energieverluste erhöhen und sich unter Umständen auch biologische Probleme zusätzlich einstellen. Außerdem verschlechtert sich durch die Beläge die Wärmeübertragung. Negativbeispiele zeigen Abbildung 229 und Abbildung 230.

Flaschenreinigungsanlagen

Abbildung 229 Ein Negativbeispiel: Erheblicher Steinansatz in einer Flaschenreinigungsmaschine (Foto: VLB Berlin)

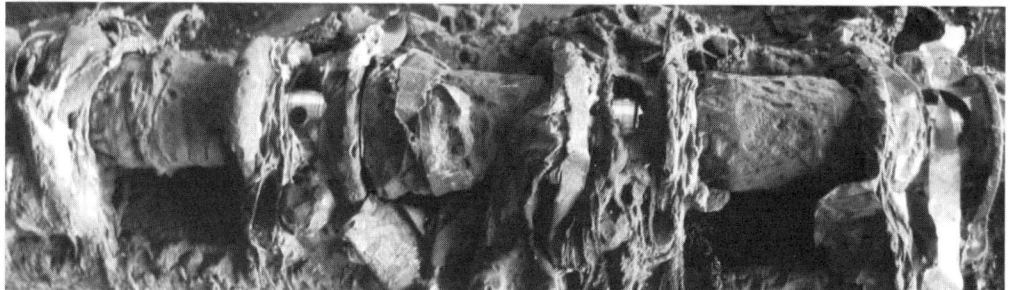

Abbildung 230 Spritzrohr neu und total versteint. Trotzdem sind die Spritzdüsen noch frei, weil sich das Spritzrohr dreht (Foto: VLB Berlin)

Eine Möglichkeit zur Verhinderung der Steinausfällung besteht in der Dosierung von Komplexierungsmitteln in die letzte(n) „Lauge"-Behandlungszone(n). Oft wird diese letzte Zone ohne Alkali betrieben, da sie sich ohnehin mit Alkali infolge der Verschleppung anreichert.

Die Komplexbildner verhindern die Steinausscheidung bzw. ergeben amorphe Niederschläge, die auf den Werkstoffoberflächen nicht haften und sich gut ausspülen lassen.

Komplexbildner belasten die Umwelt und erhöhen die Kosten, sind also nur ein Beitrag zur Lösung der Problematik. Anzustreben ist deshalb der Betrieb der FRM mit Wasser geringer Härte.

Auch gelöstes Aluminium kann zur Belagbildung bei entsprechender Konzentration beitragen (Aluminate). Die Auflösung des Aluminiums wird durch höhere Temperatur, Laugekonzentration und Additive gefördert, eine große Wasserhärte vermindert die Lösung. Die Bildung der Aluminate („Aluminiumstein") muss durch Additive verhindert werden, da Aluminate sehr schwer löslich sind.

Die Auflösung des Aluminiums verläuft nach folgender Summengleichung:
$$Al + NaOH + 3\,H_2O \rightarrow NaAl(OH)_4 + 1\tfrac{1}{2}\,H_2 \uparrow \qquad \text{Gleichung 21}$$

Dabei ist eine Zwischenstufe die Bildung von Aluminiumhydroxid:
$$Al(OH)_3 + NaOH \leftrightarrow NaAl(OH)_4 \qquad \text{Gleichung 22}$$

Auf Flaschen kann Belagbildung auftreten, wenn diese im Bereich der Laugen- und Zwischenspritzung bei Betriebsunterbrechungen antrocknen können (Ausfall der Pumpen, Stopp der FRM).

Die Belagbildung kann vermieden werden, wenn in diesen Zonen eine „Notspritzung" vorhanden ist, die beispielsweise mit Frischwasser betrieben wird, oder die Trocknung der Flaschen wird durch die Bildung eines Wassernebels verhindert.

Die Stein- und Belagbildung lässt sich verhindern durch:
- Einsatz von enthärtetem Wasser;
- Einsatz von Natronlauge mit den entsprechenden Additiven und Überwachung der Konzentrationen;
- Senkung des pH-Wertes der Zwischenspritzung auf $\leq 8,3$ durch Säuredosierung (CO_2, Mineralsäure);
- Ggf. eine regelmäßige Entsteinung der FRM.

Die Entscheidung für eine der genannten Varianten kann nur betriebsspezifisch auf der Grundlage einer Kostenrechnung (Wasserenthärtungsanlage und deren Regenerierung, Chemikaliendosierung, Abwassergebühren) unter Beachtung der Wasserhärte erfolgen.

Dabei sollte berücksichtigt werden, dass die Summe der in das Abwasser gelangenden Salzfracht im Prinzip konstant bleibt, also unabhängig von der genutzten Variante ist.

12.8.7 Entsteinung

Die gebildeten Beläge sollten regelmäßig entfernt werden. Dazu werden Mineralsäuren in Kombination mit Inhibitoren eingesetzt (nach Herstellerangabe). Bei der Auswahl der Medien müssen die vorhandenen Werkstoffe beachtet werden.

Die Säure wird im Kreislauf bei laufender FRM gefördert, bis sich die Beläge aufgelöst haben. Anschließend wird mit Wasser gespült und mit Lauge neutralisiert.

12.8.8 Korrosion der Flaschenwerkstoffe durch Reinigungsmittel

Glas

Die Behälterglasoberfläche wird durch alkalische Lösungen angegriffen und gelöst (pH-Wert > 9,8). Diese Korrosion durch NaOH ist bei sehr geringer Wasserhärte größer als bei hartem Wasser. Deshalb ist eine Resthärte des Wassers von 1…2 °d günstig.

Additive zur Verringerung der Glaskorrosion ("Anti-Scuffing-Additive") senken auch den Abtrag der Heißendvergütung der Flaschen. Die Additiv-Zusammensetzung ist von großem Einfluss.

Phosphate tragen ebenfalls deutlich zur Glaskorrosion bei. Phosphate stammen aus Additiven, aus Klebstoffen und Bierresten.

Auch Carbonate und die Härtebildner des Wassers fördern die Glaskorrosion.

Die Glaskorrosion kann durch Minimierung der Reinigungsmittel-Temperatur und -Konzentration und der Einwirkungsdauer verringert werden. Organische Verschmutzungen der Lauge und Tenside verringern den Glasabtrag.

Das Problem des chemischen Scuffings liegt weniger im Glasabtrag, der bei durchschnittlich 0,4…0,5 g/(Flasche·24 h) liegt, sondern in der Verschlechterung der Oberflächenstruktur des Glases, die wiederum negative Auswirkungen auf die Ausspülbarkeit von Tensiden und die Schmutzlösung hat.

Eine Zusammenfassung zur Problematik chemisches Scuffing gibt [192].

PET

Die Spannungsrisskorrosion des PET-Werkstoffes (teilweise auch als Stress Cracking bezeichnet) wird durch alkalische Reinigungsmittel, Tenside und durch Additive gefördert. Eine weitere alkalibedingte Beeinflussung ist die Trübung bzw. das Vergrauen ("Hazing") des PET-Werkstoffes [193].

Spezielle Additive für die PET-Reinigung vermeiden diese Belastungen.

12.8.9 Gelöste Bestandteile der Reinigungslauge und Ausspülverhalten

Die meisten gelösten Bestandteile der Reinigungslauge lassen sich mit Wasser unproblematisch ausspülen. Zu beachten ist dabei jedoch, dass auf den Flaschen immer ein Restflüssigkeitsfilm verbleibt, der natürlich auch immer noch geringste Restmengen des Reinigungsmittels enthält. Die vollständige Entfernung ist nur nach sehr langer Spülzeit bzw. ist gar nicht möglich.

Eine Sonderrolle nehmen die Tenside ein, die vor allem als nichtionische Tenside zur Anwendung kommen. Sie werden als Entschäumer eingesetzt und sollen die Benetzbarkeit der Oberfläche und damit die Schmutzlösung ermöglichen (s.a. Tabelle 36). Diese Entschäumermoleküle sind bei höheren Temperaturen unlöslich und können entschäumend wirken. Bei geringeren Temperaturen sind sie dagegen gut löslich und können deshalb relativ gut ausgespült werden. Diese Eigenschaften sind sortenspezifisch. Gute Entschäumer wirken in geringen Konzentrationen und lassen sich gut ausspülen, sind aber meistens etwas teurer.

Die Restmengen an Reinigungsmitteln/Tensiden sind im Austropfwasser nur bedingt feststellbar, da ein Teil auf der Oberfläche verbleibt (nach [194] bis zu 80 %).

Diese Tatsache ist auch damit begründbar, dass das zur Spülung benutzte Frischwasser eine relative große Grenzflächenspannung besitzt, sodass eine Benetzung der tensidhaltigen Oberfläche nicht möglich ist und die Entfernung zumindest eine Diffusion erfordert, die wiederum zeit- und konzentrationsabhängig ist (also ein Grenzflächenproblem).

Tabelle 36 Grenzflächenspannung von Wasser und Reinigungslösungen (zum Teil nach [195])

Lösung	Grenzflächenspannung bei 20 °C in mN/m
destilliertes Wasser	72,6
Wasser	70...74
Wasser mit 0,01 % Tensid	42,9
Reinigungslauge (2 % NaOH, 0,01 % Tensid)	39,1
Reinigungslauge (2 % NaOH, 0,01 % Tensid, 0,5 % Klebstoff)	35,0
Würze	36...38
Bier	42...44

Die Bestimmung der Grenzflächenspannung im Tropfwasser der Flasche oder in Wasser, dass durch Ausschütteln erhalten wird, ist fragwürdig, weil das Wasser die Tensidrückstände der Oberfläche infolge fehlender Benetzung nicht lösen kann (eine indirekte Erfassung möglicher Rückstände ist beispielsweise durch die Messung der Schaumstabilitätsverschlechterung einer Bierprobe möglich, die in entsprechende Testflaschen gefüllt wird).

Tensidkonzentrationen von 40 µg/0,5-l-Fl. führen zu einer Schaumverschlechterung des Bieres von ca. 10 % [195].

In Abbildung 231 ist das experimentell ermittelte Ausspülverhalten von Entschäumer als Funktion der Spülflüssigkeitsmenge und der Spülzeit dargestellt. Die Wassermenge ist zum Düsendurchmesser und zum Druck proportional. Im Beispiel ergibt sich bei einem Düsen-Durchmesser von 3,5 mm ein Minimum.

In jüngster Zeit wird die Membranfiltration (Cross-Flow-Filtration, Abtrennung von Teilchen ≥ 200 µm) der Lauge im Nebenstrom vorgeschlagen [196]. Die Filter werden automatisch intervallmäßig rückgespült. Damit wird der CSB-Gehalt selektiv reduziert, ohne die Chemikalien mit auszutragen. Ziel ist die Verbesserung bzw. Erhaltung der Reinigungsleistung der Lauge. U.a. werden zum Beispiel Farbreste der Etiketten, Papierfasern und Additive entfernt. Ggf. kann auf die Sedimentation der Lauge zur Abtrennung sedimentierbarer Stoffe verzichtet werden.

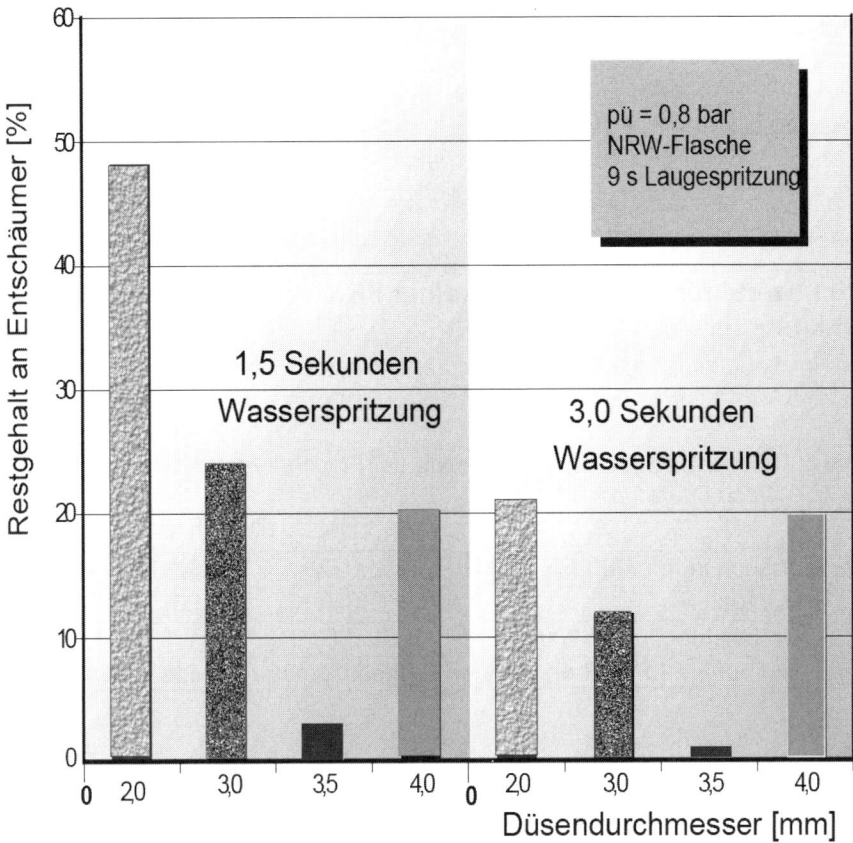

Abbildung 231 Ausspülverhalten von Entschäumer als Funktion der Spülwassermenge (indirekt gemessen am Düsendurchmesser und dem Druck) und der Spritzzeit (nach [187])

12.8.10 Einsatz von Desinfektionsmitteln in der FRM

Eine Verbesserung des biologischen Zustandes der gereinigten Flaschen durch eine Desinfektionsmittelspritzung ist bei den möglichen Verweilzeiten nicht möglich. Ein Weichbad mit einer längeren Verweilzeit kann diese Aussage relativieren.

Die Dosierung von Desinfektionsmitteln (z.B. Chlordioxid, Peressigsäure) in die Wasserbottiche der Spritzzonen wird verschiedentlich praktiziert mit der Zielstellung, diesen Bereich keimarm bzw. -frei zu halten und Mikroorganismenwachstum prophylaktisch zu unterbinden (s.a. Kapitel 13.3)

In jüngster Zeit wird für Wasser die Applikation einer Membranzellenelektrolyse vorgeschlagen, beispielsweise mit NaCl als Betriebsmittel. Dabei entsteht eine Verbindung, die desinfizierend wirkt und deren Hauptbestandteil hypochlorige Säure ist. Diese Verbindung wird von verschiedenen Herstellern (z.B. [197], [198]) unter verschiedenen Bezeichnungen gehandelt, z.B. Annolyte®, Nades®. Die Anwendungskonzentration soll im Bereich 0,5...2 % liegen (der freie Chlorgehalt beträgt dann ≤ 4 ppm), die Wirksamkeit von der Produkte wird bestätigt, beispielsweise von [199], [200], [201] und [202] (s.a. Kapitel 16.10.7).

Füllanlagen

12.8.11 Wasser- und Laugenrecycling

Prinzipiell ist die Aufbereitung von Lauge und Wasser aus einer Flaschenreinigungsmaschine möglich. Neben den Forderungen des Gesetzgebers bezüglich der Trinkwasserqualität sind es besonders die zu erwartenden Kosten der Aufbereitung, die limitierend wirken.

Geeignete Verfahren sind beispielsweise die Umkehrosmose und der Ionenaustausch. Einen Überblick über die möglichen Varianten geben *Kunzmann* et al. [203].

12.9 Richtwerte für den Verbrauch einer FRM und Möglichkeiten zur Senkung der Verbrauchswerte

Mit den in Tabelle 37 genannten Verbrauchswerten kann überschlägig gerechnet werden.

Tabelle 37   Überschlägige Verbrauchswerte bei Flaschenreinigungsmaschinen (nach Literaturangaben)

	alte FRM	ältere FRM	moderne FRM
Wasserverbrauch in m^3/1000 Fl.	0,45...0,60	0,25...0,30	0,12...0,20
Wärme in MJ/1000 Fl.	55...85	35...50	25...35
Install. elektr. Leistung in kW/1000 Fl.	1,5...2,5	1,1...1,3	0,9...1,2

Die Werte sind auf 0,5-l-Flaschen und den Betriebszustand bezogen

Frischwasserverbrauch

Der Frischwasserverbrauch wird insbesondere von der erforderlichen Abgabetemperatur der Flaschen bestimmt. Einsparpotenziale sind:
- Die Anpassung des FW-Volumenstromes an den Durchsatz der FRM;
- Die Abschaltung des Wasserzulaufes bei Stillstand und Verhinderung der Flaschenantrocknung;
- Kühlung des Wassers (z.B. mit dem Füllgut);
- Teilweise Kreislaufführung des Wassers der einzelnen Zonen unter Beachtung des biologischen Zustandes, ggf. mit Wasseraufbereitung (s.a. [196]).

Elektroenergie

Einsparpotenziale bestehen durch:
- Nutzung frequenzgeregelter Antriebe;
- Kontinuierliche Betriebsweise bei hohem Liefergrad;
- Einsatz energieoptimierter Antriebsmotoren;
- Optimierung der Pumpen, -durchsätze und der Förderhöhe der Pumpen.

Wärme

Einsparpotenziale bestehen durch:
- Optimierung der maximalen Weichbadtemperatur;
- Minimierung der Medienverschleppung; bei Bedarf regelmäßige Entsteinung;

Flaschenreinigungsanlagen

❏ Verringerung der Wärmeverluste durch Wärmeleitung und -strahlung sowie Verdunstung;
❏ Nutzung wärmegedämmter Laugestapelbehälter;
❏ Vermeidung von Kondensatverlusten;
❏ Wärmerekuperation zwischen Nachlauge und Vorlauge.

Reinigungszustand

Als gereinigt gelten Flaschen mit einer Oberflächenspannung von > 55 mN/m, einem CSB-Wert im Ausspülwasser von < 15 mg O_2/l und nichtionische Tenside < 0,5 mg/l [204] (s.a. Kapitel 12.8.9).

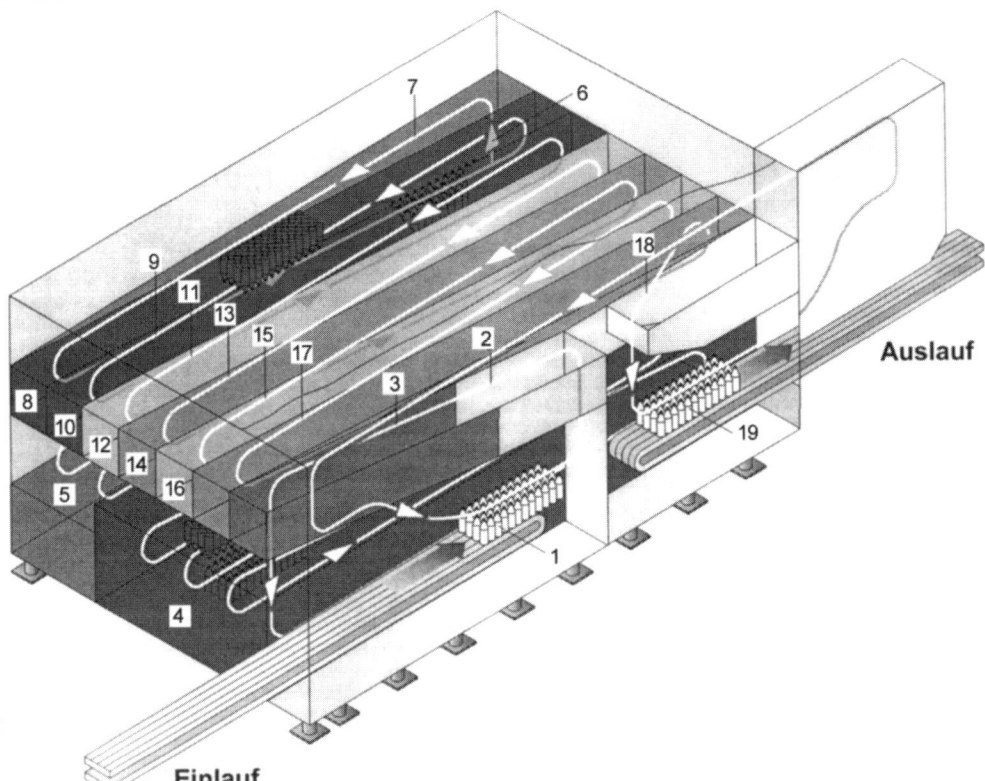

Abbildung 232 Spiragrip®-Reinigungsmaschine, schematischer Flaschendurchlauf (nach Fa. KRONES)
1 Flaschenaufgabe **2** Restentleerung **3** Vorspritzung und Vorwärmung **4** Tauchbad I und Spritzung **5** Spritzung unten und Außenspritzung Reinigungszone II **6** Mündungs- und Tragringspritzung Reinigungszone II **7** Spritzung oben Reinigungszone II **8** Tauchbad Reinigungszone II **9** Warmwasser I Spritzung **10** Warmwasser I Tauchbad **11** Desinfektion Spritzung **12** Desinfektion Tauchbad **13** Warmwasser II Spritzung **14** Warmwasser II Tauchbad **15** Kaltwasser Spritzung **16** Kaltwasser Tauchbad **17** Frischwasserspritzung **18** Austropfzone **19** Behälterentriegelung/Abgabe

Füllanlagen

12.10 Besonderheiten der Reinigung von Mehrwege-Kunststoffflaschen

Mehrweg-Kunststoffflaschen aus PET dürfen nur bei relativ geringen Temperaturen (≤ 58...60 °C bzw. ≤ 75 °C) in Abhängigkeit ihrer Zusammensetzung und Herstellung gereinigt werden. Die Reinigungstemperaturen müssen exakt eingehalten werden.

Die Flaschen werden in den Flaschenzellen am Halsring mechanisch verriegelt, um sie bei der inneren und äußeren Spritzung zu fixieren. Die Flaschen müssen vor allem im Bereich der Gewindemündung intensiv gespritzt werden (Hochdruckspritzung).

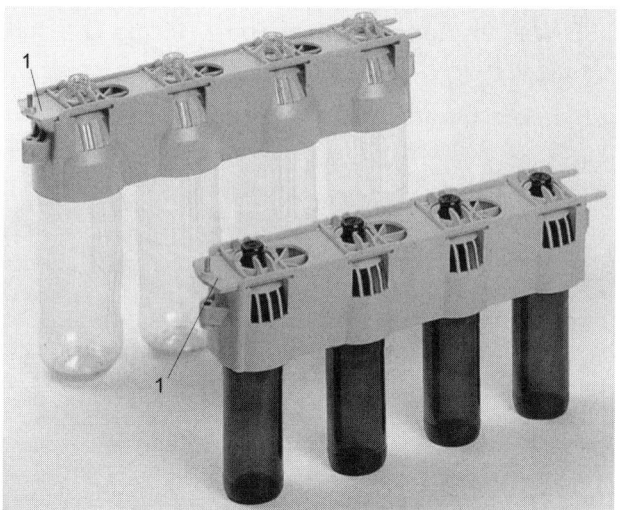

Abbildung 233 Flaschenträger der Spiragrip®-FRM (nach Fa. KRONES)
1 Schieber für Flaschenarretierung

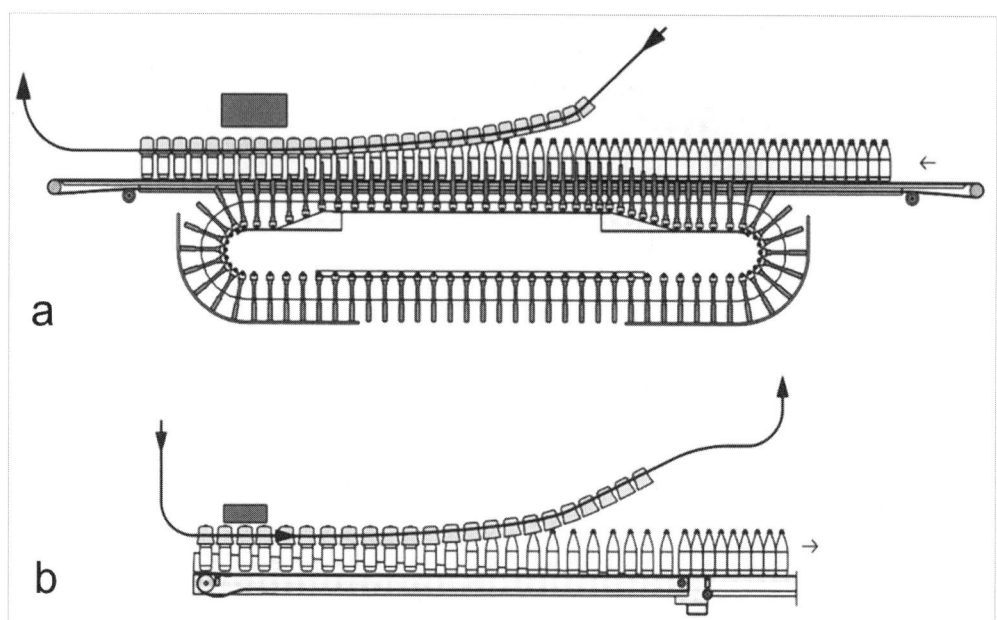

Abbildung 234 Flaschen-Aufgabe und -abgabe bei der Spiragrip®-FRM (n. KRONES)
a Flaschenaufnahme **b** Flaschenabgabe

Eine Besonderheit stellt die Maschine *Spiragrip*® [205] dar, bei der die Flaschen in Flaschenträgern schraubenförmig durch die Maschine gefördert werden (s.a. Abbildung 232). Die Maschine wird für Durchsätze von 15.000 bis 70.000 Behälter/h gebaut.

Dabei werden mehrere (4...6) Flaschen in Reihe in einem Flaschenträger fixiert. Die Flaschen werden stehend aufgenommen und stehend abgegeben (Abbildung 234).

Die PET-Flaschen werden vor allem untergetaucht geweicht, um die vollständige Benetzung der Oberfläche zu sichern. Die hydrophobe Oberfläche verhindert beim Spritzen die vollständige Benetzung. Die Anlage wird für Glas- und Kunststoffflaschen benutzt.

Die Reinigungsmittel (Basis sind Natronlauge und spezielle Additive) müssen auf den Kunststoff abgestimmt werden.

Nach dem gleichen Prinzip arbeitet ein Tauchbadsterilisator, bei dem die Flaschen in Desinfektionsmittel-Bädern getaucht werden. Die Verweilzeit beträgt $\geq 30...60$ s.
Weitere Hinweise s.a. Kapitel 13.3.

12.11 Etikettenpressen

Die aus der FRM ausgetragenen Etiketten enthalten relativ viel Lauge bzw. Flüssigkeit. Durch Einsatz einer Etikettenpresse werden die Etiketten entfeuchtet (es sind bis zu 80 %-TS erreichbar). Sie können anschließend recycelt, verbrannt oder deponiert werden.

Etikettenpressen werden als Schneckenpressen oder hydraulisch betätigte Kolbenpressen gefertigt. Teilweise werden Pressen mit mehr als einem Einschütttrichter angeboten, sodass die Etiketten an mehreren Austragstellen einer FRM aufgenommen werden können.

Die abgepresste Lauge wird in das Laugebad zurück gepumpt.

13. Einweg-Behälterreinigungsanlagen
13.1 Allgemeine Hinweise

Einweg-Behälter aus Glas, Metall oder Kunststoffen befinden sich herstellungsbedingt im Prinzip in einem hygienisch guten Zustand. Dieser muss auch bei der Lagerung und dem Transport zum Abfüllbetrieb erhalten bleiben. Bedingung sind die Folienumhüllung der Palette und der funktionelle Erhalt dieser Hülle.

Aus Sicherheitsgründen werden die EW-Behälter vor der Füllung gereinigt. Das kann ein einfaches Spülen mit Wasser sein oder das Ausblasen der Behälter mit Luft oder auch eine mehrstufige Behandlung. Die aseptische Abfüllung erfordert ggf. auch eine Dekontamination der Behälter.

Die Behandlung kann in einem linearen Spülkanal erfolgen unter Nutzung der Schwerkraft zur Förderung oder sie wird auf einer Kreisbahn vorgenommen.

Der vollständige Verzicht auf eine Spülung bei EW-Behältern wird zwar verschiedentlich praktiziert, birgt aber Risiken in sich (Produkthaftungsgesetz). Diese Arbeitsweise ist nur dann bedingt nutzbar, wenn die Blasmaschine integraler Bestandteil der Füllanlage ist und die Förderer mit steriler Luft betrieben werden.

13.2 Bauformen

EW-Reinigungsanlagen, sie werden in der Regel als „Rinser" bezeichnet, können gestaltet werden als:
- linearer Spülkanal und als
- Rundlaufmaschine.

Bei beiden Bauformen können mehrere Reinigungsmedien und Wasser zur Anwendung kommen.

Linearanlagen

Beim linearen Spülkanal wird die Schwerkraftförderung genutzt. Er wird vorzugsweise für das Spülen von Dosen eingesetzt. Die Dosen werden gedreht, rollen schräg stehend im Spülkanal (Neigung 35°...45°) und werden dabei ein- oder zweistufig mit Wasser gespült und werden nach einer Austropfzone erneut gedreht und direkt der Dosenfüllmaschine zugeführt, s.a. Abbildung 235.

Der Kanal besteht aus Rundprofilen und wird mit Blechen abgedeckt. Für jede Dosengröße muss ein Spülkanal vorhanden sein. Die Wasserzufuhr wird betriebsabhängig geschaltet. Die Spritzzeit beträgt etwa 2 s, die Austropfzeit 4 s. Aus der Gesamtzeit folgt die Länge des Kanals unter Beachtung des Dosendurchsatzes.

Rundlaufanlagen

Bei den Rundlaufmaschinen (Abbildung 237) werden die Behälter vereinzelt, an einen Greifer übergeben und anschließend durch eine Kurvenbahn um 180° geschwenkt und durchlaufen den Rinser mit der Mündung nach unten, s.a. Abbildung 238 bis Abbildung 243.

Bei PET-Flaschen wird das „Neckhandling" praktiziert: die Flasche wird unterhalb des Tragringes gegriffen (Abbildung 236 und Abbildung 243). Die Haltung kann formschlüssig, formschlüssig geschaltet oder kraftschlüssig (*Clips-Greifer*) erfolgen.

Einweg-Behälterreinigungsanlagen

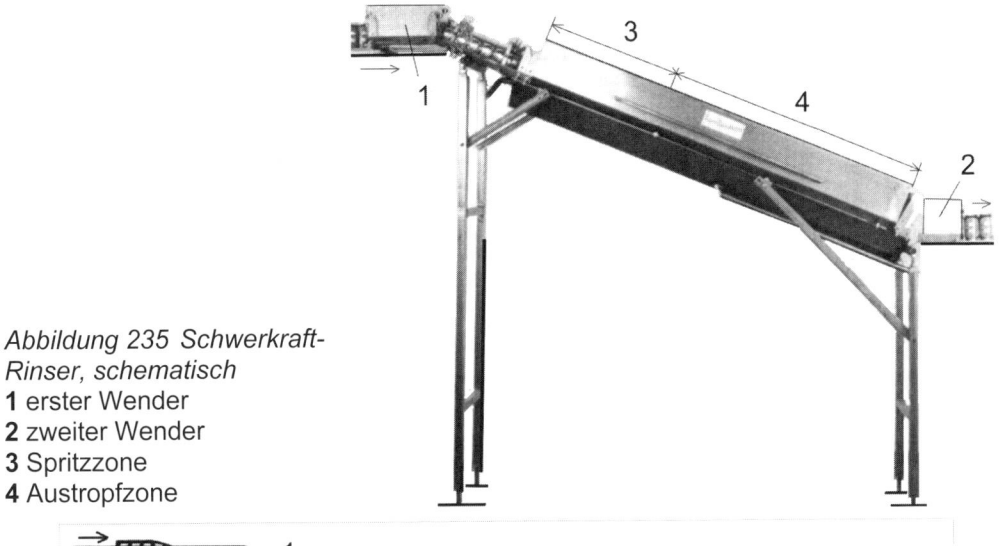

Abbildung 235 Schwerkraft-Rinser, schematisch
1 erster Wender
2 zweiter Wender
3 Spritzzone
4 Austropfzone

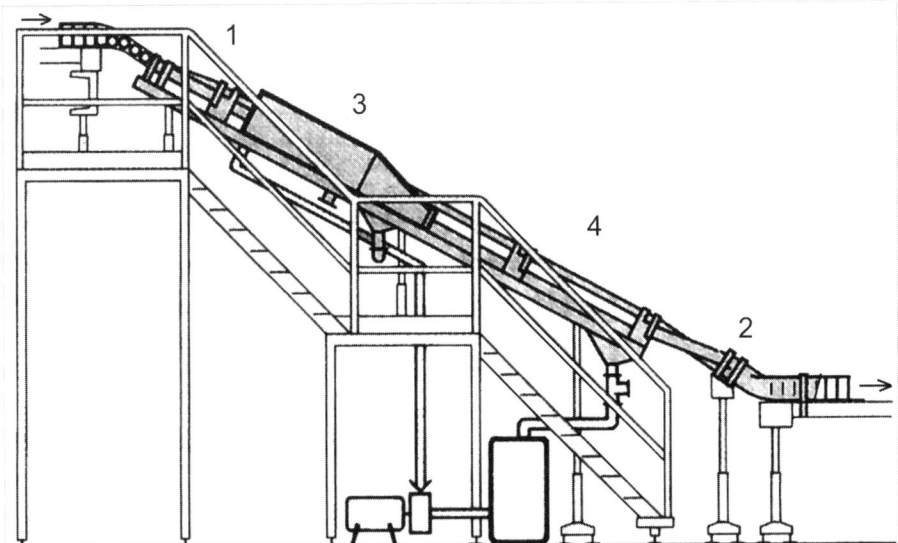

Nach der ein- oder mehrstufigen Behandlung folgt eine Austropfzone und anschließend werden die Behälter zurückgeschwenkt und an die Füllmaschine übergeben (Transferstern).

In den Rundlaufmaschinen werden die vorgesehenen Medien sektorenweise genutzt. Dabei werden folgende Varianten eingesetzt:

- Die Spülung erfolgt drehwinkelabhängig, nur von einer Schieberscheibe gesteuert. Die Behandlungszeit ist nicht veränderbar und durchsatzabhängig.
- Die Medienzufuhr wird über Ventile von einer SPS gesteuert. Die Zeiten sind variabel wählbar.

Bei Rundlaufmaschinen werden die Behälter über die fixe Düse geschwenkt. Alternativ ist auch die Nutzung von Düsen möglich, die in die Mündung eingeführt werden. Bei dieser Variante stört das auslaufende Medium nicht den Spritzstrahl.

Füllanlagen

Abbildung 236 Klemmbacken für das Neckhandling (nach KRONES)

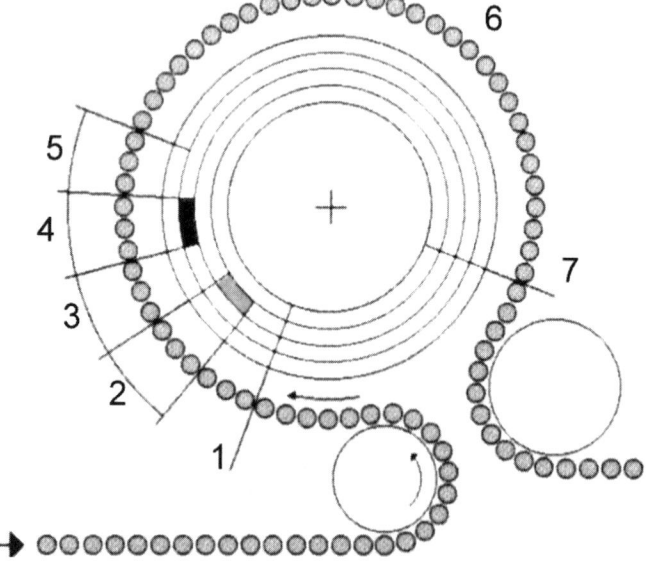

Abbildung 237
Rundlauf-Rinser, schematisch
1 Aufschwenkphase
2 Heißwasser
3 Entleeren
4 Dampf 5 Sterilluft
6 Austropfen
7 Abschwenkphase

Bei Rundlauf-Rinsern kann bei gegebenem Durchsatz die Behandlungszeit durch Variation des Radius bei der konstruktiven Auslegung angepasst werden.
Wichtig ist, dass der Rinser regelmäßig in das CIP-Programm mit einbezogen wird.

Einweg-Behälterreinigungsanlagen

In der Vergangenheit wurden auch Rinser eingesetzt, bei denen die Flaschen auf einer vertikalen Kreisbahn geführt werden. Auch horizontale Klemmbackenförderer wurden für die Spülung genutzt.

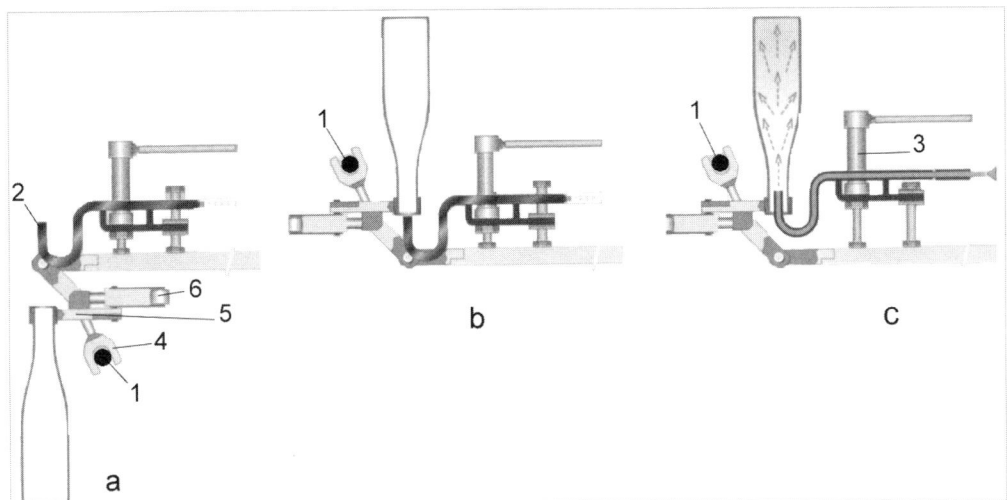

Abbildung 238 Funktion des Rinsers, schematisch
a Ausgangstellung und Endstellung b Über-Kopf-drehen c Spritzdüse in Flasche eingefahren
1 Kurvenbahn für die Behälterbewegung 2 Spritzdüse 3 Huborgan für Spritzdüse
4 Greifergabel 5 (Klemmbacken-)Greifer für Flasche 6 Greiferbetätigung

Abbildung 239 Greiferkopf eines Rinsers (nach Fa. KHS)
1 Führungsgabel 2 Kurvenbahn 3 Neckhandling 4 Medienzufuhr 5 Düse

Füllanlagen

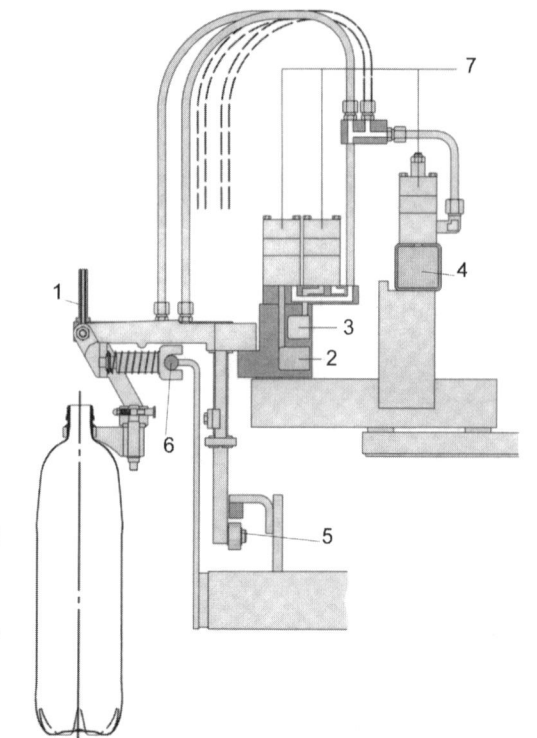

Abbildung 240 3-Kanal-Rinser, schematisch (nach Fa. KRONES)

1 Spritzdüse **2** Medium I **3** Medium II **4** Medium III **5** Huborgan (Rolle/Kurvenbahn) für Spritzdüse **6** Kurvenbahn für Flaschendrehung **7** pneumatische Steuerventile

Abbildung 241 Aufschwenken von Glasflaschen vor dem Spülvorgang (nach KRONES) Die Flaschen werden form- und kraftschlüssig gehalten (Clips-Prinzip)

Einweg-Behälterreinigungsanlagen

Abbildung 242 Moderner Rinser für den Aseptik-Betrieb (Isolatorraum geöffnet) nach KHS

Abbildung 243 Ein- und Auslaufbereich des Rinsers nach Abbildung 242. Die Behälter werden in den Sternen um 180° gedreht. Einlauf- und Auslaufsterne mit Einzel-Synchronantriebe (nach KHS); s.a. Abbildung 102

Füllanlagen

13.3 Reinigungsmedien

Als Reinigungsmedien werden bei Rinsern eingesetzt (Tabelle 38):

Tabelle 38 Reinigungsmedien für Rinser

Rinsertyp	Medien
linearer Spülkanal	Frischwasser oder Spülwasser und Frischwasser
1-Kanal-Rinser	Frischwasser oder ionisierte Luft
2-Kanal-Rinser	Wasser – Frischwasser; Desinfektions-Lösung – Frischwasser; Frischwasser – Dampf
3-Kanal-Rinser	Wasser – Dampf – sterile Druckluft; Wasser – Desinfektions-Lösung – sterile Druckluft;
„Injektor" + 3-Kanal-Rinser	Desinfektions-Lösung + Dampf oder Druckluft; Desinfektions-Lösung – Sterilwasser – sterile Druckluft [208]

Zwischen jedem Medium befindet sich eine Austropfstrecke

Der Vorteil der ionisierten Luft liegt vor allem in der Wasserersparnis und der nicht mehr erforderlichen Austropfzeit begründet [206]. Die ionisierte Luft vermeidet statische Aufladungseffekte und ermöglicht dadurch die Entfernung von Partikeln.

Das Problem bei allen Rinsern besteht darin, dass relativ große Volumenströme benötigt werden, um die hydrophobe Oberfläche der Kunststoffflaschen annähernd vollständig zu benetzen. Die gleiche Eigenschaft behindert auch das Ablaufen des letzten Spülmediums.

Die erfolgreiche Anwendung einer Desinfektions-Lösung setzt außer der vollständigen Benetzung der Oberfläche auch eine bestimmte Einwirkungszeit voraus. Beide Bedingungen sind mit einem normalen Rinser kaum zu realisieren. Deshalb wird bei Bedarf ein zusätzlicher Rinser (Injektor) vorgeschaltet.

Eine Verbesserung der Benetzbarkeit bringt die Aerosolbildung oder Verdampfung der Desinfektionsmittel mit anschließender Kondensation bzw. Niederschlag auf den Oberflächen.

Bessere Bedingungen für eine Desinfektionsstufe bieten Tauchbäder. Eine modifizierte Einend-FRM kann diese Forderung erfüllen, ebenso die FRM „Spiragrip", s.o.

13.4 Rinser in Anlagen für die aseptische Abfüllung

In Anlagen für die aseptische Füllung von Getränken (ACF-Technik; s.a. Kapitel 20, vor allem 20.3) ist neben der Reinigung/Spülung die sichere Entkeimung der Behälter vor der Füllung eine wesentliche Voraussetzung.

Die Entkeimung der Packmittel wird im Wesentlichen in zwei Varianten vorgenommen:
- mit dem Trockenverfahren mit H_2O_2-Dampf und Steriluft bzw. H_2O_2 und Heißluft und
- mit dem Nassverfahren mit Peressigsäure (PES).

Trockenverfahren

Beim Trockenverfahren werden verschiedene Applikationsvarianten genutzt. Es sind dies die Verteilung des H_2O_2:
- mittels Dampf (Verfahren mit Kondensation) oder
- durch Wärmezufuhr und Heißluft.

Das H_2O_2-/Dampfgemisch kondensiert auf den zu dekontaminierenden Oberflächen und benetzt diese vollständig. Zur Reaktion muss aber die Temperatur möglichst hoch sein und das Kondensat muss durch erwärmte Sterilluft wieder entfernt werden. Die mögliche Anwendungstemperatur wird durch die Packmittelwerkstoffe begrenzt.

Die Verdampfung des H_2O_2 an heißen Oberflächen und die Verteilung mit Heißluft verhindert die Kondensation auf den Oberflächen. Die Höhe der erreichten Temperatur ist für die Spaltung des H_2O_2 und damit für die Geschwindigkeit der Keimabtötung relevant und es muss kein Kondensat entfernt werden. Auch bei dieser Variante wird die mögliche Anwendungstemperatur durch die Packmittelwerkstoffe begrenzt. Diese Variante wird gegenüber der Kondensation des H_2O_2 bevorzugt (Abbildung 244).

Es wurde weiterhin gefunden, dass die Abtötungsgeschwindigkeit erhöht werden kann, wenn die H_2O_2-/Heißluftmischung auf vorgeheizte Oberflächen (55...60 °C) trifft, d.h., die Packmittel werden zuerst mit Heißluft erwärmt und dann wird H_2O_2 appliziert [207], s.a. Kapitel 21.9.

Zum Teil wird die Installation von ein bzw. zwei zusätzlichen Rundlaufmaschinen (Synonyme dafür sind z.B.: „Injektor" oder „Sterilisator", „Flaschenwärmer"; „Aktivator") vor dem eigentlichen Rinser genutzt. Damit kann vor allem die verfügbare Einwirkungszeit der Desinfektionsmittels H_2O_2 verlängert werden. Im Injektor wird das Desinfektionsmittel eingeblasen, auf der gesamten Oberfläche verteilt und die Spaltung beginnt. Im Aktivator wird das H_2O_2 gespalten und zur Reaktion mit den Keimen gebracht. Ein Flaschenwärmer dient der Erwärmung auf 45...55 °C vor der H_2O_2-Applikation.

Nassverfahren

Beim Nassverfahren wird in einem ersten Rundlauf mit Peressigsäure-Lösung (PES) gespült. Es ist auch möglich, die PES-Lösung mit Druckluft zu verdüsen. Es schließt sich ein 3-Kanal-Rinser an, der mit weiterer Desinfektions-Lösung, Sterilwasser zum Ausspülen der PES-Lösung und steriler Druckluft betrieben wird [208].

Die Verwendung nur eines Rinsers ist nur bei geringen Durchsätzen möglich, da die erforderliche Einwirkungszeit die Drehzahl eines Rinsers begrenzt.

Die PES-Lösung kann im Kreislauf genutzt werden, ggf. muss die Konzentration gemessen und Konzentrat nachdosiert werden. Die PES muss nach der Entkeimung wieder quantitativ durch Spülung mit Sterilwasser entfernt werden. Die verwendeten Medien können aufgefangen und ggf. mehrfach benutzt werden.

Desinfektionsmittel für die Sterilisation von Behältern

Als „Desinfektionsmittel" für die Behälterdekontamination bei EW-Kunststoffflaschen-Füllanlagen werden die Mittel und Prozessvarianten nach Tabelle 39 eingesetzt.

Prinzipiell können diese Mittel bzw. Applikationstechniken auch für die Verschlussbehandlung und die Behandlung von MW-Flaschen bzw. Dekontamination von festen Oberflächen genutzt werden (s.a. Kapitel 21.9).

Füllanlagen

Tabelle 39 Desinfektionsmittel für die Behälterdekontamination in EW-Anlagen

Verfahren	Mittel	Anwendung	Bemerkungen
Trockensterilisation	H_2O_2 + Sterilluft	Flaschen, Verschlüsse	s.a. Abbildung 244
Nasssterilisation	H_2O_2 + Dampf	Flaschen, Verschlüsse	
	PES + Sterilluft		
	PES + Dampf		
WAG-Verfahren	H_2O_2 + PES + UV-Strahlung + Ozon	Verschlüsse	[209]
Plasma-Entkeimung	UV-Strahlung	Packmittel aller Art	Behandlung im Vakuum [210] [1]
Gammastrahlung	Co 60	Packmittel aller Art	[211], Strahlungsdosis 10...25 kGy (KiloGray)

1) die Behandlung kann mit einer Beschichtung der PET-Innenfläche von Flaschen mit SiO_x oder amorphem Kohlenstoff im Vakuum kombiniert werden (PCVD-Verfahren; Plasma-Chemical-Vapor-Deposition)

Bei der Handhabung von Peressigsäure-Konzentraten (PES) und der Anwendung von Peressigsäure-Lösungen kann es zur Aerosolbildung in der Luft kommen. Gleiches gilt für die Applikation von H_2O_2-Lösungen. Die Anlage muss deshalb gezielt besaugt werden.

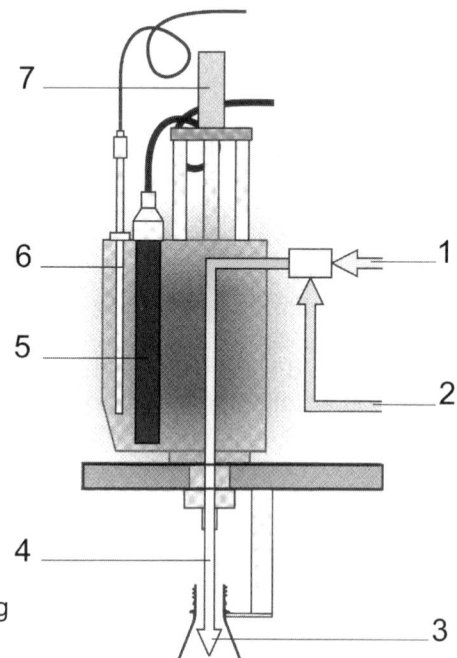

Abbildung 244 Schema Trockensterilisation mit H_2O_2 (nach KHS Alfill-Technologie)
1 Sterilluft **2** flüssiges H_2O_2 **3** gasförmiges H_2O_2 **4** vertikal bewegliches Spülrohr **5** elektrische Beheizung **6** Temperaturregelung **7** Hubzylinder

Einweg-Behälterreinigungsanlagen

Die MAK-Werte für H_2O_2 (≤ 4 mg/m^3) und PES (25 mg/m^3) dürfen nicht überschritten werden. Diese Werte werden künftig , z.B. von der BGN, verstärkt kontrolliert werden, sodass beim Anwender ein verstärkter Bedarf für die messtechnische Überwachung der Luft in den Anlagen besteht [212].
Die BGN hat die ASI 8.03/02 „Umgang mit Peressigsäure" veröffentlicht.

Geeignete Sensoren für die Onlinemessung sind zurzeit noch nicht vorhanden. Gemessen wird in der wässrigen Lösung in einer Waschflasche, durch die eine definierte Luftmenge gesaugt wird.

Die Funktion der Rinser kann beispielsweise dadurch kontrolliert werden, dass beim Trockensterilisationsverfahren mit IR-Sensoren die Temperatur der Flaschen ermittelt wird. Eine kalte Flasche im „Aktivator" weist auf eine Funktionsstörung hin.

Abbildung 245 Rinser für Trockensterilisation gemäß Abbildung 244 (nach KHS)
Die Behälter werden mit H_2O_2-/Heißluftgemisch gespült

Füllanlagen

14. Kastenreinigungsanlagen

14.1 Aufgabenstellung

Flaschenkästen aus Kunststoff, aber auch andere Kästen (z.B. Harasse) müssen nach dem Auspacken zur Entfernung von Fremdkörpern und „Oberflächenschmutz" gereinigt werden. Es sind das vor allem:
- Scherben, Verschlüsse, Etiketten und Schmutz. Dieser lagert sich infolge elektrostatischer Aufladung insbesondere an Kunststoffen an.
- Die Entfernung von Etiketten bei etikettierten Kästen.

Der Einpackmaschine dürfen nur gereinigte, optisch saubere Kästen zugeführt werden.

14.2 Kastenreinigung

Mechanische Entfernung der Fremdkörper:
Meist werden die Kästen um 180° gedreht/gekippt, sodass die Fremdkörper durch Schwerkraft entfernt werden können, s.a. Abbildung 246. Eine weitere Drehung/Kippung bringt die Kästen nach der Reinigung in die Ursprungsposition.
In neuerer Zeit werden die Kästen im gekippten Zustand einer Ausstoß-Vorrichtung zugeführt, die klemmende Kunststoffflaschen entfernt, die sich durch Schwerkraft nicht beseitigen lassen.

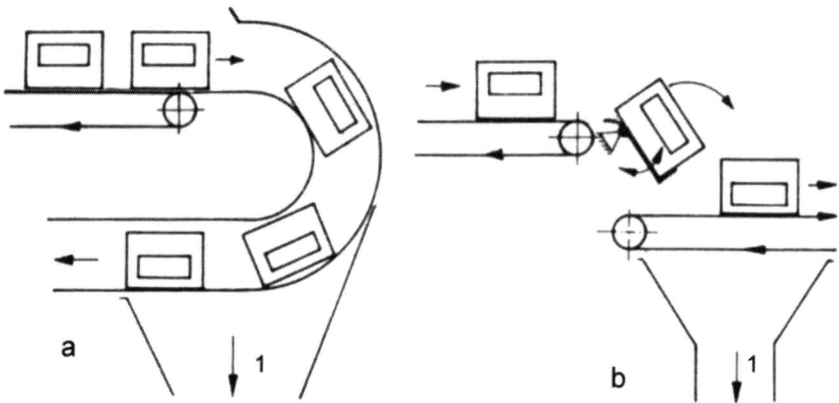

Abbildung 246 Kastenwendung, schematisch
  a 180°-Gleitwendung **b** Kipp-Wendung

Reinigung der Oberflächen:
Die Reinigung der Oberflächen wird im gekippten Zustand durch Weichen und Spritzen vorgenommen. Medien sind Lauge, Heiß- und Kaltwasser. Die alleinige Wirkung der Spritzstrahlen ist nicht ausreichend. Moderne Kastenreinigungsanlagen ermöglichen eine lange Tauchweiche in Lauge, s.a. Abbildung 247.

Kastenreinigungsanlagen

Zum letzten Spritzwasser können Antistatika dosiert werden.

Teilweise wird die Wirkung der Spritzstrahlen (Flachstrahl-Kegeldüsen, zum Teil angetrieben) durch rotierende Bürsten unterstützt (s.a. Kapitel 26.2.5).

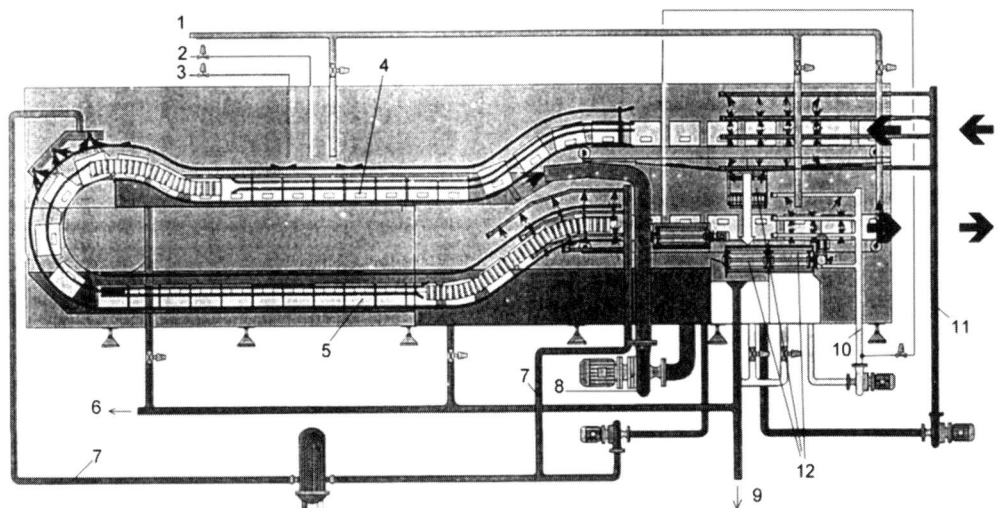

Abbildung 247 Moderner Kastenwasser mit zwei Lauge-Tauchweichen, schematisch (nach Fa. KRONES)
1 Frischwasser **2** Reinigungsadditiv **3** NaOH **4** obere Tauchweiche **5** untere Tauchweiche **6** zur Sedimentation **7** Kastenspritzung innen und außen **8** Laugepumpe **9** Abwasser **10** Wasserspritzung **11** Vorspritzung **12** Schmutzaustrag

Müssen Etiketten entfernt werden, können höhere Spritzdrücke zum „Abschälen" der Etiketten angewandt werden.
Um die Kästen allseitig zugänglich zu machen, müssen sie mit Abstand gefördert werden.
Bei größeren Durchsätzen wird mehrbahnig gearbeitet.
Alternativ zu linear strukturierten Anlagen können die Behandlungsstufen schraubenförmig übereinander angeordnet werden, um Grundfläche zu sparen.

14.3 Verbrauchswerte für Kastenwascher

Es kann mit folgenden Verbrauchswerten gerechnet werden (Tabelle 40):

Tabelle 40   Verbrauchswerte für Kastenwascher

Frischwasser	1 m^3/(1000 Kästen·h)
Wärme	225…250 MJ/(1000 Kästen·h)
installierte elektr. Anschlussleistung	6…10 kW/(1000 Kästen·h)

15. Inspektionsanlagen für Behälter und Anlagen zum Ausschleusen

15.1 Allgemeiner Überblick

Automatische Anlagen erfordern eine ständige automatische Kontrolle der Anlagenfunktionen und der Packmittel. Dazu zählen beispielsweise:
- Die Inspektion der leeren, gereinigten Behälter auf Restflüssigkeit, Fremdkörper aller Art, Unversehrtheit der Mündung, Oberflächenbeschädigungen;
- Die Kontrolle der gefüllten Behälter (Füllhöhe, Verschluss, Fremdkörper, Dichtigkeit);
- Kontrolle der Ausstattung;
- Die Kontrolle der Packungen;
- Die Kontrolle des Mehrwege-Leergutes (Verwendbarkeit, Sortenreinheit).

Als fehlerhaft erkannte Gebinde müssen zuverlässig ausgeschleust werden. Dabei muss nach wieder verwendungsfähig oder nicht wieder verwendungsfähig unterschieden werden.

15.2 Leerflascheninspektion

15.2.1 Aufgabenstellung

Inspektionsmaschinen für Glasflaschen sollen den Zustand der Flaschen nach der Reinigung erfassen. Dazu erfolgt eine Kontrolle und ggf. Ausschleusung der Flaschen nach:
- Erkennung von Fremdkörpern in und auf der Flasche;
- Erkennung von Beschädigungen, vor allem im Bereich der Mündung/ Dichtfläche und ggf. des Gewindes;
- Erkennung von Abrieb/Scuffingmerkmalen;
- Erkennung von Restflüssigkeit (meist zweifach mittels HF- Modulation und IR-Absorption).

15.2.2 Messtechnik bei Inspektionsmaschinen

Fremdkörper und Verschmutzungen auf Oberflächen oder in der Flasche werden im Allgemeinen mittels CCD-Kameras erfasst. Dabei werden je nach Zielstellung die Durchlichttechnik, die Dunkelfeldbeleuchtung und die Stroboskopbeleuchtung in Verbindung mit Filtern genutzt.

Moderne Inspektoren verfügen in der Regel über:
- Eine doppelte Seitenwandkontrolle, s.a. Abbildung 248 und Abbildung 258/Abbildung 259. Die zweite Kontrollstation erfasst die Seitenwand nach einer 90°-Drehung der Flasche; zur Verbesserung der Fremdkörpererkennung können die Kontrollstationen mit je zwei Kameras ausgestattet werden.
- Eine innere Seitenwandkontrolle, s.a. Abbildung 249;

Inspektionsanlagen

- Eine oder mehrere Bodeninspektionen, s.a. Abbildung 250;
- Eine Mündungskontrolle und ggf. Gewindekontrolle, s.a. Abbildung 251;
- Eine doppelte Restflüssigkeitskontrolle, s.a. Abbildung 252;
- Bei Bedarf über eine Kodierungskontrolle bei PET-Flasche, s.a. Abbildung 253;
- Bei Bedarf über eine Scuffing-Erkennung, eine Erkennung von Mineralsalzringen, die Erkennung von Ausbrüchen der Dichtlippe bei Kronenkorkmündungen (Underchiperkennung) und bei PET-Flaschen eine Erkennung von Ausbrüchen in den Tragringen.

Bei Kunststoffflaschen kann bei Rundlaufinspektoren eine Leckage-/Dichtheitsprüfung integriert werden. Der Behälter wird mit einem Druck beaufschlagt und der Druckabfall wird gemessen.

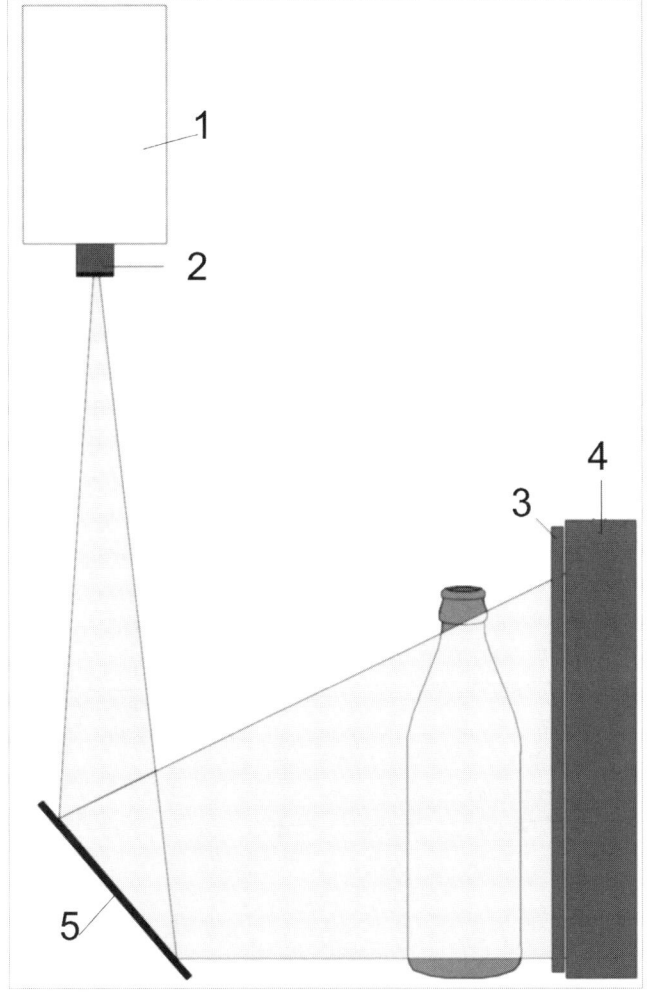

Abbildung 248 Seitenwandkontrolle, schematisch (nach Fa. KRONES)
1 CCD-Kamera **2** Spezialobjektiv **3** Spezialfilter **4** LED-Lichtquelle **5** Spiegel
Zur Bildauswertung siehe Abbildung 258

Füllanlagen

Abbildung 249 Innere Seitenwandkontrolle, schematisch (nach Fa. KRONES)
  1 CCD-Kamera
  2 CCD-Kamera
  3 Lichtquelle

Abbildung 250 Bodeninspektion
schematisch (nach Fa. KRONES)
  1 CCD-Kamera 2 Spezialobjektiv mit
optischem Filter 3 Spezialfilter
  4 Stroboskoplampe (Belichtungs-
zeit 100…250 µs)

Abbildung 251 Mündungskontrolle,
schematisch (nach Fa. KRONES)
  a Dichtflächeninspektion
  b Vollgewindeinspektion
  c Seitenmündungskontrolle

  1 CCD-Kamera 2 Spezialoptik
  3 LED-Beleuchtung
  4 Spiegelsystem
  5 Stroboskoplampe

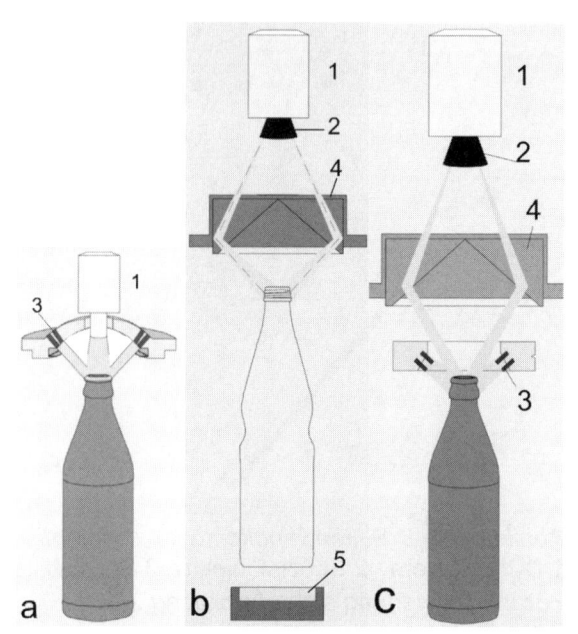

Inspektionsanlagen

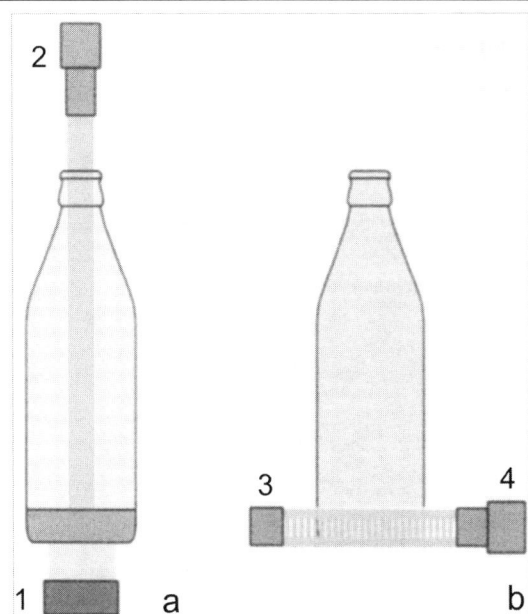

Abbildung 252 Laugen-/Restflüssigkeits-
erkennung, schematisch
(nach Fa. KRONES)
a IR-Technik **b** HF-Technik
1 IR-Strahler **2** IR-Sensor
3 HF-Sender **4** Empfänger

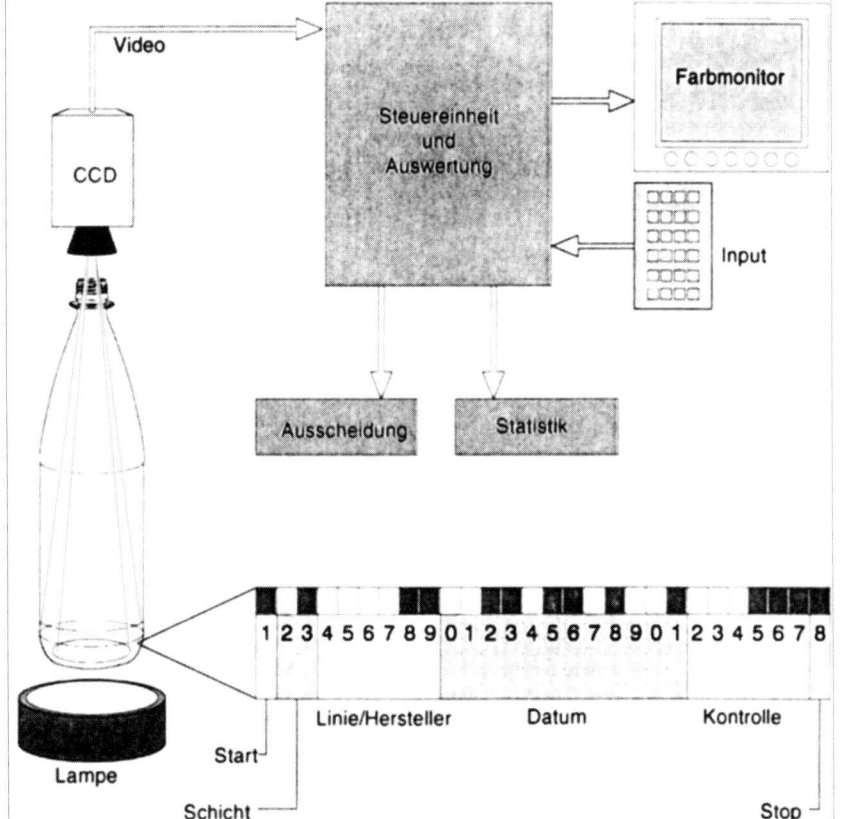

Abbildung 253 Codierungserkennung bei MW-PET-Flaschen, schematisch
(nach Fa. KRONES)

343

Füllanlagen

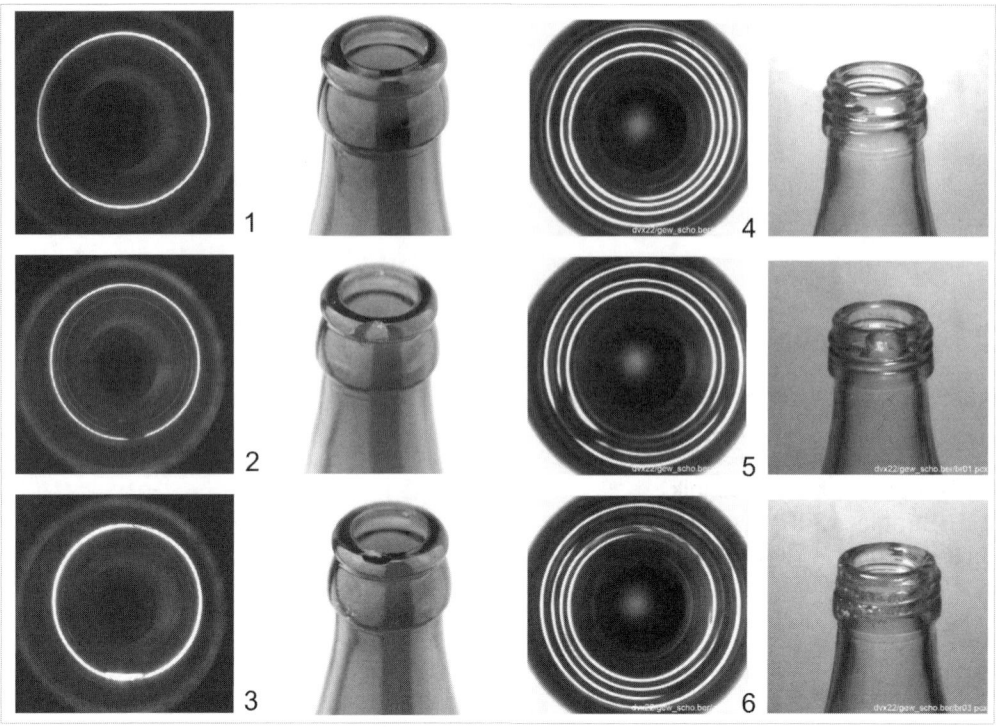

Abbildung 254 Beispiele für Mündungsfehler, jeweils links sind die CCD-Kamerabilder zu sehen (nach KRONES)
1 Flasche ohne Fehler   2 seitliche Abplatzung   3 Beschädigung der Dichtfläche
4 Flasche ohne Fehler   5 seitlicher Abplatzer   6 Rauigkeit am Gewinde

Abbildung 255 Beispiele für Mündungsfehler bei PET- und Glasflaschen, jeweils links sind die CCD-Kamerabilder zu sehen (nach KRONES); Bild auf folgender Seite 345
1 „Schmutz" am Tragring   2 „Bruch" am Tragring   3 „Bruch" an der Dichtfläche   4 Erkennung von Sicherungsringen   5 Dichtfläche verschmort   6 Schräghalserkennung   7 Sprung unterhalb Dichtlippe, ohne fehlendes Glas   8 Folie semitransparent   9 Ausbruch seitlich   10 Ausbruch seitlich   11 Verschmutzung lichtundurchlässig   12 Rost unter der Dichtlippe

Inspektionsanlagen

Bildlegende auf Seite 344

Füllanlagen

15.2.3 Bauformen bei Inspektionsmaschinen

Während in der Vergangenheit die Inspektionsmaschine mit Rundlauf dominierte (Abbildung 256), werden gegenwärtig zunehmend Linearinspektoren eingesetzt (Abbildung 257). Bei diesen werden die Behälter zwischen umlaufenden Riemenpaaren frei transportiert, sodass der Boden für die Kontrolle gut zugänglich ist.

Moderne Inspektionsanlagen sind modular aufgebaut, sodass prinzipiell die Nachrüstmöglichkeit oder die Qualifizierung der Messtechnik besteht.

Als fehlerhaft erkannte Flaschen können selektiv ausgeschleust werden, beispielsweise als Gutflaschen, als Schmutzflaschen zur Reinigungsmaschine und als Bruchflaschen (Mündungsfehler) in den Reststoffbehälter.

Bei Rundlaufmaschinen werden dazu schaltbare Sterne eingesetzt, zum Beispiel Drehriegelsterne der Fa. *KRONES* oder Sterne mit Vakuumsaugern.

Bei Linearmaschinen kommen Einsegment- oder Mehrsegmentausleitsysteme zum Einsatz, die - je nach Anforderung - die Behälter in einen Sammelcontainer stoßen oder stehend zur Weiterverarbeitung auf einem Sammeltisch bzw. einem weiterführenden Transportband ausleiten.

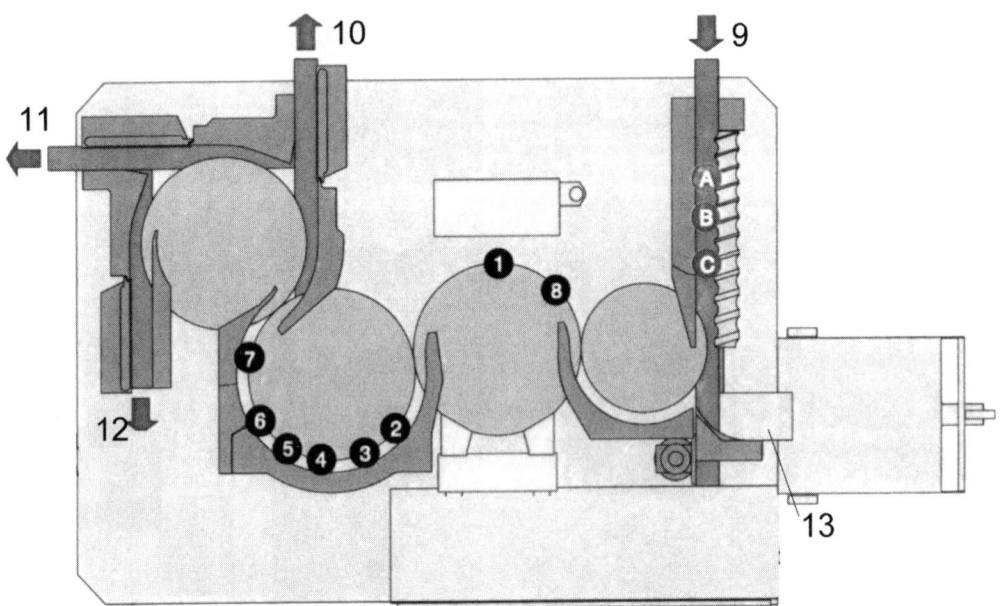

Abbildung 256 Inspektionsmaschine als Rundläufer (nach Fa. KRONES, Typ Toptronic 719)
1 Seitenwand **2** Boden I **3** Boden II oder Innere Seitenwand **4** Restflüssigkeit IR
5 Restlauge HF **6** Gewinde oder Dichtfläche II oder Seitenmündung **7** Mündung/Dichtfläche **8** Leckageprüfung **9** Einlauf **10** Auslauf I **11** Auslauf II **12** Auslauf III
13 Ausscheidung am Einlauf
A, B, C Zusatzmodule für Ausscheidung am Einlauf

Am Maschineneinlauf müssen ungeeignete Flaschen (Höhe, Durchmesser, liegende/zerbrochene Flaschen) zum Schutz der Maschine ausgeschieden/ausgeleitet werden. Das kann je nach Bedarf manuell oder insbesondere bei höheren Anlagendurchsätzen zur Vermeidung von Effektivitätsverlusten automatisch erfolgen.

Inspektionsanlagen

Die Reinigung und Desinfektion des Inspektors und sein funktionsgerechter Betrieb erfordern relativ viel Aufmerksamkeit. Dabei sind die Anforderungen bei Linearmaschinen deutlich niedriger als bei Rundlaufmaschinen, da Linearmaschinen in der Regel ohne flaschenspezifische Wechselteile und ohne eine Berührung des Mündungsbereiches auskommen.

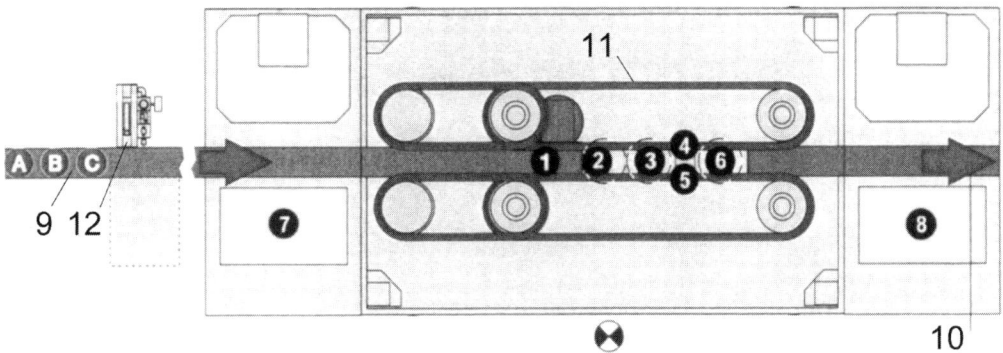

Abbildung 257 Inspektionsmaschine in linearer Bauform (nach Fa. KRONES, Typ Linatronic 712)
1 Dichtfläche oder Seitenmündung   **2** Mündung   **3** Boden I   **4** Restflüssigkeit IR
5 Restlauge HF   **6** Boden II oder Innere Seitenwand oder Gewinde   **7** 1. Seitenwandmodul *)   **8** 2. Seitenwandmodul *)   **9** Einlauf   **10** Auslauf   **11** Transportriemen
12 Ausscheidung am Einlauf
A, **B**, **C** Zusatzmodule für Ausscheidung am Einlauf
*) jedes Modul kann mit einer oder zwei Kameras ausgerüstet werden, s.a. Kapitel 15.2.4.

15.2.4 Auswertung der Messungen

Innerhalb der Inspektionsmaschinen sind die einzelnen Erkennungsmodule an verschiedenen Plätzen eingebaut (s.a. Abbildung 256 und Abbildung 257). Da die Einzelinformationen zu einem Gesamtergebnis zusammengeführt werden müssen, um eindeutig über die weitere Verwendung des Behälters entscheiden zu können, begleitet jede Flasche in der Steuerungselektronik ein elektronisches Datenblatt, in das die Ergebnisse der Erkennungen eingetragen werden.

Zum Teil werden die Messwerte durch Mehrfachaufnahmen der Flaschen gewonnen, zum Beispiel werden die Flaschen in einer Rundlaufmaschine gedreht und nach je 40° Drehung wird ein neues Bild angefertigt, sodass 9 Bilder den Gesamtumfang einer Flasche darstellen.

Auch bei den Linearmaschinen werden vom Seitenwandmodul von jeder Flasche 3 Aufnahmen ausgewertet (Abbildung 258), bei zwei Modulen also 6 Aufnahmen. Die Auswertung wird verbessert, wenn je Modul 2 Kameras installiert werden, die 6 Aufnahmen auswerten, bei zwei Modulen also 12 Aufnahmen (Abbildung 259).

Füllanlagen

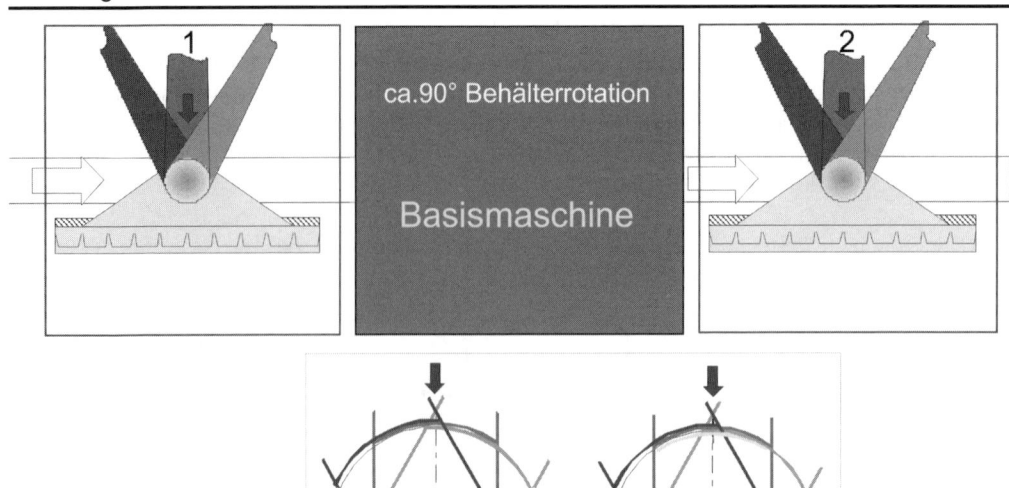

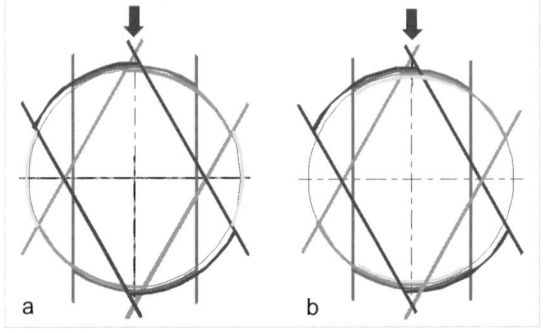

Zwischen **a** und **b** wird die Flasche um ca. 90° gedreht

*Abbildung 258 Auswertung mit einer Kamera(**1** und **2**) je Station (**a** und **b**) = 3 Aufnahmen; Bei zwei Stationen werden 2 x 3 Bilder = 6 Bilder ausgewertet (nach KRONES [213])*

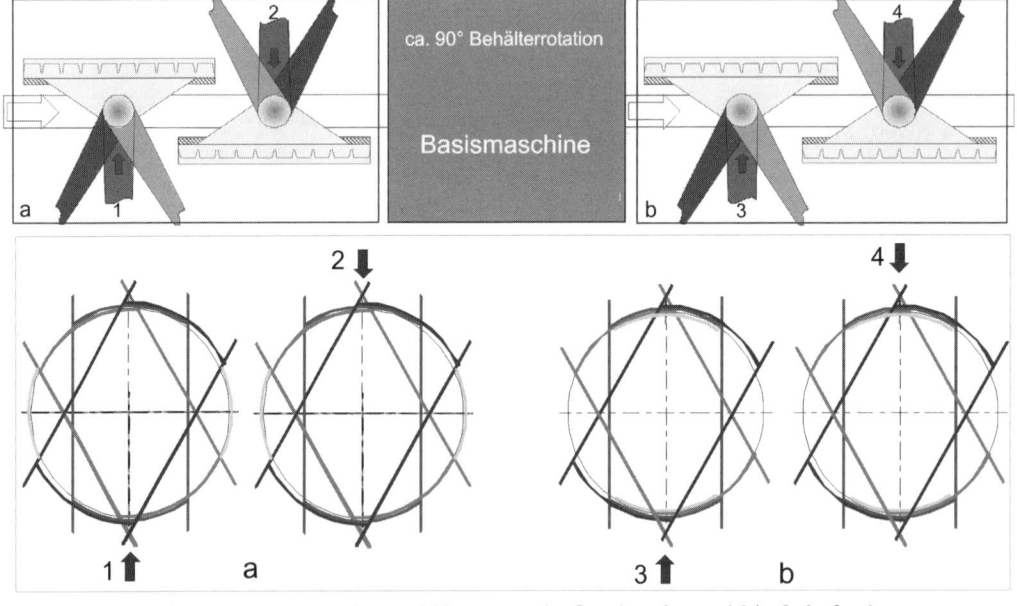

*Abbildung 259 Auswertung mit zwei Kameras je Station (**a** und **b**): 6 Aufnahmen; Bei zwei Stationen werden 2 x 6 Bilder = 12 Bilder ausgewertet (nach KRONES [213])*
Zwischen **a** und **b** wird die Flasche um ca. 90° gedreht; **1** bis **4** Kameras

Die Messergebnisse der einzelnen Untersuchungsbereiche der Flaschen, sie bestehen zum Teil aus mehreren Einzelbildern, werden nach verschiedenen Untersuchungsmethoden ausgewertet. Dazu werden die Bilder beispielsweise radial, ringförmig oder flächenmäßig in „Inspektionsfenster" aufgeteilt und bewertet.

Moderne Inspektionsmaschinen verwenden auch zunehmend Zentrierverfahren (elektronisch und softwaretechnisch), um die Auswertemethoden optimal auf die durch die Toleranzen des Transportes und der Flaschenformen schwankenden Bildinhalte anwenden zu können.

Am Ende des Inspektionsbereiches wird das elektronische Datenblatt ausgewertet, die Ergebnisse der Einzelerkennungen entscheiden über die Ausleitung des Behälters. Stehen mehrere Ausleitsysteme zur Verfügung können z.B. Beschädigungen (typischerweise Mündungsfehler oder Scuffing) in einen Sammelcontainer gestoßen werden, während Verschmutzungen (typischerweise Seitenwand- oder Bodenfehler) zurück zur Flaschenreinigungsmaschine geleitet werden. Sind mehrere Fehlerarten gleichzeitig erkannt worden, müssen für die Ausleitungswahl Prioritäten vergeben werden.

Die Steuerungselektronik und -software der Inspektionsmaschinen müssen sicherstellen, dass nur vollständig inspizierte Flaschen für die Weiterverwendung im Produktionsprozess verwendet werden. Diese Anforderung muss mit entsprechenden Selbstkontrollmaßnahmen bei allen Produktionsgeschwindigkeiten und bei wechselnden Betriebszuständen ohne negative Auswirkungen auf die Effektivität der Abfüllanlage gewährleistet werden.

Die Funktion der Messtechnik und die Empfindlichkeit der Fehlererkennung müssen regelmäßig geprüft und ggf. justiert werden. Automatische Prüfungen sind anzustreben. Ziel muss die sich selbst überwachende Inspektionsmaschine mit einer „100-%-Kontrolle" sein (System-Eigenüberwachung).

Zur Funktionsprüfung eignen sich präparierte Testflaschen.

Diese werden nach einer festgelegten Zeit oder nach einer vorbestimmten Anzahl Flaschen, die ohne Beanstandungen die Maschine passiert haben, der Maschine automatisch zugeführt. Sie müssen alle erkannt und wieder ausgeschleust werden. Die Ergebnisse sollten manipulationssicher gespeichert und beweiskräftig aufbewahrt werden.

Das Zuführen der Testflaschen kann auch manuell erfolgen.

15.2.5 Testflaschen für Flascheninspektoren

Die Funktionsfähigkeit eines Inspektors muss regelmäßig aktenkundig mittels definierter Testflaschen geprüft werden (in diesem Zusammenhang muss auf das Produkthaftungsgesetz und die Verantwortlichkeiten des Geschäftsführers verwiesen werden).

Für den Einsatz von Inspektionsmaschinen gibt es keine zwingenden Gründe, jedoch erfordert beispielsweise das Produkthaftungsgesetz indirekt den Einsatz von Kontrolleinrichtungen unter Beachtung der „anerkannten Regeln der Technik" und des „Standes der Technik". Gleiches gilt auch aus der Sicht der Qualitätssicherung.

Testflaschensätze bestehen aus mehreren Flaschen mit den verschiedenen zu erkennenden Merkmalen. Sie können nach den Vorgaben der Inspektionsmaschinen-Hersteller angefertigt werden („standardisierte" Testflaschensätze, die auch als Referenz für die Erkennbarkeit bei Maschinenbestellungen und -abnahmen genutzt werden können, sind teilweise (z.B. für den Bereich der Genossenschaft deutscher

Füllanlagen

Brunnen) verfügbar, aber einheitliche „normierte" Verwendungsrichtlinien existieren zurzeit noch nicht).

Testflaschen werden in der Regel mit einem Reflexfolienstreifen unterhalb der Mündung gekennzeichnet (er muss zur automatischen Ausschleusung 100%ig erkannt werden).

Für jede verwendete Flaschensorte muss ein Testflaschensatz vorhanden sein.

In Tabelle 41 sind die aktuellen Anforderungen an die Erkennbarkeit zusammengestellt. Die angegebenen Werte sind durchschnittliche Werte, die herstellerspezifisch schwanken und die sich mit fortschreitender Entwicklung verbessern können.

Tabelle 41 Kriterien für die Erkennbarkeit von Fehlern bei Flaschen

Inspektionskriterium	Fehlergröße in mm	Erkennung in %	Fehlausscheidung in %
Seitenwand	4 x 4 5 x 5 6 x 6 Folie 10 x 10	90 95 99 99	≤ 0,2
Bodenmitte	2 x 2 3 x 3 Folie 5 x 5	98 99,9 99	≤ 0,1
Bodenrand	2 x 2 3 x 3 4 x 4 Folie 5 x 5	98 99 99,9 99	≤ 0,1
Lauge/Wasser	h > 3	99,9	≤ 0,05
andere Flüssigkeiten	h > 5	99,9	≤ 0,05
Mündungsbeschädigung	2 mm breit, 2 mm tief	97	≤ 0,2
Mündungsabplatzung außen	5 mm breit, 3 mm tief 2 mm hoch	95	≤ 0,2
Mündungsabplatzung innen	5 mm breit, 3 mm tief 2 mm hoch	90	≤ 0,2
Gewindeunterbrechung	4 bis 8 > 8	90 95	≤ 0,2 ≤ 0,2

15.3 Vollflascheninspektion

Die Vollflascheninspektion bezieht sich insbesondere auf:
- Füllhöhe (s. Kapitel 15.5);
- Verschlussfunktion (s. Kapitel 15.4);
- Vollständigkeit der Ausstattung (s. Kapitel 22) und
- Fremdkörper.

Fremdkörper in der gefüllten und verschlossenen Flasche können beispielsweise Teile der Füllorgane und Glassplitter sein.

Glassplitter können ihr Ursache in geplatzten Flaschen haben (s.a. Füllmaschinen, Bottle-Burst-Erkennung) oder in fehlerhaften Flaschen im inneren Mündungsbereich. Diese können beim Verschließen zu Glassplittern führen.

Glassplitter können optisch nur erkannt werden, wenn sich diese im Füllgut bewegen. Dazu werden die Flaschen in Rotation versetzt und anschließend schnell gebremst. In der rotierenden Flüssigkeit können Glassplitter optisch erkannt werden. Metallische Füllorganteile lassen sich optisch oder induktiv erkennen. Diese Kontrolle ist aufwendig, wird aber z.B. in der Pharmazeutischen Industrie praktiziert.

Als Alternative zur optischen Inspektion bietet sich die Anwendung von Röntgen-Technologie an. Glassplitter und Metall zeigt eine deutlich höhere Absorption von Röntgen-Strahlung als das typische auf Wasser basierende flüssige Produkt. Im Röntgenbild können diese Fremdkörper daher als störender Schatten festgestellt werden. Die Auswertung ist vergleichbar mit der Erkennung von Verschmutzungen in einem Leerflascheninspektor (siehe Kapitel 15.2.2).

15.4 Verschlusskontrolle

Untersucht werden vor allem:
- Funktion des Verschlusses/Dichtheit;
- Vorhandensein des Verschlusses;
- Ausführung des Verschlusses;
- Öffnungsfähigkeit des Verschlusses.

Flaschen mit Kronenkork

Die Verschlusskontrolle (richtiger Sitz, Vorhandensein) kann induktiv oder optisch durch ein Kamerasystem erfolgen.

Bei einem System wird auch das Vorhandensein von Druck in der verschlossenen Flasche oder Dose mit einem magnetischen Impuls geprüft (Dichtigkeitsprüfung) [214]. Die Signalauswertung (die Tonhöhe ist eine Funktion des Behälterinnendruckes) ermöglicht bei der Bierabfüllung auch eine Aussage zum eventuell vorhandenen Restluftgehalt im Kopfraum der Flaschen.

Durch die Beaufschlagung der Behälter mit US kann eine CO_2-Entbindung ausgelöst werden. Undichte Behälter schäumen dann über.

Der fehlerfreie Sitz der verschlossenen Kronenkorken wird mittels des gemessenen Durchmessers des verschlossenen KK bestimmt. Die Messung erfolgt mit einer Lehre, das Sollmaß sollte 28,6…28,8 mm betragen. Ggf. muss der Verschließer justiert werden bzw. die Verschließkonen müssen erneuert werden (s.a. Kapitel 21.2).

Dosen

Bei Dosenanlagen wird teilweise eine optische Kontrolle auf „ausgebeulte Deckel" installiert.

Der ordnungsgemäße Verschluss von Dosen kann nur manuell als Stichprobe von jedem Verschließorgan erfolgen (s.a. Kapitel 21.7.4). Der Falz wird an 4 Stellen aufgesägt und unter einem Mess-Mikroskop nach den Angaben des Verschluss- bzw. Verschließmaschinen-Herstellers ausgewertet. Zur Kontrollhäufigkeit s. Kapitel 21.7.4.

Die Dosenfalzkontrolle ist auch ohne Auftrennung des Falzes mittels Röntgenstrahl-Messsystemen automatisch bei größerem Aufwand möglich.

Füllanlagen

Schraubverschlüsse

Die Dichtigkeit des Verschlusses muss gesichert sein. Die verschlossene Flasche wird bezüglich ihres Innendruckes geprüft. Ein nicht vorhandener Druck deutet auf Undichtigkeiten hin. Damit kann auch ein vorhandenes Stickstoff-Stützpolster detektiert werden.

Bei PET-Flaschen kann der Innendruck der Flasche von der Verformbarkeit der Flaschenwandung abgeleitet werden. Bei einer Ausführung der Fa. Miho werden die Flaschen zwischen synchron zum Transportband umlaufenden Riemenpaaren an einem Sensorrad vorbei geführt. Die radial angeordneten Sensoren des Rades werden in Abhängigkeit des Innendruckes mehr oder weniger ausgelenkt und ergeben ein entsprechendes Signal zur Auswertung [215].

Bei Schraubverschlüssen muss das erforderliche Aufdreh-Moment regelmäßig kontrolliert werden (es ist verschlussabhängig), ggf. müssen die Verschließerelemente nachjustiert werden (s.a. Kapitel 21.3).

Abbildung 260 Dichtheitskontrolle bei PET-Flaschen (nach Miho [215])
1 Sensorrad **2** umlaufende Riemen

Nockenverschlüsse

Beim Vakuumverschluss von Weithalsgläsern kann dieser durch die Deckelverformung kontrolliert werden (optisch, US).

15.5 Kontrolle der Füllhöhe

Neben der üblichen manuellen Stichprobenkontrolle der Füllmenge, beispielsweise mittels Schablone oder durch Wägung, müssen unter- und überfüllte Gebinde durch eine Messeinrichtung ausgesondert werden. Zur Füllhöhenkontrolle sind folgende Verfahren einsetzbar:

- Infrarot-Strahlung,
- HF-Strahlung,
- Ultraschall,
- Röntgen-Strahlung
- Gamma-Strahlung
- optische Verfahren.

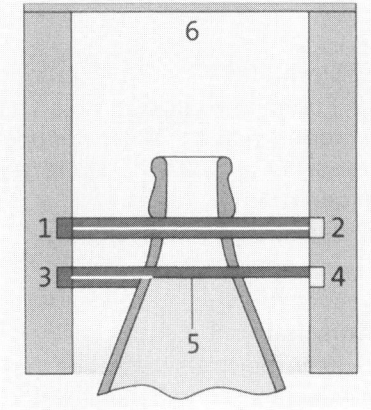

Abbildung 261 Infraroterkennung (nach KRONES)
1 Sender Überfüllung 2 Empfänger Überfüllung
3 Sender Unterfüllung 4 Empfänger Unterfüllung
5 Füllhöhe 6 Messkopf

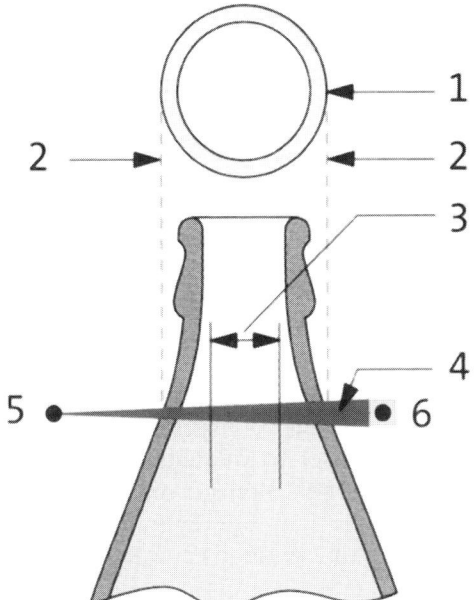

Abbildung 262 Röntgenerkennung (Nach KRONES)
1 Glasstärke bei Füllhöhe 2 Trigger-Position
3 Auswertebereich 4 Sollfüllhöhe 5 Röntgenquelle 6 Empfänger

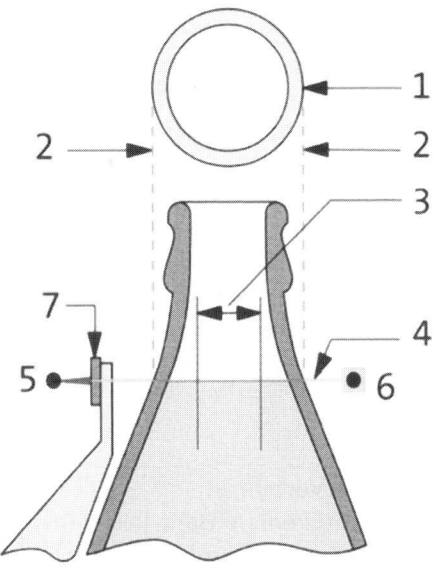

Abbildung 263 Gamma-Strahlung
1 Glasstärke bei Füllhöhe 2 Trigger-Position 3 Auswertebereich 4 Sollfüllhöhe 5 γ-Strahler 6 Empfänger
7 Klappenverschluss für Strahler

Infrarot-Strahlung

Dieses Verfahren ist bei transparenten Behältern einsetzbar. Etiketten, Kapseln oder Folien dürfen im Messbereich nicht vorhanden sein.
Die beiden Grenzen (Minimum und Maximum) werden mit getrennten Sensoren (Lichtschrankenprinzip) erfasst (s.a. Abbildung 261).

HF-Strahlung

Der Füllstand kann durch die kapazitive Veränderung eines HF-Feldes berührungslos kontrolliert werden. Minimaler und maximaler Füllstand werden gleichzeitig erfasst. Das Messsignal ist zum Füllstand proportional, sodass auch die Füllmenge ausgewertet werden kann.
Schaum stört die Messung nicht.

Ultraschall

US kann beispielsweise bei Weithalsgläsern oder Dosen vor dem Verschließen zur Füllhöhenmessung benutzt werden. Es können außer Flüssigkeiten auch pulverförmige Produkte gemessen werden.

Röntgen-Strahlung

Dieses Verfahren kann für alle Produkte eingesetzt werden, Etiketten stören nicht (s.a. Abbildung 262).

Gamma-Strahlung

Dieses Verfahren kann für alle Produkte und Behälterwerkstoffe eingesetzt werden (s.a. Abbildung 263).

Beide zuletzt genannten Messverfahren sichern eng tolerierte Messungen.
Dosen können durch Röntgenstrahlung oder Gamma-Strahlung geprüft werden. Die Wägung ist möglich, wird aber kaum praktiziert (außer für Kontrollwägungen).
  Die Röntgen- und Gamma-Strahler setzen einen geprüften Strahlenverantwortlichen im Betrieb voraus.
  Beim Stillstand der Füllanlage werden Röntgenstrahler abgeschaltet, Gamma-Strahlungsquellen werden selbsttätig geschlossen.

Optische Verfahren

Bei transparenten Behältern kann der Füllstand optisch durch eine CCD-Kamera erfasst und ausgewertet werden. Es sind Genauigkeiten von etwa ± 1 mm erreichbar. Zur Beleuchtung des Objektes werden vorzugsweise LED's eingesetzt, die sich durch lange Lebensdauer, geringe Drift, geringen Stromverbrauch und gleichmäßige Lichtverteilung auszeichnen.

Allgemeine Hinweise

Sinnvoll ist ein Füllventil-Locator, der es ermöglicht Behälter so auszuleiten, dass die Zuordnung zum Ventil gegeben ist. Bedingung dafür ist ein entsprechend langes Ausleitband oder die Möglichkeit, gezielt Ausleitvorgänge einzuleiten.

Der Locator ermöglicht es außerdem, jedem einzelnen Ventil die Füllhöhe und mögliche Fehler zuzuordnen und statistisch auszuwerten und ggf. die Füllmaschine stillzusetzen. Die Auswertung der ventilbezogenen Statistiken ermöglicht die Früherkennung von Problemen und das Justieren der einzelnen Füllorgane zur Verbesserung des Gesamtergebnisses.

Bei kalten Getränken ist die Temperaturgrenze-Messung bei Dosen anwendbar, ebenso die magneto-mechanische Messung.

Schaum stört die Messung der Füllhöhe im Normalfall bei konstanten Füllgeschwindigkeiten nicht. Um auch bei wechselnden Füllgeschwindigkeiten und nach Anlagenstillständen die im Schaum gespeicherte Flüssigkeitsmenge und ihre Auswirkungen auf die resultierende Füllhöhe berücksichtigen zu können, ist eine spezielle Auswertung der Schaummesswerte nur bei der HF-Methode möglich.

Die Abfülltemperatur muss aber bei der Justierung der Niveau-Füllungsmesstechnik mit beachtet werden.

Ausleitung über- und unterfüllter Behälter

Über- und unterfüllte Behälter müssen ausgeleitet werden. Überfüllte Behälter vor allem dann, wenn anschließend der Durchlauf durch einen Tunnelpasteur folgt. Hier würden die Behälter platzen und der Inhalt würde die Wasserzonen des Pasteurs verunreinigen.

Flaschen

Flaschen werden geöffnet. Sie können entleert werden und der Inhalt wird der Restbieraufbereitung zugeführt. Alternativ werden sie der Flaschenreinigungsmaschine erneut zugeleitet.

Dosen

Dosen werden einer Dosenpresse zugeleitet (s.a. Kapitel 17.5).

15.6 Kontrolle der Ausstattung und Vollständigkeit

Hierzu siehe Kapitel 22 (Vollständigkeit und Vollzähligkeit der Packung, Etikett, Ausstattung, Kennzeichnung).

15.7 Leerdoseninspektion

Die Leerdoseninspektion wird zurzeit noch recht selten angewandt. Die Leerdosen werden nach dem Dosenabschieber auf dem Weg zum Rinser vereinzelt. Ein Kamerasystem erfasst den Dosenflansch und die Wandung. Erkennbar sind Verformungen, Dellen und eventuelle Fremdkörper, die zum Ausschluss führen.

Der Vorteil liegt darin, dass defekte Dosen den Füll- und Verschließvorgang nicht behindern oder stören können.

15.8 Fremdstoffinspektion im MW-Leergut

15.8.1 Allgemeine Bemerkungen

Bei wieder verschließbaren Glasflaschen (Schraub- und Bügelverschlüsse) werden Fremdstoff-Inspektionsmaschinen („Sniffer") eingesetzt, die den Gasraum und/oder die Restflüssigkeit analysieren. Ziel ist die Erkennung von Lösungsmitteln/Kohlenwasserstoffen, aromatischen Verbindungen und organischen Verbindungen. Die Detektion muss vor der Reinigungsmaschine erfolgen, die Flaschen müssen bis zur Analyse verschlossen bleiben, d.h., dass die Verschlussentfernung unmittelbar vor der Fremdstoffinspektion erfolgen muss. Beide Anlagen werden deshalb kombiniert oder geblockt.

Inspektionsmaschinen für Mehrwege-Kunststoffflaschen werden außer zur Erkennung von mechanischen Problemen nach der Reinigungsmaschine (s.o.) auch für die Fremdstoff-Erkennung, wie vorstehend aufgeführt, vor der Reinigungsmaschine eingesetzt. Auch hier gilt, dass die Flaschen bis zur Analyse verschlossen bleiben müssen. Die Verschlussentfernung muss unmittelbar vor der Fremdstoffinspektion erfolgen. Beide Anlagen werden deshalb kombiniert/geblockt. Volle Flaschen werden am Inspektor ausgeleitet, entleert und anschließend erneut dem Sniffer zugeführt.

Das ist infolge der Migrationsfähigkeit der Kunststoffoberfläche erforderlich. Mögliche Geruchs- und Geschmacksmuster bzw. Kontaminanten müssen in der Stoffbibliothek der Auswerteelektronik hinterlegt sein.

Die Migration ist auch die Ursache dafür, dass die Flaschen für Mineralwasser, Fruchtsaft- und Cola-Getränke zur Unterscheidung unterschiedlich gestaltet werden. Sie werden sortenspezifisch eingesetzt, um zu verhindern, dass beispielsweise Mineralwasser in Colaflaschen gefüllt werden kann. Die Sortierung muss also vor der Reinigung erfolgen.

Die Bestimmung der Fremdstoffe erfolgt in der Regel durch Entnahme und Analyse einer Gasprobe aus dem Behälter („Schnüffel"-Technik, Sniffer-Technik) und durch die parallele Analyse der Behälterrestflüssigkeit mittels eines optoelektronischen Spektrometers.

Zur Entnahme der Gasprobe wird ein reiner Luftstrahl in den Behälter geleitet und das verdrängte Gas abgesaugt und der Auswertung zugeführt.

15.8.2 Analyse der Behälterrestflüssigkeit

Untersucht wird mit Licht im UV-, IR- und sichtbaren Bereich auf Schweröle, Waschmittel, Weichspüler, Herbizide, Chemikalien. Speiseöle können mittels eines optoelektronischen Spektrofotometers bestimmt werden.

15.8.3 Erkennung von aromatischen Verbindungen

Aromatische Kohlenwasserstoffe (Naphthalin, Phenole, polycyklische Aromaten) lassen sich durch IR- und UV-Pulsfluoreszenz-Analyse bestimmen.

15.8.4 Erkennung von Kohlenwasserstoffen

Kohlenwasserstoffe (Benzin, Diesel, Aceton, Verdünner, Benzol, Toluol, Xylol, Isopropanol usw.) werden im IR-Spektrofotometer detektiert (IR-Absorption).

15.8.5 Erkennung von organischen Verbindungen

Stickstoff-/ammoniumhaltige Substanzen (Waschmittel, Urin, Tabak, Tabakasche, Reiniger usw.) werden nach Überführung des Stickstoffes durch eine alkalische Behandlung (Zugabe von NaOH- oder Na_2CO_3-Lösung) in NH_3 im HF-Bereich bei etwa 23 GHz durch Absorption bestimmt.

15.9 Ausleiteinrichtungen für Behälter

Als fehlerhaft im Sinne der Inspektionsaufgabe erkannte Behälter müssen aus dem Gut-Behälterstrom ausgeschleust werden. Eine andere Aufgabe ist die Verteilung der Behälter nach verschiedenen Kriterien. Eingesetzt werden für diese Aufgabe:
- Pusher;
- rotierende Systeme,
- Linearsysteme;
- Rotationssysteme;
- Multisegmentsysteme
- Verteilersysteme.

Alle Ausleitsysteme sollen die Behälter so ausleiten, dass sie auch im leeren Zustand nicht umfallen (sehr problematisch sind leere PET-Flaschen). Diese Bedingung wird vor allem durch einen definierten Beschleunigungsverlauf beim Ausleiten und durch Einleitung der Kraft deutlich unterhalb des Schwerpunktes des Gebindes erfüllt.

Wichtiges Antriebselement für lineare Bewegungen sind Hochgeschwindigkeits-Pneumatikzylinder.

Pusher

Pusher werden pneumatisch oder elektromagnetisch betätigt. Es kommt vor allem auf die Entfernung des Behälters vom Förderer an. Die Standfestigkeit des Gebindes ist zweitrangig.

Pusher sind für Durchsätze bis zu 2500 Behälter/min einsetzbar.

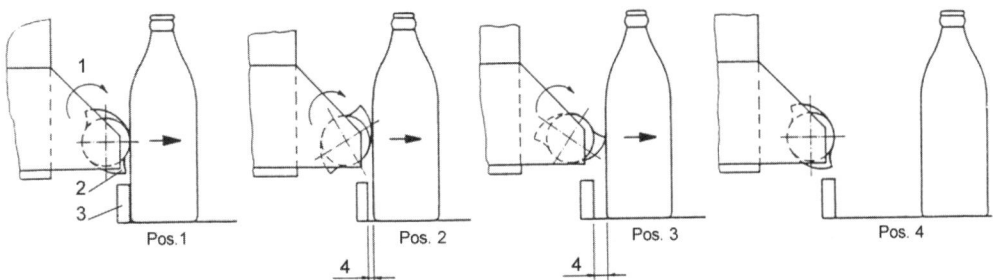

Abbildung 264 „Brush off"-Ausleitsystem, schematisch (nach Fa. Centro, Siegen)
1 Drehrichtung **2** Rotationskörper **3** Geländer **4** Hub

Füllanlagen

Rotierende Systeme

Diese Systeme nutzen ein horizontal rotierendes Ausleitelement, das durch eine schaltbare Kupplung oder direkt mit dem Antriebsmotor verbunden wird und die Behälter senkrecht zur Förderrichtung beschleunigt.
Die Ausschubweite ist begrenzt steuerbar (s.a. „Brush off"-Ausleitsystem,

Abbildung 264). Es können bis zu 1300 Fl./min und 2000 Dosen/min ausgeleitet werden.

Es lassen sich verschiedene Gassen einer Packanlage definiert („gezählt") durch unterschiedliche Überschubweite füllen.

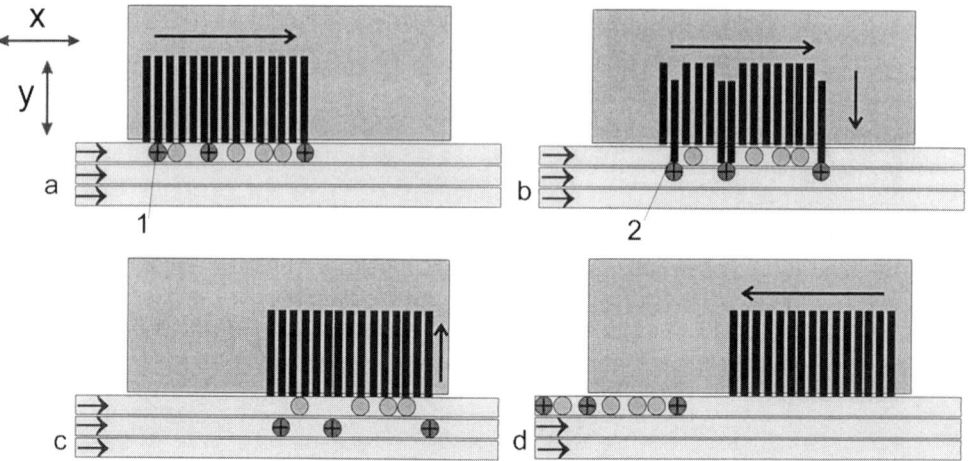

Abbildung 265 Ausleitsystem „Heuft XY", schematisch (nach Fa. Heuft)
a Ausgangsstellung **b** Ausleitung und horizontale Synchronbewegung
c Endstellung der Ausleitung **d** schneller Rücklauf der Ausleitvorrichtung
1 auszuleitendes Gebinde **2** Ausleitschieber

Lineare Ausleit- und Sortiersysteme

Bei linearen Systemen werden die gesteuerten Ausleitschieber parallel und synchron zum Förderer geführt, der Rücklauf erfolgt schnell (s.a. Abbildung 265 und Abbildung 266). Die Ausleitstrecke kann aus mehreren getrennten Förderbahnen bestehen, sodass eine Sortierausleitung möglich ist. Das System ist für bis zu 1000 Behälter/min geeignet.

Inspektionsanlagen

Abbildung 266 Lineares Ausleitsystem Typ „Heuft XY" (nach Fa. Heuft)
1 Ausleitschieber, angesteuert

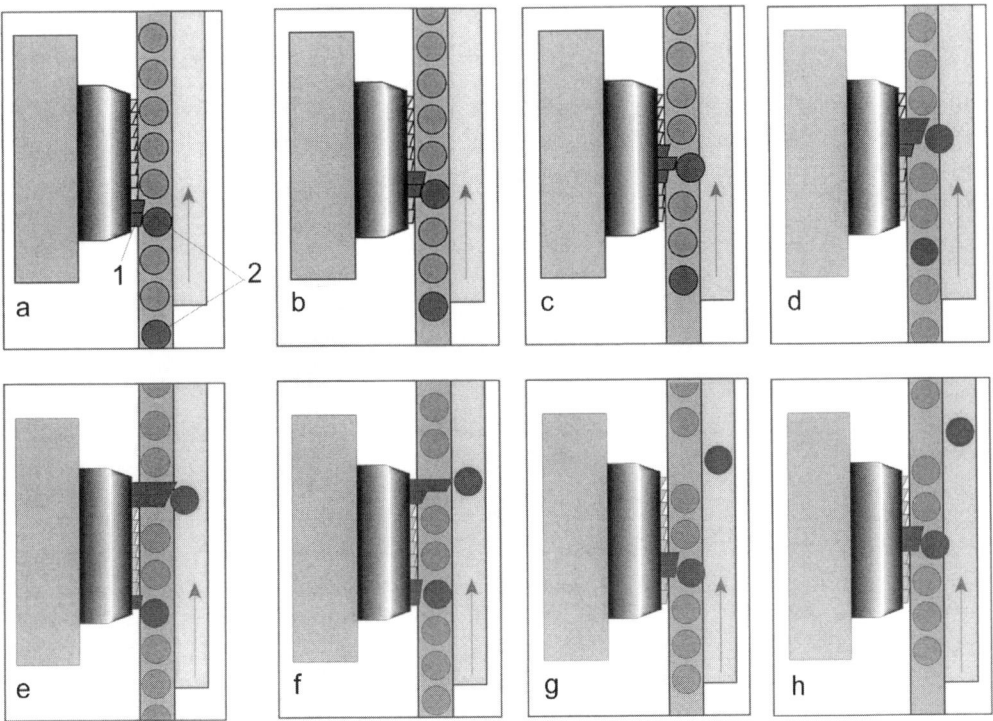

Abbildung 267 Multisegment Ausleitsystem Delta-FW, schematisch (nach Fa. Heuft)
  a bis **h** Positionen der Ausleitung
  1 Ausleitsegmente **2** auszuleitender Behälter

Füllanlagen

Abbildung 268 Multisegment Ausleitsystem Delta-FW (nach Fa. Heuft)
Im Bild sind zur Demonstration alle Ausleitsegmente angesteuert

Ein weiteres lineares Ausleitsystem besteht aus zehn bis sechzehn Spezialsegmenten, die pneumatisch nacheinander ein- und ausgefahren werden. Es entsteht also eine virtuell mitlaufende Ausleitkurve, an der die Behälter entlang gleiten, s.a. Abbildung 267 und Abbildung 268. Dieses System kann bis zu 2500 Behälter/min ausleiten.
Abbildung 268a zeigt ein ähnliches Ausleitsystem
von KRONES.

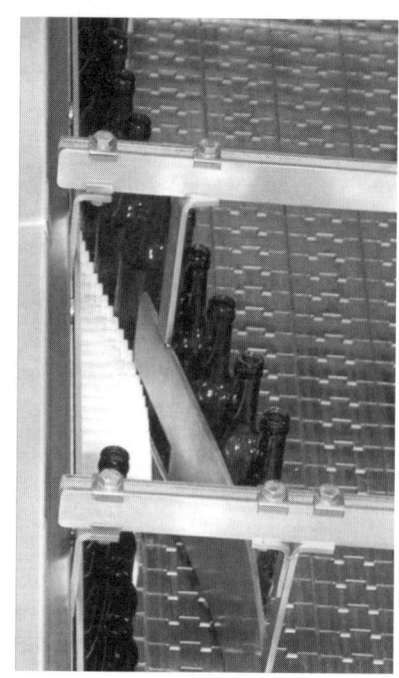

*Abbildung 268a   Ausleitsystem „Hedgehog"
            ^   von KRONES*

Inspektionsanlagen

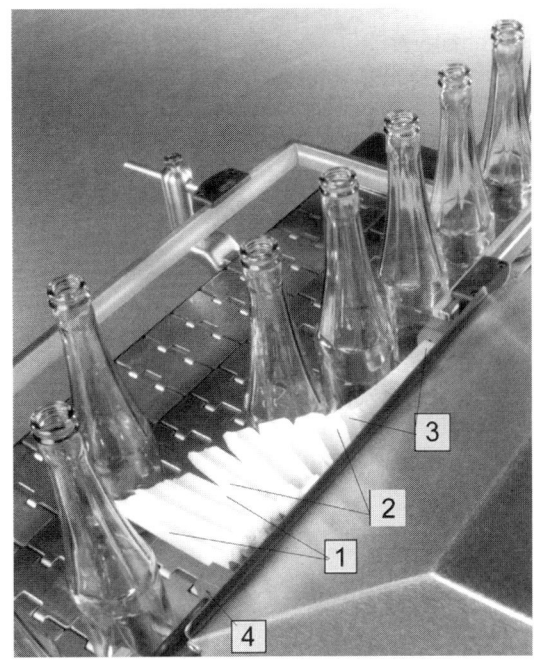

Abbildung 269 Ausleitsystem „Heuft rejector" (nach Fa. Heuft)
1 Ausleitsegmente in Ausleitstellung
2 Ausleitsegmente in Bewegung
3 Ausleitsegmente in Ruhestellung
4 horizontale Drehachse

Bei einem weiteren Multisegment-Ausleitsystem wird die virtuell mitlaufende Ausleitkurve, an der die Behälter entlang gleiten, durch Segmente gebildet, die einzeln pneumatisch um 90° zu ihrer horizontalen Achse gedreht werden. Dieses System kann für bis zu 1300 Leerbehälter/min eingesetzt werden (s.a. Abbildung 269).

Rotierende Ausleit- und Sortiersysteme

Bei vertikal rotierenden Systemen werden die gesteuerten Ausleitschieber auf einer Kurvenbahn geführt (s.a. Abbildung 270).

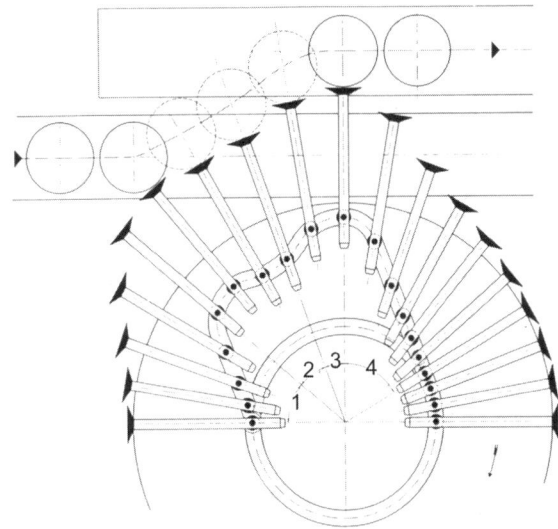

Abbildung 270 Rotierendes Ausleitsystem (nach Fa. Oritron)
1 Ausfahren der Arme
2 Ausschleus-Beginn
3 Ausschleus-Ende
'**4** Rückfahren der Arme

Füllanlagen

Klemmsterne und Drehriegelsterne

Klemmsterne und Drehriegelsterne können zum definierten Ausschleusen von Gebinden eingesetzt werden (s.a. Kapitel 7.5).

Sonstige Ausleitsysteme

Von verschiedenen Herstellern werden ähnliche Ausleitsysteme, wie die vorstehend beschriebenen, gefertigt.

Ein neueres System benutzt einen Linearmotor, der in Form einer Ausleitkurve gestaltet ist, und der die Einzel-Ausleitelemente bei Bedarf synchron zum Förderband bewegt. Die Ausleitelemente werden aus einem Magazin abgerufen, durch die Ausleitkurve geführt und gelangen zurück in das Magazin [216].

Von verschiedenen Herstellern werden Linearausleitsysteme angeboten, mit einem endlos umlaufenden Transportsystem ausgestattet, an dem Ausleitschieber befestigt sind, die bei Bedarf senkrecht zur Förderrichtung mit einstellbarem, unterschiedlichem Hub ausleiten.

15.10 Kontrolle der Kästen

Kunststoff-MW-Kästen unterliegen einem mechanischen Verschleiß. Außerdem werden sie sehr stark durch UV-Strahlung beansprucht (Versprödung).

Es besteht deshalb ein Interesse an einer frühzeitigen Erkennung von mechanischen Schäden (Risse, Korrosion des Kunststoffes, defekte Griffleisten), aber auch von Verschmutzungen oder Fremdkörpern oder Fremdkästen, vor dem erneuten Befüllen.

Eine mögliche Lösung dieser Problematik ist eine Schwingungsanalyse und deren Auswertung mittels Neuronumerik. Über Ergebnisse dieser Arbeiten wurde berichtet [217].

16. Füllmaschinen für Glasflaschen

16.1 Allgemeine Hinweise

Die Flaschenfüllmaschine (FFM) ist die zentrale Maschine der Füllanlage. Sie bestimmt im Wesentlichen den Durchsatz der gesamten Anlage. Alle vor- und nachgeschalteten Maschinen werden in ihrer Ausbringung so ausgelegt, dass die FFM störungsfrei laufen kann. Sie wird deshalb auch als Limitmaschine bezeichnet. Der Nenndurchsatz einer Füllanlage entspricht dem der FFM.
Unterscheidende Merkmale der FFM sind vor allem:
- die Anzahl der Füllstellen,
- die Teilung der FFM (Abstand der zweier Behälter, s.u.),
- die Anordnung der Füllstellen (Kreisbahn, in Reihe) und
- das Füllprinzip.

Zur Charakterisierung des Nenndurchsatzes (in Behältern je Zeiteinheit) gehört die Behältergröße (s.a. Abbildung 271), die ihn erheblich beeinflusst.

Der Nenndurchsatz einer FFM wird weniger konstruktiv begrenzt als vielmehr durch die realen Einsatzkriterien, die zu einer Verminderung der Effektivausbringung führen, beispielsweise die Häufigkeit des Sorten-, Gebinde- und Ausstattungswechsels je Abfüllschicht und durch Störungen aller Art. Letztere lassen sich durch konsequenten Einsatz spezifikationsgerechter Packmittel und Packhilfsmittel gemäß STLB beeinflussen.

Jede mit einem Stopp verbundene Störung bedingt einen Bremsvorgang, die Beseitigung der Störung bzw. Störquelle und einen Anlaufvorgang. Hinzukommen oft noch Funktionsstörungen (Unter- und Überfüllung, O_2-Aufnahme) als Folge eines Stopps.

Anlauf- und Verzögerungszeiten lassen sich infolge des großen Massenträgheitsmomentes der Füllmaschine nicht beliebig minimieren. Die Minderausbringung je Stopp steigt also mit der Füllmaschinengröße exponentiell.

FFM werden in der Regel mit Durchsätzen von 6.000 bis zu $\leq$ 72.000 Fl./h betrieben (gefertigt wurden bereits FFM mit einer Ausbringung von bis zu 120.000 Fl./h).

16.2 Verfahrenstechnische Aufgabenstellung

Die wesentlichen verarbeitungstechnischen Aufgaben einer FFM sind:
- das Füllen des Behälters mit dem Getränk ohne vermeidbare Verluste,
- die Sicherung der Nennfüllmenge in jedem Behälter unter Beachtung der zulässigen Toleranzen gemäß der gesetzlichen Grundlagen (Fertigpackungsverordnung [218]) und
- die Erhaltung der Getränkequalität.

Zu dem letztgenannten Punkt gehören vor allem die Vermeidung von Kontaminationen, der O_2-Aufnahme und CO_2-Verluste.

Füllanlagen

16.3 Durchsatz einer FFM

Der Nenndurchsatz der FFM ist insbesondere von der Füllstellenzahl, der Teilung und der Drehzahl abhängig. Aus der Füllstellenzahl und der Teilung ergeben sich der Teilkreisdurchmesser (s.u.) und damit der Grundflächenbedarf der FFM.

Die Behälterfüllzeit ist wichtiger Teil der Gesamtfüllzeit (s.a. Abbildung 272). Diese setzt sich zusammen aus der Zeit für:

- die Übergabe des Behälters auf die Kreisbahn,
- das Anpressen des Behälters an das Füllorgan,
- das Vorevakuieren (s.u.) und Vorspannen des Behälters.
  Dieser Schritt wird nur bei Sauerstoff empfindlichen
  Produkten wie z.B. Bier und Wein eingesetzt.
  In der Regel wird mehrfach vorevakuiert, mit CO_2 gespült
  und vorgespannt, um einen möglichst niedrigen O_2-Partial-
  druck zu sichern,
- das Öffnen des Getränkezulaufes,
- das Füllen des Behälters,
- das Schließen des Getränkezulaufs,
- das „Beruhigen",
- das Entlasten des Behälters und ggf. eine Korrektur der Füllhöhe,
- das Abziehen des Behälters vom Füllorgan und
- die Übergabe des Behälters von der Kreisbahn an den Transferstern.

Die eigentliche Füllzeit wird von der Behältergröße (Nettovolumen) und der Querschnittsfläche der Mündung bestimmt. Beide Größen ergeben die notwendige Füllzeit, aus der sich dann mit den o.g. Nebenzeiten die erforderliche Verweilzeit t_{ges} auf der Kreisbahn errechnen lässt. Diese Zeit lässt sich in der Regel nicht reduzieren.

Die genannten Zeiten sind bei gegebener Behältergröße (Höhe) fixe Werte, von denen nur die eigentliche Füllzeit (Öffnen des Getränkezulaufs bis Druckentlasten) nicht oder nur unter bestimmten Bedingungen minimierbar ist.

Für den Durchsatz einer FFM folgt, dass dieser mit steigender Gebindegröße exponentiell zurückgeht (s.a. Abbildung 271), da sich die Füllzeit verlängert.

Die Zeit zwischen Abziehen und Anpressen der Behälter ist im Prinzip Verlustzeit, die sich aber nur begrenzt minimieren lässt, da diese Vorgänge eine von der Behälterhöhe abhängige Zeit benötigen. Ebenso beeinflusst die Geometrie der Ein- und Auslaufsterne diese Verlustzeit.

Die maximal mögliche Drehzahl n resultiert also aus der Gesamtfüllzeit t_{ges} als Summe aus Füllzeit und Nebenzeiten für die Füllung eines Behälters:

$$n_{max} \leq 1/t_{ges}$$ Gleichung 23

n_{max} = maximale Drehzahl in 1/s
t_{ges} = Gesamtfüllzeit in s

Für den Weg l einer Umdrehung des Teilkreises gilt:

$$l = \pi \cdot d = z \cdot s$$ Gleichung 24

l = Umfang des Teilkreises in m
d = Teilkreisdurchmesser in m
z = Anzahl der Füllorgane = Zahl der Behälter/Umdrehung
s = Teilung in m

Füllmaschinen für Glasflaschen

Aus der Drehzahl n_{max} und der Anzahl der Füllorgane z errechnet sich der max. Durchsatz der FFM in Behälter/h:

max. Durchsatz = $n_{max} \cdot z \cdot 3600$ s/h   Gleichung 25

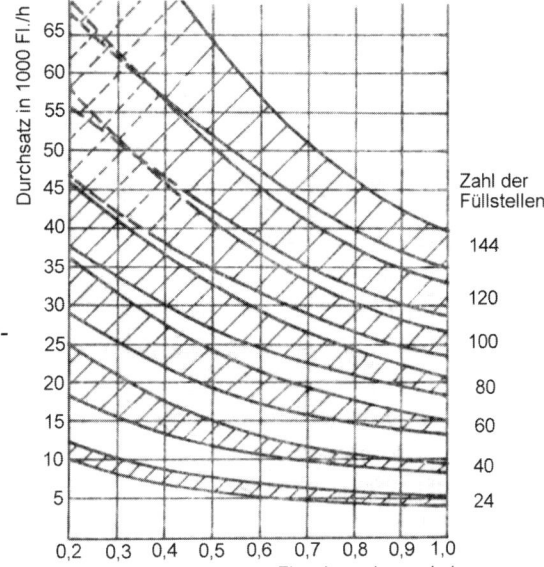

Abbildung 271 Durchsatz von Flaschenfüllmaschinen als Funktion der Füllstellenzahl und der Flaschengröße (ca.-Werte)
obere Kurve: niedrige Getränketemperatur
untere Kurve: höhere Getränketemperatur

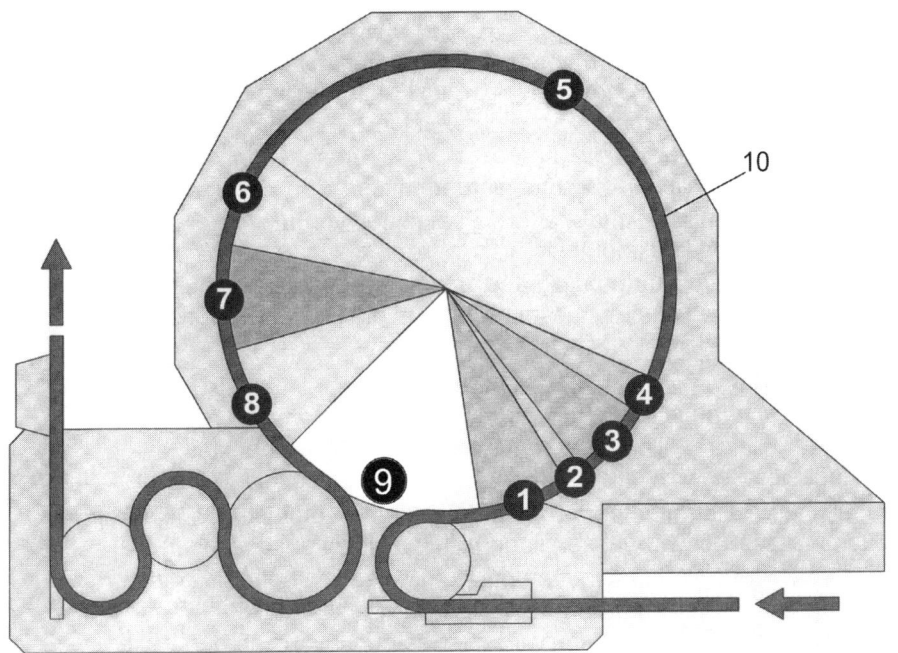

Abbildung 272 Verfahrensschritte bei der Behälterfüllung auf der Kreisbahn der FFM. Im Beispiel handelt es sich um eine FFM mit zweistufiger Vorevakuierung.
1 erste Evakuierung **2** CO_2-Spülung **3** zweite Evakuierung **4** Vorspannen **5** Füllen
6 Beruhigen **7** Füllhöhe korrigieren **8** Entlasten **9** Abziehen der Behälter, Ausblasen des Füllventils, Anpressen der Behälter **10** Teilkreis

16.4 Füllprinzipien

Es kann bei der Getränke- und Fluidfüllung unterschieden werden nach:
- Der Dosierung des Füllgutes in den Behälter (Flasche, Dose);
- Der Füllguttemperatur;
- Dem Druckniveau, bezogen auf die Atmosphäre;
- Der treibenden Kraft für den Getränkeeinlauf in den Behälter.

Seit etwa 1996 kommt noch die Asepsis als zu beachtendes Kriterium hinzu (kaltsterile Füllung), s.a. Kapitel 20.

Dosierung des Füllgutes

Unterschieden wird in:
- **Maßfüllung**:
  - Füllung nach online gemessenem Volumen;
  - Füllung eines vorab festgelegten Volumens;
  - Füllung nach Masse (Wägeprinzip; nicht für Getränke);
  - Füllung nach online gemessener Masse.

  Die Onlinemessung wird mit einem magnetisch-induktiven Durchflussmessgerät (Volumenstrommessung; MID) oder mit einem Massedurchflussmessgerät (Coriolis-Prinzip) realisiert.
  Auch Flügelradmesszellen werden eingesetzt.
- **Niveaufüllung**:
  alle Behälter werden bis zu einer festgelegten Höhe gefüllt.

Bei der Maßfüllung nach Volumen muss die Getränketemperatur berücksichtigt werden (Bezugstemperatur ist üblicherweise 20 °C). Maßgefüllte Behälter haben oft unterschiedliche Füllhöhen und sehen scheinbar „schlecht" gefüllt aus.

Die Massebestimmung ergibt bei nach Volumeneinheiten gehandelten Getränken keine Vorteile, da die Dichte beachtet werden muss.

Die Niveaufüllung setzt maßhaltige Packmittel voraus, deren Volumen auch bei Druckbeaufschlagung konstant bleibt.

Die erforderliche Dosiergenauigkeit wird von den gesetzlichen Grundlagen bestimmt. In Deutschland sind es das Eichgesetz [219] und die Fertigpackungsverordnung [218].

Füllguttemperatur

Unterschieden wird nach:
- Kalter Füllung (Füllguttemperatur unterhalb des Taupunktes, es bildet sich Schwitzwasser auf der Behälteroberfläche);
- Füllung bei Raumtemperatur (die Füllguttemperatur ist $\geq$ der Raumtemperatur; Schwitzwasserbildung ist im Prinzip ausgeschlossen);
- Warme Füllung (die Füllguttemperatur ist deutlich höher als die Raumtemperatur);
- Heiße Füllung (das Getränk wird mit Pasteurisationstemperatur in die Behälter gefüllt).

Die Heißabfüllung ist für Bier ungeeignet (zu hoher erforderlicher Fülldruck), sie wird bei Obst- und Gemüsesäften und -produkten praktiziert.

Die Fullguttemperatur muss bei der Festlegung der Pack- und Packhilfsmittel sowie der Verpackungsform beachtet werden. Glas- und Metall-Packungen sind universell einsetzbar, Kunststoff-Packungen sind limitiert.

Druckniveau, bezogen auf die Atmosphäre

Stille Getränke können bei beliebigem Druck gefüllt werden, in der Regel bei Normaldruck oder Vakuum. Die zugehörigen FFM werden als Normaldruck-, Schwerkraft- oder Vakuum-FFM bezeichnet. Dabei wird je nach Vakuumhöhe in *Vakuum*- und *Hochvakuum*-Füllmaschinen unterschieden.

Gashaltige Getränke müssen bei Überdruck gefördert und gefüllt werden, um Gasverluste zu vermeiden. Der Überdruck muss deutlich über dem Sättigungsdruck des Gases liegen, er ist vom Gasgehalt und der Temperatur abhängig.

Die zugehörigen FFM sind Überdruck-Füllmaschinen, die im Allgemeinen das „isobarometrische Prinzip" nutzen. Dabei wird im zu füllenden Behälter erst der gleiche Druck aufgebaut wie über dem Getränk und danach wird der Getränkeeinlauf freigegeben, um CO_2-Schaumbildung zu vermeiden. Treibende Kraft ist also die Schwerkraft.

Für Überdruck-Füllmaschinen wird auch das Synonym *Gegendruck*-Füllmaschinen verwendet.

Die isobarometrische Füllung ist eine Gleichdruckfüllung unter Nutzung der Schwerkraft bei unterschiedlichem Druckniveau: Unterdruck, Normaldruck oder Überdruck.

Die treibende Kraft für den Getränkeeinlauf in den Behälter

Treibende Kraft für den Getränkeeinlauf in die Behälter ist entweder

- eine Höhendifferenz zwischen Getränkespiegel und dem Gebinde, also die Schwerkraft, und/oder
- ein Differenzdruck (z.B. zur Atmosphäre oder zwischen Füllgut und Behälter).

Höhendifferenz

Die Einlaufgeschwindigkeit des Getränkes ist von der Höhendifferenz zwischen Getränkespiegel im Vorratsbehälter und Gebinde abhängig. Sie lässt sich nach Gleichung 26 abschätzen (ohne Berücksichtigung der Rohrreibungsverluste im Füllorgan):

$$w = \sqrt{2 \cdot g \cdot \Delta h} \qquad \text{Gleichung 26}$$

w = Einlaufgeschwindigkeit in m/s
g = Fallbeschleunigung $\hat{=} 9{,}81 \text{ m/s}^2$
Δh = durchschnittliche Höhendifferenz leerer/gefüllter Behälter zum Getränkespiegel in m

Die Höhendifferenz wird bei der Überdruckfüllung (isobarometrisches Prinzip) und bei der Normaldruckfüllmaschine genutzt.

Differenzdruck

Ein Differenzdruck wird bei der Füllung stiller Getränke mittels einer Vakuumfüllmaschine angewendet. Dabei wird die Druckdifferenz zwischen Atmosphäre und dem Vakuum im Behälter genutzt.

Füllanlagen

Bei der isobarometrischen Füllung kann eine zusätzlich geschaltete Druckdifferenz zwischen Druck über dem Getränk und dem Druck im Gebinde zur Erhöhung der Füllgeschwindigkeit gemäß Gleichung 26 zur Anwendung kommen (auch als Schnellfüllphase bezeichnet; sie kann bei der Flaschen-, Dosen- und Kegfüllung genutzt werden).

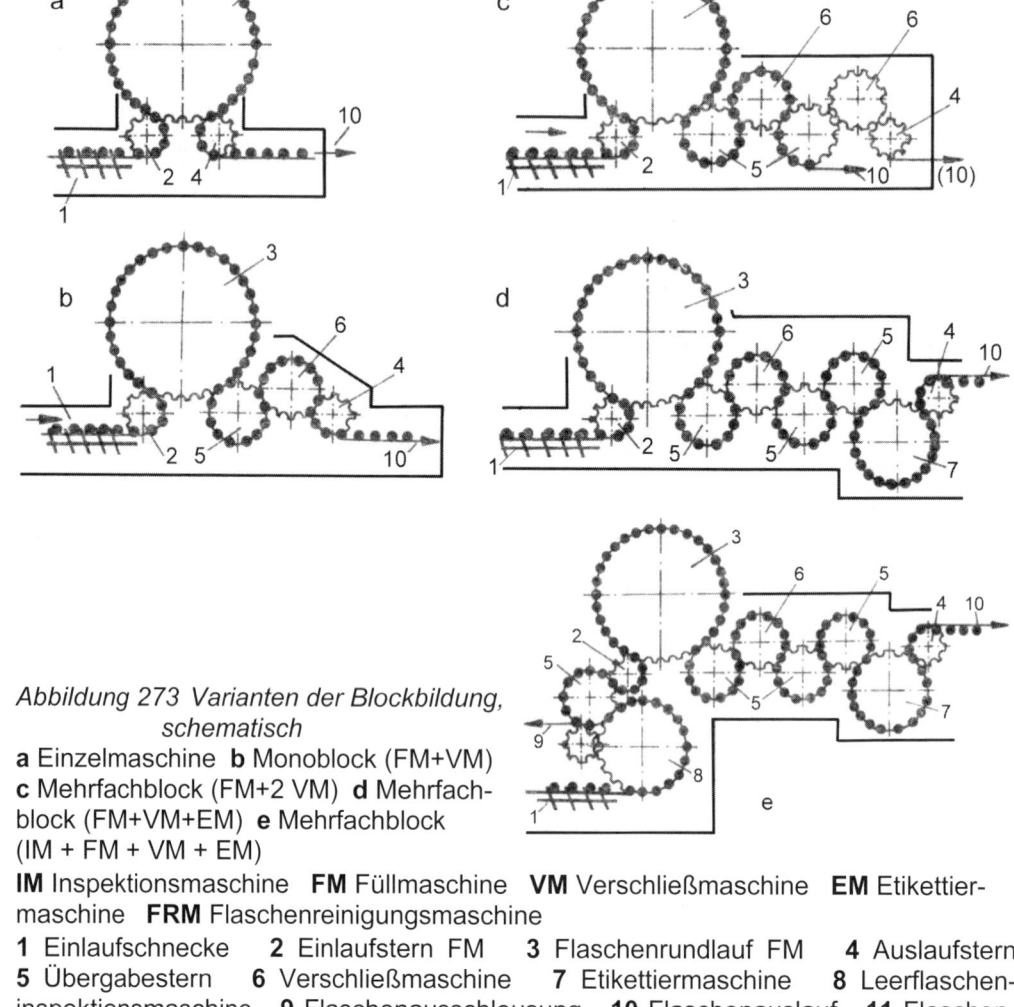

Abbildung 273 Varianten der Blockbildung, schematisch
a Einzelmaschine **b** Monoblock (FM+VM)
c Mehrfachblock (FM+2 VM) **d** Mehrfachblock (FM+VM+EM) **e** Mehrfachblock (IM + FM + VM + EM)

IM Inspektionsmaschine **FM** Füllmaschine **VM** Verschließmaschine **EM** Etikettiermaschine **FRM** Flaschenreinigungsmaschine
1 Einlaufschnecke **2** Einlaufstern FM **3** Flaschenrundlauf FM **4** Auslaufstern
5 Übergabestern **6** Verschließmaschine **7** Etikettiermaschine **8** Leerflascheninspektionsmaschine **9** Flaschenausschleusung **10** Flaschenauslauf **11** Flaschenrücklauf zur FRM

Die wirksame Druckdifferenz bestimmt die Einlaufgeschwindigkeit des Getränkes in den Behälter (Gleichung 27; ohne Berücksichtigung der Rohrreibungsverluste im Füllorgan):

$$w = \sqrt{\frac{2 \cdot \Delta p}{\rho}}$$ Gleichung 27

w = Einlaufgeschwindigkeit in m/s
Δp = Druckdifferenz in N/m^2
ρ = Dichte in kg/m^3

Aus der Gleichsetzung von Gleichung 26 und Gleichung 27 ergibt sich $\Delta p = \rho \cdot g \cdot \Delta h$.

Da das in einen Behälter laufende Flüssigkeitsvolumen von der Fließgeschwindigkeit w und der Fließquerschnittsfläche A bestimmt wird ($\dot{V} = w \cdot A$) folgt, dass eine Vergrößerung der konstruktiv problematischen Höhendifferenz gemäß Gleichung 26 wenig zur Verbesserung der Füllgeschwindigkeit beiträgt. Limitierend ist die nutzbare Querschnittsfläche, die bei Getränkeflaschen durch die Mündungsgeometrie begrenzt ist. Die zumindest zeitweise bei der Füllung eines Behälters nutzbare Druckdifferenz gegenüber der Atmosphäre bietet bessere Möglichkeiten zur Erhöhung des Volumenstromes.

16.5 Prinzipieller Aufbau von Flaschenfüllmaschinen

FFM können gestaltet werden als:
- Reihenfüllmaschinen (Synonym: Linearfüller) oder
- Rotationsfüllmaschinen.

Reihenfüllmaschinen arbeiten taktweise: die Gebinde werden einzeln oder im Pulk gefördert und gefüllt. Der Durchlauf durch die Füllmaschine kann ein- und mehrreihig sein. Die Zahl der Füllorgane entspricht der Zahl der Behälter, die in einem Takt gefüllt werden. Einsatz beispielsweise bei der Kegfüllung, der Füllung von pastösen Molkerei- und Obst- und Gemüseprodukten oder in der Kosmetikindustrie und Pharmazie.

Rotationsfüllmaschinen füllen auf einer Kreisbahn. Dazu müssen die Behälter vom linearen Förderer nach der Vereinzelung auf die Kreisbahn übergeben werden und nach der Füllung wieder auf den Förderer zurückgeführt werden. In der Regel werden die Behälter einreihig gefüllt, auch die 2-bahnige Flaschenführung wird bzw. wurde vereinzelt praktiziert (großer technischer Aufwand).

In der Regel wird die FFM mit der Verschließmaschine kombiniert (Synonym: geblockt). Beide Maschinen werden synchron betrieben und haben einen gemeinsamen Antriebsmotor (Synonym: Monoblock), s.a. Kapitel 16.6.2.4. Statt einer Verschließmaschine können auch mehrere verschiedene Verschließer geblockt werden.

Vorteile der Blockung sind geringerer Grundflächenbedarf, weniger Transportelemente und Transportstörungen, geringere Lärmentwicklung, weniger Bedienungsaufwand. Bei der Füll- und Verschließmaschine kommt noch die kürzere Zeit bis zum Verschließen hinzu.

Weitere Blockungen werden bei Inspektions-, Füll- und Verschließmaschine und Etikettiermaschine praktiziert. Bei Einweg-Linien können der Rinser und bei EW-PET-Linien die Streckblasmaschine mit der Füll- und Verschließmaschine geblockt werden.

Füllanlagen

16.6 Bau- und Funktionsgruppen von Rotations-Flaschenfüllmaschinen
16.6.1 Gestaltungsprinzipien

Die Anforderungen an die FFM wurden seit den 1970er Jahren immer anspruchsvoller. FFM für die kaltsterile Füllung lassen keine gestalterischen Kompromisse zu.

Die Entwicklung der Forderungen, insbesondere bei Bieren, zu immer geringeren O_2-Gehalten schafft gute Voraussetzungen für das Wachstum von streng anaerob lebenden Mikroorganismen. Deshalb müssen vor allem im Bereich der unverschlossenen Behälter (Ein- und Auslaufbereich der Füll- und Verschließmaschine, Förderbänder) Kontaminationsquellen, wie die Aerosolbildung und Biofilmbildung, konsequent ausgeschaltet werden.

Von modernen Füllmaschinen wird deshalb u.a. gefordert:

- Die FFM wird auf höhenverstellbaren (Kalotten-)Füßen aufgestellt (die Gewinde müssen abgedeckt sein). Die Füße leiten die Belastung auf den Fußboden über Edelstahlplatten mit Gummieinlage ein.
  Bodenfliesen müssen säurefest verfugt sein und über ausreichendes Gefälle zum Fußboden-Wassereinlauf verfügen.
  Wassereinläufe müssen so dimensioniert werden, dass alle anfallenden Wassermengen ohne Stau abgeleitet werden können.
  Sie müssen eine zuverlässige Scherbenrückhaltung besitzen.
  Der Fußboden muss ausreichend temperaturwechselbeständig sein (bei Kunststoffbeschichtungen in der Regel nicht gegeben).
- Die Korrosionsbeständigkeit von Bauelementen aus Nicht-Edelstahl wird durch Beschichtungen und Verkleidungen, vorzugsweise aus Edelstahlblech, Rostfrei®, erreicht. Verkleidungen müssen spaltfrei, möglichst dicht verschweißt, ausgeführt werden.
- Produktberührte Oberflächen sollten zur Erleichterung der Reinigung und Desinfektion nach dem CIP-Verfahren, aber auch für die manuelle Reinigung, eine möglichst glatte, porenfreie, korrosionsbeständige Oberfläche besitzen.
  Glatte, spaltfreie Oberflächen werden angestrebt. Diese müssen so gestaltet werden, dass Pfützenbildung sicher verhindert wird, Flüssigkeitsreste quantitativ ablaufen und Scherben problemlos abgeleitet werden können.
  Alle Oberflächen der FFM sollen sich für die automatische Schwallreinigung eignen.
  Werkstoffübergänge bzw. Montagespalten sollten vermieden werden, das allseitige Verschweißen ist vorzuziehen.
- Die Werkstoffoberflächen sollen eine möglichst geringe Rauheit haben. Der Mittenrauwert (nach DIN EN ISO 4762) der produktberührten Oberflächen sollte $R_a \leq 1,6$ μm betragen, anzustreben sind Werte $\leq 0,8$ μm.
- Die Oberflächenbeschaffenheit der Schweißnähte sollte mit der der Werkstoffe übereinstimmen, geringe Differenzen sind zulässig.
- Voll-, Rohr- oder Kastenprofile sind grundsätzlich zu bevorzugen, sie müssen an den Enden verschlossen werden, vorzugsweise durch Schweißung. Offene Profile (Winkel-, U-, Doppel-T-Profile) sollten nicht verwendet werden.
- Zu vermeiden sind offene Bohrungen, offene Gewinde bei Schrauben/Muttern, Spalten von Klemmverbindungen, Sacklöcher, Steck- und

Klemmverbindungen von Kunststoffteilen/Edelstahl usw.
Schrauben- oder Bolzenverbindungen sind zu vermeiden.
Punktschweißungen und offene Falzkanten sind unzulässig, ebenso geschlitzte Klemmverbindungen und versenkte Innensechskant-Schrauben.
Müssen Innensechskant-Schrauben versenkt eingesetzt werden, können die Sacklöcher durch geeignete Stopfen verschlossen werden.
Gewindeenden müssen mit Hutmuttern abgeschlossen werden.
Vorteilhaft sind Hutmuttern mit integrierter O-Ring-Dichtung.
- Produktberührte Teile müssen sich für die CIP-R/D eignen und sie müssen sterilisierbar sein.
Die CIP-Parameter müssen an die maximal vorkommenden Rauheiten angepasst werden.
- Blechstöße von Wärmedämmungs-Verkleidungen müssen im Bereich von Flüssigkeitseinwirkungen korrosionsgeschützt und flüssigkeitsdicht ausgeführt werden.

FFM, insbesondere solche für Aseptik-Füllanlagen, müssen nach den Richtlinien der EHEDG (European Hygienic Equipment Design Group) gefertigt werden (sie müssen auch den Forderungen des US 3-A-Standards 74-00 entsprechen).

Aus verschiedenen Gründen ist es nicht sinnvoll, für einzelne Ausrüstungselemente größere Anforderungen an die Oberflächenbeschaffenheit zu stellen, als sie das „schwächste Glied der Kette" erfüllen kann, es sei denn, sie können mit anderen Argumenten begründet werden.

Die Oberfläche von Blechverkleidungen und dünnen Werkstoffen sollte so strukturiert werden, dass mechanische Beschädigungen (Kratzer, Dellen usw.) wenig auffällig bleiben. Polierte und matt geschliffene Oberflächen sind sehr empfindlich!

Kreisschliff-Oberflächen und gestrahlte Oberflächen (Glasperlen gestrahlt) sind relativ unempfindlich.

16.6.2 Bau- und Funktionsgruppen

Wichtige Bau- und Funktionsgruppen einer FFM sind (s.a. Abbildung 274):
- Das Maschinengestell mit dem Vortisch (moderne FFM werden bereits ohne Vortisch gefertigt);
- Der Antrieb;
- Der Füllmaschinenrotor mit:
  o dem Huborganträger
  o den Huborganen
  o dem Getränkebehälter (Synonym: Füllmaschinenkessel);
- Die Füllorgane;
- Die Füllorgananansteuerung;
- Der Medienverteiler;
- Die Vorrichtungen für die FM-Außenreinigung.

16.6.2.1 Maschinengestell

Das Maschinengestell lässt sich in den sogenannten Vortisch und die Rotorbaugruppe unterteilen. Bei kleineren FFM können beide Baugruppen eine Einheit bilden. Im Vortisch sind die Antriebe der Behälterzu- und -ableitung und der Antrieb unter-

Füllanlagen

gebracht. Bei Monoblock-Füll- und Verschließmaschinen nimmt der Vortisch auch die Verschließmaschine(n) auf. Auch der Rotorantrieb kann dazugehören.

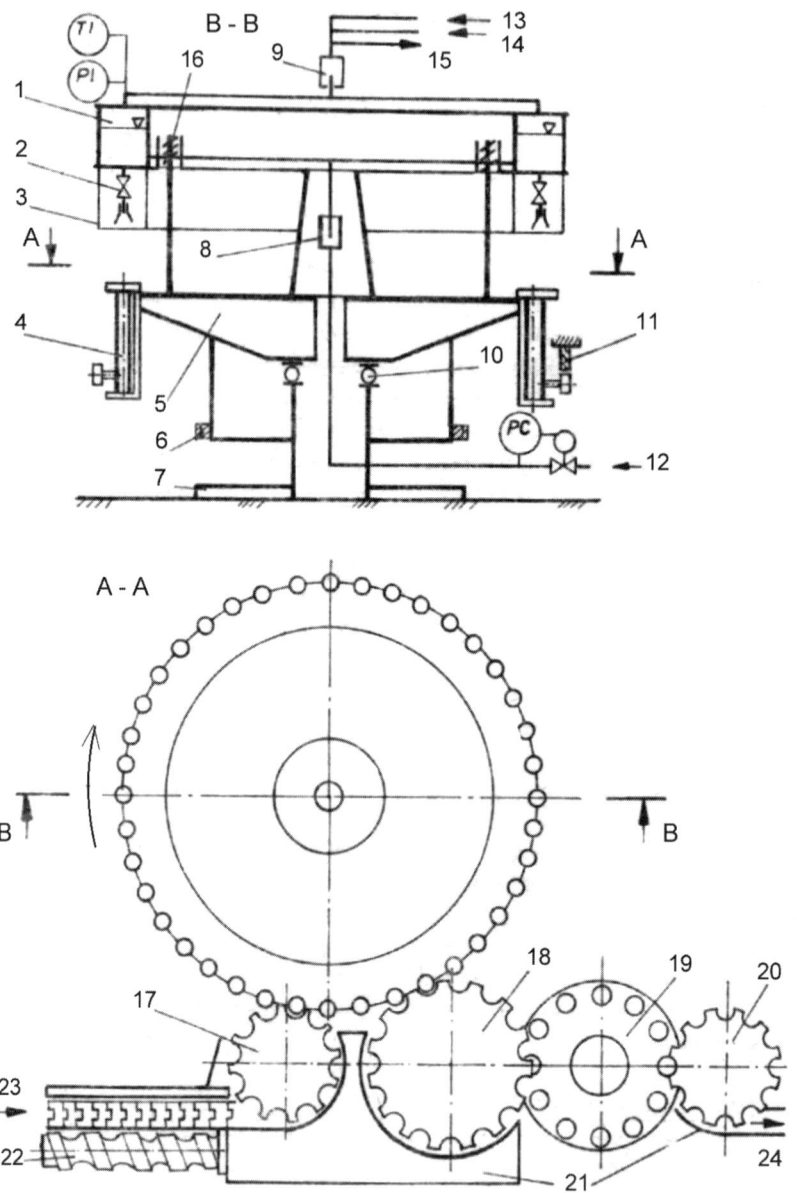

Abbildung 274 Füllmaschine, schematisch
1 Füllmaschinenkessel **2** Füllorgan **3** Splitterschutz **4** Huborgan **5** Huborganträger **6** Antriebszahnkranz **7** Gestell **8** koaxiale Getränkezuführung **9** koaxialer Medienverteiler **10** Rotorlager (Kugeldrehverbindung) **11** Abzugskurve für Huborgane **12** Getränkezufuhr/CIP-VL **13** Spanngas **14** Druckluft **15** Vakuum-Anschluss **16** Höhenverstellung für Kessel **17** Einlaufstern **18** Übergabestern **19** Verschließmaschinenrotor **20** Auslaufstern **21** Behälterführung **22** Einlaufschnecke **23** Behältereinlauf **24** Behälterauslauf

Zu den Elementen der Behälterzu- und -ableitung zählen die Einlaufschnecke, der Behälterstopp, der Einlaufstern, der Übergabestern und der Auslaufstern. Bei mehreren Verschließmaschinen können weitere Übergabesterne und ggf. auch Vereinzelungsschnecken vorhanden sein.

Die Rotorbaugruppe umfasst die Rotorlagerung und den Rotor, bestehend aus den Huborganen mit Behälterträgern und dem Getränkebehälter inclusive der Füllorgane.

Die Rotorlagerung (Synonym: Kugeldrehverbindung) erfolgt mit einem Kugellager, kombiniert als Axial- und Radiallager. Das Lager muss gegen das Eindringen von Flüssigkeiten und Scherben zuverlässig geschützt sein (der Austausch ist in der Regel zeit- und arbeitsaufwendig). Der Lagerdurchmesser soll möglichst groß sein.

Das Maschinengestell nimmt auch die Steuerorgane für die Ansteuerung der mechanisch betätigten Füllorgane auf („Steuerring"). Moderne FFM verzichten in der Regel auf mechanische Steuerelemente.

Die Maschinengestelle werden entweder gegossen (Vorteile des Gusses sind vor allem die Steifigkeit und die Schwingungsdämpfung) oder als Schweißkontruktion ausgeführt. Die Vorteile der Schweißkonstruktion sind vor allem Kostenvorteile bei der Fertigung, kurze Fertigungs- und Lieferzeiten sowie schnelle Reaktionsmöglichkeiten auf Änderungswünsche. Maschinengestelle als Schweißkonstruktion ermöglichen die komplette Ausführung in Edelstahl Rostfrei®.

Der Korrosionsschutz wird durch Beschichtungen oder Edelstahlblech-Verkleidungen gesichert. Die Verkleidungen müssen die Scherben und Getränkereste ableiten. Dabei gelten die gleichen Gesichtspunkte wie bei der Gestaltung des Vortisches (s.u.).

Die Aufstellung des Gestells wird mit höhenverstellbaren Kalottenfüßen vorgenommen. Das direkte Aufsetzen des Gestells auf den Fußboden wird nicht mehr praktiziert.

Abbildung 275a   Gestaltungsvarianten für moderne Vortische: „roof table"
(nach KRONES)

Füllanlagen

Abbildung 275b   Gestaltungsvarianten für moderne Vortische (nach KHS)

16.6.2.2 Vortisch

Der Vortisch der FFM kann Teil des Maschinengestells sein, aber auch - vor allem bei neuzeitlichen Maschinen - eine selbstständige Baugruppe sein.

Der Vortisch nimmt die Zu- und Ablaufkette, die Einteilschnecke und den Einlauf-, Übergabe- und Auslaufstern auf (s.u.).

Die zweckmäßige, reinigungsfreundliche Gestaltung des Vortischs ist eine relevante Forderung aus Sicht der Reinigung/Desinfektion. Gefordert werden u.a.:

- Geneigte Oberflächen, die sich selbsttätig entleeren und keine Flüssigkeitsreste speichern (sogenannte *Roof-table*-Ausführung);
- Glatte und allseitig geschlossene, minimierte Oberflächen;
- Geeignet für die automatische Schwallreinigung.

Roesicke berichtet über die Vorteile dieser Gestaltung [220]. Die Schutzrohre der Antriebswellen werden dicht mit den Blechen verschweißt. Die Abbildung 275 zeigt Beispiele ausgeführter reinigungsoptimierter Vortische.

Die Entwicklung geht zur Bauweise ohne speziellen Vortisch (Abbildung 276). Die Antriebe für die Einteilschnecke und die Transfersterne werden mit eigenen Verkleidungen ausgerüstet und direkt auf dem Boden abgestützt. Der Abstand untereinander wird formschlüssig gesichert. Die Antriebe selbst werden als frequenzgesteuerte Servoantriebe ausgeführt und laufen synchron, eine mechanische Kopplung ist also nicht mehr erforderlich.

16.6.2.3 Flaschenein- und Auslauf

Zulauf- und Ablaufband (in der Regel Scharnierbandkette) können identisch sein (kleinere und ältere FFM) oder es sind getrennte Bänder mit eigenem Antrieb.

Die auf dem Förderer ohne Abstand stehenden Behälter werden durch eine Einlauf-„Schnecke" mit sich verändernder Steigung entsprechend dem Teilungsmaß des Rotors vereinzelt und an den Einlaufstern übergeben. Die Bezeichnung Einlaufschnecke ist nicht korrekt, denn es ist ein Schraubengewinde mit variabler Steigung.

Füllmaschinen für Glasflaschen

Abbildung 276 Bauweise einer FFM ohne separaten Vortisch (Monotec nach KRONES)

Vor der Einteilschnecke befindet sich eine in der Regel pneumatisch schaltbare Behältersperre (Synonym: Flaschenstopperstern, Einlaufsperre), die den Gebindestrom bei Bedarf sperrt. Die Sperre wird während des Betriebes vom Gebindestrom passiv angetrieben (Abbildung 277). Vor dem Stopp wird die Geschwindigkeit der FFM stufenlos abgesenkt, um die Gebinde zu schonen.

Alternativ kann eine Stoppvorrichtung eingeschwenkt werden, die den Behälterstrom über eine vorgegebene Wegstrecke abbremst. Anschließend wird die Vorrichtung zurückgesetzt (Abbildung 277a).

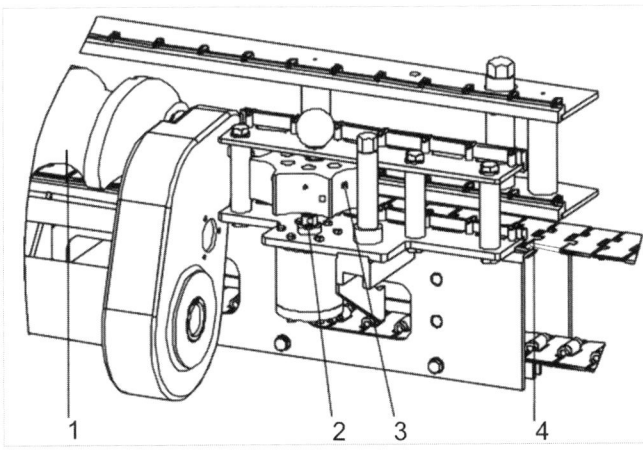

Abbildung 277 Behälterstoppvorrichtung (nach KHS)
1 Einteilschnecke **2** pneumatischer Stopper (Feder schließend) **3** Flaschenstopperstern **4** Transportband

Füllanlagen

Abbildung 277a   Gedämpfte lineare Behälterstoppvorrichtung (nach KRONES)
links: Beginn des Stopps   rechts: Stoppvorrichtung in Funktion   **1** Stoppfinger

Abbildung 278a   Ein- und Auslaufbereich einer FFM, schematisch (nach KRONES)
ältere Ausführung mit Formatteilen

Füllmaschinen für Glasflaschen

Die „Sterne" führen die auf Gleitleisten oder -blechen stehenden Behälter in Aussparungen, die dem Teilungsmaß und dem Behälterdurchmesser entsprechen, auf einer kreisförmigen Bahn, die durch eine Führungskurve begrenzt wird. Die Führungen sind mit auswechselbaren Kunstoffprofilen besetzt (Verschleiß; s.a. Kapitel 7.2 und 7.3 sowie Abbildung 278a. Neuzeitliche Führungsgarnituren zeigt Abbildung 278c.

Bedingt durch die unterschiedlichen Gebindegrößen, müssen für unterschiedliche Behälterdurchmesser und -formen jeweils zugeordnete Einlaufschnecken, Sterne und Führungsgeländer vorrätig sein. Diese müssen unverwechselbar gekennzeichnet sein.

Der Wechsel wird durch formschlüssige, zentrierte Kupplungselemente erleichtert. Der Antrieb erfolgt mittels einstellbarer form- und kraftschlüssiger Überlastkupplungen, deren Schaltzustand von Sensoren überwacht wird.

Moderne FFM werden teilweise mit Klammersternen (Klemmsternen) ausgerüstet (s.a. Kapitel 7.5). Diese Elemente können Behälter mit unterschiedlichen Durchmessern erfassen und ohne Gleit- und Führungselemente auf einer Kreisbahn fördern, d.h., es werden keine speziellen Formatteile benötigt und Umstellzeiten entfallen. Nachteilig ist bei den Klammersternen die Empfindlichkeit gegenüber Glasscherben. Die Hygiene wird durch die zahlreichen beweglichen Teile, Ecken und Kanten erschwert, ebenso die Reinigungsfähigkeit.

FFM für PET-Flaschen verwenden statt der „Sterne" Übergaberäder mit geschalteten bzw. ungeschalteten formschlüssigen Greifern (Abbildung 278b) bzw. kraftschlüssigen Greifern für das „Neckhandling" (*Clips*-Greifer, der Flaschenhals wird in das Kunststoffformteil „eingeschnappt"), s.a. Abbildung 329 bis Abbildung 331 (Kapitel 18).

Abbildung 278 b Neckhandling am Einlaufstern zur Füllmaschine (nach KHS). Die Flaschen liegen auf der U-förmigen Trägergabel mit dem Neckring lose auf und werden seitlich durch die Anlaufkurve geführt.

Abbildung 278 c   Moderne Führungsgarnituren für FFM (nach KRONES)

16.6.2.4 Antrieb

Der Antrieb der FFM erfolgt in der Regel mit einem frequenzgesteuerten Antriebsmotor (Drehstrom-Asynchronmotor), der über Gleichlaufgelenkwellen und/oder Getriebe die einzelnen Antriebsstationen synchron antreibt (Abbildung 279). Dieses Konzept gilt inzwischen als veraltet.

Bei Füll- und Verschließmaschinen bzw. geblockten Anlagen wird ebenfalls ein Motor eingesetzt. Dieser treibt in der Regel die Verschließmaschine an, mit der die übrigen Stationen gekoppelt werden.

Alternativ werden seit etwa 1995 im modernen Füllmaschinenbau auch Drehstrom-Synchronmotoren (Synonym: Servomotoren) verwendet, die von einem gemeinsamen Frequenzumrichter gespeist werden. Die Drehzahlen der Einzelantriebe werden natürlich messtechnisch überwacht, z.B. mittels Winkelgebern oder Inkrementalgebern, und ggf. wird nachgeregelt. Damit können Gelenkwellen sowie Zahnräder oder Riementriebe entfallen (s.a. Abbildung 276).

In der Vergangenheit wurden Drehstrom-Asynchronmotoren mit mechanischen Stellgetrieben kombiniert, um die Drehzahlanpassung vorzunehmen. Diese wurden etwa ab etwa 1970 von drehzahlstellbaren, zum Teil thyristorgesteuerten, Gleichstrommaschinen abgelöst und diese ab Ende der 1980er Jahre durch die o.g. frequenzgesteuerten Antriebe.

Der Antrieb muss über eine elektrisch betriebene oder mechanische Bremse verfügen, um die FFM möglichst schnell still zusetzen (Havariefall, Unfallschutz), sowie über einen Überlastkupplung als Schutz gegen mechanische Beschädigung.

Das Massenträgheitsmoment der rotierenden FFM-Komponenten (vor allem des Füllmaschinenkessels) ist relativ groß, sodass daraus eine nicht unbeträchtliche kinetische Energie resultiert, die bei der Stillsetzung in kürzest möglicher Zeit abgebaut werden muss.

Zur Vermeidung längerer Anlaufzeiten werden die FFM bei Anlagenstörungen oft im „Leerlauf" mit verringerter Drehzahl und bei aktiviertem Behälterstopp betrieben, bis die Störung beseitigt ist.

Zum Teil wurden die Antriebe auch mit schaltbaren Kupplungen ausgerüstet.

Füllmaschinen für Glasflaschen

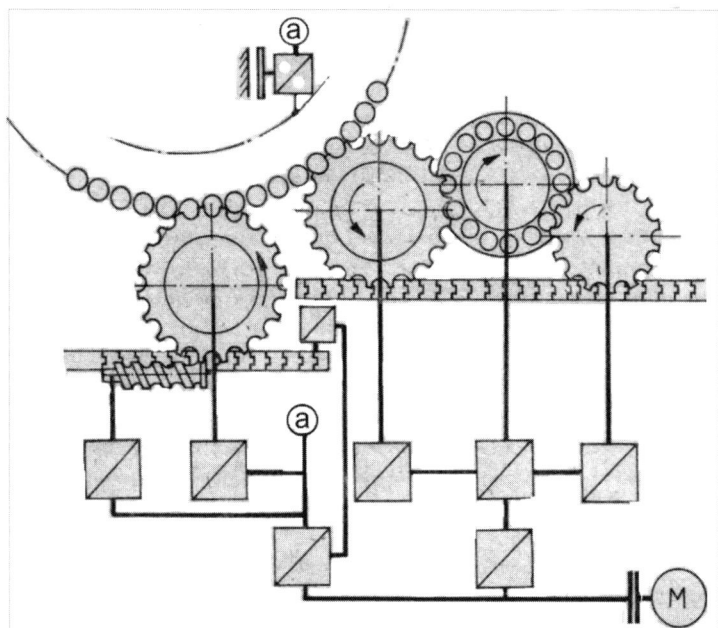

Abbildung 279 Antriebsschema einer Füll- und Verschließmaschine mit einem Antriebsmotor

16.6.2.5 Füllmaschinenrotor

Der Umfang bzw. der Durchmesser des Rotors wird von der Anzahl der Füllorgane und deren Abstand zueinander, der sogenannten Teilung, bestimmt. Die Teilung muss sich nach dem größten Gebinde richten, das mit der FFM füllbar sein soll.

Die Länge l bzw. der Umfang des Huborgan-/Füllorgan-Teilkreises ergibt sich mit Gleichung 24 aus dem Produkt:

$l = \pi \cdot d = z \cdot s$

l = Umfang des Teilkreises in mm
d = Durchmesser des Teilkreises in mm
z = Anzahl der Füllstellen bzw. Huborgane
s = Teilung in mm

Der Abstand s der Huborgane/Füllorgane wird als Teilung der FFM bezeichnet. Die Teilung ist der mittige Abstand von zwei abzufüllenden Flaschen/Behältern auf der Kreisbahn (also ein Kreissegment).

16.6.2.6 Huborganträger

Der Huborganträger (z.T. auch „Flaschenschirm" genannt) ist Teil des Rotors und nimmt an seiner Peripherie die Huborgane auf (s.a. Abbildung 274).

In der Regel ist der Huborganträger eine eigene Baugruppe, die mit der Kugeldrehverbindung kombiniert und unterhalb des Füllmaschinenkessels angeordnet ist.

Im modernen Füllmaschinenbau werden die Huborgane radial zurückgesetzt so angeordnet, dass sie weitestgehend durch Verkleidungsbleche geschützt sind. Der

Füllanlagen

Flaschenträger wird auskragend am unteren Ende des Zylinders befestigt (Abbildung 281).

Bei der sogenannten hängenden Anordnung der Huborgane werden diese am Füllmaschinenkessel befestigt, sodass der eigentliche Huborganträger entfällt. Es ist dann nur noch der Träger der Kugeldrehverbindung vorhanden.

Hängende Huborgane sind vorteilhaft bezüglich des Scherbenaustrages und der Außenreinigung der FFM.

Huborgane für die Füllung von PET-Flaschen sind für das Neckhandling ausgerüstet und im Allgemeinen hängend angeordnet (s. Kapitel 18).

16.6.2.7 Huborgane

Die Huborgane heben die Behälter auf der Kreisbahn aus der Ebene des Behälterzulaufes und pressen sie an die Füllorgane an, die in der Regel am Getränkebehälter befestigt sind.

Die maximale Hubhöhe richtet sich nach der Gebindehöhe und der Bauform des Füllorgans.

Die Huborgane tragen am oberen Ende den Behälterträger. Abbildung 280 zeigt ein Huborgan schematisch.

Die Huborgane (Synonym: Hubzylinder) stellen im Prinzip vertikal angeordnete Zylinder dar, bei denen der Kolben und die Kolbenstange feststehen und der Zylinder verschieblich ist. Der Zylinder trägt am oberen Ende den Gebindeträger (Flaschenträger).

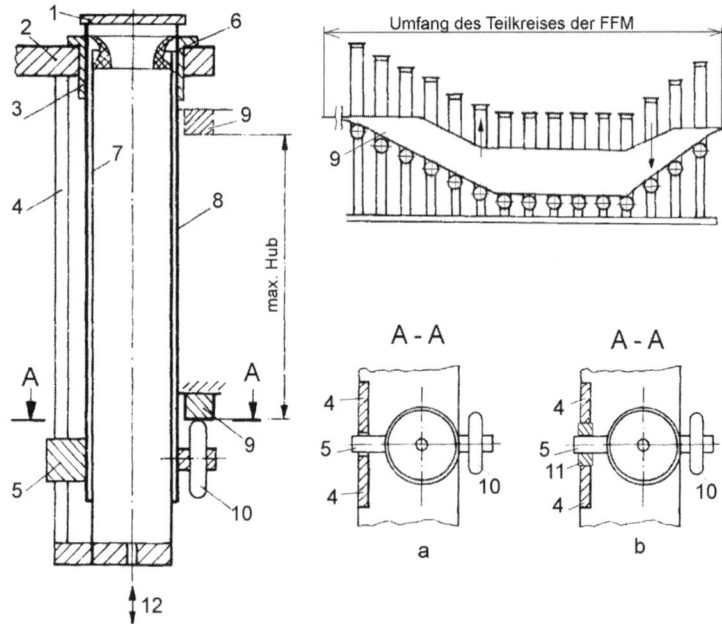

Abbildung 280 Huborgan, schematisch
a Führung des Hubzylinders mittels Gleitstein **b** Führung des Hubzylinders mittels Rolle
1 Flaschenträger **2** Huborganträger **3** Führungsbuchse **4** Führung **5** Gleitstein **6** Kolbendichtung **7** Kolbenstange **8** Hubzylinder **9** Abzugsbahn **10** Abzugsrolle **11** Führungsrolle **12** Druckluft

Füllmaschinen für Glasflaschen

Die Anpresskraft des Hubzylinders wird in der Regel durch eine „pneumatische Feder" oder eine Zug- oder Druck-Feder realisiert, seltener durch eine Hydrostatische. Die Auswahl wird in Abhängigkeit von der benötigten Anpresskraft vorgenommen.

In die untere Endlage wird der Hubzylinder formschlüssig - entgegen der Federkraft - durch eine an einer Kurvenbahn (Synonym: Abzugskurve) geführte Rolle gebracht. Zur exakten Positionierung dieser Abzugsrolle gegenüber der Abzugskurve muss der Hubzylinder radial mittels einer Gleit- oder Rollenführung geführt werden.

Die Hubzylinder werden gegenüber der Führungsbuchse mit einem Faltenbalg abgedeckt (in Abbildung 280 nicht dargestellt), um das Eindringen von Wasser und Glasstaub zu verhindern. Die Werkstoffpaarung dieser Führung ist im Allgemeinen ein Polymer (z.B. PTFE, PA) gegen CrNi-Stahl.

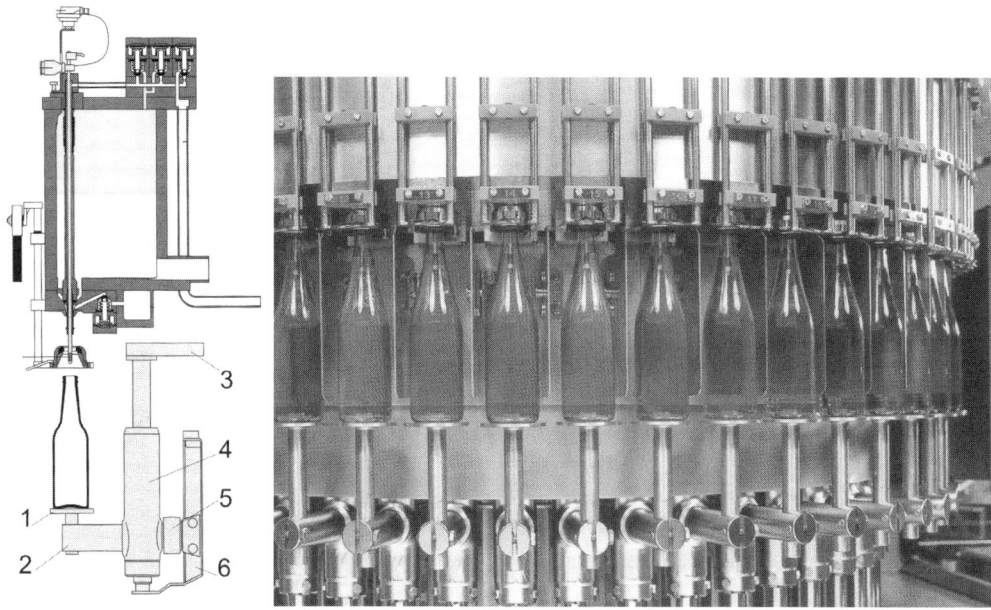

Abbildung 281 Moderne Huborgananordnung (nach KRONES)
1 Flaschenträger **2** Kragarm **3** Huborganträgerschirm **4** Hubzylinder **5** Rolle
6 Gleitführung /Verdrehsicherung

Die Gleitflächen müssen gut geschmiert und zuverlässig gegen eindringendes Wasser und Glasscherben/-staub geschützt werden.

Die erforderliche Kolbenkraft ist von der Größe der Flaschenmündung und dem Fülldruck abhängig und beträgt etwa 150…300 N.

Da alle Huborgane miteinander verbunden sind, tritt theoretisch kein Verbrauch an Hilfsenergie (Druckluft) auf: das beim Abzug eines Huborgans an der Abzugskurve verdrängte Druckmittel wird von den übrigen Zylindern aufgenommen. Es müssen also nur die Leckageverluste ersetzt werden. Deshalb sollte das System dicht sein.

Die Auflagefläche des Huborganes/Flaschenträgers für die Flaschen, der sogenannte Flaschenteller, kann mit Vorrichtungen zur Zentrierung oder dem formschlüssigen Halten der Flaschen kombiniert werden. Die Fixierung kann bei großen Winkelgeschwindigkeiten der FFM zur Kompensation der Zentrifugalkraft notwendig werden.

16.6.2.8 Getränkebehälter

Der Getränkebehälter (Synonym: Füllmaschinenkessel) dient der Getränkebevorratung und der Getränkezufuhr zu den Füllorganen. Er ist in der Regel der obere Teil des Rotors. Der Vorratsbehälter kann aber auch ortsfest oberhalb oder neben dem Füllorganträger installiert werden.

Die konstruktive Gestaltung richtet sich nach dem Einsatz für die verschiedenen Füllvarianten (Überdruck-, Normaldruck-, Vakuum-Füllmaschinen).

Die historische Entwicklung des Füllmaschinenkessels ging vom „Haubenfüller" über den „Zentralkessel" zum „Ringkanal" in verschiedenen Varianten. Aktuell sind der Ringkanal mit Vakuumkanal und der Zentralkessel (s.a. Abbildung 282).

Ziel dieser Entwicklung waren die Masseverminderung, die Verbesserung der Druckfestigkeit, die Verringerung der Getränkeoberfläche (Gasaustausch; Oxidationen) und die Fertigungskosten.

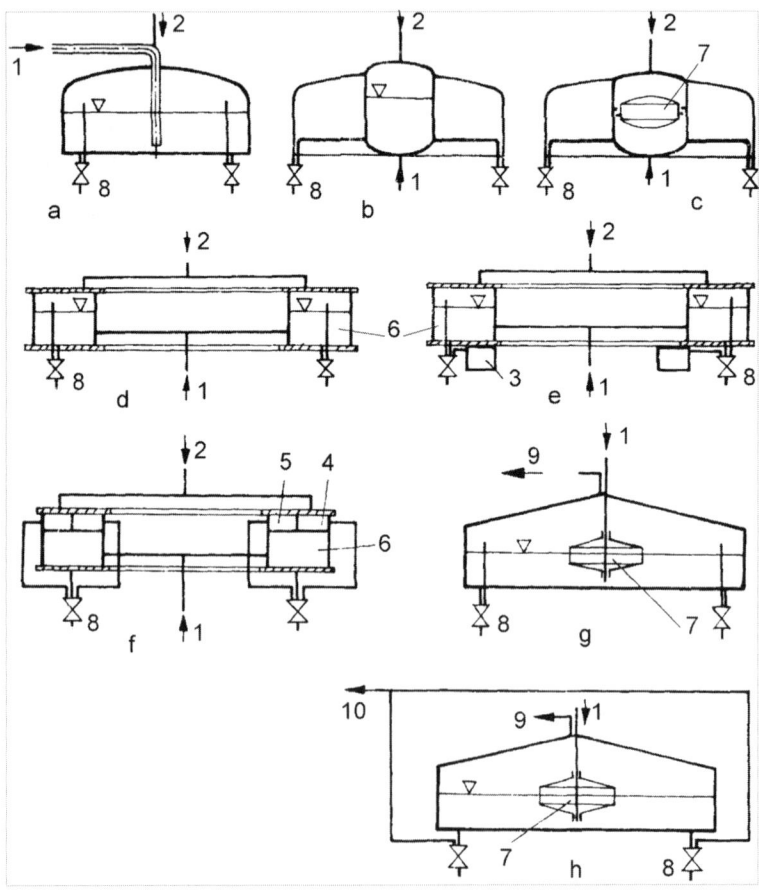

Abbildung 282 Bauformen des Füllmaschinenkessels (Getränkebehälters)
a Haubenfüller **b** Zentralkessel **c** Zentralkessel mit Schwimmersteuerung **d** Ringkanal in 1-Kammer-Ausführung **e** Ringkanal in 1-Kammer-Ausführung und mit Vakuumkanal **f** Ringkanal in 3-Kammer-Ausführung **g** Vakuum-Kessel **h** Vakuum-Kessel für Hochvakuumfüllung
1 Getränk **2** Spanngas **3** Vakuumkanal **4** Spanngaskanal **5** Rückgaskanal
6 Getränkekanal **7** Schwimmer für Niveausteuerung **8** Füllorgan **9** Vakuum
10 Hochvakuum

Füllmaschinen für Glasflaschen

Der Füllmaschinenkessel der Überdruckfüllmaschine ist ein Druckbehälter. Der maximale Betriebsdruck ($p_{ü}$ = 6...10 bar) richtet sich nach dem CO_2-Gehalt des abzufüllenden Getränkes und seiner Temperatur.

Der Kessel kann als Ringbehälter/-kessel oder als Zentralkessel ausgeführt werden. Im Extremfall wird der Ringkanal nur für die Getränkezufuhr genutzt und als Träger der Füllorgane kommt ein separater Füllventilträgerring zum Einsatz.

Der Behälter ist durch einen verschraubten Deckel verschlossen. Der Behälter mit rechteckigem Querschnitt ist mit dem Rotor bzw. dem Behälterträger („Kesselschirm") verschraubt oder verschweißt. Am Ringkessel werden die Füllorgane seitlich oder von unten angeflanscht. Bei der zuletzt genannten Variante ragt im Allgemeinen das Füllorgan in den Kessel, der auch das Betätigungselement („Schaltstern") für das Füllorgan aufnimmt. Die seitlich oder auch von unten angeflanschten Füllorgane sind nur über Kanäle für Getränk und Spanngas/Rückgas mit dem Kessel verbunden.

Der Ringkanalkessel kann in den Bauformen gemäß Abbildung 283 gefertigt werden. Aktuell ist es vorzugsweise der 1-Kammer-Ringkanal. Für Sauerstoff empfindliche Produkte wird er mit einem zusätzlichen Vakuumkanal für die Vorevakuierung der Behälter ausgerüstet.

Für die Druckentlastung des gefüllten Gebindes kann noch ein separater „Abspritz"-Kanal vorhanden sein, zum Teil wird hierfür der Vakuumkanal mit genutzt. Für die optimale Druckentlastung des gefüllten Gebindes kann mehrstufig entlastet werden: Entlastung von Fülldruck auf Vorentlastungsdruck in einen druckgeregelten Vorentlastungskanal, erst dann erfolgt die Restdruckentlastung zur Atmosphäre.

Der Trend geht zum äußerlich möglichst glatten Getränkebehälter, dessen Mantelflächen geneigt sind, um den Flüssigkeitsablauf zu fördern.

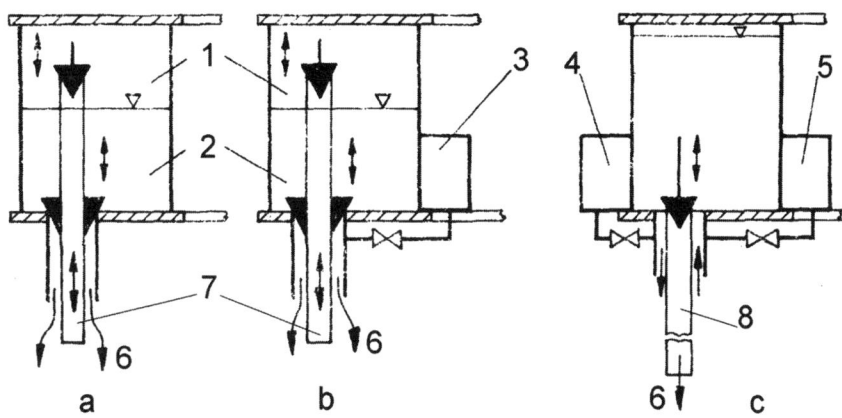

Abbildung 283 Ringkanal-Bauformen, schematisch
a 1-Kammer-Ringkanal **b** 1-Kammer-Ringkanal mit Vorevakuierung **c** 3-Kammer-Ringkanal
1 Spanngas/Rückgas **2** Getränk **3** Vakuumkanal **4** Vorspanngas **5** Rückgas
6 einlaufendes Getränk **7** Gasröhrchen **8** langes Füllrohr

Beim Zentralkessel werden die Füllorgane an einem Trägerschirm befestigt. Die Gas- und Flüssigkeitsverbindungen werden durch flexible Leitungen oder/und entsprechende Röhrchen hergestellt. Der Zentralkessel kann als 1-Kammerkessel oder 3-

Füllanlagen

Kammerkessel ausgeführt werden. Die Zentralkesselausführung hat gegenwärtig vor allem Bedeutung bei der volumetrischen Füllung und für Vakuum- und Normaldruckfüllmaschinen.

Zur Anpassung an unterschiedliche Gebindehöhen lässt sich die Höhe des Füllmaschinenkessels über den Behälterträgern vertikal einstellen. Dazu sind mehrere Gewindespindeln vorhanden, die über Zahnräder und einen umlaufenden Zahnkranz oder über Kettenräder und eine Endloskette synchron gedreht werden können und den Kessel mittels Muttern verstellen: entweder von Hand mittels einer Kurbel oder durch einen Getriebemotor, der auch von einer SPS angesteuert werden kann. Für die gleiche Aufgabe kommen auch Schnecken- oder Kegelradgetriebe zum Einsatz, die über Wellen verbunden werden.

Natürlich muss neben der Höhenverstellung des Kessels auch die Ansteuerung der Füllorgane in der Höhe angepasst werden.

Füllmaschinenkessel in Ringrohr-Ausführung

Moderne Ringkanäle werden als Rohrkanäle gefertigt (Abbildung 284). Diese sind bezüglich der Massereduzierung und der Verbesserung der CIP-Fähigkeit als optimal einzuschätzen. Ihr Einsatz wurde vor allem durch verbesserte Fertigungsverfahren möglich.

Der Rohrringkanal wird nur für die Getränkezufuhr genutzt, die Füllorgane werden an einem separaten Füllventilträgerring angesetzt und mit dem Kanal verbunden. An diesem werden auch eventuelle weitere Kanäle für Vakuum, Spanngas usw. integriert.

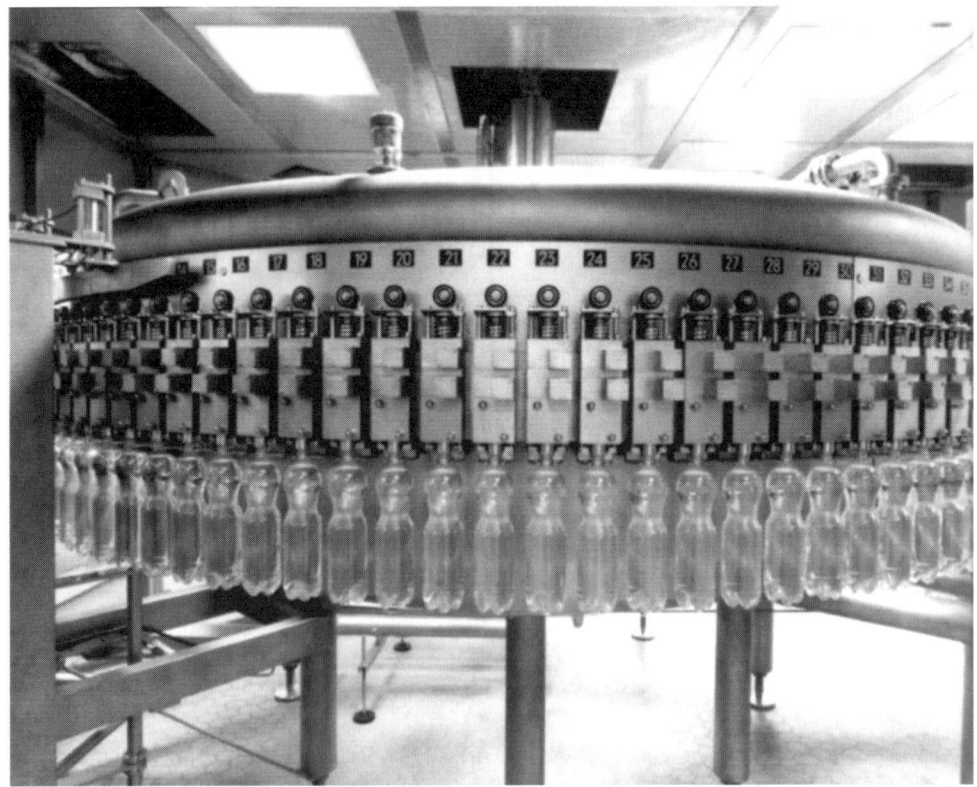

Abbildung 284 Ringkanal als Rohrkanal (nach KHS)
Füllmaschine Innofill DRV (volumetrische Füllung mittels MID)

Kessel für Vakuum-Füllmaschinen: der Kessel ist als zylindrischer Behälter mit flachem Boden und gewölbtem oder kegelförmigem Deckel gestaltet. Die Füllorgane werden am Boden befestigt und ragen in den Kessel hinein. Der Betriebsdruck des Kessels liegt nur relativ geringfügig unterhalb des atmosphärischen Druckes, sodass keine besonderen mechanischen Beanspruchungen auftreten. Er beträgt etwa p = 0,93…0,98 bar.

Der Kessel ist mit einer Niveausteuerung für den Getränkespiegel ausgerüstet (direkte Schwimmersteuerung des Getränkezulaufes oder Sondensteuerung mittels Schwimmer oder Leitfähigkeitssonde, die auf eine Armatur oder Pumpe wirkt) und kann über ein Schauglas zur Beobachtung der Füllhöhe verfügen.

Der Getränkezulauf und der Anschluss für die Vakuumleitung erfolgen koaxial von oben mittels Drehverteiler. Bei größeren Maschinen werden Drehverteiler und Kesseldeckel an einer Hebe- und Schwenkvorrichtung (Kragträger), die manuell mechanisch betätigt wird, befestigt.

Bei Vakuum-Füllmaschinen mit mehr als 30 Füllorganen kann der Getränkebehälter auch als Ringkanal gestaltet werden.

Kessel für Hochvakuum-Füllmaschinen: der Kessel kann analog wie bei Vakuum-Füllmaschinen gestaltet sein, die Rückluftröhrchen werden jedoch aus dem Kessel herausgeführt und mit einer zweiten Vakuumleitung verbunden, deren Betriebsdruck im Bereich von p = 0,6…0,9 bar eingestellt wird. Alternativ dazu besteht auch die Möglichkeit, den Normaldruck-Getränkebehälter als Zentralbehälter etwas tiefer als die Füllorgane anzuordnen, sodass der Getränkespiegel geringfügig unterhalb des Getränkezulaufes im Füllorgan liegt.

Die Füllorgane können natürlich auch außerhalb des Getränkebehälters angeflanscht werden.

Bei FFM mit mehr als 30 Füllstellen kann der Getränkebehälter als Ringkanal ausgeführt werden.

Die Hochvakuum-Sammelleitung muss über einen Getränkeabscheider geführt werden, da aus den gefüllten Flaschen ständig Getränk abgesaugt wird.

Vakuum- bzw. Hochvakuum-Füllmaschinen werden u.a. bei der Wein- und Spirituosenabfüllung, speziell für höherviskose Füllgüter, eingesetzt. Ihr Vorteil liegt auch darin begründet, dass sich das Prinzip „Keine Flasche, keine Füllung" relativ einfach realisieren lässt. Ein weiterer Vorteil liegt in der absoluten Tropffreiheit.

Die Entwicklung moderner Normaldruckfüllmaschinen hat die Unterdruckfüllmaschinen zum Teil bereits verdrängt.

Kessel für Normaldruck-Füllmaschinen: der Behälter hat nur die Funktion eines Vorratsbehälters, an dem die Füllorgane befestigt werden. Normaldruck-Füllmaschinen haben durch die Entwicklung der volumetrischen Füllung an Bedeutung gewonnen.

Haubenfüllmaschine: diese Bauform wurde bis etwa 1958…1960 praktiziert, vor allem bei Maschinen für kleine Durchsätze. Dabei kamen insbesondere Kükenhähne als Füllorgane zum Einsatz. Der Betriebsdruck lag bei $p_{ü} \leq 3$ bar. Diese FFM sind nur noch aus historischer Sicht interessant, werden in kleinen Betrieben aber immer noch genutzt.

Füllanlagen

16.6.2.9 Füllmaschinenkessel-Zubehör

Der Füllmaschinenkessel wird mit folgendem Zubehör ausgerüstet:
- Überdruck-Sicherheitsarmatur(en), meist Feder belastet;
- Schaugläser in der Kesselzarge (darauf kann auch verzichtet werden, s.u.);
- Manometer;
- Thermometer (darauf kann auch verzichtet werden, z.B. durch eine Temperatursonde in der Getränkezuleitung);
- Armaturen für Be- und Entlüftung;
- Spülöffnungen, manuell oder fernbetätigt;
- Armaturen für CIP;
- Niveausteuerung für die Getränkehöhe.

Niveausteuerung

Die Realisierung einer konstanten Getränkehöhe im Kessel ist für die konstante Füllgeschwindigkeit sehr wichtig, die Schwankung soll möglichst gering bleiben (s.a. Kapitel 16.4).
Die Niveausteuerung kann erfolgen:
- durch eine Schwimmersteuerung oder
- eine Sondensteuerung.

Bei der *Schwimmer*-Steuerung werden zwei schwimmergesteuerte Ventile eingesetzt (Zweipunkt-Regelung, s.a. Abbildung 285 a). Das eine Ventil öffnet, sobald der Getränkespiegel unter einen vorgegebenen Wert gesunken ist, den Kessel zur Atmosphäre, sodass Spanngas entweichen kann und der Druck im Kessel sinkt. Dadurch kann Getränk nachströmen, bis der Schwimmer das Abblaseventil wieder schließt. Steigt dagegen der Getränkespiegel an, weil der Spanngasdruck zu gering ist, so wird durch einen zweiten Schwimmer das Spanngasventil geöffnet. Somit kann Spanngas in den Kessel strömen, der Druck steigt an. Als Folge dessen strömt das Getränk (bei konstantem Vordruck) langsamer in den Kessel bzw. wird Getränk aus dem Kessel gedrückt, bis der Getränkespiegel soweit gesunken ist, dass das Spanngasventil wieder schließt. Dieses System gilt als veraltet.

Bei der *Sonden*-Steuerung werden der minimale und der maximale Füllstand durch entsprechende Sensoren (Basis: z.B. Leitfähigkeit oder Schwimmer mit kontaktloser Abtastung) erfasst und davon abhängig der Getränkezulauf geschaltet (s.a. Abbildung 285 b, „a"). Das Messergebnis kann für die Füllstandsanzeige genutzt werden.
Auch eine Regelung des Getränkeniveaus ist möglich (Abbildung 285 b, „b").

Günstig für den störungsfreien Betrieb der FFM ist eine Konstantdruckregelung in der Getränkezuleitung. Diese ist vor allem wichtig bei großen, stehenden Drucktanks (s.a. Abbildung 286). Eine einfache Lösung ergibt sich durch den Einsatz einer frequenzgeregelten Pumpe.
Als Armatur in der Getränkezuleitung (s.a. Abbildung 286) werden pneumatisch betätigte Stellventile eingesetzt. Stellventile sind keine Absperrventile und erfordern zusätzlich eine Absperrarmatur. Zum Teil werden an dieser Stelle auch spezielle Armaturen benutzt, wie z.B. Kugelhähne mit angepasster Öffnungscharakteristik, die beide Funktionen übernehmen können.

Füllmaschinen für Glasflaschen

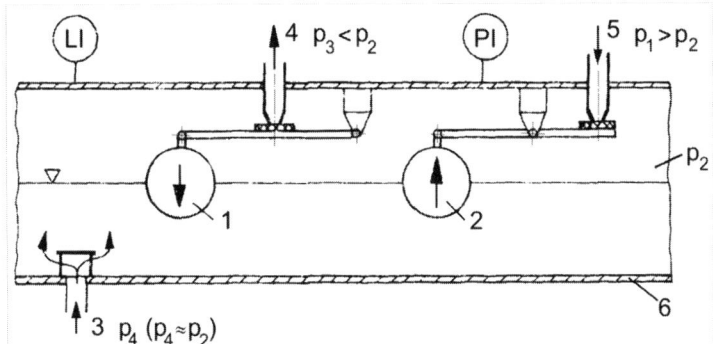

Abbildung 285a   Niveausteuerung der Getränkehöhe in einem Füllmaschinenkessel mit Schwimmern, schematisch
1 Abblas-Schwimmer   **2** Einlass-Schwimmer   **3** Getränkezulauf mit dem Druck p_4 **4** Abgasdruck p_3 **5** Spanngas mit dem Druck p_1 **6** Füllmaschinenkessel p_2 Kesseldruck

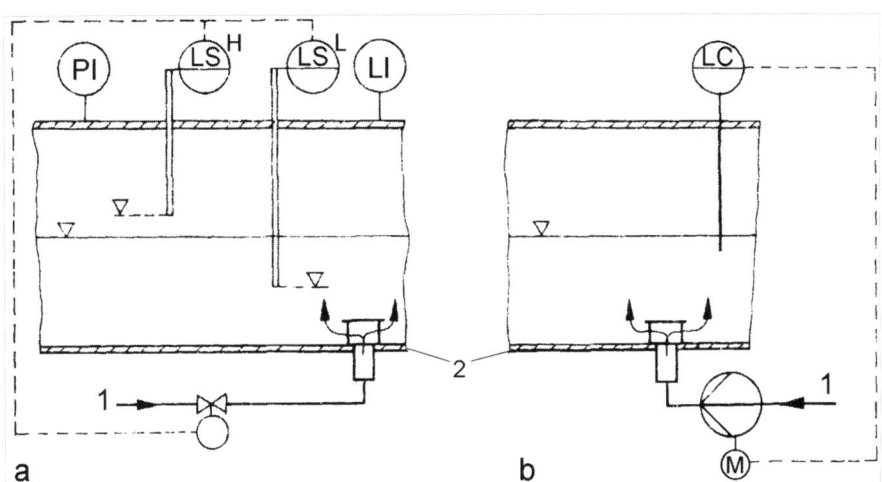

Abbildung 285b   Niveausteuerung der Getränkehöhe in einem Füllmaschinenkessel mit Sonden, schematisch
a Zweipunkt-Steuerung   **b** Regelung des Niveaus   **1** Getränk   **2** Füllmaschinenkessel

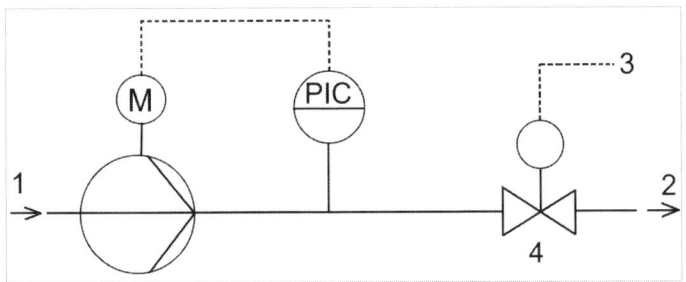

Abbildung 286 Konstantdruckregelung in der Getränkezuleitung, schematisch
1 Getränk vom Drucktank   **2** Getränk zur FFM   **3** zur Niveau-Steuerung   **4** Armatur für die Niveausteuerung

Füllanlagen

16.6.2.10 Medienverteiler

Die Zuführung der Medien zum Rotor der Füllmaschine muss über Drehverbindungen erfolgen, die als Medienverteiler bezeichnet werden. Da mehr als eine Verbindung realisiert werden muss, werden die Drehverbindungen koaxial ausgeführt. Die Abbildung 287 und Abbildung 287 a zeigen Beispiele.

Die Getränkezufuhr wird in der Regel von unten vorgenommen. Die Getränkezufuhr ist gleichzeitig die CIP-Vorlaufleitung.

Die gasförmigen Medien werden im Allgemeinen von oben zugeführt. Die Vakuumableitung wird in der Regel auch als CIP-Rücklauf genutzt.

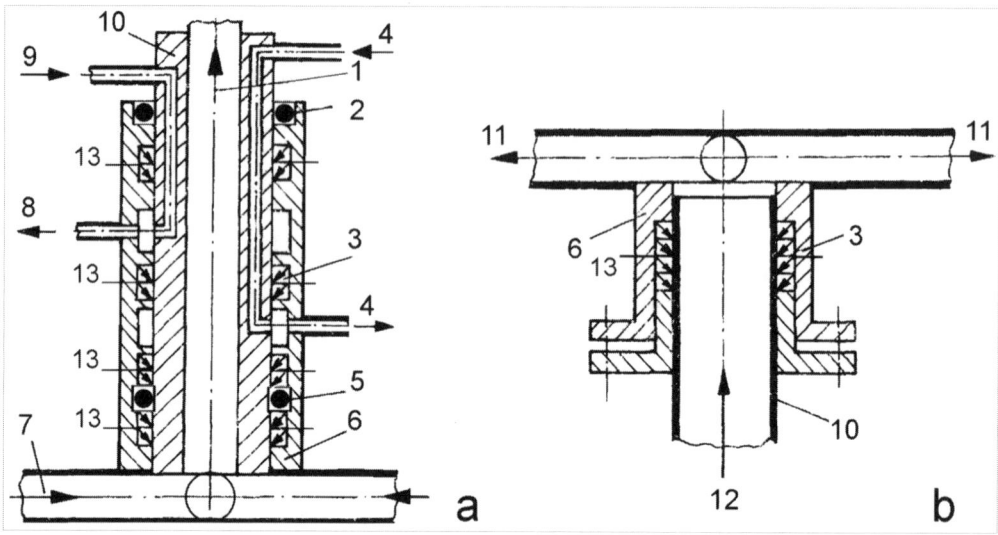

Abbildung 287 Medienverteiler, schematisch
a Gasverteiler   b Getränkeverteiler
1 zur Vakuumpumpe   2 Lager   3 Dichtringe/Gleitringe   4 Druckluft zu den Huborganen   5 Lager   6 rotierendes Teil   7 vom Vakuumkanal   8, 9 Spanngas zum Ringkanal   10 feststehendes Teil   11 zum Ringkanal   12 Getränk   13 Leckagebohrung/Spülung

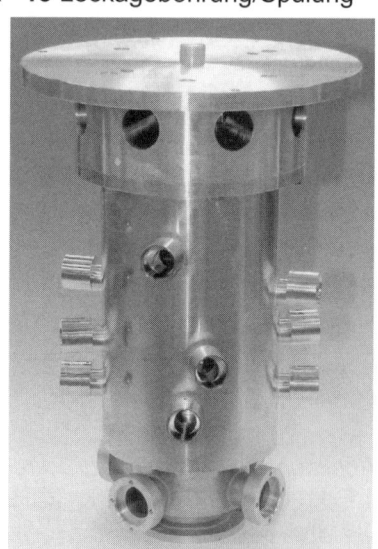

Abbildung 287a   Medienverteiler
(nach KRONES)

Füllmaschinen für Glasflaschen

Abbildung 288 Scherengelenk am Medienverteiler (nach KRONES)

Die Dichtringe bzw. Gleitringdichtungen der Medienverteiler müssen die CIP-Reinigung und Desinfektion ermöglichen. Die feinstgeschliffenen bzw. polierten Oberflächen sind empfindlich und müssen sorgfältig behandelt werden. Zum Teil werden keramische Werkstoffe eingesetzt.

Die Medienverteiler müssen der vertikalen Bewegung des Füllmaschinenkessels bei der Höhenverstellung folgen können (Scherengelenk; Teleskopverbindung) oder sie werden mittels flexibler Leitungen verbunden (Abbildung 288).

Zur Vermeidung von unbeabsichtigter Medienvermischung werden zwischen zwei unterschiedlichen Medienkanälen Leckagebohrungen/-kanäle installiert. Diese können auch für die Funktionsprüfung bzw. Leckageerkennung genutzt werden. Die Leckagekanäle müssen in das CIP-System integriert werden.

16.6.2.11 Füllorgan-Ansteuerung

Die Betätigung der Füllorgane erfolgt entweder mechanisch, pneumatisch oder elektromagnetisch. Die mechanische Ansteuerung dominierte bis in die 1990er Jahre. Sie wird immer noch praktiziert, auch bei größeren Durchsätzen.

Mechanische Ansteuerung

Mechanisch betätigte Füllorgane werden von Schaltsternen oder Ventilen betätigt, die mittels pneumatisch gesteuerter Anschläge (Pneumatikzylinder; Synonym: Steuerzylinder, Steuerbock) oder Anlaufkurven geschaltet werden. Die Schaltsterne und/oder Ventile können im Füllventil integriert sein oder sie werden im Ringkessel radial angeordnet.

Steuerzylinder und Anlaufkurven für die Ansteuerung werden auf einem *Steuerträgerring* angeordnet. Die Position der einzelnen Steuerelemente ist individuell einstellbar. Ihre jeweilige Position muss exakt ermittelt werden, um die einzelnen Teilschritte des Füllprozesses zum jeweils günstigsten Zeitpunkt zu beginnen oder zu beenden.

Die Steuerelemente müssen auch sichern, dass der Füllprozess nur dann gestartet wird, wenn sich ein Behälter am Füllorgan befindet (Prinzip: kein Gebinde, keine Füllung). Der Füllvorgang selbst wird z.B. beim mechanisch gesteuerten Ventil nur

Füllanlagen

gestartet (unabhängig vom Steuerbock), wenn der Behälter vorgespannt wurde. Fehlt der Vorspanndruck im Gebinde, kann das Getränkeventil nicht öffnen.

Der Steuerträgerring kann synchron zum Füllmaschinenkessel vertikal eingestellt werden (s.o.; Anpassung an die Behälterhöhe). Der Steuerträgerring ist aus Sicht der Reinigung nicht unproblematisch und seine genaue Höhenjustierung für die exakte Funktion der Füllorgane wichtig.

Pneumatische oder elektromagnetische Ansteuerung

Die pneumatisch geschalteten Füllventile (diese Variante der Ansteuerung dominiert in der Gegenwart) werden von Pilotventilen mittels geeigneter Sensoren angesteuert, ebenso elektromagnetisch betätigte Füllventile.

Damit kann der Steuerträgerring entfallen und die Füllorgane können von einer Steuerung beliebig angesteuert oder ggf. auch individuell beeinflusst werden.

16.7 Füllorgane für Flaschenfüllmaschinen
16.7.1 Allgemeiner Überblick

Die Entwicklung der Füllorgane verlief vom einfachen Heberorgan über den Kükenhahn, das drehschiebergesteuerte Füllventil zum modernen Füllventil, das mechanisch, elektromechanisch oder pneumatisch angesteuert und betätigt werden kann.

Insbesondere die Fortschritte in der mechanischen Fertigung und der MSR-Technik, vor allem der pneumatisch betätigten Steuer-Membranventile, leiteten den Übergang zu den pneumatisch bzw. elektromechanisch gesteuerten Füllventilen ein.

Wesentliche Entwicklungsziele waren dabei:
- Verbesserung der Funktionssicherheit, insbesondere der Füllgenauigkeit und der Verringerung der O_2-Aufnahme;
- Universelle Einsatzfähigkeit für klare und feststoffhaltige Getränke (Fasern, Pulpe);
- Erhöhung der Füllgeschwindigkeit;
- Erhöhung der möglichen Füllguttemperatur in Abhängigkeit vom CO_2-Gehalt;
- Verbesserung der CIP-Fähigkeit;
- Senkung der Fertigungskosten;
- Erhöhung der Lebensdauer;
- Vereinfachung der Wartung und Instandhaltung.

16.7.2 Die Gasaufnahme beim Füllprozess

Die Minimierung der Sauerstoffaufnahme beim Füllprozess ist bei sehr vielen Getränken ein wichtiges Kriterium für die Festlegung des Füllprinzips bzw. bei der Auswahl der Bauform. Natürlich spielt auch der Aufwand für das Erreichen der Zielstellung eine große Rolle. Eine detaillierte Bearbeitung dieser Problematik wurde von *Broll* vorgenommen [221].

Im Wesentlichen geht es dabei um die Verringerung oder möglichst vollständige Verhinderung der O_2-Aufnahme, der ebenfalls mögliche Verlust an CO_2 ist dagegen zweitrangig, weil die Getränke davon genügend besitzen.

Sauerstoff ist der wesentliche Faktor für die Alterung der Getränke, weil die Oxidationsprodukte die Sensorik deutlich verschlechtern. Dieser Zusammenhang wurde Ende der 1950er Jahre erkannt und seit dieser Zeit wurden deutliche Verbesserungen der O_2-Reduktion erreicht. In dieser Zeit hat sich vor allem *Kipphan* um die Entwicklung und Einführung der Sauerstoffanalytik verdient gemacht (*Enzinger*-Spritzenmethode und Unterwasser-Trichtermethode, s.a. [222]).

Zu weiteren Informationen zu diesem Thema muss auf die Literatur verwiesen werden. Es sind dies die Fachpresse und vor allem die Arbeiten von *Paukner* [223], *Guggenberger* [224] und *Rammert* [225]. Weitere Hinweise s.a. im Kapitel 29.

Wichtige Etappen auf dem Wege der O_2-Reduzierung waren die Nutzung langer Füllrohre in Verbindung mit 3-Kammer-Kesseln (Fa. *Enzinger*, FFM *Rex* bzw. *Rex Combi*) bzw. die Einführung der Vorevakuierung der Flaschen vor der Vorspannung mit CO_2. Letztere Entwicklung geht insbesondere auf die Entwicklung und Erfahrungen der Heißabfüllung durch die Fa. *Holstein* & *Kappert* zurück und führte zur doppelten Vorevakuierung. Helle Biere (Typ Export und Pilsner) konnten ohne eine deutliche

Reduzierung des Sauerstoffeinflusses aus sensorischer Sicht überhaupt nicht heiß abgefüllt werden.

So hat sich beispielsweise die Sauerstoffaufnahme beim Füllvorgang von etwa 1 mg O_2/l (1970) auf ca. 0,1 mg O_2/l (1990) auf gegenwärtig etwa 0,02 mg O_2/l verringert.

Eine weitere Erkenntnis resultiert aus den Arbeiten zur Sauerstoffreduktion: der Einfluss von Gasbläschen bzw. gelöster Luft auf das Abfüllverhalten der Getränke. Diese Bläschen entstehen entweder bei Reduzierung des Gaspartialdruckes unter den Gleichgewichtsdruck im Getränk (dieser ist eine Funktion von Gasgehalt und Temperatur) oder sie sind auf festen Oberflächen als mikroskopisch kleine Gasbläschen vorhanden (vor allem die Oberflächenrauigkeit spielt in Verbindung mit der Oberflächenspannung des Getränkes eine wichtige Rolle). In diese Mikrobläschen kann CO_2 diffundieren und die Bläschen vergrößern, sodass die Bläschen sich ablösen und aufsteigen; es wird Schaum gebildet. Dieser Vorgang läuft in sehr kurzer Zeit ab und führt zum Überschäumen der gefüllten Behälter (s.a. [224] und [225]).

Daraus leitet sich ab, dass es Ziel sein muss, vor der Füllung gashaltiger Getränke die Bildung von Mikrobläschen zu verhindern oder vorhandene zu beseitigen sowie die Oberfläche des zu füllenden Behälters vollständig zu benetzen, um die Gasentbindungskeime zu beseitigen. Eine Möglichkeit dazu stellt die Vorevakuierung dar: bei Unterdruck vergrößern sich die Mikrobläschen und platzen.

16.7.2.1 Faktoren, die die Gasaufnahme beeinflussen

Die Gasaufnahme in eine Flüssigkeit entlang einer Grenzfläche als Funktion des Konzentrationsgefälles und der Zeit kann durch das 1. und 2. Gesetz von *Fick* beschrieben werden. Dabei spielen der Diffusionskoeffizient D (in m^2/s) und der Stoffübergangskoeffizient β (in m/s) eine wichtige Rolle. Im Falle der Flaschenfüllung ist die Diffusionsgrenzfläche bei den füllrohrlosen Füllventilen die senkrechte Flaschenwandung bzw. der Flüssigkeitsfilm auf dieser und bei den Füllventilen mit langem Füllrohr ist es die Grenzfläche Flüssigkeitsspiegel und Gasphase (s.a. [221]).

Die wesentlichen Einflussfaktoren der O_2-Absorption sind außer den bereits genannten Koeffizienten die Größe der Grenzfläche Gasphase/Getränk, der Partialdruck des Sauerstoffs in der Gasphase, die Temperatur, die Fließgeschwindigkeit des Getränkes, die Filmdicke, die Füllzeit, die Konzentration des O_2-Gehaltes im Getränk zu Beginn der Füllung und die Viskosität.

Triebkraft der Absorption ist die Konzentrationsdifferenz des O_2 zwischen der Gasphase und dem Getränk und damit der Partialdruck des Sauerstoffs in der Gasphase.

Wichtige Kennziffern bei der Berechnung sind die *Reynolds*-Zahl (*Re*-Zahl), die *Sherwood*-Zahl (*Sh*-Zahl) und die *Schmidt*-Zahl (*Sc*-Zahl).

Die mögliche O_2-Konzentration im Getränk wird von seiner Zusammensetzung (vor allem Extrakt-, Ethanol- und Salz-Gehalt), der Temperatur und dem Partialdruck bestimmt. Ein Maß dafür ist der *Bunsen*'sche Absorptionskoeffizient α_B in Milliliter Gas i.N./(ml Wasser · 1,01325 bar) bzw. der technische Löslichkeitskoeffizient λ in Milliliter Gas i.N./(1 g Wasser · 0,980665 bar) für die jeweilige Temperatur. Der Zusammenhang wird durch das Gesetz von *Henry* beschrieben (s.a. Kapitel 29).

16.7.2.2 Möglichkeiten zur Reduktion der O_2-Aufnahme

Aus den Zusammenhängen der Absorption durch den Rieselfilm folgt für die Reduzierung der O_2-Aufnahme durch das Getränk (Tabelle 42):

Tabelle 42   Einflussfaktoren der Sauerstoffaufnahme

Es steigt	die O_2-Aufnahme wird	Es sinkt	die O_2-Aufnahme wird
die Temperatur	größer [1]	die Temperatur	geringer [2]
der O_2-Partialdruck	größer	der O_2-Partialdruck	geringer
die Füllzeit	größer	die Füllzeit	kleiner
der Kesseldruck	größer	der Kesseldruck	kleiner
Anfangskonzentration des O_2 im Getränk	kleiner	Anfangskonzentration des O_2 im Getränk	größer
die Zahl der Evakuierungsschritte	kleiner	die Zahl der Evakuierungsschritte	größer
das Vakuum	kleiner	das Vakuum	größer
die CO_2-Konzentration	kleiner	die CO_2-Konzentration	größer
langes Füllrohr	kleiner	Füllrohrloses Ventil	größer

1) das Lösungsvermögen sinkt dagegen; 2) das Lösungsvermögen steigt dagegen

16.7.2.3 Varianten der Vorevakuierung

Es können prinzipiell die Varianten gemäß Tabelle 43 praktiziert werden. Da alle Varianten den für die Füllung verfügbaren Drehwinkel reduzieren, besteht die Forderung, mit einem kleinen Abschnitt auszukommen. Deshalb ist die in Tabelle 43 genannte dreifache Vorevakuierung nicht ohne weiteres realisierbar (s.a. Kapitel 16.7.2.4).

Ein weiteres Problem ist der CO_2-Verbrauch der Varianten. Aus diesem Grunde scheiden auch die Varianten mit Vorspannung bis auf den Fülldruck aus.

Die Gasableitung bei der Evakuierung aus der Flasche kann erfolgen:
- In die Umgebung;
- In einen Zwischenspeicher.

Die Nutzung eines Zwischenspeichers für das abgeleitete Gas könnte bei Vorspannung bis auf den Fülldruck genutzt werden, jedoch scheidet diese Variante aus Gründen des Gasverbrauches und des Zeitaufwandes aus.

In Tabelle 45 und Tabelle 46 werden für verschiedene Vorevakuierungsvarianten die zu erwartenden CO_2-Verbrauchswerte ermittelt und verglichen.

Die Zusammenfassung von Tabelle 45 und Tabelle 46 zeigt Tabelle 44. Diese Auswertung zeigt, dass vor allem sauerstofffreies Spanngas bei möglichst hohem in der Flasche erreichten Vakuum und möglichst geringem Fülldruck den O_2-Partialdruck verringert.

Füllanlagen

Die aus den O_2-Partialdrücken resultierende Grenzkonzentration wird beim Füllvorgang nicht erreicht. Trotzdem sind immer geringe Partialdrücke anzustreben.

Der O_2-Gehalt im Flaschenhals muss natürlich ebenfalls für einen geringen Gesamt-O_2-Gehalt minimiert werden.

Tabelle 43   Vorevakuierungsvarianten

Variante 1	Variante 2	Variante 3	Variante 4	Variante 5
zweifache Evakuierung	einfache Evakuierung	zweifache Evakuierung	dreifache Evakuierung	dreifache Evakuierung nach KHS [226]
Spülen mit Inertgas			Spülen mit Inertgas	
Anpressen	Anpressen	Anpressen	Anpressen	Anpressen
Vakuum	Vakuum	Vakuum	Vakuum	Vakuum
Vorspannen mit CO_2 auf atmosphärischen Druck	Vorspannen auf Fülldruck	Vorspannen mit CO_2 auf atmosphärischen Druck	Vorspannen mit CO_2 auf atmosphärischen Druck	Einleitung einer definierten CO_2-Menge in die Flasche
Vakuum		Vakuum	Vakuum	Vakuum
			Vorspannen mit CO_2 auf atmosphärischen Druck	Einleitung einer definierten CO_2-Menge in die Flasche
			Vakuum	Vakuum
Vorspannen auf Fülldruck		Vorspannen auf Fülldruck	Vorspannen auf Fülldruck	Vorspannen auf Fülldruck
Füllen	Füllen	Füllen	Füllen	Füllen

16.7.2.4 Dreifache Vorevakuierung nach KHS

Nach einer von KHS entwickelten Variante [226] wird nach der zweiten und dritten Evakuierung nicht auf einen definierten Druck in der Flasche vorgespannt, sondern es wird eine definierte CO_2-Menge in die Flasche geleitet (Variante 5 in Tabelle 43). Diese Menge beträgt etwa 25 % des Flaschenvolumens (s.a. Abbildung 289).

Mit dieser Variante der definierten Mengenspülung lassen sich geringe O_2-Aufnahmewerte bei geringem CO_2-Verbrauch realisieren.

Füllmaschinen für Glasflaschen

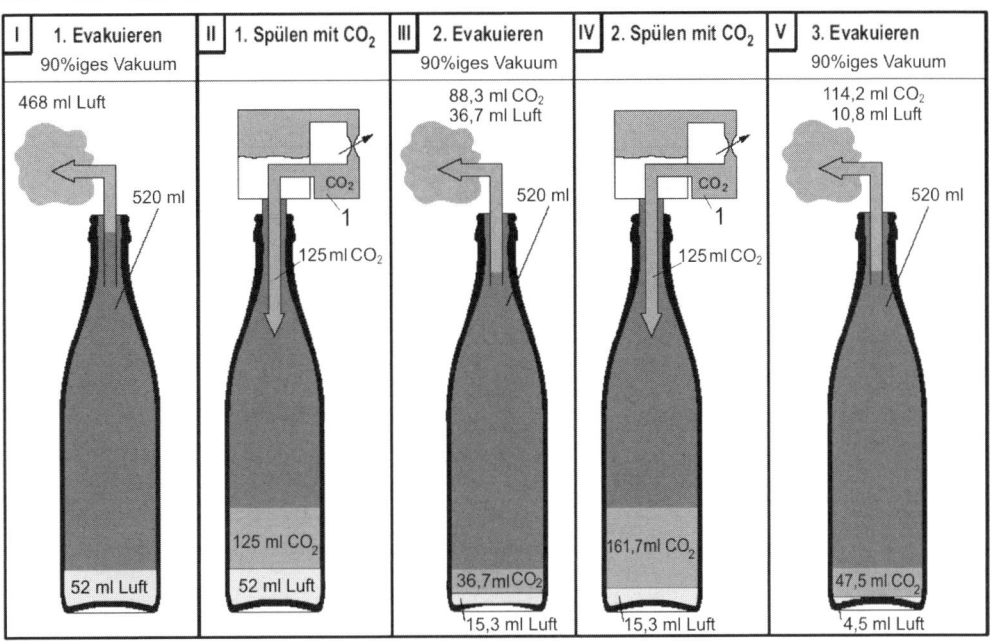

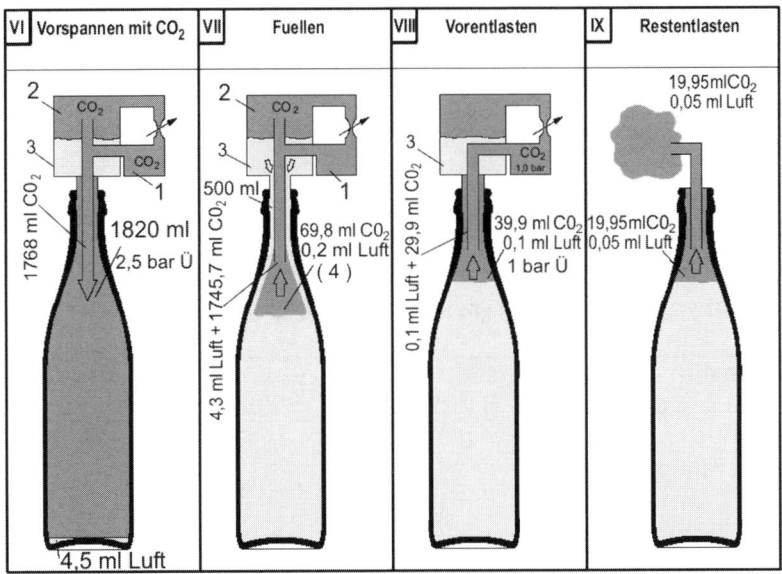

Abbildung 289 Dreifache Vorevakuierung nach dem DRS-ZMS-Verfahren von KHS
Beispiel: 0,5-l-Flasche mit 520 ml brutto, CO_2-Konzentration während der Füllung 99,75 %, CO_2-Verbrauch 95,8 g/hl
1 Rückgaskanal **2** Gasraum Füllgutbehälter **3** Getränk **4** Werte nach Schließen des Ventils

Füllanlagen

Tabelle 44   Zusammenfassung der Werte aus Tabelle 45, 45 a bis 45 c und Tabelle 46

Fülldruck		$p_{ü}$ = 2 bar $\hat{=}$ 3 bar	$p_{ü}$ = 2,5 bar $\hat{=}$ 3,5 bar	$p_{ü}$ = 3 bar $\hat{=}$ 4 bar
	Spanngas			
		einmal Vorevakuieren		
CO_2-Verbrauch	(98 + 2) %			
	(99 + 1) %	24 g/hl		
	(99,5 + 0,5) %	24 g/hl		
pO_2	(98 + 2) %	12,9 kPa		
	(99 + 1) %	11,45 kPa		
	(99,5 + 0,5) %			
		zweimal Vorevakuieren		
CO_2-Verbrauch	(98 + 2) %	187 g/hl		
	(99 + 1) %	195 g/hl	194,5 g/hl	195,2 g/hl
	(99,5 + 0,5) %	392 g/hl		
pO_2	(98 + 2) %	6,98 kPa		
	(99 + 1) %	3,99 kPa	4,49 kPa	4,99 kPa
	(99,5 + 0,5) %	2,4 kPa		
		dreimal Vorevakuieren		
CO_2-Verbrauch	(98 + 2) %	371 g/hl		
	(99 + 1) %	371 g/hl		
	(99,5 + 0,5) %	371 g/hl		
pO_2	(98 + 2) %	6,1 kPa		
	(99 + 1) %	3,1 kPa		
	(99,5 + 0,5) %	1,6 kPa		

Fülldruck $p_{ü}$ = 2 bar $\hat{=}$ 3 bar; Spanngas 99 % CO_2 + 1 % „Luft"				
Vakuum	80 %	85 %	90 %	95 %
Partialdruck der „Luft" beim Füllen *)	6,97 kPa	5,23 kPa	3,99 kPa	3,25 kPa

*) siehe Fußnote Tabelle 45

Tabelle 45 a Berechnete CO_2-Verbrauchswerte als Funktion von Druck im Füllkessel, Höhe des Vakuums und Reinheit des CO_2 (0,5-l-Flasche)

Füllerkesselgas: einmal Evakuieren: Vakuum 90 %, einmal Vorspannen auf Fülldruck, verschiedene Gaszusammensetzung im Füllerkessel		
Fülldruck	$p_ü$ = 2 bar ≙ 3 bar	
Gas im Kessel	99 % CO_2 + 1 % „Luft"	99,5 % CO_2 + 0,5 % „Luft"
Gasmenge	520 ml	520 ml
nach 1. Evakuierung	52 ml Luft	52 ml Luft
zugeführte Gasmenge	1560 - 52= 1508 ml 1492,92 ml CO_2 15,08 ml Luft	1560 - 52 = 1508 ml 1500,46 ml CO_2 7,54 ml Luft
nach Vorspannung auf Fülldruck	67,08 ml Luft = 4,3 % 1492,92 ml CO_2 = 95,7 %	59,54 ml Luft = 3,817 % 1500,46 ml CO_2 = 96,183 %
Partialdruck der „Luft" beim Füllen *)	12,9 kPa	11,45 kPa
Gasmenge zurück in Kessel	1500 ml, davon 64,50 ml Luft 1435,50 ml CO_2	1500 ml, davon 57,25 ml Luft 1442,75 ml CO_2
CO_2-Verbrauch	1492,92 - 1435,5 = 57,42 ml	1500,46 - 1442,75 = 57,71 ml
„Luftverbrauch"	67,08 ml	59,54 ml
CO_2-Verbrauch	22,6 g/hl	22,6 g/hl
„Luftverbrauch"	67,08 - 64,5 = 3,03 ml ≙ 606 ml Luft/hl = 0,606 l CO_2 /hl = 1,2 g CO_2 /hl	59,54 - 57,25 = 2,29 ml ≙ 458 ml Luft/hl = 0,458 l CO_2/hl = 0,9 g CO_2/hl
Gesamt-CO_2-Verbrauch	22,6 + 1,2 = <u>23,8 g/hl</u>	22,6 + 0,9 = <u>23,5 g/hl</u>

*) siehe Fußnote Tabelle 45

Füllanlagen

Tabelle 45 b Berechnete CO_2-Verbrauchswerte als Funktion von Druck im Füllkessel, Höhe des Vakuums und Reinheit des CO_2 (0,5-l-Flasche)

Füllerkesselgas: zweimal Evakuieren: Vakuum 90 %; einmal Vorspannen auf atmosphärischen Druck; einmal auf Fülldruck, verschiedene Gaszusammensetzung im Füllerkessel		
Fülldruck	$p_ü$ = 2 bar $\hat{=}$ 3 bar	
Gas im Kessel	98 % CO_2 + 2 % „Luft"	99,5 % CO_2 + 0,5 % „Luft"
Gasmenge	520 ml	520 ml
nach 1. Evakuierung	52 ml Luft	52 ml Luft
zugeführte Gasmenge	468,00 ml, davon 458,64 ml CO_2 9,36 ml Luft 52,00 ml Luft	468,00 ml, davon 465,66 ml CO_2 2,34 ml Luft 52,00 ml Luft
nach 2. Evakuierung	6,136 ml Luft 45,864 ml CO_2	5,434 ml Luft 46,566 ml CO_2
nach Vorspannen auf Fülldruck		
Gasmenge in Flasche	1560 ml	1560 ml
zugeführte Gasmenge	1560 - 52 = 1508 ml 1477,84 ml CO_2 30,16 ml Luft	1560 - 52 = 1508 ml 1500,46 ml CO_2 7,54 ml Luft
nach Vorspannung auf Fülldruck	36,296 ml Luft = 2,3267 % 1523,704 ml CO_2 = 97,6733 %	12,974 ml Luft 0,83167 % 1547,026 ml CO_2 = 99,16833 %
Partialdruck der „Luft" beim Füllen *)	6,98 kPa	2,4 kPa
Gasmenge zurück in Kessel	1500 ml, davon 34,9 ml Luft 1465,1 ml CO_2	1500 ml, davon 12,475 ml Luft 1487,525 ml CO_2
CO_2-Verbrauch	(458,64 + 1477,84) - 1465,1 = 471,38 ml	(465,66 + 1500,46) - 1487,525 = 478,595 ml
„Luftverbrauch"	(9,36 + 30,16) - 34,9 = 4,62 ml $\hat{=}$ 924 ml Luft/hl 0,924 l CO_2/hl = 1,81 g CO_2/hl	(2,34 + 7,54) -12,475 = -2,595 ml $\hat{=}$ - 519 ml Luft/hl = - 2 · 519 = - 103,8 l CO_2/hl = - 204 g CO_2/hl [1)]
CO_2-Verbrauch	185,2 g/hl	188 g/hl
Gesamt-CO_2-Verbrauch	185,16 + 1,81 = <u>187 g/hl</u>	188 +204 = <u>392 g/hl</u>

*) siehe Fußnote Tabelle 45

Tabelle 45 c Berechnete CO_2-Verbrauchswerte als Funktion von Druck im Füllkessel, Höhe des Vakuums und Reinheit des CO_2 (0,5-l-Flasche)

Füllkesselgas in Varianten; dreimal Evakuieren: Vakuum 90 %, zweimal Vorspannen auf atmosphärischen Druck, einmal auf Fülldruck			
Fülldruck	\multicolumn{3}{c}{$p_ü$ = 2 bar $\hat{=}$ 3 bar}		
Gasmenge	520 ml	520 ml	520 ml
Gas im Kessel	98 % CO_2, 2 % „Luft"	99 % CO_2, 1 % „Luft"	99,5 % CO_2, 0,5 % „Luft"
nach 1. Evakuierung	52 ml	52 ml Luft	52 ml Luft
nach 1. Vorspannung auf atmosphärischen Druck	52,00 ml Luft + 9,36 ml Luft + 458,64 ml CO_2	52,00 ml Luft + 4,68 ml Luft + 463,32 ml CO_2	52,00 ml Luft + 2,34 ml Luft + 465,66 ml CO_2
nach 2. Evakuierung	6,136 ml Luft + 45,864 ml CO_2	5,668 ml Luft + 46,332 ml CO_2	5,434 ml Luft + 46,566 ml CO_2
nach 2. Vorspannung auf atmosphärischen Druck	15,496 ml Luft + 504,504 ml CO_2	10,348 ml Luft + 509,652 ml CO_2	7,774 ml Luft + 512,226 ml CO_2
nach 3. Evakuierung	1,5496 ml Luft + 50,4504 ml CO_2	1,0348 ml Luft + 50,9652 ml CO_2	0,7774 ml Luft + 51,2226 ml CO_2
nach Vorspannung Gasmenge in der Flasche	1560 ml	1560 ml	1560 ml
zugeführte Gasmenge	1560 - 52= 1508 ml 1477,84 ml CO_2 30,16 ml Luft	1560 - 52= 1508 ml 1492,92 ml CO_2 15,08 ml Luft	1560 - 52 = 1508 ml 1500,46 ml CO_2 7,54 ml Luft
nach Vorspannung auf Fülldruck	31,7096 ml Luft = 2,033 % 1528,2904 ml CO_2 = 97,967 %	16,1148 ml Luft = 1,033 % 1543,8852 ml CO_2 = 98,967 %	8,3174 ml Luft = 0,5332 % 1551,6826 ml CO_2 = 99,4668 %
Partialdruck der „Luft" beim Füllen *)	6,1 kPa	3,1 kPa	1,6 kPa
Gasmenge zurück in Kessel	1500 ml, davon 30,495 ml Luft 1469,505 ml CO_2	1500 ml, davon 15,495 ml Luft 1484,505 ml CO_2	1500 ml, davon 7,998 ml Luft 1492,002 ml CO_2
CO_2-Verbrauch	(458,64 + 458,64 + 1477,84) - 1469,505 = 925,615 ml	(463,22 + 463,32 + 1492,92) - 1484,505 = 935,055 ml	(465,66 + 465,66 + 1500,46) - 1492,002 = 939,778 ml
„Luftverbrauch"	(9,36 + 9,36 + 30,16) - 30,495 = 18,385 ml $\hat{=}$ 3,677 l Luft/hl = 7,22 g CO_2/hl	(4,68 + 4,68 + 15,08) - 15,495 = 8,945 ml $\hat{=}$ 1,789 l Luft/hl = 3,5 g CO_2/hl	(2,34 + 2,34 +7,54) - 7,998 = 4,222 ml $\hat{=}$ 0,844 l Luft/hl = 1,658 g CO_2/hl
CO_2-Verbrauch	363,6 g/hl	367,3 g/hl	369,1 g/hl
Gesamt-CO_2-Verbrauch	363,6 + 7,2 = <u>370,8 g/hl</u>	367,3 + 3,5 = <u>371 g/hl</u>	369,1 + 1,66 = <u>371 g/hl</u>

*) siehe Fußnote Tabelle 45
Auf eine Rundung der Zwischenergebnisse wurde bewusst verzichtet

Füllanlagen

Tabelle 45 Berechnete CO_2-Verbrauchswerte als Funktion von Druck im Füllkessel, Höhe des Vakuums und Reinheit des CO_2 (0,5-l-Flasche)

Füllerkesselgas: 99 % CO_2, 1 % „Luft"; zweimal Evakuieren: Vakuum 90 %, einmal Vorspannen auf atmosphärischen Druck, einmal auf Fülldruck

Fülldruck	$p_ü$ = 2 bar $\hat{=}$ 3 bar	$p_ü$ = 2,5 bar $\hat{=}$ 3,5 bar	$p_ü$ = 3 bar $\hat{=}$ 4 bar
Gasmenge	520 ml	520 ml	520 ml
nach 1. Evakuierung	52 ml Luft	52 ml Luft	52 ml Luft
nach Vorspannung auf atmosphärischen Druck	52,00 ml Luft + 4,68 ml Luft + 463,32 ml CO_2	52,00 ml Luft + 4,68 ml Luft + 463,32 ml CO_2	52,00 ml Luft + 4,68 ml Luft + 463,32 ml CO_2
nach 2. Evakuierung	5,668 ml Luft + 46,332 ml CO_2	5,668 ml Luft + 46,332 ml CO_2	5,668 ml Luft + 46,332 ml CO_2
nach Vorspannen auf Fülldruck			
Gasmenge in Fl.	1560 ml	1820 ml	2080 ml
zugeführte Gasmenge	1560 - 52= 1508 ml 1492,92 ml CO_2 15,08 ml Luft	1820 - 52 = 1768 ml 1750,32 ml CO_2 17,68 ml Luft	2080 - 52 = 2028 ml 2007,72 ml CO_2 20,28 ml Luft
nach Vorspannung auf Fülldruck	20,748 ml Luft = 1,33 % 1539,252 ml CO_2 = 98,67 %	23,348 ml Luft = 1,2828 % 1796,652 ml CO_2 = 98,7171 %	25,948 ml Luft = 1,2475 % 2054,052 ml CO_2 = 98,7525 %
Partialdruck der „Luft" beim Füllen *)	3,99 kPa	4,49 kPa	4,99 kPa
Gasmenge zurück in Kessel	1500 ml, davon 19,95 ml Luft 1480,05 ml CO_2	1750 ml, davon 22,449 ml Luft 1727,549 ml CO_2	2000 ml, davon 24,95 ml Luft 1975,05 ml CO_2
CO_2-Verbrauch	(463,32+1492,92) - 1480,05 = 476,19 ml	(463,32+1750,32) - 1727,549 = 486,095 ml	(463,32+2007,72) - 1975,05 = 495,99 ml
„Luftverbrauch"	4,68+15,08 =19,76 ml	4,68 + 17,68 = 22,36 ml	4,68 + 20,28 = 24,96 ml
CO_2-Verbrauch	187 g/hl	191 g/hl	194,8 g/hl
„Luftverbrauch"	19,76 - 19,95 = - 0,19 $\hat{=}$ - 38 ml Luft/hl = - 3,8 l CO_2 /hl = - 7,5 g CO_2 /hl [1)]	22,36-22,449 = -0,089 ml $\hat{=}$ - 17,8 ml Luft/hl = - 1,78 l CO_2/hl = - 3,5 g CO_2/hl [1)]	24,96 - 24,95 ≈ 0,01 ml $\hat{=}$ 2 ml Luft/hl = 0,2 l CO_2/hl = 0,4 g CO_2/hl
Gesamt-CO_2-Verbrauch	187 + 7,5 = <u>194,5 g/hl</u>	191 + 3,5 = <u>194,5 g/hl</u>	194,8 + 0,4 = <u>195,2 g/hl</u>

*) Berechnet aus Füllerkesseldruck und „Luftgehalt" im Spanngas in der Flasche. Der „Luftgehalt" im Spanngas kann im günstigsten Fall Luft sein, dann kann der Partialdruck mit 0,209 multipliziert werden, oder er besteht im ungünstigsten Fall nur aus Sauerstoff, dann ist der Faktor 1.

1) Da mehr „Luft" in den Füllkessel zurückgeführt wird als entnommen wird, muss eine der „Luftmenge" entsprechende Spanngasmenge abgeblasen werden, um die Gaszusammensetzung nicht zu verschlechtern.

Tabelle 46 Berechnete CO_2-Verbrauchswerte als Funktion der Höhe des Vakuums; Fülldruck: $p_{ü}$ = 2 bar ≙ 3 bar, Gas im Kessel: 99 % CO_2 + 1 % „Luft" (0,5-l-Flasche); zweimal Evakuieren: einmal Vorspannen auf atmosphärischen Druck, einmal auf Fülldruck

Vakuum	80 %	85 %	90 %	95 %
Flaschen leer	520 ml			
Gasvolumen nach der Evakuierung	104 ml	78 ml	52 ml	26 ml
Gasgehalt nach Vorspannung auf atmosphärischen Druck	104,00 ml Luft + 4,16 ml Luft + 411,84 ml CO_2	78,00 ml Luft + 4,42 ml Luft + 437,58 ml CO_2	52,00 ml Luft + 4,68 ml Luft + 463,32 ml CO_2	26,00 ml Luft + 4,94 ml Luft + 489,06 ml CO_2
Gas nach 1. Vorspannung	411,86 ml CO_2 + 108,16 ml Luft	437,58 ml CO_2 + 82,42 ml Luft	463,32 ml CO_2 + 56,68 ml Luft	489,06 ml CO_2 + 30,94 ml Luft
nach 2. Evakuierung	21,632 ml Luft + 82,372 ml CO_2	12,363 ml Luft + 65,637 ml CO_2	5,668 ml Luft + 46,322 ml CO_2	1,547 ml Luft + 24,453 ml CO_2
zugeführtes Volumen	1560 - 104 = 1456 ml	1560 - 78 = 1486 ml	1560 - 52 = 1508 ml	1560 - 26 = 1534 ml
Luft CO_2	14,56 ml 1441,44 ml	14,82 ml 1467,18 ml	15,08 ml 1492,92 ml	15,34 ml 1518,66 ml
Gasgehalt nach Vorspannung auf Fülldruck	36,192 ml Luft = 2,32 % 1523,812 ml CO_2 = 97,68 %	27,183 ml Luft = 1,743 % 1532,817 ml CO_2 = 98,258 %	20,748 ml Luft = 1,33 % 1539,242 ml CO_2 = 98,669 %	16,887 ml Luft = 1,083 % 1543,113 ml CO_2 = 98,918 %
Füllen; 1500 ml in Kessel zurück	1465,204 ml CO_2 34,8 ml Luft	1473,863 ml CO_2 26,140 ml Luft	1480,05 ml CO_2 19,95 ml Luft	1483,763 ml CO_2 16,238 ml Luft
zugeführte CO_2-Menge aus Kessel	1853,28 ml	1904,76 ml	1956,24 ml	2007,72 ml
rückgeführte CO_2-Menge in Kessel	1465,20 ml	1473,86 ml	1480,05 ml	1483,76 ml
CO_2-Verbrauch	368,08 ml = ≙ 144,6 g/hl	430,90 ml = ≙ 169,26 g/hl	476,19 ml = ≙ 187,05 g/hl	523,96 ml = ≙ 205,8 g/hl
zugeführte Luft-Menge aus Kessel	18,72 ml	19,24 ml	19,76 ml	20,28 ml
rückgeführte Luft-Menge in Kessel	34,8 ml	26,14 ml	19,95 ml	16,24 ml
Luftmenge	-16,08 ml ≙ 632 g CO_2/hl	-6,898 ml ≙ 271 g CO_2/hl	-0,19 ml ≙ 7,5 g CO_2/hl	4,04 ml ≙ 1,6 g CO_2/hl
Gesamtverbrauch CO_2	777 g/hl	440 g/hl	195 g/hl	207 g/hl
Partialdruck der „Luft" beim Füllen *)	6,97 kPa	5,23 kPa	3,99 kPa	3,25 kPa

*) siehe Fußnote Tabelle 45

Füllanlagen

16.7.3 Füllorgan-Bauformen

Unterschieden können die Füllorgan-Bauformen werden nach:
- Der Ausführung der Getränke-Absperrarmatur;
- Der Betätigung der Armatur;
- Der Länge des Füllrohres;
- Der Gestaltung des Getränkeeinlaufes;
- Der Dosiervariante des Getränkes;
- Dem Druckniveau der Füllung.

Die Abbildung 290 zeigt beispielhaft verschiedene Füllorganbauformen. Füllorgane werden soweit als möglich in einem Baukastensystem gefertigt.

Bei der Beurteilung oder Auswahl einer Bauform müssen vor allem die Aspekte:
- Funktionssicherheit,
- Gasaufnahme,
- Inertgasverbrauch,
- CIP-Reinigungsfähigkeit und
- Anschaffungs- und Unterhaltungskosten

bewertet werden.

In der Regel werden die Füllorgane bei Flaschenfüllmaschinen am Getränkebehälter oder an einem Trägerschirm fest angebracht und die Behälter werden durch Huborgane zum Füllorgan gehoben.

Bei Dosenfüllmaschinen und bei einigen FFM für Kunststoffflaschen werden die Behälter nicht gehoben und die Füllorgane werden abgesenkt (s.a. Kapitel 17 und 18).

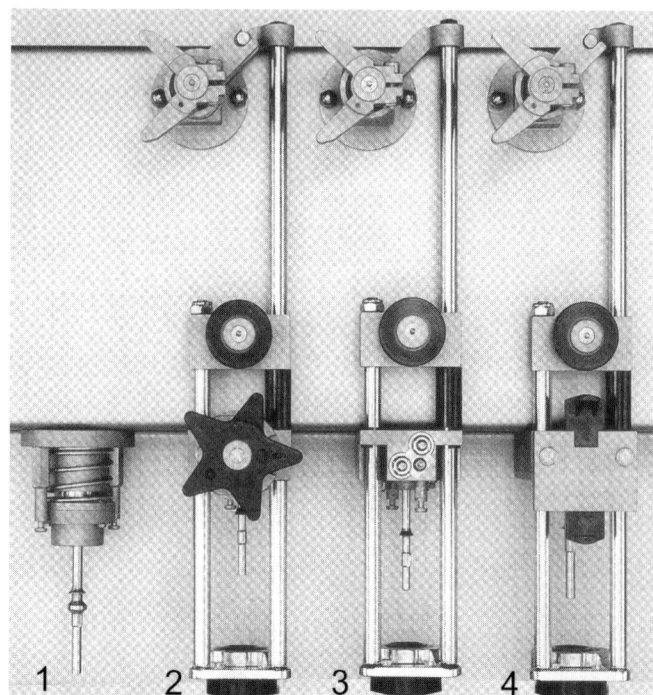

Abbildung 290 Füllorgan-Bauformen
Legende siehe Seite 403

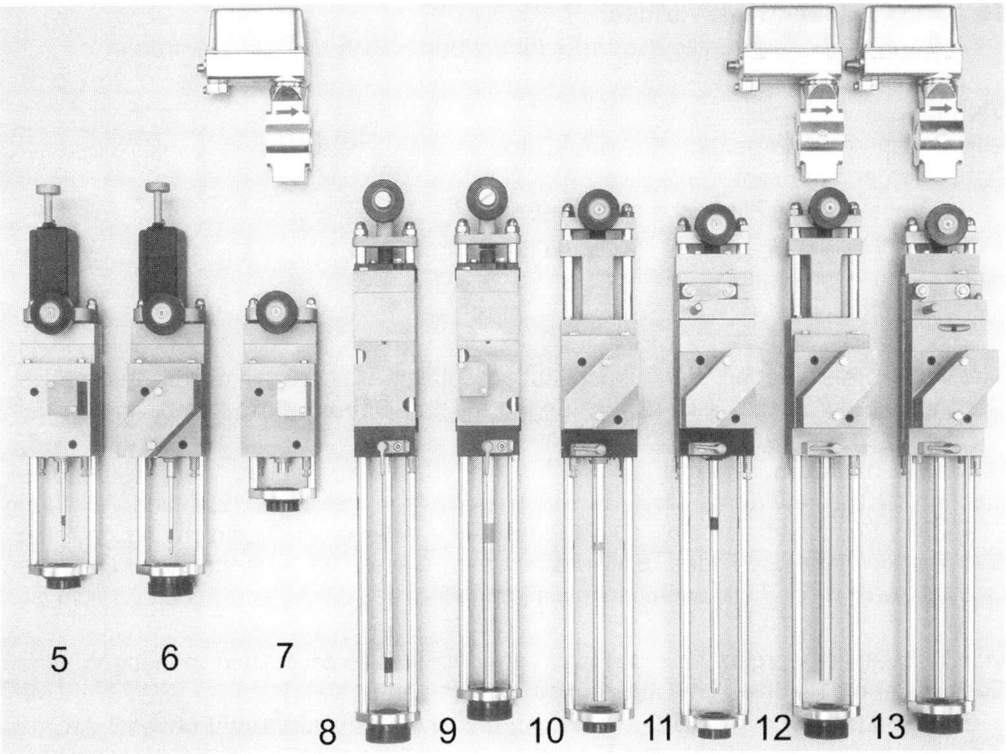

Füllmaschinen für Glasflaschen

Abbildung 290 Füllorgan-Bauformen (nach KHS)
1 Unterdruck-FV NMG   **2...4** FV DMG   **5, 6** FV DRS   **7** FV DRV   **8, 9** FV NRF
10 FV DRF   **11** FV DNRF   **12** FV DVF   **13** FV DNVF
FV Füllventil   **N** Normaldruck   **D** Überdruck   **M** mechanisch gesteuert   **F** Füllrohr
G Rückgasröhrchen   **V** Maßfüllung (Volumetrisch mit MID)   **R** Rechner gesteuert
(pneumatisch gesteuerte Ventile, Niveausonde)   **S** (Niveau)-Sonde

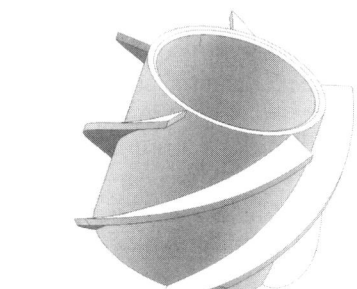

Abbildung 291 Drallvorrichtung
(nach KRONES)

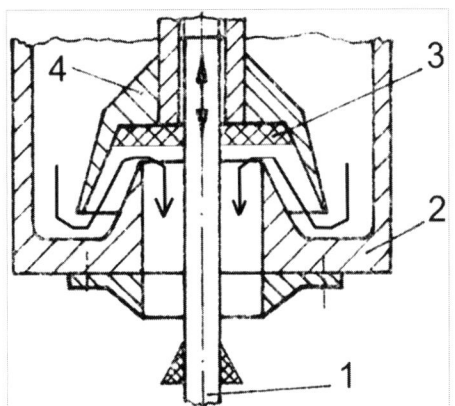

Abbildung 292 Siphonverschluss bei einem
füllrohrlosen Füllventil, schematisch
1 Rückgasröhrchen mit Abweisschirmchen
2 Ventilgehäuse   **3** Dichtungsscheibe   **4** Siphonglocke   s.a. Abbildung 315

16.7.3.1 Getränke-Absperrarmatur

Grundsätzlich können Ventile, (Dreh-)Schieber und Hähne eingesetzt werden.

Ventile

Bei modernen Füllorganen wird der Getränkezulauf mittels eines Ventils gesteuert. Dabei werden unterschieden:

- Ventile, die in Fließrichtung schließen;
- Ventile, die gegen die Fließrichtung schließen;
- Ventile mit Siphonverschluss;
- Membranventile.

Die Ventilkörper werden strömungsgünstig gestaltet. Ziel ist minimaler Druckverlust. Der Ventilkörper kann mit Leiteinrichtungen für den Getränkefluss kombiniert werden, z.B. mit einem Drallkörper (s.a. Abbildung 291).

Ventile mit Siphonverschluss werden bei der Niveauauffüllung mit füllrohrlosen, mechanisch gesteuerten Füllventilen verwendet (s.a. Abbildung 292 und Abbildung 315). Das Ventil wird mit einer Dichtungsscheibe oder einer Profildichtung gedichtet. Der Siphon verhindert das Entweichen des Gases im Flaschenhals über den Getränkeweg in den Füllmaschinenkessel, nachdem das Rückgasröhrchen erreicht ist.

Membranventile werden in der Regel pneumatisch betätigt und benötigen einen Sensor, der die Befehle zum Öffnen und Schließen erteilt.

Eine Sonderbauform stellt das Füllorgan mit langem Füllrohr und Fußventil dar, das die Fa. *Enzinger* entwickelte und unter dem Namen *Rex* bzw. *Combi-Rex* vertrieb. Es wurde in Kombination mit einem Dreikammer-Ringkessel eingesetzt. Seine Funktion ist der der Fassfüllorgane ähnlich (s.a. Kapitel 25). Die Flaschen werden schwarz gefüllt. Nach dem Entfernen des Füllrohres ergibt sich exakt der Leerraum der gefüllten Flasche (Abbildung 293).

Drehschieber

Drehschieber werden mechanisch betätigt. Sie schalten in Abhängigkeit vom Drehwinkel die einzelnen Fließwege für Gase und Getränk. Die kreisrunden und fein geschliffenen Dichtflächen des Drehschiebers und des Ventilgrundkörpers werden durch Federkraft gedichtet. Bei höheren Drücken ist die Dichtfunktion problematisch. Gleiches gilt für die Reinigungsfähigkeit.

Bei einigen Herstellern wurde der Drehschieber nur für das Schalten der Gaswege genutzt. Es können ein oder auch mehrere Gaswege von einem Drehschieber geschaltet werden.

Drehschieber gesteuerte Füllorgane besitzen nur noch historische Bedeutung.

Hähne

Der Kükenhahn als Absperrarmatur war jahrzehntelang das Füllorgan schlechthin, z.T. bis in die 1970er Jahre, in kleineren Brauereien auch länger. Das Hahnküken besitzt Bohrungen für Spanngas, Rückgas und Getränk, die nacheinander mit einem Schaltstern definiert durch Drehung betätigt wurden.

Problematisch waren immer die Dichtflächen des Hahnkükens aus der Sicht möglicher Kontaminationen. Sie mussten außerdem in Intervallen nachgeschliffen und

Füllmaschinen für Glasflaschen

vor allem regelmäßig mit Hahnenfett gefettet werden. Hähne sind nur bei relativ geringen Druckverhältnissen einsetzbar.

Bei den mechanisch betätigten Füllorganen wird der Füllvorgang nur eingeleitet, wenn eine Flasche am Füllorgan vorhanden ist (keine Flasche, keine Füllung). Fehlt der Behälter, wird der Schaltstern des Drehschiebers oder des Kükens nicht betätigt.

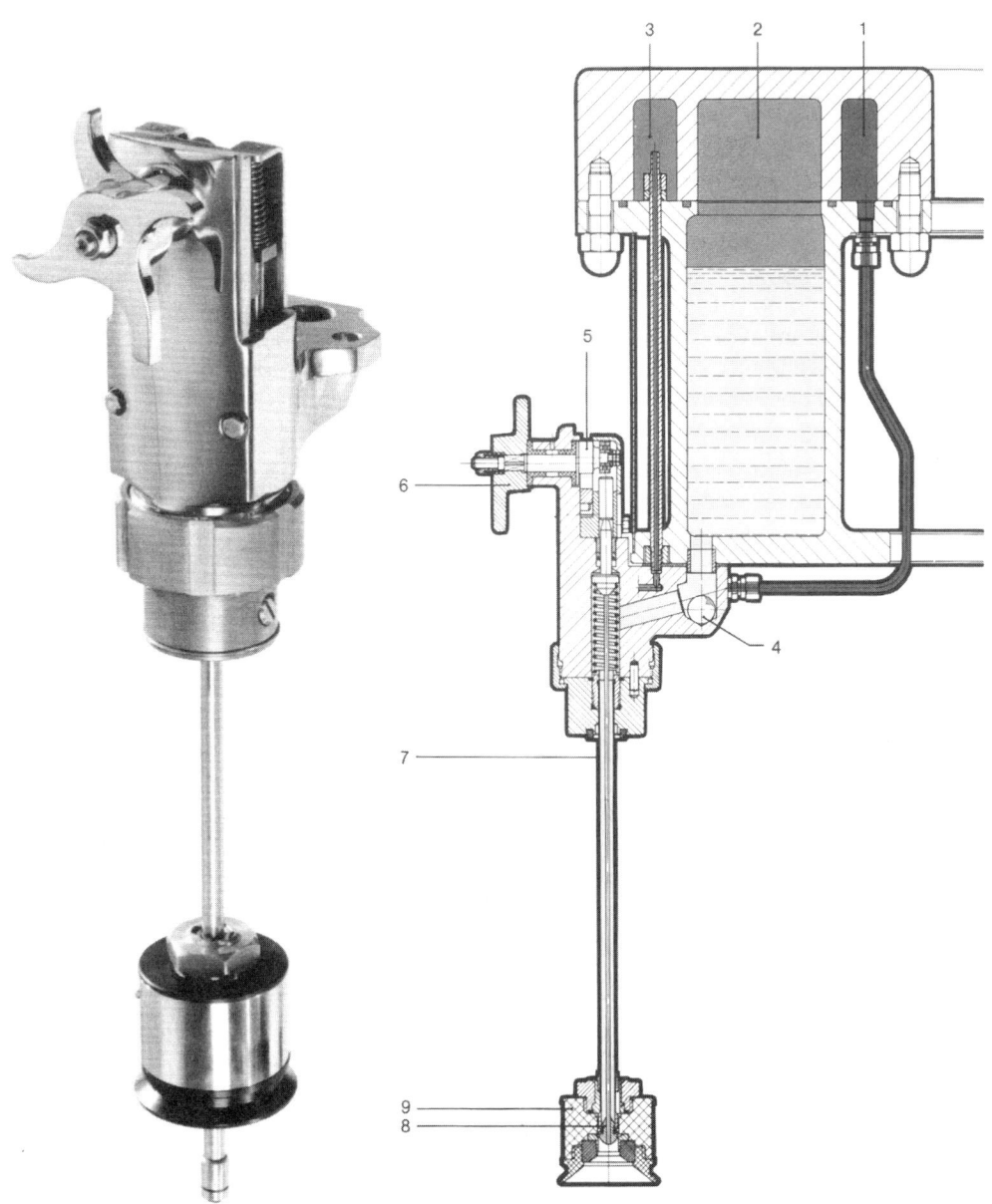

Abbildung 293 Füllventil mit langem Füllrohr und Fußventil (Enzinger Combi-Rex)
1 Vorluft Ringkanal **2** Flüssigkeitsbehälter **3** Rückluft-Ringkanal **4** Kugelselbstschluss **5** Exzenterwelle **6** Steuerkreuz **7** Füllrohr **8** Fußventil **9** Zentrierglocke

Füllanlagen

Heberfüller

Die ältesten Füllorgane verwendeten das Heberprinzip, also das der verbundenen Röhren. Die Flaschen wurden vorgespannt und das gefüllte Füllrohr wurde mit der Flasche abgesenkt und damit geöffnet, das Getränk konnte aus dem Kessel in die Flaschen laufen.

16.7.3.2 Betätigung der Getränke-Armatur

Die Absperrventile für das Getränk werden in der Regel pneumatisch gegen den Druck einer Feder nach erfolgter Vorspannung geöffnet, seltener elektromagnetisch. Verschlossen werden sie wieder durch Federkraft. Die Federkraft wird nach der Druckentlastung/dem Abzug der Flasche durch den Getränkedruck unterstützt.

Die Ventilbetätigung/der Ventilstößel wird durch eine Membran oder einen Faltenbalg gegen die Umgebung gedichtet.

Bei mechanisch betätigten Füllorganen wird das Füllventil im Allgemeinen durch eine Feder geöffnet, sobald der Druckausgleich Flasche/Getränkekessel erreicht ist, zum Teil auch etwas früher. Bedingt durch Reibung und Unterschiede der Federkraft ist die Öffnung der Getränkeventile mit einer gewissen Spannbreite behaftet. Der Schaltstern öffnet also als erstes das Gasventil für die Vorspülung/Vorspannung. Bei modernen Füllventilen wird die Feder oberhalb des Getränkespiegels angeordnet.

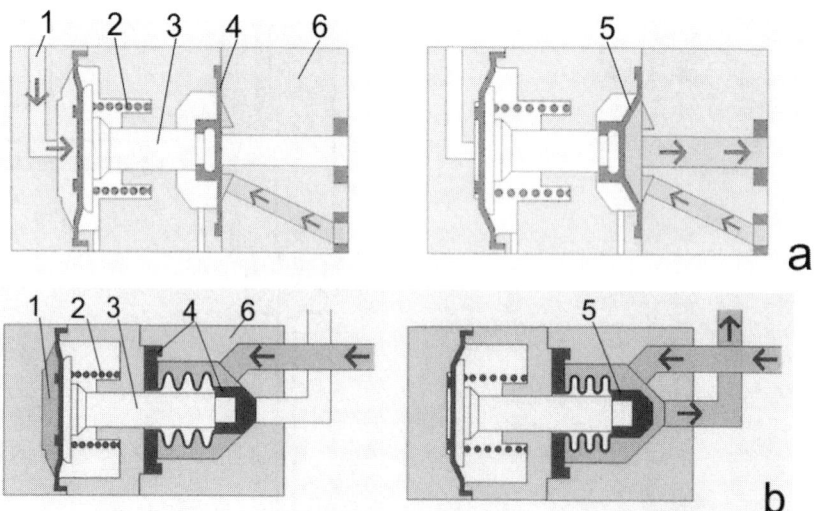

Abbildung 294 Hilfsventile für die Füllorgansteuerung, schematisch (nach KRONES)
a Membranventil **b** Faltenbalg-Dichtkörper
1 Druckluft **2** Feder für Öffnung **3** Ventilstößel **4** Membran bzw. Faltenbalg geschlossen **5** Membran bzw. Faltenbalg geöffnet **6** Ventilgehäuse

Die Öffnung des Flüssigkeitsventils nach erfolgter Vorspannung durch eine Federkraft kann auch bei nicht mechanisch betätigten Füllorganen genutzt werden.

Bei den mechanisch betätigten Füllorganen wird der Füllvorgang nur eingeleitet, wenn eine Flasche am Füllorgan vorhanden ist und Druckausgleich erreicht wurde (keine Flasche, keine Füllung). Fehlt der Behälter, wird der Schaltstern nicht betätigt und die Vorspannung nicht eingeleitet.

Auch bei den pneumatisch oder elektromagnetisch gesteuerten Füllorganen muss natürlich die Bedingung „keine Flasche, keine Füllung" gesichert werden.

Im Falle einer geplatzten Flasche wird das Flüssigkeitsventil durch die Druckdifferenz zur Atmosphäre geschlossen.

Bei modernen Füllventilen wird ein integrierter Drucksensor für die Füllventilüberwachung genutzt.

Das Schließen wird mechanisch durch einen Hebel gesichert, betätigt von einem Schaltstern. Der Schließhebel wird entweder in das Füllorgan integriert oder die Schaltwelle wird radial durch den Getränkebehälter geführt und mit einer Wellendichtung gedichtet (s.a. Abbildung 290, Figur 2…4 und Abbildung 297, Abbildung 298).

16.7.3.3 Armaturen für die Steuerung der Gas- und sonstigen Produktwege

Die Gaswege für Vakuum, Vorspannung, Gasspülung und Rückgas, die Wege für eine eventuelle Schnellfüllphase, Füllhöhenkorrektur und für die Druckentlastung der gefüllten Flasche werden durch Hilfsventile gesteuert.

Diese Hilfsventile werden im Allgemeinen pneumatisch betätigt, die Schließfunktion übernimmt eine Feder oder umgekehrt.

Die Ventile sind entweder als Membranventil ausgebildet oder mit einem Faltenbalg-Dichtkörper, s.a. Abbildung 294. Sie werden von elektromagnetisch betätigten Vorsteuer-Ventilen (Synonym: Pilotventil) angesteuert.

Bei rein mechanisch betätigten Füllorganen werden einzelne Funktionen, z.B. für Vorevakuieren oder Druckentlastung, durch Ventile gesteuert, deren Ventilschaft durch Anlaufkurven betätigt wird. Die Schließfunktion übernimmt in der Regel eine Feder.

Die mechanische Betätigung gilt als veraltet; sie erfordert einen höhenverstellbaren Steuerträgerring als Baugruppe (s.a. Kapitel 16.6.2.11). Insbesondere bei größeren FFM mit vielen Einzelschritten des Füllprozesses, wie z.B. zweifache Vorevakuierung, Langsam- und Schnellfüllphase, zweifache Druckentlastung, kann mit Anlaufkurven nicht genügend feinfühlig, reproduzierbar und exakt gesteuert werden. Reinigungsprozesse erfordern immer die langsame Rotation der FFM. Deshalb sind die SPS-gesteuerten Ventile im Vorteil.

Bei Füllorganen mit Vorevakuierung muss gesichert werden, dass die Verbindung zum Vakuumkanal nur geschaltet wird wenn ein Behälter anliegt, um zu verhindern, dass das Vakuum zusammenbricht. Das kann durch ein zusätzliches Ventil erfolgen, betätigt von der Zentriertulpe, oder die Stellung der Zentriertulpe wird von einem Sensor abgefragt.

Auch der Einsatz von Drehschiebern für die Gaswegesteuerung wurde praktiziert (s.o.).

Druckentlastungsventil

Dieses Ventil soll den Überdruck im gefüllten Behälter auf den atmosphärischen Druck entspannen. Diese Entspannung soll so langsam wie möglich erfolgen (der verfügbare Drehwinkel der FFM für diesen Vorgang ist allerdings stark begrenzt), um eine eventuelle Gasentbindung oder Aufschäumen zu vermeiden. Das Ventil wird deshalb oft als Nadelventil mit einem Drosselkegel bzw. einer entsprechenden Drosselstrecke ausgerüstet. Damit ist ein feinfühliger Druckabbau gegeben.

Das Entlastungsventil wird über eine Anlaufkurve angesteuert oder modern pneumatisch betätigt (s.o.).

Füllanlagen

Bei stark zum Schäumen neigenden Getränken kann es sinnvoll sein, die Entspannung zweistufig vorzunehmen:
- 1. Stufe: Entspannung auf den Gleichgewichtsdruck des CO_2, (abhängig vom CO_2-Gehalt und der Getränketemperatur) in einen druckgeregelten Kanal;
- 2. Stufe: Entspannung auf atmosphärischen Druck.

16.7.3.4 Länge des Füllrohres
Die Füllorgane können unterschieden werden in:
- Füllorgane mit langem Füllrohr;
- Füllorgane mit kurzem Füllrohr;
- Füllrohrlose Füllorgane.

Lange Füllrohre reichen bis kurz über den Behälterboden. Damit ist eine unterschichtende Füllung möglich. Vorteilhaft ist die kleine Grenzfläche Spanngas/Getränk, sodass der Gasaustausch verringert wird. Das ist von Vorteil für die Verringerung der Sauerstoffaufnahme bei Füllanlagen, die mit Luft als Spanngas arbeiten.

Lange Füllrohre können auch zweckmäßigerweise für die Spülung der Behälter mit inertem Gas vor der Füllung benutzt werden.

Nachteilig ist bei langen Füllrohren, dass der Anpressweg der Behälter sehr lang wird, also Huborgane mit großer Hubhöhe eingesetzt werden müssen. Deren Betätigung erfordert eine relativ lange Zeit, die von der verfügbaren Füllzeit abgeht.

Bei kurzen Füllrohren ist die erforderliche Hubhöhe geringer, sie werden vor allem bei nicht schäumenden Produkten verwendet. Sie sind auch bei Produkten einsetzbar, die bei Normaldruck gefüllt werden, ohne dass der Behälter an das Füllorgan angepresst wird.

Außer langem und kurzem Füllrohr sind weitere Varianten möglich.

Füllrohrlose Füllorgane
Sie werden bei CO_2-haltigen Getränken aller Art eingesetzt. Sie besitzen einen vergleichsweise einfachen Aufbau und sind trotzdem sehr funktionssicher (s.a. Abbildung 312, Abbildung 313 und Abbildung 315. Sie können mit und ohne Vorevakuierung betrieben werden. Der Einlaufquerschnitt des Getränks ist nur vom Behältermundstück abhängig und ermöglicht relativ große Volumenströme, also kurze Füllzeiten.

Die Vorspannung wird über das Rückgasröhrchen vorgenommen, über das auch die Rückgasleitung erfolgt. Sobald die Öffnung des Rückgasröhrchens erreicht ist, wird der Füllprozess unterbrochen. Im Rückgasröhrchen steigt das Getränk an, bis, in Abhängigkeit der statischen Füllhöhe, im Kessel Gleichdruck im Bereich Flasche/Kessel erreicht ist. Dies wird realisiert durch die Gassperre (z.B. Siphon). Ohne diesen Siphon würde die Flasche randvoll gefüllt werden und im Rückgasröhrchen würde das Getränk ansteigen, fast bis zum Niveau des Füllstandes im Kessel.

Vor der erneuten Füllung eines weiteren Behälters muss das Röhrchen bei älteren Systemen frei geblasen werden (Verlust, eine Aufarbeitung erfolgt nicht, da O_2-belastet). Zur Verhinderung, dass Getränk im Röhrchen ansteigt, wurden (werden) teilweise Kugelventile eingefügt (Abbildung 295; s.a. Abbildung 311).

Alternativ bzw. aktuell wird der Inhalt des Rückgasröhrchens nach dem Schließen des Getränkeventils und vor/während dem Schließen des Gasventils bzw. der Druckentlastung in den gefüllten Behälter entleert.

Die Länge des Rückgasröhrchens muss an die Behälterform angepasst sein. Entweder kann die Länge des Röhrchens verändert werden, oder die Röhrchen müssen bei Behälterwechsel getauscht werden. Dieser Wechsel ist relativ zeitaufwendig, kann aber automatisiert werden. Die Länge der Rückgasröhrchen kann durch eine zentrale Verstellung mittels Gewindespindel und Mutter variiert werden (diese Lösung ist konstruktiv relativ aufwendig).

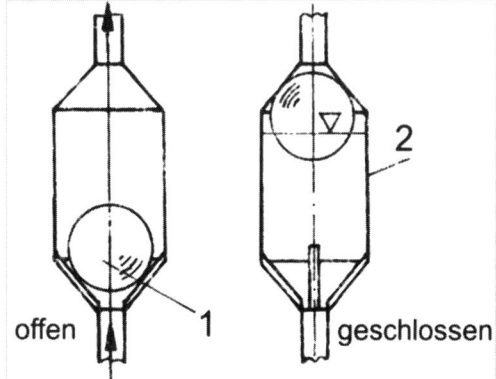

Abbildung 295 Kugelventil im Rückgasröhrchen, schematisch
1 Kugel **2** Kugel schwimmt

Füllung mittels Freistrahl

Zu den füllrohrlosen Füllorganen gehören auch die Füllorgane, die mittels eines Freistrahles die Behälter füllen (genutzt vor allem bei Normal- und Überdruckfüllung, ohne bzw. mit Anpressen der Behälter). Die verdrängte Luft entweicht aus dem Behälter direkt in die Umgebung oder einen Rückgaskanal (Abbildung 298).

16.7.3.5 Gestaltung des Getränkeeinlaufes in die zu füllenden Behälter

Der Getränkeeinlauf in die Behälter kann erfolgen:
- Als Film an der Wandung;
- Unterschichtend mittels langem Füllrohr;
- Als Freistrahl bei kurzem Füllrohr;
- Durch mehrere Strahlen, die an die Wandung gelenkt werden.

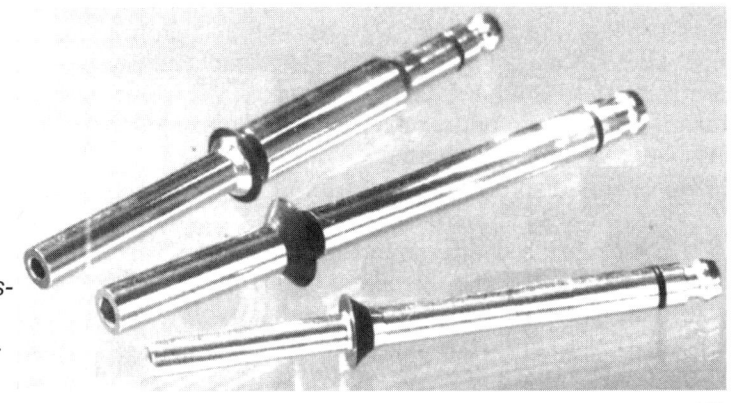

Abbildung 296 Rückgasröhrchen mit Abweis-Schirmchen aus Elastomer (nach KRONES)

Füllanlagen

Der Einlauf als Flüssigkeitsfilm wird bei den füllrohrlosen Füllventilen praktiziert. Das Getränk nimmt die gesamte Querschnittsfläche der Behältermündung ein, abzüglich der Fläche des Rückgasröhrchens, und läuft an der Wandung herunter. Die Ausbildung eines Flüssigkeitsfilmes wird durch einen Drallkörper (Abbildung 291) oder ein sogenanntes Abweisschirmchen auf dem Rückgasröhrchen unterstützt (Abbildung 296).

Lange Füllrohre werden für die unterschichtende Füllung eingesetzt. Nach dem Füllende wird die Flasche druckentlastet und abgezogen. Vorher kann sich der Inhalt des Füllrohres noch in die Flasche entleeren (es wird eine Verbindung zur Atmosphäre hergestellt, sodass es leer laufen kann) oder das Füllrohr bleibt gefüllt (nur bei stillen Getränken). Um die Entleerung zu verhindern, werden Siebe, Siebstapel oder Kapillarbündel verwendet. Der Luftdruck verhindert die Entleerung.

Kurze Füllrohre mit einem ausgebildeten Freistrahl werden beispielsweise bei der aseptischen Abfüllung von stillen Getränken und Milch genutzt, bei denen der Behälter nicht an das Füllorgan angepresst wird (s.a. Abbildung 298).

Kurze Füllrohre werden auch benutzt, um das Getränk in mehrere Teilstrahlen aufzuteilen, die dann im stumpfen Winkel an die Behälterwandung geleitet werden. Dieses Prinzip wird beispielsweise bei der Dosenfüllung oder der Füllung von Milch in Weithalsflaschen benutzt.

16.7.3.6 Dosiervariante des Getränkes
Die geforderte Füllmenge für einen Behälter kann erreicht werden durch:
- Eine Niveaufüllung; Voraussetzung sind maßhaltige Behälter (z.B. Glasflaschen);
- Eine Maßfüllung;
- Eine Steuerung der Füllzeit.

16.7.3.6.1 Niveaufüllung
Steuerung durch Rückgasbohrung
Die Niveaufüllung wird vor allem bei füllrohrlosen Füllorganen praktiziert, aber auch bei Füllorganen mit langem Füllrohr. Sobald die Rückgasbohrung erreicht ist, wird der Getränkezulauf unterbrochen, weil das Gas aus dem Halsbereich der Behälter nicht mehr entweichen kann.

Steuerung durch Rückgasbohrung mit Füllhöhenkorrektur
Die Füllhöhe wird durch die Rückgasbohrung grob festgelegt. Es wird jedoch immer eine kleine Menge überfüllt. Vor der Druckentlastung wird mittels Spanngas das überschüssige Getränk über den Rückgaskanal in den Getränkebehälter gefördert. Damit wird neben der exakten Füllhöhenfestlegung auch der Rückgaskanal „freigeblasen" (s.a. Kapitel 16.9.1).

Diese Varianten sind vor allem dann von Vorteil, wenn nur Behälter mit konstanter Halsgeometrie gefüllt werden.

In einer neuzeitlichen Variante wird das Rückgasröhrchen erst nach der Füllung in die vorgesehene Position gebracht und die Füllhöhe korrigiert. Danach wird es wieder angehoben, sodass die Behälter nahezu ohne Hubweg zentriert und angepresst werden können. Die Vorspannung der Flaschen wird über ein separates Gasventil vorgenommen, nicht über das Rückgasröhrchen, dessen wirksame Höhe automatisch und für jedes Füllventil separat stufenlos um 60 mm verstellt werden kann. Damit kann auch bei laufendem Betrieb die Füllhöhe justiert werden. Die anhebbare Zentriertulpe wird damit entbehrlich [227].

Nachteile von Rückgasröhrchen
Nachteilig ist bei allen Systemen, bei denen die Füllhöhe durch den Rückgaskanal festgelegt wird, dass eine Korrektur der Füllhöhe nur durch die Veränderung der Position der Rückgasöffnung erreicht werden kann. Entweder kann die Länge des Rückgasröhrchens verändert werden oder es wird ein behälterspezifisches Rückgasröhrchen verwendet (jede Behälterhalsgeometrie bzw. jedes Leerraumvolumen erfordert ein spezielles Rückgasröhrchen oder die wirksame Länge kann eingestellt werden).

Deshalb werden die Rückgasröhrchen konstruktiv leicht auswechselbar oder in ihrer wirksamen Höhe einstellbar gestaltet (individuell oder zentral für alle Röhrchen; dazu werden die Rückgasröhrchen mittels eines Gewindes verstellt oder über eine höhenverstellbare Kurvenbahn gesteuert).

In der Vergangenheit wurden die Rückgasröhrchen eingeschraubt, moderne Varianten werden gesteckt und mit Klemmverbindungen fixiert (z.B. mittels Kugelrastverbindung).

Bei größeren FFM kann der Wechsel der Rückgasröhrchen durch einen Roboter erfolgen.

Sondensteuerung
Eine zweite Variante besteht darin, dass eine auf dem oder am Füllrohr angebrachte Sonde den Füllstand erfasst und ein Signal für das Schließen des Füllventils auslöst. Durch eine variable Zeitverzögerung beim Schließen kann eine gezielte Beeinflussung der Füllhöhe erreicht werden.

Die Sondensteuerung vermeidet die Probleme der Niveaufestlegung durch Rückgasröhrchen.

Optische Erfassung der Füllhöhe
Die erreichte Füllhöhe kann optisch-elektrisch erfasst werden. Das Signal wird für den Schließbefehl genutzt. Dieses System ist auf Sonderfälle beschränkt.

16.7.3.6.2 Maßfüllung
Es gibt folgende Möglichkeiten für eine Maßfüllung:
- Dosierung eines vorher abgemessenen Volumens;
- Dosierung eines Volumens durch einen Verdrängerkörper;
- Dosierung nach dem Messwert eines Durchflussmessgerätes;
- Dosierung nach Massebestimmung durch Wägung;

Die Maßfüllung ist vor allem einsetzbar bei der Füllung großer PET-Behälter, die unter Überdruck ihr Volumen undefiniert verändern, aber auch bei Dosen (die Anpassung des Rückgasröhrchens erübrigt sich dadurch) und Behältern mit großer Oberfläche, bei denen die Dosiergenauigkeit bei einer Niveaufüllung nur schwierig zu sichern ist.
Für Glasflaschen ist der Aufwand einer Maßfüllung in der Regel nicht erforderlich.

Bei der Maßfüllung in nicht maßhaltige Behälter entsteht der optische Eindruck unregelmäßig gefüllter oder unterfüllter Behälter. Deshalb wird in der Regel versucht, diesen nur scheinbaren Fehler durch eine Halsetikettierung zu kaschieren.

Füllanlagen

Dosierung eines vorher abgemessenen Volumens
Die Füllung des Dosierbehälters kann nach Füllhöhe erfolgen („Messbehälter") oder durch Messung des zulaufenden Volumens oder der Masse. Im letzten Fall kann der Temperatureinfluss kompensiert werden.

Ein Dosierbehälter, dessen Volumen definiert eingestellt werden kann, wird mit dem Getränk gefüllt. Nach dem Schließen des Zulaufes wird der Dosierbehälter in den zu füllenden Behälter entleert. Danach beginnt der Zyklus von neuem.

Das System wird von temperaturbedingten Volumenänderungen beeinflusst. Die Getränketemperatur muss deshalb möglichst konstant gehalten werden. Das dosierte Volumen muss ggf. korrigiert werden.

Die Füllung des Messbehälters nach Füllhöhe wird durch eine Verjüngung im oberen Teil erleichtert, da ein kleiner Querschnitt eine feinfühlige Einstellung bei geringerem Messfehler erlaubt.

Dosierung eines Volumens durch einen Verdrängerkörper
Durch eine Kolben- oder Membranpumpe wird ein definiertes Volumen „angesaugt" und anschließend in den zu füllenden Behälter verdrängt. Diese Dosiervariante wird bei dickflüssigen oder pastösen Produkten benutzt.

Diese Füllmaschinen werden auch als Kolben-Füllmaschinen bezeichnet.

Dosierung nach dem Messwert eines Durchflussmessgerätes
Der Dosierbehälter hat nur die Funktion eines Speicherbehälters. Das Füllvolumen wird von einem Durchflussmessgerät (z.B. MID; eine Mindestleitfähigkeit des Getränkes muss gegeben sein) oder von einem Massedurchflussmessgerät (z.B. auf Basis der *Coriolis*-Kraftmessung) bestimmt.

Dosierung nach Massebestimmung durch Wägung
Der zu füllende Behälter steht auf einer Wägeeinrichtung (oder hängt an einer). Die Füllung wird nach dem Erreichen des Sollwertes unterbrochen. Die Wägeeinrichtung kann über einen Tara-Ausgleich verfügen. Der Zulauf kann kurz vor dem Sollwert gedrosselt werden, um den Schaltpunkt besser zu erfassen.

Diese Dosiervariante eignet sich vor allem für größere Gebinde und für höherviskose Produkte. Sie wird auch bei Flüssigkeiten mit sehr geringer Leitfähigkeit eingesetzt, für die MID nicht einsetzbar sind.

16.7.3.6.3 Dosierung nach Zeit
Bei konstanten Bedingungen (Zusammensetzung, Konsistenz, Viskosität, Druck, Temperatur) kann die Dosierung nach Zeit erfolgen. Die Dosiermenge wird nach einer einstellbaren Zeit bestimmt, in der der Produktzulauf geöffnet wird.

Diese Variante wird nicht für Getränke genutzt.

16.7.3.7 Druckniveau der Füllung
Getränke können abgefüllt werden bei (s.a. Kapitel 16.4):
- Normaldruck,
- Unterdruck und
- Überdruck.

Normaldruck-Füllung
Das Getränk läuft bei Normaldruck mittels der Schwerkraft in die Behälter. Alle gasfreien Fluide können damit gefüllt werden. Die Normaldruckfüllmaschinen können bei Bedarf auch für die Abfüllung gashaltiger Getränke durch den Hersteller ausgerüstet werden (s.a. Abbildung 298).

Unterdruck-Füllung
Bei Unterdruckfüllsystemen wird ein geringerer Druck gegenüber dem atmosphärischen Druck genutzt, zum Teil unter Nutzung der Schwerkraft (Synonym: Vakuum- bzw. Hochvakuum-Füllmaschinen). Alle Fluide, die keine gelösten Gase enthalten, können damit gefüllt werden.
Das Vakuum- bzw. Hochvakuum-Füllsystem wird seit etwa 1995 durch moderne Normaldruck-Füllsysteme verdrängt.

Überdruck-Füllung
Gashaltige Getränke müssen immer unter einem Überdruck („überbaromtrisch") gefördert und abgefüllt werden, um die Entgasung zu verhindern. Der Druck muss stets über dem Gleichgewichtsdruck des Gases liegen. Der Partialdruck des Gases ist von der Temperatur und der gelösten Gasmenge abhängig (s.a. Kapitel 29).
Davon zu unterscheiden ist die „treibende Kraft", die die Befüllung eines Behälters mit einem Fluid ermöglicht.
Diese Kraft ist in der Regel die Schwerkraft (ein Höhenunterschied zwischen Fluidspiegel und Behälter; statische Höhe) oder ein Druckunterschied. Dieser kann aus einem Differenzdruck zur Atmosphäre resultieren oder ein dynamischer sein, z.B. erzeugt mittels Pumpe.

16.7.3.8 Gehäuse-Bauformen bei Füllorganen
Füllorgane werden konstruktiv ausgelegt als:
- komplette Baugruppe oder
- Anbau- bzw. Einbauteil.

Beispiele siehe Abbildung 290. Die konstruktive Ausgestaltung muss die Regeln des Hygienic Designs beachten. Werkstoffe sind vor allem austenitische Stähle. Die Gehäuse werden in der Regel gegossen, aber auch als Schweißkonstruktion erstellt.
Dichtungswerkstoffe sind insbesondere Elastomere auf Basis EPDM, FKM, FFKM, VMQ und PTFE.
Die Oberflächen werden geschliffen oder poliert, die Rautiefe wird mit $R_a \leq 1,4$ µm realisiert.

Komplette Baugruppe
Alle für die Funktion des Füllorgans erforderlichen Absperrarmaturen, Zubehörteile und Betätigungseinrichtungen werden in einem anbaufertigen Gehäuse kombiniert (Abbildung 297).
Das Gehäuse wird an den Füllmaschinenkessel bzw. Getränkebehälter seitlich oder unterhalb angeschraubt. Im Anschlussflansch bzw. den Anschlussflanschen werden alle erforderlichen Medienverbindungen angeordnet.
Die Dichtung übernehmen O-Ringe oder Formdichtungen.

Füllanlagen

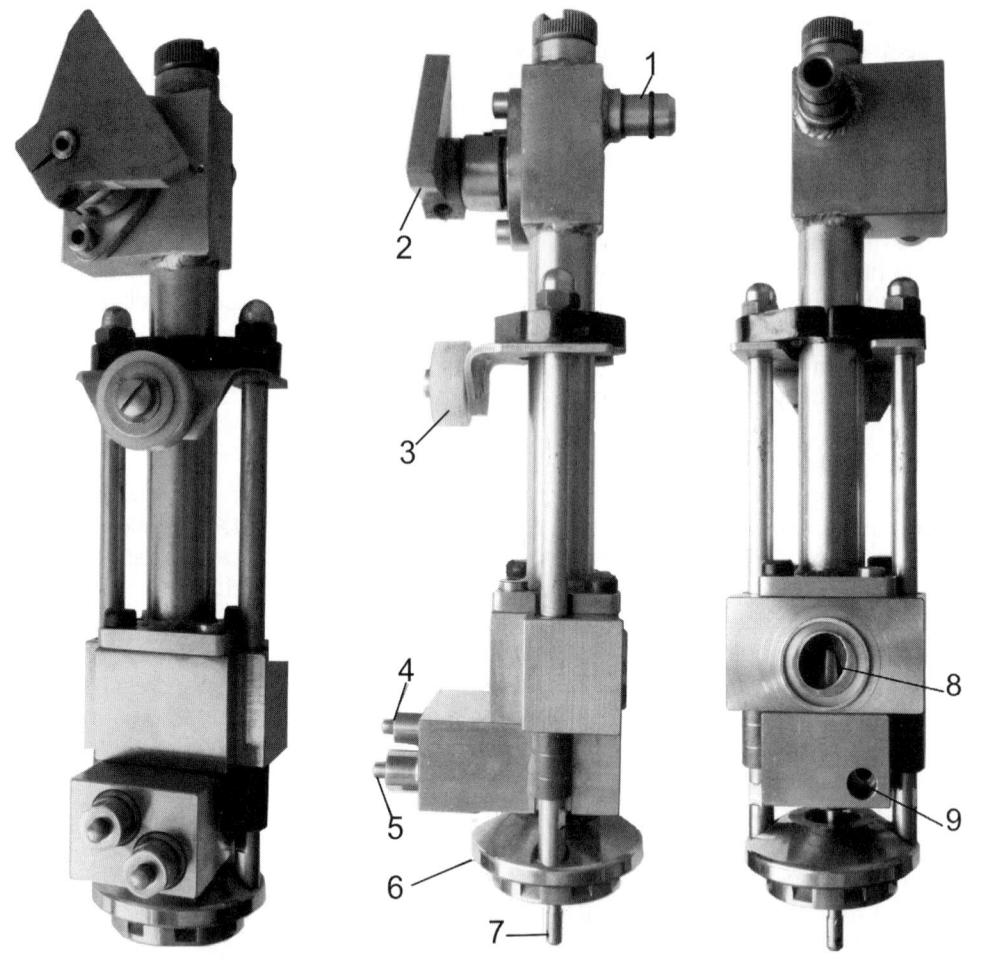

Abbildung 297 Füllorgan, das als komplette Baugruppe am Füllmaschinenkessel angeflanscht wird (Typ BF 60.1, BKM Magdeburg)
1 Anschluss für Spanngas am Füllmaschinenkessel   **2** Schalthebel   **3** Rolle für Anhebung der Zentriertulpe   **4** Ventil für Druckentlastung   **5** Ventil für Vakuumkanal   **6** Zentriertulpe   **7** Rückgasröhrchen   **8** Bierzulauf   **9** Vakuumkanal

Anbau- bzw. Einbauteil
Das Füllorgan besteht aus mehreren Baugruppen, die von außen angeflanscht werden und teilweise in den Füllmaschinenkessel bzw. Getränkebehälter hineinragen (Abbildung 315). Betätigungsorgane werden zum Teil in den Kessel integriert.

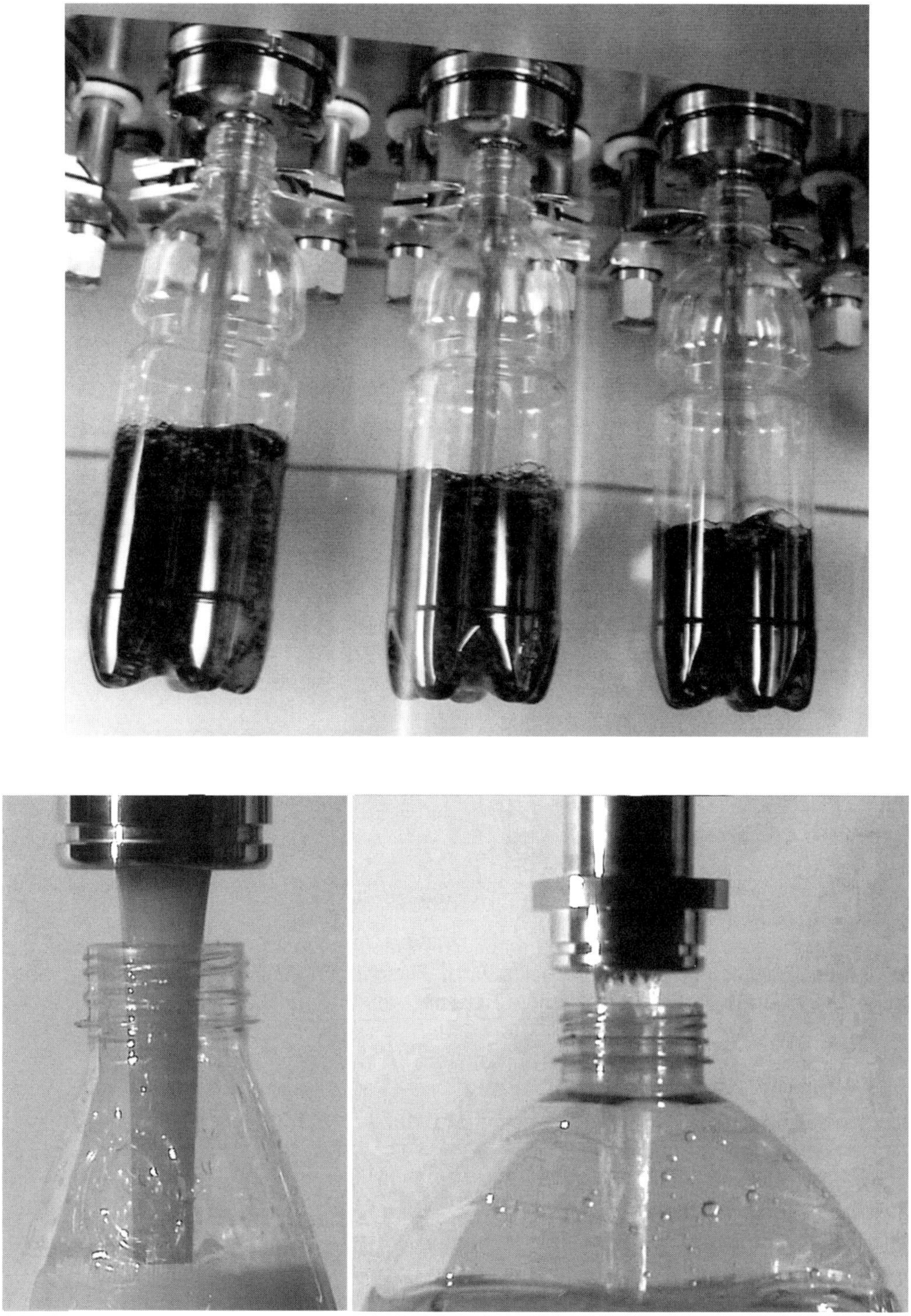

Füllmaschinen für Glasflaschen

Abbildung 298 Freistrahl-Füllorgane ohne Anpressung der Flaschen (nach KHS)

Füllanlagen

Abbildung 298a   Freistrahl-Füllsystem für PET-Flaschen Innofill DNRV (nach KHS)
a Normaldruckfüllung   b Überdruckfüllung; Flasche angepresst (Füllung dann aber nicht als Freistrahl, Getränk wird an die Behälterwandung geleitet)

16.7.4 Zubehör für Füllorgane

Wichtige Zubehörteile der Füllorgane sind (s.a. Kapitel 16.7.3):
- Steuerelemente für die Medienzufuhr;
- Füllrohre;
- Rückgasröhrchen;
- Zentriertulpen mit Betätigungselementen;
- Elemente für die Füllorgananansteuerung (Kapitel 16.6.2.11).

Die Füllorgane einer Füllmaschine werden fortlaufend nummeriert. Damit ist ein Fixpunkt festgelegt und die einzelnen Füllorgane sind mit einem *Ventillocator* erkennbar (Kapitel 16.9.1).

Zentriertulpen

Die Zentriertulpen übernehmen die Zentrierung der Behälter beim Positionieren oder Anpressen an das Füllorgan und die Abdichtung der Behälter am Füllorgan (Abbildung 299).

Die Zentriertulpe wird im Allgemeinen durch zwei Stangen am Füllorgan vertikal geführt (Geradführung; s.a. Abbildung 290). Eine Rolle, geführt auf einer Kurvenbahn, hebt bzw. senkt die Zentriertulpe unter dem Schwerkrafteinfluss. Im Bereich der Behälterauf- und -abgabe wird die Zentriertulpe in der Regel angehoben, um das Anpressen bzw. Abziehen zu beschleunigen.

Die in der Vergangenheit praktizierte Führung der Zentriertulpe durch das Füllrohr wird nicht mehr angewandt.

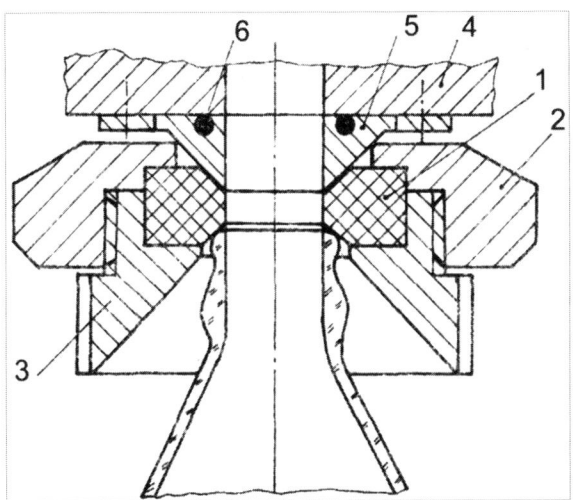

Abbildung 299 Zentriertulpe, schematisch
1 Dichtung Flasche/Füllorgan **2** Zentriertulpengehäuse **3** Zentrierkonus
4 Füllventilgehäuse **5** Zentrierbund **6** O-Ring

16.7.5 Welches Füllorgan für welches Produkt

In Tabelle 47 werden verschiedene Füllprodukte den Füllorganbauformen zugeordnet und in Tabelle 48 Füllprinzip und Packmittel.

Füllanlagen

Tabelle 47   Füllorganbauformen und mögliche Füllgüter

Füllorgan	Gashaltige Getränke (Bier, AfG, Schaumwein)	Stille Getränke (AfG, Wein)	Spirituosen	Milch	Öl, hochviskose Fluide
Überdruck-FV	x				
o Füllrohrlose FV	x	x			
o kurzes Füllrohr	x	x			
o langes Füllrohr	x	x			
Vakuum-FV				x	x
Hochvakuum-FV				x	x
Normaldruck-FV					
o Füllrohrlose FV		x	x	x	
o kurzes Füllrohr		x	x	x	x
o langes Füllrohr		x	x	x	x

FV = Füllventil

Tabelle 48   Füllprinzip und Packmittel

Füllprinzip	Glasflasche	Dose	Kunststoffflasche
Niveaufüllung	xx	(x)	(x)
Maßfüllung	x	xx	xx

16.8 Einhaltung der Nennfüllmenge

16.8.1 Begriffe

Die Fertigpackungsverordnung ist die gesetzliche Grundlage für Abfüllung von Lebensmitteln in Fertigpackungen, die an die Verbraucher abgegeben werden [228].

Fertigpackungen sind u.a. moderne Glasflaschen und Dosen (s.a. Kapitel 5.3). Sie gelten als Maßbehälter (s.a. § 2 und 3 der FertigPackV). Kunststoffflaschen sind es nur bedingt, weil sich ihr Volumen unter Druckeinfluss verändern kann.

Wichtige Begriffe sind u.a. (Tabelle 49):

16.8.2 Füllmengenanforderungen bei Kennzeichnung nach Masse oder Volumen

Nach Masse oder Volumen gekennzeichnete Fertigpackungen gleicher Nennfüllmenge dürfen nach § 22 der FertigPackV gewerbsmäßig nur so *hergestellt* werden, dass die Füllmenge zum Zeitpunkt der Herstellung
- im Mittel die Nennfüllmenge nicht unterschreitet und
- die in Tabelle 50 festgelegten Werte für die Minusabweichung von der Nennfüllmenge nicht überschreitet.

Die zulässigen Abweichungen der Nennfüllmenge sind aus Tabelle 50 ersichtlich:

Tabelle 49 Wichtige Begriffe bei Fertigpackungen

Maßbehältnis	Behältnisse, die in Form und Abmessung so konstant sind, dass sie als Maß in Verbindung mit geeigneten Füllgeräten dienen können
Nennvolumen (Nennfüllmenge) Q_N	Erzeugnismenge, die in der Fertigpackung enthalten sein soll (Angabe in Volumen- oder Masse-Einheiten)
Füllmenge	die im Behälter tatsächlich enthaltene Menge
Sollfüllmenge	betriebl. Füllmenge, die als Soll festgelegt wird, um die Forderungen bezüglich der Einhaltung der Nennfüllmenge zu sichern
Randvollvolumen	Füllmenge bis zum obersten Rand des Behälters
untere Toleranzgrenze T_{u1}	höchstens 2 % der Fertigpackungen dürfen die T_{u1} unterschreiten
Mindestgrenzwert Toleranzgrenze T_{u2}	zweifache Minusabweichung gemäß Tabelle 50 für maximal 2 % der Fertigpackungen, die nicht unterschritten werden darf.

Tabelle 50 Zulässige Minus-Abweichungen bei Maßbehältnissen (nach [228])

Nennvolumen in Milliliter	Prozent des Nennvolumens	Milliliter
bis 50	6	-
50 bis 100	-	3
100 bis 200	3	-
200 bis 300	-	6
300 bis 500	2	-
500 bis 1000	-	10
1000 bis 5000	1	-

Die Bezugstemperatur für Kontrollen und Prüfungen beträgt 20 °C. Ggf. muss mit Korrekturfaktoren gerechnet werden, die sich aus der Dichteänderung ergeben.
Die zulässigen Abweichungen dürfen nicht planmäßig ausgenutzt werden.
  Nach Masse oder Volumen gekennzeichnete Fertigpackungen gleicher Nennfüllmenge dürfen gewerbsmäßig nur in den Geltungsbereich dieser Verordnung *verbracht* werden, wenn die Füllmenge zum Zeitpunkt der Herstellung
- im Mittel die Nennfüllmenge nicht unterschreitet und
- die in Tabelle 51 festgelegten Werte für die Minusabweichung von der Nennfüllmenge nicht überschreitet.

Bei der Anwendung der Tabelle 51 sind die in Masse- oder Volumeneinheiten berechneten Werte der zulässigen Minusabweichung, die in Prozent angegeben sind, auf 0,1 Gramm oder 0,1 Milliliter aufzurunden. Die Minusabweichungen dürfen von höchstens 2 vom Hundert der Fertigpackungen überschritten werden.
  Nach Masse oder Volumen gekennzeichnete Fertigpackungen gleicher Nennfüllmenge dürfen erstmals gewerbsmäßig nur in den Verkehr gebracht werden, wenn die

Füllanlagen

Minusabweichung von der Nennfüllmenge das Zweifache der in der Tabelle 51 festgelegten Werte nicht überschreitet.

Tabelle 51   Die zulässigen Minusabweichungen der Füllmenge betragen:

Nennfüllmengen Q_N in g oder ml	Zulässige Minusabweichung		Beispiel für T_{u1}
	in Prozent von Q_N	in Gramm oder Milliliter	
5 bis 50	9	-	
50 bis 100	-	4,5	
100 bis 200	4,5	-	
200 bis 300	-	9	0,25-l-Flasche: -9,0 ml
300 bis 500	3	-	0,33-l-Flasche: -9,9 ml 0,5-l-Flasche: -15 ml
500 bis 1000	-	15	0,75-l-Flasche: -15 ml
1000 bis 10.000	1,5	-	2-l-Flasche: -30 ml

Beispiel:
Bierflaschen mit einer Nennfüllmenge von 0,5 l müssen im Durchschnitt mit einer Füllmenge von 500 ml gefüllt werden (Durchschnitt = arithmetischer Mittelwert). Die zulässige Abweichung von der Nennfüllmenge (T_{u1}) beträgt 15 ml.
In maximal 2 % der abgefüllten Flaschen darf die Füllmenge ≤ 485 ml betragen.
   Eine Unterfüllung von 2 · 15 ml = 30 ml ist nur bei 2 % der abgefüllten Flaschen tolerierbar. Die unterste Grenze (T_{u2}) lautet deshalb 470 ml.
Eine Flasche mit 469 ml darf also nicht mehr in den Verkehr gebracht werden.

16.8.3 Berechnungsunterlagen

Berechnung des Mittelwertes $\bar{x}$ des Nennfüllmenge Q_N:

$$\bar{x} = \frac{x_1 + x_2 + \ldots x_n}{n} = \frac{\sum x_i}{n} \qquad \text{Gleichung 28}$$

Die Einzelwerte x_i der geprüften Behälter können beispielsweise mit einer Füllmengenschablone (nach Prof. *Berg*) ermittelt werden. Die Angabe kann in Millimeter Leerraumhöhe oder in Milliliter Füllmenge erfolgen. Die Schablonen werden spezifisch für jede Flaschenform und -größe angefertigt [229].

Berechnung der Varianz s^2 des Mittelwertes:

$$s^2 = \frac{\sum_{i=1}^{n}(x_i - \bar{x})^2}{n-1} \qquad \text{Gleichung 29}$$

Berechnung der Standardabweichung s:

$$s = \sqrt{\frac{\sum(x_i - \bar{x})^2}{n-1}} = \sqrt{\frac{\sum x_i^2 - \frac{1}{n}(\sum x_i)^2}{n-1}} \qquad \text{Gleichung 30}$$

Stichprobenumfang n:
- für Behälter nach [MEBAK],
- für gefüllte Behälter: mindestens die Anzahl der Füllstellen der FFM.

Maximale Standardabweichung σ_{max}:
Die maximale Standardabweichung folgt aus der Summenfunktion der Normalverteilung. Für einen Wert von 98 % $\hat{=}$ 0,02 ergibt sich ein Wert von u = 2,0541 (siehe z.B. [230]: Tafel 2, S. 570).
Damit ergibt sich σ_{max} nach [231] zu:

$$\sigma_{max} = \frac{(Q_N - T_{u1})}{2,0541} \qquad \text{Gleichung 31}$$

Bei einer 0,5-l-Flasche beträgt die maximale Standardabweichung: 15/2,0541 = <u>7,3 ml</u>

Sollfüllmenge Q_S
Die Sollfüllmenge Q_S errechnet sich nach [231] zu:

$$Q_{S1} \geq T_{u1} + 2,054 \; \sigma_{berechnet} \qquad \text{Gleichung 32}$$

bzw.

$$Q_{S2} \geq T_{u2} + 3,3 \; \sigma_{berechnet} \qquad \text{Gleichung 32 a}$$

Der größere Wert Q_S ist der Wert, der als Sollfüllmenge für das Erreichen des geforderten Mittelwertes am Füllorgan eingestellt werden muss.

Vertrauensintervall Δx eines Mittelwertes (auch: Konfidenzintervall)

$$\Delta \bar{x} = \frac{s \cdot t(P, f)}{\sqrt{n_i}} \qquad \text{Gleichung 33}$$

Das Vertrauensintervall Δx gibt die Grenzen an, in welchen mit einer statistischen Sicherheit von P (im Normalfall P = 0,95 bzw. 95,0 %) der wahre Mittelwert μ im Vergleich zu $\bar{x}$ liegt. Man benutzt deshalb das Vertrauensintervall $\Delta \bar{x}$ auch als Fehlerangabe zum Mittelwert der Stichprobe $\bar{x}$.

- P = Statistische Sicherheit (normal P = 0,95)
- f = Freiheitsgrade, hier f = n_i – 1
- n_i = Anzahl der Messwerte pro Untersuchung und Probe
- t = tabellierte t-Werte (z. B. nach [230]: Tafel 5, S. 576), für n = 60 und P = 0,95 folgt t = 2
- s = Standardabweichung der Messung

Das Ergebnis dieser Stichprobenuntersuchung kann dann wie folgt angegeben werden:
Ergebnis: $\bar{x} \pm \Delta \bar{x}$

Füllanlagen

Beispiel:
Die Einzelwerte (n = 60) der Füllmenge betragen (in Millilitern):

500	497	498	506	499	506	498	502	500	498
502	488	502	508	501	506	498	504	500	496
502	492	501	502	496	504	496	498	502	497
503	496	506	502	498	502	497	496	504	504
501	494	505	506	492	502	496	497	506	506
496	495	504	504	494	502	501	497	498	504

Mit diesen Werten folgt für:
- Mittelwert $\bar{x}$ = 500,12
- Varianz s^2 = 17,97
- Standardabweichung s = 4,24
- Vertrauensintervall Δx = 1,09

Bei diesem Mittelwert kann die Berechnung von Q_S entfallen.
Das Ergebnis der Stichprobe lautet = (500,12 ± 1,09) ml

16.8.4 Folgen der Unter- oder Überfüllung

Die FertigPackV regelt die Nennfüllmenge und die mögliche Unterfüllung. Sie dient damit dem Verbraucherschutz.

Eventuell unterfüllte Flaschen müssen deshalb messtechnisch erkannt und aussortiert werden. Dazu wird eine Füllhöhenkontrolle nach der Verschließmaschine installiert (siehe Kapitel 21).
Die Überfüllung ist vor allem ein betriebswirtschaftliches Problem:
- Eine Überfüllung bedeutet Produktverlust und
- Flaschen- und Produktverlustverlust durch platzende Flaschen beim Pasteurisieren.

Die Produktverluste durch Überfüllung werden gern übersehen, weil sie prozentual in der Regel gering sind. Eine Überfüllung von 0,5 ml bei einer Halbliterflasche bedeuten „nur" 0,1 %. Dieser Angabe entsprechen aber pro Jahr bereits 1000 hl bei einem Ausstoß von 1 Mio. Hektolitern!
Der Kopfraum der gefüllten Flasche beträgt in der Regel 4 % des Nennvolumens. Bei einer Überschreitung der Füllmenge wird dieses Volumen verringert. Bei der Pasteurisation steigt der Innendruck infolge der Ausdehnung der Flüssigkeit und der Gase dann an und kann zum Platzen des Behälters führen. Neben dem Verlust von Behälter und Inhalt wird der pH-Wert in den Wasserbädern des Tunnelpasteurs verschoben und damit die Korrosion und das Wachstum von Mikroorganismen gefördert (s.a. Kapitel 24.4.6).

16.9 Beispiele und Funktion von Füllorgan-Bauformen
16.9.1 Überblick und allgemeine Bemerkungen
Nachfolgend werden zu den verschiedenen Füllprinzipien Beispiele gebracht, insbesondere zu:
- Füllung bei atmosphärischem Druck;
- Füllung bei Unterdruck;
- Füllung bei Überdruck.

Historisch gesehen sind die Füllorgane für die Füllung bei atmosphärischem Druck die jüngste Entwicklung. Sie wurden erst möglich, als Sensoren für die Erfassung des Volumen- bzw. Massestromes verfügbar waren, bzw. Sensoren für die exakte Erfassung des Füllstandes in einem Behälter. Bis diese Bedingungen erfüllt waren, wurden stille Getränke vor allem mit Unterdruck-Füllmaschinen abgefüllt.

In den Jahren nach 1990 hat verstärkt die Abkehr von rein mechanisch betätigten Füllorganen eingesetzt.

Die Verfügbarkeit von Sensoren für die Füllstands-/Niveauerfassung (Basis z.B. Leitfähigkeitsmessung) war die Voraussetzung für Füllorgane, die von einem Sensor geschaltet wurden. Damit war ein sicheres Schließen des Getränkeventils beim Erreichen des gewünschten Niveaus möglich, bei Bedarf auch mit einer einstellbaren Verzögerung. Mit zwei Sonden ist es möglich, die Füllung mit zwei unterschiedlichen Geschwindigkeiten vorzunehmen (Schnell- und Langsam-/Korrekturfüllphase).

Bei den rein mechanisch gesteuerten Füllventilen wird die Füllung beim Erreichen der Rückgasbohrung am Rückgasröhrchen oder am Füllrohr beendet, der Behälterhals bleibt gasgefüllt. Dafür kann aber das Getränk in dem Rückgaskanal bis zum Erreichen des Getränkespiegels weiter ansteigen. Dieser Getränkerest wird entweder bei einer Füllhöhenkorrektur mit Inertgas in den Getränkebehälter „geblasen" (deshalb wurde u.a. auch die Füllhöhenkorrektur mit eingeführt) oder er wird mit Spanngas vor dem nächsten zu füllenden Behälter in einen Sammelkanal ausgeblasen (Getränkeverlust). Die Entwicklung der Füllhöhensonden war also auch die Voraussetzung für „trockene" Rückgaswege.

Mit der Verfügbarkeit von Volumen- bzw. Massedurchflussmessgeräten wurde die Maßfüllung sehr vereinfacht, auf Mess- bzw. Dosierbehälter konnte verzichtet werden.

Auch die Entwicklung der pneumatisch betätigten Steuerventile (Abbildung 294) war eine Voraussetzung für den Verzicht auf mechanisch betätigte Ventile für Spanngas, Vakuumanschluss, Druckentlastung und Getränk. Der Schaltpunkt dieser Ventile war damit nicht mehr abhängig von fest installierten Anlaufkurven oder Schalthebeln und konnte variabel festgelegt und bei Bedarf während des Betriebes ohne Füllunterbrechung verändert werden. Auch eine definierte Zeitverzögerung für das Öffnen oder Schließen war möglich.

Ein weiterer Effekt der pneumatisch gesteuerten Ventile war, dass der Füllmaschinenkessel bei der CIP-Reinigung nicht mehr rotieren musste, um die Ventile an den fixen Anschlägen zu betätigen. Die Ventilbetätigung ist jetzt frei programmierbar.

Nicht zuletzt konnten die Fertigungskosten durch die Abkehr von den mechanisch betätigten Ventilen gesenkt werden und der Verzicht auf dynamisch beanspruchte Dichtungen erhöhte die Funktionssicherheit, reduzierte die Leckageverluste und senkte vor allem das Kontaminationsrisiko durch den Übergang zu glatten, spaltfreien reinigungsfreundlichen Oberflächen.

Füllanlagen

Es muss an dieser Stelle darauf hingewiesen werden, dass es nicht möglich ist, auf die sehr zahlreichen ausgeführten konstruktiven Lösungen einzugehen. Diese wurden auch nicht zuletzt durch die Schutzrechte einzelner Hersteller bedingt, denen die übrigen Hersteller unterworfen waren.

16.9.2 Füllorgane für die Füllung bei atmosphärischem Druck
16.9.2.1 Allgemeine Bemerkungen

Diese Füllorgane werden für die gleichen Getränke eingesetzt wie die Unterdruck-Füllsysteme. Die Getränke können mit langem Füllrohr relativ sauerstoffarm abgefüllt werden. Bei Bedarf kann auch mit einem Inertgas gespült werden. Es kann kalt und heiß gefüllt werden. Zum Teil lassen sich die Normaldruck-Füllventile auch für die Überdruckfüllung nutzen (Bedingung: ein Spanngaskanal muss vorhanden sein).

Normaldruck-Füllventile haben die Vakuum-Füllventile weitestgehend verdrängt. Die Sauerstoffbelastung kann damit wesentlich verringert werden und eine Vakuumpumpe ist nicht erforderlich.

Das Anpressen der Behälter an das Füllorgan muss nicht unbedingt erfolgen. Abbildung 300 zeigt ein Beispiel, s.a. Abbildung 298. Die Tropffreiheit wird durch eine Gassperre erreicht (Abbildung 301).

Werden Füllrohre verwendet, können diese gefüllt bleiben (z.B. mit Siebverschluss) oder sie werden belüftet, sodass sie sich in den Behälter entleeren.

Die Füllorgane und der Getränkebehälter werden in der Regel nach Anbringung von Spülkappen oder -behältern nach dem CIP-Verfahren gereinigt.

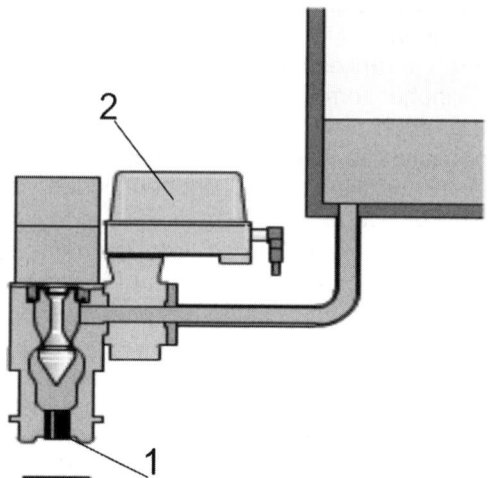

Abbildung 300 Modernes Normaldruck-Füllventil (Typ NV nach KHS)
1 Gassperre **2** MID

Füllmaschinen für Glasflaschen

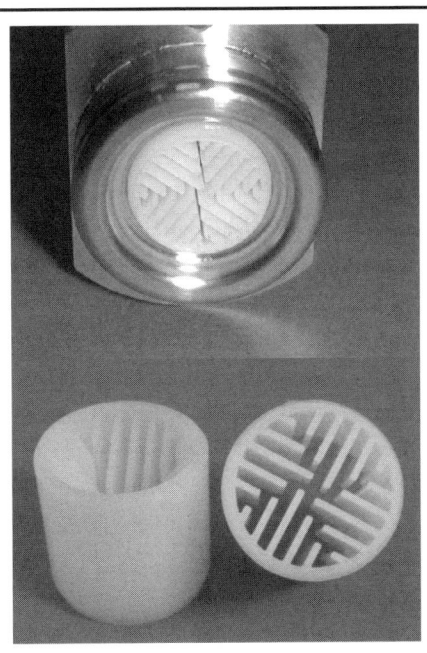

Abbildung 301 Gassperre des Füllorgans nach Abbildung 300

16.9.2.2 Niveaufüllung
Sobald ein Behälter an das Füllorgan gebracht wird, öffnet das Flüssigkeitsventil. Das Getränk kann an der Wandung herablaufen oder es wird unterschichtend mit einem Füllrohr gefüllt. Triebkraft des Getränkeeinlaufes ist die Schwerkraft.

Die aus dem Behälter verdrängte Luft wird durch ein Röhrchen oder direkt ins Freie abgeleitet.

Sobald eine einstellbare Füllhöhe erreicht ist, wird der Stand durch eine Messsonde erfasst (z.B. Basis Leitfähigkeit), deren Signal zur Schließung des Getränkezulaufes benutzt wird. Die Schließzeit kann zur Füllhöhenkorrektur genutzt werden (Abbildung 302 und Abbildung 303).

Die Sonde kann in das Rückgasröhrchen integriert sein oder auch parallel dazu installiert werden.

Bei der Variante nach Abbildung 304 wird die Füllung beim Erreichen des Rückgaskanals beendet. Das in den Rückgaskanal eingetretene Getränk gelangt beim/nach dem Abziehen noch in den gefüllten Behälter.

16.9.2.3 Maßfüllung
Hierzu siehe Abbildung 305. Sobald ein Behälter an das Füllorgan gebracht wird, öffnet das Flüssigkeitsventil. Das Getränk kann an der Wandung herab laufen oder es wird unterschichtend mit einem Füllrohr gefüllt. Triebkraft des Getränkeeinlaufes ist die Schwerkraft.

Die aus dem Behälter verdrängte Luft wird durch ein Röhrchen oder direkt ins Freie abgeleitet.

Das Getränkeventil wird wieder geschlossen, sobald die voreingestellte Menge (Volumen oder Masse) durch den Sensor gelaufen ist.
Die Schließzeit kann zur Füllmengenkorrektur genutzt werden.

Füllanlagen

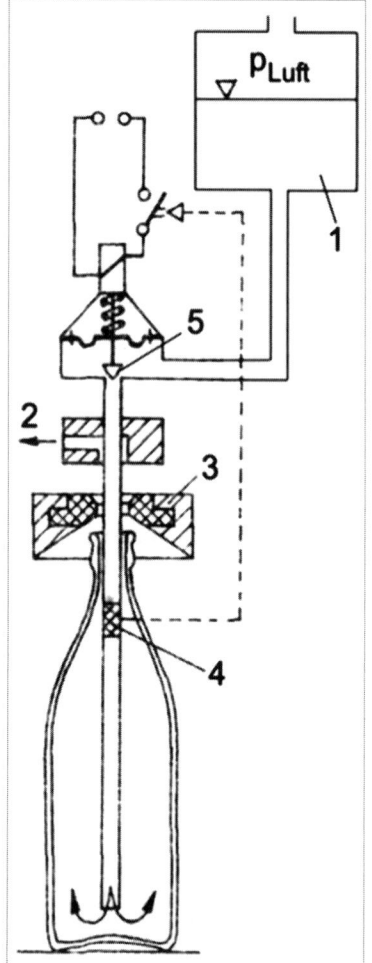

Abbildung 302 Füllorgan für Niveau-Füllung bei atmosphärischem Druck (Normaldruck), schematisch
1 Getränk **2** Abluft **3** Zentriertulpe **4** Sensor
5 Getränkeventil

Füllmaschinen für Glasflaschen

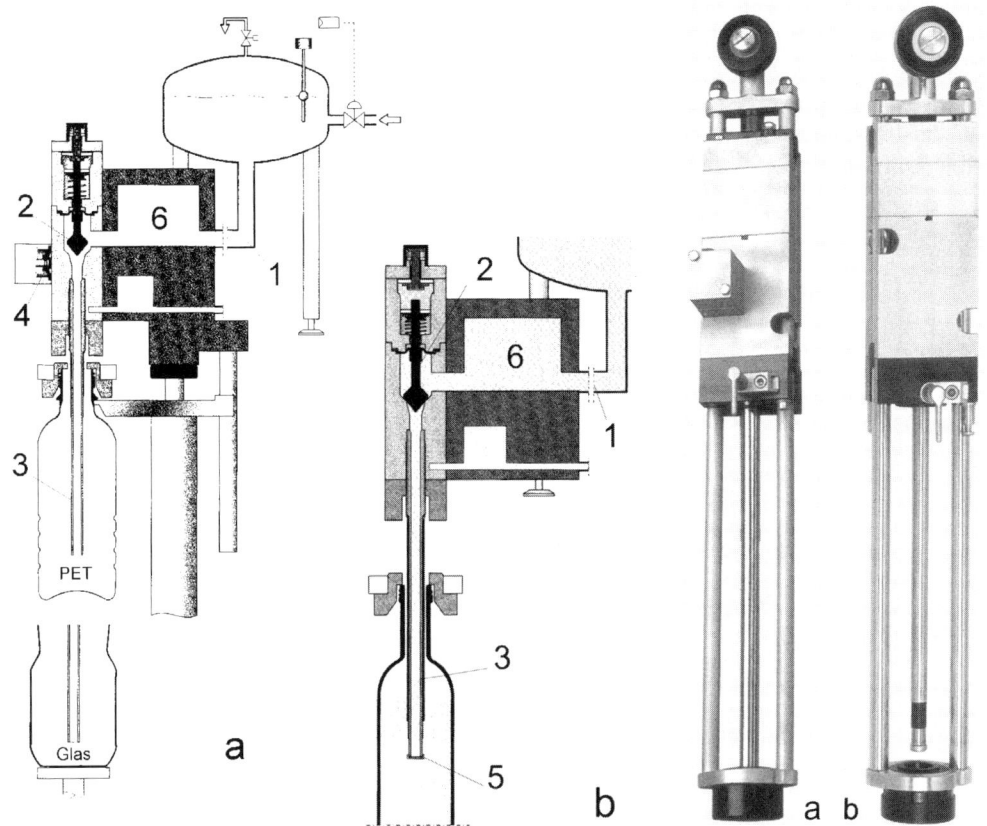

Abbildung 303 Füllorgan für Niveau-Füllung bei atmosphärischem Druck (Normaldruck) mit langem Füllrohr, schematisch (nach KHS, Innofill NRF)
a Füllrohr (Füllrohr mit Entleerung) mit Sonde **b** Füllrohr mit Siebverschluss (Füllrohr bleibt gefüllt) und Sonde;
Das Rückgas aus dem Behälter wird direkt in die Atmosphäre geleitet.
1 Getränk **2** Getränkeventil **3** Füllrohr mit Sonde **4** Ventil für Füllrohrentleerung
5 Sieb als Füllrohrabschluss **6** Ringkanal

Sobald die Sonde vom Flüssigkeitsniveau erreicht wird, wird das Flüssigkeitsventil geschlossen. Der Inhalt des Füllrohres wird in den Behälter entleert (a) oder verbleibt im Füllrohr (b).

Füllanlagen

Abbildung 304 Füllventil Isofill VG (KRONES)
a Einkammersystem **b** Zweikammersystem
1 Gas oder Luft **2** Rückgasrohr, fest **3** Getränk
4 Inertgas **5** Rückgas **6** Gasventile **7** Ventilkegel, fest **8** Rückgasröhrchen **9** Hub des Ventilgehäuses für die Öffnung des Getränkeventils

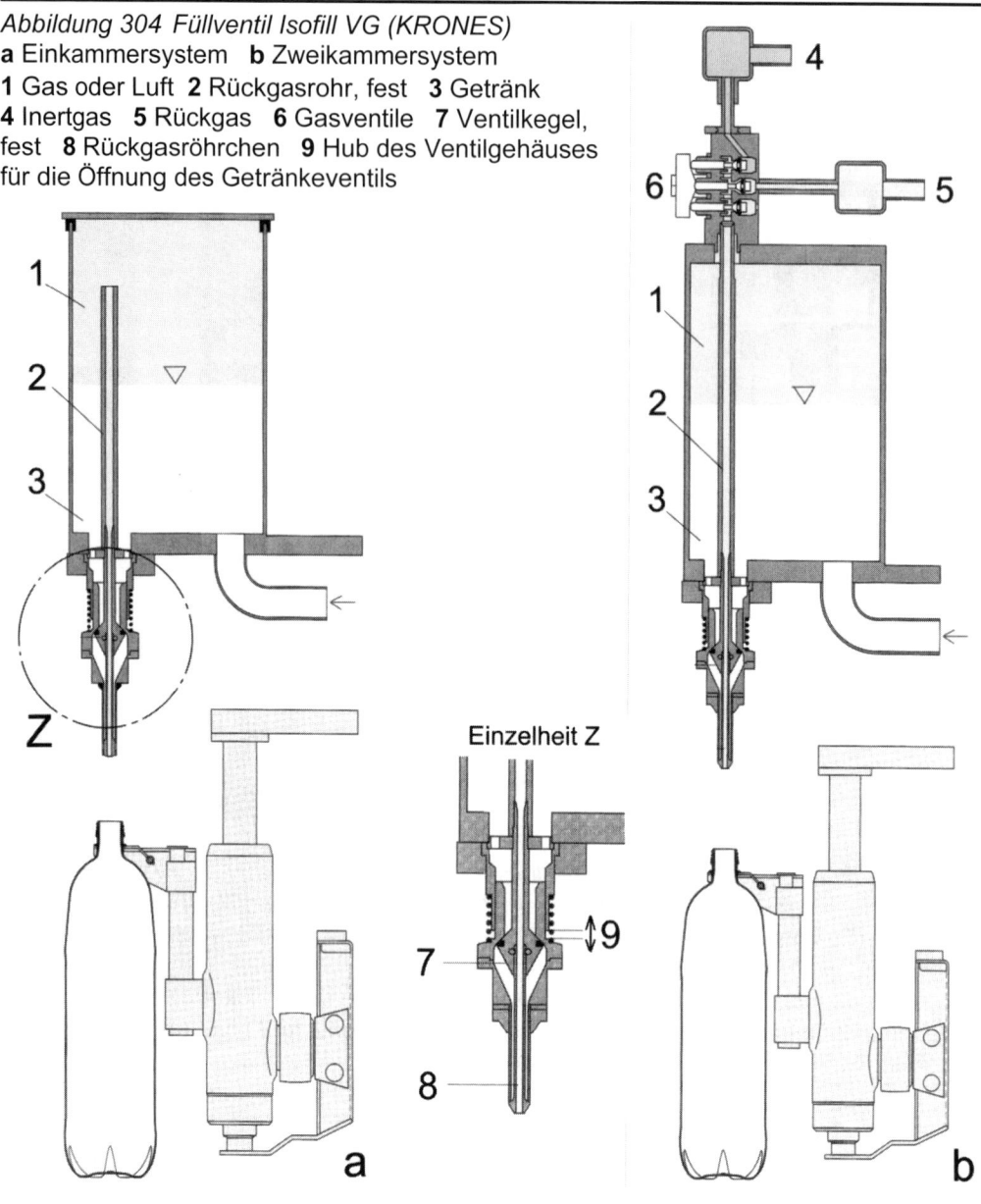

Zur Funktion:
Der Behälter leitet den Füllvorgang ein (kein Behälter, keine Füllung), sobald der Behälter am Füllorgan angepresst wird. Die Füllung wird beendet, wenn das Rückgasröhrchenende in das Getränk eintaucht und kein Gas mehr entweichen kann.

Das Getränk steigt im Rückgasröhrchen bis zum Niveau des Getränkespiegels im Ringkessel. Nach dem Abziehen des Behälters vom Füllorgan schließt der Ventilkegel, der Inhalt des Füllröhrchens wird in den gefüllten Behälter entleert.

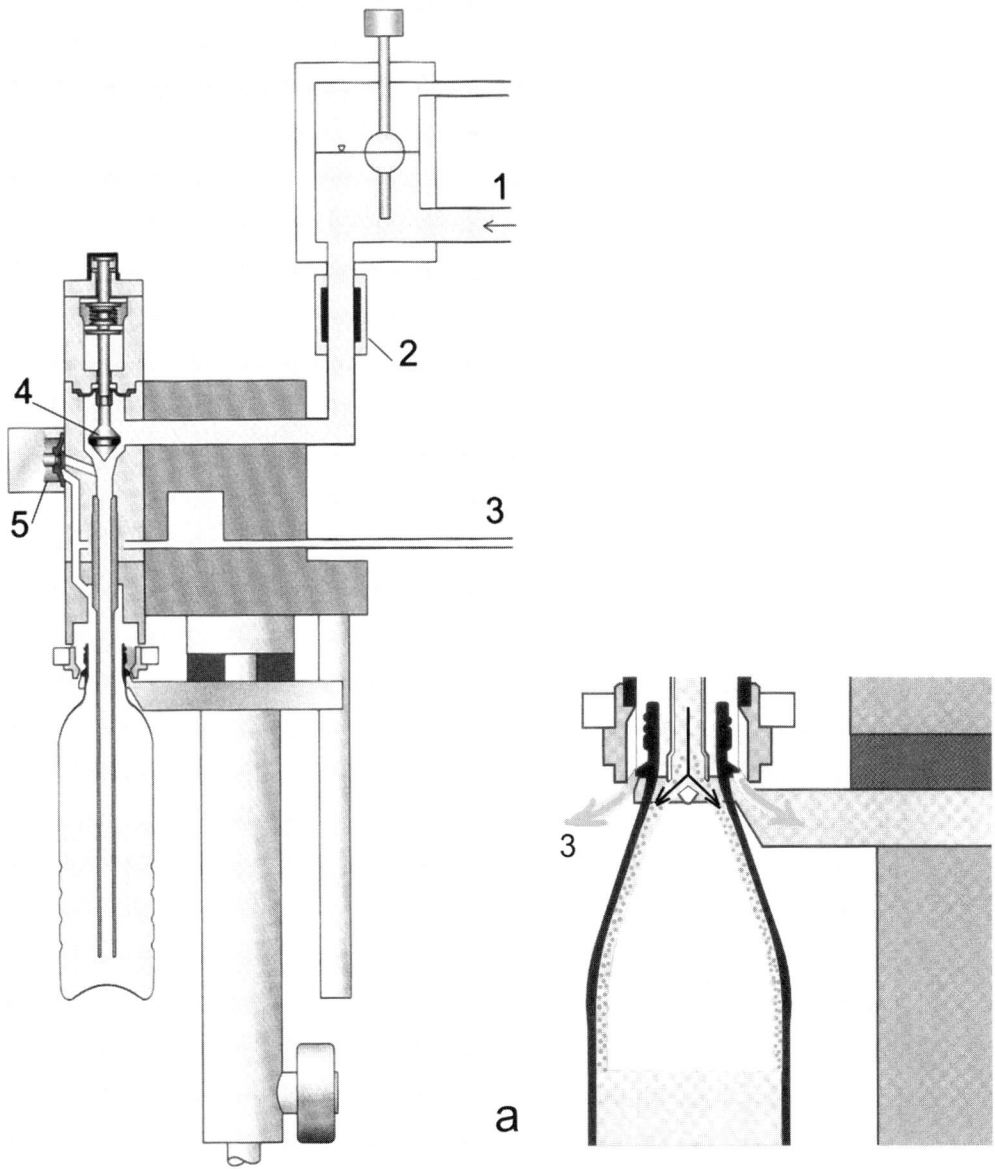

Abbildung 305 Füllorgan für Maß-Füllung bei atmosphärischem Druck (Normaldruck), schematisch (nach KHS, Innofill NVF)
1 Getränk **2** MID **3** Abluft **4** Getränkeventil **5** Füllrohrentleerung
a Variante mit kurzem Füllrohr; das Getränk läuft an der Wandung herunter

Die Füllung wird nach dem Erreichen des Sollwertes am MID beendet. Der Füllrohrinhalt wird in den Behälter entleert.

Füllanlagen

16.9.3 Füllorgane für die Füllung bei Unterdruck

16.9.3.1 Allgemeine Bemerkungen

Diese Füllorgane werden für stille Getränke aller Art eingesetzt. Die Getränke können mit langem Füllrohr relativ sauerstoffarm abgefüllt werden, sie können aber auch an der Behälterwandung einlaufen. Es wird in der Regel kalt oder bei Zimmertemperatur (bis ≤ 30 °C) gefüllt.

Die Behälter müssen an das Füllorgan angepresst werden.

Die treibende Kraft für den Einlauf ist entweder die Schwerkraft, nachdem ein Druckausgleich zum Behälterunterdruck erfolgt ist (sogenannte *Vakuum-Füller*), oder ein Differenzdruck zur Atmosphäre (sogenannte *Hochvakuum-Füller*). Zur Vakuumerzeugung wird auf Kapitel 39.3.6 verwiesen.

Die Vakuumfüllung ermöglichte ohne messtechnische Komponenten die Abfüllung stiller Getränke (Milch, Wein, Spirituosen). Das Prinzip: keine Flasche, keine Füllung kann relativ einfach gesichert und die Füllung defekter Behälter (Mündungsfehler, defekte Wände) ausgeschlossen werden. Für kontaminationsgefährdete Getränke sind Unterdruckfüllmaschinen nicht geeignet.

Vakuum-Füllventile werden vor allem durch Normaldruck-Füllventile verdrängt.

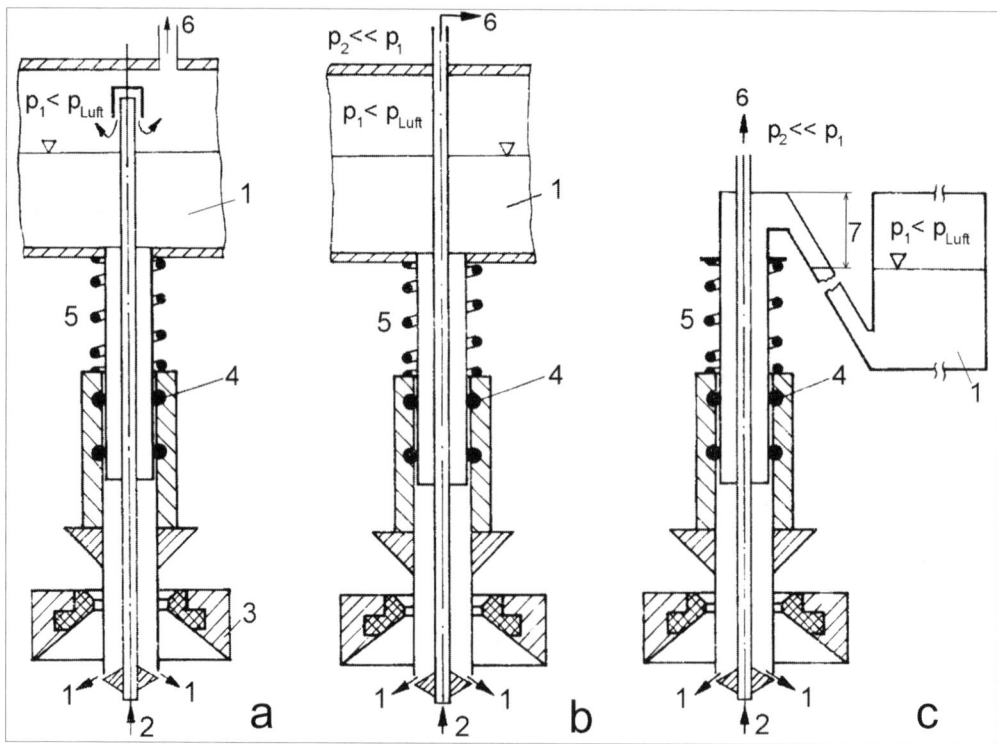

Abbildung 306 Vakuum-Füllorgane, schematisch
a Vakuum-Füllventil   **b** Hochvakuum-Füllventil   **c** Hochvakuum-Füllventil mit tiefer liegendem Getränkespiegel
1 Getränk   **2** Rückluft   **3** Zentriertulpe   **4** Schiebehülse mit O-Ring-Dichtung (öffnet den Getränkezulauf)   **5** Feder   **6** zum Abscheider/Vakuumpumpe   **7** Saughöhe des Füllgutes

Die Anpassung unterschiedlicher Behälterhöhen/Leerräume an das Füllorgan kann durch Beilagscheiben/Steckscheiben zwischen Zentriertulpe und Füllorganbasis erreicht werden.

Die konstruktiv relativ einfachen und tropffreien Füllorgane und die rein mechanischen Funktionen führten zu einer breiten Anwendungspalette. Die im Kapitel 16.9.2 beschriebenen Füllorgane haben die Unterdruckfüllung zum Teil verdrängt.

In Abbildung 306 werden die Vakuum-Füllorgane schematisch dargestellt. Abbildung 290, Teil 1, und die Abbildung 307 und Abbildung 308 zeigen ausgeführte Füllorgane.

Die Füllorgane und der Getränkebehälter werden in der Regel nach Anbringung von Spülkappen oder -behältern nach dem CIP-Verfahren gereinigt.

16.9.3.2 Vakuum-Füllorgane

Verwendet werden diese Füllorgane für dünnflüssige Medien (Milch, Wein, Wasser, Spirituosen, Most usw.). Vakuum-Füllorgane verfügen in der Regel über ein zentrales Rückluftröhrchen. Dieses ist höhenverstellbar. Die Verstellbarkeit kann an jedem Ventil separat gegeben sein, kann aber auch für alle Füllventile synchron mittels Gewindespindeln erfolgen. Die Anpassung an eine andere Flaschenform oder eine geänderte Füllhöhe kann auch durch eine Veränderung des Abstandes zwischen Rückluftrohrende und Anpresskonus der Flaschenmündung vorgenommen werden. Dazu können zwischen Anpresskonus und Ventilgehäuse geschlitzte Distanzringe oder -scheiben unterschiedlicher Dicke (Steckscheiben) eingefügt werden. Diese werden formschlüssig mit einem Zentrierrand fixiert.

Am oberen Ende kann das Rückluftröhrchen mit einer Haube abgedeckt sein, um das Versprühen von Getränk im Getränkebehälter beim Freiblasen des Rückluftrohres zu vermeiden.

Der Getränkezulauf wird durch ein Ventil verschlossen, das von dem Behälter gesteuert wird. Das Getränkeventil muss nicht flüssigkeitsdicht sein, erfordert also keine speziellen Dichtungen. Es dichtet entweder gegen das Rückluftrohrende ab oder gegenüber dem Getränkebehälter.

Der Flüssigkeitszulauf erfolgt koaxial entlang dem Rücklufttrohr und wird kurz vor dessen Ende durch Leiteinrichtungen, zum Beispiel Leitkegel, an den Flaschenhals geleitet.

Nahezu allen Vakuum-Füllventilen ist gemeinsam, dass sie nach dem Lösen eines zentralen Verschlusses (Drahtring, Klammer, Bolzen, Stift o.ä.) ohne Werkzeug demontierbar sind. Die Füllventile werden an den Getränkebehälter angeflanscht oder sie werden durch eine Kupplung (Kugelrastverbindung, Bajonettverschluss, formschlüssige Steckkupplung etc.) schnell lösbar verbunden.

Funktion der Vakuum-Füllventile

Das Getränk befindet sich im Kessel. Sein Niveau wird in geringen Grenzen konstant gehalten. Oberhalb des Getränkespiegels wird im Getränkebehälter ein Unterdruck („Vakuum") erzeugt.

Zur Unterdruckerzeugung werden Seitenkanalgebläse benutzt, die mit einer Rohrleitung oder einem Spiralschlauch angeschlossen werden. Der Unterdruck wird im Bereich p = 0,93...0,98 bar durch Drosselung unter Beachtung der Füllguteigenschaften (Schäumneigung) eingestellt. Durch die ständig offenen Rückluftröhrchen wird Luft angesaugt. Sobald ein Behälter an das Füllventil angepresst wird, öffnet dieser das Getränkeventil vollständig. Ist der Behälter ohne Defekte und gegenüber dem Ventil

Füllanlagen

richtig abgedichtet, wird die Luft aus dem Behälter über das Rückluftröhrchen abgesaugt und es stellt sich in dem Behälter derselbe Druck wie im Füllmaschinenkessel ein. Sobald der Druckausgleich genügend weit erfolgt ist (isobarometrisches Prinzip), läuft das Getränk in die Flasche ein. Dabei ist der statische Druck der Getränkesäule die Triebkraft. Der Getränkespiegel steigt an, verdrängt die Luft aus dem Behälter über das Rückluftrohr in den Kessel und steigt schließlich im Rückluftrohr weiter bis zum Niveau des Getränkespiegels (Prinzip der verbundenen Gefäße). Die Luft im Flaschenhals oberhalb des Flüssigkeitsspiegels kann nicht entweichen und bleibt erhalten. Der gefüllte Behälter wird vom Füllventil abgezogen. Dabei schließt sich das Getränkeventil und der Behälter steht wieder unter atmosphärischem Druck. Während dieses Vorganges kann noch eine gewisse Höhenkorrektur des Getränkespiegels in dem Behälter stattfinden. Der äußere Luftdruck entleert das Rückluftröhrchen in den Füllerkessel und sorgt dafür, dass aus dem Getränkeventil kein Produkt austreten kann. Vakuum-Ventile arbeiten also stets tropffrei.

Nachteilig ist der intensive Kontakt des Sauerstoffs mit dem Getränk.

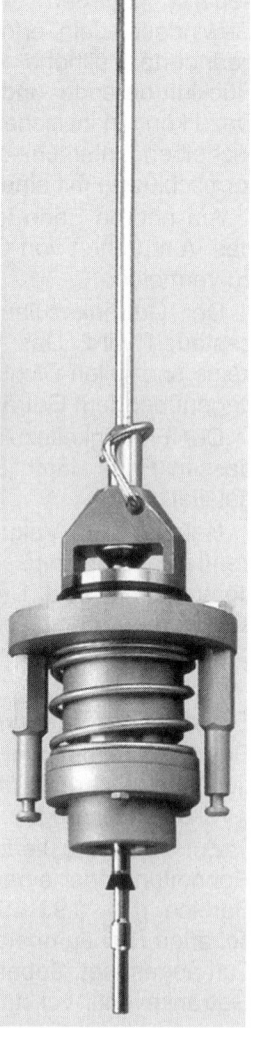

Abbildung 307 Vakuum-Füllventile
links ein älteres Modell der Nagema, Mittweida [mit Distanzscheiben] und rechts: KHS Innofill NMG, s.a. Abbildung 308)

Füllmaschinen für Glasflaschen

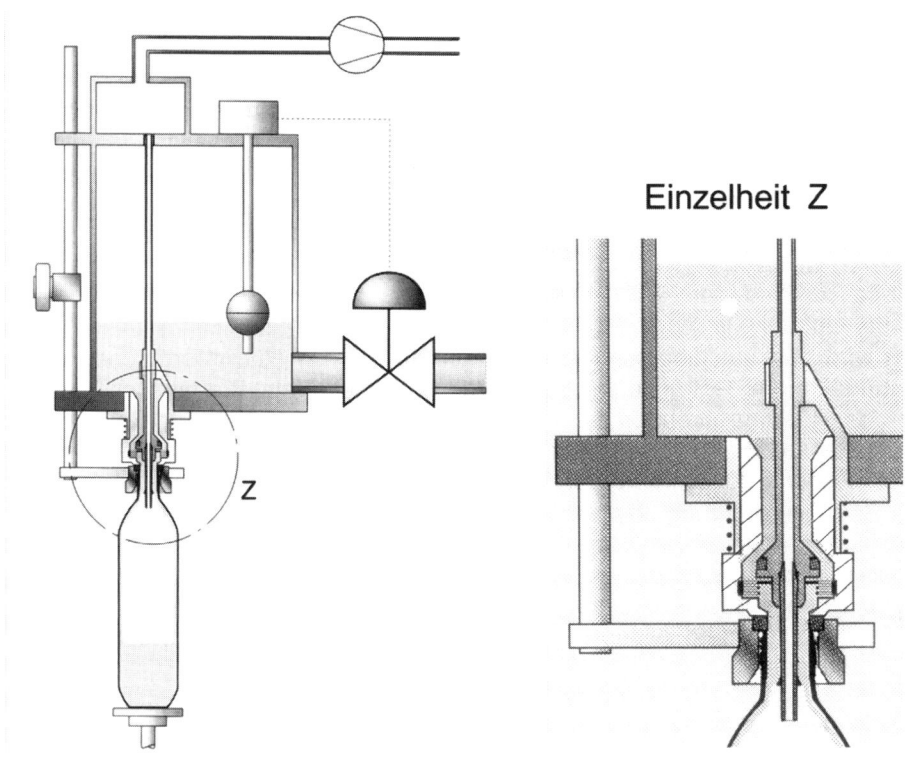

Abbildung 308 Vakuum-Füllventil (nach KHS, Füllsystem NMG/UMG)

16.9.3.3 Hochvakuum-Füllorgane
Sie werden für Getränke mit höheren Viskositäten verwendet, wie beispielsweise Liköre, vor allem Emulsionsliköre (Eierlikör), können aber auch für Sirup, Tomatenmark, Ketchup, Obst- und Gemüseprodukte, Molkereiprodukte, Öle usw. benutzt werden. Hochvakuum-Füllventile lassen sich aber auch für niedrig viskose stille Getränke einsetzen, wenn diese nicht zum Schäumen neigen und wenn ein möglichst hoher Durchsatz der Anlage erzielt werden soll. Der Betriebsdruck wird dann ggf. etwas höher eingestellt. Hochvakuum-Füllmaschinen lassen sich in vielen Fällen nach entsprechender Umschaltung auch als „normale" Vakuum-Füller betreiben und somit an die Füllguteigenschaften optimal anpassen.

Der konstruktive Aufbau entspricht weitgehend dem der Vakuum-Füllventile. Der wesentliche Unterschied besteht darin, dass die Rückluftröhrchen nicht oberhalb des Getränkespiegels enden, sondern aus dem Getränkebehälter herausgeführt werden und über einen Medienverteiler, eine Rohrleitung und einen Getränkeabscheidebehälter mit der Vakuumpumpe verbunden werden. Als Vakuumpumpen werden im Allgemeinen Wasserringpumpen benutzt. Der Betriebsdruck der „Hochvakuum"-Pumpe wird im Bereich $p = 0{,}6\ldots 0{,}9$ bar - nur so tief wie nötig - eingestellt (s.a. Abbildung 309).

Die Vakuumleitung wird bei Füllmaschinenstillstand abgeschaltet, es wird nur ein geringer Unterdruck für die Tropffreiheit aufrechterhalten.

Füllanlagen

Funktion des Hochvakuum-Füllventils

Das Getränk befindet sich - wie beim Vakuumfüller beschrieben - im Füllmaschinenkessel unter einem geringen Unterdruck, etwa p = 0,95...0,97 bar. Sobald eine Flasche an das Füllventil angepresst wird, öffnet sich das Getränkeventil. Durch das Rückluftröhrchen wird der Behälter, wenn er keine Defekte aufweist und gasdicht angepresst ist, evakuiert. Durch den sich einstellenden Differenzdruck zwischen Vakuumleitung und Füllmaschinenkessel wird nun Getränk in die Flasche gesaugt, bis der Getränkespiegel das untere Ende des Rückluftröhrchens erreicht hat (dieser Differenzdruck ist also die treibende Kraft für den Getränkeeinlauf in den Behälter, seine Größe bestimmt die Füllgeschwindigkeit; sie wird vor allem vom Schaumverhalten der Getränke limitiert).

Danach wird das nun überschüssige Getränk durch das Rückgasröhrchen weiter abgesaugt und in dem Getränkeabscheider/Vakuumbehälter abgetrennt. Der Gasraum oberhalb des Rückluftrohrendes in der Flasche bleibt also erhalten. Das sich im Vakuumbehälter sammelnde abgesaugte Getränk wird kontinuierlich oder periodisch in den Füllgutbehälter zurückgeführt (durch Schwerkraft oder auch mit einer Pumpe).

Um die Getränkeförderung über die Rückluftleitungen der Füllventile bei Maschinenstillständen zu unterbinden, wird die Unterdruckleitung in diesen Fällen abgeschaltet. Beim Abziehen der gefüllten Behälter schließt sich das Getränkeventil, der Getränkeabzug über das Rückluftrohr wird unterbrochen und der Gasweg wird frei gesaugt. Das Tropfen der Füllventile wird durch den weiterhin anliegenden geringen Unterdruck vermieden.

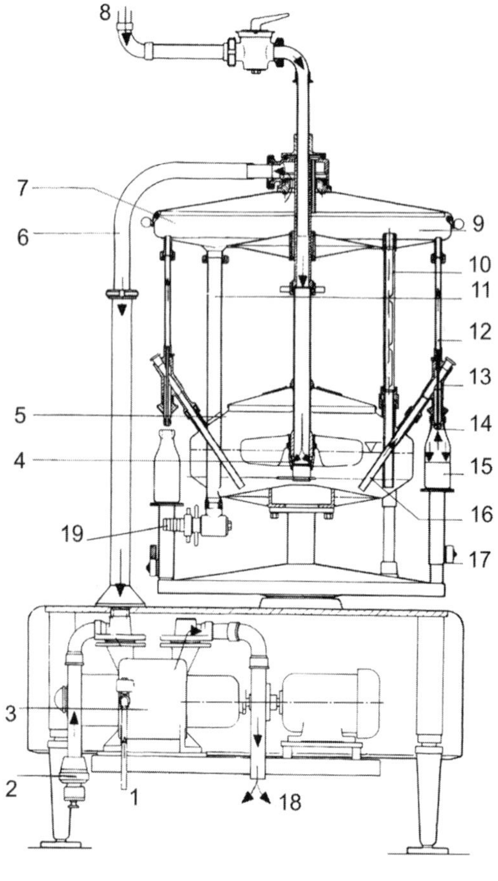

Abbildung 309 Hochvakuum-FFM (nach Enzinger)
1 Frischwasser **2** Membranventil
3 Vakuumpumpe **4** Schwimmerventil
5 Füllgutbehälter **6** Vakuumleitung
7 Vakuum **8** Füllgut **9** Vakuumbehälter
10 Vakuumkontrollrohr **11** Getränkerücklauf **12** Vakuumrückgasrohr vom Füllventil **13** Füllorgan **14** Füll- und Luftrohr **15** Flasche **16** Ansaugrohr für Getränk **17** Huborgan **18** Abluft
19 Restablass

Füllmaschinen für Glasflaschen

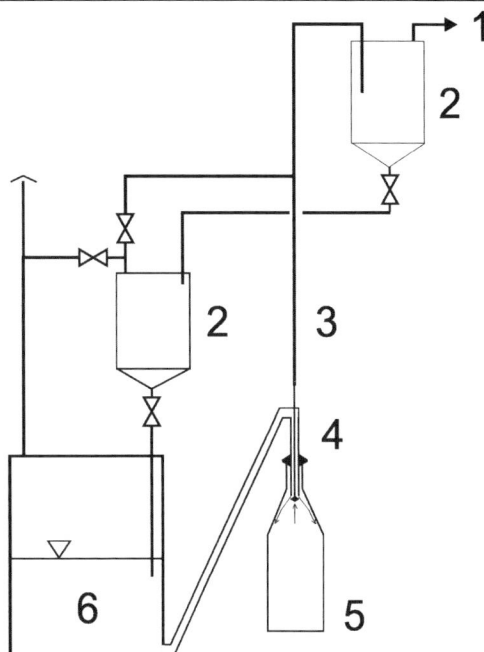

Abbildung 309a Hochvakuum-Füllanlage, schematisch
1 zur Vakuumpumpe **2** Abscheider
3 Vakuumleitung **4** Füllorgan
5 Flasche **6** Getränkebehälter

Nachteilig ist bei diesen Füllventilen, dass das Getränk relativ intensiv mit dem Luftsauerstoff kontaktiert wird und dass sie deshalb für oxidationsempfindliche Getränke keine gute Lösung darstellen. Hierfür werden stattdessen Normaldruck-FFM eingesetzt. Auf die Kontaminationsgefahr wurde bereits verwiesen.

16.9.4 Füllorgane für die Füllung bei Überdruck

16.9.4.1 Allgemeine Bemerkungen

Überdruckfüllventile werden für die Abfüllung gashaltiger Getränke eingesetzt (Bier, Schaumwein, AfG usw.). Sie beruhen in der Regel auf dem *isobarometrischen Prinzip*, s.a. Abbildung 311.

Dieses Prinzip, das den gleichen Druck im Behälter und über dem Getränk als Bedingung des Füllbeginns voraussetzt, nutzt die Schwerkraft in Form des Höhenunterschiedes des Getränkespiegels im Getränkebehälter zum Behälterniveau für den Einlauf des Getränks in den Behälter. Es wird teilweise zur Erhöhung der Füllgeschwindigkeit mit einer Differenzdruckfüllung kombiniert. Die Füllventile für die Überdruckfüllung lassen sich nach Tabelle 52 systematisieren.

Die Entwicklung der ein- oder mehrfachen Vorevakuierung und Spülung bzw. Vorspannung mit Inertgas, meistens CO_2, war die Voraussetzung für die sauerstoffarme oder fast sauerstofffreie Abfüllung.

Das mechanisch gesteuerte füllrohrlose Füllventil (mit und ohne Vorevakuierung sowie CO_2-Vorspannung) hat den Markt jahrzehntelang beherrscht (z.B. Abbildung 315).

Erst die Entwicklung geeigneter Sensoren hat die Maßfüllung mit MID/Massendurchflussmessgeräten ermöglicht, ebenso die Sensor gesteuerte Höhenfüllung.

Bei der Anpassung der Füllorgane an unterschiedliche Behälterformen und -größen und der Möglichkeit der Füllmengenkorrektur besitzen die mit einem Sensor oder vom

Füllanlagen

Tabelle 52 Füllventilsystematik

Füllventil	Vorevakuierung		Ventilsteuerung		
			mechanisch	pneumatisch	elektromagnetisch
ohne Füllrohr	ohne V.	mit einfacher V.	x	x	
		mit zweifacher V.	(x)	x	
mit kurzem Füllrohr	ohne V.	mit einfacher V.	x	x	x
		mit zweifacher V.	(x)	x	
mit langem Füllrohr	ohne V.	mit einfacher V.	x	x	x
		mit zweifacher V.	(x)	x	

Füllventil	Füllsystem				Füllguttemperatur
	Höhenfüllung		Maßfüllung		
	ohne Korrektur	mit Korrektur	mit MID o.ä.	mit Messbehälter	
ohne Füllrohr	x	x	x	x	
mit kurzem Füllrohr	x	x	x	(x)	kalt/heiß
mit langem Füllrohr	x	x	x	x	

Tabelle 53 Füllvorgänge bei der Überdruckfüllung

Schritte	Glasflasche	PET-Flasche u. Dose
Zentrieren und Anpressen	x	
Zentrieren und Anheben		x
Vorevakuierung: einstufig zweistufig (dreistufig)	x x (x)	
Gasspülung		x
Vorspannung mit CO_2	x	x
Füllung *)	x	x
Füllende, ggf. Korrektur der Füllhöhe Schließen der Ventile	x	x
Druckentlastung	x	x
Abziehen der Behälter	x	x
Verschließen	x	x

*) siehe Abbildung 310

Füllmaschinen für Glasflaschen

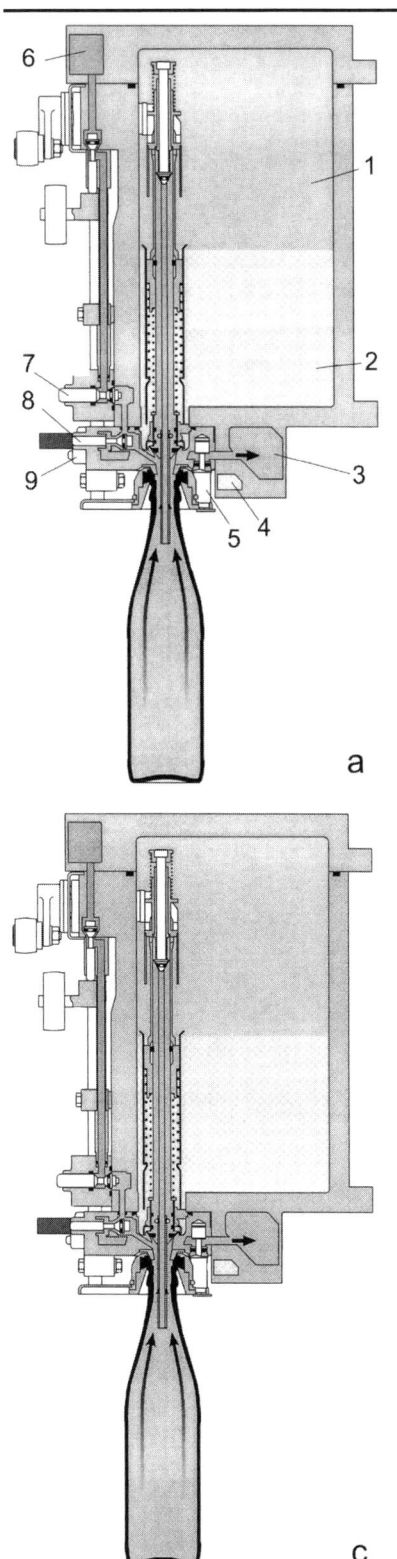

a

c

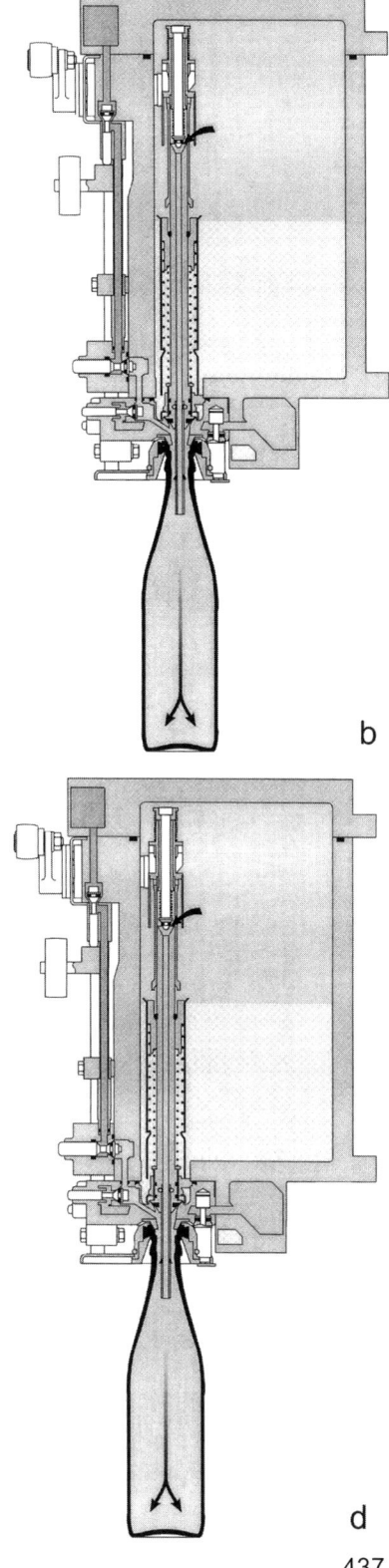

b

d

437

Füllanlagen

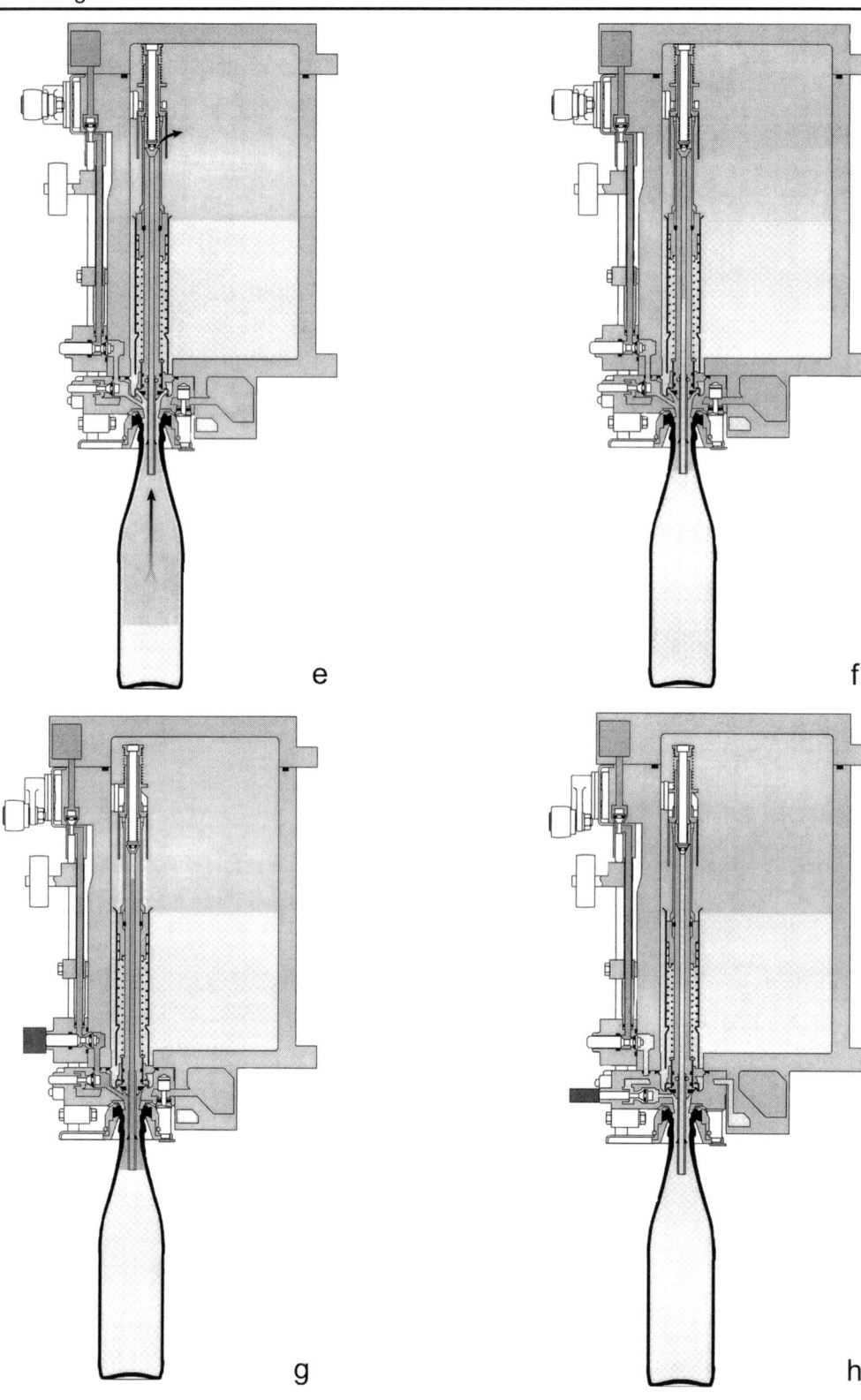

e

f

g

h

Abbildung 310 Füllprozess schematisch am Beispiel des Füllsystems VK2VCF von KRONES (mechanische Steuerung des Füllorganes) s. S. 437/438
a erste Vorevakuierung **b** Vorspülung mit CO_2 aus dem Kessel **c** zweite Vorevakuierung **d** Vorspannung mit CO_2 aus dem Kessel **e** Füllen **f** Füllende **g** Korrektur der Füllhöhe mit CO_2 aus dem Reingaskanal **h** Druckentlastung
1 Spanngas CO_2 **2** Getränk **3** Vakuumkanal **4** Entlastungskanal **5** Vakuumkanalventil von Zentriertulpe betätigt **6** CO_2-Druckgas **7** Ventil Füllhöhenkorrektur **8** Vakuumventil **9** Druckentlastung

Durchfluss gesteuerten Füllorgane zahlreiche Vorteile, die neben der exakten Einhaltung der Nennfüllmenge kurze und automatisierte Maschinenumstellungen ermöglichen.

Der Ablauf des Füllvorganges bei der Überdruckfüllung verläuft im Allgemeinen wie aus Tabelle 53 ersichtlich. Abbildung 310 (Legende siehe oben) zeigt schematisch die einzelnen Füllphasen.

Bei modernen Füllmaschinen mit 1-Kammer-Kessel wird das Rückgas aus den Behältern nicht in den Füllmaschinenkessel, sondern direkt in die Atmosphäre geleitet, der Abblasdruck wird geregelt. Damit werden nicht nur eventuelle Kontaminationen vermieden, vor allem wird der Sauerstoffgehalt im Vorspanngas/Füllmaschinenkessel nicht durch Sauerstoffreste aus der Flasche (die auch bei zweifacher Vorevakuierung vorhanden sind) erhöht.

Über das Druckniveau in der Rückgasleitung kann die Füllgeschwindigkeit gesteuert werden (s.o.).

16.9.4.2 Niveaufüllung
Als Beispiele für die Niveaufüllung werden genannt:
- Ein modernes füllrohrloses Füllventil, pneumatisch gesteuert, mit Vorevakuierung und Füllhöhenkorrektur (Abbildung 312);
- Ein modernes füllrohrloses Füllventil mit Sondensteuerung und Vorevakuierung (Abbildung 313 und Abbildung 313a);
- Ein modernes Füllventil mit langem Füllrohr, Vorevakuierung und Sondensteuerung (Abbildung 314);
- Ein mechanisch gesteuertes füllrohrloses Füllventil mit Vorevakuierung (Abbildung 315).

Füllanlagen

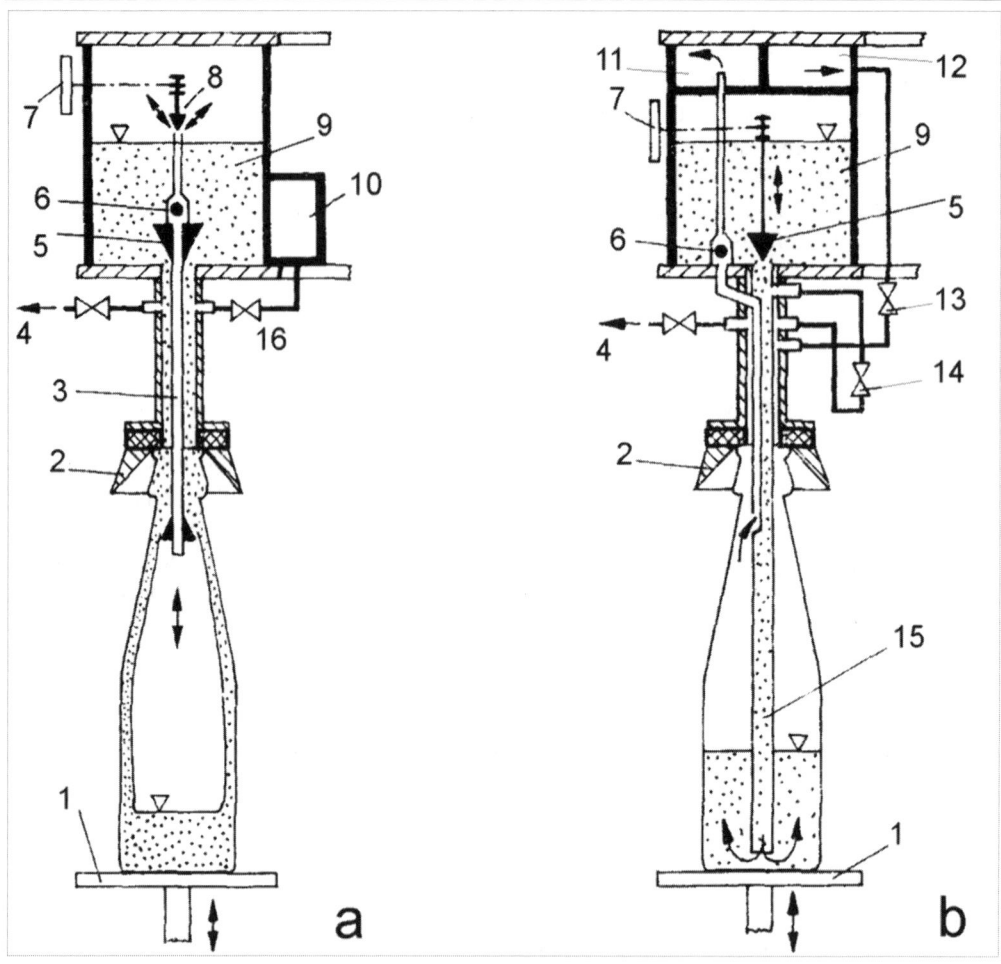

Abbildung 311 Füllventile für die Überdruckfüllung, schematisch
a Füllventil, füllrohrlos mit Vorevakuierung, 1-Kammer-Kessel
b Füllventil mit langem Füllrohr, 3-Kammer-Kessel
1 Huborgan   2 Zentriertulpe   3 Rückgasröhrchen   4 Druckentlastung   5 Getränkeventil   6 Kugelventil   7 Schaltstern   8 Vorspanngas-/Rückgasventil   9 Ringkanal   10 Vakuumkanal   11 Rückgaskanal   12 Vorspanngaskanal   13 Ventil Vorspanngas   14 Ventil Entleerung Füllrohr   15 Füllrohr   16 Vakuumventil

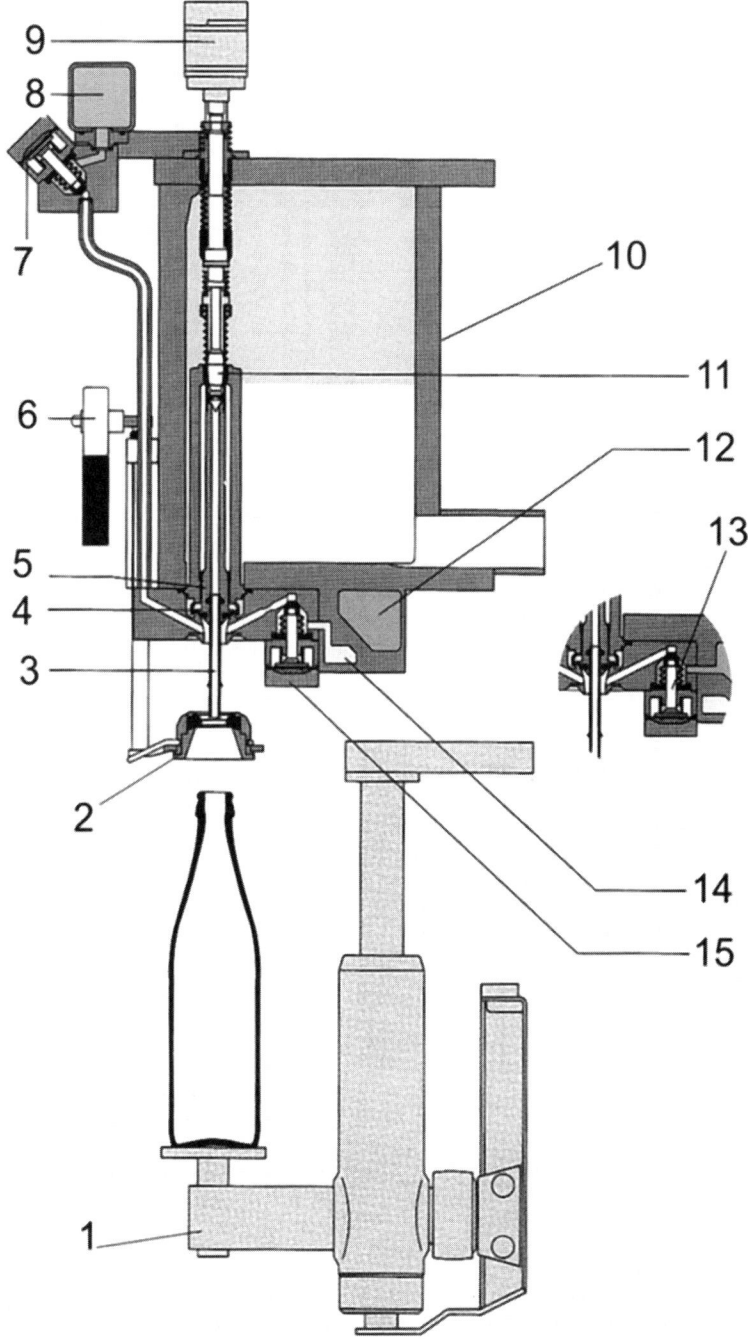

Abbildung 312 Modernes füllrohrloses Füllventil mit Vorevakuierung und Füllhöhenkorrektur, schematisch (Typ VKPV-CF, nach KRONES)
1 Huborgan **2** Zentriertulpe **3** Rückgasröhrchen **4** Gassperre (Siphon) **5** Ventilkegel Flüssigkeitsventil **6** Rolle für Zentriertulpenanhebung **7** Korrekturventil **8** CO_2-Korrekturkanal **9** Steuerzylinder **10** Füllmaschinenkessel **11** Vorspann-Gasventil **12** Vakuumkanal **13** Vakuumventil **14** Entlastungskanal **15** Druckentlastungsventil

Füllanlagen

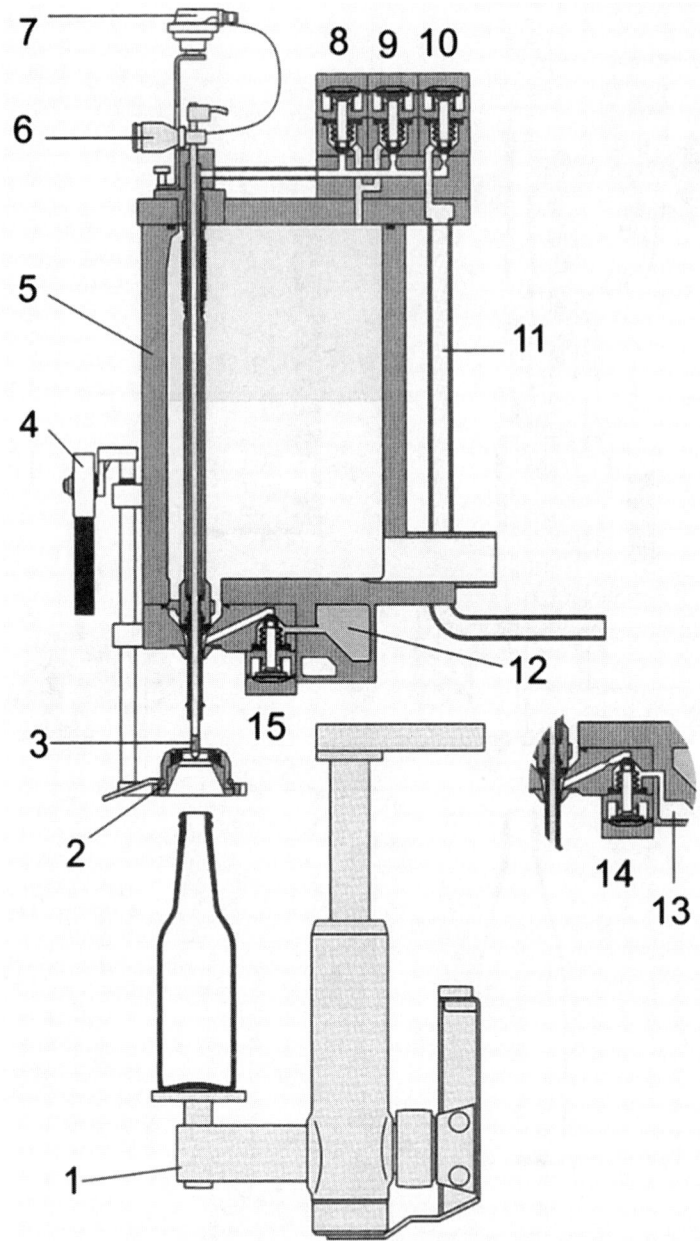

Abbildung 313 Füllrohrloses Füllventil mit Sondensteuerung und Vorevakuierung, schematisch (Typ VPVI-2, KRONES)
1 Huborgan   **2** Zentriertulpe   **3** Rückgasröhrchen mit Sonde   **4** Rolle für Zentriertulpenanhebung   **5** Füllmaschinenkessel   **6** Höhenverstellung für Sonde   **7** Steuerzylinder Flüssigkeitsventil   **8** Vorspann- und Rückgasventil schnell, Einkammerbetrieb   **9** Vorspann- und Rückgasventil langsam, Einkammerbetrieb   **10** Druckentlastung obere Gaswege   **11** Entlastungskanal obere Gaswege, CIP-Rücklauf   **12** Vakuum- und CIP-Rücklaufkanal   **13** Entlastungskanal untere Gaswege, CIP-Rücklaufkanal   **14** Entlastungsventil Flaschenkopfraum   **15** Vakuum- und CIP-Ventil

Füllmaschinen für Glasflaschen

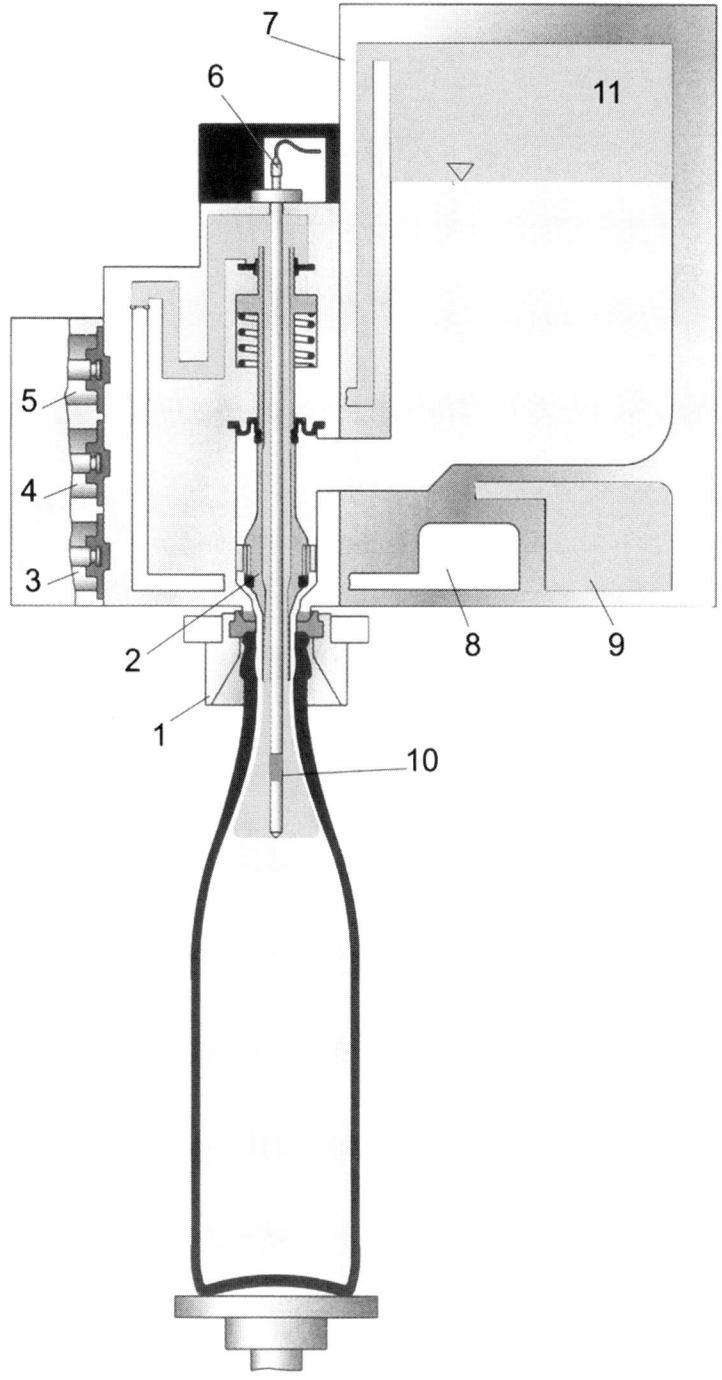

Abbildung 313a   Füllrohrloses Füllventil mit Sondensteuerung und Vorevakuierung, schematisch (Typ DRS-ZMS, KHS), s.a. Abbildung 333
1 Zentriertulpe   **2** Flüssigkeitsventil mit Drallkörper   **3** Druckentlastungsventil   **4** Vakuumventil   **5** Vorspanngas CO_2 **6** Sondenkontakt   **7** Füllmaschinenkessel   **8** Rückgaskanal/Druckentlastung   **9** Vakuumkanal   **10** Sonde   **11** CO_2

Füllanlagen

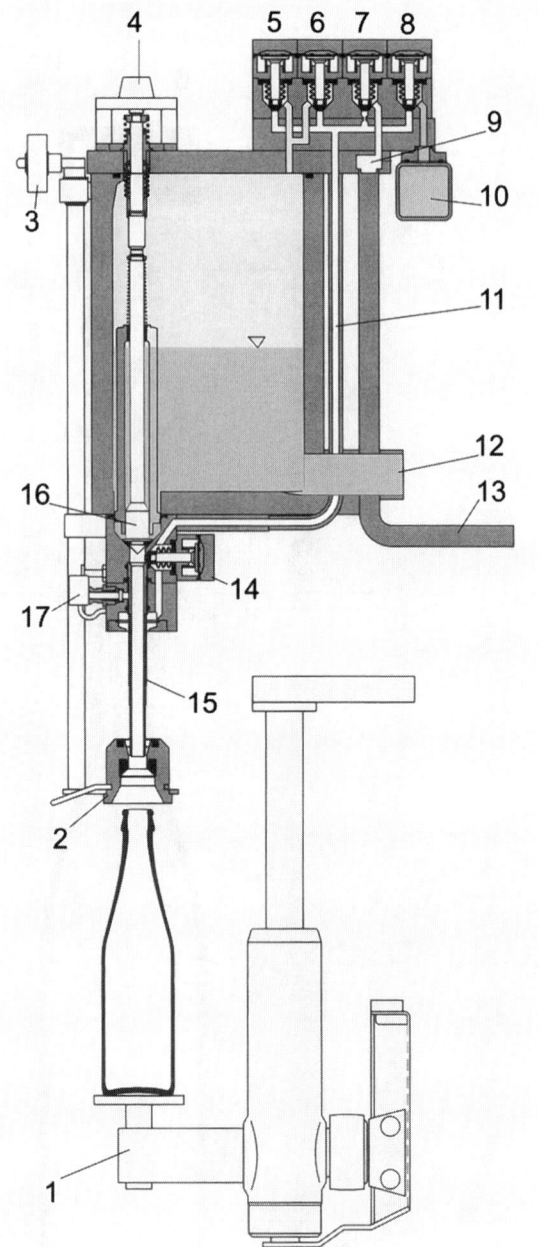

Abbildung 314 Füllventil mit langem Füllrohr, Vorevakuierung und Sondensteuerung
(Typ Sensometic VPL, KRONES)
1 Huborgan **2** Zentriertulpe **3** Rolle für Zentriertulpe **4** Steuerzylinder Flüssigkeitsventil **5** Vorspann- und Rückgasventil schnell **6** Vorspann- und Rückgasventil langsam **7** Druckentlastungsventil **8** Vakuumventil
9 Entlastungskanal **10** Vakuumkanal
11 Rückgaskanal **12** Getränk
13 Entlastungskanal/Rückgas
14 Steuerventil Füllrohrentleerung
15 langes Füllrohr mit Sonde
16 Flüssigkeitsventil
17 Sensoranschluss

Das Füllventil nach Abbildung 312 wird in einer neuen Ausführung mit einer Servomotor betätigten Rückluftrohrverstellung ausgerüstet [232]. Erst bei angepresster Flasche wird das Rückgasröhrchen in Position gefahren, nach dem Füllende wird es wieder aus der Flasche entfernt. Vorteile: der Flaschenhub wird wesentlich verkürzt, das Gestänge für die Zentriertulpe und die Hebekurve kann entfallen. Die Flaschen werden nicht über das Rückgasröhrchen vorgespannt, dafür ist eine separate Bohrung vorhanden („Trockenvorspannen"). Die Position des Rückgasröhrchens lässt sich stufenlos verstellen. Der Durchsatz der Füllmaschine steigt bei gleicher Füllstellenzahl an.

Füllmaschinen für Glasflaschen

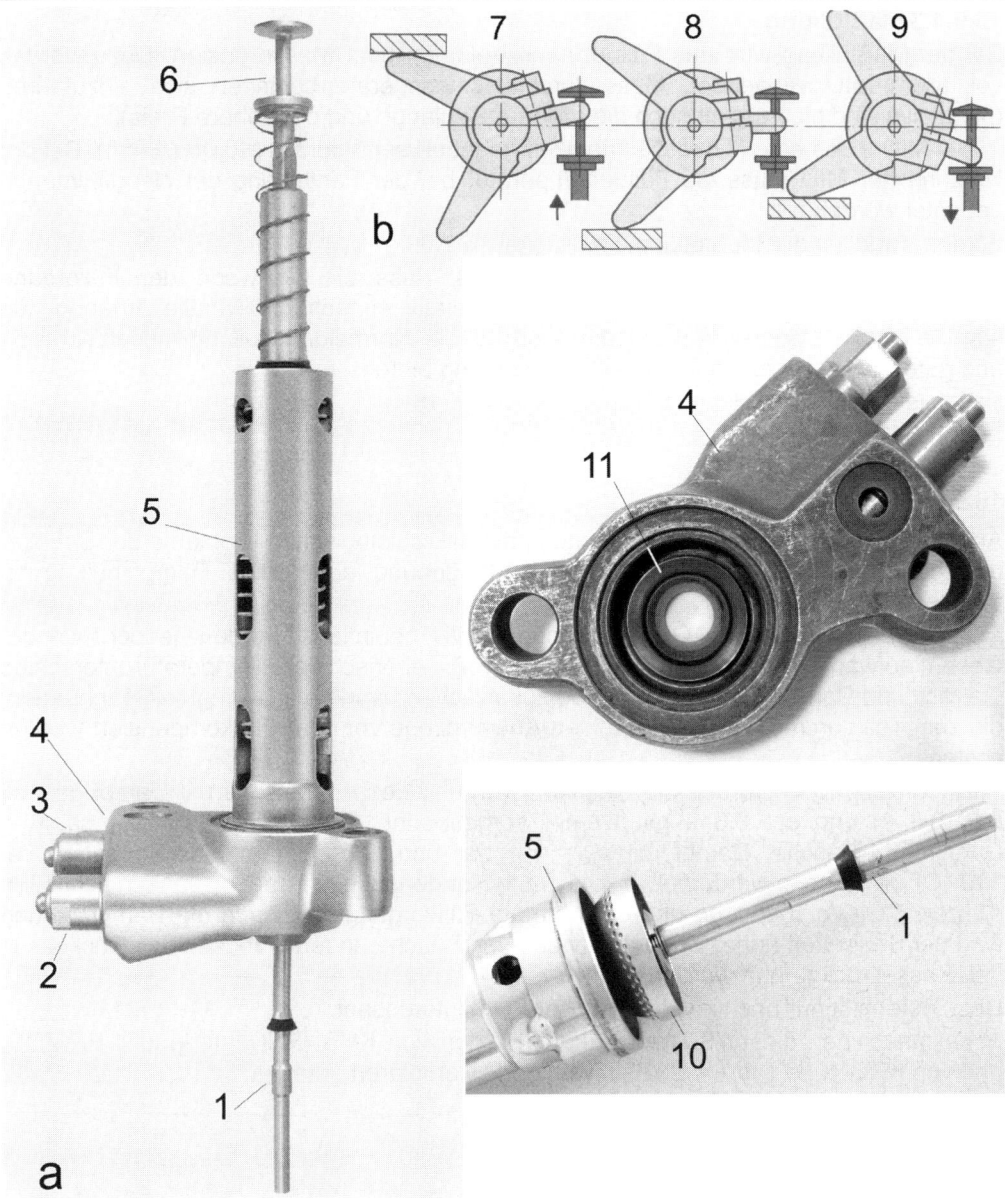

*Abbildung 315 Mechanisch gesteuertes füllrohrloses Füllventil mit Vorevakuierung
(Typ DELTA-VVF, Holstein & Kappert)*
a Ventilansicht: **1** Rückgasröhrchen mit Getränkeleitschirmchen **2** Druckentlastungsventil **3** Vakuumventil **4** Ventilkörper (wird am Kessel angeflanscht) **5** Führung für Flüssigkeits- und Vorspanngasventil (befindet sich im Kessel) **6** Eingriff für Betätigungshebel für Gas- und Flüssigkeitsventil **10** Siphonglocke **11** Flüssigkeitsventilsitz
b Schaltsternstellungen für Betätigungshebel (in der Kesselwandung montiert):
7 Ventile geöffnet **8** Rückschaltung **9** Ventile geschlossen

Das Ventil nach Abbildung 315 kann mit einer gewissen Berechtigung als „Mutter" der modernen, mechanisch gesteuerten Füllventile bezeichnet werden.

Füllanlagen

16.9.4.3 Maßfüllung

Bei der Maßfüllung wird das Füllgut nach Volumen oder Masse dosiert. Dazu werden vor allem MID verwendet, Massedurchflussmessgeräte beginnen sich einzuführen (nachteilig sind hier zurzeit noch die größere Baulänge und der höhere Preis).

Bei MID muss eine Mindestleitfähigkeit gegeben sein (zurzeit ≥ 0,05 µS/cm). Bei der Nutzung der MID muss die Füllguttemperatur bei der Festlegung der Nennfüllmenge beachtet werden.

Zu den Vorteilen der Maßfüllung s.a. Kapitel 16.7.3.6.

Ein weiterer Vorteil liegt darin begründet, dass die Gaswege der Füllorgane flüssigkeitsfrei bleiben und sich konstruktiv relativ einfache Füllventile ergeben, die sowohl für die Überdruckfüllung als auch für die Normaldruckfüllung einsetzbar sind und gute Voraussetzungen für die CIP-Reinigung bieten.

Bespiele für die Maßfüllung siehe Kapitel 17 und 18.

16.9.5 Sonderbauformen

Anfang der 1990er Jahre wurde versucht, die mikrobiologischen Probleme der Behälter und die Sauerstoffentfernung vor der Vorspannung durch eine Dampfspülung zu verbessern [233], [234].

Damit konnte zwar die Glasoberfläche positiv beeinflusst werden, jedoch war der Gesamtaufwand für dieses System zu groß, ebenso der Temperaturunterschied Getränk und Dampf. Das Glas unterlag zusätzlichen temperaturbedingten Spannungen, die zum Teil durch eine Flaschenboden-Anwärmzone vor der FFM kompensiert werden sollten.

Nach [233], [234] wurden die Flaschen während des Anpressens mit Dampf gespült (ca. 0,8 s) und ca. 0,3 s mit Dampf vorgespannt. Der Aufwand beträgt ca. 6 g Dampf/0,5-l-Flasche; Dampf mit $p_ü$ = 1,4 bar und 126 °C, am Flaschenboden ca. 110 °C). Je Flasche werden etwa 1,4…2,5 g Kondensat eingetragen. Danach schließen sich die CO_2-Vorspannung und der normale Füllvorgang an. Durch die Dampfspülung wird der Sauerstoff nahezu quantitativ aus der Flasche entfernt, sodass das Rückgas in den Kessel rückgeführt werden kann.

Das System ist nur noch aus historischer Sicht interessant.

Füllmaschinen dieser Sonderbauform wurden von KHS (Füllventil Innofill ER-ZDS) und von KRONES (Typ VP-BSF) in wenigen Exemplaren gefertigt.

16.9.6 Füllorgane - eine Übersicht

In Tabelle 54 werden die aktuellen Füllorgan-Bauformen von KHS und KRONES genannt (die Angaben beruhen auf dem Infomaterial der Jahre 2006/2008):

Tabelle 54 Füllorgane für die Flaschenfüllung von KHS und KRONES
(nach Firmenunterlagen, ohne Anspruch auf Vollständigkeit)

Maßfüllung	Typ von KHS	Typ von KRONES
MID, ohne Huborgane, PET	Innofill DRV-VF	
MID, Überdruckfüllung, Langes Füllrohr,	Innofill DRV	
MID, drucklos, Freistrahl, PET	Innofill NV	Volumetic VODM-PET
MID, drucklos, Langes Füllrohr	Innofill NVF	
MID, drucklose und Überdruck-Füllung, Langes Füllrohr	Innofill DNVF	
Messkammer, Überdruckfüllung		Volumetic VOC
drucklos, Wägung		VPGW
Niveaufüllung		
Überdruckfüllung, pneumatisch gesteuert, Rückgasröhrchen mit Sonde	Innofill DPG-VF	
	Innofill DRS-VF	
Überdruckfüllung, Mehrfachevakuierung, Füllhöhensonde,	Innofill DRS-ZMS	
PET	Innofill DRS-ZMS/S	
Überdruckfüllung, Langes Füllrohr, Füllhöhensonde	Innofill DRF	
Überdruckfüllung, Langes Füllrohr, Rückgasröhrchen, zweifache Vorevakuierung	Innofill DPG-ZMS	
drucklos, Langes Füllrohr, Füllhöhensonde	Innofill NRF	
drucklos, Langes Füllrohr, Füllhöhensonde	Innofill NRF-OFE	
drucklos, Rückgasröhrchen,	Innofill NMG	Isofill VG-PET
drucklos, Rückgasröhrchen, Füllhöhensonde	Innofill NRS	
drucklose und Überdruck-Füllung, Langes Füllrohr, Füllhöhensonde	Innofill DNRF	
drucklose und Überdruck-Füllung, Rückgasröhrchen,		Mecafill VKP
Überdruck-Füllung, Rückgasröhrchen, zweifache Vorevakuierung, pneumatisch gesteuert		Mecafill VKPV
Überdruck-Füllung, Rückgasröhrchen, zweifache Vorevakuierung		Mecafill VPVI
drucklose und Überdruck-Füllung, Füllhöhensonde,	Innofill DNRT	
drucklose und Unterdruck-Füllung, mechanisch gesteuert	Innofill MF	

Füllanlagen

Abkürzungen bei *KHS-Füllmaschinen*:

D	Druck	R	Rechnergesteuert
F	Füllrohr	S	Sonde
G	Gasrohr	U	Unterdruck
M	Mechanisch	V	Volumetrisch (MID)
N	Normaldruck	VF	Vorspannen und Füllen
-B	Bier	-WS	Wein, Sekt
-S	Softdrinks	-ZMS	Mehrfachevakuierung
P	Pneumatisch		

Abkürzungen bei KRONES-Füllmaschinen

C	CO_2-Kanal	V	Vorevakuierung
CIP	CIP-Möglichkeit	VC	Ventil Dose
DL	Drucklos	VG	Ventil Gravitation
F	Füllhöhenkorrektur	VKP	Ventil Kurzrohr Pneumatisch
K	Kurzrohr	VO	Volumenfüller
I	Einkammersystem	VOC	Volumenfüller, Dose
IM	Einkammer-/Mehrkammer	VP	Ventil Pneumatisch
L	Langrohr	VV	Ventil Vakuum
M	Mehrkammersystem	W	Wägezelle
PET	PET-Aufhängung		

16.9.7 Erreichbare Kennwerte

Mit modernen Füllmaschinen lassen sich folgende technologischen Werte erreichen Tabelle 55:

Tabelle 55 Erreichbare technologische Werte bei der Flaschenfüllung
(0,5-l-NRW-Flasche; zweifache Vorevakuierung; 99,9%iges CO_2, Bier am FFM-Einlauf ≤ 0,02 mg O_2/l)

O_2-Aufnahme beim Füllen	0,02 mg/l
Gesamt-O_2 in der verschlossenen Flasche	≤ 0,15 mg/l
Überschäumverluste im Durchschnitt	0,6 ml/Fl.
Füllhöhen-Schwankung	≤ ± 1,5 mm
CO_2-Verbrauch	220...250 g /hl z.T. auch weniger

16.10 Zubehör für Flaschenfüll- und Verschließmaschinen

Wichtige Zubehöre der FFM sind u.a.:
- Die Lokalisierung von Füll- und Verschließorganen und die Erkennung von geplatzten Flaschen;
- Die Hochdruckeinspritzung (HDE);
- Spülbehälter für die CIP-Reinigung der Füllorgane;
- Die Zentralschmierung;
- Die Behälter-Dusche;
- Die MSR-Ausrüstung.

16.10.1 Lokalisierung von Füll- und Verschließorganen

Im Rahmen von Füllermanagementsystemen können Füll- und Verschließorgane den auslaufenden Gebinden zugeordnet werden („Füllventil- und Verschließerlocater"). Das ist für die Einschätzung der einzelnen Organe wichtig (Abweichungen der Füllmenge, serielle und aperiodische Fehler), umgekehrt können von bestimmten Füll- und Verschließorganen definiert Probegebinde ausgeleitet werden (dafür muss eine separate Förderstrecke vorhanden sein).

Weiterhin können die Signale für die gezielte Ausleitung geplatzter Flaschen, die Aktivierung der Flaschen- und Ventilduschen sowie die Zwangsunterfüllung der an den Platzerstellen vor- und nachfolgenden Gebinde benutzt werden („bottle burst"-Erkennung). Die zwangsunterfüllten Behälter werden dann von der Füllhöhenkontrolle ausgeschleust, weil sie Glassplitter enthalten können.

16.10.2 Hochdruckeinspritzung

Die vom Füllorgan abgezogenen Behälter sind in der Regel „schwarz", d.h. schaumfrei, gefüllt. Auf dem Weg zum Verschließorgan soll das Getränk leicht aufschäumen, um den Sauerstoff aus dem Kopfraum zu verdrängen. Der Schaum soll leicht über der Flaschenmündung stehen. Der Bierschaum ist nahezu vollständig CO_2-haltig. Die aus dem Überschäumen resultierenden Bierverluste können mit 0,5...1,5 ml/Flasche angenommen werden.

Das selbsttätige Aufschäumen ist u.a. vom CO_2-Gehalt des Getränkes und seiner Fülltemperatur abhängig und kann durch die Anpassung des Getränke- und Vorspanndruckes, der Beruhigungszeit und das Entlastungsregime beeinflusst werden.

Vor allem bei größeren Durchsätzen der FFM reicht die Zeit vom Abziehen der Behälter bis zum Verschließen nicht aus, eine ausreichende Schaummenge freizusetzen.

Deshalb wird ein feiner Wasserstrahl in den Behälter geleitet, der das Getränk zum Aufschäumen bringt. Die Einleitung des Strahles erfolgt auf dem Teilkreis des Transfersternes, die Einspritzzeit beträgt nur wenige Millisekunden beim Durchgang der Mündung durch den Strahl. Es gelangt also nur eine sehr kleine Wassermenge in das Getränk. Der Einspritzzeitpunkt kann durch Verdrehen der Düsenhalterung auf der Kreisbahn festgelegt werden.

Die Anpassung des Aufschäumeffekts kann neben dem Einspritzzeitpunkt (beeinflusst die Wirkzeit des Wasserimpulses) vor allem durch Variation des Druckes erfolgen: der Einspritzdruck wird als Funktion des Durchsatzes festgelegt (automatisch von der SPS oder manuell). Zum Teil wird die Düsenhalterung automatisch auf der

Kreisbahn als Funktion der Drehzahl der FFM verstellt, teilweise werden auch Düsen unterschiedlichen Durchmessers benutzt, die entsprechend umgeschaltet werden.

Der Wasserstrahl wird durch eine Düse (beispielsweise eine Kanüle) erzeugt, der Druck durch eine Hochdruckpumpe (Kolben- oder Membranpumpe).

Das Wasser wird in der Regel gefiltert (Membranfilter; ≤ 0,45 µm) und auf eine Temperatur von 85...90 °C gebracht (elektrische Heizpatrone), um Kontaminationen auszuschalten.

Der Kreislauf muss in den CIP-Kreislauf eingebunden sein.

16.10.3 Spülbehälter für die Füllorganreinigung

Spülbehälter (für Füllrohr-Füllsysteme) oder Spülkappen werden am Füllorgan befestigt. Damit wird ein Fließweg zwischen Getränkezulauf und den Gaswegen ermöglicht. Die Spülkappen werden manuell befestigt, eine automatische Zufuhr ist meistens möglich.

Gleiches gilt für das Ein- und Ausfahren der Spülbehälter, die entweder durch die Huborgane angepresst (dazu müssen die Ein- und Auslaufkurven für die Behälter entfernt werden) oder mittels Rastverbindung befestigt werden.

Das Anbringen bzw. Absetzen kann auch bei größeren FFM durch einen Roboter erfolgen.

16.10.4 Zentralschmierung

Die Zentralschmieranlage versorgt laufzeitabhängig alle nicht „lebensdauergeschmierten" Lagerstellen mit dem benötigten Schmierstoff in der erforderlichen Menge. Die Funktion muss automatisch überwacht werden.

16.10.5 Behälter-Dusche

Nach dem Verschließen der Behälter werden die Getränkereste bzw. der Schaum vom Überschäumen durch eine Brause entfernt. Wichtig ist nicht die absolute Wassermenge, sondern eine gleichmäßige Überschwallung über eine nicht zu kurze Wegstrecke. Der Ablauf sollte unmittelbar am Transportband erfasst werden und direkt in die Kanalisation erfolgen.

Sehr wichtig ist es, dass der Verschlussrand beidseitig schräg von unten mehrfach mit dünnen Wasserstrahlen (Kanüle, Ø ca. 0,6...1 mm) gespült wird. Nach einer Abtropfzone sollte der Verschlussrandspalt mit Druckluft von Wasserresten frei geblasen werden (Vermeidung von Korrosion der Verschlüsse). Die Behälterdusche muss für unterschiedlich hohe Behälter justierbar sein.

Diese Manipulation ist vor allem wichtig beim Packen die in Wrap-around-Packungen und nachfolgenden Folieneinschlag sowie bei einer nachfolgenden Flaschenhals-Foliierung der Flaschen.

Während für KK-Verschlüsse befriedigende Lösungen bestehen, ist die Situation bei Schraubverschlüssen für EW-PET-Flaschen für Bier zurzeit nicht gelöst.

16.10.6 Scherbendusche

Im Bereich der Füllorgane wird eine „Scherbendusche" installiert. Diese soll Scherben, Glassplitter und Getränkereste nach dem eventuellen Platzen der Flaschen beseitigen.

Die Abspritzung wird nach dem Platzen automatisch für 2...3 Umdrehungen aktiviert, die Behälterzufuhr zur Füllmaschine wird dabei natürlich unterbrochen.

Für den gleichen Zweck wird auch im Bereich der Huborgane eine Abspritzung vorgesehen. Die Scherben sollten unmittelbar in einen Scherbentransportbehälter gespült werden.

Geplatzte Flaschen werden entweder durch die Stellung der Zentriertulpe erkannt oder durch einen Drucksensor im Füllorgan.

16.10.7 Vorrichtungen zur Überschwallung

Die intervallmäßige Überschwallung der Füllmaschine ist nicht unumstritten. Auch gibt es ein Für und Wider für die heiße bzw. kalte Überschwallung. Von *Back* werden Vorteile für die Heißschwallung gesehen [235]. Ziel ist die Entfernung von Getränkeresten und eventuell vorhandener Kontaminanten.

Überschwallt werden die Füllorgane, die Verschließorgane, die Transfersterne, der Ein- und Auslauftransporteur und der Vortischbereich.

Der Rhythmus beträgt meistens etwa 2 Stunden: die FFM wird leer gefahren, dann wird geschwallt und anschließend wird weiter gefüllt. Die Schwallzeit wird so bemessen, dass etwa 2...3 (5) Umdrehungen der Füllmaschine bei halber Nenndrehzahl absolviert werden.

Zur Überschwallung wird der vorgesehene Arbeitsbereich verrohrt und mit einer ausreichenden Zahl von Schwallrohren versehen. Die Rohre werden mit in ihrer Schwallrichtung und im Durchsatz einstellbaren „Fächerdüsen" („Flachschlitzdüsen") abgeschlossen (die vereinzelt genutzten „gequetschten Rohrenden" sind nicht fachgerecht).

Wichtig ist, dass *nur* geschwallt und *nicht* „gespritzt" wird. Entscheidend ist der Volumenstrom und nicht der Austrittsdruck.

Wenn mit Heißwasser geschwallt werden soll, muss ein bestimmtes Heißwasservolumen am Schwallort verfügbar sein, sodass in kürzester Zeit das Heißwasser mit ≥ 85 °C aufgebracht werden kann. Der Effekt beruht darauf, dass die Oberflächen erhitzt werden sollen und Keime thermisch abgetötet werden.
Das ablaufende Schwallwasser wird in die Kanalisation abgeleitet.

Heißwasser kann nach dem Boilerprinzip vor Ort bereitet werden (V ≈ 3...5 hl), Beheizung beispielsweise mit Dampf oder durch Mischkondensation.

Heißwasser kann auch einem Speicher entnommen werden. Die Zuführleitung muss dann aber über einen Zirkulationskreislauf verfügen, um von Anfang an Heißwasser bereitzustellen.

Bei der kalten Schwallung wird Kaltwasser zum Spülen verwendet. Günstig ist mit Chlordioxid angereichertes Wasser.

In jüngster Zeit wird die Applikation einer Membranzellenelektrolyse für Wasser vorgeschlagen, beispielsweise mit NaCl als Betriebsmittel. Dabei entsteht ein Produkt, das zum Wasser dosiert wird und das desinfizierend wirkt und dessen Hauptbestandteil hypochlorige Säure ist (s.a. Kapitel 12.8.10).

Füllanlagen

16.10.8 Vakuum-Pumpen

In der Regel werden Wasserring-Pumpen für die Vakuumerzeugung eingesetzt. Siehe auch Kapitel 39.3.6.

16.10.9 MSR-Ausrüstung der FFM

Über die Messstellen gemäß Tabelle 56 sollte eine FFM verfügen. Die SPS der FFM muss die Funktion der Füllmaschine überwachen und ggf. auch die CIP-Prozedur, soweit diese nicht von der CIP-Station gesteuert wird.

Die Abläufe bei Vorbereitung zur Abfüllung, Auffüllen mit Getränk, Abfüllung, Abfahren, und CIP werden ebenfalls von der SPS der FFM gesteuert.

Zur MSR-Ausrüstung zählen auch Konstantdruck-Regelventile bzw. die Druckregelungen für Druckluft und CO_2. Auch der Getränkezulauf kann über eine Konstantdruckregelung verfügen.

Tabelle 56 Messstellen an Füllmaschinen

Messgröße	Messstelle	Funktion
Temperatur	Getränkeeinlauf, Ringkessel/Getränkebehälter	BDE
Druck	o Getränkeeinlauf vor und nach dem Druck-Regelventil o Ringkessel/Getränkebehälter o Spanngas o Druck im Getränkezulauf Füllorgan *) o Druckluft für Huborgane o Vakuum-Leitung o Wasser	BDE Medienüberwachung
Füllstand im Kessel	o Schauglas; o Füllstandsregelung	Info für Bediener
Leitfähigkeit	Getränkezulauf	Stillsetzung der FFM bei Überschreitung der festgelegten Grenzwerte/ BDE
O_2-Gehalt	Getränkezulauf	
Trübung	Getränkezulauf	
Betriebsstundenzähler		Wartung/ IH/ BDE
eingestellter Durchsatz	aktueller Durchsatz Durchsatz kumulativ	BDE

*) Dieser Drucksensor wird benutzt, um bei geplatzten Flaschen das Füllorgan zu schließen, um Produktverlust zu vermeiden.

16.10.10 Splitterschutz an den Füllorganen

Zwischen den einzelnen Füllorganen werden Splitterschutzbleche installiert, die die Beschädigung der vor- und nachfolgenden Füllstellen/Behälter bei platzenden Flaschen durch Scherben ausschließen. Der Splitterschutz ist vor allem sinnvoll bei Füllmaschinen für höhere Fülldrücke.

16.10.11 Splitter-, Lärm- und Berührungsschutz an der Füllmaschine

Splitterschutz und Berührungsschutz

Bei Überdruckfüllmaschinen muss im Füllbereich allseitig ein Splitterschutz aus Edelstahlblechen installiert sein. Dieser darf sich während des Betriebes der Maschine nicht öffnen lassen bzw. muss die Maschine beim Öffnen stillgesetzt werden.

Lärmschutz

Im Bereich der Bedienungsperson werden nicht nur großflächige Abdeckungen aus Edelstahlblechen bzw. Glas oder Piacryl als Splitter- und Berührungsschutz installiert, sondern auch um den Lärmpegel auf die zulässigen Werte zu reduzieren (gegenwärtig ≤ 83 dB (A)).

Die Schutzverkleidungen dürfen sich während des Betriebes der Maschine nicht öffnen lassen bzw. muss die Maschine beim Öffnen stillgesetzt werden.

Die Abdeckungen werden so gefertigt, dass sie ohne Kraftaufwand zu öffnen sind. Sie verfügen über Endschalter, die die Maschine bei Öffnung stillsetzen bzw. die Inbetriebnahme verhindern.

16.10.12 Anlagen für die Ver- und Entsorgung

Hierzu wird auf Kapitel 32 verwiesen.

16.11 Störungen bei FFM und ihre Ursache

In Tabelle 57 sind einige Störquellen ohne Anspruch auf Vollständigkeit genannt.

16.12 Reihenfüllmaschinen

Reihenfüllmaschinen (Synonym: Linear-Füllmaschinen) für Flaschen oder Dosen sind in der Getränkeindustrie nur vereinzelt anzutreffen. Bei der Keg-Abfüllung haben sich dagegen spezielle Reihen-Reinigungs- und Füllmaschinen etablieren können (siehe Kapitel 26).

Die Behälter werden auf dem Transportelement (Kette oder Band) vereinzelt und den Behandlungsstationen zugeführt. Es sind je Reihe etwa 6 bis 12 Stationen vorhanden, bei Bedarf auch mehr.

Die Füllorgane werden auf die Behälter abgesenkt (oder umgekehrt: es werden die Behälter angehoben) und der Füllvorgang läuft in allen Behältern synchron nach dem gleichen Schema ab wie bei Rundlauf-Füllmaschinen. Es ist sowohl die Niveaufüllung als auch die Maßfüllung möglich. In Abbildung 316 und Abbildung 317 ist eine Reihenfüllanlage beispielhaft dargestellt.

Nachdem die Behälter einer Reihe gefüllt wurden, werden die Füllorgane angehoben und die Behälter verlassen die Maschine, die nächste Reihe Behälter wird platziert und gefüllt usw. Im Allgemeinen werden die Reihenfüllmaschinen taktweise betrieben. Es werden aber auch Füllmaschinen gebaut, die quasikontinuierlich füllen, indem die Füllorgane während des Füllvorganges synchron mit dem Transportband bewegt werden und am Ende des Füllvorganges wieder zurückgeführt werden und für die erneute Füllung bereitstehen (ähnlich dem System der kontinuierlich arbeitenden Rundlauf-Packmaschinen, Kapitel 9.2.2).

Füllanlagen

Die Behälter können bei größeren geforderten Durchsätzen auf mehreren parallel angeordneten Füllreihen behandelt werden.

Reihenfüllmaschinen eignen sich vor allem für die Füllung größerer Behälter, z.B. von Kanistern. Aber auch die Füllung sehr kleiner Behälter (Pharmazie, Kosmetikindustrie) kann vorteilhaft mit Linearfüllmaschinen erfolgen. Die Füllrohre sind dann nur noch Kanülen.

Weitere Einsatzfälle sind die Füllung von Kunststoffflaschen und die aseptische Füllung s.a. Abbildung 318 und Abbildung 319, sowie Kapitel 18 und 20.

Tabelle 57   Störquellen und ihre Ursache

Störquelle	Ursache	Wirkung	erkennbar durch
Zentriertulpe	defekte Dichtungen	ungenügende Vorevakuierung	zu hohe O_2-Aufnahme
		ungenügende Vorspannung	Schaum in der Flasche/Unterfüllung
Vakuumpumpe	defekt	fehlende Vorevakuierung	zu hohe O_2-Aufnahme
Flüssigkeitsventil	defekter Behälter	keine Öffnung	keine Füllung
	Zentriertulpendichtung	zu späte Öffnung FV	Unterfüllung
	Ventilfeder	zu späte Öffnung FV	Unterfüllung
	zu hohe Drehzahl, Behälter zu groß	FV schließt zu bald	Unterfüllung
	mechan. Defekt	FV öffnet zu zeitig	Schaum
Ventilansteuerung	defekte Sensoren	Fehlfüllung	keine Füllung Unterfüllung, Schaum
	defekte Ventilbetätigung		
Vorspanndruck	zu niedrig	zu späte Öffnung FV	Unterfüllung
	zu niedrig	FV öffnet zu zeitig	Schaum
	nicht vorhanden	keine Öffnung FV	keine Füllung
Druckentlastungsventil	falsche Einstellung	kein Druckausgleich	Flasche schäumt über
Getränk	CO_2-Gehalt zu hoch	Fehlfüllung	Schaum
	Temperatur zu hoch		
	Kesseldruck zu niedrig		

FV: Flüssigkeitsventil

Füllmaschinen für Glasflaschen

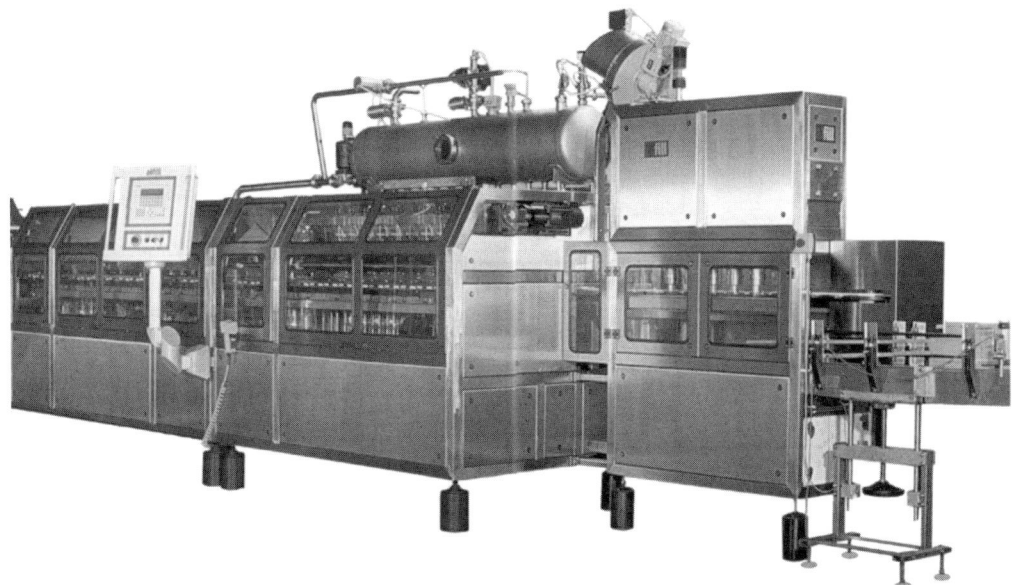

Abbildung 316 Reihenfüllmaschinenanlage linefill® (nach alfill Engineering)

Abbildung 317 Reihenfüllmaschine linefill® (nach alfill Engineering)

Füllanlagen

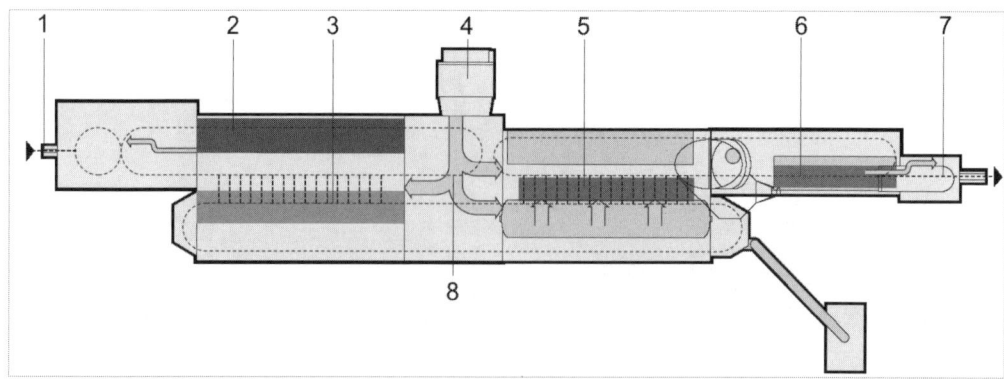

Abbildung 318 Linear-Füllblock Innosept LINEFILL für PET-Flaschen, schematisch (nach KHS)
1 Flascheneinlauf **2** Sterilisator **3** Aktivator **4** HEPA-Filter **5** Füllventile
6 Verschließer **7** Luftschleuse **8** Sterilluftführung

Abbildung 319 Innosept LINEFILL, der Linearfüller als kompakte Einheit für stille Getränke, bis 6.000 Fl./h (nach KHS)

16.13 Reinigung und Desinfektion von Flaschenfüllmaschinen

Unterschieden werden die innere Reinigung und die äußere.

16.13.1 Innere Reinigung

Bei der inneren Reinigung/Desinfektion nach dem CIP-Verfahren müssen alle produktberührten Flächen erfasst werden, ebenso alle Fließwege für Spanngas, Vakuum, Abspritzbier usw.

Das CIP-Programm wird in der Regel von der SPS der CIP-Station gesteuert, kann aber auch von der SPS der FFM wahrgenommen werden.
Das CIP-Programm wird mit den üblichen Medien praktiziert:
- Entleeren der Getränkereste;
- Vorspülen;
- Laugespülung;
- Zwischenspülung;
- Säurespülung;
- Zwischenspülung;
- Heißwasser- oder Desinfektionsmittelspülung.

Entleert wird die Anlage erst beim erneuten Vorbereiten zur nächsten Füllung, indem die FFM mit CO_2 als Spanngas leer gedrückt und „trocken geblasen" wird. Nach längeren Standzeiten muss eine erneute Heißwasserspülung/„Sterilisation" erfolgen.

Wichtig ist es, dass bei jedem Medium alle Fließwege nacheinander oder parallel lückenlos erfasst werden. „Tote" Stellen dürfen nicht vorhanden sein.

Der CIP-Vorlauf erfolgt im Allgemeinen über den Getränkezulauf, den Ringkessel/Getränkebehälter, die mit Spülkappen verschlossenen Füllorgane und der Rücklauf wird über die Spanngas- und Vakuumleitungen in die CIP-Station zurückgeleitet (Abbildung 320).

Die zu erreichenden Temperaturen müssen im Rücklauf gemessen werden! Bei der heißen Reinigung sollten das ≥ 90 °C sein.

Bei größeren Füllmaschinen werden das Verschließen der Füllorgane mit Spülkappen und das anschließende Abnehmen oder Entfernen automatisiert (s.a. Kapitel 16.7.4).

16.13.2 Äußere Reinigung

Neben der manuellen Reinigung mittels Wasser und Bürsten wird verstärkt die Reinigung unter Verwendung von Schaumreinigungssystemen propagiert.

Einschäumen von Hand
Das Einschäumen mit dem Reiniger kann von Hand erfolgen. Es sind geeignete Sprüh-Dosierpistolen verfügbar. Nach einer Einwirkzeit wird abgespült.

Mechanisiertes Einschäumen
Die Füllmaschine und die Maschinenverkleidung werden mit einem Rohrnetz umgeben, das mit zahlreichen Düsen bestückt ist. Die Düsen werden so verteilt, dass alle

Füllanlagen

Oberflächen der Füllmaschine inclusive der Maschinenverkleidungen beaufschlagt werden können.

Zweckmäßigerweise werden die Reinigungsmittel als Schaum aufgetragen, sodass sie längere Zeit auf die Oberflächen einwirken können.

Nach einer Einwirkzeit wird auf dem gleichen Weg mit Wasser gespült.

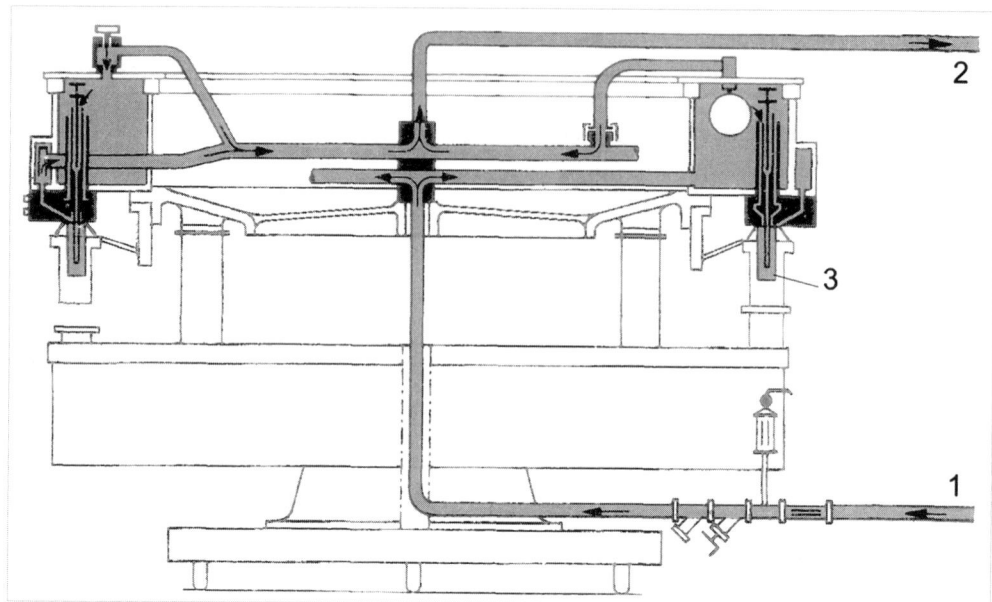

Abbildung 320 CIP-Kreislauf bei einer Füllmaschine (Typ DELTA nach KHS)
1 CIP-Vorlauf **2** CIP-Rücklauf **3** Spülbehälter

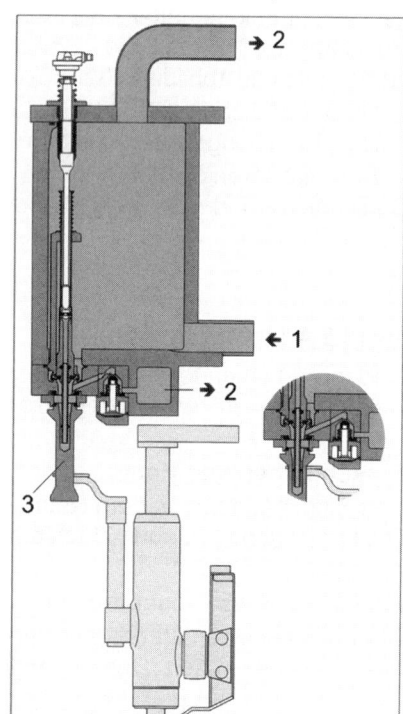

Abbildung 320 a CIP-Kreislauf in einem Füllmaschinenkessel
(TYP VKP-PET V10, KRONES)
1 CIP-Vorlauf **2** CIP-Rücklauf **3** Spülbehälter

17. Füllmaschinen für Dosen

17.1 Allgemeine Bemerkungen

Die Füllung der Getränkedosen erfolgt nach den gleichen Grundprinzipien wie die Flaschenfüllung (s. Kapitel 16).

Die Besonderheiten leiten sich von den spezifischen Eigenschaften des Packmittels Dose ab: geringe axiale Stabilität, große Querschnittsfläche für den Getränkeeinlauf, geringe Masse, große Gasaustauschfläche.

Dosenfüllmaschinen werden in der Regel mit Verschließmaschinen geblockt. Die Verschließmaschinen werden von spezialisierten Herstellern geliefert.

17.2 Besonderheiten bei Füllmaschinen für Dosen

Antrieb

Der Antrieb erfolgt immer durch den Antrieb der geblockten Verschließmaschine.

Für geringe Drehzahlen (CIP, Einstellarbeiten, Reinigung) wird oft ein zusätzlicher Hilfsantrieb installiert.

Dosenein- und -auslauf

Der Doseneinlauf erfolgt, wie bei FFM, mittels „Einteilschnecke" und Übergabestern auf die Dosenträger (Abbildung 321) oder mittels einer Taschenkette (veraltet). Im Bereich des Übergabesterns können die Dosen bereits mit CO_2 gespült werden.

Der Auslauf wird dagegen tangential vorgenommen (Abbildung 321 a), sodass die gefüllten offenen Dosen über eine gerade Förderstrecke der Verschließmaschine zulaufen.

Zum Teil wurde auch versucht, das Auflegen der Deckel unmittelbar dem Dosenauslauf aus der Füllmaschine zuzuordnen.

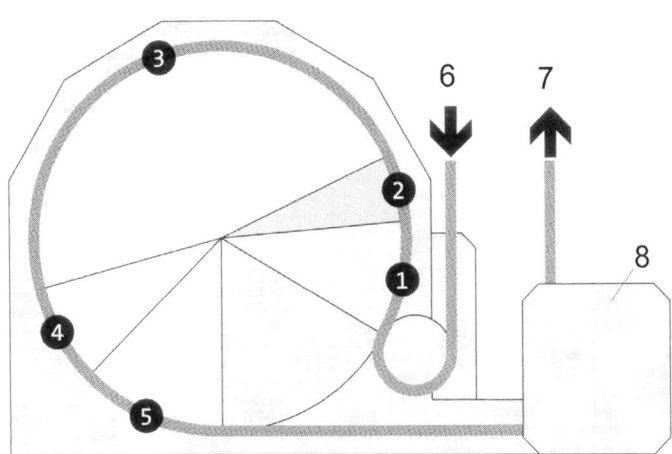

Abbildung 321 Dosenführung in der Füllmaschine, schematisch
1 Spülen der Dosen mit CO_2 **2** Vorspannen   **3** Füllen   **4** Beruhigen   **5** Entlasten
6 Dosenzulauf   **7** verschlossene Dosen   **8** Verschließmaschine

Füllanlagen

Abbildung 321a   Dosenfüllmaschine, Einlauf mit Einteilschnecke und Übergabestern, Auslauf tangential (nach KRONES)

ohne Abdeckung

Abbildung 322 Transferkette für gefüllte, unverschlossene Dosen

Füllmaschinen für Dosen

Eine Transferkette entnimmt die Dosen vom Träger und fördert die Dosen auf einer glatten Unterlage (Gleitreibung; Edelstahl oder Kunststoff) mit der gleichen Teilung wie in der Füllmaschine zum Verschließer (Abbildung 322).

Füllorgane
Die Dosen bleiben auf dem Träger stehen und die Zentriertulpen werden auf die Dosen über eine Kurvenbahn abgesenkt und angepresst.
Während des Absenkens können die Dosen bereits mit CO_2 vorgespült werden.
Die Dosenträger sind in der Höhe justierbar und können mit formschlüssigen Zentriervorrichtungen ausgerüstet sein.
Der Füllvorgang kann unter Normaldruck oder unter Überdruck nach dem isobarometrischen Prinzip (s.a. Kapitel 16.4 und 16.7) ablaufen.
Die Dosierung des Getränkes wird nach Niveau oder Volumen- oder Massedosierung vorgenommen. Die Volumendosierung wird mittels MID als auch mittels Messbehälter praktiziert. Sie hat Vorteile bezüglich der Füllgenauigkeit und ist relativ einfach an unterschiedliche Behältergrößen anpassbar.
Bei der Niveauauffüllung müssen die Rückgasröhrchen an die unterschiedlichen Leerräume verschiedener Dosenvolumina angepasst werden (Wechsel oder Höhenverstellung).

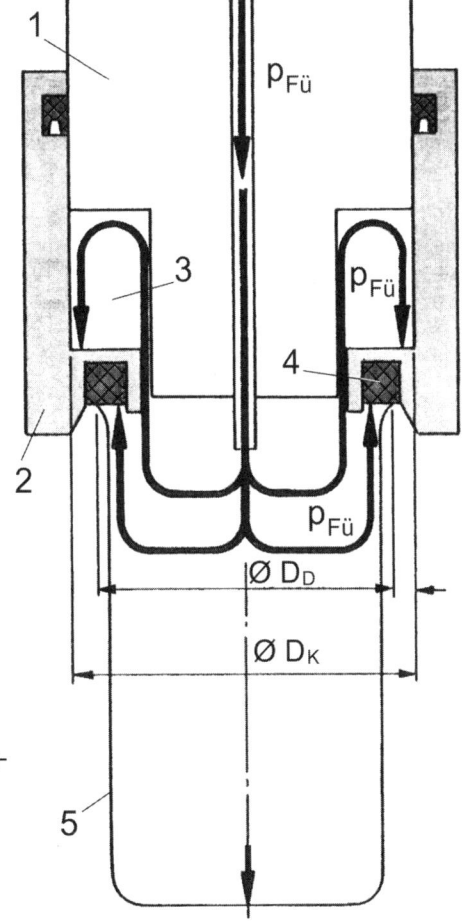

Es gilt für die Anpresskraft F

$$F = \frac{\left(D_K^2 - D_D^2\right)\pi}{4} \cdot p_{Fü}$$

Abbildung 323 Differenzdruckkammer einer Anpresstulpe (nach KHS)
1 Füllorgan **2** Zentriertulpe **3** Differenzdruckkammer **4** Dichtring **5** Dose
D_K Durchmesser Druckkammer
D_D Durchmesser Dosenrand
$p_{Fü}$ Fülldruck

Füllanlagen

Zentrier-/Anpresstulpe

Moderne Dosen sind infolge der geringen Wanddicke axial nur bedingt belastbar. Die Anpresstulpe wird deshalb als Differenzdruckkammer gestaltet, sodass auf den Dosenrand nur eine geringe Anpresskraft wirkt (Abbildung 323).

17.3 Füllorgane für Dosen-Füllmaschinen

Nachfolgend werden verschiedene Füllventile schematisch gezeigt (Abbildung 324, Abbildung 325, Abbildung 326).

Da die Dosen aus Stabilitätsgründen nicht evakuierbar sind, muss der Sauerstoff möglichst vollständig durch Spülung mit einem Inertgas, in der Regel CO_2, entfernt werden.

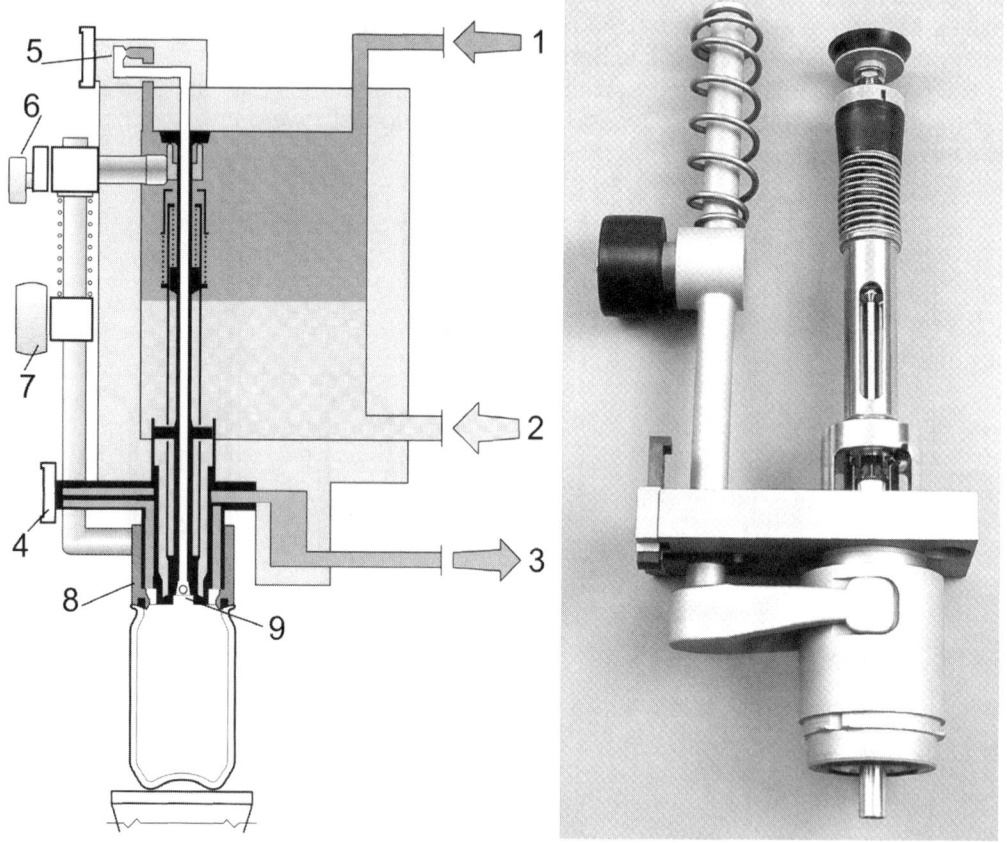

Abbildung 324 Füllorgan für Niveaufüllung. Die Füllhöhe wird durch die Höhe des Rückgasröhrchens festgelegt (Typ DMD, nach KHS)
1 Spanngas **2** Getränk **3** Druckentlastung, Spülgas, CIP-Rücklauf **4** Ventil für Druckentlastung **5** Ventil für Vorspannung **6** Ventilbetätigung (Getränkeventil, Anheben/Absenken Rückgasröhrchen) **7** Rolle für Zentriertulpenbetätigung **8** Zentriertulpe **9** Kugelventil im Rückgasröhrchen (s.a. Abbildung 295)

Die Spülung der Dosen erfolgt über das Rückgasröhrchen. Der CO_2-Spülstrahl soll den Dosenboden gerade erreichen. Ein zu hoher Druck führt nur zur Vermischung mit der Luft. Die Spülung muss so lange wie möglich ausgedehnt werden, um den Sauerstoff zu verdrängen. Aus diesen Zusammenhängen resultieren relativ hohe CO_2-Verbrauchswerte bei Dosenfüllmaschinen (400…$\geq$ 500 g CO_2/hl).

Die wesentlichen Teilschritte des Füllprozesses sind:
- Absenken der Zentriertulpen und Vorspülen der Dosen mit CO_2/Spanngas,
- Anpressen der Zentriertulpen und Vorspannen auf Fülldruck,
- Füllen,
- Füllende: Schließen des Getränkeventils,
- Beruhigen,
- Druckentlastung, ggf. 2-stufig,
- Anheben der Zentriertulpen,
- Ausleitung der Dosen.

Zur Verbesserung der Füllung und der Füllgenauigkeit kann das Rückgasröhrchen im Füllventil nach Abbildung 324 vertikal verstellt werden. Nach dem Vorspannen wird das Röhrchen abgesenkt und der Getränkeeinlauf geöffnet. Das Rückgas gelangt direkt in den Kessel zurück. Am Ende des Füllvorganges wird das Getränkeventil geschlossen und das Rückgasröhrchen angehoben. Die kleine Getränkemenge, die sich unter dem Kugelventil des Rückgasröhrchens befindet, läuft in die Dose zurück. Danach wird die Druckentlastung durchgeführt.

17.4 Anpassung der Füllmenge

Die Anpassung der Füllmenge wird bei der Maßfüllung durch Veränderung des Sollwertes für den MID bzw. die Messkammer vorgenommen. Die Maßfüllung mittels MID wird gegenwärtig bevorzugt.

Bei der Niveaufüllung muss die Lage des Rückgasröhrchens in Beziehung zum Dosenrand angepasst werden. Diese Anpassung kann erfolgen durch:
- Austausch der Rückgasröhrchen (zu jeder Dosengröße gehört ein definierter Leerraum, der durch ein spezielles Rückgasröhrchen gesichert wird);
- Veränderung der Position des Rückgasröhrchens (Höhenverstellung des Rückgasröhrchens).

Der Wechsel der Rückgasröhrchen ist bei größeren Dosenfüllmaschinen zeitaufwendig. Die Arbeit kann durch entsprechende Werkzeuge beschleunigt werden.

Höhenverstellung der Rückgasröhrchen

Eine zentrale Höhenverstellung aller Rückgasröhrchen erleichtert die Anpassungsarbeit. Nachteilig ist dabei, dass die Rückgasröhrchen durch den Füllmaschinenkessel hindurchgeführt und abgedichtet werden müssen.

Eine weitere Variante der Anpassung stellt die Höhenverstellung des Füllmaschinenkessels dar. Damit verändert sich auch die Position des Rückgasröhrchens.

Füllanlagen

Der Steuerring zur Betätigung der Zentriertulpen und der Gasventile am Füllorgan muss natürlich ebenfalls synchron verstellt werden (Abbildung 327).
Die Höhendifferenz wird durch die Zentriertulpe ausgeglichen.

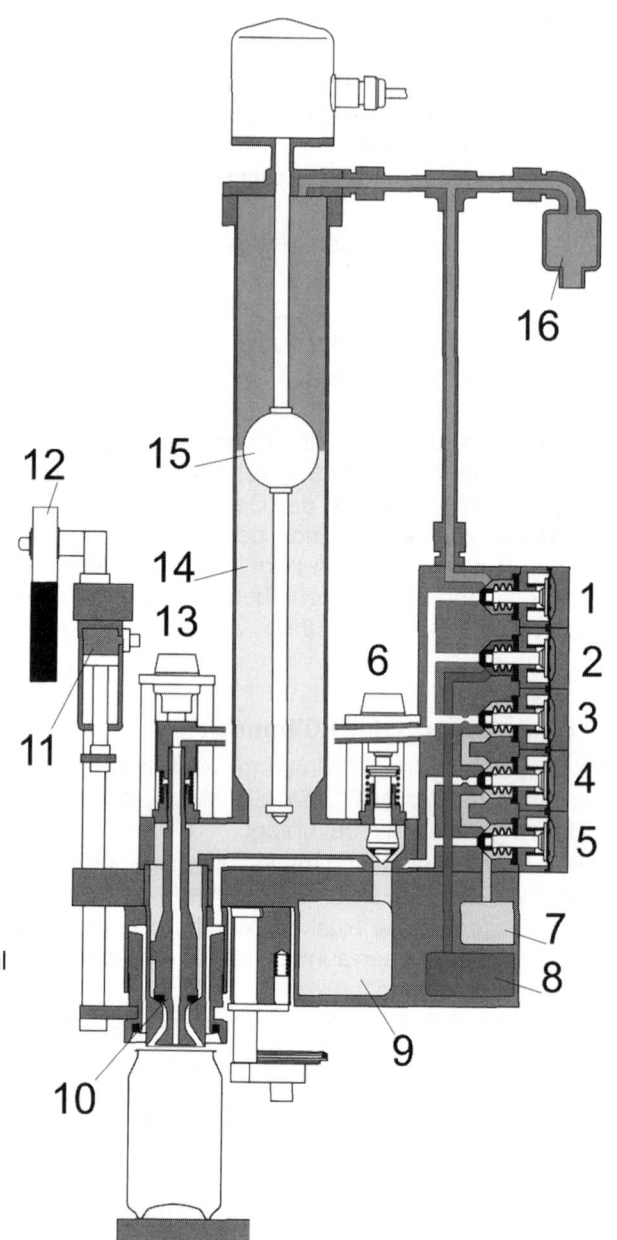

Abbildung 325 Füllorgan für Maßfüllung mittels Messkammer (Typ VOC-C nach KRONES)
1 Vorspann- und Rückgasventil
2 Reingas-Spülventil **3** Entlastungsventil Rückgasweg **4** Entlastungsventil Dosenkopfraum
5 Spül- und CIP-Rücklaufventil
6 Steuerventil Produkteinlauf
7 CIP-Rück- und Entlastungskanal
8 Reingaskanal **9** Produktkanal
10 Produktventil **11** Steuerzylinder Hubeinheit **12** Abzugsrolle Zentriertulpe **13** Steuerzylinder Produktventil **14** Messkammer
15 Transsonar-Sonde **16** CO_2-Kanal

17.5 Zubehör für Dosenfüllmaschinen

Die Ausstattung der Füllmaschinen mit Messtechnik entspricht der der FFM (Kapitel 16.10.9).

17.5.1 Spülbehälter/Spülkappen

Spülbehälter bzw. Spülkappen werden an der Zentriertulpe befestigt. Damit wird ein Fließweg zwischen Getränkezulauf und den Gaswegen ermöglicht.

Die Spülkappen werden manuell formschlüssig befestigt, eine automatische Zufuhr ist bei größeren Füllmaschinen möglich.

Alternativ können die Spülkappen am Füllmaschinenkessel befestigt sein und werden bei Bedarf unter die Zentriertulpe geschwenkt. Die Zentriertulpe wird dann an die Kappen angepresst (mechanische oder pneumatische Feder).

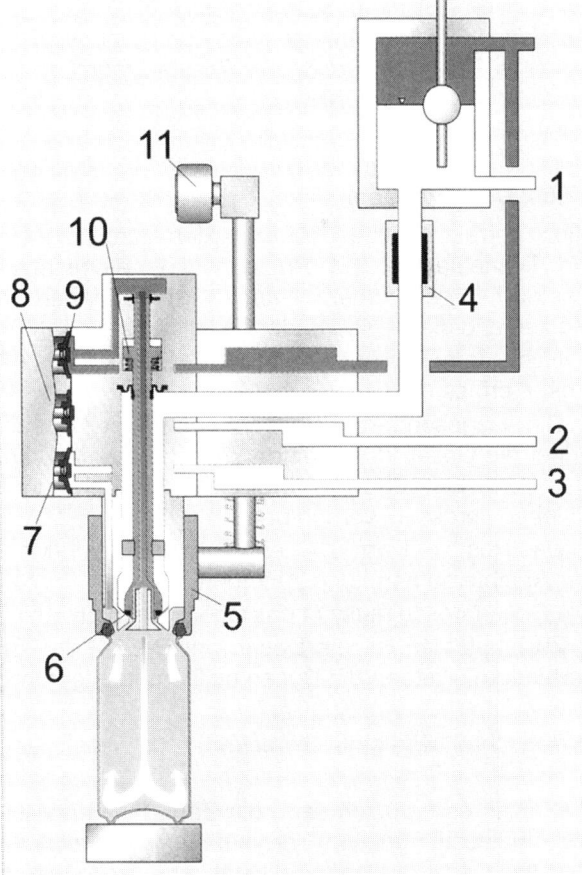

*Abbildung 326 Füllorgan für Maßfüllung mittels MID
(Typ DVD, nach KHS)*
1 Getränk **2** Entlastung/CIP-Rücklauf **3** CO_2-Spülgas **4** MID
5 Zentriertulpe **6** Getränkeventil
7 Steuerventil CO_2-Spülung
8 Steuerventil Entlastung
9 Steuerventil CO_2-Vorspannung
10 Steuerzylinder Getränkeventil
11 Abzugsrolle Zentriertulpe

Füllanlagen

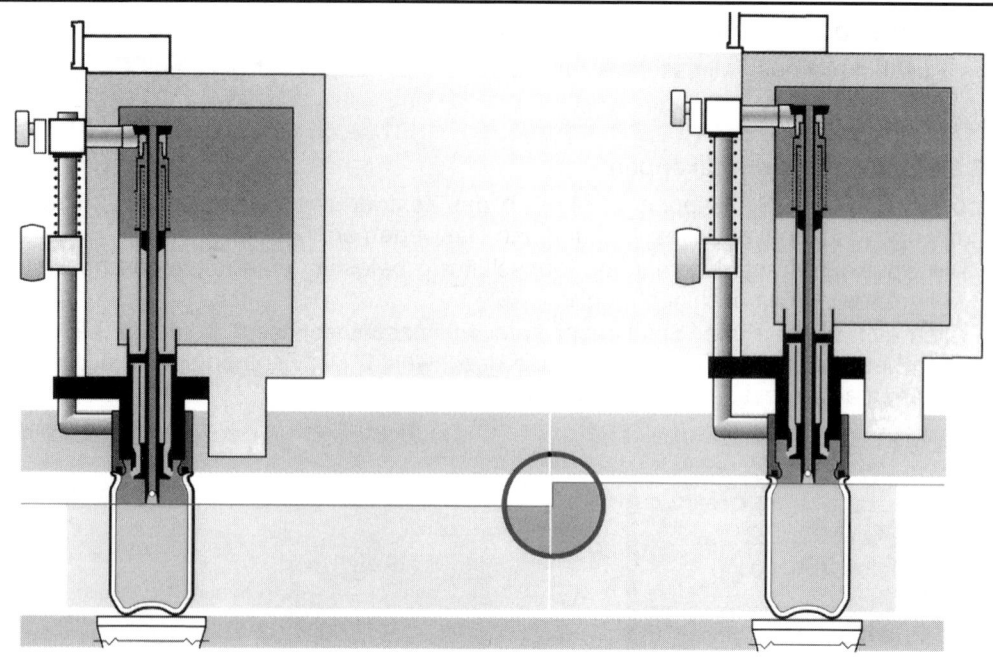

Abbildung 327 Höhenverstellung des Ringkessels und des Steuerringes zur Anpassung der Rückgasröhrchen-Eintauchtiefe, schematisch (nach KHS)

17.5.2 Dosenpressen

Nicht korrekt befüllte Dosen werden durch die Füllhöhenkontrolle ausgeworfen. Falls ein Tunnelpasteur zur Pasteurisation eingesetzt wird, wird die Kontrolle vor dem Pasteur vorgenommen. Damit wird verhindert, dass überfüllte Dosen im Pasteur platzen und die Wasserbäder belasten.

Nach dem Pasteur erfolgt eine zweite Füllhöhenkontrolle. Damit werden undichte Dosen erfasst.

Die ausgesonderten Dosen werden einer Dosenpresse zugeführt. Die Dosenpresse öffnet die Dosen durch einen Dorn oder eine Stachelwalze und verdichtet die Dosen. Das Verdichten erfolgt entweder hydraulisch oder durch eine Schraubenpresse. Auch Kniehebelpressen werden benutzt.

Das Restbier kann über eine Filterband von Metallteilchen getrennt werden und wird der Restbieraufbereitung zugeführt.

Die Dosenpresse muss in das CIP-System eingebunden werden.

Zu empfehlen ist, die Dosen der Presse dosiert zuzuführen, um Überlastungen zu verhindern. Werden die Dosen pulkförmig zugeführt, kann eine Überlastung auftreten.

Dosenschrott wird stofflich verwertet.

Ziel muss es natürlich sein, die Zahl der Fehlfüllungen zu minimieren. Deshalb muss die Füllventil-Funktion regelmäßig kontrolliert werden (Füllhöhenkontrolle mit Ventillocator); fehlerhafte Füllventile müssen kurzfristig justiert werden.

18. Füllmaschinen und -anlagen für Kunststoffflaschen
18.1 Allgemeine Bemerkungen

Die Entwicklung von EW- und MW-Kunststoffflaschen führte auch zu speziellen Füllmaschinen. Wesentliche Änderungen resultierten aus den nachfolgend genannten Eigenschaften dieser Behälter:

- Geringe Masse mit geringer Standsicherheit (kleiner Kippwinkel);
- Eine Evakuierung ist nicht möglich;
- EW-Behälter sind keine Maßbehälter im Sinne der FertigPackV. Sie verändern ihr Volumen unter Druckeinfluss.

Geringe Standsicherheit

Die Kunststoffflaschen werden immer unterhalb des Halsringes form- und zum Teil kraftschlüssig gehalten (Synonym: Neckhandling).

Der Transport wird entweder mit Luftförderanlagen realisiert oder die Behälter werden mit den Neckhandling-Klammern der Transferräder auf Kreisbahnen gefördert und übergeben.

Müssen Einzelflaschentransporteure benutzt werden, müssen diese mit relativ geringen Geschwindigkeiten bzw. Differenzgeschwindigkeiten bei Zusammenführungen und Überschüben betrieben werden. Die Pulkförderung bietet Vorteile gegen das Kippen.

Bei linearer Förderung lässt sich der Halsringtransport benutzen, falls die Luftförderung nicht möglich ist.

Vermeidung der O_2-Aufnahme beim Füllen

Bei der Füllung von Glasflaschen wird eine geringe O_2-Aufnahme beim Füllvorgang durch die mehrfache Evakuierung der leeren Flaschen und Vorspannung mit reinem CO_2 erreicht. Kunststoffflaschen können nur mit CO_2 (oder N_2) gespült werden mit der Folge eines hohen Inertgasverbrauches. Alternativ können Langrohrfüllsysteme mit unterschichtender Füllung eingesetzt werden, insbesondere bei großvolumigen Flaschen.

Da sich in Kunststoffen die Gase lösen, können die Kunststoffflaschen für O_2-empfindliche Füllgüter nicht vorgefertigt werden. Sie würden O_2-gesättigt zur Füllung gelangen.

Deshalb werden die Flaschen unmittelbar vor der Befüllung gefertigt. Die Vorformlinge (Synonym: Preforms) sollten unter Schutzgas gelagert werden.

Aus den genannten Gründen sind Kunststoffflaschen als MW-System nur bedingt einsetzbar. Entweder wird der Zeitraum zwischen Füllung und Verbrauch stark verkürzt oder die Flaschen erhalten, wie bei EW-PET-Flaschen praktiziert, eine Beschichtung aus amorphem Kohlenstoff oder SiO_x.

Dosierung des Füllgutes

Das Problem der nicht gegebenen Maßhaltigkeit der Behälter wird durch eine Maßfüllung gelöst. Das Füllgut wird z.B. mittels MID dosiert. Die sich u.U. ergebende unterschiedliche Füllhöhe kann z.B. durch Halsetiketten kaschiert werden. In vielen

Fällen sind die PET-Flaschen aber maßhaltig, sodass sich nur geringe Füllhöhenunterschiede ergeben.

EW-Bierflaschen aus PET können ggf. auch nach Niveau gefüllt werden. Das Problem liegt darin, dass sich die Flaschen bei der Vorspannung unterschiedlich ausdehnen, bedingt durch Wanddickenunterschiede und unterschiedliche Preforms, und nach der Druckentlastung unterschiedlich kontrahieren mit der Folge sichtbarer Füllhöhenunterschiede.

Kombinierte Glas-/PET-Anlagen (Kombi-Anlagen)

Gegen Füllanlagen für die kombinierte Füllung von Glas- und MW-Kunststoffbehältern sprechen zahlreiche Argumente, u.a.:

- Unterschiedliche erforderliche Transportsysteme für die Behälter;
- Gefahr durch Scherben, Glassplitter und Glasstaub für Kunststoffbehälter;
- Zeitaufwendige Umrüstung der Etikettiermaschine;
- Unterschiedliche Bedingungen der Flaschenreinigung (Reinigungsmittel, Temperaturbereiche);
- Unterschiedliche erforderliche Bandschmiermittel zur Vermeidung von Korrosion an den Behältern;
- Drucklose Zusammenführungen („*Glideliner*") können nur bei Glasflaschen eingesetzt werden;
- Unterschiedliche Ausrüstungen, beispielsweise Verschließmaschine, Fremdstoffinspektion, Etikettierung.

Schlussfolgerung:

Füllanlagen für Kunststoffflaschen lassen sich nicht sinnvoll mit Glasflaschen-Anlagen kombiniert betreiben.

18.2 Besonderheiten bei Füllmaschinen für Kunststoffflaschen

18.2.1 Behältertransport

Die Kunststoffflaschen werden (fast) immer unterhalb des Halsringes unterstützt bzw. gehalten (*Neckhandling*), Abbildung 331 und Abbildung 332. Die Abbildung 329 zeigt Transfersterne mit geschalteten Neckhandling-Klammern, Abbildung 330 ist eine Detailaufnahme. Abbildung 102 zeigt das Neckhandling mittels kraftschlüssigen Clips-Greifern (Kapitel 7.5). MW-PET-Flaschen können ähnlich wie Glasflaschen gefördert werden bzw. in die FFM einlaufen.

18.2.2 Füllorgane

Bei stillen Getränken werden die Behälter nicht an das Füllorgan angepresst. Das Getränk läuft als Freistrahl in die Flasche (Abbildung 298, Abbildung 328).

Bei gashaltigen Getränken muss die Füllung bei Überdruck erfolgen und die Flaschen müssen angepresst werden (die „Freistrahlfüllung" ist dann nicht möglich).

Füllrohrlose Füllventile haben den Vorteil, dass der Anpressweg der Zentriertulpe sehr kurz sein kann. Sie sind für O_2-empfindliche Getränke weniger geeignet. Abbildung 328 zeigt ein optimiertes Füllventil.

O_2-empfindliche Getränke wie Bier können nur in Flaschen gefüllt werden, in denen der O_2-Partialdruck durch Spülung mit einem Inertgas (in der Regel CO_2, oft aus dem Getränkebehälter) weitestgehend abgesenkt wurde.

Füllmaschinen für Kunststoffflaschen

Das Spülen erfolgt entweder bei noch nicht angepresster Flasche oder besser bei angepresstem Behälter. Das Abgas wird dann über den meist vorhandenen „Vakuumkanal" abgeleitet. Zielstellung ist dabei immer ein minimaler CO_2-Verbrauch. Die geschlossene Ableitung hat Vorteile bei der Vermeidung von Aerosolbildung im Bereich der Füllorgane (Reduktion der Kontaminationsgefahr).

Vorteilhaft ist das Einbringen des Spülgases über ein langes Gasrohr und die unterschichtende Füllung mit einem langen Füllrohr. Das Spülgas darf nur mit atmosphärischem oder geringem Überdruck eingeleitet werden, um die Mischung mit der Luft zu minimieren. Die Ableitung soll ohne Druckaufbau erfolgen. Eine geringe Druckabsenkung im Vakuumkanal ist förderlich. Nachteilig für die Ausbringung ist ein langes Spül- bzw. Füllrohr.

Bei dem Kurzrohr-Sondenfüllsystem Innofill DRS-ZMS/S (nach KHS) für EW-PET-Flaschen wird ein koaxiales Gasröhrchen („*Hohlsonde*") eingesetzt, das auch die Sonden für das Ende der Schnellfüllphase und das Erreichen der Nennfüllmenge trägt (ähnlich wie Abbildung 313a, s.a. Abbildung 333).

Durch das innere Röhrchen wird bei angepresster Flasche mit gedrosseltem CO_2-Volumenstrom gespült und die Gasmischung über den Vakuumkanal bei unterstützendem Vakuum abgeleitet. Das Getränk läuft dann nach der Vorspannung über einen Drallkörper in die Flasche ein, das Rückgas wird durch das äußere Röhrchen in den Kessel zurückgeleitet. Mit diesem System soll sich bei der Bierfüllung in 0,5-l-PET-Flaschen eine maximale O_2-Aufnahme bei der Füllung von 0,02...0,03 mg/l bei einem CO_2-Spülgasverbrauch von etwa 500 g CO_2/hl erzielen lassen [236].

Das gleiche Füllsystem kann für die Glasflaschenfüllung mit dreifacher Vorevakuierung und zweifach dosierter CO_2-Spülung vor der Vorspannung verwendet werden. Der Hersteller gibt in diesem Fall eine maximale O_2-Aufnahme beim Füllvorgang von 0,02...0,03 mg O_2/l bei einem Verbrauch von 230 g CO_2/hl an [236] (s.a. Kapitel 16.7.2.4).

Bei PET-Flaschen kann die Zentriertulpe ohne Dichtung ausgeführt werden. Die Flasche dichtet direkt gegen Metall [237].

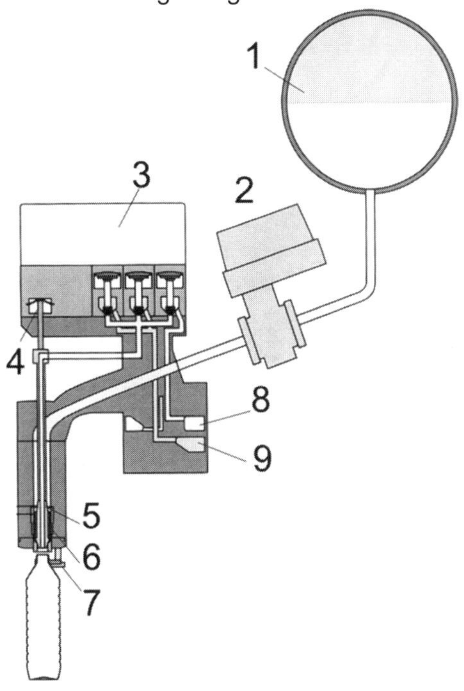

Abbildung 328 Füllventil KRONES F1-Volumetic VODM-PET, schematisch (nach KRONES [238])
1 Getränkeringbehälter für Spanngas und Getränk 2 MID
3 Elektronik-/Pneumatikeinheit
4 Ventilbetätigung 5 Ventilkegel
6 Drallkörper 7 Zentrierung
8 Druckentlastung 9 Spanngas

Füllanlagen

Abbildung 329 Transfersterne vom Rinser zum Füllmaschineneinlauf; die Transfersterne verfügen über Einzel-Servomotorantriebe (KRONES F1 - Volumetic VODM-PET);

Abbildung 330 Transfersterne im Detail (nach KRONES); die Klammern werden durch einen Nocken (1) betätigt.
Die Transfersterne verfügen über Einzelantrieb (KRONES F1 - Volumetic VODM-PET)

Füllmaschinen für Kunststoffflaschen

Abbildung 331 Neckhandling am Übergabestern zur Verschließmaschine (nach KHS)
Die Flaschen liegen auf der U-förmigen Trägergabel mit dem Neckring lose auf und werden seitlich durch die Anlaufkurve geführt.

Abbildung 332 Neckhandling in einer Aseptik-Füllmaschine mit Neckring-Isolator Füllorgan [s. Abbildung 361] (nach KHS); **1** Lochblech **2** U-förmige Halshalterung, für zwei Größen durch Drehung umschaltbar **3** CIP-Klappe, einschwenkbar **4** CIP-Anschluss

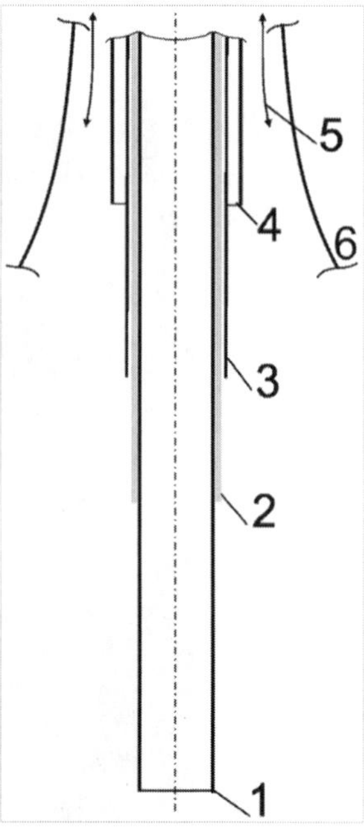

Füllanlagen

Abbildung 333 Koaxiales Rückgasröhrchen des Füllventils Innofill DRS-ZMS/S (nach KHS), schematisch
1 Spülgasröhrchen **2** Isolierung **3** Sonde für Füllventil
4 Vorspann- und Rückgas **5** Spülgasableitung, Getränkeeinlauf und Druckentlastung **6** Flaschenhals

18.2.3 Huborgane

Die Huborgane sind mit Klammern für das Neckhandling bestückt. Die Betätigung erfolgt pneumatisch oder zum Teil auch mechanisch, s.a. Abbildung 303, Abbildung 304 und Abbildung 329. Das Anheben im Bereich von Flaschenab- und -aufgabe wird mit Rollen und einer Kurvenbahn realisiert.

Bei Freistrahl-Füllsystemen für die Normal- und Überdruckfüllung kann zum Teil auf spezielle Hubelemente verzichtet werden (z.B. *Innofill DNRV*, KHS); (s.a. Abbildung 298 und Abbildung 298a). Der Behälterträger übernimmt diese Funktion mit, er wird mit einer Feder angehoben. Bei Überdruckfüllung wird die Anpresskraft von einer Membrane und dem Spanngas aufgebracht (Füllung dann aber nicht mittels Freistrahl).

18.2.4 Linear-Füllmaschinen

Ein Beispiel einer Linear-Füll- und Verschließmaschine für stille Getränke siehe im Kapitel 16.12.

18.3 Besonderheiten der Füllanlagen für Kunststoffflaschen

Nachfolgende Anlagen müssen in einer Füllanlage für Kunststoffflaschen vorhanden sein bzw. sind die angeführten Besonderheiten zu beachten:
- Bei MW-Kunststoffflaschen können diese zur Verbesserung der Kippsicherheit in der Auspackanlage mit Flüssigkeit teilbefüllt werden;
- Im Allgemeinen wird (werden) bei der EW-Abfüllung eine (oder mehrere) Blasmaschine(n) in die Anlage integriert.
Nach der Blasmaschine werden bei Bedarf Anlagen für die Innenbeschichtung der Monolayer-Flaschen-Oberfläche zur Verminderung der Gasdiffusion installiert;

- Bei MW-Anlagen:
  - eine Abschraubmaschine
  - eine Fremdstoff-Inspektionsanlage (Sniffer)
  - eine Etikettenentfernung für Sleeve-Entfernung (Desleever), Rundum-Etiketten;
- Flaschenausstattung mit Sleeve- oder Rundum-Etiketten (die Anlage kann vor und nach der Füll- und Verschließmaschine angeordnet werden);
- Anlagen zum „Ausbeulen" deformierter MW-Flaschen mittels Druckluft;
- Flaschenreinigungsmaschinen sind in Doppelend-Ausführung günstiger einsetzbar (geringere Abgabehöhe); die Reinigungsparameter (Temperatur $\vartheta \leq 59\ °C$ und Chemikalien) müssen angepasst werden;
- Bei EW-Kunststoffflaschen werden Rinser eingesetzt, die in der Regel mit der Füll- und Verschließmaschine geblockt werden;
- Die verschlossenen Flaschen können mit Ultraschall auf funktionssichere Verschlüsse geprüft werden (Erkennung von Fehlverschlüssen mittels zusätzlicher Füllhöheninspektion);
- EW-Flaschen werden in der Regel auf Trays oder in Multipacks verpackt.

Bei Füllanlagen für Kunststoffflaschen muss bei der Anlagenplanung die Frage nach der Verbesserung der biologischen Haltbarkeit gestellt werden:
- Aseptische Kaltabfüllung (Kapitel 20) oder
- Heißabfüllung.

Der Einsatz eines Tunnelpasteurs scheidet im Allgemeinen aus, da die PET-Flaschen nur bedingt temperaturbeständig sind (siehe Kapitel 24).

Werden die EW-Flaschen nicht vor Ort geblasen, müssen die lose angelieferten Flaschen aufgerichtet und einem geeigneten Einzelflaschentransportsystem übergeben werden.

MW-Flaschen werden im Allgemeinen nicht vor Ort geblasen und zweckmäßigerweise beim Hersteller in die entsprechenden Kästen eingesetzt und dann geliefert. Auch die direkte Palettierung der MW-Flaschen ist möglich. Die Paletten müssen lichtgeschützt und frei von äußeren Einflüssen (Staub, Schmutz, Wasser) gelagert werden. Die Paletten werden deshalb mit Folienhauben geschützt oder mit Stretchfolien umwickelt.

Die Flaschen werden dann mit einem Leerflaschen-Abschieber/Abheber in den Produktionskreislauf eingeführt.

Beim System *PETcycle*® werden die PET-Flaschen als sogenannte Zwei-Wege-Flaschen betrieben: die Leerflaschen werden im Kasten in den Abfüllbetrieb zurückgebracht und dem Recyclingprozess zugeführt. Die Flaschen werden entetikettiert, geschreddert oder gepresst/brikettiert. Daraus wird nach Abtrennung der Etikettenreste, der Verschlüsse bzw. dem Verschlusswerkstoff, der Reinigung und Trocknung Granulat für neue Flaschen hergestellt, das anteilig für die PET-Flaschenfertigung verwendet wird.

Für kleinere Füllmengen ist die Lohnabfüllung sicher eine Alternative zur Installation einer eigenen PET-Füllanlage.

19. Anlagen für die Kunststoffflaschenherstellung

19.1 Allgemeine Bemerkungen

In der Getränkeindustrie werden vorzugsweise Flaschen aus PET im EW- und MW-Bereich (nur in einigen Ländern) eingesetzt.

Als MW-Flaschen werden in einigen Ländern auch Flaschen aus PEN verwendet. Weitere Werkstoffe sind PP, PE und Polycarbonat (PC), die aber im Allgemeinen in Spezialbetrieben zu Behältern verarbeitet werden. (Werkstoffe siehe Kapitel 5.2.3).

Zur Herstellung von Behältern aus PET gibt es zwei Varianten:

- Einstufenverfahren: hierbei finden Preform-Fertigung und Blasen des Behälters in der gleichen Anlage statt;
- Zweistufenverfahren: Preform- und Behälter-Fertigung finden auf getrennten Anlagen statt.

Das Zweistufenverfahren bietet die größere Flexibilität und ist für größere Durchsätze besser geeignet.

Die EW-Flaschenfertigung wird in der Regel in die Füllanlage integriert. Diese Aussage gilt vor allem bei größeren Produktionsmengen.

Die Fertigung der Vorformlinge (Preforms) wird zum großen Teil von speziellen Herstellern praktiziert, vor allem wenn es sich um Multilayer-Preforms handelt.

Die Herstellung von Monolayer-Preforms kann bei größeren Anlagen in die Gebindeherstellung eingebunden werden, weil damit ggf. ein Teil der Wärmeenergie der Preforms genutzt werden kann. Weitere Vorteile sind z.B.: die Verarbeitung von PET-Schrott ist möglich, die Einfärbung kann nach Wunsch erfolgen, Kostenvorteile.

Wesentliche Bestandteile der Kunststoffflaschen-Herstellung sind:

- Die Granulatlagerung, die Trocknung und Bereitstellung;
- Die Preform-Spritzgießanlage;
- Die Flaschen-Streckblasanlage;
- Die Oberflächenbeschichtungsanlage;
- Die Flaschen-Transportanlagen;
- Die Anlagen für die Elektroenergiebereitstellung;
- Die Anlage für die Druckluftbereitstellung.

19.2 Herstellung der Vorformlinge

Der Vorformling (Synonym: Preform) wird im Spritzgießverfahren gefertigt. Das PET-Granulat wird mit einem Extruder plastifiziert und der Spritzgießmaschine zugeführt. Vor dem Extruder können Farbpigmente und den UV-Schutz verbessernde Komponenten dosiert werden.

Eine Spritzgießmaschine kann zurzeit bis zu 144 Preforms je Takt bereitstellen [239]. Die Taktzeit liegt bei <10 bis >15 s. Diese ist vor allem von der Wanddicke bzw. Preformmasse abhängig. Damit lassen sich also bis zu 52.000 Preforms/h erzeugen.

Bei Bedarf können zwei oder mehrere Spritzgussmaschinen mit einer Blasmaschine gekoppelt werden, allerdings müssen dann die Parameter der Preforms exakt übereinstimmen.

PET ist sehr hygroskopisch und schon ein geringer Wassergehalt beeinflusst die Verarbeitungseigenschaften des Werkstoffes negativ. Das Granulat muss deshalb vor der Verarbeitung getrocknet werden. Der Wassergehalt muss ≤ 50 ppm sein. Getrocknet wird 6…8 Stunden mit Heißluft bei ca. 160…180 °C, der Drucktaupunkt muss bei ≤ -30 °C liegen. Kürzere Trockenzeiten führen zu Hydrolyse (Abbau der PET-Kette) im Extruder; bei längeren Trockenzeiten und höheren Temperaturen könnte ein thermischer Abbau im Trockner stattfinden.

Die Größe des Vorformlings (Masse, Länge, Durchmesser) wird von der daraus zu blasenden Flasche und deren Anforderungen bestimmt, ebenso von der Flexibilität beim Preform-Einsatz für verschiedene Behältergeometrien. Die Flaschenmündung (meistens ein Gewindemundstück) wird in der Spritzgussmaschine vollständig ausgebildet.

19.3 Flaschenherstellung

In modernen Anlagen müssen folgende Teilschritte realisiert werden:
- Ausrichtung der Vorformlinge und Transport zur Blasmaschine;
- Optische Kontrolle der Preforms, insbesondere wird auf eventuelle Mündungsfehler geprüft (dieser Check ist nicht allgemein üblich);
- In Abhängigkeit der Verwendung: Innenreinigung der Preforms durch Ausblasen mit ionisierter Druckluft (Vermeidung von statischer Aufladung, Entfernung von Staub und eventuellen Keimen);
  Bei Bedarf kann auch eine UV-Bestrahlung erfolgen;
- Erhitzung der Preforms: die Preforms werden an die Greifer einer Transportkette übergeben oder auf Dorne aufgesteckt und mittels IR-Strahlung erwärmt.
  Zur gleichmäßigen Verteilung der Wärmemenge werden sie dabei ständig gedreht;
- Übergabe der erwärmten Preforms mit einem Transferrad an die Blasstationen, Schließen der Blasform;
- Der zweistufige Streckblasprozess;
- Kühlung der geblasenen Flasche in der Blasform;
- Öffnung der Blasform und Übergabe der Flaschen mit einem Transferrad an den Lufttransporteur.

19.3.1 Zuführung der Preforms

Die Preforms werden in MW-Containern, in Folie verpackt, angeliefert. Sie werden in den Vorratsbehälter der Sortieranlage geschüttet, die Mündung ausgerichtet und der Vorwärmung zugeführt. Beim Ausrichten wird der Durchmesserunterschied der Preform-Mündung/Körper genutzt, teilweise unter Einfluss der Zentrifugalkraft.

19.3.2 Erwärmung der Preforms

Die Preforms werden im „Ofen" auf etwa 100…120 °C erwärmt. Das Erwärmen erfolgt mit mehreren IR-Strahlern in sogenannten Heizkästen. Der Ofen wird je nach Maschinengröße mit mehreren Heizkästen bestückt. Die Ansteuerung der IR-Strahler erfolgt individuell nach den Anforderungen des Vorformlings bzw. der späteren Flasche, wobei

Füllanlagen

ein Wärmeprofil auf den Preform aufgebracht wird, das die spätere Materialverteilung in die Flasche maßgeblich bestimmt.

Der Preform wird durch einen speziellen Greifer gehalten. Dieser übernimmt gleichzeitig die Abschirmung der Mündung gegen Erwärmung. Die Strahler, die Preformoberfläche und der Mündungsbereich werden mit Luftgebläsen ständig gekühlt (Abbildung 335 und Abbildung 336).

Fehlerhafte Preforms werden vor der Übergabe an die Blasform ausgesondert.

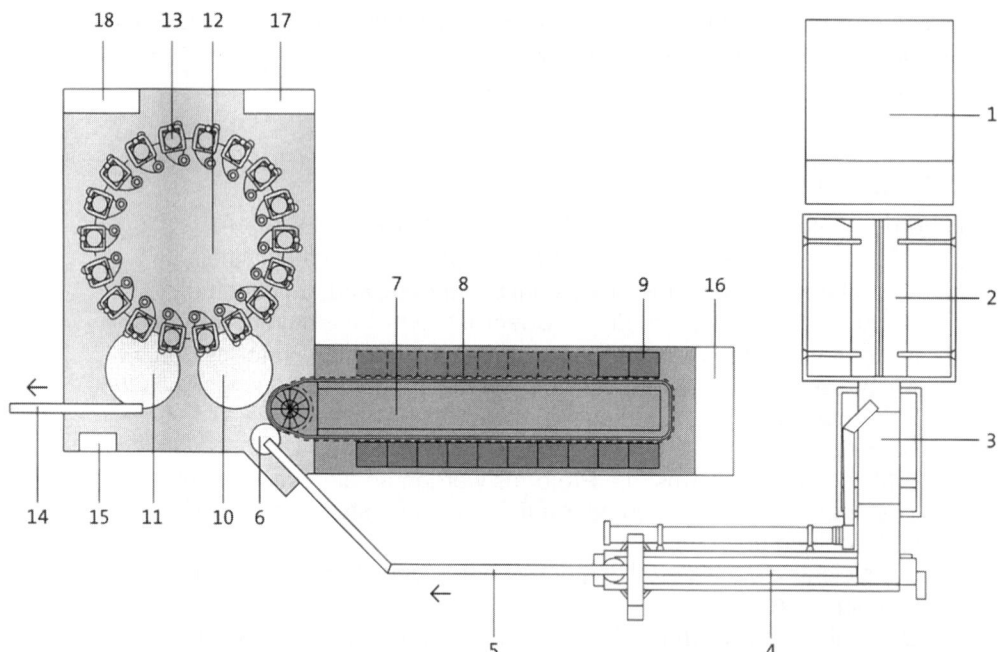

Abbildung 334 Blasformmaschine, schematisch (Typ Contiform S 18, nach KRONES)
1 Preform-Kippvorrichtung **2** Preform-Vorratsbehälter **3** Preform-Steilförderer **4** Preform-Rollensortierer **5** Preform-Zuführschiene **6** Einlaufstern **7** Linearofen **8** Heizkette **9** Heizkästen **10** Preform-Transferrad **11** Flaschen-Transferrad **12** Blasrad **13** Blasstation **14** Lufttransporteur **15** Bedienstation **16** Schaltschrank **17** Wasserversorgung **18** Druckluftversorgung

Der Ofen wird vorzugsweise als Linearofen gestaltet. Dieser kann in seiner Länge variiert werden. Bei Rotationsöfen besteht diese Möglichkeit nicht.

Um eine optimale Materialverteilung bei flachovalen Flaschen zu erreichen, wird oft ein sogenanntes „preferential Heating" verwendet. Dabei wird bei ständiger Drehung auf die Preforms eine uniforme Grundwärmemenge eingetragen, danach aber durch gezielte Drehung der Preformhalterungen ein zusätzliches Wärmeprofil auf 2 Seiten aufgebracht mit dem Ziel einer höheren Temperatur. Damit kühlt die Blasform an diesen Stellen nicht so schnell ab und es werden bei unrunden Behältern gleichmäßige Wandstärken erzielt.

Anlagen für die Kunststoffflaschen-Herstellung

Der Transport der Preforms im Ofen kann mit der Mündung nach oben geschehen oder die Preforms werden zuvor gedreht und mit der Mündung nach unten im Ofen transportiert. Im Falle die Preform-Erwärmung mit der Mündung nach unten können die Preforms beim Transport zur Blasform gedreht werden oder sie werden „über Kopf" geblasen. Entscheidend ist in allen Fällen, die Mündung vor Erwärmung durch Strahlung des IR-Strahlers oder durch Konvektionswärme der aufgeheizten Ofenluft zu schützen.

Abbildung 335 Übergabe der Preforms an die Greifer des Linearofens (nach KRONES)

Es gibt auch sogenannte Rotationsöfen, bei denen die Erwärmung auf einer Kreisbahn erfolgt. Diese Ausführung benötigt zwar weniger Grundfläche, ist aber durch einen nicht konstanten Lampenabstand zur Preformoberfläche energetisch ungünstiger.

Füllanlagen

19.3.4 Streckblasen der Flaschen

Die Herstellung der Kunststoffflaschen aus PET bzw. PEN erfolgt in einem zweistufigen Prozess in einer Streckblasmaschine (s.a. Abbildung 334):
- 1. Stufe: mechanisches Strecken des Vorformlings und Vorblasen mit Druckluft von 5…20 bar;
- 2. Stufe: Fertigblasen mit Druckluft von etwa 28…40 bar.

Abbildung 336 Linearofen; Heizkästen mit Kühlgebläsen (nach KRONES)
1 Preformgreifer an der Transportkette

Blasform

Der Durchsatz einer Blasmaschine wird von der Anzahl der Blasstationen bestimmt, die auf dem Blasrad angeordnet werden, und dem spezifischen Durchsatz je Kavität. Es kann mit einem maximalen mechanischen Durchsatz von etwa 1800 Behältern/(h·Kavität) gerechnet werden. Bei einem Flaschenvolumen von ≤ 0,6 l werden max. 1500 Fl./(h·Kavität) angegeben [240], bei größeren Flaschenvolumina sind es prozessbedingt natürlich weniger (längere Entlüftungszeiten, Abkühlzeiten). Des Weiteren wird der Durchsatz auch vom Blasverfahren bestimmt.

PET-Flaschen, die einer Wärmebelastung unterliegen (Reinigungsprozess, Heißabfüllung), neigen zur unkontrollierten Schrumpfung. Diese Erscheinung kann z.B. durch höhere Werkzeugtemperaturen kompensiert werden, ebenso durch höhere Kristallinität des Werkstoffs. Diese kann nur innerhalb der Blaszyklus in beheizten Formen bei 120…165 °C gesteigert werden. Damit die Flaschen beim Entformen stabil bleiben, ist es notwendig, intern mit Luft zu kühlen. Dieser Kühlvorgang verlängert die Prozesszeit und verkleinert damit die spezifische Ausbringung.

Anlagen für die Kunststoffflaschen-Herstellung

Jede Blasstation (Abbildung 341) besteht aus der Blasform (Synonym: Kavität), dem Schließmechanismus, dem Antrieb der Reckstange und den Versorgungsanschlüssen für Druckluft und Kühlmedium, bei Bedarf auch Heizmedium.

Die Blasform (Abbildung 338) besteht aus dem Boden und zwei Formhälften, in die die drei Flaschenformteile (Bodenform und zwei Halbschalen) auswechselbar eingesetzt werden (Abbildung 337 und Abbildung 339). Die Form wird mechanisch verschlossen und mit einem Drehverschluss oder einer Klappe verriegelt. Die Form wird im Schulter-, Wandungs- und Bodenbereich gekühlt, bei Bedarf kann auch beheizt werden (*head-set*-Flaschen, s.o.). Die Formschalen können mittels Schnellwechselvorrichtungen in kurzer Zeit gewechselt werden ($\leq$ 2 min).

Die Flaschenformen werden aus Aluminiumlegierungen in höchster Präzision und Oberflächengüte gefertigt (Abbildung 337).

Abbildung 337 Blasformen für zwei verschiedene Flaschen (nach KRONES)

Füllanlagen

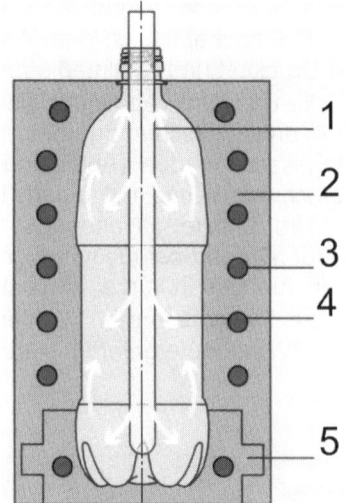

Abbildung 338 Blasform schematisch (nach KRONES)
1 Reckstange/Spülrohr für Kühlluft 2 beheizte Blasform
3 Heizkanäle 4 Spülluft 5 Bodenform

Abbildung 339 Geöffnete Blasform (links) und Wechsel der Blasform (rechts)
(nach KRONES); 1 Reckstange

Bodenform der Flaschen

Die Bodenform bestimmt u.a. die Standfestigkeit der Flaschen. Sie ist aber auch für die Stabilität der Flasche von Bedeutung, insbesondere dann, wenn die Preform-Masse optimiert wird.

Bei EW-Behältern wird überwiegend der Petaloid-Boden gewählt, bei MW-Flaschen die sogenannte Champagner-Bodenform, aber auch der Petaloid-Boden (Abbildung 340). Petaloid kommt aus der Botanik und bedeutet kronblattartig.

Der Champagner-Boden muss bei gleicher Standfläche mit größerer Wanddicke ausgelegt werden, um die gleiche Druckstabilität zu erzielen. Dazu sind Preforms mit größerer Masse erforderlich, die Prozesszeit verlängert sich und der spezifische Ausstoß wird geringer.

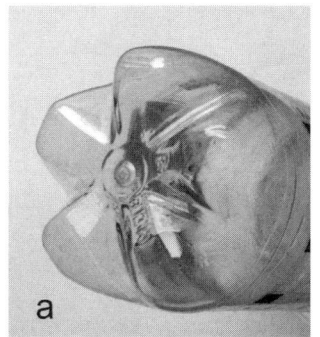  

Abbildung 340 Bodenformen bei PET-Flaschen
a Petaloid-Boden, 5fach **b** Petaloid-Boden, 4fach **c** Champagner-Form

Lärmreduzierung

Die aus den Blasformen entweichende, unter hohem Druck stehende Druckluft muss über Schalldämpfer abgeleitet werden.
Das Gleiche gilt für die Kühlluft des Heizofens.

19.4 Anlagen für die Oberflächen-Beschichtung

Mit der Oberflächenbeschichtungsanlage können auf der Innenseite von Monolayer-Flaschen Barriereschichten aufgebracht werden, die die Gasdiffusion von Sauerstoff und CO_2 verringern sollen. Bespiele siehe Kapitel 5.2.3 und 5.3.3.

Ein wichtiges Verfahren dafür ist der PICVD-Prozess (Plasma Impuls Chemical Vapor Deposition), s.a. Abbildung 342. Damit wird entweder wasserstoffhaltiger amorpher Kohlenstoff (Actis™ (Amorphous Carbon Treatment on Internal Surface; Fa. Sidel) oder SiO_X (PLASMAX®-Verfahren; Fa. KHS PLASMAX) aufgebracht. Die beiden Prozesse sind ähnlich. Durch Einsatz des SiO_x-Prozesses entsteht mit der anorganischen Glasschicht eine vollständige Trennung zwischen Behälter und Füllgut (s.a. [258]).

Die Gesamtbehandlungszeit beträgt beim Actis™-Prozess ca. 7 s, der Energiebedarf etwa 14 kWh/1000 Flaschen.

Füllanlagen

Abbildung 341 Blasrad mit Blasstationen an einer Streckblasmaschine (KRONES Contiform SK 40)

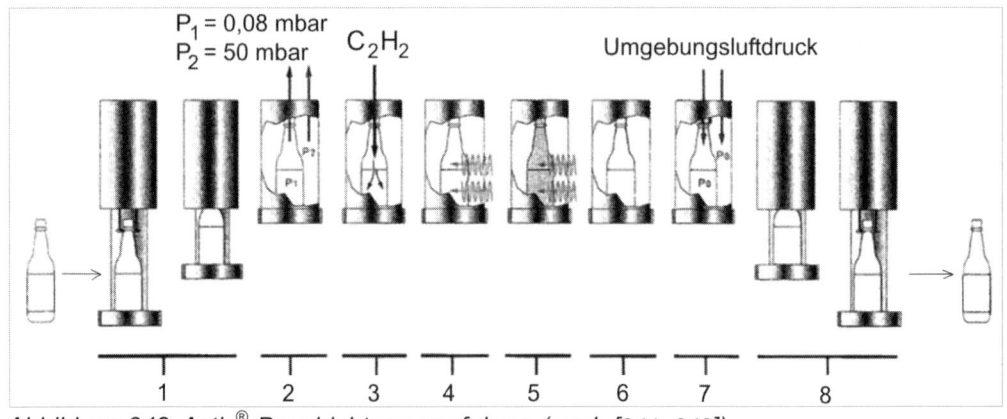

Abbildung 342 Actis®-Beschichtungsverfahren (nach [241, 242])
1 Einführen der Flasche in die Beschichtungsstation **2** Evakuierung der Flasche (p_1 = 0,08 mbar) und des umgebenden Raumes (p_2 = 50 mbar) **3** Einbringen von Ethin (Acetylen) **4**, **5** Energiezufuhr durch Mikrowellen (2,45 GHz; 2,5...3 s) **6** Bildung des Niederschlages auf der Wandung **7** Entfernung des Vakuums **8** Abgabe der beschichteten Flasche

Anlagen für die Kunststoffflaschen-Herstellung

19.5 Möglichkeiten zur Verbesserung der Effizienz bei Blasanlagen

Verkürzung der Rüstzeiten

Beim Formatwechsel der Flaschen müssen die Blasformen gewechselt werden. Deshalb werden die Formatteile mit Schnellkupplungen ausgerüstet und die Wechselbarkeit konstruktiv optimiert. Die Umrüstzeiten sollen bei 30 Kavitäten bei etwa 95…100 min liegen.

Bei dem *Speedlook*-System von KHS Corpoplast können die Formen in ≤ 2 Minuten/Station gewechselt werden. Damit sind Zeiten von etwa 60 Minuten bei 30 Kavitäten erzielbar.
Nach der Montage muss in der Regel nicht justiert werden.

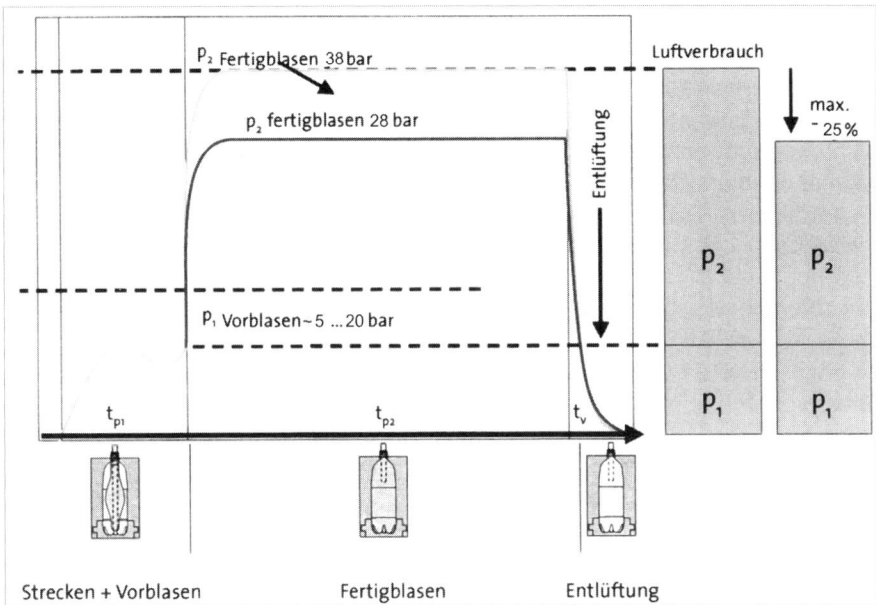

Abbildung 343 Verbesserung der Druckluftausnutzung durch Reduzierung des Fertigblasdruckes und zweistufige Entspannung (nach KRONES)

Mehrfachnutzung der Druckluft

Durch zweistufige Entspannung der Blasform nach dem Fertigblasen kann ein Teil der Druckluft für das Vorblasen genutzt werden (s.a. Abbildung 343).

Die Restluft mit einem Druck von 6…20 bar kann dem Kompressor zurückgeführt werden, um den Verdichtungsaufwand zu minimieren (nach *KHS Corpoplast*).

Reduzierung des Fertigblasdruckes

Durch Optimierung der Preformausführung, des Flaschendesigns und des Heizregimes kann der erforderliche Fertigblasdruck beeinflusst werden.

Reduzierung der Druckluftverluste

Neben der Sicherung der allgemeinen Dichtheit des gesamten Druckluftsystems können die Verluste durch die konstruktive Reduzierung der Toträume gesenkt werden.

Füllanlagen

Dazu gehört auch, dass die Druckluftschaltventile so nahe wie möglich an die Arbeitsräume verlegt werden, um das Totraumvolumen zu minimieren.

Es gibt auch Blasmaschinenkonstruktionen, bei denen die Reckbewegung nicht pneumatisch, sondern rein mechanisch über Kurven betätigt wird, um den Arbeitsluftverbrauch zu verringern.

Reduzierung der Heiz-Energie

Die Effizienz der IR-Beheizung ist relativ niedrig (15…19 %). Konstruktive Verbesserungen werden erzielt durch:
- den Einsatz von Linearöfen, um den Abstand zu den Preforms immer optimal zu gestalten und um
- den Abstand zwischen den Preforms so klein wie möglich zu halten.

Die Ofenregelung muss optimal eingestellt werden, um eine bessere Wärmeverteilung im Preform zu erreichen:
- Lampenansteuerung so viel wie möglich bei maximaler Last, da die höhere Lampenfarbtemperatur zum tieferen Eindringen im Preform führt und damit schneller eine Wärmedurchdringung erzielt wird.
- Lampenprofilierung über Pulsschaltung bei maximaler Farbtemperatur ergibt eine bessere Effizienz gegenüber einer Spannungsregelung der Lampen, bei der die Farbtemperatur ständig unterhalb der maximalen Farbtemperatur bleibt.

Auch über die PET-Zusammensetzung können das Aufheizverhalten und der Energieverbrauch beeinflusst werden.

19.6 Blockung von Blas- und Füllmaschine

In der Literatur wird über die Blockung von Streckblasmaschine und Füllmaschine berichtet [243]. Ziel ist die Einsparung der Förderstrecken und die Reduzierung der erforderlichen Grundfläche. Damit entfällt natürlich die Pufferkapazität der Förderstrecke. Außerdem müssen die frisch geblasenen Flaschen bei Bedarf noch gekühlt werden. Abbildung 344 zeigt eine Lineartransferstrecke für die Blockung.

Bei Störfällen muss es natürlich möglich sein, die Blasmaschine leer zu fahren.

Abbildung 344 Lineartransfer zwischen Blas- und Füllmaschine (nach KRONES)

19.7 Medienversorgung

19.7.1 Elektroenergie

Die erforderliche Anschlussleistung einer Flaschenblasanlage ist relativ groß. Es kann mit bis zu 13...15 kW/(1000 Fl. · h) bei 0,5-l-Flaschen gerechnet werden. Etwa 85... 93 % davon werden als Heizleistung benötigt.

Die Anschlussleistung des Druckluftverdichters liegt bei ca. 17...18 kW/(1000 Fl. · h) bei 0,5-l-Flaschen.

Bei den recht hohen Anschlussleistungen ist es sinnvoll, die Transformatorenstation zur Verringerung der ohmschen Verluste möglichst nahe bei der Blasanlage zu installieren.

Die benötigte Energie kann wie folgt abgeschätzt werden:
- Abhängig vom Maschinenkonzept, Materialauswahl, Flaschengröße und -Masse beträgt die notwendige Energie zum Aufheizen ca. 0,2... 0,15 kWh/kg PET. Daraus ergeben sich bei 500-ml-Flaschen (20 g): 3...4 kWh/(1000 Flaschen).
- Druckluft: ca. 0,2...0,25 kWh/m^3 bei 40 bar (bei 28 bar: 0,17...0,22 kWh/m^3)
- Daraus ergibt sich bei 500-ml-Flaschen bei Druckluft von 40 bar ein Energieeinsatz von 4...5 kWh/1000 Flaschen.

19.7.2 Druckluft

Die Druckluft wird als ölfreie, keimarme Druckluft benötigt (Drucktaupunkt ≤ -30 °C). Bei Blasanlagen für die Aseptikfüllung wird keimfreie Druckluft benötigt.

Die Kompressoren werden in der Regel dreistufig mit Zwischenkühlung betrieben. Der Verdichtungsenddruck liegt bei etwa $p_ü ≈ 40$ bar.

Als erste Stufe wird oft ein ölfreier Schraubenverdichter eingesetzt. Der Antriebsmotor kann als Hochspannungsmotor ausgelegt werden (6 kV).

Weitere Hinweise zur rationellen Druckluftbereitstellung s.a. [244].

19.7.3 Kühlwasser

Wasser/Glycol-Gemisch wird mit ca. 0,7...0,9 m^3/(1000 Fl.·h) benötigt $\hat{=}$ 1,4...3 kW/(1000 Fl.· h).

20. Anlagen für die aseptische Füllung
20.1 Allgemeine Bemerkungen und Definitionen

Nachfolgend wird auf Anlagen für die sogenannte aseptische Kaltfüllung (Aseptic Cold Filling [ACF]) (Synonym: Kaltaseptische Füllung / Cold Aseptic Filling [CAF]) eingegangen. Dabei ist zu beachten, dass zurzeit eine Pasteurisation von PET-Flaschen nicht möglich ist.

Zu Alternativen und zur Abtötung von Mikroorganismen wird auf Kapitel 24 verwiesen.

Nach [245] wird aseptisches Abpacken wie folgt definiert:
„Aseptisches Abpacken oder Abfüllen ist das hermetische Verschließen von:
- sterilisierten Lebensmitteln (Packgut bzw. Füllgut) in
- getrennt sterilisierten Verpackungen in einer
- sterilen Umgebung mit
- sterilen Mitteln.

Nach dem Verpacken darf weder vom Füllgut, noch vom Packstoff oder der Innenatmosphäre eine weitere sterilisierende Wirkung ausgeübt werden".

In der Getränkeindustrie wird keine absolute Sterilität erreicht bzw. muss auch nicht erreicht werden. Es genügt, dass
- ☐ die Getränke frei von getränkeschädlichen Mikroorganismen sind (Synonyme: *getränkesteril; kommerziell steril*) und dass
- ☐ natürlich pathogene oder Toxin bildende Mikroorganismen zuverlässig ausgeschaltet werden.

Nachfolgend werden die Begriffe Sterilität bzw. Sterilisation im Sinne von „getränkesteril" benutzt. Füll- bzw. Verpackungsanlagen für pharmazeutische Produkte müssen dagegen unter den Bedingungen der absoluten Sterilität betrieben werden.

Die Anlagen für das ACF müssen nach den Regeln des Hygienic Designs konzipiert, konstruiert, errichtet und genutzt werden.

ACF wird in der Literatur als produktschonender sowie kostengünstiger gegenüber der PET- und Glas-Heißabfüllung eingeschätzt [246, 247].

20.2 Varianten für die aseptische Füllung
20.2.1 Aufgaben der aseptischen Füllung

Die Aufgaben einer Anlage für die aseptische Füllung von Getränken lassen sich wie folgt umreißen:
- ☐ Sterilisation der Packstoffe und Packmittel;
- ☐ Sterilisieren der Füllanlage;
- ☐ Sterilisieren der Getränke-Sterilisieranlage;
- ☐ Pasteurisieren/Sterilisieren des Getränkes;
- ☐ Desinfektion des Füllanlagenumfeldes bzw. des Arbeitsraumes und Beibehaltung des aseptischen Zustands der Anlage;

- Rekontaminationsfreies Füllen des Getränkes in die Packung;
- Rekontaminationsfreies Verschließen der Packung.

20.2.2 Sterilisieren der Anlage

Die Produktwege, die KZE-Anlage, die Puffertanks und die Füll- und Verschließmaschine werden nach dem CIP-/SIP-Verfahren behandelt.

Sterilisiert wird mit Rein-Dampf (bereitgestellt als Sekundärdampf) oder Heißwasser unter Druck bei ϑ = 115…125 °C. Die Dichtungswerkstoffe müssen natürlich für diese Temperaturen geeignet sein.

Vorteilhaft ist die Verwendung von leicht angesäuertem Wasser (pH-Wert = 3…4; H_3PO_4, HNO_3), um die Ausscheidung von Wassersalzen zu verhindern, soweit nicht demineralisiertes Wasser verwendet werden kann.

Die Abkühlung kann mit Sterilwasser erfolgen, soweit nicht gleich mit Produkt begonnen wird.

Wichtig ist bei O_2-empfindlichen Produkten, dass alle Fließwege frei von Sauerstoff sind, z.B. durch Spülung und Überlagerung mit Stickstoff.

20.2.3 Sterilisieren des Arbeitsraumes/Füllanlagenumfeldes

Die Anlagenoberflächen der Maschinen und der Hüllkonstruktion („Isolator") werden durch eine externe CIP / SIP gereinigt und sterilisiert. Die beteiligten Medien werden im Sprüh-/ Schwallverfahren aufgebracht.

20.2.4 Pasteurisieren bzw. Sterilisieren des Getränkes

Das Getränk kann pasteurisiert werden:
- Mit einer KZE-Anlage.

Das Getränk kann sterilisiert werden:
- thermisch mit einer UHT-Anlage oder
- mit Sterilfiltern steril filtriert werden (nur mit feststofffreien Produkten möglich).

Die thermische Variante ist die sicherste Variante, da der Effekt online überwacht werden kann (vorausgesetzt, die Anlage wird regelgerecht konzipiert und betrieben; s.a. Kapitel 24).

20.2.5 Füllen und Verschließen der Packungen

Die pasteurisierten bzw. sterilisierten Getränke werden in sterilisierte Behälter gefüllt. Dazu werden die Füll- und Verschließmaschinen in das „Isolator-Prinzip" integriert und in der Regel mit dem Rinser geblockt.

Die Füllmaschinen werden als Rundlauf-Maschinen ausgeführt. Für zahlreiche Bedarfsfälle und geringere Maschinendurchsätze werden aber auch Linearmaschinen benutzt (s.a. Abbildung 345).

Füllanlagen

Als Füllmaschinen werden vor allem für PET-Flaschen volumetrische FFM für Normal- und Überdruckfüllung eingesetzt, bei Getränken mit zu geringer Leitfähigkeit oder hoher Viskosität auch Wägefüllsysteme.

Bei Normaldruck-Füllmaschinen werden die Flaschen im Allgemeinen berührungslos gefüllt. Sauerstoffempfindliche Getränke werden mit langem Füllrohr oder mit intensiver Inertgasspülung abgefüllt (s.a. Kapitel 16 und 18).

Als Verschlüsse kommen Kunststoffschraubverschlüsse und Siegelverschlüsse zum Einsatz.

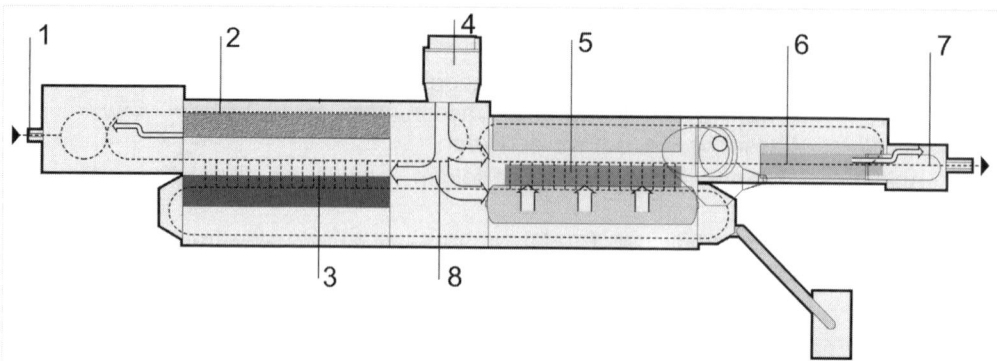

Abbildung 345 Linearfüllmaschinen-Block mit Trockensterilisation (nach KHS)
1 Flaschen-Einlauf **2** Sterilisator **3** Aktivator **4** HEPA-Filter **5** Füllventile **6** Verschließmaschine **7** Luftschleuse **8** Sterilluft-Führung

20.2.6 Reinigungs- und Desinfektionsmittel für die aseptische Fülltechnik

Als Desinfektionsmittel werden insbesondere Präparate eingesetzt auf der Basis von:
- H_2O_2 oder
- Peressigsäure (PES).

Mit PES werden die Flaschen gespült, H_2O_2 wird als Gas-Wasser-Gemisch in die Flaschen eingedampft oder als Tauchweiche verwendet. Zur Verbesserung der Benetzbarkeit werden bei der flüssigen Anwendung Additive zugesetzt, z.B. Tenside.

Die genauen Anwendungskonzentrationen und Prüfmethoden müssen den Produktdokumentationen der Hersteller entnommen werden.

Die Rückstände müssen vor der Füllung oder dem Verschließen mit sterilem Wasser entfernt werden bzw. beim Gasverfahren mit steriler Heißluft. Die Dämpfe dürfen nicht in den Bereich der Füllmaschine gelangen, sie müssen abgesaugt werden. Die max. Arbeitsplatzkonzentrationen dürfen nicht überschritten werden (für H_2O_2 gilt zurzeit eine zulässige Konzentration ≤ 4 mg/m^3; s.a. Kapitel 21.9).

20.3 Sterilisieren der Packmittel und Packstoffe

Für die Sterilisation der Packmittel (Flaschen, Beutel, Becher, Kartonverpackungen, Schlauchbeutel, Beutel im Karton) und der Packstoffe (Verschlüsse, Siegelfolien) werden benutzt (hierzu s.a. Kapitel 13.4 und 21.9):
- das Trockenverfahren mit H_2O_2-Dampf und Sterilluft bzw. H_2O_2 und Heißluft und
- das Nassverfahren mit Peressigsäure (PES).

Die Flaschen werden im Rinser sterilisiert (s.a. Kapitel 13.4). Die Verschlüsse werden in Kanälen linear oder schraubenförmig geführt und mit dem Desinfektionsmittel beaufschlagt (Kapitel 21.9).

Auch die Verschlussentkeimung mittels UV-Strahlung wird vorgeschlagen [248]. Probleme dieses Verfahrens sind jedoch die möglichen Strahlungsschatten und die nicht unproblematische Langzeitkonstanz der UV-Strahlungsintensität.

20.3.1 Trockenverfahren

Beim Trockenverfahren werden verschiedene Applikationsvarianten genutzt. Es sind dies die Verteilung des H_2O_2:
- Mittels Dampf (Trockenverfahren mit Kondensation);
- Durch Verdampfen an heißen Oberflächen und Verteilung mit Heißluft.

Trockene Sterilisation nach dem Kondensationsverfahren

Das Verfahren lässt sich in drei Stufen unterteilen (nach [249]):
- 1. Stufe: Das auf wenige Prozent verdünnte H_2O_2-Wassergemisch wird unmittelbar vor der Applikation verdampft.
- 2. Stufe: Das H_2O_2-Dampfgemisch wird mittels Sterilluft in die Flasche eingeblasen.
- 3. Stufe: Das H_2O_2-Dampfgemisch kondensiert auf den zu dekontaminierenden Oberflächen (diese haben etwa Umgebungstemperatur) und benetzt diese vollständig.
  Dieser Effekt kann visuell sehr gut verfolgt werden.
- Die eingetragene H_2O_2-Dampfmenge ist gut reproduzierbar.
- Die Temperatur in der Flasche steigt nicht über 65 °C.
- 4. Stufe: durch Warmluftzufuhr in die Flasche (im „Aktivator") wird das H_2O_2 gespalten, der entstehende atomare Sauerstoff tötet Mikroorganismen zuverlässig ab.
  Die Oberfläche wird getrocknet, es bleibt kein H_2O_2 zurück.

Eine Außensterilisation der Flaschen erfolgt nach dem gleichen Verfahren. Vor dem Aktivator wird das H_2O_2-Dampfgemisch auf der Oberfläche kondensiert. Die im Inneren zugeführte Warmluft zersetzt durch Wärmezufuhr das H_2O_2 außen mit den gleichen Effekten.

Füllanlagen

Vorteile der trockenen Sterilisation mit Kondensation sind:
- Die Begrenzung der Oberflächentemperatur auf ≤ 65 °C. Damit wird eine Schrumpfung der Flasche vermieden, eine größere Preformmasse ist nicht erforderlich;
- Die lückenlose Beaufschlagung mit dem H_2O_2-Dampfgemisch;
- Ein geringer H_2O_2-Verbrauch.

Trockene Sterilisation mit H_2O_2 und Heißluft

Das H_2O_2 wird an heißen Oberflächen (die Heizflächentemperatur muss höher als die Siedetemperatur des H_2O_2 von 150 °C liegen) verdampft und mittels Heißluft verteilt. Eine Kondensation auf den Oberflächen wird damit verhindert. Die Höhe der erreichten Temperatur ist für die Spaltung des H_2O_2 und damit für die Geschwindigkeit der Keimabtötung relevant. Auch bei dieser Variante wird die mögliche Anwendungstemperatur durch die Packmittelwerkstoffe begrenzt.

Diese Variante wird z.B. von KRONES propagiert (beispielsweise Behandlungstemperatur 150 °C, Konzentration des H_2O_2: 0,2 g/kg, Wassergehalt des Gases: 5 g/kg; s.a. Abbildung 351 [250]). Es wurde gefunden, dass die Abtötungsgeschwindigkeit erhöht werden kann, wenn die H_2O_2-/Heißluftmischung auf vorgeheizte Oberflächen (55...60 °C) trifft, d.h., die Packmittel werden zuerst mit Heißluft erwärmt und dann wird H_2O_2/Heißluft appliziert [250], [251].

20.3.2 Nassverfahren

Beim Nassverfahren wird mit Peressigsäure-Lösung (PES) gespült, die mit Druckluft gemischt wird, um einen besseren mechanischen Effekt an der Flaschenwandung zu erzielen. Dadurch können die PES-Konzentrationen stark reduziert werden.

Voraussetzung beim Nassverfahren ist eine ausreichend bemessene Einwirkungszeit des Desinfektionsmittels. Diese ist insbesondere abhängig von der Anwendungskonzentration, Temperatur und Keimart und Keimanzahl.

Die PES-Lösung kann im Kreislauf genutzt werden. Dabei muss aber die Konzentration gemessen und ggf. muss nachgeschärft werden! Die PES muss nach der Entkeimung wieder quantitativ durch Spülung mit Sterilwasser entfernt werden. Das Nassverfahren ist eine relativ kostengünstige Variante. Die verwendeten Medien können aufgefangen und ggf. mehrfach benutzt werden.

Der Spülwasserverbrauch lässt sich durch kombinierten Wasser-/Druckluftgebrauch minimieren. Nach [252] werden je 0,5-l-Flasche etwa 110 ml Sterilwasser und 0,1 ml PES-Lösung (15 %ig) benötigt.

20.3.3 Fragen der Keimreduktion und allgemeine Hinweise

Zu Fragen der Keimreduktion und der die Abtötung beeinflussenden Parameter wird auf Kapitel 24 verwiesen.

Es wird in der Regel eine Keimreduktion um ≥ 5 Zehnerpotenzen angestrebt, abhängig von der möglichen Keimart, Keimkonzentration und dem pH-Wert des Füllgutes.

Bei einem pH-Wert von < 4,5 können sich Bakteriensporen nicht vermehren. Der Aufwand für die Packmittelentkeimung wird jedoch genauso betrieben, als wenn Milch

Aseptic-Anlagen

eingefüllt würde! Testkeim ist immer *Bacillus subtilis*. Für die Getränke reicht die Pasteurisation aus.

Bei Getränken mit einem pH-Wert ≥ 4,5 können Bakteriensporen auskeimen und sich vermehren. Deshalb ist die Sterilisation des Getränks nötig! Als Testkeim bzw. als Testsporen wird im Allgemeinen *Bacillus atrophaeus* herangezogen, da dessen Endosporen besonders widerstandsfähig gegen H_2O_2 und gegenüber thermischer Belastung sind. *Bacillus atrophaeus* wurde in der Vergangenheit unter dem Namen *Bacillus subtilis* var. *globigii* bzw. *Bacillus subtilis* var. *niger* verwendet.

Der Einsatz vegetativer Keime wird immer vermieden, da man nie genau weiß, in welchem Wachstumsstadium sich die Population befindet.

Als hitzeresistente Testkeime werden in Ausnahmefällen Sporen von *Bacillus stearothermophilus* eingesetzt.

Eine rein thermische Dekontamination ist nicht realisierbar, da die beteiligten Kunststoffe nicht genügend temperaturbeständig sind.

Die Verwendung von UV-Strahlen (Wellenlänge 200...280 nm, speziell 254 nm) oder γ-Strahlen [253] (z.B. mit Co 60) ist zwar prinzipiell möglich, aber aus der Sicht des Strahlenschutzes problematisch und wird deshalb kaum praktiziert. Außerdem werden die Eigenschaften einiger Kunststoffe im Allgemeinen negativ beeinflusst.

In jüngerer Zeit wird auch die Anwendung der Plasma-Entkeimung der Packstoffe diskutiert [254], ebenso die Nutzung von Ozon in Verbindung mit UV-Strahlung [255].

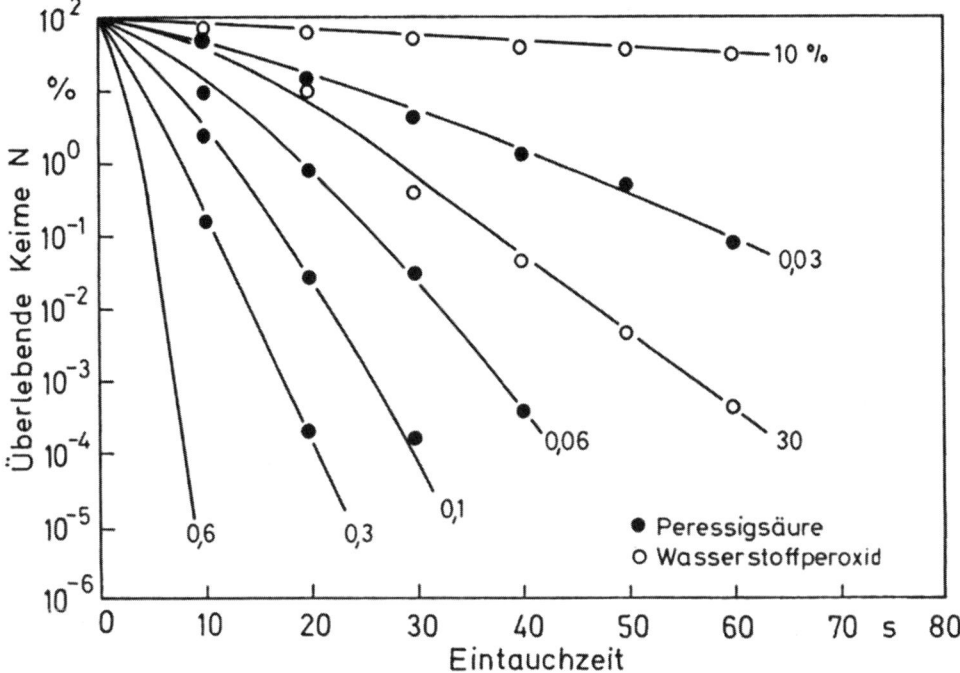

Abbildung 346 Sporozide Wirkung der Peressigsäure und des Wasserstoffperoxids bei Raumtemperatur auf getrocknete (Raumtemperatur) und chemisch vorbehandelte Sporen von Cl. sporogenes ATCC 19 404 (nach [256])

Füllanlagen

Temperaturbeständige Packmittel (z.B. Al-Siegelfolien) lassen sich auch durch IR-Strahlung (λ ca. 1,3 µm) in kurzer Zeit entkeimen. Die kombinierte Anwendung von Wasserstoffperoxid ermöglicht eine weitere Verkürzung der erforderlichen Behandlungszeit [250].

Abbildung 346 bis Abbildung 353 zeigen beispielhaft den Einfluss der Parameter Zeit, Temperatur und Konzentration auf die Abtötung von Testkeimen (zit. n. [256] und [250]).

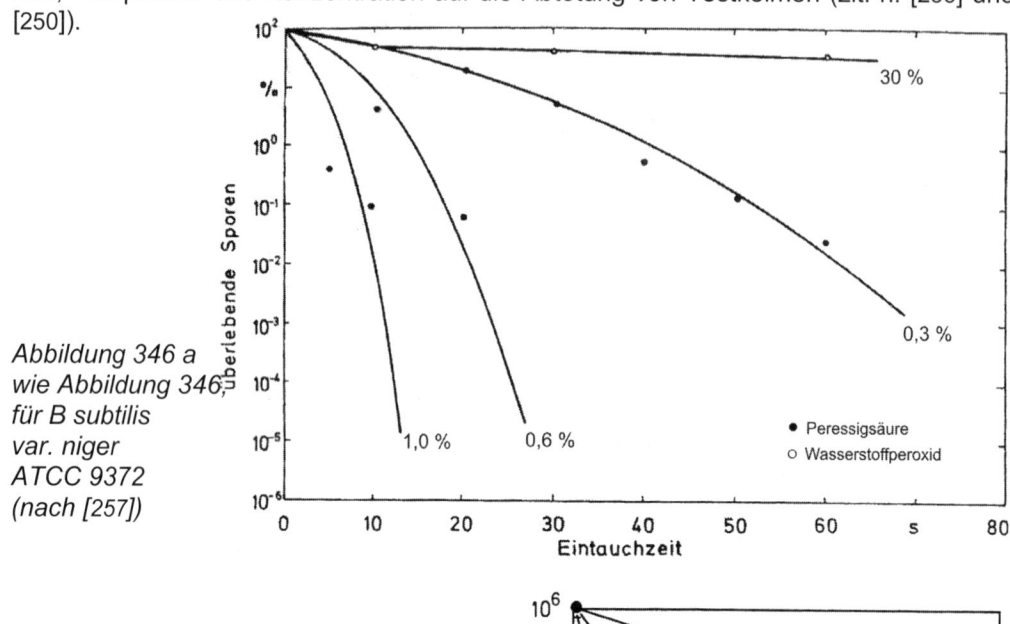

Abbildung 346 a
wie Abbildung 346,
für B subtilis
var. niger
ATCC 9372
(nach [257])

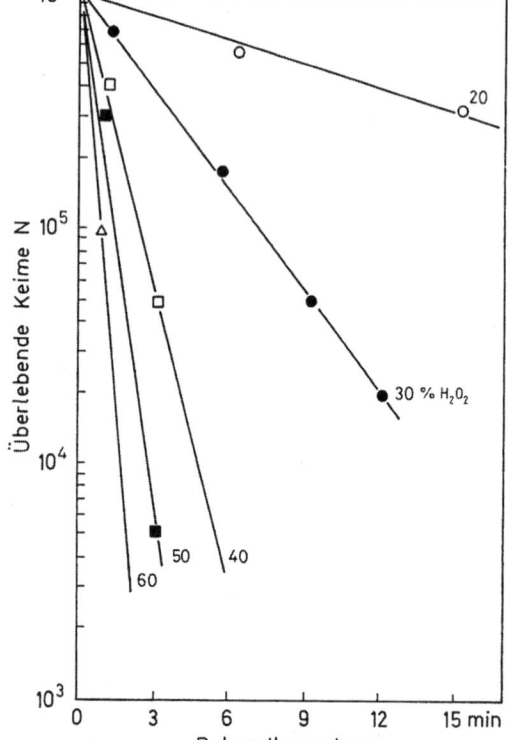

Abbildung 347 Überlebenskurve von
B. subtilis-Sporen nach der Behandlung
mit H_2O_2 bei 23 °C für unterschiedliche
Konzentrationen (ref. d. [256])

492

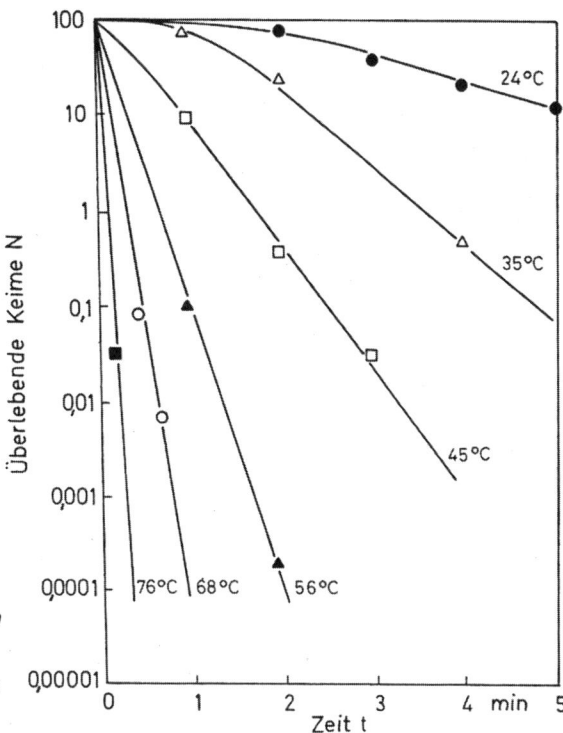

Abbildung 348 Überlebenskurven von B. subtilis var. globigii-Sporen nach der Behandlung mit 25,8 %igem H_2O_2 bei verschiedenen Temperaturen (ref. d. [256])

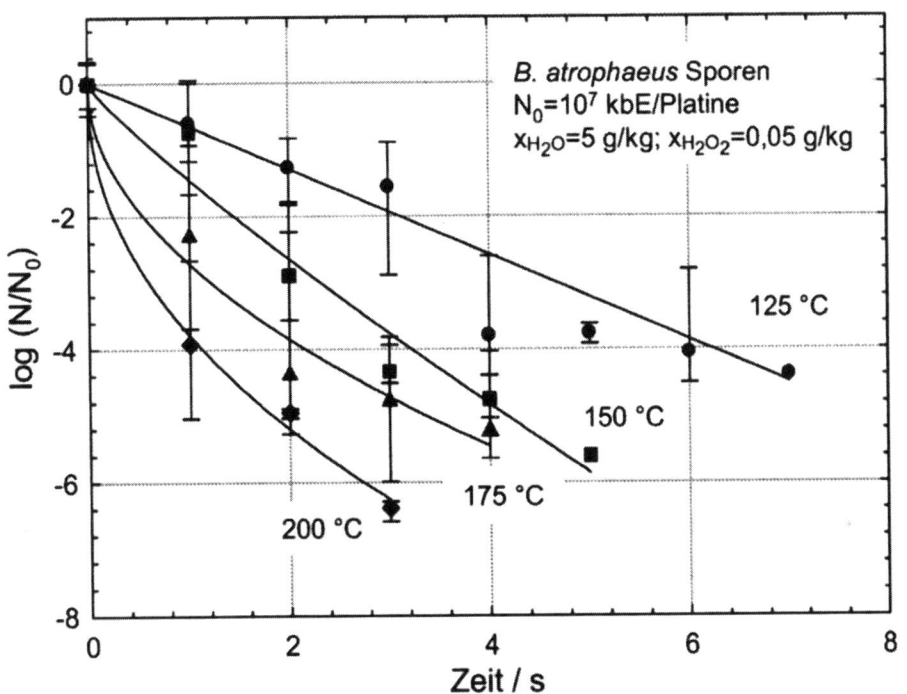

Abbildung 349 Einfluss der Temperatur auf die Inaktivierung von B. atrophaeus-Sporen mittels H_2O_2-haltiger Heißluft (c_{H2O2} = 0,05 g/kg), nach [250]

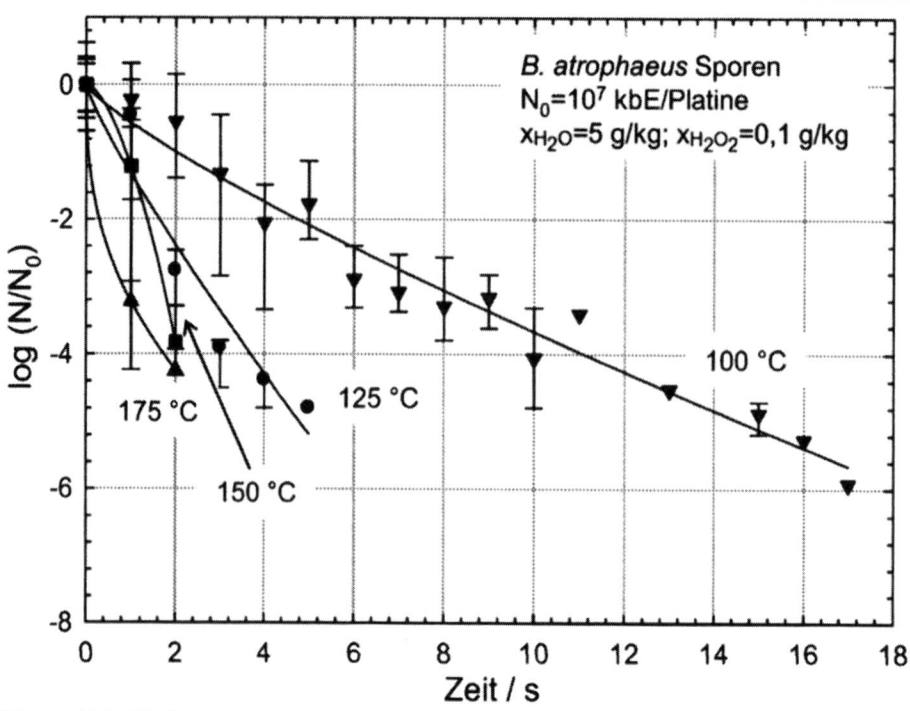

Abbildung 350 Einfluss der Temperatur auf die Inaktivierung von B. atrophaeus-Sporen mittels H_2O_2-haltiger Heißluft (c_{H2O2} = 0,1 g/kg), nach [250]

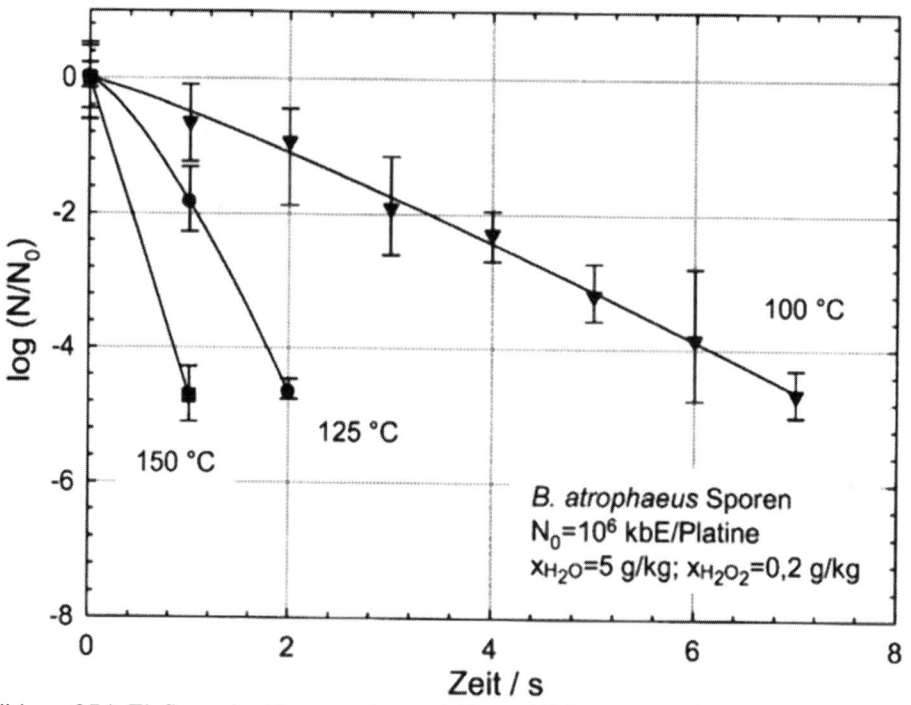

Abbildung 351 Einfluss der Temperatur auf die Inaktivierung von B. atrophaeus-Sporen mittels H_2O_2-haltiger Heißluft (c_{H2O2} = 0,2 g/kg), nach [250]

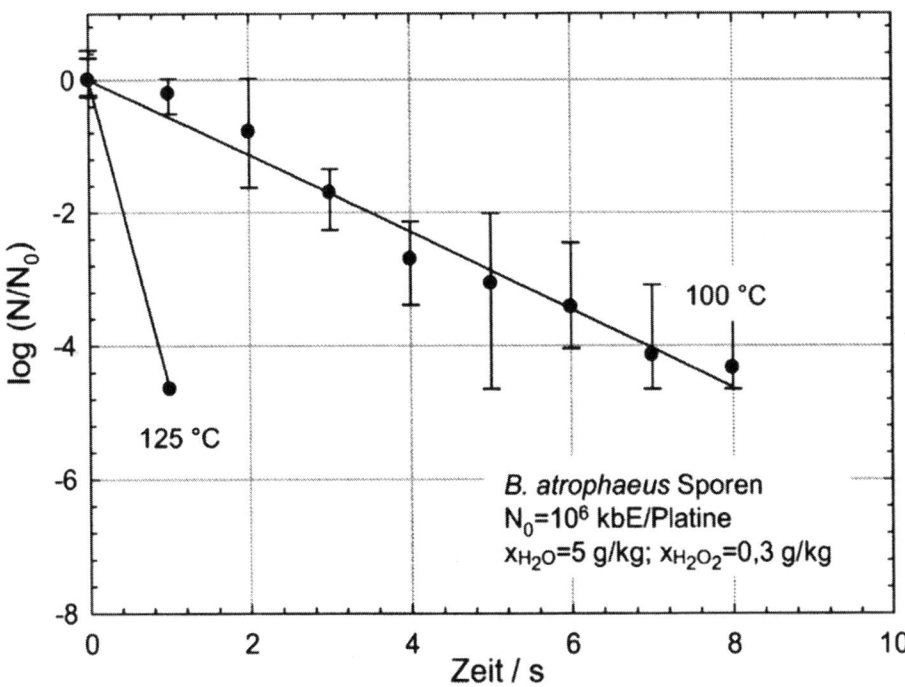

Abbildung 352 Einfluss der Temperatur auf die Inaktivierung von B. atrophaeus-Sporen mittels H_2O_2-haltiger Heißluft (c_{H2O2} = 0,3 g/kg), nach [250]

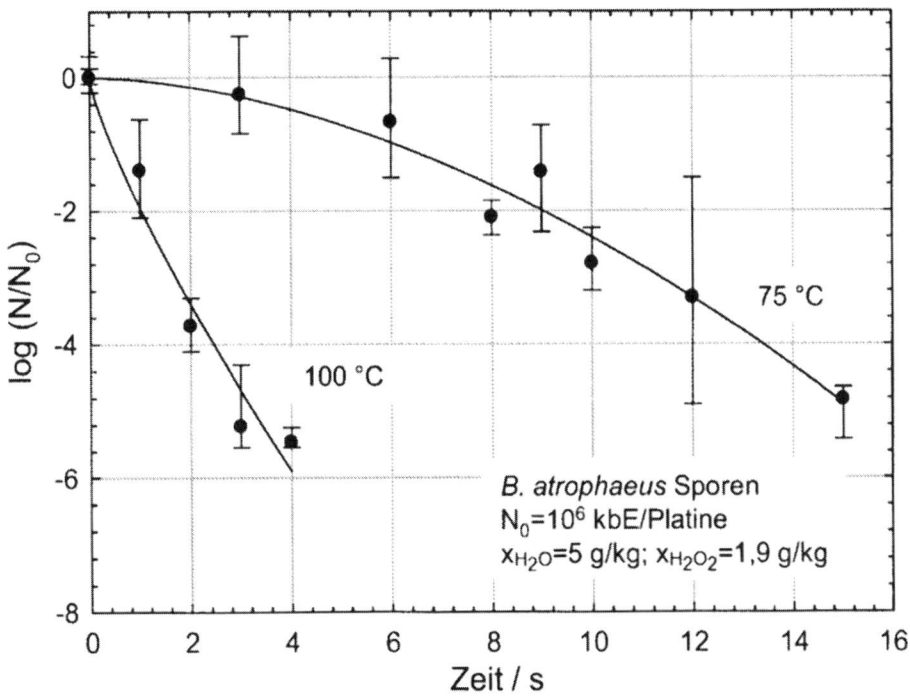

Abbildung 353 Einfluss der Temperatur auf die Inaktivierung von B. atrophaeus-Sporen mittels H_2O_2-haltiger Heißluft (c_{H2O2} = 1,9 g/kg), nach [250]

Füllanlagen

In den Diagrammen von Abbildung 349 bis Abbildung 353 beträgt der Wassergehalt der Heißluft nur 5 g/kg. Bei steigendem Wassergehalt sinkt die Inaktivierungswirkung.

Der Restgehalt an H_2O_2 der sterilisierten Packmittel darf nach den Forderungen der FDA nur < 0,5 ppm betragen.

In den USA darf zur Sterilisation der Packmittel nur Wasserstoffperoxid eingesetzt werden, soweit nicht thermisch sterilisiert werden kann.

20.3.4 Entkeimung mittels Plasma

Das Niederdruckplasma-Verfahren ist für die Entkeimung der Behälteroberfläche geeignet [258]. Dieses Verfahren wird auch zur Beschichtung von PET-Flaschen zur Verbesserung der Gasundurchlässigkeit eingesetzt, s.a. Kapitel 19.4.

20.4 Anlagen für die Reinraumtechnik/Steriltechnik

Voraussetzungen für die rekontaminationsfreie Abfüllung von Getränken sind das sterile Getränk, das sterile Packmittel und eine sterile Füllanlage.

Die Füllanlage muss konzeptionell und ausrüstungsseitig für den Sterilbetrieb ausgelegt sein. Das Umfeld der Füllanlage wird bei den klassischen Aseptikanlagen mit einer Einhausung (entspricht sinngemäß dem „Reinraum-Zelt", s.u.) versehen, die mit geringem Überdruck betrieben wird s.a. Abbildung 355.

Der Überdruck beträgt nur wenige Pascal, z.B. 15...20 Pa, der Druck wird von Behandlungsstufe zu Behandlungsstufe reduziert.

Der Überdruck wird durch steril filtrierte Druckluft erzeugt, die die Umhausung im Fußbodenbereich und im Bereich der Gebindezu- und -abfuhr gedrosselt verlässt. Eine Kontamination aus der Füllanlagenatmosphäre kann damit mit sehr großer Sicherheit ausgeschlossen werden. Für den gesamten Abfüllraum muss eine möglichst partikel- und keimarme Raumluft gesichert werden.

Die Sterilluftfilter für die Reinraumtechnik werden in der Regel als Montageeinheit, komplett mit dem Ventilator als anschlussfertiges Baukastensystem, gefertigt und auf dem „Umhausungsdach" installiert. Die eingesetzte Filtertype (s.u. Tabelle 59) richtet sich nach dem gewünschten Abscheidegrad.

Die Entwicklung der Reinraumtechnik wurde vor allem durch die Forderungen der Mikroelektronik initiiert und vorangebracht.

Nach VDI 2083 Blatt 2 [259] werden folgende Varianten der Reinraumtechnik unterschieden:

- Reinraum: das Personal arbeitet im Raum;
- Reine Kabine: das Personal öffnet nur im Bedarfsfall die allseits geschlossene Kabine;
- Reinraum-„Zelt": ein begrenzter „Reiner Bereich", z.B. eine „Einhausung";
- Reine Werkbank: das Personal ist außerhalb platziert, kann aber eingreifen;
- Isolator: ein Eingriff ist nur über Handschuhe o.ä. möglich.

Die Reinheit der Luft muss durch die Angabe der maximal möglichen Anzahl luftgetragener Partikel klassifiziert werden. Dazu wird eine Klassifizierungszahl N verwendet, die nach der Gleichung 34 berechnet werden kann:

$$C_n = 10^N \left(\frac{0{,}1\mu m}{D} \right)^{2{,}08} \qquad \text{Gleichung 34}$$

C_n = Höchstwert der luftgetragenen Partikeln (Partikel je 1 m³ Luft)
N = Klassifizierungszahl ($0 \leq N \leq 9$)
D = betrachtete Partikelgröße in µm
0,1 = konstante Größe

Die Ziffer der Klassifizierungszahl ist identisch mit der Reinraumklasse nach DIN EN ISO 14644-1.

Mit Gleichung 34 ergeben sich für verschiedene Partikelgrößen die Werte gemäß Tabelle 58:

Füllanlagen

Tabelle 58   Klassifizierungszahl für Reinräume nach DIN EN ISO 14644-1 [260]

Partikel-reinheits-klasse der Luft	ISO-Klassifi-zierungs-zahl N	nach US-Fed. Standard 209E SI [1)]	maximal zulässige Partikelzahl je 1 m³					
			0,1 µm [2)]	0,2 µm	0,3 µm	0,5 µm [3)]	1,0 µm	5,0 µm
Klasse 0	0	--						
Klasse 1	1		10	2	-	-	-	-
Klasse 2	2		100	24	10	4	-	-
Klasse 3	3	1	1.000	237	102	35	8	-
Klasse 4	4	10	10.000	2.370	1.020	352	83	-
Klasse 5	5	100	100.000	23.700	10.200	3.520	832	29
Klasse 6	6	1000	1.000.000	237.000	102.000	35.200	8.320	293
Klasse 7	7	10.000				352.000	83.200	2.930
Klasse 8	8	100.000				3.520.000	832.000	29.300
Klasse 9	9					35.200.000	8.320.000	293.000

[1)] bezogen auf Partikelgröße 0,5 µm und 1 Kubikfuß (1 ft = 0,3048 m)
[2)] Referenzpartikelgröße nach DIN EN ISO 14644-1
[3)] Referenzpartikelgröße nach US Fed. Standard 209E SI

Zur Charakterisierung eines Reinraumes gehören:
- Die Klassifizierungszahl N (ISO-Klasse);
- Der Betriebszustand;
- Die betrachteten Partikelgrößen und die damit verbundenen Partikelkonzentrationen, die sich aus der Gleichung 34 ergeben.

Tabelle 59   Schwebstofffilter nach DIN EN 1822-1 [261]

Bezeichnung	Kurzzeichen	integraler Abscheidegrad in %	Filterklasse nach DIN 24183 (veraltet)
HEPA-Filter [1)] (Schwebstofffilter)	H 10	85	EU 10
	H 11	95	EU 11
	H 12	99,5	EU 12
	H 13	99,95	EU 13
	H 14	99,995	EU 14
ULPA-Filter [2)] (Hochleistungs-Schwebstofffilter)	U 15	99,9995	EU 15
	U 16	99,99995	EU 16
	U 17	99,999995	EU 17

gültig für Teilchengröße 0,05...0,5 µm; Luftgeschwindigkeit im Filter w = 1,5...3 cm/s
1) High Efficiency Particle Air-Filter 2) Ultra Low Penetration Air-Filter

Aseptic-Anlagen

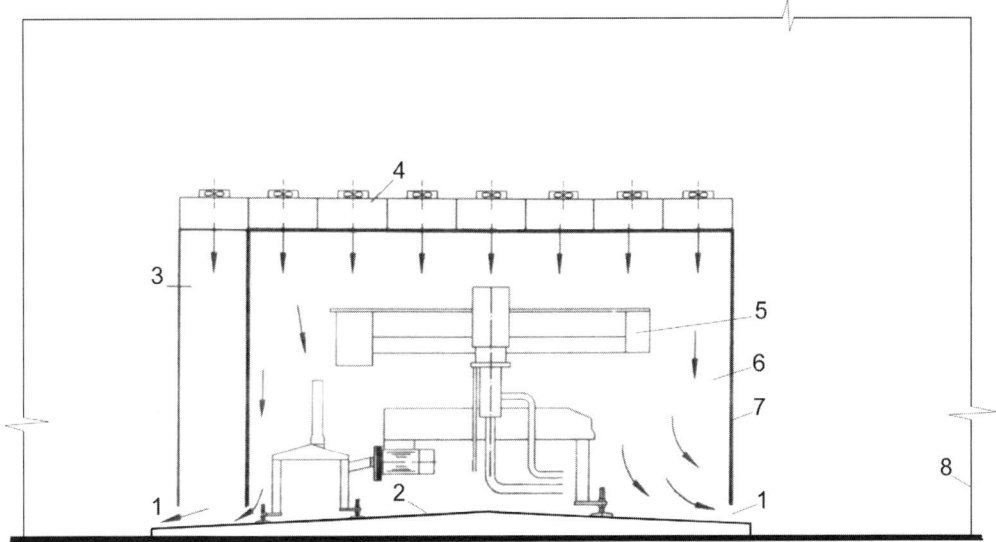

Abbildung 354 Reinraum-Einhausung einer Füllanlage für die kaltaseptische Getränkefüllung, schematisch
1 Überströmöffnung zum Füllanlagen-Raum **2** Reinraum-Fußboden mit Gefälle
3 Schleuse (z.B. Reinraumklasse 6) **4** Ventilator-Hepa-Filter-Baueinheit
5 Rinser, Füll- und Verschließmaschine **6** Reinraum (z.B. Reinraumklasse 5)
7 Einhausung **8** Füllanlagen-Raum

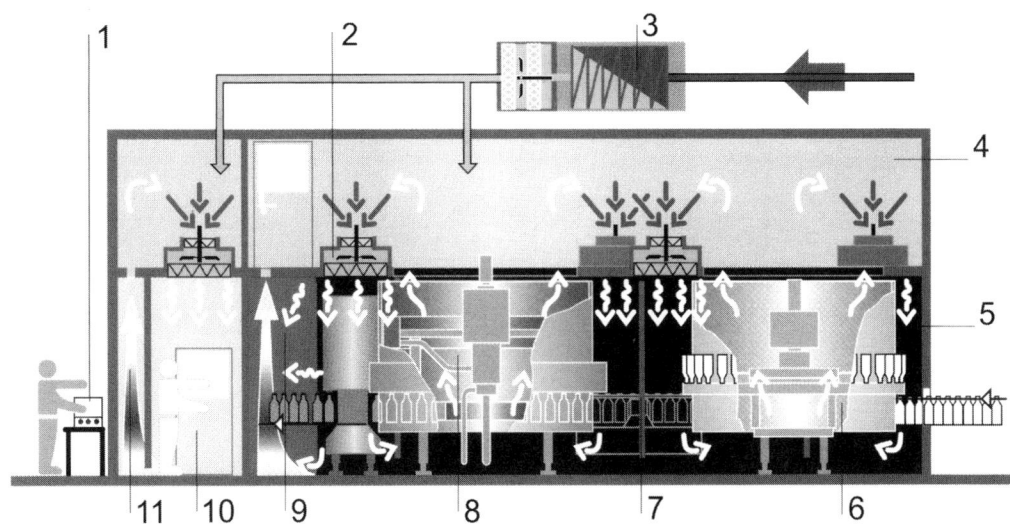

Abbildung 355 Isolator-Aufbau einer Füllanlage für die kaltaseptische Getränkefüllung, schematisch (nach KHS)
1 Bedienungsmonitor **2** HEPA-Filter mit Gebläse **3** Klimagerät mit Vorfilter
4 Plenum **5** Isolatorraum **6** Rinser **7** Glas-Trennwand **8** Füllmaschine **9** Sicherheits-Hygieneraum **10** Reinraum-Schleuse **11** Rückluftschacht

Füllanlagen

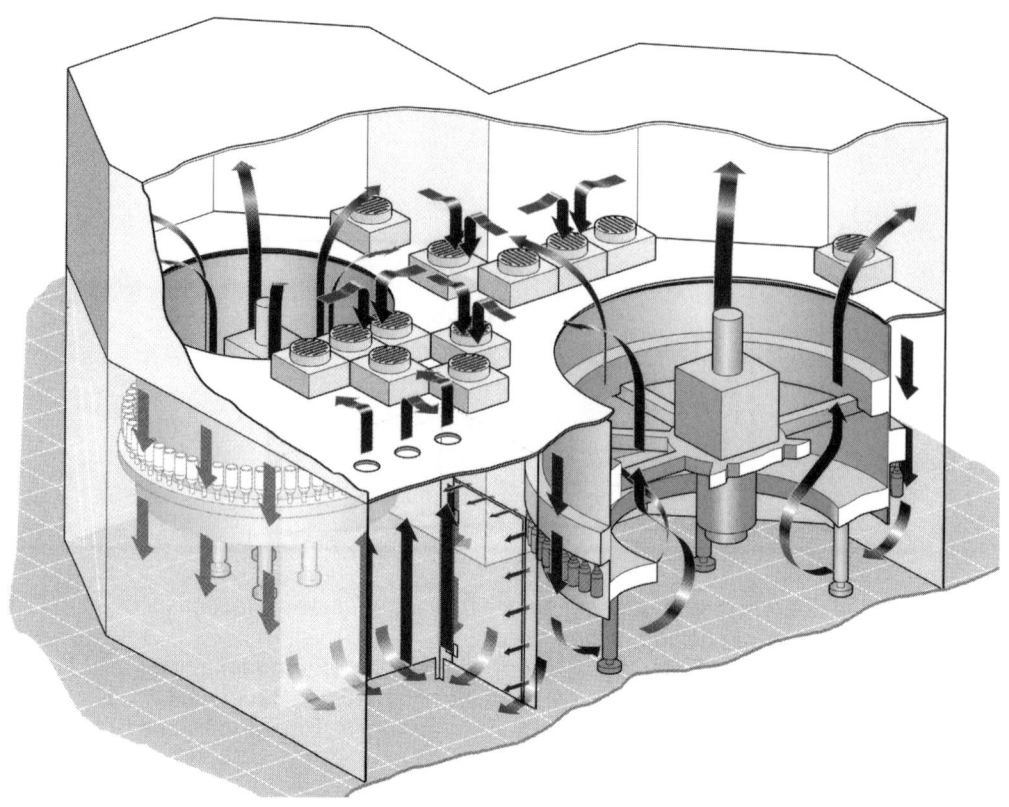

Abbildung 355a Sterilluftführung im Isolator, schematisch (nach KHS)

20.5 Aufstellungsvarianten für ACF-Anlagen

Die in Abbildung 354 gezeigte Einhausung einer Füllanlage wird für Neuanlagen nicht mehr praktiziert. Der Gesamtaufwand für die Sicherung aseptischer Verhältnisse ist zu groß.

Moderne ACF-Anlagen werden nach dem Prinzip des „Isolators" betrieben. Aus Abbildung 355, Abbildung 356 und Abbildung 357 sind Beispiele ersichtlich. Bei dieser Anordnung lässt sich der sterile Raum minimieren, er beschränkt sich auf den unmittelbar von der offenen Flasche durchlaufenen Raum vom Rinser über die Füllmaschine bis zur verschlossenen Flasche.

Abbildung 358 zeigt beispielhaft den Bereich einer Füllmaschine. In diesem Beispiel ist der Isolatorraum auf die unmittelbare Füllorgan- und Flaschenumgebung beschränkt („Mini-Isolator" nach *KHS*).

Abbildung 359 zeigt einen Bereich im Isolator, der über Sicherheitshandschuhe zugänglich ist.

Die Entwicklung geht zur weiteren Minimierung des Isolatorraumes, um den Aufwand zu reduzieren und die biologische Sicherheit zu verbessern. In Abbildung 360 und Abbildung 361 ist ein solcher „Neckring-Isolator" (nach *KHS*) dargestellt, bei dem nur noch der Raum oberhalb des Neckrings bis zum Sterilisator/Aktivator bzw. Füllorgan als Isolator gestaltet und betrieben wird. Die damit verbundenen Vorteile sind gravierend (s.a. Abbildung 332).

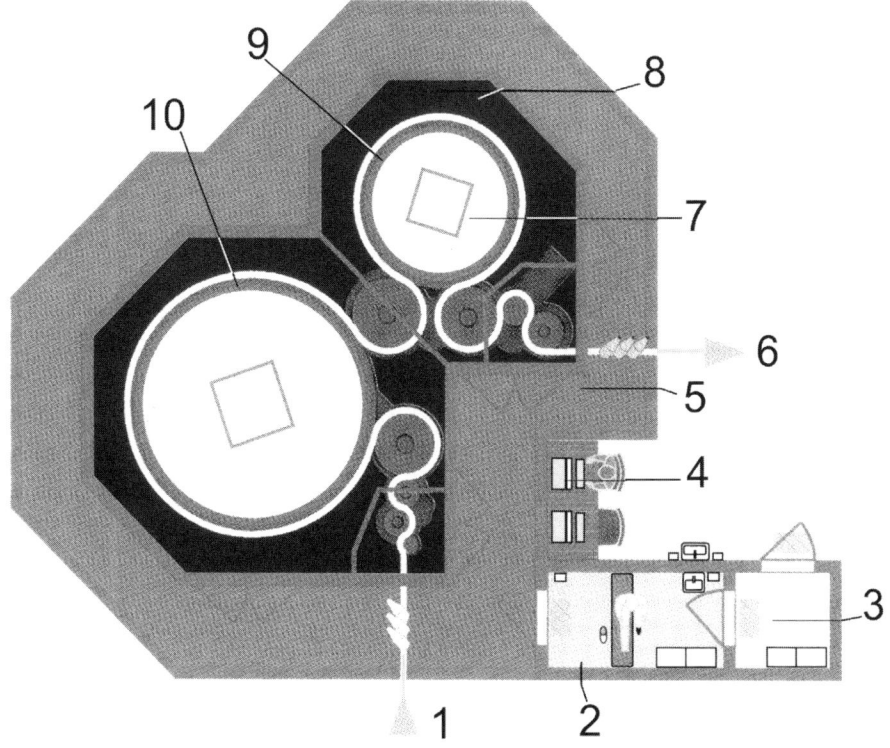

Abbildung 356 Glasisolator mit Sicherheits-Hygieneraum im Frontbereich des ACF-Blockes (nach KHS)
1 Flascheneinlauf **2** Reinraum-Schleuse **3** Schleusen-Vorraum **4** Bedienmonitor
5 Sicherheits-Hygieneraum **6** Flaschenauslauf **7** Luft-Rückführung über Maschinenkarussel **8** Glasisolator **9** Füllmaschine **10** Rinser

Füllanlagen

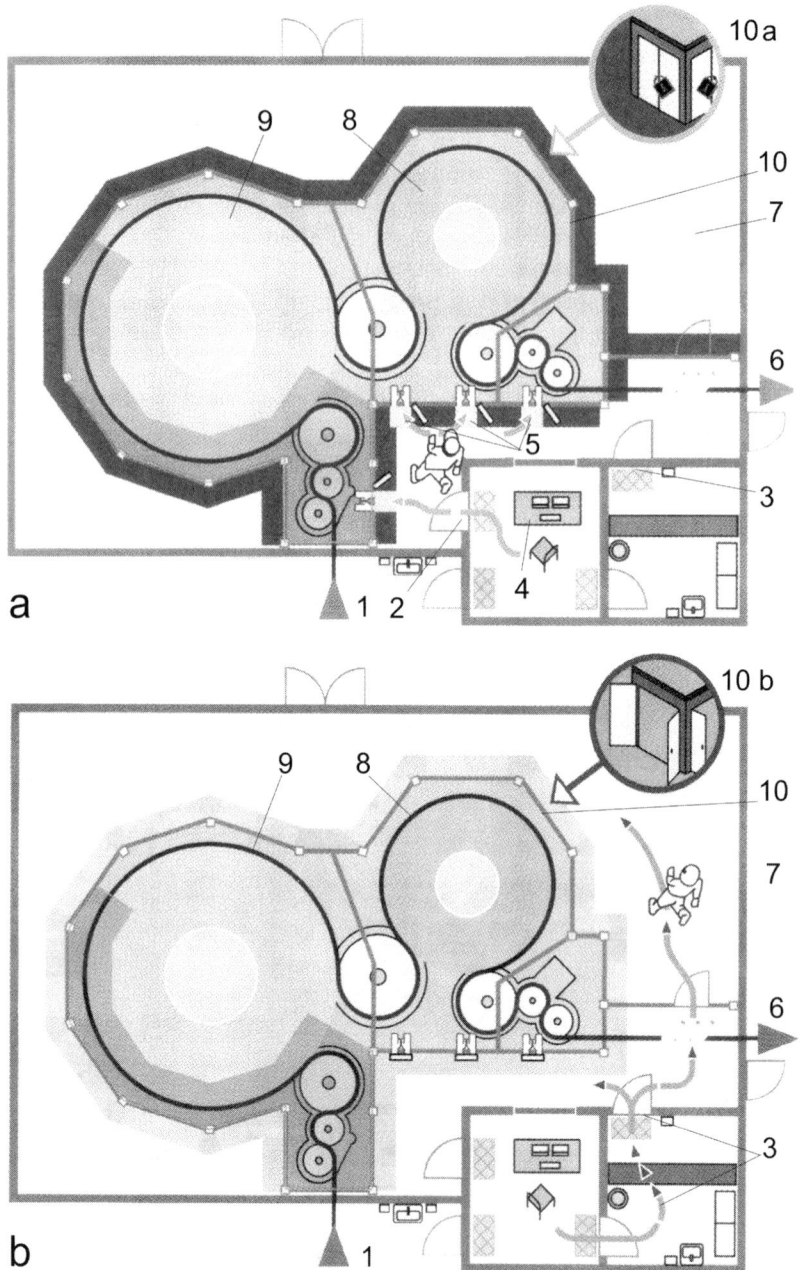

Abbildung 357 Glasisolator mit umlaufendem Sicherheits-Hygieneraum um den ACF-Block (nach KHS)
a Glasisolator geschlossen in Produktion **b** Glasisolator geöffnet, Bedienungsperson in maximaler Schutzkleidung zur Störungsbeseitigung
1 Flascheneinlauf **2** Zugang für Störungsbeseitigung mittels Sicherheitshandschuhen
3 Sicherheits-Schleuse **4** Bedienmonitor **5** Sicherheitshandschuhe **6** Flaschenauslauf **7** Sicherheits-Hygieneraum **8** Füllmaschine **9** Rinser **10** Glasisolator
10 a Glasisolator geschlossen **10 b** Glasisolator geöffnet

Aseptic-Anlagen

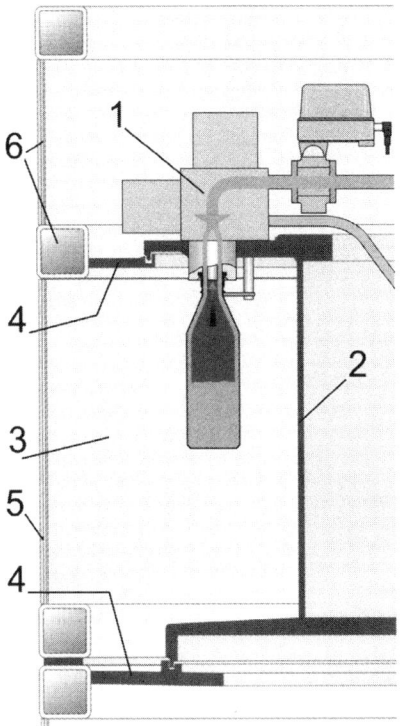

Abbildung 358 Aseptikbereich einer Füllmaschine (Mini-Isolator nach KHS)
1 Füllventil **2** Rotor der Füllmaschine **3** Isolatorraum **4** Feststehender Teil der Füllmaschine **5** Isolatorsichtfenster **6** Isolatorgestell

Abbildung 359 Isolatorbereich der Füllmaschine; Eingriffsmöglichkeiten bestehen nur über die Sicherheitshandschuhe (nach KRONES)

Füllanlagen

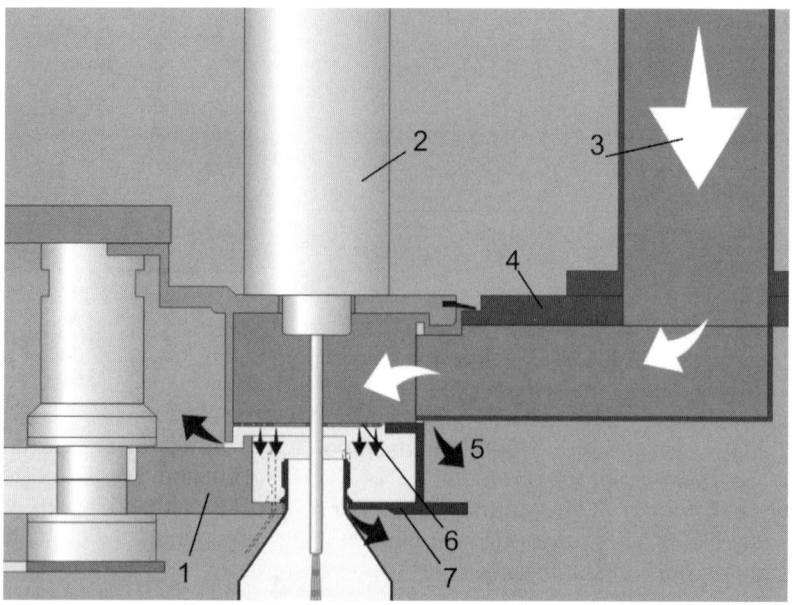

Abbildung 360 Neckring-Isolator-Sterilisator/Aktivator, schematisch (nach KHS)
1 Rotor des Sterilisators bzw. Aktivators **2** H_2O_2-Zufuhr/Heißluft **3** Sterilluft **4** Abdeckung **5** Abluft **6** Lochblech **7** ortsfester Teil des Isolators

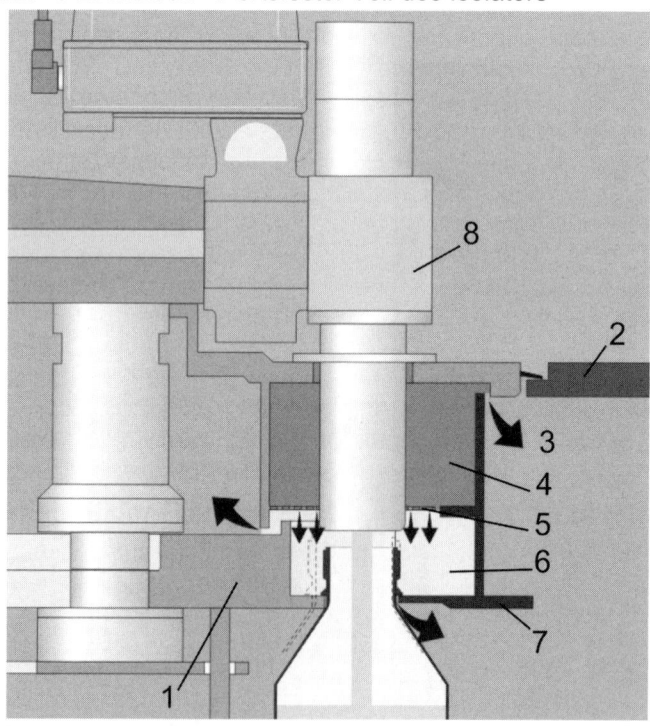

Abbildung 361 Neckring-Isolator Füllorgan, schematisch (nach KHS)
1 Rotor der Füllmaschine (Flasche wird am Neckring unterstützt) **2** Abdeckung
3 Abluft **4** Sterilluft **5** Lochblech **6** Isolatorraum **7** ortsfester Teil des Isolators
8 Füllorgan (s.a. Abbildung 332)

20.6 Hygienic Design

Anlagen für das ACF müssen den Regeln des Hygienic Designs entsprechend gefertigt und betrieben werden. In Tabelle 60 sind einige wichtige und zu beachtende Grundlagen zusammengestellt. Weitere Hinweise s.a. *Hauser* [262].

Tabelle 60   Wichtige Grundlagen, Gesetze, Normen und zu beachtende Regeln für die Gestaltung von Anlagen für das ACF *)

VDMA 24431	Steriltechnik; Abkürzungen und Begriffe
VDMA 24432	Komponenten und Anlagen für keimarme oder sterile Verfahrenstechniken; Qualitätsmerkmale und Empfehlungen
VDMA 24433	Sterile Verfahrenstechnik - Komponenten und Anlagen für keimarme oder sterile Verfahrenstechniken - Allgemeine Hinweise für Anfrage, Angebot, Auftragsabwicklung
VDMA FS_03_1997, 2. Aufl. 01_2008	Hygienische Abfüllmaschinen für die Nahrungsmittelindustrie; Checkliste "Qualitätssicherung und Wartung"
VDMA FS_01_2000	Zwei Methoden zur Restperoxid-Bestimmung in Leerbechern an der Abfüllmaschine - Prüfprozeduren
VDMA FS_04_2002	Aseptische Produktionslinien: Unsterilitätsrisiken bei Produkt- und Versorgungsleitungen - Planungs- und Installationsfehler
VDMA FS_05_2002	Signalaustausch für aseptische Abfüllmaschinen - Mindestanforderungen für einen sicheren Betrieb
VDMA FS_06_2002	Merkblatt: Prüfung von Aseptikanlagen mit Packmittelentkeimungsvorrichtungen auf deren Wirkungsgrad
VDMA FS_08_2003	Merkblatt: Prüfung von Aseptikanlagen: Entkeimung des Sterilbereichs des Maschineninnenraums
VDMA FS_10_2004	Hygienische Abfüllmaschinen der Klasse IV nach VDMA für flüssige und pastöse Nahrungsmittel; Mindestanforderungen und Rahmenbedingungen für einen bestimmungsgemäßen Betrieb
VDMA FS_11_2006	Aseptische Verpackungsmaschinen für die Nahrungsmittelindustrie: Mindestanforderungen und Rahmenbedingungen für einen bestimmungsgemäßen Betrieb
VDMA FS_14_2006	Merkblatt: Prüfung von hygienischen Abfüllmaschinen der Klasse V nach VDMA (aseptisch arbeitende Abfüllmaschinen): Außenentkeimung von Packmitteln
VDMA FS_12_2007	Leitfaden zur Überprüfung der mikrobiologischen Sicherheit von Abfüllmaschinen der Hygieneklassen IV und V nach VDMA
DIN EN 1672-1	Nahrungsmittelmaschinen, Sicherheits- und Hygieneanforderungen, Allgemeine Gestaltungsleitsätze, Teil 1 Sicherheitsanforderungen
DIN EN 1672-2	Nahrungsmittelmaschinen, Sicherheits- und Hygieneanforderungen, Teil 2 Hygieneanforderungen
DIN 11864-1	Armaturen für Lebensmittel, Chemie und Pharmazie - Aseptik-Verbindung; Teil 1: Aseptik-Rohrverschraubung aus nichtrostendem Stahl zum Anschweißen
E DIN 11864-1	Armaturen aus nichtrostendem Stahl für Aseptik, Chemie und Pharmazie; Teil 1: Aseptik-Rohrverschraubung, Normalausführung

DIN 11864-2	Armaturen für Lebensmittel, Chemie und Pharmazie - Aseptik-Verbindung; Teil 2: Aseptik-Flanschverbindung aus nichtrostendem Stahl zum Anschweißen
E DIN 11864-2	Armaturen aus nichtrostendem Stahl für Aseptik, Chemie und Pharmazie Teil 2: Aseptik-Flanschverbindung, Normalausführung
E DIN 11864-3	Armaturen aus nichtrostendem Stahl für Aseptik, Chemie und Pharmazie (06/2004) Teil 3: Aseptik-Klemmverbindung, Normalausführung
DIN 11866	Rohre aus nichtrostenden Stählen für Aseptik, Chemie und Pharmazie - Maße, Werkstoffe
E DIN EN 13824	Sterilisation von Medizinprodukten - Validierung und Routineüberwachung aseptischer Verfahren - Anforderungen und Leitfaden
ISO 13408-1	Aseptische Herstellung von Produkten für die Gesundheitsfürsorge; Teil 1: Allgemeine Anforderungen
ISO 14159	Sicherheit von Maschinen - Hygieneanforderungen an die Gestaltung von Maschinen
ASI 8.21/94	BG Nahrungsmittel und Gaststätten (Hrsg.), „Grundsätze einer hygienischen Lebensmittelherstellung"
	Gesellschaft für Öffentlichkeitsarbeit der Deutschen Brauwirtschaft e.V. (Hrsg.), Bonn: „Gute Hygienepraxis und HACCP", 1997
LMHV	Verordnung über Lebensmittelhygiene (Lebensmittel-Hygieneverordnung) vom 05.08.97)
LFGB	Lebensmittel-, Bedarfsgegenstände- und Futtermittelgesetzbuch
Richtlinie 89/109/EWG	Angleichung von Rechtsvorschriften der Mitgliedsstaaten über Materialien und Gegenstände, die dazu bestimmt sind, mit Lebensmitteln in Berührung zu kommen (21.12.1988)
Richtlinie 89/392/EWG	EG-Maschinen-Richtlinie (14.06.1989 und Ergänzung 20.06.1991)
Richtlinie 93/43/EWG	Richtlinie zur Lebensmittelhygiene (14.06.1993)
3-A-Standards	3-A- Sanitary Standards and Accepted Practices
	Regeln der USA: FDA-Vorschriften (Food and Drug Administration), NSF-Vorschriften (National Sanitation Foundation),
EHEDG	European Hygienic Equipment Design Group: bisher 18 Veröffentlichungen
QHD-System	Qualified Hygienic Design

*) die Gültigkeit der angegebenen Schriften muss natürlich stets geprüft werden: (www.vdma.org).

Besonderes Augenmerk ist bei der Anlagenplanung und -realisierung einer ACF-Anlage zu legen auf die sachgerechte:
- Auswahl geeigneter Armaturen für die Produktleitungssysteme;
- Auswahl geeigneter Probeentnahmesysteme;
- Rohrleitungsdimensionierung und -verlegung;
- Pumpenauswahl und -montage;
- Auswahl und Montage der Sensoren für die Anlagensteuerung.

In gleicher Weise müssen die Planung, der Aufbau und der Betrieb der CIP-/SIP-Station die Belange einer ACF-Anlage erfüllen. Die SPS-Programme müssen an die konkreten Anforderungen angepasst und optimiert werden.
Fehlschaltungen oder Fehlbedienungen müssen ausgeschlossen bleiben, bei Störungen muss sich die Anlage selbsttätig stillsetzen.

20.7 Hinweise zum Betriebsregime

Alle wesentlichen Verfahrens- und Betriebsanweisungen (als Teile der Betriebs- bzw. Anlagendokumentation) müssen schriftlich vorliegen und dem Bedienungspersonal bekannt sein, es muss aktenkundig unterwiesen werden. Die Unterweisungen müssen regelmäßig wiederholt werden.

Wesentlich ist das Training von möglichen Störfällen.

Alle betrieblichen Vorkommnisse müssen dokumentiert werden.

Vor Eingriffen in die Anlage müssen bestimmte Vorkehrungen getroffen werden, um eine Rekontamination durch den Bediener auszuschließen, bzw. einzudämmen.
Je nachdem wie schwerwiegend der Eingriff in das System war, müssen die Anlagenbediener anschließend verschiedene Maßnahmen ergreifen, um den aseptischen Zustand im Isolator wieder herzustellen.
Bei Bedarf muss die Anlage stillgesetzt und neu angefahren werden: also externe CIP / SIP.

Eine wesentliche Hilfe sind für die Schulung die Handbücher der Anlagenhersteller und Lieferanten der Reinigungs- und Desinfektionsmittel.

Das Bedienungspersonal muss natürlich die elementaren Regeln der Personalhygiene beherrschen. Die Handreinigung und -desinfektion muss regelmäßig vor dem Betreten der Anlage erfolgen.
Das Anlegen der Reinraumkleidung muss geübt werden, die Hygienekleidung muss regelmäßig im festgelegten Rhythmus gewechselt werden.
Handdesinfektionsmittel werden vor allem auf der Basis Ethanol, Propanol und Isopropanol gefertigt.

Die vorstehenden Hinweise sind sicher verständlich und einleuchtend. Ihre praktische Umsetzung ist aber oft ein Problem!

21. Verschließmaschinen
21.1 Allgemeine Bemerkungen

Verschließmaschinen werden als eigenständige Baugruppe gefertigt (Solomaschinen), aber in der Regel mit der Füllmaschine geblockt und von dieser angetrieben. Die Blockung kann sich auf eine oder mehrere Verschließmaschinen beziehen. Kleinere Anlagen können über einen eigenen Antrieb verfügen. Solomaschinen müssen wie Füllmaschinen über eine Vorrichtung zur Vereinzelung verfügen.

Zum Teil werden zwei Verschließeroberteile schwenkbar angeordnet und alternativ an einer Verschließerstation betrieben, damit werden Transfersterne und ein Antrieb eingespart.

Getränke-Dosen-Verschließmaschinen werden immer als eigenständige Einheit von relativ wenigen spezialisierten Herstellern gefertigt. Der Antrieb wird fast ausnahmslos auch für den Antrieb der Füllmaschine genutzt.

Auf Verschließmaschinen für das Anbringen von Siegelverschlüssen und Verschlüssen für Konservengläser sowie Milchflaschen wird nicht eingegangen (siehe hierzu [18]).

Verschließmaschinen werden in der Regel als Rundlaufmaschinen ausgeführt. Sie verfügen deshalb über Ein- und Auslaufsterne. Der Erstgenannte kann der Übergabestern der Füllmaschine sein.

Die Zahl der Verschließelemente richtet sich nach der Anzahl der Füllstellen bzw. nach dem Maschinendurchsatz.

Im Allgemeinen werden die Behälter auf einer Kreisbahn geführt und die Verschließelemente werden auf die Behälter abgesenkt. Die Behälter bleiben also auf dem Niveau des Ein- und Auslaufes. Ausnahme sind Korkverschließmaschinen, bei der die Flaschen geringfügig angehoben werden.

Wesentliche Baugruppen einer Verschließmaschine sind:
- der Maschinenantrieb,
- die Verschließelemente und ihr Antrieb,
- das Sortierwerk für die Verschlüsse und
- die Verschlusszufuhr und Übergabe an die Verschließelemente.

Das Verschließmaschinen-Oberteil kann zur Anpassung an unterschiedliche Behälterhöhen vertikal verstellt werden. Die Gewindespindel kann manuell oder elektromechanisch betätigt werden, bei Bedarf automatisch von der SPS.

Moderne Verschließmaschinen sind für den Aseptik-Betrieb geeignet. Sie zeichnen sich durch eine offene Bauweise aus, sind fett- und schmierungsfrei und sind im Kreislauf CIP- bzw. SIP-fähig. Die Antriebe sind vom Verschließwerkzeug räumlich getrennt angeordnet.

Verschlüsse und ihre Anforderungen siehe unter Kapitel 5.3.5, die zugehörigen Mundstücke siehe im Kapitel 5.3.4.

21.2 Kronenkork-Verschließmaschinen
21.2.1 Allgemeine Hinweise
KK-Verschließmaschinen müssen folgende Aufgaben erfüllen:
- Ordnen der Verschlüsse in die Gebrauchslage;
- Zufuhr der Verschlüsse zu den Verschließelementen;
- Vereinzeln der Flaschen;
- Verschließen der Flaschen;
- Ausschleusen der Flaschen.

Wesentliche Baugruppen der KK-Verschließmaschine sind:
- Maschinengestell mit Höhenverstellung des Verschließeroberteiles;
- Vereinzelung/Transferstern und Ausleitstern;
- Sortierwerk;
- Verschluss-Zuführkanal mit Verschlussübergabe;
- Verschließelemente (Synonym: Verschließorgan);
- Ggf. Antrieb.

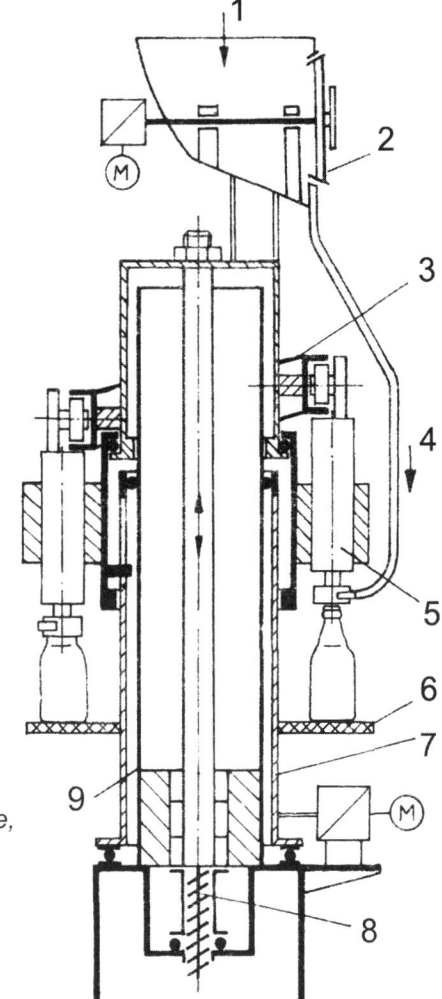

Abbildung 362 Kronenkork-Verschließmaschine, schematisch
1 Verschlüsse 2 Sortierwerk 3 Nutkurve
4 Verschlusszuführung 5 Verschließelement
6 Flaschenträger 7 Rotor 8 Höhenverstellung
9 Stator

Füllanlagen

Im Abbildung 362 ist eine Kronenkork-Verschließmaschine schematisch dargestellt. Die Verschlüsse gelangen in einen Vorratstrichter, an dem auch die Sortiereinrichtung angebaut ist. Der Antrieb des Sortierwerkes kann durch einen separaten Getriebemotor erfolgen oder wird - bei älteren Maschinen - vom Hauptantrieb abgeleitet.
Abbildung 363 zeigt ein ausgeführtes Beispiel.

Abbildung 363 Kronenkork-Verschließmaschine (nach KRONES)

Abbildung 363a Verschließelemente nach Abbildung 363 in offener Bauweise

21.2.2 Sortierwerk und Verschluss-Zuführung

Das Sortierwerk ordnet die Verschlüsse und bringt sie in die Gebrauchslage (s.a. Abbildung 365). Die Verschlüsse lassen sich nach den unterschiedlichen Durchmessern des Verschlussrandes und der Verschlussoberseite ordnen (s.a. Abbildung 364). Entweder werden nur Verschlüsse in der Gebrauchslage abgenommen - die Verschlüsse fallen zum Beispiel durch die Sortierscheibe - oder sie werden von Permanentmagneten mitgenommen, abgestreift und den Verschließorganen zugeleitet oder es werden - vor allem bei größeren Durchsätzen - Verschlüsse in beiden Lagen getrennt abgenommen. Die Verschlüsse der einen Lage werden auf dem Förderweg um 180° gedreht und mit den sich bereits in Gebrauchslage befindlichen vereinigt (Abbildung 366 und Abbildung 366a).

Die Sortierwerke lassen sich ggf. an unterschiedliche Verschlusshöhen anpassen.

Bei größeren Durchsätzen werden zwei Sortierwerke parallel betrieben. Die Verschlüsse werden dann auch über zwei separate Zuführungen den Verschließelementen zugeführt.

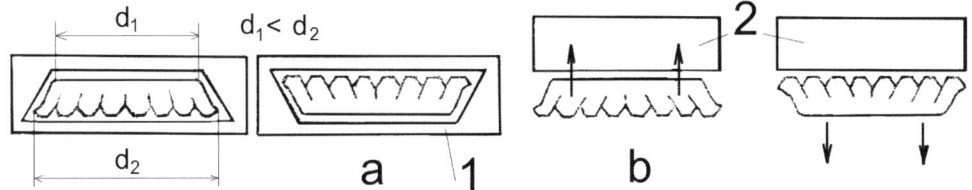

Abbildung 364 Sortierprinzipien für Kronenkorken
a Sortierung formschlüssig   **b** Sortierung magnetisch
1 Formschlüssige Lehre **2** Magnet

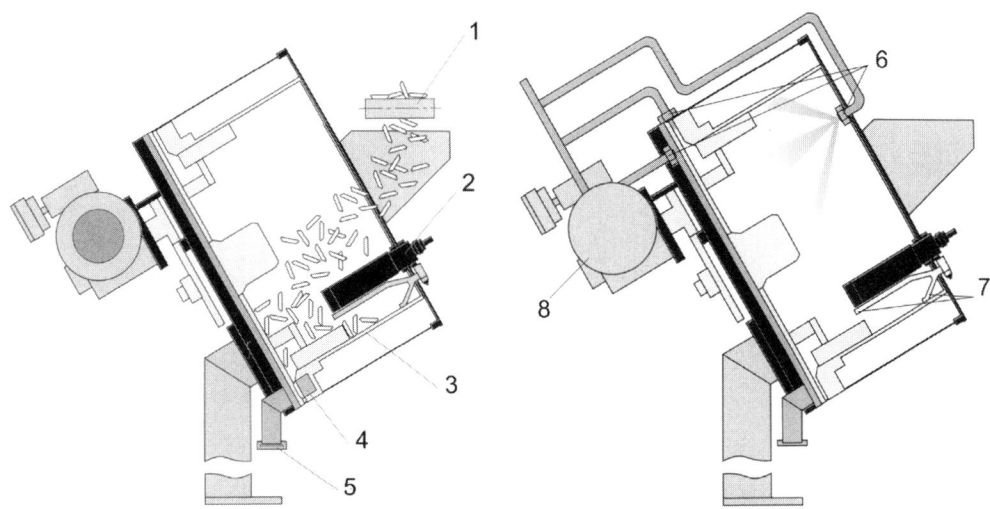

Abbildung 365 Kronenkorken-Sortierwerk (nach KHS)
1 KK-Zufuhr   **2** Füllstandssonde   **3** Sortiertrommel mit Schalldämmung   **4** Magnet
5 KK-Auslauf   **6** CIP-Düsen   **7** Sterilluftdüsen   **8** Antrieb der Sortiertrommel

Füllanlagen

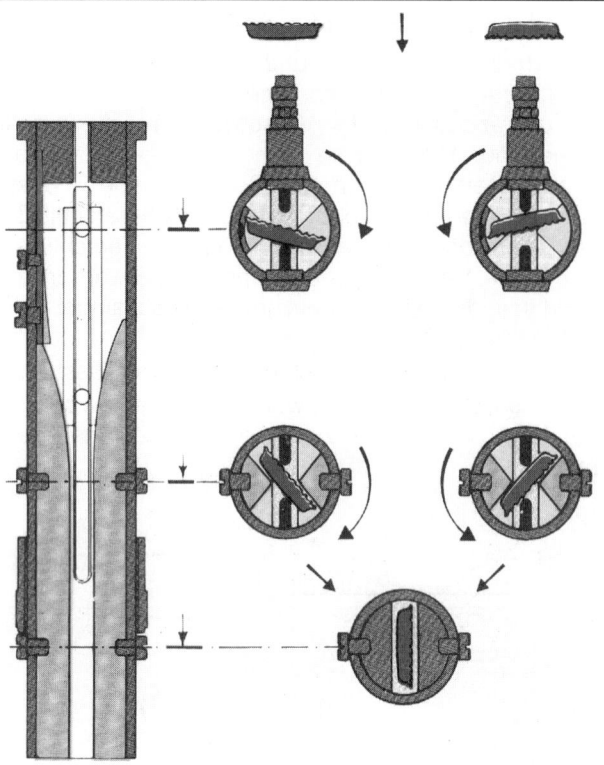

Abbildung 366 Drehung der Kronenkorken mit doppelgängiger Schraubenwendel

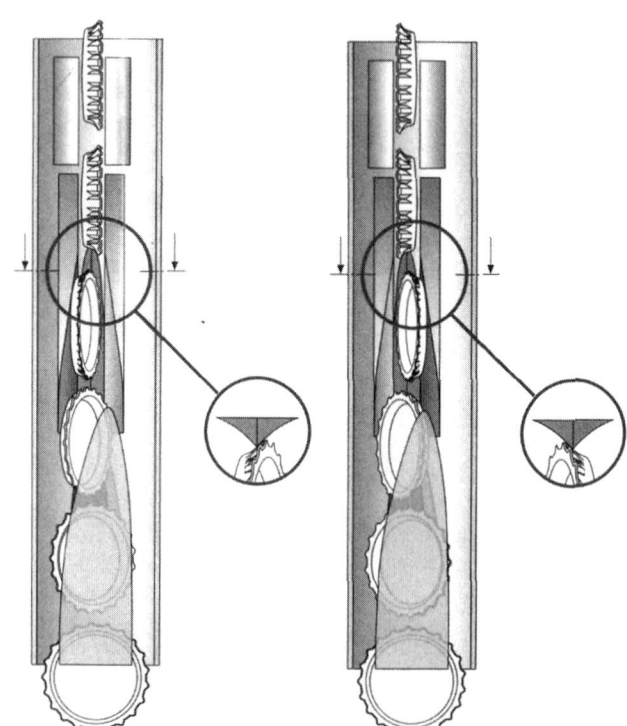

Abbildung 366 a Drehung der Kronenkorken mit doppelgängiger Schraubenwendel

Die Verschlüsse dürfen sich beim Sortieren nicht verformen und ihre Farbe/Lackierung soll sich nicht abreiben. Deshalb drehen sich die Sortierscheiben auch nur langsam und der Füllungsgrad im Vorratstrichter wird minimal gehalten und automatisch überwacht.

Die geordneten Verschlüsse werden durch einen Verschlusskanal und durch Schwerkraft den Verschließorganen zugeleitet. Der Kanal ist allseitig offen und kann zur Entnahme von klemmenden Verschlüssen geöffnet werden. Die Zusammenführung von 2 Kanälen kann mit Hilfe rotierender Bürsten oder durch Vibratoren erleichtert werden. Bei größeren Durchsätzen kann im Bereich der Verschlusszuführung ein Verschlussmagazin angeordnet werden.

Im gleichen Bereich kann bzw. muss eine Verschlussmangelsicherung installiert werden, die ggf. die FFM selbsttätig stillsetzt oder den Flascheneinlauf in die FFM stoppt, um unverschlossene Flaschen zu verhindern.

Am unteren Ende des Verschlusszufuhrkanals wird eine Stoppeinrichtung (z.B. ein pneumatisch betätigter Zylinder) angebracht, um das Prinzip: „keine Flasche, kein Verschluss" zu realisieren. Letzteres ist für Verschließorgane mit magnetischer Verschlusshaltung wichtig, soweit nicht an den Verschließelementen verbliebene Kronenkorken (durch fehlende Flaschen verursacht) entfernt werden.

Der Sortierzylinder und der Verschlusskanal werden an die CIP-Reinigung angeschlossen.

21.2.3 Kronenkork-Übergabe

Die Übergabe der Verschlüsse vom Zufuhrkanal zum Verschließelement erfolgt herstellerspezifisch.

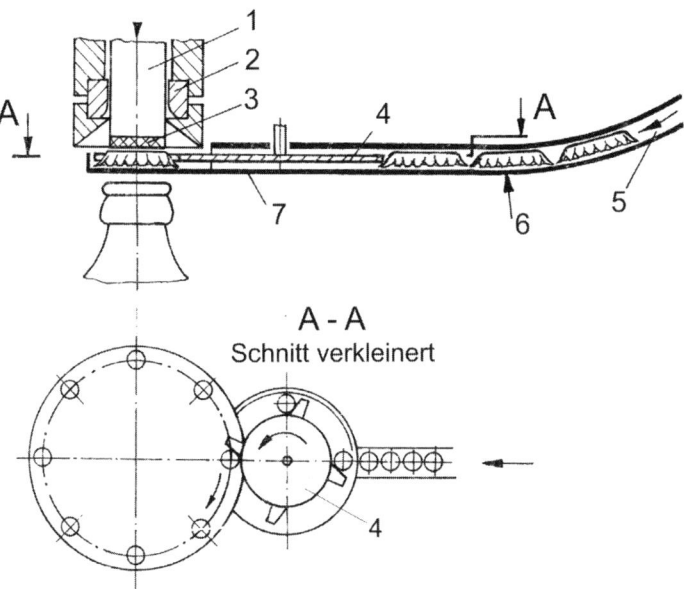

Abbildung 367 Kronenkorken-Übergabe durch Transferrad, Kronenkork-Haltung magnetisch, schematisch (nach KHS)
1 Auswerfer **2** Verschließring **3** Magnet am Auswerfer **4** Übergaberad
5 Zufuhrkanal für Kronenkorken **6** Stopper **7** Gleitblech

Füllanlagen

Eine Variante nutzt einen vom Verschließer angetriebenen Transferstern/Übergaberad (s.a. Abbildung 367). Der Verschluss wird vom „Auswerfer" des Verschließorgans magnetisch gehalten und zentriert. Dabei muss das o.g. Prinzip: „keine Flasche, kein Verschluss" garantiert werden.

Ein anderes Prinzip zeigt Abbildung 368. Die Funktion ist aus der Abbildung und der Bildunterschrift ersichtlich.

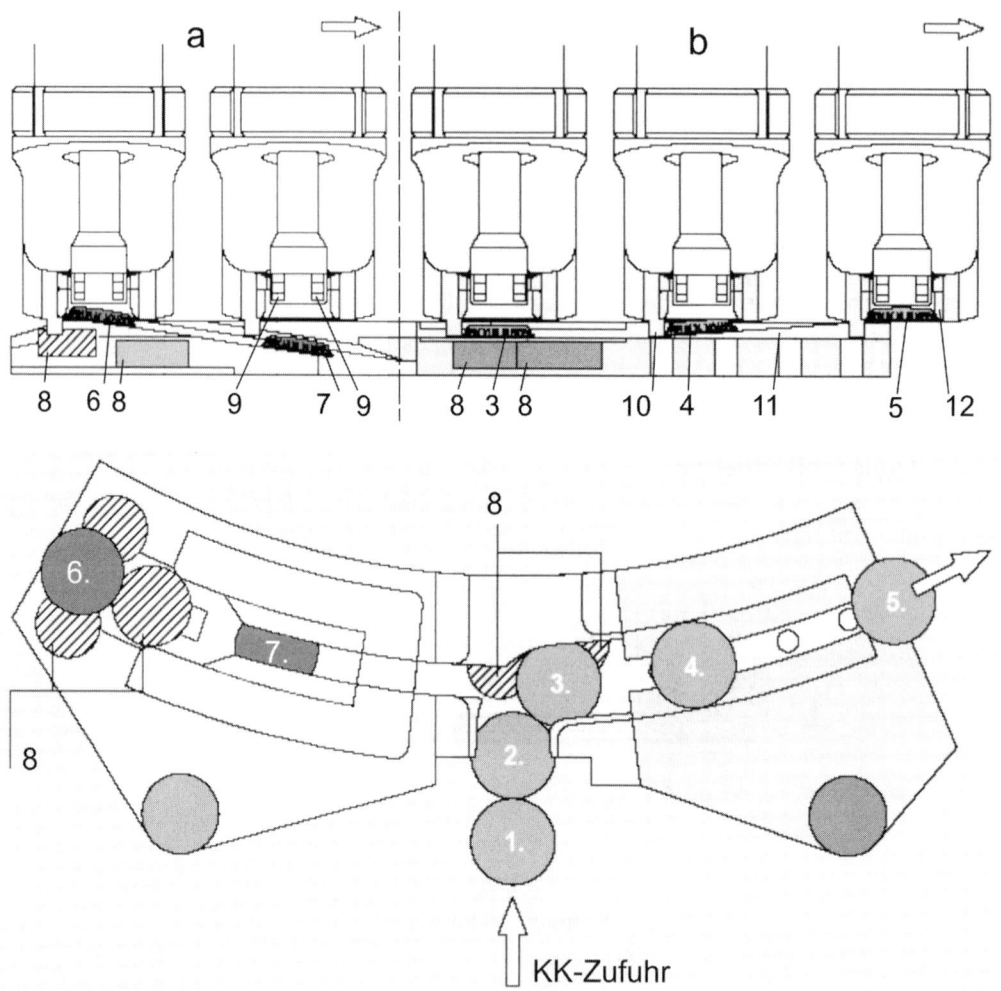

Abbildung 368 Kronenkork-Zufuhr zu den Verschließelementen (nach KRONES)
a KK-Abstreifung   **b** KK-Zufuhr
1 Übergabe des KK an das Übergabesegment   **2** der KK wird durch den Magneten **8** in die Übergabeposition gezogen   **3** KK in Übergabeposition   **4** KK wird durch den Schleppnocken **10** auf der Rampe **11** an den Auswerferstempel herangeführt   **5** KK am Auswerferstempel in Verschließposition   **6** nicht benutzter KK wird durch Magnete **8** abgezogen   **7** KK wird durch den Schleppnocken ausgeschleust   **8** Magnet
9 Magnetring am Auswerferstempel   **10** Schleppnocken   **11** Rampe
12 Verschließring

Verschließmaschinen

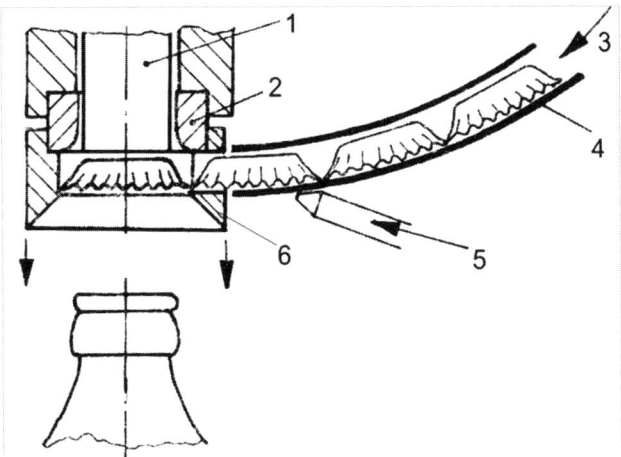

Abbildung 369 Kronenkorken-Übergabe durch Druckluft, schematisch
1 Auswerfer **2** Verschließring **3** Kronenkorken **4** Zuführkanal **5** Druckluft
6 Zentrierung und Verschlussträger

Bei dem historisch älteren Prinzip werden die Kronenkorken vom Zuführkanal in das Verschließorgan geblasen (Abbildung 369). War in einem Verschließorgan bereits ein Verschluss enthalten, konnte kein zweiter übergeben werden. Nachteile dieses Prinzips sind der Druckluftverbrauch, die Lärmentwicklung und vor allem die mikrobiologische Kontaminationsgefahr durch die Verwirbelung/Aerosolbildung von Kontaminanten und überschäumenden Getränkeresten im Bereich der unverschlossenen Flaschen.

21.2.4 Verschließorgane

Die Verschließorgane (Synonym: Verschließelemente) müssen den Kronenkork (KK), der durch Magnet am Auswurfstempel oder formschlüssig zentriert gehalten wird, auf die Flaschenmündung aufbringen und dicht verschließen. Dabei muss der KK gerade auf die Flaschenmündung aufgesetzt werden.

Die Dichtheit des Verschlusses wird außer von der Dichtungseinlage (Form, Werkstoff) von der Anpresskraft auf die Mündung bestimmt. Das Anpressen erfolgt zum Teil durch die Vorspannfederkraft des Auswerferstempels und zum Teil durch die beim Verschließen durch den Verschließring übertragene Axialkraft.

Die Verschließorgane werden auf einer Kreisbahn und vertikal verschieblich, in Gleitführungen zentriert, bewegt. Die Vertikalbewegung wird durch eine Kurvenbahn erzeugt. Dazu sind die Verschließorgane am oberen Ende mit einer Rolle ausgerüstet, die von einer feststehenden Nutkurve geführt wird, oder sie tragen 2 Rollen, die von einer einfachen Kurvenbahn geführt werden (s.a. Abbildung 370). Diese Rollen sind zur Justierung exzentrisch gelagert.

Die Kurvenbahn kann mit dem gesamten Verschließmaschinen-Oberteil zur Anpassung an die Flaschenhöhe vertikal verstellt werden.

Die zu verschließenden Behälter haben geringe Höhendifferenzen, die beim Verschließen beachtet werden müssen, um Bruch zu vermeiden. Bei fest angeordneten Flaschenträgern muss das Verschließorgan die Höhendifferenz ausgleichen (Abbildung 371). Alternativ werden der Verschließweg und damit die Verschließkraft konstant

Füllanlagen

gehalten und der Höhenausgleich wird vom gefederten Flaschenträger übernommen (Abbildung 372).

Abbildung 373 bis Abbildung 379 zeigen Beispiele zu ausgeführten Verschließorganen.

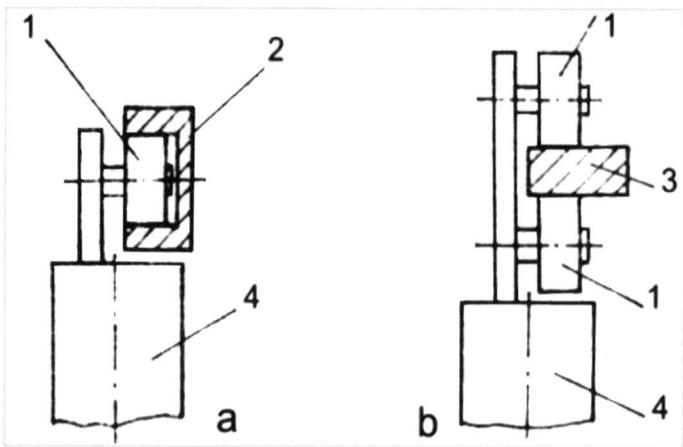

Abbildung 370 Kurvenbahn-Varianten
a Variante 1: Nutkurve mit 1 Rolle b Variante 2: Kurvenbahn mit 2 Rollen
1 Rolle **2** Nutkurve **3** Kurvenbahn **4** Verschließelement

Höhenausgleich der Verschließorgane

Die Höhentoleranzen der Flaschen müssen beim Verschließen beachtet werden. Der vertikale Weg des Verschließringes bis zum abgeschlossenen Verschließvorgang ist herstellerspezifisch vorgegeben. Dieser Verschließweg beginnt mit dem Aufsetzen des KK auf die Mündung. Zum anderen ist der vertikale Weg des Verschließorgans durch die Kurvenbahn vorgegeben und konstant. Eine höhere Flasche ist also eher verschlossen als eine niedrigere. Dieser Unterschied muss vom Verschließelement kompensiert werden.

Die Kompensation kann erfolgen durch:
- Das Unterbrechen des Kraftschlusses nach dem Verschließen bzw. dem definierten Verschließweg (Kugelrastsperre);
- Die Begrenzung der Verschließkraft; nach dem Erreichen des Grenzwertes wird eine Feder gespannt, so dass die verschlossene Flasche nicht oder kaum zusätzlich belastet wird;
- Das Absenken des Flaschenträgers der verschlossenen Flasche gegen eine Federkraft.

Kugelrastsperre

Die Verschließorgane werden mit einer Kugelrastsperre ausgerüstet (s.a. Abbildung 371 a). Damit wird gesichert, dass - unabhängig von der Flaschenhöhe - unmittelbar nach dem Verschließen keine Kräfte mehr auf die Flasche einwirken, weil der Form- und Kraftschluss nach einem definierten Weg gelöst wird. Danach wirkt nur noch die Feder des Auswurfstempels auf die Flasche. Der selbsttätige Höhenausgleich umfasst demzufolge eine relativ große Spanne.

Verschließmaschinen

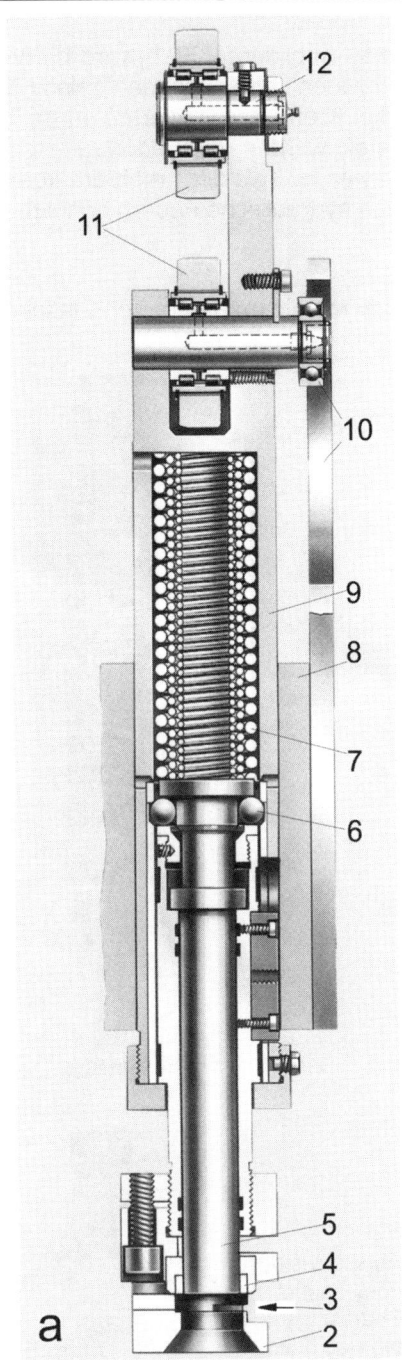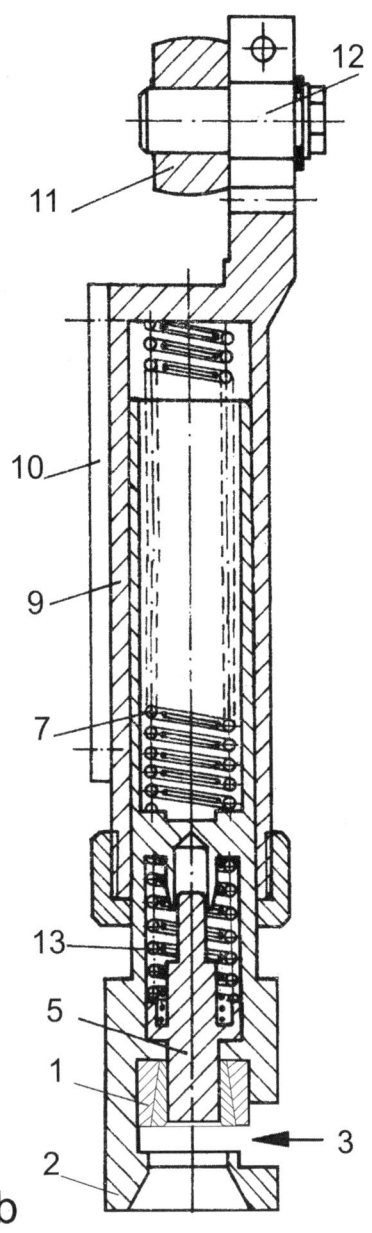

Abbildung 371 Verschließorgane für Kronenkorken, schematisch (nach KHS)
a Ausführung mit Kugelrast-Sperre   **b** Ausführung mit Kompensationsfedern (veraltet)
1 Verschließkonus, zweiteilig   **2** Zentrierung/Verschlussträger   **3** Verschluss-Zufuhr
4 Verschließring   **5** Auswerfer-Stempel   **6** Kugelrast-Sperre   **7** Kompensationsfedern
8 Verschließelement-Führung am Rotor   **9** Verschließelement-Gehäuse   **10** Geradführung   **11** Rolle   **12** Exzentereinstellung für Rolle   **13** Auswerferfeder

Füllanlagen

Ausgleichsfeder

Bei der älteren Ausführung der Verschließorgane (s.a.. Abbildung 371 b) wird die Verschlusskraft über entsprechend steife Federn übertragen, die auch den relativ begrenzten Höhenausgleich mit übernehmen. Um die Kräfte zu limitieren, muss die unterste Stellung der Verschließorgane exakt eingestellt werden (die Federkraft ist das Produkt aus Weg und Federkonstante!). Als Federn werden (wurden) mehrere koaxial angeordnete Schraubenfedern, Tellerfedern oder auch hydraulische Federn benutzt.

Gefederter Flaschenträger

Abbildung 372 zeigt die Variante zum Höhenausgleich mit einem gefederten Flaschenträger.

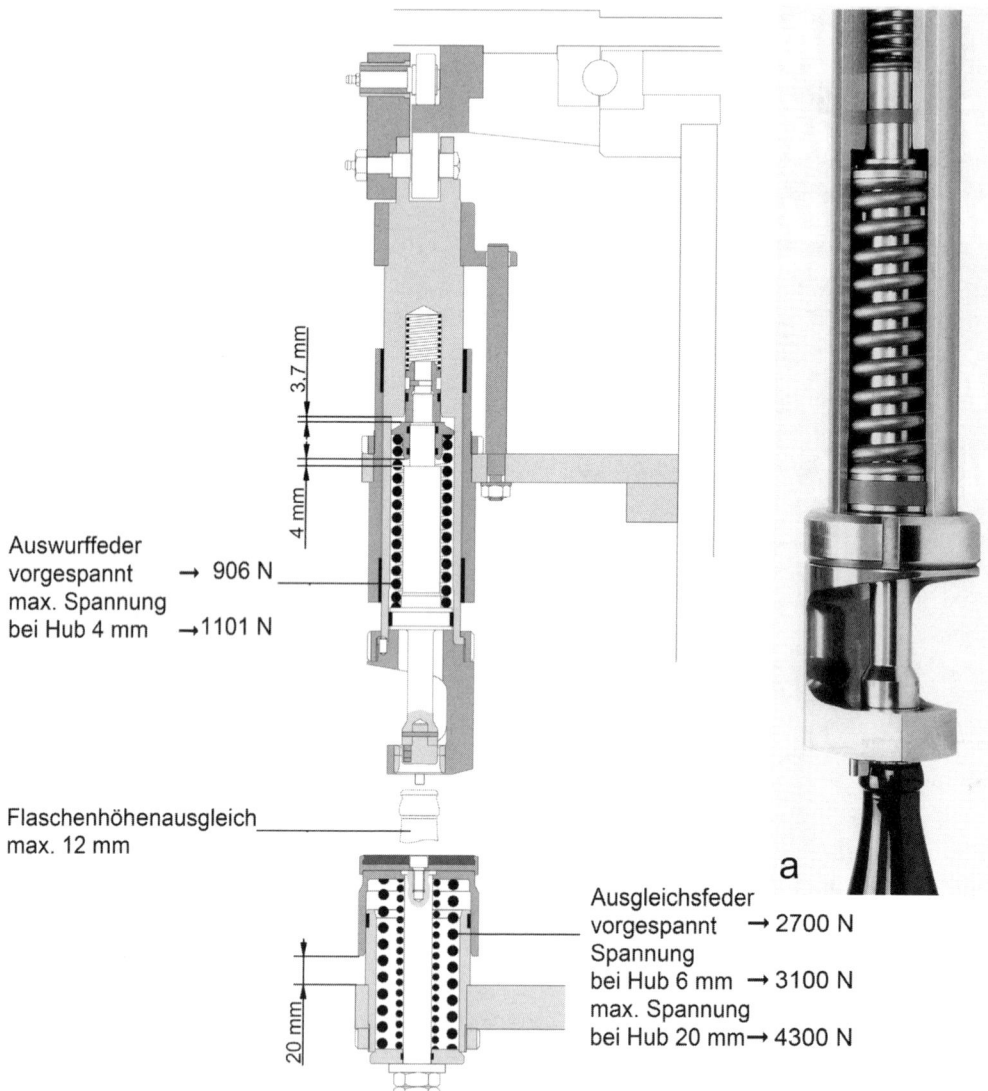

Abbildung 372 Höhenausgleich durch einen gefederten Flaschenträger
(nach KRONES)   a Verschließelement geschnitten

Verschließmaschinen

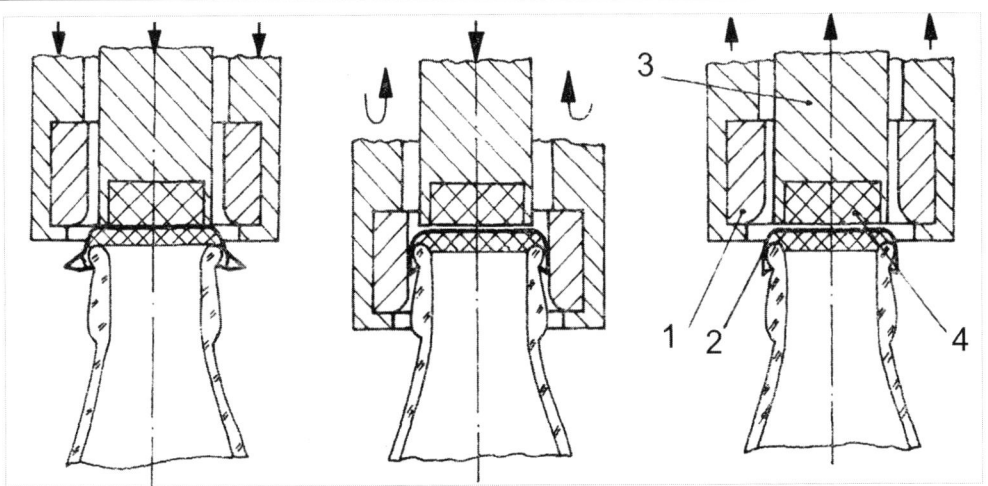

Abbildung 373 Verschließvorgang bei Kronenkork-Verschlüssen, schematisch
1 Verschließring **2** Kronenkork **3** Auswerferstempel **4** Magnet

Zur Funktionsweise des Verschließorgans (s.a. Abbildung 373): Das Verschließorgan wird durch die Kurvenbahn auf die Flasche abgesenkt, bis der Kronenverschluss auf der Flaschenmündung aufliegt. Die Feder des Auswerferstempels drückt den Verschluss an. Beim weiteren Absenken drückt das Verschließelement den Verschlussrand an die Mündung. Die dabei auftretende Axialkraft wird gleichzeitig zum gasdichten Anpressen des Verschlusses benutzt.

Nach dem Verschließen wird die Flasche durch den Auswerfer fixiert und das Verschließelement abgezogen. Zusätzlich werden die Flaschen dabei am Hals durch Formatteile geführt (Abbildung 374, Abbildung 375).

Die Axialkraft beträgt etwa 1,2...1,3 kN. Der Verschließring wird aus gehärtetem Stahl gefertigt, zum Teil auch aus keramischen Werkstoffen.

Die Bohrung des Verschließringes beträgt 28,3...28,4 mm (für PVC-haltigen Compound) bzw. 28,2...28,25 mm (für PVC-freien Compound). Damit wird der Kronenkork so verschlossen, dass sein maximaler Durchmesser 28,6...28,8 mm beträgt (Voraussetzung ist die vorschriftsmäßige Höheneinstellung der Verschließmaschine). Der verschlossene Kronenkork federt also um einen kleinen Betrag zurück. Für Twist-Off-KK wird der Verschließring mit einem Ø = 28,4 mm gefertigt.

Dieses Maß muss im Rahmen der Betriebskontrolle mit einer Verschlusslehre bei jedem Verschließelement geprüft werden. Bei Bedarf müssen die Verschließringe gewechselt werden.

Ein zu großer Durchmesser nach dem Verschließen deutet auf Undichtigkeiten hin und ist die Folge einer zu geringen Absenkung des Verschließringes oder einer zu großen Abnutzung, ein zu kleiner kann zu Ausbrüchen der Mündung führen.

Der Verschluss wird, wie aus Abbildung 367 und Abbildung 369 ersichtlich, von einem Permanentmagneten, der sich am Auswerfer befindet, gehalten oder er liegt mit seinem unteren Rand im Zentrierkonus formschlüssig auf (Abbildung 369; der verschlossene Kronenkork-Verschluss ist im Durchmesser kleiner und geht durch den Zentrierkonus hindurch).

Füllanlagen

Der Verschließring ist in der Regel einteilig (Synonym: Verschließkonus). In der Vergangenheit wurde er auch mehrteilig ausgeführt, z.B. zweiteilig, um das Abziehen von der verschlossenen Flasche zu erleichtern.

Verschließen nach dem Prinzip KRONES

Abbildung 372 und Abbildung 374 zeigen das Verschließen mit konstantem Verschließweg und Höhenausgleich durch gefederten Falschenträger, Abbildung 374a zeigt den Druckkraftverlauf.

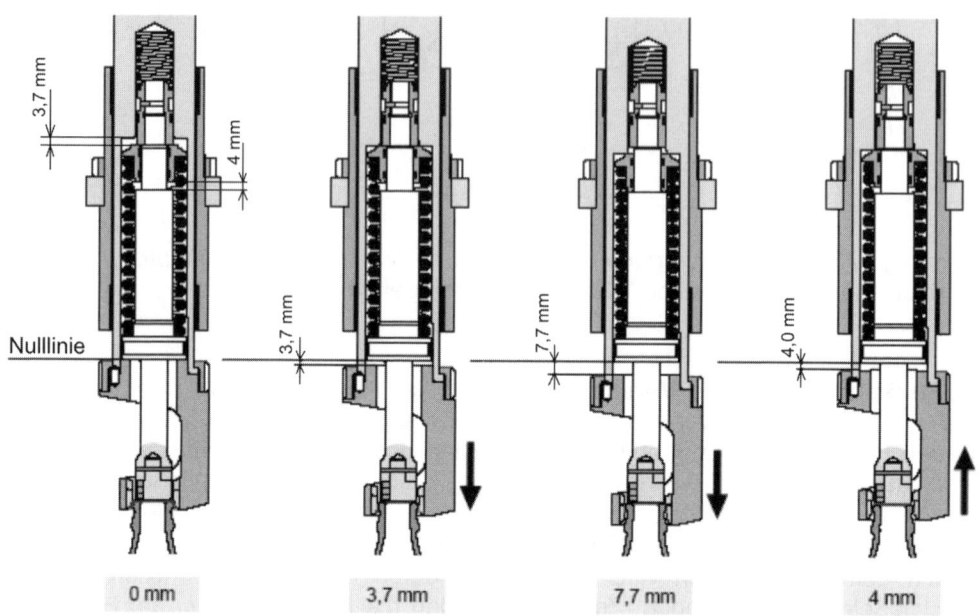

Abbildung 374 Verschließen mit konstantem Verschließweg und gefedertem Flaschenteller (nach KRONES)

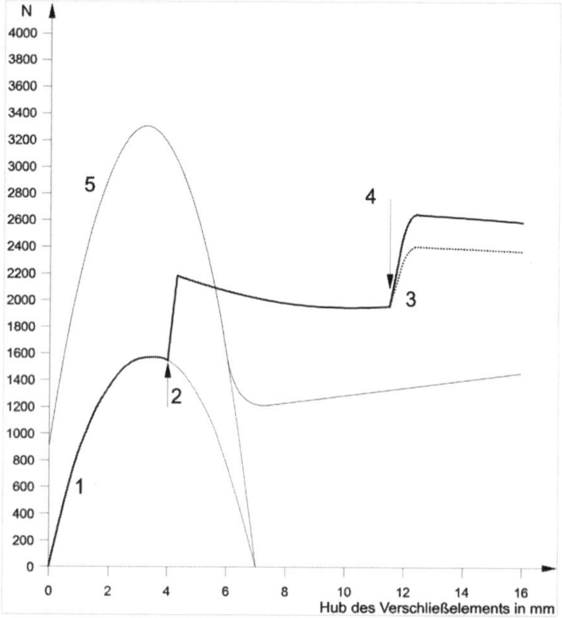

Abbildung 374a Druck auf die Flasche beim Verschließen nach Abbildung 374
1 Verschließkraft **2** Druckbeginn der Auswerferfeder **3** Stützkraft des Flaschenträgers **4** Beginn des Höhenausgleiches **5** Druckverlauf bei einem Verschließelement mit Kugelrastsperre

Verschließmaschinen

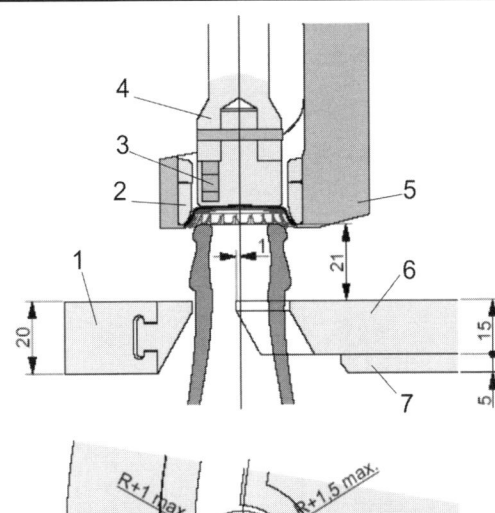

Abbildung 375 Halsringführung in der Verschließmaschine (nach KRONES)
1 Halsring-Führungsbogen **2** Verschließring **3** Magnet **4** Auswerferstempel **5** Verschließringträger **6** Hals-Führungsstern **7** Stützplatte

Das Verschließorgan senkt sich auf die Flasche ab, bis der Verschluss aufliegt. Danach senkt sich nur der Verschließring weiter ab und auf den KK wirkt nur die Kraft der Vorhaltefeder. In der zweiten Verschließphase wird die Auswerferfeder gedrückt, der Druck auf die Flasche steigt (nach 3,7 mm werden 906 N erreicht, nach weiteren 4 mm 1101 N, s.a. Abbildung 372). Nach einem Weg von 7,7 mm ist der Verschließvorgang beendet, der KK befindet sich 1 mm im zylindrischen Teil des Verschließringes. Bei weiterer Absenkung des Verschließorgans infolge einer zu hohen Flasche werden die Federn im Flaschenteller zusammengedrückt (max. um 12 bzw. 20 mm).

Füllanlagen

Verschließen nach dem Prinzip KHS

Abbildung 376 bis Abbildung 379 zeigen beispielhaft Verschließorgane von KHS.

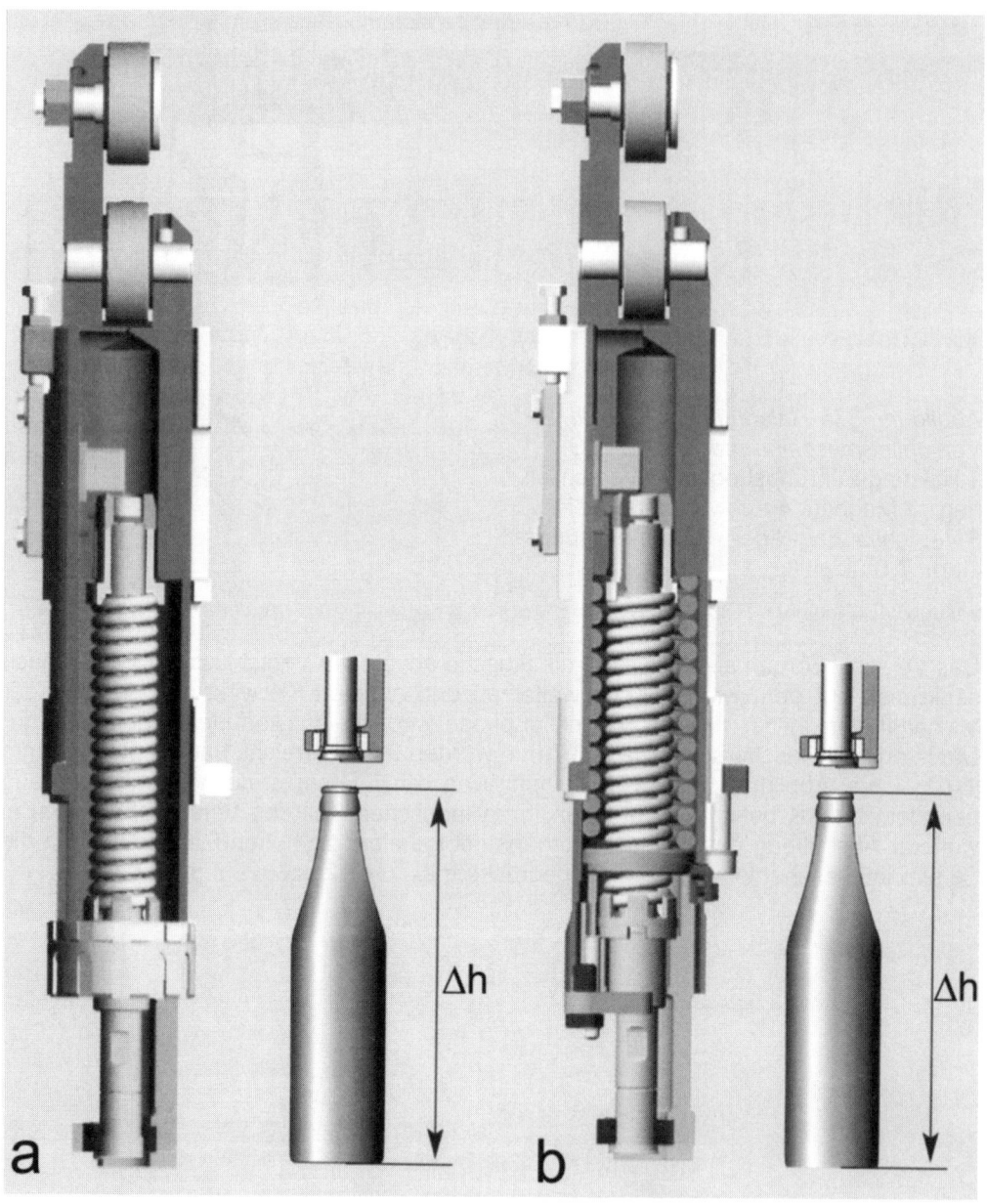

Abbildung 376 Verschließorgane nach KHS
a Verschließelement für Standardflaschen-Höhentoleranzen Δh ± 2 mm
b Verschließelement für Flaschen-Höhentoleranzen Δh ± 5 mm

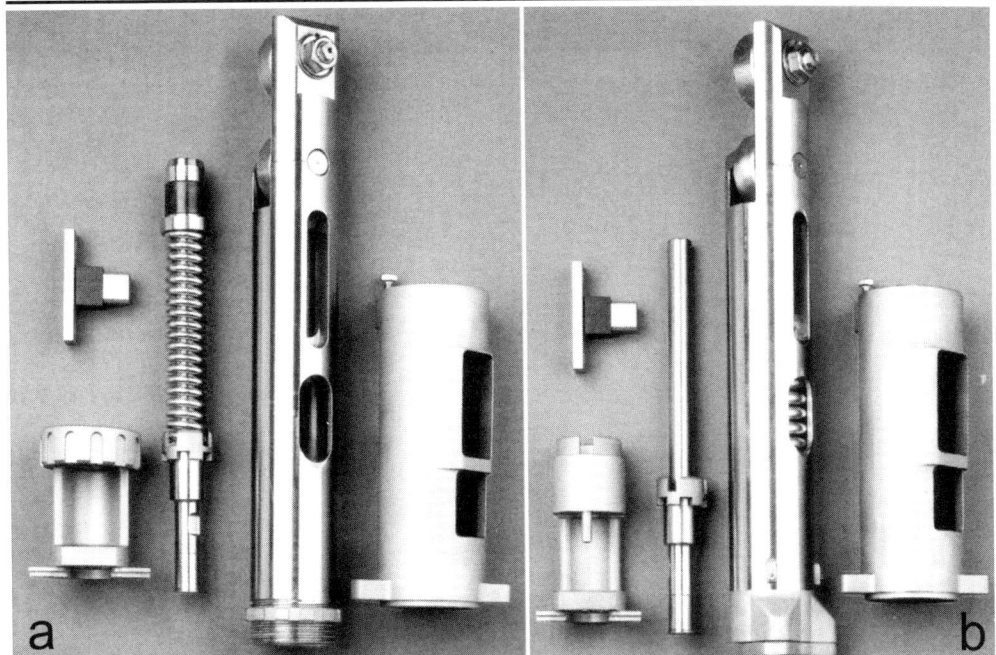

Abbildung 377 Verschließorgane nach KHS
a Verschließelement für Standardflaschen-Höhentoleranzen Δh ± 2 mm
b Verschließelement für Flaschen-Höhentoleranzen Δh ± 5 mm

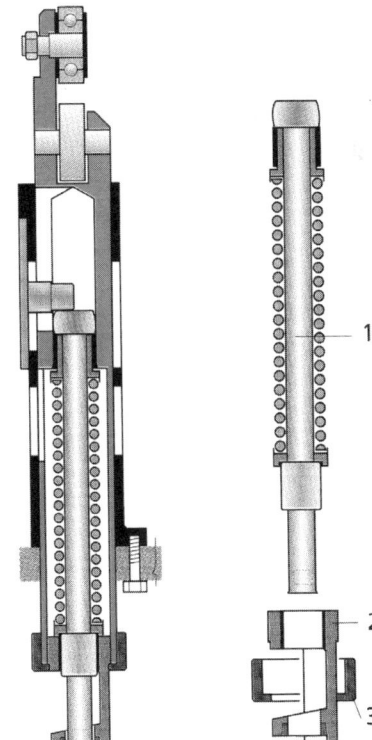

*Abbildung 378 Verschließelement für Standard-
flaschen-Höhentoleranzen Δh ± 2 mm (nach KHS)*
1 Auswurfstempel mit Magnet
2 Kopfstück mit Verschließring
3 Nutringmutter

Füllanlagen

Abbildung 379 Verschließmaschine für KK mit zwei Zuführkanälen für KK und direkter Übergabe der KK an die Verschließorgane (nach KHS)

In Abbildung 380 und Abbildung 381 ist eine KK-Verschließmaschine dargestellt, bei der nur der Auswerfer und der Verschließring aus der Verkleidung herausragen. Alle anderen Elemente sind hinter der Verkleidung angeordnet.

Durchsatz einer Verschließmaschine
Der Durchsatz je Verschließorgan kann 2500...3000 Flaschen/h betragen. Es werden Verschließmaschinen mit bis zu 40 Verschließorganen gebaut.

CIP-Reinigung der Verschließorgane
In der Vergangenheit wurden die Verschießorgane in den CIP-Kreislauf eingebunden, der Bereich des Verschließrings/Auswerferstempels wurde dazu durch eine Spülkappe verschlossen. Die CIP-Medien werden durch einen Drehverteiler zu- und abgeführt.

Moderne Verschließorgane werden in „offener Bauweise" gestaltet und durch eine CIP-Schwallreinigung und -desinfektion behandelt (s.a. Abbildung 372 a und Abbildung 378).

Verschließmaschinen

Moderne Verschließorgane werden so gestaltet, dass nur das Verschließwerkzeug, die KK-Zuführung und der Auswerferstempel „sichtbar" sind. Der Antrieb, die Kurvenbahn, die Führungen und die Verschließorgane werden Schwall- und Spritzwasser geschützt gekapselt.

Das Maschinengestell wird analog zu den Anforderungen an die Vortische der Füllmaschinen gestaltet, soweit es nicht in diese integriert wird.

KK-Unterdeckelbegasung
Bei Bedarf können die KK vor dem Aufsetzen auf die Flaschenmündung mit CO_2 begast werden.

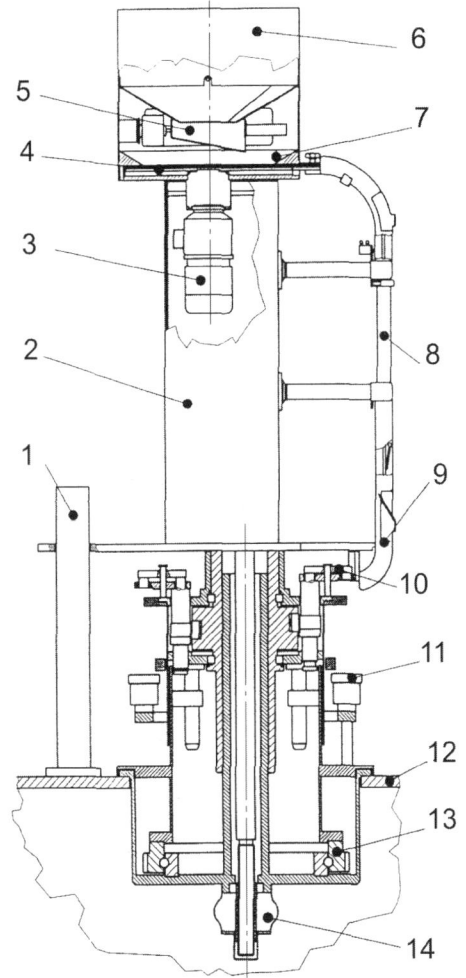

Abbildung 380 KK-Verschließmaschine (nach Ortmann & Herbst [263])
1 Stütze Verdrehsicherung **2** Säule **3** Antrieb Sortierwerk **4** Zentrifugalscheibe **5** KK-dosierung **6** KK-Vorratsbehälter **7** Sortierwerk **8** KK-Wender **9** KK-Zuführkanal **10** Verschließelement **11** Flaschenteller **12** Fundament **13** Kugeldrehverbindung **14** Servomotor Höhenverstellung

21.2.5 Verschließmaschinen für spezielle Verschlüsse

Für spezielle Verschlüsse, beispielsweise Aufreißverschlüsse wie Maxipull® oder Ringpull®, werden KK-Verschließmaschinen modifiziert. Geändert bzw. angepasst werden das Sortierwerk, der Verschluss-Zufuhrkanal und die Verschließringe.

Füllanlagen

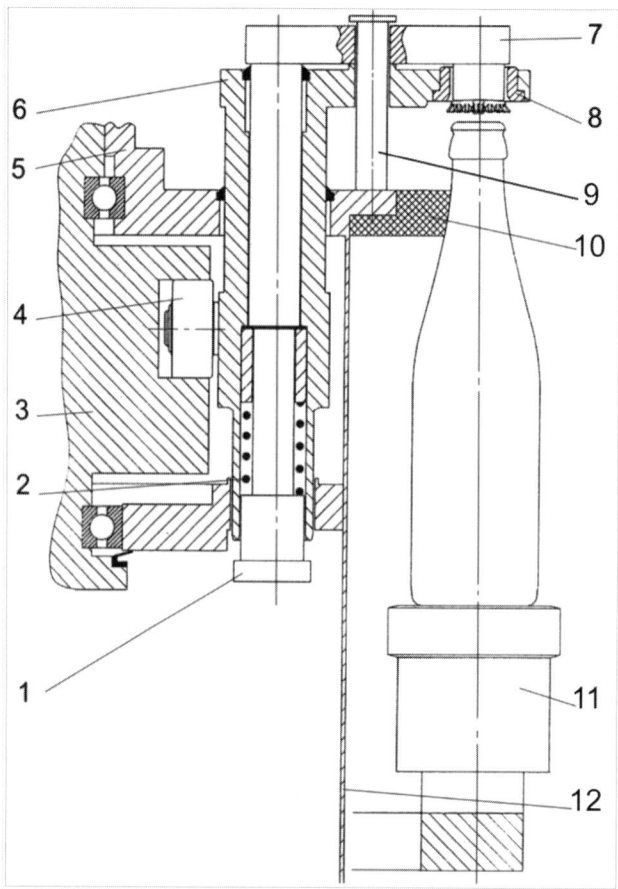

Abbildung 381 Verschließelement des Verschließers nach Abbildung 380 (nach [263])
1 Anschlag **2** Auswerferfeder **3** Stator/Nutkurve **4** Rolle **5** Führungslager **6** Gehäuse Verschließorgan **7** Auswerfer/Zentrierstempel **8** Verschließring **9** Führung **10** Flaschenführung/Halsstern **11** Flaschenteller **12** Verkleidung

Zubehör
KK-Verschluss-Spülung nach dem Verschließer siehe Kapitel 21.8.3

21.3 Schraubverschluss-Verschließmaschinen
21.3.1 Allgemeine Hinweise
Schraubverschlüsse sind in der Regel aus Kunststoffen (siehe Kapitel 5.3.6) und werden auf Gewindemundstücke von Glas- oder Kunststoffflaschen aufgeschraubt (Verschlüsse für Weithalsgläser siehe Kapitel 30.2).

Das aufgewandte Verschließdrehmoment muss definiert sein, um einmal den Verschluss dicht zu verschließen und um zum anderen seine Öffnung zu ermöglichen (Aufdrehmoment). Diese Drehmomente müssen regelmäßig überprüft werden, sie sind natürlich von mehreren Parametern abhängig, beispielsweise:
- von der Gewindesteigung,
- von der Werkstoffpaarung: Glas und Kunststoff und
- vom Reibungskoeffizienten der Werkstoffe.

Der Reibungskoeffizient der Gewinde-Werkstoffpaarung ist in der Praxis nicht konstant. Insbesondere zuckerhaltige Getränkereste bzw. Wasser verändert ihn ständig, ebenso der nasse bzw. trockene Zustand des Verschlusses. Teilweise werden die Gewinde der Verschlüsse deshalb mit Gleitmitteln beschichtet.

Getränkereste lassen sich nach dem Verschließen im Prinzip bei den bekannten Verschlüssen (vor allem bei Verschlüssen mit Sicherungsring) nicht entfernen. Deshalb sind die Schraubverschlüsse für Getränke wie Bier, die zur Sauerstoffentfernung aufgeschäumt werden, als sehr ungünstig einzuschätzen (das geringe Aufschäumen ohne Überschäumen ist kein guter Kompromiss, der auch durch Verschlüsse mit Scavenger-Einlage nur bedingt kompensiert werden kann).

Wichtige Komponenten der Verschließmaschinen sind (s.a. Abbildung 385):
- Das Maschinengestell;
- Die Sortiereinrichtung und Verschlusszuführung zu den Verschließelementen;
- Die Verschließelemente.

In der Regel wird die Verschließmaschine mit der Füllmaschine geblockt.

Die Verschließmaschinen werden für die CIP-Reinigung und Desinfektion ausgerüstet. Vor allem die Verschließköpfe werden bei modernen Maschinen in offener Bauweise gefertigt. Verschließmaschinen werden auch in Aseptik-Ausführung gefertigt.

21.3.2 Sortieren der Verschlüsse, Verschluss-Zufuhr und Übergabe
Die Verschlüsse werden in rotierenden Trommeln mit peripheren Gewindegängen oder mit Vibrationsförderern ausgerichtet („sortiert"), durch Zentrifugalkraft geordnet oder formschlüssig getrennt.

Sortierkriterien können z.B. sein: die asymmetrische Schwerpunktlage des rollenden Verschlusses, Durchmesserunterschiede, der mögliche Eindringtiefenunterschied je nach Lage des Verschlusses. Ein Beispiel zeigt Abbildung 382.

Über einen offenen Kanal werden die Verschlüsse den Verschließköpfen zugeführt. Im gleichen Bereich kann bzw. muss eine Verschlussmangelsicherung installiert werden, die ggf. die FFM selbsttätig stillsetzt oder den Flascheneinlauf in die FFM stoppt, um unverschlossen Flaschen zu verhindern.

Der Sortierzylinder und der Verschlusskanal sind an die CIP-Reinigung angeschlossen.

Füllanlagen

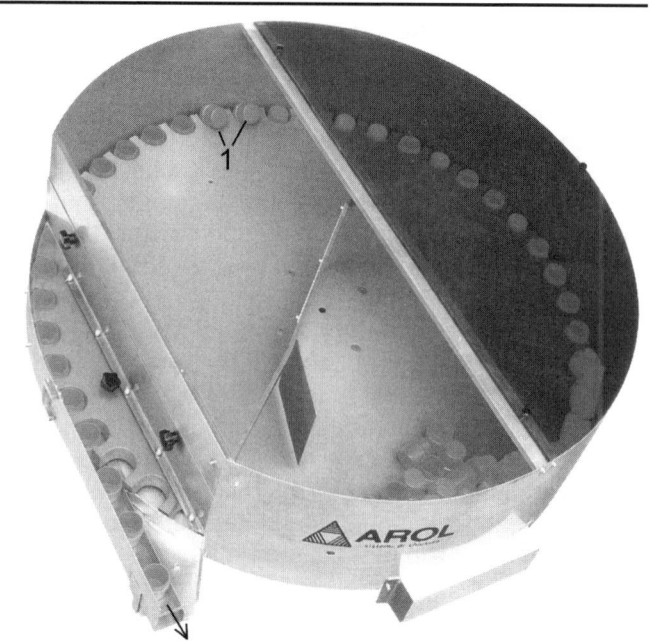

Abbildung 382 Sortierung von Schraubverschlüssen (nach Arol S.p.A.)
1 Verschlüsse liegen „verkehrt" und werden mit Druckluft ausgeblasen

Am unteren Ende des Verschlusszufuhrkanals wird eine Stoppeinrichtung (z.B. ein pneumatisch betätigter Zylinder) angebracht, um das Prinzip: „keine Flasche, kein Verschluss" zu realisieren.

Die Verschlüsse werden mittels eines Transferrades und einer schiefen Ebene den Verschließelementen übergeben, die durch eine Kurvenbahn synchron abgesenkt werden und dabei die Verschlüsse form- und kraftschlüssig übernehmen (System „Pick and Place").

Abbildung 383 Schraubverschluss-Übergabe (nach KRONES)
1 schiefe Ebene **2** Verschluss-Aufnahme **3** Transferrad **4** Flaschen von der Füllmaschine **5** Beginn des Verschließvorgangs

Verschließmaschinen

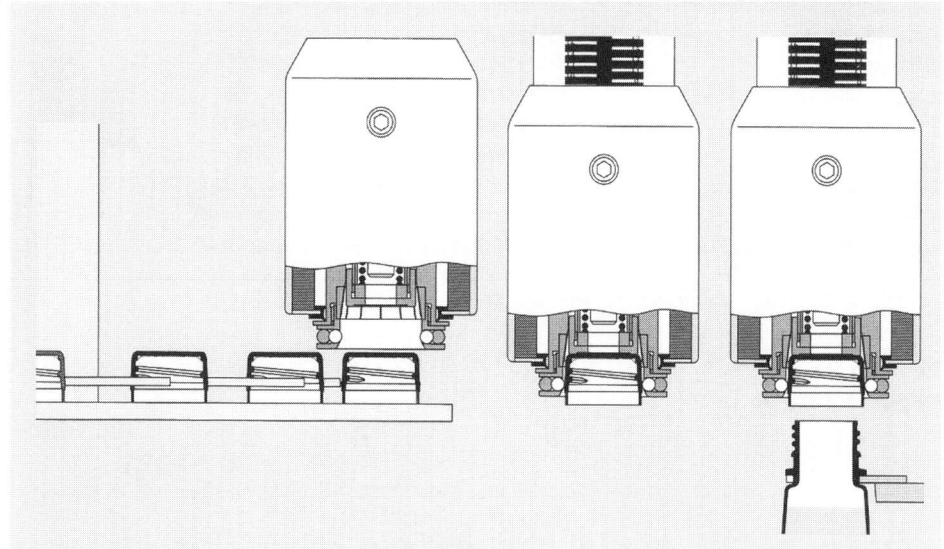

Abbildung 384 Aufnahme der Schraubverschlüsse (nach KRONES)

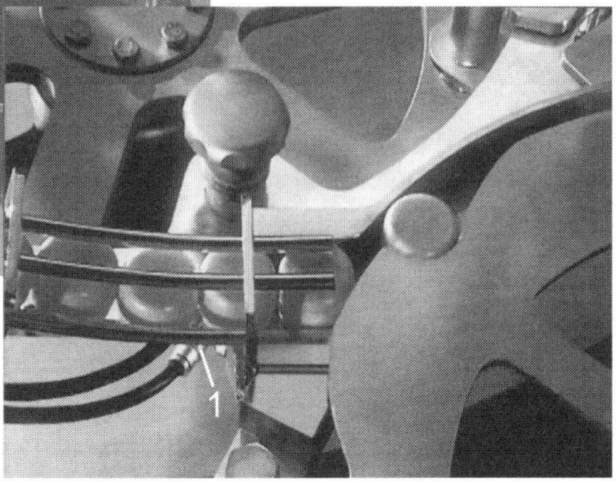

Abbildung 384 a Übergabe an und Aufnahme der Schraubverschlüsse durch die Verschließelemente (nach KHS)
1 Verschluss-Stopper

529

Füllanlagen

Abbildung 385 Verschließmaschine für Schraubverschlüsse (nach KRONES)
1 Bereich der schiefen Ebene **2** Transferrad für Verschlüsse **3** Antrieb des Transferrades passiv durch die Verschließelemente

21.3.3 Antrieb der Schraubverschluss-Verschließmaschinen

Das Karussell mit den Verschließelementen wird in der Regel von der Füllmaschine angetrieben, die mit der Verschließmaschine geblockt wird.

Die Sortiereinrichtung der Verschlüsse besitzt im Allgemeinen einen eigenen Antrieb.

Das Verschlusstransferrad wird in der Regel passiv von den Verschließelementen angetrieben (Abbildung 385).

Die Verschließelemente wurden in der Vergangenheit mit dem Verschließerantrieb über Zahnräder gekuppelt (s.a. Abbildung 387).

Bei modernen Verschließmaschinen werden die Verschließelemente mit je einem individuellen Antriebsmotor (Servomotor) ausgerüstet. Damit können die Verschließparameter zentral verändert werden und bleiben unabhängig vom Maschinendurchsatz.

Abbildung 386 zeigt eine moderne, für den Aseptikbetrieb geeignete Verschließmaschine. In diesem Beispiel werden alle mechanisch betätigten Elemente hinter einer Verkleidung zentral angeordnet. Nur der Verschließkonus mit dem Auswerfer befindet sich noch über der Flasche.

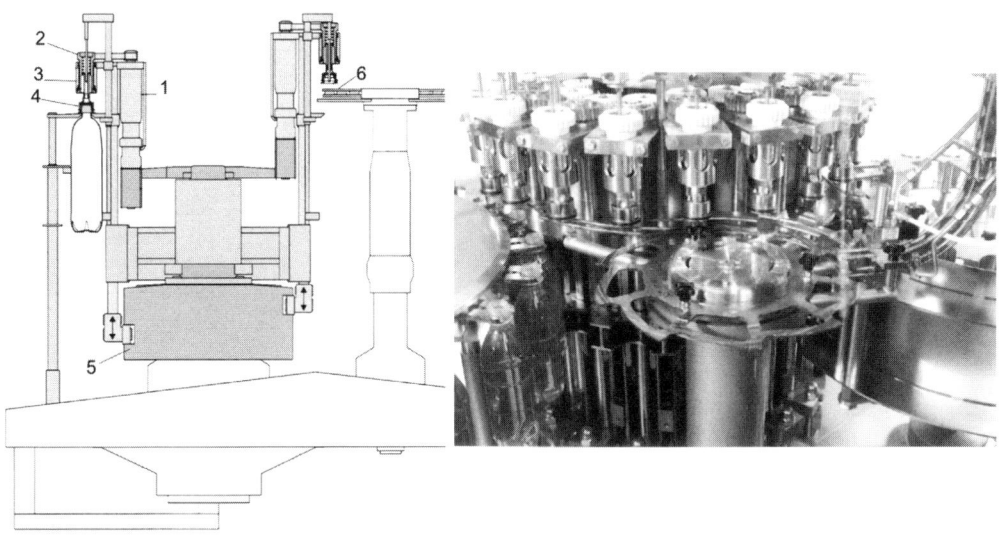

Abbildung 386 Moderne Verschließmaschine für Schraubverschlüsse (nach KRONES)
1 Servomotor **2** Zahnrad-Antrieb (beteiligt sind drei Räder) **3** Verschließelement
4 Verschließkonus **5** Kurvenbahn **6** Verschluss-Transferrad

Füllanlagen

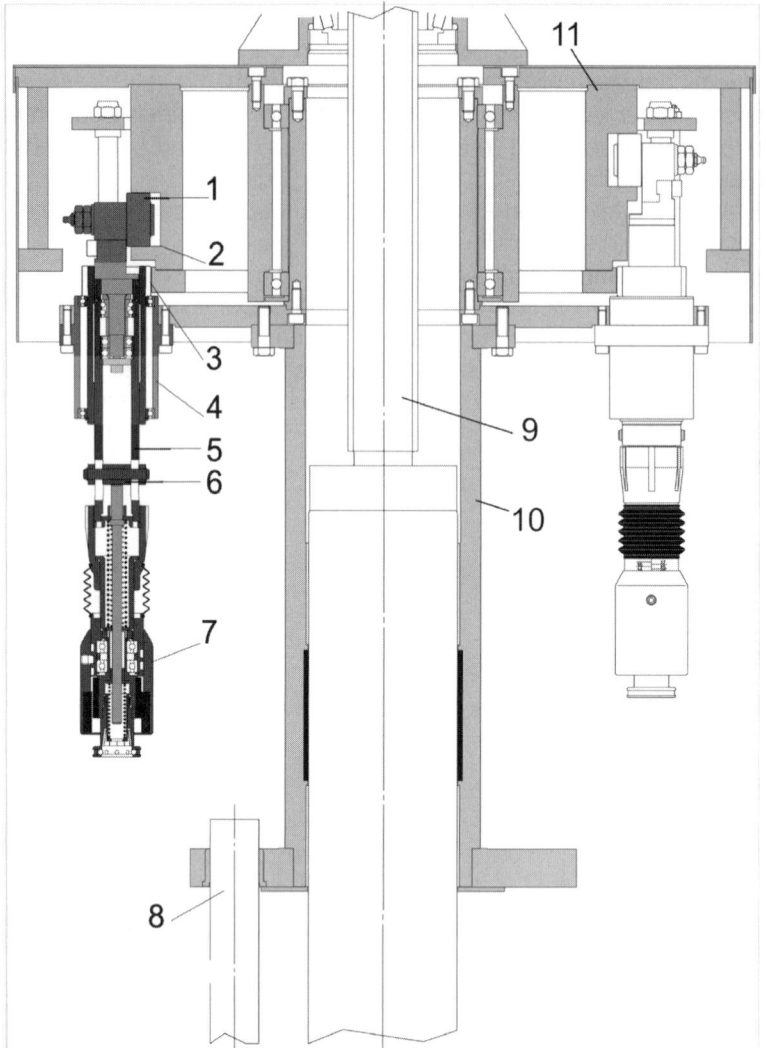

Abbildung 387 Verschließmaschine für Schraubverschlüsse, schematisch (nach KRONES)
1 Rolle **2** Nutkurve im Stator **3** Antriebsritzel für Schraubkopf **4** Verschließelement-Gehäuse **5** Hubzylinder **6** Auswurfscheibe **7** Schraubkopf **8** Mitnehmer **9** Statorsäule **10** Rotor **11** Stator

21.3.4 Verschließelemente für Schraubverschlüsse

Die Verschließelemente für Schraubverschlüsse (Synonym: Schraubspindel) wurden in der Vergangenheit als rein mechanisch betätigte Baugruppe ausgelegt. Das Senken bzw. Anheben des Schraubkopfes und das Öffnen und Schließen des Verschließkopfes wurden durch Nutkurven realisiert. Die Drehung des Verschließkopfes erfolgte vom Hauptantrieb aus (s.a. Abbildung 388, Abbildung 386 und Abbildung 387). Die nächste Entwicklungsstufe war dann der Einzelantrieb der Verschließköpfe (Abbildung 388).

Bei modernen Verschließelementen entfällt das mechanische Betätigen des Verschließkopfes.

Verschließmaschinen

Wesentliche Baugruppen eines Verschließelementes sind:
- Das Gehäuse mit der Spindellagerung;
- Die Antriebsspindel;
- Der Antriebsmotor bzw. das Antriebsritzel;
- Die Nutkurvenbahn(en);
- Der Verschließkopf.

Mit einem Verschließelement können etwa 2000...2500 Flaschen/h verschlossen werden. Je nach Durchsatz werden an einer Verschließmaschine mehrere Verschließelemente kombiniert.
Mit 18 Verschließelementen können etwa 45.000 Fl./h verschlossen werden.

Abbildung 388 Verschließmaschine für Schraubverschlüsse (nach KHS)
Das rechte Bild zeigt das Maschinenschema (s.a. Abbildung 389)

Füllanlagen

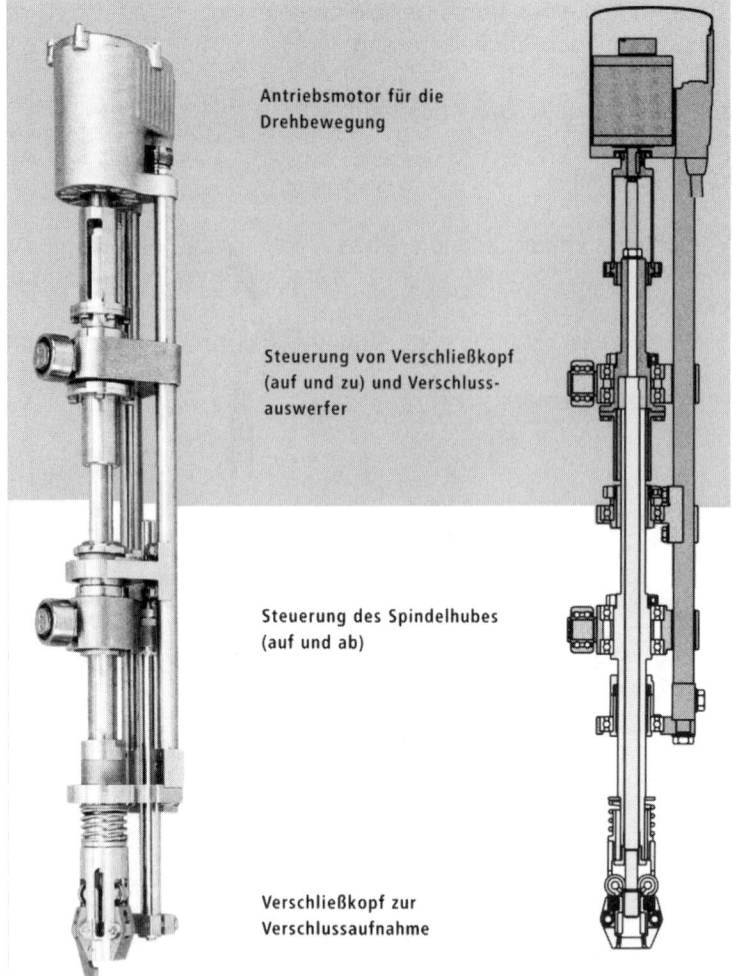

Abbildung 389 Verschließelement mit mechanisch betätigtem Verschließkopf, s.a Abbildung 388 (nach KHS)

21.3.5 Verschließköpfe

Der Verschließkopf muss den Schraubverschluss aufnehmen und auf die Mündung aufdrehen. Das Verschließmoment muss exakt eingehalten werden, um die Dichtheit des Verschlusses zu sichern und um das Aufdrehmoment möglichst niedrig und konstant zu halten.

In der Vergangenheit wurden die Verschließköpfe rein mechanisch betätigt (s.a. Abbildung 389). Diese Verschließköpfe sind in der Lage, ein relativ großes Verschluss-Sortiment zu verarbeiten (bis zu 2000 Verschlüsse/(Verschließkopf · h)).

Der Auswerfer entfernt die Flasche nach dem Verschließen aus dem Verschließkopf. Er entfernt auch bei Bedarf nicht benutzte Verschlüsse vor der Neuaufnahme.

Aus Abbildung 391 ist ein moderner Verschließkopf ersichtlich. Das Innenprofil des Kopfes muss an den Verschluss angepasst sein (z.B. Zähnezahl der Verschlüsse: 60, 90, 120, 144). Durch die Spülfenster ist eine CIP-Reinigung möglich.

Verschließmaschinen

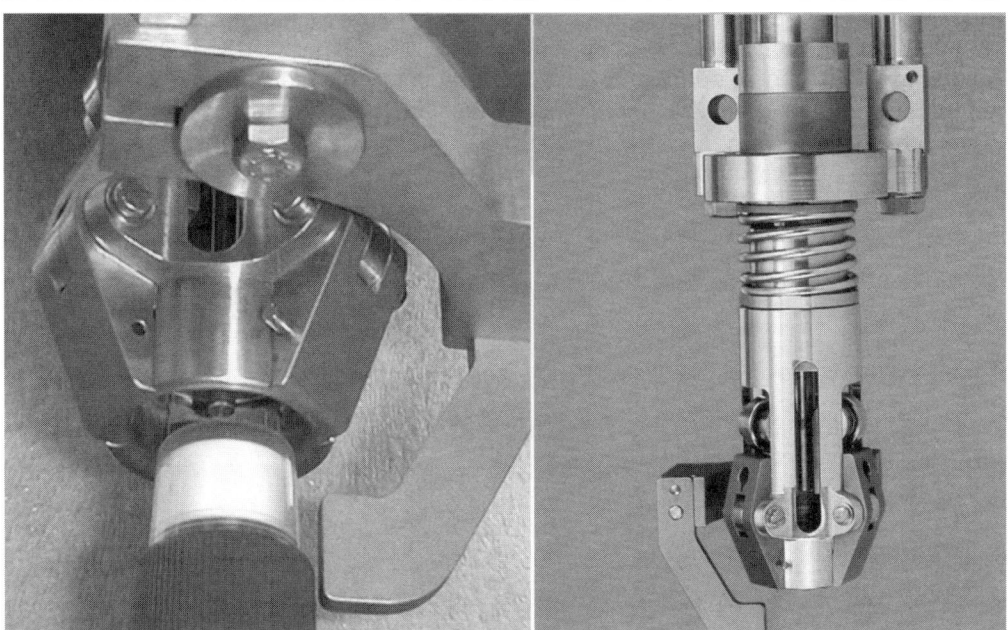

Abbildung 390 Mechanisch gesteuerter Verschließkopf für Schraubverschlüsse (nach KHS)

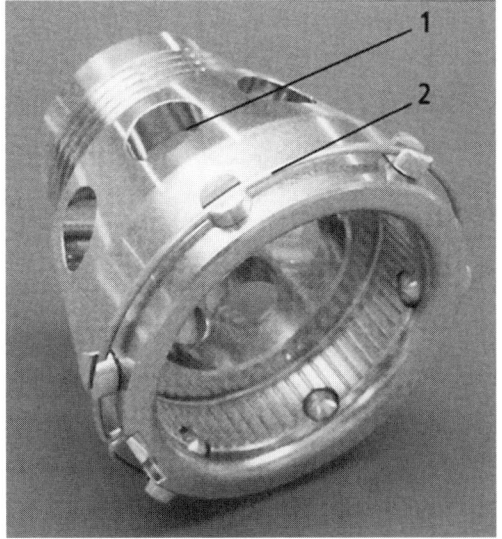

Abbildung 391 Verschlusshalterung im Hygienic Design (nach KHS)
1 Spülfenster **2** frei liegender Spannring zum Fixieren der Verschlüsse

Das maximale Verschließdrehmoment kann nach folgenden Varianten festgelegt werden:
- Durch die Steuerung des Antriebsmotors (Servomotor);
- Durch eine Drehmoment-Begrenzung.

Füllanlagen

Die Drehmoment-Begrenzung wird im Verschließkopf integriert. Es wird davon ausgegangen, dass bei einem definierten Verschließmoment auch das erforderliche Aufdrehmoment eng toleriert und damit verbraucherfreundlich beim Öffnen ist. Das wirksame Drehmoment ist unabhängig vom Maschinendurchsatz.

Verschließköpfe werden von verschiedenen Herstellern angeboten. Beispiele zeigen die Abbildung 392 und Abbildung 393.

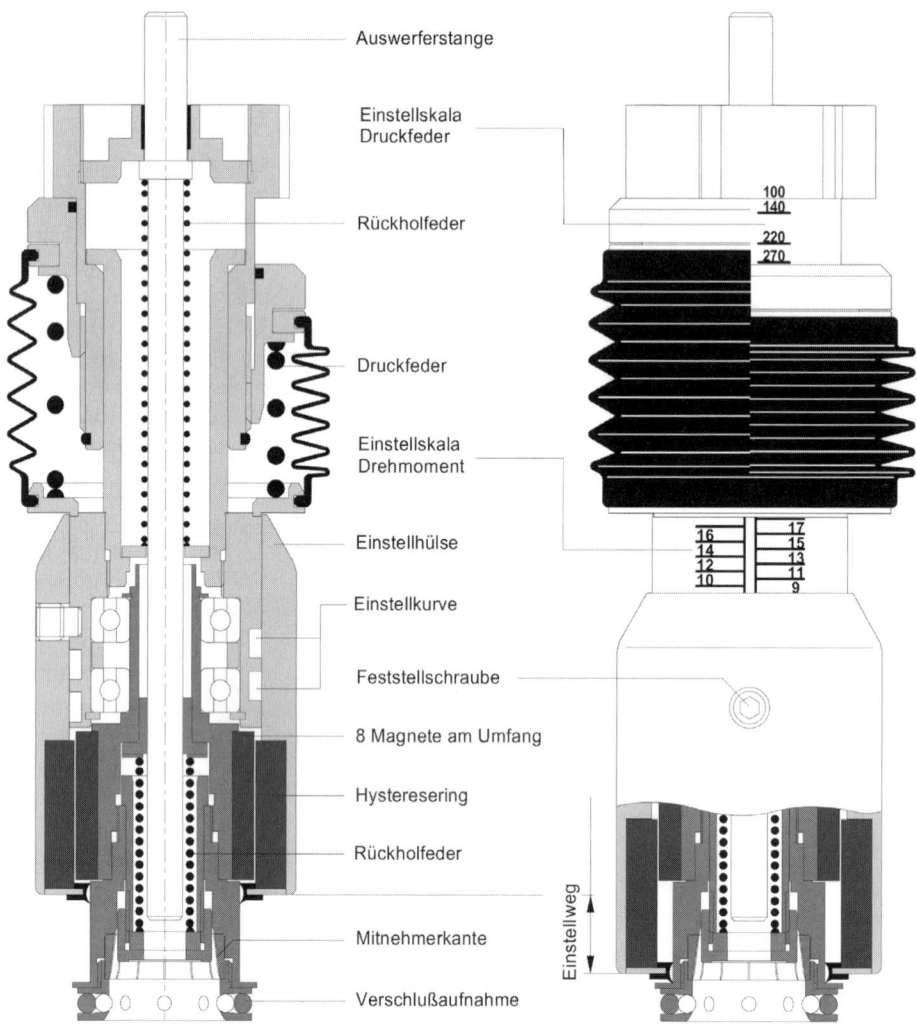

Abbildung 392 Verschließkopf (nach KRONES)

Die Drehmomentbegrenzung erfolgt entweder mittels eines Magnetkupplungssystems (Permanent- oder Elektromagnet) oder mit einer so genannten Hysteresering-Kupplung. Diese Kupplungen sind verschleißfrei. Die Abbildung 392 zeigt beispielhaft einen Verschließkopf mit Hysteresering-Kupplung. Mit dieser Bauform lassen sich die gewünschten Drehmomente feinfühlig einstellen (Beispiele siehe Tabelle 61).

Zusätzlich muss der Verschließkopf eine Kopfkraft auf den Verschluss aufbringen. Der Behälter muss beim Aufdrehen des Verschlusses gegen Drehung gesichert werden, beispielsweise durch die Reibkraft auf dem Flaschenträger. Bei Kunststoffflaschen werden die Behälter nur am Halsring unterstützt („neckhandling"). Der Halsring ist auf seiner Oberseite mit kleinen Spikes besetzt. In diese Spikes wird der Kunststoff durch die Kopfkraft gedrückt und damit die Drehung der Flasche verhindert.

Der Halsring des Verschließers muss die Flasche exakt positionieren, die zulässige Toleranz beträgt nur ≤ 0,2 mm. Auf dem Halsring liegt die Flasche frei auf, ein feststehender Gegenring sichert die Position gegen die Zentrifugalkraft.

Teilweise werden nicht mehr einzelne Halsringe dem Verschließorgan zugeordnet, sondern der Flaschenträger wird als Ring mit verschiedenen Halsringdurchmessern gestaltet, die automatisch in die gewünschte Position gedreht werden können. Dadurch lassen sich die Umstellzeiten auf unterschiedliche Halsdurchmesser verkürzen.

Tabelle 61   Verschließmomente für Schraubverschlüsse (nach KRONES)

	Drehmoment *)	erforderl. Kopfdruck

2-teilige Verschlüsse Ø 28 mm
  bei Glas-Flaschen
  bei PET-EW
	12 lbf·in ≙ 1,36 Nm	50 N
		120 N

1-teiliger Verschluss Ø 28 mm mit:
  „Lippendichtung"
  „Trompetendichtung"
	16 lbf·in ≙ 1,8 Nm	200 N
		280 N

*) 1 Nm = 8,85075 lbf·in

Abbildung 393 Verschließkopf für Schraubverschlüsse
  mit verschiedenen Verschlusshalterungen
  (Typ VK 760, Fa. Alcoa CSI Europe)

Füllanlagen

21.4 Anrollverschluss-Verschließmaschinen

21.4.1 Allgemeine Hinweise

Bei Anrollverschlüssen wird das Gewinde erst nach dem Anpressen des Verschluss-„Rohlings" und seiner Dichtungsscheibe bzw. -masse geformt. Die Gewinderillen der Behältermündung sind also die Gewindeform. Deshalb sind vor allem Glasflaschen für Anrollverschlüsse geeignet.

Wesentliche Baugruppen der Verschließmaschine sind (s.a. Abbildung 395):
- Das Maschinengestell mit Antrieb und Hubkurve;
- Die Sortiereinrichtung und Verschlusszuführung zu den Verschließelementen;
- Die Verschließelemente.

21.4.2 Sortieren der Verschlüsse, Verschluss-Zufuhr und Übergabe

Die Verschlüsse werden in rotierenden Trommeln mit peripheren Gewindegängen oder mit Vibrationsförderern ausgerichtet („sortiert"), durch Zentrifugalkraft geordnet oder formschlüssig getrennt.

Sortierkriterien können z.B. sein: die asymmetrische Schwerpunktlage des rollenden Verschlusses, Durchmesserunterschiede, der mögliche Eindringtiefenunterschied je nach Lage des Verschlusses. Ein Beispiel zeigt Abbildung 382.

Über einen offenen Kanal werden die Verschlüsse der Flaschenmündung zugeführt. Im gleichen Bereich kann bzw. muss eine Verschlussmangelsicherung installiert werden, die ggf. die FFM selbsttätig stillsetzt oder den Flascheneinlauf in die FFM stoppt, um unverschlossen Flaschen zu verhindern.

Der Sortierzylinder und der Verschlusskanal sind an die CIP-Reinigung angeschlossen.

Die Verschlussübergabe wird im „Schleppverfahren" realisiert: die Flaschenmündung entnimmt einen Verschluss aus dem Zuführkanal (Abbildung 394).

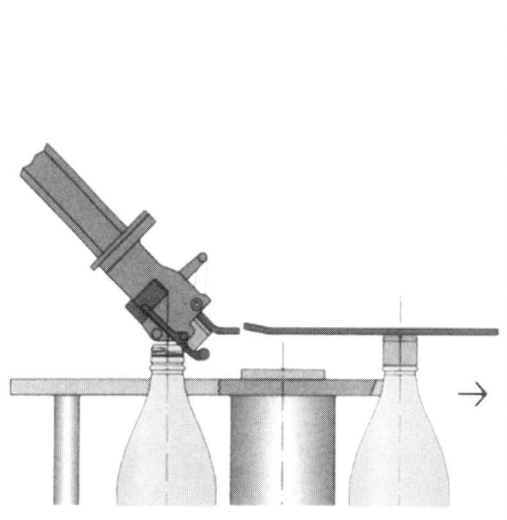 

Abbildung 394 Vorrichtung zum „Aufschleppen" der Anrollverschlüsse

Verschließmaschinen

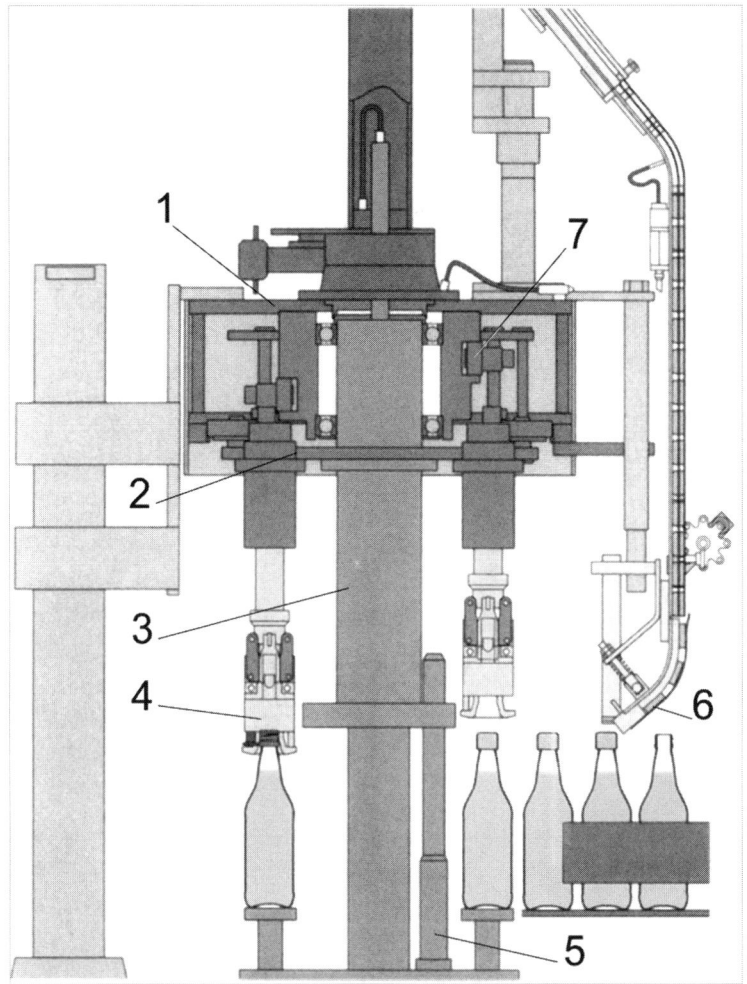

Abbildung 395 Verschließmaschine für Anrollverschlüsse, schematisch (nach KRONES)
1 Stator **2** Antriebsräder **3** Rotor **4** Verschließkopf **5** Mitnehmer **6** Verschluss-Zuführung **7** feststehende Nutkurve und Rolle

21.4.3 Verschließköpfe für Anrollverschlüsse

Abbildung 396 zeigt schematisch das Anrollen eines Verschlusses.
   1 Gewinderolle am Anfang des Anrollens
   2 Gewinderolle am Ende des Anrollens
   3 Bördelrolle
   F_{GR} Anpresskraft der Gewinderolle
   F_{BR} Anpresskraft der Bördelrolle
   F_A Anpresskraft des Verschlusses

Abbildung 396 Anrollen eines Verschlusses, schemat.

Füllanlagen

Abbildung 397 Verschließkopf für Anrollverschlüsse (nach KRONES)
1 Zentrierbolzen 2 Druckfeder 3 Schiebehülse
4 Einstellmutter 5 Axiallager 6 Passfeder
7 Kugellager 8 Plunger 9 Kurvenmutter
10 Seitendruckhebel 11 Gewinderollenarm
12 Bördelrollenarm 13 Taststift
14 Druckstück mit Druckfeder 15 V-Ring
16 Axiallager 17 Ring 18 Plunger
19 Lagerbuchse 20 Gewinderolle
21 Bördelrolle 22 Zentrierplatte
23 Auswerferstift

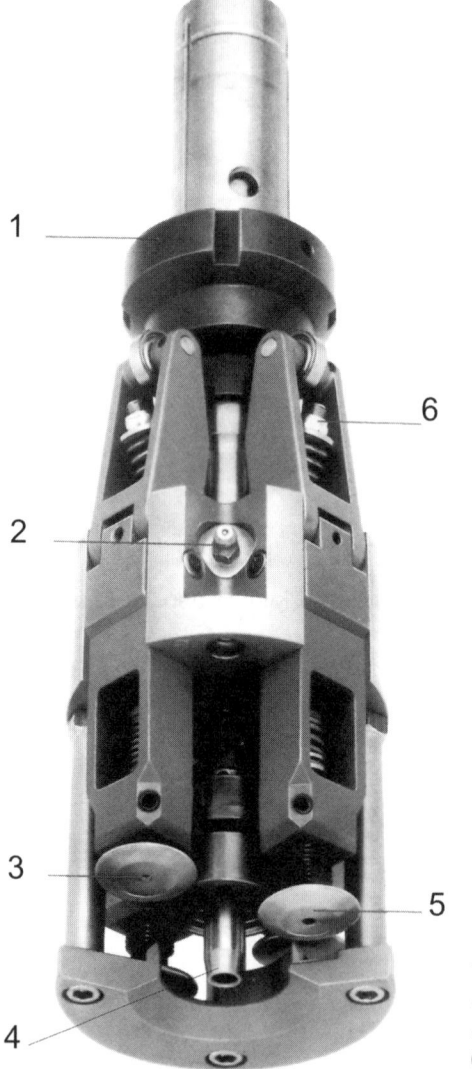

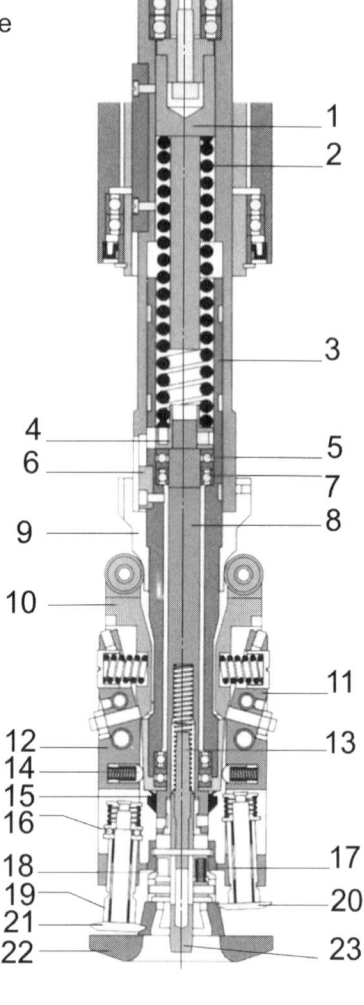

Abbildung 398 Verschließkopf für Anroll verschlüsse Typ VK 138 (nach Alcoa CSI europe)
1 Normanschluss Alcoa 2 Nur eine Schmierstelle 3 Gewinderolle (2 Stück)
4 Auswerferstift 5 Bördelrolle (2 Stück)
6 Seitendruck-Justierung

Verschließmaschinen

Die empfohlenen Kräfte für Gewinde- und Bördelrollen sind aus Tabelle 62 ersichtlich.

Tabelle 62   Kräfte an Gewinde- und Bördelrollen, s.a. Abbildung 396
(nach Alcoa CSI Europe)

	Anpresskraft für	
	gasdichte Verschlüsse	flüssigkeitsdichte Verschlüsse
F_A	1,8…2,3 kN	> 0,1 kN
F_{GR}	150…170 N	70…100 N
F_{BR}	180…200 N	80…120 N

Das maximale Aufdrehmoment soll bei 28 mm-Verschlüssen ≤ 10 lbf·in ≙ ≤ 1,13 Nm nach dem Verschließen betragen und nach 14 Tagen bei ≤ 14 lbf·in ≙ 1,58 Nm liegen.

Der Auswerferstift ist Teil des Sicherheitsplungers (s.a. Abbildung 397 und Abbildung 398). Er dient der Erkennung von Flaschen ohne aufgelegten Verschluss. Ein vorhandener Verschluss hebt den Auswerferstift und somit den Plunger an und blockiert damit das Anpressen der Verschließrollen an die Mündung, um Glasschäden zu verhindern.

Die Verschließköpfe müssen regelmäßig nach den Vorgaben der Verschließkopfhersteller überprüft werden. Für die Höheneinstellung sind die behälterabhängigen Maße zu verwenden, zweckmäßig in Form einer Lehre, und die Vorspann- und Andrückkräfte sind zu prüfen und ggf. zu korrigieren.

Das Gleiche gilt für die tägliche Reinigung und Wartung der Verschließköpfe.

Füllanlagen

21.5 Bügelverschluss-Verschließmaschinen

21.5.1 Allgemeine Hinweise

Die bis in die 1950er Jahre dominierenden Bügelverschluss-Flaschen wurden fast ausnahmslos von Hand verschlossen. Eine Person schaffte etwa 3000 Fl./h.

Die zwar schon vereinzelt vorhandenen Verschließmaschinen waren mechanisch sehr aufwendig und wartungsintensiv. Werkstoff bedingt waren sie korrosionsanfällig (dominierend waren Messing und Bronze). Der Preis dieser Maschinen war relativ hoch. Die Durchsätze erreichten 10…12.000 Fl./h bei 24 Verschließerstellen [264].

Die Funktionssicherheit der Verschließmaschinen war nur bedingt gegeben, da die zu verarbeitenden Flaschen und Verschlüsse nicht maßhaltig waren.

Erst der Übergang zu maßhaltigen Verschlüssen, alterungsstabilen Dichtungsscheiben und exakt gefertigten und eng tolerierten Lochmundstücken ermöglichte etwa ab Anfang der 1990er Jahre die Entwicklung geeigneter Verschließmaschinen, die auch für die CIP-Reinigung verwendbar sind.

Moderne Verschließmaschinen erreichen mit bis zu 30 Verschließelementen Durchsätze von bis zu 25.000 Fl./h [265]. In größeren Anlagen werden deshalb zwei oder mehrere Maschinen parallel betrieben. Die Verschließquote erreicht Werte von $\geq$ 98 %. Von [266] werden bereits 40.000 Fl./h genannt.

Bezüglich des Luftgehaltes im Flaschenhals werden die Vergleichswerte von KK-Flaschen auch bei HD-Einspritzung nicht ganz erreicht.

Der Aufwand bei der Pflege des Flaschenpools darf nicht unterschätzt werden (Auswechseln der Dichtscheiben, Verschließkraft-Kontrolle, Beschaffungskosten), zumal es bis jetzt nicht gelungen ist, die Mündungen und Verschlüsse nach einer einheitlichen Norm zu fertigen.

21.5.2 Ausgeführte Anlagen

Funktionsprinzip

Die Flaschen werden vereinzelt und von einem Transferstern auf die Kreisbahn der Verschließmaschine übergeben. Die einzelnen Stationen sind:
- Das Ausrichten der Flaschen (die Flaschen rotieren, bis der Bügel an einem Anschlag festgehalten wird),
- Das Anheben des Verschlussknopfes und Absenken auf die Mündung und
- Das Andrücken des Bügels.

Damit ist die Flasche verschlossen und wird von einem Transferstern auf die Bandanlage übergeben.

Bei einem Teil der Verschließmaschinen werden die Flaschen kurz vor dem Aufsetzen des Knopfes mit einem Wasserstrahl aus einer HD-Einspritzdüse zum Aufschäumen gebracht, um die Luft aus dem Hals zu entfernen.

Moderne Verschließmaschinen werden mit einer Bügelspann-Kontrolle ausgerüstet. Damit werden die verschlossenen Bügel pneumatisch belastet. Fehlerhaft Verschlüsse werden erkannt und ausgeschleust.

Zurzeit werden Verschließsysteme für Bügelverschließmaschinen vor allem angeboten von:
- RICO-Maschinenbau (Aalen/D);
- KUMAG AG (Zürich/CH)

- AMS Getränketechnik GesmbH (Enzenreith/A)
- Dr. Datz Maschinenfabrik (Andernach/D).

21.5.3 Zubehör zu Bügelverschließmaschinen und -anlagen

Zur Komplettierung der Bügelverschluss-Verarbeitung sind folgende Anlagen verfügbar:
- Kontrollanlagen für Dichtungsscheiben (Kamerakontrolle zum Beispiel auf Vollständigkeit, Risse, Schimmel, Versprödung);
- Dichtungsscheiben-Wechselanlagen;
- Anlagen zur Bügelspann-Kontrolle (s.o.);
- Anlagen für das Öffnen von Bügelverschlussflaschen (im Transportkasten).

Füllanlagen

21.6 Verschließmaschinen für Stopfen

21.6.1 Allgemeine Hinweise

Zum Verschließen der Flaschen mit Bandmundstück (vor allem für Wein- und Spirituosenflaschen) werden Naturkorken bzw. in jüngster Zeit auch andere Stopfen als Korkersatz benutzt.

Für kleine Bedarfsträger werden einstempelige Verschließer gefertigt. Bei größeren Durchsätzen werden Rundlaufmaschinen eingesetzt. Die Zahl der Verschließorgane kann bis zu 36 Stück betragen, der spezifische Durchsatz eines Verschließelements beträgt bis zu 1500 Korken/h.

Die Verschließmaschinen besitzen im Allgemeinen Huborgane, die die Flaschen um einen kleinen Betrag anheben und an die Verschließorgane anpressen. Die Verschließorgane rotieren also auf konstanter, aber einstellbarer Höhe.

Die Verschließmaschine besteht aus folgenden Baugruppen:
- Dem Maschinengestell mit den Transfersternen, und ggf. einer Vereinzelungsschnecke;
- Dem Sortierwerk und der Verschlusszuführung an das Korkschloss;
- Den Verschließorganen.

Die Verschließmaschine wird in der Regel mit der Füllmaschine geblockt und von dieser angetrieben.

Die Verschließmaschine muss den richtigen, faltenfreien Sitz des Stopfens sichern. Weitere wichtige Kriterien sind:
- kontaminationsfreies Arbeiten und
- sauerstoffarmes Verschließen.

21.6.2 Sortierwerk und Stopfen-/Korkzufuhr

Die Sortierwerke sind rotierende, oft transparente Zylinder mit den Stopfenkanälen („Korkkanälen"). In der Regel stehen die Sortierelemente („Sortierkegel") still.
Jedes „Korkschloss" verfügt über einen Korkkanal, der mit rotiert.
Bei mehrteiligen Korken müssen diese vorher ausgerichtet werden. Abbildung 399 zeigt eine mögliche Variante.

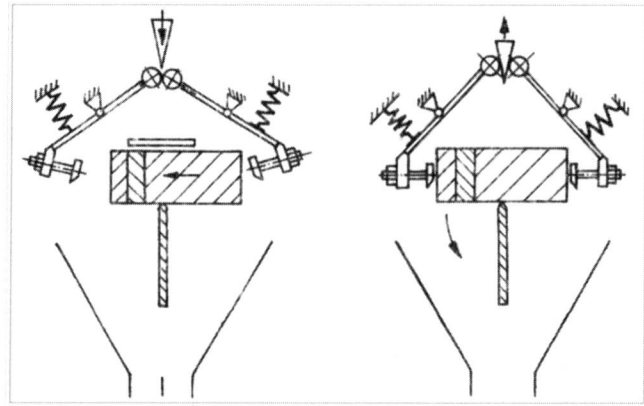

Abbildung 399 Ausrichten von mehrteiligen (Sekt-)Korken, schematisch

21.6.3 Verschließorgane

Ein Verschließorgan besteht aus folgenden wesentlichen Elementen:
- Der Korkzuführung/Stopfenzuführung;
- Dem „Korkschloss";
- Dem Verschließstempel;
- Der Zentrierung der Flasche.

21.6.3 1 Korkschloss

Im Korkschloss wird der Stopfen auf ein Maß kleiner als die Flaschenmündung komprimiert. Dieses Maß ist also von den Mündungsdurchmessern abhängig. Bei Bandmundstücken beträgt dieser Wert z.B. ≤ 15,8 mm für Korken mit einem Ø 22... 26 mm.

In der Vergangenheit wurden verschiedene Bauformen benutzt, beispielsweise das 2-Backen-Schloss, das einfache Korkschloss mit einem Hebel, das Korkschloss mit Rollen und das 4-Backen-Schloss. Das zuletzt genannte Korkschloss dominiert bei modernen Verschließmaschinen (Abbildung 400 und Abbildung 401).

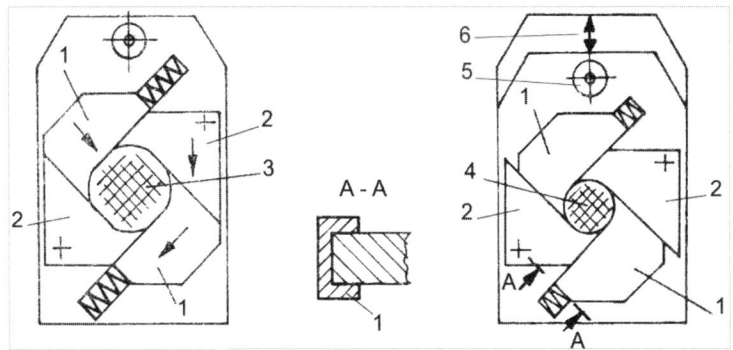

Abbildung 400 4-Backen-Korkschloss, schematisch
1 bewegliche Backen   **2** feste Backen   **3** Korken, ungepresst   **4** Korken, gepresst
5 Rolle für die Korkschlossbetätigung mittels Kurvenscheibe   **6** Verschließweg Korkschloss

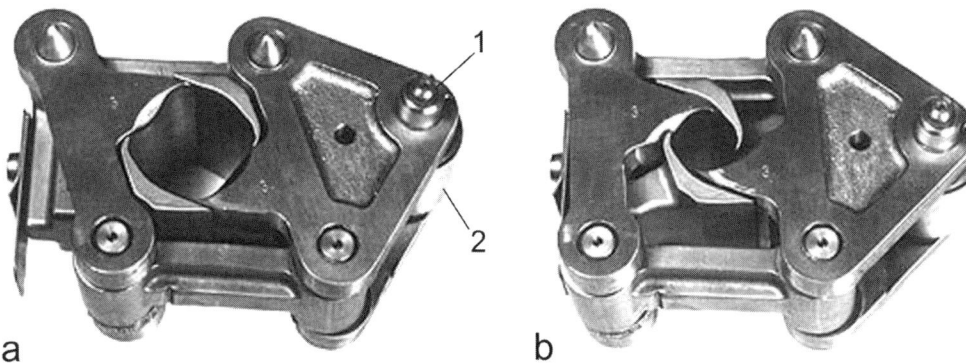

Abbildung 401 4-Backen-Korkschloss (nach KRONES)
a Schloss geöffnet   **b** Schloss geschlossen   **1** Rolle für Schloss-Öffnung   **2** Rolle für Schloss-Schließung

Füllanlagen

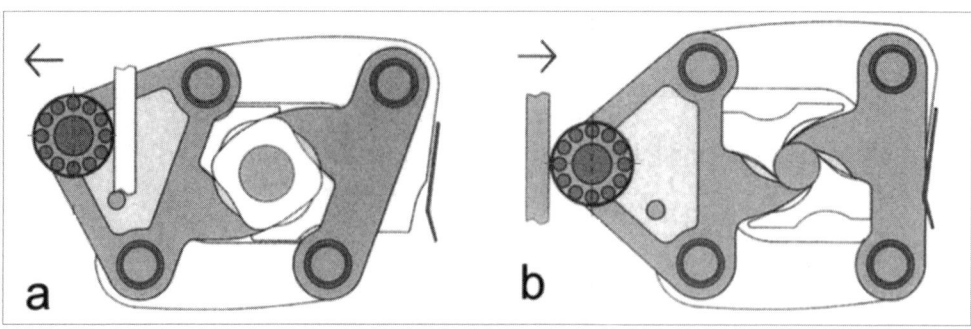

Abbildung 401 a   4-Backen-Korkschloss (nach KRONES)
a geöffnete Stellung   **b** geschlossene Stellung

21.6.3.2 Funktionsweise eines Korkschlosses

In Abbildung 402 ist das Verschließen einer Flasche mit einem Korken schematisch dargestellt. Die geordneten Korken gelangen durch den Korkkanal zur Korkzuführung. Diese übergibt den Kork an das Korkschloss. Dazu werden meist kurvenbahngesteuerte Hebel benutzt, die auch das Prinzip: „keine Flasche, keinen Kork" sichern.

Das Korkschloss presst den Korken soweit zusammen, dass er in die Flaschenmündung eingedrückt werden kann. Die Bauform des Korkschlosses kann sehr verschiedenartig sein. Moderne Bauform ist das 4-Backen-Schloss (Abbildung 400 und Abbildung 401). Der gepresste Stopfen muss faltenfrei sein. Die Betätigung des Korkschlosses erfolgt mit einer Kurvenscheibe über eine Rolle oder zum Beispiel auch mit einem Pneumatikzylinder. Die Schließkraft beträgt etwa 3...3,5 kN.

Der Verschließstempel (Stößel) drückt den gepressten Korken vollständig in die Mündung der zentrierten und angepressten Flasche, bei Sektflaschen nur zum Teil.

Der Stopfen kann kurz vor dem Eindrücken im Korkschloss geringfügig auf etwa Ø 16,2...16,5 mm entlastet werden.

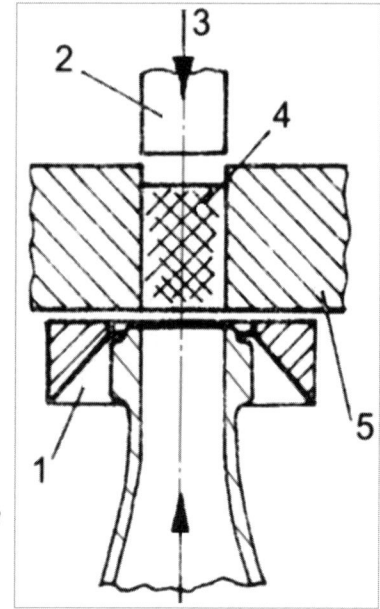

Abbildung 402 Verschließen mit Korken, schematisch
1 Zentrierung und Anschlag **2** Verschließstößel
3 Verschließkraft **4** gepresster Kork **5** Korkschloss

21.6.3.3 Mögliche Probleme beim Verschließen mit Stopfen

Beim Verschließvorgang wird der Stopfen zunächst im Korkschloss auf ca. 15,8 mm zusammengepresst und dann in die Flaschenmündung eingestoßen. Abhängig von der Elastizität des Stopfens bzw. Korks, den Abmessungen, aber auch von der Oberflächenbeschaffenheit der Korken und der Einstoßgeschwindigkeit wird durch die „Kolbenwirkung" der Korken die Luft /das Gas in der Mündung komprimiert („Verschließdruck"). Dieser Druck, der kurzzeitig 4…5 bar erreichen kann, fällt meist innerhalb weniger Minuten wieder auf 1…2 bar ab und wird dann in den nächsten Tagen langsam völlig abgebaut.

Dieser Druckabbau kann durch eine Kohlensäurespülung des Kopfraumes der unverschlossenen Flaschen beschleunigt werden. Dazu wird CO_2 unmittelbar vor dem Verkorken in die Mündungen geblasen. Durch Einsatz von 0,08…0,4 g CO_2/Flasche wird die Luft aus dem Leerraum der Flaschen verdrängt. Da sich die Kohlensäure sehr schnell nach dem Verkorken im Wein löst, wird der Verschließdruck so abgebaut. Eine sensorische Beeinflussung des Weines kann wegen der geringen Einsatzmenge nicht festgestellt werden. Positiv ist dabei die Sauerstoffverdrängung aus dem Kopfraum der Flaschen mit der Folge geringerer Oxidationen.

Abbildung 403 Verschließmaschinenoberteil für Korkstopfen (nach KRONES)

Auch eine Evakuierung des Kopfraumes der befüllten Flaschen, unmittelbar vor dem Verkorken, führt zu einer Reduzierung des Verschließdruckes. Diese Variante ist aber relativ aufwendig.

Der Verschließdruck wird vor allem vom Leerraum der verschlossenen Flasche bestimmt. Dieser kann durch Bestimmung des Nenn- und Randvollvolumens der Flaschen festgestellt werden.

Die Frage der erforderlichen Verschlusslänge, kann nur dann richtig beantwortet werden, wenn die Abstände zwischen Füllhöhe und Stopfenunterkante bekannt sind. Nur so kann abgeschätzt werden, ob ein ausreichender Leerraum für eine eventuelle Wärmeausdehnung des Weines übrig bleibt.

Füllanlagen

Abbildung 404 Verschließmaschine für Korkstopfen (nach KRONES)
1 Korken-Kanal **2** Korken-Übergabe an Korkschloss **3** Korkschloss

Bei der Abfüllung ist unbedingt darauf zu achten, dass, bei Einhaltung des Nennvolumens, in den Flaschen ein Leerraum zwischen Weinoberfläche und Kork bleibt. Dieser Freiraum ist zum Ausgleich der Volumenzunahme („Dilatation") des Weines bei Erwärmung notwendig, die sonst zum „Drücken", d.h. zu Undichtigkeiten der Flaschen führt.

Das Ausmaß der Volumenzunahme hängt direkt von den Temperaturdifferenzen zwischen Füll- und Lager- bzw. Transporttemperaturen ab, wird aber auch durch den Ethanol- und Restzuckergehalt des Weines beeinflusst. Als Richtwert kann mit einer Ausdehnung von 0,2…0,4 ml/Liter bei Erwärmung um 1 K gerechnet werden.

Das heißt, dass beispielsweise ein Wein, der mit 10 °C abgefüllt und später auf dem Transport auf 40°C erwärmt wurde (was bei sommerlichen Temperaturen sehr schnell erreicht sein wird), sein Volumen um ca. 6 ml (bei trockenem Wein mit ca. 10 Vol.-%) bis ca. 12 ml (bei restsüßem Wein mit ca. 14 Vol.-%) vergrößern wird!

Ein Leerraum von 10 mm, gemessen zwischen Korkunterkante und Weinspiegel (bei stehender Flasche), entspricht einem Volumen von ca. 3 ml.

Eine Fülltemperatur der Weine von 20°C verringert die mögliche Temperaturspanne zwischen Füll- und Lagertemperatur und damit das Risiko einer zu starken Volumenzunahme. Ohnehin ist die Fülltemperatur von 20°C zur Einstellung der korrekten Nennfüllmenge entsprechend der Fertigpackungs-VO günstig.

21.6.4 Verschließmaschinen für PE-/PP-Stopfen

Für Schaumweinflaschen werden teilweise Stopfen aus PE oder PP benutzt (s.a. Kapitel 5.3.6). Diese werden in einem Sortierwerk geordnet und über einen Kanal den gefüllten Flaschen zugeführt. Die Verschlüsse werden „aufgeschleppt" (siehe Abbildung 394) und anschließend mit einem Stempel in die Mündung gedrückt.

21.6.5 Zubehör für Naturkork-/Stopfen-Verschließmaschinen

Korkbrandeinrichtungen
Brennstempel zum Kennzeichnen der Korkwandung mit dem Abfüller, Abfüllort usw., soweit nicht bereits beschriftete Stopfen verwendet werden.

Korkschloss-Beheizung
Zur Verbesserung des biologischen Status wurden die Korkschlösser auf ≥ 85 °C aufgeheizt.

Abflammbierung
Zur Vermeidung von Kontaminationen durch den Stopfen bzw. das Korkschloss

CO_2-Spülung
Der Flaschenhals wird mit CO_2 gespült, um die Luft vor dem Verschließen zu verdrängen (s.o.).

Verdrahtung des Verschlusses
Der Stopfen bei CO_2-haltigen Getränken, insbesondere Schaumwein, Sekt usw., wird bei Flaschen mit Bandmundstück durch einen Drahtbügel gesichert (s.a. Kapitel 23.6).

Füllanlagen

21.7 Verschließmaschinen für Dosen

21.7.1 Allgemeine Hinweise

Die Verschließmaschine treibt immer auch die Füllmaschine an. Die gefüllten Dosen verlassen die Füllmaschine tangential und werden von einer Förderkette linear zur Verschließmaschine transportiert. Kurz vor dem Einlauf in die Verschließmaschine können grobe Blasen mittels CO_2 von einem „Blasenbrecher" entfernt werden.

Die Verschließelemente bewegen sich auf einer Kreisbahn. Dieser Falzrotor wird bei modernen Maschinen allseitig gekapselt, der Dosenein- und Auslauf erfolgt durch eng tolerierte Öffnungen, um eine möglichst hohe CO_2-Konzentration im eigentlichen Verschließer aufrecht zu erhalten und um eine möglichst geringe O_2-Aufnahme zu sichern. Das CO_2 wird bei der so genannten Unterdeckelbegasung während des Deckelauflegens zugeführt (s.u.).

Wesentliche Komponenten einer Dosen-Verschließmaschine sind:
- Der Antrieb;
- Die Dosenzuführung;
- Das Dosenabführband;
- Der Falzrotor mit den Verschließelementen;
- Die Unterdeckelbegasungsstation;
- Die Deckelzufuhr und Vereinzelung.

Die Verschließmaschinen werden allseitig mit einer Edelstahlverkleidung ausgerüstet. Die Türen besitzen Kontrollfenster und sind mit dem Antrieb verriegelt. Die Verkleidung ist außerdem für die Lärmdämmung zuständig.

Moderne Maschinen sind mit CIP-Schwall- bzw. Schaumreinigungssystemen ausgerüstet, bei älteren Ausführungen muss manuell nach Herstelleranweisung gereinigt werden. Spritzwasserstrahlen sind grundsätzlich zu vermeiden.

In Betriebspausen muss Heiß-/Warmwasser für die Spülungen benutzt werden, um unzulässige Wärmespannungen der Verschließelemente zu vermeiden.

Die Fertigung von Dosen-Verschließmaschinen erfolgt durch relativ wenige spezialisierte Maschinenbaubetriebe mit großer Präzisison.

21.7.2 Der Antrieb

Moderne Verschließmaschinen werden von Drehstrom-Asynchronmotoren angetrieben, die Drehzahleinstellung erfolgt mittels Frequenzumrichters.

Für Justierungs- und Wartungsarbeiten wird ein „Schleichgang" vorgesehen, der auch für die CIP-Reinigung der Füllmaschine genutzt wird. Die geringe Drehzahl kann auch von einem zusätzlichen Getriebemotor bereitgestellt werden.

Die Füllmaschine wird über eine formschlüssige, schaltbare Kupplung synchron angetrieben.

Zur Vermeidung eventueller Havarieschäden werden Füllmaschine, Transferkette und Verschließmaschinen-Rotor durch Überlastkupplungen bei Bedarf selbsttätig getrennt. Nach Beseitigung der Störung lassen sich die getrennten Komponenten wieder leicht synchronisieren.

21.7.3 Die Dosenabführung zur Verschließmaschine

Die Ausleitung der gefüllten Dosen aus der Füllmaschine erfolgt tangential direkt auf die Fördereinrichtung zur Verschließmaschine. Diese lineare Förderstrecke besteht aus einem Stahlband, auf dem die Dosen gleiten. Den Vortrieb erzeugt eine umlaufende Fingerkette mit der gleichen Teilung wie die Füllmaschine (Abbildung 405). Die Finger erfassen die Dosen in einer Höhe von etwa 15 mm. Die Antriebswelle der Kette kann vertikal oder horizontal angeordnet werden.

Ziel ist der absolut ruckfreie Transport der Dosen, um ein Aufschäumen und Flüssigkeitsverluste zu verhindern.

Abbildung 405 Transportkette für gefüllte, unverschlossene Dosen zur Verschließmaschine

21.7.4 Die Verschließelemente

Der Rotor verfügt über mehrere Verschließ- bzw. Falzstationen (s.a. Abbildung 410). Je Station können etwa bis zu 8000 Dosen/h ($\hat{=}$ 140...150 Dosen/min) verschlossen werden (üblich ist vor allem die Angabe des Durchsatzes der Verschließmaschine in Dosen pro Minute [CPM]).

Mit 18 Falzstationen werden beispielsweise 2500 Dosen/min erreicht, mit 12 Falzstationen bis zu 1750 Dosen/min [267].
Eine Verschließstation besteht aus folgenden Elementen (Abbildung 407):
- Dem Pinolenteller;
- Dem Verschließkopf;
- Zwei Verschließrollen.

Auf dem Pinolenteller steht die Dose. Der Pinolenteller wird nach dem Auflegen des Deckels an den Verschließkopf durch eine Kurvenbahn angehoben und angepresst. Der Pinolenteller kann zum Ausgleich von Toleranzen geringfügig einfedern.
Pinole/Pinolenteller und Verschließkopf rotieren synchron mit der Dose.

Füllanlagen

Die beiden Verschließrollen sind unterschiedlich geformt. Sie übernehmen die Ausbildung des Doppelfalzes durch das Andrücken der Rollen an den aufgelegten Deckel in zwei Arbeitsschritten (Operationen) Abbildung 406:
- 1. Operation: Vorrollen (etwa 5...6,3 Umdrehungen der Dose);
- 2. Operation: Andrücken (etwa 2,6...3,3 Umdrehungen der Dose).

Die Profile der Verschließrollen und des Verschließkopfes müssen auf die Abmessungen der zu verarbeitenden Dosen und Deckel abgestimmt sein, der Abstand Pinolenteller/Verschließkopf wird von der Dosenhöhe bestimmt und muss genau eingestellt werden.

Die beiden Andrückrollen müssen sehr exakt zum Verschließkopf justiert sein. Das gleiche gilt für den Andrückweg und die Andrückkraft.

Die Verschließrollen werden aus gehärteten Werkstoffen und mit großer Präzision gefertigt oder mit diesen beschichtet. Ein Werkstoffbeispiel sind *Stellite*.

Stellite sind Nichteisenlegierungen auf Kobalt-Chrom-Basis, die je nach Einsatzzweck Anteile von Wolfram, Nickel, Molybdän und Kohlenstoff enthalten. Kohlenstoff hat durch die Bildung von Karbiden einen großen Einfluss auf die Eigenschaften der Legierung. Ihr Hauptmerkmal ist eine hohe Beständigkeit gegen Abrieb und Korrosion, die auch bei hohen Temperaturen erhalten bleibt.

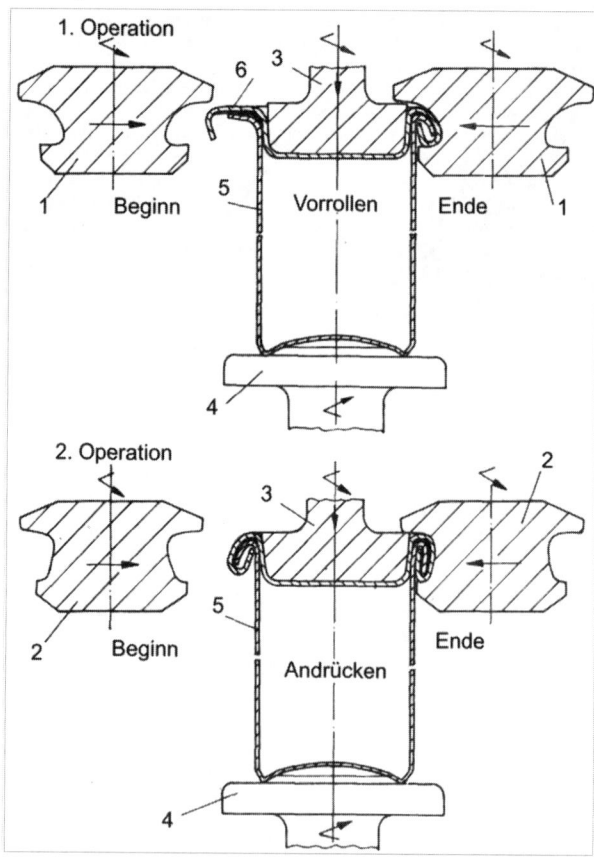

Abbildung 406 Verschließen der Dosen, schematisch (nach [268])
1 Vorrolle **2** Andrückrolle **3** Verschließkopf **4** Pinolenteller **5** Dose **6** Deckel mit Dichtungscompound

Verschließmaschinen

Abbildung 407 Falzorgane
(nach Ferrum AG)
1 Verschließkopf **2** Falzrolle
3 Falzrolle mit Lagerzapfen

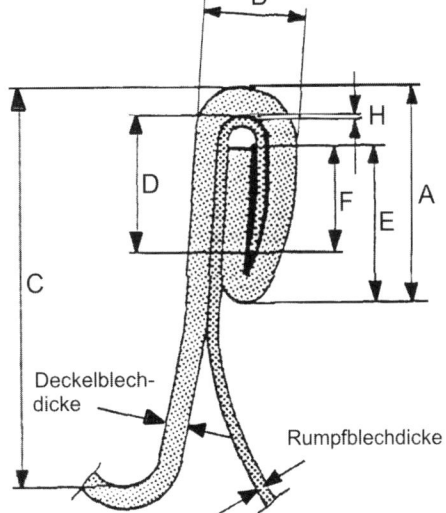

Abbildung 408 Schnitt durch einen Dosenfalz
(nach [268])
- A Falzhöhe
- B Falzbreite
- C Kerntiefe verschlossen
- D Rumpfhakenlänge
- E Deckelhakenlänge
- F Überlappung
- H Falzspalt

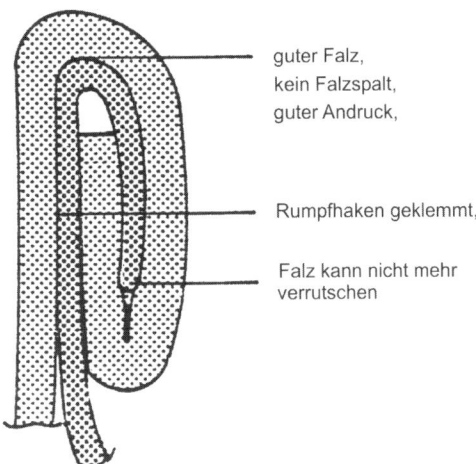

Abbildung 409 Beispiel eines „guten" Falzes
(nach [268])

Füllanlagen

Die Ergebnisse des Verschließvorganges müssen regelmäßig kontrolliert werden (nach jedem Dosen- bzw. Deckelwechsel und mindestens einmal je Schicht). Dazu werden von jeder Verschließstation Dosen entnommen, der Dosenfalz aufgesägt und am Falzprojektor vermessen. Bei Bedarf müssen die Verschließelemente nachjustiert werden. Die Abbildung 408 zeigt einen Falzschnitt und erläutert die Begriffe, die bei der Falzkontrolle ausgewertet werden müssen (ein weiteres visuelles Auswertekriterium ist die *Faltenfreiheit* des Deckelhakens).

Die Funktion der Verschließrollen wird vor allem vom Werkstoff der Dose und des Deckels, der Werkstoffdicke einschließlich der Lackierung und der Dichtungsmasse des Deckels beeinflusst. Deshalb müssen die Verschließrollen exakt nach den Vorschriften der Hersteller von Verschließmaschine, Dose und Deckel justiert werden.

Bei der Falzbildung entsteht als Folge der Verformungsarbeit Wärme. Diese führt zu relativ hohen Arbeitstemperaturen der Verschließorgane. Deshalb wird bei modernen Maschinen das Schmieröl der Verschließrollen im Kreislauf gefördert, filtriert und zur Wärmeableitung genutzt. Die Kegelrollenlager der Verschließrollen müssen sehr eng toleriert und einstellbar sein. Die Verschließrollen und Antriebswellen sind gegen Schmierstoffaustritt bzw. Wassereintritt gedichtet.

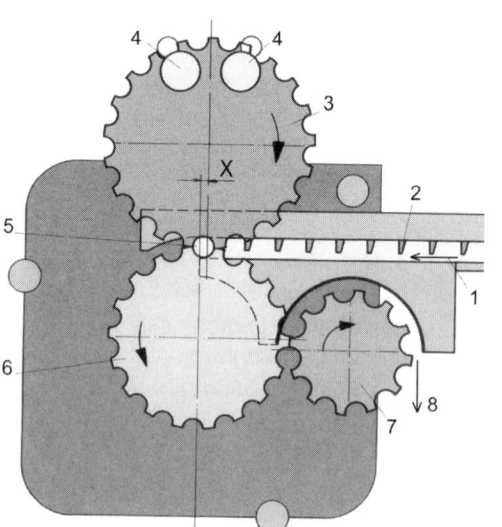

Abbildung 410 Dosenverschließmaschine, schematisch (nach Ferrum/CH)
1 Dosenzulauf **2** Transferkette **3** Deckelübergaberad **4** Deckelvereinzelung und -übergabe an Pos. 3 **5** Deckelübergabe an Dose und Unterdeckelbegasung
6 Falzrotor mit 18 Falzstationen
7 Ausleitstern **8** verschlossene Dosen
x axialer Versatz zur Verlängerung der Begasungszeit

21.7.5 Der Verschließvorgang

Nach Übergabe des Deckels wird die Dose mittels Kurvenbahn angehoben und an den Verschließkopf angepresst. Im Bereich der Deckelübergabe wird die Luft mittels der Unterdeckelbegasung möglichst vollständig entfernt (s.a. Abbildung 412).

Nach Übergabe der Dose an den Falzrotor dreht sich die Dose synchron mit dem Verschließkopf/Pinolenteller um ihre Achse.

Die Falzrollen werden nacheinander, Kurvenbahn gesteuert, an den Deckel/Dosenrand herangeführt und der Falz ausgebildet. Für die Ausbildung des Falzes stehen der Vorrolle (1. Operation) etwa 5...6,3 Umdrehungen zur Verfügung, für das Andrücken (2. Operation) 2,6...3,3 Umdrehungen. Der Falz ist in Verbindung mit dem Dichtungscompound ein hermetischer Verschluss.

Die Zahl der verfügbaren Umdrehungen für die Falzbildung wird vom Hersteller konstruktiv festgelegt und ist variabel.

Verschließmaschinen

Abbildung 411 Falzrotor einer Dosenverschließmaschine (nach Ferrum AG)
1 Pinole **2** Pinolenteller **3** Verschließrolle zweite OP (Andrückrolle) **4** Verschließrolle erste OP (Vorrolle) **5** Verschließkopf **6** Ausdrückstempel

Abbildung 412 Falzrotor mit Blick auf Deckelübergabestation und Unterdeckelbegasung (nach Ferrum AG) **1** *Unterdeckelbegasung*

Füllanlagen

21.7.6 Die Unterdeckelbegasung

Der Kopfraum der verschlossenen Dose soll möglichst sauerstofffrei sein. Deshalb wird mit der Unterdeckelbegasung CO_2 in den Raum zwischen Deckel und Getränkespiegel während des Deckelauflegens geblasen (Abbildung 412, Abbildung 413).

Der Gasdruck ist begrenzt, um Getränkeverluste zu vermeiden. Der Gasvolumenstrom wird vom Durchsatz abhängig geregelt. Als Sensor wird in der Regel ein Rotameter verwendet.

Der CO_2-Verbrauch liegt im Bereich von 750...850 g CO_2/hl-Bier, um Gesamtsauerstoffwerte in der gefüllten Dose von ≤ 0,25 mg/l zu erreichen.

Der Gasweg muss CIP-fähig gestaltet sein.

Statt der Unterdeckelbegasung mit einem Inertgas kann bei anderen Produkten auch mit Dampf gearbeitet werden.

Da mit jeder Dose Luft in den Verschließerraum eingetragen wird und die Öffnungen für Dosenein- und -austritt nicht als Gasschleuse ausgebildet werden können, lässt sich die Sauerstoffkonzentration auch bei relativ hohem CO_2-Verbrauch nicht auf Null reduzieren.

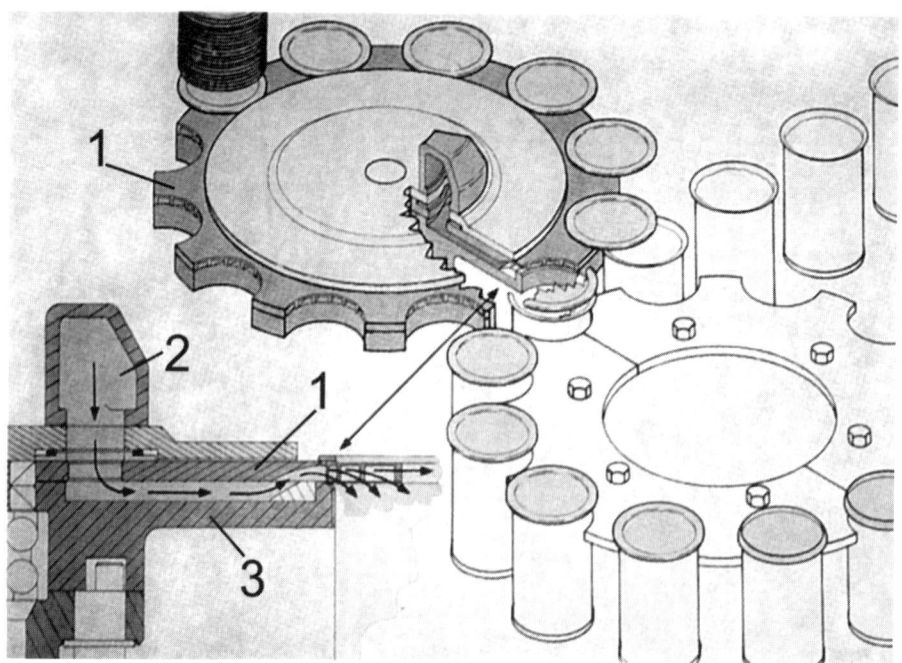

Abbildung 413 Unterdeckelbegasung schematisch
1 Rotor für Deckeltransfer **2** CO_2-Kanal, feststehend **3** CO_2-Kanal im Rotor

21.7.7 Deckelzufuhr und -vereinzelung

Die Deckel werden entweder manuell als „Deckelrolle" auf die Förderanlage aufgelegt und die Papierhülle entfernt oder es wird bei größeren Anlagen mit den Deckelrollen ein Deckelmagazin beschickt, aus dem die Deckel bereitgestellt werden.

Bei Durchsätzen von ≤ 1800 Dosen/min reicht im Allgemeinen eine Deckelbeschickungsstation aus, bei größeren Durchsätzen werden zwei Beschickungsstrecken parallel betrieben (Abbildung 414).

Verschließmaschinen

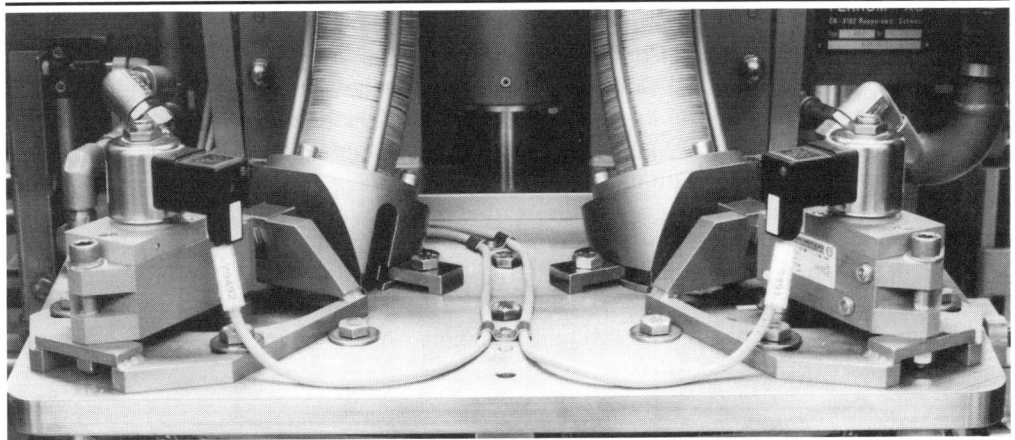

Abbildung 414 Doppelte Deckelvereinzelung (nach Ferrum AG)

Der Deckelstapel wird durch eine Förderschraube aufgelöst. Die Deckelübergabe muss das Prinzip „Keine Dose, keinen Deckel" sichern. In der Regel wird der Deckeltransport bei fehlenden Dosen elektropneumatisch gestoppt.

Bei Deckelmangel wird durch einen Sensor die Füllmaschine oder der Doseneinlauf gestoppt.

21.7.8 Deckelbereitstellung

Deckel werden zu Deckelstapeln zusammengefasst, in Papier verpackt (in Beutel) und palettiert. Die verpackten Deckel sind als keimarm bzw. keimfrei einzuschätzen, solange Lagerung und Transport sorgfältig erfolgen.

Abbildung 415 Förderanlagen für Deckel (nach NSM Magnettechnik)
1 Förderseil **2** kurvenläufige Förderkette **3** Antriebsrolle **4** Deckelführung

Füllanlagen

Die Entnahme der Deckelstapel-Rollen erfolgt entweder manuell; die Rollen werden auf den Förderer gelegt und die Papierhülle wird ohne Deckelberührung abgezogen. Als Förderer werden in der Regel Doppel-Riemenförderer bzw. -Seilförderer eingesetzt. In Kurven werden Kettenförderer benutzt (Abbildung 415). Höhenunterschiede werden mit Druckrollen überwunden (Abbildung 417). Das automatische Aufschneiden und Entfernen der Papierhülle ist möglich.

Der statische Druck der Deckel im Bereich der Verschließmaschine kann mit gesteuerten Deckelbremsen verringert werden (Abbildung 416).

Alternativ können die Deckelstapel für die Beschickung eines Magazins genutzt werden, aus dem sie dann der Verschließmaschine automatisch zugeführt werden (Abbildung 418). Auch das automatische Entpalettieren ist möglich.

Abbildung 416 Deckelbremse

Abbildung 417 Druckstation für Deckelförderung
1 Förderrollen

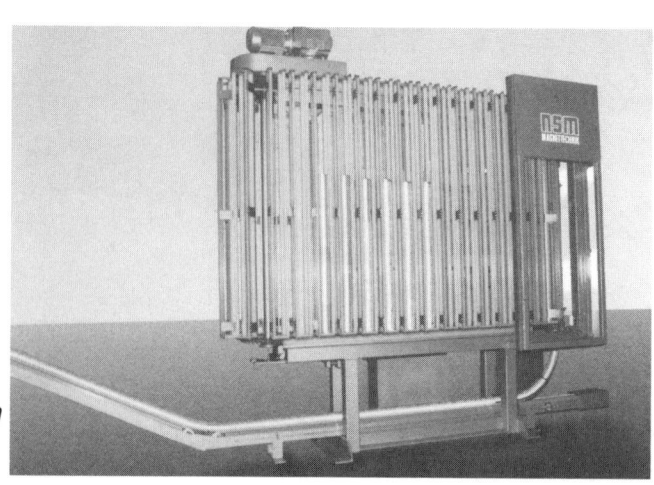

Abbildung 418 Deckelmagazin (nach NSM Magnettechnik)

21.8 Zubehör für Verschließmaschinen

Wichtige Zubehöre für Verschließmaschinen sind:
- Anlagen zur Förderung von Verschlüssen;
- Anlagen zur Verschlusskontrolle.

Diese Anlagen sind in der Regel eigenständige Anlagen, die die Verschlüsse aus den Transportbehältern den Verschließmaschinen zuführen und teilweise gleich in die Gebrauchslage drehen bzw. ordnen.

21.8.1 Anlagen zur Förderung von Verschlüssen

Magnet-Förderanlagen

Sie sind für magnetisierbare Eisenwerkstoffe geeignet (Basis Weißblech, Stahlblech). Beispiele sind Kronenkorken und Schraubdeckel-Verschlüsse für Weithalsgläser (z.B. Twist-off®-Verschlüsse). Die Durchsätze betragen etwa 150.000 KK/h.

Die Förderanlage besteht aus Permanentmagneten, über die ein geeigneter Gurt aus textilen Werkstoffen mit und ohne Kunststoffbeschichtung geführt wird. Das System ist kurvenläufig. Die Verschlüsse unterliegen beim Fördern also keiner Relativbewegung (Vermeidung von Oberflächenbeschädigungen). Förderhöhe und -länge sind nahezu unbegrenzt. Bei Bedarf werden mehrere Förderanlagen in Reihe geschaltet.

Die Abgabe erfolgt entweder mit einem Abstreifer oder durch das Ende der Magnetstrecke.

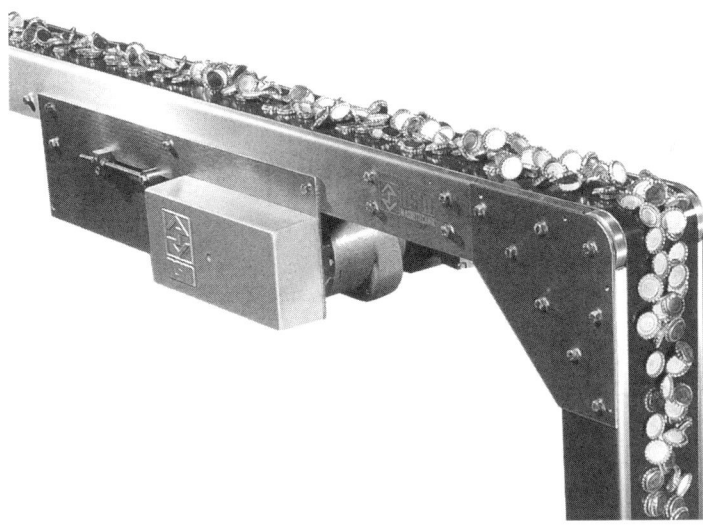

Abbildung 419 Magnetförderanlage für Kronenkorken (90°-Umlenkung) (nach NSM Magnettechnik)

Becher-Förderanlagen

Für nicht magnetische Werkstoffe bzw. Verschlüsse (z.B. Aluminium, Kunststoffe, Stopfen aus Kork, austenitische Kronenkorken) sind Becher-Förderer geeignet. Die Becher aus Kunststoff sind an einem umlaufenden Rollenkettenpaar drehbar befestigt, hängen also immer senkrecht.

Füllanlagen

Entleert wird durch Drehung der Becher, beispielsweise durch einen Anschlag. Bei diesem Förderer unterliegen die Verschlüsse keiner Relativbewegung.

Förderhöhe und -länge sind in weiten Bereichen realisierbar, der Durchsatz kann ca. 50.000 Verschlüsse/h erreichen.

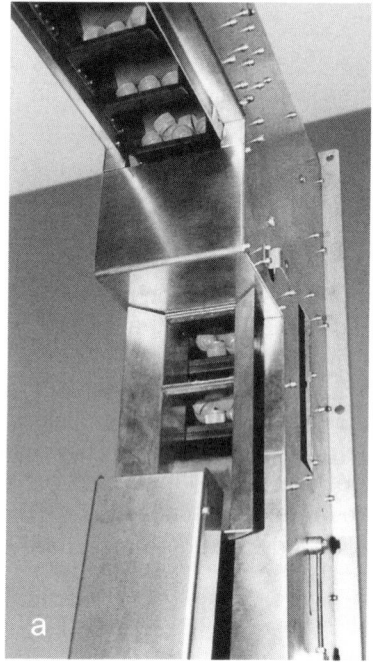
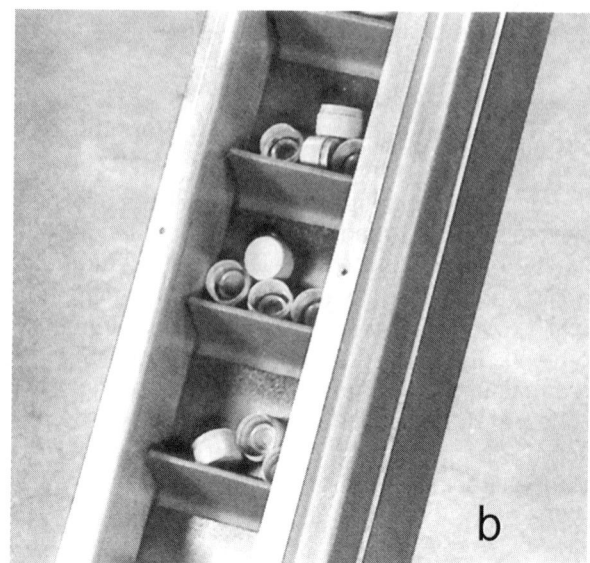

Abbildung 420 Becher-Förderer für unmagnetische Werkstoffe (nach NSM Magnettechnik)
a eine 90°-Umlenkung **b** vertikales Förderelement

Förderanlagen mit Sortierung

Ein umlaufender breiter Gurt, belegt mit Querrippen geringer Höhe (es sind nur wenige Millimeter), nimmt die Verschlüsse auf. Der Gurt läuft fast senkrecht um, er ist etwa 65...80° geneigt. Die Verschlüsse liegen auf den Leisten. Falsch liegende Verschlüsse werden entweder durch Schwerkraft ausgesondert (Schwerpunktlage) oder bei magnetischen Werkstoffen mittels eines parallel mit geringem Abstand laufenden Permanentmagneten entfernt.

An der Abgabestelle rollen die Verschlüsse direkt in den Zuführkanal zur Verschließmaschine, zum Teil mit Unterstützung von Förderluft (Abbildung 421).

Austragvorrichtungen für Verschlüsse

Aus den Transportbehältern müssen die Verschlüsse auf die Fördereinrichtungen übergeben werden.

Die Transportbehälter (z.B. *Octabin*-Behälter, Gitterboxpalette) werden dazu auf spezielle Vorrichtungen gestellt (Abbildung 423) oder die Einweg-Faltschachteln mit KK werden in diese Vorrichtung entleert.

Verschließmaschinen

Ein Schwingsystem (Unwuchterreger, Magnetsysteme; s.a. Abbildung 422) lässt die Verschlüsse dann über eine Transportrinne („Auslaufschurre") zu den Förderern gelangen. Das Abschalten des Antriebes bewirkt gleichzeitig eine Unterbrechung des Förderstromes. Die Fördereinrichtung wird im Allgemeinen vom Füllungsgrad des Verschließer-Sortierwerks gesteuert.

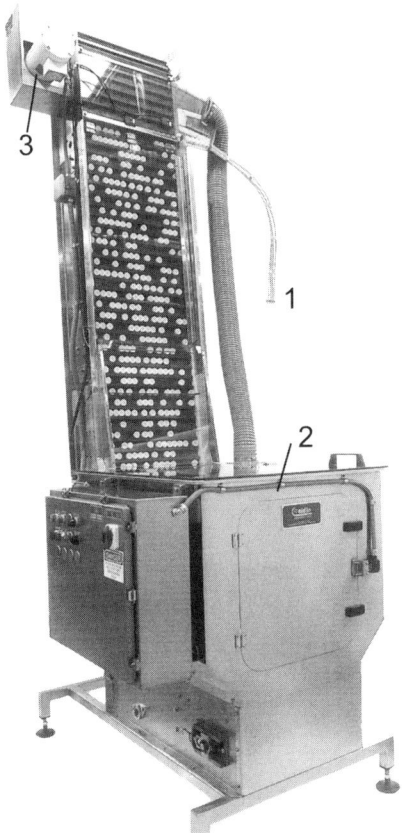

Abbildung 421 Sortieranlage für Verschlüsse
1 Kanal für Verschlüsse **2** Vorratsbehälter für Verschlüsse **3** Antrieb für Förderband

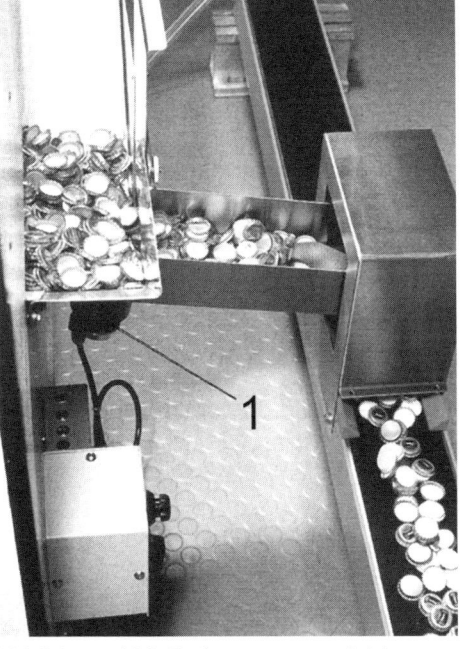

Abbildung 422 Entleerungsvorrichtung mit Schwingsystem (1) (nach NSM Magnettechnik)

Füllanlagen

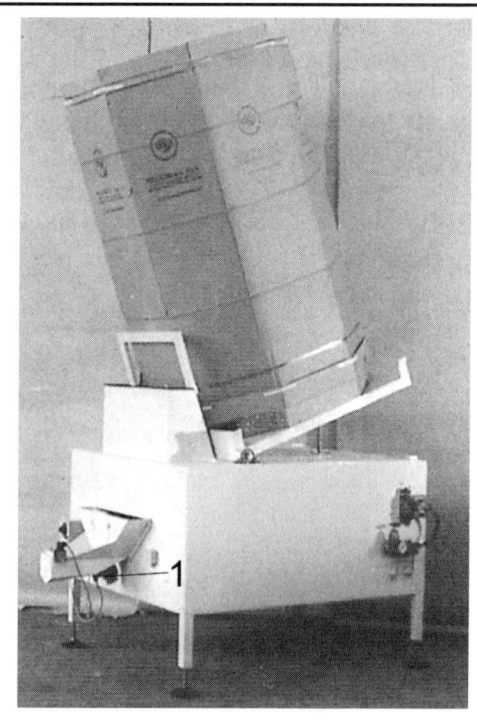

Abbildung 423 Entleerung eines Octabin-Behälters
1 Unwucht-/Schwingantrieb

21.8.2 Anlagen zur Verschlusskontrolle

Hierzu zählen u.a. Anlagen zur Kontrolle:
- der Dichtheit,
- des Abblasdruckes,
- des Aufdrehmomentes und
- des Falzes.

Für die genannten Kriterien stehen Prüfvorschriften der MEBAK [269] zur Verfügung bzw. sind die Prüf- und Kontrollvorschriften in den STLB für Verschlüsse mit enthalten (s.a. Kapitel 5.1 und 5.3.6).

21.8.3 Anlagen zur Entfernung von Getränkeresten an verschlossenen Flaschen

Nach dem Verschließen der Flaschen müssen die Getränkereste aus dem Spalt Verschluss/Behälter entfernt werden. Diese resultieren vor allem beim Füllen von Bier aus dem gezielten Überschäumen mittels HD-Einspritzung (s.a. Kapitel 16.10.5).

Die Flaschen werden dazu auf dem Förderer mit einer „Brause" überschwallt. Wichtig sind insbesondere Spritzstrahlen, die in den Spalt Verschluss/Behälter zielen, um Getränkereste zu entfernen. Für diese Spritzstrahlen reichen Durchmesser von ca. 0,5...1 mm. Wichtig ist die genaue Justierung der Strahlen.

Die Spülstrecke muss möglichst transparent übertunnelt werden. Die ablaufende Flüssigkeit muss mit einer Wanne aufgefangen und in den Kanal abgeleitet werden.

Nach einer Abtropfstrecke sollten die Flüssigkeitsreste aus dem Spalt Verschluss/Behälter mit Druckluft ausgeblasen werden, um Korrosion zu vermeiden. Das ist vor allem dann erforderlich, wenn die Flaschen mit einer Schmuckkapsel ausgerüstet oder foliiert werden.

Die Spülung der Gewindegänge von einteiligen Schraubverschlüssen ist bisher nicht gelöst.

21.8.4 Originalitätssicherung des Verschlusses

Die Sicherung der Originalität des Verschlusses muss bis zum Verbraucher sichtbar sein. Eine Reihe von Verschlüssen besitzen eine integrierte Sicherung, beispielsweise die Dose, der Anrollverschluss mit Sicherungsring (Pilverproof-Verschluss), der Vakuumverschluss für Weithalsgläser, der Aufreißverschluss oder die Kunststoff-Schraubverschlüsse mit Sicherungsring.

Andere Verschlüsse, wie der Anrollverschluss für MW-Flaschen, sind nicht fälschungssicher. Ihre Originalität muss beispielsweise durch ein Sicherungsetikett dokumentiert werden. Eine weitere Variante zur Verschluss-Sicherung stellen Schrumpfkapseln dar.

Auch der Kronenkork gilt als nicht fälschungssicher.

21.9 Verschluss-Entkeimung

Insbesondere für den Betrieb von Aseptik-Anlagen (hierzu siehe die Kapitel 13.4 und 20.3) müssen die Verschlüsse (und Behälter) entkeimt werden. Dafür sind zwei Varianten im Einsatz:
- das Nassverfahren mit Peressigsäure (PES) und
- das Trockenverfahren mit Wasserstoffperoxid (H_2O_2).

Die Anwendung von UV-Strahlung wird ebenfalls praktiziert (s.a. Kapitel 20.3)

Nassverfahren

Die Verschlüsse werden nach dem Sortieren/Ausrichten in Kanälen geführt und der Dekontamination zugeleitet. Die Förderkanäle sind so gestaltet, dass das Dekontaminierungsmedium allseitig Zutritt hat und nach der Einwirkung vollständig abgeleitet werden kann (Abbildung 425). Die Kanalführung kann spiral- oder schraubenförmig sein. Es werden zwei Varianten benutzt: das Tauchverfahren und das Spritzverfahren (Abbildung 424).

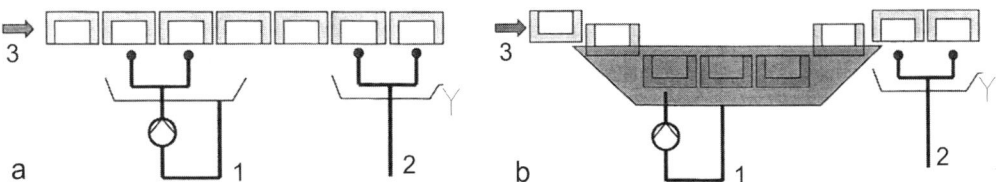

Abbildung 424 Verschluss-Dekontamination: Nassverfahren, schematisch
a Spritzverfahren   **b** Tauchverfahren
1 Desinfektionslösung   **2** Sterilwasser   **3** Verschlüsse

Als Medium wird in der Regel Peressigsäurelösung (PES) benutzt (0,2…2 %, ≤ 60 °C), der ein Netzmittel zugesetzt wird. Zur Verbesserung der Verteilung kann die Spritzung mit Druckluft unterstützt werden. Die Lösung muss quantitativ nach der Einwirkzeit entfernt werden. Als Spülwasser dient Sterilwasser nach der Entkeimung (steril filtriert oder Dosage von ClO_2).

Die PES-Lösung kann im Kreislauf genutzt werden, ggf. muss die Konzentration gemessen und Konzentrat nachdosiert werden.

Die vollständige Benetzung ist das Problem, zumal die Gewindegänge vom Verschlusshersteller oft ein Gleitmittel erhalten, das die Benetzung erschwert oder verhindert.

Trockenverfahren

Beim Trockenverfahren wird H_2O_2 (20…35 %ig) mit heißer Sterilluft verdüst bzw. das gebildete Aerosol wird erhitzt. Mit dem verdampften H_2O_2 werden die Verschlüsse beaufschlagt, auf deren Oberfläche das H_2O_2 entkeimend wirkt. Nach der Entkeimung wird mit heißer Sterilluft gespült/getrocknet und dadurch die Rückstände nahezu quantitativ entfernt (≤ 0,5 ppm H_2O_2).

Eine möglichst hohe Temperatur ist für die Spaltung des H_2O_2 wichtig. Abschließend werden die Verschlüsse mit Sterilluft gekühlt (Abbildung 426).

Bei dem optimierten Trockenverfahren wird das H_2O_2 mittels heißer Oberflächen möglichst schnell verdampft und das H_2O_2-Dampf-/Heißluftgemisch wird zur Sterilisation benutzt (s.a. Kapitel 20.3.1).

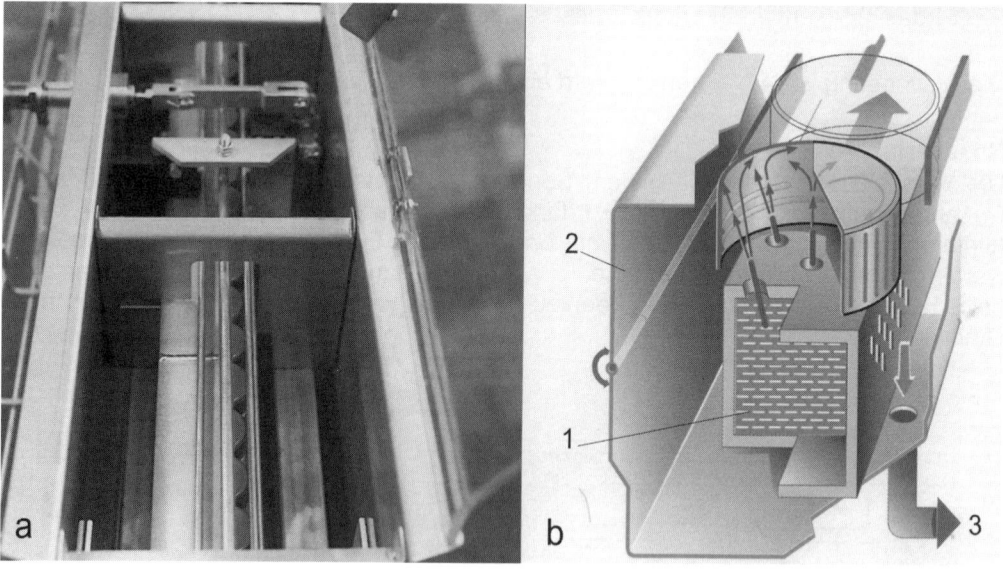

Abbildung 425 Spülverfahren (nach KHS)
a Spülkanal **b** Spülkanal schematisch **1** Spülmedium **2** Spülkanal **3** Ablauf

Es wurde weiterhin gefunden, dass die Abtötungsgeschwindigkeit erhöht werden kann, wenn die H_2O_2-/Heißluftmischung auf vorgeheizte Oberflächen trifft, d.h., die Packmittel

Verschließmaschinen

werden zuerst mit Heißluft erwärmt und erst dann wird das H_2O_2 appliziert [270] (Verschlüsse ca. 45 °C bei ≥ 30 s, danach Abkühlung auf < 30 °C; PET-Flaschen ca. 45...55 °C).

Alternativ kann das H_2O_2 auch mit Dampf verdüst werden (diese Variante gilt inzwischen als veraltet). Beim Kondensieren des Gemisches werden die Oberflächen vollständig beaufschlagt. In diesem Fall muss aber nach der Entkeimung mit Sterilwasser gespült werden und/oder mit heißer Luft getrocknet werden. Bei dieser Variante wird der Werkstoff PET mehr belastet (Schrumpfung).

Die Entkeimungswirkung beruht auf der Abspaltung von atomarem Sauerstoff aus dem H_2O_2 bzw. aus der Peressigsäure.

Nach der Entkeimung und der Entfernung des Mediums werden die Verschlüsse in geschlossen Kanälen den Verschließorganen zugeführt.

Beachtet werden muss, dass für die genutzten Chemikalien in der Regel Arbeitsplatzgrenzwerte (AGW-Werte; früher MAK-Werte) bestehen, die nicht überschritten werden dürfen (Tabelle 63). Deshalb müssen die Arbeitsbereiche besaugt werden. Die Handhabung von Peressigsäure- oder Wasserstoffsuperoxid-Lösungen führt oft zur Aerosolbildung. Die Ableitung der Dämpfe bzw. Aerosole darf zu keinen Gefährdungen führen. Über die Emissionsproblematik bei H_2O_2 und dessen möglichen katalytischen Abbau berichtet *Hager* [271].

Die Arbeitsplätze müssen messtechnisch überwacht werden (s.a. [272]; geeignete Online-Sensoren sind zurzeit noch nicht verfügbar).

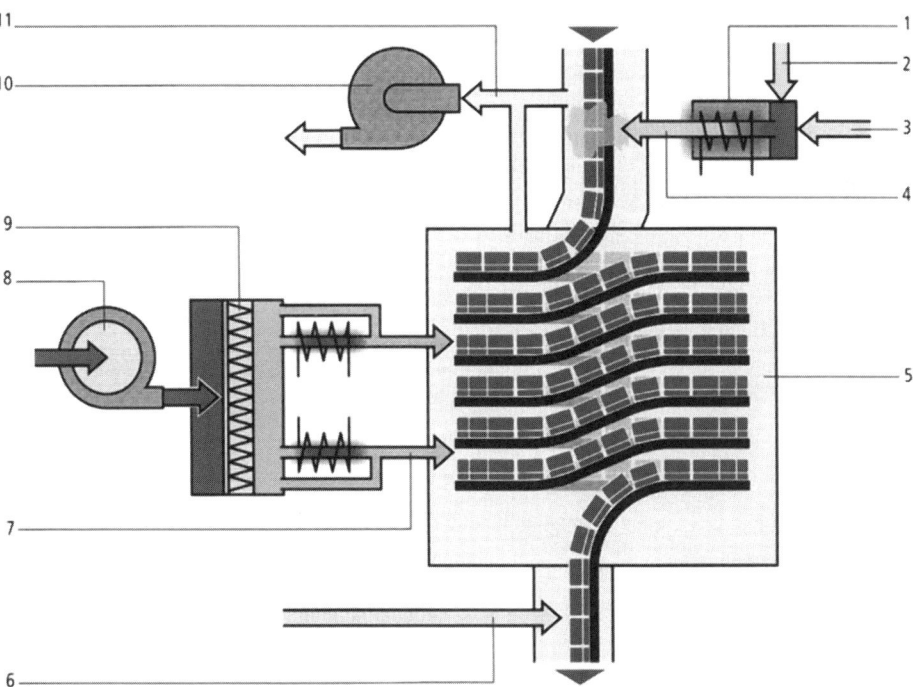

Abbildung 426 Trockenentkeimung der Verschlüsse (Innosept KHS-Alfill-Verfahren)
1 H_2O_2-Verdampferkopf **2** flüssiges H_2O_2 **3** Sterilluft **4** verdampftes H_2O_2 **5** Sterilisationstrommel **6** Sterilluft-Kappenführung **7** Heißlufttrocknung **8** Frischluft-Gebläse **9** HEPA-Filter **10** Abluft-Gebläse **11** Abluft

Füllanlagen

Tabelle 63   AGW-Werte für Dekontaminations-Chemikalien

Chemikalie	AGW-Wert
H_2O_2	≤ 4 mg/m³
Peressigsäure	≤ 25 mg/m³

Vor- und Nachteile beider Verfahren sind aus Tabelle 64 ersichtlich. Die Entscheidung für die eine oder andere Variante kann nur unter Beachtung der betriebsspezifischen Voraussetzungen bzw. Kosten für Wasser und Energie getroffen werden.

Tabelle 64   Vor- und Nachteile der Entkeimungsverfahren

Verfahren	Vorteile	Nachteile
Nassverfahren mit PES	- geringere Kosten - keine H_2O_2-Probleme	- Spülung mit Sterilwasser erforderlich - Wasserkosten
Trockenverfahren mit H_2O_2 mit Heißluft	- kein Spülwasser erforderlich - im Prinzip keine Rückstandsprobleme	- Abluftproblematik - Kosten des H_2O_2

21.10 Maschinen für sonstige Verschlüsse

An dieser Stelle soll auf die Aluminium-Kappen und die zugehörigen Maschinen für die Fertigung und das Verschließen verwiesen werden. Al-Kappen wurden bis in die 1960er Jahre vor allem für das Verschließen von Glasflaschen für Milch und Milchprodukte eingesetzt, in einigen Ländern bis in die 1990er Jahre.

Der Verschluss wurde aus einem Al-Band gestanzt, geformt und zur Kennzeichnung geprägt, an den Verschlusskanal geleitet und anschließend im Schleppverfahren an die gefüllte Flasche übergeben und pneumatisch angedrückt (Abbildung 427). Der Verschluss war durch die Werkstoffpaarung Glas/Alu-Folie nur bedingt flüssigkeitsdicht. Der Durchsatz dieser Füll- und Verschließmaschinen betrug etwa 13.000 Fl./h.

Verschließmaschinen

Abbildung 427 Aufsetzen der gestanzten
Alu-Kappe im Schleppverfahren

22. Kontrollanlagen für gefüllte Gebinde und Packungen

Die gefüllten und verschlossenen Gebinde müssen nach der Füll- und Verschließmaschine überprüft werden auf:
- den vorhandenen Verschluss (s. Kapitel 15.4),
- die Dichtheit des Verschlusses (s. Kapitel 15.4 und 21.8) und
- die korrekte Füllhöhe (s. Kapitel 15.5).

Nach der Flaschenausstattung (Etikettierung) müssen die Behälter vor dem Packen oder Palettieren kontrolliert werden auf:
- Vollständigkeit der Etikettenausstattung und sonstigen Ausstattung);
- Vorhandene Kennzeichnung (Datierung, MHD, EAN-Code);
- Vollzähligkeit der Packungen.

Kontrollanlagen für Leerflaschen, Vollflaschen und Leerdosen, Kästen sowie die Fremdstoffinspektion siehe im Kapitel 15.

Die als fehlerhaft erkannten Behälter oder Packungen werden ausgeschleust (s.a. Kapitel 15.9).

Die Kontrollanlagen sind in der Regel selbst überwachend ausgeführt und erkennen Serienfehler. Diese führen zum Stopp der Anlage.

Weiterhin werden die einzelnen Behälter bzw. Packungen am Einlauf in die Anlage, während der einzelnen Behandlungsstationen und beim Auslauf gezählt. Die Zählung kann sowohl für die Steuerung bzw. Regelung der Transportelemente genutzt werden als auch für die Bilanzierung der Verluste.

22.1 Etikettenkontrolle

Das Vorhandensein von Etiketten oder Folien sowie deren korrekter Sitz kann optisch mittels CCD-Kameratechnik ermittelt werden. Je Kontrollobjekt muss eine Kamera installiert sein. Die Behälter müssen bei Vorder- und Rückenetiketten um 180° gedreht werden.

Die Kontrolle kann unmittelbar nach dem Anbringen der Etiketten in der Etikettiermaschine erfolgen.

Fehlerhafte Etikettierungen werden ausgeschleust.

22.2 Kontrolle der Kennzeichnung

Das Vorhandensein der Kennzeichnung und deren Aktualität (Loskennzeichnung, Mindesthaltbarkeitsdatum [MHD], Abfülldatum) auf den Gebinden sollte automatisch überwacht werden, da davon nicht nur die Verkehrsfähigkeit abhängt, sondern eine nachträgliche Datierung ist auch mit erheblichem Aufwand verbunden. Von einer alleinigen Stichprobenkontrolle muss dringend abgeraten werden.

Die Kontrolle erfolgt in der Regel mit einem CCD-Kamerasystem. Sobald die Kennzeichnung vom Sollwert abweicht, wird die Kennzeichnung bzw. die Anlage gestoppt.

Wichtig ist, dass der Sollwert bei Inbetriebnahme der Anlage kontrolliert und ggf. aktualisiert wird. Dass gilt vor allem für Systeme, die die Kennzeichnung automatisch generieren. In diesen Fällen müssen eventuelle Systemfehler erkannt werden.

Die Kontrolleinrichtungen müssen beim Wechsel des Kennzeichnungsortes auf dem Etikett justiert werden. Die Nachführung der Kontrolleinrichtung kann mit dem Verändern der Kennzeichnungsquelle gekoppelt werden.

Dosen werden in der Regel vor dem Rinser datiert. Wassertröpfchen auf der Dose stören in der Regel die Funktion der Kennzeichnungssysteme (Tintenstrahl- oder Laser-Kennzeichnung).

Kennzeichnungssysteme besitzen zwar eine interne Funktionskontrolle, die aber die tatsächlich durchgeführte Kennzeichnung nicht erfassen kann. Das Vorhandensein der Kennzeichnung und deren Aktualität sollte deshalb unmittelbar nach der Datierung automatisch kontrolliert werden; im Störungsfall muss die Anlage selbsttätig gestoppt werden.

Als Alternative zur Kontrolle der vorhandenen Kennzeichnung wird von einigen Abfüllern die Kennzeichnung deshalb doppelt vorgenommen. Auch bei dieser Variante bleibt ein Restrisiko, das nur durch eine Onlinekontrolle ausgeschlossen werden kann.

22.3 Kontrolle der Vollzähligkeit

Vollzähligkeitskontrollen in Kästen und Faltschachteln/Wrap-around-Packungen sind optisch (ja/nein-Aussage; Zählung) und induktiv (in Kartonpackungen nur induktiv), durch Wägung und durch Ultraschall (Anwesenheitserkennung) möglich.

Teilweise wird auch Röntgenstrahlung (mit geringer Strahlungsdosis) für die Kontrolle der Vollständigkeit von gefüllten Packungen genutzt (z.B. Sprührohre in Spraydosen, Vorhandensein von Beipackzetteln) [273].

Weitere Varianten sind gegeben, werden aber kaum praktiziert.

22.4 Zählen der Behälter und Packungen

Durch berührungsloses Abtasten (z.B. Lichtschranken-Prinzip) werden Behälter oder Packungen erfasst.

Die Differenzen der Zählungen ergeben die „Verluste" durch ausgeschleuste Objekte. Damit sind Bilanzierungen des In- und Outputs möglich.

Die Zählung kann aber auch zur Ermittlung des Füllungsgrades von Pufferstrecken genutzt werden (s. Kapitel 7.7).

23. Anlagen für die Ausstattung und Kennzeichnung
23.1 Allgemeine Bemerkungen

Die gefüllten und verschlossenen Behälter werden in der Regel zur Kennzeichnung des Inhaltes (Produkt- und Inhaltsangabe, Hersteller usw.) und Verbesserung des optischen Erscheinungsbildes etikettiert und bei Bedarf mit Schmuckkapseln oder Foliierungen ausgerüstet. In Einzelfällen können auch leere Behälter vor dem Füllen etikettiert werden.

Die ansprechende und informative Behälterausstattung ist neben dem Behälterinhalt und den Behältereigenschaften (z.B. Werkstoff, Form, Größe) im Prinzip die wichtigste Aufgabe des Abfüllers, da sie beim möglichen Käufer die Kaufentscheidung auslösen muss.

Die Kennzeichnung muss außerdem Forderungen des Gesetzgebers erfüllen (s.a. Kapitel 23.8.1), beispielsweise die Angabe des Mindesthaltbarkeitsdatums (MHD) oder Angaben, die die Rückverfolgbarkeit des Produktes ermöglichen (z.B. die Chargen-Nummer).

Die Kennzeichnung erfolgt im Allgemeinen mit Etiketten, soweit die Behälter nicht bereits bedruckt sind (beispielsweise Dosen mit großen Auflagen, Flaschen mit Einbrenn-Etikett). Kunststoffbehälter können zwar auch direkt bedruckt werden, der Gestaltungsspielraum der Etiketten ist jedoch wesentlich größer (Farbgebung, Lesbarkeit, Ausdrucksfähigkeit).

Etiketten können unterschieden werden nach ihrem Werkstoff und dem Aufbringen auf die Behälter (s.a. Kapitel 5.4.1).

Werkstoffe können zum Beispiel sein:
- Papier in verschiedenen Ausführungen. Es ist geeignet für formstabile Behälter (z.B. Dosen, Glasflaschen, Weithalsgläser, Kartons),
- Kunststofffolien. Diese sind dehnbar und eignen sich deshalb vor allem für Behälter, die infolge des Innendruckes nicht formstabil sind (unterschiedliche Durchmesser).

Die Etikettierung kann erfolgen (Klebstoffe siehe Kapitel 5.4.4):
- Mittels Klebstoff-Auftrag (Nass-Etikettierung);
- Durch selbstklebende Etiketten;
- Durch Fixierung mittels Heißleim (Hot-melt);
- Durch Fixierung eines Folienschlauches (Sleeve-Etiketten), durch Schrumpfung (Shrink-Sleeve) oder Eigenspannung (Stretch-Sleeve).

Foliierungen erfolgen mit geschnittenen Metallfolien oder endlos „von der Rolle" in den Formen Spitz- und Rund-Foliierung (s.a. Kapitel 5.4.5).

Aus dickeren Alu-Folien können Kapseln geformt werden, die aufgesetzt und angedrückt oder angerollt werden. Sie halten formschlüssig, ohne Klebstoff. Ebenso können vorgefertigte Kapseln aus Kunststoffen aufgesetzt werden, sie können formschlüssig oder durch Schrumpfung befestigt werden.

Ausstattung und Kennzeichnung

Zur Etikettierung werden Etikettiermaschinen eingesetzt, Follierungen werden in der Regel durch Zusatzbaugruppen der Etikettiermaschine aufgebracht. Das Aufbringen von Kapseln erfordert eigenständige Anlagen.

Etikettieranlagen sollten allseitig gut zugänglich sein, um die Etiketten und die Klebstoffe problemlos zuzuführen (z.B. Kammaufstellung).

Eine ausführliche Darstellung der Etikettiertechnik und Produktausstattung geben *Bückle* und *Leykamm* [274]. Weitere Hinweise geben die Schriften des „Kompetenzforum Getränkebehälter" [275].

23.2 Etikettiermaschinen

23.2.1 Allgemeiner Überblick

Etiketten werden mittels Etikettiermaschinen auf die Behälter aufgebracht. Etikettiermaschinen werden als Solomaschinen gefertigt, aber auch mit Füll- und Verschließmaschinen geblockt. Aus Gründen der Bedienbarkeit werden Etikettiermaschinen in Links- und Rechtsausführung bereitgestellt. Zu- und Ablauf können linear in Reihe, parallel und rechtwinklig erfolgen (Abbildung 428).

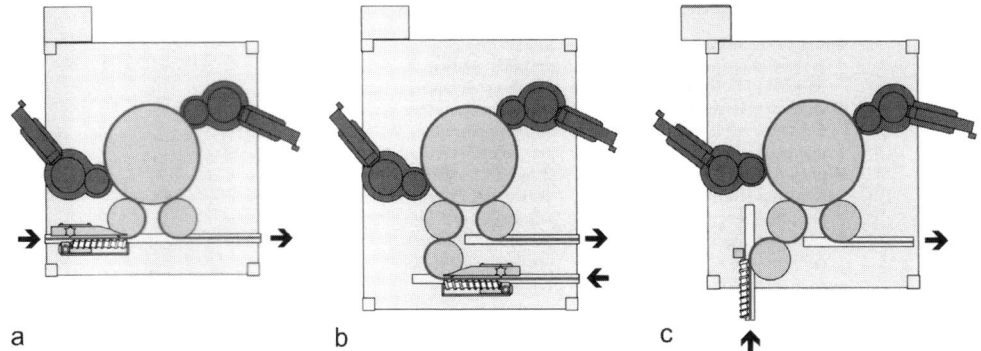

Abbildung 428 Varianten für den Zu- und Abtransport der Behälter
a linear b parallel (vorteilhaft bei Kammaufstellung) c rechtwinklig

Der Durchsatz moderner Etikettiermaschinen kann etwa 72.000…80.000 Behälter/h erreichen.

Einfache Etikettieraufgaben (ein Etikett je Behälter) können durch Linearmaschinen erfolgen, Rundlaufmaschinen erfüllen alle denkbaren Anforderungen bezüglich Etikettenanzahl und Klebeort sowie Positioniergenauigkeit.

Moderne Etikettiermaschinen können in Modulbauweise gefertigt werden (Abbildung 429 und Abbildung 429a). Damit lassen sich die Maschinen sehr flexibel an wechselnde Etikettieraufgaben anpassen, indem die fahrbaren Module gewechselt werden (zum Beispiel ein Nass-Etikettieraggregat gegen ein Selbstklebe-Aggregat). Es lassen sich bis zu vier Module gleichzeitig andocken. Die Module verfügen über einen eigenen Antrieb mittels geregeltem Servomotor. Das Wechseln wird durch Andockstationen erleichtert, die die Etikettieraggregate mit der Maschine verbinden einschließlich aller Anschlüsse für die Versorgungsmedien. Eine Nachjustierung ist meist nicht erforderlich.

Füllanlagen

Etikettiermaschinen sind relativ komplizierte Präzisionserzeugnisse, die entsprechend bedient und justiert, gereinigt und gewartet werden müssen. Die Fertigung hat sich aus dem polygraphischen Maschinenbau entwickelt und ist hoch spezialisiert. Auf den Ursprung lassen sich auch zahlreiche Begriffe der Etikettiermaschine zurückführen. So werden zum Beispiel rotierende Baugruppen meist als „Zylinder" bezeichnet (Vakuumzylinder, Greiferzylinder).

Der Formatwechsel wird durch unverwechselbare Anschlusselemente, schnell lösbare Verbindungselemente (Einhand-Bedienung) und farbliche Kennzeichnung erleichtert, auch die Automation des Formatwechsels ist möglich.

Die historische Entwicklung der Etikettierung begann mit der Einführung des Flaschenbieres um 1870...1880. Wurden ursprünglich nur „Eigenthumsflaschen" (Flaschen mit Namensprägung) verwendet, wurden die Verschluss-Originalitäts-Nachweise bei Hebel- und Bügelverschlussflaschen mit einem Sicherungsetikett gegeben. Entweder wurden die Etiketten manuell auf einem „Leimbrett" beleimt und auf den Verschlussbügel aufgebracht oder es wurden einfache Vorrichtungen verwendet, bei denen die Flasche horizontal auf einen Rotor aufgelegt wurde, zwei Leimpunkte wurden mit dem vertikal bewegten Leimbehälter aufgebracht und anschließend wurde ein Etikett aus dem vertikal bewegten Etikettenbehälter entnommen und auf der nächsten Station mit einem Schwamm angedrückt. Vorrichtungen dieser Bauart wurden beispielsweise unter dem Namen „Rund-Torpedo" gehandelt, sie waren teilweise bis in die 1960er Jahre im Gebrauch.

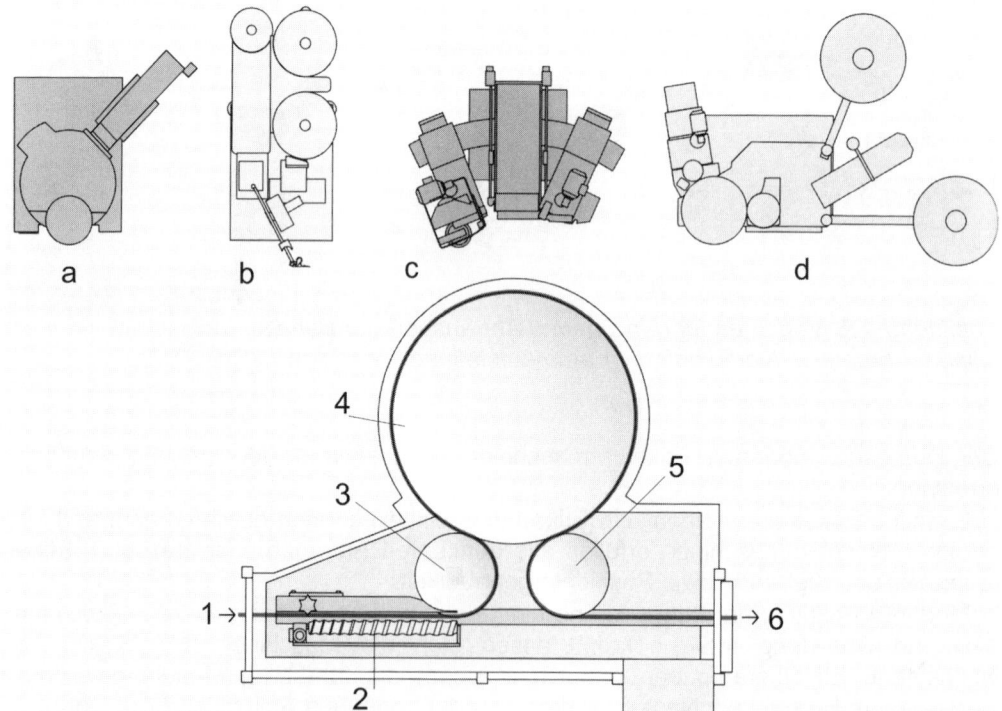

Abbildung 429 Etikettiermaschine in Modultechnik, schematisch
a *Nass-Etikettieraggregat* **b** *Spendeaggregat für Selbstklebeetiketten* **c** *Aggregat für Rundum-Etiketten* **d** *Aggregat für Rundum-Etiketten von der Rolle*
1 *Behälterzulauf* **2** *Einteilschnecke* **3** *Einlaufstern* **4** *Rotor/Flaschenträger* **5** *Auslaufstern* **7** *Auslauf etikettierte Behälter*

Ausstattung und Kennzeichnung

Abbildung 429a   Moderne Etikettiermaschine in Modultechnik (nach KHS)

Auch Bauchetiketten wurden nach diesem Prinzip aufgebracht, soweit nicht das manuelle Aufbringen des beleimten Etikettes genutzt wurde.

Die Entwicklung der Etikettiermaschinen wurde ab etwa 1910…1914 betrieben. Erst nach 1950 entstanden Etikettiermaschinen, die diesen Namen verdienten, zuerst als Linear-Maschinen, dann auch als Rundlauf-Maschinen.

Wesentliche Impulse kamen dabei z.B. von den Firmen *Weiss*/Berlin-West, *Jagenberg*/ Düsseldorf, *Anker*/Hamburg und *Kronseder*/Neutraubling.

23.2.2 Grundvarianten der Etikettierung

Die Etikettierung kann nach folgenden Varianten erfolgen:
- Etikettierung mit Klebstoffauftrag auf das Etikett;
- Etikettierung mit Selbstklebe-Etiketten;
- Rundum-Etiketten;
- Überzug eines Schlauchetiketts;
- Bedruckung des Behälters.

Die Etikettierung kann außerdem mit vorgefertigten Einzeletiketten realisiert werden oder es werden die Etiketten endlos „von der Rolle" zugeführt und erst im Etikettieraggregat werden die Etiketten getrennt/geschnitten.

Einzeletiketten werden auf Papierbogen gedruckt und anschließend werden die Etiketten im Stapel durch Schneiden oder Stanzen vereinzelt und zu größeren Einheiten (z.B. 500 Stück/Bündel; mehrere Bündel zu einem Paket) oder zu Etiketten-Magazinstangen gebündelt.

Füllanlagen

Etikettierung mit Klebstoffauftrag auf das Etikett: Nass-Etikettierung
Die Rückseite des Etiketts wird direkt beleimt oder eine mit Klebstoff beschichtete Fläche übergibt den Klebstoff an das Etikett. Das beleimte Etikett wird dann auf den Behälter übertragen und angedrückt.

Der Klebstoffauftrag kann vollflächig erfolgen oder streifenförmig oder punkt- bzw. wabenförmig.

Der Klebstoff wird mittels einer Leimwalze in dünner, gleichmäßiger Schicht auf das Etikett bzw. die Klebstoffpalette übertragen.

Etikettierung mit Selbstklebe-Etiketten
Auf einer Trägerfolienrolle wird das mit einem Haftkleber beschichtete Etikettenpapier bedruckt und die Etiketten werden ausgestanzt, verbleiben aber auf dem Trägerpapier. Die Etiketten werden dem Spendeaggregat „von der Rolle" zugeführt und über eine Spendekante vom Trägerpapier gelöst und auf den Behälter übergeben und angedrückt.
Der leere Träger wird aufgerollt und recycelt.

Rundum-Etikettierung
Rundum-Etiketten (von der Rolle oder geschnittene Etiketten) werden mit Anfangs- und Endbeleimung aufgebracht. Auf die Anfangsbeleimung kann u.U. verzichtet werden, wenn die Etiketten durch andere Varianten fixiert werden, z.B. mittels Wasserfilms.

Überzug eines Schlauch-Etiketts
Ein bedruckter Folienschlauch (*Sleeve*) wird auf Etikettenlänge geschnitten, geweitet und über den Behälter gezogen. Auch das Überziehen des gesamten Behälters mit einem bedruckten Folienschlauch ist möglich (*Fullbody-Sleeves*).

Die Fixierung auf dem Behälter erfolgt durch Schrumpfung mittels Dampf oder Heißluft (*Shrinken*) bzw. mittels Eigenspannung der Folie (*Stretchen*).

Das exakte Schneiden wird durch Schnittmarken gesichert, die von Sensoren erfasst werden und das Schneidwerkzeug steuern.

Bedruckung des Behälters
Der Behälter wird vor dem Befüllen bedruckt, beispielsweise mit einem Siebdruckverfahren (z.B. Dosen). Diese Variante eignet sich vor allem für kreisförmige Querschnitte.

Auch das direkte Bedrucken der Oberfläche, beispielsweise mit Inkjet-Systemen, ist prinzipiell möglich.

23.2.3 Bauformen der Etikettiermaschinen
Linear-Maschinen
Die Behälter durchlaufen die Maschine geradlinig (Abbildung 430). Sie werden vereinzelt und anschließend wird das Etikett übergeben und angedrückt/angerollt. Auch ein Vorder- und Rückenetikett kann aufgebracht werden, wenn zwei Etikettieraggregate installiert sind. Die Präzision der Etikettenpositionierung ist bei diesem System begrenzt, ebenso der Durchsatz.
Bedeutung hat diese Bauform beispielsweise bei der Kasten- oder Karton-Etikettierung.

Es sind auch Linearsysteme bekannt, bei denen das Etikett mittels Greiferzylinders übergeben wird.

Ausstattung und Kennzeichnung

Rundlauf-Etikettiermaschine
Die Behälter durchlaufen die Maschine nach der Vereinzelung auf einer Kreisbahn. Es können mehrere Etiketten aufgebracht werden. Zur Übergabe von Rückenetiketten werden die Behälter um 180° gedreht (Abbildung 431).

Maschinen dieser Bauform können auch zur Hals-Foliierung eingesetzt werden. Das Aggregat kann im Bereich des Einlauf- oder Auslaufsterns angeordnet werden.

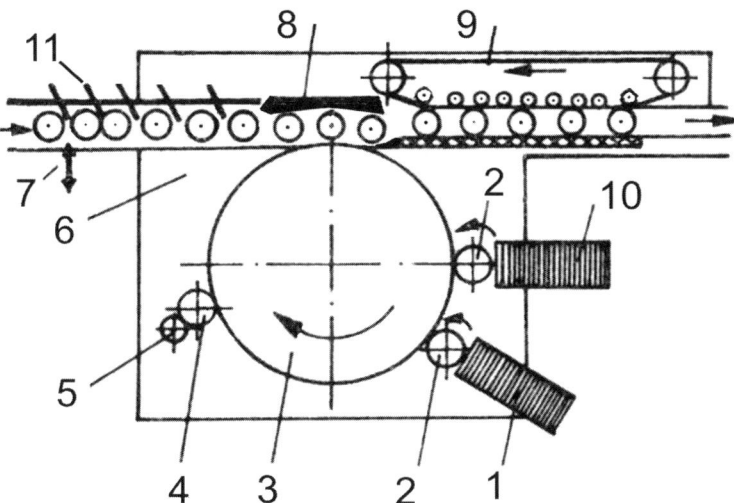

Abbildung 430 Linear-Etikettiermaschine
1 oszillierendes Etikettenmagazin, Rückenetikett *2* Entnahmezylinder *3* Vakuum-Übergabezylinder *4* Beleimungswalze *5* Leimwalze *6* Maschinengestell *7* Einlaufsperre *8* Flaschenführung *9* Anrollstation *10* oszillierendes Etikettenmagazin, Bauchetikett *11* Einteilschnecke

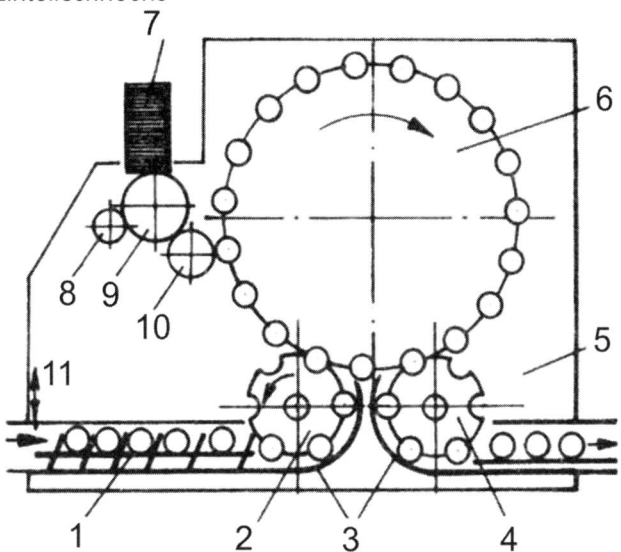

Abbildung 431 Rundlauf-Etikettiermaschine
1 Einteilschnecke *2* Einlaufstern *3* Flaschenführung *4* Auslaufstern *5* Maschinengestell *6* Flaschenträgerrotor *7* Etikettenmagazin *8* Leimwalze *9* Leimpalettenrotor *10* Greiferzylinder *11* Einlaufsperre

23.2.4 Baugruppen der Etikettiermaschinen

23.2.4.1 Gestell

Das Gestell wird als Schweißkonstruktion gestaltet, zum Teil auch als Gussteil. Das Gestell wird mit CrNi-Stahlblechen verkleidet. Die Bleche werden als Spritz- und Schwallwasserschutz gestaltet, zu Inspektionszwecken sind sie leicht abnehmbar. Das Gestell wird durch Kalottenfüße abgestützt.

Die Maschine wird nach den Prinzipien des Hygienic Design so gestaltet, dass Flüssigkeitsreste vollständig ablaufen und Scherben leicht entfernt werden können.

Im Gestell wird die Zentralschmierung untergebracht. Die Elektroinstallation wird in der Regel in separaten Schaltschränken bzw. -kästen platziert.

23.2.4.2 Antrieb

Der Antrieb wird in modernen Maschinen mit einem frequenzgesteuerten Asynchronmotor ausgerüstet. In der Vergangenheit wurden auch mechanische Stellgetriebe in Kombination mit einem Asynchronmotor verwendet.

Der zentrale Antriebsmotor treibt über Zahnradgetriebe, seltener durch Ketten, die Einteilschnecke, den Ein- und Auslaufstern (s.a. Kapitel 23.2.4.10), den Flaschenträgerrotor sowie die Etikettieraggregate an. Die Zahnräder sind schrägverzahnt und es werden Stahl-Kunststoff-Paarungen eingesetzt, zum Teil wartungsfrei. Wichtig sind verschleiß- und geräuscharme sowie spielfreie Getriebe.

Der Trend geht zum Einzelantrieb mittels geregelten Servomotoren.

Der Durchsatz der Etikettiermaschine wird durch die Drehzahl des Antriebsmotors bestimmt. Sie wird festgelegt:

- durch manuelle Einstellung oder
- durch die Vorgabe der Anlagensteuerung.

Bei kleineren Anlagen wird der Durchsatz manuell eingestellt. Bei größeren Anlagen sollte die Maschine zumindest über eine so genannte Inselsteuerung verfügen. Hier wird der gewünschte Durchsatz als Sollwert vorgegeben. Die Maschine regelt dann in Abhängigkeit vom Füllungsgrad der Flaschenpuffer vor und nach der Maschine die Drehzahl.

Tritt beispielsweise ein Stau nach der Etikettiermaschine auf, wird der Durchsatz reduziert. Ist der Puffer voll, wird der Einlauf so unterbrochen (Flaschenstopper), dass die Maschine noch leer laufen kann. Ist wieder genügend Puffer verfügbar, beginnt die Maschine wieder zu etikettieren.

Während des Flaschenstopps läuft die Maschine im Leerlauf weiter, um die Klebstoffförderung nicht zu unterbrechen. Die Leerlaufzeit ist wählbar, nach Zeitüberschreitung wird die Maschine ausgeschaltet.

23.2.4.3 Rotor

Der Rotor (Synonym *Behältertisch*) trägt die Flaschenträger (Synonym *Flaschenteller*). Er wird in der Regel als Speichenrad gestaltet, so dass keine Ablagerungen entstehen können. Oberhalb des Behältertisches befindet sich der Maschinenkopf mit den Zentrierglocken. Diese werden durch eine Kurvenbahn auf die Behälter abgesenkt und fixieren die Behälter während der Etikettierung (Abbildung 432 und Abbildung 433). Die Zentrierglocken besitzen einen Höhenausgleich durch Federn.

Ausstattung und Kennzeichnung

Das Maschinenoberteil ist vertikal auf die Behälterhöhe einstellbar (manuell mit einer Gewindespindel bei kleinen Maschinen, durch einen Getriebemotor bei größeren). Die Höheneinstellung bei einer Formatumstellung kann automatisch erfolgen. Abbildung 432 zeigt einen Rotor mit Oberteil im Schnitt.

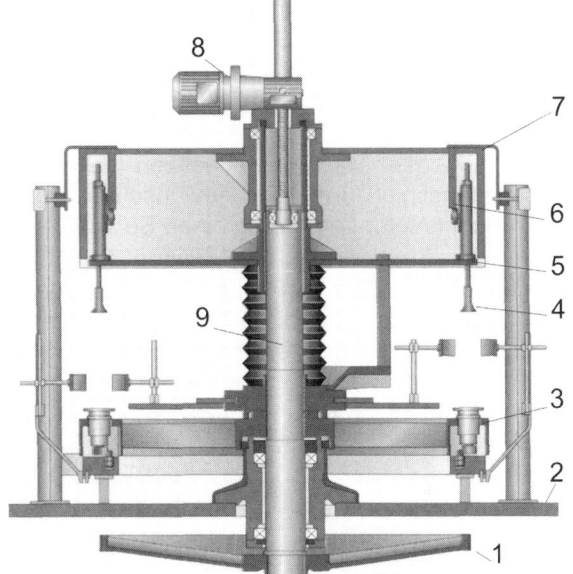

Abbildung 432 Schnitt durch eine Etikettiermaschine (nach KHS)
1 Antriebsrad des Rotors
2 Maschinengestell 3 Rotor mit Flaschenträgern 4 Zentrierglocken
5 Rotor-Oberteil 6 Kurvenbahn für Absenkung der Zentrierglocken
7 Gestell-Oberteil 8 Getriebemotor für die Höhenverstellung
9 Gestellzentralsäule (Stator)

Abbildung 433 Etikettiermaschinen-Oberteil, Verkleidung z.T. geöffnet (nach KRONES)

Füllanlagen

23.2.4.4 Positionierung der Behälter bei Rundlaufmaschinen

Die Flaschen stehen zentriert auf dem Rotor auf Flaschenträgern. Bei Etikettiermaschinen, die ein Rumpf- und Rückenetikett kleben, muss die Flasche nach dem Aufbringen des ersten Etiketts um 180° gedreht werden. Dazu werden die Flaschenträger durch einen Rollenhebel in einer Nutkurve um 180° gedreht. Der Rollenhebel läuft im Ölbad (Abbildung 434). Die Drehung kann auch durch Zahnsegmente erfolgen, ein Zahnsegment wird von dem Rollenhebel durch die Nutkurve gedreht und dreht dabei den Flaschenträger in die gewünschte Position (Abbildung 434a).

Bei modernen Maschinen besitzen die Flaschenträger einen Einzelantrieb, der die Flaschen definiert um jeden gewünschten Betrag drehen kann, beispielsweise durch einen Schrittmotor oder durch einen Servomotor (Abbildung 435).

Bei der Etikettierung von runden Formflaschen oder Bügelverschluss-Flaschen werden die Behälter auf dem Flaschenträger im Einlaufstern oder am Anfang der Kreisbahn gedreht und formschlüssig mittels eines Stößels, der in einen negativen oder positiven Nocken einrastet, ausgerichtet (Abbildung 436). Bei Bügelverschlussflaschen kann der Bügel auch selbst für die Ausrichtung genutzt werden.

Neben der mechanischen Ausrichtung ist auch die opto-elektronische Ausrichtung möglich.

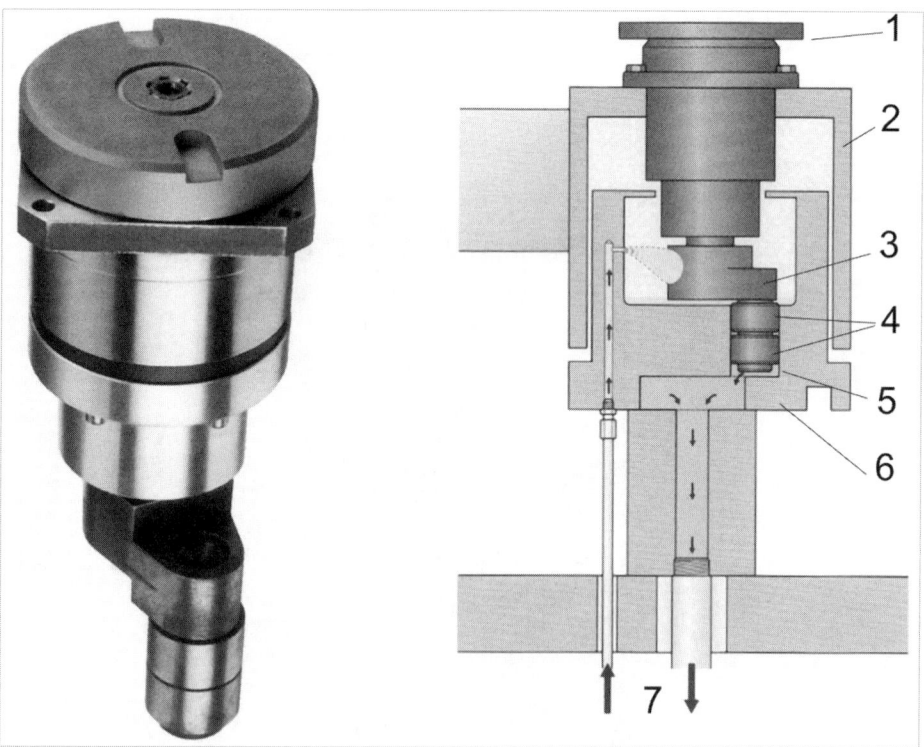

Abbildung 434 Drehung des Flaschenträgers mittels einer Nutkurve und Schlepphebel
1 Flaschenträger **2** Flaschenträgertisch **3** Schlepphebel **4** Doppelrolle (Wälzlager)
5 Nutkurve **6** Nutkurvengehäuse **7** Schmierstoffkreislauf (nach KHS)

Ausstattung und Kennzeichnung

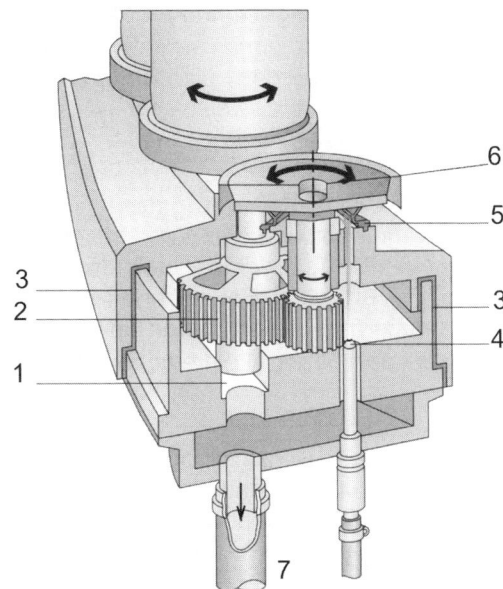

Abbildung 434a Drehung des Flaschenträgers mittels Rollenhebel und Zahnsegment (nach KRONES)
1 Nutkurve **2** Zahnsegment am Rollenhebel **3** Labyrinthabdichtung **4** Schmierstoffdüse **5** Abdichtung **6** Flaschenträger **7** Schmierstoffrücklauf

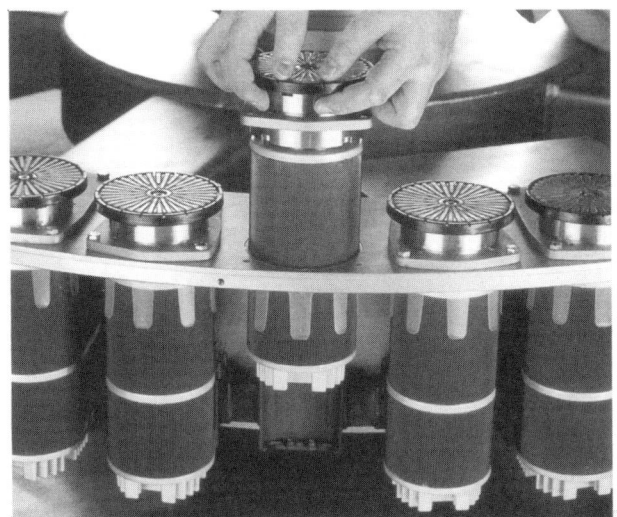 

Abbildung 435 Drehung des Flaschenträgers mittels Servomotor

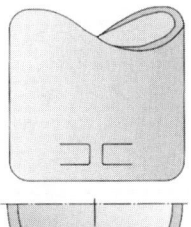 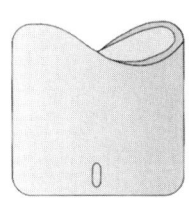
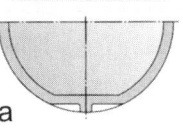 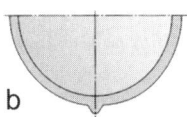

Abbildung 436 Behälter mit rundem Querschnitt werden durch einen Stößel fixiert, der in einem Nocken des gedrehten Behälters einrastet.
a Negativ-Nocken **b** Positiv-Nocken

579

Füllanlagen

23.2.4.5 Etikettieraggregate

Etikettieraggregate umfassen alle für das Aufbringen eines Etiketts erforderlichen Elemente. Sie werden also unterschiedlich für die einzelnen Etikettenvarianten ausgerüstet, beispielsweise für Nass-Etikettierung, für Selbstklebeetiketten, für Rundum-Etiketten usw.

Antrieb des Etikettieraggregates

Etikettieraggregate werden von dem Zentralantrieb der Etikettiermaschine angetrieben. Der Antrieb des Aggregates erfolgt mittels Gelenkwelle oder mittels Zahnriemen. Damit lassen sich die Bewegungen des Gehäuses bei der Justierung der Etikettenübergabestelle kompensieren.

Bei Modulmaschinen ist ein eigener Servoantrieb je Aggregat vorhanden.

Getriebegehäuse

Im Getriebegehäuse sind bei der Nass-Etikettierung die Antriebe der Klebstoffwalze, der Klebstoffpaletten und des Greiferzylinders untergebracht. Bei anderen Etikettiervarianten die Antriebe der Etikettenförderung, der Schneidwerkzeuge, des Klebstoffauftrages usw.

Das Gehäuse ist geschlossen, die Antriebsräder laufen im Ölbad. Es ist auf der Zentriereinrichtung aufgebaut und deshalb justierbar.

Das Gehäuse trägt außerdem die Etikettenbehälter oder Vorratsrollen und den Etikettentransport, zum Teil auch die Datierungsvorrichtung.

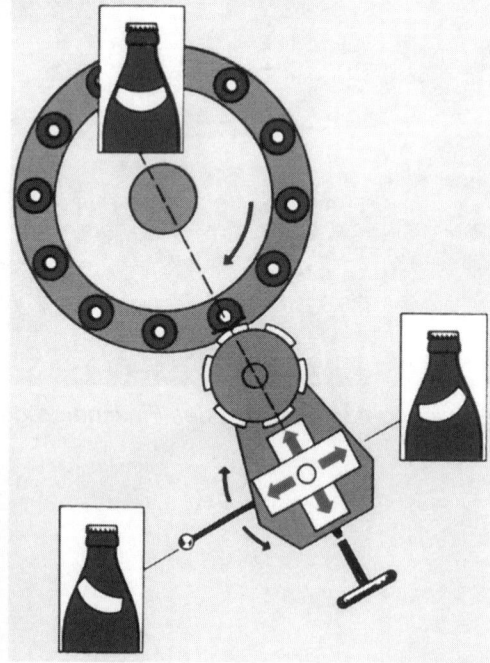

Abbildung 437 Anpassung des Etikettieraggregates mittels Kreuztisch (nach KRONES)

Ausstattung und Kennzeichnung

Etikettieraggregate müssen exakt zum Flaschenträger ausgerichtet werden, um den genau mittigen Sitz des Etiketts zu sichern. Dazu ist der Aggregatträger entweder mit einem Koordinatentisch (Synonym *Kreuztisch*) radial und tangential justierbar (Abbildung 437) oder der Greiferzylinder wird um einen definierten Winkel mittels eines Differenzialgetriebes gedreht (Abbildung 439) oder das Aggregat wird um eine Achse (z.B. die Antriebsachse) geschwenkt (Abbildung 438).

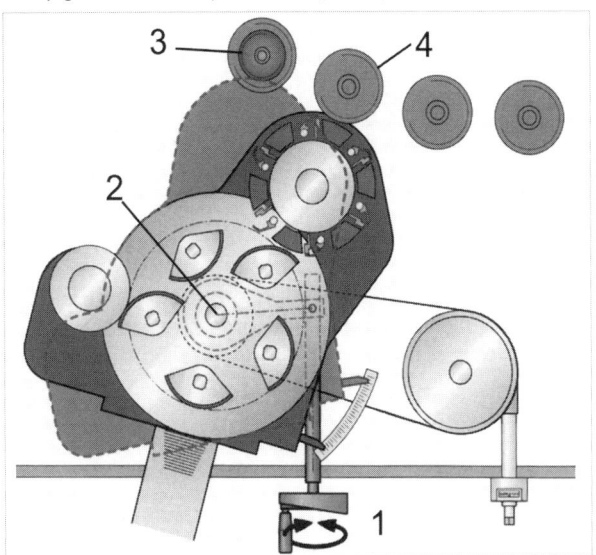

Abbildung 438 Anpassung des Etikettieraggregates durch Drehung um eine Achse zur Anpassung an unterschiedliche Behälterdurchmesser (nach KHS)
1 Verstellantrieb **2** Schwenkachse **3** Behälter mit kleinerem Durchmesser
4 Behälter mit größerem Durchmesser

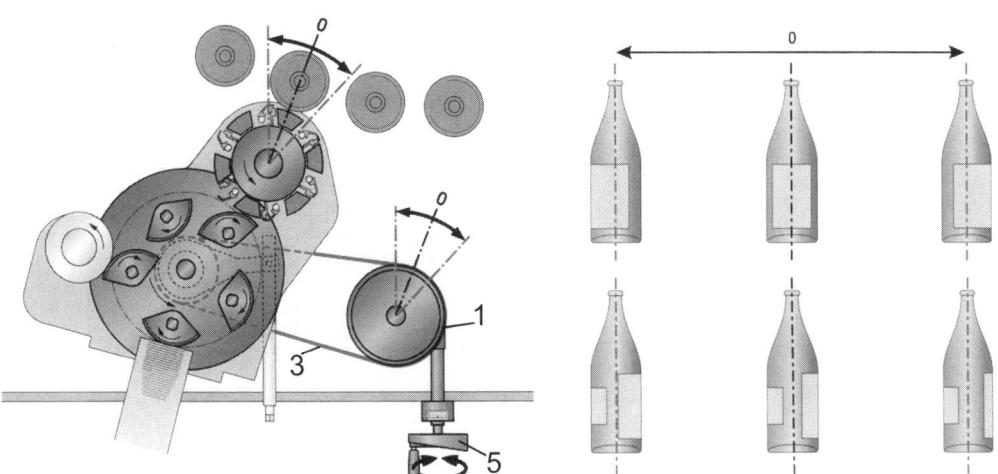

*Abbildung 439 Anpassung des Etikettieraggregates mittels Differenzialgetriebe (**1**) zur Justierung des Etikettensitzes (nach KHS)*
1 Differenzialgetriebe **2** Antriebsrad **3** Zahnriemen für Antrieb des Aggregates
4 Spannrolle **5** Verstellwelle

Füllanlagen

Abbildung 439 a
Legende siehe Abbildung 439

Die Justierung des Etikettieraggregates kann manuell nach Einstellmarken bzw. nach dem erreichten Etikettensitz erfolgen. Bei größeren Anlagen kann die Justierung automatisch nach den Anweisungen der Steuerung vorgenommen werden, ggf. kann manuell feinjustiert werden.

23.2.4.6 Formatteile

Formatteile sind behälterspezifisches Zubehör der Etikettiermaschinen. Es ist auf die Behältergeometrie abgestimmt (Durchmesser, Höhe, ggf. Behälterform).

Die einzelnen Garnituren müssen unverwechselbar gekennzeichnet sein (Farbcode, Zifferncode). Die Codierung muss maschinenlesbar sein, wenn die Formatumstellung automatisiert ist. Auch bei manueller Formatumstellung kann die maschinenlesbare Codierung für die SPS-gesteuerte Kontrolle bzw. Fehlermeldung genutzt werden.

Die Formatteile werden formschlüssig und unverwechselbar mit einfach zu bedienenden Kupplungen mit der Maschine verbunden (möglichst ohne Werkzeuge). Dabei können pneumatisch betätigte Spannelemente verwendet werden.

Abbildung 440 Beispiel für einen Garniturenwagen (Formatteilewagen)

Ausstattung und Kennzeichnung

Die zu einer Ausstattung gehörigen Formatteile sollten zusammenhängend gelagert werden, beispielsweise übersichtlich auf Transportwagen (Abbildung 440). Die Anordnung soll so erfolgen, dass fehlende Elemente leicht erkannt werden können.

Formatteile werden nach den Regeln des Hygienic Design gestaltet. Sie müssen für die CIP-Reinigung geeignet sein.

Einteilschnecke
Einteilschnecken werden für jeden Behälter-Durchmesser benötigt. Sie sind auf die Maschinenteilung abgestimmt.

Abbildung 441 Einteilschnecke (nach KRONES)

Abbildung 442 Klemmsterne am Auslauf einer Etikettiermaschine mit Verteilung auf zwei Bahnen (nach KRONES)

Füllanlagen

Behälterführungsgarnituren

Die Führungsgarnituren begrenzen den Behälterweg im Bereich der Einteilschnecke und der Ein- und Auslaufsterne. Klemmsterne benötigen keine seitlichen Führungsleisten, die Behälter gleiten auf Blechen (Abbildung 443).

Abbildung 443 Klemmsterne im Einlauf einer Etikettiermaschine (paralleler Zu- und Ablauf), nach KRONES

Abbildung 444 Ein- und Auslaufsterne in Gestaltungsvarianten (nach KHS)

Ausstattung und Kennzeichnung

Es sind sowohl Führungen aus metallischen Werkstoffen (Edelstahl) als auch Kunststoffen im Einsatz. Die Führungen können mit Gleitleisten (oft grün gefärbter Kunststoff) bestückt sein, die als Verschleißteile auswechselbar sind (s.a. Abbildung 444).

Die Führungselemente müssen nach den Regeln des Hygienic Designs gestaltet werden.

Die Garnituren werden so gestaltet, dass der Wechsel schnell und ohne Werkzeug vorgenommen werden kann. Die Teile werden im Allgemeinen pneumatisch gespannt.

Etikettenanpressung

Nach der Übergabe der Etiketten müssen diese faltenfrei angebürstet werden. Dazu sind Bürstensysteme parallel zum Flaschen-Rundlauf installiert. Die sich drehenden oder um 90° gedrehten Flaschen mit dem Etikett gleiten an den Bürsten entlang. Dabei werden die Etiketten faltenfrei angedrückt. Ihre Position darf sich nicht verändern. Beim Formatwechsel müssen die Bürstensysteme ausgewechselt oder justiert werden.

Die Bürstengruppen sind im Allgemeinen auf der Außenseite des Rundlaufes angeordnet, teilweise aber auch auf der Innenseite (Abbildung 445).

Abbildungstext nächste Seite

Füllanlagen

Abbildung 445 Beispiele für die Etikettenanpressung mittels Bürsten bzw. Bürstengruppen (nach KRONES)

23.2.5 Etikettieraggregate für die Nass-Etikettierung
23.2.5.1 Allgemeine Übersicht
Die so genannte Nass-Etikettierung ist in Varianten möglich. Es können sowohl Einzelblatt-Etiketten (geschnitten oder gestanzt) als auch Etiketten von der Rolle verarbeitet werden.

Ein weiteres Unterscheidungsmerkmal ist der Klebstoffauftrag und die Entnahme der Etiketten. Zwei Varianten können genutzt werden:

- **Feststehender Etikettenbehälter**: Auf eine Klebstoffpalette wird Klebstoff aufgetragen. Diese entnimmt das Etikett aus dem feststehenden Etikettenbehälter und übergibt es an den Greiferzylinder, der es seinerseits an den zu etikettierenden Behälter übergibt.
Die Klebstoffpalette rotiert auf einer Kreisbahn und kann sich zusätzlich um ihre Achse stetig oder oszillierend drehen. Dadurch ist es möglich, dass sie bei der Klebstoffaufnahme an der rotierenden Klebstoffwalze abrollt.
Anschließend rollt sie am Etikettenbehälter ab und entnimmt mit dem Klebstoff ein Etikett. Das beschichtete Etikett wird dann an den Greiferzylinder übergeben. Die Greiferfinger halten das Etikett fest und beim Abrollen wird das Etikett von der Klebstoffpalette abgeschält. Der Greiferzylinder überträgt dann das Etikett auf den Behälter, an dem es noch angedrückt/angebürstet wird (Abbildung 446 und Abbildung 450).
Diese Variante gestattet die größte Variabilität der Etikettierung bei größtmöglicher Präzision auch bei großen Durchsätzen; sie dominiert im modernen Etikettiermaschinenbau.

Ausstattung und Kennzeichnung

Eine andere Variante benutzt einen exzentrisch umlaufenden Vakuumzylinder, der das Etikett mit der Vorderseite an einen Vakuumzylinder übergibt, auf dem der Klebstoffauftrag erfolgt. Danach wird es an den Behälter übergeben (Abbildung 447).

- **Oszillierender Etikettenbehälter**: Das Etikett wird aus dem oszillierenden Etikettenbehälter in zwei Varianten entnommen:
  Variante 1: eine mit Klebstoff beschichteter Zylinder entnimmt das Etikett. Während der Etikettenentnahme bewegen sich Zylinder und Etikettenbehälter synchron, danach kehrt der Etikettenbehälter seine Bewegungsrichtung um. Der Klebstoffzylinder übergibt das Etikett an einen Greiferzylinder, der es an den Behälter überträgt (Abbildung 448).
  Es sind auch greiferzylinderlose Systeme bekannt, bei denen ein Etikettenabweiser das Etikett von dem Klebstoffzylinder löst und an den Behälter übergibt.

  Variante 2: der Etikettenbehälter bewegt sich synchron zu einem Vakuumzylinder, an dem das Etikett mit seiner Vorderseite durch das Vakuum fixiert wird. Anschließend wird der Klebstoff mittels einer Klebstoffwalze aufgebracht. Das beschichtete Etikett wird an den Behälter übergeben. Diese Variante wird vor allem bei Linearmaschinen genutzt (Abbildung 449).

Das Prinzip mit oszillierendem Etikettenbehälter gilt als veraltet.

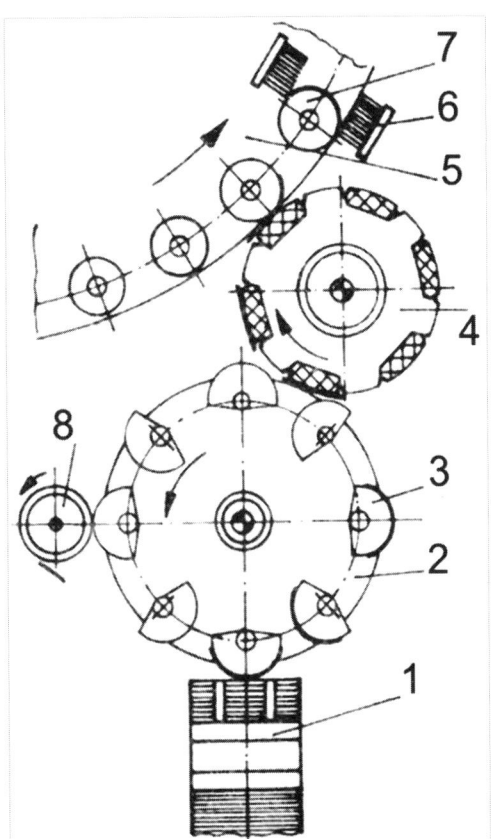

Abbildung 446 Klebstoffauftrag auf eine Klebstoffpalette, Etikettenübergabe mittels Greiferzylinders, schematisch
1 Etikettenbehälter
2 Klebstoffpaletten-Rotor
3 Klebstoffpalette
4 Greiferzylinder
5 Behälterträger
6 Anbürstung
7 Behälter um 90° gedreht
8 Klebstoffwalze

Füllanlagen

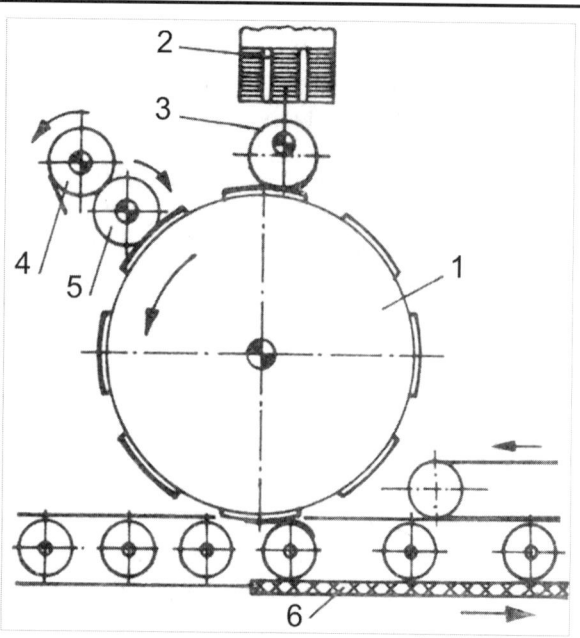

Abbildung 447 Klebstoffauftrag auf das Etikett auf dem Vakuumzylinder; Etikettenentnahme mittels eines exzentrisch umlaufenden Vakuum-Übergabezylinders, schematisch
1 Vakuumzylinder
2 Etikettenbehälter, feststehend
3 exzentrisch umlaufender Vakuum-Übergabezylinder
4 Klebstoffwalze
5 Klebstoff-Beschichtungswalze
6 Anpress-Schwamm

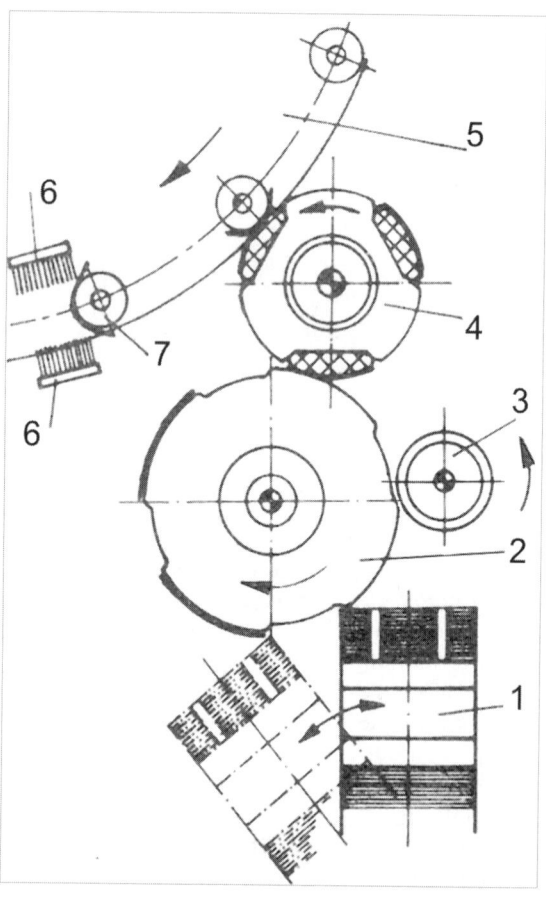

Abbildung 448 Klebstoffauftrag auf einen Klebstoffzylinder, der das Etikett aus dem Etikettenbehälter entnimmt., Etikettenübergabe mittels Greiferzylinders, schematisch
1 Etikettenmagazin, oszillierend
2 Klebstoffzylinder
3 Klebstoffwalze
4 Greiferzylinder
5 Behälterträger
6 Anbürstung
7 Behälter um 90° gedreht

Ausstattung und Kennzeichnung

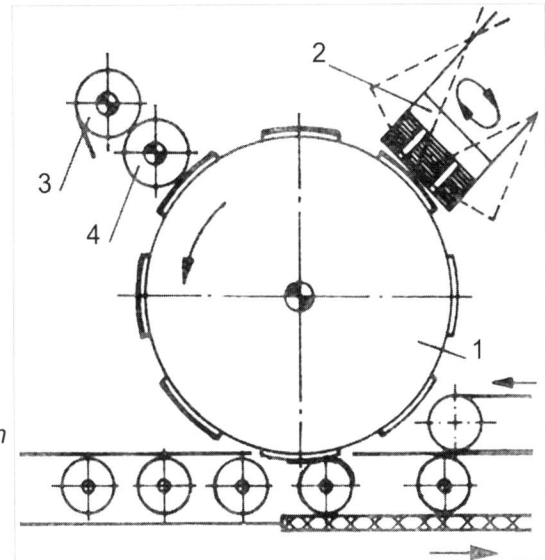

Abbildung 449 Klebstoffauftrag auf das Etikett auf dem Vakuumzylinder; Etikettenentnahme durch den Vakuumzylinder aus dem oszillierenden Etikettenbehälter, schematisch
1 Vakuumzylinder 2 oszillierender Etikettenbehälter 3 Klebstoffwalze
4 Klebstoff-Beschichtungswalze

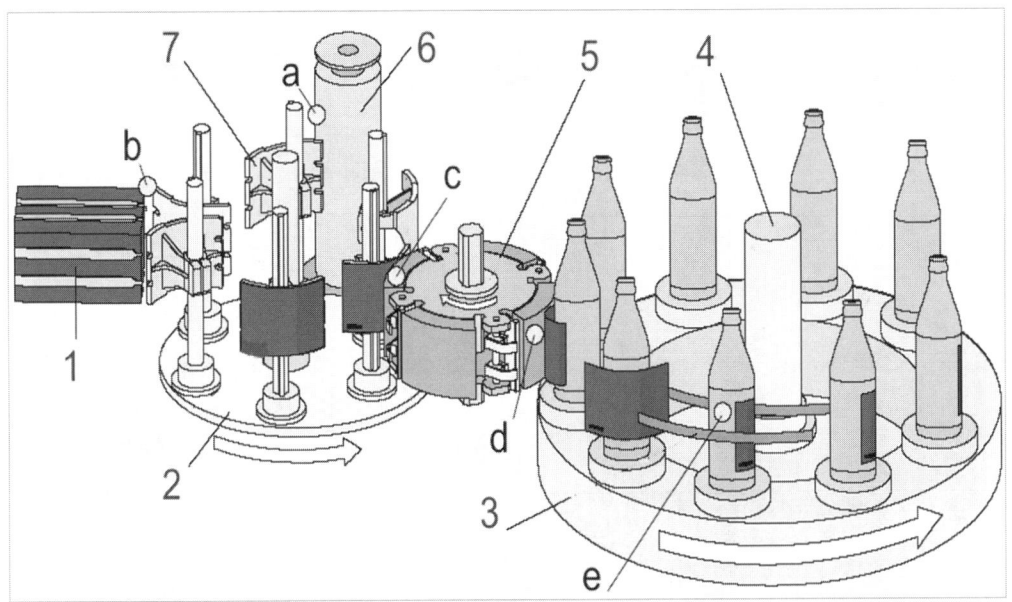

Abbildung 450 Nass-Etikettierung, schematisch (nach KRONES)
1 Etikettenbehälter 2 Klebstoffpaletten-Rotor 3 Flaschenträger-Rotor 4 Statorsäule
5 Greiferzylinder 6 Klebstoffwalze 7 Klebstoffpalette
a Klebstoffauftrag auf die Klebstoffpalette b Etikettenentnahme c Etikettenübergabe an den Greiferzylinder d Etikettenübergabe an den Behälter e Anbürsten des Etiketts

Zum Etikettieraggregat einer modernen Etikettiermaschine mit feststehendem Etikettenbehälter nach dem Prinzip gemäß Abbildung 446 gehören neben den im

Füllanlagen

Kapitel 23.2.4 bereits genannten Elementen folgende Komponenten (s.a. Abbildung 450):

- Der Etikettenbehälter;
- Die Klebstoffwalze und -Dosierung;
- Die Klebstoffpaletten;
- Der Greiferzylinder.

Die Abbildung 451 zeigt ein Etikettieraggregat, Abbildung 452 zeigt eine Draufsicht.

Abbildung 451 Etikettieraggregat (nach KRONES)
1, 2 Etikettenbehälter **3** Klebstoffpaletten auf einer Palettenwelle **4** Klebstoffwalze
5 Klebstoffpaletten-Rotor **6** Klebstoffmesser **7** Klebstoff-Zulauf **8** Klebstoff-Rücklauf
9 Getriebegehäuse Etikettieraggregat

Ausstattung und Kennzeichnung

Abbildung 452 Draufsicht auf ein Etikettieraggregat (Abdeckung entfernt), (nach KRONES)
1 Klebstoffpaletten-Rotor
2 Klebstoffpalettenwelle mit Klebstoffpalette
3 Klebstoffwalze
4 Etikettenbehälter
5 Greiferzylinder

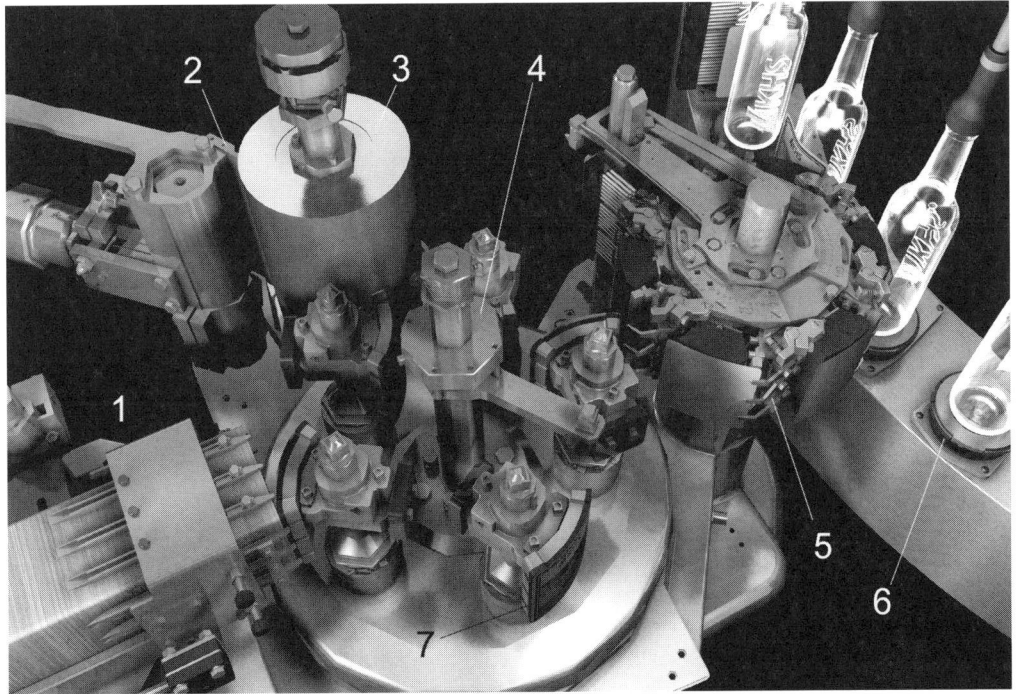

Abbildung 453 Kaltleim-Etikettierstation Innoket KL (Abdeckung entfernt, nach KHS)
1 Etikettenbehälter   2 Rakel   3 Klebstoffwalze   4 Rotor mit Klebstoffpaletten
5 Greiferzylinder   6 Flaschenträger drehbar durch Servomotor   7 Klebstoffpalette

Füllanlagen

23.2.5.2 Etikettenbehälter

Im Etikettenbehälter werden die Etiketten eingelegt und mit der Klebstoffpalette entnommen (s.a. Abbildung 451). Die Etiketten werden durch einen Schieber mit definierter Vorspannung (Spannrolle mittels Federkraft) gegen die Behälternasen gedrückt.

Die Etiketten müssen an den Behälternasen plan anliegen (Abbildung 454). Der Abstand der Nasen (ca. 0,1...0,2 mm) lässt sich durch Justierschrauben oben und seitlich einstellen. Wichtig ist es aber, dass die Etiketten mit konstanten Abmaßen geliefert werden, sodass eine Einstellung über längere Zeiträume nutzbar bleibt. Im Bereich der Behälternasen besitzen die Klebstoffpaletten Aussparungen, sodass die Palette am Etikettenstapel vollflächig abrollen kann. Bei der Etikettenentnahme wird der Etikettenstapel um wenige zehntel Millimeter zurückgedrückt.

Abbildung 454
Behälternasen (1)
an einem Etikettenbehälter

Um die Nachlegeintervalle bei größeren Durchsätzen zu vergrößern, werden die Etiketten in Magazinen bevorratet (ca. 50.000 Etiketten sind möglich). Der Wechsel von einer Magazinstange zur nächsten ist automatisierbar (Abbildung 455).

Zur Sicherung des Prinzips: „kein Behälter, kein Etikett" kann der Etikettenbehälter um einen kleinen Weg zurückgesetzt werden. Ein Pneumatikzylinder wird von der Maschinensteuerung angesteuert.

23.2.5.3 Klebstoffwalze und -Dosierung

Die Klebstoffwalze muss einen gleichmäßigen, in der Dicke einstellbaren Klebstofffilm auf der Klebstoffpalette erzeugen. Eine zu große Klebstoffdicke führt nicht nur zu hohem Klebstoffverbrauch, sondern auch zum Verspritzen des Klebstoffes (Abbildung 456), zu überschüssigem Klebstoff an den Paletten-Rändern und zu längeren Abbindezeiten des Etiketts, d.h., es kann noch lange verschoben werden („schwimmende Etiketten"), und damit zum Schiefsitz.

Die richtige Klebstoffdicke ist dann gegeben, wenn sich die Palette auf dem Klebstofffilm der Klebstoffwalze gut abzeichnet. Zum Verbrauch von Klebstoff s.a. Kapitel 5.4.4.

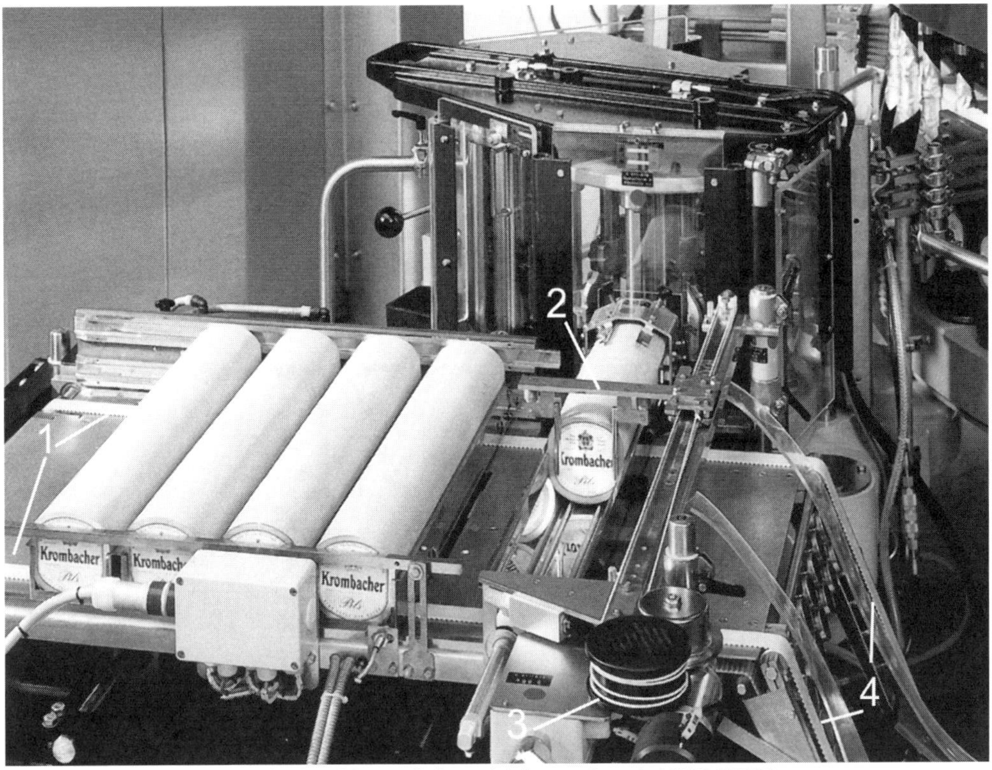

Ausstattung und Kennzeichnung

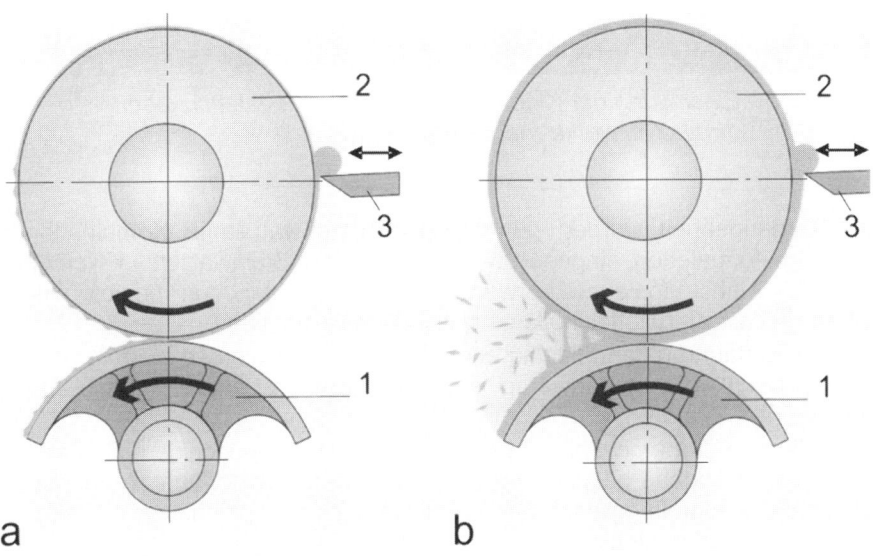

Abbildung 455 Automatische Magazinbeschickung (nach KRONES)
1 Transportriemen für Magazinbehälter **2** Spannbügel **3** Spannrolle (mit Spiralfeder)
4 Ableitung der leeren Magazine

Abbildung 456 Klebstoff-Filmdicke; **a** *günstig* **b** *ungünstig (zu dick)*
1 Klebstoff-Palette **2** Klebstoffwalze **3** Klebstoffleiste (Rakel)

Füllanlagen

Da Scherkräfte neben der Temperatur die Viskosität beeinflussen, wird die Klebstofftemperatur durch eine thermostatgesteuerte Heizung geregelt und der Klebstoff im Kreislauf gefördert, der überschüssige Klebstoff läuft in den Vorratsbehälter zurück. Die Temperatur wird von der Klebstoffart bestimmt (s.a. Kapitel 5.4.4).

Die Klebstoffdicke wird durch den Abstand der Klebstoffschaberleiste/Klebstoffwalze festgelegt. Dieser Abstand ist einstellbar (z.B. Abbildung 457). Es gibt bereits Messsysteme, die die Dicke erfassen. Das Messergebnis kann für eine automatische Korrektur genutzt werden.

Synonyme für Klebstoffschaberleiste sind: die *Rakel* und *Klebstoffmesser*.

Abbildung 457 Einstellung der Klebstoffdicke mittels Klebstoffschaberleiste, Kontrolle durch Zählwerke (nach KHS)

In der Vergangenheit wurden gummierte Klebstoffwalzen in Kombination mit Aluminium-Klebstoffpaletten eingesetzt. Aktuell werden Stahlwalzen in Kombination mit gummierten Klebstoffpaletten verwendet. Diese Kombination besitzt eine größere Standzeit und die Klebstoffdicke lässt sich exakter einstellen.

Der Klebstoffauftrag kann flächig, streifenförmig oder gitternetzförmig (wabenförmig) sein. Bevorzugt wird gegenwärtig eine rillenförmige, flächige Beschichtung (s.a. Abbildung 458).

Wenn längere Zeit (vorwählbar) keine Behälter in die Maschine einlaufen, wird nicht nur die Etikettenabgabe gesperrt, sondern auch der Klebstoffauftrag auf die Klebstoffpaletten. Das Klebstoffaggregat kann zu diesem Zweck geringfügig zurückgeschwenkt werden. Die Klebstoffpaletten können dann gereinigt werden.

Die Klebstoffwalze rotiert jedoch weiter (eigener Antrieb), die Klebstoffförderung wird nicht unterbrochen.

Ausstattung und Kennzeichnung

23.2.5.4 Klebstoffpaletten

Die Klebstoffpaletten entnehmen den Klebstoff von der Klebstoffwalze und entnehmen anschließend ein Etikett aus dem Magazin, das sie danach an den Greiferzylinder übergeben.

Die Klebstoffpaletten aus Leichtmetall sind gummiert und haben die Kontur des zu verklebenden Etiketts. Im Bereich der Behälternasen der Etikettenbehälter und der Greiferfinger des Greiferzylinders sind die Paletten ausgespart, s.a. Abbildung 458.

Die Paletten werden verdrehsicher (formschlüssig) auf der Palettenwelle befestigt (Klemmverbindung), s.a. Abbildung 459.

Auf einer Palettenwelle können mehrere Klebstoffpaletten angeordnet werden, z.B. alle Rumpfetiketten oder alle Rückenetiketten. Die Paletten werden exakt ausgerichtet.

Die Palettenwellen werden unverwechselbar durch spielfreie Steckverbindungen, beispielsweise mittels Polygonverbindungen oder Konusverbindungen, befestigt. Der Wechsel erfolgt ohne Werkzeug.

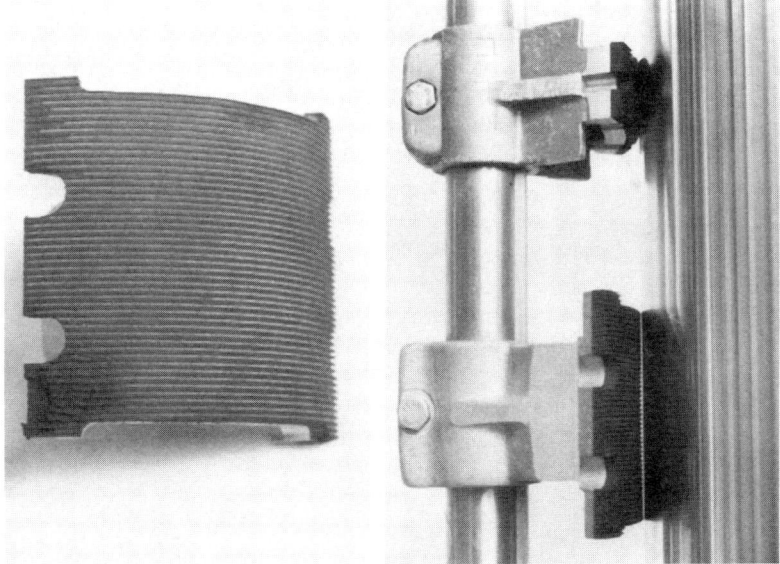

Abbildung 458 Klebstoffpaletten, Beispiel (nach KRONES)

Die Palettenwellen bewegen sich auf einer Kreisbahn, dem Paletten-Rotor (Synonym: Palettenkarusell). Die der Rotation der Palettenwellen auf dem Rotor überlagerte Drehung der einzelnen Palettenwellen wird durch eine doppelte Nutkurve realisiert, in der zwei Rollen laufen und ein Zahnsegment antreiben, das wiederum die Palettenwelle dreht. Abbildung 460 zeigt das Getriebe des Palettenrotors, das im Ölbad läuft.

Außer der in Abbildung 460 gezeigten Variante des Klebstoffpalettenwellen-Antriebes mittels einer Nutkurve und Zahnsegmenten sind auch andere Varianten im Gebrauch. In Abbildung 461 ist ein ungleichförmig übersetzendes Getriebe auf der Basis eines Planetengetriebes zu sehen, dass ebenfalls die Bewegungsabläufe der Klebstoffpalette an der Klebstoffwalze, dem Etikettenbehälter und dem Greiferzylinder ermöglicht. An den drei genannten Stationen ist die Abrollgeschwindigkeit reduziert, die Übergänge werden schneller absolviert.

Füllanlagen

Abbildung 459 Klebstoffpaletten auf Palettenwellen durch Klemmung befestigt. Verdrehsicherung durch Passfeder. (nach KRONES)

Ausstattung und Kennzeichnung

Abbildung 460 Getriebe des Klebstoffpaletten-Rotors (nach KRONES), rechts ist der Antrieb des Greiferzylinders zu sehen.
1 Rolle in der Nutkurve **2** Antriebsrad der Palettenwelle **3** Zahnsegment **4** Gelenkwelle für den Antrieb des Etikettieraggregates, diese treibt den Greiferzylinder direkt an **5** Klebstoffpaletten-Welle

Füllanlagen

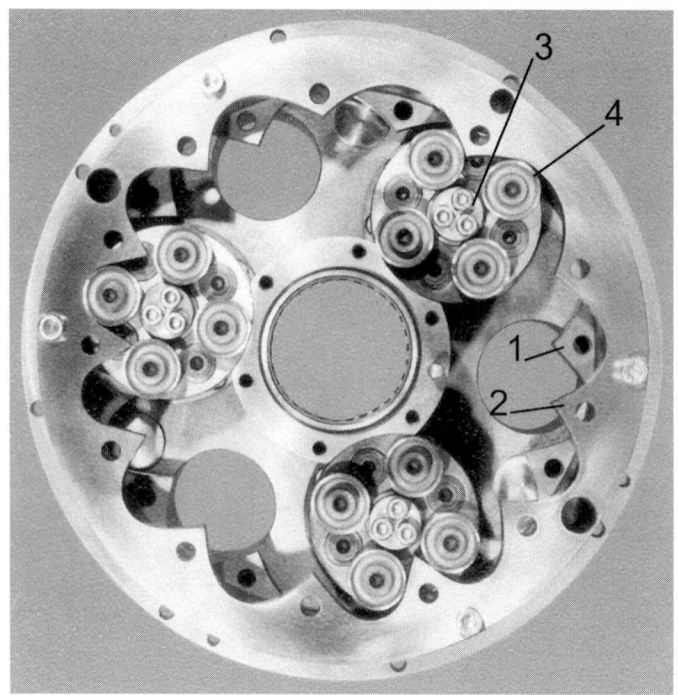

Abbildung 461 Spezialplanetengetriebe mit unterschiedlich breiten Zähnen (nach [276])
1 Zahnkurve 1   **2** Zahnkurve 2   **3** Klebstoffpalettenwelle   **4** Rollen

23.2.5.5 Etikettenübergabe mittels Greiferzylinders

Der Greiferzylinder zieht die Etiketten von der Klebstoffpalette ab und überträgt sie auf den Behälter, der Greiferschwamm drückt sie leicht an, nachdem die Greiferfinger das Etikett freigegeben haben.

Das Etikett wird an den klebstofffreien Stellen von den Greiferfingern des Greiferzylinders auf der gesamten Breite der Ambossleiste geklemmt und bis zur Übergabe an den Behälter gehalten. Die Klemmung muss gleichmäßig erfolgen, um das Etikett gerade abzunehmen. Die Betätigung der Greiferfinger erfolgt in der Regel durch Kurvenscheiben.

Die Übergabe der Etiketten an die Behälter bzw. das Lösen des Etiketts vom Amboss wird durch Blasluft-Düsen, die neben der Ambossleiste angeordnet sind, unterstützt.

Das Abnahmeschema zeigt Abbildung 462. Abbildung 463 zeigt einen Greiferzylinder schematisch.

Der Abstand zwischen Ambossleiste und Klebstoffpalette beträgt an der engsten Stelle ca. 1…2 mm.

Die Übergabe des Etiketts vom Greiferzylinder an den Behälter kann durch eine radiale Bewegung des Andrückschwammes, von einer Steuerkurve betätigt, verbessert werden.

Ausstattung und Kennzeichnung

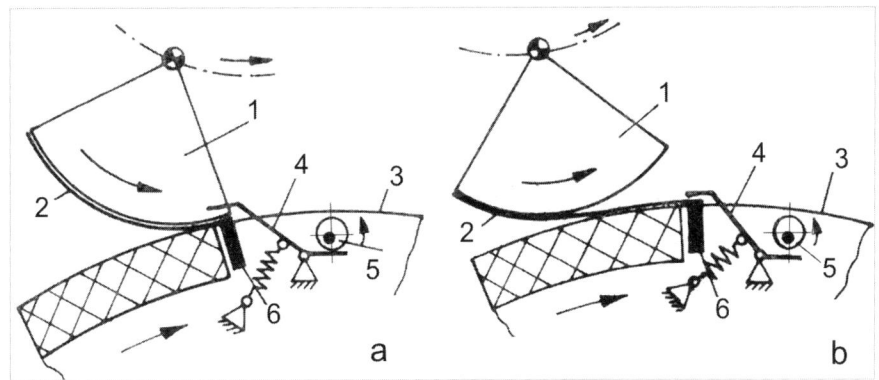

Abbildung 462 Prinzip der Etikettenübergabe an den Greiferzylinder, schematisch
1 Klebstoffpalette **2** Etikett **3** Greiferzylinder **4** Greiferfinger **5** Schaltnocken **6** Anschlagleiste/Amboss **a** Der Greiferfinger erfasst das Etikett **b** der Greiferfinger hält das Etikett, dass durch die weitere Drehung von der Klebstoffpalette abgezogen wird

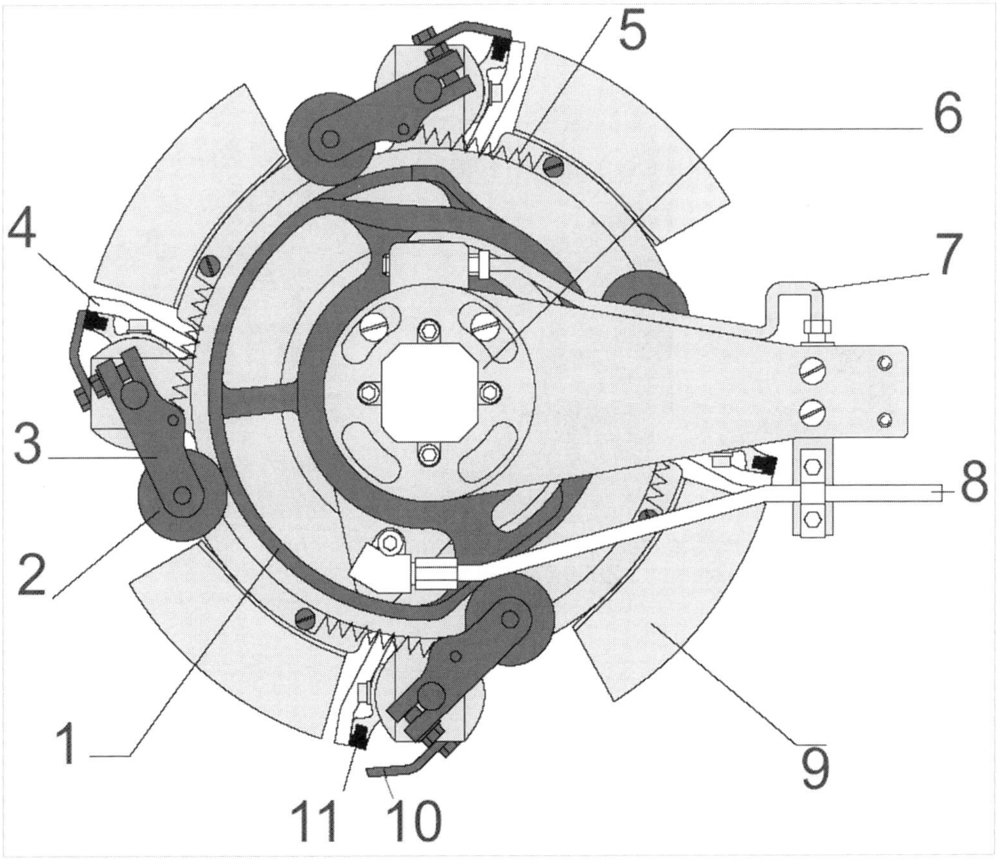

Abbildung 463 Greiferzylinder, schematisch (nach KRONES)
1 Steuerkurve **2** Rolle für Greiferfingerbetätigung **3** Rollenhebel für Greiferfinger **4** Etikettenabblasung **5** Rückholfeder (Zugfeder) **6** Polygonnabe **7** Schmierstoffzufuhr **8** Blasluftzufuhr **9** Andrückschwamm **10** Greiferfinger **11** Ambossleiste

Füllanlagen

23.2.5.6 Reinigung der Etikettiermaschine

Die Reinigung der Klebstoffpaletten, -walze, Klebstoffschaberleiste und des Greiferzylinders erfolgt regelmäßig bei Bedarf, bei Betriebsende und nach längeren Pausen mit warmen Wasser, Bürsten, Schwamm oder Lappen. Schwämme werden ausgewaschen.

Moderne Etikettiermaschinen können für die Schwallreinigung mit Heißwasser ausgestattet sein, s.a. Abbildung 464.

Gleitflächen sollten nach der Reinigung regelmäßig einen dünnen Schmierstofffilm erhalten.

Abbildung 464 Automatische Reinigung einer Etikettiermaschine (nach KHS)
1 Sprühdüsen **2** Sprühkranz **3** Zulauf

23.2.6 Etikettieraggregate für die Rundum-Etikettierung
23.2.6.1 Allgemeine Hinweise
Die Rundum-Etikettierung wird vor allem bei Dosen (Konservendose, Getränkedose), und PET-Flaschen, aber auch bei Glasbehältern praktiziert.
Bei der Rundum-Etikettierung sind zu unterscheiden:

Etikettenvarianten:
- Einzeletiketten oder
- Etikettierung von der Rolle;
- Selbstklebe-Etiketten.

Etikettenwerkstoff:
- Papieretiketten;
- Kunststoffetiketten (z.B.: PE, PP, OPP, PVC, geschäumtes PS).

Klebstoffe:
- Kalte Klebstoffe: Casein-, Dextrin-, Dispersions-Klebstoffe;
- Schmelzklebstoffe (Synonyme: Hot-melts, Heißkleber);
- Haftklebstoffe.

Die Etiketten können vollflächig mit Klebstoff beschichtet werden, vorzugsweise wird aber nur der Anfang und das Ende des Etiketts verklebt. Bei MW-PET-Behältern werden die Etiketten klebstofffrei auf den Behälter aufgebracht, das Ende wird auf dem Anfang verklebt, meistens mit Heißkleber.

Sleeve-Etiketten sind zwar auch Rundum-Etiketten, werden aber im Kapitel 23.2.8 gesondert behandelt.

23.2.6.2 Rundum-Etikettierung von der Rolle
Verarbeitet werden vor allem bedruckte Kunststofffolien-Rollen (für flexible Kunststoffbehälter) und Papieretiketten-Rollen (für Glasbehälter und Dosen). Die Kunststoff-Etiketten können abschließend noch geschrumpft werden (sie sind damit eine Alternative zu Sleeve-Etiketten). Das Etikettenband wird von der Rolle abgezogen und unter konstanter Spannung gehalten, die Abzugsvorrichtung dient gleichzeitig als Etikettenpuffer. Geschnitten werden die Etiketten mit einem Schneideaggregat, bestehend aus einem beheizten Messerpaar: eines steht fest, das andere rotiert. Das rotierende Messer sitzt in einem Vakuumzylinder und wird zum Schnitt angesteuert. Das geschnittene Etikett wird an den Vakuumzylinder übergeben.

Für die exakte Länge sorgen Schneidemarken, die von der Steuerung überwacht werden.

In den 1968er Jahren gab es bereits Versuche zur Etikettierung mit perforierten Papieretiketten, z.T. metallisiert, von der Rolle mit Nass-Klebstoff [277].

Füllanlagen

Etikettiervarianten:
Variante mit Heißkleber:

Das Etikettenband wird von der Rolle abgezogen, exakt auf Länge geschnitten und an einen Vakuumzylinder (Synonym: Vakuumtrommel) übertragen (Abbildung 465, Abbildung 467 und Abbildung 468). Auf diesem (auf den Vakuumpads) werden Anfang und Ende des Etiketts mit Heißkleber beschichtet. Der Etikettenanfang wird an den rotierenden Behälter übergeben, das Etikett rollt mit geringer Vorspannung straff ab und wird überlappend verklebt. Die Überlappung beträgt etwa 8...10 mm bei Glas und Metalldosen und etwa 12...15 mm bei PET-Flaschen für gashaltige Getränke.

Bei der Rotation sind die zu etikettierenden Behälter zwischen einer Zentrierglocke und dem Flaschenträger eingespannt. Wenn leere Kunststoffflaschen etikettiert werden sollen, können diese während der Einspannung mit Druckluft stabilisiert werden.

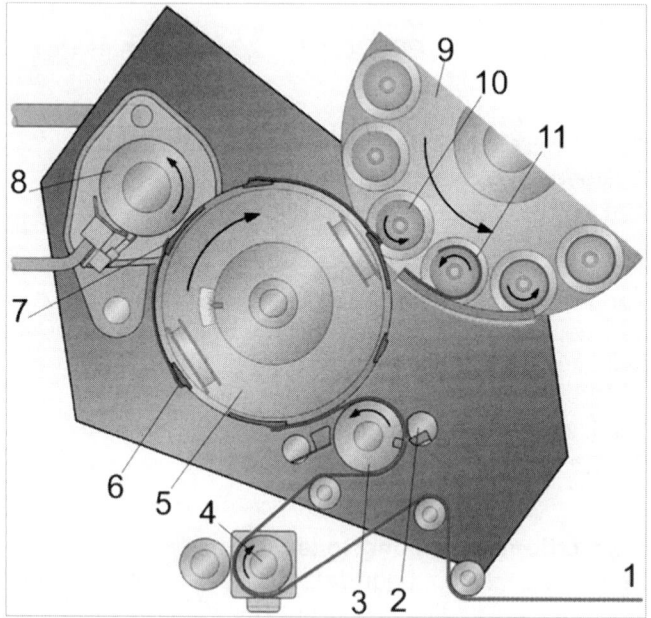

Abbildung 465 Rundumetikettierung mit einer Rundlaufmaschine, schematisch (Typ Innoket RF 25, KHS)

1 Etikettenfolienband **2** festes Schneidemesser, einstellbar und beheizt **3** Schnittwalze mit beheiztem Messer **4** Folienantrieb **5** Vakuumzylinder **6** Etikettenende auf dem Vakuumpad **7** Etikettenanfang/Klebstoffauftrag auf einem Vakuumpad **8** Klebstoffwerk (Synonym: Leimwerk) **9** Flaschenträger-Rotor **10** rotierender Behälter/Etikettenübergabe **11** Anrollstation

Die Etiketten werden auf der Schnittwalze und auf dem Vakuumzylinder (Abbildung 466, Synonym: Vakuumtrommel) durch ein einstellbares Vakuum gehalten. Die Vakuumpads aus Elast (Silicongummi) an den Anfangs- und Endstellen des Klebstoffauftrages sind leicht auswechselbar. In der Vergangenheit wurde die Etikettenhaltung auf dem Vakuumzylinder zum Teil durch mechanische Greiferfinger unterstützt.

Der Rollenwechsel lässt sich automatisieren, auch der „fliegende" Rollenwechsel mit manueller Verklebung der Enden ist bei Durchsatzverminderung möglich. Während des Wechsels werden die Etiketten aus dem Folienspeicher entnommen.

Ausstattung und Kennzeichnung

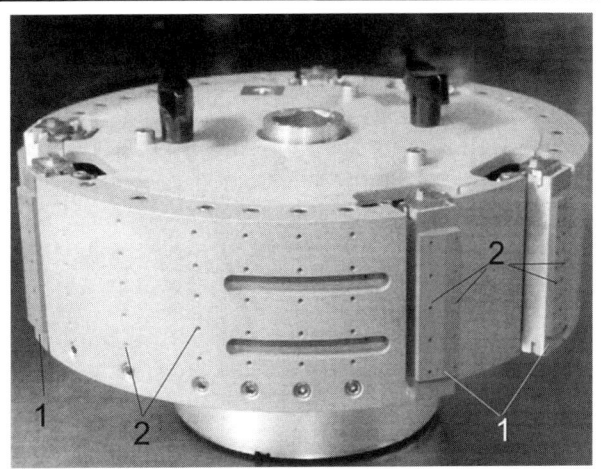

Abbildung 466 Vakuumzylinder (nach KRONES)
1 Vakuumpads, auswechselbar
2 Vakuum-Bohrungen

Nach dem gleichen Prinzip kann bei geringeren Durchsätzen (≤ 12.000 Behälter/h) auch eine Linearmaschine zum Einsatz kommen.

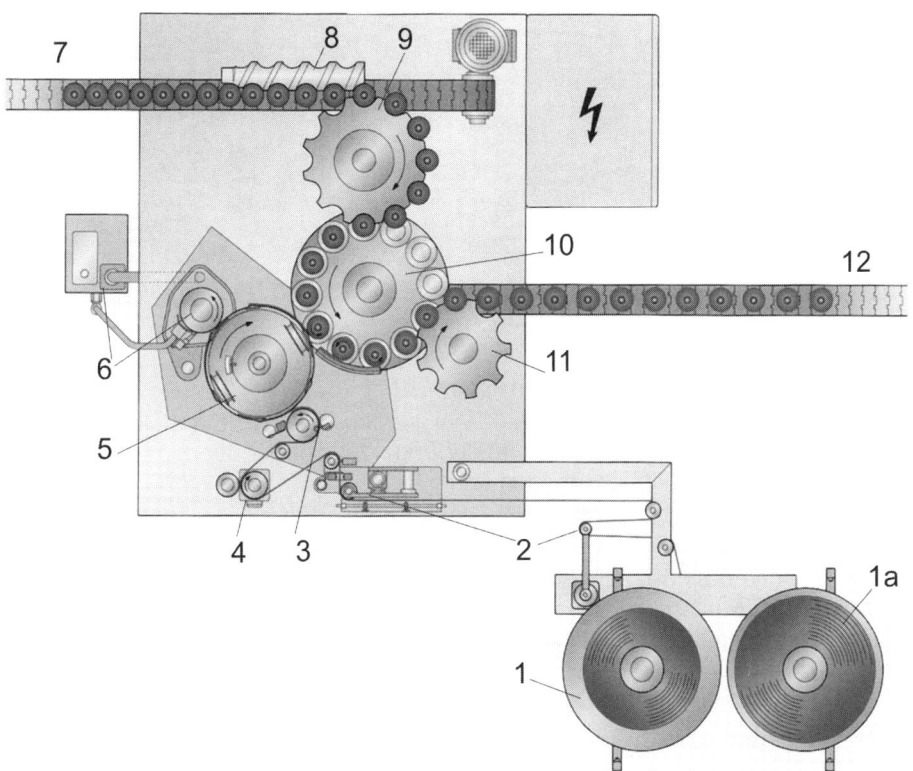

Abbildung 467 Etikettiermaschine für Rundum-Etikettierung (Typ Innoket RF 25, KHS)
1, 1a Etikettenrollen   2 Folienabzug   3 Schneideaggregat   4 Folienabzug-Antrieb
5 Vakuumzylinder   6 Heißklebeaggregat   7 Behälterzulauf   8 Einteilschnecke   9 Einlaufstern   10 Behälterträger-Rotor   11 Auslaufstern   12 Behälterauslauf

Füllanlagen

Der Abzug des Etikettenbandes wird geregelt, die Klebehöhe lässt sich justieren. Die Drehung der Behälterträger kann durch einzelne Servoantriebe erfolgen oder synchron durch einen umlaufenden Zahnriemen, angetrieben von einem Servomotor (dessen Geschwindigkeit ist einstellbar).

Das Rundlaufprinzip kann für etwa 25.000...30.000 Behälter/h genutzt werden. Für noch größere Durchsätze können zwei Etikettieraggregate genutzt werden, die jede zweite Flasche etikettieren.

Abbildung 468 Etikettiermaschine für Rundum-Etikettierung (Innoket 360, KHS)

Variante mit klebstofffreier Anfangsbeleimung

Ein auf die Kunststoffflasche gesprühter Wasserfilm hält das Kunststoffetikett auf der PET-Flasche „fest", so dass die Verklebung des überlappenden Etikettenendes (Endbeleimung) mit Heißkleber erfolgen kann.

Diese Variante hat sich nur in wenigen Anlagen eingeführt, weil die Anfangshaftung relativ problematisch und wenig reproduzierbar ist.

Auf der Flasche befindet sich bei dieser Variante kein Klebstoff, so dass das Etikett von der MW-PET-Flasche relativ einfach durch ein Messer vor der Flaschenreinigung entfernt werden kann (s.a. Kapitel 10.4).

Variante mit Kaltkleber:

Statt des Heißklebers kann bei Papieretiketten auch mit Kaltkleber (Kaltleim) gearbeitet werden. Die Etiketten werden vollflächig oder mit Aussparungen beschichtet und anschließend überlappend, nicht überlappend auf Stoß oder auch mit Lücke verklebt. Diese Variante eignet sich insbesondere für formstabile Behälter aus Glas bzw. Metall.

Ausstattung und Kennzeichnung

Die Etiketten können in der Flaschenreinigungsmaschine wieder entfernt werden.
Die Rundumetikettierung ohne Überlappung ist nur mit dieser Variante möglich.

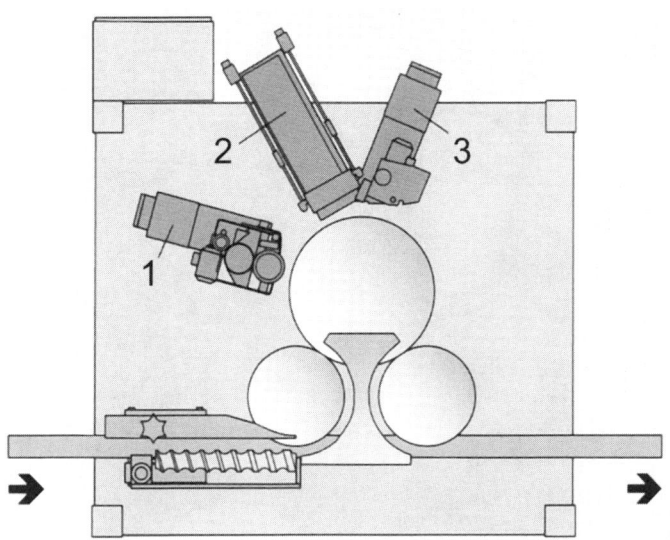

Abbildung 469 Rundum-Etikettierung mit geschnittenen Etiketten (nach KRONES)
1 Heißklebestation 1 **2** Etikettenbehälter **3** Heißklebestation 2 (Etiketten-Ende)

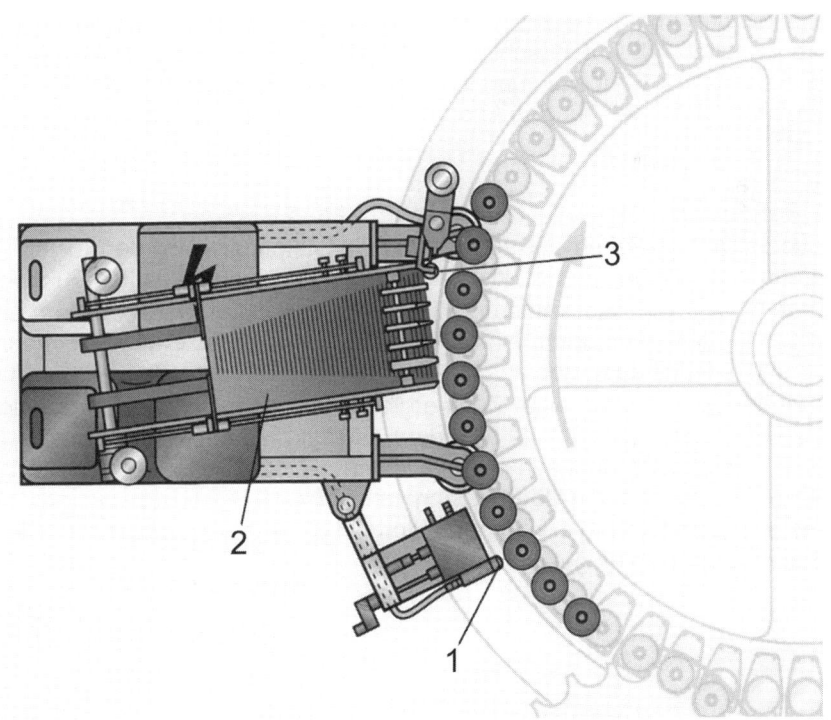

Abbildung 469a   Rundum-Etikettierung mit geschnittenen Etiketten (nach KHS)
1 Heißklebestation 1 mit Düsenauftrag   **2** Etikettenbehälter   **3** Heißklebestation 2
(Rolle; Etiketten-Ende)

Füllanlagen

Abbildung 469b Rundum-Etikettierung mit geschnittenen Etiketten (Innoket HL, KHS)
1 Dosenteller mit Antrieb   **2** Anfangsbeleimung Heißkleber   **3** Heißkleber-Punkte
4 Etikettenbehälter   **5** Anfangsbeleimung entnimmt Etikett   **6** Dose dreht sich und wickelt Etikett auf   **7** Endbeleimung mit Heißkleber   **8** Heißkleberstreifen für überlappende Klebung   **9** Bürsten für das Andrücken des Etiketts

23.2.6.3 Rundum-Etikettierung mit Einzel-Etiketten
Geschnittene Einzeletiketten aus Papier und Kunststofffolien werden für die Rundum-Etikettierung in der Regel mit Heißklebern verarbeitet (Abbildung 469, 460 a, 460 b).

Im Gegensatz zur Nassetikettierung wird nicht das Etikett mit Klebstoff beschichtet, sondern der Behälter wird durch eine rotierende Klebstoffwalze aus Silicongummi oder durch Sprühdüsen mit dem Klebstoff beschichtet (senkrechter Streifen oder Punkte).

Der Behälter ist zwischen einer Zentrierglocke und dem Behälterträger eingespannt, dreht sich und zieht das Etikett aus dem Etikettenbehälter. Eine zweite Klebstoff-Stahlwalze oder Sprühdüsen beschichten das Etikettenende mit einem Klebstoffstreifen, mit dem die Überlappung verklebt wird.

Der erste Klebstoffauftrag erfolgt nur, wenn ein Behälter erkannt wurde. Die Etiketten werden durch Bürsten glatt gestrichen.

Ausstattung und Kennzeichnung

23.2.7 Etikettieraggregate für Selbstklebeetiketten
23.2.7.1 Allgemeine Hinweise
Selbstklebeetiketten (s.a. Kapitel 5.4.1.3) haben zahlreiche positive Eigenschaften, beispielsweise sind sie rutschfest, wasserfest, strapazierfähig, benötigen keine speziellen Etikettengarnituren, lassen sich auf fast allen Werkstoffen aufbringen und sind vor allem werbewirksam, so dass Marketingexperten sie gern verwenden. Ihre Anwendung umfasst nahezu alle Branchen, außerhalb der Getränkeindustrie insbesondere die Kosmetikindustrie, Pharmazie, Haushaltchemikalien, Molkereiprodukte, Konserven und viele andere.

Die zu etikettierenden Behälter können nahezu beliebig geformt sein, teilweise werden für nicht standfeste Behälter spezielle Tragekonstruktionen für den Transport in der Maschine vorgesehen.

Die zu beklebenden Oberflächen müssen absolut trocken sein und sollen eine möglichst glatte Oberflächenstruktur besitzen.

Das Selbstklebeetikett besteht aus drei Komponenten:
- Der Trägerfolie; diese ist entweder eine PET-Folie oder eine PP-Folie. Diese ist mit einer Trennschicht ausgerüstet, meist Silicon;
- Dem Etikett; in der Regel eine bedruckte PP-Folie. Die Folie kann für den „No-label-look" transparent sein;
- Dem Haftklebstoff; der ist bei Raumtemperatur ($\geq 16\,°C$) selbstklebend. Der Klebstoff kann laugelöslich sein.

Selbstklebeetiketten werden von der Rolle mit einem Spendeaggregat verarbeitet. Dieses trennt das Etikett an der Spendekante vom Trägerband. Dieses wird wieder aufgewickelt. Das abgelöste Etikett wird an den Behälter übergeben und angedrückt oder angebürstet.

Das Lösen des Etiketts vom Trägerfolienband an der Spendekante wird durch seine Biegesteifigkeit ermöglicht. Die Haftkraft des Haftklebers auf der Trägerfolie ist relativ gering.

23.2.7.2 Spendeaggregat
Abbildung 470 zeigt ein Spendeaggregat schematisch. Das Aggregat wird von einem Servomotor angetrieben. Dieser kann auch die Abroll- und Aufrollspule antreiben, soweit nicht dafür separate Servomotoren eingesetzt werden.

Das Aggregat kann zur exakten Etikettenplazierung um 4 bzw. auch 6 Achsen feinfühlig verstellt werden.

Die Etikettenübergabe kann auf Rundlauf- oder Linearmaschinen erfolgen. Bei Rundlaufmaschinen können mehrere Spendeaggregate installiert werden. Die Behälter sind auf dem Behälterträger durch eine Zentrierglocke exakt fixiert und können durch Servomotoren zur Etikettenaufnahme und zum Andrücken definiert gedreht werden.

Linearmaschinen sind gut für große stehende, flache Behälter geeignet. Für die beidseitige Etikettierung werden zwei Spendeaggregate installiert.

In speziellen Fällen werden die Etiketten nicht direkt auf die Behälter übergeben, sondern auf Transferzylinder, von denen sie dann durch Greiferzylinder an die Flaschen genau mittig zur Halskapsel übergeben werden, z.B. bei der Etikettierung von Sektflaschen.

Füllanlagen

Zur genauen Justierung der Etiketten sind die Trägerfolien mit Positioniermarken versehen, die automatisch erkannt werden und für die automatische Justierung benutzt werden können. Der Rollenwechsel lässt sich ebenfalls automatisieren.

Der Durchsatz der Maschinen kann bis zu 42.000 Behälter/h betragen, er ist vor allem vom Behälterdurchmesser und der Etikettenlänge abhängig.

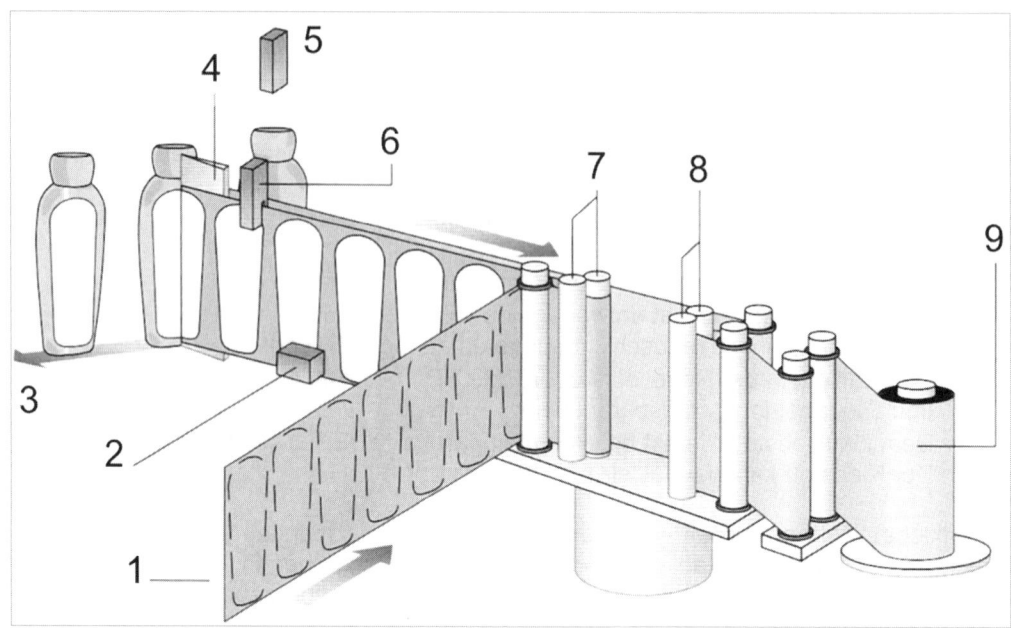

Abbildung 470 Spendeaggregat für Selbstklebeetiketten, schematisch (nach KRONES)
1 Etikettenträgerband-Zulauf **2** optionale Heißprägesteuerung **3** etikettierter Behälter
4 Spendekante **5** Lichtschranke für den Start des Aggregates **6** Lichtschranke für Stopp **7** Schubwalzen **8** Zugwalzen für leeres Trägerband **9** Aufrollspule für leeres Trägerband

Bei großen Durchsätzen werden die Spendeaggregate redundant ausgeführt. Außerdem verfügen sie über einen gleichmäßigen Etikettenabzug. In einer so genannten Schlaufenkammer wird die Folienbahn „gespeichert" und intermittierend auf die Behälter übergeben (Abbildung 471). Dazu muss das Etikettenband in sehr kurzer Zeit beschleunigt und wieder abgebremst werden (z.B. bei 60.000 Fl./h: es stehen nur 14 mm Weg zur Verfügung, um das Etikettenband von 0 auf 2 m/s zu beschleunigen bzw. zu verzögern).

Ausstattung und Kennzeichnung

Abbildung 471 Schlaufenkammer für die intermittierende Etikettenzufuhr zur Spendekante (nach KHS)
1 Druckluft für die Schlaufenbildung **2** Etikettenband-Schlaufe

Abbildung 471a   Ansicht Schlaufenschacht (nach KHS)

Füllanlagen

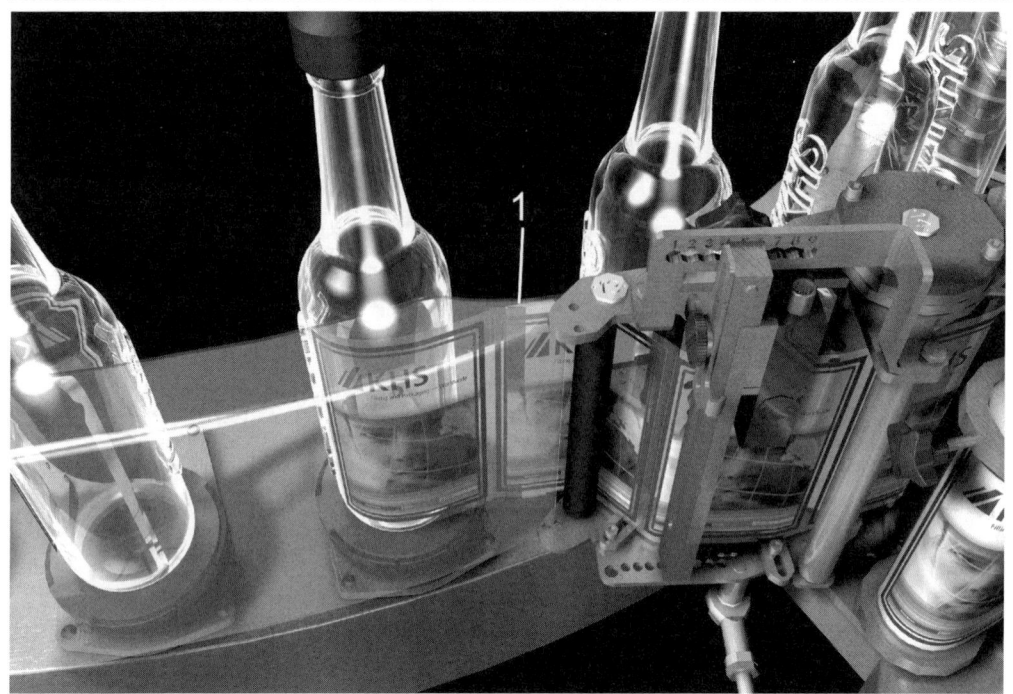

Abbildung 472 Spendekante des Etikettieraggregates Innoket SK für Selbstklebeetiketten (nach KHS)

23.2.7.3 Thermo-Transfer-Druck
Nach dem gleichen Verfahren wie Selbstklebeetiketten lassen sich seitenverkehrt beschichtete Thermofarbenbilder auf Behälter übertragen. Dazu werden Rundlaufmaschinen eingesetzt. Die Behälter werden erhitzt und die Farbbilder werden durch den beheizten Transferzylinder übertragen und angedrückt („aufgeschmolzen").

23.2.8 Maschinen für die Sleeve-Etikettierung
23.2.8.1 Allgemeine Hinweise
Sleeve-Etiketten (Synonym: Überzieh-Etiketten) werden von einem bedruckten Folienschlauch abgeschnitten und über den auszustattenden Behälter gezogen. Mit transparenten Folien lassen sich *No-label-look*-Etikettierungen verwirklichen.

Aus der bedruckten Flachfolie wird der Folienschlauch gefertigt, von dem dann die Sleeves abgeschnitten und an die Behälter übergeben werden.

Der Folienwerkstoff wird nach dem Verwendungszweck ausgewählt (s.a. Kapitel 5.4.1.4).

Es werden unterschieden:
- Stretch-Sleeves: der Folienschlauch hält nach der Übergabe an den Behälter durch die Rückstellkräfte der gedehnten Folie;
- Shrink-Sleeves (Schrumpf-Überzieh-Etiketten): der Folienschlauch wird relativ locker über den Behälter gestülpt und in der gewünschten Position gehalten.
  Durch Wärmezufuhr geht die Folie in ihre ursprüngliche Form zurück und umschließt den Behälter eng.

Ausstattung und Kennzeichnung

Schrumpf-Etiketten können als Fullbody-Sleeve oder Teil-Sleeve ausgeführt werden. Letztere Variante wird u.a. für die Verschlusssicherung genutzt.

Die Sleeve-Etikettierung ist klebstofffrei, sie ist deshalb sehr gut für die Ausstattung von MW-Kunststoffflaschen geeignet, da sich die Etiketten vor der Flaschenreinigung mit einem Messer entfernen lassen (s.a. Kapitel 10.4).

Die Sleeve-Etikettiermaschinen können als Rundlaufmaschinen und als Linearmaschinen gestaltet werden. Letztere werden vor allem für die Schrumpfetiketten-Verarbeitung genutzt.

Der Durchsatz der Sleeve-Etikettiermaschinen kann bis zu 48.000 Behälter/h erreichen.

23.2.8.2 Stretch-Sleeve-Etikettierung

Hierfür werden vorzugsweise Rundlaufmaschinen eingesetzt. Nach der Vereinzelung der Behälter wird der Folienabschnitt über die Behälter gezogen. Dazu wird der Etikettenschlauch von der Rolle über einen Dorn gezogen, geöffnet und von der Schneidvorrichtung auf Länge geschnitten. Der Etikettenring wird geringfügig geweitet an der Aufsetzgabel geklemmt und über den Behälter gezogen. Sobald das Etikett seine Position erreicht hat, wird es mit einer Klammer fixiert, die Aufsetzgabel wird nach unten weggezogen, der Etikettenschlauch federt zurück und sitzt auf dem Behälter fest.

Die Aufsetzgabel wird wieder in die Ausgangsposition gebracht und kann einen neuen Folienabschnitt aufnehmen.

Nach dem gleichen Prinzip können auch Schrumpfetiketten aufgebracht werden. Diese werden nach der Fixierung durch Wärmezufuhr vorgeschrumpft, das eigentliche Schrumpfen erfolgt danach im Schrumpftunnel.

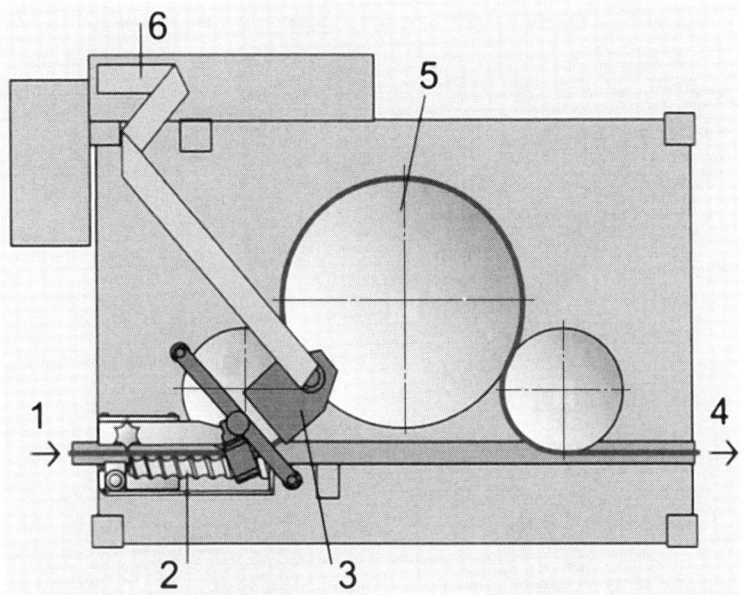

Abbildung 473 Rundlauf-Etikettiermaschine für Sleeve-Etiketten (nach KRONES)
1 Behälterzulauf **2** Vereinzelung **3** Schneideaggregat **4** Behälterauslauf **5** Rotor
6 Folienschlauch-Zufuhr

Füllanlagen

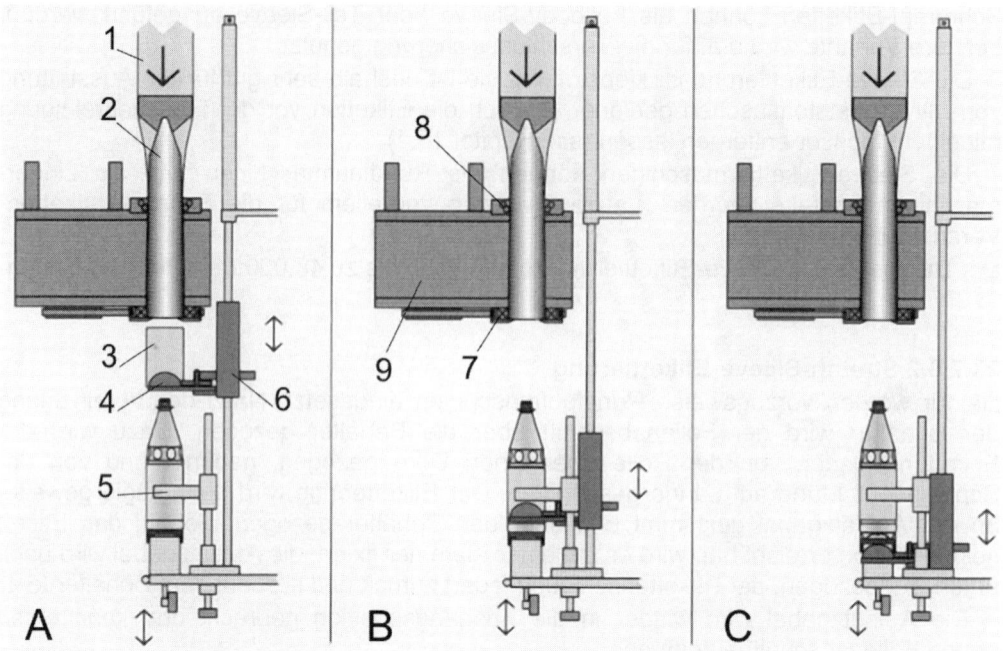

Abbildung 474 Übergabe der Sleeve-Etiketten, schematisch (nach KRONES)
A Abschnitt des Sleeves **B** Absenken des Sleeves in die gewünschte Position
C Fixieren des Sleeves und Absenkung der Aufsetzgabel
1 Etikettenschlauch **2** Auffaltdorn **3** Sleeve **4** Aufsetzgabel **5** Klemmbacken
6 Hubvorrichtung für Pos. 4 **7** Schneidemesser **8** Folientransport **9** Schneidevorrichtung

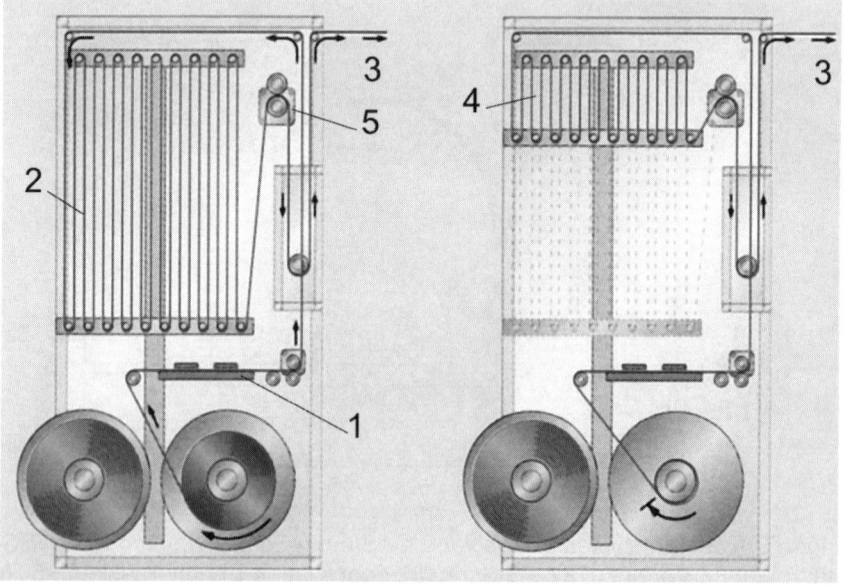

Abbildung 475 Sleeve-Magazin für den Rollenwechsel (nach KHS)
1 Folienschneide- und Klebevorrichtung **2** Folienmagazin gefüllt **3** Folienschlauch zur Schneidevorrichtung **4** Folienmagazin leer **5** Folienabzug

Ausstattung und Kennzeichnung

Abbildung 476 Übergabe eines Stretch-Sleeves (nach KRONES)
1 Flaschenträger **2** Aufsetzgabel (mit Sleeve) **3** Klemmbacken

Abbildung 473 zeigt eine Maschine schematisch, Abbildung 474 zeigt die wesentlichen Teilschritte der Etikettenübergabe, Abbildung 476 eine ausgeführte Anlage.

Der Rollenwechsel kann automatisiert werden. Für die Zeit des Rollenwechsels wird der Folienschlauch aus dem Folienmagazin entnommen (Abbildung 475).

23.2.8.3 Shrink-Sleeve-Etikettierung
Die vollständige Einhüllung mit einem Sleeve ist nach dem Prinzip der Abbildung 477 relativ einfach möglich. Das Sleeve wird vom Folienband nach der Aufweitung mit einem Dorn abgeschnitten und fällt, meist durch Förderrollen beschleunigt, auf den Behälter und wird anschließend zum Schrumpftunnel gefördert.

Mit einem Schneideaggregat sind $\leq$ 20.000 Sleeves/h möglich. Werden größere Durchsätze benötigt, können zwei Schneideaggregate eingesetzt werden, die jeweils jeden zweiten Behälter ausrüsten oder es werden zwei Linien parallel betrieben.

Beim Aufbringen von kurzen Teilsleeves können diese formschlüssig aufgeschoben werden oder die Übergabe erfolgt nach dem gleichen Prinzip wie bei Stretch-Sleeves (Abbildung 474). Die Vor-Fixierung erfolgt dann durch Wärme.

Füllanlagen

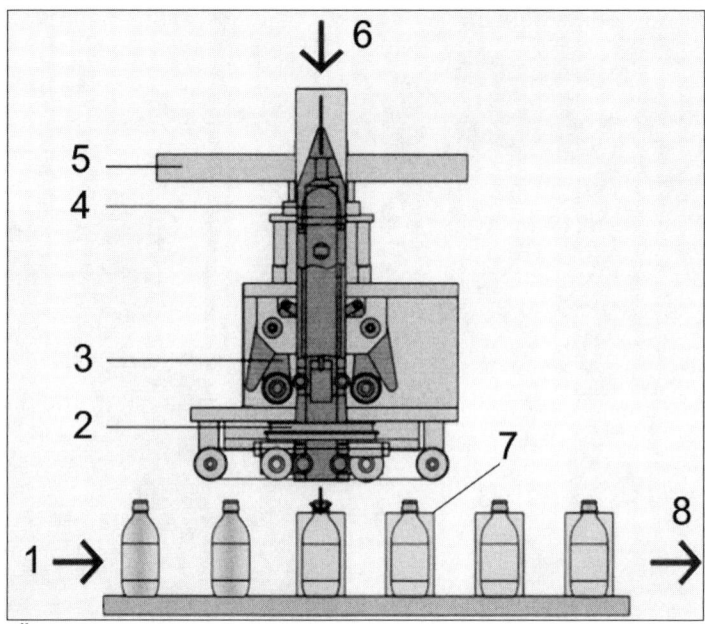

Abbildung 477 Übergabe der Sleeve-Etiketten bei einer Linearmaschine (nach KRONES)
1 Behälterzulauf **2** Schneidwerk **3** Folientransport **4** Auffaltdorn **5** Aggregatbasis
6 Folienschlauch-Zufuhr **7** Sleeve über dem Behälter **8** Behälterauslauf zum Schrumpftunnel

23.2.8.4 Schneidevorrichtung

Die Schneidevorrichtung fördert den Folienschlauch und schneidet nach dem Aufweiten über einen Dorn oder Tetraeder die gewünschte Länge des Sleeves ab.

Abbildung 478 zeit eine Schneidevorrichtung mit 4 Messern, die beim Schnitt um 90° geschwenkt werden. Die Vorrichtung rotiert.

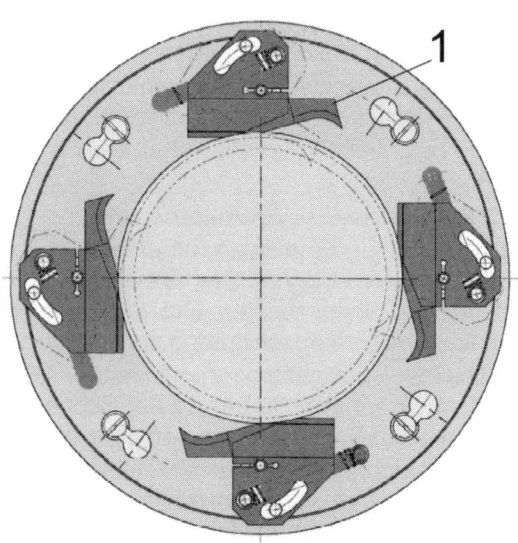

Abbildung 478 Schneidevorrichtung für Folienschlauch (nach KRONES)
1 Messer, schwenkbar

Außer den rotierenden Messern werden auch das Prinzip des Schneidens („Guillotine") und der Perforation praktiziert. Als Zeitdauer für einen Schnitt werden 70 µs angegeben [278].

23.2.8.5 Schrumpftunnel

Schrumpf-Sleeves müssen durch Erwärmung an die Behälterkontur angeschrumpft werden.

Dazu wird vorteilhaft Sattdampf eingesetzt, der ein Maximum an Wärmeübertragung erreicht. Der überschüssige Brüden (Wrasen) wird abgesaugt.

Andere Wärmequellen sind Heißluft (elektrische Heizregister) oder Heißgas (z.B. aus der Verbrennung von Gas (Erdgas, Propan, Butan)) und auch IR-Strahlung. Das Heißgas kann zirkuliert werden. Eine eventuelle Vorschrumpfung erfolgt mit Heißgas.

Abbildung 479 Schrumpftunnel (nach KRONES)
1 Einlauf **2** Wrasen-Absaugung **3** Auslauf

23.2.9 Zubehör für Etikettiermaschinen
23.2.9.1 Klebstoffthermostat/Klebstoffpumpen

Die Verarbeitungseigenschaften der Klebstoffe sind sehr von der Temperatur abhängig (s.a. Kapitel 5.4.4). Das gilt vor allem für Casein-Klebstoffe.

Ein weiterer Punkt ist der Einfluss von Scherkräften auf die in der Regel nicht-*Newton*'schen Fließeigenschaften der Klebstoffe, d.h., dass sich die Viskosität der Klebstoffe unter dem Einfluss von Scherkräften ändert (s.a. Kapitel 5.4.4).

Deshalb werden die Klebstoffpumpen als Verdrängerpumpen (Kolbenpumpen) ausgeführt und im Allgemeinen mit Druckluft betrieben. Der Klebstoff wird im Kreislauf zur Klebstoffwalze gefördert, der überschüssige Klebstoff läuft durch Schwerkraft zurück in den Vorratsbehälter. In diesen Kreislauf ist ein Thermostat integriert, der die gewünschte Solltemperatur sichert. Der Wärmeübertrager ist als Rohr-WÜ gestaltet, der in der Regel elektrisch beheizt wird. Eine Zweipunktregelung reicht für die

Füllanlagen

Thermostatierung aus. Bei tropischem Klima kann auch eine Klebstoffkühlung erforderlich sein.

Der Thermostatkreislauf muss deshalb vor der Inbetriebnahme der Etikettiermaschine gestartet werden, so dass die Solltemperatur sicher erreicht wird.

Die Pumpen-/Thermostateinheit wird als kompakte Baugruppe gefertigt, die statt des Klebstoffbehälterdeckels aufgesetzt wird.

Klebstoffe müssen vor der Verarbeitung möglichst auf Verarbeitungstemperatur vorgewärmt werden.

Nach Betriebsende müssen die Klebstoffwege mit Heißwasser gespült werden, Klebstoffreste müssen entfernt werden.

23.2.9.2 Klebstoffversorgung

In vielen Fällen werden die Transportgebinde (Kunststoffeimer, Synonym: Hobbock) direkt an der Etikettiermaschine zum Einsatz gebracht. Die Fördereinheit wird direkt auf die Behälter aufgesetzt.

In großen Füllanlagen kann es auch sinnvoll sein, den Klebstoff aus Großgebinden (Container auf Palette) zum Einsatz zu bringen.

23.2.9.3 Heißkleber-Aggregate

Heißkleber (Hot-melts) werden als Granulat geliefert. Dieses muss vor der Applikation angewärmt und geschmolzen werden. Die Anwendungstemperatur ist vom Klebstoff und vom Verwendungszweck abhängig, sie kann im Bereich 120...180 °C liegen.

Die Klebstoffpumpe, die Versorgungsleitungen und der Klebstoffauftrag mittels schaltbarer Düsen, seltener durch Walzen, müssen beheizt sein. Vor der Abschaltung sollte das System entleert werden, z.B. mittels Druckluft.

Die Zubehörteile werden als kompakte Baugruppe gefertigt, in der Regel von Spezialbetrieben.

23.2.9.4 Etikettenmagazine

Neben den im Kapitel 23.2.5.2 genannten selbsttätigen Wechselmagazinen, die manuell mit Etikettenstapeln bestückt werden müssen, können Magazine bereits beim Etikettenhersteller bestückt werden.

Ziel ist die Entlastung des Bedienungspersonales.

23.2.9.5 Datierungen

Auf die üblichen Datier- bzw. Kennzeichnungsverfahren zur Angabe des Abfülldatums oder des MHD wird im Kapitel 23.8 eingegangen.

An dieser Stelle soll auf einige Varianten hingewiesen werden, die als Zubehör der Etikettiermaschine betrieben werden. In diesem Zusammenhang werden genannt:
- Prägeverfahren;
- Stempelverfahren;
- Perforation.

Ausstattung und Kennzeichnung

Prägeverfahren

Das Prägeverfahren setzt die Verwendung entsprechender Papiere mit lackierten oder metallisierten Oberflächen voraus. Das Etikett wird von der Rückseite aus auf klebstofffreien Stellen mittels einer auswechselbaren oder einstellbaren Matrize im Bereich des Greiferzylinders mit der gewünschten Angabe geprägt (Abbildung 480). Die Matrize muss zu diesem Zweck am Greiferzylinder auf dem Etikett synchron abrollen.

Die Prägung kann auch etwas „kräftiger" als Durchstich erfolgen („Stechperforation").

 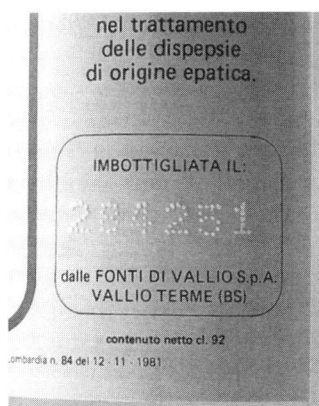

Abbildung 480 Bespiel einer Perforations-Datierung (nach KRONES)

Stempelverfahren

Die Stempelung kann auf der Vorder- oder Rückseite des Etiketts erfolgen, je nach dem, ob mit einem Greiferzylinder oder einem Vakuumzylinder gearbeitet wird.

Die Stempel rollen am Etikett ab (an der vorgesehenen Stelle sollte das Etikett nicht gelackt sein). Wichtig ist die Beschaffenheit der Stempelfarbe, sie muss schnell trocknend sein. Die Stempel müssen regelmäßig ausgetauscht werden, da sich der Gummi abnutzt. Die Stempelfarbe („Datiertinte") wird beispielsweise mit einem Farbband auf eine Transferrolle übertragen, die die Drucktypen einfärbt.

Das Prinzip: kein Etikett, keine Stempelung wird gesichert.

23.2.9.6 Nachvergütung

Zur Verbesserung der Optik von MW-Flaschen können diese nachvergütet werden. Im Bereich des Auslaufsternes wird die Mixtur aufgesprüht und ggf. gleichmäßig auf der Oberfläche verteilt.

Diese Variante zur Kaschierung der Abriebspuren des Glases (Reibringe) hat keine große Verbreitung gefunden.

23.2.9.7 Etikettenkontrolle

Der exakte Sitz der Etiketten sowie die korrekte Datierung können mit einem Kamerasystem erfasst werden. Bei Störungen wird entweder der betreffende Behälter ausgeleitet oder bei einer Serienstörung wird die Anlage stillgesetzt (s.a. Kapitel 22).

Füllanlagen

23.3 Spezielle Etiketten

Spezielle Etiketten werden geklebt, um bestimmte Sonderfunktionen zu realisieren. Das sind beispielsweise:
- Etiketten als Verschluss-Sicherung;
- Steuerbanderolen;
- Etiketten mit einem Zusatznutzen: optimale Trinktemperaturanzeige, Hologramme.

Die Etiketten können als Nass-Etiketten oder Selbstklebeetiketten verarbeitet werden.
Verschluss-Sicherungsetiketten für die Originalität sind oft preiswerter als Verschlüsse mit Sicherungsfunktion (Kapitel 21.8.4).

Etiketten als Verschluss-Sicherung

Anwendung z.B. bei Bügelverschlussflaschen, Anrollverschlüssen oder Weithalsgläsern. Das Etikett wird so geklebt, dass die Originalität erkennbar ist.
Teilweise müssen für das Kleben auf Glas und Metall verschiedene Klebstoffe benutzt werden.
Alternativ zu Verschluss-Sicherungsetiketten können auch Schrumpfkapseln aufgesetzt und geschrumpft werden.

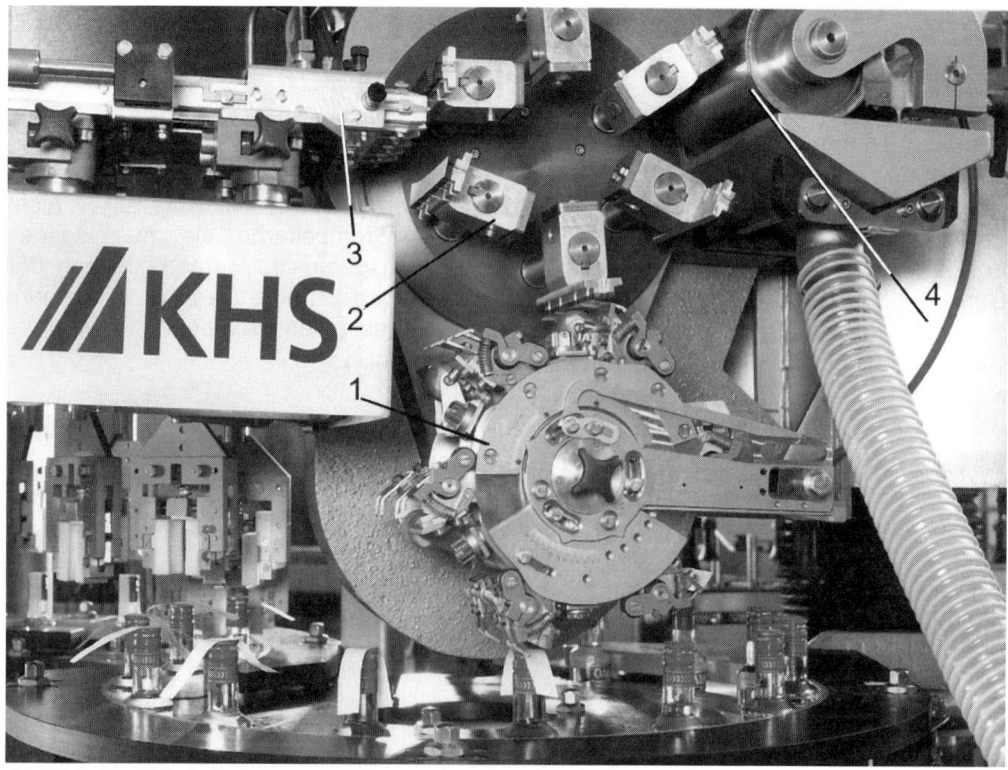

Abbildung 481 Aufbringen von Steuerbanderolen (nach KHS)
1 Greiferzylinder **2** Klebstoffpalette **3** Banderolenmagazin **4** Klebstoffwalze

Steuerbanderolen

Schmale Etiketten in Streifenform werden U-förmig oder L-förmig über den Verschluss geklebt. Die Etikettierung erfolgt im Allgemeinen wie im Kapitel 23.2.5 bzw. 23.2.7 beschrieben mit dem Unterschied, dass die Etikettieraggregat-Ebene vertikal angeordnet ist (Abbildung 481).
Das Aggregat wird im Bereich des Einlaufsterns installiert.

Sonstiges

Hierunter fallen z.B. das Aufbringen von Siegelmarken oder textilen Bändern. Auch die Integration von Transpondern in Etiketten ist möglich (s.a. Kapitel 23.8.5).

23.4 Anlagen zur Foliierung

23.4.1 Allgemeine Hinweise

Die Ausrüstung der gefüllten Behälter mit einer Aluminiumfolie dient der Verbesserung der Optik des Produktes und erfüllt gleichzeitig die Funktion der Verschluss-Sicherung. Statt des Begriffes *Foliierung* wird oft der Begriff *Stanniolierung* benutzt. Das ist jedoch nicht mehr richtig, weil keine Zinnfolien, sondern Aluminiumfolien eingesetzt werden.

Die Aluminiumfolien sind entweder naturfarben oder beidseitig lackiert und/oder bedruckt. Die Folien werden mit einer „Würmchenprägung" versehen. Damit werden sie besser verarbeitbar, sie reißen nicht und lassen sich besser an die Konturen des Behälters anbürsten (s.a. Kapitel 5.4.1.5).

Ursprünglich wurde die Ausrüstung mit einer Halsfolie vor allem in der Sektindustrie benutzt, um die unterschiedliche Füllhöhe der Flaschen zu kaschieren.

Die Folie kann als geschnittenes Blatt in den unterschiedlichsten Formen oder „von der Rolle" verarbeitet werden.

Die Foliierung kann als Rund- oder Spitzfoliierung erfolgen, sie kann den Verschluss umschließen oder den Verschluss frei lassen. Im Bereich des Verschlusses wird Klebstoff ausgespart, die Klebstoffpaletten besitzen an diesen Stellen Aussparungen.

Wird eine Spitzfoliierung eingesetzt, werden das Rumpfetikett und ggf. das Halsetikett gleichzeitig mit der Folie geklebt. Damit ist die Spitze der Folie mittig zu den Etiketten ausgerichtet.

23.4.2 Foliierung mit geschnittenen Aluminiumblättern

Die Übergabe der Folienzuschnitte erfolgt wie bei der Nass-Etikettierung beschrieben (Kapitel 23.2.5) mit einer Klebstoffpalette und einem Greiferzylinder (s.a. Abbildung 482).

Da die Behälter auf der Kreisbahn der Etikettiermaschine durch die angepressten Zentriertulpen geführt werden, können die Folienspitzen erst im Bereich des Auslaufsternes umgelegt und angebürstet werden (Abbildung 483). Die foliierten Behälter werden im Bereich des Auslaufsternes gedreht (z.B. mit einem umlaufenden Riemen).

Abbildung 482 Blattfoliierung (nach KRONES)
1 Folienmagazin
2 Aussparung für klebstofffreie Zone
3 Klebstoffpalette für Folienzuschnitt

Ausstattung und Kennzeichnung

Abbildung 483 Anbürststation mit rotierenden Bürsten (nach KRONES)
1 Rotierende Bürste 1 mit Antriebsmotor
2 Rotierende Bürste 2 mit Antriebsmotor
3 feststehende Bürsten zum Glätten und Andrücken

In einer weiteren Variante wird der Auslaufstern zu diesem Zweck mit Rollen ausgestattet, die die Drehung der Behälter ermöglichen (Abrollen an der Behälterführung durch Reibung).

Nach der Übergabe des Folienblattes werden die Behälter auf der Kreisbahn um etwa 90° gedreht, um das beidseitige Andrücken/-anbürsten zu ermöglichen.

Der Klebstoffauftrag für die Folie erfolgt meist etwas dicker als bei Papieretiketten. Die Klebstoffrakel ist deshalb geteilt und getrennt einstellbar.

Es ist weiterhin möglich die Folienkontur so festzulegen, dass nach der Anbürstung der Verschluss selbst frei und sichtbar bleibt. Das gilt für die Rund- und Spitzfoliierung.

Abbildung 484 Ausstattungsvarianten mit Folien
a Halsfolie   b, c Spitz-Foliierung   d Rund-Foliierung mit zusätzlich geklebter Halsschleife

Füllanlagen

23.4.3 Foliierung von der Rolle

Bei der Foliierung von der Rolle wird das Foliieraggregat im Bereich des Einlaufsternes installiert.

Die Aluminiumfoliienbahn wird kontinuierlich abgezogen, perforiert/geschnitten, ein Klebstoffstreifen aufgebracht und an den Behälter übergeben. Anschließend wird die Folie angebürstet.

Ursprünglich war diese Form der Foliierung weit verbreitet. Diese Form der Foliierung wird aber gegenwärtig immer weniger eingesetzt, weil die Blattfoliierung dank der Fortschritte der Folienherstellung, dem Folienschnitt und der Magazinierung preiswerter ist und mehr Gestaltungsmöglichkeiten ergibt.

23.4.4 Sektschleife

Zum Teil wird nach dem Aufbringen der Folie noch ein Papieretikett (oder Selbstklebeetikett) als Folienabschluss zum Behälter geklebt. Voraussetzung dafür ist die vollständige Anbürstung der Folie.

Der Behälter muss dazu natürlich definiert gedreht werden, so dass die Sektschleife mittig zum Rumpfetikett platziert wird, soweit sie nicht mit diesem gleichzeitig geklebt werden kann.

Zum Kleben der Sektschleife ist u.U. ein separates Etikettieraggregat nötig.

Die Sektschleife kann bei der Rundfoliierung dazu genutzt werden, eine Spitzfoliierung anzudeuten.

23.4.5 Dosen-Verschlussfolie

Es ist möglich, über den Dosendeckel ein Folienetikett zu kleben und anzudrücken. Dieses soll den Verschlussbereich vor Verschmutzungen sichern, es ist vor allem ein hygienischer Abschluss.

23.4.6 Verschluss-Sicherung

Die Folien eignen sich auch als Verschluss-Sicherung. Sie können so aufgebracht werden, dass die Unversehrtheit des Verschlusses erkennbar ist.

Das Anwendungsspektrum reicht vom Kronenkorken bis zum Weithalsglas-Deckel.

23.5 Anlagen zur Ausstattung mit Schmuckkapseln
23.5.1 Allgemeine Hinweise
Schmuckkapseln tragen zur optischen Aufwertung des Produktes bei. Die Anzahl der möglichen Schmuckkapsel-Varianten ist relativ groß. Nachfolgend werden einige ohne Anspruch auf Vollständigkeit genannt (s.a. Kapitel 5.4.2):

- Kapseln, die aus Al-Bandmaterial gefertigt werden. Dazu werden aus dem Band Ronden gestanzt und daraus in weiteren Arbeitsgängen plissierte oder glatte Kapseln gezogen, die auf die Flaschen aufgesetzt und anschließend durch pneumatisch betätigte Anpressköpfe angedrückt werden.
  Diese Kapseln müssen eine Perforation im Bereich des Verschlusses erhalten, damit sie beim Öffnen definiert abreißen können.
  Ist diese Sollriss-Stelle nicht vorhanden, wird die Kapsel beim Öffnen der Flaschen, in der Regel mit KK-Verschluss, meist mit entfernt.
  Die Kapseln werden aus relativ dickem Al-Band gefertigt und sind damit relativ aufwendig und wurden durch die Foliierung abgelöst; sie werden nur noch vereinzelt eingesetzt.

- Vorgefertigte Kapseln:
  - plissierte Metallkapseln;
  - glatte Metallkapseln;
  - Kunststoffkapseln zum Aufdrücken;
  - Kunststoffkapseln zum Aufschrumpfen.

Die vorgefertigten Kapseln können mit einer Aufreißlasche/Aufreißband ausgerüstet werden.

23.5.2 Aufbringen der vorgefertigten Kapseln
Aufsetzen der Kapsel

Die vorgefertigten Kapseln werden im Allgemeinen stangenförmig magaziniert der Maschine zugeführt. Nach der Vereinzelung, meistens mit Druckluft, die zwischen die Kapseln geblasen wird, werden die Kapseln von den Flaschen entnommen (sie werden „aufgeschleppt", Abbildung 486).

Es sind auch Systeme im Gebrauch, die die Kapseln taktweise auf die stehenden Flaschen aufsetzen. Dabei wird gesichert: keine Flasche, keine Kapsel.

Für das exakte Aufsetzen der Kapseln bei größeren Durchsätzen (bis zu 22.000 Fl./h) werden Kapselaufsetzmaschinen benutzt. Die Kapselstange wird mittels Förderband zur Vereinzelung transportiert. Hier wird, falls sich eine Flasche in der Einlaufschnecke befindet, eine Kapsel in den Kapselbecher geblasen, der die Kapsel dann auf die Flasche mit Luftunterstützung aufbringt (Abbildung 485).

Füllanlagen

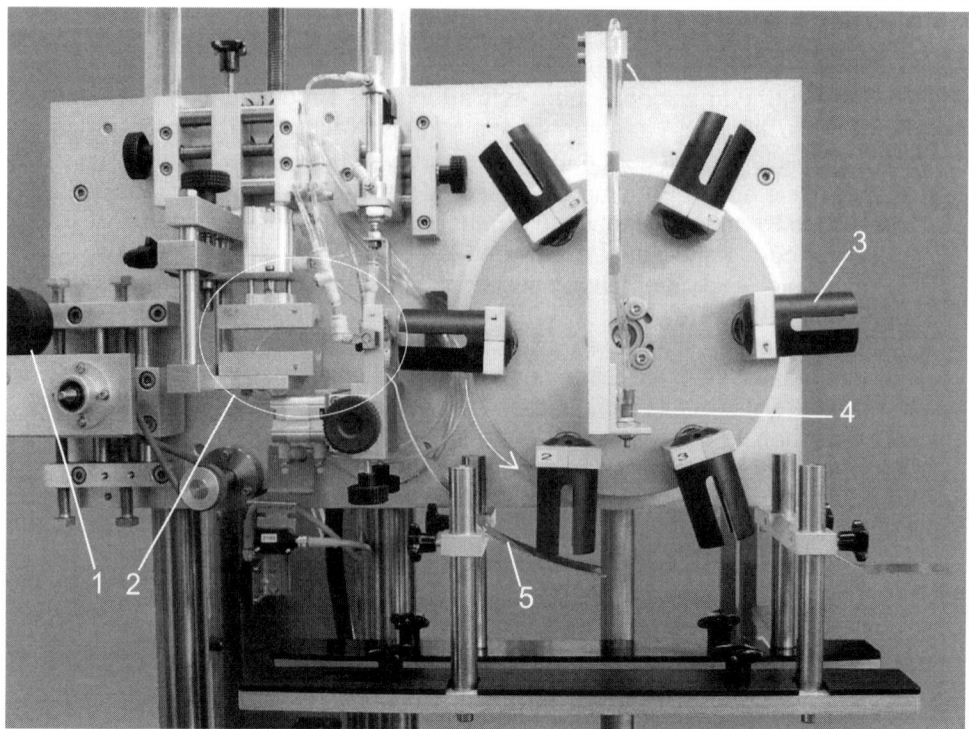

Abbildung 485 Kapselaufsetzmaschine (nach Sick-International®, Emmendingen)
Es können 4 bis 8 Kapselbecher installiert sein. Verarbeitet werden Kapseln mit einem
Ø von 28...33 mm und einer Länge von 30...70 mm. Die Einteilschnecke ist nicht
dargestellt
1 Kapselstangenzufuhr   **2** Kapselvereinzelung und Übergabestation   **3** Kapselbecher
4 Blasluft für Kapselübergabe auf die Flasche   **5** Gleitschiene

Abbildung 486 Aufsetzen der Kapseln aus einem Stangenmagazin durch
„Aufschleppen" (nach Haendler & Nattermann, Hann. Münden)

Ausstattung und Kennzeichnung

Fixierung der Kapseln

Die aufgesetzte Kapsel muss auf der Flasche fixiert werden. Geeignet sind hierfür folgende Verfahren:
- Andrücken der Kapseln;
- Aufdrücken der Kapseln;
- Anrollen der Kapseln;
- Anfalten der Kapseln;
- Anschrumpfen der Kapseln.

Das Andrücken kann durch pneumatisch betätigte Anpressköpfe mit einer aufblasbaren Manschette vorgenommen werden, z.B. bei plissierten Kapseln. Glatte Metallkapseln können in der gleichen Weise angedrückt werden. Günstiger ist bei glatten Kapseln jedoch das Anrollen. Das Andrücken gilt als veraltet.

Kunststoffkapseln aus PE oder PP werden nach dem Vereinzeln auf die Flasche aufgesetzt (aus dem Kapselmagazin „aufgeschleppt") und aufgedrückt.

Anrollen der Kapsel

Zum Anrollen werden rotierende Köpfe benutzt, die mit 6 Rollen bestückt sind, die radial an die Kapsel gedrückt werden. Die Flaschen werden vereinzelt und auf die Flaschenträger eines Rotors übergeben. Die Flaschenträger werden von einer Kurvenbahn angehoben und drücken die Flaschen gegen den Anrollkopf. Die Rollen rollen die Kapsel entsprechend der Flaschenhalskontur faltenfrei an (Abbildung 487, Abbildung 488).

Die Kapselhöhe wird dabei größer. Die Höhe der Kapseln ist auf ca. 70 mm begrenzt. Mit einem Anrollkopf können etwa 1000 Kapseln/h angerollt werden, bei 24 Anrollköpfen also bis zu 24.000 Kapseln/h [279].

Zum Teil werden auf einem Rotor abwechselnd Anrollköpfe und Schrumpfköpfe installiert, so dass beide Varianten alternativ genutzt werden können [279], s.a. Abbildung 489.

Anfalten der Kapsel

Bei langen Kapseln und höheren Ansprüchen an die optische Wirkung, zum Beispiel bei Sektflaschen, werden glatte Kapseln in zwei Stufen angefaltet:
- In der 1. Stufe (Vorfaltung) wird durch vier gummierte Anpressbacken, die der Flaschenhalskontur entsprechen und die pneumatisch paarweise betätigt werden, die Kapsel an die Flasche angedrückt und es werden 4 vertikale gleichmäßige Falten gebildet.
- In einer 2. Stufe (Anfaltung) werden die gebildeten Falten durch weitere Anpressbacken vollständig angefaltet.

Bei diesen Kapselmaschinen besteht die Möglichkeit, die Kapsel anhand einer Druckmarke vor dem Andrücken auszurichten, so dass die Kapselfalten definiert zum Druckbild gelegt werden können.

Kapselfaltmaschinen werden je nach Durchsatz als Geradlauf- oder Rundlaufmaschinen gefertigt.

Linearmaschine

Bei Durchsätzen bis zu 2500 Fl./h läuft die Flasche in einen Klammerstern ein, wird gedreht, die Kapsel wird aufgesetzt und der Stern schaltet eine Position weiter. Auf

Füllanlagen

einem Drehteller wird die Flasche gedreht, bis die Schaltmarke der Kapsel richtig positioniert ist. Nach einem weiteren Drehschritt wird der Faltkopf abgesenkt und vorgefaltet, danach angefaltet. Anschließend wird die Flasche wieder an das Transportband übergeben, s.a. Abbildung 490.

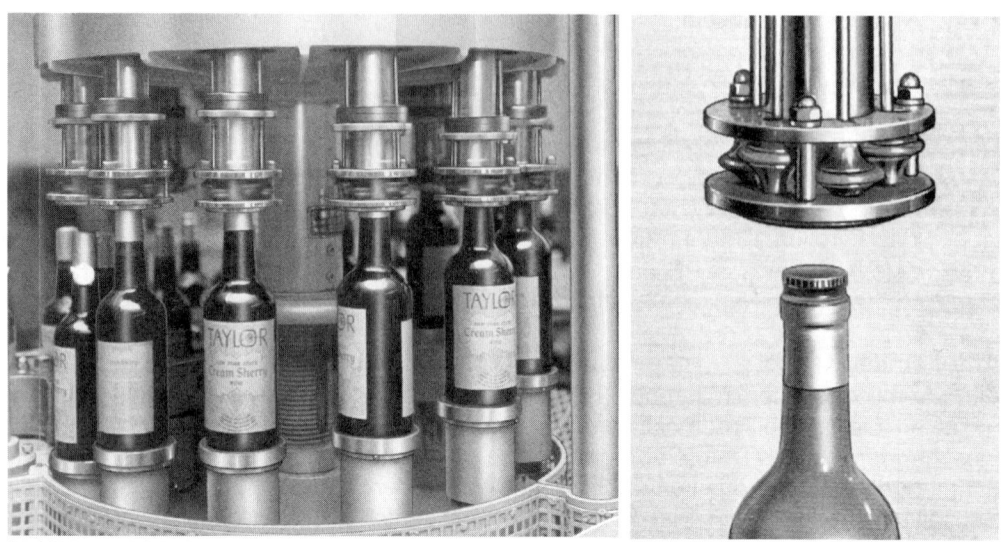

Abbildung 487 Anrollen der Kapsel (nach Ortmann & Herbst)

Abbildung 488 Automatische Kapselaufsetz- und Anrollmaschine
(nach Sick-International®, Emmendingen)

Ausstattung und Kennzeichnung

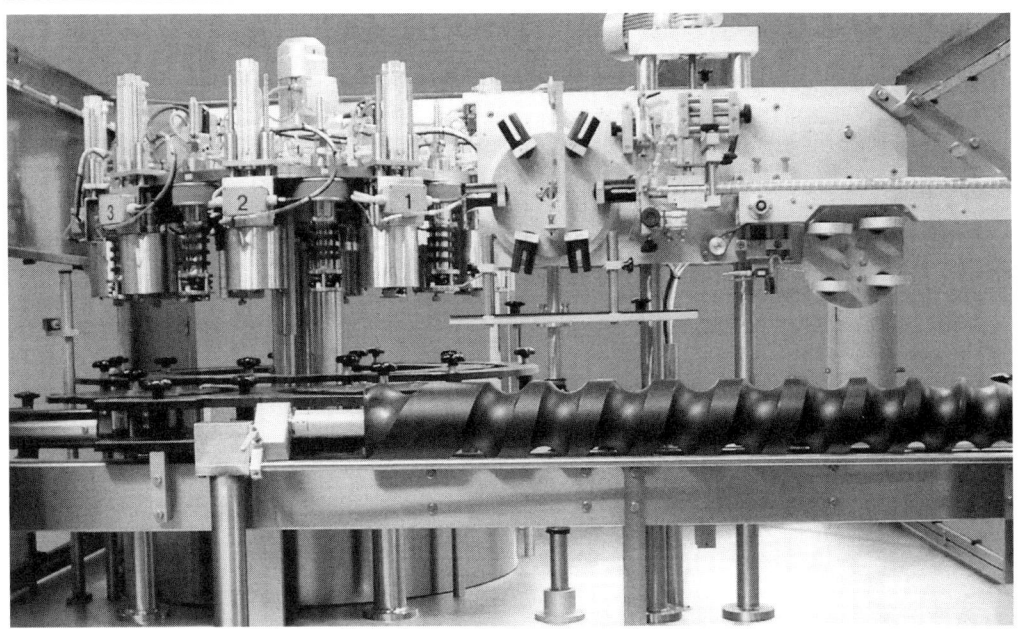

Abbildung 489 Automatische Kapselaufsetz-, sowie kombinierte Anroll- und Schrumpf maschine (nach Sick-International®, Emmendingen)

Abbildung 490 Automatische Sektkapsel-
aufsetz-, Ausricht- und Anfaltmaschine
REKTOMAT EA AS1 (Linearmaschine)
(nach Sick-International®, Emmendingen)

Füllanlagen

Rundlaufmaschine

Bei dieser Maschine werden die Flaschen mit einer Einteilschnecke vereinzelt und mit einem Einlaufstern auf den Rotor übergeben. Über einen Auslaufstern gelangen die Flaschen auf das Transportband zurück. Maschinen dieser Bauart erreichen mit 12 Faltköpfen bis zu 24.000 Fl./h [280].

Im Bereich der Einteilschnecke werden die Sektkapseln aufgesetzt. Nach der Übergabe auf die Flaschenträger des Rotors werden die Kapseln ausgerichtet. Im nächsten Schritt wird der Faltkopf über die Kapsel abgesenkt und faltet die Kapsel in zwei Stufen an (Vorfalten und Anfalten), s.a. Abbildung 491 und Abbildung 492.

Abbildung 491 Sektkapselaufsetz- und Anfaltmaschine REKTOMAT 8 AS4 (nach Sick-International®, Emmendingen)

Abbildung 491 a Sektkapselaufsetzmaschine
1 Sektkapseln

Ausstattung und Kennzeichnung

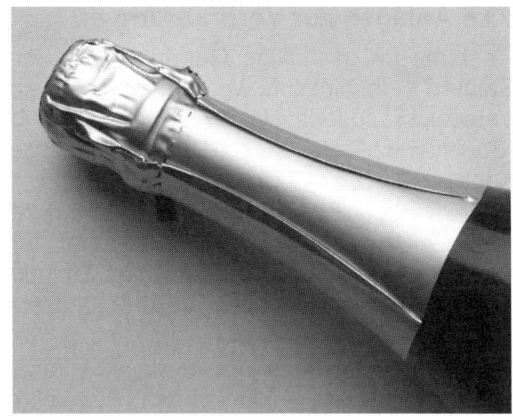

Abbildung 492 Sektkapsel mit Perforation mit vier Falten angefaltet

Anschrumpfen der Kapsel

Kunststoffkapseln zum Schrumpfen werden nach dem Vereinzeln auf die Flaschen aufgesetzt und ggf. ausgerichtet. Anschließend wird der Schrumpfkopf abgesenkt und die Kapsel wird durch Wärmeeinwirkung geschrumpft.

Verwendet werden beispielsweise Infrarotstrahler oder Heißluft. Günstig für die schnelle Erwärmung der Schrumpfkapseln ist eine dunkle Einfärbung.

Der Durchsatz einer Maschine mit 20 Schrumpfköpfen beträgt bis zu 24.000 Fl./h [281].

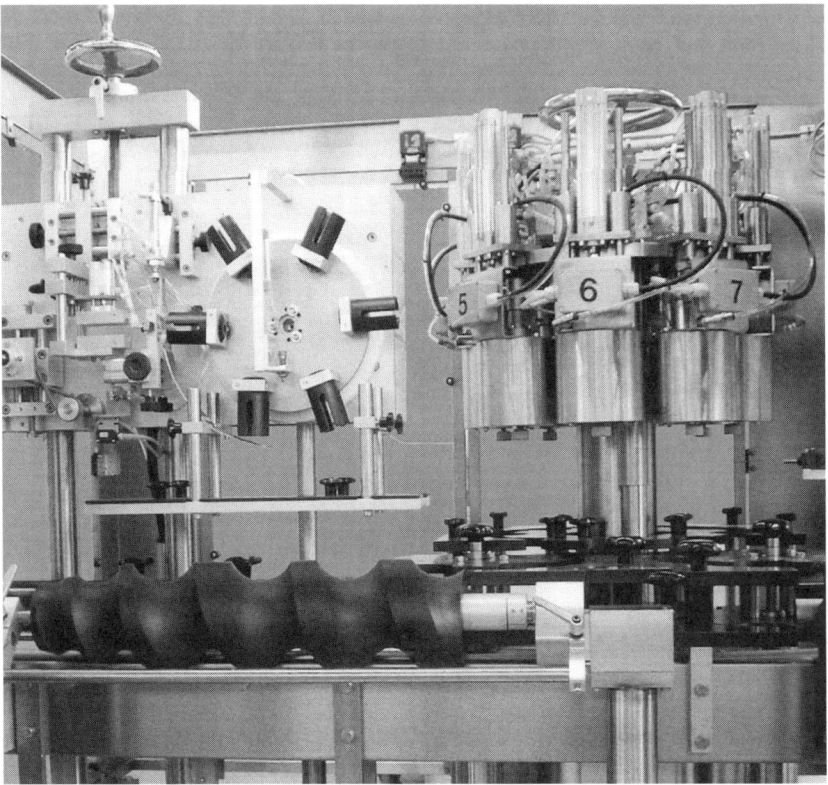

Abbildung 493 Kapselaufsetz- und Schrumpfmaschine (nach Sick-International®, Emmendingen)

Füllanlagen

23.6 Anlagen zur Verdrahtung

Flaschen für gashaltige Getränke, wie Schaumwein, Sekt usw., die mit Korken oder Stopfen verschlossen werden, müssen eine Verschluss-Sicherung erhalten, die den Verschluss zuverlässig an seinem Platz hält. Hierfür werden in der Regel Agraffen (Bügelverschlüsse oder 4-Drahtverschlüsse) oder Schnursicherungen eingesetzt (s.a. Kapitel 5.4.3).

Die vorgefertigten und magazinierten Agraffen werden manuell oder mechanisiert vereinzelt, geordnet und auf eine umlaufende Transportkette aufgelegt (die Transportkette läuft im Bereich des Einlaufsterns bis zum Auslaufstern mit dem Rotor um), die die Agraffen zur Verdrahtungsstation fördert. Dabei gilt das Prinzip: keine Flasche, kein Verschluss.

Die Vorrichtung nach Abbildung 494 kann 4-Drahtverschlüsse mit und ohne Deckel sowie, nach Umstellung, auch Bügelverschlüsse vereinzeln und übergeben. Der Durchsatz beträgt bis zu 25.000 Verschlüsse/h, bei Bügelverschlüssen mit Deckel etwas weniger.

Abbildung 494 Aufsetzvorrichtung für Draht- oder Bügelverschlüsse (nach Sick-International®, Emmendingen)
1 Verschlusszufuhr **2** Vereinzelung **3** Agraffenträger mit Verschluss **4** Transportkette mit Verschlussaufnahme **5** Verschlussübergabe an die Transportkette

Die zu verdrahtende Flasche wird vereinzelt und durch den Einlaufstern auf den Flaschenträger übergeben. Dieser wird von einem Huborgan angehoben. Dabei wird von der Flasche zuerst die vereinzelte Agraffe entnommen und dann wird diese von einem Anschlag auf den Verschluss gedrückt. In den Draht greift nun ein Haken ein,

Ausstattung und Kennzeichnung

der sich beim weiteren Rundlauf in der Maschine genau dreimal dreht, den Draht zu einer Öse festzieht und damit die Agraffe auf der Flaschenmündung fixiert. Die gebildete Öse wird beim Abzug der Huborgane vom Agraffenträger umgebördelt (die Flasche wird deshalb auf dem Flaschenträger formschlüssig gehalten), s.a. Abbildung 495. Die verdrahtete Flasche verlässt die Maschine.
Verdrahtungsmaschinen erreichen mit 20 Stationen bis zu 25.000 Verschlüsse/h [282].

Abbildung 495 a   Schließen des Verschlusses durch 3 Umdrehungen des Verdrahtungshakens (nach Sick-International®, Emmendingen)
1 Verdrahtungshaken   **2** Grunddrahtring
3 Niederhalter

*Abbildung 495 Verschließmaschine DRATOMAT
(nach Sick-International®, Emmendingen)*

Füllanlagen

23.7 Kasten- und Karton-Etikettierung

Die Kennzeichnung von Kästen und Faltschachteln kann erfolgen:
- Durch Ausstattung mit Etiketten;
- Durch direktes Bedrucken; beispielsweise mit Tintendruckern.

Ladeeinheiten, wie Paletten, erhalten in der Regel ebenfalls Etiketten (z.B. zwei Etiketten mit dem EAN-128-Code, s.a. Kapitel 23.8.4)

Kunststoffkästen werden zum Teil auch mit Papieretiketten oder Selbstklebeetiketten ausgestattet. Die Ausstattung mit Etiketten kann ein-, zwei- und vierseitig erfolgen.
Die Etikettierung erfolgt im Allgemeinen mit Linearmaschinen (s.a. Kapitel 23.2). Diese können zwei Etiketten gleichzeitig aufbringen, danach muss der Kasten um 90° gedreht werden.

Bei MW-Kästen muss sich das Etikett im Kastenwascher bei Bedarf wieder entfernen lassen, es kann aber auch dauerhaft etikettiert werden.

Bei Selbstklebeetiketten besteht die Möglichkeit, die Etiketten nach dem Gebrauch wieder zu entfernen, indem die gebrauchte Trägerfolie mit dem Etikett verschweißt wird. Dieses kann dann abgezogen, aufgewickelt und entsorgt werden (Lift-Label-System).

Die Bedeutung der Kastenetikettierung ist etwas zurückgegangen, da Display-Kästen und Inmould-Kästen eine gute Präsentation ermöglichen. Andererseits lassen sich ältere Kästen durch Etiketten optisch verbessern (s.a. Kapitel 5.3.7).

Ausstattung und Kennzeichnung

23.8 Kennzeichnungsanlagen
23.8.1 Allgemeine Hinweise

Die Kennzeichnung der Fertigpackung wird aus verschiedenen Gründen vorgenommen:

- Forderungen des Gesetzgebers (s.a. Los-Kennzeichnungs-Verordnung [LKV], Lebensmittel-Kennzeichnungs-Verordnung [LMKV], Lebensmittel-, Bedarfsgegenstände- und Futtermittelgesetzbuch [LFGB]), s.a. [283];
  In diesem Zusammenhang ist vor allem die Angabe des Mindesthaltbarkeitsdatums (MHD) zu nennen. Neben der Angabe des MHD wird oft eine Los- oder Chargennummer vergeben, diese kann verschlüsselt sein.
- Sicherung der *Rückverfolgbarkeit*; die Chargennummer dient insbesondere der lückenlosen Rückverfolgbarkeit des Produktes.
  Den gleichen Zweck kann auch ein „ausführliches" MHD erfüllen, wenn die genaue Abfüllzeit/Chargennummer mit angegeben wird.
  Die Rückverfolgbarkeit ist eine Forderung der EU (EU-VO 178/2002, s.a. [284]).
- Forderungen des Handels; der Handel (GFGH bis zum Einzelhandel) benötigt für die automatisierte Datenerfassung und Produktsteuerung in den einzelnen Vertriebskanälen bzw. Lagersystemen maschinenlesbare Informationen, aus denen alle relevanten Daten des Produktes entnommen werden können.
  Eine wichtige Rolle spielt hierbei der International Food Standard (IFS), siehe auch [285], [286].
- Sonstige Angaben des Herstellers oder Abfüllers.

Die Kennzeichnung kann erfolgen:
- Auf dem Behälter-Etikett;
- Direkt auf dem Behälter oder der Packung;
- Auf einem gesonderten Etikett.

Zur Kennzeichnung werden folgende Systeme genutzt:
- Stempelung;
- Prägeverfahren;
- Perforation;
- Druck mit Tintenstrahlsystemen;
- Laser-Systeme.

Auf die Stempelung und das Prägeverfahren wird im Kapitel 23.2.9.5 eingegangen.

In der Vergangenheit wurde das Abfülldatum bzw. das MHD auf dem Etikett durch Einsägen des betreffenden Datums auf der gedruckten Datumsleiste ausgewiesen. Diese Variante ist zwar zuverlässig und materialkostengünstig, erfordert aber relativ viel manuellen Aufwand, weil die Kennzeichnung für jedes Etikettenbündel einzeln vorgenommen werden muss. Zur Erleichterung der Arbeit gibt es Vorrichtungen, das Datum wird mit einem Kreissägeblatt eingeritzt (im Kleinbetrieb tut es auch die Metallbügelsäge).

Füllanlagen

Anforderungen an ein Kennzeichnungssystem

Von einem Kennzeichnungssystem werden erwartet:
- gute Lesbarkeit,
- eine dauerhafte Kennzeichnung,
- geringe Kosten und
- geringer Handhabungsaufwand, ggf. Automatisierbarkeit.

Um die Aktualität zu sichern, können Informationen zum Datum und der Uhrzeit von einem Zeitzeichensender (z.B. DCF 77) automatisch übernommen werden.

23.8.2 Inkjet-Anlagen

Inkjet-Anlagen (Synonyme: Tintendrucker, Tintenstrahldrucker) verwenden eine schnell trocknende Spezialtinte, die auf den vorkommenden Werkstoffen gut haftet (Kronenkorken, Dosen aus Weißblech oder Aluminium, PET, Etikettenpapier. Die Druckfläche muss trocken sein. Deshalb werden z.B. Dosen vor dem Spülen/Füllen datiert.

Es kommen zum Einsatz:
- CIJ-Drucker (Continuous Ink Jet, Tintenstrahldrucker)
- DOD-Drucker (Drop on Demand, Tintendrucker)

CIJ-Drucker: werden fast nur in der Industrie eingesetzt, dort aber in verschiedenen Bereichen (z.B. Haltbarkeitsdatum, EAN-Code, Adressierung usw.). Sie können weiter unterschieden werden in Ein- und Mehrstrahlgeräte. Der Unterschied liegt in der Anzahl der genutzten Tintenstrahlen. Einstrahler verwenden nur einen Tintenstrahl, was z. B. für Markierungen wie Haltbarkeitsdaten genutzt wird.

In beiden Fällen (Ein- und Mehrstrahler) tritt der Tintenstrahl über eine Düse aus dem Druckkopf aus. Dieser Strahl wird über einen piezoelektrischen Wandler, der sich hinter der Düse befindet, moduliert, so dass ein gleichmäßiger Zerfall (*Rayleigh*'scher Tropfenzerfall) in einzelne Tropfen erreicht wird. Über eine Ladeelektrode werden die so gebildeten Tropfen nun mehr oder weniger stark elektrostatisch aufgeladen. Die 10...40 m/s schnellen Tropfen durchfliegen anschließend eine größere Ablenkelektrode, wo sie, abhängig von ihrer spezifischen elektrischen Ladung, seitlich abgelenkt werden. Je nach Gerätetyp gelangen nun die geladenen bzw. die ungeladenen Tropfen auf das Substrat/Produkt. Nicht benötigte Tropfen werden bereits am Druckkopf wieder aufgefangen und erneut dem Tintenkreislauf zugeführt. Im „Leerlauf" wird die Tinte im Kreislauf gefördert. Die Viskosität der Tinte muss möglichst konstant sein. Deshalb wird die Tinte thermostatiert, ggf. wird mit einem Lösungsmittel verdünnt.

Diese Drucker werden für die Kennzeichnung auf Verschlüssen, Verschlussrändern, Glas- und Kunststoffflaschen, Metalldosen usw. eingesetzt. Die Schrift kann ein- und mehrzeilig sein. Auch auf Papier bzw. Pappe ist dieser Druckertyp verwendbar.

DOD-Drucker: Diese Art von Druckern findet man sowohl in der Industrie, als auch im Büro- und Heimbereich. Im Gegensatz zu CIJ-Druckern verlässt hier nur der Tintentropfen die Düse, der tatsächlich gebraucht wird. Die Geräte werden zusätzlich danach unterschieden, mit welcher Technik die Tintentropfen ausgestoßen werden.
Je nach DOD-Typ wird die Tinte auf eine andere Art aus der Düse getrieben:

> Ausstattung und Kennzeichnung

- *Bubble-Jet-Drucker* erzeugen winzige Tintentropfen mit Hilfe eines Heizelements, welches das Wasser in der Tinte erhitzt. Dabei bildet sich explosionsartig eine winzige Dampfblase, die durch ihren Druck einen Tintentropfen aus der Düse presst.
- *Piezo-Drucker* nutzen die Eigenschaft von Piezokristallen sich unter elektrischer Spannung zu verformen, um Drucktinte durch eine feine Düse zu pressen. Es erfolgt eine Tropfenbildung der Tinte, deren Tropfenvolumen sich über den angelegten elektrischen Impuls steuern lässt. Die Arbeitsfrequenz eines Piezokristalls reicht bis zu 23 kHz.
- Bei *Druck-Ventil-Druckern* sind einzelne Ventile an den Düsen angebracht, die sich öffnen, wenn ein Tropfen die Düse verlassen soll. Diese Technik wird nur industriell eingesetzt.

Dieser Druckertyp ist vor allem zur Kennzeichnung auf Papier und Karton verwendbar. Druckkopf und Tintenvorratsbehälter sind in der Regel getrennt.

Die Drucker können bidirektional drucken („vor und rückwärts"), sie sind beispielsweise für den Etikettendruck gut einsetzbar.

Schriften

Die Schrift wird als Matrix gedruckt. Üblich sind beispielsweise die 5 x 5-Punkte-, 5 x 7-Punkte-, 7 x 9-Punkte- und die 10 x 16-Punkte-Matrix. Fette Schrift wird durch doppelte Punkte erreicht. Bei der 16-Punkte-Matrix kann auch integriert eine 2 x 7-Punkte-Matrix geschrieben werden.

In der Regel werden der ASCII-Zeichensatz und Barcodes beherrscht, Sonderzeichen sind möglich; die Bedienung erfolgt über eine Tastatur.

Die Schrifthöhe kann bis zu 70 mm erreichen, üblich sind zur Kennzeichnung 1,5...14 mm.

Die Druckgeschwindigkeit kann bis zu 1800 Zeichen/s erreichen ($\hat{=}$ ≤ 7 m/s), abhängig von der Schriftgröße.

Standardfarben sind schwarz, blau, rot und grün.

23.8.3 Laser-Datierung

Die Laser-Datierung hat in der Getränkeindustrie eine relativ große Verbreitung gefunden. Es lassen sich fast alle Oberflächen dauerhaft, sauber, zuverlässig, flexibel beschriften.

Vorteilhaft ist, dass keine Tinte und Lösungsmittel erforderlich sind. Das Betriebsmittel „Lasergas" wird bei modernen Geräten nur in sehr geringen Mengen zur Ergänzung benötigt. Teilweise muss der Laser mit Wasser gekühlt werden.

Als Laser wird in der Regel ein CO_2-Laser eingesetzt, die Strahlungsleistung reicht von 10 W bis zu 250 W. Die Lichtenergie wird dazu benutzt, die gewünschten Zeichen auf dem Träger „einzubrennen", d.h., der Strahl verdampft die vorhandene Farbe des Etiketts, der bedruckten Folie oder der Dose. Es wird also Material abgetragen oder die Werkstoffoberfläche (z.B. Glas) wird dauerhaft verändert. Die benötigte Strahlungsleistung ist vom zu beschriftenden Werkstoff, der Kennzeichnungsmenge, der zu beschreibenden Fläche und der Geschwindigkeit abhängig.

Der Laserstrahl ist scharf fokusiert, der Durchmesser des Strahles beträgt nur etwa 280 µm (150...460 µm).

Füllanlagen

Die gewünschte Kennzeichnung kann nach den folgenden Varianten erfolgen:
- dem Maskenverfahren,
- dem Dot-Matrix-Verfahren oder
- dem Strahlablenkungsverfahren.

Das Strahlablenkungsverfahren (Synonym: Vektorlaser) ermöglicht die größte Variabilität und wird seit etwa 2000/2002 vorzugsweise genutzt.

Maskenverfahren

Das Maskenverfahren wurde als erstes Laserdatierverfahren genutzt. Der Strahl bildet die Maskenöffnung auf der zu kennzeichnenden Fläche ab. Das mögliche Beschriftungsfeld ist auf etwa 10 mm x 20 mm begrenzt. Das gesamte Maskenbild wird mit einem Laserpuls übertragen. Die Kennzeichnung ist exakt.
Die Maske muss deshalb laufend aktualisiert werden. Der Maskenwechsel ist automatisierbar (z.B. DCF 77-gesteuert). Das Arbeitsprinzip zeigt Abbildung 496.

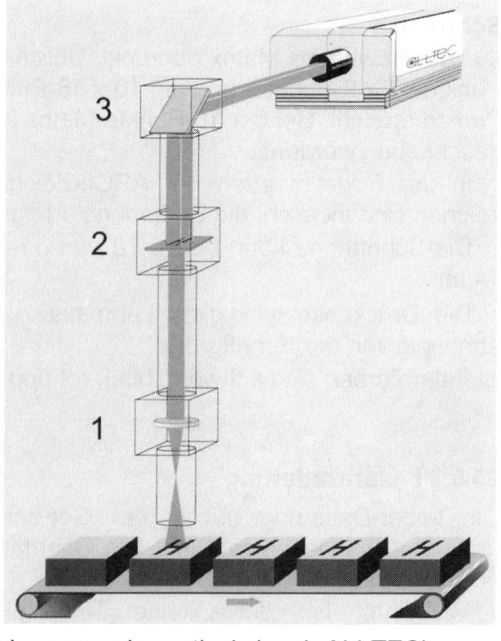

Abbildung 496 Arbeitsprinzip eines Masken-Lasers, schematisch (nach ALLTEC)
1 Linse **2** Maske **3** Spiegel   **a** Scheibenmaske, einstellbar **b** Datierungsbeispiel

Dot-Matrix-Verfahren

Beim Dot-Matrix-Verfahren wird der Laserstrahl vertikal abgelenkt und die Kennzeichnung erfolgt durch einzelne Punkte (Abbildung 497). Es werden aber auch Systeme eingesetzt, die für jeden Punkt über einen Laser verfügen.

Die Schrifthöhe kann je nach Schreibkopf zwischen 0,8...10 mm und 5...15 mm liegen.
Schriftänderungen erfolgen durch Änderung der Software.

Ausstattung und Kennzeichnung

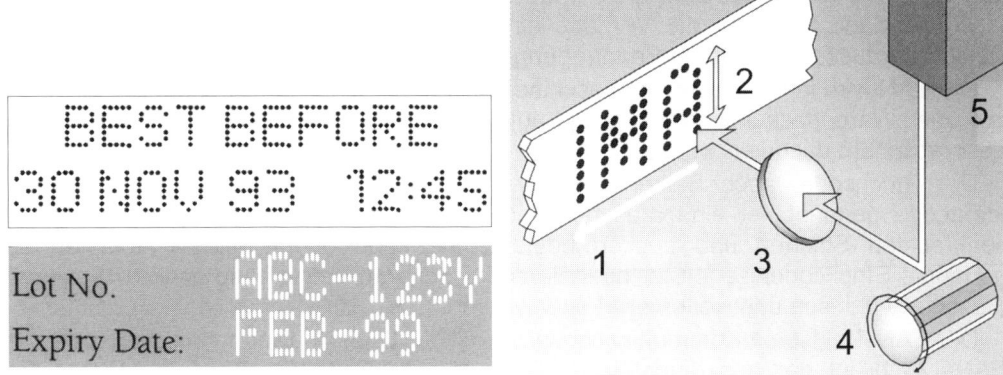

Abbildung 497 Arbeitsprinzip eines Punkt-Matrix-Lasers, schematisch (nach Imaje) und Datierungsbeispiele
1 Bewegung des Produktes **2** Strahlbewegung **3** Fokussierlinse **4** rotierender polygonaler Spiegel **5** gepulster Laser

Strahlablenkungsverfahren (Vektorlaser)

Der Laserstrahl wird durch optische Mittel (drehbare Spiegel um zwei Achsen) so abgelenkt, dass er wie eine Schreibfeder die Kennzeichnung ausführt (Abbildung 498). Es lassen sich bei 15 Zeichen/Kennzeichnung etwa 70.000 Kennzeichnungen/h realisieren, die Schreibgeschwindigkeit kann bis zu 1000 Zeichen/s betragen. Das Beschriftungsfeld kann eine Größe von 205 mm x 145 mm erreichen.
Schriftänderungen erfolgen durch Änderung der Software.

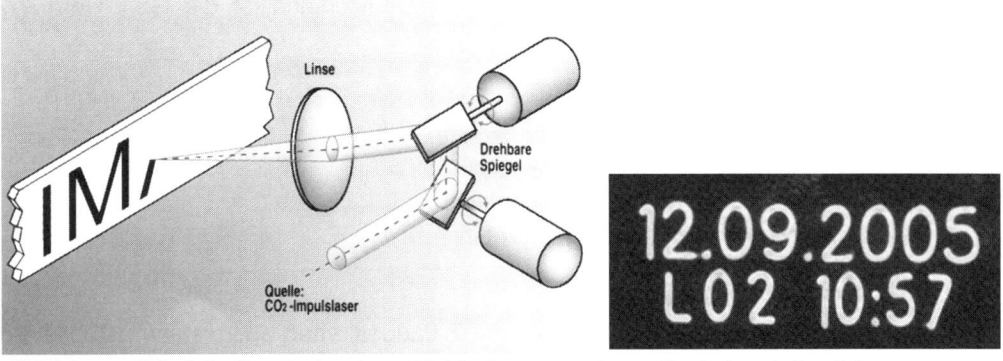

Abbildung 498 Arbeitsprinzip eines Vektorlasers, schematisch (nach Imaje)

23.8.4 Kennzeichnung mittels Etiketten

Die Kennzeichnung mit Etiketten wird vor allem mit Selbstklebeetiketten vorgenommen. Die Etiketten werden mit den gewünschten Informationen bedruckt, zum Beispiel mit einem EAN-Code, speziell dem EAN-128-Code für Ladeeinheiten wie Getränke-Paletten (EAN-128-Transportetikett) und andere.

Die EAN steht für *International Article Number* (früher European Article number) und ist eine Produktkennzeichnung für Handelsartikel. Die EAN ist eine Zahl, bestehend

Füllanlagen

aus 13 oder 8 Ziffern, die zentral verwaltet und an Hersteller auf Antrag vergeben wird. In Deutschland fallen für die Vergabe einer Internationalen Lokationsnummer (ILN), welche Voraussetzung für die Beantragung von einer EAN ist, jährliche Gebühren an.

Die EAN wird in der Regel als maschinenlesbarer Strichcode (Barcode, Balkencode) auf die Warenpackung direkt oder auf ein Etikett aufgedruckt und kann von Laserscannern decodiert werden.

Der Strichcode, auch Balkencode oder Barcode (englisch: *bar* = Balken) oder Identcode genannt, ist eine maschinenlesbare Schrift, die aus verschieden breiten senkrechten Strichen und Lücken besteht. Sie kann über optische Abtaster, so genannte Strichcodelesegeräte (oder Barcodelesegerät, umgangssprachlich: *Scanner*) maschinell gelesen und weiterverarbeitet werden.

Der EAN-128 ist ein Kommunikationsprotokoll der Logistik. Die technische Basis des EAN-128 bildet der aus dem Code-128 weiterentwickelte Strichcode EAN-128. Es definiert neben der Codierung der Zeichen auch deren Interpretation, d.h. die Inhalte.

Damit die aus einem EAN-128-Strichcodesymbol erhaltenen Daten eindeutig interpretiert werden können, werden Format und Bedeutung jedes einzelnen, im EAN-128-Konzept darstellbaren Dateninhaltes exakt beschrieben, s.a. Abbildung 499.

Der Standard definiert nicht nur eine einheitliche Syntax, sondern darüberhinaus eine einheitliche Semantik strichcodierter Information durch die Verwendung von Datenbezeichnern. Mit dem Datenbezeichner sind Bedeutung und Format des nachfolgenden Datenfeldes jedem an der Prozesskette Beteiligten bekannt; eine Verwechselung zwischen Sendungsnummer und einem zufällig an dem Packstück haftenden Artiketikett ist ausgeschlossen, selbst wenn diese die gleiche Syntax, das Codealphabet des Code-128, nutzen. Durch die Verwendung eines „Symbologie-Identifikators", dem Steuerzeichen „FNC1", ist jede EAN-128-Applikation eindeutig von Code-128-Anwendungen unterscheidbar.

Zuständig für die Vergabe der Basisnummer in Deutschland ist die GS1 Germany GmbH, ein Mitglied von EAN International.

Kernelemente des EAN-128-Datenstandards sind:
- Exakte Definition von Datenelementen;
- Zuweisung qualifizierender Datenbezeichner;
- Festlegung von Formaten, eingebettet in geschützte Datenträger.

Versandeinheiten werden im Allgemeinen mit 2 Ladeetiketten ausgestattet (Abbildung 500). Die Etiketten müssen in einer Höhe von 400...800 mm angebracht werden, der Abstand zur seitlichen Kante muss ≥ 50 mm sein.

Ausstattung und Kennzeichnung

Holsten-Brauerei AG

NVE **34067800000054920**

HOLSTEN PILSENER
TR3X6/50MP5+1

EAN	VKE / Pal.
4067800000919	**48**

Einz. EAN	Menge/Pal.
40678610	**864**

MHD (MM.JJJJ)	Brutto Gew. / Tray (kg)
01.2004	**489,84**

(01)04067800000919(15)040122

(02)00000040678610(37)864(93)1613-12:28:00

N
V
E

(00)34067800000054920(3302)048984

Abbildung 499 Beispiel für ein EAN-128-Ladeetikett (das Etikett hat eine Größe von 148 mm x 210 mm); der Strichcode muss eine Höhe von ≥ 27 mm haben, der unterste NVE-Code muss ≥ 32 mm hoch sein. Das Etikettenpapier wird mit etwa 135 g/m^2 verwendet. NVE: Nummer der Versandeinheit

Füllanlagen

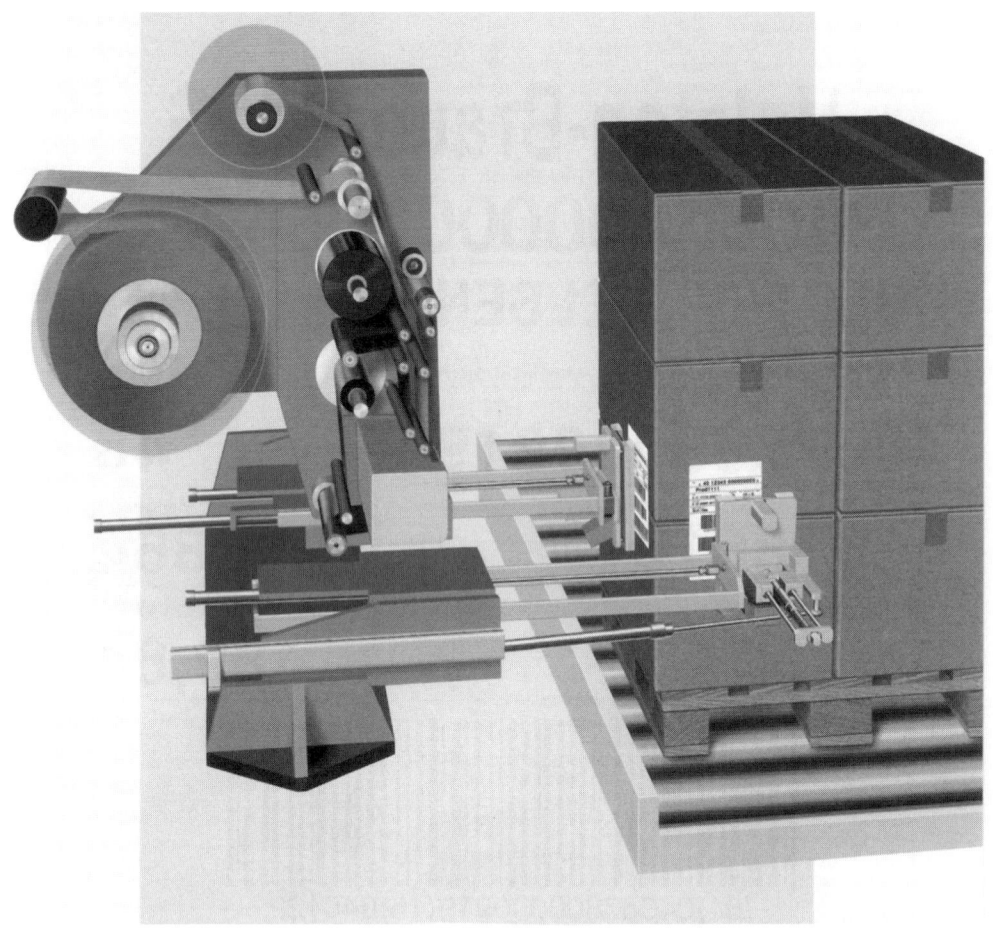

Abbildung 500 EAN-128-Code-Etikettenanbringung schematisch (nach Logopak®)

23.8.5 Sonstige Systeme

Hierzu zählen u.a. Stempelsysteme (Rollstempel), Schablonen-Systeme, Signiersysteme, Bedruckwerke mit rotierenden Typen.

In der Entwicklung sind RFID-Systeme (Radio Frequency Identification), die drahtlos Informationen des Transponders übertragen.

Anwendungsbeispiele sind die Identifikation von Kegs [287], Kästen, Paletten. Diese Technik ist am Anfang ihrer Entwicklung für die Getränkeindustrie, speziell in der Logistik (s.a. [288], [289], [290] und [291], [292]).

Prinzipiell ist auch die Integration von Transpondern in Etiketten möglich, allerdings zurzeit relativ kostenaufwendig. Erste Anwendungen finden Etiketten zur Ladungskennzeichnung von Paletten.

23.8.6 Sicherung der Rückverfolgbarkeit durch IT-Systeme

Zur Sicherung der Rückverfolgbarkeit werden zunehmend automatisierte Systeme eingesetzt, die die Produktherstellung (Rohstoff, Sud/Charge, ZKT, Filtration), Abfüllung und den Vertrieb/Versand (NVE) verknüpfen.
Einen Überblick zu dieser Thematik gibt *Voigt* [293].

24. Anlagen für die Verbesserung der biologischen Haltbarkeit
24.1 Allgemeine Hinweise

Die chemisch-analytische, optisch und sensorisch feststellbare Qualität der Getränke kann sich durch chemische und/oder physikalische Einflüsse sowie durch mikrobielles Wachstum negativ verändern.

Zu den zuerst genannten Einflussfaktoren gehören zum Beispiel katalytisch wirksame Metall-Ionen, oxidative Veränderungen durch Sauerstoff, thermische Einflüsse und die UV-Strahlung. Zum Teil katalysieren sich die Reaktionen gegenseitig. Diese Einflüsse können unter dem Begriff Alterung zusammengefasst werden.

Das unbeabsichtigte Wachstum von Mikroorganismen in den Fertigpackungen führt im Allgemeinen zum mehr oder weniger schnellen Verderb der Getränke und kann zusätzlich durch Gasbildung die Zerstörung der Packmittel verursachen (Verletzungsgefahr).

Die Erhaltung der Getränkequalität ist also eine relevante technologische Aufgabe, um Produkt- und Qualitätsverluste und damit Absatzverluste zu vermeiden.

Nachfolgend wird nur auf Anlagen zur Vermeidung von mikrobiellem Wachstum in den Getränken zur Verbesserung oder Sicherung der Haltbarkeit eingegangen.

Sauerstoffeinfluss

Auf die negative Wirkung des Sauerstoffs bei Oxidations- und Alterungsprozessen ist bereits mehrfach hingewiesen worden. Im Zusammenhang mit thermischen Verfahren zur Haltbarkeitsverlängerung, insbesondere von Bieren aller Art, muss nochmals eindringlich darauf verwiesen werden, dass der quantitative Sauerstoffausschluss eine fundamentale Voraussetzung für die Anwendung dieser Verfahren ist.

Die Anlagen- und Betriebstechnik muss auf diese Zielstellung kompromisslos ausgerichtet sein. Deshalb ist der Gebrauch von sauerstofffreiem Wasser zur Spülung und Verdrängung des Bieres oder die quantitative Spülung der Rohr- und Anlagensysteme mit sauerstofffreiem CO_2 unverzichtbar. Hinweise hierzu siehe z.B. [294].

Möglichkeiten zur Sicherung der biologischen Haltbarkeit sind:
- ❏ Thermische Verfahren:
    - ○ Tunnel-Pasteurisationsanlagen
    - ○ Kurz-Zeit-Erhitzungs-Anlagen
    - ○ Heißabfüllung
    - ○ Sonstige Verfahren;
- ❏ Sterilfiltration;
- ❏ Hochdruckbehandlung.

Streng genommen geht es bei allen thermischen Verfahren zur Haltbarmachung um die Abtötung, Keimzahlreduzierung oder Vitalitätsschwächung von so genannten getränkeschädlichen Mikroorganismen, um sie unter den Bedingungen des Getränkemilieus zuverlässig am Wachstum bzw. der Vermehrung zu hindern, also um „Pasteurisation" und nicht um „Sterilisation". Das Vorkommen pathogener Keime wird bei allen Betrachtungen grundsätzlich ausgeschlossen.

Andere Verfahren, wie beispielsweise die Applikation energiereicher Strahlung (z.B. UV-Strahlung, γ-Strahlung) haben für die Getränkeindustrie keine Bedeutung. In der Regel führt die Bestrahlung neben der Keimreduzierung auch zu unerwünschten sensorischen Veränderungen. Die Dosierung von Konservierungsmitteln (z.B. Baycovin®, Benzoesäure, Sorbinsäure, Gallussäureoctylester) wird nicht oder kaum praktiziert bzw. ist ihre Applikation in Deutschland nicht zulässig.

24.2 Thermische Verfahren zur Haltbarkeitsverbesserung

Ziel einer thermischen Behandlung der Getränke ist die möglichst vollständige Abtötung oder Vitalitätsschädigung getränkeschädlicher Keime ohne eine Veränderung der sensorischen Eigenschaften bei einem Minimum an Energieaufwand.

Eine exakte Berechnung der Erhitzungsparameter ist zwar theoretisch möglich, jedoch praktisch nur angenähert durchführbar. Die Ursachen dafür liegen in den realen Bedingungen der Getränkezusammensetzung und der nicht exakt definierbaren Mikroflora begründet. Wesentliche beeinflussende Faktoren sind die Getränkezusammensetzung (assimilierbare Stoffe, pH-Wert, Ethanol-, CO_2- und Sauerstoffgehalt), die Ausgangskeimzahl, die angestrebte Sicherheit gegen Verderb bzw. die zulässige Keimzahl je Gebindegröße und die Hitzeresistenz der beteiligten Mikroorganismen.

Die Hitzeresistenz der Mikroorganismenarten wird vom physiologischen Zustand der Zellen und der Getränkezusammensetzung bestimmt.

Die Resistenz der Keime kann durch den D-Wert und den z-Wert ausgedrückt werden, Beispiele siehe Tabelle 65 und Tabelle 66. Diese Faktoren lassen sich für jeden Mikroorganismus experimentell ermitteln. Der D-Wert oder die dezimale Reduktionszeit gibt die Zeit in Minuten für die Verringerung der Keimzahl um den Faktor 10 an; er ist natürlich temperaturabhängig (Abbildung 501). Der z-Wert gibt an, um wie viel Kelvin die Temperatur erhöht oder erniedrigt werden muss, um den D-Wert um den Faktor 10 zu verkürzen oder zu verlängern.

Aus dem z-Wert lassen sich Temperatur-Zeit-Kombinationen für den jeweils gleichen Abtötungseffekt errechnen. Diese Kombinationen ergeben dann die so genannten thermalen Abtötungskurven (Abbildung 502).

Tabelle 65 Beispiele für D- und z-Werte (zit. nach [299])

Mikroorganismus	D-Wert in Minuten	z-Wert in Kelvin
Bierhefe	$D_{50} = 0,12$	4
Wildhefe	$D_{50} = 1,9$	4
Sacch. cerevisiae var. ellipsoideus	$D_{50} = 0,3$	4
Milchsäurebakterien	$D_{55} = 1,1$	3
Pediococcus	$D_{50} = 0,23$	4
Milchsäurebakterien, heterofermentativ		
Stamm A	$D_{60} = 2,1$	7,5
Stamm B	$D_{60} = 3,8$	8,3
Stamm D	$D_{60} = 3,5$	7,6
Stamm E	$D_{60} = 4,3$	4,4
Stamm F	$D_{60} = 3,9$	5,8
Stamm G	$D_{60} = 4,4$	8,0

Füllanlagen

Tabelle 66   D- und z-Werte von Mikroorganismen (zit. nach [295])

Mikroorganismus	$\vartheta_{Bestimmung}$ in °C	D-Wert in min	z-Wert in K	Referenz
Brauereihefe Stamm 64	58	0,03	18,4	[296]
	62	0,0182		
Brennereihefe Stamm 169	58	0,127	5,2	
	62	0,0213		
Weinhefe Stamm 182	58	0,1648	4,9	
	62	0,0248		
Backhefe Stamm 200	58	0,1297	4,8	
	62	0,019		
Brauereihefe	60	0,00038	4	[297]
Wildhefe		0,0060	4	
Sacch. cerevisiae var. ellipsoideus		0,00095	4	
Saccharomyces-Wildhefe Stamm XY 66				
Vegetative Zellen im Bier	60	0,24	8,0	
Vegetative Zellen im alkoholfreien		0,53	5,5	
Sporen im Bier		2,9	6,9	
Sporen im alkoholfreien Bier		23	4,1	
Lactobacillus sp.		0,024	3	
Pediococcus sp.		0,00073	4	
Heteroferment. Lactobacillus Stamm		4,4	8,0	
Lactobacillus delbrueckii		0,091	12	
Thermophile Bakterien bei pH > 4,6:				[298]
Bacillus stearothermophilus	121,1	4,0-5,0	7,7-12,22	
Clostridium thermosaccharolyticum		3,0-4,0	8,88-	
Mesophile Bakterien bei pH >4,6:				
Clostridium sporogenes	121,1	0,1-0,15	7,77-10,0	
Nichtsporenbildende Bakterien	65,5	0,5-3,0	4,44-6,66	
Thermophile Bakterien bei pH 4,0...4,6				
Bacillus coagulans	121,1	0,01-	7,77-10,0	
Mesophile Bakterien bei pH 4,0...4,6:				
Bacillus polymyxa Bacillus macerans Clostridium pasteurianum	100	0,10-0,50	6,66-8,88	
Mesophile Bakterien bei pH < 4,0:				

Nichtsporenbildende Bakterien:
   Lactobacillus sp.
   Leuconostoc sp.
	65,5	0,51-1,00	4,44-5,55	

Der z-Wert ist mit den D-Werten von zwei verschiedenen Temperaturen wie folgt verknüpft (Gleichung 35):

$$z = \frac{\vartheta_2 - \vartheta_1}{\log D_1 - \log D_2} \qquad \text{Gleichung 35}$$

Verbesserung der biologischen Haltbarkeit

Der bekannte D-Wert eines Mikroorganismus, bestimmt bei einer Temperatur ϑ, lässt sich mit Gleichung 35 in den D-Wert einer anderen Temperatur umrechnen (Gleichung 36):

$$\log D_x = \log D - \left(\frac{\vartheta_x - \vartheta}{z}\right) \qquad \text{Gleichung 36}$$

Als praxisgerechtes Maß für die Beurteilung der thermischen Wirkung der Bierpasteurisation hat sich die Angabe von „Pasteurisier-Einheiten" (PE) eingeführt. Dies geht auf einen Vorschlag von *Benjamin* zurück (l.c. [299]).

Definitionsgemäß ist in der Brauindustrie 1 PE der Abtötungseffekt, der durch eine Temperatur von 60 °C und eine Heißhaltezeit von 1 Minute erzielt wird (in anderen Industriezweigen gelten andere Bezugswerte, z.B. sind in der Fruchtsaftindustrie 80 °C die Bezugsbasis für eine PE-Einheit).

Andere Temperatur-Zeit-Kombinationen lassen sich nach *Del Vecchio* et al. ([300], l.c. [301]) wie folgt berechnen (Gleichung 37):

$$PE = t \cdot 10^{\left(\frac{\vartheta - 60\,°C}{z}\right)} = t \cdot 1{,}393^{(\vartheta - 60\,°C)} \qquad \text{Gleichung 37}$$

t = Heißhaltezeit in Minuten
ϑ = Pasteurisationstemperatur in °C
z = z-Wert = 6,94 K (oft wird mit z = 7 K gerechnet, dann muss der Faktor aber in 1,389 geändert werden)

Nach *Röcken* [299] sollte der z-Wert von 7 K auf 8 K in erhöht werden, um bei der Bierpasteurisation die hitzeresistenten heterofermentativen Milchsäurebakterien besser zu berücksichtigen. Damit ergibt sich die Gleichung 37 wie folgt:

$$PE = t \cdot 1{,}33^{(\vartheta - 60\,°C)} \qquad \text{Gleichung 38}$$

Gleichung 37 lässt sich nach der erforderlichen Pasteurisationstemperatur ϑ umstellen:

$$\vartheta = \frac{\log \frac{PE}{t}}{\log 1{,}393} + 60 \qquad \text{Gleichung 39}$$

Für die Bierpasteurisation werden nach Literaturwerten oft 15…20 PE als ausreichend erachtet, bei günstigen Ausgangsbedingungen reichen auch 8…10 PE.

Diese Aussage ist jedoch nicht korrekt: nur bei Kenntnis der Ausgangskeimzahlen und der Keimarten lässt sich der benötigte PE-Wert festlegen! In Betrieben mit reproduzierbar arbeitender Filtrationsanlage und messtechnischer Überwachung des Filtrationseffektes lässt sich natürlich mit größerer Sicherheit ein PE-Intervall einstellen als in Betrieben mit stärker schwankenden Filtrationsergebnissen.

Bei hohen Ausgangskeimzahlen und Keimen mit großen z-Werten muss der PE-Wert ggf. erhöht werden. An dieser Stelle muss aber betont werden, dass die Pasteurisation mit möglichst hohen PE-Werten kein Allheilmittel ist und dass auf niedrige Keimzahlen vor der Pasteurisation unbedingt hingearbeitet werden muss, um den Pasteurisationseffekt zuverlässig zu sichern.

Füllanlagen

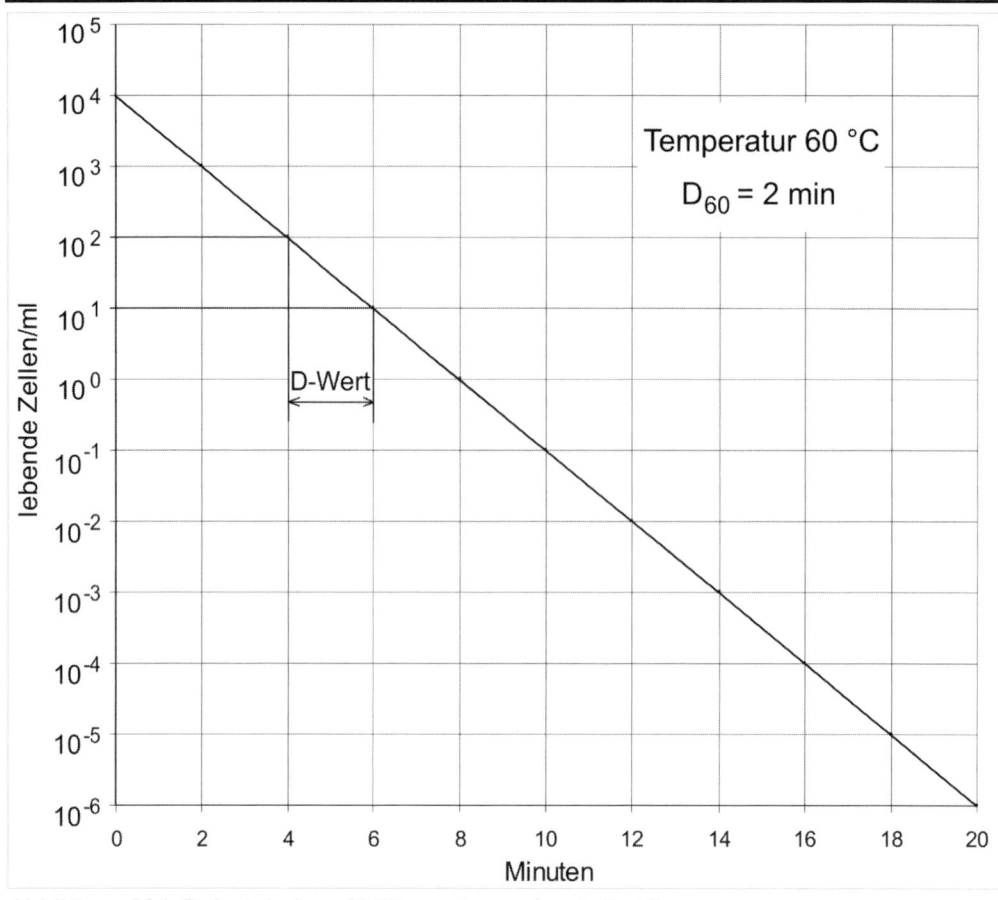

Abbildung 501 Beispiel einer Abtötungskurve (nach [299])
Der D-Wert ist temperaturabhängig und für den untersuchten Organismus spezifisch. In diesem Beispiel, beträgt er bei 60°C (D_{60}) zwei Minuten.

Während früher zur Vermeidung des „Pasteurisiergeschmackes" auf möglichst niedrige PE-Werte orientiert wurde, kann heute bei Sauerstoffgehalten von ≤ 0,02 mg/l vor der Pasteurisation etwas großzügiger verfahren werden, um die maximale biologische Sicherheit zu garantieren.

Für andere Getränke als Bier gelten die dargelegten Ausführungen sinngemäß.

Ergänzend sei darauf hingewiesen, dass die Abtötung der Mikroorganismen im Prinzip eine Reaktion 1. Ordnung darstellt.

Bei bekanntem D-Wert lässt sich die nach einer Zeit t noch vorhandene Menge N_t nach Gleichung 40 berechnen:

$$N_t = N_0 \cdot 10^{-t/D} \qquad \text{Gleichung 40}$$

N_t = Zahl der Mikroorganismen nach der Zeit t
N_0 = Zahl der Mikroorganismen am Anfang
t = Zeit in Minuten
D = D-Wert in Minuten (D = f (ϑ) !)

Verbesserung der biologischen Haltbarkeit

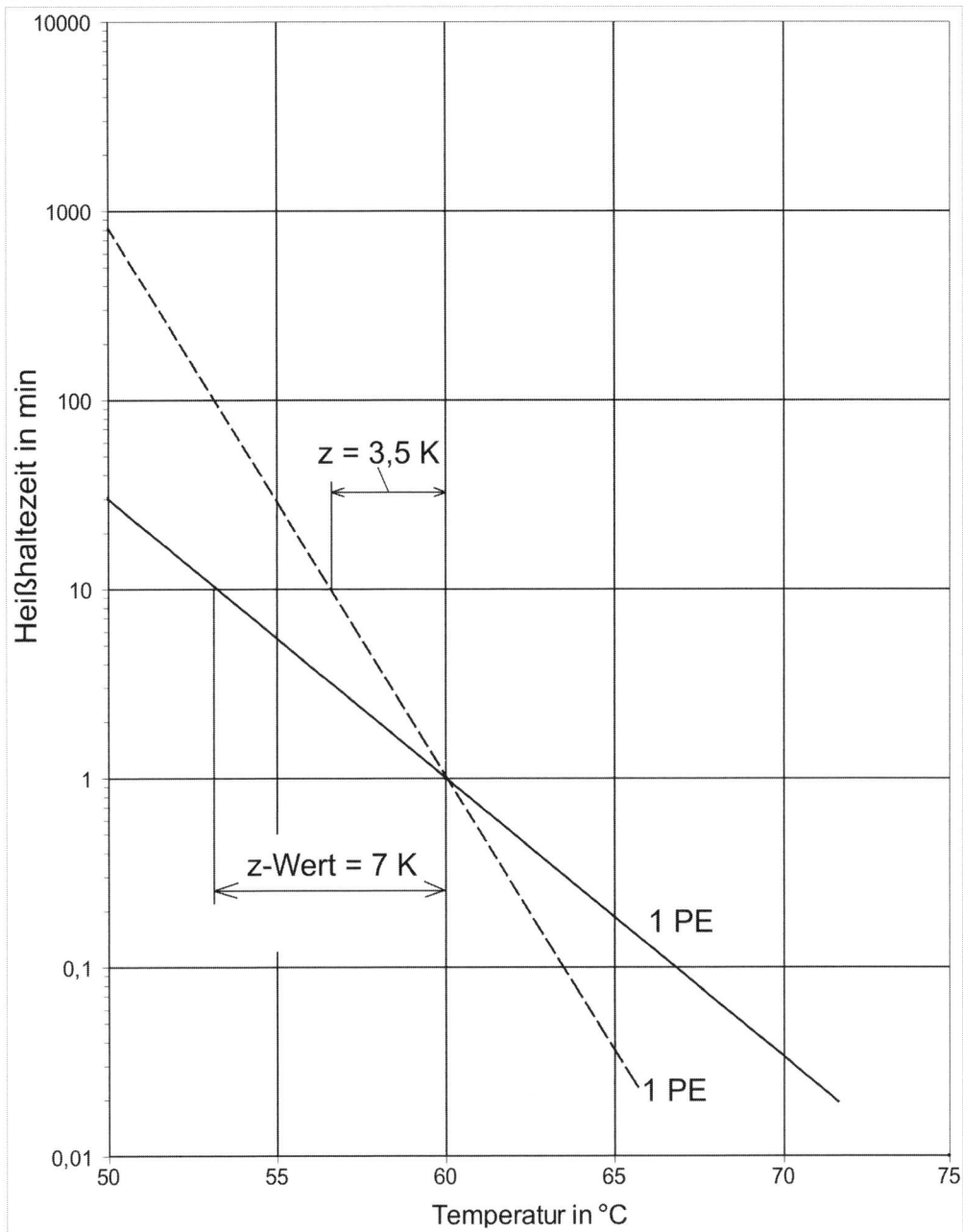

Abbildung 502 Beispiele für thermale Abtötungszeitkurven (nach [299])
Die Kurven verbinden alle Punkte, die bei einem gegebenen z-Wert denselben
Abtötungseffekt garantieren.

Füllanlagen

Aus Gleichung 36 und Gleichung 40 lässt sich die erforderliche Heißhaltezeit t berechnen (Gleichung 42):

$$\log \frac{N_0}{N_t} = \frac{t}{D_1} \cdot 10^{(\vartheta_2 - \vartheta_1)/z} \qquad \text{Gleichung 41}$$

$$t = \log \frac{N_0}{N_t} \cdot \frac{D_1}{10^{(\vartheta_2 - \vartheta_1)/z}} \qquad \text{Gleichung 42}$$

Aus Tabelle 67 sind Berechnungsbeispiele ersichtlich.

Tabelle 67   Berechnungsbeispiele nach Gleichung 42 für die erforderlichen Heißhaltezeiten bei einer definierten Mikroorganismenbelastung (zit. nach [295])

Mikroorganismus	Wildhefesporen im alkoholfreiem Bier	Heterofermentativer *Lactobacillus* St. G	*Clostridium sporogenes*
D-Wert in min	$D_{60} = 23$	$D_{60} = 4,4$	$D_{121,1} = 0,15$
z-Wert in K	4,1	8,0	7,8
Erforderliche Heißhaltezeit t in min für eine Keimzahlreduktion von 10^4 Keimen auf 1 Keim/ml bei der Heißhaltetemperatur ϑ:			
$\vartheta = 60\ °C$	92	17,6	-
$\vartheta = 70\ °C$	0,33	0,99	-
$\vartheta = 80\ °C$	0,00122	0,056	-
$\vartheta = 95\ °C$	$2,67 \cdot 10^{-7}$	0,00074	1331
$\vartheta = 105\ °C$	-	-	69,5
$\vartheta = 110\ °C$	-	-	15,9
$\vartheta = 121,1\ °C$	-	-	0,6

Tabelle 68   Erforderliche PE-Einheiten

Getränk	PE-Einheiten	Quelle
Vollbiere	15…25	
Malzbier	80…400	[302]
Biermischgetränke	35…100	
Hefetrübe Biere	100…120	
Alkoholfreies Bier	80…120	[297]
AfG	300…500	[297]
Fruchtsäfte	3000…5000	[297]
Enzym-Inaktivierung	≤ 10.000	[303]

Eine ausführliche Darstellung der thermischen Haltbarkeitsverbesserung erfolgt durch [297]. Richtwerte für erforderliche PE-Einheiten sind aus Tabelle 68 ersichtlich.

24.3 Einschätzung der thermischen Verfahren zur Verbesserung der Haltbarkeit

Aus energetischer Sicht bestehen bei den in den Kapiteln 24.4 bis 24.7 genannten Verfahren erhebliche Unterschiede.

Das KZE-Verfahren ermöglicht eine weitgehende rekuperative Wärmerückgewinnung. Die Verluste werden im Wesentlichen nur von der Temperaturdifferenz des ein- und auslaufenden Getränkes bestimmt. Es sind Temperaturdifferenzen von $\Delta\vartheta$ = 3...5 K erreichbar. Günstig ist in jedem Fall der Betrieb der KZE-Anlage ohne Nachkühlung („Warmabfüllung"), die „Kaltabfüllung" erfordert eine Nachkühlung. Sie bereitet meistens zusätzliche Probleme durch Schwitzwasserbildung.

Beim Tunnelpasteur ist der Energieverlust wesentlich größer als bei der KZE, da die Temperaturdifferenzen zwischen den ein- und auslaufenden Behältern sowie dem zu- und ablaufenden Wasser größer sind. Hinzu kommen die Verluste durch Wärmeleitung und -strahlung.

Bei der Heißabfüllung ist praktisch die gesamte zugeführte Wärme als Verlust anzusehen, da eine Rückgewinnung, beispielsweise mittels eines Kühltunnels, technisch nicht sinnvoll ist. Außerdem muss die Füllung in vorgewärmte Flaschen erfolgen, das ist zusätzlicher Wärmebedarf in der Flaschenreinigungsmaschine.

Für den Wärmebedarf werden als Richtwerte angegeben (nach [304]):

- Heißabfüllung   33...40 MJ/hl
- Tunnelpasteur   14...24 MJ/hl
- KZE   2...3 MJ/hl

Der Wärmebedarf bei Pasteurisationsschränken und -Kammern liegt ähnlich wie der der Heißabfüllung.

Aus der Sicht des Pasteurisationseffektes ergeben sich unbestritten Vorteile für die Tunnelpasteurisation und die Heißabfüllung, da bei beiden Verfahren die durch die Packstoffe eingetragenen Keime mit erfasst werden. Die KZE ist nur dann als gleichwertig einzuschätzen, wenn eine kontaminationsfreie Füllung in getränkesterile Packungen gesichert werden kann.

Anlagen für die KZE bzw. Heißabfüllung erfordern nur geringen Grundflächenbedarf, Tunnelpasteure benötigen relativ viel Grundfläche. In gleicher Weise verhalten sich die Anlagenkosten.

Die Elektroenergieanschluss- und Verbrauchswerte unterscheiden sich meist nicht sehr.

Die thermische Belastung des Getränkes ist bei der KZE am geringsten.

Ein weiterer technologischer Vorteil der thermischen Behandlung kann darin gesehen werden, dass Enzyme, insbesondere Proteasen, inaktiviert werden. Dieser Sachverhalt ist aus Sicht der Schaumstabilität als positiv einzuschätzen. Eine Autolyse von Hefen konnte nicht nachgewiesen werden [326].

Füllanlagen

24.4 Tunnel-Pasteurisationsanlagen
24.4.1 Allgemeine Hinweise

Bei der Pasteurisation mit dem so genannten Tunnelpasteur werden die gefüllten und verschlossenen Behälter thermisch behandelt. Vorteilhaft ist bei dieser Variante, dass nicht nur der Behälterinhalt, sondern auch das Packmittel (Verschluss, Behälter) mit pasteurisiert wird. Das Verfahren wird technologisch als besonders sicher angesehen.

Nachteilig ist der relativ große Aufwand für den Tunnelpasteur (Grundfläche, große Masse, Investitionskosten) und die hohen Betriebskosten (Wasser, Elektro, Wärme).

Die ACF-Technik (s. a. Kapitel 20) in Verbindung mit einer KZE-Anlage ist seit den 2000er Jahren ein Konkurrent des Tunnelpasteurs geworden.

Prinzip der Tunnelpasteurisation

Die Behälter werden langsam durch den Tunnelpasteur gefördert. Dabei werden sie mit entsprechenden Wasserkreisläufen vorgewärmt und auf Pasteurisationstemperatur erhitzt. Nach einer definierten Heißhaltezeit werden die Behälter wieder abgekühlt und verlassen den Pasteur. Die Durchlaufzeit beträgt etwa 40...60 min bei Glasflaschen und etwa 40...50 min bei Dosen.

Das Erwärmen und Abkühlen erfolgt stufenweise mit entsprechend abgestuften Wasserkreisläufen. Die Wasserkreisläufe sichern die regenerative Wärmerückgewinnung: das Wasser erwärmt sich in den Rückkühlzonen und wird anschließend zur Anwärmung der einlaufenden Behälter genutzt. Nur zum Aufheizen auf Pasteurisationstemperatur wird Energie zugeführt und nur in der letzten Stufe wird Frischwasser zum Kühlen eingesetzt, das dann nach der Erwärmung zur Vorwärmung genommen wird. Zur Wasserersparnis werden die Behälter nur auf etwa 25...30 °C zurückgekühlt.

Die Wasserkreisläufe werden in ihrer Temperatur eng gestuft, der Erhitzerkreislauf ist nur geringfügig wärmer als die Solltemperatur des Getränkes, um eine Überpasteurisation zu vermeiden. Je feinstufiger die Wasserkreisläufe betrieben werden, desto besser gelingt die regenerative Wärmerückgewinnung. Grenzen setzt der Bauaufwand, weil je Kreislauf zwei Pumpen benötigt werden.

24.4.2 Aufbau und Baugruppen eines Tunnelpasteurs
24.4.2.1 Aufbau und Bauformen

In der Regel werden die Behälter an einer Stirnseite des Tunnelpasteurs aufgegeben, werden auf einem Förderer durch den Pasteur transportiert und verlassen an der gegenüber befindlichen Stirnseite die Anlage.

Unterhalb des Transporteurs sind Sammelrinnen und Wasserbehälter installiert, sowie die Pumpen, oberhalb die Wasserverteilelemente.

Das Gehäuse umschließt die Pasteurisierebene mit dem Behältertransport und verhindert den Wasseraustritt und soll Wärmeverluste verhindern. Die Zugänglichkeit bleibt durch großflächige Inspektionsöffnungen erhalten (Schiebetüren, Klappen, Panele).

Die benötigte „Pasteurisierfläche" wird vom Durchsatz, dem Behälterdurchmesser und vom Temperaturregime bestimmt. Es kann mit einem spezifischen Grundflächenbedarf von 3...3,5 m^2/(1000 Behälter · h) gerechnet werden.

Das Verhältnis von Länge und Breite der Grundfläche ist im Prinzip frei festlegbar, jedoch wird aus Gründen der Montagefreundlichkeit und aus konstruktiven Gründen die

Verbesserung der biologischen Haltbarkeit

Modultechnik mit standardisierten Breiten bevorzugt. Die Länge des Pasteurs ergibt sich dann aus der Modulzahl. Zum Teil werden ab einer bestimmten Breite die Module quasi zweibahnig ausgeführt, die parallel betrieben werden. Die Wasserzufuhr wird dann im Interesse gleichmäßiger Druckverluste/Druckverteilung mittig vorgenommen (Abbildung 504).

Um die Grundfläche nicht zu groß werden zu lassen, werden größere Pasteure in 2 Etagen übereinander ausgeführt (Doppelstockausführung). Zulauf und Auslauf sind dann in zwei Ebenen zu installieren (s.a. Abbildung 503 und Abbildung 504).

Moderne Tunnelpasteure werden so gegliedert, dass die Module leicht transportiert werden können (Containertransport) und zur Montage keine Kräne erforderlich sind. Die Module werden für kurze Montagezeiten optimiert.

Dabei ist es prinzipiell möglich, jede Etage separat mit unterschiedlichen Produkten und Behältern zu betreiben, als auch quasi parallel mit gemeinsamen Wasserbecken und Pumpen (Abbildung 505).

In der Vergangenheit wurden zum Teil auch Pasteure 2-etagig gebaut, bei denen die Behandlungszonen für die regenerative Wärmerückgewinnung übereinander lagen. Ein- und Auslauf des Pasteurs lagen auf einer Seite (Einend-P.), die Behälter mussten am Ende des Pasteurs vertikal umgesetzt werden.

Die warm- bzw. heißgehenden Oberflächen (Wassertanks, Rohrleitungen, Pasteurisierzone) erhalten bei modernen Anlagen eine Wärmedämmung.

Abbildung 503 Moderner Tunnelpasteur, doppelstockig (nach KHS)
Der Behälterauslauf ist durch Schiebefenster abgedeckt, die Pumpen sind alle links angeordnet. Darüber sind die Wartungsöffnungen erkennbar.

Füllanlagen

24.4.2.2 Werkstoffe

Moderne Tunnelpasteure werden im Bereich der Wasserbehandlungszonen aus korrosionsbeständigen Werkstoffen gefertigt, in der Regel aus CrNi- bzw. CrNiMo-Stählen (Edelstahl, Rostfrei®). Bei der Werkstoffauswahl muss vor allem der Chlor-Ionengehalt des Wassers berücksichtigt werden. Bei Gehalten ≥ 50 mg Cl⁻/l und Temperaturen ≥ 25 °C müssen im Allgemeinen bereits CrNiMo-Stähle benutzt werden. Die gleichen Aussagen gelten sinngemäß auch für Rohrleitungen und Armaturen.

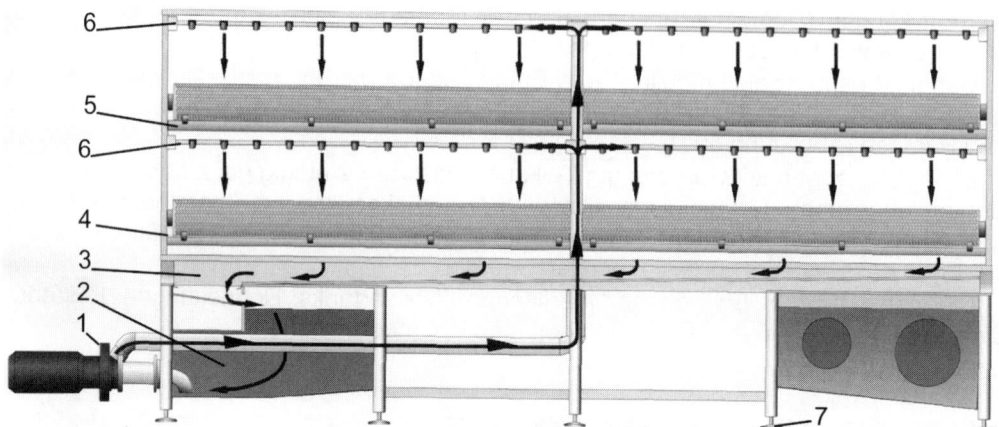

Abbildung 504 Schnitt durch einen modernen Doppelstock-Tunnelpasteur (nach KHS)
1 Wasserumwälzpumpe **2** Wasserbecken **3** Wasser-Sammelrinne **4** unteres Deck
5 oberes Deck **6** Wasserverteilung **7** einstellbarer Kalottenfuß

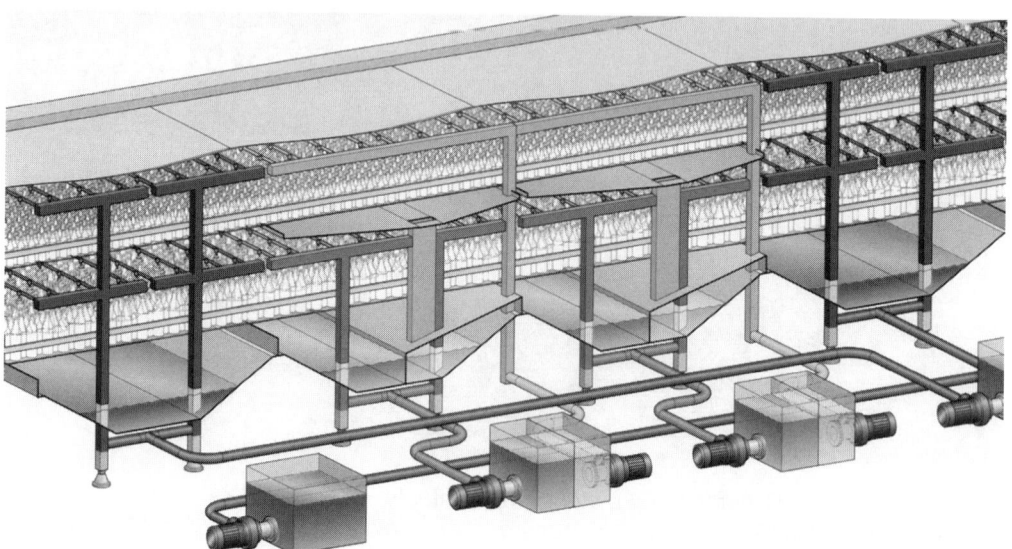

Abbildung 505 Doppelstock-Pasteur mit getrennt betreibbaren Decks (nach KHS)

Auch die tragenden Konstruktionsteile werden häufig aus Edelstahl gefertigt. Alternativ bietet sich an diesen Stellen auch Baustahl in feuerverzinkter Ausführung an.

Als Absperrarmaturen (im Allgemeinen sind relativ große Nennweiten erforderlich) werden insbesondere Absperrklappen in Zwischenflansch-Montageausführung benutzt. Hier gibt es Ausführungen, bei denen die Mitteldichtung das Gehäuse vollständig gegenüber dem Medium abschirmt, so dass ggf. preiswerte Ausführungen genutzt werden können. Alternativ werden auch Edelstahl-Kugelhähne verwendet.

Die Pumpen werden in der Regel aus Kostengründen mit normalen Gussgehäusen in Blockbauweise eingesetzt. Bei den relativ großen Wanddicken ist die Korrosion nebensächlich. Dagegen werden die Pumpenwellen und ggf. auch die Laufräder aus Edelstahl, Rostfrei® gefertigt. Als Wellendichtungen kommen Gleitringwellendichtungen zum Einsatz. Bei einer eventuellen Demontage verbleibt das Pumpengehäuse an der Anlage, der Motor und die Pumpenwelle mit Laufrad und Gehäusedeckel können als Baugruppe entfernt werden (s.a. Abbildung 506).

Abbildung 506 Pumpe an einem Pasteur (nach KHS)

24.4.2.3 Baugruppen
Die wesentlichen Baugruppen eines Tunnelpasteurs sind:
- Das Untergestell mit den Pumpen und dem Wasserverteilsystem;
- Die Pasteurisierebene mit dem Behältertransport;
- Der Wärmeübertrager.

In der Vergangenheit (bis etwa 1995/98) wurden relativ große Wasservorratsbecken installiert, die auch zum großen Teil über eigene Wärmeübertrager und Stecksiebe verfügten.

Untergestell
Das Untergestell nimmt die Sammelrinnen, die Wasservorlaufbehälter, die Pumpen und die Rohrleitungen für die Wasserverteilung auf. Weiterhin sind darin der Wärmeübertrager und die Wasser-Sammelbecken integriert, sowie das Wasserfilter. Der WÜ kann auch separat als Baugruppe aufgestellt werden.

Das Untergestell wird in Modulbauweise gestaltet, es wird über einstellbare Kalottenfüße abgestützt (Abbildung 507).

Füllanlagen

Auf das Untergestell werden der Behälterein- und Auslauf, der Behältertransport, das Wasserverteilsystem und die Verkleidung aufgebaut.

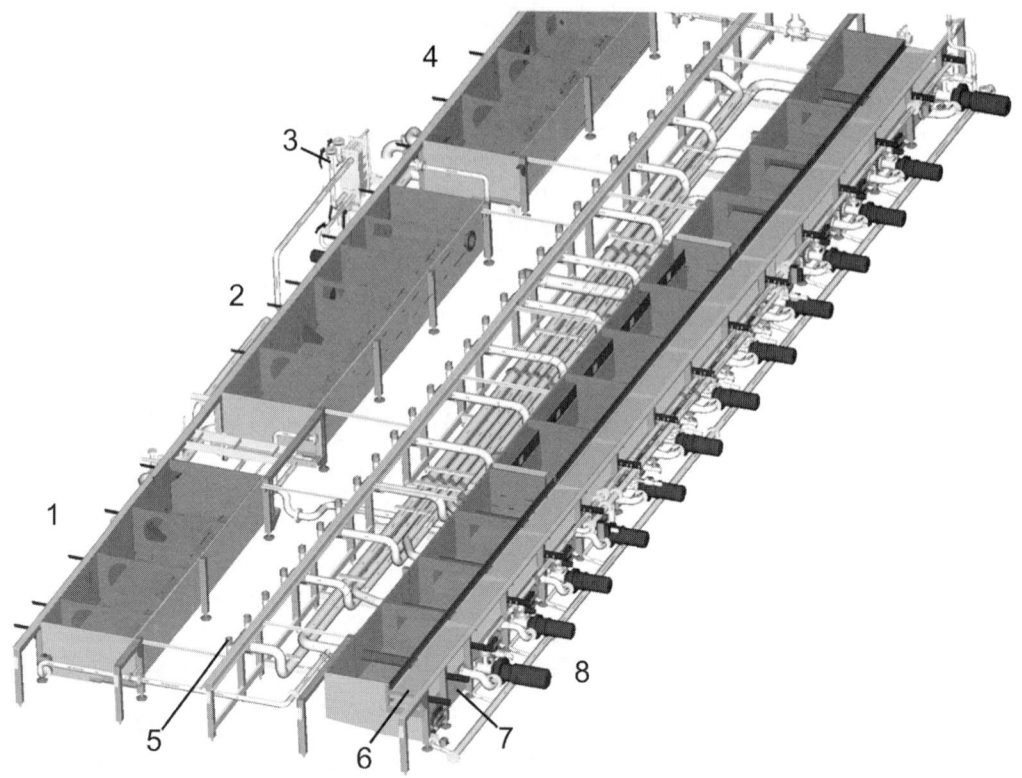

Abbildung 507 Untergestell, schematisch (Pasteur Innopas C, KHS)
1 Warmwassertank **2** Heißwassertank **3** PWÜ **4** Kaltwassertank **5** Rohrleitungen zu den Wasserverteilern **6** Siebband für die Wasserfiltration **7** Vorlauftank **8** Pumpe

Behältertransport durch den Pasteur

In der Vergangenheit wurden die Behälter auf Scharnierbandketten, auf Wanderrosten oder mittels des Pilgerschritt-Verfahrens gefördert.

In modernen Pasteuren werden bei Glasflaschen umlaufende CrNi-Stahl-Drahtgurte verwendet und für Dosen und Kunststoffflaschen Kunststoffgurte (Abbildung 508). Wichtig ist, dass die Behälter standsicher gefördert werden und dass die Übergabe an die Förderer am Auslauf ohne Stolperstellen erfolgt. Entsprechende Finger greifen in die Gurte ein und leiten störungsfrei ab. Vorteilhaft ist bei den Gurten, dass sie eine relativ große Durchgangsfläche für das umgewälzte Wasser besitzen und den Wasserablauf nicht behindern.

Eine kombinierte CrNi-Stahl/Kunststoff-Kette wird alternativ zu den o.g. Gurten verwendet [305]. Die Kettenglieder sind U-förmig gebogen und werden mit einem PP-Rippenoberteil ausgerüstet (Abbildung 509).

Verbesserung der biologischen Haltbarkeit

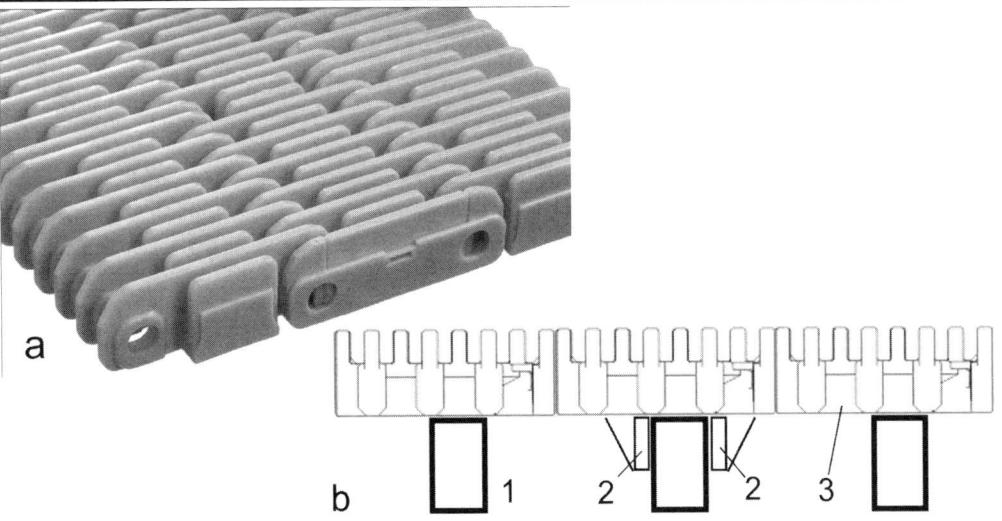

Abbildung 508 Transportgurte für Tunnelpasteure
a Kunststoffgurt (nach KHS)   b Unterbau für Gurt
1 Vierkantrohr   2 seitliche Führung   3 Gurtelement

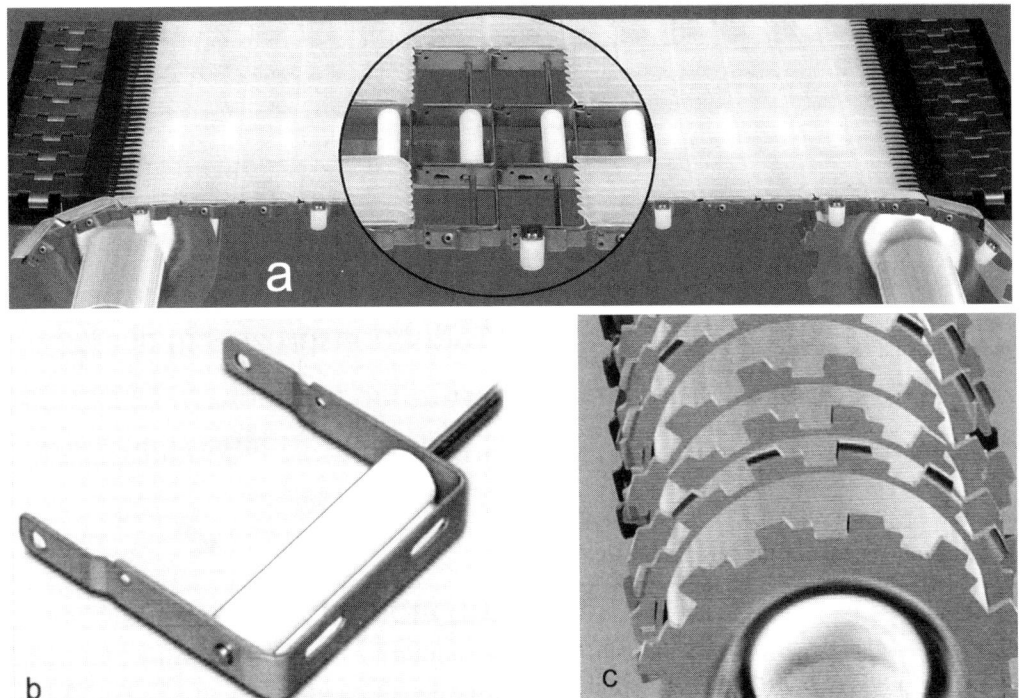

Abbildung 509 Zweiteilige Bandmodule aus Edelstahl und Polypropylen-Rippen
(nach Sander Hansen [305])
a Bandansicht   b U-förmiges Kettenglied (jede dritte Reihe trägt eine Kunststoffrolle, die die Kette auf dem Trägerprofil abstützt)   c Antriebswelle der Kette

Füllanlagen

Pilgerschritt-Verfahren

Dieses Prinzip war seit Ende der 1930er Jahre im Gebrauch. Sein Vorteil bestand vor allem darin, dass das Transportelement „Gitterrost" die Temperaturzone nicht verließ. Damit waren die Wärmeverluste durch das Transportelement minimiert, ebenso die Wasserverschleppung.

Problematisch wurde dieses System durch die ständig geringere Aufstandsfläche der Behälter, weil damit die Standfestigkeit immer geringer wurde (Störungen bzw. Gefahr durch umgefallene Behälter). Der Abstand der Roststäbe lässt sich nicht beliebig verringern. Der konstruktive Aufwand war außerdem größer als bei den o.g. modernen Gurtsystemen.

Die vertikale Bewegung wird durch eine schiefe Ebene realisiert (Abbildung 510). Die Bewegung der schiefen Ebene und die horizontale Bewegung des Rostes erfolgen durch paarweise vorhandene Hydraulikzylinder, die von einem Hydraulikaggregat angetrieben werden. Dieses Antriebsprinzip ist sehr funktionssicher und energetisch als günstig einzuschätzen.

Wanderroste

Die Wanderroste werden beidseitig an Rollen-/Laschenketten befestigt. Die Ketten besitzen einen ähnlichen Aufbau wie die Transportketten der Flaschenreinigungsmaschinen. Ihre Breite wird durch das realisierbare Biegewiderstandsmoment begrenzt. Die Roste besitzen eine relativ große Masse (große Wärmekapazität).

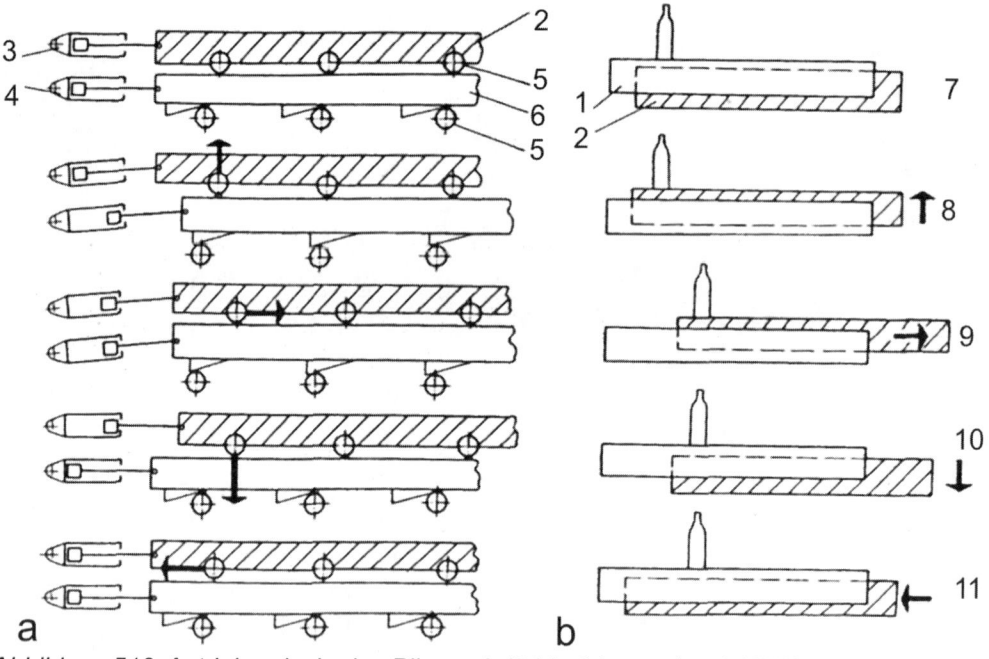

Abbildung 510 Antriebsprinzip des Pilgerschritt-Verfahrens (nach KHS)
a Antriebsmechanismus **b** Bewegungsablauf des Rostes
1 fester Rost **2** beweglicher Rost **3** Hydraulikzylinder für die horizontale Bewegung **4** Hydraulikzylinder für die vertikale Bewegung **5** Rollen **6** Zugstange mit schiefer Ebene **7** Ausgangstellung des Behälters **8** Anheben des Behälters mit Pos. 2 **9** Vorwärtsbewegung des Behälters **10** Absetzen des Behälters auf >Pos. 1 **11** Rücklauf des Hubrostes

Wasserkreislaufsysteme und Beheizung

Der Wasserkreislauf jeder Temperaturzone besteht aus einer Pumpe zur Förderung zum Wasserverteiler und einer Rückförderpumpe zum ersten Verteiler. Jeder Kreislauf stellt also ein regeneratives Wärmeverteilsystem dar (Abbildung 512 und Abbildung 504). Die Temperaturen der einzelnen Kreisläufe richten sich nach den vorgesehenen PE-Einheiten, in Tabelle 69 sind beispielhaft Temperaturen und andere relevante Daten genannt.

In einem modernen Pasteur werden insgesamt 10…12 Wasserzonen installiert. Ein Teil dieser Zonen dient nur der Erwärmung auf Pasteurisationstemperatur und der Einhaltung der benötigten Heißhaltezeit.

Die Pumpenvorlagen jeder Temperaturzone sind in ihrem Volumen minimiert. Die Sammelrinne der Zone führt das Wasser über ein Sieb in dieses Vorlagebecken. Wird durch Erwärmung oder Kühlung Wasser in den Kreislauf eingeführt, steigt das Volumen. Das überschüssige Wasser läuft dann in das folgende Becken mit höherer Temperatur. Ist das letzte Becken gefüllt, wird das überschüssige Wasser in einen der drei Wasserspeicher geleitet. Es ist je ein Speicher für Kaltwasser, Warmwasser und Heißwasser vorhanden.

Die Wärmezufuhr erfolgt in einem Wärmeübertrager-Kreislauf (PWÜ, RWÜ), aus dem das Heißwasser, je nach Temperatur der Heißwasserkreisläufe, in diese dosiert wird. Eventuelle Überschussmengen werden in den Heißwassertank zurückgeleitet. Überschüsse aus dem Heißwassertank gelangen in den Warmwassertank. Erst wenn alle Tanks voll sind, gelangt das Überschusswasser in das Abwasser.

Frischwasser wird nur zum Neuansatz der Wasserkreisläufe benutzt sowie in den Fällen, wo eine Betriebsunterbrechung eine Temperaturabsenkung erfordert, um Überpasteurisation zu vermeiden.

Eine kleine Frischwassermenge wird als Wrasensperre im Auslaufbereich versprüht, dieses Wasser gelangt in das Kaltwasserbecken.

Das Rücklaufwasser aus den Sammelrinnen wird durch ein Metallgewebe-Siebband gereinigt. Dieses läuft endlos um und wird am Ende von den Rückständen durch eine rotierende Bürste und Spülwasser befreit (Abbildung 511).

 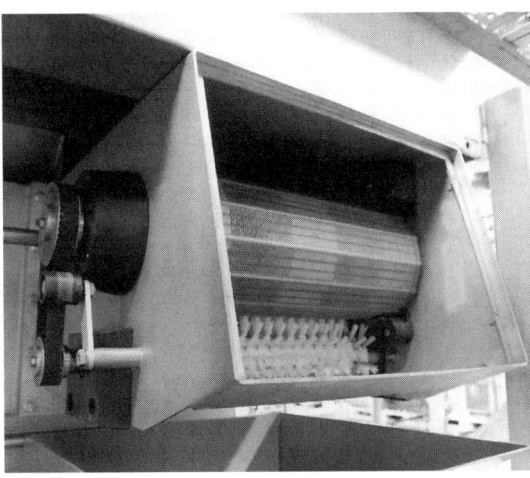

Abbildung 511 Siebband für die Reinigung des Rücklaufwassers (nach KHS)

Füllanlagen

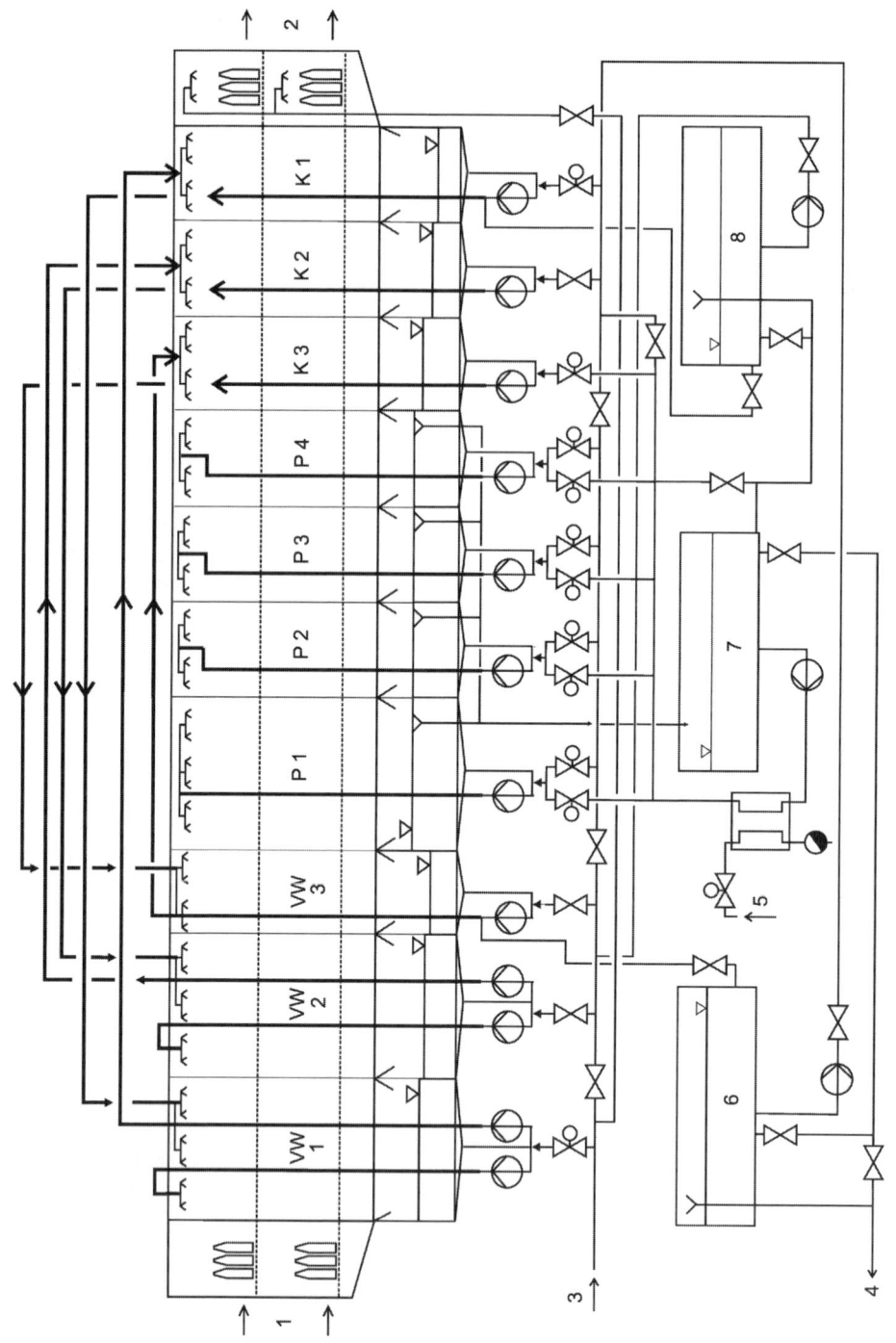

Abbildung 512 Wasserkreislaufsysteme eines Tunnelpasteurs, schemat. (nach KHS)
1 Behältereinlauf   **2** Behälterauslauf   **3** Frischwasser   **4** Entleerung   **5** Dampf
6 Warmwassertank   **7** Heißwassertank   **8** Kaltwassertank
VW 1 bis **VW 3** Vorwärmzonen   **P1** bis **P4** Erhitzer- und Pasteurisierzonen   **K3** bis **K1** Kühlzonen

Tabelle 69   Soll-Temperaturen, Behandlungszeit und Länge der Zone der Wasserkreisläufe nach Abbildung 512.

Die angegebenen Werte stellen Beispiele dar für 75 PE-Einheiten in einem Mischgetränk (0,5 l Flasche, Ø 68,5 mm, m = 385 g) bei einer Durchlaufzeit von 49,7 min. Das Getränk tritt mit 14 °C in den Pasteur ein und verlässt den Pasteur mit 35 °C, die Maximaltemperatur im Getränk beträgt 66,1 °C (nach KHS [306])

Zone	VW 1	VW 2	VW 3	P 1	P 2	P 3	P 4	K 3	K 2	K 1
Soll-ϑ	27,9 °C	37,9 °C	51,7 °C	68,9 °C	68,4 °C	66,4 °C	66,4 °C	53,2 °C	39,9 °C	30,6 °C
Zeit	6,5 min	6,5 min	4,3 min	6,5 min	4,3 min	4,3 min	4,3 min	4,3 min	4,3 min	4,3 min
Länge	2,25 m	2,25 m	1,5 m	2,25 m	1,5 m	1,5 m	1,5 m	1,5 m	1,5 m	1,5 m

In der Vergangenheit hatten alle Warm- und Heißwasserzonen eines Tunnelpasteurs einen WÜ integriert, und das Wasservolumen jedes Beckens war relativ groß. Bei Temperaturabsenkungen ging relativ viel Wasser verloren und beim Aufheizen musste viel Wärme zugeführt werden.

Vor jeder Pumpe waren 2 Stecksiebe installiert, die regelmäßig gereinigt werden mussten.

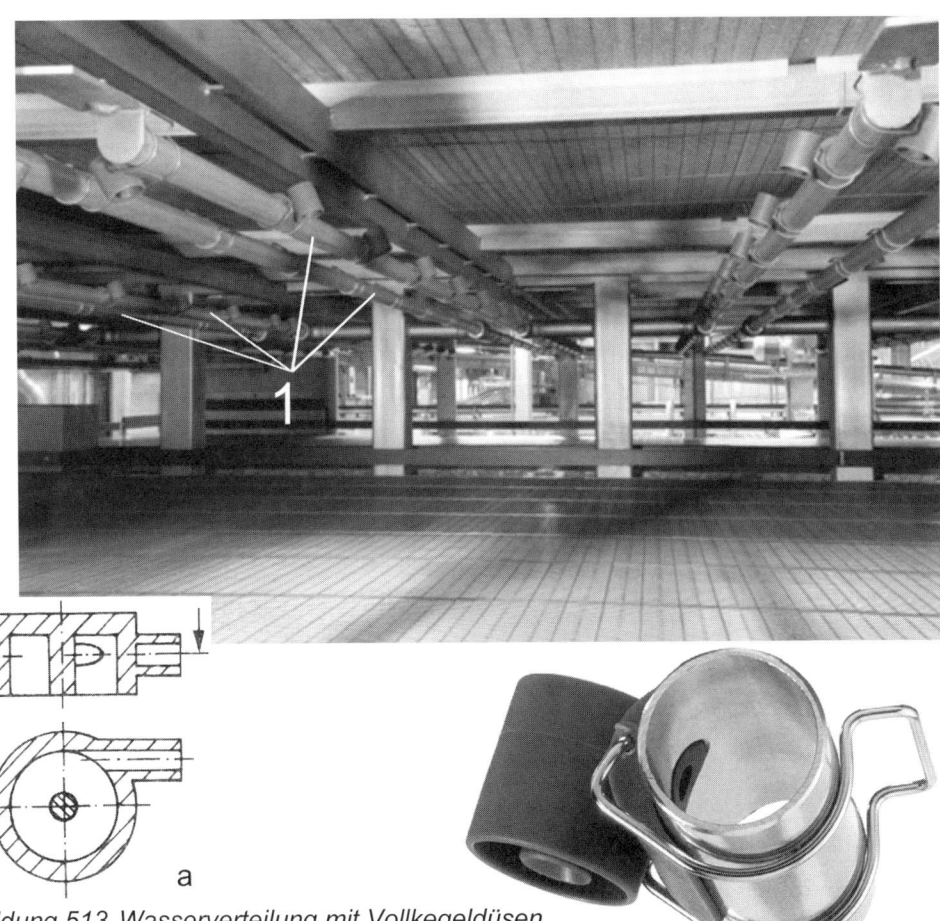

Abbildung 513 Wasserverteilung mit Vollkegeldüsen (nach KHS)   **a** Düse schematisch   **1** Spritzrohre mit Düsen

Füllanlagen

Wasserverteilung

Das Wasser zum Erwärmen bzw. Kühlen der Behälter überträgt seine Wärme auf die Behälter bzw. beim Kühlen nimmt es Wärme auf. Das Wasser wird gleichmäßig über den Behältern verteilt und läuft als Rieselfilm an den Behältern ab.

Die übertragbare Wärmemenge ist von der Temperaturdifferenz Wasser/Behälter abhängig, von der Oberfläche der Behälter und vom k-Wert. Dieser nähert sich einem Grenzwert an, der vor allem von der Fließgeschwindigkeit, der Filmdicke und der Dicke der Grenzschicht bestimmt wird.

Es gilt, so viel Wasser wie nötig über den Behältern zu verteilen. Zuviel Wasser verbessert die Wärmeübertragung nicht, erfordert aber unnötige Pumpenenergie (s.a. Abbildung 515).

Die Wasserverteilung wird entweder durch Lochbleche vorgenommen oder das Wasser wird durch Vollkegeldüsen (Abbildung 513 und Abbildung 514) versprüht. Eine neuere Variante sind Sprühkassetten.

Wichtig ist es, dass die Düsen sich nicht zusetzen (deshalb wird das Wasser filtriert). In der Vergangenheit wurde mit relativ großen Volumenströmen gearbeitet. Dabei wurde das Wasser z.B. mit quadratischen Löchern in Verbindung mit Wirbelkörpern versprüht (Abbildung 513 a).

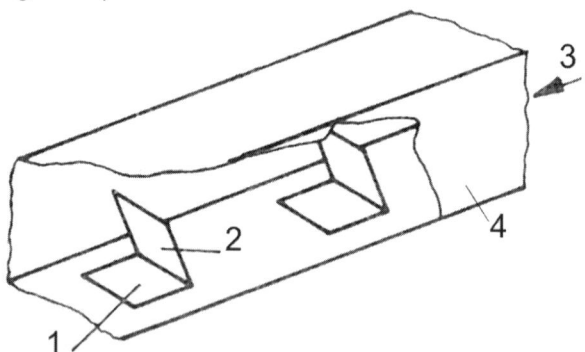

Abbildung 513a Spritzrohr aus Vierkantrohr mit gestanzten Löchern und Wirbelkörpern (nach KHS) **1** *quadratisches Loch* **2** *Wirbelplatte* **3** *Wasser* **4** *Vierkantrohr*

Abbildung 514 Sprühbild eines Pasteurs, Auslaufseite (nach KHS)

Verbesserung der biologischen Haltbarkeit

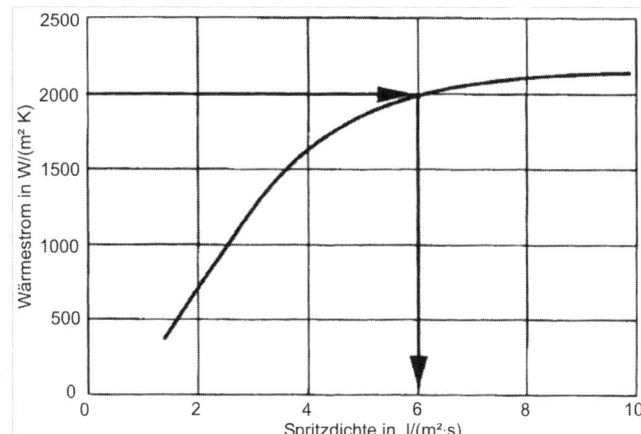

Abbildung 515 Übertragbare Wärmemenge als Funktion der Spritzdichte (nach [297])

Sprühkassetten

Ein neues wartungsfreies Sprühsystem benutzt Sprühkassetten (Abbildung 516) mit abgeschrägtem Oberteil und großen, rechteckigen Sprühöffnungen [307]. Der kontinuierlich starke Wasserstrom durch die Kassetten verhindert ein Verstopfen. Sämtliche Fremdstoffe fließen zum Kassettenende, von wo aus sie automatisch zu einem Filtersystem gespült werden. Die Sprühkassetten arbeiten mit niedrigem Druck und hohem Volumenstrom (höher als bei den Rieselwannen). Die Sprühkassetten sind einfach aufgebaut und weisen einen minimalen Energieverbrauch auf.

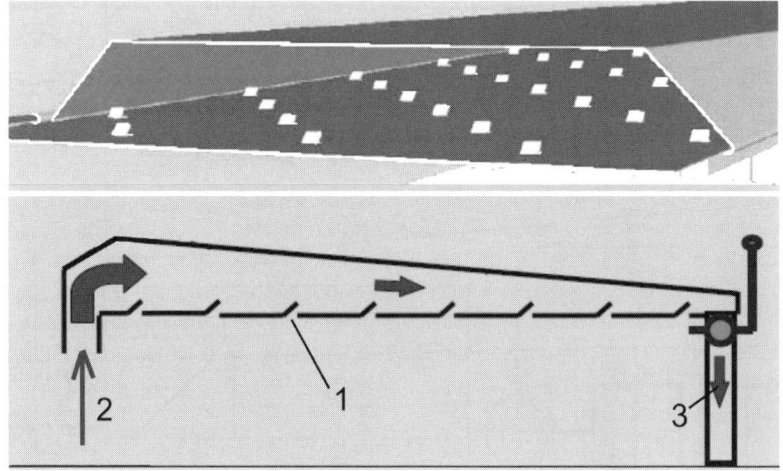

Abbildung 516 Sprühkassetten (nach KRONES/Sander Hansen)
1 Sprühöffnung (ca. 8 mm x 12 mm) **2** Zulauf **3** zum Filtersystem

Pumpen

In der Regel werden einstufige Kreiselpumpen mit Gleitringwellendichtung in Blockbauweise eingesetzt. Die Pumpenkreisläufe sind für geringe Druckverluste optimiert. Das ist aus energetischen Gründen wichtig, weil die Volumenströme relativ groß sind und die Pumpen ständig laufen. Zur Ausführung der Pumpen s.a. Kapitel 24.4.2.2.

Füllanlagen

Die Pumpen werden auf einer Seite des Pasteurs angeordnet. Die Rohrleitungen werden ebenfalls auf einer Seite verlegt, bei großen Anlagen mittig (Abbildung 504). Damit ist sowohl die Zugänglichkeit zu den Pumpen gewährleistet als auch der seitliche Zugang zu den Pasteurisationsdecks. Zum Teil werden verschiebbare Arbeitsbühnen dafür angebracht, die über den Pumpen verfahren werden können (Pumpen eignen sich nicht als Standflächen für Monteure!).

Wärmeübertrager

Der oder die Wärmeübertrager (WÜ) müssen für große Volumenströme bei geringen Druckverlusten ausgelegt werden. Da die nutzbaren Temperaturdifferenzen nicht allzu groß sind, resultieren relativ große erforderliche WÜ-Flächen. Diese lassen sich vorteilhaft durch PWÜ realisieren.

Wie bereits erwähnt, ist bei modernen Tunnelpasteuren nur noch ein WÜ installiert (dieser Sachverhalt wird in einem Fall für die Namensgebung benutzt: „CHESS": Central Heat Exchanger Supply System [302]). Abbildung 517 zeigt das Prinzip der Aufheizung.

Das erzeugte Heißwasser (ϑ = 90...95 °C) wird mit einer Pumpe in der Saugleitung des aufzuheizenden Kreislaufes zugeführt, die nachfolgende Pumpe dient als Mischer. Die Heißwasserpumpe wird frequenzgeregelt und die Mischwasser-Ist-Temperatur dient als Regelgröße.

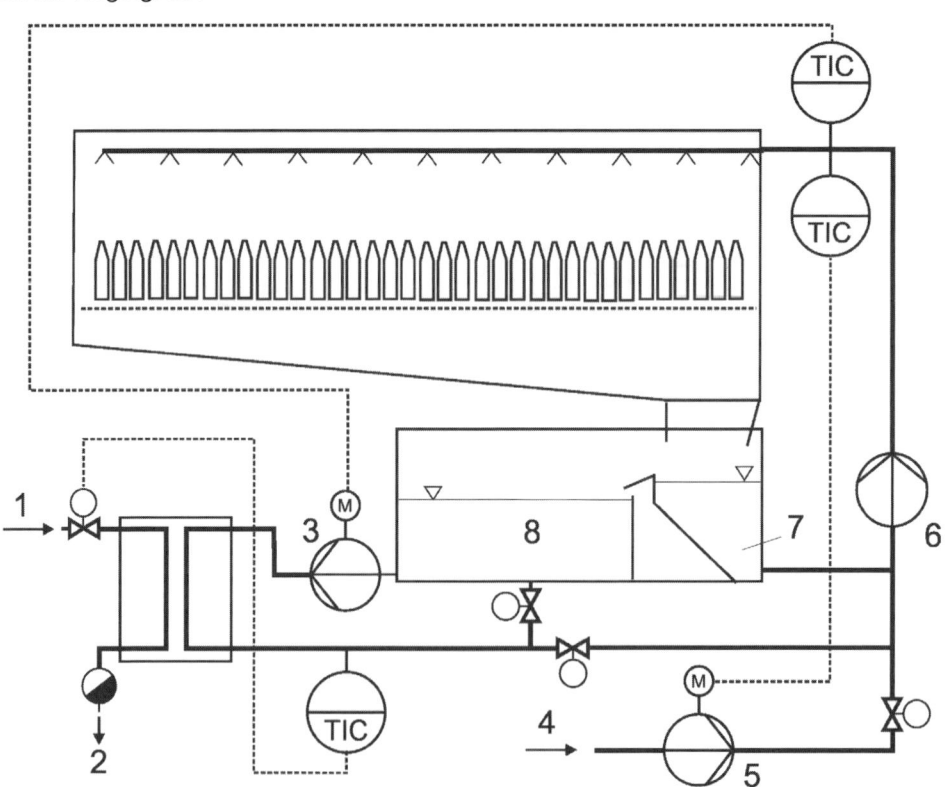

Abbildung 517 Aufheizen mit zentralem Wärmeübertrager und Temperaturregelung im Wasserkreislauf (nach Sander Hansen [302])
1 Dampf **2** Kondensat **3** Heißwasserpumpe **4** Kaltwasser **5** Kaltwasserpumpe
6 Umwälzpumpe **7** Vorlaufbecken **8** Heißwassertank

24.4.3 Regelung der PE-Einheiten

Entsprechend der Gleichung 37 (Kapitel 24.2) werden die PE-Einheiten von der Pasteurisationstemperatur, gemessen im Behälter, und der Haltezeit bei dieser Temperatur bestimmt.
Es ist also keine einfache Temperatur-Zeitplan-Regelung möglich.

Pasteurisationstemperatur

Die Pasteurisationstemperatur muss im Behälter gemessen werden. Der Verlauf dieser Temperatur ist nicht nur eine Funktion der Durchlaufzeit, sondern wird von den behälterspezifischen Parametern der Wärmeübertragung beeinflusst. Diese ist u.a. abhängig von der:
- Behältergeometrie (Oberfläche, Ø, Volumen, Behälterform);
- Spez. Wärme des Behälters und des Inhaltes;
- Wärmeleitfähigkeit des Behälters und des Inhaltes;
- Parameter der Wärmeübertragung (k-Wert, $\Delta\vartheta$, Rieselfilmparameter).

Die Temperaturverteilung beim Erwärmen und Abkühlen ist in einem Behälter nicht homogen, es tritt eine Temperaturschichtung auf. Diese wird durch Konvektion und Wärmeleitung nur langsam ausgeglichen. Abbildung 518 zeigt beispielhaft dieses Problem. Deshalb wird der Temperaturfühler in einem Testbehälter so angeordnet, dass reproduzierbare Werte gemessen werden können. Die Höhe des Fühlers wird entweder am Kältepunkt oder bei einem Drittel der Füllhöhe festgelegt. Diese Testwerte sind behälterspezifisch und können für die Regelung der PE-Einheiten benutzt werden.

Es kann davon ausgegangen werden, dass die für jede Behälterform und -größe gefundenen Erwärmungs- und Abkühlverläufe reproduzierbar sind, wenn alle beeinflussenden Parameter, wie Wassertemperaturen, Umwälzmengen, Fördergeschwindigkeit der Behälter durch den Pasteur usw., konstant gehalten werden.

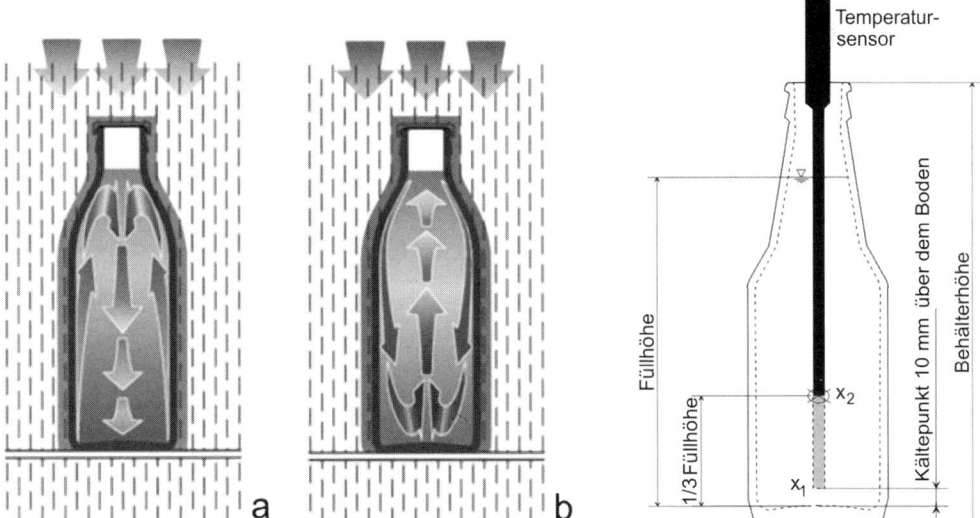

Abbildung 518 Temperaturverteilung in einem Behälter; Messpunkte
a Erwärmen b Abkühlen
x_1 Kältepunkt (gemessen 10 mm über dem Boden; Synonym: Cold Spot) x_2 Messpunkt bei einem Drittel der Füllhöhe

Füllanlagen

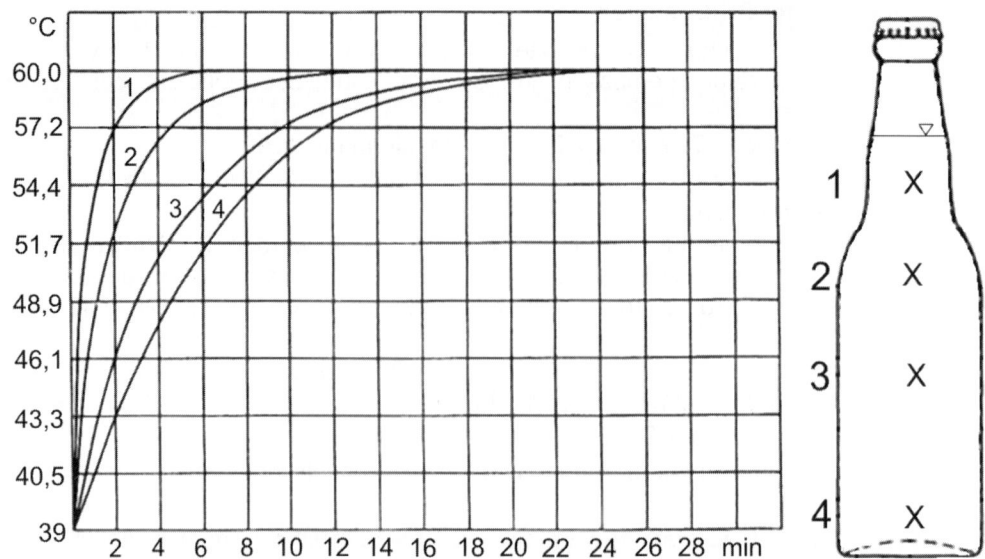

Abbildung 518a Temperaturverlauf in einer Flasche (12-oz.-Export-Flasche) bei Erwärmung durch Berieselung (nach [308])
1 Hals 2 Schulter 3 Zentrum 4 Boden

Pasteurisationsregime

Wenn der Temperaturverlauf in einem Behälter bei gegebenen Wassertemperaturen und Verweilzeiten bzw. Durchlaufzeiten ermittelt wurde, kann davon ausgegangen werden, dass die daraus resultierenden bzw. gewünschten PE-Einheiten ebenfalls erreicht werden, wenn die Behälter unter gleichen Bedingungen durch den Pasteur gefahren werden.

Aus diesen Werten lässt sich ein mathematisches Modell ableiten, dass Temperaturänderungen und Änderungen der Durchlaufzeit berücksichtigen kann. Damit kann also auch bei Veränderung der genannten Parameter sichergestellt werden, dass der PE-Sollwert erreicht wird.

Eine Erhöhung des Durchsatzes erfordert demnach eine Erhöhung der Temperaturen, weil die Verweilzeit sinkt. Umgekehrt müssen bei einer Durchsatzverringerung die Temperaturen abgesenkt werden. Das geht im Prinzip nur durch Zufuhr von Kaltwasser. Damit erhöht sich die Wassermenge in den Zonen, die überlaufende Menge muss gespeichert werden.

Der Extremfall ist der Stillstand des Pasteurs. Hier müssen nach einem hinterlegten Programm die Temperaturen abgesenkt werden, um eine Überpasteurisation zu verhindern. Ehe nach dem Ende der Störung der Durchsatz wieder erhöht werden kann, müssen die Temperaturen auf den dann aktuellen Sollwert erhöht werden.

Beim Betrieb des Pasteurs muss auch die lückenfreie Aufgabe der Behälter angestrebt werden. Lücken bedeuten weniger Wärmebedarf und die regenerative Wärmeübertragung wird gestört. Damit kommt es zu Abweichungen von den Solltemperaturen, deren Ausgleich gleichbedeutend ist mit Wasserverlusten und Energiemehrbedarf.

Abbildung 519 und Abbildung 519a zeigen Temperatur-Zeitkurven von Tunnelpasteuren.

Verbesserung der biologischen Haltbarkeit

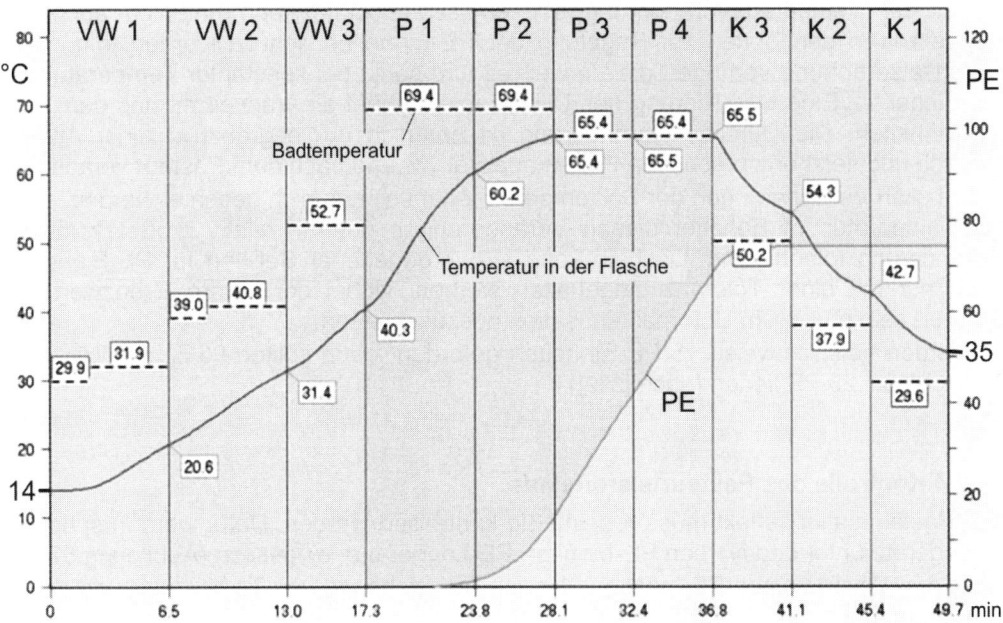

Abbildung 519 Temperatur-Zeit-Kurve eines Tunnelpasteurs (Typ PHSC 52-173, nach KHS); Abkürzungen siehe Abbildung 512; Biermischgetränkeinlauf 14 °C, -auslauf 35 °C, Gesamtdurchlaufzeit 49,7 min, Durchsatz 50.000 Fl./h, Flasche: 0,5 l (Ø 68,5 mm, 385 g), erreichte PE: 75; Temperaturbezugspunkt: Kältepunkt (Abbildung 518)

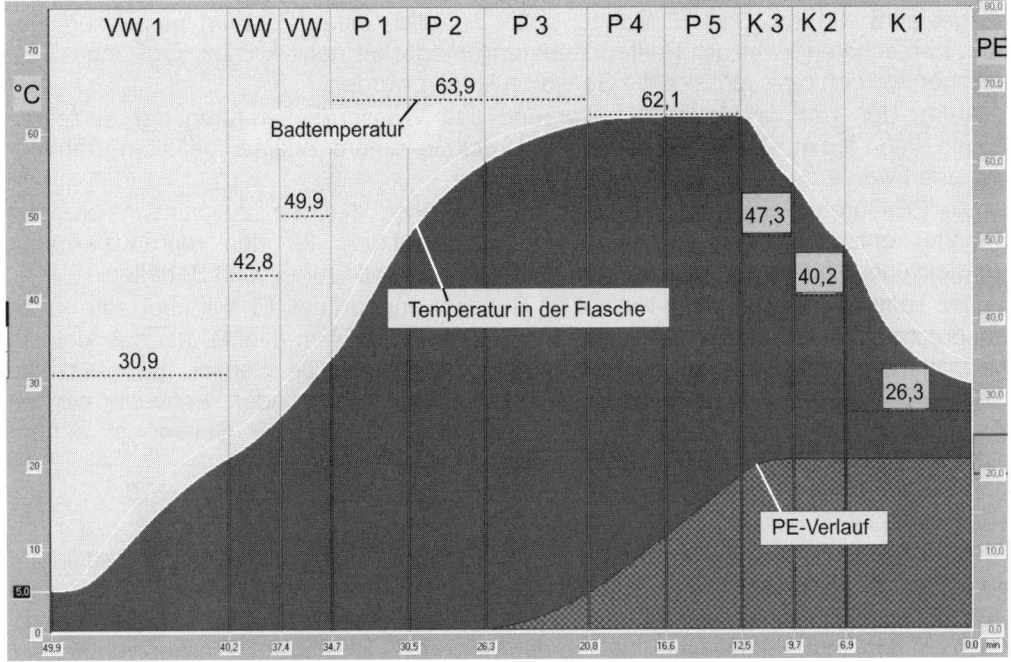

Abbildung 519a Temperatur-Zeit-Kurve eines Tunnelpasteurs (nach KHS)
  Abkürzungen siehe Abbildung 512;
Biereinlauf 5 °C, Bierauslauf 29,7 °C, Gesamtdurchlaufzeit 49,9 min, erreichte PE: 22

Füllanlagen

Außer der Temperaturveränderung der Wasserkreisläufe kann natürlich auch die Verweilzeit in den Zonen zur Regelung der PE-Einheiten genutzt werden, d.h., eine Durchsatzerhöhung verringert die Verweilzeit und senkt bei konstanter Temperatur die PE-Einheiten. Eine Reduzierung des Durchsatzes erhöht die Verweilzeit und damit die PE-Einheiten. Die Durchsatzveränderung ist natürlich nur begrenzt in einer Anlage möglich und setzt entsprechende Pufferkapazität vor und nach dem Pasteur voraus.

Bei allen Veränderungen der Solltemperaturen muss natürlich beachtet werden, dass die Temperatur im Behälter diesen Veränderungen nur mit relativ großer zeitlicher Veränderung folgen kann. Deshalb kann ein vorgegebener Sollwert für PE-Einheiten auch nur mit einer Toleranz eingehalten werden, wobei der untere Grenzwert der Sollwert sein muss, um Unterpasteurisation auszuschließen.

Werden beispielsweise 18 PE-Einheiten gefordert, dann sollten 95 % der Werte im Bereich 18...23 PE liegen (nach [309]).

24.4.4 Kontrolle des Pasteurisiereffektes

Der Pasteurisationseffekt muss regelmäßig kontrolliert werden. Dafür werden spezielle Messgeräte unter den Namen PE-Monitor, PE-Logger u.a. eingesetzt (Abbildung 521). Über den Einsatz eines PE-Messgerätes mit Aufzeichnung von Temperatur und Druck wurde erstmalig 1976 berichtet [310].

Diese Geräte durchlaufen den Tunnelpasteur gemeinsam mit den zu pasteurisierenden Behältern. Damit werden identische Temperaturen und Verweilzeiten gesichert. Parallel zu dieser Messung können die Temperaturen der einzelnen Wasserzonen und die Verweilzeiten in diesen von der Pasteursteuerung registriert und ständig mit den jeweils zutreffenden mathematischen Modellen der Wärmeübertragung ausgewertet werden. Der PE-Monitor sollte natürlich einen PE-Wert ausweisen, der dem berechneten Wert der Pasteursteuerung möglichst nahe kommt. Ggf. muss neu kalibriert werden bzw. müssen die Sensoren justiert werden.

Außer der Temperatur im Behälter und den Wassertemperaturen der einzelnen Zonen kann beim Durchlauf auch der Druck in einem original gefüllten Behälter registriert werden.

Die PE-Geräte verfügen über einen Messbehälter, der dem zu pasteurisierenden Behälter entspricht. Das ist eine Grundvoraussetzung für den reproduzierbaren Vergleich der Wärmeübertragung bzw. der Temperaturverläufe in den Behältern.

Der Temperatursensor wird zentral im Behälter angeordnet. Er soll über eine kurze Ansprechzeit verfügen, der ϑ_{90}-Wert soll möglichst klein sein (kleiner als das kleinste Messintervall der Aufzeichnung, z.B. 10 s). Die eigentliche Sensor muss sich im Bereich des Kältepunktes (*Cold Spot*; s.a. Abbildung 518) befinden. Entweder werden für jeden Behältertyp individuelle Sensoren benutzt oder der Sensor ist höheneinstellbar.

Das Messintervall beim Durchlauf kann festgelegt werden: beispielsweise wird alle 10 s oder 30 s gemessen und registriert.

Der PE-Monitor ist in der Regel allseitig hermetisch geschlossen, die Bedienung erfolgt durch Reedkontakte (magnetisch betätigt). Die Messwerte werden nach dem Durchlauf ausgelesen: entweder über eine Kabelverbindung oder drahtlos (z.B. WLAN). Auch die direkte drahtlose Übermittlung der Messwerte ist möglich. Die Auswertung der Messwerte erfolgt programmgesteuert, sie werden durch einen Drucker ausgegeben oder in einem Rechner gespeichert.

Genauigkeit: bedingt durch den Messfehler des Temperatursensors entstehen auch bei den berechneten PE-Einheiten Ungenauigkeiten. Sie werden mit ± ≤ 8…10 % angegeben [311].

Die aktuelle Position des PE-Monitors im Tunnelpasteur kann bei modernen Anlagen auf dem Display abgelesen werden.

Auswertung der Messwerte

Im PE-Monitor muss die Berechnungsgleichung für die PE-Wert-Berechnung hinterlegt sein, z.B. Gleichung 37, oder er ist mit anderen Gleichungen und Bezugswerten programmierbar (s.o.). Nach erfolgreichem Durchlauf wird das Messergebnis für den PE-Wert berechnet und ausgegeben (Display oder Drucker).

Definitionsgemäß wird der PE-Wert bei 60 °C und 1 min Verweilzeit zu 1 PE bestimmt. Daraus folgt, dass die Werte unter 60 °C im Prinzip nicht mit gewertet werden. Der Wert von 60 °C wird auch Cut-off-Temperatur genannt, der daraus berechnete PE-Wert wird als lethaler PE-Wert bezeichnet. Dieser Wert sollte immer für die Beurteilung der Pasteurisationsergebnisse herangezogen werden.

Der PE-Wert, der auch die Temperaturen zwischen 50 und 60 °C mit berechnet (Cut-off-Temperatur 50 °C), wird dann als Gesamt-PE-Wert registriert. Dieser Wert ist nicht geeignet, das Pasteurisationsergebnis exakt wiederzugeben.

Automatische PE-Monitore schalten erst bei einer Temperatur von 50 °C ein, um Strom und Speicherkapazität zu sparen.

Manuelle Auswertung von geschriebenen Temperatur-Zeit-Verläufen

Die Zeitachse wird in gleiche Intervalle unterteilt, z.B. 15, 20, 30 oder 60 s. Für jedes Zeitintervall wird die mittlere Temperatur ermittelt. Damit können für jedes Intervall die PE-Einheiten mit Gleichung 37 berechnet werden. Die berechneten Werte werden abschließend addiert.

In einschlägigen Tabellenwerken können zur Erleichterung der Auswertung und Verringerung des Rechenaufwandes Zahlenwerte für jede Temperatur (unterteilt in 1/10 K) für die so genannte Lethalitätsrate L_ϑ entnommen werden, die nach der Gleichung 43 errechnet wurden (Zahlenwerte siehe z.B. [297], S. 12). Diese Zahlenwerte müssen dann nur noch mit der Zeitdauer eines Intervalls multipliziert werden, um den Intervall-PE-Wert zu erhalten (wenn das Intervall 1 min beträgt, können die Werte addiert werden und ergeben direkt die PE-Einheiten).

$$L_\vartheta = 1{,}393^{(\vartheta - 60\,°C)} \qquad \text{Gleichung 43}$$

Beispiel

Ermittelt wurde das Temperatur-Zeit-Profil gemäß Abbildung 520. Mit Gleichung 43 lassen sich die Lethalitätswerte L_ϑ in Tabelle 70 berechnen (in Gleichung 43 wird mit einem z-Wert = 6,94 K gerechnet; der PE-Redpost-Monitor von *Haffmans* rechnet mit einem z-Wert = 7 K, der Faktor in der Gleichung 43 lautet dann 1,389 [311]).

Die Summe der L_ϑ-Werte von der 25. bis zur 37. Minute ergibt dann 30,05 = 30 PE-Einheiten. Dabei wurde also eine *Cut-off*-Temperatur von 60 °C zugrunde gelegt.

Wenn auch die Werte der Temperaturen zwischen 50 und 60 °C berücksichtigt worden wären, würde der PE-Wert um 2,08 PE-Einheiten größer und 32,1 PE-Einheiten betragen.

Füllanlagen

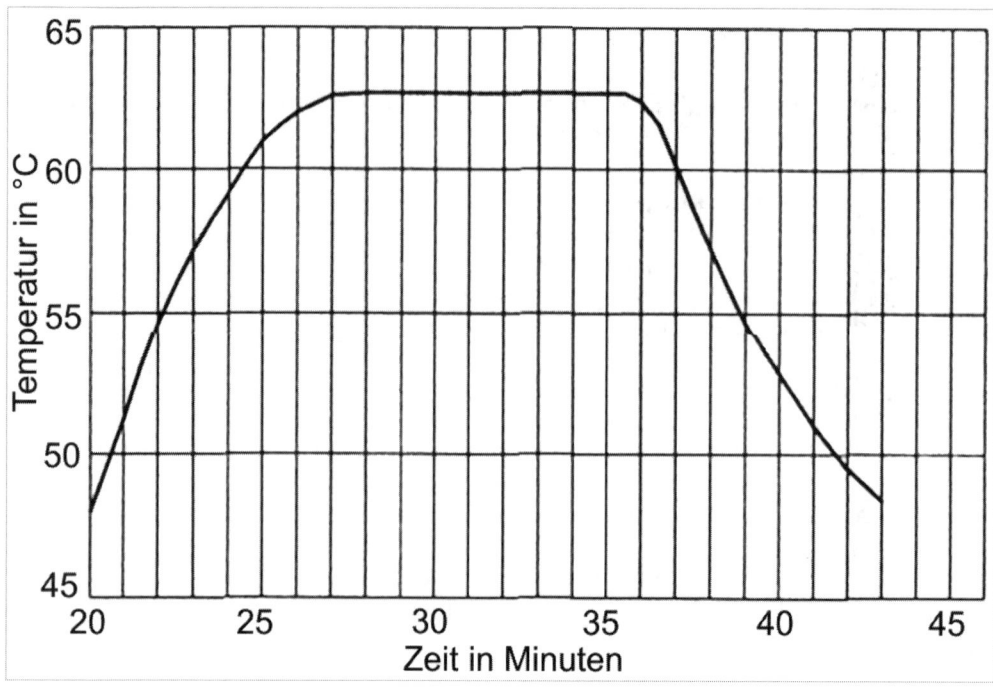

Abbildung 520 Temperatur-Zeit-Verlauf in einem Tunnelpasteur, Beispiel

Tabelle 70   Ergebnisse der PE-Wert-Bestimmung gemäß Abbildung 520 und Gleichung 43

Minute	mittlere Temperatur in °C	L_ϑ in PE-Einheiten
21	49,70	0,03
22	53,00	0,10
23	55,90	0,26
24	58,30	0,57
25	60,20	1,07
26	61,50	1,64
27	62,25	2,11
28	62,65	2,41
29 - 35	62,80	18,96
36	62,60	2,37
37	61,20	1,49
38	58,60	0,63
39	56,00	0,27
40	53,70	0,12
41	51,75	0,06
42	50,00	0,04
Summe		30 [*]/32,1 PE-Einheiten

*) lethale PE-Einheiten

Verbesserung der biologischen Haltbarkeit

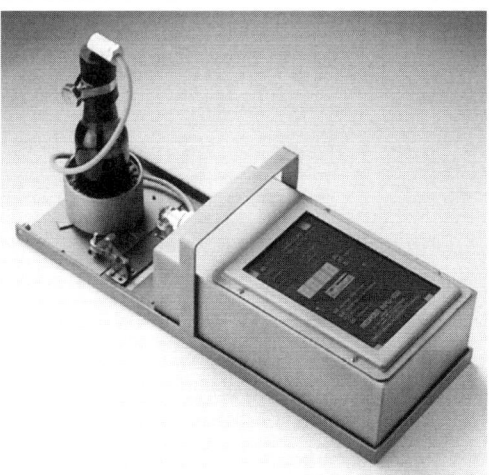

*Abbildung 521 Beispiel für PE-Monitore (nach Haffmans, Venlo/NL)
links Typ RPU-120 mit einer Flasche als Messobjekt, rechts Typ RPT-243: eine Dose mit Temperaturmessung, eine zweite Dose für Innendruckmessung, ein Temperaturmesskanal für Spritzwasser-Temperatur*

24.4.5 Durchsatz eines Tunnelpasteurs

Der mögliche Durchsatz eines Tunnelpasteurs (auf einer Ebene) wird bestimmt von:
- der verfügbaren Pasteurisationsfläche (Länge, Breite),
- der Geschwindigkeit des Durchlaufes,
- der Anzahl der vorhandenen Behälter je Fläche (s.a. Abbildung 522),
- dem Temperaturregime und
- den gewünschten PE-Einheiten.

Wie bereits im Kapitel 24.4.3 ausgeführt, bestehen zwischen den genannten Parametern Abhängigkeiten, die auch zur Beeinflussung des Durchsatzes herangezogen werden können.

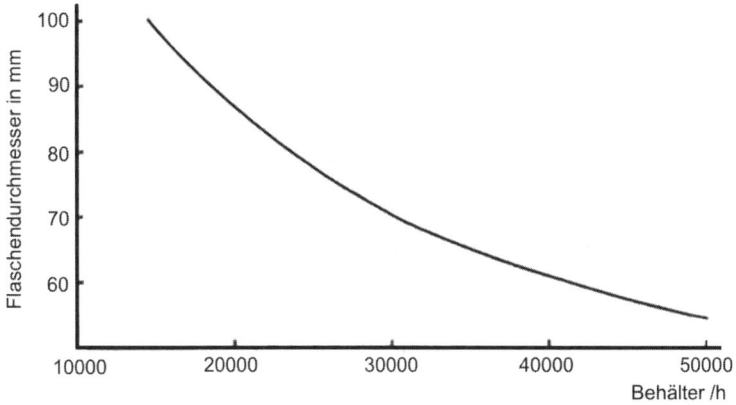

Abbildung 522 Durchsatz eines Tunnelpasteurs als Funktion des Behälterdurchmessers bei konstanter Durchlaufzeit (nach [317, Teil 6])

24.4.6 Hinweise zum Betrieb eines Tunnelpasteurs

Beim Betrieb von Tunnelpasteuren sind folgende Probleme bzw. Sachverhalte zu beachten:
- Behälterbruch;
- Korrosion;
- Versteinung der Anlage;
- Wachstum von Mikroorganismen;
- Sortenwechsel;
- An- und Abfahren der Anlage.

24.4.6.1 Behälterbruch

Während der Pasteurisation steigt der Innendruck der Behälter infolge der Partialdruckerhöhung des CO_2. Außerdem dehnt sich das Getränk aus. Überfüllte Behälter brechen (Glas) oder reißen auf (Dosen). Der Leerraum der gefüllten Glasflaschen, in der Regel 4 % des Nennvolumens, muss deshalb exakt eingehalten werden (s.a. Kapitel 24.4.7).

Bei Glasflaschen spielt u.U. auch die Glasqualität eine Rolle. Eigenspannungen der Flaschen, resultierend aus unsachgerechter Abkühlung in der Glashütte, können ebenso wie zu große Temperatursprünge beim Erwärmen und Abkühlen zum Bruch führen.

Negative Auswirkungen des Behälterbruches sind:
- Der Verlust der Behälter und des Inhaltes;
- Die mechanische Belastung durch Glasbruch (Verschleiß) und die Schnittgefahr;
- Die pH-Wert-Verschiebung in den Wasserzonen;
- Der Nährstoffeintrag für Mikroorganismen.

24.4.6.2 Korrosion

Bei modernen Tunnelpasteuren ist die Korrosion im Allgemeinen kein wichtiges Thema unter der Voraussetzung, dass der Gehalt eventueller Halogen-Ionen, vor allem Chlor-Ionen ≥ 50 mg/l, bei der Werkstoffauswahl berücksichtigt wurde.

Edelstähle, Rostfrei® sind auch die Voraussetzung für die CIP-Fähigkeit der Anlagen. Bei älteren Tunnelpasteuren ist das Thema Korrosion jedoch durchaus wichtig. Getränkereste aus platzenden Behältern und CO_2 verschieben den pH-Wert in den Bereich $\leq 4,5$. Insbesondere an der Grenzfläche Flüssigkeit/Atmosphäre sind günstige Voraussetzungen für Korrosion gegeben.

Ggf. kann der pH-Wert durch Laugedosage korrigiert werden.

Bei der Korrosion muss auch an die mögliche Beschädigung der Dosen gedacht werden. Kratzer und andere mechanischen Beschädigungen der Dosenoberfläche können bei Weißblechdosen Korrosionsschäden hervorrufen. Abhilfe können ggf. Inhibitoren bringen, die dosiert werden können.

24.4.6.3 Versteinung der Anlage

In Abhängigkeit von der Wasserzusammensetzung können Wassersalze ausgeschieden werden. Diese Salzausscheidungen („Versteinung") führen zu größeren Mengen Haftflüssigkeit und damit zu höherer Wasserverschleppung und höherem Wärmebedarf. Abhilfe kann außer der Verwendung von enthärtetem Wasser zur Auffüllung des Pasteurs die Dosierung von Sequestriermitteln bzw. Additiven bringen.

Die Wasserzusammensetzung sollte regelmäßig kontrolliert werden, auch um Aufsalzung vorzubeugen.

24.4.6.4 Wasserqualität/-parameter

Die Wasserqualität ist nicht nur aus der Sicht Steinausscheidung und Korrosion des Pasteurs interessant.

Ein pH-Wert > 7,5 kann die Dosendeckel und den Boden von Aluminium-Dosen verfärben („Brunnenschwärze"). Ein pH-Wert > 8 kann das Dekor bzw. die Lackierung der Dosen beschädigen [312].

Dosen sollten beim Verlassen des Pasteurs mit Frischwasser gespült werden, um Korrosion vorzubeugen. Auf die Gefahr der Spannungsrisskorrosion muss verwiesen werden, deshalb sollte der Chloridgehalt 20 mg/l und der Sulfatgehalt 10 mg/l nicht überschreiten [312]. Auch aus diesem Grund sollten die Dosen und Deckel von Flüssigkeit durch Abblasen vor dem Verpacken befreit werden.

24.4.6.5 Wachstum von Mikroorganismen

Die Kalt- und Warmwasserzonen bieten gute Bedingungen für Wachstum und Vermehrung von Mikroorganismen aller Art, die sich zum Beispiel durch Schleimbildung äußern. Sowohl das Temperaturniveau ist gegeben als auch Getränkereste und Sauerstoff sind für das Wachstum verfügbar.

Die regelmäßige Reinigung und Desinfektion des Tunnelpasteurs ist deshalb eine wichtige Forderung. Moderne Anlagen sind für die SPS-gesteuerte CIP-Reinigung und Desinfektion ausgerüstet. Ältere Anlagen müssen ggf. manuell bearbeitet werden.

Die Nutzung der ClO_2-Dosierung oder die Dosierung von anderen Bioziden ist ein wichtiger Beitrag zur Prophylaxe. Ebenso können regelmäßige Standdesinfektionen vorbeugend wirken.

24.4.6.6 Sortenwechsel

Im Sinne eines rationellen Betriebs des Pasteurs sollten bei einem Sorten- oder Gebindewechsel keine Lücken entstehen. Durch geeignete Trennelemente können die Wechsel ohne „Lücke" oder nur einer sehr kleinen bewerkstelligt werden.
Moderne Pasteure können mit einem Programmwechsel automatisch reagieren.

24.4.6.7 An- und Abfahren der Anlage

Beim Anfahren eines leeren Pasteurs steht noch keine Wärme aus den Rückkühlzonen zur Verfügung. Die Vorwärmzone muss deshalb auf die Sollwerte aufgeheizt werden.

Beim Abfahren der Anlage läuft der Prozess umgekehrt: in der Vorwärmzone wird keine Wärme benötigt. Die Wärme muss mit Kühlwasser abgeführt werden. Das dabei entstehende Warmwasser wird gespeichert (Abbildung 523 b).

Überschusswasser kann bei modernen Anlagen nach Temperaturstufen getrennt gespeichert werden (Abbildung 523).

24.4.6.8 Störungen im Durchlauf des Pasteurs

Störungen beim Betrieb einer Füllanlage sind nicht auszuschließen. Sobald die Pufferstrecken der Anlage vor oder nach dem Tunnelpasteur gefüllt sind, muss dieser stillgesetzt werden. Eine Reduzierung des Pasteur-Durchsatzes ist auch nur eine begrenzte Zeit möglich unter der Voraussetzung, dass der Pasteur eine funktionierende

Füllanlagen

PE-Regelung hat. Beim Stillstand werden die Wassertemperaturen mit einer einstellbaren Verzögerungszeit reduziert, um eine Überpasteurisation zu vermeiden.

Die Temperaturabsenkung bedeutet aber fast immer erhöhten Wasserverbrauch und Wärmebedarf bei der Wiederinbetriebsetzung. Die Verluste steigen mit der Zahl der Stopps. Deshalb ist es sehr wichtig, Temperaturabsenkungen nur nach Überschreitung einer festgelegten Karenzzeit vorzunehmen. Eine Überpasteurisation wirkt sich umso weniger sensorisch aus, je geringer der Gesamt-Sauerstoffgehalt des Bieres vor der Pasteurisation ist. Auch aus diesem Grund ist eine O_2-arme Füllung anzustreben.

Aus den gleichen Gründen sollten die Pufferkapazitäten vor und nach dem Pasteur möglichst groß ausgelegt werden, um Betriebsunterbrechungen zu umgehen oder zu reduzieren (eine Notlösung für das Abfahren des Tunnelpasteurs sollte verfügbar sein).

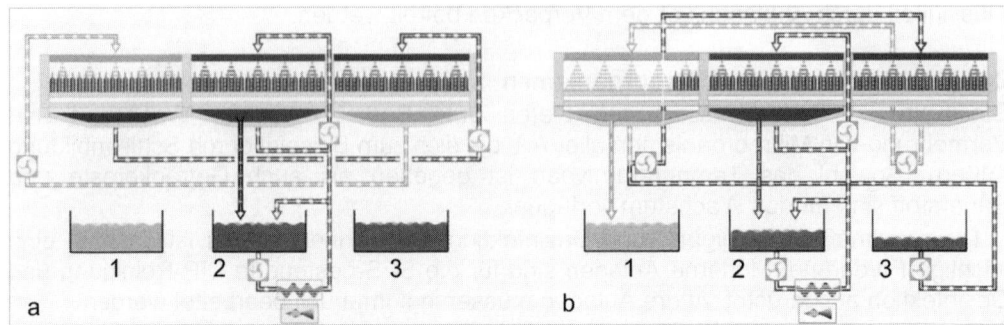

Abbildung 523 Betriebsbedingt anfallendes Wasser beim Abfahren wird auf dem bestmöglichen Temperaturniveau gespeichert (nach KHS)
a normaler, ausgeglichener Betrieb **b** Abfahren der Anlage
1 Warmwassertank **2** Heißwassertank **3** Kaltwassertank

24.4.6.9 Wrasenaustritt

Am Auslauf werden die Behälter meistens mit Frischwasser besprüht, um Wasserbadreste zu entfernen.

Um den Wrasenaustritt zu verhindern, kann von der Mitte des Pasteurisierraumes aus abgesaugt werden (soviel wie nötig!). Der erforderliche Volumenstrom und die benötigte Lüfterleistung sind gering.

24.4.7 Einfluss des Behälterleerraumes auf den Innendruck

Den Innendruck eines gefüllten Behälters wird vor allem bestimmt durch:
- den Leerraum des gefüllten Behälters bei 20 °C,
- den Partialdruck des gelösten CO_2,
- den Partialdruck der gelösten Fremdgase (O_2, N_2),
- den Partialdruck des Wasserdampfes und des Ethanols,
- die Ausdehnung der Flüssigkeit,
- die Ausdehnung des Behälters und
- die Abfülltemperatur.

Die Partial- bzw. Sättigungsdrücke von Wasserdampf und CO_2 als Funktion von Temperatur und Konzentration sind aus einschlägigen Tabellenwerken zu entnehmen. Beispiele s.a. in den Kapiteln 24.5 und 29.

Die Ausdehnung einer Flüssigkeit wird vom kubischen Ausdehnungskoeffizienten und der Temperaturdifferenz bestimmt. Um die Druckbelastung der Behälter in vertretbaren Grenzen zu halten, wird in der Regel ein Leerraum von 4 % in gefüllten Glasflaschen bei 20 °C gefordert (damit ist auch die Nennfüllmenge gesichert).

Bei Erwärmung reduziert sich dieser Leerraum, der Innendruck steigt an. Die Partialdrücke der beteiligten Gase erhöhen sich bis zum konzentrations- und temperaturabhängigen Gleichgewichtsdruck. Der Gesamtdruck resultiert aus der Summe der Partialdrücke und der Kompression des Gasvolumens infolge der Flüssigkeitsausdehnung.

Die Problematik des temperaturabhängigen Druckgrenzwertes war in der Vergangenheit Gegenstand zahlreicher experimenteller Arbeiten und Berechnungen. Stellvertretend werden genannt: *C.* und *P. Kremkow* [313], *Tonn* [314], [315], *Berg* und *Schmauder* [316] und *Weißenbach* et al. [317].

In [314] wird mit einem Ausdehnungskoeffizienten für Bier $\alpha_b = 0,00035$ K^{-1} und für Glas $\alpha_g = 0,00002$ K^{-1} gerechnet. Die Ausdehnungskoeffizienten von Flaschenglas wurden von *Pirzer* [318] zu 0,000027…0,0000299 berechnet (als Funktion der Glaszusammensetzung) und experimentell zu 0,0000266 bestimmt, für Bier wurden Koeffizienten als Funktion der Stammwürze und der Temperatur bestimmt (0,000344…0,000388). Die nach [314] berechneten Werte sind aber offensichtlich zu groß.

Von *Kremkow* wird die nachstehende Gleichung 44 angegeben:

$$p_{(c,\vartheta,f,l,v)} = -1,45 + 123 \frac{l}{f \cdot v} - 6,95 \cdot 10^{-7} \frac{\vartheta^4}{f^3} + 2,09 \cdot 10^{-8} \frac{\vartheta^5}{f^3} + 0,372 \cdot c + 8,95 \cdot 10^{-3} \cdot c \cdot \vartheta +$$

$$2,79 \cdot 10^{-4} \cdot c \cdot \vartheta^2 + 3,17 \cdot 10^{-4} \cdot c^2 \cdot \vartheta - 1,99 \cdot 10^{-6} \cdot c \cdot \vartheta^3 + 0,0701 \frac{c}{f}$$

p = $p_ü$ in bar
c = CO_2-Gehalt in g/l
ϑ = Temperatur in °C
f = Freiraum der Flasche in Prozent des Füllvolumens
l = Luft im Freiraum in Millilitern
v = Randvollvolumen in Millilitern

Gleichung 44 gilt nur für Glasflaschen!
Einen Vergleich verschiedener Untersuchungen bietet Abbildung 524.

Füllanlagen

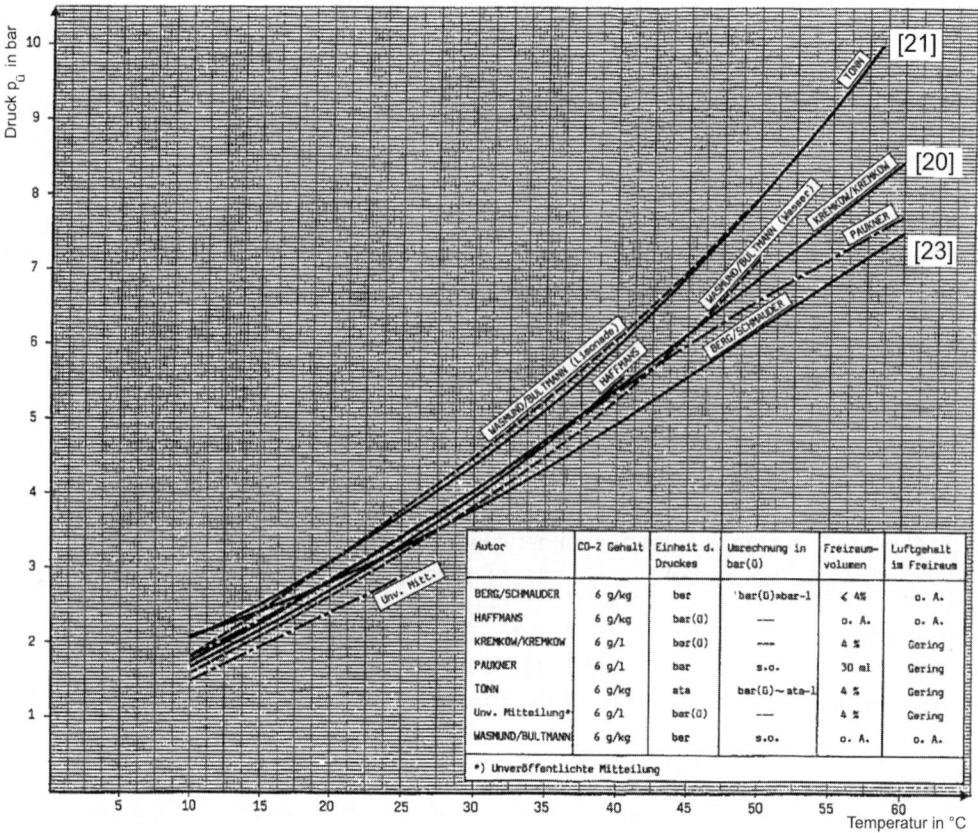

Abbildung 524 Druckverläufe als Funktion von Temperatur und CO_2-Gehalt nach verschiedenen Autoren (c = 6 g CO_2/l, Freiraumvolumen 4 %; nach [313])

Es wurde gefunden, dass der Gleichgewichtsdruck im Allgemeinen in den Behältern beim „normalen" Durchlauf durch den Tunnelpasteur nicht erreicht wird (Tabelle 71). Dafür ist eine relativ lange Zeit erforderlich. Bei Betriebsunterbrechungen des Durchlaufes kann der Grenzwert aber erreicht werden, falls keine Temperaturabsenkung erfolgt. Die Bruchgefahr steigt dann umso mehr, wenn der übliche Leerraum nicht verfügbar war.

Aus diesen Gründen kommt dem Berstdruck neuer Flaschen, aber vor allem auch gebrauchter Flaschen, eine große Bedeutung zu, ebenso der Berstdruckprüfung. Gleiches gilt der Einhaltung des Flaschenleerraumes und der Vermeidung von Überfüllungen. Der Berstdruck einer Flasche wird u.a. von der Geometrie der Flasche der Gleichmäßigkeit der Glasverteilung (Wanddicke) und der Glasmasse beeinflusst.

Dosen sind nur bis zu einem Druck $p_ü$ ≤ 6,2 bar belastbar. Bei der Pasteurisation im Tunnelpasteur wird dieser Druck bei ca. 5 g CO_2/l erreicht. Deshalb sollten die Biere nur einen CO_2-Gehalt von ≤ 5 g/l besitzen. Der Dosenleerraum beträgt bei Nennfüllmenge bei 0,33-l-Dosen etwa 9,3…9,4 % der Nennfüllmenge und bei 0,5-l-Dosen etwa 8,4…8,8 %. Er sollte exakt eingehalten werden.

Wird der genannte Druck überschritten, kommt es zu Ausbeulungen des Deckels und zum Aufplatzen der Dose.

Tabelle 71   Druck in Dosen während des Durchlaufes durch einen Tunnelpasteur nach Literaturangaben

Innentemperatur in °C	Ist-Druck $p_ü$ in bar	Gleichgewichtsdruck $p_ü$ in bar	Quelle
60	3,30...3,80	5,77	zit. durch [315]
64...65	3,24...3,59	6,12...6,27	
67...68,5	3,94...4,22	6,33...6,48	
70...71	4,00...4,22	6,61...6,75	

24.4.8 Pasteurisation von PET-Flaschen

Mit der Einführung der PET-Flaschen stieg auch das Interesse an deren Pasteurisation (z.B. extraktreiche Getränke, Alkoholarme oder -freie Biere).

Im Allgemeinen werden diese Getränke durch eine KZE behandelt. Das Packmittel soll dann bei sensiblen Getränken durch den Tunnelpasteur „entkeimt" werden.

Versuche zu dieser Problematik wurden in der Literatur beschrieben [319]. Danach sind die gegenwärtig verfügbaren PET-Flaschen und die Verschlüsse für eine Tunnelpasteurisation nicht geeignet. Auch die *Cut-off*-Temperatur von ≥ 60 °C wurde bestätigt.

24.4.9 Sonderformen des Tunnelpasteurs

Ein Tunnelpasteur kann in modifizierter Ausführung auch verwendet werden zum:
- Anwärmen von Behältern;
- Abkühlen von Behältern.

24.4.9.1 Dosen - bzw. Flaschenwärmer

Ziel ist es, Behälter, gefüllt mit sehr kalten Getränken, anzuwärmen. Damit soll die Schwitzwasserbildung durch Taupunktunterschreitung auf den Packungen vermieden und die Durchfeuchtung der Packungen, die Korrosion der Packmittel oder das Verschieben von Etiketten verhindert werden.

24.4.9.2 Kühltunnel

Bei heißgefüllten Getränken soll die Abkühlzeit verringert werden, beispielsweise zur Reduzierung von Oxidationen und anderen temperaturbedingten Reaktionen.

Beide Anwendungen sind nicht mehr zeitgemäß, da sie mit erheblichem Aufwand (Investition, Grundfläche, Wasser, Elektroenergie) verbunden sind. Alternativen bestehen in der KZE und in den ACF-Verfahren.

24.4.10 Wärmebedarf des Tunnelpasteurs

Der Wärmebedarf eines Tunnelpasteurs ergibt sich aus der Energiebilanz der beteiligten Medien.
Der Wärmebedarf eines Tunnelpasteurs errechnet sich aus der Kenntnis:
- der Temperatur der Behälter am Einlauf und an der Abgabe,
- der spezifischen Wärme und der Masse der beteiligten Werkstoffe bzw. Produkte,

Füllanlagen

◻ dem stündlichen Behälterdurchsatz,
◻ der Temperatur des Frischwassers und der verbrauchten Menge,
◻ der Menge des Abwassers und seiner Temperatur und
◻ der Wärmeverluste des Pasteurs durch Strahlung der Oberflächen (abhängig von Oberflächentemperatur, Fläche, Strömungsverhältnissen), Wärmeleitung und durch Wrasen- und Lüftungsverluste (Temperatur, Luftfeuchte, Luftmenge, verdunstete Wassermenge).

Zahlenwerte zur spezifischen Wärme siehe im Kapitel 12.6.

Der Wärme- und Elektroenergiebedarf kann konstruktiv nur durch die Optimierung der regenerativen Wärmeübertragung und die Senkung der Verluste durch Wärmedämmung beeinflusst werden.

Dieser Grundbedarf kann aber nur bei störungsfreiem Betrieb erreicht werden. Deshalb müssen die Anstrengungen darauf gerichtet werden, mögliche Stillstandszeiten mit Temperaturabsenkungen zu vermeiden oder zu minimieren.

Petersen gibt folgende Werte an Tabelle 72:

Tabelle 72   Verbrauchswerte bei einem Tunnelpasteur (zum Teil nach [320])

Wärmebedarf	14...20 MJ/hl
Wasserbedarf	230...380 l/1000 Flaschen
Elektroenergie	300...500 W/m²

24.5 Kurzzeit-Erhitzer-Anlagen
24.5.1 Allgemeine Hinweise
Die Kurzzeit-Erhitzung, kurz KZE genannt, ist eine Alternative zum Tunnelpasteur. Die Erfahrungen mit der ACF zeigen, dass auch die Packmittel keimarm oder -frei der Füllmaschine zugeführt werden können. Die Füll- und Verschließmaschine kann ebenfalls keimarm oder aseptisch betrieben werden.
Die Vorteile der KZE liegen vor allem begründet in:
- dem relativ geringen Wärmeaufwand,
- den geringen Anlagekosten,
- der geringen thermischen Belastung (gegenüber dem Tunnelpasteur) und
- der geringen Stellfläche.

Im Allgemeinen wird das Getränk/Bier nach der thermischen Behandlung vor der Abfüllung nicht gekühlt. Eine installierte Kühlabteilung im Plattenwärmeübertrager (PWÜ) wird nur bei der Inbetriebnahme oder nach längeren Stillstandszeiten genutzt. Das Bier verlässt die KZE-Anlage bei modernen Anlagen mit einer Temperaturdifferenz von ca. 5…6 K gegenüber dem zulaufenden Bier. Die Zulauftemperaturen können im Bereich 2…6 °C liegen. Moderne Füllmaschinen können mit Getränketemperaturen von ≤ 14 °C arbeiten.

Es wird eingeschätzt, dass die KZE die günstigste Variante einer thermischen Behandlung zur Verbesserung der Haltbarkeit ist. Insbesondere für Bier dürfte dieses Verfahren konkurrenzlos günstig sein.

Für die Pasteurisation mit einer KZE-Anlage gelten die Aussagen zu den PE-Einheiten und der Abtötung von Mikroorganismen gemäß Kapitel 24.2.

Bedingung für die problemlose Nutzung einer KZE-Anlage ist aber, dass die zu behandelnden Getränke nahezu sauerstofffrei zugeführt werden. Anzustreben sind O_2-Gehalte von ≤ 0,02 mg/l. Das gilt auch für das Anfahren der Anlage mit Wasser und das Ausschieben des Produktes.

Freier Sauerstoff reagiert mit den Bier- bzw. Getränkeinhaltsstoffen und erhöht die für die Alterung verantwortlichen Substanzen. Nach der KZE-Anlage ist natürlich Sauerstoff nicht mehr nachweisbar!
Ein Puffertank sollte grundsätzlich Bestandteil einer KZE-Anlage sein.

24.5.2 Aufbau und Baugruppen einer KZE-Anlage
Die Anlagenelemente einer KZE-Anlage sind aus Abbildung 525 ersichtlich. Es sind das insbesondere:
- der Wärmeübertrager,
- der Heißhalter,
- die Pumpen,
- das Druckreduzierventil,
- der Puffertank und
- die SPS und die Sensoren für die Prozessführung.

In der Abbildung 525 ist eine mögliche Kreislaufschaltung des KZE (s.a. Abbildung 528) und der Ausschub des Getränkes in den Kanal nicht mit dargestellt.

Füllanlagen

24.5.2.1 Wärmeübertrager

Der WÜ wird im Allgemeinen als Plattenwärmeübertrager (PWÜ) ausgeführt. Das wird vor allem dadurch begründet, dass diese Bauform große Vorteile bezüglich Investitionskosten und Wärmeübertragung (k-Wert, erreichbare Temperaturdifferenzen, Druckverlust, WÜ-Fläche) bietet (weitere Hinweise zu Wärmeübertragern und zur Wärmeübertragung siehe die Literatur, z.B. [321], [322]).

In der Regel wird der Wärmeübertrager (WÜ) einer KZE-Anlage aus vier Abteilungen zusammengesetzt, die alle in einem Gestell untergebracht werden (Pos. 2, 3, 4, 8 in Abbildung 525). Bei sehr großen Anlagen können die Heißwasserbereitung und die Kühlabteilung in einem separaten Gestell untergebracht werden.

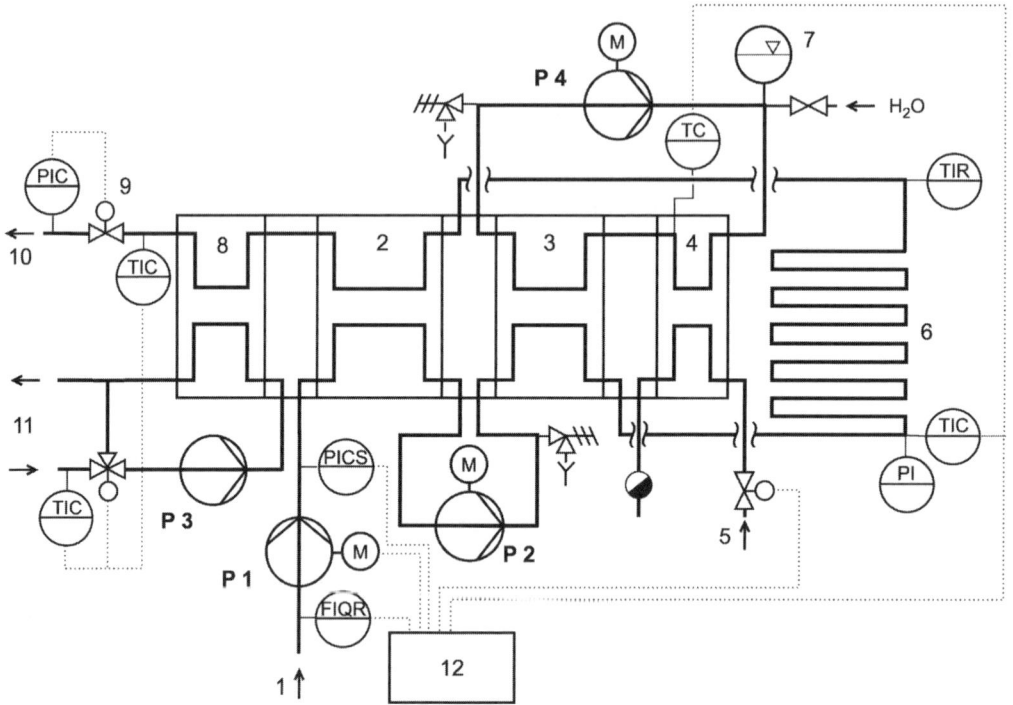

Abbildung 525 Anlagenschema KZE-Anlage, schematisch
1 Getränkezulauf **2** Abteilung für rekuperative Erwärmung **3** Erhitzer-Abteilung
4 Heißwasser-Bereitung **5** Dampfzufuhr **6** Heißhalter **7** Ausgleichsbehälter **8** Kühl-Abteilung **9** Druckreduzierventil **10** zum Puffertank/Füllmaschine **11** Kälteträger
12 SPS/PE-Regelung
P1 Getränkepumpe **P 2** Druckerhöhungspumpe **P 3** Kälteträgerpumpe **P 4** Heißwasserpumpe

Der Betriebsdruck der PWÜ muss ≥ 16 bar betragen, um keinen Einschränkungen bezüglich des CO_2-Gehaltes der Getränke zu unterliegen (c_{CO2} ≤ 6 g/l; ϑ ≤ 90 °C). Bei höheren CO_2-Gehalten oder Temperaturen kann der Betriebsdruck auch höher liegen (s.a. Kapitel 29). Das Plattenpaket muss einen Spritzschutz erhalten, die Plattengestaltung muss die möglichen Druckdifferenzen berücksichtigen. Im Interesse guter Wärmeleitung wird die Plattendicke minimiert. Das Gestell wird in der Regel mit Bolzenspannung ausgeführt.

Verbesserung der biologischen Haltbarkeit

Die Platten werden durch den absoluten Druck, den wirksamen Differenzdruck und Druckschwankungen erheblich beansprucht (Beanspruchung auf Biegung). Durch geeignete Prägemuster wird versucht, dieses Problem zu vermindern. Trotzdem sind Plattenrisse nicht auszuschließen. Dabei handelt es sich um Haarrisse, die optisch nur schwer erkennbar sind. PWÜ müssen deshalb in Intervallen auf „innere Dichtheit" geprüft werden, z.B. mit Druckluft (hierzu s.a. [322]).

Um den Pasteurisationseffekt nicht zu gefährden, müssen die PWÜ so betrieben werden, dass der Druck des pasteurisierten Mediums stets höher ist als der der anderen Medien (Heißwasser, Kälteträger, unpasteurisiertes Bier). Diesem Zweck dient auch die Druckerhöhungspumpe P2 in Abbildung 525 („positive Druckdifferenz").

Wichtig ist es auch, den Eingangsdruck einer KZE-Anlage möglichst konstant zu halten und Druckspitzen auszuschließen. Ursache für Druckspitzen sind beispielsweise die Umschaltungen von leeren auf volle ZKT oder Drucktanks. Dieses Problem kann zum Beispiel durch einen Vorlaufbehälter mit einer Konstantdruckregelung gelöst werden, der beide Systeme entkoppelt.

Der PWÜ muss konstruktiv bezüglich Wärmerückgewinnung und Druckverlust sowie Apparatekosten optimiert werden. Angestrebt werden Temperaturdifferenzen zwischen ein- und auslaufendem Getränk von $\Delta\vartheta \leq 5$ K in den Abteilungen rekuperative Wärmeübertragung und Erhitzung. Alle Abteilungen werden in Gegenstrom-Wärmeübertragungsschaltung betrieben, für die PWÜ besonders geeignet sind.

Durch entsprechende Gestaltung der WÜ-Platten wird bei der Rückkühlung auf größere Druckverluste orientiert, um die vom Druckreduzierventil abzubauende Druckdifferenz zu verringern. Der Druckverlust des Plattenpaketes kann durch die Parallel- oder Reihenschaltung der Fließwege beeinflusst werden.

Moderne PWÜ-Platten besitzen kleberlose Dichtungen, die sich relativ leicht wechseln lassen und formschlüssig befestigt sind. Dichtungswerkstoff ist in der Regel EPDM. Als Plattenwerkstoff wird Edelstahl, Rostfrei® eingesetzt, die konkrete Werkstoffauswahl richtet sich vor allem nach dem Chlor-Ionengehalt der Medien. Wichtige Stahlmarken sind die Werkstoffnummern 1.4571, 1.4404 (s.a. Kapitel 34).

24.5.2.2 Heißhalter

Der Heißhalter, der der Erhitzerabteilung (Pos. 3 in Abbildung 525) folgt, wird für eine Heißhaltezeit von ca. 30...60 s ausgelegt. Bei gegebenem Volumenstrom folgt daraus das Heißhaltervolumen. Beim Heißhaltervolumen muss das Volumen der zu- und rückführenden Rohrleitungen mit berücksichtigt werden, die Volumenermittlung muss exakt erfolgen. Die Anpassung an die gewünschten PE-Einheiten wird im Allgemeinen durch die Variation der Temperatur vorgenommen.

Der Heißhalter wird in der Regel als Rohrheißhalter gestaltet. Die Nennweite der Rohre wird so festgelegt, dass sich eine turbulente Strömung ergibt (Re-Zahl $\geq 1 \cdot 10^4 ... 3 \cdot 10^4$). Ziel ist eine Propfenströmung durch das System mit dem Ziel, dass die gleiche Verweilzeit für jedes Volumenteilchen erreicht wird (Vermeidung von partieller Unterpasteurisation). Deshalb werden die Rohrabschnitte auch mit 180°-Bögen verbunden, die einen Radius von $r = 3...4$ d besitzen.

Das Rohrsystem wird leicht steigend angeordnet, um die selbsttätige Entlüftung bei der Inbetriebnahme zu sichern (teilweise wird auch eine Entlüftungsarmatur installiert).

Der Heißhalter erhält in der Regel eine Wärmedämmung, die Rohre werden als Block gedämmt.

Füllanlagen

24.5.2.3 Pumpen

Verwendet werden Kreiselpumpen mit GLRD als Wellendichtung. Diese sollte als doppelte GLRD gestaltet werden, zumindest aber über einen Quench verfügen (Spülung mit Desinfektionslösung oder Sterilwasser).

Die Produktpumpe (P 1 in Abbildung 525) muss den maximal erforderlichen Betriebsdruck der KZE-Anlage sichern, der sich nach dem CO_2-Gehalt des Getränkes und der Temperatur richtet. Diese Pumpe muss je nach geforderter Förderhöhe zwei- bzw. dreistufig gestaltet werden. Statt einer mehrstufigen Pumpe werden aber in vielen Fällen zwei Pumpen in Reihe geschaltet. Diese sind in der Regel kostengünstiger als eine mehrstufige Spezialpumpe. Bedingung ist natürlich, dass das Gehäuse und die GLRD der zweiten Pumpe für den Enddruck ausgelegt sind.

Die Produktpumpe wird bei modernen KZE-Anlagen frequenzgeregelt betrieben. Damit kann der Durchsatz der Anlage nach dem Bedarf der Füllmaschine geregelt bzw. gesteuert werden.

Die Pumpe P 2 ist mit der Pumpe P 1 in Reihe geschaltet und sichert in der Erhitzer- und Rekuperativabteilung einen höheren Druck gegenüber der Einlaufseite. Mit dieser Maßnahme wird erreicht, dass bei einem eventuellen Plattendefekt (Plattenriss) kein unpasteurisiertes Produkt in das bereits pasteurisierte Produkt gelangen kann (positive Druckdifferenz). Als Druckerhöhung reichen bereits 10…15 m Flüssigkeitssäule aus (diese zusätzliche Förderhöhe ist Teil des o.g. maximal erforderlichen Betriebsdruckes).

Der WÜ wird mittels eines Sicherheitsventils gegen unzulässige Drücke der Pumpen gesichert (Abbildung 525).

24.5.2.4 Erhitzerkreislauf

Die Pumpe P4 (Abbildung 525) sichert den Heißwasserkreislauf der Erhitzerabteilung (Pos. 3 in Abbildung 525). Die Solltemperatur liegt nur geringfügig über der Solltemperatur der Pasteurisation ($\Delta\vartheta \leq 2$ K). Deshalb ist ein relativ großer Volumenstrom zur Übertragung der benötigten Wärmemenge erforderlich, allerdings bei relativ geringer Förderhöhe der Pumpe, da der Druckverlust gering ist.

Der geschlossene Heißwasserkreislauf verfügt über einen Ausgleichsbehälter (Pos. 7 in Abbildung 525) und ein Sicherheitsventil.

Die Wärme des Erhitzerkreislaufes wird in einem weiteren WÜ (Pos. 4 in Abbildung 525) mittels Dampf zugeführt. Anzustreben ist Sattdampf für die Beheizung. Die Dampftemperatur soll nur bei etwa 100 °C liegen, um die Dichtungen des WÜ zu schonen; überhitzter Dampf ist ungeeignet.

Die Temperaturregelung des Heißwasserkreislaufes muss exakt den Sollwerten der PE-Steuerung folgen, an die Regelgenauigkeit werden hohe Anforderungen gestellt. Bedingungen hierfür sind Temperatursensoren mit hoher Ansprechempfindlichkeit, gesichert durch geringe Wanddicken des Schutzrohres und Wärmeleitpaste zwischen Sensor und Schutzrohr. Dem gleichen Ziel dient eine möglichst kleine Wassermenge im Kreislauf.

In der Vergangenheit wurde auch Vakuumdampf für die Beheizung der Erhitzerabteilung verwendet (damit wurde auch eine relativ einfache Temperaturregelung realisiert [323]). Aus verfahrenstechnischer bzw. thermodynamischer Sicht bietet die Vakuumdampfbeheizung des WÜ einige Vorteile (z.B. guter k-Wert, Ausnutzung der WÜ-Fläche, erforderliche Temperaturdifferenzen). Die direkte Dampfinjektion (Mischkondensation) ist zwar möglich, aber mit dem Kondensatverlust verbunden.

24.5.2.5 Druckreduzierventil

Das Druckreduzierventil (Pos. 9 in Abbildung 525) wird als Konstantdruck-Regelventil betrieben. Damit werden günstige Bedingungen für die Beschickung der Füllmaschine bzw. des Puffertanks gesichert.

Das Ventil muss den Druck nach der Rekuperationsabteilung, und ggf. nach der Kühlabteilung, auf etwa $p_{ü} = 1,5...2$ bar abbauen.

Bei CIP-Reinigung muss das Ventil vollständig geöffnet werden.

24.5.2.6 Puffertank

Der Puffertank gehört zu jeder modernen KZE-Anlage. In der Vergangenheit wurden die KZE-Anlagen zum Teil auch ohne Puffertank betrieben, allerdings mit erheblichen Nachteilen im Betriebsregime (z.B. Überpasteurisation bei Stillstand der Füllmaschine, häufiges An- und Abfahren der Anlage usw.).

Der Puffertank hat nachfolgende betriebstechnische Vorteile:
- Keine oder geringe Auswirkungen auf den KZE-Prozess bei Durchsatzschwankungen oder Stillstand der Füllanlage;
- Ausgleich von Mischphasen oder Konzentrationsunterschieden beim An- und Abfahren oder Sortenwechsel;
- Gute Voraussetzungen für den unterbrechungsfreien Betrieb der KZE-Anlage bei konstanten PE-Einheiten;
- Vereinfachung der PE-Regelaufgabe, Verbesserung der Regelqualität;
- Ausgleich möglicher Druckschwankungen;

Prinzipiell gibt es die Möglichkeit, den Puffertank im Hauptstrom oder im Nebenstrom zu betreiben (Abbildung 526). Der Betrieb im Nebenstrom ist betriebstechnisch einfacher realisierbar, der Aufwand für die CIP-Reinigung ist bei der Variante im Hauptsrom aufwendiger. Vorteilhaft bei der zuletzt genannten Variante ist, dass der Puffertankinhalt während des Betriebes ständig erneuert wird (diese Möglichkeit kann aber auch durch die SPS bei einem Puffertank im Nebenstrom gesichert werden). Abbildung 527 zeigt einen Puffertank schematisch mit den wichtigen Messstellen.

Größe des Puffertanks

Der Puffertank sollte in seinem Volumen auf die Füllmaschine abgestimmt sein. Sein Volumen soll etwa $20... \geq 30$ % der stündlichen Füllmenge betragen.

Prinzipiell ist es möglich, auch zwei Puffertanks in eine KZE-Anlage einzubinden. Betriebstechnisch entsteht dadurch der Vorteil, dass Sortenwechsel ohne Zeitzwang möglich sind (hierbei ist auch an Ausstattungs- und Garniturenwechsel zu denken), ohne die KZE-Anlage anzuhalten oder mit Zwischenausschub zu arbeiten.

Betriebsparameter

Der Puffertank sollte für einen Betriebsdruck von $p_{ü} \geq 2$ bar ausgelegt sein. Der Puffertank wird in der Regel heiß gereinigt und sterilisiert. Dabei kann u.U. bei Betriebsstörungen Unterdruck auftreten. Um ein Zusammenziehen des Behälters bei Unterdruck ($\hat{=}$ äußerem Überdruck) auszuschließen, werden die Puffertanks oft vakuumfest ausgelegt.

Der Puffertank muss konstruktiv für die heiße Reinigung und Sterilisation geeignet sein.

Der Puffertank sollte eine Wärmedämmung erhalten. Damit wird Schwitzwasserbildung vorgebeugt und der Tankinhalt erwärmt sich bei eventuellen Stillständen der Anlage nicht so schnell. Die Wärmedämmung erleichtert die heiße CIP-Reinigung und Sterilisation und reduziert den Energieaufwand.

CIP und Sterilisation des Puffertanks

Die CIP-Reinigung wird in der Regel unter Verwendung saurer Reinigungsmittel unter Druck und CO_2-Atmosphäre vorgenommen. In größeren Abständen sollte jedoch eine alkalische heiße Reinigung im CO_2-freien Tank erfolgen.

Die Sterilisation erfolgt mit heißem, angesäuertem Wasser oder durch Dämpfen. Beim Dämpfen ist die Wärmedämmung unerlässlich, der Dampf muss strömen und alle Gase aus dem Behälter verdrängen, um die Wandung aufzuheizen.

Bei der Abkühlung muss mit sterilem CO_2 nachgespannt werden, um Unterdruck zuverlässig zu verhindern.

Es ist vorteilhaft, die KZE-Anlage und den Puffertank getrennt zu reinigen und zu sterilisieren. Bei der gemeinsamen Behandlung sind die Medientrennung aufwendiger und der Zeitaufwand größer.

Zubehör eines Puffertanks

Zum Puffertank gehören beispielsweise:
- eine Reinigungsvorrichtung (Sprühkugel oder Zielstrahlreiniger),
- eine Auslaufarmatur,
- eine Sicherheitsarmatur gegen Über- und Unterdruck,
- Anschlüsse für Sterilgas (CO_2, N_2),
- eine Probeentnahmearmatur,
- eine CIP-Rücklaufpumpe und
- ein Mannloch.

Die Armaturen für Ein-/Auslauf, Spanngase und CIP müssen eine Medienvermischung ausschließen. Entweder werden Doppelsitzventile mit separater Ventilsitzanlüftung oder eine Absperrklappenkombination (in „block and bleed-Schaltung") installiert. Sensoren sollten installiert sein für Temperatur, Druck, Leermeldung und Füllstand.

Betrieb einer KZE-Anlage ohne Puffertank

Beim Betrieb einer KZE-Anlage ohne Puffertank wird der KZE-Auslauf bei Stillstand der Füllmaschine auf den Einlauf geschaltet, im einfachsten Fall mittels eines Überströmventils, das öffnet, sobald der Druck ansteigt (Abbildung 528). Der Öffnungsdruck des Überströmventils muss feinstufig einstellbar sein.

Nachteilig ist bei dieser Variante, dass das Bier mehrfach pasteurisiert wird und den Scherkräften der Pumpen und des Druckreduzierventils unterliegt.

Wenn die Kreislaufförderung eine bestimmte Zeit überschreitet, wird mit Wasser ausgeschoben und der Kreislauf mit Wasser weiter betrieben.

Verbesserung der biologischen Haltbarkeit

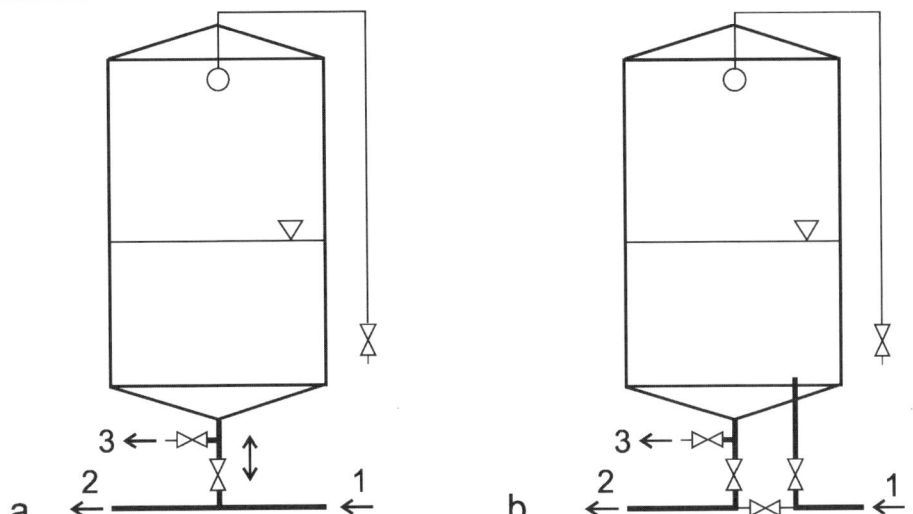

Abbildung 526 Schaltungsvarianten für einen Puffertank, schematisch
a Puffertank im Nebenstrom   **b** Puffertank im Hauptstrom
1 Bier von der KZE-Anlage   **2** Bier zur Füllmaschine   **3** CIP-Rücklauf

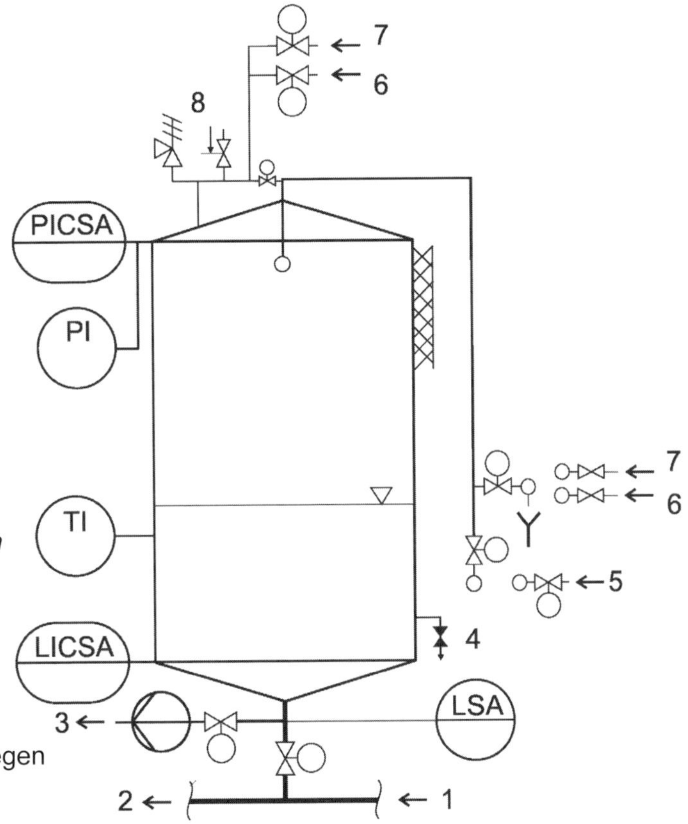

Abbildung 527 Puffertank, schematisch
1 von der KZE-Anlage
2 zur Füllmaschine
3 CIP-Rücklauf
4 Probeentnahme
5 CIP-Vorlauf
6 Sterilluft   **7** Steril-CO_2
8 Armaturenkombination gegen Über- und Unterdruck

24.5.2.7 MSR/Sensoren

Die in Abbildung 525 aufgeführten Sensoren für Temperatur, Druck und Durchfluss sollten mit der angegebenen Signalverarbeitung als Standard vorhanden sein.

In der Abbildung 525 nicht mit angegeben sind die Sensoren für die Medientrennung beim An- und Abfahren der KZE-Anlage sowie beim Sortenwechsel. Hierfür sind optische Trennsensoren (Messprinzip Farbänderung bzw. optische Dichte) und die Leitfähigkeitsmessung geeignet (hierzu s.a. [324]).

Ebenfalls nicht mit angegeben sind die Sensoren, die zum Betrieb des Puffertanks benötigt werden (s.o. und Abbildung 527).

Von den Temperatursensoren muss gefordert werden, dass sie über kurze Ansprechzeiten verfügen und so eingebaut werden, dass Temperaturänderungen schnell und exakt erfasst werden können.

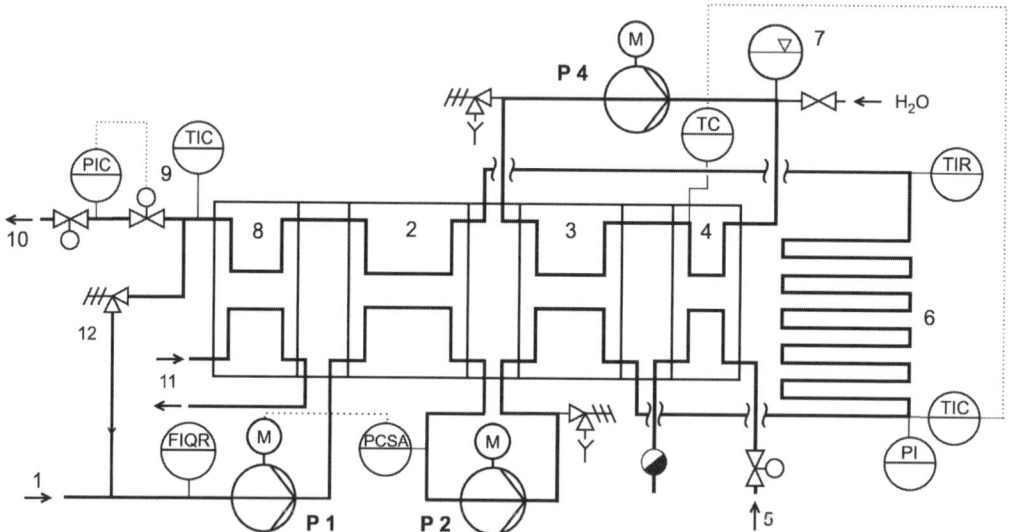

Abbildung 528 Selbsttätige Kreislaufschaltung einer KZE-Anlage ohne Puffertank, schematisch

1 Getränkezulauf **2** Abteilung für rekuperative Erwärmung **3** Erhitzer-Abteilung
4 Heißwasser-Bereitung **5** Dampfzufuhr **6** Heißhalter **7** Ausgleichsbehälter **8** Kühl-Abteilung **9** Druckreduzierventil **10** zur Füllmaschine **11** Kälteträger **12** Überströmventil **P1** Getränkepumpe **P2** Druckerhöhungspumpe **P4** Heißwasserpumpe

Drucksensoren müssen druckstoß- und vakuumfest sein. Diese Betriebszustände sind zwar durch eine Steuerung weitestgehend vermeidbar, jedoch nicht ganz auszuschließen.

Der Einbauort der Sensoren ist so festzulegen, dass sich ausreichende Reaktionszeiten für die SPS ergeben. Die Ansprechzeit der Sensoren für Temperatur und Durchfluss muss deshalb minimiert werden.

24.5.3 Temperatur-, Druck- und Heißhalteregime bei KZE-Anlagen

Abbildung 529 zeigt beispielhaft den Verlauf von Temperatur, Druck und CO_2-Sättigungsdruck in einer KZE-Anlage.

Temperatur und Heißhaltezeit

Die im Erhitzer/Heißhalter zu erreichende Temperatur hängt vom Sollwert der angestrebten PE-Einheiten ab und der Verweilzeit im Heißhalter. Bei den üblichen Fließgeschwindigkeiten kann die Heißhaltezeit im Erhitzer- und Rekuperationsabteil vernachlässigt werden.

Die einzuhaltenden Temperaturen und die Verweilzeit lassen sich für einen PE-Sollwert mit Gleichung 37 bis Gleichung 39 (Kapitel 24.2) berechnen.

Die Verweilzeit von etwa 30...60 s bei Nenndurchsatz der Anlage wird vom Volumen des Heißhalters bestimmt. Da dieses konstant ist, muss bei Durchsatzverringerung mit einer Absenkung der Temperatur reagiert werden, um eine Überpasteurisation zu vermeiden.

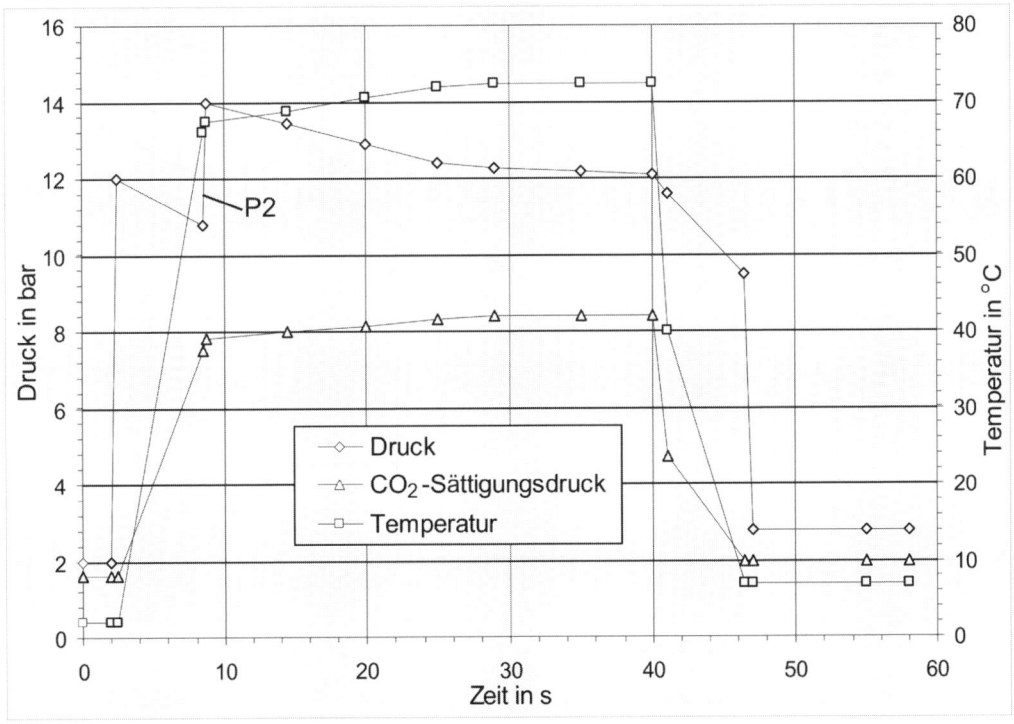

Abbildung 529 Verlauf von Temperatur, Druck und CO_2-Sättigungsdruck in einer KZE-Anlage (CO_2-Gehalt des Bieres 5 g/l, Einlauf 2 °C, Auslauf 7 °C, ca. 22 PE)

Bei der Auslegung einer KZE-Anlage werden kurze Heißhaltezeiten bei dafür etwas höheren Temperaturen bevorzugt. Übliche Heißhaltetemperaturen liegen im Bereich 70...73 °C bei einer Heißhaltezeit von 30 s für PE-Werte von 14...37. Eine Temperatur von 66 °C sollte im Heißhalter einer KZE-Anlage nicht unterschritten werden (dieser Sachverhalt ist u.a. bei der Durchsatzverminderung einer KZE-Anlage zum Zwecke des Ausgleiches von Stillständen der Füllmaschine zu beachten).

Füllanlagen

Die Arbeiten zur Verbesserung der Filtrierbarkeit (Glucan-Problematik) durch eine thermische Behandlung haben gezeigt, dass die sensorische Beeinflussung des Bieres durch hohe Temperaturen und Verweilzeiten von ≥ 1 min relativ gering ist, wenn der Sauerstoff quantitativ ausgeschlossen werden kann [325] (s.a. Kapitel 24.1). Diese Aussage wird durch die Arbeiten von *Zufall* bestätigt [326].

Druck

Der erforderliche Druck in der KZE-Anlage ist vor allem eine Funktion der jeweiligen Temperatur und des CO_2-Gehaltes. Die Zusammenhänge zeigt Abbildung 530. Zur Berechnung des Sättigungsdruckes siehe Kapitel 29.

Die Pumpe P1 und P2 müssen bei jedem Durchsatz einen Druck in der Anlage aufrechterhalten, der 1,5…2 bar über dem Sättigungsdruck liegt.

Wird aus irgendeinem Grund der Sättigungsdruck unterschritten, kann es zur Entgasung kommen. Die Folge davon ist, dass die CO_2-Bläschen antrocknen können. Außerdem lagern sich an der Blasengrenzfläche Eiweiße an, die ebenfalls antrocknen bzw. denaturiert werden und als Trübungspartikel im abgefüllten Bier stören.

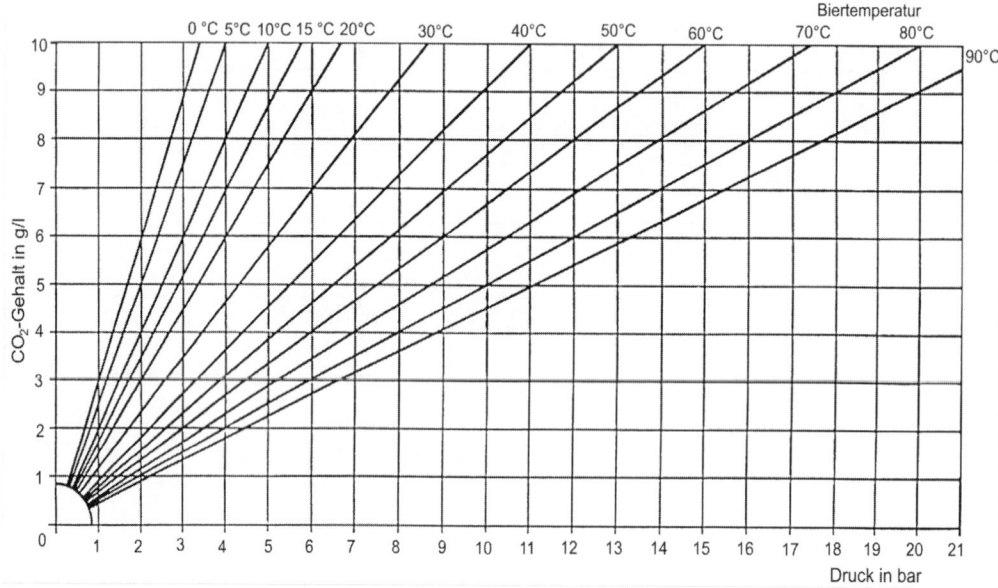

Abbildung 530 Sättigungsdruck bei Bier als Funktion von CO_2-Gehalt und Temperatur

24.5.4 Wärmebedarf bei KZE-Anlagen

Der Wärmebedarf einer KZE-Anlage richtet sich in erster Linie nach der erzielbaren Temperaturdifferenz zwischen Zulauf des Getränkes und Austrittstemperatur aus der Rekuperationsabteilung. Diese Differenz sollte möglichst gering sein.

Ein Vergleichsmaß für den Aufwand an Wärme ist der so genannte Wärmerückgewinn (WR). Er kann wie folgt berechnet werden:

$$WR = \frac{\Delta\vartheta_{(\vartheta_{max}-\vartheta_{RL})} \cdot 100\%}{\Delta\vartheta_{(\vartheta_{max}-\vartheta_{ZL})}} \qquad \text{Gleichung 45}$$

WR = Wärmerückgewinn in Prozent
ϑ_{max} = maximale Temperatur im Heißhalter
ϑ_{ZL} = Temperatur im Zulauf
ϑ_{RL} = Temperatur im Rücklauf

Beispiel
Die Tabelle 73 zeigt berechnete Beispiele für den Wärmerückgewinn.

Tabelle 73 Beispiele für den Wärmerückgewinn nach Gleichung 45, Zulauftemperatur 0°C

Differenz $\vartheta_{RL} - \vartheta_{ZL}$	3 K	5 K	7 K	10 K
Heißhaltetemperatur 72 °C = ϑ_{max} ; $\vartheta_{max} - \vartheta_{ZL}$ = 72 K				
$\vartheta_{max} - \vartheta_{RL}$	69 K	67 K	65 K	62 K
WR	95,8 %	93,1 %	90,3 %	86,1 %
Heißhaltetemperatur 75 °C = ϑ_{max} ; $\vartheta_{max} - \vartheta_{ZL}$ = 75 K				
$\vartheta_{max} - \vartheta_{RL}$	72 K	70 K	68 K	65 K
WR	96,0 %	93,3 %	90,7 %	86,7 %

Der Wärmerückgewinn wird jedoch praktisch durch die aus den angestrebten Temperaturdifferenzen erforderliche Wärmeübertragerfläche begrenzt. Aus Abbildung 531 ist die benötigte Wärmeübertragerfläche als Funktion des Wärmerückgewinns ersichtlich. Eine Vergrößerung der WÜ-Fläche ist nicht nur mit einer Kostenerhöhung (WÜ-Plattenanzahl, -fläche, Gestelllänge) verbunden, sondern führt auch zu höheren Druckverlusten und damit zu höherer Stromaufnahme der Pumpen.

Praktisch sind Wärmerückgewinnungswerte von etwa 88...92 % anzustreben, falls es der damit verbundene Druckverlust zulässt.

Beispiel
In Abbildung 531 ist als Beispiel für einen Wärmerückgewinn von 75 % eine erforderliche WÜ-Fläche von 15 m² ausgewiesen. Wenn der Wärmerückgewinn 90 % erreichen soll, sind dafür bereits ca. 50 m² und bei 95 % 100 m² erforderlich.

Der Druckverlust steigt in ähnlicher Weise bei ähnlicher WÜ-Schaltung (Anzahl der parallel und in Reihe geschalteten Fließwege).

24.5.5 Regelung und Kontrolle der PE-Einheiten

Die PE-Einheiten werden insbesondere von der Heißhaltetemperatur und der Heißhaltezeit bestimmt. Bei beiden Größen haben bereits kleine Änderungen große Auswirkungen auf das Ergebnis (Gleichung 37 bis Gleichung 39, Kapitel 24.2).

In der SPS der KZE-Anlage sind die Regelungsalgorithmen hinterlegt. Bei einer Durchsatzerhöhung muss erst die Heißwassertemperatur und damit die Biertemperatur in feinstufigen Schritten erhöht werden, danach kann jeweils der Durchsatz stufenweise erhöht werden (Verkürzung der Heißhaltezeit). Damit bleibt der Sollwert der PE-Einheiten (das Produkt der Gleichung 37) konstant.

Füllanlagen

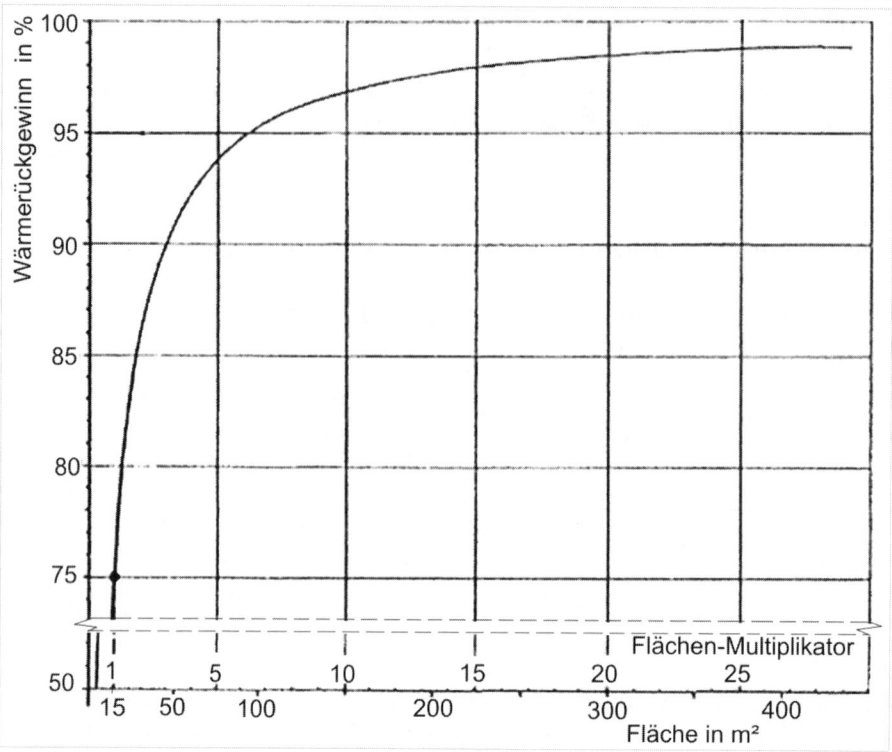

Abbildung 531 Wärmeübertragerfläche einer KZE-Anlage als Funktion des Wärmerückgewinns (nach [327])

Umgekehrt muss einer Durchsatzverringerung (Erhöhung der Heißhaltezeit) eine Temperaturabsenkung voraus gehen.

Der Füllungsgrad des Puffertanks kann als Führungsgröße des Durchsatzes benutzt werden. Sobald der Füllstand über ein festgelegtes Niveau steigt, wird der Durchsatz reduziert. Diese Reduzierung kann progressiv erfolgen, um mit dem dann noch verfügbaren Puffertankvolumen möglichst lange die Anlage ohne Unterbrechung betreiben zu können. Bei entsprechender KZE-Anlagenauslegung kann diese Durchsatzverringerung bis auf etwa ≤ 20 % des Nenndurchsatzes vorgenommen werden (s.a. Kapitel 24.5.3).

Hat der Puffertank einen vorbestimmten Füllstand unterschritten, kann die Steuerung den Durchsatz wieder feinstufig erhöhen.

Moderne PE-Regelungen berücksichtigen die Trendentwicklung der Temperatur- und Durchsatzverläufe bei der Reaktion auf geänderte Betriebsbedingungen (fuzzy logic).

Bei der Einschätzung einer PE-Regelung darf nicht vergessen werden, dass der Sollwert im Prinzip ein Mittelwert ist, der einer Abweichung nach beiden Seiten unterliegt. Der kleinste Wert muss deshalb im Interesse einer sicheren Pasteurisation die Zielstellung erfüllen.

24.5.6 An- und Abfahren der KZE-Anlage

Anfahren der KZE-Anlage

Wenn die Anlage mit kaltem Wasser angefahren werden soll, dann dauert es sehr lange, bis die Erhitzerabteilung die Betriebstemperatur erreicht hat. Grund dafür ist die Rekuperationsabteilung des PWÜ, in der der relativ kalte Rücklauf aus dem Erhitzer den Zulauf nur gering anwärmen kann. Die übertragbare Wärme im Erhitzer ist nicht groß, gemessen am Bedarf bei der Inbetriebnahme. Der Vorgang dauert umso länger, je größer die Wärmerückgewinnung der Anlage ist (Kapitel 24.5.4).

Zur Lösung des Problems gibt es folgende Varianten:
- Die Inbetriebnahme mit heißem Wasser;
- Die Umgehung der Rekuperationsabteilung bis zur Erreichung des Sollwertes im Erhitzer;
- Die Installation einer sehr großen Erhitzerkapazität.

Die zuletzt genannte Variante ist unzweckmäßig und wird nicht genutzt.

Die Anwendung von Heißwasser setzt dessen Verfügbarkeit voraus, ggf. muss es separat in der erforderlichen Menge bereitet werden.

Sobald das Heißwasser den Auslauf der Anlage erreicht hat, kann auf kaltes Wasser umgestellt werden. Dieses wird in der Rekuperationsabteilung vorgewärmt, anschließend im Erhitzer auf Solltemperatur erhitzt und kann in der Rekuperationsabteilung den Zulauf vorwärmen, bis ein stabiler Kreislauf erreicht ist. Dann kann auf Produkt umgestellt werden (mit Produkt sollte niemals angefahren werden!). Die Mischphase kann im Puffertank gestapelt und gemischt werden, nach kurzer Zeit kann dann die Füllmaschine beschickt werden.

Die Variante mit Umgehung der Rekuperationsabteilung erfordert relativ wenig Aufwand (Umschaltarmaturen bzw. Klappen-Kombinationen Pos. 13, 14 und 15: s.a. Abbildung 532). Beim laufenden Betrieb ist durch die Pumpe P2 gesichert, dass keine Kurzschlussströmung auftreten kann.

Abfahren der KZE-Anlage

Bei Betriebsende der Kurzzeiterhitzung wird das Produkt mit entgastem Wasser verdrängt. Sobald die Mischphase am KZE-Ausgang erscheint, wird auf Kanal umgestellt (Medientrennung durch Messung der optischen Dichte oder Leitfähigkeit).

Bedingungen für das Anfahren und Abfahren bzw. einen Zwischenausschub

Die Anlage einschließlich der Rohrleitungen vom Drucktank bis zur KZE-Anlage muss quantitativ entlüftet werden. Das ist mit entgastem Wasser möglich oder durch Spülung der Leitung mit CO_2 großer Reinheit und anschließendem Vorspannen [294]. Die Variante mit CO_2 ist die mit Abstand kostengünstigste. Das Anfüllen der Anlage muss bei der Gasvorspannungsvariante mit geringem Volumenstrom erfolgen, um Flüssigkeitsschläge zuverlässig auszuschließen (Vermeidung von Plattenüberbeanspruchungen).

Ein Zwischenausschub muss mit entgastem Wasser erfolgen, danach sollte die Anlage im Kreislauf betrieben werden, um die Temperatur zu halten und um jederzeit erneut mit Produkt fortfahren zu können.

Füllanlagen

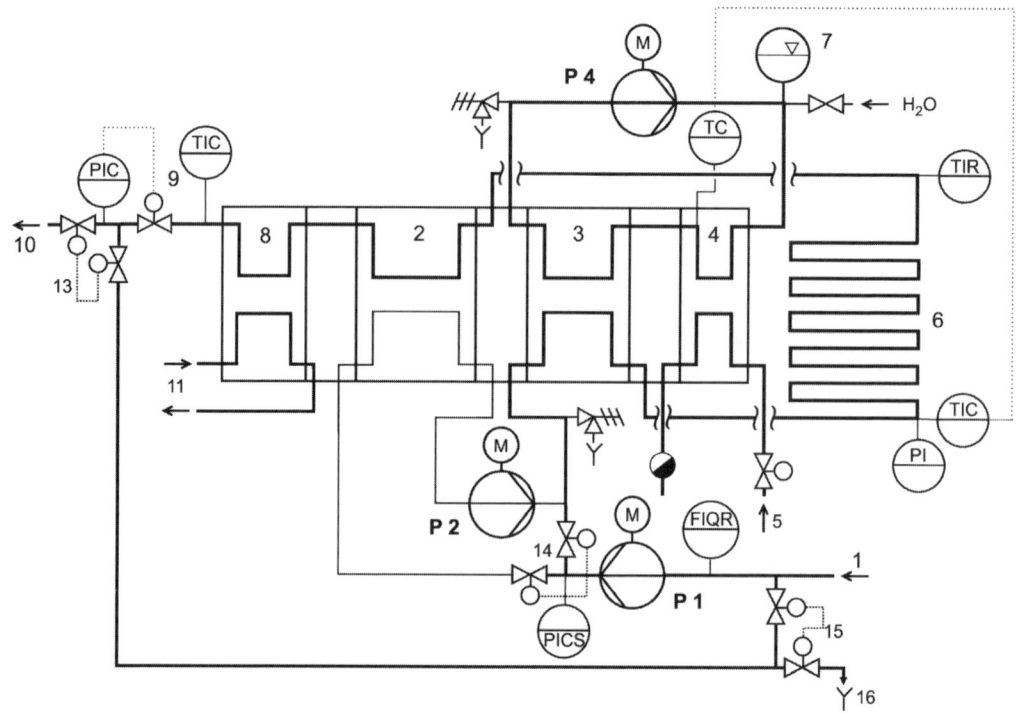

Abbildung 532 Inbetriebnahmeschaltung unter Umgehung der Rekuperationsabteilung
1 Getränkezulauf **2** Abteilung für rekuperative Erwärmung **3** Erhitzer-Abteilung
4 Heißwasser-Bereitung **5** Dampfzufuhr **6** Heißhalter **7** Ausgleichsbehälter **8** Kühl-Abteilung **9** Druckreduzierventil **10** zum Puffertank/Füllmaschine **11** Kälteträger
13 Umschaltung für Aufheizen **14** Umschaltung für Umgehung Rekuperationsabteilung **15** Einbindung Aufheizen/Ausschub **16** Kanal **P1** Getränkepumpe **P 2** Druckerhöhungspumpe **P 3** Kälteträgerpumpe **P 4** Heißwasserpumpe

24.6 Heißabfüllung

Bei der Heißabfüllung wird das Getränk in einem Wärmeübertrager, meist ein PWÜ, auf die gewünschte Temperatur erwärmt und heiß zur Füll- und Verschließmaschine geleitet und in die Gebinde gefüllt. Diese werden in der Regel ebenfalls heiß der Füllmaschine zugeführt. Wenn die heißen, verschlossenen Flaschen gedreht werden, kann auch der Verschlussbereich mit dekontaminiert werden.

Eine Wärmerückgewinnung findet meistens nicht statt. Rückkühlanlagen, ähnlich wie beim Tunnelpasteur, werden relativ selten eingesetzt. Ein weiterer Nachteil ist, dass die Getränke erheblichen, in der Regel thermisch bedingten negativen Einflüssen unterliegen (z.B. Zufärbungen als Folge von Oxidationen u.a. Reaktionen).

Es wurde auch versucht, die Heißabfüllung für CO_2-haltige Getränke zu nutzen. Ziel dieser Arbeiten war, den Tunnelpasteur einzusparen bzw. zu umgehen, ohne auf die thermische Behandlung der Packmittel verzichten zu müssen.

Prinzipiell ist die Heißabfüllung für diese Zwecke einsetzbar unter der Voraussetzung, dass der Abfülldruck immer höher als der CO_2-Partialdruck im Getränk gehalten wird. Damit resultieren relativ hohe Abfülldrücke (z.B. bei 5 g CO_2/l und 80 °C beträgt der Gleichgewichtsdruck bereits $p_ü$ = 9 bar, s.a. Abbildung 530) mit der Folge erheblicher Belastungen der Behälter.

Außerdem werden die Füllorgane und Hubzylinder mechanisch durch den beim Platzen der Flaschen entstehenden Glasstaub stark beansprucht, die Lärmentwicklung ist beträchtlich.

Bei der Festlegung der Füllhöhe bei Fülltemperatur muss die Kontraktion des Getränkes bei der Abkühlung berücksichtigt werden. Heiß gefüllte Flaschen erscheinen beträchtlich überfüllt zu sein, zum Teil müssen die Behälter „schwarz" gefüllt werden.

Die Heißabfüllung von Bier war in den 1960er Jahren ein viel beachtetes Forschungsobjekt, das u.a. Erkenntnisse zum Mechanismus der Gasentbindung brachte. Hier muss insbesondere auf die Arbeiten von *Guggenberger* verwiesen werden [328].

Ein positives Nebenprodukt war die Entwicklung der Vorevakuierungstechnik mit CO_2-Vorspannung zur Reduzierung der Sauerstoffaufnahme beim Füllprozess.

Bei Füllmaschinen für die Heißabfüllung kann das Füllgut bei Maschinenstillstand im Kreislauf gefördert und nachgeheizt werden.

Die Heißabfüllung wird gegenwärtig nur noch begrenzt bei Fruchtsäften und Fruchtsaftgetränken praktiziert. Die Alternative heißt ACF.

24.7 Sonstige thermische Verfahren

Hierunter fallen ortsfeste Anlagen, die der Pasteurisation in kleineren Betrieben dienen. Diese können in einem Raum fest installiert sein (Pasteurisierkammern) oder sie werden als fertige Baueinheit geliefert (Pasteurisierschränke) oder aus Einzelteilen zusammengesetzt.

Allen Anlagen ist gemeinsam, dass die zu pasteurisierenden Behälter (Flaschen, Dosen, Fässer, Kegs) in die Kammern oder Schränke verbracht werden. Zur Erleichterung werden die Behälter auf Transportwagen oder Paletten gestapelt, mit und ohne Kästen (s.a. Abbildung 533 und Abbildung 534).

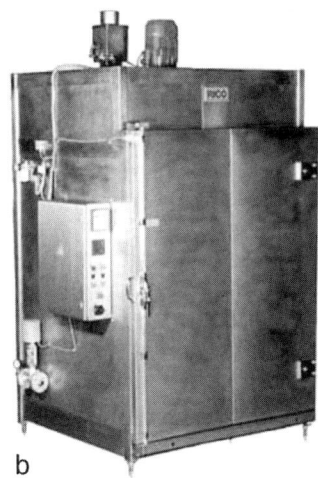

*Abbildung 533 Pateurisierschränke, **a** System Oehring-Lampe, (historische Aufnahme nach Örico, Goslar) **b** Pasteurisierschrank nach Rico (diese Schränke werden für 1…8 Paletten gefertigt).*

Füllanlagen

Abbildung 534 Pasteurisationskammern, System Oehring-Lampe, (historische Aufnahme nach Örico, Goslar)

Die Behälter können bereits auch vor der Pasteurisation etikettiert werden, wenn entsprechende Klebstoffe eingesetzt werden.

Die Nutzung von IR- und HF-Strahlung zur Erwärmung mit dem Ziel der thermischen Abtötung ist zwar prinzipiell möglich, verbietet sich aber aus energetischer Sicht. Außerdem kann, je nach benutzter Frequenz, auch die Alterung negativ beeinflusst werden.

24.8 Anlagen für die Sterilfiltration

Filtrierte Getränke können durch eine Entkeimungsfiltration (Synonym Sterilfiltration) haltbar gemacht werden. Damit werden Mikroorganismen entfernt.

Als Sterilfilter kommen in der Regel Membranfilter zur Anwendung. In der Vergangenheit wurden für diesen Zweck Schichtenfilter, bestückt mit Sterilfilterschichten, eingesetzt.

Membranfilter werden vor allem mit Filterkerzen bestückt. Je nach gefordertem Durchsatz werden mehrere Filterkerzen parallel in einem Gehäuse betrieben (Abbildung 536). Aus Gründen der Betriebssicherheit können mehrere Filterkerzen zu einem Cluster zusammengefasst werden, der individuell getestet werden kann.

Die Filterkerzen werden vorzugsweise als plissierte Kerzen (Abbildung 535) gefertigt, um eine möglichst große Filterfläche je Kerze zu installieren. Membranwerkstoffe sind vor allem PP und Polyethersulfon.

Die Filterkerzen werden für verschiedene Rückhalteraten hergestellt. Für die Sterilfiltration werden Partikel-Rückhalteraten ≥ 0.45 µm benutzt.

Filterkerzen müssen zur Einschätzung des Filtrationsergebnisses regelmäßig vor Beginn und nach Abschluss der Filtration einem Integritätstest unterzogen werden.

Bedingung für den erfolgreichen Einsatz von Sterilfilterkerzen ist ein weitestgehend von Trübungspartikeln freies Filtrat. Deshalb werden im Allgemeinen vor den Sterilfilterkerzen Vorfilter installiert (Rückhalterate etwa ≥ 1 μm).

Das Bier soll möglichst ohne Druckschwankungen dem Filter zugeleitet werden, Druckschläge müssen zuverlässig verhindert werden.

Vor einer Sterilfiltration müssen die Membranfilter sterilisiert werden (z.B. mit Heißwasser). Nach dem Sterilisieren und nach dem Filtrationszyklus muss die Integrität geprüft werden s.o. (beispielsweise mit dem Bubble point-Test).

Hinweis: Betriebe mit entsprechendem mikrobiologischen Status können im Prinzip auf eine Pasteurisation verzichten, die Sterilfiltration dient dann nur der Verbesserung der Sicherheit.

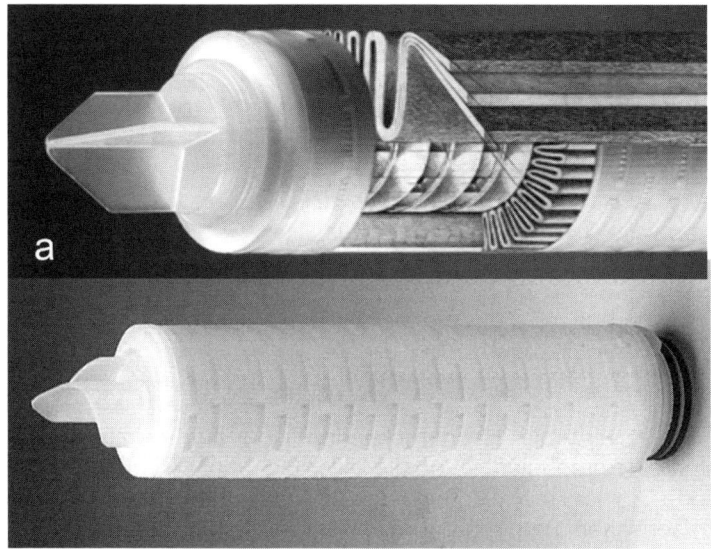

Abbildung 535 Filterkerzen (nach Sartorius)
a Plisierte Filterkerze aufgeschnitten und zum Teil vergrößert

Füllanlagen

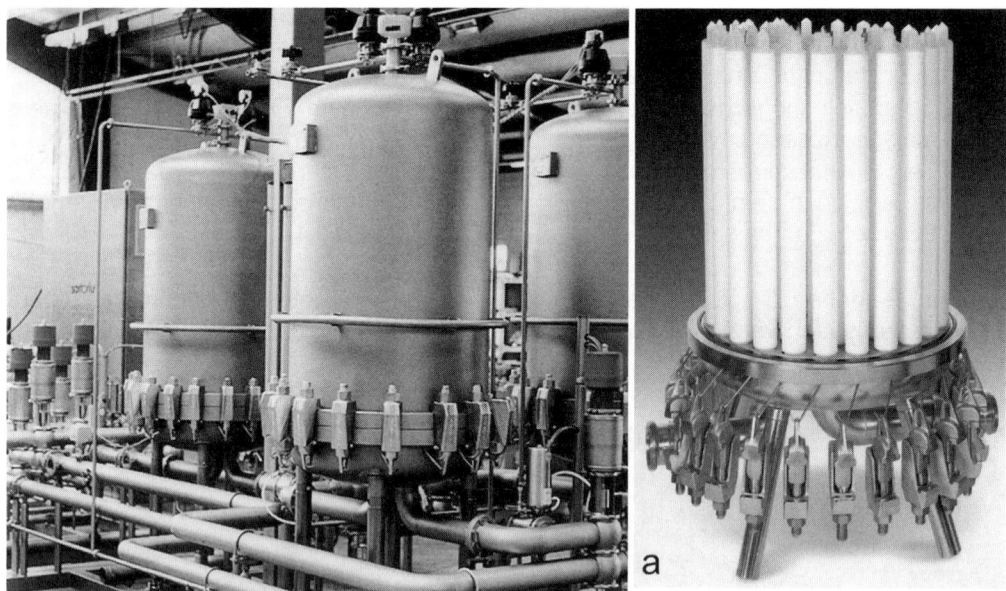

Abbildung 536 Filtergehäuse für Filterkerzen (Filterkerzen z.B. Typ Sartocool PS, Länge 30", Ø = 70 mm, Porenweite 0,45 µm; nach Sartorius)
a Gehäuse geöffnet

24.9 Hochdruckbehandlung

Seit Anfang der 1990er Jahre wird die Hochdruckbehandlung als Verfahren zur Entkeimung von Lebensmitteln propagiert. Vorteile werden insbesondere darin gesehen, dass die Produkte keiner thermischen Behandlung unterzogen werden müssen und dass ihre sensorischen und ernährungsphysiologischen Eigenschaften nicht verändert werden.

Die Verfahrensparameter sind Drücke von bis zu 1000 MPa und Behandlungszeiten von ≤ 1…10 min.

Die Nutzung dieses Verfahrens für die in der Getränkeindustrie üblichen Durchsätze ist zurzeit noch nicht möglich.

Einen Überblick zur Hochdruckbehandlung geben *Richter* und *Langowski* [329], *Fischer, Ruß* und *Meyer-Pittroff* [330] sowie *Bleier, Fischer* und *Meyer-Pittroff* [331].

24.10 Chemische Konservierung

In der BR Deutschland sind chemische Konservierungsverfahren für Bier verboten. Alkoholfreie Getränke können dagegen durch Dosierung geeigneter Präparate haltbar gemacht werden [332].

Die Chemikalien werden zu dem Getränk vor der Abfüllung dosiert. Beispiele siehe Tabelle 74.

Die Lebensmittelzusatzstoff-Verordnung regelt die möglichen Zusatzstoffe und -mengen [333].

Tabelle 74 Haltbarkeitsverbessernde und Konservierungs-Stoffe für Getränke
Beispiele aus verschiedenen Quellen

Produkt	Bemerkungen
Pyrocarbonsäure-diethylester („BAYCOVIN")	In Deutschland nur für Limonaden, Fruchtsäfte und Weine. In Brasilien, Dänemark, Kanada, Mexico, Peru und in USA für Bier im Gebrauch. BAYCOVIN zerfällt innerhalb von Stunden zu Ethanol, CO_2 und in alkoholischen Getränken zu geringen Mengen Diethylcarbamat (Nachweis für das Konservierungsmittel)
Dimethyldicarbonat (DMDC) "Velcorin"	fruchtsafthaltige Erfrischungsgetränke
Gallussäureoctylester („GA/8")	In Belgien und Spanien bis 15 ppm im Bier zugelassen.
Sorbinsäure	In Belgien bis 1000 ppm im Bier zugelassen
Benzoesäure	fruchtsafthaltige Erfrischungsgetränke
Ester von p-Hydroxybenzoesäure (PHB-Ester) („WS-7" oder „Staypro")	n-heptyl- und n-octyl-Ester sind am effektivsten. Ester mit kurzen Alkylketten (n-methyl bis n-hexylester) können ebenfalls verwendet werden. 1969 benutzten 28 US-Brauereien Heptylester, bekannt als „Staypro" oder „WS-7"
Bromessigsäure und ihre Ester	Es gibt ernste Bedenken wegen der Toxizität. Bromessigsäure und ihre Ester zerfallen im Bier zu Glycolsäure und HBr, die nicht nachgewiesen werden können
Dehydroessig-, Chloressig- und p-, o-Chlorobenzoesäure und Vitamin K5 („Mikrobin")	Anwendung dieser Mittel könnte möglich sein. p-Chlorobenzoesäure wird beim Wein verwendet. Verglichen mit vorstehenden Konservierungsstoffen sonst eher unüblich
Andere Konservierungsmittel	Mehrere Konservierungsmittel werden in der Literatur für die Bierstabilisierung genannt: Antibiotica, Borsäure, Fluor und quecksilberhaltige Mittel, Derivative von schwefliger Säure, Nitrate und Wasserstoffperoxid. Die Anwendung dieser Stoffe ist in der Regel *verboten*!

25. Anlagen für die Fassreinigung und -füllung

25.1 Allgemeine Hinweise

Der Biervertrieb der Brauereien erfolgte bis zum Ende des 19. Jahrhunderts fast ausschließlich in Fässern (unter einem Fass wird nachfolgend immer ein Versand-Holzfass verstanden). Die ab 1870 aufkommende Flaschenfüllung war zuerst Domäne von Bierverlegern, wurde dann aber zunehmend von den Brauereien übernommen. Der Fassbieranteil hat sich jedoch bis in die Gegenwart stetig reduziert und beträgt in vielen Betrieben nur noch 15...30 %, vereinzelt auch weniger bzw. es wird die gesamte Produktion als Flaschen- oder Dosenware abgesetzt.

Der ständige Rücklauf des Fassbieranteiles ließ die technische Entwicklung der Maschinen und Anlagen zur Fassbehandlung und -füllung lange stagnieren. Erst ab etwa 1950 begann die Entwicklung des Metallfasses als Alternative zum kostenintensiven Holzfass (Fässer und Kegs siehe Kapitel 5.3.15 und 5.3.16). Das Holzfass, insbesondere das gepichte Fass, wird nur noch vereinzelt genutzt.

Besonders in Großbritannien wurde das standardisierte zylindrische Metallfass mit integrierter Reinigungs-, Füll- und Zapfarmatur entwickelt, das die mechanisierte Reinigung, Sterilisation und Füllung ermöglichte. Diese als Keg bezeichnete Metallfassvariante muss als folgerichtige Entwicklung eingeschätzt werden, zu der es keine sinnvolle Alternative gibt. Der Investitionsaufwand für das Keg-System ist relativ hoch und die Einführung war mit Problemen verbunden: die Umstellung musste in kurzer Zeit erfolgen und erforderte beträchtliche Investitionen in Kegs, die Anlagentechnik und Zapfanlagen.

Die Räumlichkeiten zur Fass- bzw. Kegfüllung werden in der Brauerei - historisch bedingt - als Fasskeller bezeichnet. In der Schwankhalle wird die Fassreinigung betrieben, die Fassreparatur findet in der Böttcherei (Büttnerei) statt und die Auskleidung der Fässer in der Picherei.

Die Anlagen für die Holz-Fassbehandlung und -Fassfüllung werden nur stichpunktartig behandelt. Zu Einzelheiten muss auf die historische Fachliteratur verwiesen werden [334], [335].

25.2 Fassbehandlung

Holz-Fässer erfordern zur Erhaltung ihrer Funktionsfähigkeit eine regelmäßige Pflege, Wartung und Instandhaltung. Darunter werden verstanden:

- Die regelmäßige Befeuchtung der Fässer („Wässern" der Fässer). Zur Vermeidung des Austrocknens des Holzes muss regelmäßig Wasser zugeführt werden. Fässer sollen deshalb auch vor direktem Sonnenlicht geschützt gelagert werden;
- Die Reparatur defekter Fässer durch den Böttcher;
- Das Antreiben der Fassreifen (manuell mit Setzhammer und Fäustel) oder mittels mechanisch oder hydraulisch betätigter Spindelpresse;
- Das Entpichen und Pichen der Fässer mit Brauerpech. Das Entpichen erfolgt entweder mit Waschpech (200...220 °C) oder mit Heißluft (300...350 °C; Gas- oder Koksofen als Wärmequelle).
Nach dem Einspritzen des neuen Peches (170...200 °C) werden die Fässer bis zum Erstarren des Pechs gerollt, um das Pech gleichmäßig zu verteilen.

Nach dem Pichen müssen aus Zapf- und Spundloch mechanisch Pechreste mit Drahtbürsten manuell entfernt werden.

Die klassischen Lagerfässer wurden in gleicher Weise behandelt: im 1- oder 2-Jahresrhythmus wurde „ausgekellert", die Fässer wurden manuell gesäubert und anschließend entpicht und danach gepicht. Anschließend wurde wieder „eingekellert".

Holzgärbottiche wurden in der Regel jährlich neu mit Pech oder „Bottichlack" ausgekleidet. Die alte Auskleidung wurde vorher mit Heißluft (Lötlampe) oder mechanisch mit einer Ziehklinge entfernt.

25.3 Fassreinigung

25.3.1 Allgemeine Hinweise

In kleinen Betrieben wurden die Fässer manuell in der Schwankhalle mit Wasser gereinigt („Fassschwanken"), in größeren Betrieben wird mit einer Fassreinigungsmaschine („Fasswichse") gereinigt.

Vor der Reinigung muss die Spundschraube ausgeschraubt bzw. die Querscheibe durch Ausbohren entfernt werden, in der Regel manuell. Die Spundschrauben wurden separat gereinigt/desinfiziert (Heißwasser). In vielen Betrieben wurden die oberen Fassböden und das Zapfloch manuell mit Bürsten vorgereinigt.

Die nächsten Behandlungsstufen auf der Reinigungsmaschine sind:
- Spundlochsuche und Restentleerung;
- Vorweiche innen und außen;
- Außenreinigung;
- Innenreinigung.

Nach der Reinigung erfolgt das „Ausleuchten", dabei wird der Zustand des Fasses eingeschätzt (Pechabplatzungen) sowie der Geruch. Fehlerhafte Fässer werden ausgesondert.

Die Fässer werden im Allgemeinen vor der Reinigung verkorkt (Gummistopfen, selten Kork), teilweise wird das Verkorken nach dem Ausleuchten mit der „Korkmaschine" vorgenommen.

25.3.2 Reinigung gepichter Fässer

Limitierend wirkt die zulässige Wassertemperatur infolge des Erweichungspunktes der Pechauskleidung. Die Temperatur ist ≤ 50 °C in Abhängigkeit von der Pechqualität. Damit ist eine biologisch befriedigende Oberfläche nicht erreichbar. Aus diesem Grunde wurden von großen Versandbrauereien die Fässer vor jeder Füllung gepicht.

25.3.3 Reinigung ausgekleideter Fässer

Bei ausgekleideten Fässern (Kunststoffe) können höhere Temperaturen und zum Teil Reinigungs- und Desinfektionsmittel eingesetzt werden.

Füllanlagen

25.3.4 Reinigung von Metallfässern

Metallfässer können mit Reinigungs- und Desinfektionsmitteln sowie Heißwasser (≤ 95 °C) und ggf. Dampf (≤ 130 °C) behandelt werden.

Aluminium (in der Regel mit einer Eloxaloberfläche) erfordert schwach alkalische Reinigungsmittel mit Korrosionsschutzinhibitor, Edelstahlfässer sind relativ korrosionsbeständig gegenüber den brauereitypischen Reinigungsmitteln, die Halogen-Konzentration ist jedoch zu beachten, da oft nur „einfache" Edelstähle (z.B. 1.4301) benutzt werden.

Nach [336] werden folgende Parameter bei der Reinigung von Edelstahl-Fässern angewandt (Tabelle 75):

Tabelle 75   Parameter bei der Fassreinigung von Edelstahlfässern (nach [336])

Wasservorspritzung	30...40 °C
Laugespritzung 1	70...80 °C
Laugespritzung 2	90...95 °C
Heißwasserspritzung 1	80...90 °C
Säurespülung	60...70 °C
Heißwasserspritzung 2	80...90 °C

25.3.5 Fassreinigungsmaschinen

Fassreinigungsmaschinen sind in zwei Ausführungen möglich:
- Linearmaschine mit Kurbelschwinge (Abbildung 537).
  Diese Ausführung wurde vorzugsweise für Holzfässer eingesetzt. Es gibt aber auch moderne Ausführungen für das Metallfass, bei denen die Reinigung auch in Vor- und Hauptreinigung unterteilt ist;
- Rundläufer (Abbildung 538)
  Diese Variante ist vorzugsweise bei Metallfässern im Einsatz.

25.3.5.1 Linearmaschinen

Die Fässer werden aufgesetzt („Aufgabeschanze"). Nach dem Aufsetzen auf die erste Behandlungsstation rotiert das Fass und das Spundloch wird gesucht.

Danach folgen die Außenreinigung und die Innenreinigung mit rotierenden oder feststehenden Spritzköpfen. Je nach Durchsatz verfügen die Maschinen über 3...7 Spritzstationen, zuletzt mit Frischwasser.

Linearmaschinen sind im Prinzip nur noch historisch von Bedeutung.

25.3.5.2 Rundlaufmaschinen

Die Reihenfolge der Behandlungsstationen ist aus Abbildung 538 ersichtlich. Die Reinigung kann oft in Vorreinigung und Hauptreinigung unterschieden werden. Die Verkorkung erfolgt meistens bereits nach der Vorreinigung.

Da noch in einigen Brauereien parabolische Metallfässer, zum Teil in großer Anzahl, im Einsatz sind, wurden moderne Rundlaufmaschinen entwickelt, die die einzelnen Arbeitsschritte automatisch, auf der Basis von Robotertechnik ausführen [339], s.a. Kapitel 25.6.

Fass-Reinigung und -Füllung

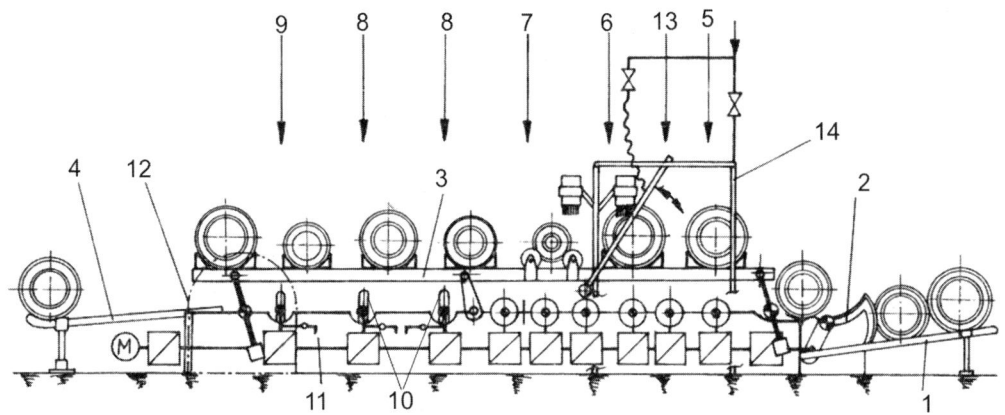

Abbildung 537 Fassreinigungsmaschine, schematisch (mit Kurbelschwinge)
1 Fassaufgabe **2** Ladeschwinge **3** Kurbelschwinge **4** Fassabgabe **5** Weichstation
6 Bürstenstation **7** Spundsucher **8** Warmwasserspritzkopf **9** Kaltwasserspritzkopf
10 Spritzkopf **11** Ventilbetätigung **12** Verkleidung **13** Spundsucher/Vorweiche
14 Außenspritzung

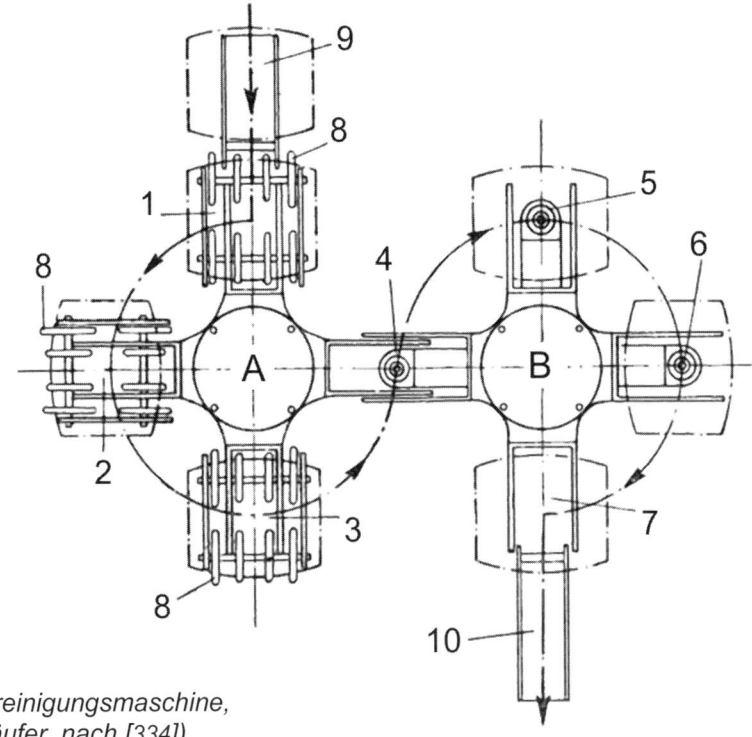

Abbildung 538 Fassreinigungsmaschine, schematisch (Rundläufer, nach [334])
A Rotor 1 **B** Rotor 2 **1** Ausrichten des Fasses: Spundloch nach oben, Vorfüllen mit Wasser **2** Außenbürstung **3** Ausrichten; Spundloch nach unten **4** bis **6** Innenspritzungen **7** Entleerung **8** angetriebene Rollen zum Drehen der Fässer **9** Zulauf zur Reinigungsmaschine **10** Auslauf zur Füllmaschine

Füllanlagen

25.3.6 Kenn- und Verbrauchswerte, Einschätzung der klassischen Fassreinigung

Tabelle 76   Kenn- und Verbrauchswerte für klassische Fassreinigungsmaschinen (nach [334], [336])

Durchsatz	120...150 Fass/h
	z.T. ≤ 400 Fass/h
Warmwasser	0,3...0,5 hl/hl
Kaltwasser	0,1...0,2 hl/hl
Druckluft	0,3...0,5 m³/hl
Elektroenergie	0,04...0,1 kWh/hl *)

*) abhängig von der Zahl der Spritzstationen

Die Reinigung des teilweise sehr stark kontaminierten Leergutes nur durch Spülung oder Spritzung mit Wasser ist aus mikrobiologischer Sicht völlig unzureichend.

Trotzdem war dieses Fassreinigungsverfahren über Jahrzehnte ohne Alternative. Seine Anwendung war von hohem Arbeitskräftebedarf bei körperlich schwerer Arbeit gekennzeichnet. Alternativ bestand nur die Möglichkeit, die Fässer vor jeder Befüllung zu pichen.

Teilweise wurden auch zwei Reinigungsmaschinen, in Reihe geschaltet, betrieben.

Mit der Einführung des Metallfasses verbesserte sich durch die Lauge- und Heißwasseranwendung und zum Teil auch Dampf die Situation.

Die logische Konsequenz aus dieser Situation war deshalb das Keg-System (Kapitel 26).

25.4 Klassische Fassfüllung

Die Fässer werden mit CO_2-haltigen Getränken nach dem isobarometrischen Prinzip gefüllt (s.a. Kapitel 16.4). Danach werden die Fässer nacheinander:
- mit Sterilgas (CO_2, Druckluft) vorgespannt,
- nach dem Druckausgleich wird mit dem Getränk „schwarz" gefüllt, das Spanngas wird verdrängt,
- nach dem Schließen des Getränkezulaufes wird entspannt und das Füllrohr aus dem Fass entfernt, anschließend wird
- das Fass wird verschlossen.

Das Prinzip der Vorevakuierung oder Vorspülung mit CO_2 zur Verminderung der O_2-Aufnahme wird bei der Fassfüllung nicht benutzt.

Die Fassfüller können unterschieden werden in:
- Fassfüller mit Getränkekessel und
- Fassfüller ohne Getränkekessel.

25.4.1 Fassfüller mit Getränkekessel

Diese Bauform gilt seit etwa 1960 als veraltet, wurde aber auch danach noch relativ lange genutzt (diese Anlagen gelten als sehr langlebig).

In Abbildung 539 ist diese Bauform schematisch dargestellt, Abbildung 541 zeigt ein ausgeführtes Beispiel. Getränk, Spanngas (meist Sterilluft) und Rückgas befinden sich gemeinsam im Kessel. Das Rückgas wird über einen Schaumabscheider geleitet. Dieser wird neben dem Fassfüller aufgestellt. Die abgeschiedenen Getränkereste sind stark oxidiert und kontaminiert und werden im Allgemeinen verworfen.

Kessel (Ø 400...600 mm) und Abscheider wurden früher aus Kupfer fertigt und innen verzinnt, Betriebsdruck $p_{ü}$ ≤ 2...3 bar. Reinigung und Desinfektion müssen die Werkstoffeigenschaften berücksichtigen und erfolgen manuell mit Wasser, Bürsten und „Schlupfbrett". Vereinzelt wurden die Kessel später durch CrNi-Stahlbehälter ersetzt. Die Verbindung der Füllorgane mit dem Kessel erfolgt durch Schläuche.

Der Kessel ist entweder in einem Rohr- oder Gussgestell befestigt, an dem auch die Füllorgane, nach allen Seiten schwenkbar, montiert sind, oder er wird ohne Gestell an der Decke des Raumes oder an der Wand befestigt.

Der Kessel wird mit Absperrarmaturen, Standanzeige, Sicherheitsarmatur, Manometer und Klappdeckeln an den Stirnseiten ausgerüstet. Ursprünglich wurden Kükenhähne verwendet, die aber im Allgemeinen durch Absperrklappen ersetzt wurden.

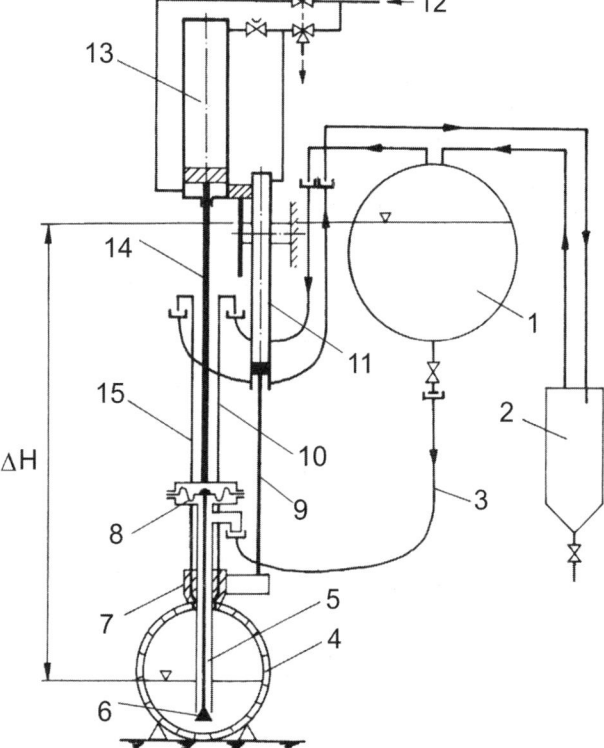

Abbildung 539 Fassfüller mit Getränkekessel, schematisch
1 Getränkekessel **2** Schaumabscheider **3** Schlauchleitung
4 Fass **5** Füllrohr **6** Fußventil
7 Füllorgan-Anpresskörper
8 Membrane
9 Anpresskolbenstange
10 Vorspanngas-Teleskoprohr
11 Anpresszylinder
12 Druckluft
13 Zylinder für Füllrohrbetätigung
14 Füllrohrkolbenstange
15 Rückgas-Teleskoprohr

Füllanlagen

25.4.2 Fassfüller ohne Getränkekessel

Bei dieser Ausführung (Abbildung 540) werden Spanngas, Getränk und Rückgas in getrennten Rohrleitungen geführt, die Getränkezuleitung ist „schwarz" gefüllt, sodass die Sauerstoffaufnahme wesentlich vermindert wird. Als Spanngas kann CO_2 verwendet werden. Abbildung 542 zeigt eine neuere Anlage aus den 1980er Jahren.

Bedingung ist bei der 3-Kammer-Gestaltung des kessellosen Fassfüllers, dass die Drücke von Spanngas und Rückgas als Funktion des Getränkedrucks geregelt werden.

Kessellose Fassfüller werden im Allgemeinen vollständig im produktberührten Bereich aus Edelstahl, Rostfrei® gefertigt und können deshalb nach dem CIP-Verfahren gereinigt und desinfiziert werden.

Die Verbindung der Getränke- und Gasleitungen mit dem Füllorgan erfolgt mittels Schläuchen.

Die kessellosen Fassfüllmaschinen werden auch als Rundlaufmaschinen ausgeführt (Abbildung 543). Der Durchsatz beträgt bei 5 Füllorganen ca. 250 Fässer/h, Abbildung 543 a zeigt das Prinzip. Die einzelnen Arbeitsschritte der Füllorgane werden durch Ventile von Sonden gesteuert.

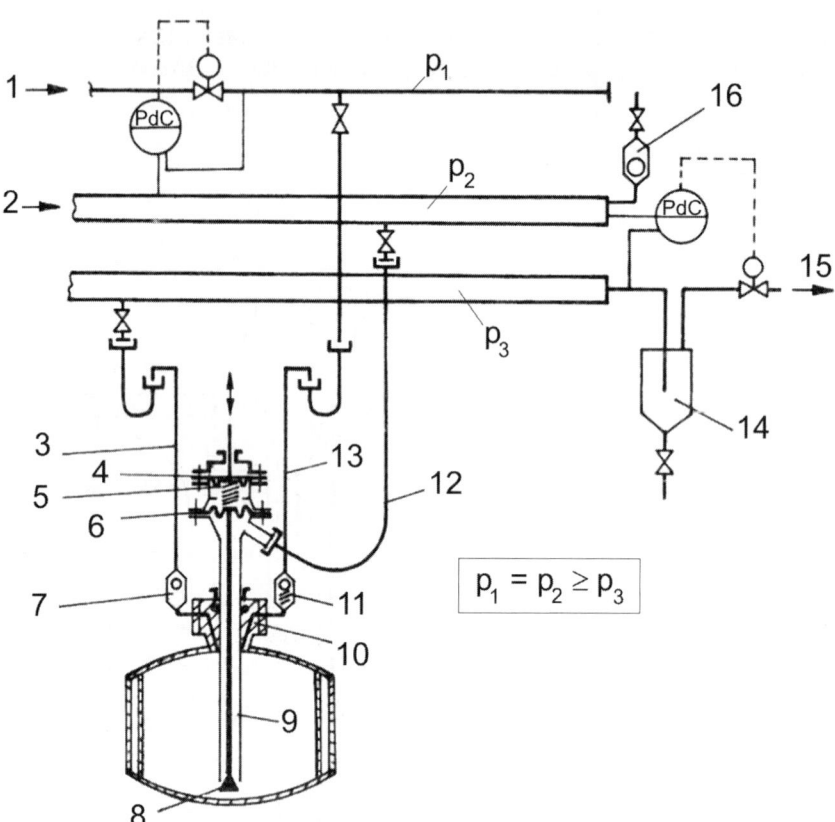

Abbildung 540 Fassfüller ohne Getränke-Kessel, schematisch (kessellose Anlage)
1 Spanngas/CIP-Vorlauf **2** Getränk/CIP-Vorlauf **3** Rückgas **4** Steuermembrane Fußventil auf **5** Öffnungsfeder **6** Steuermembrane Fußventil zu **7** Schwimmerventil **8** Fußventil **9** Füllrohr **10** Anpresskörper **11** Rückschlagventil **12** Getränkezulauf **13** Spanngas zum Vorspannen **14** Schaumabscheider **15** Abgas/CIP-Rücklauf **16** Entlüftungslaterne

Fass-Reinigung und -Füllung

Abbildung 541 Fassfüller mit Getränkekessel und 4 Füllorganen (nach Enzinger)

Abbildung 542 Kesselloser Fassfüller (nach Esau & Hueber)

Füllanlagen

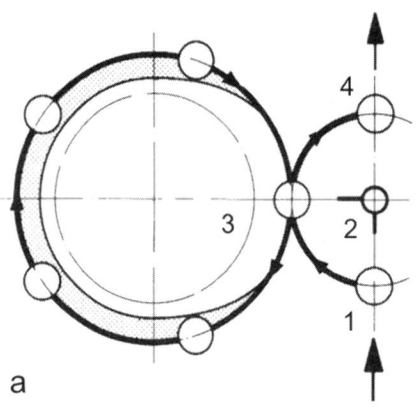

Abbildung 543 Fassfüller als Rundlaufmaschine (nach Leifeld + Lemke)
1 Spundlochsuche **2** Fassübergabestation **3** Rotor mit 5 Füllorganen
4 Verschließstation
a Anlagen-Prinzip

25.4.3 Fassfüllorgane

Die konstruktive Vielfalt bei Fassfüllorganen ist relativ groß, jeder Hersteller hat seine Varianten entwickelt und gefertigt. Trotzdem realisieren alle Füllorgane nacheinander die gleichen Arbeitsschritte. Ein Teileaustausch bei Füllorganen verschiedener Hersteller ist nicht möglich.

Bei älteren Ausführungen müssen die die einzelnen Arbeitsschritte nacheinander manuell gesteuert werden. Bei neueren Ausführungen ist die Bedienung wesentlich erleichtert bzw. laufen die einzelnen Schritte selbsttätig als Folgesteuerung ab.
Im Einzelnen muss das Füllorgan folgende Schritte nacheinander realisieren:

- Absenken des Anpresskörpers auf das Spundloch und abdichten gegenüber der Atmosphäre durch eine konische Dichtung. Der Anpresskörper wird von der Kolbenstange eines Anpresszylinders auf das Spundloch gedrückt.
- Sobald der Anpresskörper auf dem Spundloch aufliegt und angepresst wird, kann das Füllrohr bis zur untersten Stellung von einem weiteren pneumatisch betätigten Zylinder abgesenkt werden.
- Gleich nach dem Beginn des weiteren Absenkens des Füllrohres werden am Anpresskörper die Wege für das Vorspannen und das Rückgas freigegeben. Damit beginnt das Vorspannen des Fasses. Das soll vor dem Erreichen der unteren Füllrohrposition abgeschlossen sein.
  Ggf. muss das Absenken verzögert werden oder die Absenkung wird kurz vor dem Erreichen der unteren Stellung kurz unterbrochen.
- Nach dem erfolgten Druckausgleich wird die Getränkearmatur manuell oder selbsttätig geöffnet und das Getränk läuft in das Fass unterschichtend schaumfrei ein. Das verdrängte Gas wird über die Rückgasleitung abgeleitet. Bei modernen Füllorganen bleibt der Getränkeweg nach Füllbeginn (nach dem Druckausgleich) gedrosselt, bis das Fußventil vom Getränk über-

spült ist. Erst dann wird der volle Querschnitt freigegeben und das Fass wird „schwarz" gefüllt.

Das Getränk steigt bei älteren Ausführungen im Rückgaskanal bis zur Höhe des Flüssigkeitsspiegels im Kessel (der Inhalt des Rückgaskanals wird dann in das nächste Fass beim Vorspannen entleert) oder ein Schwimmerventil verschließt den Rückgaskanal. Die vollständige Füllung des Fasses kann in einer Laterne beobachtet werden.

- Ist das Fass gefüllt, wird der Füllrohrzylinder umgesteuert und das Füllrohr angehoben. Nach dem Anheben schließt das Fußventil und vor dem Abheben des Anpresskörpers werden Spanngas- und Rückgaskanal wieder verschlossen. Beim Abheben des Anpresskörpers wird das Fass zur Atmosphäre entspannt. Das Füllrohr wird in die obere Position gefahren und nimmt dabei gleichzeitig den Anpresskörper und die Anpress-Kolbenstange mit. Das Füllrohr verbleibt durch die Wirkung der Druckluft in der oberen Position, bis es wieder umgesteuert wird.

Das klassische Füllorgan für Fässer besitzt ein Fußventil und füllt unterschichtend. Sein Aufbau entspricht dem Füllventil in Abbildung 293 im Kapitel 16.7.3.1. Zu Füllventilen, wie sie bei modernen Rundlauffüllmaschinen zum Einsatz gelangen, siehe Kapitel 25.6.

Der notwendige Leerraum entsteht im Fass beim Herausziehen des Füllrohres aus dem „schwarz" gefüllten Fass.

Ältere Füllorgane wurden aus Messing, Rotguss oder Bronze gefertigt, soweit es sich um Produkt berührte Teile handelt. Die Befestigungs- und Betätigungselemente werden als Gussteile hergestellt.

Spanngas- und Rückgasleitungen werden als Teleskoprohre gestaltet, um die vertikale Bewegung zu ermöglichen.

Alle gleitenden Teile werden gegeneinander mittels Gummidichtungen (Lippenringdichtungen, Stopfbuchsen, O-Ringe usw.) gedichtet.

Die Druckluft der Pneumatikzylinder wird über ein Mehrwegeventil bzw. einen Drehschieber gesteuert. Das Stellorgan wird über einen schwenkbaren Hebel betätigt.

Das Fußventil wird membrangesteuert vom Getränkedruck geschlossen gehalten und kann während des Absenkens oder danach formschlüssig mittels eines Hebels oder kraftschlüssig, vom Vorspanndruck gesteuert, selbsttätig geöffnet werden. Die Öffnung kann 2-stufig erfolgen: langsame Anlaufphase und normale Füllphase, ggf. mit integrierter Schnellfüllphase durch Nutzung eines Differenzdruckes zur Atmosphäre.

Moderne Füllorgane werden vollständig aus CrNi-Stahl gefertigt (als Guss- oder Schweißkonstruktion oder als Drehteil).

Der Anpresskörper dichtet das Füllrohr und die Spanngas- und Rückgasleitungen zur Atmosphäre bzw. zum Fass. Die Dichtungen unterliegen einem Verschleiß und müssen rechtzeitig gewechselt werden. Weiterhin sind im Anpresskörper die Rückschlagventile (Lippenventile oder Kugelventile), mit einer Laterne und einer manuellen Entlüftung kombiniert, untergebracht.

Der Durchsatz eines Füllorganes liegt bei etwa 25...25 hl/h bei 30-l-Fässern und ca. 35...40 hl/h bei 100-l-Fässern, bei älteren Füllorganen auch etwa niedriger.

Die Abbildung 539 und Abbildung 540 zeigen schematisch die Funktion eines Füllorganes, Abbildung 544 zeigt den Aufbau des klassischen Füllorgans.

Füllanlagen

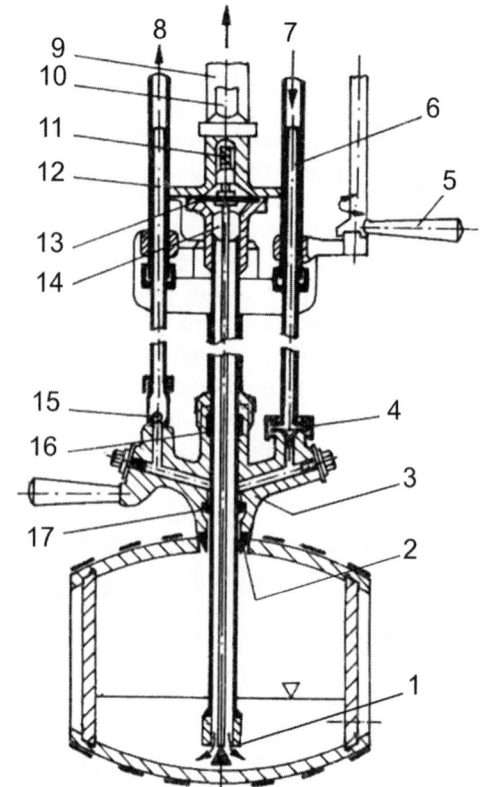

Abbildung 544 Füllorgan-Anpresskörper, schematisch
1 Fußventil **2** Anpresskonus **3** Anpresskörper **4** Lippenventil **5** Steuergriff für das Heben und Senken des Füllorgans
6 Teleskoprohr **7** Spanngas **8** Rückgas
9 Kolbenstange Füllorgan **10** Kolbenstange Füllrohr **11** Steuerhebel **12** Teleskoprohr
13 Steuermembrane **14** Getränkezulauf
15 Schwimmerventil **16, 17** Dichtung

25.4.4 Sauerstoffaufnahme

Die Sauerstoffaufnahme erfolgt während des Füllvorganges im Fass an der Getränkeoberfläche, vor allem zu Beginn des Einlaufes, und aus dem im verschlossenen Fass verbleibenden Gasraum. Beim Fassfüller mit Kessel kann das Getränk auch im Kessel Sauerstoff aufnehmen. Die Gasaufnahme wird durch die Anwendung von Druckluft als Spanngas und durch die Rückführung des Abspritzbieres in den Kessel erhöht.

Wenn auf die Applikation von CO_2 als Spanngas verzichtet wird, ergeben sich relativ hohe Sauerstoffwerte, trotz unterschichtender Füllung, wie Tabelle 77 belegt.

Zum Vergleich sei darauf hingewiesen, dass eine 0,5-l-Euroflasche bei Luftvorspannung und Verwendung eines langen Füllrohres nur eine Gasaufnahme von 0,4...0,6 mg O_2/l erwarten lässt.

Nach Tabelle 77 muss eingeschätzt werden, dass die Fassbiere der Vergangenheit erheblichen O_2-Einflüssen unterlegen haben (in dieser Zeit wurden die Fässer aber auch in der Gaststätte schneller geleert, ein MHD war unbekannt). Die Vorteile einer CO_2-Vorspannung wurden nicht genutzt.

25.4.5 Das Verschließen der Fässer

Nach dem Absetzen des Füllorganes wird das Spundloch manuell mit einer Spundschraube (heute selbst dichtende Schraube, in der Vergangenheit unter Verwendung eines Spundlappens) verschlossen, in der Vergangenheit auch mit einer eingeschlagenen Holzscheibe („Querscheibe").

Das Einschrauben der Spundschraube kann mechanisiert sein.

*Tabelle 77   Sauerstoffaufnahme bei der klassischen Fassfüllung (nach [336])
Fassvolumen 50 l, Angaben in mg O_2/l*

Sauerstoffaufnahme durch die Luft im Leerraum des gefüllten Fasses			
Spanngas Luft kein Überschäumen	1,3…1,6	Spanngas CO_2, kein Überschäumen	0,75…0,90
Spanngas Luft, 1…2 s Überschäumen	0,65…0,75	Spanngas CO_2, 1…2 s Überschäumen	0,45…0,55
Sauerstoffaufnahme während der Füllung			
Kesselfüller ohne Abspritzbiertrennung			2,0…2,5
Kesselfüller mit Abspritzbierabtrennung und verlangsamten Anlauf			0,8…1,0
Füller, kessellos, Spanngas Luft			0,4…0,6
Füller, kessellos, Spanngas CO_2			0,2…0,5
Füller, kessellos, Spanngas CO_2, Anlauf verlangsamt			0,2…0,3

25.5 Eichung der Fässer und Kegs

Die Versandfässer aus Holz müssen bei Bedarf oder intervallmäßig angetrieben werden, sodass sich ihr Inhalt laufend verkleinert. Bei Metallfässern kann sich zum Beispiel durch Beulen der Nenninhalt ändern. Deshalb müssen die Gebinde im Abstand von zwei Jahren geeicht werden. Der Aufwand für das Aussortieren der eichbedürftigen Fässer, für die eventuelle vorherige Reparatur und die Eichung selbst ist beträchtlich.

Die Eichung erfolgte in der Vergangenheit mit einem sogenannten Kubizier-Apparat. Die in das frisch gepichte Fass gelaufene Wassermenge wird an einer Skala abgelesen, der Wert wird auf der Eichplatte mittels auswechselbarer Ziffern eingestellt und dann wird das Ergebnis durch den Eichstempel auf einer Bleiplombe dokumentiert.

Bei modernen Fässern oder Kegs kann die Eichung entfallen unter der Voraussetzung, dass die Behälter mit einer geeichten Durchflussmesseinrichtung gefüllt werden und der Istwert der Füllmenge gespeichert und für die Rechnungslegung genutzt wird. Diese Kegs müssen mit einer Kennzeichnung/Etikett: „Mit Messanlage befüllt" versehen werden. Das Füllvolumen muss angegeben werden. Damit ergeben sich beträchtliche Vereinfachungen und Kostenersparnisse.

Werden Kegs sowohl durch Messanlagen als auch durch konventionelle Anlagen befüllt, sind diese Kegs durch einen roten Punkt zu kennzeichnen. Eine Nacheichung der nicht markierten Kegs muss dementsprechend durchgeführt werden [337].

Beachtet werden muss, dass Fässer bzw. Kegs niemals schwarz gefüllt verschlossen werden dürfen. Es muss immer ein Gas-Leerraum vorhanden sein, der für die Ausdehnung des Fassinhaltes bei Temperaturerhöhung genutzt werden kann. Diese Problematik wurde für das Keg von *Faltin* [338] detailliert vorgestellt (das geeichte Fass bzw. Keg berücksichtigt den benötigten Leerraum nicht; es wird nur das Eichvolumen mit den zugehörigen Toleranzen angegeben).

Der in den Kegs vorhandene Leerraum ist zu knapp bemessen, es sind nur die zulässigen Toleranzen des Eichvolumens verfügbar. Bei Nutzung der Fülltoleranz wird der Leerraum zu klein. In der Praxis kann vor allem bei 10-l-Kegs oft von nur etwa 50 ml Gasraum im Keg ausgegangen werden. Das Bruttovolumen der Kegs ist also zu gering festgelegt, das Steigrohrvolumen (ca. 0,035 l) muss ebenfalls berücksichtigt werden.

Füllanlagen

Im ungünstigen Fall kann das Keg durch die temperaturbedingte Ausdehnung des Inhaltes deformiert werden, weil Dehnmöglichkeiten fehlen (vor allem beim 20-l-Keg mit Ø 239 mm).

Der Leerraum sollte im gefüllten Keg die in Tabelle 78 genannten Werte erreichen. Bei der Füllung mit einer Messanlage ist die Sicherung des Leerraumes natürlich gegeben.

Tabelle 78   Leerraum in Kegs (nach [338])

	Volumen	vorhandener Leerraum	wünschenswerter Leerraum
Keg	10 u. 15 l	± 0,1 l	
Keg	20 l	±0,2 l	0,4 l
Keg	30 l	± 0,2 l	0,6 l
Keg	50 l	± 0,25 l	0,8 l

Es ist außerdem zu sichern, dass die Fässer und Kegs nicht durch hohe Drücke plastisch verformt werden und sich damit das Volumen ändert.

25.6 Moderne Fassfüllung

Moderne Fässer mit Edelstahlblase (s.a. Kapitel 5.3.15.3) können nach den Prinzipien der Keg-Reinigung und -Füllung behandelt werden.

Die Entspundung, das Verkorken, die Reinigung und Sterilisation, die Füllung und das Verschließen erfolgen mechanisiert bzw. automatisch. Für die Reinigung werden Linearmaschinen eingesetzt, für die Füllung Rundlaufmaschinen.

Diese Anlagen nutzen zum Teil die Robotertechnik (Korken, Verschließen). Solche Anlagen werden z.B. im *Kölner Verbund* [339] und bei der *Cölner Hofbräu* erfolgreich betrieben [340].

Nach [339] werden mit 2 Mitarbeitern/Schicht bis zu 500 Fass/h gefüllt. Verarbeitet werden 10 l-, 15 l-, 20 l-, 30 l- und 50 l-Bauchfässer (die kleinen Fassgrößen werden zum Teil als „Pittermännchen" bezeichnet).

Die Gesamt-Sauerstoffaufnahme liegt bei ≤ 0,14 mg/l.

25.6.1 Fassreinigung

Die Fässer werden entpalettiert und durchlaufen auf dem Kopf stehend die Außenreinigungsanlage (s.a. Kapitel 26.2.5). Danach werden die Fässer um 90° gedreht (s.a. 26.2.7) und auf der Vorreinigungsanlage abgelegt. Die Fässer werden gedreht und so fixiert, dass das Spundloch noch unten zeigt. Das Reinigungsprogramm entspricht sinngemäß dem der Kegreinigung (Kapitel 26.2.6).

Der Transport durch den Vorreiniger und auch den Hauptreiniger erfolgt taktweise mittels einer Hubschwinge (Abbildung 545). Zwischen Vor- und Hauptreinigung werden Zapf- und Spanngasloch verkorkt. Dazu positioniert der Roboter mit einem speziellen Greiferkopf (passend für verschiedene Fassgrößen) die Fässer exakt an der Korkstation (Abbildung 546). Das Spundloch dient dabei als Zentrierung. Die Korkaggregate werden pneumatisch in die Korklöcher eingeführt. Ein Sensor erkennt die korrekte Stellung. Sobald diese erreicht ist, werden die Korken pneumatisch „eingeschossen".

Fass-Reinigung und -Füllung

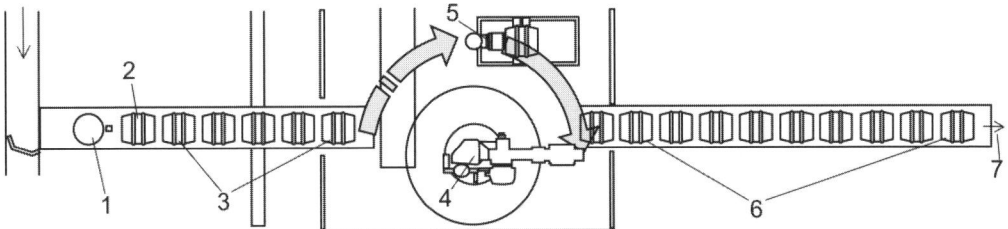

Abbildung 545 Reinigungsanlage für Bauchfässer (nach KHS)
1 Fasswender   **2** Spundlochsucher   **3** Vorreinigungsstationen   **4** Knickarm-Roboter
5 Verkorkungsstation   **6** Hauptreinigungsstationen   **7** zum Fasswender und zur Füllanlage

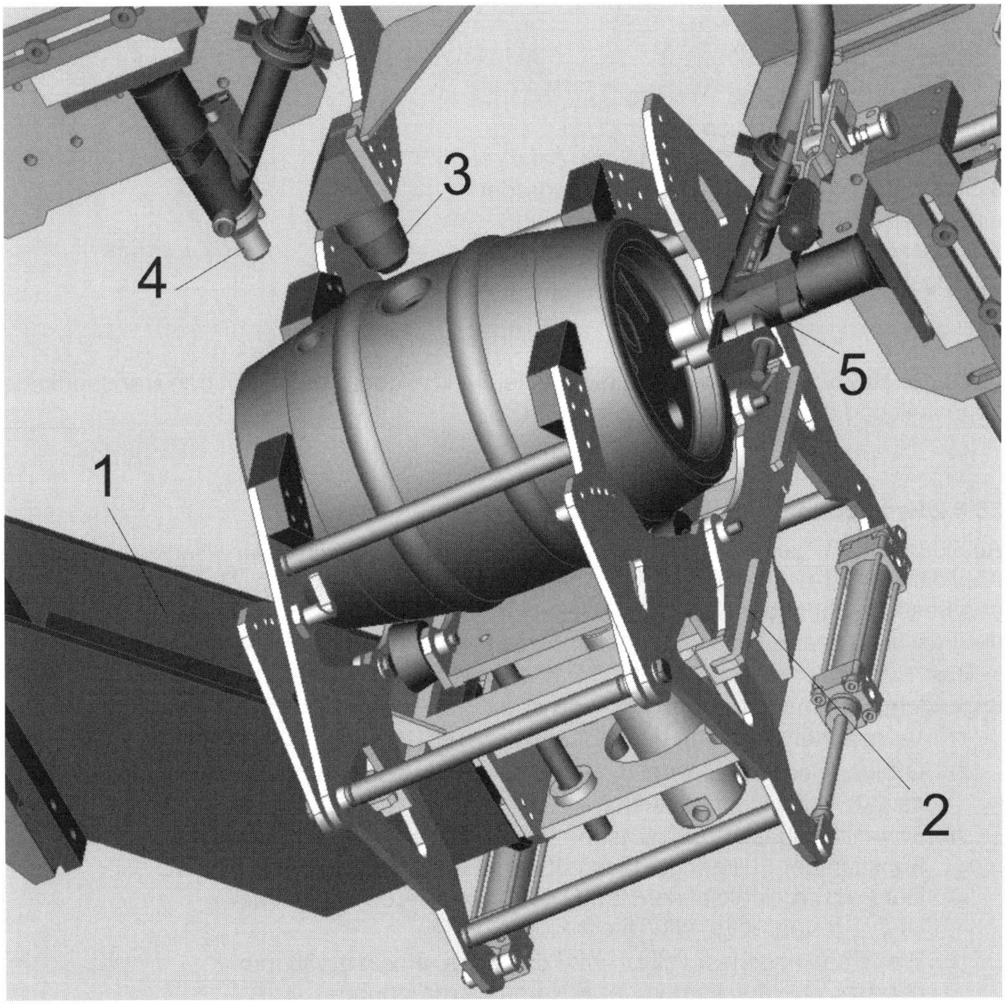

*Abbildung 546 Positionierung des Fasses mit einem Greiferkopf an der Korkstation.
Das Fass wird am Spundloch zentriert (nach KHS)*
1 Roboterarm   **2** Greiferkopf, pneumatisch betätigt   **3** Spundloch-Fixation   **4** Zapfloch-Verkorkung   **5** Spanngasloch-Verkorkung

Füllanlagen

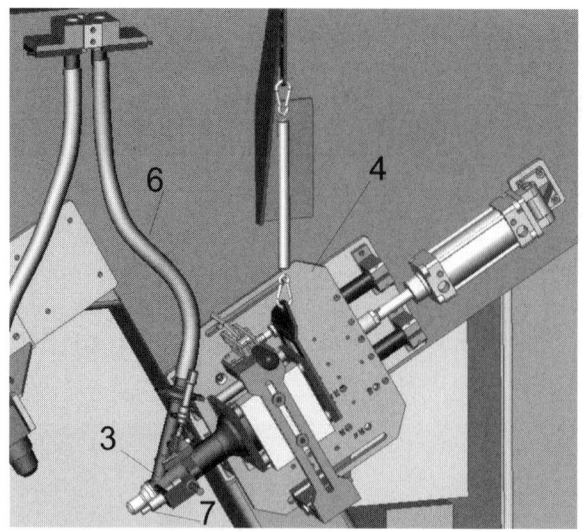
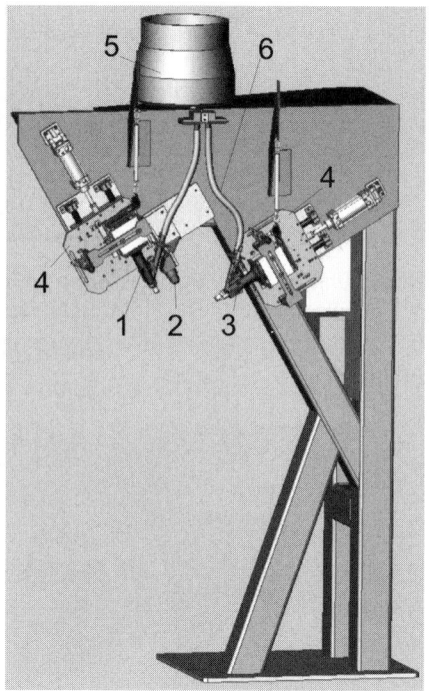

Abbildung 547 Korkstation (nach KHS)
1 Zapfloch-Verkorkung 2 Spundloch-Zentrierung
3 Spanngasloch-Verkorkung 4 Korkaggregat
einstellbar 5 Korksortierung 6 Korkzufuhr
7 Sensor zur Erkennung der Position des Korkaggregates

Nach der Hauptreinigung werden die Fässer wieder gedreht und auf der Transportkette abgestellt und der Füllmaschine zugeleitet.

25.6.2 Fassfüllung mittels Rundlaufmaschinen

Abbildung 548 zeigt eine moderne Rundlauffüllmaschine für Bauchfässer. Die Abbildung 549 bis Abbildung 554 zeigen Details dieser Maschine. Nach dem Aufgeben des Fasses mittels des Wendekreuzes wird das Spundloch gesucht und anschließend der Fasstisch pneumatisch angehoben. Das Fass wird an das Füllorgan angepresst.

Das Füllorgan ist aus Abbildung 555 ersichtlich. Die Fassfüllung verläuft nach folgendem Schema (s.a. Abbildung 556):
- Vorspannen mit Spanngas auf definierten Druck;
- Öffnung des Produktventils, Volumenstrom einstellbar, ca. 30 % des Nennwertes;
- Schnellfüllphase, Volumenstrom einstellbar auf 60...100 % als Funktion der Füllmenge; fassgrößenabhängige Füllkurve.
  Der Fassdruck bleibt konstant; Die Fässer werden nach dem DFC®-Verfahren gefüllt (Direct Flow Control).
- Wenn das Fass fast voll ist, wird das Fass um etwa 130 mm abgesenkt (Reduzierung der Füllorganverdrängung).
  Nach dem Messwert des MID wird die Füllung beendet.
- Nach einer Beruhigungsphase wird langsam auf atmosphärischen Druck entspannt, das Fass abgesenkt und anschließend verschlossen.

Fass-Reinigung und -Füllung

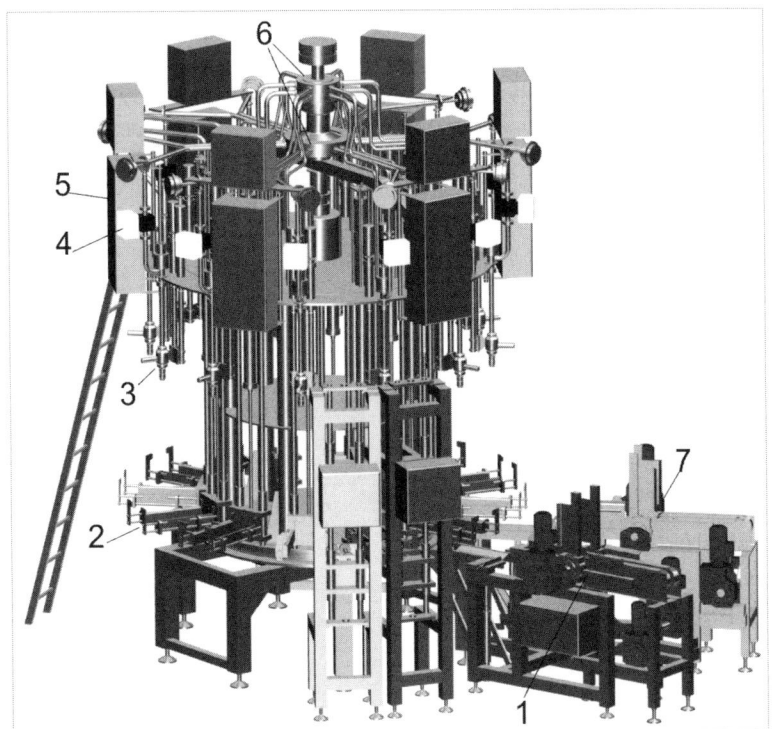

Abbildung 548 Rundlauffüllmaschine" für Bauchfässer (nach KHS)
1 Wender Fassaufgabe **2** Fasstisch **3** Füllorgan **4** MID **5** Steuerschrank **6** Medienverteiler **7** Wender Fassabgabe

Abbildung 549 Station Spundlochsuche (nach KHS)

Füllanlagen

Abbildung 550 Fasstisch mit Fass (nach KHS)

Abbildung 551 Füllorgan ohne Fass (nach KHS)
1 Füllventilgehäuse **2** Anpresskonus **3** Spanngas **4** Rückgas **5** Füllorgangehäuse mit pneumatisch betätigten Ventilen **6** Drucksensor

Fass-Reinigung und -Füllung

Abbildung 552 Fass während der Füllung im angehobenen Zustand (nach KHS)
1 Fasstisch **2** Füllorgan

Abbildung 553 Verschließstation: Die Verschluss-Schraube wird durch einen Roboter aufgesetzt und eingeschraubt (nach KHS)

Füllanlagen

Abbildung 554 Wendekreuz am Auslauf

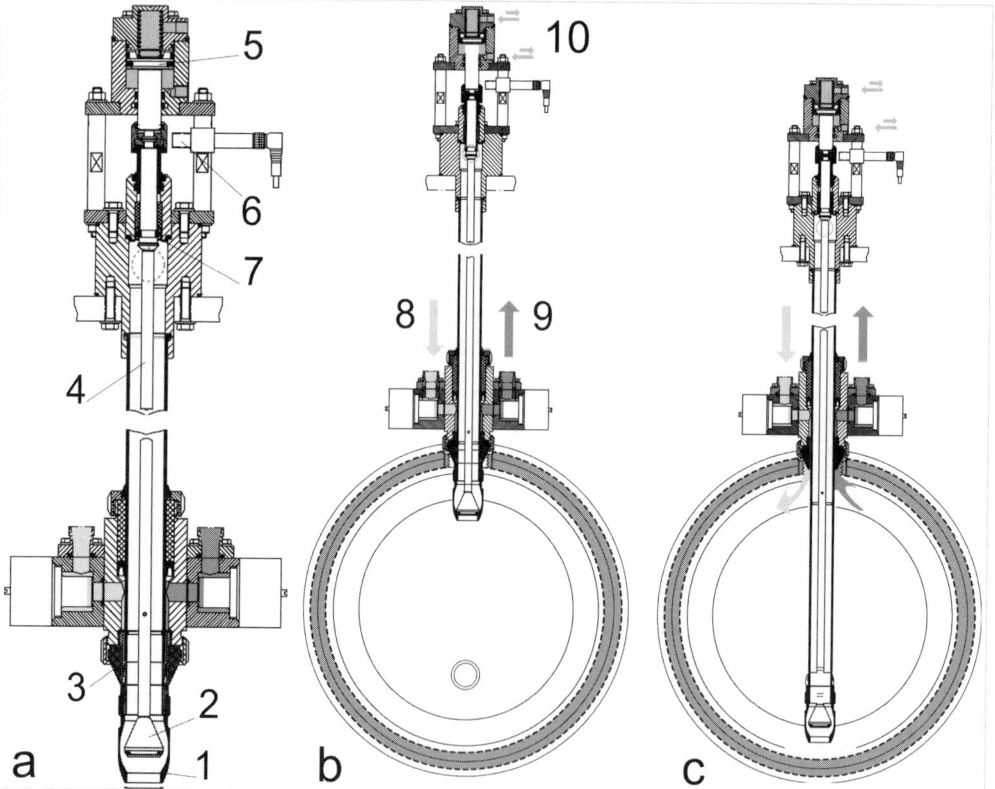

*Abbildung 555 **a** Füllorgan schematisch **b** Füllventil geschlossen **c** Füllventil geöffnet (nach KHS)*
1 Füllventilgehäuse **2** Ventilkegel **3** Anpresskonus **4** Ventilstange **5** pneumatischer Füllventilantrieb **6** Sensor für Füllventilstellung **7** Ventilstangendichtung mittels Membrane **8** Spanngas **9** Rückgas **10** Druckluft

Fass-Reinigung und -Füllung

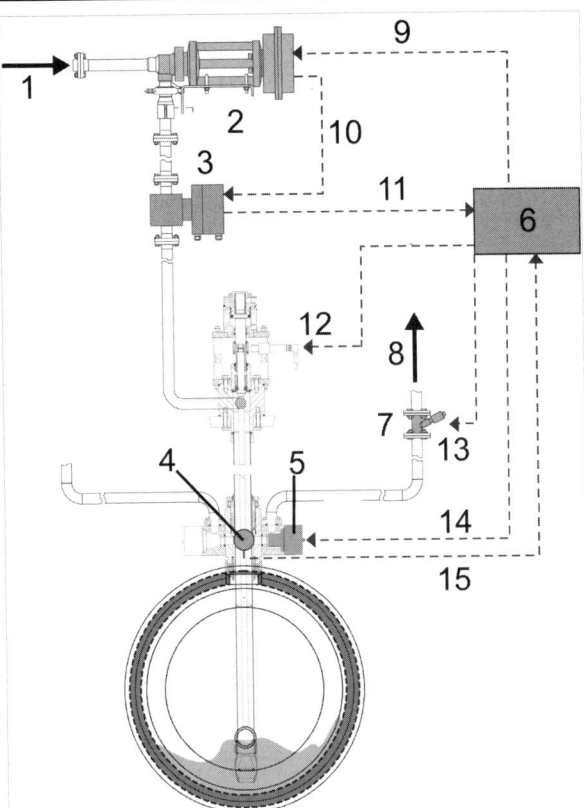

Abbildung 556 Regelschema Fassfüllmaschine (nach KHS)
1 Produkt 2 DFC®-Regelventil
3 MID 4 Drucksensor
5 Rückgas-Regelventil 6 SPS
7 Rückgasblende, schaltbar
8 Rückgas
9 Sollwert Volumenstrom
10 Istwert Volumenstrom
11 Istwert Füllvolumen
12 Signal Füllbeginn / -ende
13 CIP-Modus
14 Rückgas-Regelung
15 Istwert Druck

Weitere Hinweise zu den möglichen Varianten der Füllgeschwindigkeitsbeeinflussung durch Differenzdruck-Regelung Getränk / Atmosphäre oder Direct Flow Control-Regelung siehe im Kapitel 26.4.4.

25.7 Reinigung und Desinfektion im Fasskeller

Die klassische Fassfüllanlage kann nur mit Wasser gereinigt werden und Heißwasser kann für die Keimverminderung eingesetzt werden.

Bei gegebenen werkstoffseitigen Voraussetzungen (z.B. Edelstahl, Rostfrei®) kann die Füllanlage nach dem CIP-Verfahren gereinigt werden.

Moderne Fassfüller und die modernen Keg-Füllanlagen sind ohne Einschränkungen CIP-fähig und sterilisierbar. Die Füllorgan-Fließwege werden mit einer „CIP-Hülse" verbunden. Der Vorlauf erfolgt über die Gaskanäle, der Rücklauf durch den Getränkefließweg (Abbildung 557).

Füllanlagen

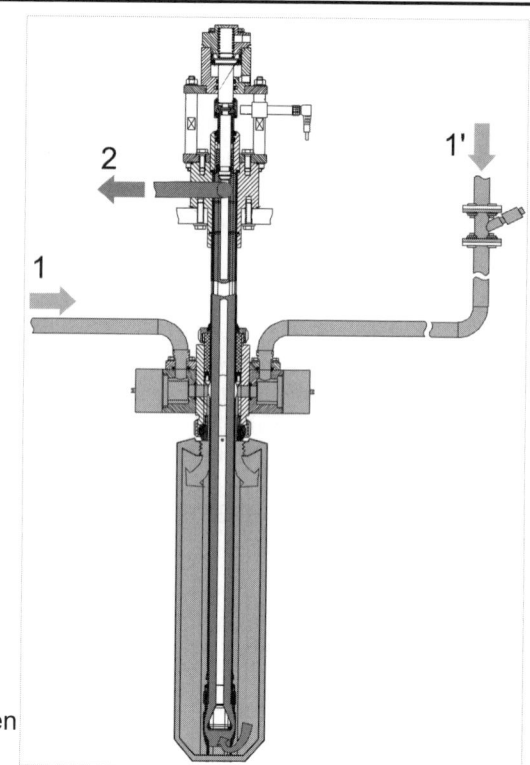

Abbildung 557 CIP-Hülse (nach KHS)
1 und **1'** CIP-Vorlauf über die Gasleitungen
2 CIP-Rücklauf über den Getränkezulauf

26. Anlagen für die Keg-Reinigung und -Füllung
26.1 Allgemeine Hinweise

Die Standardisierung und die Maßhaltigkeit des Kegs ermöglichen es, die Transport-, Umschlag- und Lager-Prozesse (TUL-Prozesse), die Reinigung/Desinfektion/Sterilisation und die Füllung zu automatisieren. Durch den stets abgeschlossenen Keg-Innenraum sind gute Voraussetzungen für die Reinigung gegeben und da das Innere stets unter Überdruck steht, können undichte Kegs automatisch erkannt und ausgesondert werden.

Die Keg-Reinigung und -Füllung lässt sich in jeder gewünschten Stufe mechanisieren bzw. automatisieren. Damit sind die Bedingungen für die Anwendung in nahezu allen Betriebsgrößen erfüllt.

Zweckmäßigerweise werden die Keg-Reinigungs- und -Füllanlagen als funktionsfähige, anschlussbereite Einheiten konzipiert und gefertigt. Jedes Modul hat einen durch die Ausstattung vorgegebenen Durchsatz, sodass sich durch die Parallelschaltung mehrerer Module alle praktisch erforderlichen Anlagengrößen erreichen lassen.

Keg-Anlagen können als Linearmaschinen und als Rundlaufmaschinen ausgelegt werden. Bei größeren Durchsätzen sind Rundlaufmaschinen im Vorteil. Die benötigte Verweilzeit zur Sicherung der einzelnen Verfahrensschritte lässt sich nicht beliebig reduzieren. Das gilt insbesondere für die Reinigung und Sterilisation. Die Mindestverweil- bzw. Behandlungszeiten müssen deshalb gesichert werden, sie dürfen nicht unterschritten werden.

Je nach Durchsatz und verfügbarer Behandlungszeit können Vorreinigung, Hauptreinigung/Sterilisation und Füllung in getrennten Anlagen erfolgen oder sie werden mit komplexen Behandlungsstationen in einer Maschine bei entsprechend verlängerten Taktzeiten realisiert.

Aus Abbildung 558 ist als Beispiel das Layout einer Keg-Anlage mit Linearmaschinen ersichtlich, Abbildung 559 zeigt eine Rundlaufanlage für größere Durchsätze mit getrennten Anlagen für Vor- und Hauptreinigung sowie Füllung.

Je Linearmaschinen-Linie lassen sich etwa 50…60 Kegs/h reinigen und füllen, die Taktzeit je Station liegt bei ca. 60 s, die Behandlungszeit bei etwa 45 s. Bei Bedarf werden mehrere Linien parallel betrieben, die als autonome Anlagen ausgeführt werden können (Abbildung 561a) und getrennt zu betreiben sind, oder als Duo-Anlage (doppelbahnige Anlage), bei der zwei Linien synchron mit gemeinsamer Versorgungseinheit betrieben werden, s.a. Abbildung 561.

Rotationsanlagen werden für bis zu etwa 1500 Kegs/h eingesetzt, s.a. Abbildung 563.

Wichtig ist bei allen Keg-Systemen, dass die Einzelschritte der Reinigung, Sterilisation und Füllung von Sensoren und einer Steuerung überwacht werden, um Fehlfüllungen mit Sicherheit auszuschließen und die Vorteile des Keg-Systems auch tatsächlich zu nutzen.

Das weitgehend unifizierte Baukastensystem der einzelnen Hersteller ermöglicht eine kostengünstige Fertigung, sodass sich der technische Fortschritt international schnell einführen und stabilisieren konnte.

England, das Mutterland des Kegs, hat mit seinem hohen Fassbieranteil viel zur Entwicklung der Kegs und seiner Anlagentechnik sowie zur Einführung beigetragen.

Füllanlagen

26.2 Elemente der Keg-Anlagen

Wichtige Bestandteile einer Keg-Anlage sind (Abbildung 558):
- Die Entpalettierung und Palettierung der Kegs;
- Der Keg-Transport;
- Die Keg-Eingangskontrolle;
- Das Wenden der Kegs;
- Die Entkapselung;
- Die Außenreinigung;
- Die Vorreinigung;
- Die Hauptreinigung;
- Die Füllung;
- Das Wenden der gefüllten Kegs;
- Die Vollgutkontrolle;
- Die Kennzeichnung/Verkapselung.

Bei kleineren Anlagen können einzelne Verfahrensstufen zusammengelegt werden, wenn die Behandlungszeiten entsprechend angepasst werden, beispielsweise bei Vorreinigung und Reinigung. Mit Einkopf-Anlagen lassen sich 5...10 Kegs/h behandeln, mit 2 Köpfen 10...15 Kegs/h. Bei größeren Durchsätzen werden die Behandlungsstufen aufgeteilt, um die erforderlichen Behandlungszeiten zu sichern.

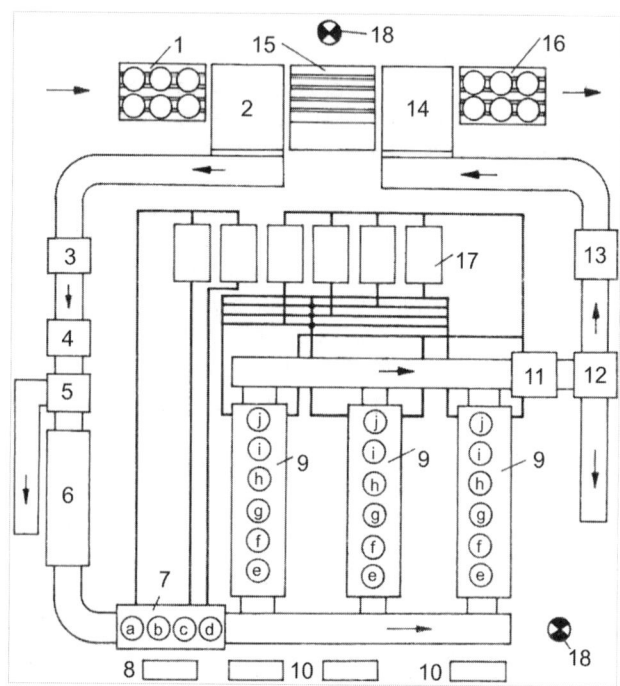

Abbildung 558 Layout einer Keganlage mit Linearmaschinen, schematisch
a Restentleerung b Vorspülung
c, d Laugespülung e, f Laugespritzung g Säurespritzung
h Sterilisation i Sterilisation und Vorspannung j Füllung

1 Leergut-Palette
2 Entpalettierung
3 Wender 4 Entkapselung
5 Rest-Druckprüfung
6 Außenreinigungsanlage
7 Keg-Vorreinigungsanlage
8, 10 Steuerschränke 9 Keg-Reinigungs- und Füllanlage
11 Wender Vollgut 12 Vollgut-Kontrolle 13 Kapselaufsetzvorrichtung 14 Palettierung
15 Palettenmagazin
16 Vollgut-Palette
17 Reinigungsmittelbehälter
18 Arbeitskraft

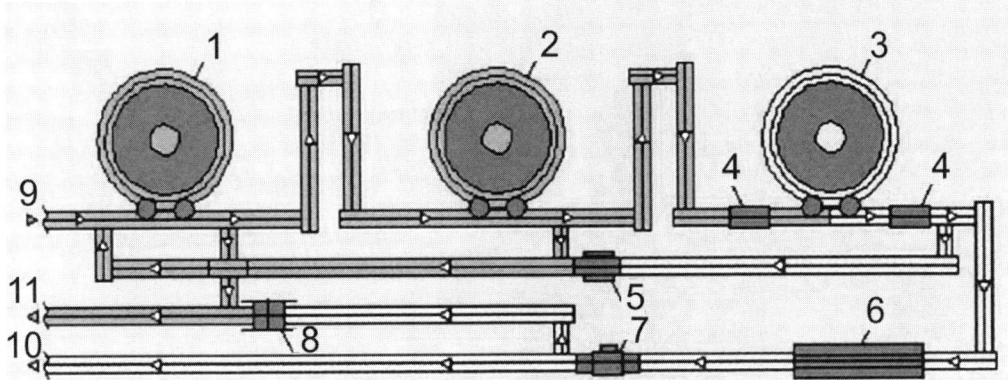

Abbildung 559 Layout einer Rundlauf-Keg-Anlage, schematisch (nach KHS)
1 Vorreiniger **2** Hauptreiniger **3** Füllmaschine **4** Tara- und Vollgutwaage **5** Bodendekanter **6** Wender **7** Leckagekontrolle **8** Topdekanter **9** Leergut **10** Vollgut
11 Reparatur-Kegs
(die Positionen 1 bis 4, 8, 10, 13 bis 18 in Abbildung 558 sind nicht mit dargestellt).

Abbildung 560 Kleinanlage für die Keg-Reinigung und -Füllung „Keg Boy C-2" (nach KHS)
Durchsatz ≤ 35 Kegs/h
(50-l-Kegs)

Füllanlagen

*Abbildung 561 a Linearmaschine (Transomat 3/1, nach GEA Till)
mit 5 Behandlungsstationen*

*Abbildung 561 Linearmaschine mit 2 x 7 Behandlungsstationen als Duo-Maschine
 ausgeführt (nach KHS)*

Keg-Reinigung und -Füllung

Abbildung 561 b Linearmaschine mit 7 Behandlungsstationen (Transomat 7/1), Montagefoto, Armaturenseite Medienverteilung (nach KHS)

Füllanlagen

26.2.1 Entpalettierung und Palettierung der Kegs

Für das Palettieren und Entpalettieren lassen sich vorzugsweise Knickarm-Roboter einsetzen. Zur Anlage gehören Palettenmagazine für Leer- und Defektpaletten und eine Palettenprüfstation (s.a. Kapitel 8).
Der Ausrüstungsumfang wird natürlich vom Anlagendurchsatz bestimmt.

Abbildung 562 Knickarmroboter für die Keg-Palettierung

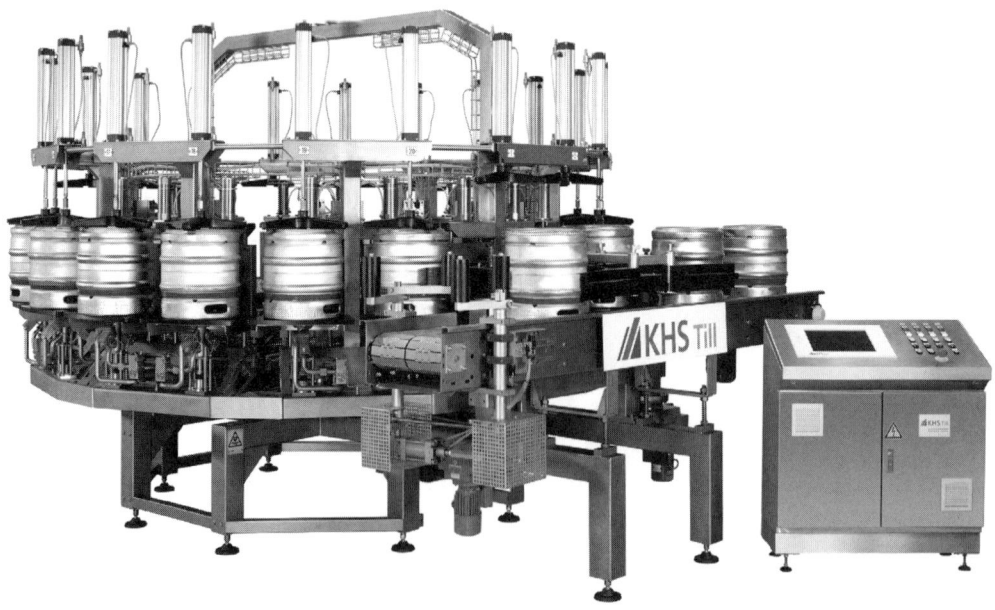

Abbildung 563 Rundlauf-Keganlage (im Bild Contikeg-Füllmaschine; nach KHS)

26.2.2 Keg-Transport

Für die Keg-Förderung werden Rollenbahnsysteme und Scharnierbandketten-Förderer, meist mit Doppelkette, eingesetzt. Die Förderer werden für robuste Betriebsverhältnisse ausgelegt (s.a. Kapitel 7).
Wichtige Zubehörkomponenten sind (Abbildung 564):
- Keg-Überschiebevorrichtungen;
- Keg-Einweiser;
- Keg-Vereinzeler;
- Keg-Stopper.

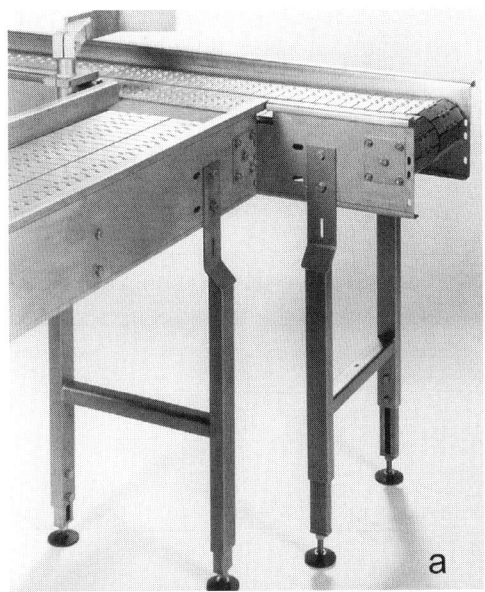
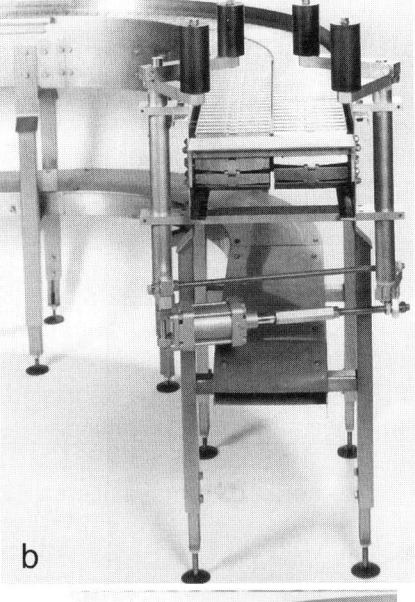
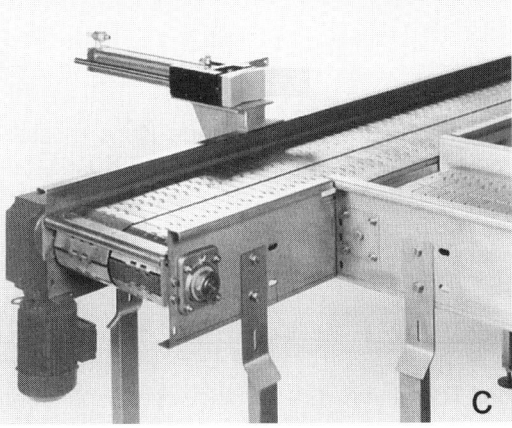

Abbildung 564 Keg-Förderanlagen, Beispiele (nach KHS)

a Scharnierketten-Förderer mit Einweißer **b** Scharnierkettenförderer mit pneumatisch betätigtem Stopper **c** Scharnierkettenförderer mit pneumatischem Überschieber **d** Rollenbahnen

Füllanlagen

26.2.3 Entkapselung und Wenden der Kegs

Die Sicherungskappen müssen vor der Außen- und Innenreinigung entfernt werden (manuell oder mechanisiert). Das Abziehen der Kappen erfolgt in der Regel von unten.

Für die weitere Verarbeitung (Innenreinigung, Füllung) müssen die leeren Kegs ggf. gedreht werden, sodass der Fitting nach unten zeigt, bzw. die vollen Kegs müssen nach der Füllung wieder gewendet werden.

Das Wenden kann beispielsweise erfolgen mit:

- Einem Stufenwender mit Überwindung eines Höhenunterschiedes. Diese Wender sind durch Umkehr des Bewegungsablaufes für Leer- und Vollgut geeignet (Abbildung 565 c);
- Einem Bedarfswender um 180° (Kegs in korrekter Lage durchlaufen den Wender, bei Bedarf werden die Kegs pneumatisch fixiert, angehoben und gedreht; Abbildung 565 a und a 1);
- Einem 180°-Wender (Abbildung 565 b) oder einem zweistufigen Wender um 2 x 90° (Doppelkreuzwender; Abbildung 565d).

26.2.4 Keg-Eingangskontrolle

Als Eingangskontrolle wird eine Restdruck-Prüfung der Kegs vorgenommen. Drucklose Kegs werden ausgeschleust und einer manuellen Kontrolle unterzogen.

Mögliche Ursachen für drucklose Kegs sind:

- Unsachgemäßer Umgang mit den Kegs;
- Defekte Dichtungen im Fitting;
- Ein gelockerter oder manipulierter Fitting.

Die Restdruckprüfung wird meistens in den Vorreiniger integriert, kann aber auch eine selbstständige Baugruppe sein.

Weitere Kontrollen

Eine Kontrolle kann die Logo- oder Schriftzug-Kontrolle am Kopfreifen des Kegs sein. Damit lassen sich betriebsfremde Kegs detektieren und ausschleusen. Gleicher Zielstellung dient die Kontrolle der Fitting-Bauform.

Eine weitere sinnvolle Prüfung ist Prüfung der Kegform. Deformierte Kegs müssen ausgeschleust werden. Bei kunststoffummantelten Kegs bzw. solchen mit Kunststoffgriffleisten sollte auf defekte Griffe untersucht werden. Abbildung 566 zeigt ein Beispiel.

Natürlich lassen sich auch Keg-Codierungen, Barcode-Etiketten und eventuell vorhandene Transponder lesen.

26.2.5 Außenreinigung

Die Außenreinigung der Kegs erfolgt in der Regel mit Linearmaschinen (Abbildung 567), bei Bedarf werden zwei Maschinen in Reihe geschaltet betrieben.

Die Außenreinigung wird mit Hochdruck-Spritzstrahlen (4...80 bar) durchgeführt. Dabei werden die Mantelfläche und die beiden Böden erfasst, vor allem der Kegmuffen- bzw. Fittingbereich mit rotierenden Spritzköpfen (Abbildung 569 und Abbildung 570).

Als Medien werden Lauge (Entfernung von Ink-Jet-Markierungen und Etiketten) und Wasser eingesetzt, bei Bedarf jeweils mehrstufig.

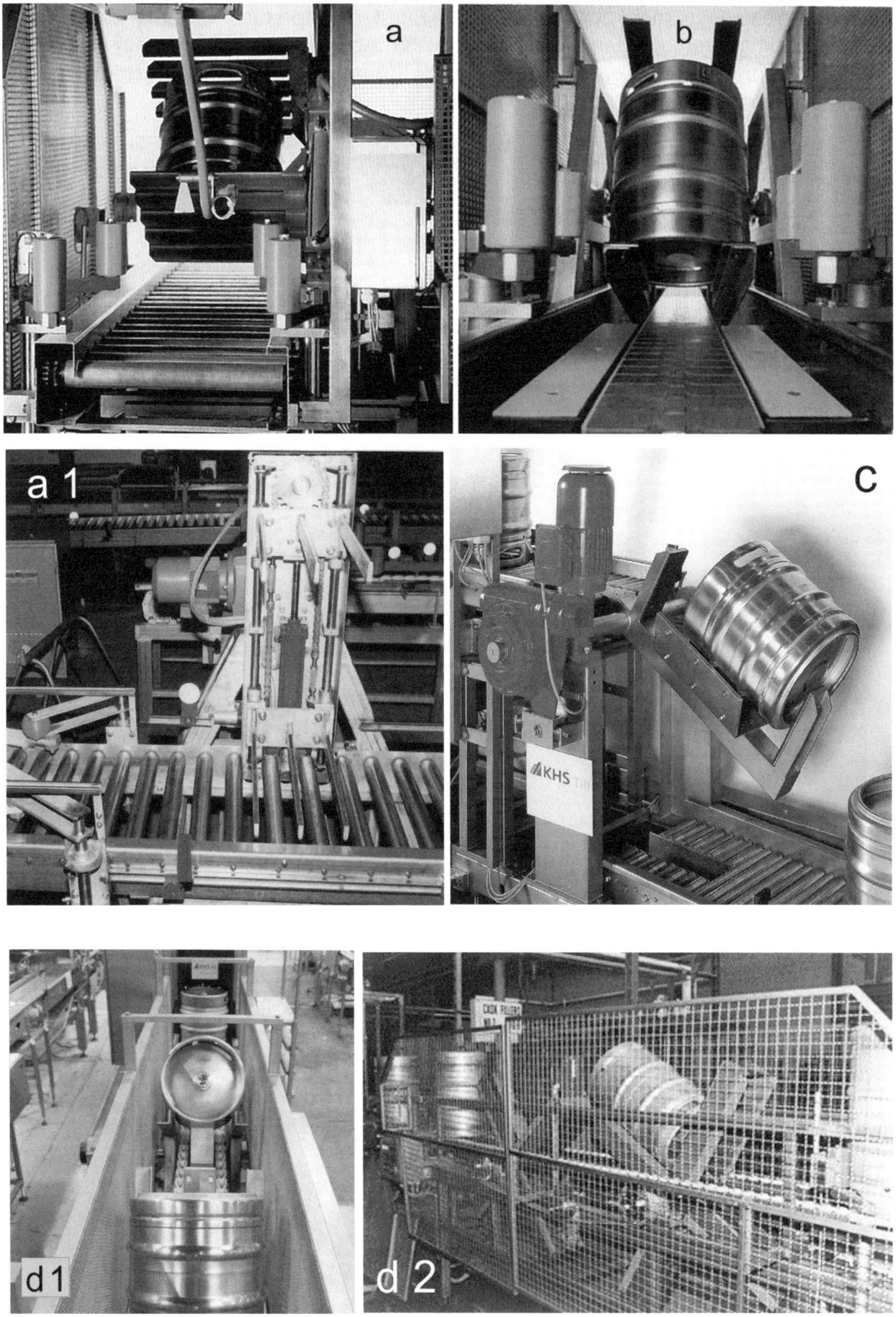

Keg-Reinigung und -Füllung

Abbildung 565 Keg-Wender (nach KHS)
a, a1 Bedarfswender   **b** 180°-Wender   **c** Stufenwender   **d1** und **d2**   2 x 90°-Wender

Füllanlagen

Die Außenreinigung kann durch rotierende Bürsten unterstützt werden, dabei kann auch das Keg gedreht werden (Abbildung 568 und Abbildung 568a).

Ein- und Auslauf des Außenreinigers werden durch Pendeltüren verschlossen, um den Austritt von Spritzstrahlen zu verhindern.

Abbildung 566 Keg-Inspektion: Prüfkopf für Griffleisten (nach [341])

Abbildung 567 Außenreiniger, Gesamtansicht (nach KHS)

Keg-Reinigung und -Füllung

Abbildung 568 Außenreinigung mit rotierenden Bürsten (nach KHS)

Abbildung 568a   Bürstenstation von Außen (nach KHS)

Füllanlagen

Abbildung 569 Außenreiniger, Innenansicht (nach KHS)

Abbildung 570 Rotierende Düsen (nach KHS)

26.2.6 Vorreinigung, Hauptreinigung und Füllung

Eingangskontrolle, Vorreinigung und Hauptreinigung werden bei Linearmaschinen auf mehreren Behandlungsstationen nacheinander durchlaufen. Bei Rundlaufmaschinen werden die einzelnen Schritte bei größeren Durchsätzen auf mehreren Anlagen realisiert (s.u.). Bei sehr geringen Durchsätzen reichen halbautomatische Anlagen, bei denen auf einer Behandlungsstation alle Vorgänge programmgesteuert ablaufen.

Beispiel mit einer Linearmaschine

Als Beispiel wird eine Linearmaschine mit 7 Behandlungsstationen genannt. Die Kegs werden mittels einer Hubschwinge zu den einzelnen Behandlungsstationen transportiert, abgesetzt und zentriert und von oben pneumatisch an den Behandlungskopf angedrückt. Die Behandlungszeit ist bei allen Stationen gleich lang und beträgt effektiv etwa 45 s, die Taktzeit ≤ 60 s.

1. Station
- Restdruck prüfen
- Resteentleerung und Spülen (CO_2-Entfernung) mit Druckluft
- Pulsierende Vorspülung mit Wasser
- Entleerung mit Druckluft
- Pulsierende Spritzung mit Lauge 1, Verweilzeit

2. Station
- Ausblasen von Lauge 1 mit Sterilluft
- Pulsierende Spritzung mit Lauge 2
- Resteentleerung und Spülen (CO_2-Entfernung) mit Druckluft,
- Anfüllen mit Lauge 2

3. Station
- Laugenweiche

4. Station
- Pulsierende Spritzung mit Lauge 2
- Ausblasen mit Sterilluft

5. Station
- Pulsierende Säurespritzung
- Ausblasen der Säure mit Sterilluft
- Pulsierende Heißwasserspritzung

6. Station
- Austreiben des Wassers mit Dampf
- Dampfdruckaufbau und Druckkontrolle
- Dämpfen und Druck prüfen
- Teilvorspannen mit CO_2

7. Station
- Ausblasen der Dampfreste mit CO_2
- Vorspannen mit CO_2
- Füllen, danach Abkoppeln und Spülen des Fittings.

Pulsierende Spritzungen

Die pulsierenden Spritzungen erfolgen abwechselnd getaktet mit großem und kleinem Volumenstrom, um die Steigrohraußenseite mit zu beaufschlagen.
Alle Medien werden über das Steigrohr zugeführt und über das CO_2-Ventil entleert.

Diese Variante der Keg-Reinigung hat sich gegenüber anderen Varianten (z.B. Wirbelreinigung mit Druckluftunterstützung, Gegenstromreinigung) als optimal herausgestellt [343].

Füllung

Die Füllung mit dem Getränk erfolgt über das Gasventil.

Die Füllung kann in geeichte Kegs erfolgen, bis am Steigrohr Bier austritt (Kontrolle mit einem Sensor). Einer langsamen Vorfüllphase folgt eine Schnellfüllphase (mit Differenzdruck zur Umgebung), danach wird langsam zu Ende gefüllt. Das Spanngas entweicht über das Steigrohr mit definierter Druckhaltung.

Alternativ kann die Füllung auch dosiert als Maßfüllung mittels eines Durchflussmessgerätes (z.B. MID) in beliebige Kegs erfolgen, die eingefüllte Menge kann protokolliert und für die Rechnungserstellung verwendet werden.

Der Füllkopf und das Fitting werden nach Füllende gespült, danach wird das Keg vom Füllkopf getrennt. Anschließend wird das Keg gewendet.

Füllanlagen

Beispiel mit einer Rundlaufanlage
Bei Durchsätzen bis etwa 1500 Kegs/h werden die Teilschritte Vorreinigen, Hauptreinigen und Füllen auf drei Anlagen aufgeteilt (Abbildung 571). Die Verknüpfungsstrecken werden als Wirkzeiten genutzt.

26.2.7 Wenden der gefüllten Kegs
Die gefüllten Kegs werden um 180° gedreht, s.a. Abbildung 565.

26.2.8 Vollgutkontrolle
Füllmenge
Die korrekte Füllmenge muss gesichert sein. Die Kontrolle kann erfolgen durch:
- Volumetrische Füllung oder durch
- Wägung.

Bei der volumetrischen Füllung wird die Füllmenge durch den Messwert des MID gesichert. Eine zusätzliche Kontrolle kann durch Wägung erfolgen.

Eine exakte Kontrolle kann durch eine Tara- und Brutto-Wägung (Vollgut-W.) erfolgen. Dazu eignen sich taktweise arbeitende Waagen und vor allem Durchlaufwaagen bei größeren Durchsätzen (Durchsatz: bis etwa 1600 Kegs/h).

Die prinzipiell mögliche Füllstandskontrolle mittels Gamma-Strahler wird nicht mehr praktiziert, seit die o.g. Alternativen bestehen.

In kleineren Betrieben kann als Notbehelf die ordnungsgemäße Füllung durch den Temperaturunterschied am oberen Boden („Handauflegen": wo kein Bier ist, ist der Boden noch heiß) kontrolliert werden.

Keg-Reinigung und -Füllung

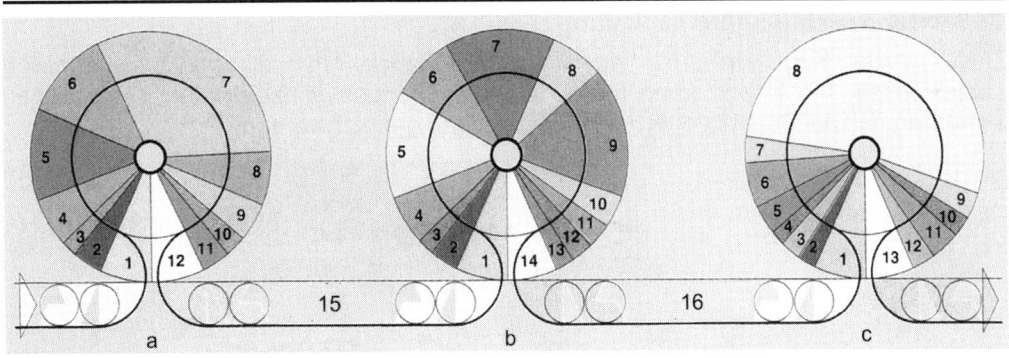

1 Keg einschieben	1 Keg einschieben	1 Keg einschieben
2 Restdruck prüfen	2 Prüfen	2 Druck prüfen
3 Ankuppeln	3 Ankuppeln	3 Fitting spülen und ausblasen
4 Reste ausblasen	4 Lauge 2 ausblasen	4 Ankuppeln
5 Mischwasser spülen	5 Säure spülen	5 Entspannen
6 Mischwasser ausblasen	6 Säure ausblasen	6 Vorspannen mit CO_2
7 Lauge 1 spülen	7 Heißwasser spülen	7 Anfüllen
8 Lauge 1 ausblasen	8 Wasser mit Dampf ausblasen	8 Schnellfüllen
9 Lauge 2 anfüllen	9 Dampfdruck aufbauen	9 Drosselphase
10 Abkuppeln	10 Druck entlasten	10 Abkuppeln
11 Kopf ausblasen, entlasten	11 CO_2-Druckaufbau	11 Restgetränk ausblasen
12 Keg ausschieben	12 Abkuppeln	12 Fitting spülen
	13 Kopf ausblasen, entlasten	13 Keg ausschieben
15 Lauge-Einwirkung auf Transportstrecke	14 Keg ausschieben	16 Sterilisation auf der Transportstrecke

Abbildung 571 Rundlaufanlage, schematisch (Contikeg, KHS)
a Vorreinigungsmaschine **b** Hauptreinigungsmaschine **c** Füllmaschine

Dichtheitskontrolle des Fittings

Nach der Füllung wird das Fitting gespült (s.o.). Nach dem Wenden kann eine optische Kontrolle auf Dichtheit mittels CCD-Kamera erfolgen. Eventueller Schaum weist auf Undichtheiten hin (s.a. Abbildung 572).

26.2.9 Kennzeichnung/Verkapselung

Das gefüllte Keg wird mit einer Kunststoffkappe manuell oder mechanisiert verschlossen. Die Kappe kann für die Sorten- und Loskennzeichnung, Originalitätssicherung und als Schutz gegen Verunreinigungen genutzt werden.

Abbildung 572 Fitting-Inspektion auf Dichtheit mit Kameratechnik (nach KHS)

Zur Kennzeichnung werden zum Teil auch Etiketten geklebt. Verwendet werden Selbstklebeetiketten, die automatisch bedruckt und gespendet werden.

Alternativ lassen sich die erforderlichen Daten auch per Tintenstrahldrucker mit wasserfester Tinte aufbringen (die Tinte ist laugelöslich).

26.2.10 CIP bei Keg-Anlagen

Die Reinigung und Sterilisation der Entleerungsstationen und der Füllmaschine wird nach dem CIP-Verfahren durchgeführt. Das Keg/Fitting wird durch einen Spülbehälter dargestellt (Abbildung 573).

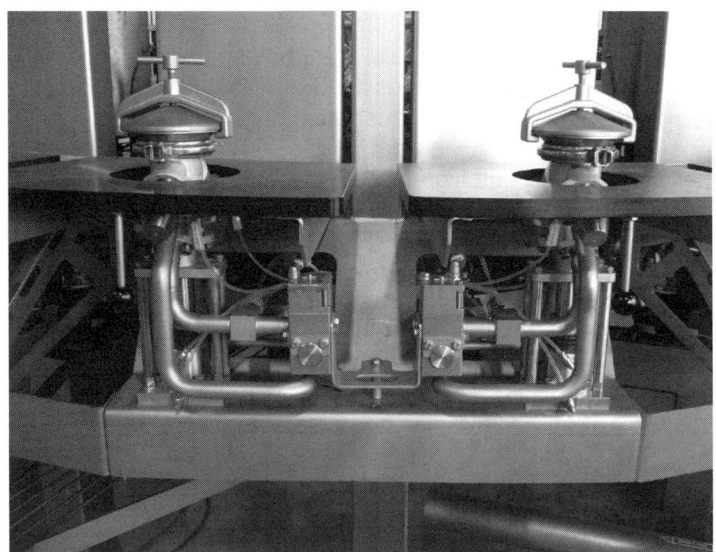

Abbildung 573 Behandlungsstation mit Spülbehälter an einer Rundlaufmaschine (nach KHS)

Füllanlagen

26.3 Keg-Reinigung
26.3.1 Allgemeine Hinweise

Die im Kapitel 26.2.6 genannten Teilschritte werden auf einer oder mehreren Behandlungsstationen durchgeführt. Abbildung 574 zeigt eine Keg-Reinigungs- und Füll-Station schematisch. Bei sehr kleinen Keganlagen mit einer oder zwei Behandlungsstationen wird bzw. wurde dieses Schema verwirklicht.

Die Kegs werden auf die Behandlungsköpfe abgesenkt und durch pneumatisch betätigte Zylinder angepresst. Die Fassmuffe mit dem Fitting wird durch einen Zentrierkegel zentrisch ausgerichtet. Nach dem Anpressen wird ein Stößel pneumatisch betätigt und damit das Ventil/die Ventile des Fittings geöffnet. Damit ist der Weg für die beteiligten Medien freigeschaltet (s.a. Abbildung 561, Abbildung 576, Abbildung 577, Abbildung 579 und Abbildung 590 a).

Bei der *Reinigung* werden die Medien über das Getränkeventil/Keg-Steigrohr in das Keg geleitet, der Rücklauf erfolgt über das Gasventil.

Bei der *Füllung* wird das Getränk über das Gasventil eingebracht und das Spanngas verlässt das Keg über das Steigrohr/Getränkeventil.

Den Transport der Kegs von einer Behandlungsstation zur nächsten übernimmt bei Linearmaschinen eine Kurbelschwinge.

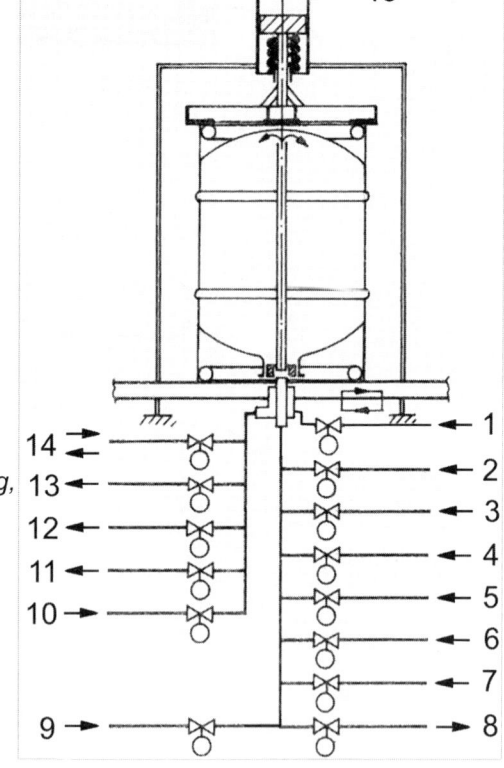

Abbildung 574 Keg-Reinigung und -Füllung, schematisch
1 Getränk 2 Lauge-Vorlauf
3 Heißwasser 4 Säure-Vorlauf
5 Sterilluft 6 Spanngas CO_2
7 Dampf 8 Rückgas 9 Frischwasser
10 Lauge 11 Getränkereste/Abwasser
12 Lauge-Rücklauf 13 Säure-Rücklauf
14 Abgas/Dampf 15 Druckluft

Bei Rundlaufmaschinen stehen die Kegs auf einem Kegträger („Hubtisch"), auf dem sie nach dem Taktschritt mittels des Anpresszylinders auf die Behandlungsstation

Keg-Reinigung und -Füllung

abgesenkt werden (s.a. Abbildung 561 und Abbildung 577). Die Medien werden, mittels Ventilen geschaltet, über einen Medienverteiler zu- und abgeleitet (Abbildung 578).

Bei einer kontinuierlichen Reinigungsmaschine/Füllmaschine werden die Kegs nur einmal auf die sich mitdrehenden Behandlungsstationen abgesenkt (Abbildung 563 und Abbildung 576). Die Medien werden durch einen Drehverteiler, zum Teil ohne Ventile, zu- und abgeleitet (Abbildung 579 bis Abbildung 582).

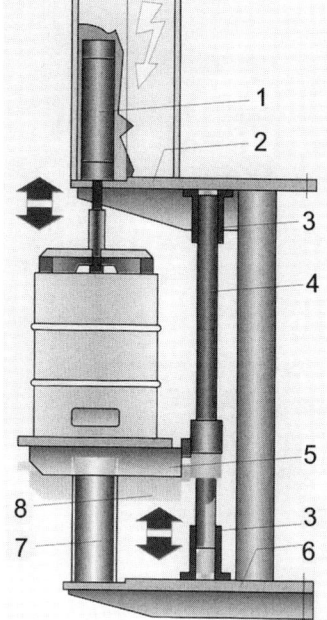

Abbildung 575 Hub- und Senkstation einer rotierenden Reinigungs-/Füllmaschine (Innokeg KR, nach KHS)
1 Anpresszylinder **2** oberer Tragring **3** Gleitlager
4 Führungsstange **5** Hubtisch obere Stellung
6 unterer Tragring **7** Behandlungsstation
8 Hubtisch untere Stellung

Abbildung 576 Behandlungsstation für die Reinigung an einer Innokeg Contikeg (nach KHS)

Füllanlagen

Abbildung 577 Behandlungsstation einer Innokeg Contikeg (nach KHS)

Abbildung 578 Medienverteilung durch einen Ventilblock bei einer Linearmaschine (nach KHS)

Keg-Reinigung und -Füllung

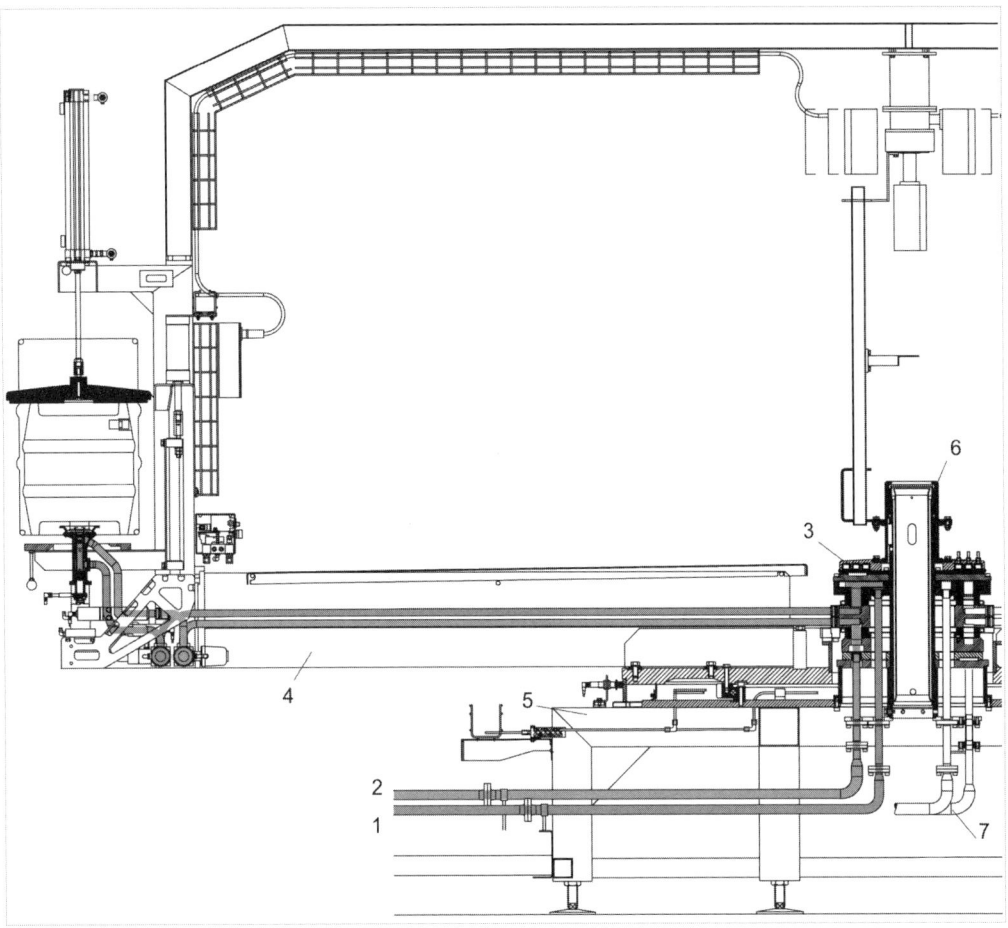

*Abbildung 579 Medienverteiler der Contikeg-Reinigungsmaschine (nach KHS);
die Contikeg-Anlage wird für 16, 20, 24 und 32 Behandlungsstation gebaut.*
1 Anschluss für Reinigungsmittel-Vorlauf **2** Anschluss für Reinigungsmittel-Rücklauf
3 Medienverteiler einschließlich Steuerluft **4** Rotor **5** Maschinengestell **6** Zentralwelle
7 weitere Medien

Die Reinigungsköpfe müssen ebenso wie die Füllköpfe auf die Fittingbauform abgestimmt sein. Das gilt insbesondere für die Zentrierung und die Stößelgeometrie.

Inzwischen wurde auch ein System entwickelt, das umstellbar ist und mit dem zwei verschiedene Fittinge (Flach- und Korbfitting) verarbeitet werden können (System „One-4-Two" [342]). Es werden zwei verschiedene Stößel mit separatem Antrieb eingesetzt. Die Zentrierung besteht aus zwei Halbschalen, die pneumatisch betätigt werden (Abbildung 580).

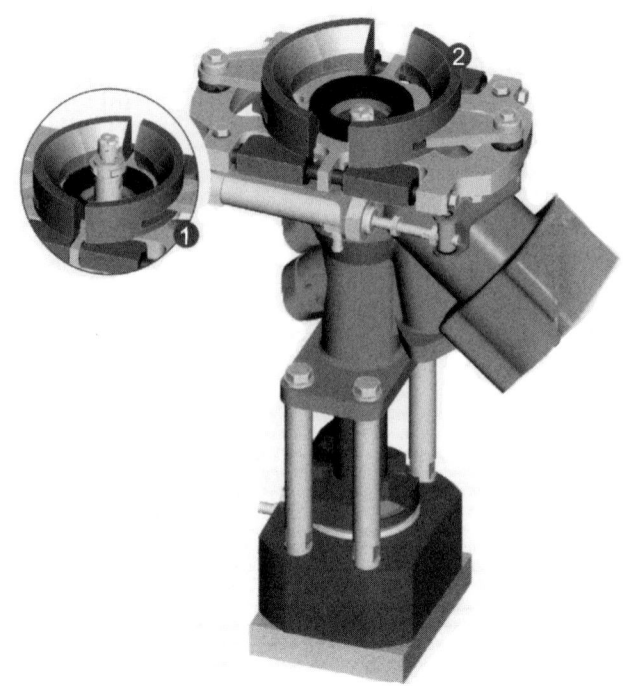

Abbildung 580 Umstellbarer Füllkopf für Korbfittinge (1) und Flachfittinge (2) (nach KHS, [342])

Keg-Reinigung und -Füllung

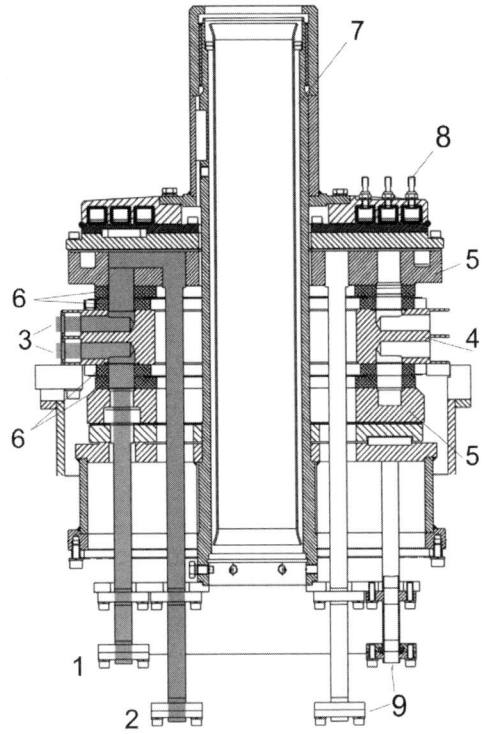

Abbildung 581 Zentralverteiler für die Reinigungsmedien einer Contikeg-Reinigungsmaschine, schematisch (nach KHS)
1 Reinigungsmedium-Rücklauf 2 Reinigungsmedium-Vorlauf 3 zum Reinigungskopf
4 Rotor Medienzu- und -ablauf 5 Stator 6 Gleitflächen des Verteilers 7 Zentralsäule
8 Verteiler Steuerluft 9 weitere Medien (z.B. Wasser, Dampf)

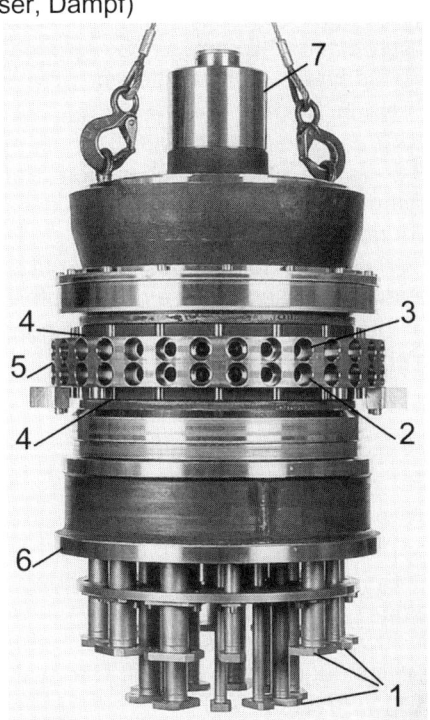

Abbildung 582 Zentralverteiler einer Contikeg-Reinigungsmaschine, ältere Ausführung (nach KHS)
Die Contikeg-Anlage wird für 16, 20, 24 und 32 Behandlungsstation gebaut.
1 Anschlussflansche für die Medien
2 Anschluss Rücklauf einer Behandlungsstation
3 Anschluss Vorlauf für eine Behandlungsstation
4 Drehschieber 5 Rotor 6 Stator
7 Zentralsäule

26.3.2 Verfahrenstechnische Grundlagen der Reinigung

Die verfahrenstechnischen Grundlagen der Keg-Reinigung wurden von *Wagner* systematisch untersucht [343]. Wichtige Parameter der Reinigung sind die chemisch-physikalische Wirkung der Reinigungsmittel und die mechanische Komponente des Fluides auf den zu entfernenden Belag.

Die chemisch-physikalische Wirkung wird vor allem bestimmt von:
- Der Zusammensetzung der Reinigungsmittel;
- Der Konzentration der Reinigungsmittel;
- Der Temperatur;
- Der Viskosität;
- Der Oberflächenspannung;
- Dem Benetzungsvermögen;
- Dem Lösungsvermögen;
- Der Einwirkungszeit.

Die mechanische Komponente der Reinigung wird insbesondere beeinflusst vom Volumenstrom, von der Fließgeschwindigkeit bzw. der Re-Zahl und den davon abhängigen Größen wie die Grenzflächendicke und den an den Belägen wirkenden Scherkräften. Die Reinigung der festen Oberflächen des Kegs und des Steigrohres/Fittings lässt sich auf die Gesetzmäßigkeiten der Filmströmung (Rieselfilm) zurückführen. Auch die Gesetzmäßigkeiten der Wärmeübertragung spielen natürlich eine Rolle.

Der Volumenstrom der Reinigungsmedien ist bei der Keg-Reinigung durch die Abmessungen bzw. Querschnittsflächen des Fittings limitiert, der Rücklauf der Medien zusätzlich durch das nutzbare Druckgefälle. Der Steigrohrdurchmesser kann bei ausgeführten Fittingen im Bereich 12...22,5 mm liegen, vorzugsweise bei 16...17,5 mm. Der Strömungsquerschnitt beträgt zum Beispiel beim Korb-Fitting von *MicroMatic* 295 mm^2 im Steigrohr und 451 mm^2 im Ringkanal für den Rücklauf. Die verfügbaren Querschnitte sind vom Fittingtyp abhängig [343].

Nach *Wagner* [343] kann nur mit einem Volumenstrom von etwa 1,1 l/s im Vorlauf über das Steigrohr bzw. 0,5 l/s bei reduziertem Durchsatz zur Steigrohrspülung und mit 0,8 l/s im Rücklauf über den Ringkanal des Fittings gerechnet werden (auf die Wiedergabe der Einzelheiten der Versuchsergebnisse der genannten Arbeit wird verzichtet, da diese im Internet als PDF-Datei verfügbar ist). Aus den unterschiedlichen Durchsätzen folgt, dass die Spritzzeiten der pulsierenden Spritzung so abgestimmt werden müssen, dass eine Sumpfbildung im Keg vermieden wird.

Literatur zur Kinetik der Reinigungsvorgänge und die sie beeinflussenden Faktoren siehe auch im Kapitel 31.

26.3.3 Reinigungsregime

In der Vergangenheit wurde neben der pulsierenden Spritzung noch die Wirbelreinigung und die Gegenstromreinigung genutzt. Weitere Varianten waren die Kegbewegung durch Rotation und Teilbefüllung sowie die Ultraschallbehandlung [343].

Bei der modernen Kegreinigung wird die pulsierende Spritzung angewandt. Nach einem Spritzzyklus mit ca. 1,1 l/s für die Mantelreinigung folgt ein Zyklus mit reduziertem Durchsatz von ca. 0,5 l/s für die Überschwallung des Steigrohres. Jeder Zyklus dauert etwa 3...5 s. Die Zykluszeit wird so gewählt, dass eine Sumpfbildung im Keg vermieden wird.

Der Reinigungseffekt wird also vor allem durch die Wirkung der Reinigungschemikalien gesichert (Weichen, Quellen, Spülen). Die mechanische Komponente des Rieselfilmes bzw. der strömenden Fluide ist relativ klein, da der Rieselfilm (Turbulenz, Dicke, Schubspannungen) wenig beeinflusst werden kann.

Einer ausreichenden Einwirkungszeit der Reinigungschemikalien und den Parametern Temperatur und optimale Konzentration kommt deshalb große Bedeutung zu. Die Gesamtbehandlungszeit der Kegs kann deshalb auch nicht wesentlich reduziert werden.

Bei größeren Anlagen werden deshalb die Reinigung und die Sterilisierung/Füllung auf getrennten Maschinen realisiert, um Einwirkungszeit für die Reinigungslauge zu gewinnen. Dem gleichen Ziel dienen verlängerte Transportstrecken.

Zum Teil wird den üblichen Reinigungs- und Füllanlagen eine Vorreinigungsstation vorgeschaltet. Bei der taktweisen Förderung der Kegs kann die Behandlungszeit durch „Leerstationen" verlängert werden.

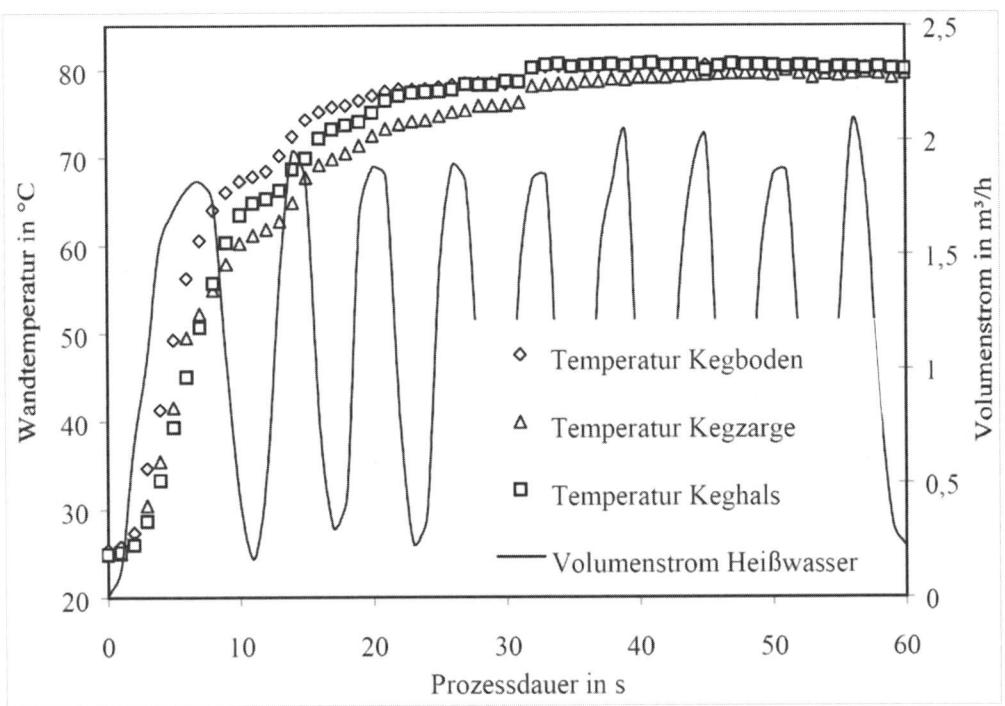

Abbildung 583 Gemessener zeitlicher Verlauf der Wandtemperaturen beim Erwärmen des Kegs (30-l-DIN-Keg mit Korbfitting) von 20 °C auf 80 °C durch pulsierendes Spritzen mit Wasser von 81…82 °C (nach [343])

26.3.4 Reinigungsmedien

Lauge: die Lauge wird auf Basis NaOH zusammengestellt. Hinzu kommen Additive und Tenside nach den Rezepten der Hersteller und in Abhängigkeit von der Wasserhärte. Die Anwendungskonzentration sollte im Bereich 1,3…1,5 % liegen (optimaler Reinigungseffekt; teilweise werden in der Literatur Werte von 1…2 % angegeben), die Temperatur bei ≥ 80 °C. Teilweise wird mit zwei getrennten Laugen gearbeitet.

Füllanlagen

Wichtig ist es, das CO_2 aus den Kegs *quantitativ* vor der Laugespülung zu entfernen, um eine chemische Reaktion zu verhindern. Das entstehende Na_2CO_3 bzw. $NaHCO_3$ hat nur eine geringe Reinigungskraft.

Die CO_2-Entfernung muss durch Ausblasen mit Sterilluft oder Dampf erfolgen; ein Ausspülen mit Wasser ist nicht sinnvoll möglich (hoher Wasserverbrauch, fehlende Zeit).

Heißwasser: zum Spülen, Temperatur ≥ 80 °C.

Säure: in der Regel werden Salpetersäure und/oder Phosphorsäure benutzt, Anwendungskonzentration 0,5…1 %.

Bei Reinigungsmitteln auf Schwefelsäurebasis muss bei Temperaturen ≥ 30 °C mit Korrosion gerechnet werden (diese Mittel sollten deshalb nicht benutzt werden).

Sterilluft: zum Ausblasen. Die Filter und das Leitungsnetz müssen regelmäßig gewartet und sterilisiert werden.

CO_2: als Spanngas, natürlich auch steril filtriert.

Dampf: wird zum Sterilisieren und zur Medienbeheizung verwendet. Der Prozessdampf muss filtriert werden. Es muss reiner Dampf aus Trinkwasser zur Anwendung kommen. Dieser muss bei Bedarf in einem Sekundär-Dampferzeuger bereitet werden. Die Dampftemperatur soll ≤ 130 °C betragen, um die Dichtungswerkstoffe zu schonen.

Frischwasser: in Trinkwasserqualität

26.3.5 Erwärmung der Kegs

Die Erwärmung erfolgt mit heißer Lauge bzw. Heißwasser, die im Kreislauf gefördert und dabei nachgeheizt werden. Den Temperaturverlauf zeigt beispielhaft Abbildung 583. Die für das Aufheizen erforderliche Wärmemenge resultiert aus der Kegmasse, der Temperaturdifferenz und der spezifischen Wärme des Werkstoffes.

26.3.6 Medientrennung

Bei jedem Medienwechsel muss auf geringe Vermischung geachtet werden (ausreichende Abtropfzeit). Die Haftmengen auf der Wandung betragen ca. 35…40 ml/m^2. Deshalb ist eine Intervallspülung günstiger für den anzustrebenden quantitativen Austrag als eine stetige Spülung/Spritzung, da die Diffusionsvorgänge auch zeitabhängig verlaufen.

Im Kegboden bleibt eine kleine Menge Flüssigkeit zurück, die beim Ausblasen nicht vollständig entfernt werden kann. Wichtig ist deshalb auch hier die Intervallspülung.

26.3.7 Ausspülverhalten

Beim Spülen vor einem Medienwechsel werden etwa 6…8 s benötigt, um die Konzentration des vorangegangenen Mediums genügend weit zu senken (Abbildung 584). Aus Abbildung 585 ist der Verlauf des Ausblasens von CO_2 mit Sattdampf zu sehen und Abbildung 586 zeigt den Verlauf der Spülung mit Druckluft bzw. CO_2.

Keg-Reinigung und -Füllung

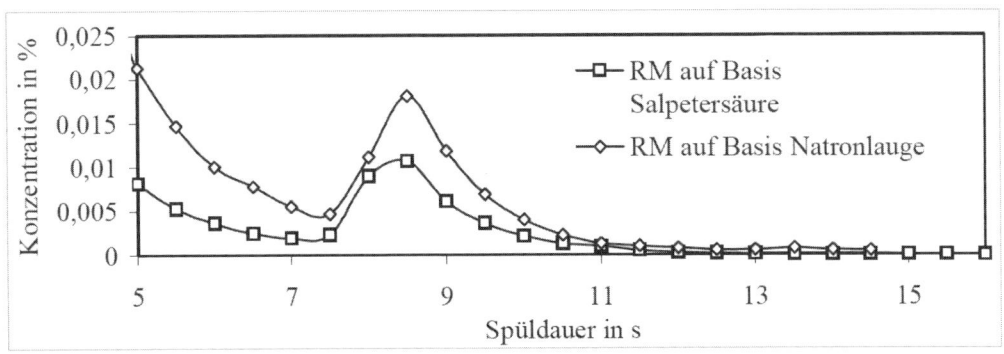

Abbildung 584 Ausspülverhalten: Mittelwerte eines 3 %igen Reinigungsmittels beim Ausspülen aus einem 30-l-Keg mit Flachfitting mit kaltem Wasser bei pulsierender Spritzung (nach [343])

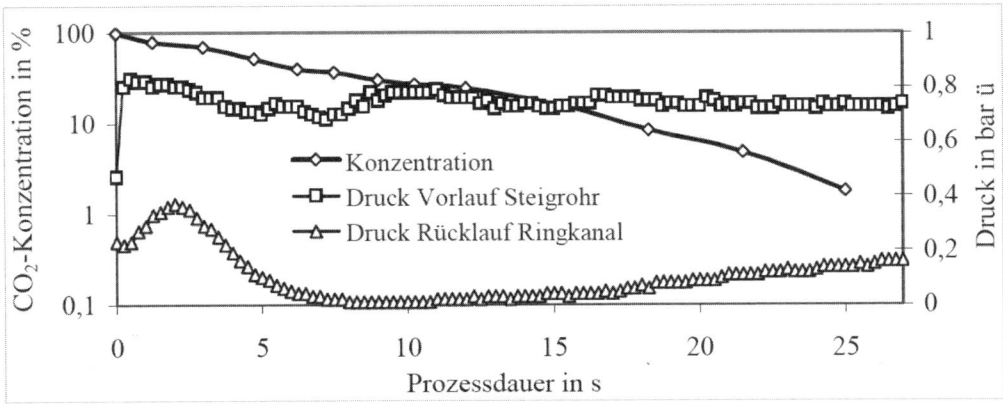

Abbildung 585 Ausblasen des CO_2 mittels Sattdampf bei einem 50-l-Euro-Keg über das Steigrohr (nach [343])

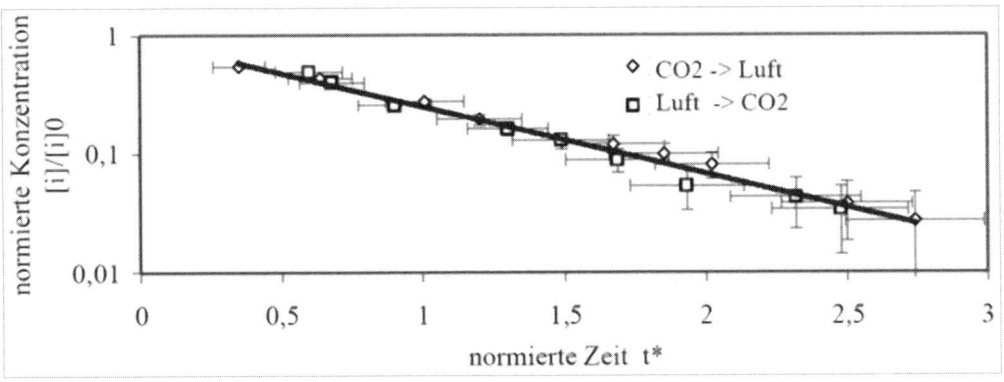

Abbildung 586 Vergleich der Messergebnisse der normierten Konzentration von CO_2 beim Spülen mit Luft sowie der normierten Konzentration von Luft beim Spülen mit CO_2 für ein 30-l-DIN-Keg mit Korbfitting, Spülung über das Steigrohr (nach [343])

Füllanlagen

26.3.8 Sterilisieren

Das Sterilisieren erfolgt durch direkte Dampfbeaufschlagung. Verwendet wird vorzugsweise Sattdampf mit Temperaturen 120...135 °C, entsprechend einem Druck von $p_ü$ = 1...2,5 bar.

Wichtig ist es, dass das Keg beim Aufheizen mit Dampf möglichst frei von Gasen (Luft, CO_2) ist, da die Gase als Isolator wirken. Deshalb wird eine bestimmte Zeit (10...12 s) mit Dampf zur Atmosphäre „durchgeblasen" (auch bei reduziertem Dampfdruck möglich). Danach kann in einem Zeitraum von 40...50 s die Keg-Temperatur an die Dampftemperatur angenähert werden (s.a. Abbildung 587).

Während des Sterilisierens wird über die Keg-Oberfläche laufend Wärme an die Umgebung abgegeben. Günstig verhalten sich diesbezüglich Kegs mit PUR-Schaum-Ummantelung.

Am Ende des Sterilisierzyklus sollte das Keg bereits mit CO_2 vorgespannt werden. Damit wird gesichert, dass auch bei Betriebsunterbrechungen, wenn der Dampf kondensiert, der Druck im Keg erhalten bleibt und eine Vakuumbildung verhindert wird.

26.3.9 Behandlungszeiten

Die Verweilzeit je Behandlungsstation beträgt etwa 45...60 s. Davon müssen aber 10...15 s für die Nebenzeiten, wie den Transportvorgang von Station zu Station und für das Ankuppeln, abgezogen werden, sodass nur ca. 45...50 s effektive Behandlungszeit je Station mit Spritzstrahlen/ Rieselfilm verbleiben.

Es resultieren also etwa ≤ 60 Kegs/h als Durchsatz je Linie.

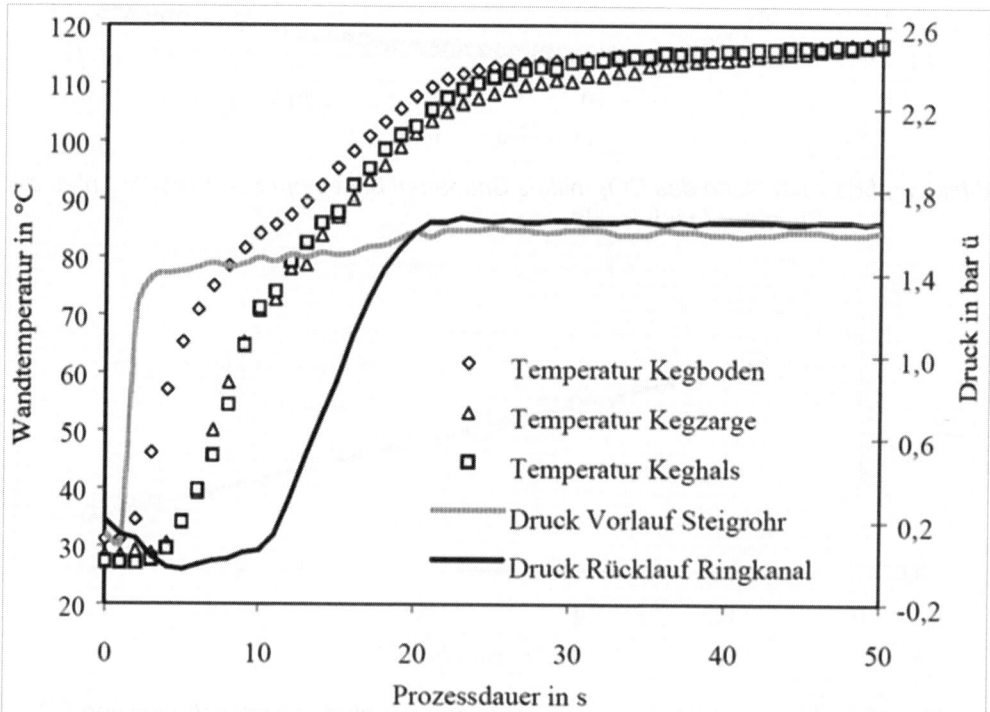

Abbildung 587 Gemessene Druck- und Temperaturverläufe beim Durchblasen (10 s) und anschließendem Druckaufbau mit Dampf eines mit Luft bei atmosphärischen Bedingungen gefüllten 30-l-Kegs mit Korbfitting.

26.3.10 Druckaufbau

Der Druckaufbau mit einem Spanngas über das Steigrohr erfolgt relativ schnell:

$\Delta p \approx 1$ bar /s (z.B. bei 4 bar dauert es bis zum Druckausgleich ca. 4,5 s).

Das Entspannen geht in der halben Zeit vonstatten:

$\Delta p \approx 2$ bar /s (z.B. 4 bar auf atmosphärischen Druck 2,3 s).

26.3.11 Winterbetrieb

Im Winter müssen Retour-Kegs entweder frostfrei gelagert werden, oder eventueller Eisansatz muss nach der Resteentleerung detektiert werden (z.B. durch eine Tara-Wägung vor der Füllung).

Durch das programmierte Spülen bei der Keg-Reinigung kann das Eis nicht zuverlässig entfernt werden.

Auf die Beschädigungsmöglichkeit der Kegs (vor allem manipulierter Kegs) durch Eisbildung und die damit verbundene Volumenzunahme infolge plastischer Verformung sei hingewiesen.

26.3.12 Kontrolle der Keg-Reinigung

Neben der mikrobiologischen Kontrolle des Reinigungsergebnisses sollte die Funktion der einzelnen Behandlungsstationen regelmäßig mit einem Test-Keg kontrolliert werden.

Das Test-Keg kann verschieden ausgestattet werden. Empfohlen wird die Ausrüstung mit einem oder mehreren Temperatur-Sensoren und einem Druck-Sensor. Die Messwerte werden während des Durchlaufes als Funktion der Zeit gespeichert und können anschließend ausgelesen und ausgewertet werden. Auch die drahtlose Übertragung der Messwerte ist möglich.

Die Funktion der Spritzungen kann zum Teil durch Schaugläser beobachtet werden.

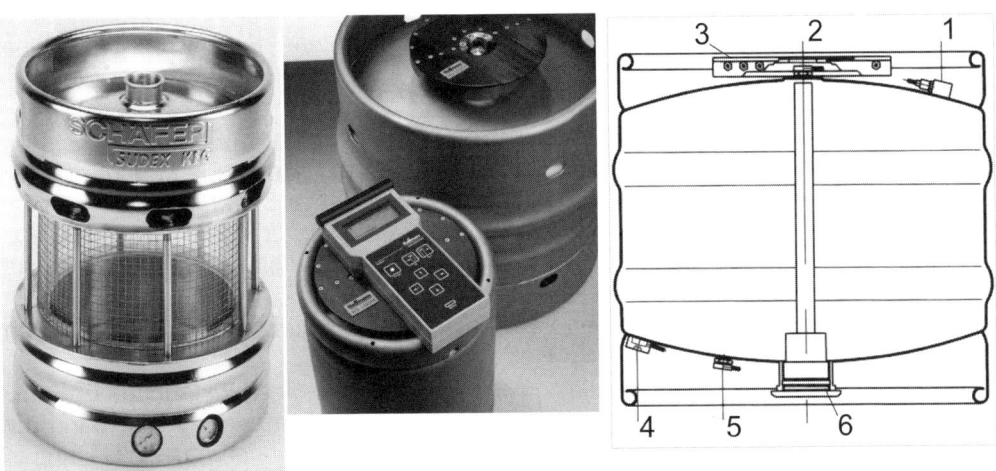

Abbildung 588 Beispiele für Keg-Monitore (nach Schäfer und Haffmans)
1 Druck-Sensor **2, 4, 5** Temperatur-Sensoren für Einströmung am Steigrohr, kälteste Stelle in Wandnähe und Auslauf am Fitting **3** Auswerteelektronik **6** Fitting

26.4 Keg-Füllung

26.4.1 Allgemeine Hinweise

Nach der Keg-Reinigung und Sterilisation folgt die Füllung in derselben Maschine (bei Linear-Maschinen) oder mit einer separaten Füllmaschine (bei Rundlaufmaschinen). Wichtige Ziele der Keg-Füllung sind:

- Vermeidung von Sauerstoffaufnahme;
- Einhaltung der Nennfüllmenge;
- Vermeidung von Verlusten;
- Verhinderung von Fehlfüllungen;
- Ausschluss von Kontaminationen.

Die Probleme der Kegfüllung bezüglich der Sauerstoffaufnahme sind denen der Flaschenfüllung ähnlich (s.a. Kapitel 16).

Die Nennfüllmenge kann durch Nutzung des Maßbehältnisses Keg oder durch volumetrische Füllung erreicht werden. Zu den damit verbundenen Problemen siehe Kapitel 25.5. Die Tendenz geht eindeutig zur Maßfüllung mittels Durchflussmessgerätes, z.B. MID.

26.4.2 Verfahrenstechnische Grundlagen der Füllung

Die Füllung des Keg verläuft in folgenden Teilschritten:

- Ausblasen des Kondensates;
- Vorspannen mit CO_2;
- Langsames Anfüllen;
- Schnellfüllphase;
- Langsames Nachfüllen bis zum Sollwert;
- Schließen des Getränkezulaufes;
- Spülen des Fittings;
- Absetzen des Kegs.

Bei kleineren Anlagen können die drei genannten Füllphasen zu einer zusammengefasst sein.

Die Füllung der von der Sterilisation noch heißen Kegs ist relativ unproblematisch. Die Temperaturerhöhung des zulaufenden Getränkes ist relativ gering. Sie beträgt maximal nur etwa 7...10 K. Das Temperaturmaximum wird nach etwa 3 s erreicht, danach fällt die Temperatur wieder auf einen Wert von Getränketemperatur + 2...3 K [343]. Dieser Wert wird vor allem von der Kegmasse, der Sterilisationstemperatur und der spezifischen Wärme des Werkstoffes bestimmt.

Der Fülldruck muss auch in der Anfangsphase der Füllung etwa 1,5...2 bar über dem CO_2-Sättigungsdruck des zu füllenden Getränkes liegen.

Teilweise werden die Kegs nur relativ wenig vorgespannt. Nach Einlauf des Getränks steigt der Kegdruck und erst nach dem Erreichen eines Grenzwertes wird dann das Gas in die Atmosphäre abgeblasen. Ziel ist hierbei die Verringerung der Spanngasmenge.

Bei modernen Keg-Füllanlagen wird die Füllgeschwindigkeit nicht durch die Regelung des Differenzdruckes Keg/Atmosphäre beeinflusst, sondern die gemessene

Keg-Reinigung und -Füllung

Getränkemenge wird als Sollwert für die Regelung des Bierdruckes genutzt. Dabei bleibt der Keg-Innendruck konstant (s.a. Abbildung 592, Abbildung 593 sowie Tabelle 79).

26.4.3 Füllmaschinen

In Abbildung 589 ist der Füllkopf einer Keg-Füllmaschine dargestellt (s.a. Abbildung 590 b). Nach dem Zentrieren und Anpressen des Kegs wird das Fittingventil durch den pneumatisch betätigten Stößel geöffnet und die einzelnen Füllschritte gemäß Kapitel 26.4.2 laufen programmgesteuert nacheinander ab.

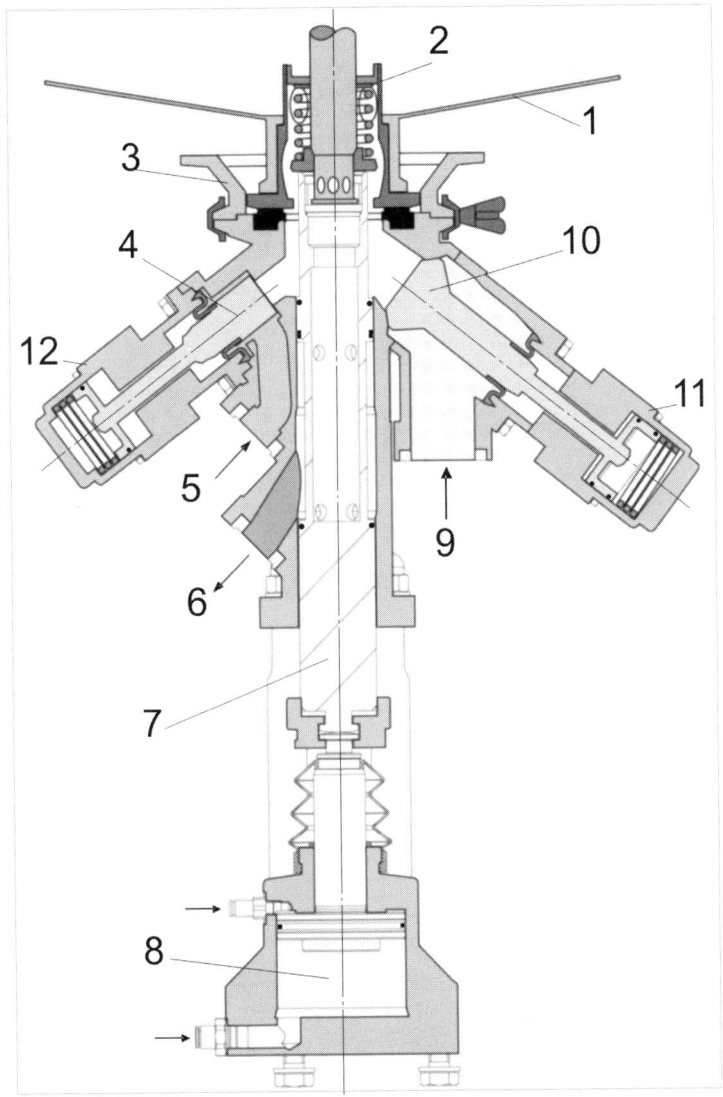

Abbildung 589 Füllkopf einer Keg-Füllmaschine, schematisch (nach KHS)
1 Keg **2** Flach-Fitting **3** Zentrierung **4** Spanngasventil **5** Spanngas **6** Rückgas
7 Stößel zum Öffnen des Fittings **8** pneumatischer Stößelantrieb **9** Getränk **10** Getränkeventil **11** Antrieb Getränkeventil, mit Federkraft schließend **12** Spanngasventil, mit Federkraft schließend

Füllanlagen

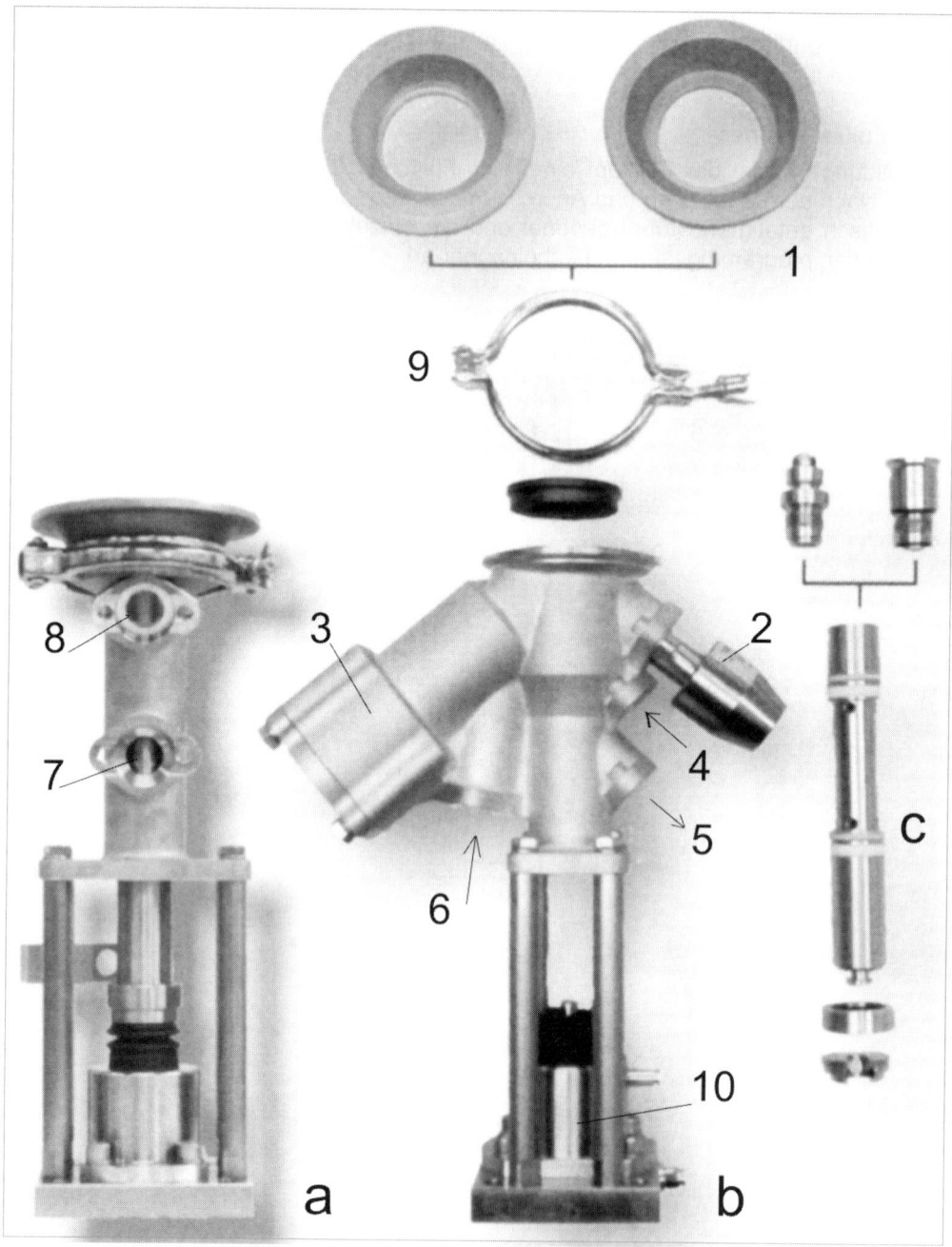

Abbildung 590 Armaturen für die Keg-Reinigung und -Füllung (nach KHS)
a Reinigungsstation **b** Füllstation **c** Stößel für Fitting-Betätigung
1 Zentrierung für Keg-Muffe **2** Ventil für Spanngas **3** Ventil für Getränk **4** Spanngas
5 Rückgas **6** Getränk **7** CIP-Vorlauf **8** CIP-Rücklauf **9** Spannring für Zentrierkonusbefestigung **10** Pneumatische Betätigung für Stößel

Keg-Reinigung und -Füllung

Wichtig ist bei kombinierten Reinigungs- und Füllköpfen, dass die Medien ohne Druckaufbau abgeleitet werden und eine Vermischung zuverlässig ausgeschlossen werden kann. Nach Füllende müssen alle Getränkereste aus dem Füllkopf- und Fittingbereich mit Frischwasser entfernt werden.

Die Abbildung 591 zeigt den Medienverteiler einer Contikeg-Füllmaschine schematisch.

Die Medien Spanngas, Rückgas und Getränkezulauf werden mittels des Verteilers den Füllköpfen zugeführt. Der Verteiler entspricht sinngemäß dem in Abbildung 581 gezeigten.

Im Kapitel 26.3.1 wurde bereits darauf hingewiesen, dass inzwischen Füllköpfe verfügbar sind, die automatisch für verschiedene Fittingtypen umstellbar sind.

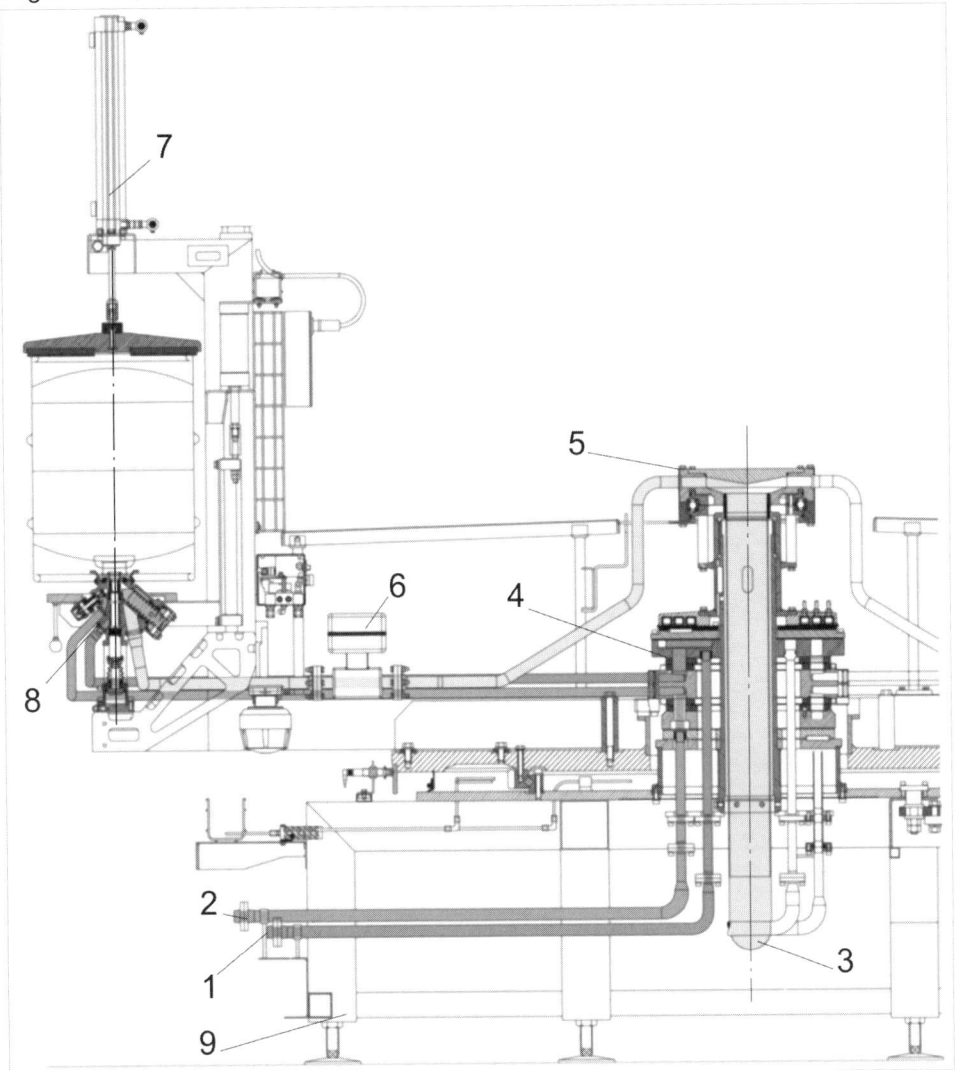

Abbildung 591 Zentraler Medienverteiler der Contikeg-Füllmaschine (nach KHS);
1 Anschluss Rückgas **2** Anschluss Spanngas **3** Getränk **4** Verteiler Gas einschließlich Steuerluft **5** Verteiler Getränk **6** MID **7** Anpresszylinder für Keg **8** Füllkopf **9** Maschinengestell

Füllanlagen

26.4.4 Möglichkeiten zur Beeinflussung der Füllgeschwindigkeit

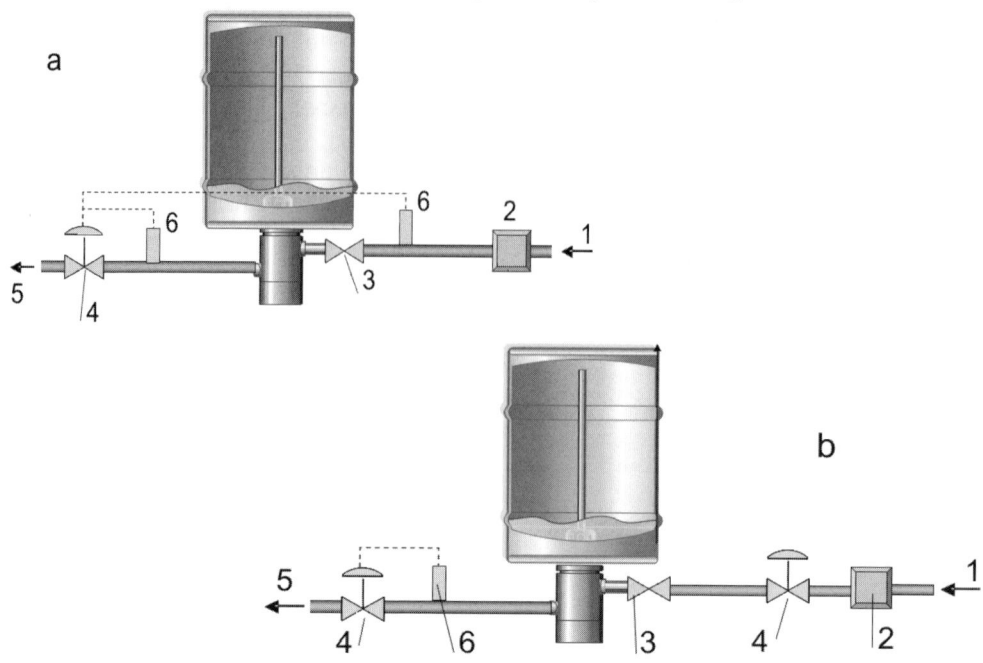

Abbildung 592 Varianten der Regelung einer Fassfüllmaschine
a Differenzdruck-Regelung **b** Direct Flow Control pro (nach KHS)
1 Bierzulauf **2** MID **3** Getränkeventil **4** Regelventil **5** Rückgas **6** Drucksensor

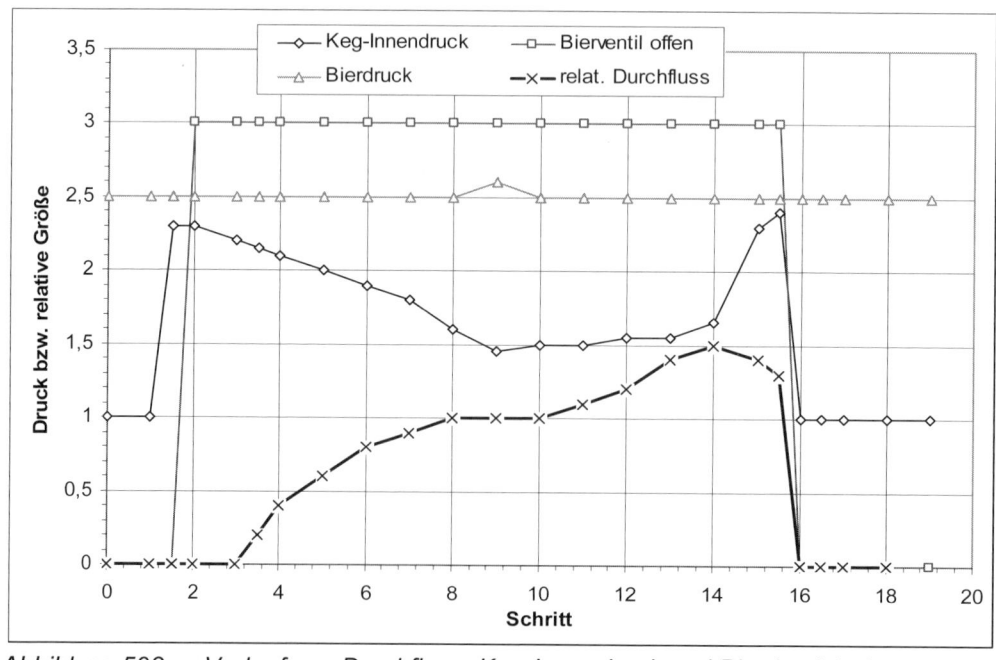

Abbildung 593a   Verlauf von Durchfluss, Keg-Innendruck und Bierdruck bei Differenzdruck-Regelung Bierdruck / Keg-Innendruck (nach KHS)

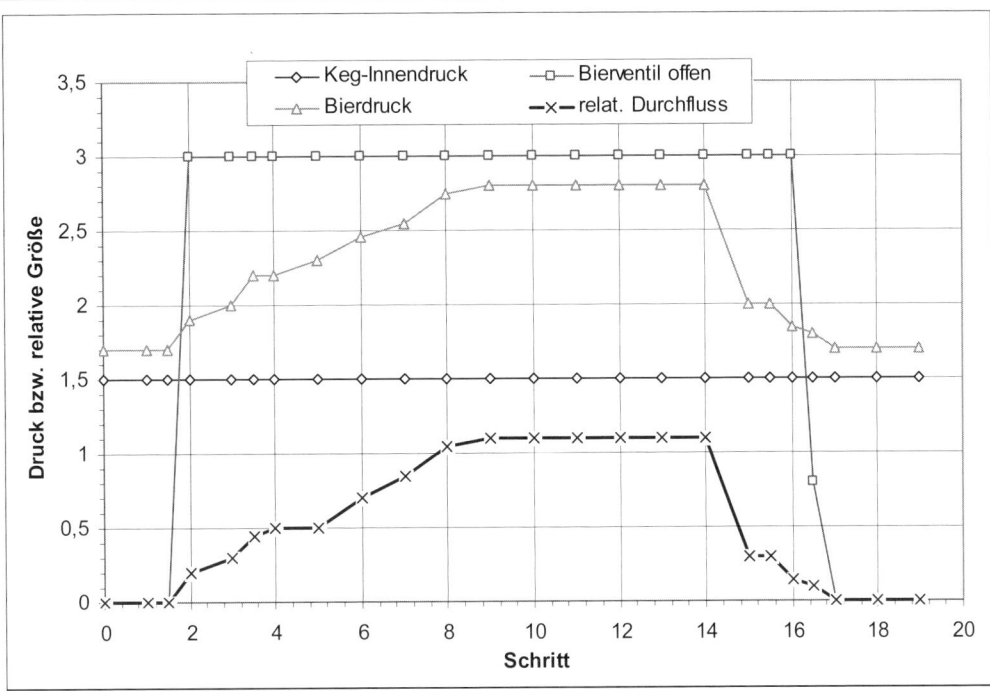

Abbildung 593b Verlauf von Durchfluss, Keg-Innendruck und Bierdruck bei Direct Flow Control Pro-Regelung Bierdruck / Keg-Innendruck (nach KHS)

Abbildung 592 und Abbildung 593 sowie Tabelle 79 zeigen die beiden Varianten Differenzdruck-Regelung und Direct Flow Control-Regelung als Gegenüberstellung.
Als weitere Vorteile des DFC®-Verfahrens werden genannt:

- Durch Verwendung des DFC Füllsystems wird eine 40 %ige Einsparung des Gasverbrauches gegenüber der Differenzdruck-Regelung erreicht.
- Aufgrund verbesserter Produktregelung reduzierte O_2-Aufnahme während der Füllung auf 0…0,05 ppm.
- Geringerer Gasverbrauch beim Vorspannen.
- Die O_2-Aufnahme während des Füllens wird reduziert.
- Aufgrund verbesserter Produktregelung ist der CO_2-Verlust während des Füllens reduziert (0…0,1 g/l).
- Aufgrund verbesserter Produktregelung wird eine bessere Füllgenauigkeit erzielt.
  Die Füllgenauigkeit beträgt ± 0,19 % (± 0,09 l) für das 50-l-Keg und ± 0,13 % (± 0,13 l) für ein 22 Gallonen Keg (Vertrauensintervall 95%).

Tabelle 79   Gegenüberstellung von Differenzdruck-Regelung und Direct Flow Control - Regelung bei der Keg-Füllung (nach KHS)

Differenzdruck-Regelung	Direct Flow Control Pro-Regelung
- Keg ist auf Bierdruck vorgespannt.	- Das Keg wird auf Sättigungsdruck vorgespannt.
- Füllgeschwindigkeit ist durch Differenzdruck reguliert.	- Füllgeschwindigkeit wird durch den MID reguliert.
- Das Vorspanngas wird zur Füllgeschwindigkeitsregulierung benutzt.	- Füllgeschwindigkeitskontrolle erfolgt direkt; damit exzellente Stabilitätskontrolle des Füllvorgangs
- Schwer zu kontrollieren, da Gas komprimierbar ist.	- Die Steuerung steuert das Regelventil nach dem Signal des MID.
- Schwankungen des Bierdrucks beeinflusst den Differenzdruck und dadurch die Füllgenauigkeit.	- Die Füllkurve und MID-Werte haben denselben Verlauf.
- Unterschiedliche Durchflusswiderstände von Fittingen beeinflussen die Füllgenauigkeit.	- Füllen unabhängig von Bier- bzw. Gegendruckschwankungen.
- Füllcharakteristik und Gegendruck sind nicht linear	- Füllen unabhängig von bauartbedingten Durchflusswiderständen (Fittinge).
	- Sehr exaktes Füllen

26.4.5 Sauerstoffaufnahme

Ein wesentlicher Parameter ist die Sauerstoffaufnahme beim Füllprozess. Die muss so gering als möglich sein. Dabei ist es sehr wichtig, dass das Getränk bereits mit geringst möglichen O_2-Gehalten am Einlauf der Füllmaschine anliegt (z.B. mit ≤ 0,03 mg O_2/l).

Die O_2-Aufnahme wird vom O_2-Partialdruck des Spanngases im Keg bestimmt (deshalb ist ein möglichst niedriger Vorspanndruck anzustreben). Der Sauerstoff muss aus dem Keg aus diesem Grund bereits vor dem Vorspannen mit O_2-freiem CO_2 entfernt werden (s.a. Kapitel 16.7).

Während der Kegreinigung kann beim Dämpfen der Kegs durch ausreichende Dampfspülung und Vorspannung mit O_2-freiem CO_2 der Sauerstoff weitestgehend eliminiert werden. Bei modernen Anlagen lässt sich die O_2-Aufnahme während der Füllung auf ≤ 0,03 mg/l begrenzen (s.a. Kapitel 26.4.4).

Als Störquellen bei zu hoher O_2-Aufnahme kommen neben defekten Fittingen Fehler im Reinigungsprogramm sowie ungeeignete Dampfqualitäten in Frage (s.a. [344]).

26.5 Zubehör für Keg-Anlagen

Funktionskontrolle der Keg-Anlage

Für die Funktionskontrolle der Reinigungs- und Füllstationen werden speziell präparierte Kegs mit Schaugläsern benutzt, der Temperatur- und Druckverlauf kann registriert werden, s.a. Kapitel 26.3.12.

Im Kapitel 26.2 wird auf weiteres wichtiges Zubehör hingewiesen. Es sind das im Einzelnen:
- Kappenaufsetzer ;
- Kennzeichnung/Etikettierung;
- Vollgutkontrolle (Inhalt, Volumen, Masse, Dichtheit des Kegs);
- Leergutkontrolle (Restdruck, Eis im Keg).

26.6 Verbrauchswerte bei der Keg-Abfüllung

In der Literatur werden als Verbrauchswerte die in Tabelle 80 genannten Werte ausgewiesen.

Tabelle 80 Ungefähre Verbrauchswerte je Keg bei der Keg-Behandlung (nach [345])

Heißwasser	15 l/Keg
Reindampf	0,2 kg/Keg
Heizdampf	0,5 kg/Keg
Elektr. Anschlusswert	0,18 kW
Steuerluft	0,03 m^3 i.N./Keg
Sterilluft	0,60 m^3 i.N./Keg
CO_2	0,25 m^3 i.N./Keg

Die Bierverluste werden wie folgt angegeben [346]:
    Flachfitting: 27 ml/Keg
    Korbfitting: 67 ml/Keg

26.7 Befüllen von Klein- und Partyfässern, Partydosen

Die Reinigung und die Füllung erfolgen wie in den Kapiteln 25.6, 26.3 und 26.4 beschrieben. Für die Positionierung der Gebinde auf normalen Keg-Anlagen werden spezielle Adapter verwendet. Integrierte CO_2-Patronen (Keggy®-System; *freshKEG*) werden gravimetrisch gefüllt, diese Füllung kann automatisch erfolgen.

Partydosen

Partydosen werden als Einweggebinde mit CO_2 nur vorgespannt (vor dem Vorspannen kann auch mit CO_2 gespült werden) und isobarometrisch mit speziellen Füllvorrichtungen (langes Füllrohr, z.T. mit Fußventil) mit einer oder mehreren Füllstationen gefüllt. Die Füllanlagen können ein- und mehrstellig sein, sie können auch automatisiert werden (Abbildung 594).

Füllanlagen

Die Reinigung der Partydosen beschränkt sich auf eine Wasserspülung. Teilweise wird auf diese verzichtet, wenn gesichert werden kann, dass die Transportkette der Partydosen lückenlos verfolgt werden und ein Zutritt von Fremdkörpern oder Flüssigkeiten ausgeschlossen werden kann (die CO_2-Entbindung wird aber bei trockenen Oberflächen gefördert). Das ist beispielsweise beim Verschluss der Leerdose mit einer Staubkappe gesichert.

Der Verschluss der gefüllten Dosen erfolgt durch einen Gummistopfen, der manuell oder mechanisiert aufgebracht wird (s.a. Kapitel 5.3). Der Stopfen dient beim Zapfen dem Druckausgleich zur Atmosphäre, soweit kein Spanngas genutzt wird.

Abbildung 594 Kleingebinde-Füllung (nach Datograf Apparatebau)
a Halbautomat **b** Füllautomat als Reihenfüller

Werden größere Durchsätze gefordert, können spezielle Füllanlagen genutzt werden. Diese beruhen auf einer Reihenfüllung: mehrere Dosen werden von einem Transportband zugeführt, vereinzelt und gleichzeitig auf die Huborgane unter den Füllköpfen geschoben. Eine eventuell noch besetzte Füllstelle erhält keine Leerdose. Die Dosen werden zentriert, angehoben und an die Füllorgane mit langem Füllrohr angepresst.

Die Füllung beginnt mit einer CO_2-Spülung und -Vorspannung. Diese kann mehrstufig sein. Danach wird wie üblich gefüllt: langsames Anfüllen, Schnellfüllphase und langsame Endfüllung bis zum Sollwert. Die Nennfüllmenge kann vorzugsweise durch volumetrische Füllung (mittels MID) gesichert werden oder durch Sondensteuerung. Danach erfolgt die stufenweise Druckentlastung und beim Abziehen der Dose die Entleerung des Füllrohres in die Dose.

Das Getränk wird in einem Vorratsbehälter bereitgestellt, an dem die Füllorgane angeflanscht sind. Der Einlauf des Getränks erfolgt durch Schwerkraftförderung.

Nach der Füllung wird die Dosen-Reihe auf ein weiteres Transportband geschoben und verlässt die Maschine zum Verschließen der Dosen (s.a. Abbildung 600). Zur O_2-Entfernung kann das Bier mit einer Hochdruckeinspritzung (s.a. Kapitel 16.10.2) vor dem Verschließen zum Aufschäumen gebracht werden.

Die Füllmaschine wird nach dem CIP-Verfahren gereinigt.

Die verschlossenen Dosen werden gewendet und die Bierreste werden durch eine Wasserdusche entfernt. Prinzipiell ist auch der Einsatz einer Desinfektionsmittelspülung des Verschlussbereiches möglich. Danach erfolgt das Trockenblasen. Anschließend wird wieder gewendet und die Dosen werden verpackt. Entweder werden Kartons verwendet (Inhalt 1-, 2- oder 4 Stück) oder es wird direkt palletiert. Vor dem Verpacken kann eine Dichtheitskontrolle des Verschlusses mittels Kamera installiert werden (s.a. Abbildung 572).

Die Kennzeichnung kann vor dem Verpacken vorgenommen werden, z.B. mittels Etikett oder Tintenstrahl-Kennzeichnung.

Zur Kontrolle der Füllmenge kann vor der Verpackung eine Waage verwendet werden.

Abbildung 595 bis Abbildung 598 zeigen einen Reihenfüller für Partydosen. Mit 7 Füllstationen können bis zu 700 Stück 5-l-Dosen/h gefüllt werden. Der Füllzyklus dauert etwa 40 s.

Nach dem Abräumen der Leerdosen von der Palette werden die Dosen vereinzelt, die Staubkappe entfernt und der Füllmaschine auf Mattenketten zugeleitet. Sobald die Dosen in der Maschine positioniert sind, werden sie mit einem Schieber quer zur Transportrichtung auf die Huborgane geschoben, zentriert und an die Füllorgane angepresst. Nach CO_2-Spülung und Vorspannung werden die Dosen gefüllt: langsames Anfüllen, Schnellfüllphase, Bremsphase bis zum Erreichen der Nennfüllmenge. Die Dosierung wird mittels MID vorgenommen. Nach einer Beruhigungsphase erfolgt die stufenweise Druckentlastung. Beim Absenken der Dose wird das Füllrohr entleert. Die gefüllten Dosen werden von der nächsten Dosenreihe auf das Abtransportband geschoben und verlassen dann die Füllmaschine. Die Dosen werden mit einer HD-Einspritzung zum kontrollierten Aufschäumen gebracht und anschließend werden die Dosen mit dem Verschlussstopfen verschlossen (Abbildung 600). Nach einer 180°-Wendung werden Schaumreste abgespült und bei Bedarf eine Desinfektionslösung (z.B. Ethanol) aufgesprüht.

Nach einer Abtropfzone werden Flüssigkeitsreste mittels Druckluft abgeblasen und die Dosen gewendet. Danach erfolgt die Verpackung.

Füllanlagen

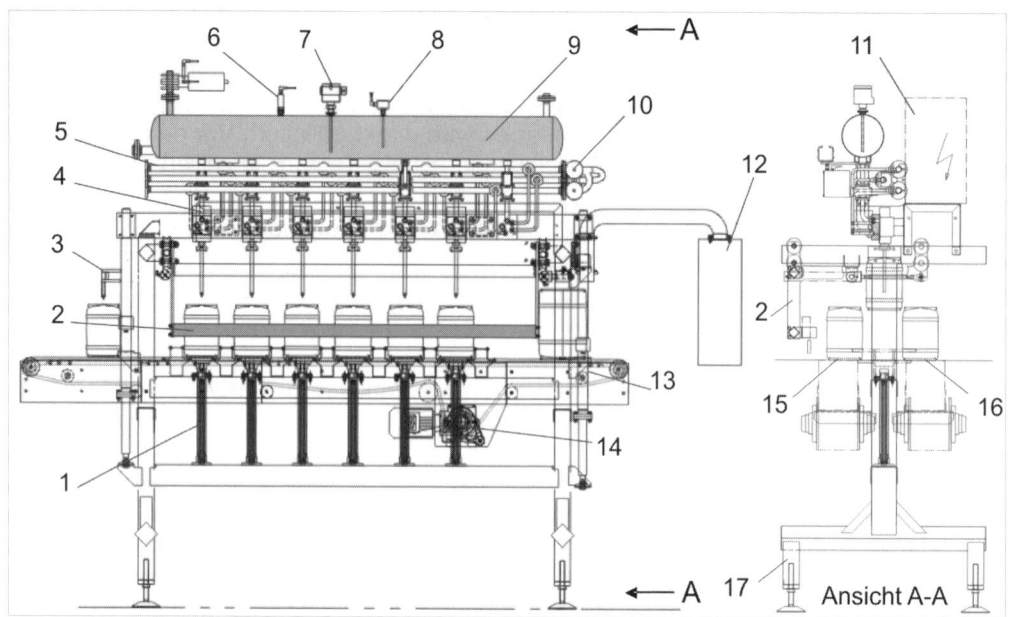

Abbildung 595 Füllmaschine für Großdosen (Innokeg Multibloc F, nach KHS)
1 Huborgan **2** Einschubbalken **3** HD-Einspritzung für Heißwasser **4** Füllkopf **5** Gasleitungen **6** Drucksensor **7** Füllstandssonde **8** Temperatursensor **9** Produkttank **10** Gasventile **11** Schaltschrank **12** Bedienungspanel **13** Transportkette **14** Antrieb Transportkette **15** Dosen-Einlauf **16** Dosen-Auslauf **17** Maschinengestell

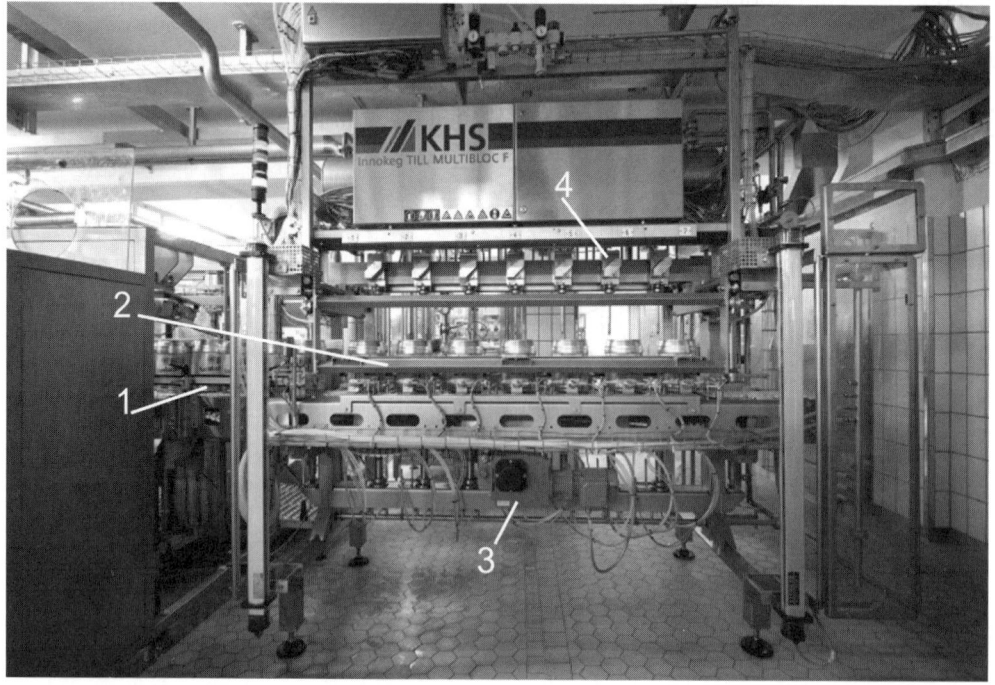

Abbildung 596 Füllmaschine für Großdosen (Innokeg Multibloc F, nach KHS)
1 Dosen-Einlauf **2** Einschubbalken **3** Antrieb Transportkette **4** Füllkopf mit Füllrohr

Keg-Reinigung und -Füllung

Abbildung 597 Füllmaschine für Großdosen (Innokeg Multibloc F, nach KHS)
Einlaufbereich: die erste Reihe Dosen steht auf den Hubzylindern fertig zum Anpressen und Füllen; die Reihe dahinter befindet sich auf dem Abtransportband
1 Transportkette aus Kunststoff
2 Anschlag für die Positionierung, schaltbar
3 Führungselemente für die Dosen
4 Füllrohr   5 Einschubbalken

Abbildung 598 Füllmaschine für Großdosen (Innokeg Multibloc F, nach KHS)
1 MID in der Getränkeleitung   2 Hubzylinder
3 Führungselemente

Füllanlagen

Für das Verschließen der Dosen sind Verschließmaschinen verfügbar (Abbildung 599 und Abbildung 600). Die Dosen werden auf dem Förderband mittels getakteten Drehsterns oder Zentrierbacken zentriert. Die Kunststoff-Verschlüsse befinden sich in einer Sortiereinrichtung mit Vibrationsantrieb und entsprechenden Schikanen, wodurch die Verschlüsse lagerichtig in die Entnahmeposition des Verschlussüberschiebers transportiert werden, der die Verschlüsse exakt zentriert.

Der schwenkbare Verschließzylinder übernimmt die Verschlüsse, senkt sie ab und presst diese in die Fass-Füllöffnung. Der Drehstern schiebt das verschlossene Fass wieder auf ein Förderband bzw. die Klemmbacken geben es frei und bringt gleichzeitig ein neues in Position.

Die Umrüstung auf andere Fassgrößen im Bereich 4-...10-l-Gebinde ist einfach möglich. Der Durchsatz eines Verschließkopfes kann bis zu 1200 Verschlüsse/h betragen.

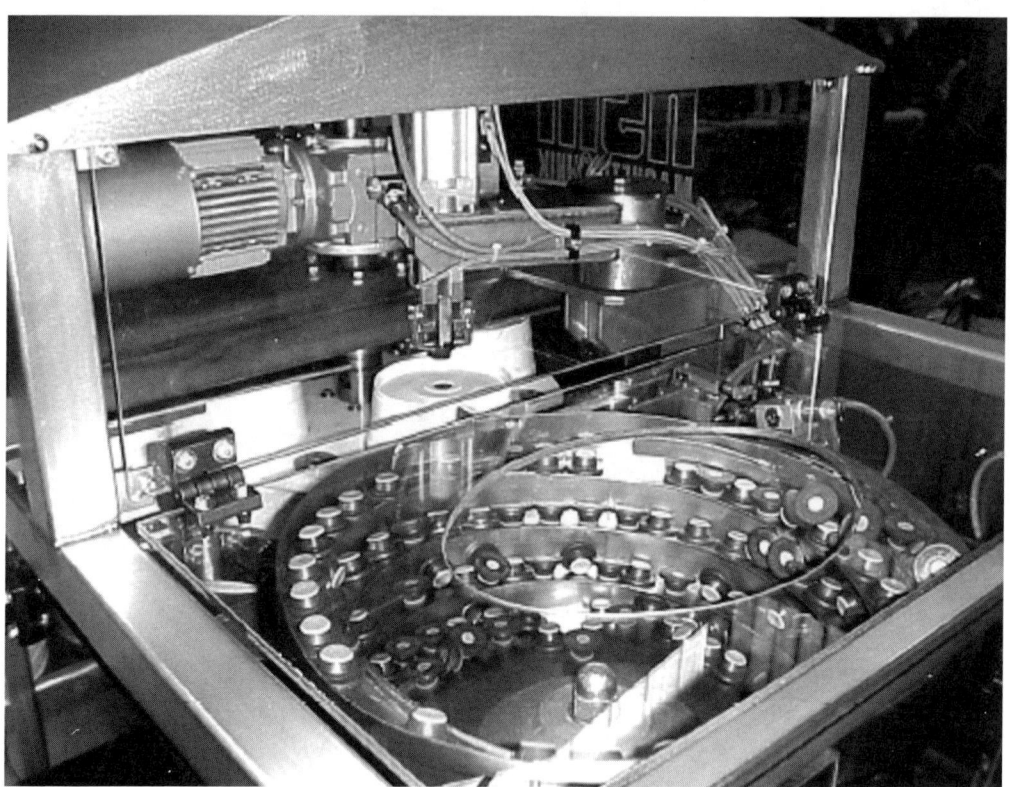

Abbildung 599 Sortiertrommel der Partyfass-Verschließmaschine (nach Fa. NSM-Magnettechnik)

Keg-Reinigung und -Füllung

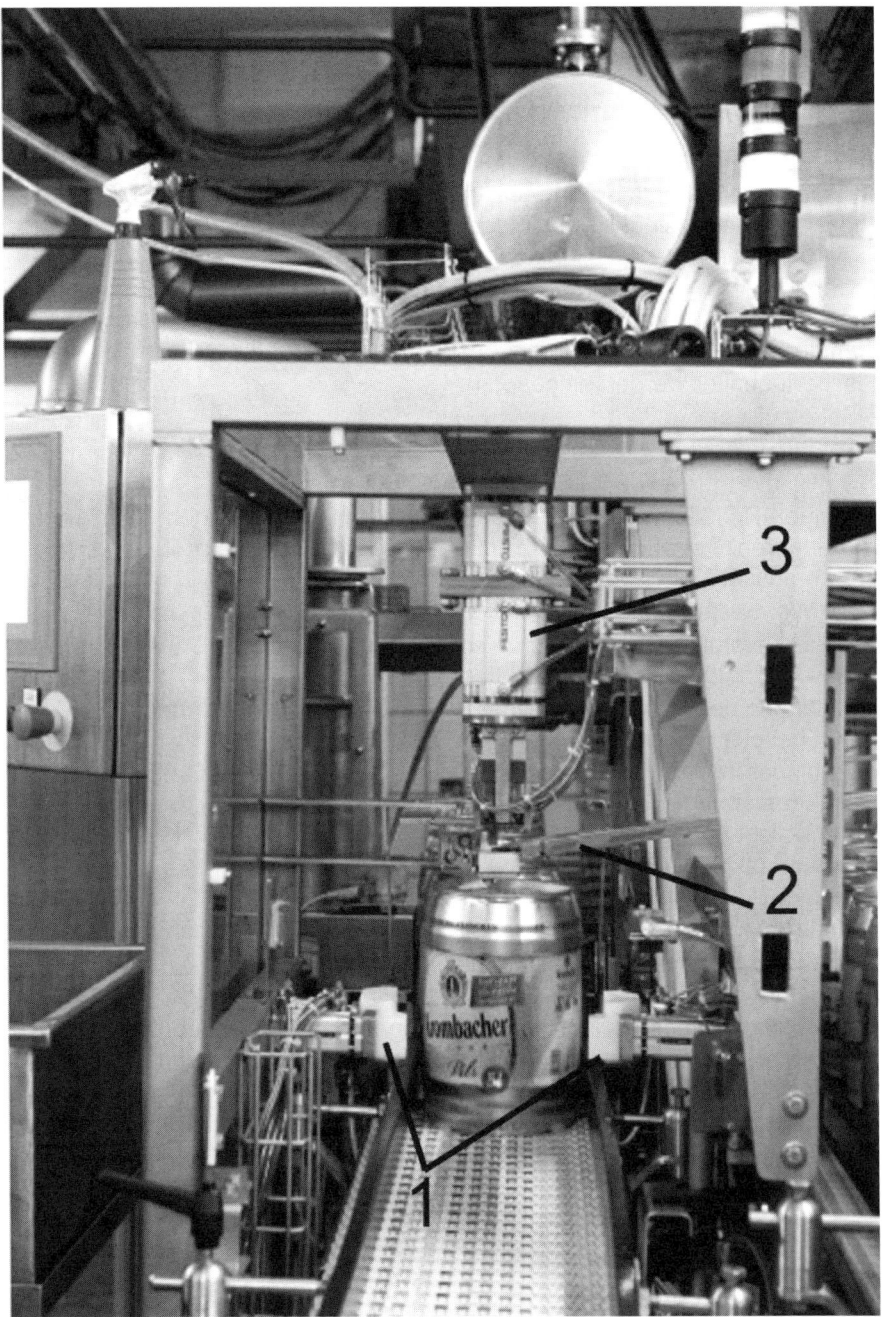

Abbildung 600 Verschließmaschine für Partyfässer (nach Fa. NSM-Magnettechnik)
1 Zentrierbacken, pneumatisch betätigt   **2** Verschlusszuführkanal   **3** Verschließzylinder

27. Biertransport in Tankwagen, Containern und Kellertanksysteme

27.1 Allgemeine Hinweise

Der Transport von Bier (filtriert und unfiltriert) wird zum Teil in großen Mengen realisiert. Ziele der Transporte sind in der Regel Abfüllbetriebe (Lohnabfüllung) oder Zweigbetriebe mit Filtrations- und Füllanlagen.

Die Transportfahrzeuge werden im Allgemeinen von Fachspediteuren gemietet, die auch die Wartung und Reinigung/Desinfektion mit übernehmen. Sie können aber auch Eigentum der Brauerei sein, wenn die Auslastung/Wirtschaftlichkeit gegeben ist.

Als Transportbehälter werden eingesetzt:
- Sattelauflieger;
- Tank-Container.

Die genannten Behälter werden von Sattelzugmaschinen gezogen. Der Transport von Bier und anderen Getränken ist in Tankwagen oder Containern ohne Schwierigkeiten möglich. Voraussetzungen dafür sind:
- Die Wärmedämmung des Behälters;
- Der Sauerstoffausschluss durch konsequente CO_2- oder CO_2/N_2-Mischgas-Anwendung bei Füllung und Entleerung;
- Entlüftung der Verbindungsarmaturen und -leitungen; ggf. muss mit CO_2 gespült werden;
- Verhinderung von CO_2-Entbindung durch ausreichenden Gasdruck; Fließgeschwindigkeiten in Saugleitungen so wählen, dass der CO_2-Partialdruck nicht unterschritten werden kann;
- Die sorgfältige Reinigung/Desinfektion der Behälter und Verbindungsleitungen;
- Die vollständige Füllung des Behälters, soweit nicht Spezial-Kammerbehälter zum Einsatz kommen.

Für die Befüllung/Entleerung und die Reinigung/Desinfektion nach dem CIP-Verfahren müssen entsprechende Stellflächen mit anforderungsgerechter Ausbildung des Fußbodens/Wasserablaufes vorhanden sein.

Die Trittsicherheit auch beim Winterbetrieb muss gewährleistet sein. Anzustreben sind umhauste Füllplätze (s.a. Kapitel 36.2).

27.2 Transportsysteme

Tank auf Sattelauflieger

Der Transporttank (V ≤ 250 hl) ist mit dem Auflieger-Fahrgestell fest verbunden. Er kann an beliebigen Stellen von der Sattelzugmaschine abgestellt werden. Die Zugmaschine ist flexibel einsetzbar.

Tank-Container

Der Tank wird in einen Standard-Containerrahmen montiert. Die Container-Maße sind 10, 20 und 40 Fuß. Vorzugsweise werden 20 Fuß-Container eingesetzt, da die Transportmasse im öffentlichen Straßenverkehr limitiert ist.

Tank-Container werden für bis zu 294 hl genutzt (Masse brutto 35 t, Tara 2,6 t [347]).

Der Tank-Container kann an beliebigen Stellen abgesetzt werden, erfordert aber ein entsprechendes Hebezeug. Eine weitere Möglichkeit besteht darin, dass das Container-Fahrgestell, meist auch ein Sattelauflieger, am Gebrauchsort verbleibt.

Aus beiden Tanksystemen kann direkt abgefüllt werden, um ein Umfüllen in Drucktanks zu umgehen. Die Entscheidung Umfüllen oder direktes Füllen aus dem Transporttank kann nur bei Kenntnis der Tankkosten getroffen werden.

Kellertanksysteme (Inhalt 5...10 (15) hl Inhalt) werden mittels Tankwagen befüllt. Ein Beispiel ist das *Bierdrive-* bzw. Tank-Drive-System (s.a. Transporttanks). Die Reinigung kann entfallen, da mit einem Einweg-Folienbeutel gearbeitet wird.

Transporttanks

Transporttanks werden mit 2,5, 5, 10 und 50 hl Inhalt gefertigt, der Behälter kann stehend oder liegend in ein Gestell eingesetzt werden. Die Tanks können mit einer Wärmedämmung ausgerüstet werden. Die Behälter und die Zapfleitungen können gekühlt werden.

In der Regel können die Behälter mit einem sterilen Folienbeutel („Inliner") ausgestattet werden, der als Einwegartikel nach der Entleerung verworfen wird. Damit wird die ambulante Reinigung/Desinfektion umgangen.

Ein oder mehrere Tanks können auf einem Fahrgestell bzw. Ausschankwagen montiert werden.

Die Gestelle können bei kleineren Behältern auch fahrbar gestaltet werden. Sie sind in der Regel mittels Gabelstaplern transport- und verladefähig. Sie können gestapelt werden.

Die Entleerung kann mit CO_2 oder Mischgas erfolgen, bei Tanks mit Trennfolie („Inliner") auch mit Druckluft.

Sondersysteme

Tank-Container können **mit Kühlsystemen** ausgerüstet werden. Dadurch kann die Erwärmung während des Transportweges (Seetransport) verhindert oder vermindert werden. Die Kühlung erfolgt mit Kälteträgern oder Kältemitteln und integrierten Wärmeübertragerflächen.

Kombi-Fahrzeuge für Tankbiertransport und kombinierten Leer-Kegtransport [347]. Bei diesen Fahrzeugen kann der leere Transporttank angehoben werden, unterhalb der Tanks können Paletten gestapelt werden.

27.3 Mengenerfassung bei Tanktransport

Die Bemessung der gelieferten oder abgegebenen Biermenge kann mittels Durchflussmengenmessung oder durch Wägung erfolgen, soweit nicht kalibrierte Behälter zum Einsatz gelangen. Die Brutto-/Tara-Wägung ist stets vorzuziehen, da sie ohne temperaturbedingte Einflüsse ist.

Für die Füllung und Behandlung von Kellertanksystemen gelten die gleichen Anforderungen. Die Abgabemenge kann durch „Messuhr" (z.B. MID) oder Differenz-Wägung erfasst werden.

28. Getränkeschankanlagen

Bis Ende des Jahres 2002 waren der Aufbau, die Einrichtung und der Betrieb von Getränkeschankanlagen durch zahlreiche Regeln und Verordnungen gut geregelt. Zu diesen Unterlagen gehörten die Getränkeschankanlagenverordnung (SchankV), das ehemalige Lebensmittel- und Bedarfsgegenständegesetz (LMBG) und vor allem die Technischen Regeln für Getränkeschankanlagen (TRSK) [348], zum Beispiel:

- TRSK 001   Allgemeines, Aufbau und Anwendung der TRSK;
- TRSK 100   Anforderungen an Werkstoffe;
- TRSK 200   204 Anforderungen an Getränke- und Grundstoffbehälter;
- TRSK 300   310 Anforderungen an Bauteile;
- TRSK 400   Errichtung von Getränkeschankanlagen;
- TRSK 500   Betrieb von Getränkeschankanlagen;
- TRSK 501   Reinigung von Getränkeschankanlagen;
- TRSK 600 bis 606: Prüfungen;
- TRSK 607   Sachkundiger nach § 16 SchankV.

Seit dem 01.01.2003 gilt für sicherheitstechnische Anforderungen die Betriebssicherheitsverordnung (BetrSichV).

Die hygienischen Anforderungen waren bis zum 30. Juni 2005 in der Getränkeschankanlagenverordnung verblieben.

Zapfköpfe und das Ausschankzubehör (Druckminderer, Armaturen usw.) mussten das TRSK-Prüfzeichen tragen.

Das Baumusterkennzeichen (SK-Kennzeichen) wird auch weiterhin von der BGN vergeben. Die Baumusterprüfung wird jedoch auf freiwilliger Basis durchgeführt, da es nach dem Wegfall der Getränkeschankanlagenverordnung keine gesetzliche Grundlage mehr dafür gibt.

Grundlage der Baumusterprüfung ist nun die DIN 6650-5 Getränkeschankanlagen - Prüfverfahren.

Das Schankanlagenrecht basiert zurzeit auf folgenden Aspekten bzw. Grundlagen (nach [349], s.a. [351]):

Arbeitsschutzrechtliche Aspekte:
- Geräte- und Produktsicherheitsgesetz (GPSG) und Verordnungen zum GPSG, z.B. 6. und 14. GPSGV „Druckgeräteverordnung";
- Arbeitsschutzgesetz (ArbSchG);
- Betriebssicherheitsverordnung (BetrSichV: vor allem § 3, § 10);
- Richtlinie 97/23/EG: Druckgeräte (Druckgeräterichtlinie);
- Technische Regeln Betriebssicherheit (TRBS 1203 Befähigte Personen);
- Technische Regeln für Getränkeschankanlagen (TRSK), z.B. TRSK 500, ein Teil der TRSK ist noch aktuell (s.a. [350]);
- DIN-Normen (s.u.);
- Unfallverhütungsvorschriften (UVV), z.B. BGV A 1;

Füllanlagen

- BG-Regel 228: Sicherheit und Gesundheitsschutz bei Errichtung und Betrieb von Getränkeschankanlagen;
- ASI 6.80/06: Druckgase zur Versorgung von Getränkeschankanlagen.
  ASI 6.82/06: Stationäre Druckbehälter zur Versorgung von Getränkeschankanlagen mit Kohlendioxid (CO_2).
  ASI 6.84/06: Reinigung von Getränkeschankanlagen.
  ASI 6.85/02: Verwendungsfertige Getränkeschankanlagen.
- ASI 10.33.1: Handlungsanleitung für die Gefährdungsbeurteilung bei Getränkeschankanlagen.

Hygienische Aspekte:
- Lebensmittel-, Bedarfsgegenstände- und Futtermittelgesetzbuch (LFGB), das das LMBG abgelöst hat;
- „Leitlinie für gute Hygienepraxis" (zurzeit noch Entwurf);
- DIN-Normen der Reihe 6650;
- EG-Verordnung 178/2002 über Festlegung der allgemeinen Grundsätze und Anforderungen des Lebensmittelrechts, zur Errichtung der Europäischen Behörde für Lebensmittelsicherheit und zur Festlegung von Verfahren zur Lebensmittelsicherheit;
- EG-Verordnung 852/2004 über Lebensmittelhygiene; Diese Verordnung löste die Lebensmittelhygieneverordnung (LMHV) ab
- EG-Verordnung 1935/2004 über Materialien und Gegenstände, die dazu bestimmt sind, mit Lebensmitteln in Berührung zu kommen und zur Aufhebung der Richtlinien 80/590/EWG und 89/109/EWG.

Reinigung und Desinfektion:
Hier muss vor allem auf die DIN 6650-6 verwiesen werden (s.u.). R/D-Prozesse müssen schriftlich dokumentiert werden, zum Beispiel in einem Betriebsbuch.

DIN-Normenreihe Getränkeschankanlagen:
Hierzu siehe Tabelle 81.

Die Berufsgenossenschaft Nahrungsmittel und Gaststätten informiert auf der CD-ROM „Alles aus einer Hand. Die BGN 11" [351] über die relevanten Grundlagen und Regeln zum Schankanlagenrecht.

Vom Deutschen Brauer-Bund e.V. [352] wurden einige Publikationen zur Thematik „Schankanlagen" erarbeitet, die kostenpflichtig erworben werden können:
- Broschüre „Vom Fass ins Glas";
- Broschüre „Schankanlagen";
- Leitfaden „Schankanlagen - Planung, Errichtung, Betrieb";
- Broschüre „Gute Hygienepraxis und HACCP"

Im *Beuth*-Verlag ist das „Handbuch Getränkeschankanlagen" erschienen [353].

Tabelle 81 Wichtige DIN-Normen für Getränkeschankanlagen

DIN	Titel	
6650 - 1	Getränkeschankanlagen; Allgemeine Anforderungen	
6650 - 2	Getränkeschankanlagen; Werkstoffanforderungen	
6650 - 3	Getränkeschankanlagen; Sicherheitstechnische Anforderungen an Bau- und Anlagenteile	
6650 - 4	Getränkeschankanlagen; Hygieneanforderungen an Bau- und Anlagenteile	
6650 - 5	Getränkeschankanlagen; Prüfverfahren	
6650 - 6	Getränkeschankanlagen; Anforderungen an Reinigung und Desinfektion	
6650 - 6 Berichtigung	Getränkeschankanlagen; Anforderungen an Reinigung und Desinfektion; Berichtigung 1	
6650 - 7	Getränkeschankanlagen; Hygienische Anforderungen an die Errichtung von Getränkeschankanlagen	
6650 - 7/A1	1. Änderung	
E 6650 - 104	Getränkeschankanlagen; Prüfverfahren	*)
6650 - 8 6650 - 9	Diese Normen für Wasserspender befinden sich in der Vorbereitung	
6653 - 1	Getränkeschankanlagen - Ausrüstungsteile; Getränke- oder Grundstoffleitungen	
6653 - 2	Getränkeschankanlagen - Ausrüstungsteile; Anforderungen an das Betriebsverhalten und Prüfverfahren von Kohlenstoffdioxid-Warngeräten	
6653 - 3	Geplante Norm für Handgläserspülgeräte	
6647-1	Packmittel - Zylindrische Getränke- und Grundstoffbehälter - Teil 1: Zulässiger Betriebsüberdruck bis 3 bar, Nennvolumen bis 50 Liter	
6647-2	Packmittel - Zylindrische Getränke- und Grundstoffbehälter - Teil 2: Zulässiger Betriebsüberdruck bis 7 bar, Nennvolumen bis 50 Liter	
6647-3	Packmittel - Zylindrische Getränke- und Grundstoffbehälter - Teil 3: Zulässiger Betriebsüberdruck bis 3 bar, Nennvolumen größer 100 Liter	
6647-4	Packmittel - Zylindrische Getränke- und Grundstoffbehälter - Teil 4: Einwegverpackung mit zulässigem Betriebsüberdruck bis 3 bar, Nennvolumen bis 60 Liter	

*) zurzeit Norm-Entwurf

Werkstoffe für Schankanlagen

In der Vergangenheit war es üblich, Messing bzw. Rotguss als Konstruktionswerkstoff für Zapfköpfe und Schlauch- bzw. Rohrleitungsarmaturen einzusetzen.

Aus Gründen der Korrosionsgefahr und der Anreicherung bzw. Auswaschung von Schwermetallionen sollte nur noch Edelstahl, Rostfrei®, trotz der höheren Kosten, zum Einsatz kommen.

29. Anlagen für die AfG-Herstellung

29.1 Allgemeine Hinweise

Zu den alkoholfreien Getränken (AfG) zählen (nach [354]):
- Natürliches Wasser (Mineralwässer, Quellwässer, Tafelwässer, Heilwässer)
- Säfte und Nektare;
- Erfrischungsgetränke (Fruchtsaftgetränke, Limonaden, Brausen, diätetische Erfrischungsgetränke, kalorienarme Getränke, vitaminhaltige Getränke [ACE-Getränke], Mineralstoffgetränke, Sportgetränke, Energy-Drinks, Wellness- und Convenience-Getränke);
- Schorlen;
- Milch-Mischgetränke.

Zu den Details der AfG-Herstellung wird auf die angegebene Literatur verwiesen.

Bier-Mischgetränke sind zwar in der Regel keine AfG, sie werden aber mit den gleichen Anlagen wie AfG zubereitet und abgefüllt.

Außer einer Füllanlage werden für die Herstellung von alkoholfreien Getränken (AfG) benötigt:
- Anlagen für die Wasseraufbereitung (vor allem Enteisenung, Entmanganung, Filtration),
- Anlagen für die Grundstofflagerung (Essenzen, Säfte, Konzentrate),
- Anlagen für die Zuckerlagerung und -lösung und die Bevorratung anderer Süßungsmittel,
- Anlagen für die CO_2-Versorgung,
- Anlagen für die Getränkemischung und Imprägnierung.

Die Mischung der Getränke gemäß der festgelegten Rezepte (Synonym „Ausmischung"; dieses Wort wird aber im DUDEN nicht aufgeführt!) erfolgt dosiert auf der Basis der Volumen- oder noch besser der Massenstrom-Messung der Komponenten und anschließender Mischung mittels statischen Mischern.

Die Förderung der Komponenten wird vorzugsweise mittels Verdrängerpumpen vorgenommen. Diese können problemlos mit frequenzgeregelten Antrieben ausgerüstet werden, die ihre Führungsgröße von Durchflussmessgeräten erhalten.

Die in der Vergangenheit gebräuchliche chargenweise Ansatzbereitung auf Grundlage einer Volumen- oder Massedosierung wird für größere Durchsätze nicht mehr neu installiert. Die Dosierung nach Masse ist allerdings eine sehr genaue und apparatetechnisch einfache Variante, die bei der Bereitung eines dosierfertigen Sirups durchaus Vorteile besitzt.

Die Getränke können hergestellt werden:
- Aus dem fertig gemischten Sirup bzw. Getränk und imprägniertem Wasser;
- Entgastes Wasser und Sirup werden gemischt und die Mischung wird imprägniert;
- Kontinuierlich aus den einzelnen Komponenten, Zuckerlösung und entgastem Wasser, die Mischung wird imprägniert.

Die Füllmaschine wird in der Regel über einen parallel oder in Reihe geschalteten Puffertank beschickt. Das Getränk kann mit einer KZE-Anlage behandelt werden.

Das Wasser bzw. das fertige Getränk wird im Allgemeinen nicht gekühlt. In der Vergangenheit war die Kühlung des Getränkes eine Voraussetzung für eine störungsfreie Füllung, insbesondere bei zum Schäumen neigenden Getränken.

Die Imprägnierung mit CO_2 und die problemlose, ungekühlte Füllung erfordern die vollständige Entgasung der Getränkekomponenten, also die quantitative Entfernung der Luft, da selbst mikroskopisch kleine Luftbläschen als Entbindungskeime für das CO_2 wirken.

Als Fachliteratur zur Thematik AfG werden genannt [354] und [355].

29.2 Anlagen für die Wasseraufbereitung

Mineral- und Quellwässer dürfen nur physikalisch aufbereitet werden. Dazu zählen die Enteisenung, Entmanganung und Entschwefelung. Heilwässer sind von der Aufbereitung vollständig ausgenommen.

Wasser muss grundsätzlich Trinkwasserqualität besitzen. Die Wasseraufbereitung kann folgende Prozessstufen umfassen:
- Filtration;
- Enteisenung, Entmanganung, Entschwefelung;
- Entkeimung;
- Entcarbonisierung;
- Vollentsalzung;
- CO_2-Entfernung durch Entgasung mit Luft und/oder Vakuumanwendung;
- Sonstige Verfahren (Umkehrosmose).

29.2.1 Filtration

Zur Filtration des Wassers werden benutzt:
- Sand- und Kiesfilter, vor allem als Druckfilter ausgeführt. Diese Filter werden vor allem eingesetzt, um Trübstoffe der Enteisenung oder Entmanganung zu entfernen (Filtergeschwindigkeit/Leerrohrgeschwindigkeit = 5...25 m/h; diese Filter können zurück gespült werden;
- Aktivkohle-Filter (Entfernung von Farbstoffen, unerwünschten Geschmacksstoffen, z.B. von phenolischen Stoffen oder freiem Chlor);
- Membranfilter (Entfernung feinster Trübungsstoffe, verwendet werden in der Regel plisierte Tiefenfilterkerzen);
- Ionenselektive Filtration zur Entfernung von unerwünschten Verbindungen aus Trink-, Heil- und Mineralwasser (z.B. zur Entfernung von Arsen, Antimon, Uran, Fluorid, Radium) [356].

29.2.2 Enteisenung, Entmanganung, Entschwefelung

Eisen- und Mangan-Ionen können durch Zusatz von Luft-Sauerstoff oxidiert werden. Das entstehende Eisen-III-Hydroxid bzw. Braunstein fällt aus und kann durch Kies-Filter entfernt werden. Die Zeit zwischen Sauerstoffzugabe und Filtration darf nicht zu kurz sein, eine ausreichende Verweilzeit muss gesichert werden.

Sulfide werden zu elementarem Schwefel umgesetzt und können abgetrennt werden.

Füllanlagen

29.2.3 Entkeimung

Zur Wasserentkeimung werden eingesetzt:
- Chlordioxid (bereitet z.B. auf der Basis von Natriumchlorit + HCl);
- Produkte, die mittel Membranzellenelektrolyse bereitet werden (s.a. Kapitel 12.8.10);
- Ionisationsverfahren (aktivierter Sauerstoff [385]);
- UV-Strahlung;
- Entkeimungsfiltration (z.B. mittels Membranfilterkerzen, Rückhaltevermögen $\geq 0{,}2$ µm);
- Thermische Entkeimung.

Die Verwendung von Chlor sollte vermieden werden, da mit der Bildung von Haloformen, Chlorphenolen u.a. Verbindungen gerechnet werden muss. Auf die Anwendung von Ozon sollte ebenfalls verzichtet werden.

29.2.4 Entcarbonisierung

Carbonate binden Fruchtsäuren, deshalb werden sie nach Möglichkeit entfernt. Geeignete Verfahren sind die Zugabe von Löschkalk ($Ca(OH)_2$), die Dosierung von Säure (soweit zulässig) oder die Nutzung von schwach sauren Ionenaustauschern.

Die Entcarbonisierung mit Kalkmilch kann nach dem Langzeit-Verfahren oder dem Schnellentcarbonisierverfahren erfolgen.

Das gebildete Calciumcarbonat muss durch Sedimentation und/oder Filtration entfernt werden.

29.2.5 Vollentsalzung

Die Vollentsalzung, z.B. für Kesselspeisewasser, wird zweistufig mit stark sauren und stark basischen Ionenaustauschern erreicht. Diese werden im Wechsel betrieben und nach Erschöpfung mit HCl und NaOH regeneriert.

29.2.6 Sonstige Verfahren

Hier kann vor allem die Umkehrosmose genannt werden. Mit diesem Verfahren lassen sich Wassersalze, Nitrate und organische Verbindungen entfernen.

29.3 Anlagen für die Grundstofflagerung

In der Regel werden die für die AfG-Bereitung erforderlichen Komponenten in Tankpaletten, Kanistern oder anderen Großgebinden palettiert angeliefert. Diese Gebinde werden im Allgemeinen auch für die Bevorratung genutzt.

Feste Produkte werden in Ventilsäcken, Boxpaletten, Faltschachteln oder anderen Behältern geliefert.

Die Dosierung erfolgt dann direkt aus den Liefergebinden, eine Umfüllung findet nur selten statt. In vielen Fällen werden die Großgebinde per Stapler in die Nähe der Dosieranlagen gebracht und auf speziellen Stellflächen oder Bühnen abgestellt.

29.4 Anlagen für die Zuckerlagerung und -Lösung
29.4.1 Zuckerarten, Süßungsmittel und Eigenschaften
Kristalliner Zucker (Saccharose)
Unterschieden werden die Qualitäten Raffinade (99,7...99,8 %ig) und Weißzucker

Tabelle 82 Eigenschaften von Zucker (nach [355])

Sorte	Korngrößenbereich in mm	Schüttdichte in kg/m^3	Spezif. Oberfläche in m^2/kg
G (grob)	1,0...1,60	822	3
M (mittel)	0,5...1,25	864	5
F (fein 1)	0,2...0,75	887	11
FS (fein 2)	0,2...0,50	894	13
FF (fein 3)	0,1...0,35	902	22
P (Puder)	80 % < 0,1 mm	565	109

Tabelle 83 Löslichkeit von reiner Saccharose (nach [355])

Temperatur in °C	Gramm Sacch. in 100 g Lösung	Temperatur in °C	Gramm Sacch. in 100 g Lösung	Temperatur in °C	Gramm Sacch. in 100 g Lösung
0	64,46	40	70,01	75	77,59
10	65,32	50	72,04	80	78,74
20	66,6	60	74,20	85	79,87
30	68,18	70	76,45	90	81,00

Die Zuckerlösung dauert bei 20 °C ca. 60 min bis zur Sättigung der Lösung.

Tabelle 84 Saccharosegehalt und Dichte (nach [355])

Konzentration in Ma.-%	Saccharosegehalt		Dichte (20 °C) in g/cm^3
	in g/l	in g/kg	
0	0,000	0,0	0,9982
5	50,892	50,0	1,0178
10	103,814	100,0	1,0381
15	158,875	150,0	1,0592
20	216,194	200,0	1,0810
25	275,894	250,0	1,1036
30	338,104	300,0	1,1270
40	470,598	400,0	1,1765
50	614,805	500,0	1,2296
60	771,903	600,0	1,2865
65	855,662	650,0	1,3164
67	890,187	670,0	1,3286

Tabelle 85 Umrechnung von Zuckerlösungen (nach [355])

60 %ige Saccharose-Lösung

Masse in kg	Volumen in l	kg/kg Lösung	Volumen in l	Masse in kg	kg/kg Lösung
1	0,777	0,60	1	1,287	0,77
2	1,555	1,20	2	2,573	1,54
3	2,332	1,80	3	3,860	2,32
4	3,109	2,40	4	5,146	3,09
5	3,887	3,00	5	6,433	3,86
6	4,664	3,60	6	7,719	4,63
7	5,441	4,20	7	9,006	5,40
8	6,218	4,80	8	10,292	6,18
9	6,996	5,40	9	11,579	6,95
10	7,773	6,00	10	12,865	7,72
100	77,730	60,0	100	128,650	77,19

66,5 %ige Saccharose-Lösung

Masse in kg	Volumen in l	kg/kg Lösung	Volumen in l	Masse in kg	kg/kg Lösung
1	0,754	0,66	1	1,326	0,88
2	1,509	1,33	2	2,651	1,76
3	2,263	1,99	3	3,977	2,64
4	3,018	2,66	4	5,302	3,53
5	3,772	3,32	5	6,628	4,41
6	4,526	3,99	6	7,954	5,29
7	5,281	4,65	7	9,279	6,17
8	6,035	5,32	8	10,605	7,05
9	6,789	5,98	9	11,930	7,93
10	7,554	6,65	10	13,256	8,82
100	75,438	66,5	100	132,560	88,15

Weitere Eigenschaften (nach [354]):
10 g TS Saccharose sollten nicht mehr als 10 Hefen, 10 Schimmelpilzsporen, 150 mesophile Keime, 150 mesophile Schleimbildner und 100 thermophile Sporenbildner enthalten.

10 g Flüssigzucker dürfen nicht mehr als 10 Keime als Hefen- und Schimmelpilzsporen und nicht mehr als 100 mesophile Bakterien enthalten.

Wassergehalt: ≤ 0,1 %, anzustreben sind 0,04...0,06 %,
Aschegehalt: < 0,01 %
Lagerung: bei ≤ 65 % rel. Feuchte bei 20 °C;
anzustreben sind 20...60 % rel. Feuchte
Zucker für die Getränkeindustrie muss Saponin frei sein.
Dichte von Saccharose: 1,6 g/cm^3
Spezif. Volumen der Saccharose: 1/1,6 kg/l = 0,625 l/kg

AfG-Herstellung

Beispielrechnung

100 kg Zuckersirup (65 %ig) enthalten 65 kg Zucker + 35 l Wasser:

    65 kg Zucker · 0.625 =   40,63 l Zucker
                                     + 35,00 l Wasser
    100 kg Zuckersirup =   75,63 l Zuckersirup 65 %ig

Tabelle 86   Löslichkeit verschiedener Zucker bei 20 °C (nach [354]):

	Löslichkeit in Ma.-%		Löslichkeit in Ma.-%
Saccharose	66,7	Sorbit	68,7
Glucose	47,2	Xylit	62,8
Fructose	79,3	Isomaltose	24,5
Lactose	18,7	Mannit	18,0

Tabelle 87   Viskosität von Zuckerlösungen

Temperatur in °C	Viskosität in mPa·s	
	Saccharoselösung 65 %ig	Invertzuckersirup 72,7 %
10	346	1100
20	214	430
30	151	210
40	116	100

Weitere Süßungsmittel siehe Tabelle 88.

Tabelle 88   Süßungsmittel (nach [354])

	Konzentration	Bemerkungen
Flüssigzucker	Invertzuckergehalt ≥ 62 %	
Invertflüssigzucker	Saccharoselösung mit weniger als 50 % Inversionsgrad Invertzuckergehalt ≥ 62 %	
Invertzuckersirup	Saccharoselösung mit mehr als 50 % Inversionsgrad; üblich sind 72,7 % Invertzuckergehalt ≥ 62 %	Dichte 1,3578 g/cm³ 1 Liter Invertzuckersirup enthält 1 kg Zucker
Glucosesirup mit hohem Fructose-gehalt (GSHF), Isoglucose		muss bei ≥ 27 °C gelagert werden
Sacharin	relative Süßkraft gegenüber Saccharose = 100	55.000
Natriumcyclamat		5.000
Aspartam		20.000
Acesulfam-Kalium		20.000

Füllanlagen

29.4.2 Zuckerlagerung und Transport

Zucker wird entweder lose als Schüttgut im Silofahrzeug (25...28 t Zucker) angeliefert oder als Sackware (Papier-Säcke zu 50 kg, palettiert).
Weiterhin kann Zuckerlösung per Tankwagen bezogen werden.

Innerbetrieblicher Transport:
- Schütttrichter, Becherwerk, Horizontalförderer;
- Pneumatischer Transport.

Pneumatischer Transport (nach [355])
Vorzugsweise als Druckluftförderung, das Gebläse befindet sich am Silofahrzeug. Üblich sind folgende Parameter:

Förderluftvolumenstrom: ca. 480 m^3/h.
Betriebsdruck 1...1,6 bar.
Förderluftgeschwindigkeit: $\geq 11...18...\leq 22$ m/s, Beladung mit 10 kg Zucker/kg Luft.
bei Pfropfenförderung: v = 1,5...2,5 m/s, Beladung ≤ 35 kg Zucker/kg Luft Dieses Fördersystem ist teuerer als die Druckluftförderung, verursacht aber weniger Abrieb und Staub.
Massenstrom: ca. 20 t Zucker/h
Nennweite der Leitungen: DN 80
Kupplung: Typ TW 501
Schlauchverbindung: Metallschlauch oder Gummischlauch in Lebensmittelqualität mit Erdungskabel, Schlauchseele 6 mm, Farbe schwarz oder blau mit weißem Längsstreifen

Zu einer pneumatischen Förderanlage gehören:
- Förderleitungen;
- Abscheider;
- Silo;
- Abluftfilter.

Abscheidegrad des Filters: 99 % der Teilchen $\geq 0,1$ μm.
Erforderliche Filterfläche für o.g. Durchsatz: ≥ 24 m^2.

Silozellen
Lagerkapazität: ≥ 28 t/Zelle.
Auslaufschräge: Konusöffnungswinkel: $\leq 70°$.
Werkstoffe: Stahl mit Beschichtung, Aluminium, Beton für Großsilos; Kunststoffe haben mechan. Nachteile.

Silos im Außenbereich sollten über eine Wärmedämmung verfügen. Die Silozellen sollten mit konditionierter Luft (getrocknete Luft; konst. Feuchte) belüftet werden.

Die Silozellen können mit Austragshilfen ausgerüstet sein.

Füllstandsmessung: Echolotprinzip;
Wägezelle;
vorteilhaft ist die Differenz-Massebestimmung beim Füllen/Austragen.

Silozellen müssen mit einem Potenzialausgleich ausgerüstet sein, um elektrostatische Aufladung auszuschließen.

Zuckerstaubbildung muss verhindert werden: Zündgrenzen: 20...100 g/m^3.

Zündtemperatur: 360...370 °C.

Bei der Beurteilung des Explosionsschutzes und der Explosionsgefahr müssen die Richtlinien 94/9/EG (ATEX 100a) und 1999/92/EG (ATEX 137) sowie die BGR 104 „Explosionsschutz-Regeln" beachtet werden. Weiterhin sei auf die ASI der Berufsgenossenschaft Nahrungsmittel und Gaststätten (BGN) verwiesen (z.B. ASI 8.52/05 „Leitfaden zu Erstellung eines Explosionsschutzdokuments..."). Im Übrigen sollten die Möglichkeiten und Kenntnisse der BGN genutzt werden.

29.4.3 Zuckerlösung

Zuckerlösung kann fertig vom Handel oder von Spezialbetrieben per Tankwagen bezogen werden. Sie wird mittels Pumpen gefördert und in Stapelbehältern bevorratet.

Die Lösung von Zucker ist ausführlich in [355] beschrieben. Zur Löslichkeit als Funktion der Temperatur s.a. Tabelle 83.

Zum Lösen von Zucker muss Wärme zugeführt werden, die Lösungswärme beträgt ca. 6,09 kJ/mol bei 25 °C. Beachtet werden muss, dass die Rührerleistung zum großen Teil in Wärme umgewandelt wird.

Mit steigender Temperatur steigt auch die Auflösegeschwindigkeit. Zucker kann chargenweise warm oder kalt gelöst werden. Großtechnisch wird auch mit kontinuierlichen Anlagen gelöst.

Vorteilhaft ist der Gebrauch von entlüftetem Wasser für die Zuckerlösung. Das Lösesystem darf dann natürlich nicht wieder Luft einmischen. Die nachträgliche Entlüftung des Sirups ist nur mit größerem Aufwand möglich.

Die Zuckerlösung kann mit Schichten-, Anschwemm-, Membran- und Crossflow-Membran-Filtern geklärt werden.

Eine Entkeimung ist durch eine Pasteurisation möglich (KZE-Anlage) oder durch Sterilfiltration. Diese ist jedoch weniger gut geeignet infolge der hohen Viskosität.

Bei der Lagerung muss beachtet werden, dass es bei entsprechender Konzentration der Zuckerlösung zum Auskristallisieren kommen kann. Ggf. müssen die Lagertanks (mit Wärmedämmung) beheizt werden.

Eine Verdünnung des Zuckersirups, beispielsweise durch Kondenswasser, muss aus mikrobiologischen Gründen verhindert werden. Die Stapelbehälter müssen deshalb mit getrockneter Luft beaufschlagt werden.

Die Dosierung der Zuckerlösung kann nach Volumen (MID) oder besser nach Masse (Massendurchflussmessgerät) erfolgen (s.a. Kapitel 29.9).

Füllanlagen

29.5 Anlagen für die CO_2-Versorgung

Das benötigte Kohlendioxid kann in Brauereien aus der Rückgewinnung des Gärungs-CO_2 bereitgestellt werden oder es wird vom einschlägigen Handel bezogen.

Kohlendioxid wird in Stahlflaschen als verdichtetes Gas, zum Teil in flüssiger Form, ($\leq$ 73 bar bei 30 °C), bezogen oder es wird per Tankwagen als Flüssig-CO_2 ($\vartheta \approx$ -25... -35 °C; $p_{ü}$ = 16...11 bar) angeliefert und in einem Niederdruckspeicher bevorratet. Der Speicher besitzt eine Wärmedämmung und in der Regel eine Zusatzkühlung.

Der Speicherbehälter kann als Wägebehälter gestaltet werden oder er erhält eine Standanzeige.

Das CO_2 wird immer aus der flüssigen Phase entnommen und durch Wärmezufuhr (eine Abwärmenutzung bietet sich an) verdampft.

Wichtige Qualitätsparameter für CO_2 sind:
- Ölfreiheit,
- Frei von Sauerstoff,
- Reinheit des CO_2 für AFG $\geq$ 99,97 %.

Da die Herkunft der Handels-Kohlensäure in der Regel nicht bekannt ist, müssen die in Tabelle 90 genannten Qualitätsparameter vom Lieferanten gesichert werden.

Sinngemäß müssen diese Anforderungen auch für die Gewinnung von Gärungs-CO_2 und die Applikation von Handels-CO_2 in der Brauindustrie gelten.

Hier sind es vor allem die Parameter O_2-Gehalt, Drucktaupunkt und Ölgehalt, während einige andere Parameter herkunftsbedingt in der Regel keine Rolle spielen.

Dabei wird bewusst nicht auf die deutsche Problematik des Reinheitsgebotes von 1516 (bzw. die vorläufige Bierverordnung) eingegangen, nach der zur Carbonisierung des Bieres nur Gärungs-CO_2 verwendet werden darf.

29.5.1 Diskussion der Qualitätsforderungen aus der Sicht der Anwender in der Brau- und Getränkeindustrie

Die in Tabelle 90 genannten Qualitätsparameter und die dazu erforderlichen Analysenvorschriften bzw. Analysenverfahren sollten Bestandteil der Lieferverträge werden.

Individuelle Anforderungen können zwischen dem Käufer/Anwender und dem CO_2-Lieferanten erarbeitet und vereinbart werden.

Da eine vollständige CO_2-Analyse relativ arbeits- und kostenaufwendig ist, muss die Wareneingangskontrolle bei Handels-Kohlensäure auf wesentliche Parameter beschränkt werden. Gleiches gilt für die CO_2-Eigengewinnung. In Tabelle 89 sind wichtige Parameter der empfohlenen Eingangskontrolle zusammengestellt.

Die Parameter O_2-Gehalt (wichtig für die Alterung und Alterungsbeständigkeit des Bieres) und Ölgehalt (Schaumstabilität) sind neben der Sensorik (Geschmack und Geruch) für den Gebrauch des CO_2 in der Brauerei aber auch bei AFG sehr bedeutungsvoll. Fehler bei diesen Kriterien sind irreversibel.

29.5.2 Sauerstoffgehalt

Insbesondere in der Brauindustrie ist der O_2-Gehalt der Kohlensäure ein relevanter Qualitätsparameter, vor allem dann, wenn mit der Kohlensäure Bier karbonisiert werden soll. Aber auch bei der Nutzung als Spanngas sind die Folgen eines zu hohen O_2-Gehaltes zu beachten.

Dabei ist die Angabe der „Reinheit" des CO_2 nur eine theoretische Größe, da dieser Parameter mit üblichen Messgeräten nicht ermittelt werden kann. Dazu ist eine aufwendige Analysentechnik erforderlich. Deshalb muss der O_2-Gehalt in der Kohlensäure messtechnisch bestimmt werden, wenn eine äquivalente Aussage getroffen werden muss.

Der in Tabelle 90 ausgewiesene Grenzwert für Sauerstoff von ≤ 30 ppm v/v ist zu hoch. Er muss für Brauereibetriebe entsprechend den betriebsspezifischen Anforderungen ggf. mit ≤ 5 ppm v/v festgelegt werden, wenn bewusst sauerstoffarm gearbeitet werden soll.

Die Angaben zum O_2-Gehalt erfolgen in Milligramm O_2/Kilogramm CO_2 oder oft in „ppm (v/v)" oder „ppm (m/m)".

29.5.3 Ölgehalt

Der nach der EIGA-Spezifikation zulässige Wert von 5 ppm m/m ist deutlich zu hoch. Für in der Brauerei eingesetztes Kohlendioxid muss ein Grenzwert von ≤ 1 ppm m/m gefordert werden.

29.5.4 Keimgehalt des CO_2

In der Regel kann davon ausgegangen werden, dass gekaufte Kohlensäure keimarm bzw. keimfrei ist. Bei der Eigengewinnung gilt diese Aussage im Prinzip auch.

Trotzdem sollte es grundsätzlich üblich sein, direkt bei jedem „Verbraucher" einen Sterilfilter (Membranfilter, Porenweite $\leq 0,2$ µm) zu installieren, der regelmäßig gewartet wird.

Das CO_2-Leitungssystem muss für eine CIP-Reinigung eingerichtet und sterilisierbar sein.

Tabelle 89 Parameter der CO_2-Eingangskontrolle

Probenahmestelle	Parameter	Verfahren/Analytik	Häufigkeit
Tankwagen	Öl: nicht verdampfbare Bestandteile: Geruch und Geschmack: Sauerstoff:	Kampfertest „Schneeprobe" Sensorik Online Messung	regelmäßig regelmäßig regelmäßig regelmäßig [1]
CO_2 nach dem Verdampfer	Geruch und Geschmack: Öl: Sauerstoff:	Sensorik Kampfertest Online Messung	täglich täglich online
CO_2-Analyse, extern	Schwefelverbindungen, Aromaten, nichtflüchtige Kohlenwasserstoffe		1 bis 4 mal/a
CO_2-Analyse	Komplettanalyse		bei Bedarf
CO_2 am Produkteingang	Keimgehalt	biologische Probenahme	bei Bedarf

[1] diese Messung ist anzustreben

Füllanlagen

Tabelle 90 Qualitätsanforderungen an Handels-Kohlensäure zur Verwendung in der Brau- und Getränkeindustrie; - Entwurf -; (zitiert nach [357])

	Merkmal	Größeneinheit	Spezifikation der Deutschen Brauindustrie (EIGA-Spezifikation)	
1	Herkunft der Kohlensäure		Festlegungen zur Herkunft der Kohlensäure erfolgen zwischen Lieferanten und Käufer	
2	Reinheit des CO_2	% v/v	$\geq 99,9$	1)
3	Feuchtigkeit (Drucktaupunkt)	ppm v/v (°C)	≤ 50 (≤ -48)	
4	Geruch und Geschmack		rein + typisch	
5	Sauerstoff	ppm v/v	≤ 30	2)
6	Schwefelwasserstoff	ppm v/v	$\leq 0,1$	3)
7	Schwefeldioxid	ppm v/v	$\leq 1,0$	3)
8	Carbonylsulfid	ppm v/v	$\leq 0,1$	3)
9	Gesamtschwefel	ppm v/v	$\leq 0,1$	
10	Aromatische Kohlenwasserstoffe	ppm v/v	$\leq 0,02$	
11	nichtflüchtige organische Bestandteile (Öl)	ppm m/m	$\leq 1,0$	4)
12	Säure	ppm v/v	n.n.	
13	Ammoniak	ppm v/v	$\leq 2,5$	
14	Stickoxide NO, NO_2	ppm v/v	je $\leq 2,5$	
15	Kohlenwasserstoffe (als Methan)	ppm v/v	≤ 50	
16	KW, davon nicht Methan	ppm v/v	≤ 20	
17	Kohlenmonoxid	ppm v/v	≤ 10	
18	Acetaldehyd	ppm v/v	$\leq 0,2$	
19	Methanol	ppm v/v	≤ 10	
20	Phosphine	ppm v/v	$\leq 0,3$	5)
21	Cyanwasserstoff	ppm v/v	$\leq 0,5$	6)
22	Nichtflüchtige Bestandteile	ppm m/m	≤ 10	

1) Der Zahlenwert wird durch die Analysenmesstechnik limitiert, genauere Angaben erfordern relativ großen analytischen Aufwand.
2) dieser Zahlenwert wird gesondert diskutiert, s.u.
3) bei Einhaltung des Gesamt-Schwefelgehaltes sind die Anforderungen erfüllt. Überschreitet der Gesamt-Schwefelgehalt 0,1 ppm v/v, müssen die Schwefelkomponenten einzeln überprüft werden.
4) dieser Sollwert weicht von der EIGA-Spezifikation ab.
5) Analyse nur bei CO_2 aus Phosphatherstellung.
6) Analyse nur bei CO_2 aus Kohlevergasung.
EIGA: European Industrial Gases Association

Die analytischen Methoden zur Feststellung der Übereinstimmung mit der Spezifikation sind von der Internationalen Gesellschaft der Getränke-Technologen (ISBT) erarbeitet worden und im Anhang C der EIGA-Spezifikation aufgeführt (European Industrial Gases Association). Jeder Lieferung muss ein Zertifikat beigefügt sein über die Einhaltung:

- Der EIGA-Spezifikation (DOC 70/99D) einschließlich der Änderungen bzw. Ergänzungen,
- Der EIGA-Empfehlungen zur Verhinderung von CO_2-Rückflussverunreinigung und
- Der EIGA-Empfehlungen für das Betreiben der CO_2-Tankwagen.

29.5.5 Sonstige Beimengungen in der Gärungskohlensäure

Die nahezu quantitative Entfernung von H_2S ist u.a. wichtig, um die Bildung von COS zu verhindern (beispielsweise im Verdichter). Deshalb ist die H_2S-Entfernung aus dem Rohgas vor der Verdichtung prinzipiell günstig. Dem stehen aber apparative Gründe entgegen. Aus dem COS entsteht bei der Hydrolyse wieder H_2S.

Niedrige Grenzwerte für H_2S und COS sind vor allem für die Verwendung des CO_2 zur Carbonisierung von Mineralwasser und AfG Voraussetzung.

Füllanlagen

29.6 Anlagen für die Wasserentgasung
29.6.1 Allgemeine Hinweise

Die Imprägnierung mit CO_2 und die problemlose, ungekühlte Füllung der Getränke erfordern die vollständige Entgasung der Getränkekomponenten, also die quantitative Entfernung der Luft, da selbst mikroskopisch kleine Luftbläschen als Entbindungskeime für das CO_2 wirken. Das CO_2 diffundiert infolge des Partialdruckgefälles in die Luftbläschen, die Blase wächst und steigt auf mit der Folge von Schaumbildung.

Für viele Getränke ist außerdem die Entfernung des Sauerstoffs eine Voraussetzung für die Vermeidung von Oxidationen und damit die Alterung bzw. negative sensorische Beeinflussung. Eine wesentliche Voraussetzung für das High-Gravity-Brewing ist die Verfügbarkeit von sauerstofffreiem Wasser (c_{O2} ≤ 0,02 mg/l).

Die aktuelle Löslichkeit eines Gases ergibt sich aus dem Druck und dem temperaturabhängigen Löslichkeitskoeffizienten (auch als Absorptionskoeffizient bezeichnet), s.a. Tabelle 91. Bei Sättigung der Flüssigkeit mit einem Gas befindet sich dessen Partialdruck im Gleichgewicht mit dem Partialdruck des Gases in der umgebenden Gasphase. Daraus folgt, dass die Reduzierung des Druckes, genauer des Partialdrucks des betreffenden Gases, die mögliche Lösungsmenge verringert. Dabei muss außerdem der Stoffaustauschgrad mit berücksichtigt werden (s.a. [358]).

Der Gesamtdruck der Gase entspricht der Summe der einzelnen Partialdrücke (Gesetz von *Dalton*, s.a. Gleichung 48). Als Beispiel wird die atmosphärische Luft genannt: der Anteil des Sauerstoffs beträgt 20,9 %. Deshalb beträgt der Partialdruck des O_2 in der Luft bei einem Druck von 1 bar nur 0,209 bar. Dabei ist zu beachten, dass nicht nur die Drücke der beteiligten gelösten Gase den Gesamtdruck bestimmen, sondern auch die Dampfdrücke der beteiligten Flüssigkeiten. Im Falle der Getränke sind das vor allem die Partialdrücke des Wasserdampfes und des Ethanols (die genauen temperaturabhängigen Werte können aus den entsprechenden Dampftafeln entnommen werden).

Tabelle 91 Technischer Löslichkeitskoeffizient λ (nach [359])

Gas	Dichte in mg/ml	Molmasse in g	Technischer Löslichkeitskoeffizient λ in ml Gas/(1000 g Wasser·1 bar) bei einer Temperatur in °C						
			0	5	10	15	20	25	30
Sauerstoff	1,429	32	48,4	42,3	37,5	33,6	30,6	28,0	26,0
Stickstoff	1,250	28	22,9	20,4	18,5	16,8	15,5	14,4	13,4
CO_2	1,964	44	1691	1405	1182	1006	868	753	659
Luft	1,293	28,96	28,6	25,5	22,4	20,4	18,3	16,3	15,3

Das Gasvolumen ist auf den Normzustand (0 °C und 1,013 bar) bezogen.

Zwischenwerte lassen sich z.B. graphisch interpolieren.

Beispiel: Löslichkeit von O_2 in Wasser bei 20 °C:

$$\lambda_{O_2} \cdot p_{O_2} \cdot \rho_{O_2} = \frac{30{,}6 \text{ ml}}{1000 \text{ g Wasser} \cdot 1 \text{ bar}} \cdot \frac{1{,}429 \text{ mg}}{\text{ml}} \cdot 0{,}209 \text{ bar} = \underline{9{,}14 \text{ mg } O_2 /l}$$

Die Entgasung (Synonyme: Entlösung, Desorption), d.h. vor allem die Entfernung des Sauerstoffs, beruht also auf der Reduzierung des Sauerstoff-Partialdruckes. Damit wird der mögliche O_2-Gehalt einer Lösung verringert und das Gas freigesetzt.

Die Desorption der Gase wird durch eine große Oberfläche der zu entgasenden Flüssigkeit gefördert, d.h., die Flüssigkeit wird beispielsweise versprüht.

Auf den entgegengesetzten Prozess, die Anreicherung einer Flüssigkeit mit einem Gas (Absorption), wird im Kapitel 29.7 eingegangen.

29.6.2 Varianten der Entgasung

Möglichkeiten zur Entgasung des Wassers bestehen in folgenden Varianten:
- Druckreduzierung (Vakuum-Entgasung);
- Druck-Entgasung mit CO_2;
- Thermische Entgasung;
- Entgasung mittels Membranen;
- Katalytische Entfernung des Sauerstoffs;
- Chemische Sauerstoffentfernung.

29.6.2.1 Vakuum-Entgasung

Durch Senkung des Systemdruckes wird die lösbare Gasmenge gesenkt, weil auch der Partialdruck der beteiligten Gase im gleichen Verhältnis gesenkt wird.

Das Wasser wird in der Regel in einen unter Vakuum stehenden Behälter gesprüht. Ziel ist eine große Oberfläche. Das Vakuum ($p \approx \leq 0{,}1$ bar) wird mittels Wasserringpumpe erzeugt. Zur Verbesserung des Effektes kann die Entgasung zwei- oder mehrstufig erfolgen. Außerdem kann zum Wasser eine kleine Menge CO_2 dosiert werden. Das CO_2 wirkt als „Schleppgas" durch örtliche Partialdruckerniedrigung und verbessert den Entgasungseffekt.

Mit einer einstufigen Vakuumentgasung (Vakuum etwa 90 %) lassen sich bei Wassertemperaturen von 12…15 °C etwa ≥ 1 mg O_2/l erreichen, bei CO_2-Dosierung ca. 0,8 mg O_2/l.

Bei zweistufigen Anlagen (Abbildung 602) sollen sich bei 15 °C, einem Druck von p = 0,05 bar und einer CO_2-Dosierung von 0,5 g/l etwa 0,04 mg O_2/l erzielen lassen ([360]; bei einem Druck von p = 0,05 bar lösen sich noch ca. 0,1 g CO_2/l, sodass etwa 0,4 g CO_2/l für die Partialdruckerniedrigung verfügbar bleiben).

Die Anlage muss kontinuierlich betrieben werden, bei Bedarf (geringe Abnahme) lassen sich der Durchsatz reduzieren und die Parameter anpassen.

29.6.2.2 Druck-Entgasung

Wenn reines CO_2 im Gegenstrom zum fein verdüsten Wasser geführt wird, kann der O_2-Partialdruck in einem Behälter bei einem Gesamtdruck von > 1 bar sehr stark erniedrigt werden, sodass der Sauerstoff „ausgewaschen" wird (Abbildung 603). Dabei reichert sich das Wasser mit ca. > 2 g CO_2/l an. Bei höheren CO_2-Drücken wird die Imprägnierung verbessert.

Die Stoffaustauschsäule sollte möglichst hoch sein, um die Rückvermischung zu verringern und um das Gegenstromprinzip gut zu nutzen (praktisch ausgeführt ≤ 8 m). Eine weitere Verbesserung ermöglicht die mehrstufige Anlagengestaltung.

Füllanlagen

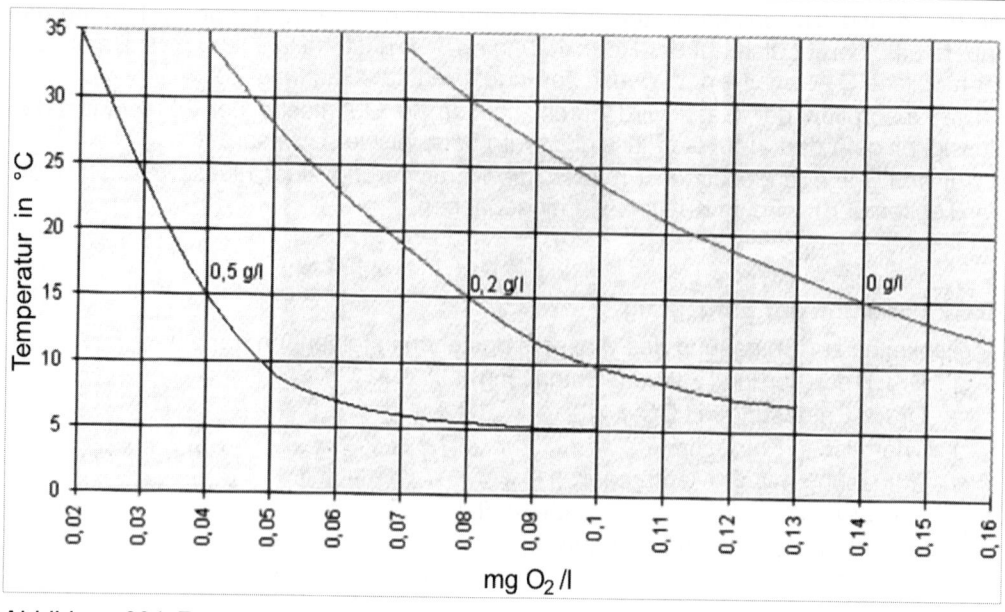

Abbildung 601 Restsauerstoff-Konzentration als Funktion der CO_2-Zugabe bei der zweistufigen Vakuumentlüftung (Druck p = 0,05 bar) nach [360]

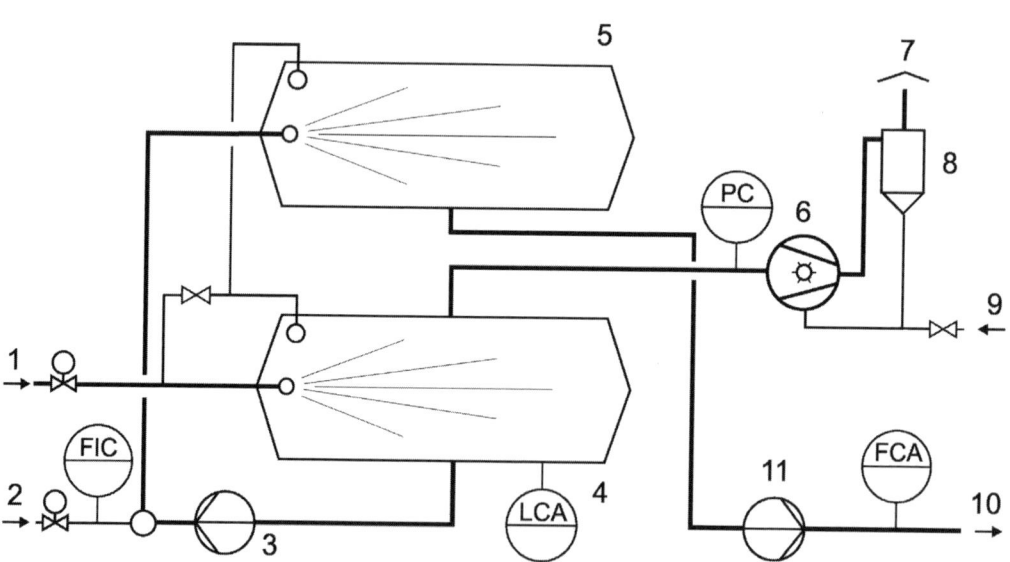

Abbildung 602 Zweistufige Vakuum-Entgasungsanlage, schematisch
1 Wasser-Zulauf/CIP-VL   **2** CO_2 **3** Pumpe nach erster Stufe   **4** erster Entgasungsbehälter   **5** zweiter Entgasungsbehälter   **6** Vakuumpumpe   **7** Gasableitung   **8** Gas-Abscheider   **9** Sperrwasser   **10** entgastes Wasser zur Imprägnierung   **11** Pumpe für entgastes Wasser

AfG-Herstellung

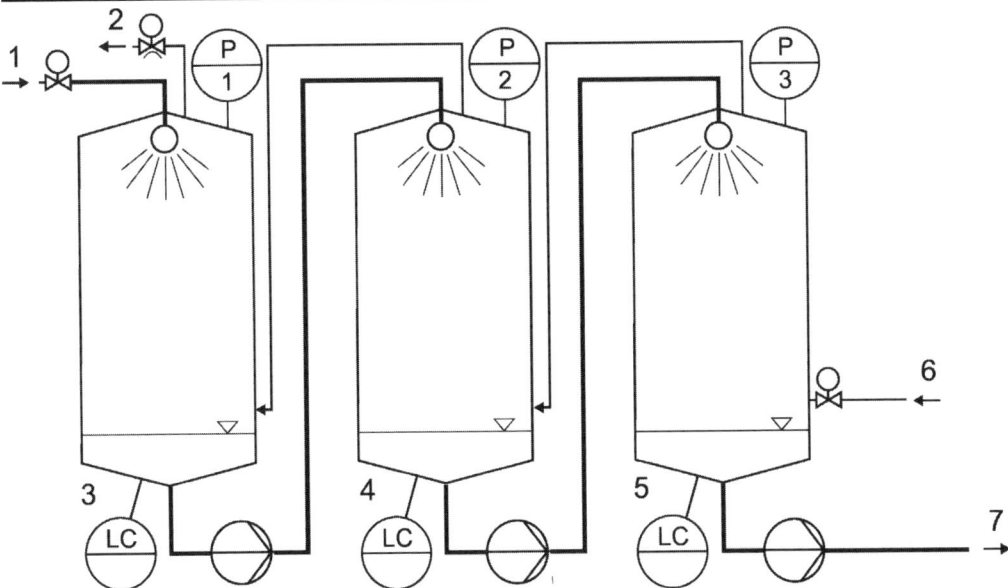

Abbildung 603 Dreistufige Druckentgasung von Wasser mit CO_2 (nach [361])
1 Wasser zur Entgasung **2** Gasableitung **3, 4, 5** Entgasungsbehälter (Reaktoren)
6 CO_2 **7** entgastes Wasser zur Imprägnierung
Es gilt für die Drücke in den Reaktoren: P 1 = P 2 > 1,1 bar; P 3 > P 2

Nachteilig ist bei diesem Verfahren, dass das am Ende des Prozesses aus dem Behälter entweichende CO_2-/Luft-Gemisch nicht weiter verwendet werden kann. Der relative Verlust, bezogen auf die Karbonisierung, beträgt etwa 3...5 % [361].

Nach *Mette* [361] lassen sich mit einer dreistufigen Gegenstrom-Druckentgasung bei 15 °C und einem Druck von p > 1,1 bar sowie bei 3 % relativem CO_2-Verlust etwa 0,04 mg O_2/l und bei 5,5 % relativem CO_2-Verlust 0,02 mg O_2/l erreichen.

Die Druck-Entgasung lässt sich nur für carbonisierte Getränke bzw. Wasser benutzen. Damit kann also auch Sirup entgast werden.

Vorteilhaft ist bei der Druckentgasung, dass keine Vakuumpumpen benötigt werden.

29.6.2.3 Thermische Entgasung

Bei der thermischen Entgasung wird das mit steigender Temperatur verringerte Lösungsvermögen der Gase genutzt. Eine vollständige Entgasung bei atmosphärischem Druck ist jedoch erst bei ≥ 100 °C möglich (Tabelle 92; Anwendung beispielsweise beim Kesselspeisewasser). Es muss also eine geringe Wassermenge verdampft werden. Dazu kann auf wenige Grad über Siedetemperatur erhitzt werden (Abbildung 604).

Die Entgasung kann natürlich außer bei atmosphärischem Druck auch durch Anwendung von Vakuum auch bei niedrigeren Temperaturen erfolgen: z.B. bei p = 0,5 bar, ϑ = 81,35 °C oder p = 0,7 bar, ϑ = 90 °C. Bei Normaldruck wird die Vakuumpumpe eingespart.

Das Wasser wird rekuperativ erwärmt, beispielsweise mit einem PWÜ. Der Wärmerückgewinnungsgrad kann sinnvoll bei ≥ 92 % liegen (siehe auch Kapitel 24.5), sodass der Wärmeaufwand relativ gering bleibt. Eine Zusatzkühlung des entgasten Wassers ist in der Regel nicht erforderlich, ist aber möglich.

Eine geringe CO_2-Zusatzmenge verbessert die Entgasung durch den Stripping-Effekt.

Die thermische Entgasung kann auch für die Pasteurisation des Getränks benutzt werden, wenn die Komponenten vorher gemischt werden, zumindest Wasser und Zuckerlösung.

Die Heißentgasung unter Vakuum kann auch für Fruchtsäfte bzw. safthaltige Getränke angewandt werden. In die Abgasleitung wird dann ein zusätzlicher Kühler eingefügt, um die Aromastoffe wieder zu kondensieren und zurückzuführen.

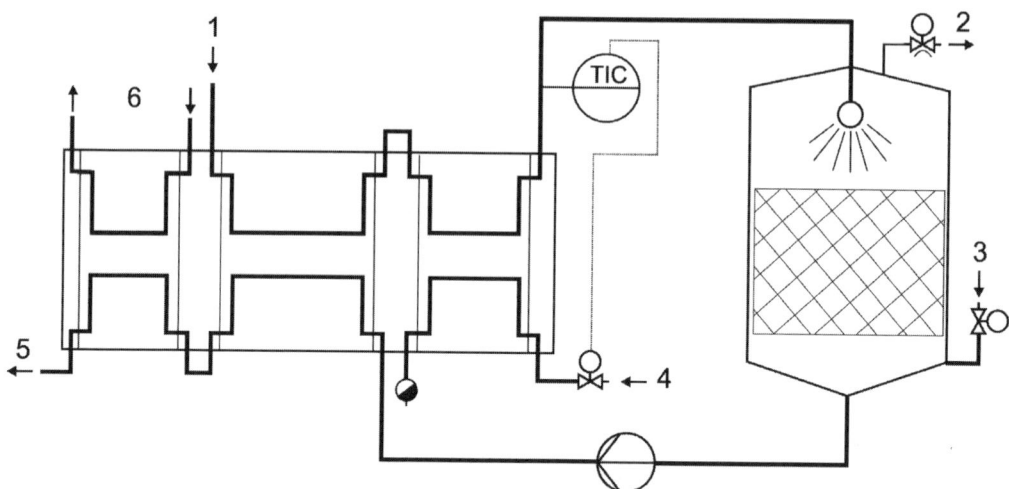

Abbildung 604 Thermische Wasserentgasung, schematisch
1 Wasserzulauf **2** Gasableitung, ggf. Anschluss für eine Vakuumpumpe **3** Strippgas CO_2 **4** Dampf **5** entgastes Wasser **6** Kälteträger

29.6.2.4 Entgasung mittels Membranen

Das Wasser kann durch hydrophobe Membranen entgast werden. Eingesetzt werden Hohlfaser-Membranen (z.B. aus PP; Ø ca. 0,3 mm). Das Wasser wird außerhalb der Hohlfasern geführt. Innerhalb der Hohlfasern wird durch Vakuum der Gesamtdruck erniedrigt und zusätzlich wird reines CO_2 im Gegenstrom eingeleitet, sodass der O_2-Partialdruck gegen Null geht (Abbildung 605). Der Sauerstoff diffundiert (permeiert) durch die Membrane und wird durch das CO_2 oder den Stickstoff als Schleppgas entfernt. Wenn nicht carbonisiert werden soll, kann auch Stickstoff als Schleppgas eingesetzt werden. Die hydrophobe Membran lässt kein Wasser passieren.

Der erreichbare Wert wird außer von den Membraneigenschaften von der Höhe des Vakuums, vom realen CO_2-Volumenstrom (proportional zum Durchsatz), von der Diffusionsfläche, von dem Durchsatz (verfügbare Kontaktzeit) und der Wassertemperatur bestimmt.

Tabelle 92   Sauerstoffgehalt in luftgesättigtem Wasser bei atmosphärischem Druck als Funktion der Temperatur

Gerechnet wurde mit dem *Bunsen*'schen Löslichkeitskoeffizienten α (nach [362]); der Wasserdampfpartialdruck wurde [363] entnommen;
Partialdruck des Sauerstoffs p = 0,2096 bar bei 1 bar; 0,2128 bei 1,013 bar
Spalte 6 ergibt sich aus: α · 1000 ml/l · 1,429 mg O_2/ml · 0,2096 bar · Spalte 5

Temperatur in °C	*Bunsen*'scher Löslichkeits-Koeffizient für Sauerstoff α in ml/(ml H_2O · 1,013 bar)	Partialdruck des Wasserdampfes in kPa	Luftdruck – Wasserdampfpartialdruck 101,3 kPa – p_{H2O}	res. Gesamtdruck in bar	max. Sauerstoffgehalt in mg/l
1	2	3	4	5	6
10	0,03802	1,25	100,05	1,0005	11,39
20	0,03103	2,35	98,95	0,9895	9,20
30	0,02608	4,25	97,05	0,9705	7,58
40	0,02306	7,39	93,91	0,9391	6,49
50	0,02090	12,36	88,94	0,8894	5,57
60	0,01946	19,93	81,37	0,8137	4,74
70	0,01833	31,30	70,00	0,7000	3,84
80	0,01761	47,50	53,80	0,5380	2,84
90	0,01723	70,10	31,20	0,3120	1,61
95	0,01710	84,63	16,67	0,1667	0,85
97	0,01706	91,00	10,30	0,1030	0,53
98	0,01704	94,40	6,90	0,0690	0,35
99	0,01702	97,84	3,46	0,0346	0,18
100	0,01700	101,30	0,00	0,0000	0,00

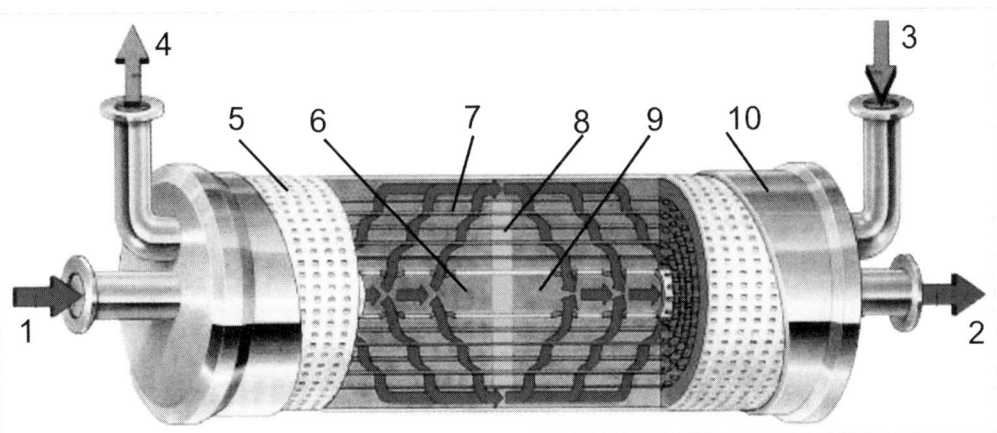

Abbildung 605   Membranmodul 10 Zoll, die Membranfläche beträgt ca. 120 m^2 (nach Centec GmbH)
1 Wassereinlauf   **2** Wasserauslauf, entgast   **3** Strippgas-Zufuhr   **4** zur Vakuumpumpe
5 Membranhülle   **6** Verteilerrohr   **7** Hohlfaser   **8** Trennwand   **9** Sammelrohr
10 Gehäuse

Füllanlagen

Tabelle 93 Erzielbare Restsauerstoffwerte bei einem Durchsatz von 40 m^3/h und 4 in Reihe geschalteten Modulen (nach [364])

Rest-O_2-Gehalt in mg/l	Wassertemperatur in °C	ca. CO_2-Verbrauch in m^3 i.N./h
0,025	12	10
0,020	14	9,3
0,016	16	8,7
0,012	18	8,1
0,009	20	7,5

Mit einer Anlage von vier in Reihe geschalteten Membranmodulen (Typ CENTEC DGS 10") lassen sich die in Tabelle 93 bis Tabelle 95 ausgewiesenen Werte erzielen (nach [364]). Nach Herstellerangaben lassen sich mit 6 Modulen bis zu 60 m^3/h erreichen.

Vor den Membranmodulen sollte ein Partikelfilter mit einem Rückhaltevermögen ≥ 3 µm installiert werden.

Der Druckverlust bei einem Durchsatz von 40 m^3/h beträgt etwa 1,5 bar/Modul. Die Reinigung der Module erfolgt nach dem CIP-Verfahren bei ≤ 85 °C (Reinigungsmedien NaOH, H_3PO_4, jeweils 1…3 %ig). Die Reinigungsmedien sollten keine Additive/Tenside enthalten. Die Lebensdauer der Module wird mit 5…10 Jahren angegeben (abhängig von der Zahl der CIP-Zyklen) [364].

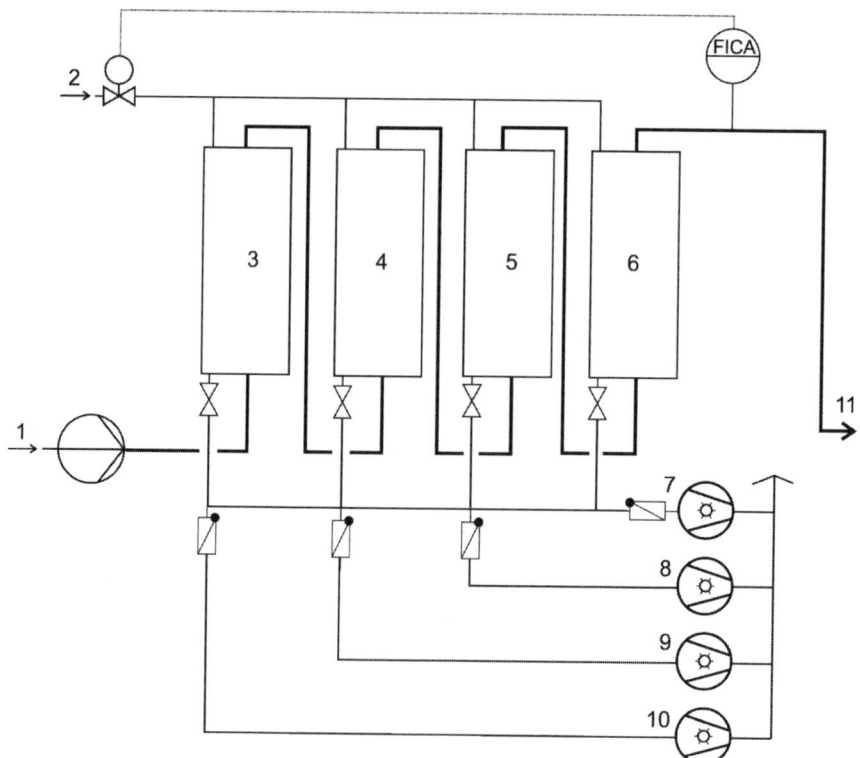

Abbildung 606 Wasserentgasung mittels Membranen, schematisch
1 Wasserzulauf **2** CO_2 **3, 4, 5, 6** Hohlfaser-Module **7, 8, 9, 10** Vakuumpumpen, schaltbar in Abhängigkeit vom Durchsatz **11** entgastes Wasser

29.6.2.5 Katalytische Entgasung

Diese Variante wurde zur Entfernung des Sauerstoffes aus Wasser entwickelt, das besonders niedrige O_2-Restgehalte aufweisen sollte, beispielsweise als Verdünnungswasser für das High-Gravity-Brewing.

Zu dem vorentlüfteten Wasser, z.B. durch Vakuumentgasung, wird Wasserstoff dosiert. Der Wasserstoff reagiert bei Anwesenheit eines Palladium-Katalysators mit dem Sauerstoff quantitativ zu Wasser.

Die zugehörige Anlage ist relativ kostenintensiv, insbesondere der Katalysator ist teuer. Das Problem liegt in der relativ schnellen Inaktivierung des Katalysators bei Anwesenheit von Huminsäuren im Wasser. Der Katalysator kann zwar mit Salzsäure regeneriert werden, muss dazu aber aus der Anlage entfernt werden (Korrosionsgefahr). Der Katalysatorwechsel ist zeitaufwendig und erfordert einen zweiten Katalysator-Satz.

Diese Variante konnte sich nicht durchsetzen.

Tabelle 94 Erzielbare Restsauerstoffgehalte bei einem Durchsatz von 40 m^3/h und einer Wassertemperatur von 14 °C (nach [364])

Rest-O_2-Gehalt in mg/l	Druck in den Hohlfasern in mbar
0,020	80
0,023	90
0,026	100
0,033	120
0,048	150

Tabelle 95 Restsauerstoffgehalt als Funktion des Durchsatzes bei einer Anlage mit vier in Reihe geschalteten Modulen (nach [364]) (14 °C, Druck p = 0,1 bar, CO_2-Verbrauch 9,3 m^3 i.N./h)

Durchsatz in m^3/h	Rest-O_2-Gehalt in mg/l	ca. CO_2-Verbrauch in m^3 i.N./h	Zahl der betriebenen Vakuumpumpen
10	0,002	2,3	2
20	0,003	4,6	2
30	0,007	7,0	3
40	0,020	9,3	4

29.6.2.6 Chemische Sauerstoffentfernung

Diese Variante ist für Trinkwasser nicht geeignet, wird aber beispielsweise bei Kesselspeisewasser genutzt. Geeignete Chemikalien sind z.B. Hydrazin oder Natriumsulfit, die den Sauerstoff chemisch binden.

Füllanlagen

29.6.2.7 Stapelung des entgasten Wassers

Das entgaste Wasser muss unter Luftabschluss aufbewahrt werden. Deshalb werden die Stapelbehälter mit einem O_2-freien Gas (N_2, CO_2) beaufschlagt. Der Gasdruck sollte geringfügig höher als der atmosphärische Druck sein.

29.7 Anlagen für die Imprägnierung

Unter Imprägnierung wird die Anreicherung des Getränks mit Kohlendioxid verstanden. Das CO_2 ist zu fast 99,9 % physikalisch gelöst, nur ein sehr geringer Teil (0,1 %) bildet mit Wasser die dissoziierte Kohlensäure.

Die lösbare Gasmenge ist nach dem Gesetz von *Henry* von der Temperatur und dem Partialdruck des Gases abhängig (Gleichung 46, s.a. Tabelle 91). Die schnelle Sättigung durch Diffusion wird durch eine große Stoffaustauschfläche begünstigt (ebenso durch eine geringe Schicht- bzw. Filmdicke), d.h., dass eine intensive Vermischung von Getränk und CO_2 für die schnelle Lösung förderlich ist. Anzustreben ist die möglichst vollständige Entgasung des Getränks vor der Carbonisierung. Die Anwesenheit anderer Gase ist für die CO_2-Aufnahme selbst kein Problem, da hierfür nur das Gesetz von *Dalton* gilt (s.o. und Gleichung 48). Die Entfernung aller Fremdgase ist deshalb wichtig, weil diese Gase, insbesondere Sauerstoff und Stickstoff, sich nur in geringen Mengen lösen und im Getränk meistens als Gasreste in Form von Mikrobläschen verbleiben. Diese Mikrogasbläschen sind dann in der Regel Entbindungskeime für das CO_2 und damit Ursache für das Schäumen der Getränke bei der Füllung und vor allem bei der Druckentlastung.

Nach dem Gesetz von *Henry* gilt für Kohlendioxid:

$$c_{CO_2} = \lambda_{CO_2} \cdot p_{CO_2} \qquad \text{Gleichung 46}$$

c_{CO_2} = gelöst-CO_2-Konzentration im Messgut, z.B.

in cm^3/g H_2O ≙ l/kg H_2O oder g/l H_2O

λ_{CO_2} = CO_2-Löslichkeitskoeffizient, zum Beispiel der Technische

Löslichkeitskoeffizient, in cm^3 i.N./(1000 g H_2O · bar),
s.a. Tabelle 91 oder
Absorptionskoeffizient in g CO_2/(1000 ml H_2O · bar)

p_{CO_2} = Partialdruck des CO_2 in der Gasphase in bar (Absolutdruck)

Der Löslichkeits- bzw. Absorptionskoeffizient ist vor allem eine Funktion der Temperatur, sodass die Gleichung 46 nur für die Messtemperatur gilt, aber auch des Druckes (siehe Gleichung 47). Für beliebige Temperaturen muss umgerechnet werden (siehe Tabelle 91).

Beachtet werden muss, das sich der Löslichkeitskoeffizient auf das Lösungsmittel Wasser bezieht. Für alle anderen Medien müssen Korrekturen berücksichtigt werden.

In einer ersten Näherung kann der „Wassergehalt" berücksichtigt werden, da die festen Extraktstoffe im Prinzip kein CO_2 lösen können (zum Beispiel Limonade mit 10 % wasserfreiem Extrakt: $\lambda_{CO_2} \approx \lambda$ [aus Tabelle 91] · 0,9).

Für genaue Bestimmungen muss der Absorptions- oder Löslichkeitskoeffizient unter Beachtung der Inhaltsstoffe berechnet werden.

Die Berechnung des Absorptionskoeffizienten für Getränke beliebiger Zusammensetzung kann mit der folgenden Gleichung 47 erfolgen (nach [365]; Hinweis: die mit

Gleichung 47 berechneten Werte für Wasser differieren geringfügig mit den nach [359] berechneten, da verschiedene Literaturquellen benutzt wurden und die Bezugsgröße einmal die Wasser-Masse ist, zum anderen das Wasser-Volumen):

$$\lambda_{CO_2} = 3{,}36764 + 0{,}07(1 - \frac{c_{O_2}}{9}) - (0{,}014 - 0{,}00044\, c_{O_2})p_{CO_2}$$

$$- 0{,}12723 \cdot \vartheta + 2{,}8256 \cdot 10^{-3} \cdot \vartheta^2 - 3{,}3597 \cdot 10^{-5} \cdot \vartheta^3 + 1{,}5933 \cdot 10^{-7} \cdot \vartheta^4$$

$$- (0{,}47231 - 0{,}02988 \cdot \vartheta + 1{,}1605 \cdot 10^{-3} \cdot \vartheta^2 - 2{,}251 \cdot 10^{-5} \cdot \vartheta^3$$

$$+ 1{,}5933 \cdot 10^{-7} \cdot \vartheta^4) \cdot (\frac{c_{Extr}}{128} + \frac{c_{EtOH}}{43} + \frac{c_{Sa,Sä}}{27} + \frac{c_{FS}}{50}) \qquad \text{Gleichung 47}$$

In Gleichung 47 bedeuten:

λ_{CO_2} = Absorptionskoeffizient für CO_2 in g/(l·bar), gültig für 0,7 g/(l·bar) $\leq \lambda_{CO_2} \leq$ 3,4 g/(l·bar); (der Unterschied zu Tabelle 91 ist zu beachten)

c_{O_2} = O_2-Gleichgewichtskonzentration in mg/l, gültig für $0 \leq c_{O_2} \leq$ 10 mg/l sowie $c_{N_2} \approx 1{,}6 \cdot c_{O_2}$ bei einem Leerraum des Gebindes von 4…6 %

p_{CO_2} = CO_2-Gleichgewichtsdruck in bar, gültig für: 0 bar $\leq p_{CO_2} \leq$ 10 bar (es wird immer mit dem Absolutdruck gerechnet)

ϑ = Getränketemperatur in °C, gültig für: 0 °C $\leq \vartheta \leq$ 60 °C

c_{Extr} = Extrakt- bzw. Zuckergehalt in g/l, gültig für: 0 g/l $\leq c_{Extr} \leq$ 300 g/l

c_{EtOH} = Ethanolgehalt in Vol.-%, gültig für: 0 Vol.-% $\leq c_{EtOH} \leq$ 20 Vol.-%

$c_{Sa,Sä}$ = Salz-, Grundstoff- oder Gesamtsäurekonzentration in g/l, gültig für: 0 g/l $\leq c_{Sa,Sä} \leq$ 50 g/l

c_{FS} = Fruchtsaftgehalt in Ma.-%, gültig für: 10 Ma.-% $\leq c_{FS} \leq$ 20 Ma.-%

Bei Bier und anderen alkoholischen Getränken müssen der wirkliche Extraktgehalt und der Ethanolgehalt bestimmt werden.

Für die Bestimmung des CO_2-Gleichgewichtsdruckes muss beachtet werden, dass die Messung des Gleichgewichtsdruckes allein nicht ausreicht. Nach dem Gesetz von *Dalton* ist der Gesamtdruck einer Gasmischung gleich der Summe seiner Partialdrücke. Bei einem Getränk gilt Gleichung 48:

$$p_{ges} = \sum_{i=1}^{i=n} p_i = p_{CO_2} + p_{H_2O} + p_{EtOH} + p_{O_2} + p_{N_2} \qquad \text{Gleichung 48}$$

p_{ges} = mit dem Manometer gemessener Gesamtdruck in bar

p_{CO_2} = Partialdruck des CO_2 in bar

p_{H_2O} = Partialdruck des Wasserdampfes in bar

p_{EtOH} = Partialdruck des Ethanols in bar

Füllanlagen

p_{O_2} = Partialdruck des Sauerstoffs in bar

p_{N_2} = Partialdruck des Stickstoffs in bar

beziehungsweise:

$$p_{CO_2} = p_{ges} - p_{H_2O} - p_{EtOH} - p_{O_2} - p_{N_2} \qquad \text{Gleichung 48a}$$

Die temperaturabhängigen Partialdrücke für den Wasserdampf bzw. eine wässrige Ethanollösung lassen sich nach folgenden Beziehungen errechnen (nach [366]):

$$p_{H_2O} = (643{,}5 + 18{,}47 \cdot \vartheta + 3{,}572 \cdot \vartheta^2 - 0{,}03372 \cdot \vartheta^3 + 0{,}0009681 \cdot \vartheta^4) \cdot 10^{-5}$$

Gleichung 49

$$p_{5\%ig-EtOH} = (801{,}3 + 33{,}86 \cdot \vartheta + 3{,}714 \cdot \vartheta^2 - 0{,}02603 \cdot \vartheta^3 + 0{,}001051 \cdot \vartheta^4) \cdot 10^{-5}$$

Gleichung 50

$$p_{11\%ig-EtOH} = (940{,}1 + 45{,}62 \cdot \vartheta + 3{,}942 \cdot \vartheta^2 - 0{,}02122 \cdot \vartheta^3 + 0{,}001149 \cdot \vartheta^4) \cdot 10^{-5}$$

Gleichung 51

p = Partialdruck in bar;
ϑ = Temperatur in °C

Die Partialdrücke eventuell vorhandener Fremdgase lassen sich aus der Gleichung nach *Henry* (analog zu Gleichung 46) berechnen, wenn der Fremdgasgehalt des Getränkes bekannt ist und die entsprechenden Parameter eingesetzt werden.

Berechnungsgleichungen für verschiedene Getränke

Aus Gleichung 47 lassen sich folgende Gleichungen für die Bestimmung des Absorptionskoeffizienten ableiten (nach [365]):

- Für *Voll-Bier*, gültig für (0 °C $\leq \vartheta \leq$ 20 °C):

$$\lambda_{CO_2} = 10 \cdot e^{\left(-10{,}738 + \frac{2618}{\vartheta + 273{,}15\,K}\right)} \qquad \text{Gleichung 52}$$

Die Gleichung 52 führt im Prinzip zu nahezu identischen Ergebnissen wie die von der Fa. *Haffmans* für ihre Messgeräte veröffentlichte Gleichung für Bier (nach [365] und [367]):

c_{CO2} = 10 ($p_ü$ + 1,013 bar) exp (-10,738 + 2617/T)
c_{CO2} = CO_2-Gehalt in g CO_2/l,
$p_ü$ = Druck in bar,
T = Temperatur in Kelvin

- Für *Mineralwasser* o.ä. (gültig für: 0 °C $\leq \vartheta \leq$ 25 °C):

$$\lambda_{CO_2} = 10 \cdot e^{\left(-11{,}073 + \frac{2725}{\vartheta + 273{,}15\,K}\right)} \qquad \text{Gleichung 53}$$

❐ Für *Limonaden* (gültig für: 0 °C ≤ ϑ ≤ 25 °C):

$$\lambda_{CO_2} = 10 \cdot e^{\left(-10{,}571 + \frac{2552}{\vartheta + 273{,}15\,K}\right)} \qquad \text{Gleichung 54}$$

Die Oberflächenvergrößerung der Komponenten Getränk und CO_2 wird durch Versprühen, Füllkörper oder Injektordüsen erreicht. Die Scherkräfte in Injektordüsen bewirken eine Feinstverteilung des CO_2 in Form von Mikrobläschen mit einer sehr großen Oberfläche, die für einen schnellen Stoffaustausch Voraussetzung sind. Teilweise werden zwei Injektordüsen in Reihe geschaltet betrieben.

Die vollständige Gaslösung, also auch der Mikrobläschen, ist zeitabhängig. Nach *Rammert* [358] kann die vollständige Lösung ≥ 1 min betragen. Daraus folgt, dass das Getränk nach der Imprägnierung eine bestimmte Verweilzeit vor dem Einlauf in die Füllmaschine benötigt. Ein Puffertank erfüllt diese Aufgabe. Der Puffertank wirkt außerdem als Puffer bei eventuellen Stillständen der Füllmaschine und sichert den möglichst kontinuierlichen Betrieb der Entgasungs- und Imprägnieranlage.

Aus Tabelle 96 können Richtwerte für die Imprägnierung entnommen werden.

Tabelle 96 Richtwerte für CO_2-Gehalte bei Getränken (nach [355])

Getränk	CO_2-Gehalt in g/l	CO_2-Absorptions-koeffizient bei 20 °C in g/(l · bar)	CO_2-Sättigungsdruck bei 20 °C in bar
Mineralwasser	4,2…8,5	1,69	2,5…5,0
Zitronenlimonade	7,0	1,56	4,5
Orangenlimonade	5,5…7,8	1,56	3,5…5,0
Cola-Getränke	6,9…7,7	1,53	4,5…5,0
Light-Getränke	5,8…8,3	1,66	3,5…5,0
Vollbier	5…6	1,65	3,0…3,6
Radler	5…6	1,58	3,3…3,8
Sekt	8…10	1,51	5,3…6,6

29.8 Anlagen für die Mischung der Getränke

29.8.1 Allgemeine Hinweise

Mischgetränke und AFG werden aus den dosierten Komponenten durch Mischen hergestellt. Die verarbeitungstechnische Aufgabe besteht also aus dem Dosieren und dem Mischen.

Bei den Komponenten handelt es sich vor allem um:
- ❐ Süßungsmittel (Zuckerlösung, Invertzuckersirup, Süßstoffe);
- ❐ Essenzen,
- ❐ Fruchtsäuren (z.B. Citronensäure),
- ❐ Fruchtsäfte und Fruchtsaftkonzentrate,
- ❐ Zusatzstoffe, wie Vitamine oder Mineralstoffe,
- ❐ Wasser,
- ❐ Getränke, z.B. Bier.

Füllanlagen

Eine wichtige Forderung dabei ist die exakte Einhaltung der Rezepte, insbesondere der vorgesehenen Mengen der beteiligten Komponenten. Die Dosierung der Komponenten kann erfolgen:
- nach Masse und/oder
- nach Volumen.

Beim Dosieren müssen die Dosieranlagen auf die sehr unterschiedlichen Mengenanteile der Komponenten abgestimmt sein.

Das Mischen der Komponenten wird in der Regel vor der Imprägnierung vorgenommen, damit kann drucklos gearbeitet werden. Ziel ist es, den Fertigsirup vor der Mischung mit entgastem Wasser ebenfalls zu entgasen. Sind die Komponenten bereits imprägniert, muss zur Verhinderung der Schaumbildung unter Druck gearbeitet werden.

Das Dosieren und Mischen kann erfolgen:
- diskontinuierlich als Chargenprozess oder
- als kontinuierlicher Prozess.

Die fertig gemischten Getränke werden anschließend carbonisiert. Das Getränk wird zu diesem Zweck im Kreislauf gefördert und mit CO_2 angereichert. Der Carbonisierbehälter dient gleichzeitig als Pufferbehälter, aus dem die Füllmaschine beschickt wird.

Seit den 2000er Jahren werden Dosier- und Mischanlagen auch als Inline-Anlagen gefertigt, bei denen alle beteiligten Komponenten kontinuierlich dosiert und gemischt werden. Die Füllmaschine wird direkt beschickt. Ein Pufferbehälter mit geringem Volumen sollte aber aus den o.g. Gründen vorhanden sein, auch um kurzfristige Stillstände der Füllmaschine zu kompensieren.

Anlagen für das Dosieren und Mischen werden von verschiedenen Herstellern unter Fantasie-Namen gefertigt, aus denen die Funktion nicht ableitbar ist.

In der Anfangszeit der AFG-Produktion wurde ein dosierfähiger Sirup gemischt, der mittels einer der Füllmaschine vorgeschalteten Kolbendosieranlage in den Flaschen vorgelegt wurde („Postmix"-Verfahren). Anschließend wurden die Flaschen mit imprägniertem Wasser aufgefüllt und verschlossen. Die Mischung Wasser/Sirup erfolgte in der verschlossenen Flasche durch manuelles oder mechanisiertes Drehen des Gebindes. Seit den 1950er Jahren sind nur noch „Premix"-Anlagen im Gebrauch, die das Fertiggetränk der Füllmaschine bereitstellen.

Das „Postmix"-Verfahren wird noch beim Ausschank von AFG genutzt: der jeweilige Fertigsirup (unterschiedlich für jede Geschmacksrichtung) wird im Zapfhahn mengenproportional mit imprägniertem Wasser gemischt.

29.8.2 Lösung von Trockenprodukten

Getränkekomponenten, die als Feststoffe in Kristallform oder als Pulver (Süßungsmittel, Citronensäure, Ascorbinsäure, Verdickungsmittel, Konservierungsmittel u.a.) geliefert werden, müssen in möglichst entgastem Wasser gelöst werden, um sie mit Pumpen fördern und dosieren zu können. Die Wassermenge zum Lösen ist so zu bemessen, dass reproduzierbare Konzentrationen resultieren. Die Konzentration sollte messtechnisch überwacht werden.

Geeignet sind Ansatzbehälter mit mechanischem Rührwerk oder Pumpenrührwerk. Für große Durchsätze sind auch Feststofflösegeräte verfügbar, die die Feststoffe auf der Saugseite einer Pumpe aufnehmen.

29.8.3 Dosierung der Komponenten
29.8.3.1 Grundprinzipien der Dosierung
Unterschieden werden kann:
- die chargenweise Dosierung und Mischung sowie
- die kontinuierliche Dosierung und Mischung.

Das Dosieren der Komponenten kann erfolgen nach:
- Masse durch Wägung;
- Massedosierung mittels Massedurchflussmessgerät (*Coriolis*-Prinzip);
- Volumen durch einen Messbehälter;
- Volumendosierung mittels Volumendurchflussmessgerät (z.B. MID);
- Volumendosierung mittels Verdrängerpumpe.

Dosierung nach Masse durch Wägung
Die diskontinuierliche Dosierung der Komponenten erfolgt in der Regel nach Masse. Dazu wird der Mischbehälter als Wägebehälter ausgebildet und die einzelnen flüssigen oder festen Komponenten werden nach Masse nacheinander dosiert. Abschließend wird Wasser dosiert und gemischt.
Dieses System ist eine sehr genaue Dosierung, erfordert aber etwas mehr Zeit als die kontinuierliche Dosierung. Wenn abwechselnd mit zwei Wägebehältern gearbeitet wird, kann eine sehr dichte Chargenfolge erreicht werden.

Dosierung nach Volumen mit einem Messbehälter
Der Messbehälter ist kalibriert und wird bis zur einstellbaren Marke gefüllt. Die Entleerung erfolgt in den Mischbehälter. Für jede Komponente kann ein Messbehälter vorhanden sein.
   Diese Dosiervariante wurde genutzt, als Durchflussmessgeräte noch nicht verfügbar waren.

Dosierung mit Durchflussmessgeräten für Volumen oder Masse.
Massedurchflussmessgeräte (Basis: *Coriolis*-Kraft) sind frei von Temperatureinflüssen.
   Magnetisch-Induktive Messgeräte für das Volumen (MID) erfordern eine Mindestleitfähigkeit und blasenfreie Medien.
   Beide Messverfahren besitzen eine sehr gute Messgenauigkeit und werden zurzeit vorzugsweise eingesetzt.

Volumendosierung mittels Verdrängerpumpe
Verdrängerpumpen lassen sich für die Volumendosierung einsetzen. Die Dosiergenauigkeit kann durch eine Onlinemessung der betreffenden Größe verbessert werden, wenn die Pumpen frequenzgeregelt betrieben werden. Der Volumenstrom

Füllanlagen

kann relativ einfach kalibriert werden. Beispiele sind Kreiskolbenpumpen und Membran-Dosierpumpen.

In der Vergangenheit wurden vor allem Membran-Dosierpumpen verwendet. Ein Antriebsmotor kann mehrere Membranpumpenköpfe synchron antreiben. Der Hub der einzelnen Pumpen und damit die Fördermenge kann individuell eingestellt bzw. verändert werden, der Durchsatz kann durch unterschiedliche Membrandurchmesser festgelegt werden.

29.8.3.2 Chargenweise Dosierung und Mischung

Diese Variante kann verwendet werden, um aus den Einzelkomponenten den Fertigsirup zu mischen oder es wird gleich das Fertiggetränk gemischt. Dies kann bereits imprägniert sein oder es wird anschließend imprägniert. Je Charge wird eine bestimmte Menge Getränk gemischt.

Zur Erhöhung des Durchsatzes können zwei oder mehrere Chargenbehälter parallel oder im Wechsel betrieben werden.

29.8.3.3 Kontinuierliche Dosierung und Mischung

Die Einzelkomponenten werden gleichzeitig gemäß Rezept mengenproportional dosiert, gemischt und imprägniert. An die Dosiergenauigkeit werden hohe Ansprüche gestellt. Die Dosierung erfolgt mit Masse- und Volumendurchflussmessgeräten.

Die Zusammensetzung des Getränks muss online messtechnisch überwacht werden und ggf. muss nachgeregelt werden. Bei Abweichungen wird die Anlage selbsttätig stillgesetzt.

Zur Dosierung der Komponenten werden Verdrängerpumpen (z.B. Membrandosierpumpen, Kreiskolbenpumpen) und Kreiselpumpen eingesetzt. Die Fördermengen lassen sich durch Frequenzregelung der Antriebsmotoren regeln.

Bei größeren Durchsätzen sind kontinuierliche Dosier- und Mischanlagen im Vorteil.

29.8.3.4 Voraussetzungen für eine exakte Dosierung

Vor jeder Dosierpumpe bzw. Fördereinrichtung für Dosierkomponenten sollte installiert sein:
- Ein Vorlaufbehälter für die Entlüftung und die Sicherung einer konstanten Zulaufhöhe für die Pumpen.
  Der Behälter muss über Min.- und Max.-Kontakte verfügen;
- Eine Produktmangelsicherung.

29.8.4 Mischen der Komponenten

Für das Mischen der Komponenten können eingesetzt werden:
- Bei einem Dosier- und Mischbehälter:
  - Rührwerke (z.B. Propeller- oder Schrägblattrührer, Visco-Jet-Rührer [368]);
  - Pumpen (Stahlmischer).
- Bei kontinuierlicher Dosierung in eine Rohrleitung:
  Statische Mischer (z.B. *Kenics*-Mischer, *Sulzer*-Packung).

Eine begrenzte Mischwirkung besitzen Kreiselpumpen, wenn in die Saugleitung dosiert wird.

Rührwerke müssen axial und radial ohne Trombenbildung fördern. Sie werden teilweise schräg in die Behälterwandung eingebaut. Günstiger sind aber Antriebe „von oben", weil damit eine Wellendichtung entfallen kann.

Die Nutzung der Strahlmischung mittels eines Pumpenkreislaufes bietet Vorteile. Die Pumpe ist meistens ohnehin vorhanden und der entsprechend gestaltete Behältereinlauf ist einfach zu realisieren.

Die erforderlichen Mischzeiten bei Chargenprozessen müssen vor Ort ermittelt werden; sie sind relativ kurz (wenige Minuten).

Die vollständige Gaslösung, also auch der Mikrobläschen, ist zeitabhängig (s.o.). Nach *Rammert* [358] kann die vollständige Lösung ≥ 1 min betragen. Daraus folgt, dass das Getränk nach der Imprägnierung eine bestimmte Verweilzeit vor dem Einlauf in die Füllmaschine benötigt. Ein Puffertank erfüllt diese Aufgabe. Der Puffertank wirkt außerdem als Puffer bei eventuellen Stillständen der Füllmaschine und sichert den möglichst unterbrechungsfreien Betrieb der Entgasungs- und Imprägnieranlage auch bei kontinuierlicher Dosierung und Mischung der Getränke.

29.8.5 Verfahren zur Haltbarmachung

Getränke mit vergärbaren Zuckern müssen vor der Abfüllung pasteurisiert oder sterilisiert werden. Gärfähige Hefen müssen in jedem Fall abgetötet werden.

Ein geeignetes Verfahren hierfür ist die Behandlung mit einer KZE-Anlage oder die Sterilfiltration. Die Füllmaschine muss für die aseptische Füllung geeignet sein (ACF-Systeme). Die KZE-Anlage kann vor oder nach der Imprägnierung installiert werden.

Bei stillen Getränken wird zum Teil die Heißabfüllung praktiziert, vor allem dann, wenn sich das Getränk infolge eines Feststoffgehaltes nicht steril filtrieren lässt.

Die gesamte Anlage für das Lagern der Komponenten, Entgasen des Wassers, Dosieren, Mischen, Imprägnieren und Füllen muss CIP-gerecht installiert werden und nach den Regeln des Hygienic Designs ausgelegt und gefertigt werden.

29.9 Anlagen für die Qualitätskontrolle/Messtechnik

Wichtige Online-Messgrößen bei der AfG-Herstellung sind u.a. die:
- Konzentrationsmessung/Dichtemessung/Extraktmessung;
- CO_2-Gehaltsmessung;
- Messung des gelösten Sauerstoffes;
- Durchflussmessung;
- Messung des Massenstromes;
- Leitfähigkeitsmessung;
- Trübungsmessung (z.B. für die Medientrennung).

Zu diesen Messungen und anderen wichtigen Betriebsmessungen wird auf das Kompendium Messtechnik [369] verwiesen.

30. Anlagen für die Füllung von sonstigen Packungen

30.1 Allgemeiner Überblick

Zu diesem Kapitel zählen vor allem folgende Packmittel:
- Weithals-Gläser;
- Becher;
- Beutel;
- Kartons;
- Tuben.

Weithals-Gläser werden u.a. für Obst- und Gemüsekonserven, Fleisch- und Wurstprodukte sowie Fischkonserven verwendet, aber auch für Marmeladen, Konfitüren, Honig und rieselfähige Produkte.

Becher-, Beutel- und Kartonverpackungen werden vor allem verwendet im Bereich der:
- AfG (z.B. Säfte, Nektare, Fruchtsaftgetränke, Eistee, Kaffee);
- Flüssigkeiten im Nicht-Getränkebereich, meist auch als Nachfüllbeutel (z.B. Scheibenreiniger, Weichspüler, Flüssigseife, Kalklöser, Rasierschaum, Duschbad und destilliertes Wasser);
- Molkereiprodukte (z.B. Joghurt, Kondensmilch, Schlagsahne, Sauerrahm, Milch und Milchmischgetränke, Kakao, Schokotrunk, Schmelzkäse, Quark, Pudding, Frischkäsezubereitungen usw.) und
- Hochviskosen Produkte, wie Dressings, Mayonnaisen, Salate, Salatsoßen, Sirupe, Senf, Pasten usw.

Außerdem werden sie für rieselfähige Produkte benutzt.

Weitere Packungen sind Tuben (für pastöse Produkte aller Art).

Da nur wenige der genannten Produkte zur Palette der Getränke-Abfüller gehören, wird auf diese Produktgruppen nachfolgend nur kurz eingegangen. Details können der angegebenen Fachliteratur entnommen werden [370], [371].

30.2 Weithals-Gläser

Weithals-Gläser werden mit Gewinde-Mundstück (2- oder 3-Gang-Mundstück; DIN 6094-13) oder Wulstrand-Mundstück ausgerüstet (DIN 6094-10).
Der Durchmesserbereich liegt zwischen 38 und 110 mm.
 Die Gläser können kalt und heiß gefüllt werden, das Verschließen kann mit und ohne Dampf erfolgen, z.T. mit Heißluft, um ein Vakuum zu erzeugen (Originalitätsnachweis).

Verschlüsse für Weithals-Gläser

Nockendrehverschlüsse („Schraubverschlüsse") werden in der Regel aus Weißblech gefertigt, für Honig auch aus Kunststoff. Eine Variante ist der Vakuumverschluss.
 Für Verschlüsse der *Amcor White Cap* (früher *White Cap Company*) ist der Name Twist-Off® (TO) geschützt.
 Die TO-Verschlüsse werden in den Varianten *Classic* (Größe Ø 27...110 mm) und *PT closure* (Press-On Twist-Off®; Ø 40, 51, 70 mm) hergestellt.

Sonstige Füllanlagen

30.3 Becher

Der Querschnitt wird von der Grundfläche zum oberen Rand größer, die Querschnittsform kann beliebig sein. Das Volumen beträgt ≤ 1000 ml. Größere Volumina werden als Eimer bezeichnet (V ≤ 10 l). Becher sind leer in der Regel stapelbar. Sie werden durch Thermoformen (Tiefziehen) oder Spritzgießen hergestellt.

Gefüllt werden Becher mit Rundlauf-Füll- und Verschließmaschinen oder mit Linearmaschinen.

Verschlossen werden Becher mit Stülp- oder Schnappdeckeln, Siegelfolie oder kombiniert (Wiederverschließbarkeit).

Gefüllte Becher werden zu Sammelpackungen zusammengestellt.
Eine weitere Variante ist der Einsatz von Becherform-, Füll- und Verschließmaschinen.

30.4 Beutel

Der Begriff Beutel umfasst alle Behälterformen, die durch thermische Siegel- oder Schweißvorgänge oder Verkleben von extrem dünnen Hüllstoffen erzielt werden. Man unterscheidet zwischen vertikalen und horizontalen Prozessen. Der Prozess wird durch den Lauf des Hüllstoffes im Moment des Füllens definiert.

Unterschieden werden:
- Siegelrandbeutel und
- Schlauchbeutel.

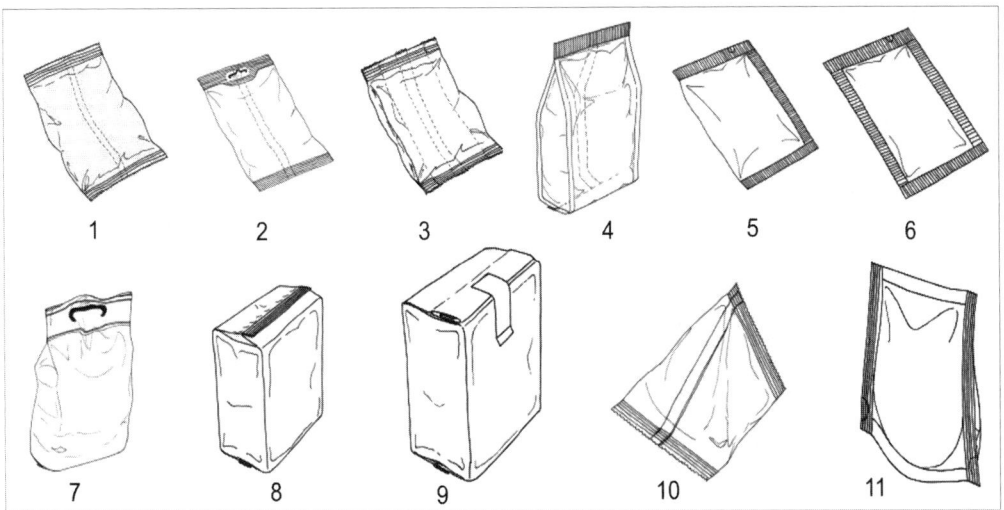

Abbildung 607 Beutelformen (nach KHS)
1 Kissen-/Flachbeutel **2** Kissen-/Flachbeutel mit Euroloch **3** Kissen-/Flachbeutel mit Seitenfalte **4** Kantensiegelbeutel **5** 3-Seiten-Siegelrandbeutel **6** 4-Seiten-Siegelrandbeutel **7** Stehbeutel mit Tragegriff **8** Klotzbodenbeutel mit umgelegter Siegelnaht **9** Klotzbodenbeutel mit umgelegter Siegelnaht und Wiederverschluss **10** Tetraeder **11** Stehbeutel/Doypack/Pouch

Verklebte Beutel aus Papier, wie sie z.B. für Mehl und Zucker benutzt werden, sind weder Siegelrand- noch Schlauchbeutel, da sie vom Zuschnitt geformt und anschließend befüllt werden.

Man unterscheidet ferner Prozesse, die einen Beutel aus Hüllstoff, von einer Flachfolienbahn kommend, formen, dann befüllen und verschließen und solche, die mit einem vorgefertigten Beutel arbeiten und diesen nur befüllen und verschließen. In der Terminologie haben sich die Begriffe FFS für Formen - Füllen - Schließen und FS für Füllen und Schließen entsprechend etabliert.

Ausgehend vom Maschinentyp gibt es vertikal arbeitende VFFS- und horizontal arbeitende HFFS-Maschinen.

Abbildung 607 zeigt einige der am häufigsten vorkommenden Beutelformen:

Siegelrandbeutel, in diese Gruppe gehört auch der so genannte Stehbeutel oder „Doypack", sind wegen Ihrer starken Siegelnaht ideal geeignet für solche Produkte, die gasdicht verpackt werden müssen und für das Befüllen mit Flüssigkeiten. Das benötigte Volumen wird hierbei durch eine Bodenfalte erreicht.

Beutel bieten viele Vorteile gegenüber anderen Verpackungsarten. Sie stellen den geringsten möglichen Verpackungsmaterialaufwand dar, haben die niedrigste Werkstoffmasse, was sowohl für die Logistik, als auch für die Umweltbilanz positiv ist.

Siegelrandbeutel präsentieren sich mit frei bedruckbarer Front und Rückseite und die Stehbeutel reflektieren sogar einen Mehrwert beim Verbraucher. Für den Produkthersteller oder Verpacker ergeben sich noch weitere Vorteile. Die Folie, wie der Hüllstoff auch genannt wird, ist schon bedruckt, dadurch ergibt sich auf kleinstem Raum eine fertige Verpackung ohne Peripheriegeräte, wie z.B. Flaschenaufsteller, Flaschenzulauftransporteur und Etikettiermaschine. Durch die geringeren Gebühren für den Grünen Punkt spart der Hersteller.

Beutelfertigung

Für die Herstellung eines fertigen Beutels sind immer mindestens zwei Maschinen notwendig. Eine Maschine, die den Beutel fertigt und bewegt, und eine Zweite, die, abhängig vom zu verpackenden Produkt, das Produkt dosiert.

Im Bereich der Flüssigkeitsabfüllung kommen vermehrt Stehbeutel vom Typ „Doypack" zum Einsatz. Diese sind im Volumenbereich von ca. 100 ml bis zu 5000 ml marktgängig. Für hochviskose Produkte, wie z.B. Suppen, die auch Partikel haben können (Kartoffel, Fleisch Gemüse) kommen Beutel ohne Ausgießer zum Einsatz, während speziell Getränkebeutel mit Ausgießer versehen und ähnlich wie Flaschen befüllt und verarbeitet werden.

Beutel *ohne* Ausgießer werden nach dem Schema in Abbildung 608 gefertigt, wobei in Abhängigkeit vom Beutelvolumen Anlagendurchsätze zwischen 40 und 250 Beutel/min erreicht werden. Diese Anlagen arbeiten bei mehr als 40 Beutel/min mehrbahnig. Die Limitierung des Durchsatzes wird wesentlich durch folgende Faktoren bestimmt: Art des Produktes, Art der Dosierung, Volumen, Start-Stop-Bewegung im getakteten Prozess.

Die Zentrifugalkraft der sich im Beutel befindlichen Flüssigkeit bringt die Beutel bei höheren Durchsätzen zum Überschwappen.

Beutel *mit* Ausgießer werden verarbeitet, als wären es PET-Flaschen. Die Beutel werden am Halsring des Ausgießers gegriffen und über Rundlauffüller befüllt. Anschließend laufen sie in einen Verschließer und erhalten eine Kappe. Solche Anlagen erreichen eine Ausbringung von bis zu 600 Beutel/min. Die Verarbeitung

Sonstige Füllanlagen

unterscheidet sich vom vorgenannten Verfahren dadurch, dass in einem ersten Schritt Ausgießer in die schon vorgefertigten Beutel eingesiegelt werden. Dies ist ein thermischer Prozess auf einer separaten Ausgießereinsetzmaschine. Danach werden die Beutel auf Träger gesetzt, die ihrerseits in ein Magazin gefahren werden. Je nach gefordertem Durchsatz hat ein solches Magazin eine oder mehrere Abgabestellen, von denen die Beutel dem Rundlauffüller zugewiesen werden.

Retort-Beutel sind Beutel aus Mehrfachverbundfolien, die nach dem Befüllen mit Produkt in einem Autoklaven sterilisiert werden. Die Sterilisation findet bei mindestens 121 °C für etwa 20 Minuten statt. Da hierbei erheblicher Stress auf den Beutel ausgeübt wird und da die Produktqualität unter der thermischen Belastung leidet, sind aseptische Verfahren mehr und mehr gefragt.

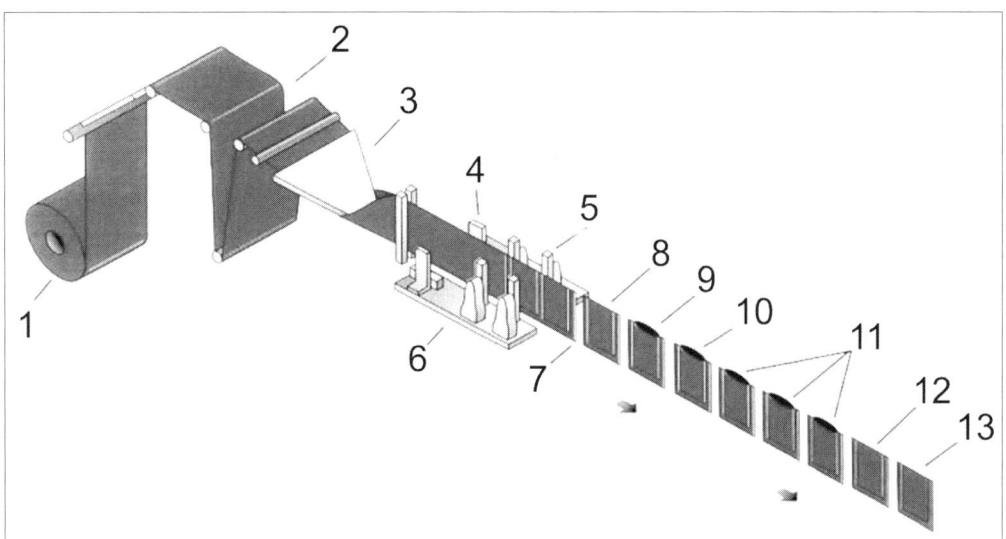

Abbildung 608 Prinzip einer horizontalen Form-, Füll- und Schließmaschine (nach KHS)
1 Hüllstoffrolle **2** Tänzerwelle für Bahnspannung **3** Faltdreieck **4** Bodennaht-Siegelung **5** Längsnaht-Siegelung **6** Schnellwechsel-Siegelsystem **7** Schneidevorrichtung **8** Beutelübergabe **9** Beutelöffnung **10** Öffnungsformer **11** Befüllstationen **12** Kopfnaht-Siegelung **13** Beutelabgabestation

30.5 Kartonverpackungen

Kartonverpackungen für Getränke werden aus einem beidseitig mit PE-Folie beschichteten Karton gefertigt. Damit wird der Karton siegelfähig.

Nach Angaben der Fa. SIG [372] besteht das Packmittel aus einem 0,4 mm dicken Karton, beidseitig mit 0,05 mm PE-Folie beschichtet und als Licht- und Gasdiffusionssperre Aluminiumfolie 0,0065 mm, darüber nochmals PE-Folie.

Die Siegelnähte werden so geformt, dass die Schnittkante nicht mit dem Produkt in Berührung kommt.
Die erste Kartonpackung war der Tetraeder von *Tetrapak*. Die Kartonverpackung wird vor allem quaderförmig, mit rechteckiger Grundfläche, ausgebildet.

Füllanlagen

Die Packungsgrößen liegen zwischen 125 ml und 1500 ml, zum Teil auch größer (≤ 2,5 l). Beispiele sind die Packungen Pure-Pak® [373], Tetra Brik® [374] und SIG Combibloc® [372].

In neuerer Zeit werden die Packungen auch mit anderen Grundrissformen ausgebildet. Ebenso können die verschlossenen Packungen noch geformt werden. Der obere Boden wird zum Teil giebelförmig ausgebildet.

Die fertigen Packungen werden in Sammelpackanlagen zu Mehrstückpackungen zusammengestellt und palettiert.

Alle Packungsformen sind für die aseptische Füllung geeignet.

Die Packungen können vorgefertigt sein und werden nach der Auffaltung sterilisiert, gefüllt und verschlossen, sie können aber auch in einem Prozess aus dem flachliegenden Kartonband geformt, sterilisiert, gefüllt und verschlossen werden.

Verschlüsse für Kartonverpackungen

In der Urform wurden die Packungen gefüllt und gesiegelt. Die Ecken der oberen Siegelnaht wurden eingefaltet und an der Seitenwand befestigt (Klebepunkt). Geöffnet wurde durch das Abschneiden einer Ecke.

Eine weitere einfache „Zugangshilfe" ist eine vorgestanzte Öffnung für einen Trinkhalm.

Inzwischen werden in der Regel auf dem oberen Boden Ausgießhilfen installiert. Die Verschlüsse werden auf die gefüllte Packung aufgesetzt und durch US verschweißt, sie sind wieder verschließbar.

Verwendet werden beispielsweise Aufreißlaschen, Eindrücklaschen, Klappenverschlüsse und Schraubverschlüsse. Letztere werden so gestaltet, dass beim ersten Öffnen ein Schneidring die Packung aufschneidet. Die Aluminiumfolie des Packstoffes bleibt somit als Diffusionssperre bis zum ersten Öffnen erhalten.

Die Packung kann dann mit dem Schraubverschluss wieder verschlossen werden.

Alle Verschlüsse lassen die Originalität der Packung erkennen.

30.6 Kunststoffflaschen

Für Milch und Milchprodukte werden neben PET-Flaschen auch solche aus PC, PP und PE-HD verwendet.

Verschlossen werden die Flaschen neben Schraubverschlüssen auch durch Siegelverschlüsse. Eine PE-beschichtete Aluminiumfolie wird auf die Mündung aufgeschmolzen (gesiegelt). Wärmequelle sind die beheizten Siegelbacken oder die induktive Erwärmung mittels HF.

31. CIP-Anlagen, Chemikalienlagerung
31.1 Allgemeine Hinweise

Die Reinigung und Desinfektion als wichtige Voraussetzung zum kontaminationsfreien Betrieb von Anlagen wird in diesem Kapitel nur kurz abgehandelt.

Zur Kinetik der Reinigungsvorgänge und die sie beeinflussenden Faktoren wird auf die Fachliteratur verwiesen, z.B. [375], [376], [377].

Eine zusammenfassende Darstellung zu CIP-Anlagen (s.a. [378]), zur Reinigung und Desinfektion von Rohrleitungen (s.a. [379]) und Behältern, zu Reinigungs- und Desinfektionsmitteln und zur Korrosion wird in [380] gegeben. Verwiesen wird auch auf [381], [382] und [383].

In jüngster Zeit wird für Wasser neben Chlordioxid [384] die Applikation einer Membranzellenelektrolyse vorgeschlagen, beispielsweise mit NaCl als Betriebsmittel. Dabei entsteht eine Verbindung, die desinfizierend wirkt und deren Hauptbestandteil hypochlorige Säure ist. Diese Verbindung wird von verschiedenen Herstellern unter verschiedenen Bezeichnungen gehandelt, z.B. Annolyte®, Nades®. (s.a. Kapitel 12.8.10). Diese Produkte eignen sich nicht nur für die Wasserdesinfektion, sondern auch für die Keimverminderung der Füllanlagen, beispielsweise bei Schwallung der Füll- und Verschließmaschine.

Ein weiterer neuer Vorschlag nutzt Luft, die ionisiert wird. Dabei entstehen reaktionsfreudige Sauerstoffionen, die dem Wasser in Verbrauchernähe zugemischt werden. Diese bewirken eine nachhaltige Deaktivierung der Mikroorganismen und wirken auch prophylaktisch gegen die Bildung von Biofilmen [385].

31.2 Behälterreinigung

Für die Behälterreinigung wird vorzugsweise die „verlorene Reinigung" eingesetzt [378]. Die umlaufende Reinigungsmittelmenge kann minimiert werden. Die Länge der Vor- und Rücklaufleitungen ist dazu zu minimieren, die gewählte Nennweite muss bezüglich des Druckverlustes optimiert werden. Die CIP-Station sollte möglichst zentral angeordnet werden.

Zur Senkung der Verluste an Reinigungsmedien sollte die Trennung der Medien optimiert werden, Mischphasen in Behältern müssen so gut als möglich vermieden werden.

Günstig ist es, die CIP-Station so anzuordnen, dass die Schwerkraftförderung im Rücklauf genutzt werden kann. Alternativ kann auch die Rückförderung mittels Vakuum Vorteile bringen.

Die erforderlichen Behandlungszeiten lassen sich nur bedingt verkürzen.

Die heiße Reinigung ist prinzipiell anzustreben.

31.3 Rohrleitungsreinigung

Rohrleitungssysteme sollten nach dem Prinzip der Stapelreinigung behandelt werden. Diese Aussage gilt vor allem dann, wenn es sich um Rohrleitungen großer Nennweite und Länge handelt.

Füllanlagen

Zur Reduzierung der Verluste kann eine Installation der Leitungen Vorteile bringen, die es ermöglicht, Flüssigkeiten mit Druckluft auszuschieben, Vakuum für die Rückförderung zu nutzen oder sie mittels kleiner Pumpen leerzufahren.

Hinweise zur Dimensionierung der Rohrleitungen und der Reinigung/Desinfektion gibt [379].

KZE-Anlagen werden im Zusammenhang mit den zugehörigen Rohrleitungen gereinigt. Vorhandene Puffertanks werden vorzugsweise wie Behälter separat behandelt, sie können aber u.U. auch zusammen mit der KZE-Anlage gereinigt werden. Die heiße Reinigung ist prinzipiell anzustreben.

31.4 Flaschenreinigung

Hierzu siehe Kapitel 12.8.

31.5 Sterilisation von Getränkebehältern

Hierzu siehe Kapitel 20.

31.6 Anlagenreinigung

Hierzu wird auf die Kapitel 7.15, 16.13, 20, 21.1 und 24.5.2.6 verwiesen.

Das Umfeld der Füllanlage muss pflegeleichte Oberflächen (Wand- und Deckenflächen und Fußböden) besitzen (s.a. Kapitel 35).

Die Fußbodengestaltung, insbesondere unter den Füll- und Verschließmaschinen, muss die automatische Reinigung gestatten (Temperaturbeständigkeit, Chemikalienbeständigkeit, Gefälle des Fußbodens, ausreichend dimensionierte Wassereinläufe). Gut geeignet sind säurebeständige Fliesen und Edelstahl-Formatteile. Bei Fliesen muss der Kantenschutz gesichert sein.

Fußböden müssen so gestaltet werden, das Temperatur bedingte Längenänderungen ausgeglichen werden können und nicht zur Rissbildung führen, beispielsweise durch dauerelastische Dehnfugen.

Die Anlagen-Lüftungsanlage ist eine wesentliche Voraussetzung für die Reinhaltung, vor allem muss die Schwitzwasserbildung zuverlässig verhindert werden.

31.7 Chemikalienlagerung

Hierzu siehe Kapitel 32.6.

31.8 Kontrolle des Reinigungseffektes

Die Kontrolle der gereinigten Oberflächen erfolgt klassisch durch die mikrobiologische Betriebskontrolle (Abstriche; Nachweis auf selektiven Nährböden oder in Nährlösungen).

In jüngster Zeit werden Farbreaktionen für den Nachweis von Kontaminationen genutzt. Dabei werden organische Stoffe (Mikroorganismen, Zucker, Fette, Eiweiß) durch oxidativ wirkende Chemikalien mineralisiert, die Reaktionsprodukte lassen sich durch Farbindikatoren quantifizieren. Ein Beispiel ist das Persulfat-Redox-System [386], dass bereits 0,1 mg TOC/l anzeigen kann (TOC: Total Organic Carbon).

Einen Überblick über aktuelle Hygienekontrollen (optische Kontrollen mit Schwarzlicht und Fluoreszensmikroskopie) gibt *Nitzsche* [387].

32. Anlagen für die Ver- und Entsorgung; periphere Anlagen
32.1 Allgemeine Hinweise

Die Versorgung von Füllanlagen mit Wasser, Wärme, Elektroenergie, Druckluft, CO_2 erfolgte in der Vergangenheit meistens zentral im Braubetrieb. Gleiches gilt für die Entsorgung des Abwassers.

Betriebe, die nur die Getränkebereitung und -füllung betreiben, müssen die genannten Medien bereitstellen oder von externen Dienstleistungsbetrieben beziehen.

32.2 Anlagen für die Versorgung
32.2.1 Wärmeversorgung

Wärme wird in der Regel als Dampf bereitgestellt. Dazu werden entweder Großwasserraumerzeuger (-kessel) in der Bauform Einflammrohr-Kessel, Zweiflammrohr-Kessel in „3-Zug-Technik" (η = 75...80 %, $p_{ü} \leq 15...16$ (30) bar) oder so genannte Schnelldampferzeuger (Dampfmenge 150...1500 kg/h bei $p_{ü} \geq 10$ bar) installiert.

Brennstoffe sind vor allem: Erdgas, Heizöl, Biogas, seltener feste Brennstoffe (Holzpellets, Kohle).

Die Kessel müssen mit entsalztem Wasser betrieben werden. Dazu muss eine Ionenaustauscher-Anlage installiert werden.

Es sollte ein geschlossenes Kondensatsystem installiert sein und das Kondensat quantitativ zurück gewonnen werden. Die Wirkungsgradverbesserung des Dampferzeugers muss ständiges Ziel sein.

Bei den Brennstoffen Gas und Öl muss der wirtschaftliche Betrieb einer Kraft-Wärme-Kopplungsanlage (KWK-Anlage)/eines Blockheizkraftwerkes (BHKW) geprüft werden.

Die Wärmeversorgung mit Heißwasser wird selten genutzt.

Die alternative Beheizung einer Flaschenreinigungsmaschine mittels Brennwerttechnik wurde bereits realisiert (s.a. Kapitel 12.3.15). Diese Variante der Heiztechnik kann sicherlich auch an anderer Stelle sinnvoll genutzt werden.

Weitere Hinweise zu Fragen Wärmeversorgung und Dampf siehe die Fachliteratur, z.B. *Lehmann* [388] und *Mayr* und *Linke* [389].

32.2.2 Elektroenergieversorgung

Elektroenergie wird entweder aus einer KWK-Anlage bereitgestellt oder von einem Energieversorgungsunternehmen (EVU) mit einer Spannung von 20 kV, 10 kV oder 6 kV. Diese Spannung wird in der Regel in der betrieblichen Transformatorenstation auf die Spannung von 230/400 V herabgesetzt.

Wichtig ist, dass die Entfernungen zwischen den Verbrauchern und dem Transformator möglichst kurz gehalten werden, um die ohmschen Verluste zu senken.

PET-Füllanlagen mit integrierter Blasmaschine haben große Anschlusswerte. Hier lohnt sich die Installation der Trafo-Anlage in unmittelbarer Nähe zur Füllanlage. Der wesentliche Energieverbraucher Druckluftverdichter kann mit einem Hochspannungsmotor (6 kV) betrieben werden.

Füllanlagen

Einsparpotenziale für und bei Elektroenergie bestehen durch:
- Optimale beanspruchungsgerechte Anlagenauslegung;
- Vermeidung von Lastspitzen: automatisches Lastmanagement. Die Problematik Arbeitspreis und Leistungspreis ist zu beachten;
- Vergleichmäßigung des Energiebedarfs;
- Einsatz von Motoren mit hohem elektrischem Wirkungsgrad (EFF 1 u. EFF 2), s.a. Abbildung 609;
- Reduzierung der ohmschen Verluste (elektrischer Widerstand, Länge der Leitungen, Querschnitt);
- Blindstromkompensation (automatisch);
- Dimensionierung von Transformatoren (das Verlust-Minimum liegt bei etwa 70 % Belastung);
- Nutzung von Einsparpotenzialen im Bereich der Wirkungsgradverbesserung (Beleuchtung, Lüftung, Motoren nach tatsächlichem Leistungsbedarf [cos φ-Problematik]);
- Technologische Optimierung, vor allem bei
  - Kältebedarf,
  - Druckluft-Bedarf,
  - Nutzung von HT- und NT-Zeit.

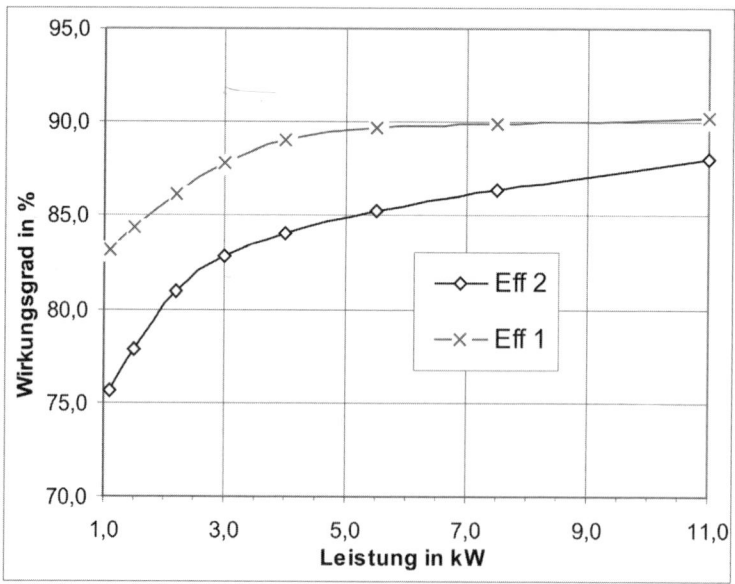

Abbildung 609 Wirkungsgrad von Energiespar-Motoren

32.2.3 Kälteversorgung

Die Füllanlagen werden in der Regel vom Brauereibetrieb aus versorgt. Bei Bedarf muss eine eigene Kälteanlage installiert werden.

Die Kühlung wird vorzugsweise mit Kälteträgern vorgenommen, kann aber auch energetisch vorteilhaft mit direkter Verdampfung erfolgen.

Hinweise zum Thema Kälteanlagen siehe zum Beispiel [390].

Anlagen für die Ver-und Entsorgung

32.2.4 Druckluftversorgung

Als Druckluft sollte prinzipiell nur ölfrei verdichtete Druckluft eingesetzt werden. Druckluft, die mit Produkt in Berührung kommen kann, muss mit Membranfilterkerzen steril filtriert werden (Rückhaltevermögen ≤ 0,2 µm). Die Filter sind regelmäßig zu warten, das Gleiche gilt auch für das Druckluft-Rohrleitungssystem.

Arbeitsluft für pneumatische Antriebe muss nicht ölfrei verdichtet werden. Der maximale Druck sollte so niedrig als möglich festgelegt werden (z.B. $p_ü$ ≤ 6 bar), um Energie zu sparen. Bedingung ist natürlich, dass die pneumatischen Antriebe für diesen Betriebsdruck ausgelegt werden (es sind Antriebe mit verschiedenen Kolbendurchmessern verfügbar).

Wichtig ist bei Druckluft ein Drucktaupunkt von ≤ -20 °C, um Kondensatbildung zuverlässig auszuschalten.

Hinweise zum Thema Druckluft siehe zum Beispiel [391].

32.2.5 CO_2-Versorgung

Kohlendioxid wird entweder im Braubetrieb aus den Gärgasen gewonnen oder es wird vom Technische-Gase-Handel bezogen.

Entscheidende Parameter des CO_2 für die Eignung in der Getränkeindustrie sind der Sauerstoffgehalt, der COS-Gehalt und der Ölgehalt.

CO_2 muss mit Membranfilterkerzen am Verbrauchsort steril filtriert werden (Rückhaltevermögen ≤ 0,2 µm). Die Filter sind regelmäßig zu warten, das Gleiche gilt auch für das CO_2-Rohrleitungssystem.

Hinweise zum Thema CO_2 siehe zum Beispiel [392].

32.3 Anlagen für die Entsorgung

Abwasser

Abwasser wird in der Regel im Brauereibetrieb entsorgt. Ein reiner Getränkebetrieb muss entweder das Abwasser aufbereiten (betriebliche Kläranlage) oder gegen Gebühr der städtischen Abwasserbehandlungsanlage zuführen.

In jedem Falle sollte aber das Produktionsabwasser separat und getrennt vom Oberflächenwasser einem Misch- und Ausgleichsbecken zugeführt werden.

Wichtige Abwasserparameter sind der pH-Wert, die Temperatur, der BSB_5-Wert bzw. der CSV- oder CSB-Wert.

Reststoffe

Hierzu zählen Scherben, Verschlüsse, Aletiketten, PET-Flaschen, Folien, Bänder, defekte Paletten (nicht reparabel), defekte Kästen und Leerdosen/Dosenschrott.

Diese Reststoffe müssen sortenrein gesammelt, ggf. verdichtet und gelagert werden. Soweit keine stoffliche Verwertung möglich ist, müssen die Reststoffe unter Beachtung der Forderungen des „Gesetzes zur Förderung der Kreislaufwirtschaft und Sicherung der umweltverträglichen Beseitigung von Abfällen" (KrW-/AbfG) entsorgt werden.

32.4 Lagerräume

Lagerräume für Packmittel und Packhilfsmittel müssen die bedarfsgerechten Mengen übersichtlich und geordnet aufnehmen. Staplerverkehr sollte möglich sein.

Die Lagerung muss so erfolgen, dass die Verarbeitungseigenschaften ohne Einschränkungen erhalten bleiben. Das Prinzip „first in, first out" muss gesichert werden.

Bei Produkten auf Papier- oder Kartonbasis müssen vor allem die Lagertemperatur und die Luftfeuchte in relativ engen Grenzen eingehalten werden. Papier nimmt leicht Feuchtigkeit auf und dehnt sich dabei aus. Die Folge sind Welligkeit und Maßänderungen. Zu den Lagerbedingungen von Etiketten siehe Kapitel 5.4.1.2. Für EW-Packmittel (Kartonzuschnitte, Wellpappen usw.) gelten die Bedingungen sinngemäß.

Besondere Beachtung erfordert die Lagerung von Klebstoffen. Vorgaben der Hersteller für maximale Lagerzeiten und Temperaturen müssen beachtet werden.

Verschlüsse sind vom Fertigungsprozess her zumindest keimarm. Ihre Umverpackung muss diesen Zustand bis zur Verarbeitung sichern.

Lager für Neuglas und Leerdosen

Wichtig ist es, dass die Transportverpackungen bis zur Verarbeitung nicht beschädigt werden. Damit ist ein guter Schutz gegenüber Regenwasser und Staub/Feinstaub gegeben. Direktes Sonnenlicht sollte keinen Zutritt haben.

Insbesondere die Dosen auf Leerdosen-Paletten müssen vor mechanischen Beschädigungen geschützt sein.

Kunststoffkästen

Sie müssen möglichst staubfrei und ohne direkte Sonneneinstrahlung gelagert werden.

MW-Leergut

Überschüssiges ungereinigtes MW-Leergut sollte nicht zu lange stehen. Der Lagerort sollte gegenüber Niederschlag und Sonneneinstrahlung geschützt und frostfrei sein.

Ziel sollte es sein, das Leergut vor einer längeren Lagerung einer Reinigung durch die Flaschenreinigungsmaschine zu unterziehen.

32.5 Werkstätten

In unmittelbarer Nähe zur Füllanlage sollten eine Elektroreparaturwerkstatt und eine mechanische Werkstatt für Sofortreparaturen vorgesehen werden. Hierzu gehört auch ein Handlager für Ersatz- und Verschleißteile.

Schmierstoffe, -öle und Spezialfette sollten sachgerecht in der Nähe der Füllanlage gelagert werden.

32.6 Chemikalienlager

Soweit kein zentrales Chemikalienlager vorhanden ist, muss in der Nähe der Füllanlage ein Lager für die Bevorratung der Reinigungs- und Desinfektions-Chemikalien eingerichtet werden. Die ASI, ASR und TRGS sind zu beachten (s.a. [411]).

Die Chemikalien sind sachgerecht zu lagern. Der Staplerverkehr muss möglich sein. Der Lagerraum muss den Anforderungen des Unfallschutzes entsprechen, seine Fußböden und Wände sind korrosionssicher zu verkleiden, Beleuchtung und Lüftung müssen anforderungsgerecht erfolgen. Die Notfallausrüstung muss vorhanden und funktionstüchtig sein (Körperbrause, Augendusche), persönliche Schutzmittel (Säureschutzbrillen, Gummi-Handschuhe, Gehörschutzmittel) müssen griffbereit sein.

32.7 Toiletten

Für das Bedienungs- und Wartungspersonal sind Toiletten und Handwaschbecken in der Nähe der Füllanlage zu installieren und in einem ordentlichen sanitären Zustand zu halten (s.a. ASR 37/1).

33. Wartung und Instandhaltung
33.1 Definitionen zur Instandhaltung
Instandhaltung

Die Instandhaltung umfasst gemäß DIN 31051 [393] alle „Maßnahmen zur Bewahrung und Wiederherstellung des Sollzustandes sowie zur Feststellung und Beurteilung des Ist-Zustandes von technischen Mitteln eines Systems", s.a. [394].
Die Maßnahmen werden untergliedert in:
- Wartung,
- Inspektion und
- Instandsetzung.

Bei der betrieblichen Planung der Wartung und Instandhaltung müssen die Vorgaben der Hersteller der Anlagen berücksichtigt werden. Genauso wichtig ist es aber auch, die betrieblichen Erkenntnisse zu Störungen der Anlagen regelmäßig auszuwerten und die Ursachen der Störungen zu eliminieren. Damit können nicht unerhebliche Kosten eingespart werden.

Hinweise für eine sinnvolle Wartungs- und Instandhaltungsstrategie geben *Mexis* [395], [396] und *Hartmann* [397]. Diese grundlegenden Hinweise sollten im Betrieb umgesetzt werden. Nach *Mexis* ist die Instandhaltung keine Frage der Kosten, die Kosten sind aber die Folge der (richtigen oder falschen) Instandhaltung.

Wartung

Die Wartung umfasst alle Maßnahmen zur Bewahrung des Sollzustandes von technischen Mitteln eines Systems. Diese beinhalten das Erstellen eines Wartungsplanes, der auf die spezifischen Belange des jeweiligen Betriebes oder der betrieblichen Anlage abgestellt ist und hierfür verbindlich gilt:
- Vorbereiten der Durchführung;
- Durchführung;
- Rückmeldung.

Inspektion

Die Inspektion umfasst Maßnahmen zur Beurteilung des Ist-Zustandes von technischen Mitteln eines Systems. Diese beinhalten:
  Erstellen eines Planes zur Feststellung des Ist-Zustandes, der für die spezifischen Belange des jeweiligen Betriebes oder der betrieblichen Anlage abgestellt ist und hierfür verbindlich gilt. Dieser Plan soll u.a. Angaben über Termine, Methoden, Geräte und Maßnahmen enthalten:
- Vorbereiten der Durchführung:
- Durchführung, d.h. die quantitative Ermittlung bestimmter Zustandsgrößen;
- Vorlage des Ergebnisses der Ist-Zustandsfeststellung;
- Auswertung der Ergebnisse zur Beurteilung des Ist-Zustandes;
- Ableitung der notwendigen Konsequenzen aufgrund der Beurteilung.

Instandsetzung

Die Instandsetzung umfasst Maßnahmen zur Wiederherstellung des Sollzustandes von technischen Mitteln eines Systems. Diese beinhalten: Auftrag, Auftragsdokumentation und Analyse des Auftragsinhaltes; Planung im Sinne des Aufzeigens und Bewertens alternativer Lösungen unter Berücksichtigung betrieblicher Forderungen:

- Entscheidung für eine Lösung;
- Vorbereitung der Durchführung, beinhaltend Kalkulation, Terminplanung, Abstimmung,
- Bereitstellung von Personal, Mitteln und Material. Zur Instandsetzung ist auch der Schmierstoffwechsel zu rechnen.
- Erstellung von Arbeitsplänen;
- Vorwegmaßnahmen wie Arbeitsplatzausrüstung, Schutz- und Sicherheitseinrichtungen usw.;
- Überprüfung der Vorbereitung und der Vorwegmaßnahmen einschließlich der Freigabe zur Durchführung;
- Durchführung;
- Funktionsprüfung und Abnahme;
- Fertigmeldung;
- Auswertung einschließlich Dokumentation, Kostenaufschreibung, Aufzeigen und gegebenenfalls Einführen von Verbesserungen.

33.2 Instandhaltung

Die Definition der Instandhaltung ist entsprechend der DIN 31051 bereits sehr weit gefasst. Eine effektive und kostengünstige Instandhaltung ist dementsprechend nur mit weitgehend integrierten Methoden durchzuführen. Instandhaltung ist in zwei Kategorien zu unterteilen:

- Planbare, vorbeugende Instandhaltung umfasst alle Maßnahmen, ein technisches System in einem definierten Sollzustand zu erhalten. Sie schließt periodische Inspektionen, Zustandsüberwachung; Fristaustausch kritischer Teile, Kalibrierung u.ä. ein.
- Nicht planbare, korrektive Instandhaltung als Folge des Ausfalls bzw. technischen Versagens einer Baugruppe oder Komponente umfasst alle Maßnahme zur Wiederherstellung des Sollzustandes; sie beinhaltet auch die Fehlererkennung und -lokalisation, den Austausch und die Reparatur des defekten Teils.

Grundsätzlich ist Instandhaltung so zu konzipieren, dass mögliche technische Defekte nicht die Sicherheit gefährden. Anhand einer Ausfalleffektanalyse werden alle Baugruppen auf alle möglichen Ausfallarten hin untersucht und die Möglichkeiten zur Erkennung und Behebung der Störungen erarbeitet.
Die wesentlichen Möglichkeiten zur Ausfallerkennung sind:

- Automatische Meldung,
- Inspektion,
- Wiederkehrende Prüfungen.

Sicherheits- und betriebskritische Ausfälle sind unbedingt zu vermeiden, geeignete Maßnahmen hierzu sind beispielsweise:
- Eine periodische Zustandsüberwachung;
- Ersatzgeräte;
- Eine redundante Auslegung;
- Maßnahmen zur Begrenzung von Folgeschäden.

Bei Ausfällen von Teilsystemen und Baugruppen, die bestimmte nicht sicherheitskritische Funktionen beeinträchtigen, kommen überwiegend Maßnahmen der korrektiven, nicht planbaren Instandsetzung in Betracht.

Auf der Seite der Instandhaltung gilt es primär, den Zeitbedarf für die Instandhaltungstätigkeiten auf ein Minimum zu reduzieren. Dies wird in vielen Fällen zu erhöhten Instandhaltungskosten führen.

Da bei vielen Anlagen häufig nachfragebedingte Betriebspausen auftreten, z.B. nachts, wird durch die Durchführung möglichst vieler Instandhaltungsmaßnahmen in derartigen Stillstandszeiten eine betriebliche und kostenmäßige Optimierung erreicht. Die Effektivität des Betriebes kann weiter gesteigert werden, wenn die Aspekte der Instandhaltung in die Einsatzplanung mit einbezogen werden.

Die konventionelle Instandhaltung war größerenteils durch vorbeugende Instandhaltung mit festen Fristen, Laufzeiten, Prüfungen, Überholungen der Geräte ohne Berücksichtigung ihres Zustands gekennzeichnet.

Im Zuge von Instandhaltungsmaßnahmen wurden Geräte und Baugruppen zumeist aus den Systemen ausgebaut und in der Werkstatt nach starr festgelegten und zeitraubenden Prozeduren überprüft, um die Betriebssicherheit und Zuverlässigkeit zu erhalten. Hierbei wurden die Geräte häufig „kaputt geprüft" und „zu Tode überholt".

Moderne Instandhaltung ist durch zustandsbedingte Maßnahmen gekennzeichnet, deren Prinzipien lauten:
- Die vorbeugende, d.h. planbare Instandhaltung ist zu minimieren,
- Die korrektive (nicht planbare) Instandhaltung ist zu optimieren,
- Die zustandsüberwachende Instandhaltung ist zu maximieren.

Die Maßnahmen der Instandhaltung schließen auch die nachfolgenden Aufgaben ein:
- Abstimmung der Instandhaltungsziele mit den Unternehmenszielen,
- Festlegung von entsprechenden Instandhaltungsstrategien und -konzepten.

Der Betreiber der Füllanlage sollte sicherstellen, dass die Anlage ausreichend geprüft, regelmäßig überwacht und instandgehalten wird.

Die (vorbeugende) Instandhaltung sollte planmäßig in Übereinstimmung mit dem Betriebsanleitungshandbuch und der Betriebshäufigkeit (Betriebsstundenzähler) erfolgen. Letzteres gilt vor allem für die erforderlichen Kontrollen der Sicherheitseinrichtungen und installierten Messtechnik.

Der Instandhaltungsplan muss einen Zeitplan enthalten und den Umfang der Kontrollen ausweisen.

33.3 Voraussetzungen für die Instandhaltung

Als Voraussetzungen für die qualifizierte Instandhaltung können genannt werden:
- Qualifiziertes Personal (eigenes P., P. des Herstellers/Lieferanten);
- Dokumentationen der Anlage und ihrer Komponenten, Zeichnungen, Ersatzteillisten;
- Eine gründliche Inspektion der Anlage;
- Bestellung der benötigten Ersatz- und Verschleißteile;
- Bereitstellung der Werkzeuge und Montagehilfsmittel (z.B. Hebezeuge, Anschlagmittel);
- Messwerkzeuge;
- Betriebsmittel (Schmierstoffe, usw.).

33.4 Schmierstoffversorgung

Die Versorgung der Schmierstellen muss planmäßig und nach den Vorgaben der Hersteller erfolgen. Für die Anlagen sollten Schmierpläne vorliegen oder erarbeitet werden. Darin müssen das Schmierintervall, die Schmierstoffqualität und Schmierstoffmenge festgelegt sein.

Die Funktion von Zentralschmieranlagen und die Funktionstüchtigkeit von Schmiernippeln sind regelmäßig zu prüfen.

Getriebe sind in der Regel für die gesamte „Lebensdauer" versorgt, wenn synthetische Schmierstoffe benutzt werden und Wasserzutritt ausgeschlossen werden kann, das Gleiche gilt für Lagerstellen, die bei modernen Anlagen auch für ihre Lebensdauer geschmiert sind. Die zu erwartende „Lebensdauer" ergibt sich aus den Maschinendokumentationen.

Ältere Ausrüstungen müssen nach einem individuellen Wartungsplan behandelt werden.

Bei der Auswahl der Schmierstoffe müssen auch die Aspekte des Umweltschutzes (z.B. Beachtung der Wassergefährdungsklasse) berücksichtigt werden.

Hydraulikfluide sollten biologisch abbaubar sein, ihr Eindringen in das Abwassersystem muss verhindert werden.

Ausrüstungen der Lebensmittelindustrie bzw. der Getränkeindustrie, die mit einem Produkt in Berührung kommen können, dürfen nur mit so genannten H1-Schmierstoffen geschmiert werden. Diese sind unbedenklich bzw. beeinträchtigen bei Bier nicht den Schaum. Die Angaben der Hersteller zur Schmierstoffauswahl sind unbedingt zu beachten (s.o.).

H1-Schmierstoffe sind in der Regel synthetische Schmierstoffe, die sich nicht auswaschen, ausgeschlagen werden oder schmelzen und sie färben nicht. Sie sind von der NSF (National Science Foundation) registriert und US-FDA autorisiert. Oft sind ihre Basis Silicone, PTFE u.a.

33.5 Hinweise für die Berücksichtigung der Wartung und Instandhaltung während der Planungsphase

Bei der Anlagenplanung müssen die Belange der späteren Wartung und Instandhaltung von Anfang an beachtet werden.

Ausreichende Zugänglichkeit zu allen Ausrüstungselementen muss auch nach Montageabschluss gewährleistet werden. Das gilt vor allem für Armaturen, Pumpen, Motoren, Getriebe, Sensoren, aber auch für Wärmeübertrager (PWÜ: Plattenwechsel, Spannbarkeit; RWÜ: Rohrreinigung).

Die Zugänglichkeit darf beispielsweise nicht über Rohrleitungen erfolgen. Ggf. müssen entsprechende Podeste oder Laufstege installiert werden.

Bei schweren Ausrüstungselementen müssen Montagehilfsmittel vorgesehen werden, zumindest geeignete Anschlagmittel oder Befestigungen, zum Beispiel für Kettenzüge oder andere Hebezeuge.

Die Gebäude müssen über ausreichende Montageöffnungen verfügen. Auch die Montage über Dach kann eine günstige Lösung sein, wenn die Voraussetzungen dafür von Anfang an geschaffen werden, zum Beispiel durch wieder aufnehmbare Kassettendecken.

MSR-Stellen, Armaturen, Antriebe, Pumpen, Apparate und Rohrleitungen sollten mit einer eindeutigen Kennzeichnung ausgerüstet werden, die nicht nur über die technologische Zuordnung im RI-Fließbild Auskunft gibt, sondern auch Informationen zur Wartung und Instandhaltung enthält (letzte oder nächste planmäßige Wartung oder Funktionskontrolle, nächste Instandsetzung usw.).

Eine innerbetriebliche Standardisierung der Ausrüstungselemente (Armaturen, Motoren, Sensoren usw.) kann die Instandhaltung nicht unwesentlich vereinfachen und die Kosten senken!

34. Werkstoffe
34.1 Metallische Werkstoffe

Dominierender Werkstoff für technologische Ausrüstungen ist Edelstahl, Rostfrei®. Als Synonyme können auch die Begriffe (austenitischer) CrNi-Stahl bzw. CrNiMo-Stahl verwendet werden, die sich von den wesentlichen Legierungselementen ableiten.

Hauptsächlich werden die universell einsetzbaren austenitischen Werkstoffe der Werkstoffnummern 1.4435, 1.4404 und 1.4571 (nach DIN EN 10027-1 und 10027-2) verwendet (diese Qualitäten entsprechen im englischen Sprachraum der Güte AISI 316 L bzw. 316 Ti), s.a. Tabelle 97. Neuere Werkstoffe sind z.B. 1.4439, 1.4539, 1.4462 und 1.4565.

Für korrosiv weniger anspruchsvolle Einsatzfälle lassen sich die Werkstoffnummern 1.4301, 1.4550 und 1.4541 verwenden (sie entsprechen der Güte AISI 304). Bei höheren Temperaturen ($\vartheta \geq 30\ °C$), pH-Werten < 8 und bei Anwesenheit von Halogenen, vor allem von Chlorid-Ionen ≥ 50 mg/l, sind diese Werkstoff-Nummern nicht mehr einsetzbar, da mit Korrosion gerechnet werden muss.

Tabelle 97 Bedeutung der Werkstoffnummern bei Edelstahl, Rostfrei®

Werkstoffnummer	Bedeutung	Bemerkungen
1.40..	Cr-Stähle mit < 2,5 % Ni	**ohne** Mo, Nb oder Ti
1.41..	Cr-Stähle mit < 2,5 % Ni	**mit** Mo, **ohne** Nb oder Ti
1.43..	Cr-Stähle mit $\geq$ 2,5 % Ni	**ohne** Mo, Nb oder Ti
1.44..	Cr-Stähle mit $\geq$ 2,5 % Ni	**mit** Mo, **ohne** Nb oder Ti
1.45..	Cr-, CrNi- oder CrNiMo-Stähle	**mit** Sonderzusätzen wie Ti, Nb, Cu usw.
1.46..	Cr-, CrNi- oder CrNiMo-Stähle	**mit** Sonderzusätzen wie Ti, Nb, Cu usw.

Charakteristisch ist für austenitische Stähle, dass sie nicht magnetisch sind. Durch diese Eigenschaft lassen sie sich von ferritischen oder martensitischen Stählen leicht unterscheiden.

Im englischen Sprachraum ist die Kennzeichnung nach AISI üblich (American Iron and Steel Institute). Wichtige Stähle sind beispielsweise:

Tabelle 98 Vergleichstabelle für austenitische Werkstoffe

Stahl AISI 304	Werkstoff 1.4301
Stahl AISI 304 L	Werkstoff 1.4307
Stahl AISI 304 Ti	Werkstoff 1.4541
Stahl AISI 316	Werkstoff 1.4401
Stahl AISI 316 L	Werkstoff 1.4404
Stahl AISI 316 Ti	Werkstoff 1.4571

Dabei steht das L für low carbon.

Füllanlagen

Die Eigenschaften der nichtrostenden Edelstähle sind in der europäischen Norm EN 10088 „Nichtrostende Stähle" festgelegt. In der BR Deutschland gilt die DIN EN 10088, Teil 1 bis 3 [398]. Eine Einführung in die Thematik geben [399] und [400].

Die Eigenschaften der nichtrostenden Edelstähle für Rohre sind aus den Normen DIN 17455 und DIN 17456 ersichtlich [401].

34.2 Kunststoffe

Geeignet sind als Konstruktionswerkstoffe u.a. die in Tabelle 99 genannten Kunststoffe:

Tabelle 99   Kunststoffe als Konstruktionswerkstoffe

PTFE	Polytetrafluorethylen (Teflon®)	PVF	Polyvinylfluorid (Tedlar®)
PP	Polypropylen	PES	Polyethersulfon
PE	Polyethylen	POM	Polyoxymethylen (Delrin®)
PEEK	Poly-Ether-Ether-Keton	PA	Polyamid
PVC	Polyvinylchlorid	PMMA	Polymethylmethacrylat
PVDF	Polyvinylidenfluorid		

34.3 Oberflächenzustand

Der Lieferzustand der rostfreien Edelstähle wird durch ein Kurzzeichen angegeben. Dieses ist nach DIN EN 10088 genormt. Warmgewalzte Werkstoffe beginnen immer mit der Ziffer 1, kaltgewalzte mit der Ziffer 2, denen ein Großbuchstabe folgt (Beispiele siehe Tabelle 100).

Es empfiehlt sich, in Lieferverträge immer den geforderten Mittenrauwert R_a (nach DIN 4762) für produktberührte Oberflächen mit aufzunehmen. Für Anlagen der Brau- und Getränkeindustrie sind Werte von $R_a \leq 1,6$ µm anzustreben.

Da der Preis der Werkstoffe und die Verarbeitungskosten vom Mittenrauwert abhängig sind, sollte gelten: „So gering wie nötig" (die Angabe der Rautiefe R_t oder der gemittelten Rautiefe R_z ist nicht sinnvoll).

Tabelle 100 Ausführungsart und Oberflächenbeschaffenheit von Edelstahl, Rostfrei®
(Auswahl der Beispiele nach DIN EN 10088)

Kurzzeichen *) nach DIN EN 10088	Ausführungsart	ehemalige Kurzzeichen nach DIN 17440
2 D	Kalt weiterverarbeitet, wärmebehandelt, gebeizt	h (III b)
2 B	Kaltgewalzt, wärmebehandelt, gebeizt, kalt nachgewalzt	n (IIIc)
2 R	Kaltgewalzt, blank geglüht	m (III d)
2 G	geschliffen	o (IV)
2 J	Gebürstet oder matt poliert	q
2 P	Poliert, blankpoliert	p (V)

*) Ziffer **1**: warm gewalzt oder warm geformt,
  Ziffer **2**: kalt gewalzt oder weiterverarbeitet

Beachtet werden sollte auch, dass zum Beispiel Rohre nur mit folgenden Mittenrauwerten geliefert werden (nach DIN 11850):
- Nahtlose Edelstahlrohre mit $R_a \leq 2{,}5$ µm und $R_a \leq 1{,}6$ µm (DIN 17456),
- Geschweißte Rohre mit $R_a \leq 1{,}6$ µm und $R_a \leq 0{,}8$ µm (DIN 17455).

Rohre werden nach DIN 11866 [402] und DIN 11850 [403] eingesetzt. Bei Rohren nach DIN 11866 werden u.a. die Hygieneklassen H1 bis H5 unterschieden. Diese beziehen sich auf die Rautiefe der Rohrinnenfläche und des Schweißnahtbereiches (Tabelle 101). Bei der Auswahl der Rohre müssen natürlich die nicht unwesentlich höheren Kosten der Rohre mit geringer Rauheit beachtet werden.

Tabelle 101 Hygieneklassen bei Rohren nach DIN 11866

Hygieneklasse	R_a Innenfläche	R_a Schweißnahtbereich
H 1	< 1,6 µm	< 3,2 µm
H 2	< 0,8 µm	< 1,6 µm
H 3	< 0,8 µm	< 0,8 µm
H 4	< 0,4 µm	< 0,4 µm
H 5	< 0,25 µm	< 0,25 µm

Es ergibt keinen Sinn, an einzelnen Stellen der Anlage geringere Mittenrauwerte mit höheren Kosten einzusetzen (Prinzip der Kette: das schwächste Glied bestimmt die Eigenschaften). Ebenso muss gesichert werden, dass an allen Stellen der Anlage nach der Montage die gleichen Mittenrauwerte erreicht werden.

Mittenrauhwerte $\leq 1{,}6$ µm lassen sich im Allgemeinen nur durch Elektropolitur erzielen. Die produktberührten Oberflächen von Armaturen oder Sensoren werden teilweise trotzdem mit einer Rautiefe $R_a \leq 0{,}4$ µm gefertigt.

Nach neueren Erkenntnissen verbessert sich die Reinigungsfähigkeit der Oberfläche bei R_a-Werten $\leq 0{,}8$ µm nicht mehr [404], im Gegenteil, die Reinigungsfähigkeit verschlechtert sich bei sehr kleinen R_a-Werten [405], [406].

34.4 Dichtungswerkstoffe

Als Dichtungswerkstoffe kommen EPDM (Ethylen-Propylen-Dien-Mischpolymerisat), Silicongummi in Lebensmittelqualität (VMQ; zum Teil rot gefärbt, FDA-konform), PTFE (Teflon®) und andere fluorhaltige Polymerisate (FKM, z.B. Viton®, oder FFKM, z.B. Kalrez®) mit FDA-Zulassung (Food- and Drug-Administration, USA) zur Anwendung. EPDM, FKM und FFKM sind in der Regel schwarz gefärbt (Füllstoff Ruß).

Der zum Teil blau gefärbte Dichtungswerkstoff NBR (Acrylnitril-Butadien-Kautschuk) ist für mit heißer Lauge gereinigte Anlagen unbrauchbar. Hinweise zur Beständigkeit von Elastomeren gegenüber R/D-Medien gibt die DIN 11483-2 [407].

Dichtungen werden vorzugsweise als O-Ring (gesprochen: Rundring) gestaltet. Der Einbauort der Dichtung muss so gestaltet werden, dass der Dichtring nur definiert gepresst oder gespannt und nicht gequetscht werden kann (Prinzip der Sterildichtung in der Aseptikverschraubung nach DIN 11864).

Eine eindeutige Zuordnung von Farben zu den einzelnen Dichtungswerkstoffen ist nicht möglich. Eine Unterscheidung ist zum Teil nach der Dichte oder anderen physikalisch messbaren Kriterien möglich, zum Beispiel können die IR-Spektren der Elastomere für die Unterscheidung genutzt werden [408].

Die Lieferspezifikationen müssen deshalb im Lager den Dichtungen dauerhaft zugeordnet bleiben!

35. Raumgestaltung für Füllanlagen

35.1 Hinweise zur Gestaltung von Produktionsräumen

Allgemeine Hinweise

Die Gestaltung der Produktionsräume, aber auch der übrigen Räume, wie Büro, Magazin, Küche, Kantine, Sanitär, Umkleideräume, Bräustübchen usw., obliegt dem Architekten des jeweiligen Objektes. Dabei sind natürlich die einschlägigen Vorschriften wie ArbStättV und ASR zu beachten (z.B. ASR 29, 31, 34, 35, 37, 39).

Wichtig ist es aber, für das gesamte Raumprogramm eine Aufgabenstellung (AST) zu erarbeiten, die alle vom Betreiber gewünschten Forderungen enthalten sollte.

Da es für viele der vorstehend genannten Räume auch erprobte Lösungen oder vom Gesetzgeber verfasste Richtlinien (s.o.) gibt, muss auf diese aufgebaut werden.

Vor allem die AST für die Produktionsräume muss alle Aspekte erfüllen, die für die Prozessführung, die Arbeitsbedingungen des Personals, die Raumreinigung oder Betriebshygiene relevant sind.

Wichtige Punkte einer AST für die Raumgestaltung sind unter anderem:
- Die Fußbodenausführung;
- Die Wand- und Deckengestaltung;
- Die Beleuchtung;
- Der Lärmschutz;
- Die Heizung, Lüftung bzw. Klimatisierung;
- Fenster, Türen;
- Treppen, Aufzüge;
- Nachrichtentechnik;
- Elektroanschlussmöglichkeiten.

35.2 Hinweise zur Heizung, Lüftung/Klimatisierung (HLK)

Die HLK muss unter anderem sichern:
- dass die durch Verdunstung entstehenden Feuchtigkeitsmengen abgeführt werden, zum Beispiel aus der Flaschenreinigungsmaschine, dem Tunnelpasteur, dem Kastenwascher, der Raumreinigung, soweit diese nicht direkt abgeführt werden,
- dass die bei der Füllmaschinen-Sterilisation anfallenden Wrasen abgeleitet werden,
- dass Schwitzwasserbildung, nicht nur auf dem Vollgut, verhindert wird,
- dass die Verlustwärme der elektrischen Anlagen (Motoren, Schütze, Transformatoren etc.) und der heißgehenden Anlagen (Rohrleitungen, Maschinen und Apparate) abgeleitet wird und
- dass Emissionen (CO_2) abgeleitet werden,
- dass Abgase von Verbrennungsmotoren (Stapler- und LKW-Verkehr) gefahrlos abgeleitet werden.

Füllanlagen

Bedingt durch die hohen Kosten einer Klimaanlage wird auf deren Einsatz meist verzichtet und dafür eine Lüftungsanlage installiert (Ausnahme: Räumlichkeiten für EDV-Anlagen und elektronische Steuerungen).

Es werden etwa $\geq$ 10fache Luftwechsel angestrebt, die Luftführung muss zugfrei erfolgen.

Die Lüftungsanlage sollte mit der Füllanlage elektrisch verriegelt sein, um unnötigen Leerlauf zu vermeiden, die selbsttätige Abschaltung sollte zeitverzögert erfolgen.
Im Allgemeinen wird die Raumheizung mit der Lüftung gekoppelt.

Ein wichtiger Aspekt ist die gefahrlose Ableitung der Abgase von Verbrennungsmotoren, beispielsweise aus Stapelräumen und Ladehallen. Über ein neues Lüftungskonzept für Ladehallen berichten *Neyses* und *Rietschel* [409]. Danach wird frische Luft im Bodenbereich der Halle zugeführt. Die Fahrzeugabgase ziehen in den Deckenbereich ab und werden dort abgesaugt (Prinzip der Schichtströmung). Genutzt wird dabei die Thermik der heißen Abgase, die von selbst aus dem Arbeitsbereich nach oben zur Hallendecke hin entweichen. Die Lüftung im Deckenbereich hat dann die Aufgabe, durch ausreichende Abluft die Abgase an der Decke abzusaugen.

Die abgeführte Luft muss durch frische Zuluft ersetzt werden. Diese strömt impulsarm im Bodenbereich nach. Dadurch bildet sich eine Schichtung aus: Die Beschäftigten arbeiten in einem „Frischluftsee" in Bodennähe, die belastete Luft bleibt im Deckenbereich. Damit es nicht zu einer Vermischung oder Verwirbelung der Schichtung kommt, müssen Deckenheizgeräte vermieden werden. Die Schichtströmung kann immer dann erfolgreich eingesetzt werden, wenn die Freisetzung von Gefahrstoffen mit thermischen Prozessen verbunden ist. Die Luftführung muss die natürliche Thermik unterstützen.

Weitere Hinweise s.a. ASR 5: Lüftung

35.3 Hinweise zur Lärmverringerung

Der Lärmpegel am Arbeitsplatz darf die gesetzlich festgelegten Höchstwerte nicht überschreiten (zurzeit $\leq$ 85 dB(A), der Wert von 80 dB(A) wird vom Gesetzgeber angestrebt). Grundlage ist gegenwärtig die Richtlinie 2003/10 EG [410].

Vor allem in Flaschen-Füllanlagen werden die Lärmpegelgrenzen leicht überschritten. Deshalb muss bereits in der Planungsphase einer Anlage eine *Lärmprognose* erstellt werden und ggf. müssen rechtzeitig Lärmdämmungsmaßnahmen ergriffen werden, beispielsweise durch die Installation von Schall-Absorberelementen (z.B. Installation von „Baffeln": rechteckige, flache Schall-Absorberelemente). Eine vertrauensvolle Zusammenarbeit zwischen Auftraggeber und Auftragnehmer zum Thema Lärmverringerung unter Einbeziehung der Berufsgenossenschaft ist unabdingbar.

Weitere Hinweise sind den umfangreichen Unterlagen der Berufsgenossenschaft BGN zu entnehmen, beispielsweise BGV B3, ASI 8.11/93, ASI 9.11/99, ASI 9.12/99, und die „Fachinformationen" der BGN [411].

Wichtige Beiträge zur Lärmminderung sind:
- Leisere Maschinen;
- Die optimale Aufstellung der Maschinen (eine großzügig bemessene Aufstellungsfläche ist ein Beitrag zur Lärmverminderung);
- Akustische Ausstattung der Arbeitsräume (z.B. Installation einer Akustikdecke).

35.4 Hinweise zur Wandgestaltung

Aus der Sicht der Reinigung, Verschleißfestigkeit, Instandhaltung, und Optik dürfte die keramische Fliese unübertroffen sein. In Trockenräumen oder Produktionsräumen mit Repräsentationscharakter (Sudhäuser, Messwarten) können auch andere Natur-Werkstoffe (Granit, Solnhofer Platten, Marmor) zum Einsatz gelangen.
Die Höhe der gefliesten Wandfläche kann variiert werden.

Kanten an Türen, Säulen und Pfeilern müssen einen mechanischen Schutz erhalten. Geeignet sind zum Beispiel Winkelprofile aus rostfreiem Edelstahl.
Wände, Türen und Säulen in Räumen mit Staplerverkehr sollten einen beanspruchungsgerechten Anfahrschutz erhalten.

Bei Räumen mit geforderter Wärmedämmung der Wand- und Deckenflächen können PUR-Aluminium- oder PUR-Edelstahlblech-Verbundelemente (Sandwich-Elemente) zum Einsatz gelangen (ggf. auch PUR/verzinktes Stahlblech), die mit geeigneten Kunststoffen oder Folien beschichtet sind und die gleichzeitig den Wandabschluss bilden. In diesen Fällen ist die sach- und beanspruchungsgerechte Verarbeitung der Elemente wichtig, vor allem die Detailgestaltung der Fußbodenübergänge, der Kantenausführung, die Ausführung der Wasserdampfdiffusionssperre usw.

Werden Wandflächen gestrichen oder beschichtet, ist auf die Reinigungsmöglichkeit zu achten.

Bei Fliesen müssen die Fugen ggf. chemikalienbeständig ausgeführt werden, wenn saure Reinigungs- und Desinfektionsmittel verwendet werden sollen. Die mechanische Festigkeit der Fugen muss den Einsatz von Hochdruck-(HD-)Reinigungsgeräten gestatten.

An Wänden und Decken kann es bei ungenügender Wärmedämmung, fehlender Lüftung oder fehlerhafter Installation von Anlagenkomponenten zu Schwitzwasserbildung kommen. Die Ursachen dafür müssen bereits bei der Planung beachtet und vermieden werden. Der Korrosionsschutz der tragenden Elemente (Betonstahl) ist zu sichern.

In Räumen mit hoher Luftfeuchtigkeit oder Schwitzwasserbildung sollten vorzugsweise die Ursachen dafür beseitigt werden (zum Beispiel ein fehlender oder defekter Wrasenabzug) und Farben mit antimikrobieller Wirkung verwendet werden, um vor allem Schimmelwachstum zu verhindern.

35.5 Hinweise zur Fußbodengestaltung

Wichtige Aspekte der Fußbodengestaltung sind beispielsweise:
- Das Gefälle (anzustreben sind ≥ 1,5 %);
- Die Anzahl der Fußbodeneinläufe und deren Gestaltung: Ablauf-Sammelrinnen, Wassereinläufe mit/ohne Scherbensieb (Sinkkästen), Geruchsverschluss, Abdeckung der Einläufe mit Gitterrosten oder Riffelblechen/Einlaufschlitzen, Schlitzrinnen, Größe der Einläufe/Nennweite sowie deren Schluckvermögen. Rückstau darf nicht auftreten.
Die Reinigungsfähigkeit der Wassereinläufe ist mit geringem Aufwand zu sichern;
- Ausschubleitungen sind geruchsdicht, aber demontierbar in das Abwassersystem einzubinden.
Dessen Nennweite richtet sich nach dem anfallenden Volumenstrom.

Füllanlagen

Rückstau, auch in anderen Ableitungssystemen, muss verhindert werden;
- Fußbodenaufbau: Trockenräume, Nassräume, säurefester Fußboden, Verschleißschicht (Epoxidharze) oder Platten oder Fliesen, säurefest verfugt. Details der Wandübergänge bzw. der Kehle, Stufengestaltung, Gestaltung von Aufkantungen, Rohrdurchführungen, Kantengestaltung, (Dehn-)Fugengestaltung, Fugenkitte (dauerelastisch), Rutschfestigkeitsklasse, Abriebsklasse bzw. Verschleißklasse (s.a. BGR181 [412]);
- Fußbodentragfähigkeit, Eignung für Staplerverkehr;
- Farbgestaltung;
- Reinigungsmöglichkeiten (manuell und mechanisiert);
- Die Beachtung der ASR 8/1.

Kunststoff-Beschichtungen sind für Nassräume, hohe Temperaturen (Heißwasser, CIP-Medien) und hohe Belastungen durch Stapler nur bedingt oder nicht geeignet. Die Temperatur(wechsel)beständigkeit ist in den meisten Fällen nicht gegeben (z.B. bei Heißwasser- und Kaltwasserbelastung, Belastung mit heißen CIP-Medien). Die diesbezüglichen Gewährleistungsbedingungen der Anbieter sind sorgfältig zu prüfen.

Der Fußbodenaufbau bei säurefestem Platten- oder Fliesenbelag, insbesondere die Auswahl der Platten bzw. Fliesen (Form, Farbe, Oberfläche), die Gestaltung der Feuchtigkeitssperre, die Verarbeitung und die Fugenausführung sind detailliert festzulegen und die Bauausführung ist zu kontrollieren.

Bei extremer Fußbodenbelastung können Edelstahlfliesen verwendet werden.

Fugenkitte müssen chemisch beständig und für die Anwendung von HD-Spritzgeräten geeignet sein. So genannte Dehnfugen müssen mit tatsächlich *dauerelastischen* Kitten ausgefüllt werden.

Eine vorteilhafte Oberflächenbeschaffenheit beeinflusst die „Optik" entscheidend, verringert die Verschmutzung und erleichtert die Reinigung.

Der Einsatz von Fußboden-Reinigungsmaschinen muss möglich sein.

35.5 Hinweise zur Beleuchtung

Die festgelegten Normen und Richtwerte für die Beleuchtung am Arbeitsplatz sind zu beachten, zum Beispiel die ASR 7/1, 7/3, 7/4, 8/4, 41/3

Insbesondere in Räumen mit Schnittgefahr durch Scherben ist eine ausreichende, blendfreie Beleuchtung für die Unfallvermeidung erforderlich.

Bei der Auswahl der Beleuchtungstechnik sind auch der Energieverbrauch und die Einschalthäufigkeit in die Überlegungen mit einzubeziehen.

Die Sicherheitsbeleuchtung/Notbeleuchtung muss die Anforderungen der ASR 7/4 erfüllen.

Direkte Sonneneinstrahlung ist zu vermeiden, ggf. sind Sonnenblenden erforderlich.

35.6 Fenster und Türen

Fenster sollen so angeordnet werden, dass die direkte Sonneneinstrahlung vermieden wird, um unnötige Aufheizung zu vermeiden. Bei Bedarf müssen (selbsttätige) Jalousien installiert werden. In klimatisierten oder belüfteten Räumen müssen die Fenster geschlossen bleiben.

Für ständige Arbeitsplätze wird der Tageslicht-Zutritt gefordert. Fensterflächen in Produktionsräumen sollten nach Möglichkeit minimiert werden (Kosten, Energieverluste, UV-Strahlung, Wartung/Reinigung). Die ArbStättV und die ASR 7/1, 10/1, 10/5, 10/6 und 11/1-5 sind zu beachten.

In Produktionsräumen sollten nur Metallrahmen- oder Kunststoff-Fenster Verwendung finden (PVC-freie Werkstoffe sollten angestrebt werden). Sie müssen zu Reinigungszwecken zugänglich sein.

Türen sind in ihrer Breite so auszulegen, dass Transport und Wartungsarbeiten in den Produktionsräumen nicht behindert werden. Bei Stapler- oder Palettenverkehr müssen die Türen und Wandflächen gegen Kollisionen geschützt werden.

Selbstschließende Türen sind zu bevorzugen, Schließung durch Feder- oder Schwerkraft.

Türen in der Gärungs- und Getränkeindustrie werden teilweise mit Wärmedämmung ausgerüstet (Kühlraumtüren). Edelstahltüren sind besonders zu empfehlen. Sie sind aber empfindlich gegen mechanische Einwirkungen und müssen pfleglich behandelt werden. Fußschutz-Bleche sind zweckmäßig, ebenso eingesetzte Sichtscheiben zur Verhinderung von Kollisionen. Türen sollten immer über Feststeller und Anschlagbegrenzungen verfügen.

Ladehallen, Lagerräume, Werkstatträume erhalten Schiebe-, Falt-, Roll- oder Segmenttore zum Verschließen. Teilweise werden einzelne Bauarten mit so genannten Schlupftoren für den Personenverkehr ausgerüstet.

Bei ständigem Verkehr werden die Öffnungen durch selbsttätige, transparente Roll- oder Falttore verschlossen, die über Sensoren angesteuert werden ("Sprinttore").

35.7 Verkehrswege, Rampen, Treppen und Aufzüge in Produktionsgebäuden

In mehrgeschossigen Gebäuden sind Personen- und/oder Lastenaufzüge sehr zu empfehlen.

Darüber hinaus können Montageaufzüge bei Bedarf, vor allem bei der Montage und für Wartungs- und Reparaturarbeiten, nützlich sein. Die Deckenöffnungen dieser Aufzüge sind im Allgemeinen abgedeckt.

Treppen in Produktionsgebäuden sollen trittsicher und gut begehbar sein (Treppenbreite, Stufenhöhe, Trittbreite, Handläufe).

Treppen können als Stahlbautreppen oder als übliche Gebäudetreppe ausgeführt werden. Treppen sollten auch unter dem Gesichtspunkt "pflegeleicht" gesehen werden (Werkstoffe, Wandverkleidungen, Stoßkanten aus Edelstahlprofilen, Handläufe aus Edelstahlrohr, Reinigungsaufwand).

Zu beachten sind die ArbStättV und die ASR 12, 17, 18 und 20.

Füllanlagen

35.8 Nachrichtentechnik

Bei der Planung der Produktions- und Betriebsräume müssen die Belange der Nachrichten- und Kommunikationstechnik berücksichtigt werden. Dabei ist auch auf künftige Entwicklungen zu achten.

Neben den üblichen Telefonleitungen mit ISDN-Standard sind betriebliche Datenleitungen bzw. Feldbussysteme zu installieren, mit denen die Vernetzung der Anlagen und auch die BDE erfolgen können. Vorteilhaft erscheinen Lichtleiterkabel (sie sind weitestgehend störsicher, besitzen eine große Übertragungskapazität, sind aber mechanisch empfindlich).

Räumlich weit entfernte Anlagen lassen sich bei Bedarf auch drahtlos vernetzen (WLAN).

35.9 Elektroanschlüsse in Produktionsräumen

Die Produktionsräume werden mit Anschlussmöglichkeiten für ortsveränderliche Verbraucher unterschiedlicher Anschlusswerte ausgerüstet. Deren Anzahl und Spezifikation muss in der Planungsphase festgelegt werden, um auch künftigen Nutzungsmöglichkeiten der Räume entsprechen zu können. Dabei muss an die im Allgemeinen lange Nutzungsdauer von Bauwerken gedacht werden.

Die Versorgung von Anlagen mit Elektroenergie erfolgt mittels entsprechender Schaltanlagen bzw. Verteilungen, deren Standorte ebenfalls unter dem Gesichtspunkt der variablen Nutzung festgelegt werden müssen. Die Verbindung dieser Schaltanlagen oder Einspeisungen mit der Anlage bzw. ihren Komponenten wird über Kabeltrassen vorgenommen. Diese Kabelträger sollten übersichtlich und zugänglich unter den Gesichtspunkten Reparatur, Neuverlegung, Sicherheit gegen Verschmutzung und Brandgefahren sowie Reinigungsfähigkeit geplant und installiert werden.

Die Werkstoffauswahl der Kabelträger muss unter den Gesichtspunkten Temperatur, Festigkeit, Reinigungsfähigkeit, Brandschutz und Korrosion erfolgen. Bei Neuinstallationen sind PVC-freie Kabel einzusetzen.

35.10 Brandschutz und Ex-Schutz

Die gesetzlichen Forderungen des Brand- und Explosionsschutzes müssen entsprechend berücksichtigt werden. Das gilt insbesondere in den Bereichen brennbarer Stäube (Rohstoffannahme, -lagerung und -zerkleinerung), brennbarer Flüssigkeiten und Gase (Ethanol, Flüssiggase und Kraftstoffe aller Art, z.B. für Gabelstapler, Kältemittel) und in dem Lagerbereich (relativ hohe Brandlast durch Verpackungsmittel). Weitere Einzelheiten siehe [413].

In der Regel müssen automatische Brandmelder und selbsttätige Löschanlagen (z.B. Sprinkler-Anlagen) installiert werden.

35.11 Wasserzapfstellen und sonstige Anschlüsse

In den Produktionsräumen sollten Wasserzapfstellen in ausreichender Anzahl und Nennweite (z.B. in DN ½", ¾" oder 1") vorgesehen werden.

Die Nennweite muss berücksichtigen, ob nur die allgemeine Raumreinigung abgedeckt werden muss, oder ob auch Spülvorgänge von Rohrleitungen gesichert werden müssen (DN ≥ 40). Ggf. kann der Wasserschlauch auch mittels einer Reduzierung angeschlossen werden.

Wasser sparend und handhabungsfreundlich sind selbst schließende Zapfvorrichtungen (Zapfpistolen) am Schlauchende.

Für spezielle Anwendungsfälle sind kleinere Nennweiten zweckmäßig, die durch eine abschraubbare Reduzierung realisiert werden können, beispielsweise für die Spülung von Probeentnahmearmaturen nach der Probenahme.

Wasserzapfstellen sollten möglichst keine toten Rohrleitungen darstellen. Zweckmäßigerweise werden die Wasserleitungen „durchgeschleift", sodass sich der Abzweig auf ein T-Stück reduziert.

Wasserleitungen sollten CIP-fähig und heiß spülbar/dämpfbar sein und regelmäßig mikrobiologisch beprobt werden.

Bei automatisiert betriebenen Anlagen sind die Rohrleitungen und Behälter im Allgemeinen ohne freie Abgänge installiert. In diesen Fällen kann es zweckmäßig sein, freie Abgänge vorzusehen, die im Normalfall mit Blindkappe verschlossen sind.

Beispiele sind Anschlussmöglichkeiten für CO_2, Sterilluft, Dampf, CIP, die für diverse Zwecke genutzt werden können: Entleerung von Kegs (Hefeherführung), CIP von Probeentnahme-Utensilien, Belüftung von Hefeherführungen, Spülung von Schwenkbögen und Rohrleitungen zur Sauerstoff-Entfernung.

35.12 Hinweise zur Oberflächenbeschaffenheit von Maschinen und Apparaten

Produktberührte Oberflächen sollten zur Erleichterung der Reinigung und Desinfektion nach dem CIP-Verfahren, aber auch für die manuelle Reinigung, eine möglichst glatte, porenfreie, korrosionsbeständige Oberfläche besitzen.

Teilweise erfüllen kalt gewalzte Edelstähle (Bleche, Rohre, Profile) diese Forderungen, bei besonderen Anforderungen müssen diese Werkstoffe durch Schleifen oder Polieren in ihrer Oberflächen-Rauigkeit beeinflusst werden.

Der Mittenrauwert (nach DIN 4762) der produktberührten Oberflächen sollte $R_a \leq 1,6$ µm betragen, anzustreben sind Werte $\leq 0,8$ µm (s.a. Kapitel 34).

Die Oberflächenbeschaffenheit der Schweißnähte sollte mit der der Werkstoffe übereinstimmen, geringe Differenzen sind zulässig.

Beachtet werden sollte aber auch, dass die Kosten der Werkstoffe und ihrer Verarbeitung erheblich von den Forderungen an die Rauigkeit beeinflusst werden. Deshalb muss auch hier gelten: „soviel als nötig!". Alternativ besteht fast immer die Möglichkeit, durch entsprechende Festlegung der CIP-Parameter die Anforderungen an die Rauheit in Grenzen zu halten.

Die äußeren Oberflächen der Maschinen und Apparate müssen natürlich auch unter den Gesichtspunkten: Reinigung und Desinfektion, Korrosionsverhalten, Spülbarkeit (Schwallwasser- und Strahlwasser-Einflüsse) gesehen werden.

Glattflächige, spaltenfreie Oberflächen sind dafür eine wesentliche Voraussetzung. Flüssigkeiten müssen ohne Pfützenbildung ablaufen. Werkstoffübergänge bzw. Montagespalten müssen vermieden werden, das allseitige Verschweißen ist vorzuziehen. Die Regeln des Hygienic Designs müssen beachtet werden.

Voll-, Rohr- oder Kastenprofile sind grundsätzlich zu bevorzugen, sie müssen an den Enden verschlossen werden, vorzugsweise durch Schweißung. Offene Profile (Winkel-, U-, Doppel-T-Profile) sollten nicht verwendet werden.

Geschlitzte Klemmverbindungen und versenkte Innensechskant-Schrauben sind zu vermeiden. Schraubenenden sollten mit Hutmuttern abgeschlossen werden.

Offene Bohrungen, Schrauben- oder Bolzenverbindungen sind nicht zulässig, ebenso Punktschweißungen und offene Falzkanten.

Blechstöße von Wärmedämmungs-Verkleidungen müssen im Bereich von Flüssigkeitseinwirkungen flüssigkeitsdicht ausgeführt werden.

Die Oberfläche von Blechverkleidungen und dünnen Werkstoffen sollte so strukturiert werden, dass mechanische Beschädigungen (Kratzer, Dellen usw.) wenig auffällig bleiben. Polierte und matt geschliffene Oberflächen sind sehr empfindlich!

Kreisschliff-Oberflächen und gestrahlte Oberflächen (mit Glasperlen gestrahlt) sind relativ unempfindlich.

36. Die Planung von Füllanlagen für Bier und AfG

36.1 Allgemeine Bemerkungen

Füllanlagen für Bier und/oder AfG sind im Allgemeinen Teil einer Brauerei oder eines AfG-Betriebes. Sie können aber auch als Lohnabfüllbetrieb in den verschiedensten Eigentumsformen betrieben werden.

Diese Form könnte insbesondere für kleinere Brauereien bedeutsam werden, deren Größe den wirtschaftlichen Betrieb einer eigenen, modernen Füllanlage nicht zulässt. Die Dosenfüllung oder die Füllung von Kunststoffflaschen könnte damit auch für Klein- und Mittelbetriebe möglich werden.

Die Vorplanung von Füllanlagen wird im Allgemeinen vom Betreiber der Anlage, ggf. in Verbindung mit einem spezialisierten Planungsbüro, vorgenommen. Größere Unternehmen besitzen oft für diese Arbeiten geeignete Mitarbeiter.

Auf der Basis der sorgfältig erarbeiteten Kapazitätsberechnung und der Aufgabenstellung (AST) oder Leistungsbeschreibung der benötigten Anlage werden die Angebote eingeholt und geprüft.

Der Architekt sollte von Anfang an in die Planungen einbezogen werden, und die Bauplanungen sollten so bald als möglich begonnen werden.

Mit den in die engere Wahl kommenden Unternehmen werden die Detailplanungen und vor allem die Genehmigungsplanungen begonnen.

Nach der Auftragsvergabe werden dann die Gesamt- und Detailplanungen sowie die Bauplanungen fortgesetzt und abgeschlossen.

Aussagekräftige Literatur zur Planung von Füllanlagen ist relativ selten. Detailwissen wird fast nur kommerziell verwertet.

Bei der Planung und Beschaffung von Füllanlagen sollten die DIN-Normen 8782 bis 8784 beachtet werden [414], [415], [416]. Hinweise siehe auch bei *Flad* und *Vey* [417], [426] und *Petersen* [13].

Quellen für die Planung

Die Kapazitätsberechnung von Füllanlagen behandeln beispielsweise *Grabrucker* und *Weisser* [418] sowie *Unterstein* [419]. Eine objektiv begründete Kapazitätsberechnung bei Beachtung der betriebsspezifischen Besonderheiten bezüglich des Sortimentes, der Packmittel und Sonderausstattungen ist eine wesentliche Voraussetzung für die Festlegung der Anlagengröße und die Anzahl der zu installierenden Anlagen.

Hinweise für die technische Ausschreibung und die Abnahme von Füllanlagen geben *Rädler* und *Weisser* [420] und *Voigt, Grabrucker* und *Vogelpohl* [421].

In den DIN-Taschenbüchern 135, 136 und 239 [422], [423], [424] sind Normen, betreffend die Verpackungsmittel, zusammengestellt, die bei der Planung hilfreich sein können, zum Beispiel bei der Planung von Lagerflächen oder -räumen für Packmittel und Packhilfsmittel.

In diesem Zusammenhang muss auch auf die „Speziellen Technischen Lieferbedingungen" (STLB) [425] verwiesen werden, die es zu verschiedenen Verpackungsmitteln oder Hilfsmitteln gibt, zum Beispiel für Kronenkorken, Etiketten, Kunststoffkästen aus PE, Bierflaschen, Dosen, Anrollverschlüsse (s.a. Kapitel 5.1).

Das gründliche Studium ausgeführter Anlagen ist für die eigenen Planungen von großem Vorteil und sollte so ausführlich wie möglich genutzt werden.

Wichtige Informationsquellen sind, soweit verfügbar, die Firmendruckschriften, Produktionsprogramme, Internetauftritte und Planungsunterlagen der Anlagen-Hersteller.

36.2 Schwerpunkte bei der Planung von Füllanlagen

36.2.1 Auswahl und Festlegung des Standortes

In den meisten Fällen sind Füllanlagen für Bier in Flaschen, Dosen oder Kegs Bestandteil einer Brauerei. Die Herstellung und die Abfüllung von Mineralwasser bzw. AfG können auch zum Geschäftsfeld einer Brauerei gehören.

Bedingt durch die immer größer und komplexer werdenden Anlagen wurden die Füllanlagen zu eigenständigen Abteilungen, teilweise auch mit eigener Ver- und Entsorgung, Instandhaltung und Magazin.

Auch die für Voll- und Leergut benötigten Lagerflächen oder -Räume, die Verladeflächen oder -hallen sowie die Transport- und Umschlagtechnik gehören in vielen Unternehmen zum Bereich Abfüllung.

Alternativ kann die gesamte TUL-Wirtschaft auch zum Bereich Vertrieb/Logistik gehören, der in verschiedenen Unternehmen ein selbstständiges Unternehmen ist.

Ein Großteil der AfG aller Art wird in eigenständigen Unternehmen hergestellt und abgefüllt.

Die Abfüllung von natürlichem Mineralwasser und Quellwasser ist an den Quellort gebunden und deshalb ein entscheidender Standortfaktor.

Hinweise zu Fragen der natürlichen Mineralwässer usw. können bei *Schumann* [354] entnommen werden.

36.2.2 Betriebsgröße

Bezüglich der Betriebsgrößen für Füllanlagen gibt es im Prinzip keine Beschränkungen, außer bei der Abfüllung von natürlichen Mineralwässern und Quellwässern, bei denen die Entnahmemenge begrenzt sein kann.

Eine optimale Anlagengröße im Allgemeinen gibt es nicht. Je größer der Durchsatz festgelegt werden kann, desto geringer werden die spezifischen Kosten. Dabei müssen natürlich auch die Vertriebskosten mit beachtet werden. Einer kleineren Anlage oder einem kleineren Betrieb sind viele neuere Möglichkeiten zur Einsparung bei den Personal-, Wasser- und Energie-Kosten verschlossen.

Die mit steigender Anlagengröße aus den degressiv fallenden Investitions- und Betriebskosten resultierenden Vorteile können also nur im größeren Betrieb ganz oder teilweise genutzt werden.

Andererseits können Anlagen nicht beliebig groß dimensioniert werden, da sich bei einer schlechten Kapazitätsauslastung die fixen Kosten überproportional auswirken.

Wichtig ist es bei der Festlegung der Abfüllkapazität, eine mögliche Erweiterungsfähigkeit der Anlage von Anfang an mit zu berücksichtigen.

Beachtet werden muss auch, dass die Aufwendungen für Personal, Energie, Wasser und MSR-Technik ab einer bestimmten Anlagengröße fast konstant bleiben.

Die obere Kapazitätsgrenze einer Füllanlage wird durch verschiedene Faktoren bestimmt, beispielsweise durch:

- die erforderliche Füllzeit eines Gebindes,

- die maximal möglichen Geschwindigkeiten beim Transport der Gebinde,
- die maximale Festigkeit der Etikettenpapiere
- die erforderlichen Mindestzeiten der einzelnen Manipulationsvorgänge und Operationen,
- die aus den erforderlichen Prozesszeiten resultierende Maschinengröße,
- die dynamischen Kräfte und
- die erforderlichen Beschleunigungs- und Verzögerungszeiten unter Beachtung des Massenträgheitsmomentes der Anlagenkomponenten.

Gegenwärtig liegt der maximal mögliche Durchsatz (Nennausbringung) einer:
- Flaschen-Füllanlage (0,5-l-Flaschen) bei etwa 70.000 Fl./h und bei
- Dosen-Füllanlagen (0,33-l-Dose) bei etwa 120.000 D./h.

Die praktisch genutzten und wirtschaftlich nutzbaren Durchsätze (Nennausbringung) liegen oft niedriger:
- Flaschen-Füllanlage (0,5-l-Flaschen) bei etwa 45…50.000 Fl./h
- Dosen-Füllanlagen (0,33-l-Dose) bei etwa 90.000 D./h.

Flaschenreinigungsmaschinen werden auch für größere Durchsätze ausgeführt, aber dann oft mit 2 Füllmaschinen betrieben.

Da weniger der Nenndurchsatz einer Anlage wichtig ist, sondern die Effektivausbringung der Anlage, müssen Störzeiten aller Art so weit wie möglich eliminiert werden (s.a. DIN 8782 [414]).

Störungen bzw. die Störungsbeseitigung bedingt in den meisten Fällen eine Stillsetzung der Anlage. Bei großen Anlagen wirken sich aus den oben genannten Gründen die Stillsetz- und Anlaufzeiten exponentiell auf die Ausbringung aus.

In vielen Fällen sind deshalb Anlagen mit geringeren Durchsätzen mit höheren Liefergraden zu betreiben und es werden aus diesem Grunde oft die erforderlichen Durchsätze einer Anlage bei Problemmaschinen auf zwei parallel arbeitende Maschinen aufgeteilt (zum Beispiel bei Inspektionsmaschinen, bei Füllmaschinen und bei Etikettiermaschinen).

Gleiches gilt auch für die gesamte Füllanlage. Bei größeren Abfüllmengen werden diese auf zwei oder mehrere Anlagen aufgeteilt.

Vorteilhaft ist dabei auch, dass verschiedene Getränke oder Ausstattungen parallel abgefüllt werden können, dass Umstellzeiten vermieden werden können und dass bei erforderlichen Reparaturen, Reinigungsarbeiten etc. ein Teil der Kapazität erhalten bleibt bzw. genutzt werden kann.

36.2.3 Hinweise für die Auslegung der Anlagentechnik

Die Gestaltungsmöglichkeiten der technologischen Abläufe bei der Abfüllung von Getränken und ihre maschinen- und apparatetechnische Umsetzung durch die Anlagentechnik sind sehr zahlreich. Ihre sinnvolle Kombination unter Beachtung der qualitativen, personellen und kostenrelevanten Aspekte ist eine wichtige Aufgabe der Anlagenplanung.

Füllanlagen

Nachfolgend werden einige wichtige Entscheidungs-Varianten und -Kriterien aufgeführt (ohne Anspruch auf Vollständigkeit).

36.2.3.1 Hinweise für die Keg-Abfüllung
- Festlegung des Keg-Sortimentes: Stahlkeg mit oder ohne Ummantelung, Keg-Volumen, Keg-Form;
- Keg-Entpalettierung: ja/nein; Kapazität der Anlage;
- Keg-Leer-Prüfung: ja/nein; durch Wägung, Gamma-Strahlung o.ä., nur nach Restentleerung sinnvoll;
- Keg-Vorreinigung: ja/nein; Festlegung der Parameter; Festlegung der Keg-Kontrollen (Gasdetektion, Restdruck), Restentleerung und -kontrolle, Vorspülung, Vorreinigung (alkalisch);
- Keg-Reinigung und -Sterilisation: Festlegung der Verfahrensparameter; Linearmaschine oder Rundlaufmaschine;
- Keg-Füllung: Festlegung der Verfahrensparameter, Höhenfüllung oder Maßfüllung; Linearmaschine oder Rundlaufmaschine;
- Keg-Füllkontrolle: ja/nein, durch Wägung, Gamma-Strahlung o.ä.;
- Keg-Ausstattung: Verschlusssicherung ja/nein, Etikettierung oder andere Kennzeichnung;
- Keg-Palettierung: ja/nein; Kapazität der Anlage.

36.2.3.2 Sonstige Großgebinde-Füllung
- Keggy-Füllung: ja/nein, Festlegung der Verfahrensparameter und der Kapazität;,
- Party-Dosenfüllung: ja/nein, Festlegung der Verfahrensparameter und der Kapazität;
- Andere EW-Behälter Füllung: ja/nein.

36.2.3.3 Hinweise für die Fassfüllung
Auf die klassische Fassfüllung wird nicht eingegangen, die zu beachtenden Aspekte sind aber ähnlich wie bei der Kegfüllung gelagert.

Die Fassreinigung erfüllt die modernen hygienischen Ansprüche nur bedingt (bei Metall-Fässern). Gepichte Fässer können nur lauwarm gespült werden.

Die Fassfüllung erfolgt isobarometrisch von Hand, das Verschließen der Fässer erfolgt manuell. Nur in wenigen Fällen erfolgen Füllen und Verschließen der Fässer automatisiert.

Die klassische Fassbehandlung und -Füllung ist nur noch von historischem Interesse. Weitere Hinweise siehe Kapitel 25.

36.2.3.4 Hinweise für die Flaschenfüllung
- Festlegung des Flaschensortimentes: Flaschengröße, Flaschenform, Flaschenfarbe, Flaschenverschluss, Flaschen-Werkstoff (Glas, PET, PEN), Einweg- oder Mehrweg-Flasche, Individualflasche, gemischte Glas-/PET-Füllung;
- Festlegung der Anlagengröße und des Getränkesortimentes: Nennausbringung, Effektivausbringung; Getränke-Sortiment, Getränke-Parameter;

Planung von Füllanlagen

- Festlegung der Qualitätsparameter: max. O_2-Aufnahme, Überschäumverluste, CO_2-Gehalt und -verluste, Einhaltung der Fertigpackungs-Verordnung bzw. der Nenn-Füllmenge;
- Verhinderung von Fehlfüllungen;
- Festlegung der Umstellzeiten bei Flaschensorten-, Getränke- und Verpackungs- oder Ausstattungswechsel;
- Formatumstellung von Hand oder automatisch durch Steuerung;
- Festlegungen zur Palettierung: Arbeitsprinzip, Kapazität der Anlage, Palettensicherung und -entsicherung;
- Palettenkontrolle, Palettenmagazine: ja/nein; Kapazität;
- Festlegungen zum Auspacken der Flaschen und zur Neuglas-Zufuhr: Kapazität der Anlage, Arbeitsprinzipien (mechanisch, pneumatisch, kontinuierlich oder taktweise);
- Flaschen-Sortieranlage: ja/nein, Festlegung der Sortierparameter und der Kapazität der Anlage, Sortierung in der Anlage oder extern?; Nutzung von Dienstleistern;
- Kastenwaschanlage, Festlegung der Parameter;
- Kastenspeicher/-magazin: ja/nein, Festlegung der Parameter;
- Kasten-Leergutkontrolle: ja/nein, Festlegung der Parameter;
- Verschlussentfernung: ja/nein, Kapazität der Anlage;
- Kasten-Einpackanlage: Kapazität der Anlage, Arbeitsprinzipien;
- Voll-Kastenkontrolle;
- Flaschen-Reinigungsmaschine:
  Arbeitsprinzipien: (Einend-FRM., Zweiend-FRM.),
  Antrieb taktweise oder kontinuierlich;
  Behandlungszeiten, -temperaturen,
  Spritzdrücke, Etikettenaustrag, Wärmedämmung, Werkstoffe,
  spezifische Verbrauchsparameter (Wasser, Reinigungsmittel, Energie),
  Durchsatz, Wärmerekuperation, Details zur Flaschenauf- und -abgabe,
  Festlegungen zur Maschinen(innen)reinigung/CIP;
- Flaschen-Inspektion: Arbeitsprinzip: Rundläufer, Linearmaschine; Anzahl und Art der Inspektionen, Inspektionsintervalle, Dokumentation der Funktion, Testflaschensortiment, Fehlausschleusungsrate, Testflaschengebrauch: automatisch/ nach manueller Anforderung;
- Flaschenfüllung: Füllprinzip (Maßfüllung, Höhenfüllung mit/ohne Korrektur, Überdruckfüllung, Normaldruckfüllung, Vakuumfüllung, Füllung mit oder ohne Füllrohr), 1-, 2-, 3-Kammer-Kessel, Vorevakuierung (1-, 2-, 3-stufig), Vorspülung mit CO_2 oder Dampf, Sterilfüllung (Dampfsterilisation der Flaschen oder Plasma), Heißabfüllung oder Normalfüllung, Festlegung der Betriebsparameter und Ausbringung, Festlegung der CIP-Prozeduren für außen und innen, Sterilisation der Maschine vor Füllbeginn, Scherbenabspritzung;
- Füllmaschinen-Management mit Füllorganüberwachung, definierte Ausleitung von Flaschen vor und nach einem Füllventil, dessen Flasche geplatzt war, ggf. für mehr als einen Umlauf;
- Sauerstoffentfernung aus dem Füllmaschinen-Kessel nach CIP;
- Sauerstoffentfernung aus dem Flaschenhals: HD-Einspritzung mit/ohne Drehzahlanpassung an die Füllmaschine;

Füllanlagen

- Verschließmaschine: Festlegung der Kapazität, Verschlusszufuhr, CIP-Verfahren;
- Flaschenüberschwallung und Trocknung nach dem Verschließen;
- Voll-Flaschenkontrolle: Verschluss, Füllhöhe, Dichtheit, Etikettenkontrolle, Datierungskontrolle;
- Etikettierung und Ausstattung: Festlegung der Ausstattung, Ausbringung, Datierung und Loskennzeichnung, Verschlusssicherung (bei Bedarf);
- Datierung (MHD) und Loskennzeichnung: Festlegung der Kennzeichnungsvariante (Ink-Jet, Laser, Stempelung; Kodierung auf dem Etikett),Festlegungen zum Gebindetransport (Einzelflaschentransporteure;
- Kastenförderer, Palettenförderer, Vertikalförderer), Werkstoffe, CIP-Möglichkeit, Bandschmierung, Flaschenvereinzelung und -zusammenführung, Durchsatz der Transporteure, Steuerung der Anlagen;
- Rohrleitungen und Armaturen: Festverrohrung oder Schwenkbogentechnik; Handbetätigung oder Fernbetätigung; Festlegung der Nennweiten und Druckstufen, Festlegung der Werkstoffe für Armaturen und Dichtungen,
Sicherung der O_2-Entfernung aus Rohrleitungen und Armaturen;
- Armaturen: Absperrklappe, Doppelsitzventil, Kugelhahn; lösbare Verbindungen durch Flansch oder Verschraubung;
- Festlegungen zu den verwendeten Pumpen: Wellendichtung, Werkstoffe, Durchsätze, Pumpenparameter;
- Festlegung der erforderlichen MSR-Technik für die Erfassung der betriebswirtschaftlichen und qualitätsrelevanten Parameter sowie die zur Prozesssteuerung und für die Anlagensicherheit erforderlichen Messgrößen;
- Festlegung der Prozesssteuerung(en),
- Festlegungen zur Kennzeichnung der Rohrleitungen, Apparate, Armaturen, Pumpen, Antriebe, MSR-Stellen etc.;
- Festlegung spezieller Wünsche bezüglich der Hersteller/ Lieferanten von Pumpen, Armaturen, MSR-Geräten, Elektrotechnik, Schaltschränken und sonstiger Ausrüstungen und spezieller Dienstleister oder Montagebetriebe;
- Festlegung spezieller Forderungen zum Brandschutz (Sprinkler-Anlagen, zur Verwendung PVC-freier Elektrokabel);
- Festlegungen zur Bauausführung und Gestaltung der Produktionsanlagen, Farbgebung der Anlage und Betriebsräume;
- Ver- und Entsorgung: Wasser und Wasseraufbereitung; Abwassererfassung; Abwasserbehandlung; Wärmeversorgung, Kälteanlage; Drucklufterzeugung und Trocknung, Elektroenergieversorgung, Festlegung der Verfahren, der gewünschten Maschinen und Apparate, Kapazitäten, Anschlusswerte und sonstigen Parameter;
- Heizungs- und Lüftungstechnik, Festlegung der Parameter;
- Erfassung und Entsorgung: Scherben, Etiketten, Verschlüsse, Verpackungsmittel;
- Restbiererfassung und -aufarbeitung, Festlegung der Parameter;

Planung von Füllanlagen

- Sicherung der biologischen Haltbarkeit: Verfahrensfestlegung (KZE, Tunnelpasteur, Sterilfiltration), Festlegung der Parameter und Kapazität;
- CIP-Station und Festlegung der Verfahrensparameter für Rohrleitungen, Füller, KZE, Tunnelpasteur, Gebindetransport, Restbiergewinnung;
- Chemikalienbevorratung und Dosierung, Festlegung der Kapazität;
- Festlegungen zu Wärmedämmungen von Rohrleitungen und Anlagen;
- Beleuchtung, Festlegung der erforderlichen Beleuchtungsstärken;
- Raumakustik: Festlegung von Schall-Dämmungen an Wänden und der Decke;
- Die Einhaltung der maximal zulässigen Schallpegel erfordert in den meisten Fällen eine sorgfältige Dimensionierung des Aufstellungsraumes der Anlage (s.a. Kapitel 35.3);
- Raum- und Fußbodenreinigung.

36.2.3.5 Hinweise für die Kunststoff-Flaschenfüllung
Falls Kunststoffflaschen gefüllt werden sollen, müssen beispielsweise auch folgende Fragen zusätzlich zu den im Kapitel 36.2.3.4 genannten geklärt werden:

- Welche Kunststoffe sollen genutzt werden?
- Einweg- und/oder Mehrweg-Kunststoffflaschen;
- Kunststoffflaschen sortenrein oder gemischt mit Glasflaschen?
- Eigenherstellung der Behälter;
- Preform-Fertigung vor Ort oder Bezug von einem Hersteller;
- Bevorratungsmengen an Preforms oder PET-Granulat bzw. PET-Flaschen;
- Forderungen an die Preformlagerungsbedingungen;
- Blasmaschine: Bauform, Durchsatz, Anzahl der Kavitäten, Flaschen-Varianten, und -Größen; Innenbeschichtung der Flaschen: ja/nein?
- Druckluftbereitstellung, vor Ort oder zentral im Betrieb;
- Elektroenergiebereitstellung;
- Behältertransport, Durchsatz, Puffermöglichkeiten;
- Rinser: Arbeitsprinzip, Durchsatz;
- Füll- und Verschließmaschine: Durchsatz, Füllstellen, Verschlussvarianten, Behältergrößen;
- Aseptikanlage: ja/nein? Wenn ja: Sterilisationsprinzip für Behälter und Verschlüsse; Wie soll die Entkeimung der Getränke erfolgen;
- R/D-Variante für die Anlage;
- Behälterausstattung: Etikettenvarianten (Papier, Folie, Sleeve-E., Stretch-E., Selbstklebeetikett, Rundumetikettierung, no-Label-E.), -Anzahl der Etiketten;
- Packungsvarianten: Kasten, Karton, Tray;
- Sammelpackungen, -Varianten;
- Palettiervarianten;
- Palettensicherung.

Füllanlagen

36.2.3.6 Hinweise für die Dosenfüllung

Ein großer Teil der erforderlichen Festlegungen wurde bereits unter dem Punkt Flaschenfüllung erörtert. Zusätzlich sind bei der Dosenfüllung zu beachten:

- Leerdosenbereitstellung: Paletten-Abschieber, Magazin für die Leerpaletten mit aufgesetztem Rahmen, Magazin für Zwischenlagen, Dosenvereinzelung; Festlegung der Kapazität;
- Leerdosentransport, Durchsatz;
- Leerdosenreinigung: Waschkanal je Dosengröße, Durchsatz, Anschlusswerte;
- Leerdoseninspektion: ja/nein, Festlegung der Inspektionskriterien;
- Dosenfüllmaschine: Arbeitsprinzip (Höhenfüllung oder Maßfüllung), Vorspülung der Dosen zur O_2-Entfernung, Betriebsparameter, Durchsatz, Füllmaschinen-Management mit Füllorganüberwachung (Füllhöhe) und definierter Ausleitung und Auswertung;
- Verschließmaschine: Festlegung des Durchsatzes, der Unterdeckelbegasung, CIP-Verfahren, automatische Schmierung der Verschließrollen;
- Verschließorganüberwachung, definierte Ausleitung der Dosen;
- Falzkontrolle;
- Einsatz eines Tunnelpasteurs oder eines KZE; ist ein Dosen-Wärmer erforderlich?
- Füllhöhen-Kontrolle der Dosen vor und nach dem Tunnelpasteur: Erfassung von Über- und Unterfüllungen, Ausleitung fehlerhafter Dosen, ggf. Nachkontrolle der beanstandeten Dosen durch Wägung;
- Dosenwender vor und nach dem Pasteur;
- Dosenspeicher vor der Verpackungsmaschine (Flow table): Festlegung der Kapazität;
- Dosenpresse: Festlegung der Kapazität, dosierte oder geregelte Dosenzuleitung ist erforderlich, Festlegungen zur Restbiergewinnung und Aufarbeitung, CIP-Regime der Restbiergewinnung, Entsorgung der gepressten Dosen;
- Festlegung der Verpackungsvariante: Tray-Verpackung mit/ohne Schrumpffolie, Mehrstückpackungen mit Sammelpackung auf Tray, Wrap-Around-Verpackung, Verpackung in Kästen oder Mehrwege-Dosenträger aus Kunststoff, Kennzeichnung der Umverpackung;
- Datierung (MHD) und Loskennzeichnung: Festlegung der Kennzeichnungsvariante (Ink-Jet, Laser; Kodierung der Leer- oder Voll-Dose).

36.2.3.7 Hinweise für die Stapelung von Voll- und Leergut, Kommissionierung

An die Lagerwirtschaft werden zum Beispiel nachfolgende Forderungen gestellt:

- Geringe Kosten durch geringen personellen und technischen Aufwand;
- Festlegung der Software für die Lagerverwaltung;
- Sicherung des Prinzips: „first in, first out" (fifo);
- Universelle Nutzung der Stapelflächen für Leer- und Vollgut;

- Leichte Reinigungsmöglichkeiten;
- Geringe oder keine Beeinträchtigung des Vollgutes (Staub, Abgasruß); Verwendung von Schutzfolien, Abdeckungen; Nutzung von Schrumpffolien für den mechanischen Schutz von Trays, Kästen, Paletten sowie für den Staubschutz; Palettenschutz und -stabilisierung durch Wickel-, Stretchfolien oder Schrumpffolien;
- Festlegung der Antriebsenergie der Gabelstapler: Elektroenergie, Diesel oder Flüssiggas;
- Palettenetikettierung, maschinenlesbar.
- Kommissionierung: ja/nein? Wenn ja: von Hand oder mechanisiert oder automatisch unter Verwendung von Robotertechnik? Der Flächenbedarf ist zum Teil bei umfangreicher Kommissionierung nicht unbeträchtlich.

Die Stapelung oder Lagerung von Leer- und Vollgut ist aus der Sicht der modernen und realisierbaren TUL-Prozesse in den meisten Betrieben unterentwickelt. Die Ursache dafür liegt nicht in den fehlenden technischen Voraussetzungen, sondern vielmehr in den mit diesen Möglichkeiten verbundenen hohen Investitions- und Betriebskosten.

In der Getränkeindustrie werden vor allem folgende Lagervarianten verwendet:
- Blockstapel-Lager,
- Durchlaufregal-Lager,
- Hochregal-Lager (mit Einzelstellplätzen oder Mehrfachstellplätzen / Satellitenbedienung).

Außerdem werden Freiflächen, zum Teil auch überdacht, für die Stapelung von Leergut verwendet. Überdachte Freiflächen können auch für die kurzfristige Stapelung von Vollgut genutzt werden (Lichtschutz ist erforderlich). Leergut-Flaschenstapel sollten mit Planen abgedeckt werden (Frostgefahr, Verunreinigungen).

In der Mehrzahl der Unternehmen wird das Blockstapel-Lager benutzt. Leergutpaletten werden bis zu 4fach gestapelt, Vollgut bis zu 3fach. Grenzen setzen die Tragfähigkeit der Kunststoffkästen oder der anderen Packmittel, die Stabilität der Stapel und die verfügbaren Gabelstapler.

Die verfügbare Grundfläche wird durch die notwendigen Fahrspuren für die Gabelstapler vermindert. Bei großen Lagerflächen werden die Fahrwege der Stapler sehr lang, sodass in diesen Fällen Elektro-Stapler ungünstig werden.

Die Übersichtlichkeit und die Sicherung des fifo-Prinzips stellen vor allem in Sortimentsbetrieben relativ hohe Forderungen an das Personal bzw. an das Lagerverwaltungssystem.

Das Blockfließlager dürfte noch über Entwicklungspotenzial verfügen.

Die Fahrwege lassen sich durch ergänzende Palettenförderanlagen (Bereitstellungsförderer) verringern.

Bei allen anderen genannten Varianten steigen die Aufwendungen. Sie sind beim Hochregal-Lager am größten, ermöglichen aber einen automatischen Betrieb des Lagers bis zur Be- und Entladung der Fahrzeuge. Die maximale Auslastung der Stellplätze wird durch das chaotische Lagerprinzip gesichert. Allerdings geht ohne Steuerung nichts.

In einigen Fällen werden die verschiedenen Lagervarianten miteinander kombiniert. Die weitere Ausbaufähigkeit muss dann natürlich gesichert sein.

Die Be- und Entladezeiten der Fahrzeuge lassen sich verringern, wenn Bereitstellungsförderer installiert werden.

Ladekrane ermöglichen die gabelstaplerfreie Beladung der Fahrzeuge. Zum Teil werden auch Spezialfahrzeuge mit Ladehilfen (absenkbare Rollenbahnen) verwendet, auf die die gesamte Ladung von einem Bereitstellungsförderer aus auf die angedockte Ladefläche gerollt wird, Entladung umgekehrt.

Die Planung der Lagersysteme muss sehr sorgfältig erfolgen, um die beabsichtigten Umschlagmengen sicher zu erreichen.

Die erforderlichen Leer- und Vollgut-Lagermengen müssen unter Beachtung der betrieblichen Spezifika festgelegt werden.

Die Verwendung von maschinenlesbaren Codierungen an den Paletten (Palettenetikettierung mit EAN-128-Code) erleichtert das Handling (Standort-Nachweis, Verladung, Produktverfolgung) und ermöglicht auch in gewissem Umfang eine BDE (Zahl der Kästen bzw. Flaschen, verbrauchte Verschlüsse, Etiketten, Folien).

Die Palettenetikettierung wird zunehmend vom Fachhandel und von Logistikunternehmen gefordert.

Die erforderliche Bevorratung des Vollgut-Sortimentes sollte in Abhängigkeit von der Füllanlagenkapazität, den logistischen Besonderheiten und der Händlerstruktur festgelegt werden, sie sollte ≥ 2 Arbeitstage betragen.

Vor allem bei Bier sollte beachtet werden, dass auch der überregional versorgte Kunde *frisches* Bier erhalten möchte (Bier ist *keine* Konserve; das MHD sollte grundsätzlich *nicht* ausgereizt werden).

Der Trend zu MHD-Angaben von ≥ 6 Monaten (bis zu 12 Monate werden bereits praktiziert) kann aus der Sicht des Produktes Bier, auch bei der derzeitigen modernen Abfülltechnik, nicht unterstützt werden. Handelsware muss in diese Überlegungen mit einbezogen werden.

Auch die sortimentsgerechte Bevorratung von Einweg-Verpackungsmitteln muss gesichert werden, da der *„just in time"*-Bereitstellung durch die Unwägbarkeiten des Straßenverkehrs und der Witterungsbedingungen Grenzen gesetzt sind.

Für die Bevorratung des Mehrwege-Leergutes müssen zum Ausgleich saisonaler Schwankungen teilweise erhebliche Lagerflächen verfügbar sein, die im Allgemeinen nur durch Freiflächen zu sichern sind.

Beachtet werden sollte auch, dass durch Paletten, Kegs, Kästen und Flaschen erhebliche Kapitalmengen gebunden werden, die sich bei Beschränkungen im Sortiment unter Umständen auch beeinflussen lassen.

Aus den Paletten-Abmessungen, den Lademengen je Palette, den möglichen Stapelhöhen und den Verkehrsflächen der Stapler lassen sich für die verschiedenen Lagersysteme die benötigten Stapel- oder Lagerflächen und die Stapelräume relativ einfach berechnen bzw. abschätzen.

36.2.3.8 Hinweise für den Tanktransport

Für die Annahme und Abgabe von Getränken in Tankwagen müssen folgende Voraussetzungen gegeben sein:

- ☐ Stellfläche für das Füllen und Entleeren sowie Reinigen mit entsprechender Ausbildung des Fußbodens (zum Beispiel als Gefälletasse);

Die eindeutige Trennung vom Oberflächenwasser-Ableitsystem muss gewährleistet sein.
Frostsicherheit der Anlage und Trittsicherheit auch im Winter müssen gegeben sein;
- Sicherung der regelmäßigen CIP-Reinigung: Resteentleerung, CIP, Vorspannen mit Inertgas;
  alkalische Reinigung nur im CO_2-freien Zustand;
- Sicherung der regelmäßigen CIP-Prozedur der Annahmeleitungen und -schläuche;
- Sicherung der konsequent sauerstofffreien Arbeitsweise beim Füllen und Entleeren;
- Sicherung der exakten Mengenerfassung (Waage, Mengenmessgeräte, vorzugsweise Massendurchflussmessgeräte).

36.3 Der Flächen- und Raumbedarf für Füllanlagen

Für Füllanlagen der verschiedensten Größen können entsprechend der an sie gestellten Anforderungen bezüglich des zu verarbeitenden Gebindesortimentes und der Verpackungsvarianten keine allgemein gültigen Angaben zum Flächen- oder Raumbedarf gemacht werden.

Weitere wichtige Punkte, die für die individuelle Ermittlung der erforderlichen Grundfläche sprechen, sind u.a.
- der Grad der möglichen Blockung von Einzelmaschinen,
- die Größe der Arbeitsspeicher zwischen den Maschinen,
- die Frage Tunnelpasteur: ja/nein,
- die Frage der Trennung von Nass- und Trockenteil der Anlage,
- die Frage der Kommissionierung: ja/nein,
- die Frage einer eventuellen mehretagigen Aufstellung und
- die Frage Gebinde-Sortieranlage: ja/nein.

Erst bei den Detailplanungen können die tatsächlich erforderlichen Flächen ausgewiesen werden.

Zum anderen sollten aber die Flächen für die Füllanlage bei einem Neubau so großzügig wie möglich oder wirtschaftlich vertretbar ausgelegt werden, um für künftige Veränderungen ein Fundament zu schaffen (Gebäude haben eine relativ lange normative Nutzungsdauer!).

Mit folgendem spezifischen Flächenbedarf kann nach *Flad* und *Vey* [426] überschlägig für eine Grobplanung gerechnet werden Gleichung 55 (s.a. Kapitel 36.11):

$$y = 68,4 \cdot x^{-0,3292} \qquad \text{Gleichung 55}$$

y = spez. Flächenbedarf für die Füllanlage incl. Nebenräume in $m^2/(1000\ hl\text{-}VB \cdot a)$
x = Ausstoß in 1000 hl-VB/a

Die Gleichung 55 wurde aus den von [426] angegebenen Daten ermittelt. Die Daten wurden für den Bereich 25.000 bis 4 Mio. hl-VB/a entwickelt. Es wurde ein moderner

Füllanlagen

Betrieb mit ebenerdiger Aufstellung der Anlagen angenommen. Die weiteren Annahmen der Modellrechnungen zum Schichtsystem, zum Spitzenmonat, zur Ausstattung der Anlagen etc. müssen der Originalliteratur vorbehalten bleiben.

Beispiel: Abfüllanlage für 250.000 hl-VB/a:
$$y = 68{,}4 \cdot 250^{-0{,}3292} = \underline{11{,}1\ m^2/(1000\ hl\text{-}VB \cdot a)}$$
Daraus folgt ein Flächenbedarf von y · 250 = <u>ca. 2.800 m²</u>

Die erforderlichen Raumhöhen ergeben sich aus der Höhe der Maschinen, den oberhalb der Maschinen benötigten Arbeitshöhen für Montage, Wartung und Reinigung und den Montagehöhen für die Lüftungsanlage, eventuelle Lärmdämmungen und die Beleuchtung.

Richtwerte für die Planung der Bau- und Investitionskosten können aus verständlichen Gründen nicht angegeben werden. Die „Beschaffung" von Investitions-, Bau- und Montagekosten von Anlagen, die in der jüngsten Vergangenheit errichtet wurden, ist in vielen Fällen möglich und sollte für die Beurteilung eines Vorhabens mit genutzt werden.

Mit den von [426] ermittelten spezifischen Anlagenkosten ergibt sich für die Abschätzung der Anlagenkosten einer Füllanlage Gleichung 56:

$$y = 393{,}5 \cdot x^{-0{,}4056} \qquad \text{Gleichung 56}$$

y = spezifische Kosten in DM/hl-VB *)
　*) die Gleichungen wurden von [426] mit „DM/hl" ermittelt. Die Umrechnung auf Euro kann deshalb erst mit dem Endergebnis erfolgen; aktuellere Zahlen sind aber der öffentlich zugänglichen Literatur zurzeit nicht entnehmbar (der Autor ist sich der Umrechnungsproblematik und der angegebenen Preisbasis durchaus bewusst).
x = Ausstoß in 1000 hl-VB/a

Die Gleichung 56 wurde aus den von [426] angegebenen Daten ermittelt. Die Daten wurden für den Bereich 25.000 bis 2,5 Mio. hl-VB/a entwickelt (Preisbasis 1994):

Beispiel: Abfüllanlage für 250.000 hl-VB/a:
$$y = 393{,}5 \cdot 250^{-0{,}4056} = \underline{41{,}9\ DM/hl\text{-}VB}$$

Daraus folgen für die Anlagenkosten (s.a. Bemerkung zu Gleichung 56; 1,95583 DM/EUR):
　　　　y · 250.000 hl-VB = <u>ca. 10,5 Mio. DM = 5,37 Mio. EUR</u>

Von *Vogelpohl* und *Grabrucker* [427] wird für Füllanlagen für 0,5-l-MW-Glasflaschen folgender Flächenbedarf als Funktion der Nennausbringung angegeben (die Gleichungen wurden vom Verfasser aus der Grafik aus [427] abgeleitet):

für außen liegende Arbeitsplätze:
$$y = -1E{-}07\,x^2 + 0{,}0225\,x + 891{,}4 \qquad \text{Gleichung 57}$$

834

Planung von Füllanlagen

für innen liegende Arbeitsplätze bei quadratischer Anordnung der Anlage:
$$y = -3E-08 x^2 + 0,0211x + 975,6 \qquad \text{Gleichung 58}$$

Es bedeuten in Gleichung 57 und Gleichung 58:
y = Flächenbedarf in m^2
x = Nennausbringung in Fl./h

Die Gleichung 57 und Gleichung 58 sind im Bereich 10.000...60.000 Fl./h gültig.

Beispiel für Gleichung 57:
Nennausbringung 45.000 Fl./h:
$$y = -10^{-07} \cdot 45000^2 + 0,0225 \cdot 45000 + 891,4 = \underline{1701 \, m^2}$$
Der Flächenbedarf beträgt etwa $\underline{1700 \, m^2}$.

36.4 Der Flächen- und Raumbedarf für die Lagerung von Leer- und Vollgut

Mit folgendem spezifischen Flächenbedarf kann (unter Berücksichtigung der Ausführungen des Kapitels 36.3) nach *Vey* und *Flad* [426] überschlägig für eine Grobplanung eines Blockstapellagers gerechnet werden (Gleichung 59):

$$y = 188,9 \cdot x^{-0,4278} \qquad \text{Gleichung 59}$$

y = spez. Flächenbedarf für die Stapel- und Ladefläche incl. Magazin in m^2/(1000 hl-VB · a)
x = Ausstoß in 1000 hl-VB/a

Die Gleichung 59 wurde aus den von [426] angegebenen Daten ermittelt. Die Daten wurden für den Bereich 25.000 bis 4 Mio. hl-VB/a entwickelt.

Beispiel: Abfüllanlage für 250.000 hl-VB/a:
$$y = 188,9 \cdot 250^{-0,4278} = \underline{17,8 \, m^2/(1000 \, hl\text{-}VB \cdot a)}$$

Daraus folgt ein Stapelflächenbedarf von
$$y \cdot 250 = \underline{ca. \, 4.500 \, m^2}$$

Die erforderliche Raumhöhe ergibt sich aus der gewünschten Stapelhöhe für Voll- und Leergut. Bei 4facher Stapelung (5 Lagen je Palette) in einem Blockstapellager sind das ≥ 7 m. Wichtig ist dabei natürlich die Beachtung der Stapelfähigkeit und -Festigkeit der Packmittel.

Bei einer Hochregal-Lagertechnik kann natürlich die Grundfläche wesentlich besser genutzt werden.

Richtwerte für die Planung der Bau- und Investitionskosten können aus verständlichen Gründen nicht angegeben werden.

Die „Beschaffung" von aktuellen Investitions-, Bau- und Montagekosten von Anlagen, die in der jüngsten Vergangenheit errichtet wurden, ist in vielen Fällen möglich und sollte für die Beurteilung eines Vorhabens mit genutzt werden.

Füllanlagen

Mit den von [426] ermittelten spezifischen Baukosten ergeben sich Kosten für das Leer- und Vollgutlager in Höhe von 40 bis 45 % der Anlagenkosten gemäß der Gleichung 56:

Beispiel: Leer- und Vollgutlager für 250.000 hl-VB/a:

$$10{,}5 \text{ Mio. DM} \cdot 0{,}45 = \underline{\text{ca. 4,7 Mio. DM}} \text{ für Kosten Leer- und Vollgutlager}$$
$$= \underline{\text{ca. 2,4 Mio. EUR}}$$

36.5 Projektmanagement
36.5.1 Allgemeines zum Projektmanagement

Unter dem Projektmanagement wird nach DIN 69901 [428] die Gesamtheit
- der Führungsaufgaben,
- der Führungsorganisation,
- der Führungstechniken und
- der Führungsmittel

für die Abwicklung bzw. Realisierung eines Projektes verstanden.

Ein Projekt ist dabei ein einmaliges, klar definiertes und zeitlich begrenztes Vorhaben. Es ist damit eine Unternehmung auf Zeit.

Der Projektleiter (Synonym Projektsteuerer) sichert mit den Mitarbeitern der Projektgruppe die Projektdurchführung. Er ist also quasi ein „Geschäftsführer auf Zeit" und repräsentiert mit seinen engsten Mitarbeitern das „Projektmanagement".

Kennzeichnend für das Projektmanagement eines bestimmten Vorhabens ist sein temporärer Charakter, im Gegensatz zu dem Unternehmensmanagement, dem Kontinuität zugrunde liegt.

Das Führungsteam wird also aufgabenbezogen zusammengestellt. Ziel muss es sein, die einzelnen Mitarbeiter und den Projektleiter so auszuwählen, dass subjektive Einflüsse möglichst von vornherein eliminiert werden.

Die Größe eines Projektteams ist natürlich von der Größe eines Projektes abhängig.
Im einfachsten Fall ist der Projektleiter auch sein eigener Projektingenieur.

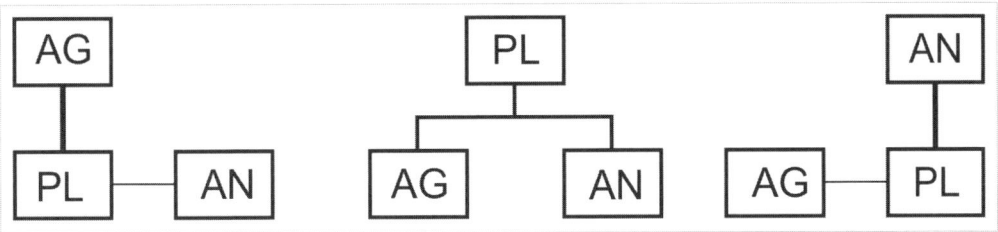

Abbildung 610 Mögliche Varianten der Zuordnung des Projektleiters bzw. des Projektmanagements
PL Projektleiter, AG Auftraggeber, AN Auftragnehmer

Bedingt durch die weitgehende Spezialisierung, werden im Allgemeinen mindestens die Anlagentechnik und die Bauaufgaben getrennten Projektingenieuren übertragen.

Der Projektleiter bzw. das Projektmanagement kann sowohl Teil des AG als auch des AN sein, er/es kann aber auch ein externer Dienstleister sein, s.a. Abbildung 610.

Zu weiterführenden Informationen zum Themenkomplex „Projektmanagement" muss auf die Literatur verwiesen werden [429, Band 3], [430], [431], [432], [433], [434], [435] und [436].

Füllanlagen

36.5.2 Aufgaben und Stellung des Projektmanagements bzw. der Projektleitung

Das Projektmanagement, d.h. der Projektleiter und seine engsten Mitarbeiter, muss ein Projekt
- mit einem festgelegten Leistungsumfang gemäß (optimaler) AST,
- in einer vorbestimmten Zeit,
- mit einem fest vorgegebenen Kostenrahmen und
- bei Sicherung der Qualität realisieren,
- in Betrieb nehmen und
- den Nachweis erbringen, dass die vereinbarten Parameter und Gewährleistungen erfüllt wurden.

Alle Phasen des Projektmanagements sind durch die folgenden Schritte gekennzeichnet:
- Planen,
- Organisieren,
- Durchführen,
- Kontrollieren und
- Reagieren.

Der ständige Sollwert-/Istwert-Vergleich aller Projektabläufe und die sich daraus ergebenden Reaktionen sind eminent wichtig.

Insbesondere in der Anfangsphase eines Projektes müssen die Weichen für eine optimale technische und wirtschaftliche Projektlösung gestellt werden!

Mit zunehmender Bearbeitungsdauer bzw. Projektlaufzeit werden die grundsätzlichen Einflussnahme-Möglichkeiten naturbedingt immer geringer bzw. sind sie dann mit beträchtlichem Aufwand verbunden.

Der Projektleiter muss sich dafür geeignete Mitarbeiter „beschaffen"/auswählen. Die Kompetenzen und Zuständigkeiten müssen spätestens bei Projektbeginn zwischen den am Objekt Beteiligten exakt abgestimmt und vertraglich fixiert werden.

In Abbildung 611 sind die wesentlichen Aufgabenfelder des Projektmanagements bzw. der Projektleitung dargestellt.

Relevante Aufgaben der Projektleitung bzw. des Projektleiters sind vor allem die nachfolgend genannten Komplexe eines Objektes oder auch Teilobjektes:
- Die Sicherung der technisch-technologischen Funktion des Projektes gemäß der bestätigten AST;
- Die Kontrolle der Detailplanungen für Ausrüstungen und Bauleistungen;
- Das „Schnittstellen"-Management zwischen den beteiligten Gewerken, AN oder Lieferanten;
- Das „Konflikt"-Management zur Lösung eventueller Probleme: Abstimmungsprobleme beteiligter AN oder Gewerke, Bau- und Montagebehinderungen, Witterungsprobleme, Terminverzug, Kostenerhöhungen, Zusatzkosten, unvorhersehbare Ereignisse, Unfälle;
- Die Einhaltung der der Investitionsentscheidung zugrunde liegenden Kosten;
- Die Sicherung der geplanten Termine, insbesondere der Terminketten im Bau- und Montage-Ablauf und der Inbetriebnahme;
- Die Qualitätsüberwachung der Bau- und Montagearbeiten;

❏ Die Einhaltung behördlicher Auflagen;
❏ Die Koordinierung der Baustelle und die Überwachung der Baustellen-Sicherheit.

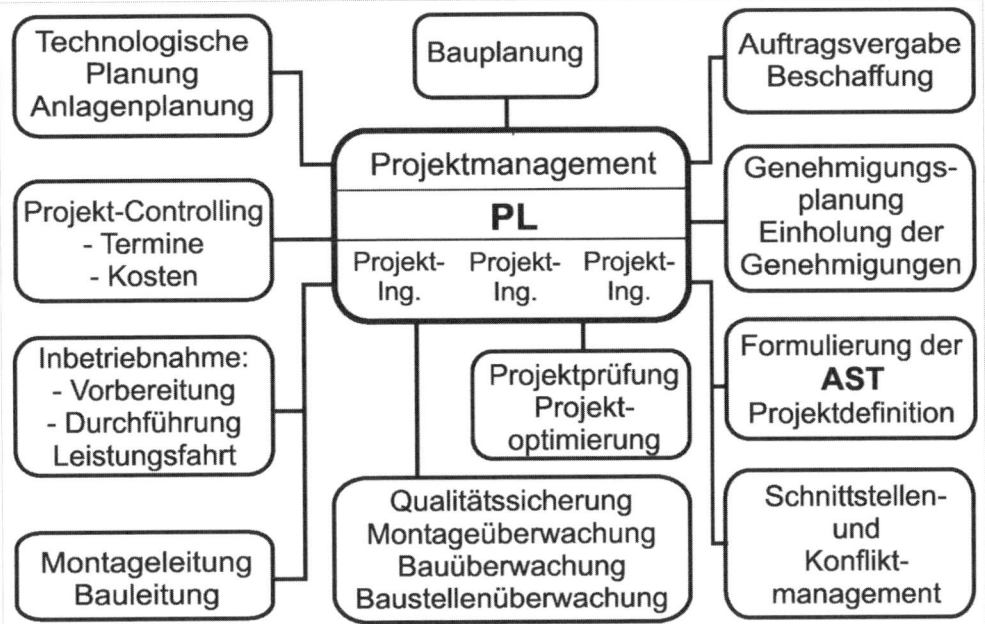

Abbildung 611 Wichtige Aufgabenfelder einer Projektleitung (PL)

Es versteht sich von selbst, dass die vorstehend genannten Aufgabenkomplexe nur durch Teamarbeit zu sichern sind. Dem Projektleiter kommt dabei eine Schlüsselfunktion zu.

Eine wesentliche Voraussetzung für einen erfolgreichen Projektablauf ist der Wille aller Beteiligten zu partnerschaftlicher, ehrlicher Zusammenarbeit auf der Basis der bestehenden Verträge und die Bereitschaft zur Lösung eventuell anstehender Konflikte durch unkomplizierte, kooperative Arbeit.

Ein Projektleiter sollte nachfolgende Anforderungen erfüllen:
❏ Teamfähigkeit, Integrationsfähigkeit, Motivationsfähigkeit;
❏ Durchsetzungsvermögen, Dialogfähigkeit und eigene Frustrationstoleranz;
❏ Handlungsorientierte Arbeit (Motivation, Entscheidungswille und -fähigkeit, Tatendrang, Risikobereitschaft, Energie, Gerechtigkeit);
❏ Zukunftsorientiertheit und Aufgeschlossenheit für unkonventionelle Lösungen;
❏ Betriebswirtschaftlich orientierte und kostenbewusste Arbeitsweise;
❏ Generalisierende Arbeitsweise, immer die „große Linie" sehend;
❏ Selbstvertrauen und -bewusstsein;
❏ Überzeugungsfähigkeit,
❏ Fundierte Sachkunde und Urteilsfähigkeit, speziell zu den Schwerpunkten der Anlagenplanung der Gärungs- und Getränkeindustrie;
❏ Bereitschaft zur objektiven Beurteilung von Sachverhalten und Mitarbeitern.

Füllanlagen

Ein Projektleiter kann immer nur ein Kompromiss der vorstehenden Eigenschaften sein; ein guter Projektleiter ist dann eben ein guter Kompromiss!

Wichtig für die Effizienz des Projektmanagements sind neben dem Projektleiter natürlich auch die übrigen Mitarbeiter des Projektteams und deren Wille zur Zusammenarbeit. Individualisten müssen straff geführt werden. Günstig ist es, wenn sich Leistungsbereitschaft und Leistungsvermögen aller Mitarbeiter auf einem ausgeglichenen, hohen Niveau bewegen.

36.5.3 Projektablauf und -kontrollen

Das Projekt-Controlling ist ein bedeutender Teil des Projektmanagements. Es wird oft nur vordergründig für die Bereiche Zeit und Kosten gesehen, umfasst aber alle Aufgabenfelder eines Projektes (s.a. Abbildung 611).
Projekt-Controlling muss die wichtigste Komponente des Projektmanagements sein.

Alle Einzelaktivitäten eines Projektes müssen untereinander koordiniert werden. Die meisten Anfangs- und Endtermine von Teilschritten der Anlagen- und Bauplanung, der Anlagen- und Baumontagen etc., sind nicht frei wählbar, da sie in Form eines Folgeprozesses ablaufen. Die Terminplanungen und die Terminüberwachung aller Projektschritte und Einzelaktivitäten sind deshalb unabdingbar für eine fristgerechte Projektrealisierung.

Die Erarbeitung eines detaillierten Ablaufplanes aller wichtigen Aktivitäten ist eine wesentliche und vordringliche Aufgabe der Projektleitung.

Für einfachere Projekte genügt im Allgemeinen die Erarbeitung von Balken-Diagrammen. Auf der Abszisse wird die Zeit aufgetragen und parallel dazu werden die geplanten Anfangs- und Endtermine der einzelnen Aktivitäten sowie die erreichten Termine als Balken dargestellt. Der Soll-/Istwert-Vergleich ist somit auf anschauliche Weise gegeben. Terminabhängigkeiten und mögliche Spielräume werden damit leicht erkennbar.

Balken-Diagramme lassen sich vorteilhaft auch für die Planung und Überwachung von Kosten, Einsatzmitteln (Arbeitskräfte, Betriebsmittel) und anderen Kriterien einsetzen. Für größere Projekte kann die Ablaufplanung PC-gestützt auf der Basis der Netzplantechnik, zum Beispiel *CPM* (Methode des kritischen Weges), *PERT* (Projektvorausberechnung und Prüfungstechnik) oder *MPM* (Metra-Potenzial-Methode), erfolgen (s.a. [430]...[434]).

Die Kostensituation eines Projektes, differenziert nach Gewerken, Objekten, Kostenstellen, Kostenarten, bestellten und abgerechneten Positionen, usw., lässt sich mit relativ geringem Aufwand mittels Tabellenkalkulationsprogrammen (zum Beispiel MS-Excel oder auch spezieller Software) darstellen und kontrollieren.

Wichtig ist es, die Daten zentral, eindeutig und aktuell zu erfassen. Damit sind die Voraussetzungen für das Führungsinstrument Kosten-Controlling gegeben.

Allgemeines Berichtswesen:

Neben der speziellen Termin- und Kostenkontrolle eines Projektes müssen aber auch andere relevante Ereignisse protokolliert werden, beispielsweise allgemeine Ereignisse, wichtige Termine im Bau- und Montageablauf, Montagekontrollen, Bau- und Montage-Behinderungen, Qualitäts-Mängel, Besprechungen und deren Ergebnisse und Festlegungen, Abstimmungen usw.

Es empfiehlt sich immer, ein „Tagebuch" (möglichst fälschungssicher und beweiskräftig; paginierte Seiten) zu führen (Projekt-Tagebuch, Bau-Tagebuch usw.).
Moderne „Tagebücher" in elektronischer Form müssen zwischen den beteiligten Partnern abgestimmt, regelmäßig ausgetauscht, gegenseitig akzeptiert und vor allem *bestätigt* werden. Ggf. müssen „Differenzprotokolle" angefertigt und übergeben werden.

Alle Ereignisse sollten festgehalten werden. Ob ein Ereignis bedeutungsvoll ist oder nicht, kann sich oft erst später herausstellen.

Es ist empfehlenswert, für diese verschiedenen Berichte Formulare zu entwickeln, die eine einfache und aussagefähige Berichterstattung bei geringem Aufwand ermöglichen. Die Fragen: Wer ?, Wann ?, Was ?, Wo ? lassen sich damit rationell beantworten, ebenso Angaben zu Teilnehmern, Aussagen und Festlegungen, Terminen, zum Verteiler des Berichtes und andere Inhalte.

In vielen Fällen bieten die Software-Assistenten der Büro-Office-Pakete verschiedener Software-Hersteller entsprechende Formulare an. Auch die in diesen Paketen enthaltenen „Terminplaner" lassen sich vorteilhaft verwenden.

36.5.4 Hinweise für die Vertragsgestaltung

Die Beschaffung von Wirtschaftsgütern und Dienstleistungen erfolgt auf der Grundlage eines Vertrages, der zwischen AG und AN geschlossen wird, nachdem der Vertragsgegenstand auf der Grundlage einer möglichst exakten AST, Angebotseinholung und Bewertung fixiert wurde.

Unterschieden werden gemäß BGB der *Werkvertrag*, der *Kaufvertrag* und der *Dienstvertrag*.

Vertragsgegenstand und Vertragsbedingungen müssen detailliert ausgehandelt und festgelegt werden, da daraus beträchtliche wirtschaftliche Konsequenzen sowohl für AG als auch AN resultieren können.

Der Vertragsgegenstand muss in allen seinen Parametern eindeutig beschrieben werden:
- Ausführung, Lieferumfang, Liefergrenze;
- Vereinbarte Leistungen und die Leistungsbeschreibung, Gewährleistungen, Rechtsmängelfreiheit, Qualitäten, Quantitäten;
- Die Verpflichtung des Lieferanten zur Lieferung von nach dem neuesten Stand von Wissenschaft und Technik gefertigten Gegenständen oder Anlagen, die auch den jeweils gültigen umweltschutz- und lebensmittelrechtlichen Vorschriften, den gesetzlichen Regelungen, TR, Normen und den UVV entsprechen;
- Zubehör, Dokumentationen und Pläne aller Art zur Anlage;
- Betriebshandbuch, Instandhaltungshandbuch, Betriebsanweisungen, Bedienungs-, Inspektions- und Wartungsanleitungen;
- Mitzuliefernde Ersatz- und Verschleißteile, Instandhaltungsanweisungen;
- Eine garantierte Ersatzteilversorgung für eine festzulegende Frist (Instandhaltungsgarantie), Festlegungen zum After-Sales-Service;
- Werkstattbücher, Ersatzteillisten;
- Schulungen des Personals;
- Festlegungen zu speziellen Ausführungen, Subunternehmern oder -lieferanten, Werkstoffen, Schmiermitteln, Oberflächen, Farbgebung;
- Sicherheitsdatenblätter etc.

Füllanlagen

Die Vertragsbedingungen müssen in allen Einzelheiten festgeschrieben werden. Dazu zählen unter anderem:

- Termine und Verantwortlichkeiten für die Bau- oder Montagefreiheit;
- Termine für die Lieferung, den Bau- oder Montagebeginn und -ende;
- Termine und Verantwortlichkeiten für Funktionsproben, Inbetriebnahme, Probebetriebsbeginn und -ende;
- Übernahme der Kosten der Funktionsproben und des Probebetriebes;
- Verantwortlichkeiten, Beginn und Voraussetzungen zur Leistungsfahrt oder Abnahme, Übernahme der Kosten für externe Gutachter;
- Eventuelle Sanktionen bei Terminüberschreitungen oder bei Nichterreichen der vereinbarten Parameter;
- Einzelheiten zu Nachbesserungen und Garantien, Gewährleistungsfristen;
- Instandhaltungsgarantien und Angaben zum After-Sales-Service;
- Kommerzielle Vereinbarungen wie Preise (Festpreis, Höchstpreis, Abrechnung nach Aufwand oder bestätigtem Aufmaß, Preisgleitklauseln usw.), Minderungen des Vertragspreises bei Nichterfüllung des Vertrages („Pönale");
- Zahlungsbedingungen (Zahlungsfristen, Termine, Skonto u.a.); zu den vertraglichen Pflichten der AG sollte bei erfülltem Vertrag auch eine *positive Zahlungsmoral* gehören!;
- Festlegungen zu Sicherheiten des AG bei eventuellen Anzahlungen oder Teilzahlungen in Form von für den AG kostenlosen Bankbürgschaften oder durch Sicherheitsübereignung bestellter Wirtschaftsgüter;
- Fertigstellungsbürgschaften des AN;
- Sicherheitseinbehalte für eventuelle Leistungsminderungen oder das Nichterreichen der Garantiewerte;
- Übernahme der Verpackungs-, Transport-, Kran- und Entladekosten;
- Rücknahme der Umverpackungen;
- Liefer- oder Leistungsort etc.

Vertragsgegenstand und Vertragsbedingungen müssen vor allem unter Beachtung eventueller Regressansprüche exakt formuliert und bestätigt werden.

Es ist grundsätzlich zu empfehlen, zur Sicherung eventueller Gewährleistungsansprüche, die sich nach dem BGB regeln, einen Sicherheitsbetrags-Einbehalt (ein prozentualer Teil der Vertragssumme von beispielsweise 5...10 %) für die Gewährleistungszeit zu vereinbaren. Dieser Betrag kann auch durch eine für den Bauherren bzw. AG kostenlose Bankbürgschaft abgelöst werden.

Vertraglich müssen auch die Versicherungsfragen (Bauleistungs-, Montage- und Haftpflichtversicherung, Feuerversicherung) und der Haftungsausschluss für den Untergang oder die Beschädigung von Werkzeugen und Materialien geregelt werden.

Dazu gehören natürlich entsprechende Festlegungen zur Einrichtung und Ausstattung der Baustelle und zu den verfügbaren Montage- und Lagerflächen sowie Lagerräumen.

> Ziel muss es immer sein, die Verträge so zu formulieren, dass Eindeutigkeit zum Vertragsgegenstand und zu den Vertragsbedingungen erzielt wird.

In größeren Unternehmen sind spezielle Vertragsabteilungen vorhanden.

In vielen Unternehmen sind die Vertrags- und Lieferbedingungen, die Anfrage- und Auftragsbedingungen, die Einkaufs- und Zahlungsbedingungen und Einkaufsordnungen mit Hilfe von Juristen formuliert worden.

Es wird dann jeweils vom AG und vom AN versucht, diese Texte, dass so genannte „Kleingedruckte", zum Vertragsbestandteil zu erklären.

Deshalb ist es erforderlich, vor Vertragsabschluss, während der Vertragsverhandlungen, die Vertragsbedingungen eindeutig und für beide Seiten akzeptabel auszuhandeln bzw. sich dazu zu verständigen und diese zu protokollieren.

Es ist sinnvoll, für Bestellungen Muster-Formulare zu entwerfen, die alle wesentlichen Einzelheiten zum Vertragsgegenstand und zu den Lieferbedingungen enthalten. Dadurch wird einem eventuellen „Vergessen" wichtiger Details vorgebeugt.

36.5.5 Inbetriebnahme und Leistungsfahrt

Die Inbetriebnahme einer Anlage muss rechtzeitig vorbereitet werden. Die Anlage selbst muss betriebsfähig sein, die zum Betrieb erforderlichen Medien müssen bereitstehen. Dazu gehören auch die Betriebsbereitschaft der MSR-Technik und eventueller Steuerungen.

Funktionsproben, die Reinigung der Anlage und sicherheitsrelevante Prüfungen müssen abgeschlossen sein, gültige Prüfzertifikate müssen vorliegen (beispielsweise vom TÜV o.ä.). Ebenso ist die Umsetzung oder Einhaltung eventueller Auflagen des Genehmigungs-Bescheides nach dem BImSchG zu prüfen.

Die Genehmigungsbehörde ist über den beabsichtigten Probebetrieb zu informieren, soweit hierfür nicht spezielle Auflagen erteilt wurden. Ggf. sind die zuständigen Gremien vor oder zur Inbetriebnahme einzuladen. Auch die zuständige Berufsgenossenschaft ist in Kenntnis zu setzen.

Das Betreiberpersonal muss mit der Anlage und ihrer Bedienung, Reinigung und Desinfektion, Wartung sowie dem Unfallschutz (Sicherheits- und Schutzvorrichtungen) vertraut sein. Voraussetzung dazu ist im Allgemeinen eine entsprechende Schulung der Mitarbeiter durch den Anlagenlieferanten und das Vorliegen der Betriebs- und Instandhaltungshandbücher. Diese Voraussetzungen sollten stets Vertragsgegenstand sein.

Festgelegt sollte auch sein, *wer* den Beginn des Probebetriebes festlegt und unter welchen Voraussetzungen er beginnen kann und *wer* für die Übernahme der Probebetriebs- und Abnahmekosten zuständig ist.

Der Anlagenbetreiber muss die Anzeige des Lieferanten zum Montageende, die Bereitschaft zur Inbetriebnahme und zum Beginn des Probebetriebes und die durchgeführte Schulung des Personals zum Umgang mit der Anlage und die Kenntnis der Sicherheitstechnik protokollieren. Mit dem Übergabeprotokoll geht auch die Verantwortung für den sicheren Betrieb der Anlage auf den Käufer über.

Hilfreich zur Vorbereitung sind dabei entsprechende, detaillierte Checklisten, nach denen die wesentlichen Einzelaktivitäten geprüft und bestätigt werden können. Die geprüften oder erreichten Parameter sind natürlich zu protokollieren (wer?, wann?, Ergebnis) und es sind die entsprechenden Maßnahmen, Termine und Verantwortlichkeiten für die Beseitigung eventueller Mängel festzulegen.

Je gewissenhafter diese Checks durchgeführt werden, desto eher wird die Anlage ihre projektierten Parameter erreichen.

Nach Möglichkeit sollten alle Einzelschritte des Verfahrens, der Reinigung und Desinfektion und der Funktion der maschinen- und apparatetechnischen Ausrüstung geprüft werden.

Wenn die Checklisten bereits während der Planungsphase erstellt werden, können eventuelle Mängel frühzeitig erkannt und abgestellt werden.

Die sich an die Inbetriebnahme anschließende Probebetriebszeit sollte vertraglich festgelegt werden. Sie dauert natürlich immer so lange, bis die vereinbarten Parameter der Anlage stabil erreicht werden. Der finanzielle Ausgleich einer eventuellen Überschreitung der Probebetriebszeit muss vertraglich geregelt sein (s.o.).

Sobald die Anlage ihre vertraglich zugesicherten Leistungsparameter erreicht hat bzw. wenn sich AG und AN darauf verständigt haben, kann der Leistungsnachweis der Anlage (Synonyme: Garantie-Abnahme, Technische Abnahme) bzw. die Abnahme der Anlage auf der Basis des Liefer- und Leistungsvertrages vorbereitet und realisiert werden.

Als Zeitraum von der Inbetriebnahme bis zur Garantie-Abnahme sollten maximal 6 Wochen angestrebt werden.

Der für Abnahme der Anlage (Garantie-Abnahme) oder der Dienstleistung vorgesehene Personenkreis wird vor Vertragsabschluss festgelegt. Er kann sich aus Mitarbeitern von AG und AN rekrutieren.

Er kann aber auch durch ein externes, spezialisiertes, „neutrales" Unternehmen (Ingenieurbüro, Hochschulinstitut, Sachverständige o.ä.) gegen Entgelt erfolgen. Diese Variante hat zahlreiche Vorteile und ist anzustreben.

Externe Gutachter können auch nur für den Schieds-Fall verpflichtet werden, wenn zwischen AG und AN keine übereinstimmende Bewertung der Ergebnisse erzielt werden kann.

Die Ergebnisse der Leistungsfahrt bzw. der Abnahme werden protokolliert und ausgewertet. Daraus resultierende Restarbeiten oder Nachbesserungen werden inhaltlich und terminlich fixiert.

Mit der erfolgreichen Leistungsfahrt beginnen die Fristen für die vereinbarten Gewährleistungen und Garantien, soweit keine anderen Festlegungen getroffen wurden.

Führt die Garantie-Abnahme zu keinem Ergebnis, müssen die protokollierten Mängel nachgebessert werden. Der dafür vorgesehene Zeitraum sollte 4 Wochen nicht überschreiten. Nach der Fertigmeldung durch den Anlagenlieferanten wird die Abnahmewiederholung vorbereitet und durchgeführt. Die Kosten dafür trägt im Allgemeinen der Anlagenlieferant alleine. Konnte die erste Leistungsfahrt durch Versäumnisse des Anlagenbetreibers nicht positiv abgeschlossen werden, muss dieser in der Regel die Kosten für die Wiederholung übernehmen.

Empfohlen wird, nach einem Zeitraum von etwa 3 bis 4 Monaten nach erfolgreicher Garantieabnahme eine erneute Überprüfung der Garantiewerte durch Betreiber und Lieferant vorzunehmen. Damit sollen etwaige Mängel und Bedienungsfehler erkannt und Möglichkeiten zur Verbesserung der Anlage aufgezeigt werden.

Weitere Einzelheiten zur Inbetriebnahmepraxis können der Literatur entnommen werden [437].

36.5.6 Projektabschluss

Der Projektabschluss ist unter anderem erreicht:
- Nach erfolgreicher und protokollierter Leistungsfahrt (Garantie-Abnahme);
- Nach Erfüllung aller vertraglich vereinbarten Leistungen einschließlich der protokollierten Restarbeiten und Nachbesserungen sowie der Einhaltung der Auflagen des Genehmigungsverfahrens/BImSchG und des Arbeitsschutzes;
- Nach Abstellung aller Mängel;
- Nach Übergabe aller vereinbarten Sachleistungen (Anlage, Ersatz- und Verschleißteile), die betriebsbereite Übergabe wird protokolliert;
- Nach Übergabe aller vereinbarten Dokumentationen zur Anlage, insbesondere der revidierten Zeichnungen, Pläne und Listen, Werkstoffatteste, Prüfzertifikate, insbesondere zur Sicherheitstechnik, der verschiedenen Handbücher und Anweisungen;
- Nach erfolgreicher Schulung und Unterweisung der Mitarbeiter, auch bezüglich des Unfallschutzes. Es ist sinnvoll, die Unterweisungen der Mitarbeiter durch Unterschrift bestätigen zu lassen;
- Nach Abrechnung aller Leistungen.

Nach dem Projektabschluss kann dem AN die erfolgreiche Abnahme der Anlage und deren Übergabe an den AG bzw. Nutzer bestätigt werden (Übernahmeprotokoll). Damit gilt die Anlage bzw. der Vertragsgegenstand als abgenommen.

Sicher wird jeder AN gegenüber dem AG auf eine baldmöglichste Abnahme einer Anlage drängen. Ein AG ist aber gut beraten, einem Projektabschluss erst dann zuzustimmen, wenn tatsächlich **alle** vertraglich vereinbarten Leistungen mängelfrei und belegbar erbracht wurden, also **nach** protokollierter Feststellung der „unbeanstandeten Abnahme".

36.5.7 Erkenntnisse und Rückläufe aus errichteten Anlagen

Eine erfolgreiche Leistungsfahrt einer Anlage und die Abstellung der protokollierten Mängel sollte nicht das Ende eines Projektes sein.

Vielmehr sollten der oder die Anlagenplaner die errichtete Anlage ausführlich analysieren und ihre erzielten Parameter kritisch bewerten.

Das gilt unter anderem für die erreichten Durchsätze, die spezifischen Verbrauchswerte für Wärme, Kälte, Elektroenergie, Wasser und Abwasser, Reinigungsmittel usw., aber auch für die Einschätzung der Gebrauchsfähigkeit, den Aufwand für die Bedienung, die Verfahrenssicherheit und die Anlagensicherheit.

Die Übergabe einer Anlage mit dem Nachweis der vertraglich garantierten Parameter an den AG ist sicher das primäre Ziel eines AN. Die Ermittlung der tatsächlich erreichbaren Parameter und übrigen Gebrauchswerte sollte aber trotzdem vorgenommen werden.

Der Vorteil einer solchen post-Projektphase liegt darin, dass mögliche Reserven aufgedeckt und ggf. nutzbar gemacht werden können. Ein weiterer wesentlicher Vorteil liegt in der Qualifizierung der Anlagenplanung, insbesondere der Detailplanungen, d.h., ein Planer oder Projektant, aber auch ein Projektleiter oder Projekt-Controler, können aus den Fehlern der Vergangenheit und den aktuellen Ergebnissen und Erkenntnissen einer neuen Anlage lernen und entsprechende Schlussfolgerungen für künftige Projekte ziehen.

Füllanlagen

Der Satz: „Nichts ist so gut, als das es nicht verbessert werden kann!" ist gerade im Bereich der Anlagenplanung sehr aktuell.

Bei AG-gebundenen Planern, Projektanten, Projektleitern usw. werden die mit einem Projekt erworbenen Kenntnisse und Fertigkeiten meist nur einmal genutzt und selten weitergegeben, da die Kenntnisträger im Unternehmen verbleiben.

Die Verallgemeinerung, Mehrfachnutzung und Weitergabe erworbener Kenntnisse und des Detailwissens ist naturgemäß bei einem externen oder bei einem AN-gebundenen Projektmanagement wahrscheinlicher.

Die systematische Projekt-Auswertung sollte eine wichtige Führungsaufgabe sein.

36.5.8 Die Projektdokumentation

Die im Zusammenhang mit der Vorbereitung und Durchführung eines Projektes erarbeiteten Projektunterlagen aller Art sind wichtige Dokumente eines Unternehmens.

Insbesondere die Ausführungsunterlagen, wie beispielsweise die Verfahrensfließbilder, RI-Fließbilder, die Bau- und Montagezeichnungen, Betriebshandbücher, Instandhaltungshandbücher, Bedienungs- und Wartungsanleitungen, Ersatzteillisten, Werkstoffatteste, Schweißatteste, Werksatteste, Prüf- und Abnahmeprotokolle von Druckbehältern, Sicherheitsarmaturen etc., die Fundamentpläne, Bewehrungspläne, Statik- und Festigkeitsnachweise, und die erteilten Bau- und Betriebsgenehmigungen sind meistens Unikate.

Auch Angebote, Unterlagen zur Angebotsverhandlung und erteilte Aufträge, Kostenzusammenstellungen zum Gesamtprojekt und zu den Komponenten usw. sollten archiviert werden, zumindest für längere Zeiträume.

Besonders wichtig ist es, bei Projektabschluss die Unterlagen zu aktualisieren und die Projektunterlagen zu revidieren. Das gilt insbesondere für die Bau- und Montage-Ausführungszeichnungen, Rohrleitungspläne, Elektro- und MSR-Installationen, Stromlauf-, Kabel- und Klemmenpläne und die aktuelle Software der vorhandenen Steuerungen oder Regelungen, Kanalpläne, Trassenpläne. Messwerte der Leistungsfahrt sollten ebenfalls gesammelt werden.

Projekt-Dokumentationen sollten deshalb übersichtlich und geordnet archiviert werden.

Der Archivraum sollte sicherheitstechnischen Ansprüchen genügen (zum Beispiel bezüglich des Brandschutzes, Diebstahl-Schutz, Schutz gegen Wasserschäden).

> Eine undokumentierte Entnahme von Schrift- oder Zeichengut darf es nicht geben!

Nach Möglichkeit sollten nur Kopien der Originaldokumente im Betrieb verwendet werden.

36.5.9 Zum Inhalt von Betriebshandbüchern und -anweisungen

Im Rahmen der Betriebs- oder Anlagendokumentation kommt anlagenspezifischen Betriebshandbüchern, Instandhaltungshandbüchern und Arbeitsanweisungen eine große Bedeutung zu.

Die Bedeutung von exakt formulierten, betriebspezifisch erarbeiteten Arbeitsanweisungen wird oft unterschätzt. Diese sind aber notwendig, um eine für alle Mitarbeiter verbindliche Arbeitsgrundlage zu besitzen, die auch bei Neueinstellungen und für das Training der Mitarbeiter sowie für die Organisation des Anlagenmanagements eine wertvolle Arbeitshilfe sind. Der Aufwand für die Erstellung der Arbeitsanweisungen ist relativ hoch und setzt umfangreiche örtliche und prozessspezifische Kenntnisse voraus. Arbeitsanweisungen müssen regelmäßig aktualisiert werden.

In vielen Fällen können die Verfahrens- und Arbeitsanweisungen der Handbücher in den Dokumenten der QMS nach DIN ISO 9000 ff. Verwendung finden.

Unter anderem sollten folgende Unterlagen enthalten sein (nach Weber [437]):

Das Betriebshandbuch:
Betriebsrelevante technische Dokumentationen:
- Lagepläne;
- Aufstellungspläne;
- Rohrleitungs-, Kanalnetz- und Trassenpläne;
- Katastrophenschutzpläne;
- Anlagenbeschreibung, Entwurfs- und Auslegungsgrundlagen;
- Fließbilder mit Erläuterungen;
- Probenahme- und Analysenvorschriften;
- Pläne und Beschreibung der Prozessleittechnik /EMSR;
- Elektropläne;
- Abnahme- und Genehmigungsdokumente für genehmigungs- und überwachungsbedürftige Komponenten;
- Anweisungen für wiederkehrende Prüfungen.

Betriebs- und Bedienungsanweisungen:
- Allgemeine Sicherheitsvorschriften (Hinweise auf UVV u.ä. Bestimmungen;
- Rauchverbot, persönliche Sicherheitsausrüstungen, spezielle Unterweisungen);
- Anweisungen für die Inbetriebnahme-Vorbereitung (Reinigung der Anlage;
- Funktions- und Dichtheitsprüfungen, MSR);
- Anweisungen zum Anfahren/Inbetriebsetzen;
- Anweisungen zum Abfahren bzw. Stillsetzen der Anlage;
- Anweisungen zur Kontrolle der Sicherheitstechnik;
- Anweisungen für die regelmäßige Reinigung und Desinfektion;
- Anweisungen für die Probenahme und Analyse;
- Anweisungen für Sonderfälle (Winterbetrieb, Störfälle);
- Anweisungen für den Betrieb bzw. Umgang mit den Einzelanlagen.

Das Instandhaltungshandbuch:
- Sicherheitstechnische Hinweise zu Inspektions-, Wartungs- und Instandhaltungsarbeiten;
- Inspektionspläne;
- Wartungs- und Schmierpläne;
- Anweisungen zum Auswechseln von Verschleißteilen incl. der erforderlichen Zeichnungen;
- Pläne für die vorbeugende Instandhaltung und deren Dokumentation;
- Pläne für die Funktionskontrolle, Justierung, Kalibrierung oder Eichung von MSR-Geräten und deren Dokumentation.

Weitere *wichtige* Unterlagen sind beispielsweise:
- Alarm- und Störprotokolle, Unterlagen zur Dokumentation nicht bestimmungsgemäßer Betriebszustände;
- Betriebstagebücher;
- Emissionserklärungen gemäß 11. BImSchV.

Die Betriebsanweisungen sollten enthalten:
- Angaben zum Geltungsbereich;
- Hinweise auf eventuelle Gefahren: Angaben aus Sicherheitsdatenblättern;
- Kennzeichnung der Ursache einer Gefahr;
- Spezielle Regeln für den Umgang mit Arbeitsmitteln; Festlegung des bestimmungsgemäßen Gebrauches;
- Spezielle Regeln für den Umgang mit Arbeitsstoffen: Regeln für gefährliche Arbeitsstoffe, Hinweise zur sicheren Handhabung und Entsorgung der Abfälle;
- Erste Hilfe am Arbeitsplatz;
- Hinweise auf persönliche Schutzausrüstungen;
- Hinweise zum Brand-, Explosions- und Katastrophenschutz, Rettungspläne.

36.6 Gesetzliche Grundlagen der Anlagenplanung und -errichtung, erforderliche Genehmigungen

Bei der Planung und dem Betrieb von Brauereien, Getränkebetrieben und Füllanlagen sind unter anderem die nachfolgend aufgeführten Gesetze Verordnungen und Regeln zu beachten (ohne Anspruch auf Vollständigkeit, s.a. Kapitel 36.6.8).

Weiterhin müssen Beste-Verfügbare-Technik-(BVT)-Merkblätter (Synonym: BAT Best Available Techniques) zur europäischen IVU-Richtlinie beachtet werden (s.a. [438]).

Beste-Verfügbare-Technik-(BVT)-Merkblätter zur europäischen IVU-Richtlinie

Die EG-Richtlinie über die integrierte Vermeidung und Verminderung der Umweltverschmutzung vom 30. Oktober 1996 (IVU-Richtlinie) regelt die Genehmigung besonders umweltrelevanter Industrieanlagen auf der Grundlage eines medienübergreifenden Konzeptes. Bei diesem Ansatz werden sowohl Emissionen in Luft, Wasser und Boden als auch abfallwirtschaftliche Aspekte, Ressourcen- und Energieeffizienz sowie die Vorbeugung von Unfällen erfasst. Ziel ist es, ein hohes Schutzniveau für die Umwelt insgesamt zu erreichen.

Ein wesentliches Element der Richtlinie ist die Forderung nach Anwendung der „Besten Verfügbaren Techniken" (BVT) bei allen neuen Anlagen, spätestens ab 2007 auch bei allen bestehenden Anlagen [438]. Dabei definiert die Richtlinie in Artikel 2 (11) die ‚*Besten Verfügbaren Techniken*' als „... den effizientesten und fortschrittlichsten Entwicklungsstand der Tätigkeiten und entsprechenden Betriebsmethoden, der spezielle Techniken als praktisch geeignet erscheinen lässt, grundsätzlich als Grundlage für die Emissionsgrenzwerte zu dienen, um Emissionen in und Auswirkungen auf die gesamte Umwelt allgemein zu vermeiden oder, wenn dies nicht möglich ist, zu vermindern;

‚*Techniken*' sowohl die angewandte Technologie als auch die Art und Weise, wie die Anlage geplant, gebaut, gewartet, betrieben und stillgelegt wird;

‚*verfügbare Techniken*,' die Techniken, die in einem Maßstab entwickelt sind, der unter Berücksichtigung des Kosten/Nutzen-Verhältnisses die Anwendung unter in dem betreffenden industriellen Sektor wirtschaftlich und technisch vertretbaren Verhältnissen ermöglicht, gleich, ob diese Techniken innerhalb des betreffenden Mitgliedstaats verwendet oder hergestellt werden, sofern sie zu vertretbaren Bedingungen für den Betreiber zugänglich sind;

‚*beste Technik*', die Techniken, die am wirksamsten zur Erreichung eines allgemein hohen Schutzniveaus für die Umwelt insgesamt sind".

Die BVT im Einzelnen sind in der IVU-Richtlinie jedoch nicht materiell konkretisiert. Im Hinblick auf eine europäische Harmonisierung der BVT sieht Artikel 16 (2) der Richtlinie einen Informationsaustausch über die Besten Verfügbaren Techniken vor. Die Ergebnisse des Informationsaustauschs werden in sog. BVT-Merkblättern niedergeschrieben, die von der Europäischen Kommission veröffentlicht werden und bei der Festlegung von Genehmigungsauflagen zu berücksichtigen sind.

Im Amtsblatt der Europäischen Gemeinschaft veröffentlichte BVT-Merkblätter (Amtsblatt C 257/06 vom 25. Oktober 2006):
- Abfallverbrennungsanlagen;
- Abfallbehandlungsanlagen;
- Oberflächenbehandlung von Metallen und Kunststoffen;
- Herstellung organischer Feinchemikalien;
- Nahrungsmittel- , Getränke- und Milchindustrie [439].

36.6.1 Europäisches Recht

- Richtlinie 73/23/EWG: Niederspannungsrichtlinie;
- Richtlinie 2004/108/EG: Elektromagnetische Verträglichkeit;
- Richtlinie 94/9/EG: Geräte und Schutzsysteme zur bestimmungsgemäßen Verwendung in explosionsgefährdeten Bereichen (ATEX 100a);
- Richtlinie 99/92/EG: Schutz der Arbeitnehmer, die durch explosionsfähige Atmosphären gefährdet werden können (ATEX 137);
- Richtlinie 97/23/EG: Druckgeräte (Druckgeräterichtlinie);
- Richtlinie 98/37/EG Maschinenrichtlinie (wird abgelöst durch die RL 2006/42/EG);
- Richtlinie 2003/10/EG über Mindestvorschriften zum Schutz von Sicherheit und Gesundheit der Arbeitnehmer vor der Gefährdung durch physikalische Einwirkungen (Lärm);
- Richtlinie 96/61/EG: Integrierte Vermeidung und Verminderung der Umweltverschmutzung (IVU-Richtlinie);
- Richtlinie 337/85/EWG über die Umweltverträglichkeitsprüfung;
- Verordnung 852/2004/EG über Lebensmittelhygiene.

36.6.2 Gesetze und Verordnungen

- Gesetz über die Durchführung von Maßnahmen des Arbeitsschutzes zur Verbesserung der Sicherheit und des Gesundheitsschutzes der Beschäftigten bei der Arbeit (Arbeitsschutzgesetz - ArbSchG);
- Gesetz über Betriebsärzte, Sicherheitsingenieure und andere Fachkräfte für Arbeitssicherheit (Arbeitssicherheitsgesetz - ASiG);
- Arbeitsstättenverordnung (ArbStättV);
- Verordnung über Sicherheit und Gesundheitsschutz bei der Bereitstellung von Arbeitsmitteln und deren Benutzung bei der Arbeit, über Sicherheit beim Betrieb überwachungsbedürftiger Anlagen und über die Organisation des betrieblichen Arbeitsschutzes (Betriebssicherheitsverordnung - BetrSichV), insbesondere der Anhang 5 der BetrSichV;
- Gesetz über technische Arbeitsmittel (Gerätesicherheitsgesetz- GSG). Das GSG ist zum Teil außer Kraft gesetzt, s.a. GPSG. Wichtig ist die 1. GSGV (Erste Verordnung zum Gerätesicherheitsgesetz): Verordnung über das Inverkehrbringen elektrischer Betriebsmittel zur Verwendung innerhalb bestimmter Spannungsgrenzen;
- Gesetz über technische Arbeitsmittel und Verbraucherprodukte (Geräte- und Produktsicherheitsgesetz - GPSG);
- Verordnungen zum GPSG, vor allem interessieren hier:
  - 3. GPSGV: Maschinenlärm;
  - 6. GPSGV: einfache Druckbehälter;
  - 8. GPSGV: Verordnung über das Inverkehrbringen von persönlichen Schutzausrüstungen,
  - 9. GPSGV: Maschinenverordnung;
  - 11. GPSGV: Explosionsschutzverordnung;
  - 14. GPSGV: Druckgeräteverordnung;

- Bundes-Immissionsschutzgesetz (BImSchG) und seine Verordnungen insbesondere:
  - 4. BImSchV: Verordnung über genehmigungsbedürftige Anlagen: genehmigungsbedürftig sind:
    - Brauereien ≥ 3000 hl/d (nach Spalte 1) und Brauereien mit 200 bis 3000 hl/d (nach Spalte 2),
    - Mälzereidarren mit > 300 t/d (nach Spalte 1) bzw. < 300 t/d (nach Spalte 2),
    - Feuerungsanlagen (in Abhängigkeit von der Wärmeleistung)
    - Ammoniak-Kälteanlagen mit > 30 t (nach Spalte 1) und >3 t...<30 t (nach Spalte 2)
  - 12. BImSchV: Störfall-Verordnung;
- Gesetz zur Ordnung des Wasserhaushalts (Wasserhaushaltsgesetz - WHG);
- Verordnung über Anlagen zum Umgang mit wassergefährdenden Stoffen und über Fachbetriebe (VAwS);
- Verwaltungsvorschrift wassergefährdende Stoffe (VwVwS);
- Gesetz zum Schutz vor gefährlichen Stoffen (Chemikaliengesetz - ChemG);
- Verordnung zum Schutz vor gefährlichen Stoffen (Gefahrstoffverordnung - GefStoffV);
- Verordnung über Stoffe, die die Ozonschicht schädigen (Chemikalien-Ozonschichtverordnung (ChemOzonSchichtV);
- Verordnung über Sicherheits- und Gesundheitsschutz bei der Benutzung persönlicher Schutzausrüstungen bei der Arbeit (PSA-Benutzungsverordnung - PSA-BV);
- Gesetz zur Förderung der Kreislaufwirtschaft und Sicherung der umweltverträglichen Beseitigung von Abfällen (Artikel 1 des Gesetzes zur Vermeidung, Verwertung und Beseitigung von Abfällen); Abfallgesetz - KrW-/AbfG);
- Altölverordnung (AltÖlV);
- Verordnung über Arbeitsstätten (Arbeitsstättenverordnung - ArbStättV);
- Erste allgemeine Verwaltungsvorschrift zum Bundes-Immissionsschutzgesetz (Technische Anleitung zur Reinhaltung der Luft - TA Luft), 2002;
- Gesetz über die Umweltverträglichkeitsprüfung (UVPG);
- Gesetz für den Vorrang Erneuerbarer Energien (EEG);
- Gesetz zur Einsparung von Energie in Gebäuden (EnEG);
- Energiesteuergesetz (EnergieStG);
- Verordnung zur Durchführung des Stromsteuergesetzes (StromStV);
- Verordnung über energiesparenden Wärmeschutz und energiesparende Anlagentechnik bei Gebäuden (EnEV);
- Gesetz für die Erhaltung, die Modernisierung und den Ausbau der Kraft-Wärme-Kopplung (KWKG);
- Lebensmittel-, Bedarfsgegenstände- und Futtermittelgesetzbuch (LFGB);
- Verordnung über Lebensmittelhygiene und zur Änderung der Lebensmitteltransportbehälter-Verordnung (LMHV).

36.6.3 Technische Regeln

- Technische Regeln Druckgase (TRG);
- Technische Regeln zur Druckbehälter-Richtlinie;
  Druckbehälter (TRB) und Rohrleitungen (TRR)
  insbesondere TRB 512; TRB 521; TRB 522; TRB 801 Nr. 14 und Nr. 45;
  TRB 600; TRB 700; TRB 851; TRB 852 und TRR 100
  Diese TR werden zurzeit an die Druckgeräterichtlinie angepasst und sind
  bis zum Erscheinen neuer TR zur BetrSichV bis auf weiteres gültig;
- Technische Regeln Gefahrstoffe (TRGS)
  TRGS 220 Sicherheitsdatenblatt;
- Technische Regeln brennbare Flüssigkeiten (TRbF);
- TRAS 110 Technische Regel für Anlagensicherheit - Sicherheits-
  technische Anforderungen an Ammoniak-Kälteanlagen
  (mit ≥ 3 t…≤ 30 t NH3); Ausgabe 02/2002; s.a.: www.sfk-taa.de bzw.
  www.kas-bmu.de;
- TRBS 1111 Gefährdungsbeurteilung und sicherheitstechnische Bewertung
- TRBS 1203 Technische Regeln für Betriebssicherheit -
  Befähigte Personen - Allgemeine Anforderungen (2004);
- TRBS 1203 Teil 1: Technische Regeln für Betriebssicherheit - Befähigte
  Personen - Besondere Anforderungen - Explosionsgefährdungen (2004);
- TRBS 1203 Teil 2: Technische Regeln für Betriebssicherheit - Befähigte
  Personen - Besondere Anforderungen - Druckgefährdungen (2004);
- AD 2000 Regelwerk (Arbeitsgemeinschaft Druckbehälter)
  Das Regelwerk ist auf die RL 97/23/EG abgestimmt.

36.6.4 Vorschriften der Berufsgenossenschaften

- BGV A 1:   Grundsätze der Prävention;
- BGV A 2:   Betriebsärzte und Fachkräfte für Arbeitssicherheit;
- BGV A 3:   Elektrische Anlagen und Betriebsmittel;
- BGV A 4:   Arbeitsmedizinische Vorsorge;
- BGV A 8:   Sicherheits- u. Gesundheitsschutzkennzeichnung am Arbeitsplatz;
- BGV B 2:   Laserstrahlung;
- BGV B 3:   Lärm;
- BGV B 11: Elektromagnetische Felder;
- BGV D6:   Krane;
- BGV D 8:   Winden, Hub- und Zuggeräte;
- BGV D27:   Flurförderzeuge;
- BGV D 36: Leitern und Tritte;
- BGR 190:   Regeln für den Einsatz von Atemschutzgeräten (vorm. ZH 1/701);
- BGR 500   Teil 2; Kapitel 2.26: Schweißen, Schneiden und angewandte Verfahren;
- BGR 500   Teil 2; Kapitel 2.33: Betreiben von Anlagen für den Umgang mit Gasen;

Planung von Füllanlagen

- BGR 500   Teil 2; Kapitel 2.35: Betreiben von Kälteanlagen, Wärmepumpen und Kühleinrichtungen;
- BGR 500   Teil 2; Kapitel 2.38: Betreiben von Nahrungsmittelmaschinen;
- BGI 503:   Anleitung zur ersten Hilfe;
- BGI 507:   Bestätigung der Übertragung von Unternehmerpflichten;
- BGI 508:   Merkblatt für die Übertragung von Unternehmerpflichten;
- BGI 522:   Merkblatt Gefahrstoffe;
- ASI 8.08/98   Ammoniak in Kälteanlagen.

Die BGV D4 (Unfallverhütungsvorschrift Kälteanlagen, Wärmepumpen und Kühleinrichtungen; früher VBG 20) und die VBG 16 (Verdichter) sind für die Bewertung von Altanlagen noch immer von Bedeutung.

BGV: Unfallverhütungsvorschriften der BG.
BGR: Regeln der BG.
BGI: BG-Informationen.
ASI: Arbeitssicherheits-Informationen.

36.6.5 Normen

- DIN EN 294, DIN EN 349: Sicherheit von Maschinen;
- DIN EN 378   Kälteanlagen und Wärmepumpen; Sicherheitstechnik und umweltrelevante Anforderungen (2000)
    - Teil 1:   Grundlegende Anforderungen, Definitionen, Klassifikationen und Auswahlkriterien
    - Teil 2:   Konstruktion, Herstellung, Prüfung, Kennzeichnung, Dokumentation
    - Teil 3:   Aufstellort und Schutz von Personen
    - Teil 4:   Betrieb, Instandhaltung, Instandsetzung und Rückgewinnung; Kälteanlagen und Wärmepumpen

  Zu den Teilen 1 bis 4 gibt es bereits einen Normentwurf (2003);
- DIN EN 418   Sicherheit von Maschinen; NOT-AUS-Einrichtung, funktionelle Aspekte; Gestaltungsleitsätze; (1992),
- DIN EN 736   Armaturen; Terminologie (Teil 1…3);
- DIN EN 764   Druckgeräte (Teil 1…5, 7);
- DIN EN 954-1   Sicherheit von Maschinen - Sicherheitsbezogene Teile von Steuerungen - Teil 1: Allgemeine Gestaltungsleitsätze (1997)

  DIN EN 954-1   Beiblatt 1, Sicherheit von Maschinen - Sicherheitsbezogene Teile von Steuerungen (1999);

  Teil 100: Leitfaden für Benutzung und Anwendung der EN 954-1
- DIN EN 1050   Sicherheit von Maschinen - Leitsätze zur Risikobeurteilung (1997);
- DIN EN 1838   Angewandte Lichttechnik; Notbeleuchtung;
- DIN EN 10204   Metallische Erzeugnisse; Arten von Prüfbescheinigungen (2005)
- DIN EN 12263   Sicherheitsschalteinrichtungen zur Druckbegrenzung; Anforderungen und Prüfung (1999);
- DIN EN 15635   Ortsfeste Regalsysteme aus Stahl - Verstellbare Palettenregale, Leitlinien zum sicheren Arbeiten; zurzeit Normentwurf;

Füllanlagen

- DIN EN 60204 Sicherheit von Maschinen - Elektrische Ausrüstung von Maschinen;
- DIN EN 60947 Niederspannungsschaltgeräte:
  DIN EN 60947-5-5 Niederspannungsschaltgeräte - Teil 5-5: Steuergeräte und Schaltelemente - Elektrisches NOT-AUS-Gerät mit mechanischer Verrastfunktion (1998);
- DIN EN ISO 12100-1 Sicherheit von Maschinen-Grundbegriffe, allgemeine Gestaltungsleitsätze
  Teil 1: Grundsätzliche Terminologie, Methodologie (2004);
- DIN EN ISO 12100-2 Sicherheit von Maschinen-Grundbegriffe, allgemeine Gestaltungsleitsätze
  Teil 2: Technische Leitsätze (2004);
- DIN 8960 Kältemittel; Anforderungen und Kurzzeichen (1998).

36.6.6 VDMA-Einheitsblätter

- VDMA 24 169-1 Lufttechnische Anlagen; Bauliche Explosionsschutzmaßnahmen an Ventilatoren; Richtlinien für Ventilatoren zur Förderung von brennbare Gase, Dämpfe oder Nebel enthaltender Atmosphäre;
- VDMA 24 186 Leistungsprogramm für die Wartung von technischen Anlagen und Ausrüstungen in Gebäuden (1975)
  Teil 0: Übersicht und Gliederung, Nummernsystem, Allgemeine Anwendungshinweise
  Teil 1: Lufttechnische Geräte und Anlagen
  Teil 2: Heiztechnische Geräte und Anlagen
  Teil 3: Kältetechnische Geräte und Anlagen zu Kühl- und Heizzwecken (2002)
  Teil 4: MSR-Einrichtungen und Gebäudeautomationssysteme
  Teil 5: Elektrotechnische Geräte und Anlagen
  Teil 6: Sanitärtechnische Geräte und Anlagen
  Teil 7: Brandschutztechnische Geräte und Anlagen
  Teil 100: Gegenüberstellung der Inhalte von VDMA 24 186 (2002-06) und deren Vorgängerausgaben.

Weitere Normen und VDMA-Einheitsblätter zum Hygienic Design siehe Im Kapitel 20.6.

36.6.7 VDI-Richtlinien

- VDI/VDE 2180-Blatt 1-5, Sicherung von Anlagen der Verfahrenstechnik mit Mitteln der Prozessleittechnik (PLT) - Einführung, Begriffe, Erklärungen (1998 - 2000).

36.6.8 Hinweis für die Beschaffung aktueller Informationen

Eine sehr zu empfehlende Quelle für wichtige und zu beachtenden Normen, Regeln, Vorschriften und gesetzliche Grundlagen ist der „DIN-Katalog für technische Regeln" [440], der jährlich aktualisiert wird. Der Katalog erscheint in Papierform und als CD.

Zu Fragen der Organisation des Arbeitsschutzes und der zu beachtenden Vorschriften ist die Berufsgenossenschaft Ansprechpartner. Die wichtigen Unterlagen, einschließlich wichtiger Gesetze und EU-Richtlinien, sind auf einer CD-ROM zusammengefasst, die jährlich aktualisiert wird [411].

Auskünfte zu den TRBS und anderen Fragen der Betriebssicherheit und der BetrSichV können auch bei der Bundesanstalt für Arbeitsschutz und Arbeitsmedizin recherchiert werden (www.baua.de).

Allgemeine Hinweise für die Beschaffung von Gesetzestexten, Verordnungen, TR usw.: http://bundesrecht.juris.de/bundesrecht/GESAMT_index.html

Auskünfte zur Gültigkeit von Normen usw.: www.beuth.de
Möglich sind auf dieser Verlagsseite die Nummern- und die Schlagwort-Recherche.

36.7 Allgemeine Übersicht über den Ablauf der Anlagenplanung
36.7.1 Allgemeine Übersicht

Bei der Planung und Errichtung von Anlagen müssen im Allgemeinen Festlegungen des Gesetzgebers auf Bundes- und Länderebene beachtet werden, die den Umweltschutz im weitesten Sinne betreffen. Das nationale Recht muss sich natürlich mit dem EG-Recht (EG-Verordnungen, EG-Richtlinien) in Übereinstimmung befinden.

Die Größe oder der Umfang eines konkreten Vorhabens bestimmt, welche Gesetze, Verordnungen und Verwaltungsvorschriften beachtet werden müssen. Deshalb muss möglichst bald in der Planungsphase begonnen werden, die in Frage kommenden Rechtsvorschriften zu ermitteln. Das sollte partnerschaftlich mit der zuständigen Genehmigungs- oder Aufsichtsbehörde vorgenommen werden.

Es lassen sich 6 wesentliche Genehmigungsarten (-kategorien) unterscheiden:
- Genehmigungen nach dem Bundes-Immissionsschutzgesetz (BImSchG);
- Baurechtliche Genehmigungen;
- Erlaubnisse für überwachungsbedürftige Anlagen entsprechend der Gewerbeordnung;
- Wasserrechtliche Genehmigungen, Erlaubnisse und Bewilligungen;
- Genehmigungen zur Entsorgung von Abfällen;
- Sonstige Genehmigungen.

36.7.2 Genehmigungen nach dem Bundes-Immissionsschutzgesetz

Das „Gesetz zum Schutz vor schädlichen Umwelteinwirkungen durch Luftverunreinigungen, Geräusche, Erschütterungen und ähnliche Vorgänge" – Kurzfassung „Bundes-Immissionsschutzgesetz" (BImSchG) – ist die wesentliche gesetzliche Grundlage für den Umweltschutz in der Bundesrepublik Deutschland.

Das BImSchG ist das zentrale Gesetz für die Zulassung und Überwachung von Industrieanlagen.

Aus ihm und den „Verordnungen des Bundes zur Durchführung des BImSchG" (BImSchV) sowie den Verwaltungsvorschriften der Länder leiten sich die Genehmigungsverfahren für die genehmigungsbedürftigen Anlagen ab. Im Jahre 2005 waren die 1. bis 5., 7., 9 bis 14., 16. bis 33. BImSchV in Kraft (s.a. [441]).

Für die Anlagenplanung wichtige BImSchV sind die:
- 4. BImSchV: „Verordnung über genehmigungsbedürftige Anlagen" (s.a. Kapitel 36.6.2) und die
- 9. BImSchV: „Verordnung über Grundsätze des Genehmigungsverfahrens".

Füllanlagen allein sind nicht direkt genehmigungsbedürftig, jedoch sind sie im allgemeinen Teil von genehmigungsbedürftigen Anlagen und müssen deshalb indirekt genehmigt werden.

Das Genehmigungsverfahren bezieht sich nicht nur auf die Errichtung von Neuanlagen, sondern auch auf die *Änderung* bestehender Anlagen, wenn es sich um *wesentliche* Änderungen handelt. Die Frage: „wesentliche Änderung" ja oder nein kann definitiv nur in Absprache mit der Genehmigungsbehörde beantwortet werden.

Bei einer Einordnung als wesentliche Änderungen muss eine *Änderungsgenehmigung* beantragt werden.

In gleicher Weise müssen im Abstand von 2 Jahren der genehmigenden Behörde eventuelle Abweichungen vom Genehmigungsbescheid angezeigt werden (*Änderungsmitteilung*).

Der Betreiber einer genehmigungsbedürftigen Anlage ist verpflichtet, der Genehmigungsbehörde eine *Emissionserklärung* zu übergeben; diese ist im Abstand von 2 Jahren zu ergänzen. Die Emissionswerte müssen ggf. durch eine dafür zugelassene Institution gemessen bzw. nachgewiesen werden.

Prinzipiell ist es in Abhängigkeit von der Anlagenbeschaffenheit und ihrer Betriebsweise auch möglich, dass ein Beauftragter für Immissionsschutz bestellt werden muss. Gleiches gilt für die eventuelle Bestellung eines Störfallbeauftragten.

Die beabsichtigte *Stillsetzung* einer genehmigten, genehmigungsbedürftigen Anlage muss angezeigt bzw. beantragt werden.

Auch für nicht direkt genehmigungsbedürftige Anlagen können verbindliche technische Anforderungen und Grenzwerte für Emissionen festgelegt werden.

Das Gesetz über die Umweltverträglichkeitsprüfung (UVPG) hat für die Gärungs- und Getränkeindustrie im Allgemeinen keine Bedeutung, der Einzelfall muss geprüft werden.

36.7.3 Zweck und wichtige Begriffe des BImSchG

Zweck des BImSchG ist es, Menschen, Tiere und Pflanzen, den Boden, das Wasser, die Atmosphäre sowie Kultur- und andere Sachgüter vor schädlichen Umwelteinwirkungen zu schützen, ebenso vor Gefahren, erheblichen Nachteilen und Beeinträchtigungen, die von genehmigungsbedürftigen Anlagen ausgehen können. Auch dem Entstehen von schädlichen Umwelteinflüssen soll vorgebeugt werden.

Daraus ergibt sich die umfassende Bedeutung des BImSchG für die Anlagenplanung und -realisierung.

Im BImSchG werden wesentliche Begriffe im Sinne des Gesetzes definiert. Es sind dies vor allem die Begriffe:

- *Emissionen* sind die von einer Anlage ausgehenden Luftverunreinigungen, Geräusche, Erschütterungen, Licht, Wärme, Strahlen und ähnliche Erscheinungen;
- *Immissionen* sind die auf Menschen, Tiere und Pflanzen, den Boden, das Wasser, die Atmosphäre sowie Kultur- und sonstige Sachgüter einwirkenden Luftverunreinigungen, Geräusche, Erschütterungen, Licht, Wärme, Strahlen und ähnliche Umwelteinwirkungen;
- *Luftverunreinigungen* sind Veränderungen der natürlichen Zusammensetzung der Luft, vor allem Rauch, Ruß, Staub, Gase, Aerosole, Dämpfe, Geruchsstoffe;
- *Anlagen* sind Betriebsstätten, ortsfeste Einrichtungen, Maschinen, Geräte und ortsveränderliche Einrichtungen, Fahrzeuge und Grundstücke, auf denen gelagert oder gearbeitet wird und Emissionen entstehen können.

Maßstab für die Beurteilung von schädlichen Umwelteinwirkungen, Beeinflussungen oder Beeinträchtigungen sind die *anerkannten Regeln der Technik* bzw. der *Stand der Technik*. Dieser ergibt sich aus dem zum Zeitpunkt der Antragstellung möglichen und im Betrieb erfolgreich erprobten Entwicklungsstand der Verfahrensführung, der Betriebsweise und der Anlagentechnik. Daraus folgt, dass der Stand der Technik nicht statisch ist und sich stetig weiter entwickelt. Auf diese Entwicklung muss also geachtet werden.

Die anerkannten Regeln der Technik bzw. der Stand der Technik werden vor allem in entsprechenden DIN-Normen, VDE-Normen, Technische Regeln, Regeln der Berufsgenossenschaften (BGV, BGR, BGI, BGG, ASI), Richtlinien und Merkblättern dokumentiert.

36.7.4 Die Durchführung des Genehmigungsverfahrens

Die Durchführung des Genehmigungsverfahrens für genehmigungsbedürftige Anlagen wird in der 9. BImSchV geregelt.
Genehmigungsverfahren werden danach durchgeführt für die Erteilung:
- Einer Genehmigung für die Errichtung und den Betrieb einer Anlage;
- Einer Genehmigung für eine wesentliche Änderung der Lage, der Beschaffenheit oder des Betriebes einer Anlage (Änderungsgenehmigung);
- Einer Genehmigung zur Errichtung oder zum Betrieb einer Anlage oder eines Teiles einer Anlage (Teilgenehmigung);
- Eines Vorbescheides.

Der Umfang des Antrages auf Genehmigung bzw. die erforderlichen Prüfungen sind vom Vorhaben abhängig, insbesondere davon, ob das so genannte vereinfachte Prüfungsverfahren nach § 19 des BImSchG zur Anwendung kommen kann.
Für die meisten Vorhaben der Gärungs- und Getränkeindustrie (diese sind in der Spalte 2 der 4. BImSchV aufgeführt, s.a. Kapitel 36.6.2) sind die Bedingungen für die Anwendung des vereinfachten Genehmigungsverfahrens erfüllt.

Die wesentlichen Schritte des vollständigen Genehmigungsverfahrens sind:
- Die schriftliche Antragsstellung;
- Die Eingangsbestätigung und Prüfung der Vollständigkeit der Antragsunterlagen, ggf. müssen fehlende Antragsunterlagen nachgereicht werden;
- Die Bekanntmachung des Antrages und die öffentliche Auslegung des Antrages und der Unterlagen *);
- Die Beteiligung aller in Frage kommenden Prüfbehörden;
- Die Prüfung von Einwendungen *);
- Die Einholung von Sachverständigen-Gutachten, (ggf. die Erörterung von Einwendungen *);
- Die Entscheidung über den Antrag und die Ausstellung des Genehmigungsbescheides.

*) Diese Schritte entfallen beim vereinfachten Genehmigungsverfahren.

Der *Antrag* auf Genehmigung zur Errichtung und Betrieb einer genehmigungsbedürftigen Anlage muss folgende wesentliche Elemente umfassen:
- Name und Wohnsitz des Antragstellers oder Sitz des Antragstellers;
- Nennung der beantragten Genehmigungsform: (Genehmigung, Änderungs- oder Teilgenehmigung oder Vorbescheid);
- Vorgesehener Standort der Anlage;
- Erläuterungen zu Art und Umfang der geplanten Anlage;

❏ Zeitpunkt der geplanten Inbetriebnahme.

Der Antrag muss von dem im Sinne der Geschäftsführungsbefugnis verantwortlichen Betreiber der genehmigungsbedürftigen Anlage unterschrieben sein.

Zum Antrag gehört auch die „Erklärung des Betriebsrates zum Arbeitsschutz" gemäß § 89 des Betriebsverfassungsgesetzes.

Art und Umfang der Antragsunterlagen: Die Unterlagen müssen die beabsichtigte Anlage so ausführlich beschreiben, dass eine Prüfung im Sinne des BImSchG ermöglicht wird. Deshalb sind insbesondere Angaben erforderlich zu:

- ❏ Den benötigten technischen Einrichtungen einschließlich der Nebenanlagen, die in einem räumlichen Zusammenhang errichtet und betrieben werden sollen;
- ❏ Dem vorgesehenen Verfahren (Art und Menge der Einsatzstoffe, der Zwischen-, Neben- und Endprodukte, der Reststoffe bzw. Abfälle);
- ❏ Möglichen Nebenprodukten bei Störungen im Verfahrensablauf;
- ❏ Art und Ausmaß von voraussichtlichen Emissionen, die Art, Lage und die Abmessungen von Emissionsquellen, die räumliche und zeitliche Verteilung von Emissionen und die Austrittsbedingungen;
- ❏ Den vorgesehenen Maßnahmen zum Schutz vor schädlichen Umwelteinwirkungen, insbesondere zur Verminderung von Emissionen sowie zur Messung von Emissionen und Immissionen;
- ❏ Den vorgesehenen Schutzmaßnahmen der Allgemeinheit und Nachbarschaft vor sonstigen Gefahren, erheblichen Nachteilen und Belästigungen;
- ❏ Den vorgesehenen Maßnahmen zur Verwertung der Reststoffe und Beseitigung der Abfälle;
- ❏ Den vorgesehenen Maßnahmen zum Arbeitsschutz;
- ❏ Bei Anlagen, für die die Störfallverordnung anzuwenden ist, muss eine Sicherheitsanalyse beigefügt werden;
- ❏ Zum Antrag gehört ein Inhaltsverzeichnis, eine Kurzbeschreibung der Anlage und ggf. Lagepläne (Deutsche Grundkarte im Maßstab 1 : 5000, oder Topographische Karten im Maßstab 1 : 10 000 oder 1 : 25 000), ein Übersichtsplan, ggf. mit Flächennutzungsplan, Bebauungsplänen, Anlagenaufstellungsplänen;
- ❏ Zum Antrag gehört auch eine Kostenaufstellung, getrennt nach Gesamt-, Bau- und Anlagenkosten.
  Diese ist bei genehmigungsbedürftigen Anlagen die Grundlage für die Festsetzung der Gebührenhöhe der kostenpflichtigen Genehmigung.

Im Regelfall wird die Genehmigungsbehörde in einem *Vorgespräch* über die beabsichtigte Antragstellung informiert, das protokolliert wird.

Im Rahmen dieser Aussprache werden die Details und der Umfang der Antragstellung bzw. die zu übergebenden Unterlagen sowie deren Anzahl festgelegt. Der Antrag wird im Allgemeinen auf *Vordrucken* der Genehmigungsbehörde gestellt.

Ein Leitfaden zum Genehmigungsverfahren nach dem BImSchG, mit diversen Formularmustern und Checklisten für die Antragstellung, wurde vom Umweltamt Hagen erarbeitet [442].

Auch andere Genehmigungsbehörden haben Formularsätze für den Genehmigungsantrag entwickelt, beispielsweise [443]. Diese sind in ihrer jeweils aktuellen Form zu nutzen.

Der nach der umfassenden Prüfung des Antrages resultierende *Genehmigungs-Bescheid* wird von der Genehmigungsbehörde erstellt.

Er muss enthalten:

- Die formellen Angaben (Antragsteller, Sitz des Antragstellers, Art der Genehmigung, genauer Bezeichnung des Genehmigungsobjektes und seines Standortes, der Rechtsgrundlagen, der Gültigkeitsdauer der Genehmigung u.a.);
- Eine Begründung der Entscheidung;
- Eine Rechtshilfebelehrung (für eventuellen Widerspruch des Antragstellers);
- Hinweise zu nicht in der Entscheidung eingeschlossenen behördlichen Entscheidungen nach § 13 des BImSchG (Planfeststellungen, wasserrechtliche Vorschriften u.a.) und Nebenbestimmungen zur Genehmigung.

Letztere sind oft als Auflagen zu verstehen, deren Erfüllung eine Voraussetzung für die Genehmigung ist, oder die Genehmigung wird unter Bedingungen erteilt (Befristung, Vorbehalt des Widerrufes, Teilgenehmigung).

In der Regel werden auch die weiteren Prüfungen und Abnahmen der Anlage bei den Montagen, bei Fertigstellung, bei Probebetriebsbeginn und Dauerbetrieb der Anlage und der zu beteiligende Personenkreis festgelegt.

Wird ein Antrag abgelehnt, müssen die Gründe für die Ablehnung analysiert werden. Ggf. kann nach Überarbeitung der Antrag erneut gestellt werden.

Die genehmigende Behörde

Die das Antragsverfahren gemäß dem BImSchG bearbeitende und ggf. genehmigende Behörde übernimmt nicht nur die Beratung des Antragstellers, sondern koordiniert die übrigen an der Prüfung des BImSchG-Antrages zu beteiligenden Behörden oder Institutionen.

Die Genehmigungsbehörden sind in den einzelnen Bundesländern entsprechend den zum BImSchG erlassenen Rechtsverordnungen verschieden strukturiert, benannt und zugeordnet.

Die Zuständigkeit für das Genehmigungsverfahren in den einzelnen Bundesländern nach den in den Spalten 1 und 2 der 4. BImSchV. aufgeführten genehmigungsbedürftigen Anlagen kann aus den im Auftrag des Bundesministeriums für Umwelt, Naturschutz und Reaktorsicherheit vom Umweltbundesamt in Berlin erstellten „Zuständigkeitsregeln der Länder" entnommen werden [444].

36.7.5 Baurechtliche Genehmigungen

Die baurechtlichen Genehmigungen sind Bestandteil des Genehmigungsverfahrens nach dem BImSchG.

Sie werden erteilt vor allem auf der Grundlage (Hinweise und Details siehe [445]):

- Des Baugesetzbuches (BauGB);

- Der Baunutzungsverordnung (BauNVO);
- Der Planzeichenverordnung (PlanzV);
- Des Raumordnungsgesetzes (ROG);
- Der Raumordnungsverordnung (RoV);
- Des Bauordnungsrechtes der Länder (zum Städtebau, zur Bauordnung, zur Raumordnung und zu den Bauprüfungsverordnungen);
- Der Verwaltungsvorschriften und Verwaltungsverfahrensgesetze der Länder.

Auf der Grundlage des Baurechtes werden von den Ländern, Städten und Gemeinden Bauleitpläne erarbeitet, auf deren Grundlage Flächennutzungspläne und Bebauungspläne entwickelt werden, die nach gründlicher Diskussion, insbesondere mit den betroffenen Bürgern, amtlich bestätigt werden.

36.7.6 Überwachungsbedürftige Anlagen

Die Prüfungen auf Einhaltung des Arbeitsschutzes und der technischen Sicherheit sind Teil des Genehmigungsverfahrens. Sie obliegen im Allgemeinen den Ämtern für Arbeitsschutz und Technische Sicherheit bzw. der staatlichen Gewerbeaufsicht (Landesbehörden).

Auf einige wichtige gesetzliche Grundlagen und Vorschriften wird in Kapitel 36.6 verwiesen.

Weiterhin gibt es eine Vielzahl von technischen Regeln, VDI-Richtlinien [446], Vorschriften, Regeln, Informationen, Grundsätzen der Berufsgenossenschaften, technische Baubestimmungen und Brandschutzbestimmungen der Länder, Rahmenvorschriften der Gewerbeordnung (LAS-Merkblätter [447]), Gesetze zum Schutz vor gefährlichen Stoffen bzw. wassergefährdenden Stoffen auf Bundes- und Länderebene, Merkblätter (AD-Merkblätter [448], VdTÜV-Merkblätter [449]) und so weiter, deren Einhaltung überprüft werden muss.

Eine sehr zu empfehlende Quelle für wichtige und zu beachtenden Normen, Regeln, Vorschriften und gesetzliche Grundlagen ist der „DIN-Katalog für technische Regeln" [440], der jährlich aktualisiert wird. Der Katalog erscheint in Papierform und als CD.

36.7.8 Wasserrechtliche Erlaubnisse, Bewilligungen und Genehmigungen

Grundlage der Prüfungen sind:
- das Wasserhaushaltsgesetz (WHG),
- die Verordnung über Anforderungen an das Einleiten von Abwasser in Gewässer und zur Anpassung der Anlagen des Abwasserabgabengesetzes, Abwasser-Verordnung (AbwV) mit Anhang,
- die Verordnung über Anlagen zum Umgang mit wassergefährdenden Stoffen (VAWS),
- die Trinkwasserverordnung (TrinkwV),
- das Abwasserabgabengesetz (AbwAG; es wird angepasst),
- das Wasch- und Reinigungsmittelgesetz (WRMG) und
- die Abwasser-Verwaltungsvorschriften (AbwasserVwV).

Füllanlagen

Daneben sind zahlreiche DIN-Normen (zum Beispiel DIN 38402 usw.) von Bedeutung, s.a. [440]. Überwachungsbehörde ist die jeweilige Untere Wasserbehörde, die beispielsweise bei der Stadtverwaltung angesiedelt sein kann.

36.7.9 Entsorgung von Abfällen und Reststoffen

Grundlage der Prüfungen sind vor allem:
- das Kreislaufwirtschafts- und Abfallgesetz (KrW-/AbfG), seit Oktober 1996 in Kraft, das das Gesetz über die Vermeidung und Entsorgung von Abfällen (Abfallgesetz - AbfG) von 1986 abgelöst hat, und
- das Abfallverbringungsgesetz (AbfVerbrG).

Mit dem neuen KrW-/AbfG sind gleichfalls rechtskräftig geworden (einige Verordnungen nur teilweise):
- die Verordnung zur Bestimmung von besonders überwachungsbedürftigen Abfällen (Bestimmungsverordnung besonders überwachungsbedürftiger Abfälle – BestbüAbfV),
- die Verordnung zur Bestimmung von überwachungsbedürftigen Abfällen zur Verwertung (Bestimmungsverordnung überwachungsbedürftiger Abfälle zur Verwertung – BestüVAbfV),
- die Verordnung über Verwertungs- und Beseitigungsnachweise (Nachweisverordnung – NachwV),
- die Verordnung zur Transportgenehmigung (Transportgenehmigungsverordnung – TgV),
- die Verordnung über Entsorgungsfachbetriebe (Entsorgungsfachbetriebsverordnung – EfbV),
- die Verordnung zur Einführung des Europäischen Abfallkataloges (EAK-Verordnung – EAKV),
- die Verordnung über Abfallwirtschaftskonzepte und Abfallbilanzen (Abfallwirtschaftskonzept- und -bilanzverordnung – AbfKoBiV).

Überwachende Behörde sind die Landesumweltämter bzw. Staatlichen Umweltämter, Abteilung Abfallwirtschaft/ Reststoffe sowie die Untere Abfallbehörde, zum Beispiel bei der Stadtverwaltung.

Auf der Grundlage des KrW-/AbfG kann die Einsetzung eines Betriebsbeauftragten für Abfall erforderlich sein.

36.8 Anlagenplanung

36.8.1 Grundfälle der Anlagenplanung

Die Vorbereitung, Durchführung und Inbetriebnahme von Investitionen setzt in jedem Fall eine Planung des betreffenden Objektes voraus, die auf einer gewissenhaften *Kapazitätsplanung* beruht. Hierzu wird auf die einschlägige Literatur verwiesen, u.a. [13], [418], [419] (s.a. Kapitel 36.1).

Der Umfang der erforderlichen Anlagenplanung ist natürlich von der Komplexität der zu lösenden Aufgabe abhängig.

Es lassen sich folgende Grundfälle der Anlagenplanung unterscheiden:
- Der Neubau einer kompletten Anlage oder Betriebsstätte;
- Die Erweiterung einer bestehenden Anlage;
- Der Ersatz einer vollständigen Anlage;
- Der Ersatz einzelner Komponenten einer Anlage;
- Die Erfüllung behördlicher Auflagen.

Der *Neubau* einer Anlage ist aus der Sicht der Anlagenplanung sicher die ideale Aufgabe, da im Prinzip die maximale Freizügigkeit bezüglich der Auswahl möglicher Anlagenkonzepte für eine optimale Gesamtlösung besteht. Die fortgeschrittenen Erkenntnisse zum Anlagen-Layout, zur Automation, der Verfahrensführung, der Energieversorgung, der Minimierung der Verbrauchswerte für Roh- und Hilfsstoffe, der Entsorgung, der Reinigung und Desinfektion, der Produktausstattung, der Qualitätssicherung, usw. lassen sich ggf. verwirklichen.

Die Freizügigkeit kommt insbesondere dann voll zum Tragen, wenn auch keine standortbedingten Einschränkungen zu berücksichtigen sind wie: verfügbare *Grundfläche, Grundflächenzahl* (m^2-Grundfläche je m^2-Grundstücksfläche), Auflagen zur Gelände- und Gebäudegestaltung wie: *Geschossflächenzahl* (m^2-Geschossfläche je m^2-Grundstücksfläche), *Baumassenzahl* (m^3-„Baumasse" je m^2-Grundstücksfläche), siehe auch [450].

Einzige limitierende Faktoren der Anlagenplanung sind die verfügbare Kapitalmenge und die resultierenden Investitions- und Betriebskosten.

Aber auch die weiteren oben genannten Grundfälle ermöglichen bei entsprechender sorgfältiger Vorbereitung optimale Lösungen der jeweiligen Aufgabenstellungen.

> Voraussetzung ist jedoch immer wieder eine gründliche Vorbereitung der Investitionen auf der Basis der betrieblichen Entwicklungskonzeption und der detaillierten betrieblichen Aufgabenstellung, die sich auf systematische Variantenuntersuchungen und deren umfassende Bewertung stützt bzw. stützen sollte.

Zielstellungen aller Anlagenplanungsvarianten können sein:
- die Erhöhung der Produktionskapazität,
- die Verbesserung des technischen und technologischen Niveaus,
- die Beseitigung von Engpässen in der Produktion und Logistik,
- die Senkung des spezifischen Aufwandes bzw. der Kosten für Roh- und Hilfsstoffe, Wasser, Abwasser, Energie und Lohn,
- die Erhöhung der Zuverlässigkeit der Verfahrensführung, insbesondere durch Automation,

Füllanlagen

- die Sicherstellung der Produktqualität und
- die Erfüllung von Auflagen des Immissionsschutzes und der technischen Sicherheit.

36.8.2 Grundsätze der Anlagenplanung

Grundsätze lassen sich im Ergebnis theoretischer und praktischer Analysen bestimmter Vorgänge formulieren und haben für ihre spezifische Anwendung höchstmögliche Allgemeingültigkeit.

Die Berücksichtigung der nachfolgenden Grundsätze ist im Interesse einer qualitätssichernden Arbeitsweise, minimaler Planungs- und Projektkosten und kurzer Bearbeitungs- und Realisierungszeiten sinnvoll und anzustreben.

Da es sich um *objektive* Zusammenhänge handelt, führen *subjektive Missachtungen* stets zu Planungsfehlern.

Der Stufengrundsatz

Die Anlagenplanung bzw. -projektierung muss rationell, planmäßig und logisch erfolgen.

Diese Forderungen werden erfüllt, wenn die Planungsarbeiten ständig entwickelt werden:
- vom Allgemeinen zum Speziellen und
- vom Komplexen zum Detaillierten.

Der Detaillierungsgrad der auszuarbeitenden Unterlagen nimmt mit zunehmender Projektbearbeitungsdauer laufend zu.

Dabei wird immer *„nur so genau* und *umfangreich wie nötig"* gearbeitet, um nicht Arbeiten zum falschen Zeitpunkt, vergebens oder doppelt zu leisten.

Jede erreichte Projektstufe wird in Varianten untersucht und bewertet. Erst nach positivem Bescheid oder Bestätigung des vorgelegten Abschnittes wird die nächste Planungsstufe begonnen.

Anlagenbau- und Montagebetriebe müssen teilweise von diesem Grundsatz bei der Erarbeitung von Angeboten abweichen. Die Erstellung eines verbindlichen, verhandlungsfähigen Liefer- und Preisangebotes setzt eine relativ weit detaillierte Verfahrens-, Anlagen- und Kostenplanung voraus, die auch ohne Zusage eines möglichen Vertragsabschlusses, also „auf Verdacht", erarbeitet werden muss.

Der Variantengrundsatz

Eine Anlage besteht aus vielen Einzelelementen. Für jedes Element, für jedes Teilobjekt und für jede anlagen- und verfahrenstechnische Teillösung lässt sich eine optimale Lösung finden. Dabei kann das Kriterium für die Optimalität sowohl anlagentechnischer, verfahrenstechnischer oder betriebswirtschaftlicher Natur sein, oder auch die - ggf. gewichtete - Summe dieser Kriterien sein. Weitere Kriterien können Belange des Arbeitsschutzes, des Umweltschutzes, der Anlagensicherheit, der Qualitätssicherung u.a. sein.

In den meisten Fällen stellt aber die Summe optimaler Teillösungen oder -objekte nicht die optimale Gesamtlösung des Projektes dar. Diese muss aber das Ziel der

Anlagenplanung sein. Deshalb müssen die Kriterien für die Bewertung sehr sorgfältig ausgesucht und die Bewertung muss gewissenhaft vorgenommen werden.

> Der Weg zu einer optimalen Projektlösung führt stets über die Erarbeitung von Lösungsvarianten und deren umfassende, unvoreingenommene Begutachtung anhand von sorgfältig ausgewählten Bewertungskriterien.

Der Entscheidungsweg sollte transparent und nachvollziehbar sein.

Der Grundsatz der Projekttreue

Lange Zeiträume für die Vorbereitung und ggf. die Realisierung von Investitionen führen zwangsläufig zu neuen Erkenntnissen. Daraus resultiert dann oft der Wunsch nach Berücksichtigung dieses Erkenntniszuwachses im laufenden Projekt.
Weitere Ursachen für nachträgliche Änderungswünsche können sein:
- die ungenügende Vorbereitung des Projektes,
- eine ungenügende Variantenauswahl,
- das Nichterkennen von Entwicklungstrends und
- geänderte Rahmenbedingungen.

So verständlich diese Änderungswünsche sein können, so groß können aber auch die negativen Auswirkungen möglicher Änderungen auf das Projekt sein.
Nachteile von Projektänderungen können sein:
- Die Einheitlichkeit und Homogenität des Projektes werden gestört;
- Die Auswirkungen von Änderungen auf die Variantenauswahl und -bewertung werden oft unterschätzt;
- Auswirkungen, die sich erst während des Probebetriebes zeigen, können nur mit beträchtlichem Aufwand kompensiert werden;
- Im Allgemeinen muss mit überproportionalen Kostensteigerungen gerechnet werden.

Deshalb sollte der Grundsatz der Projekttreue *stets* beachtet werden. Projektänderungen sollten nur vorgenommen werden, wenn:
- schwerwiegende Projektfehler vorliegen oder
- sich gravierende kapazitive, technologische, betriebswirtschaftliche oder qualitative Vorteile ergeben.

Die Übernahme von damit eventuell bzw. meistens entstehenden Mehrkosten muss zwischen den Vertragspartnern geregelt werden.
　Der Grundsatz der Projekttreue wird bei der so genannten „*Gleitenden Projektierung oder -Planung*" bewusst verlassen. Die Gründe für eine gleitende Planung müssen sorgfältig gegenüber den Nachteilen abgewogen werden.

Bei der gleitenden Projektierung verlaufen Planungsphase, Beschaffung und Montage mehr oder weniger parallel. Nachteile werden vor allem begründet durch:
- Höhere Kosten; Höchstpreis-Vereinbarungen sind praktisch kaum möglich;
- Störungen und Koordinierungsprobleme im zeitlichen Ablauf sind kaum auszuschalten;

□ Erforderliche Änderungen des Leistungsumfanges gehen im Allgemeinen zu Lasten des Auftraggebers.

Trotz der genannten Nachteile werden die Vorteile der gleitenden Projektierung bei gegebenem Bedarf genutzt:
- □ Es besteht die Möglichkeit einer flexiblen Planung;
- □ Es besteht die Möglichkeit, noch kurzfristige Änderungen durchzuführen;
- □ Es besteht die Möglichkeit, kurzfristig neue Erkenntnisse zu nutzen;
- □ Die Parallelität von Planung und Realisierung kann eine Zeitverkürzung ergeben;
- □ Nur in wenigen Fällen ist die gleitende Projektierung ohne Alternative.

Der Vereinheitlichungsgrundsatz
Die Anlagenplanung erfordert eine ständige Rationalisierung der Planungstätigkeit. Triebfeder dieser Bemühungen sind vor allem der Zwang zur Zeit- und Kostensenkung und die Wettbewerbsfähigkeit der Anlagenplaner.

Eine wesentliche Voraussetzung dazu ist die weitestgehende Normierung der Planungsformalitäten und der „handwerklichen" Instrumente der Planer (Projektanten).

Es ist erforderlich, die verwendeten Begriffe, Abkürzungen und Symbole zu vereinheitlichen, beispielsweise in Form von DIN-Normen.
Jedes Teilobjekt muss durch geeignete und klar definierte Schnittstellen abgegrenzt werden, um die parallele Bearbeitung durch Projektgruppen zu ermöglichen.

Im Interesse der Rationalisierung und Kostensenkung der Planungstätigkeit durch Wiederverwendbarkeit der erarbeiteten Projektlösungen ist es sinnvoll, die Anlagenplanung von Anfang an so zu betreiben, dass die Arbeitsergebnisse wiederverwendungs- oder nachnutzungsfähig sind.

Mittel und Wege dazu sind im Einzelnen:
- □ Jede Planungsaufgabe wird in kleinste, funktionsfähige Elemente untergliedert („funktionelle Elemente", Projektbausteine, Planungsbausteine), die mit „Schnittstellen" für die Kopplung versehen sind. Die Schnittstellen können anlagen- oder betriebsspezifisch sein, sie können auch genormt sein.
- □ Eine Anlage ergibt sich dann aus der parallelen und/oder seriellen Kopplung mehrerer gleicher oder verschiedenartiger Projektbausteine entsprechend der verfahrens- oder verarbeitungstechnischen Aufgabenstellung.
- □ Die komplexe Bearbeitung eines Projektbausteines ist ein einmaliger Aufwand.
  Das gilt für die Planung, Beschaffung der Komponenten, Fertigung, Montage, MSR-Technik, Inbetriebnahme, Wartung und Instandhaltung, Bedienungsanleitungen, Ersatz- und Verschleißteillisten usw.
- □ Die Rückkopplung von Betriebserfahrungen auf die Projektbausteine ist selbstverständlich, ebenso ihre ständige Qualifizierung.

Die Arbeit mit Projektbausteinen ist bei den einzelnen Anbietern von Ausrüstungen für die Brau- und Malzindustrie unterschiedlich entwickelt. Die innerbetriebliche Standardisierung der einzelnen Hersteller ist schon relativ weit gediehen. Bei der zwischenbetrieblichen Passfähigkeit sind nur Anfänge erkennbar (Ausnahme sind beispielsweise die Transporteure für Getränkefüllanlagen).

Die Normung von Schnittstellen ist im Wesentlichen bis jetzt auf die Anschlussmaße von Komponenten des Rohrleitungsbaues, von Pumpen und der MSR-Technik beschränkt.

36.8.2 Variabilität der Anlagenplanung

Wie bereits mehrfach erwähnt, muss die Anlagenplanung auf systematischer Arbeit beruhen.

Dabei ist es immer sinnvoll, auch die längerfristigen Planungen zu aktualisieren und die Anlagenplanung darauf abzustimmen. Das gilt insbesondere für die mögliche Erweiterungsfähigkeit einer Anlage.

Vor allem bei der Grundflächen- und Gebäudeplanung sollte die Erweiterungsfähigkeit stets im Auge behalten werden, auch wenn diese in der mittelfristigen Planung keine aktuelle Bedeutung haben sollte.

Der rechtzeitige Erwerb von Gewerbeflächen, zumindest einer Option auf diese, ist also angezeigt, um die langfristige Erweiterungsfähigkeit einer Anlage zu erhalten.

Alternativ dazu bleibt sonst nur der Umzug an einen neuen Standort, der mit zusätzlichen Kosten für die Erschließung, Ver- und Entsorgung verbunden ist.

Ebenso, wie vorstehend bei den verfügbaren Grundflächen erläutert, ist die Gebäudeplanung zu sehen. Gebäude erreichen im Allgemeinen eine erheblich längere Nutzungsdauer als Anlagen. Sie sind deshalb auf langfristige Nutzung und variable Anlagenkonfigurationen auszulegen. Das gilt auch für die Qualität des Baukörpers und seine Ausstattung (Beleuchtung, Heizung, Lüftung, Abwasserkanäle, Versorgungstrassen, Fußböden, Wandverkleidungen, Fenster usw.).

36.8.3 Interdisziplinäre und ganzheitliche Planung

Es ist immer von Vorteil, die Planungsarbeit komplex, ganzheitlich zu sehen, also alle beteiligten Gewerke und Komponenten eines Projektes von Anfang an zu berücksichtigen.

Dazu ist es notwendig, alle beteiligten Disziplinen in die Teamarbeit einzubeziehen. Die technologische Planung und die Bauplanung müssen von Beginn an synchron vorangebracht werden. Bauherr bzw. AG, Betriebsplaner, Architekt, Bauingenieur und Kostencontrolling müssen kooperativ im Team arbeiten.

Maßstab muss dabei immer die anzustrebende Idealplanung sein. Kompromisse, speziell finanzielle, müssen später ohnehin eingegangen werden.

36.8.4 Varianten für die Durchführung der Anlagenplanung und -realisierung

Die Anlagenplanung und -realisierung kennt mindestens zwei Partner:
- Den Auftraggeber (AG), der meist auch der künftige Betreiber der Anlage ist, und
- Den Auftragnehmer (AN).

Der AG ist im Allgemeinen auch der *Bauherr* und muss dessen Pflichten und Verantwortlichkeiten übernehmen, insbesondere im Sinne des BGB.

Zwischen beiden kann, zumindest bei größeren Objekten, ein *Projektleiter* oder eine *Projektleitung* stehen. Der Projektleiter oder die Projektleitung ist für das gesamte *Projektmanagement* zuständig (s.a. Kapitel 36.5).

Der Projektleiter kann eine wirtschaftlich eigenständige Institution sein, die als Dienstleister auftritt, er kann aber auch - zumindest personell - Teil des Auftraggebers oder des Auftragnehmers sein.

Der AG muss seine Wünsche bezüglich des Leistungs- und Lieferumfanges exakt formulieren oder als Dienstleistung formulieren lassen, beispielsweise in einer *Aufgabenstellung* (AST). Dafür sind zum Beispiel auch die Synonyme *Leistungsbeschreibung* bzw. *Lieferbeschreibung, Pflichtenheft, Lastenheft* und *Mengengerüst* gebräuchlich.

Der *exakten, gewissenhaften* und *vollständigen* Erarbeitung der Aufgabenstellung (bzw. der vorstehend genannten synonymen Begriffe) kommt eine *grundsätzliche* Bedeutung zu. Alle *fehlenden* Details des Leistungs- und Lieferumfanges führen zu unvollständigen Angeboten bzw. Aufträgen mit der Konsequenz *ständig*, meist überproportional *steigender* Kosten bei Nachbesserung eines erteilten Auftrages und zu nicht funktionstüchtigen oder mängelbehafteten Anlagen.

Auf der Grundlage der AST (oder des Pflichtenheftes, der Liefer- und Leistungsbeschreibung etc.) wird eine *technische Ausschreibung* erarbeitet.

Die technische Ausschreibung ist die Basis für die *Angebotseinholung* unter gleichen Vorgaben bzw. Voraussetzungen für alle aufgeforderten Anbieter. Sie ermöglicht es verschiedenen Unternehmen, ein *vergleichbares* Angebot für einen klar umrissenen Liefer- oder Leistungsumfang abzugeben und sich damit um einen Auftrag zu bewerben.

Der Ausschreibende erhofft sich davon direkt *vergleichbare* und mit geringem Aufwand *prüfbare* und *verhandelbare* Angebote. Deshalb muss auch die technische Ausschreibung detailliert und gewissenhaft erarbeitet werden. Sie sollte übersichtlich und klar gegliedert sein. Sie muss den Angebotsabgebenden *zwingen*, auf alle geforderten Details in der gewünschten Reihenfolge und Aussagefähigkeit einzugehen.

Wichtige Bestandteile der technischen Ausschreibung sind folgende Punkte:
- Die *AST* bzw. die *Liefer- und Leistungsbeschreibung* der angefragten Sache. Hierzu gehören unter anderem:
    - eine detaillierte Beschreibung des gewünschten Gegenstandes oder der Anlage, ggf. Zeichnungen der verfügbaren Flächen oder Räume, Bestandspläne, Lagepläne, Trassenpläne, R+I-Pläne.
    Werden *Alternativen* zu den eigenen Vorstellungen des AG oder Varianten gewünscht, sollte das ausdrücklich vermerkt werden. Erfolgen keine definitiven Vorgaben, werden die Vorschläge des Anbieters für eine technische Lösung erwartet.
    - verbindliche Vorgaben zu einzuhaltenden betrieblichen Standards (Werkstoffe, Oberflächenausführungen, spezielle Lieferanten für Armaturen, Pumpen, Rohrleitungen, elektrotechnische Ausrüstungen, Kabel, Steuerungen, Motoren, Getriebemotoren, MSR-Geräte, Schaltschränke, Farbgebung, Sicherheitstechnik, Wärmedämmungen, Anstrichsysteme etc.) und technischen Einzelheiten.
    - Festlegungen zur Liefer- oder Leistungsgrenze.
    - Angaben zur Kapazität.
    - Angaben zu den charakteristischen Betriebsdaten und Anschluss-

werten der benötigten Medien (Wasser, Abwasser, Wärme, Kälte, Elektroenergie, Arbeitsluft, CO_2, Sterilluft, Chemikalien, Sicherheitsdatenblätter).
- Montagevorschriften und Montageabläufe.
- Baustelleneinrichtung und Baustellenordnung, Baustellensicherheit.
- Bauleitung, Montageleitung.
- einzuhaltende Termine.
- geforderte Garantien (zum Beispiel technologische Parameter, Kapazität/Ausbringung/Durchsatz, spezifische Verbrauchswerte, Rüstzeiten, Personalbedarf, Reinigungsaufwand, Instandhaltung, After-Sales-Service).
- geforderte Dokumentationen.
- Kennzeichnungen und Beschriftungen.
- Vorgaben für Verpackungen und Transport sowie Entsorgung der Verpackungsmaterialien und Montagerückstände.

☐ Allgemeine Angaben:
- Angabe der Kontaktperson im Unternehmen für Rückfragen,
- Zeitpunkt bzw. Abgabefrist der Angebotsabgabe,
- Angebotsbindefrist,
- Hinweis darauf, dass das Angebot für den AG kostenlos und unverbindlich ist und dass der AG nach eigenem Ermessen eine Vergabe vornehmen kann, ohne an das preisgünstigste Angebot gebunden zu sein.

☐ Angaben zu den gewünschten Vertragsbedingungen:
- Zahlungsbedingungen,
- Termine für Lieferung, Montage, Inbetriebnahme, Leistungsnachweis, Übergabe der Projektunterlagen, Schulung der Mitarbeiter,
- Lieferort und Übernahme der Transport-, Entlade- und Montagekosten,
- Versicherungen für Transport und Montagen,
- Vorgaben für Sicherheitsübereignungen, Bankgarantien, Montage- und Fertigstellungsgarantien, Instandhaltungsgarantien,
- Garantieleistungen und Vertragsstrafen für Nichteinhaltung der Garantieparameter, der Liefer-, Montage- und Inbetriebnahmetermine,
- Übernahme der Kosten für Leistungsnachweise, Abnahmen und Gutachten,
- Allgemeine Liefer- und Montagebedingungen,
- Haftungsausschlüsse (z.B. für Werkzeuge, Montagematerialien usw.).

Die AST bzw. die technische Ausschreibung können durch den AG selbst erarbeitet werden, falls die personellen Voraussetzungen dazu vorhanden sind. Auch die Projektleitung kann unter diesen Voraussetzungen vom AG wahrgenommen werden. Dieser Fall ist oft in größeren Brauereien oder Mälzereien bzw. Brauerei-Gruppen gegeben.

Kann der AG die AST und die technische Ausschreibung nicht selbst erarbeiten, muss sie durch einen *geeigneten Dienstleister* erstellt werden. Dafür kommen

Füllanlagen

beispielsweise spezialisierte Ing.-Büros, Planungsbüros, Brauerei-Consulting-Unternehmen, Unternehmensberatungen oder Anlagenlieferanten in Frage.

Beispiele für mögliche Partner sind aus der Fachliteratur und aus Fachadressbüchern (beispielsweise [451]) zu entnehmen (zum Beispiel die Maschinentechnische Abteilung der VLB, das Forschungszentrum Weihenstephan für Brau- und Lebensmittelqualität, das Technische Büro Weihenstephan GmbH u.a.).

Werden Anlagenlieferanten für die Erarbeitung der AST oder der technischen Ausschreibung verpflichtet, muss auf eine *lieferantenneutrale* Dienstleistung geachtet werden, um einseitige Vorteile eines Bewerbers auszuschalten und um die objektive Bearbeitung zu sichern.

In jedem Falle muss oder sollte der AG seine AST oder Ausschreibung oder die per Dienstleistung erarbeiteten Unterlagen kritisch prüfen oder prüfen lassen (zum Beispiel auch als Dienstleistung).

Die erwähnten spezialisierten Dienstleister, Ing.-Büros usw. sind auch in der Lage, auf vertraglicher Basis für den AG folgende Arbeiten durchzuführen:

- Betriebsplanung;
- Generalplanung;
- Die Formulierung der Anträge für die Genehmigungsplanung nach dem BImSchG usw.;
- Anlagen- und Ausführungsplanungen;
- Die technische Ausschreibung und Angebotseinholung;
- Die Prüfung der Angebote der Lieferanten und
- Andere ingenieurtechnische oder technologische Dienstleistungen.

Wurden auf der Grundlage der bestätigten AST bzw. der technischen Ausschreibung entsprechende Angebote zum beabsichtigten Leistungs- und Lieferumfang eingeholt, geprüft und verhandelt, kann der Auftrag vergeben werden, indem ein entsprechender Leistungs- und Liefervertrag abgeschlossen wird.

Dieser Vertrag kann auch die Übernahme der Projektleitung beinhalten, soweit dafür nicht ein separater Dienstleister unter Vertrag genommen wird oder das Projektmanagement nicht mit eigenem Personal erfolgt (s.o.).

Die eigentliche Anlagenplanung, die Detailplanung, wird im Allgemeinen vom Anlagenlieferanten nach der Auftragserteilung vorgenommen. Basis dafür sind die Vorarbeiten, die der Anbieter bereits für die Angebotserarbeitung erbringen musste.

Formell sind diese Anlagenplanungen oft scheinbar kostenlos für den AG. Sie sind aber im Angebotspreis mit enthalten, wenn auch in vielen Fällen *nicht direkt* ausgewiesen.

Die Erarbeitung eines Angebotes in guter Qualität (bezüglich der Termine, Preise, Vollständigkeit, Aussagefähigkeit etc.) erfordert relativ viel Aufwand beim Anbieter, insbesondere wenn die Vorgaben einer technischen Ausschreibung beachtet werden müssen. Dieser Aufwand verteuert natürlich die gelieferten Anlagen, zumal nur ein relativ kleiner Teil der erarbeiteten Angebote zu Aufträgen führt.

Das ist auch der Grund dafür, dass Betriebe des Anlagenbaues und andere Lieferanten immer wieder versuchen werden, zuerst einmal die firmenspezifischen Standardangebote zu übergeben, die aber im Allgemeinen nicht die Anforderungen einer technischen Ausschreibung erfüllen.

Diese Zusammenhänge sollten vom Ausschreibenden bei der Auswahl und der Festlegung der Anzahl der aufgeforderten Anbieter beachtet werden.

Der Normalfall ist es, vor allem bei kleineren Unternehmen, eine Dienstleistung mit klar umrissenem Leistungsumfang für die Projektleitung vertraglich zu binden.
Ein effektives Projektmanagement setzt umfangreiche Detailkenntnisse voraus, die bei nur gelegentlicher Investitionstätigkeit nicht oder nur in den seltensten Fällen vorhanden sind.

Aus den gleichen Gründen sollte auch bei der technologischen und Anlagenplanung der Sachverstand externer Dienstleister, auf der Basis von Variantenvergleichen und exakter betriebswirtschaftlicher Nachweisführung und Bewertung, genutzt werden.

In der deutschen Brau- und Malzindustrie verfügen nur relativ wenige Unternehmen über eigene Planungsgruppen.

Natürlich ist die eigene Fachkompetenz auch bei der Anlagenplanung und beim Projektmanagement äußerst nützlich. Bei geeigneter personeller und materieller Voraussetzung und bei Kenntnis des Risikos bezüglich der Gewährleistungen kann die Eigenleistung auch bei der Investitionsvorbereitung und -durchführung zum Teil beträchtlich kostenreduzierend wirken. Diese Aussage gilt für nahezu alle Betriebsgrößen.

Anzustreben ist, dass im Wesentlichen mit betrieblicher Sach- und Fachkompetenz die folgenden Unterlagen erarbeitet werden können:
- die betrieblichen Planungen,
- die Erarbeitung der AST und ggf. einer Ausschreibung,
- die Begutachtung der Lieferantenangebote,
- die Auftragsvergabe,
- die Projektleitung und
- die Abnahme der Leistungen.

Von den Entscheidungsträgern muss dabei ein hohes Maß an Sachverstand erwartet werden.

Ist die Eigenerarbeitung der Unterlagen nicht möglich, sollte zumindest die Begutachtung der Planungsunterlagen mit unternehmenseigener Fachkompetenz vorgenommen werden können. Alternativ bleibt dann nur externer Sachverstand auf der Basis einer Dienstleistung.

Ein gutes Betriebsmanagement kann natürlich auch nur auf der Grundlage von Dienstleistungen Investitionen erfolgreich vorbereiten und realisieren.
Voraussetzung dafür sind aber objektive, fachlich und organisatorisch versierte Partner, die eine mittel- oder langfristige, für beide Seiten vorteilhafte Zusammenarbeit anstreben.

Der oder die *Auftragnehmer (AN)* muss (müssen) auf der Grundlage von Leistungs- und Lieferverträgen Leistungen erbringen. Ziel des *Auftraggebers* wird es sein, die Anzahl der AN so klein als möglich zu halten, um eigene Koordinierungsarbeiten zu minimieren und das Projektmanagement zu entlasten. Dabei muss ständig daran erinnert werden, dass mit diesen Arbeiten auch das eigene Risiko für die Folgen von Termin- und Kostenüberschreitungen verbunden sein kann.

Wenn ein AN im Sinne eines *Generalunternehmers* (GU) gebunden wird, der auch alle beteiligten AN als Subunternehmer koordinieren muss, sind diese Fragen aus der Sicht des AG einfacher zu lösen.

Aus der Sicht des AG ist die Auftragsvergabe an nur *einen AN* im Sinne eines Generalunternehmers immer anzustreben. Dabei ist jedoch zu beachten, dass eine GU-

Tätigkeit mit Kosten verbunden ist (diese richten sich allgemeinen nach der Höhe der Investitionskosten und sind ein prozentualer Teil dieses Wertes).

In der Regel sollte die Zahl der an einem Auftrag beteiligten Unternehmen bzw. Vertragspartner so klein als möglich gehalten werden.

Im internationalen Anlagenbau werden aus den vorstehend genannten Gründen Projekte meistens als *„turn-key project"* ausgeschrieben, bei denen ein möglicher AN als GU eine schlüsselfertige Anlage (*„turn-key plant"*) anbietet und ggf. liefert.

36.8.5 Informationsbeschaffung

Für die qualifizierte Investitionsvorbereitung, zum Beispiel einer Füllanlage, ist die Beschaffung von Informationsmaterialien wesentlich. Neben gedruckten Unterlagen sind es vor allem die im Internet verfügbaren Firmendokumentationen, die Fachpresse und die Informationsangebote der Hersteller oder Lieferanten.

Auf eine wichtige Informationsquelle muss besonders verwiesen werden:

- die ausführliche Besichtigung ausgeführter Anlagen,
- die Auswertung der erreichten Betriebsparameter und
- die Erfassung möglicher Schwachstellen.

36.9 Kapazitätsberechnungen für Füllanlagen
36.9.1 Allgemeine Bemerkungen
Die Kapazitätsberechnung und die Anlagendimensionierung sind wichtige Teile der Anlagenplanung.

Ein relevanter Aspekt der Bewertung der Anlagenplanung und der Entscheidung für eine bestimmte Variante sind die zu erwartenden Investitions- und Betriebskosten der konzipierten Anlage.

Die Berechnungen werden mit folgenden Zielstellungen vorgenommen:
- Ermittlung der möglichen Kapazität einer bestehenden Anlage;
- Ermittlung der möglichen Kapazität einer geplanten Anlage,
- Dimensionierung einer Anlage zur Absicherung einer gewünschten Kapazität;
- Nachweis der Wirtschaftlichkeit einer geplanten Anlage;
- Prüfung einer Anlagenplanung auf Realisierbarkeit bei gegebenem Budget.

Für die Kapazitätsberechnung und die Anlagendimensionierung sind 2 prinzipielle Wege möglich:
- die systematische Berechnung der gesuchten Größe und
- die Nutzung von Formeln aus der Literatur.

Wirtschaftlichkeitsberechnungen aller Art setzen eine definierte, abgestimmte verfahrenstechnische und maschinen- und apparatetechnische Lösung voraus, auf deren Basis eine detaillierte Kostenermittlung vorgenommen werden kann.

Es müssen also der AST entsprechende, vergleichbare, aktuelle und verbindliche Preisangebote zum Liefer-, Montage- und Inbetriebnahmeumfang vorliegen.

Wegen der relativ begrenzten zeitlichen Gültigkeit der Preisangebote infolge der Einflüsse des Marktes können Literaturangaben nur mit großer Vorsicht verwendet werden. Sie sind allenfalls für grobe Voreinschätzungen nutzbar.

36.9.2 Die Kapazitätsermittlung
36.9.2.1 Die systematische Berechnung der gesuchten Größe
Die systematische Berechnung einer gesuchten Größe ist sicherlich die anzustrebende Variante.

Vorteilhaft ist hierbei, dass (fast) keine Formeln erforderlich sind, deren Herkunft und Gültigkeit oftmals nicht nachvollzogen werden kann. Es genügt die Kenntnis weniger naturwissenschaftlich begründeter formelmäßiger Zusammenhänge und Basisdaten.

Ausgangspunkt der Berechnungen ist im Allgemeinen eine bestimmte Menge eines Endproduktes, das in einer vorgegebenen Zeit fertig gestellt sein soll, zum Beispiel eine bestimmte Menge Verkaufsbier, angegeben in hl-VB/a oder hl-VB/d.

Die Berechnung dieser Menge Endprodukt muss natürlich unter Beachtung der beeinflussenden Faktoren erfolgen:
- Tatsächlicher Arbeitszeitfonds,
- Sortiment,
- Gebinde- und Verpackungsvarianten,
- Maximaler Produktbedarf je Zeiteinheit, saisonale Schwankungen und Einflüsse usw.

Füllanlagen

Der monatliche Spitzenbedarf bei Getränken kann bei 10...12 % der Jahresmenge liegen. Die konkreten Daten müssen aus der betrieblichen Absatzstatistik der letzten Jahre ermittelt werden, ebenso die Anzahl der Spitzenmonate. Daraus folgen auch Aussagen zum Minderbedarf der absatzschwachen Monate des Jahres.

Aus der Endproduktmenge je Zeiteinheit lässt sich die dazu erforderliche Ausgangsmenge unter Beachtung der Produktionsverluste (Schwand) berechnen.

Durch die Ausgangsmenge sind die einzusetzenden Rohstoffmengen für die Herstellung berechenbar. Aus den durchzusetzenden Mengen bzw. Volumina ergeben sich auch die aufzuwendenden oder abzuführenden Wärmemengen und die erforderliche Elektroenergiemenge des Braubetriebes.

Aus den Mengen der einzelnen Prozessstufen lassen sich die Behältervolumina berechnen (unter Beachtung des möglichen Füllungsgrades, eventueller Tromben- oder Schaumbildung).

Die Chargengröße lässt sich unmittelbar aus den täglich erzeugbaren Mengen und der möglichen Zykluszeit bestimmen.

Die Abfälle des Prozesses und die Nebenprodukte lassen sich relativ exakt aus den Bilanzgleichungen ermitteln bzw. lassen sich aus dem eigenen Zahlenmaterial ermitteln (z.B. entsorgte Mengen gemäß den Entsorgungsbelegen).

Die möglichen Einsparpotenziale bei Wasser, Energie und Rohstoffen resultieren aus den Bilanzgleichungen bei Kenntnis der objektiv erforderlichen Einsatzmengen.

Die Verbrauchswerte bei den Reinigungsmitteln und bei Wasser/Abwasser lassen sich ebenfalls aus den Verfahrensabläufen und Bilanzgleichungen ermitteln.

Daraus folgt, dass mit der Kenntnis relativ weniger Basisgrößen Kapazitätsberechnungen und Anlagendimensionierungen möglich sind, wenn die funktionellen Zusammenhänge und Abhängigkeiten bekannt sind.

Stillschweigend wird der richtige Umgang mit physikalischen Größen und stöchiometrischen Zusammenhängen sowie Gleichungen, Maßzahlen und Größeneinheiten vorausgesetzt.

Ohne dieses Wissen sind Berechnungen der angegebenen Art nicht realisierbar, und es können auch anderweitig berechnete Werte, beispielsweise mittels zugeschnittener Größengleichungen und Formeln, nicht auf ihre Richtigkeit überprüft werden.

In Fällen, bei denen die exakten Zahlen nicht verfügbar sind oder sein können, müssen die benötigten Daten sachkundig festgelegt werden, beispielsweise als Durchschnittswerte einer bekannten Schwankungsbreite der gesuchten Größe.

Es muss darauf hingewiesen werden, dass bei der Ermittlung von Verbrauchs- oder Kennwerten als Funktion der Zeit graphische Verfahren bzw. Hilfsmittel (Schablonen) zu Vereinfachungen führen können, beispielsweise bei der graphischen Addition von Behälterbelegungszeiten, bei der Ermittlung der Gleichzeitigkeit usw.

36.9.2.2 Die Nutzung von Formeln aus der Literatur

Die Nutzung von Formeln und anderen Gleichungen, die in der Literatur angeboten werden, ist sicher auf den ersten Blick die einfachere Variante, um Kapazitäten zu berechnen oder Behälter zu dimensionieren.

Das Problem liegt aber schon oft darin, eine für den konkreten Fall geeignete Formel im richtigen Augenblick zu finden.

Ein wesentlicher Nachteil der Formel-Nutzung ist, dass die in diesen verwendeten Faktoren oft auf Annahmen beruhen, deren Gültigkeit nur schwer oder überhaupt nicht nachvollzogen werden kann. In vielen Fällen ist die Gültigkeit der Gleichung auf ein relativ eng begrenztes Intervall beschränkt, ohne dass dieses angegeben wird.

Insbesondere Formeln und Richtwerte in der älteren Literatur sind auf moderne, optimierte technologische Abläufe nicht übertragbar. Das gilt vor allem für Energie- und Wasserverbrauchswerte, wärme- und kältetechnische Angaben, Angaben zur Wärmedämmung, spezifische Verbrauchswerte aller Art, Angaben zur Anlagentechnik.

Deshalb muss vor dem unkritischen, schematischen Gebrauch von Formeln etwas gewarnt werden!

Verwertbare Literaturangaben zu Kennzahlen und Berechnungsformeln sind in der jüngeren Literatur nur sehr vereinzelt anzutreffen. Eine Vielzahl von Veröffentlichungen ist bei oberflächlicher Betrachtung durchaus interessant, eine eingehendere Prüfung ergibt aber selten auswertbare Daten für die Anlagenplanung.

Diese Feststellung gilt vor allem für ausgeführte Brauerei-Neubauten oder -Erweiterungen und für Füllanlagen.

Positiv ist die Verwendung von Formeln für Berechnungen von Kapazitäten oder für die Anlagendimensionierungen im Rahmen von Tabellen-Kalkulationsprogrammen einzuschätzen (zum Beispiel EXCEL® o.ä.), die *systematisch* entwickelt wurden und deren *Gültigkeitsgrenzen* dem Nutzer bekannt sind und deren Ergebnisse *kritisch* überprüft wurden.

Leider sind diese Programme im Allgemeinen nicht käuflich zu erwerben; ihr Besitz gehört zum „know how" der Dienstleister.

Bei der Planung von Abfüllanlagen sind vor allem die Normen DIN 8782, 8783 und 8784 [414] bis [416] zu beachten, ebenso *Petersen* [13] und die im Kapitel 36.1 genannten Quellen.

36.9.3 Die Berechnung der Investitions- und Betriebskosten

Wie bereits vorstehend ausgeführt, sind aussagefähige Berechnungen zu den Investitions- und Betriebskosten nur auf der Basis abgestimmter Anlagenplanungen und aktueller, verbindlicher Preisangebote zum gesamten Leistungsspektrum möglich.

Weiterhin müssen die spezifischen Verbrauchswerte der geplanten Anlage und die betrieblichen Aufwendungen für Wasser, Abwasser, Elektroenergie, Wärme und Kälte, CO_2, Druckluft, Instandhaltung, Personal, Zwischen- und Endprodukte usw. bekannt sein.

Die Aufwendungen für das Grundstück werden im Allgemeinen gesondert ausgewiesen, da eine Vergleichsbasis dafür in den seltensten Fällen gegeben ist.

Die Grundstückskosten einschließlich der Erschließungskosten beeinflussen natürlich den Gesamtaufwand erheblich. Sie können damit auch die vorgesehene Bauweise (ebenerdige Hallen oder Geschossbauweise) oder die Frage nach einer eigenen Abwasserbehandlungsanlage erheblich beeinflussen.

Die gesamte Palette der Wirtschaftlichkeitsberechnung einer Investition und ihre Methodik sind nicht Gegenstand dieser Ausführungen.

36.10 Wichtige Dokumente und Unterlagen der Anlagenplanung

Für die Anlagenplanung werden zur Verdeutlichung der in der Aufgabenstellung formulierten Ziele und zur Verständigung mit den beteiligten Partnern neben verbalen Ausarbeitungen insbesondere graphische Unterlagen und Dokumente verwendet.

Diese sollen allgemein verständlich gehalten sein, vorhandene Normen und Regeln beachten und eine große Aussagekraft bei geringem Aufwand für die Erarbeitung besitzen.

Gleiches gilt für alle weiteren Phasen der Projektbearbeitung und Realisierung.
Bei Beachtung der im Kapitel 36.8.2 genannte Grundsätze werden deshalb für eine gegebene Aufgabenstellung:

- Fließbilder;
- Schemata;
- Pläne und
- Listen entwickelt.

Diese Entwicklungen werden im Allgemeinen als iterative Prozesse ablaufen. Je nach der geforderten Aussagefähigkeit im Rahmen der Projektvorbereitung oder -abwicklung werden unterschieden:

- das Verfahrensschema;
- das Grundfließbild:;
- das Verfahrensfließbild;
- das Rohrleitungs- und Instrumenten-Fließbild (RI-Fließbild).

Als weitere Unterlagen werden beispielsweise genannt:

- Eine technisch-technologische Verfahrensbeschreibung;
- Lagepläne;
- Bebauungspläne;
- Aufstellungspläne;
- Rohrleitungspläne und -Zeichnungen für alle Medien;
- Trassenpläne für Rohrleitungen, Elektro-, Nachrichten- und Busleitungen;
- Montagezeichnungen und -pläne;
- Mengenfließbilder, zum Teil als Sankey-Diagramme ausgeführt;
- Ausrüstungslisten für Maschinen, Apparate, MSR-Technik, Rohrleitungen, Armaturen, Montagematerial usw.;
- Listen der Ersatz- und Verschleißteile;
- Bauzeichnungen aller Art;
- Personal- und Schulungspläne;
- Pläne für Funktionsprüfungen und die Inbetriebnahme;
- Wartungs-, Reparatur- und Instandhaltungspläne;
- Schmierpläne;
- R/D-Pläne;
- Verfahrens- und Arbeitsanweisungen;
- Bedienungsanleitungen;
- Winterdienstpläne, Antihavariepläne.

Für die Anfertigung von Grundfließbildern, Verfahrensfließbildern und RI-Fließbildern und anderen Plänen sind die entsprechenden Normen zu beachten. Es sind dies insbesondere die Normen (s.a. die DIN Taschenbücher Technisches Zeichnen: TB 2, TB 148, TB 256, TB 351):

- DIN EN ISO 10628 Fließschemata für verfahrenstechnische Anlagen - Allgemeine Regeln (diese Norm ist die Nachfolge-Norm der DIN 28004 Fließbilder verfahrenstechnischer Anlagen, Teil 1 bis 4 [452];
- DIN 19 227,T. 1 Graphische Symbole und Kennbuchstaben für die Prozessleittechnik, Darstellung und Aufgaben [453];
- DIN 1356 Bauzeichnungen [454];
- DIN 2403 Kennzeichnung von Rohrleitungen nach dem Durchflussstoff;
- DIN 2404 Kennfarben für Heizungsrohranlagen;
- DIN 2405 Rohrleitungen in Kälteanlagen, Kennzeichnung;
- DIN 2425 Planwerke für die Versorgungswirtschaft, die Wasserwirtschaft und für Fernleitungen [455];
- DIN 2429 Graphische Symbole für technische Zeichnungen [456];
- DIN 2481 Wärmekraftanlagen, Graphische Symbole [457];
- DIN ISO 1219 Fluidtechnische Systeme, Schaltzeichen [458];
- DIN ISO 5455 Technische Zeichnungen; Maßstäbe;
- DIN ISO 5456 Technische Zeichnung, Projektionsmethoden [459];
- DIN EN ISO 5456-4 Technische Zeichnungen - Projektionsmethoden Teil 4: Zentralprojektion;
- DIN EN ISO 81714-1 Gestaltung von graphischen Symbolen für die Anwendung in der technischen Produktdokumentation Teil 1: Grundregeln;
- DIN EN 81714-2 Gestaltung von graphischen Symbolen zur Anwendung in der technischen Produktdokumentation Teil 2: Spezifikation für graphische Symbole in rechnerinterpretierbarer Form einschließlich graphischer Symbole für eine Referenzbibliothek und Anforderungen für ihren Datenaustausch;
- DIN EN 81714-3 Gestaltung von graphischen Symbolen zur Anwendung in der technischen Produktdokumentation Teil 3: Klassifikation von Anschlusspunkten, Netzwerken und ihre Codierung;
- DIN ISO 6412 Technische Zeichnungen, Vereinfachte Darstellung von Rohrleitungen [460];
- DIN ISO 7519 Technische Zeichnungen, Zeichnungen für das Bauwesen, Allgemeine Grundlagen für Anordnungspläne und Zusammenbauzeichnungen;
- DIN ISO 8560 Zeichnungen für das Bauwesen; Darstellung von modularen Größen, Linien und Rastern;
- PlanzV Verordnung über die Ausarbeitung der Bauleitpläne und die Darstellung des Planinhalts (Planzeichenverordnung 1990 - PlanzV 90, s.a. [445]).

Zu Einzelheiten der Fließbilder wird auf [382] verwiesen.

36.11 Aufstellungsvarianten für Füllanlagen

Zu den drei Grundfällen der Anlagenaufstellung von Füllanlagen siehe Kapitel 2. Diese Grundfälle (Linien-, Kamm- und Arena-Aufstellung) müssen unter den Aspekten Grundflächenbedarf, Zugänglichkeit für Arbeitskräfte und für Wartungs- und Instandhaltungsarbeiten gesehen werden.

Eine Untersuchung von *Vogelpohl* und *Grabrucker* [461] zeigt, dass die Unterschiede im Flächenbedarf von Füllanlagen in quadratischer und rechteckiger Aufstellung nicht sehr groß sind. Deutliche Unterschiede werden dagegen für die Zugänglichkeit der Arbeitskräfte zu den Anlagen ausgewiesen (Abbildung 612). Die außen liegenden Arbeitsplätze (Kamm-Aufstellung) schneiden besser ab als die Anordnung mit innen liegenden Arbeitsplätzen (Arena-Aufstellung).

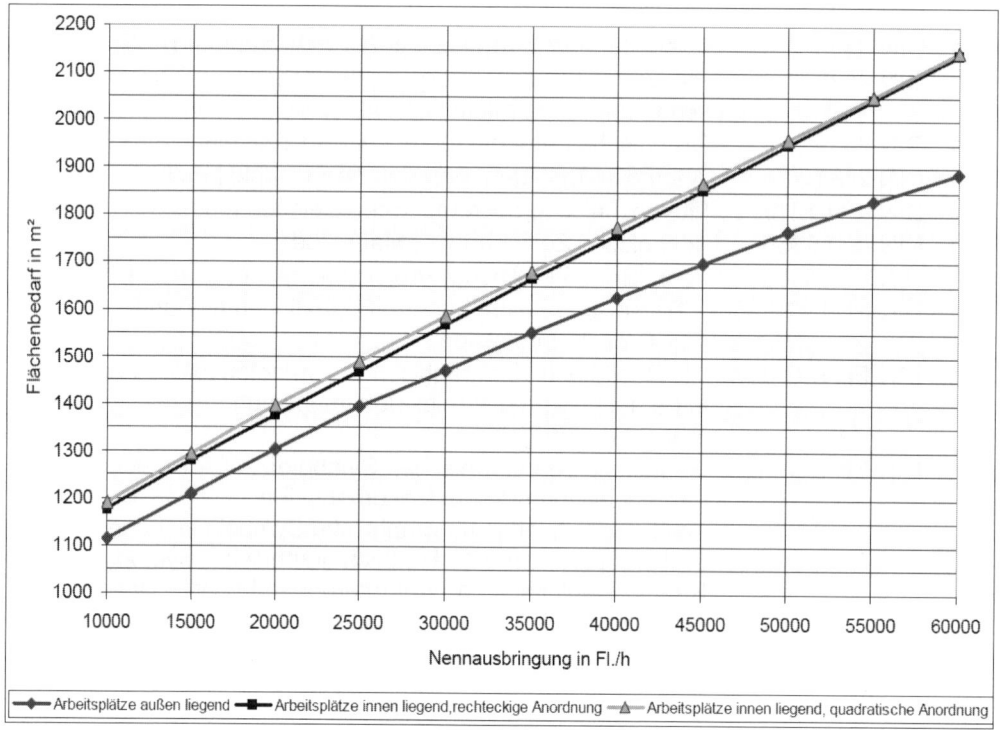

Abbildung 612 Flächenbedarf bei Füllanlagen für 0,5-l-MW-Glasflaschen (ohne Tunnelpasteur), nach Vogelpohl/Grabrucker [461]

Bei allen Varianten besteht die Zielstellung, durch das Anlagenlayout die Voraussetzungen für einen möglichst störungsfreien Betrieb der Anlage bei maximaler Ausbringung zu sichern. Eine Schlüsselfunktion kommt dabei der optimalen Verkettung und Durchsatzabstufung der Anlagenkomponenten, den installierten Pufferstrecken sowie ihrer Steuerung/ Regelung zu.

Durchsatzabstufung der Einzelaggregate

In der Regel wird die Füllmaschine als „komplizierteste" Maschine der Anlage angesehen (Limitmaschine) und ihr Nenndurchsatz wird mit 100 % angesetzt. Daraus folgt, dass der Nenndurchsatz der Füllanlage identisch mit dem Nenndurchsatz der Füllmaschine ist. Bei PET-Anlagen wird die Blasmaschine als Limitmaschine festgelegt. Dabei muss natürlich beachtet werden, dass die Nennausbringung der Füllmaschine u.a. von der Flaschengröße, Flaschenform und den Getränkeparametern (Temperatur, CO_2-Gehalt) abhängig ist.

Die vor und nach der Füllmaschine installierten Maschinen werden in ihrem Nenndurchsatz etwas höher festgelegt. Die damit vorhandenen Durchsatzreserven sollen im Zusammenspiel mit den Pufferstrecken und ihrer Steuerung den unterbrechungsfreien Betrieb der Füllmaschine sichern sowie entstandene Lücken durch höheren Durchsatz wieder schließen. Tabelle 102 zeigt Beispiele für die Durchsatzabstufungen. In Diagrammform ergibt die Darstellung ein „V", sie geht auf *Berg* zurück.

Tabelle 102 Durchsatzabstufungen für Einzelmaschinen einer Füllanlage

Maschine	Nenndurchsatz in Prozent der Füllmaschine		
	allgemeine Literaturangaben	[462]	[463] *)
Entpalettieranlage	135…140	125	131,8
Leergut-Kontrollanlage/ Sortieranlage	135…≥ 140		
Auspackmaschine	120…125	120	126,4
Kastenwaschanlage	120…125		
Entkorker/Entschrauber	115…120		
Flaschenreinigungsmaschine	110…115	110	114,3
Leerflascheninspektor	110…115	105	
Füll- und Verschließmaschine	100	100	103,8
Kontrollanlage für volle Fl.	105…110		
Etikettiermaschine u. Ausstattung	110…120	110	116,1
Einpackmaschine	115…125	120	130,4
Sammelpackmaschine	115…125		
Palettieranlage	135…140	125	131,2
Gabelstapler	135…145		

*) Erforderliche Nenndurchsatzerhöhung gegenüber den Werten nach [462] infolge Berücksichtigung der Eigenstöranfälligkeit.

36.12 Anlagensimulation

Die Hersteller von Füllanlagen verfügen seit den 1990er Jahren über Rechenprogramme zur Anlagensimulation. Die Programme wurden in ihrer Aussagefähigkeit laufend verbessert. Damit lassen sich bereits in der Planungsphase Aufstellungsvarianten optimieren. Ausführliche Informationen zum Thema gibt *Rädler* [464].

Insbesondere muss auf die Anlagensimulationsprogramme INNOSIM von KHS [465] und die Programme MASIMO und KROSIM von KRONES [466] verwiesen werden bzw. auf deren Weiterentwicklungen.

Die Dienstleistung Anlagensimulation sollte bereits vor Vertragsabschluss/Auftragserteilung benutzt werden, um ein optimales Anlagenlayout unter Beachtung der örtlichen Gegebenheiten zu finden und die Durchsatzabstufungen der einzelnen Maschinen und Aggregate, insbesondere der Pufferstrecken, zu optimieren.

Je besser die Regelung der Speicherbelegung erfolgt und je weniger mechanische Störquellen vorhanden sind, desto geringer können die prozentualen Mehrdurchsätze der einzelnen Komponenten festgelegt werden.

37. Abnahme von Füllanlagen, Gewährleistungen
37.1 Allgemeine Hinweise

Grundlage der Abnahme einer Füllanlage, s.a. Kapitel 36.5.5, (im Allgemeinen wird eine Garantie-Abnahme angestrebt) ist in der Regel die DIN 8783 [415]. Die Abnahme muss gut vorbereitet werden. Dabei haben Anlagenhersteller/-Lieferant und Auftraggeber/Betreiber der Anlage gleichermaßen Pflichten.

Die Modalitäten der Abnahme, insbesondere die Festlegung des Leiters der Abnahme oder der durchführenden Institution, und ggf. der neutrale Gutachter für den Fall, dass es unterschiedliche Auffassungen zu den Ergebnissen des Abnahmeversuches gibt, sollten bereits bei der Auftragserteilung festgelegt werden. Das Gleiche gilt für die Übernahme der Kosten des(der) Abnahmeversuche(s).

Sind mehrere Lieferanten am Anlagenaufbau und der Lieferung von Komponenten beteiligt, muss ein Gesamtverantwortlicher (Synonyme: Generalunternehmer, Generalauftragnehmer) festgelegt werden, der die Koordinierung des Anlagenaufbaus und der Abnahme übernimmt.

Spätestens mit der Auftragserteilung muss endgültige Klarheit zum gesamten Liefer- und Leistungsumfang erreicht worden sein, die Mindestangaben nach DIN 8784 [416] zum Beispiel Nenn- und Einstellausbringung, Einstell- und Regelbereiche (soweit vorhanden) müssen schriftlich festgelegt sein, bei MW-Anlagen vor allem die Leergutparameter (Anteil der Fremdflaschen und -kästen). Unter Umständen muss der Abnahmeversuch mit vorsortiertem Leergut erfolgen. Anlagenelemente, die nicht zum Lieferumfang gehören (z.B. integrierte Maschinen aus dem Altbestand) und Störungen verursachen, werden als Fremdstörung gewertet.

Wird nicht mit dem ersten Abnahmeversuch das Ziel der Abnahme erreicht, muss nach entsprechender Mängelbeseitigung und Überarbeitung ein weiterer Versuch vorbereitet und realisiert werden, ggf. auch noch weitere Versuche. Die Einzelheiten hierfür müssen bereits *vor* oder *bei* der Auftragsvergabe fixiert werden. Das gilt auch für den Fall, dass die Abnahmeversuche nicht zum Ziel führen.

Mit der Abnahme kann eine externe Institution auf vertraglicher Basis gebunden werden, z.B. [467], [468], [469]. Damit ist die professionelle Realisierung und Auswertung gesichert.

Außer dem In der BR Deutschland üblichen System auf Basis der genannten DIN-Normen werden im Ausland bzw. in den international tätigen Konzernen andere Kennwerte/Daten ermittelt. Beispiele sind die Füllmaschinen- oder Linieneffizienz (ref.d. [470]), Kennzahlen nach *TPM* (Total Productive Maintenance), *OPI* (Overall Performance Indicator; ref.d. [471, 472] und [479]), *OEE* (Overall Equipment Effectiveness) [473]:

$$\text{Füllmasch.- oder Linieneffizienz} = \frac{\text{Anzahl der korrekt gefüllten Behälter} \cdot 60\min \cdot 100\%}{\text{Effektive Laufzeit in min} \cdot h \cdot Q_n}$$

Gesamtanlageneffektivität
    OEE = Verfügbarkeit · Performance · Qualität
    OEE = Availability · Performance Index · Rate of quality

Füllanlagen

$$\text{Verfügbarkeit} = \frac{\text{tatsächliche Produktionszeit}}{\text{geplante verfügbare Produktionszeit}} \cdot 100\ \%$$

$$\text{Performance} = \frac{\text{erreichte Stückzahl}}{\text{Nenndurchsatz}} \cdot 100\ \%$$

$$\text{Qualität} = \frac{\text{Produzierte Stückzahl} - \text{Ausschuss-Stückzahl}}{\text{Produzierte Stückzahl}} \cdot 100\ \%$$

Beispiel:
Tatsächliche Produktionszeit: 6 h
Geplante verfügbare Produktionszeit: 8 h
Erreichte Ausbringung je Stunde: 27.500 Fl./h
Nenndurchsatz: 36.000 Fl./h
Gesamtstückzahl: 165.000 Fl.
Ausschuss-Stückzahl: 1932 Fl.

$$\text{Verfügbarkeit:} \quad \frac{6}{8} \cdot 100\ \% = 75\ \%$$

$$\text{Performance:} \quad \frac{27500}{36000} \cdot 100\ \% = 76{,}4\ \%$$

$$\text{Qualität:} \quad \frac{165000 - 1932}{165000} \cdot 100\ \% = 98{,}8\ \%$$

OEE = 0,75 · 0,764 · 0,988 = 0,566 = <u>56,6 %</u>

Dieser Wert ist also relativ weit von einem guten Ergebnis entfernt. Insbesondere eine Verbesserung der Verfügbarkeit würde den OEE-Wert verbessern.
Die Ermittlung des OEE-Wertes ist international für das technische Controlling üblich.

Overall Performance Indicator (OPI)
Nach [472] steht OPI für: Availability · Performance · Quality.

Des weiteren werden die folgenden Kennzahlen ermittelt:
  Effectivity: Betriebszeit / Arbeitszeit
  Efficiency: Produktionszeit / Betriebszeit
  Labour Planning efficiency: Arbeitszeit / geplante Personalzeit

Dieser Kennwert wird für den internationalen Vergleich von Konzernen benutzt.

37.2 Vorbereitung der Anlagenabnahme

Zur Vorbereitung der Anlagenabnahme gehört die Justierung der Mess- und Regeltechnik, die Abstimmung der Pufferstrecken und ihrer Füllungsgrade, der erfolgreiche Abschluss des Probebetriebes und die Abarbeitung/Beseitigung von erkannten Mängeln sowie die Unterweisung und das Training des Bedienungs- und Wartungspersonals.

Das Bedienungspersonal muss namentlich und zahlenmäßig festgelegt werden, die Verantwortungsbereiche müssen genau definiert und abgegrenzt werden. Während der Abnahme darf nur das Bedienungspersonal tätig sein, Betriebsschlosser und -elektriker müssen bei Bedarf kurzfristig verfügbar sein. Montagepersonal darf nur nach Absprache bei Störungen eingreifen.

Ist in der Anlage eine Kastenspeicheranlage vorhanden, sollte diese mit einem Füllungsgrad von etwa 50 % betrieben werden. Darüber hinaus anfallende Leerkästen werden aus der Anlage palettenweise entfernt.

Ein Abnahmeversuch muss terminlich festgelegt werden, u.a. auch die Uhrzeit für den Beginn und das Ende des Versuchs.

37.3 Durchführung der Abnahme

Die Versuchszeit der Abnahme sollte 6…8 Stunden betragen. Der Start des Versuchszeitraumes sollte erst dann erfolgen, wenn die Anlage den stabilen Betriebszustand erreicht hat (also nach 30…60 min).

Beim Start werden alle Zähler auf Null gesetzt, die Protokollzeit beginnt. Der Abnahmeversuch sollte ohne Umstellungen bei Produkt und Gebinden und ohne Betriebspausen ablaufen.

Vom Abnahmepersonal werden protokolliert:

- Die Einstellausbringungen der einzelnen Maschinen;
- Die Störzeiten, gemessen als Füllmaschinenstillstandszeiten
  (Zeiten mit vermindertem Durchsatz werden in äquivalente
  Stillstandszeiten umgerechnet);
- Die Zuordnung der Störungen zu den anlagebedingten bzw.
  anlagefremden Störursachen.

Es wird grundsätzlich angestrebt, die Datenerfassung/Protokollierung durch geeignete Sensoren zum Zählen und Erfassen von Schaltzuständen zu automatisieren. Die Daten lassen sich dann unter Beachtung der Zeitbasis auswerten, zum Teil ebenfalls automatisch (s.a. [463]).

Anlagebedingte Störquellen

Hierzu zählen vor allem Füllmaschinenstillstandszeiten, die auf die Fehlfunktion der Förderelemente zurückzuführen sind (beispielsweise Paletten-, Kasten-, Behälterförderung, Verschlusszuführung). Sie werden den Füllmaschinenstillständen bzw. den Minderausbringungszeiten zugerechnet.

Die Auswirkungen können durch großzügig bemessene Pufferstrecken mit integrierter Regelung der Pufferauffüllung gemindert werden.

Füllanlagen

Anlagefremde Störquellen

Diese Störursachen lassen sich in vielen Fällen auf Bedienungsfehler des Personals und auf die Leergutqualität (nicht auspackbare Kästen, Fremdflaschen, Fremdkästen) zurückführen. Unübersichtliche oder nicht einsehbare Transportstrecken tragen zu Störungen bei. Abhilfe kann u.U. die Videoüberwachung bringen.

Ziel ist es, die anlagefremden Störungen so weit als möglich auszuschließen, weil sie auch Ursache für anlagebedingte Störungen sein können, z.B. unter- oder überfüllte Pufferstrecken.

Wichtig ist außerdem die Ermittlung der *Mittleren Stördauer* (DIN 40041 [474]; MDT = Mean Downtime) und der *Mittleren Betriebsdauer zwischen Ausfällen* (MTBF = Mean operating Time Between Failures) für die Bewertung der Störanfälligkeit der Anlage. Beispiele dafür nennt [472].

37.4 Ergebnis der Abnahme und Ermittlung der Verbrauchswerte

Aus den Abnahmedaten lassen sich die Kenngrößen nach DIN 8782 [414] errechnen. Dabei interessieren vor allem die Effektivausbringung der Anlage sowie Liefergrad, Wirkungsgrad und Ausnutzungsgrad der Anlage (s.a. Kapitel 3, Tabelle 1 und 2).

Effektivausbringung der Anlage

$$Q_{eff} = \frac{\text{Stückzahl der korrekt gefüllten Behälter}}{\text{Allgemeine Laufzeit}} \qquad \text{z.B. Flaschen/h}$$

Nennausbringung der Anlage

$$Q_n = \frac{\text{Stückzahl der korrekt gefüllten Behälter}}{\text{Zeiteinheit}} \qquad \text{z.B. Flaschen/h}$$

Die Nennausbringung ist eine Planungsgröße ohne jede Störzeit.

Einstellausbringung

$$Q_{est} = \frac{\text{Stückzahl der Behälter je Takt oder Umdrehung}}{\text{Sekunden je Takt oder Umdrehung}} \cdot \frac{\text{Sekunden}}{\text{Zeiteinheit}} \qquad \text{z.B. Fl./h}$$

Durchschnittsausbringung der Anlage

$$Q_m = \frac{\text{Stückzahl der korrekt gefüllten Behälter}}{\text{Arbeitszeit}} \qquad \text{z.B. Flaschen/h}$$

Liefergrad λ der Anlage

$$\lambda = \frac{Q_{eff}}{Q_n}$$

Der Liefergrad einer Anlage ist der wichtigste Vergleichswert, da er auf der tatsächlich erreichten Produktionsmenge und der Nennausbringung der Anlage beruht.

Wirkungsgrad der Anlage

$$\eta = \frac{Q_{eff}}{Q_{est\ der\ Füllmaschine}}$$

Die Aussagefähigkeit des Wirkungsgrades gegenüber dem Liefergrad ist geringer, weil die Einstellausbringung bei überdimensionierten Anlagen auch zu Werten > 100 % führen kann. Natürlich ist der Wirkungsgrad einer Anlage für die verfügbare Produktionsmenge eines Betriebs-Zeitraumes sehr wichtig, weil sie für die Verkaufsfähigkeit des Unternehmens essentiell ist.

Ausnutzungsgrad der Anlage

$$\varphi = \frac{Q_m}{Q_n}$$

Der Ausnutzungsgrad ist besonders für betriebswirtschaftliche Analysen interessant. Die Durchschnittsausbringung muss aber auf der Auswertung längerer Zeiträume basieren.

Die Quotienten Liefer-, Wirkungs- und Ausnutzungsgrad können durch Multiplikation mit 100 % auf prozentuale Angaben umgerechnet werden.

Verbrauchswerte

Parallel zu der Ermittlung der Ausbringung der Anlage bzw. der Einzelmaschinen werden relevante Verbrauchswerte ermittelt, die betriebswirtschaftlich interessieren oder vom Anlagenhersteller zu erreichen sind.

Wichtige Verbrauchswerte sind beispielsweise:
- Wärmeverbrauch von Flaschenreinigungsmaschine oder Pasteur;
- Warmwasserverbrauch;
- Kaltwasserverbrauch;
- Verbrauchte Reinigungs- und Desinfektionsmittel;
- Verbrauchte Bandschmiermittel;
- Klebstoffverbrauch;
- Verbrauch an Verschlüssen, Etiketten usw.;
- Verbrauch CO_2;
- Verbrauch Druckluft;
- Verbrauch Elektroenergie (Wirkleistung, unter Beachtung des Leistungsfaktors $\cos \varphi$).

Die Verbrauchswerte müssen nicht nur beim störungsfreien Betriebsablauf ermittelt werden, sondern auch bei längeren Stillstandszeiten, um die Verluste einschätzen zu können. Vor allem die Wärmeverluste interessieren für die Einschätzung der Qualität der Wärmedämmungen.

Bedingung für die Ermittlung der Verbrauchswerte sind vorhandene Messgeräte. Diese können fest installiert sein oder sie werden an vorbereiteten Stellen eingebaut und nur während der Abnahme betrieben. Die nur zeitweise zu nutzenden Messstellen müssen bereits bei der Anlagenplanung festgelegt werden.

37.5 Auswertung des Abnahmeversuchs/der Abnahme

Die Auswertung eines Abnahmeversuches setzt neben der Erfassung der erzielten Stückzahlen fehlerfreier Produkte, der Versuchszeit und der Anlagenstörzeiten sowie der im Kapitel 37.4 ermittelten Verbrauchswerte auch die Erfassung der qualitativen Produktparameter voraus.

Wichtige qualitative Parameter sind u.a.:
- Die Füllmenge je Behälter incl. der statistischen Auswertung der Anzahl der minimalen und maximalen Überschreitungen;
- Die Sauerstoffaufnahme während der Füllung;
- Der Sauerstoff im Gasraum (muss unmittelbar nach dem Verschließen bestimmt werden, z.B. durch Bestimmung des Gesamtsauerstoffs) Die Anpassung der HDE-Anlage an Durchsatzänderungen muss in diesem Zusammenhang geprüft werden;
- Das Verschließmaß bei Kronenkorken bzw. die Falzmaße bei Dosen, die Aufdrehmomente bei Schraubverschlüssen;
- Die Kontrolle der PE-Einheiten;
- Etikettensitz und Datierung;
- Etikettenabscheidegrad der Reinigungsmaschine;
- Ggf. die Oberflächenspannung der gereinigten Flaschen.

Weitere wichtige Messungen betreffen die Lärmpegel (Schalldruckpegel) der Einzelmaschinen/Arbeitsplätze.

Die Auswertung der mikrobiologischen Proben zur Einschätzung der Reinigungsmaschine, des Pasteurisationseffektes und des sanitären Zustandes der Maschinen- und Anlagenoberflächen erfordert einige Tage. Diese Kontrollen müssen, falls vom Anlagenbetreiber gewünscht, separat vereinbart werden.

Mit dem Abnahmeversuch sollen erreicht werden:
- Der Nachweis zur Einhaltung der im Liefer- und Leistungsvertrag festgelegten Parameter;
- Die Aufdeckung von Störquellen und Schwachpunkten;
- Optimierungshinweise für die Steuerung bzw. Regelung von Pufferstrecken und sonstigen Antrieben.

Ziel des(r) Abnahmeversuchs(e) ist es natürlich, umsetzbare Hinweise für die Optimierung der Anlage zu finden, um durch eine Verbesserung des Liefer- bzw. Wirkungsgrades einen Beitrag zur Senkung der variablen Kosten zu leisten. Nur ein hoher Liefergrad reduziert auch die spezifischen Verbrauchswerte!

37.6 Gewährleistungen

In Tabelle 103 werden einige Gewährleistungsparameter genannt. Die angegebenen Zahlenwerte sind nur als Beispiel zu verstehen.

Tabelle 103 Beispiele für Garantiewerte einer Flaschenfüllanlage

Füll- und Verschließmaschine	
Füllmenge je Behälter (Durchschnittswert, Streuung)	gemäß Fertigpackungs-VO
Füllhöhengenauigkeit	$\leq \pm 1{,}5$ mm
Überschäumverluste	$\leq 0{,}5$ ml/Behälter
Sauerstoffaufnahme beim Füllvorgang	$\leq 0{,}02$ mg O_2/l
Gesamtsauerstoff in der Glasflasche	$\leq 0{,}15$ mg O_2/l
CO_2-Verlust des Füllgutes	$< 0{,}05$ g/l
CO_2-Verbrauch - Glasflasche - Dose - PET-Flasche	≤ 200 g/hl ≤ 850 g/hl ≤ 1100 g/hl
Wasserverbrauch Vakuumpumpe	< 600 l/h
Druckluftverbrauch	$< 0{,}5$ m^3 i.N./hl
Verschließmaß bei KK-Verschlüssen	Ø 28,6…28,8 mm
Aufdrehmoment bei Schraubverschlüssen in Abhängigkeit vom Verschlusstyp	1,36…1,8 Nm
Anteil unverschlossener/unterfüllter Flaschen	$< 0{,}03$ %
Etikettiermaschine	
Klebstoffverbrauch	abhängig von Etikettengröße und -Zahl
Fehletikettierungen	$< 0{,}1$ %
Etikettenverbrauch	1002/1000 Flaschen
Datierung	keine Fehler
Pasteurisation: PE-Einheiten	± 2 PE vom Sollwert
Wasserverbrauch	220 l/1000 Fl.
Wärmeverbrauch	15 MJ/hl
Flaschenreinigungsmaschine	
Etikettenabscheidegrad	$\geq 99{,}7$ %
Reinigungsmittelverbrauch	150 g/1000 Fl.
Laugeverschleppung	< 12 ml/Flasche
Oberflächenspannung im Nachspülwasser	≥ 60 mN/cm
Wärmebedarf	< 25 kJ/0,5-l-Flasche
Wasserverbrauch	≤ 150 ml/0,5-l-Flasche
Elektroenergieverbrauch	≤ 1 Wh/Flasche

Leerflascheninspektor	
Rückstandserkennung	$4 \ldots \leq 6 \text{ mm}^2$
Restflüssigkeitserkennung	$\leq 0,5$ ml/Flasche
Für die Anlage	
Anlagenliefergrad MW-Anlage	$\geq 85\,\%$
EW-Anlage	$\geq 90\,\%$
Maschinenwirkungsgrade	$> 97\,\%$
Nennausbringung	Behälter/h

37.7 Hinweise zum After-Sales-Geschäft

Es ist sehr sinnvoll, den Kunden auch nach der Anlagenab- und -übernahme mit Informationen zu möglichen Anlagenverbesserungen zu versorgen.

Dazu gehören insbesondere Hinweise auf mögliche Verbesserungen an den installierten Maschinen und Ausrüstungen, die zu einer Verbesserung der Effizienz, zur Erhöhung der Ausbringung, zur Verbesserung der Produktqualität, zur Verbesserung der Bedienbarkeit oder zur Verringerung des Wartungsaufwandes beitragen.

Eine Aufrüstung der Anlagenkomponenten (Upgrade) ist sicher immer im Interesse des Kunden.

Ziel muss es also sein, dem Kunden für die gesamte Lebensdauer der Anlage nicht nur einen guten Service zu bieten, sondern ihn auch stets über mögliche Verbesserungen zu informieren.

38. Betriebsdatenerfassung, Anlagensteuerung und Sensoren
38.1 Allgemeine Hinweise

Für die Betriebsdatenerfassung wurde von *Voigt*, *Rädler* und *Weisser* [475] ein „Standard-Pflichtenheft für BDE-Systeme innerhalb von Getränkeabfülllinien" erarbeitet, das mit den Herstellern *KRONES* und *KHS* abgestimmt wurde. Daraus wurden die „Weihenstephaner Standards für die Betriebsdatenerfassung bei Getränkeabfüllanlagen" (2005, Bezug siehe [476]).

Der Standard besteht aus vier Teilen und einer Einleitung und ist folgendermaßen aufgebaut:

❏ Allgemeiner Teil;
❏ Teil 1: Physikalische Schnittstellenspezifikation (Version 2005.03);
❏ Teil 2: Inhaltliche Schnittstellenspezifikation (Version 2005.03);
❏ Teil 3: Datenauswertung und Berichtswesen (Version 2005.01);
❏ Teil 4: Überprüfung und sicherer Betrieb (Version 2005.01).

Im allgemeinen Teil wird eine Einführung in die Problematik der Betriebsdatenerfassung bei Getränkeabfüllanlagen gegeben. Ferner enthält dieser Teil das Modell einer Mehrwegabfüllanlage, auf welches sich der restliche Standard in seinen Ausführungen bezieht.

Teil 1 beinhaltet die physikalische Spezifikation der Schnittstelle zur Anbindung von Kontrollgeräten und Maschinensteuerungen an ein BDE-System. Dieser Teil schreibt auch die Beschreibung des Datenangebots einer Maschine/eines Kontrollgeräts über eine XML-Gerätebeschreibungsdatei vor. Das entsprechende XML-Schema ist im Anhang des Teils 1 enthalten und kann auch in Datei-Form beim Lehrstuhl bestellt werden.

Teil 2 enthält die inhaltliche Spezifikation der Schnittstelle. Hierbei wird vorgegeben, welche Datenpunkte bei welchen Maschinen und Kontrollgeräten standardmäßig zur Verfügung zu stellen sind sowie in welchem Format und unter welchen Namen dies zu erfolgen hat.

Teil 3 enthält Funktionen zur Datenauswertung und Kennzahlenberechnung. Ferner sind in diesem Teil Beispielberichte angefügt, die es erleichtern sollen, die anfallenden Daten in strukturierter Weise aufzuarbeiten.

Teil 4 stellt eine Anleitung zur Überprüfung des BDE-Systems nach dessen Installation dar. Außerdem enthält dieser Teil Anweisungen, die den sicheren Betrieb und die Dokumentation desselben absichern sollen.

Einen Überblick zum Weihenstephaner Standard geben *Kather*, *Voigt* und *Langowski* [477]. Über die Effizienzsteigerung bei Füllanlagen mittels automatischer Datenanalyse berichten *Kather* und *Voigt* [478].

Das *AnlagenInformationsSystem* (AIS) in Verbindung mit dem *AnlagenLeitSystem* (ALS) von KHS kann die Verbindung zwischen Logistik, Instandhaltung und der die Geschäftsabläufe des Unternehmens steuernden Software (Enterprice Ressource Planning: ERP) und die sie mit der Produktion verbindenden Steuersysteme (Manufacturing Execution Systems: MES) knüpfen. Das Plant Monitoring System (PMS) ist ein BDE-System von KHS, das mit ERP und MES kommunizieren kann [479].

Füllanlagen

Die gleichen Ziele verfolgt das *Linienmanagement-System* (LMS) [480] von KRONES.

Für die „einfacheren Fälle" bietet es sich an, zumindest einige Parameter messtechnisch oder indirekt zu erfassen (siehe nachfolgende Übersicht). Diese Daten sollten regelmäßig ausgewertet werden. Sie sind für die Einschätzung der Füllanlage und der spezifischen Verbrauchswerte aus betriebswirtschaftlicher Sicht wichtig und stellen auch für eventuelle Benchmark-Vergleiche eine Basis dar.

Anzustreben ist die tägliche Auswertung, die in Wochen-, Monats- und Jahresübersichten weiter geführt wird. Empfohlen wird die grafische Darstellung der Soll- und Ist-Werte.

38.2 BDE aus betriebswirtschaftlicher Sicht; Kostencontrolling

Die Erfassung nachfolgend genannter Parameter ist zu empfehlen, sie sind regelmäßig mit den bei der Anlagenabnahme ermittelten Werten (Kapitel 37) zu vergleichen:

- **Verbrauchswerte von**:
  - Wasser gesamt,
  - Wasser für Pasteur,
  - Wasser für Flaschenreinigung,
  - Dampf/Wärmeträger für Heizung,
  - Dampf/Wärmeträger für Pasteur,
  - Dampf/Wärmeträger für Flaschenreinigung,
  - Dampf/Wärmeträger gesamt,
  - rückgeführte Kondensatmenge,
  - Elektroenergie gesamt,
  - Elektroenergie für Lüftungsanlage,
  - Elektroenergie für Füllanlage,
  - CO_2,
  - Druckluft.
- **Verbrauchswerte für Hilfsmaterialien:**
  - Reinigungsmittel,
  - Etiketten,
  - Klebstoff für Etiketten,
  - Heiß-Klebstoff,
  - Verschlüsse,
  - Bandschmiermittel,
  - Tinte, Tintenreiniger.
- **Betriebsstunden:**
  - gesamt,
  - Flaschenreinigungsmaschine,
  - Flaschenfüllmaschine,
  - Pasteur.

Angestrebt werden sollte die Erfassung von Beginn und Ende der Schicht und der Pausen. Die Maschinen-Stillstände und die Ursachen der Störungen sollten in Echtzeit dokumentiert werden.

- **Abgefüllte Getränkemenge:**
  - vor der Füllmaschine,
  - als Fertigpackung,
  - rückgeführte Restbiermenge.

- **Flaschen:**
  - vor Inspektor,
  - nach Inspektor,
  - nach Etikettiermaschine,
  - Ergänzungskaufmenge.
- **Dosen:**
  - auf Lieferpalette
  - als Fertigpackung
- **Kästen:**
  - vor Auspackmaschine,
  - nach Einpackmaschine,
  - Ergänzungskaufmenge.
- **Umverpackungen:**
  - Trays,
  - Kartons,
  - Mehrstückpackungen.
- **Paletten:**
  - Ergänzungskaufmenge,
  - Leergutpaletten,
  - Vollgutpaletten,
  - ausgesonderte Paletten.
- **Abfälle:**
  die Erfassung erfolgt zweckmäßigerweise durch Wägung.

Die **Auswertung** der vorstehend genannten Daten kann beispielsweise erfolgen in:
- Flaschen/h
- Dosen/h
- Kästen/h
- Verbrauchswerte/hl
- Verbrauchswerte/1000 Flaschen

Nach Bedarf kann die Erfassung und Auswertung der Daten auch auf die Sorte oder Artikelnummer bzw. Gebindegröße bezogen erfolgen. Mit diesen spezifischen Daten ist eine objektive Vergleichsbasis für betriebsinterne und externe Vergleiche gegeben.

38.3 BDE im Sinne der Fertigpackungsverordnung und des Eichgesetzes

- Kontrolle der Füllhöhe bei Flaschen,
- Kontrolle der Füllhöhe bei Dosen,
- Kontrolle der Füllmenge durch Kontrollwägung,
- Kontrolle der Füllmenge in Kegs,
- Kontrolle der Vollzähligkeit bei geschlossenen Verpackungsmitteln,
- Stichproben-Kontrolle der Verpackungsmittel auf Einhaltung der STLB.

38.4 BDE im Sinne des Produkthaftungsgesetzes, der Kennzeichnungsverordnung, des QMS, der Qualitätssicherung, HACCP

- Kontrolle der gereinigten Flaschen mittels Inspektionsmaschine,
- Zweite Kontrolle der Flaschen auf Restflüssigkeit vor der Füllmaschine,
- Verschlusskontrolle (fehlende Verschlüsse, undichte Verschlüsse, korrekter Verschluss),
- Kontrolle auf Vollständigkeit der Ausstattung (fehlende Verschlüsse, Etiketten, Staniolierung, MHD),
- Vollständigkeitskontrolle der Fertigpackungen (Kästen, Kartons, Trays, Multipacks, Paletten),
- Kontrolle der Verpackungsmittel vor der Füllung auf produktgerechte Beschaffenheit (Flaschengröße, -farbe, -form, Dosengröße, -Aufdruck),
- Stichproben-Kontrolle der Verpackungsmittel auf Einhaltung der STLB (Nenninhalt, Innendruckfestigkeit, Glasdicke, Porenfreiheit bei Dosen, Maßhaltigkeit, Dosen- und Deckelbeschichtung, Kronenkorken),
- Die laufende Produktkontrolle unmittelbar vor der Abfüllung. Anzustreben ist die online-Erfassung der Daten (z.B. O_2, Stammwürze/Leitfähigkeit, pH-Wert).

Im Sinne der *Dokumentation* der erfolgten Kontrollen bzw. der *Beweisfähigkeit* müssen erfolgen:

- Die Dokumentation der Testflaschenläufe durch die Inspektionsmaschine (Welche Testart, Erkennung der Testflaschen, Ergebnis des Tests, Testrhythmus, Testzeiten, Bediener);
- Die Dokumentation der Füllmengenkontroll-Messungen;
- Die Dokumentation der Restflüssigkeitskontrollen;
- Die Dokumentation der Überprüfung der Vollzähligkeitskontrollen;
- Die Dokumentation der Überprüfung der Ausstattungskontrollen;
- Die Dokumentation der Produktkontrollen (zum Beispiel Stammwürze, Leitfähigkeit, CO_2-Gehalt, O_2-Aufnahme);
- Die Dokumentation der Kontrolle der Betriebsparameter
  - Temperaturen während der Reinigungsprozesse,
  - Temperaturen während der Pasteurisation oder PE-Werte,
  - Reinigungsmittelkonzentrationen,
  - Drücke,
  - CO_2-Gehalt,
  - O_2-Gehalt,
  - Getränkesorte, Gebindeart, Abfüllzeit, Abfülllinie, MHD;
- Die regelmäßige Prüfung/Kalibrierung der Messtechnik und deren Dokumentation (z.B. die Temperaturmessungen am Pasteur oder KZE, Druckmessung an der Flaschenreinigungsmaschine, Leitfähigkeit in der CIP-Station);
- Die Dokumentationen der Stichprobenkontrollen.

Bei den vorstehend erwähnten Dokumentationen der Tests und Kontrollen müssen die Form des Tests, die Testperson, die genaue Testzeit, das Testergebnis und eventuelle Reaktionen oder Maßnahmen bei Nichterfüllung ausgewiesen werden.

Bei der Beurteilung des erreichten Niveaus der Kontrollen und Testverfahren muss stets der aktuelle Stand der Technik bzw. der fortgeschrittene Stand der Technik beachtet werden.

38.5 Anlagensteuerungen

Die Einzelmaschinen und die Gesamtanlage werden seit den 1980/90er Jahren mittels elektronischer Steuerungen nach hirachischen Strukturen bedient. In der Regel werden speicherprogrammierte Steuerungen eingesetzt (SPS). Diese sichern über Programme die Funktion der Anlage, technologische Abläufe werden nach hinterlegten Rezepten abgearbeitet. Die Informationen zum Anlagenzustand bezieht die Steuerung aus den Signalen der Sensoren. Bei Störungen schaltet die Steuerung die Anlage in einen definierten Betriebszustand. Alle Abläufe werden protokolliert.

Der manuelle Eingriff in die Programme und Rezepte ist grundsätzlich für befugte Personen immer möglich. Die Zugangsberechtigung kann z.B. durch Kennworte (Passwort) Code-Nummern, Key-Worte oder beispielsweise durch Transponder gesichert werden.

Durch Datenfernübertragung (Telefon, Internet) ist es möglich, dass der Anlagenstatus zum Anlagenhersteller oder zu externen Dienstleistern übertragen wird, so dass Fehlerdiagnosen und ggf. Eingriffe in die Betriebsabläufe ohne Serviceeinsatz vor Ort möglich sind.

Die SPS werden als robuste Industrie-PC gefertigt, zunehmend werden statt Festplatten-Speichern Flash-Speicher genutzt. Für die Signalgewinnung und die Übermittlung der Steuerbefehle werden Feldbussysteme eingesetzt.

Die Bedienung erfolgt mittels Tastatur und Maus/Trackball oder zunehmend über aktive Displays (Touchscreen) mit entsprechendem Schutzgrad vor Ort und durch interaktive Benutzerführung. Außer der Bedienung der Maschine/Teilanlage ist es möglich, Informationen auch aus anderen Abteilungen oder zur Gesamtanlage anzuzeigen.

Die Verknüpfung der Anlagen-Steuerungen mit der kaufmännischen Software des Unternehmens (z.B. SAP) ist bei neuzeitlichen Anlagen problemlos möglich (s.a. 38.1).

38.6 Sensoren für die Messwerterfassung

Die erforderlichen Information zum Status der Füllanlage (Temperaturen, Drücke, Füllstände, Durchfluss, Leitfähigkeit, pH-Wert, Trübung, Sauerstoffgehalt, CO_2-Gehalt, Status von Armaturen [offen, geschlossen] usw.) werden von entsprechenden Sensoren ermittelt und der Steuerung zur Auswertung übermittelt.

Zu Einzelheiten dieser Sensoren muss auf die Literatur verwiesen werden, z.B. auf [481].

39. Elektrische Antriebe und Pumpen

39.1 Elektrische Antriebe

Standardantriebsmotor ist der Drehstrom-Asynchronmotor mit Käfigläufer (Synonym: Kurzschlussläufer) für eine Nennspannung von 400 V. Diese Bauform ist sehr kostengünstig herstellbar und wenig störanfällig. Die Drehzahlen sind abhängig von der Polzahl und Netzfrequenz (bei 50 Hz: 2-polig: < 3000 U/min; 4-polig: < 1500 U/min; 6-polig: < 1000 U/min). Durch Veränderung der Frequenz lässt sich die Drehzahl der Asynchronmotoren verändern. Moderne Frequenzumrichter lassen diesbezüglich keine Wünsche offen. Beim Sanftanlauf kann die Drehzahl als Funktion der Zeit gesteigert werden (Verringerung der Einschaltstromspitze), das Gleiche gilt für das Abschalten.

Begrenzt wird die minimal erreichbare Drehzahl vor allem von der Motorerwärmung. Bei geringer Drehzahl wird die Kühlluftmenge des auf der Motorwelle befindlichen Lüfterrades ebenfalls geringer und die Temperatur des Motors steigt. Ggf. muss zusätzlich gekühlt werden. Die Kühlrippen des Motors müssen ständig sauber gehalten werden und die Kühlluftzufuhr muss gewährleistet bleiben.

Für sehr große Antriebsleistungen, z.B. für den Antrieb von Luftverdichtern, werden auch Hochspannungsmotoren (6 kV) verwendet.

Elektromotoren werden mit verschiedenen Wirkungsgraden gefertigt. Anzustreben ist der Einsatz von Motoren der Effizienzklasse EFF 1, den so genannten Energiesparmotoren (s.a. Kapitel 32.2.2).

Bei mehreren Antrieben, die synchron laufen müssen, werden zum Teil Synchronmotoren eingesetzt, die als Asynchronmotoren geschaltet anlaufen und dann als Synchronmotoren betrieben werden.

In der Vergangenheit wurden für Drehzahl veränderliche Antriebe mechanische Stellgetriebe (zum Teil stufenlos stellbar), verstellbare Spreizscheibengetriebe mit Breitkeilriemen oder Lamellenkette oder Gleichstrommotoren mit Tyristorsteuerung eingesetzt.

Moderne Antriebsmotoren für Roboter und Verarbeitungsmaschinen verfügen oft über Permanentmagnete statt einer Feldwicklung. Eine Sonderbauform ist der Linearmotor.

Bremsmotoren besitzen auf der Motorwelle eine mechanische Bremse.

Moderne Antriebe von Verarbeitungsmaschinen können dem Sammelbegriff Servomotor zugeordnet werden. Servomotoren können eine vorherbestimmte Position exakt anfahren und diese dann halten. Diese Position kann ein vorgegebener Drehwinkel sein oder eine Streckenposition bei Linearantrieben. Das Erreichen und Halten der Position übernimmt eine Regelung, die ihre Information von einem Sensor erhält. Der Sensor kann z.B. ein Drehwinkelgeber (Synonym Resolver), Drehimpulsgeber oder ein Wegemesssystem sein.

Ähnliche Effekte werden auch mit den so genannten Schrittmotoren erzielt (z.B. exakte Drehung des Flaschenträgers einer Etikettiermaschine um einen definierten Winkel, dabei verfügt jeder Flaschenträger über einen eigenen Antrieb).

Auswahlkriterien für einen Antriebsmotor sind beispielsweise die Spannung, die Nennleistung, der Leistungsfaktor φ, die Netzfrequenz, die Drehzahl, das verfügbare

Elektr. Antriebe und Pumpen

Drehmoment, die Schutzart (Tabelle 104), die Betriebsart (S 1 bis S8; sie unterscheiden sich durch die Einschaltdauer und Schalthäufigkeit), Wärmeklasse (z.B. Wärmeklasse F) und die Gehäusebauform (Fuß- oder Flanschmontage) sowie die Einbaulage, die die Belastung der Motorwelle und Lager bestimmt.

Moderne Antriebe sind für die Lebensdauer geschmiert (d.h., dass ein Schmierstoffwechsel zum Teil erst nach 25.000 h erforderlich wird; Voraussetzung dafür sind alterungsbeständige synthetische Fette bzw. Öle, geschlossene Getriebe und eine verschleißarme Konstruktion und hohe Fertigungsqualität).

Tabelle 104 Schutzarten elektrischer Ausrüstungen nach DIN EN 60529

**)	1. Ziffer	Fremdkörperschutz *): Bedeutung	2. Ziffer	Wasserschutz: Bedeutung
IP	0	ungeschützt	0	ungeschützt
IP	1	Schutz gegen große feste Fremdkörper	1	Tropfwasserschutz
IP	2	Schutz gegen mittelgroße feste Fremdkörper	2	Schutz gegen schräg fallende Tropfen (bis 15° zur Senkrechten)
IP	3	Schutz gegen kleine kornförmige Fremdkörper	3	Schutz gegen Sprühwasser (bis 60° zur Senkrechten, Regenschutz)
IP	4	Schutz gegen kleine kornförmige Fremdkörper	4	Schutz gegen Schwallwasser (Spritzwasser aus allen Richtungen)
IP	5	Schutz gegen Staubablagerungen im Inneren	5	Schutz gegen Strahlwasser aus allen Richtungen
IP	6	Staubdichtheit	6	Schutz gegen vorübergehendes Überfluten
IP		–	7	Schutz gegen kurzes Eintauchen
IP		–	8	Schutz gegen Druckwasser

*) Auf den ebenfalls durch die erste Ziffer ausgedrückten Berührungsschutz wird nicht eingegangen
**) International Protection;
  Üblich sind für Antriebe die Schutzarten IP 54, 55, IP 56 und 65.

Getriebemotoren sind eine Motor/Getriebe-Kombination, sie kann einstufig oder mehrstufig sein. Vorteilhaft ist dabei, dass das Bauvolumen relativ gering ist.

Getriebemotoren werden für eine große Drehzahl- und Leistungspalette kostengünstig gefertigt. Sie werden vor allem im Drehzahlbereich 0,63 U/min $\leq n \leq$ 750 U/min benutzt, die Leistungen bewegen sich im Bereich 0,12 kVA $\leq P \leq$ 45 kVA.
Die Schmierstofffüllmenge richtet sich nach der Einbaulage.
Das Getriebe kann ein Stirnrad-, Kegelrad- oder Schneckenrad-Getriebe sein, oder ein kombiniertes Getriebe. Es kann ein- oder mehrstufig gestaltet werden, auch als Flachgetriebe.

Der mechanische Wirkungsgrad wird von der Bauform bestimmt (die Erwärmung des Getriebes ist vom Wirkungsgrad abhängig), Stirnradgetriebe sind besonders günstig.

Füllanlagen

Der Getriebemotor kann als Aufsteckgetriebe gefertigt werden oder der Antrieb erfolgt über Kette und Kettenräder bzw. einen einstellbaren Riementrieb oder fluchtend zur Antriebswelle mittels einer Wellenkupplung.

Für besondere Anwendungsfälle werden Getriebemotoren mit besonders glatten Oberflächen auch in so genannter Hygieneausführung gefertigt, die aber aus der Sicht des elektrischen Wirkungsgrades nicht optimal sind (Abbildung 613).

Getriebe werden für die Drehzahlanpassung zwischen Motor und Maschine benutzt, in der Regel mit fixen Übersetzungsverhältnissen.

Kupplungen werden für die Verbindung zweier Wellen eingesetzt. Sie können starr oder flexibel oder schaltbar sein. Neben der Drehmomentübertragung kann eine Kupplung je nach Bauform auch geringe Winkel- und Lageabweichungen kompensieren.

Als Überlastschutz können Rutschkupplungen (Abschaltmoment einstellbar) oder Schalter genutzt werden.

Weiterführende Einzelheiten können der Fachliteratur entnommen werden, z.B. [482], [483], [484]. Hingewiesen werden muss auch auf die zum Teil sehr informativen Druckschriften der Hersteller.

39.2 Sonstige Antriebe

Hierzu zählen u.a.:
- Magnet-Antriebe;
- Hydraulische Antriebe;
- Pneumatische Antriebe.

Vor allem pneumatische Antriebe sind wichtig für die Betätigung der Absperr- und Stellarmaturen in den Produktleitungen der Getränkeindustrie. Sie werden als Linearantriebe für die Ventilbetätigung (Pneumatisch betätigter Kolben im Zylinder) oder als Drehwinkelantrieb (90°-Drehwinkel) für die Betätigung von Klappen und Hähnen gefertigt. Es können beide Bewegungsrichtungen durch Druckluft erfolgen oder eine Bewegungsrichtung wird durch Federkraft vorgenommen.

Weiterführende Einzelheiten müssen der Fachliteratur entnommen werden, zum Beispiel [484], [485], [486] [487].

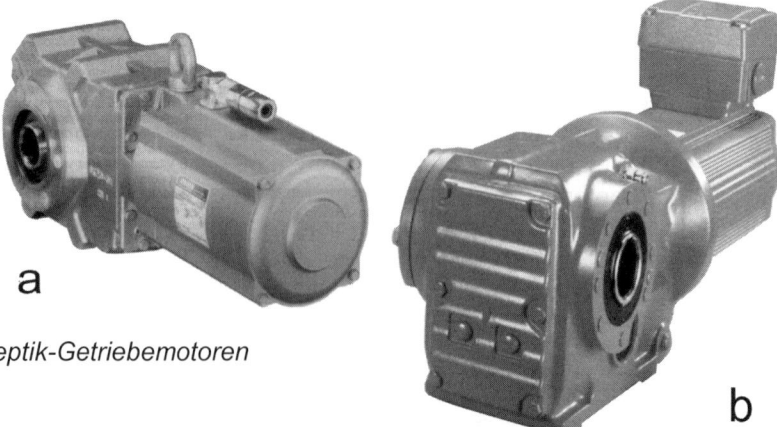

Abbildung 613 Aseptik-Getriebemotoren
a Danfoss-Bauer
b SEW-Eurodrive

39.3 Pumpen

39.3.1 Allgemeine Hinweise

Pumpen der verschiedensten Bauformen werden im Bereich von Füllanlagen für die Förderung von Getränken aller Art, für die Ver- und Entsorgung mit Wasser, Reinigungsmitteln usw. eingesetzt. Zu speziellen Hinweisen muss auf die Fachliteratur verwiesen werden, beispielsweise auf [488], und auf die Druckschriften der Hersteller. Eine Kurzübersicht ist aus [489] zu entnehmen.

Nachfolgend werden einige wichtige Aspekte des Pumpeneinsatzes genannt.

39.3.2 Flüssigkeitspumpen

39.3.2.1 Kreiselpumpen für die allgemeine Verwendung

Kreiselpumpen sind in der Regel nicht selbst ansaugend, das Fördermedium muss also der Pumpe zulaufen. Sobald die Saugleitung mit Flüssigkeit gefüllt ist, kann die Pumpe dann auch saugen. Die maximale Saughöhe (etwa ≤ 8 m) bzw. der Dampfdruck sind temperaturabhängig. Die Saugleitung wird dann durch ein Fußventil verschlossen, sodass sie gefüllt bleibt.

Kreiselpumpen können unterschieden werden nach der Laufradform, dem Gehäuseaufbau, dem Gehäusewerkstoff, der Stufenzahl und dem Antrieb.

Kreiselpumpen für allgemeine Anwendungen werden standardisiert von zahlreichen Herstellern gefertigt. Sie sind unter dem Begriff „DIN-Pumpen" („Norm-Pumpen") bekannt (beispielsweise Wasser- und Chemie-Normpumpen) und sind in ihren Maschinendaten (vor allem Nennweite des Saug- und Druckstutzens, Volumenstrom, Förderhöhe, Anschlussmaße) nach einem Baukastensystem abgestimmt.

Die so genannten Chemie-Normpumpen sind aus korrosionsbeständigen Werkstoffen gefertigt und eignen sich zum Beispiel für die Wasserförderung und für CIP-Anlagen.

Weitere spezielle Bauformen werden zum Beispiel für die Förderung von Abwasser oder Schlamm gefertigt.

39.3.2.2 Kreiselpumpen für die Getränkeindustrie

Für den Einsatz in der Gärungs- und Getränkeindustrie, aber auch in der Biotechnologie, werden spezielle Pumpen aus Edelstahl, Rostfrei® angeboten. Diese Hersteller sind spezialisiert und fertigen diese Pumpen nach den Prinzipien des Hygienic Designs, beispielsweise nach den Empfehlungen der EHEDG (European Hygienic Equipment Design Group) oder der DIN EN 12462 Biotechnik-Leistungskriterien für Pumpen. Die Pumpen können nach den Regelwerken der FDA (Food and Drug Administration, USA) und den 3A-Hygienestandards (USA) zertifiziert werden.

Diese Pumpen werden sowohl in der Bauform der Normpumpen (s.o.) ausgeführt als auch in der Blockbauweise (Abbildung 614).

Bei den Pumpen für die Getränkeindustrie werden die Nennweiten der Saug- und Druckstutzen oft anders als bei den Normpumpen ausgelegt, um die Fließgeschwindigkeiten dem Produkt oder der Produkttemperatur anzupassen.

Füllanlagen

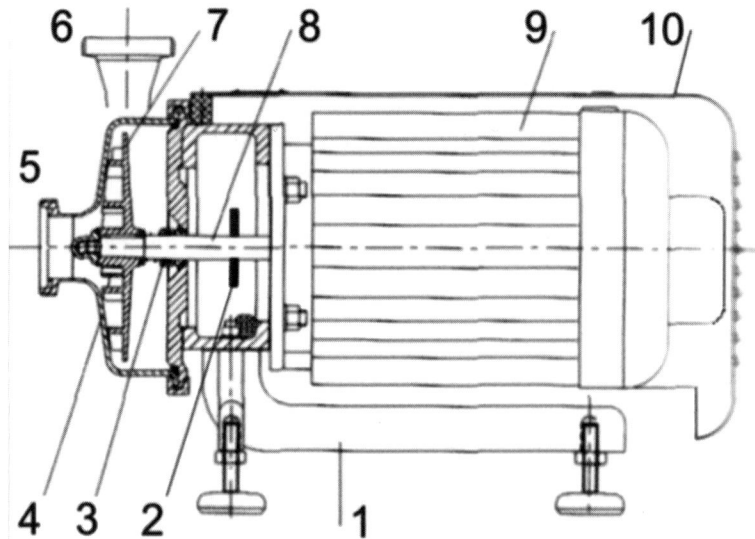

Abbildung 614 Beispiel für eine Pumpe in Blockbauweise (nach Hilge)
1 Pumpenfuß **2** Spritzscheibe **3** Wellendichtung **4** Pumpengehäuse **5** Saugstutzen
6 Druckstutzen **7** Laufrad **8** Pumpenwelle/Motorwelle **9** Flansch-Motor **10** Edelstahlverkleidung

Spezielle Anforderungen an Pumpen für die Gärungs- und Getränkeindustrie:
- Sicherung von kontaminationsarmer Arbeitsweise, eine sterile Arbeitsweise wird angestrebt;
- Vollständige Erfassung der produktberührten Oberflächen während der CIP-Reinigung und Desinfektion bzw. Sterilisation, insbesondere der Bereich der Wellendichtung;
- Korrosionsbeständigkeit bzw. chemische und thermische Beständigkeit aller Werkstoffe, insbesondere bei CIP/SIP;
- Eignung für CIP-Verfahren (Werkstoffe, Oberflächenbeschaffenheit [Rautiefe], geometrische Gestaltung, keine Spalt- und Kapillarräume);
- Einfache Demontage/Montage, einfache Inspektionsmöglichkeit;
- Eignung für stark schwankende Betriebsparameter (Förderhöhe, Volumenstrom, Temperatur, Viskosität). Insbesondere für Kreiselpumpen gilt: der Anlauf und Betrieb gegen „offenen Schieber" (freier Auslauf) muss möglich sein. Das ist wichtig bei der Auswahl des Antriebsmotors;
- Das Gehäuse muss sich bei Bedarf entleeren lassen können;
- Weitestgehende Standardisierung der Pumpenelemente im Sinne einer vereinfachten Ersatzteilhaltung.

39.3.3 Seitenkanalpumpen

Seitenkanalpumpen (Synonym: Sternradpumpe) werden in Normpumpen- und Block-Bauweise gefertigt, einstufig und mehrstufig (Abbildung 616, Abbildung 617 und Abbildung 618).

Das Laufrad (Sternrad) gleitet an der Gehäusewandung mit geringst möglichem Abstand. Deshalb sind diese Pumpen nur für reine, feststofffreie Flüssigkeiten geeignet. Der Gebrauch von Schutzsieben kann erforderlich sein.

Seitenkanalpumpen benötigen für ihren Betrieb Flüssigkeit. Die Pumpen müssen vor der Inbetriebnahme mit Flüssigkeit gefüllt werden; sie bleiben auch im Ruhezustand mit Flüssigkeit gefüllt stehen. Deshalb werden Saug- und Druckstutzen nach oben, meist vertikal, geführt. Ihre Lage ist nicht veränderbar. Die Gehäuseteile werden unverwechselbar fixiert, beispielsweise mittels Passstiften.

Abbildung 615 zeigt die Pumpe schematisch. Das Laufrad erzeugt bei der Rotation einen Flüssigkeitsring im Gehäuse. Zwischen Saug- und Druckstutzen bildet sich ein exzentrischer Raum aus, der sich vom Saugstutzen ausgehend erst erweitert (Ansaugen) und danach wieder zum Druckstutzen verjüngt (Verdrängen).

Dieses Funktionsprinzip ist auch für die Gasförderung geeignet, sodass die Seitenkanalpumpen auch Gase fördern können. Sie werden deshalb als selbst ansaugende Pumpen eingesetzt (z.B. als CIP-Rücklaufpumpe) oder für die Vakuumerzeugung bei Flaschenfüllmaschinen mit Vorevakuierung, Etikettiermaschinen u.ä.

Infolge des geringen hydraulischen Wirkungsgrades entsteht relativ viel Wärme beim Einsatz als Vakuumpumpe. Deshalb muss das „Betriebswasser" ständig erneuert oder gekühlt werden. Steigende Temperaturen verschlechtern den Wirkungsgrad weiter, da der Dampfdruck steigt und sich das geförderte Gas ausdehnt, es wird also immer weniger gefördert.

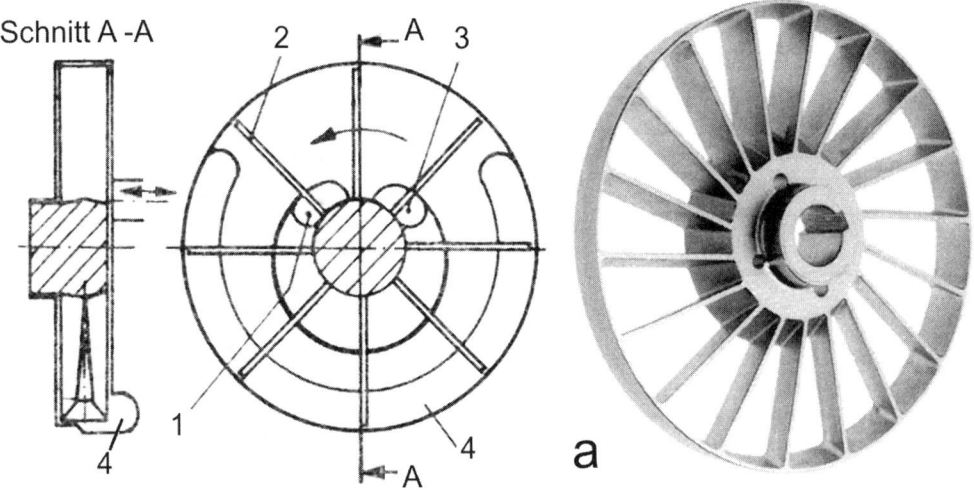

Abbildung 615 Sternradpumpe, schematisch **a** *Sternrad - Beispiel*
1 Saugstutzen **2** Sternrad **3** Druckstutzen **4** Seitenkanal

Füllanlagen

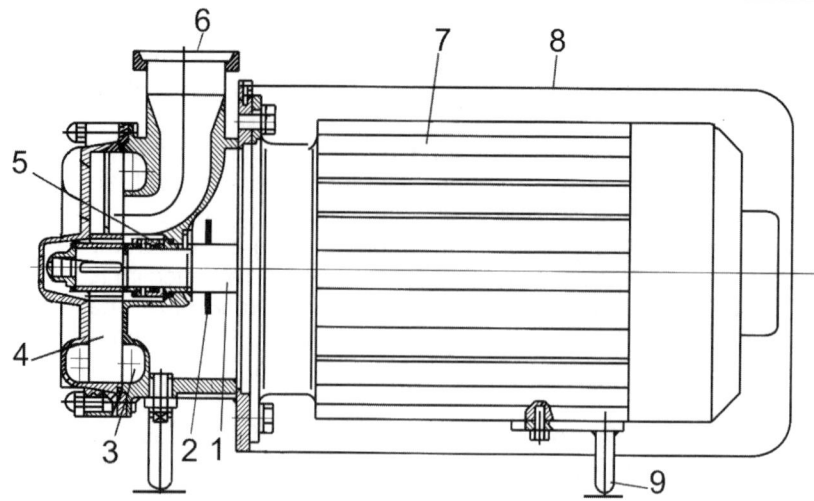

Abbildung 616 Sternradpumpe (Typ Sipla, Fa. Hilge)
1 Pumpenwelle   **2** Spritzscheibe   **3** Seitenkanal   **4** Sternrad   **5** Wellendichtung
6 Anschlussstutzen   **7** Motor   **8** Edelstahl-Verkleidung   **9** Kalottenfuß

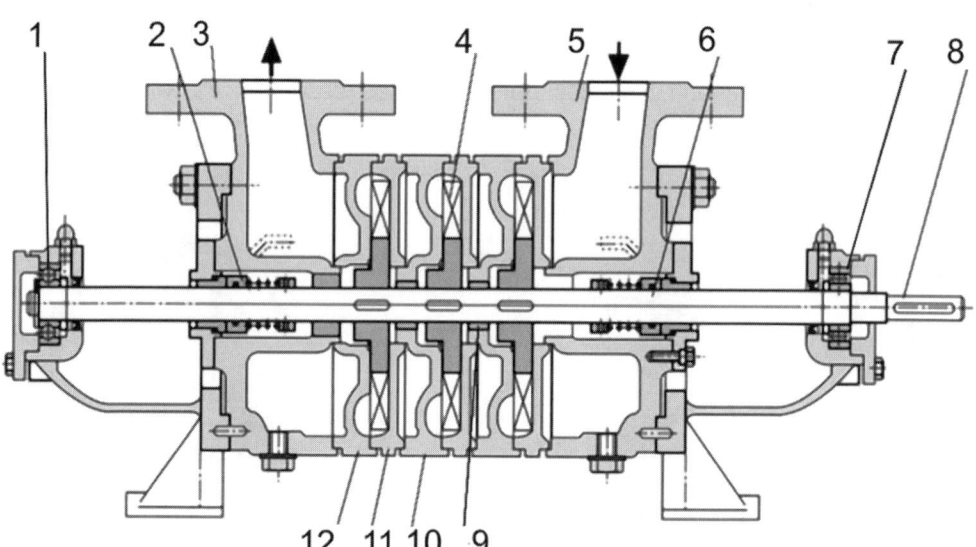

Abbildung 617 Mehrstufige Seitenkanalpumpe (nach GEA Tuchenhagen)
1 Lager   **2** GLRD Druckseite   **3** Druckstutzen   **4** Laufrad   **5** Saugstutzen   **6** GLRD Saugseite   **7** Lager   **8** Pumpenwelle   **9** Stützlager   **10…12** Stufen 2 und 3

Elektr. Antriebe und Pumpen

Abbildung 618 Beispiel für eine Sternradpumpe (nach Fristam)
1 Anschlussstutzen **2** Laufrad (Sternrad) **3** Seitenkanal

39.3.4 Die Wellendichtung

39.3.4.1 Wozu dient eine Wellendichtung

Alle rotierenden Teile einer Maschine, vorzugsweise sind das Wellen, müssen gegenüber dem Gehäuse als feststehendem Teil abgedichtet werden. Das sich drehende Teil wird auch als Rotor bezeichnet, das feststehende Teil als Stator.

Bei Getrieben oder Motoren muss die Dichtung beispielsweise den Austritt des Schmierstoffes (z.B. Fett, Öl) verhindern. Ein weiteres Anwendungsgebiet ist die Abdichtung der Kurbelwelle eines Kältemittel-Kolbenverdichters oder des Rotors eines Schraubenverdichters gegen den Austritt des Kältemittels.

Bei Pumpen muss die Pumpenwelle gegenüber dem Pumpengehäuse so abgedichtet werden, dass das Fördermedium nicht austreten kann. Weiterhin darf über diese Dichtung kein Gas, beispielsweise die Umgebungsluft, angesaugt werden. Die Wellendichtung ist ein gegenüber der Pumpe relativ kleines Bauelement, das aber für die Funktion der Pumpe unverzichtbar ist.

Das Druckniveau auf der Saugseite einer Pumpe entspricht oft dem atmosphärischen Druck, während das Druckniveau der Druckseite zum Teil wesentlich darüber liegt. Die Wellendichtung muss also auch verhindern, dass das Fördergut austreten kann. In diesem Zusammenhang muss darauf hingewiesen werden, dass durch die konstruktive Laufradgestaltung (Entlastungsbohrungen, Beschaufelung der Laufrad-Rückseite) die Druckbeanspruchung der Wellendichtung reduziert werden kann.

Der Vollständigkeit halber soll erwähnt werden, dass auch hermetische Pumpen gefertigt werden können. Diese besitzen keine Wellendurchführung. Entweder ist der Antriebsmotor im Gehäuse integriert oder das Drehmoment wird durch eine Magnetkupplung übertragen.

Füllanlagen

39.3.4.2 Varianten einer Wellendichtung
Die Abdichtung einer Welle kann durch unterschiedlich gestaltete Dichtungselemente erfolgen, beispielsweise mit
- einer Stopfbuchse,
- einem Wellendichtring oder
- einer Gleitringwellendichtung.

Die Stopfbuchse

Die Stopfbuchse ist die historisch älteste Form einer Wellendichtung. Stopfbuchsen werden nicht nur bei Pumpenwellen eingesetzt, sondern auch zur Dichtung der Gewindespindel bei Ventilen oder Schiebern, zum Teil auch bei der Dichtung von Hahnküken (Packungshahn).

Den Aufbau zeigt Abbildung 619. Eine Packungsschnur („Weichpackung": z.B. aus Baumwollgewebe in Zopfgeflechtform, getränkt mit Graphit, MoS_2 oder Talg; PTFE-Geflecht; in der Vergangenheit auch Asbestschnur) wird in konzentrischen Ringen um die Welle gelegt, sodass der Stopfbuchsraum ausgefüllt wird. Der Ringstoß wird schräg geschnitten, damit sich die Schnittfläche überlappt. Die Packung wird durch eine Stopfbuchsbrille oder eine Spannschraube gespannt.

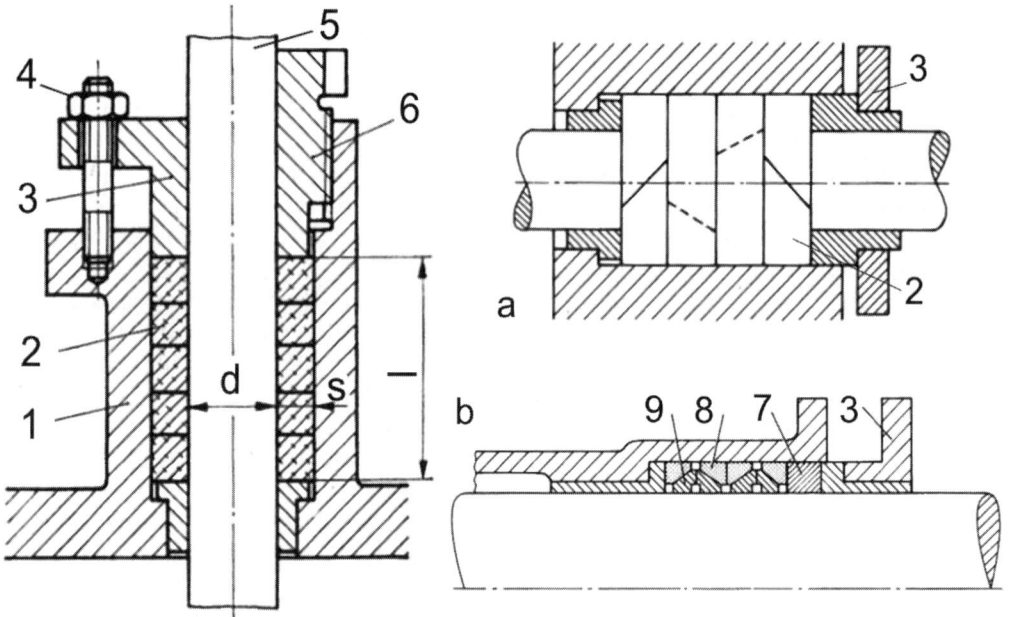

Abbildung 619 Stopfbuchse, schematisch
1 Stopfbuchsgehäuse **2** Packung **3** Stopfbuchsbrille (2-Loch-Flansch) **4** Spannmutter **5** Pumpenwelle **6** Spannschraube **7** Druckring **8** Kegelring, ungeteilt **9** Dichtring, geteilt
d Durchmesser der Welle **s** Dicke der Packung **l** Länge der Stopfbuchse
a Weichpackung **b** Kegelpackung

Eine modernere Form der Dichtung ist die Verwendung von Manschettendichtungen, beispielsweise als Kegelpackung oder Federringpackung.

Das Spannen muss gefühlvoll erfolgen. Die Packung darf nicht zu fest gespannt werden, sie muss eine geringe Leckagemenge durchlassen (als Faustregel gelten 2…3 Tropfen pro Minute). Diese dient der Schmierung und Ableitung der Reibungswärme. Ist die Leckage nicht gesichert, erhitzt sich die Packung bis zum Verbrennen. Da sich die Packung während des Betriebes „setzt" und ein geringer Verschleiß vorhanden ist, muss regelmäßig nachgespannt werden. Geht die Packung nicht mehr nachzuspannen, muss neu „verpackt" werden. Die Leckageflüssigkeit muss abgeleitet werden.

Es werden auch Stopfbuchsen mit Spülanschluss gefertigt. Damit soll die Schmierung und Kühlung verbessert werden.

Für biologische Prozesse ist eine Stopfbuchse ungeeignet. Trotzdem sind für einfache Fälle, z.B. Wasserpumpen, Stopfbuchsen noch im Gebrauch, da sie konkurrenzlos billig sind, vorausgesetzt die Wartung ist gesichert.

39.3.4.3 Der Wellendichtring

Wellendichtringe sind Dichtungen, die zur Abdichtung von Wellen in Maschinengehäusen gegen die Umgebung verwendet werden. Sie werden in der Regel durch den Schmierstoff des Bauelementes geschmiert. Für Pumpen in der Lebensmittelindustrie sind sie im Prinzip nicht geeignet. Sie wurden aber auch vereinzelt als Wellendichtung benutzt.

Radial-Wellendichtring

Umgangssprachlich wird ein Radial-Wellendichtring oft als Simmerring® bezeichnet (das ist ein eingetragenes Warenzeichen der Firma Freudenberg & Co. KG, Weinheim; es leitet sich ab vom Erfinder des Wellendichtringes Walther Simmer).

Radial-Wellendichtringe werden mit festem Sitz im Gehäuse oder Gehäusedeckel eingebaut. Ihre Dichtlippe läuft auf der Oberfläche der sich drehenden Welle und wird von einem Federring (Wurmfeder) radial auf die Wellenoberfläche gedrückt (s.a. Abbildung 620).

Um den Verschleiß an der Gummilippe zu vermindern und die Dichtwirkung zu gewährleisten, werden hohe Anforderungen an die Beschaffenheit der Wellenoberfläche gestellt, oft wird deshalb die Welle im Bereich der Dichtungslauffläche drallfrei geschliffen. Neuere Bauformen haben mitunter keine Wurmfeder mehr (Membranwellendichtringe) oder verfügen über eine PTFE-Dichtlippe.

Die Zahl der ausgeführten Radial-Wellendichtringe ist sehr groß und wird vom Einsatzzweck bestimmt, gleiches gilt für die Werkstoffpaarungen.

Axial-Wellendichtring

Axialwellendichtringe werden verwendet, um untergeordnete Dichtaufgaben zu erfüllen, zum Beispiel Staubschutz oder Spritzwasserschutz. Im Gegensatz zu den Radial-Wellendichtringen dichtet hier die Dichtlippe nicht auf der Welle, sondern üblicherweise an einem Gehäuseteil in axialer Richtung, daher der Begriff. Übliche Bauformen sind der V-Ring und der Gammaring, welcher zusätzlich noch eine Labyrinthfunktion ausübt. Häufig werden Axialwellendichtringe als Sekundärdichtung von Radial-Wellendichtringen eingesetzt, wenn eine außergewöhnliche Schmutzbelastung zu erwarten ist. Beispiele sind Anwendungen bei Baumaschinen.

Füllanlagen

Axial-Wellendichtringe werden auch bei Gasdruckfedern eingesetzt. Aufgrund der hohen Drücke (100 bar und mehr) werden hohe Anforderungen an die Dichtheit gestellt.

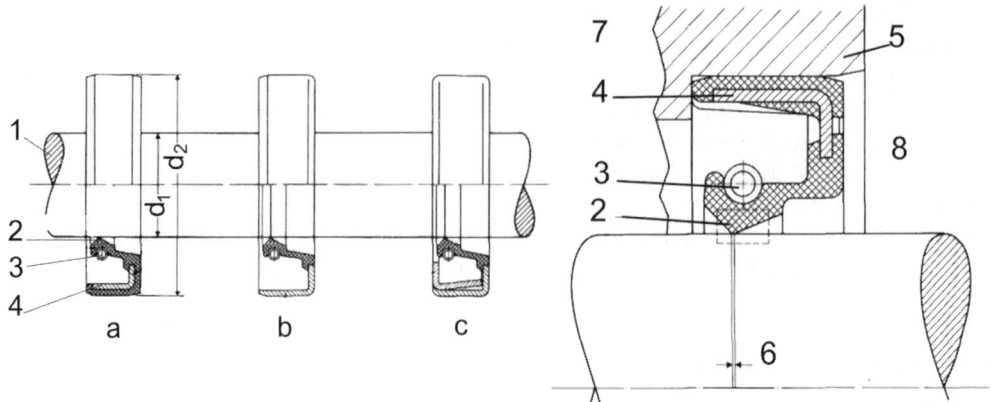

Abbildung 620 Radial-Wellendichtring
(nach Goetze/Burscheid)
1 Welle **2** Dichtlippe **3** Wurmfeder **4** Versteifungsring **5** Maschinengehäuse
6 Dichtspaltbreite **7** „Ölseite" **8** Umgebungsseite
a Form A: ohne metallisches Gehäuse **b** Form B: mit metallischem Gehäuse
c Form C: mit metallischem Gehäuse und Kappe an der Dichtlippenseite

39.3.4.4 Die Gleitringdichtung

Gleitringdichtungen (GLRD) dienen der Abdichtung von rotierenden Wellen gegenüber einem stationären Gehäuse. Ein Teil einer Gleitringdichtung rotiert mit der Welle, der andere ist stationär. Jener Ring, der sich axial bewegen kann, wird *Gleitring* genannt, der andere *Gegenring*. Der Aufbau einer Gleitringdichtung ist aus Abbildung 621 und Abbildung 622 ersichtlich.

Für die Funktion der GLRD (siehe Abbildung 621) ist es wichtig, dass der Gleitring (5) auf der Pumpenwelle (1) leicht verschieblich ist und durch die Druckfeder (2) an den Gegenring (6) gepresst werden kann. Dabei wird der Gleitring durch den Dichtring (4) gegen die Pumpenwelle abgedichtet. Dieser Dichtring muss sich also leicht verschieben lassen, ohne undicht zu sein. Das Gleiten wird beispielsweise durch Siliconfett erleichtert. Insbesondere bei Würzepumpen muss die Gleitfläche regelmäßig gesäubert werden. Die CIP-Reinigung reicht oft nicht aus, da diese Stelle nur schwer erfassbar ist. Spezielle Bauformen der GLRD können diese Problemstelle eliminieren.

Der Gegenring wird durch die Dichtung (7) gegenüber dem Pumpengehäuse gedichtet.

Die Stirnflächen zwischen beiden Ringen sind absolut plan gearbeitet. Durch Federkraft werden die Ringe aufeinander gedrückt und die Stirnflächen der Ringe bilden den Dichtspalt. Das abzudichtende Medium dringt zwischen die Dichtflächen ein und wirkt dort als Schmierfilm.

Durch die geometrische Gestaltung des Gleitringes und Gegenringes ist eine Druckentlastung des Dichtspaltes möglich (die vom Druck in der Pumpe beaufschlagten wirksamen Flächen sind vom Durchmesser abhängig).

Elektr. Antriebe und Pumpen

Die Abdichtung der Gleitringdichtungs-Ringe gegenüber Welle bzw. Gehäuse erfolgt mit Nebendichtungen in Gestalt von zusätzlichen O-Ringen oder Manschetten. Es gibt einfache und doppelt wirkende Gleitringdichtungen (s.u.).

Wichtiger Hinweis:

> Die GLRD darf niemals trocken laufen, um die Schmierung im Spalt Gleitring/Gegenring zu sichern. Die Pumpe sollte immer mit Flüssigkeit gefüllt sein, ggf. muss manuell aufgefüllt werden (z.B. bei der Inbetriebnahme). Das gilt auch für den Quench-Raum und für den Raum einer doppelten GLRD.

Gleitringdichtungen werden derzeit für Wellendurchmesser von ca. 5 bis 500 mm, Drücke von ca. 10 Torr bis 200 bar, Temperaturen von ca. -200 bis +450 °C und Gleitgeschwindigkeiten von bis zu ca. 150 m/s gefertigt.

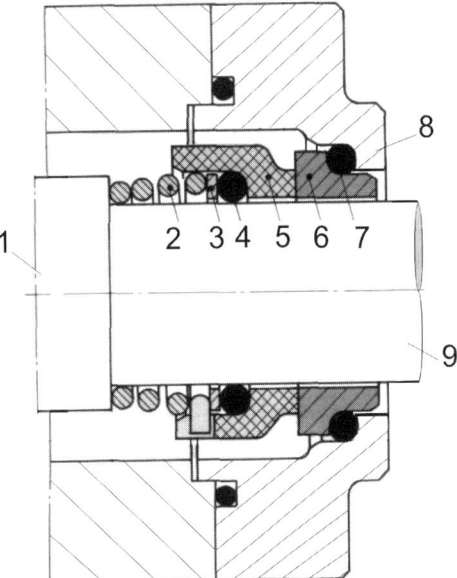

Abbildung 621 Gleitringdichtung, schematisch
1 Pumpenwelle, Laufradseite **2** Druckfeder **3** Unterlegring **4** Dichtring (Rundring) **5** Gleitring **6** Gegenring **7** Dichtring im Pumpengehäuse **8** Pumpengehäuse **9** Pumpenwelle, Antriebsseite

Abbildung 622 Einfache Gleitringdichtung
1 Gegenring **2** Gleitring **3** Druckfeder **4** Dichtring (Rundring) im Gleitring **5** Rundring für die Dichtung im Pumpengehäuse

Werkstoffpaarungen
Bei der GLRD kommen z.B. wahlweise für den Gleitring bzw. Gegenring zum Einsatz:
- Wolframcarbid, Siliciumcarbid, Aluminiumoxid, Hartmetall, spezielle Chrom-Nickel-Molybdän-Stähle,
- Kohlegraphit, kunstharzgebunden oder -imprägniert („Kunstkohle").

Teilweise werden aber auch die Paarungen Metall/Metall oder Siliciumcarbid/Siliciumcarbid benutzt.

Die Dichtflächen werden feinstgeschliffen/geläppt/poliert. Mit den Dichtflächen muss sehr sorgsam umgegangen werden.

Die Dichtelemente werden in der Regel mit Rundringen (O-Ringen), beispielsweise aus EPDM, gegenüber der Welle bzw. dem Gehäuse gedichtet.

39.3.4.5 Bauformen der Gleitringdichtung
Unterschieden werden (Abbildung 623):
- einfache GLRD,
- einfache GLRD mit Quench,
- doppelte GLRD in back to back-Ausführung („Rücken an Rücken") und
- doppelte GLRD in Tandem-Ausführung.

Die doppelte GLRD soll die Funktionssicherheit erhöhen, gleichzeitig sind damit die Möglichkeiten der Schmierung und der Schutz gegen Trockenlauf verbessert. Aus mikrobiologischer Sicht lassen sich Kontaminationen nahezu ausschließen. Für die Steriltechnik werden spezielle GLRD gefertigt, außer für Pumpen beispielsweise für Rührerwellen von Fermentoren.

Die GLRD mit Quench soll die Schmierung der Gleitpaarung sichern und eventuelle Leckagen entfernen; der Quench-Raum muss immer mit Flüssigkeit gefüllt sein, die Spülung darf nur drucklos erfolgen, der Ablauf darf nicht verschließbar sein (falls sich ein Druck aufbauen würde, könnte der Gegenring aus seinem Sitz gedrückt werden). Der Quench-Raum wird zur Umgebung mit einem Radial-Wellendichtring (s.a. Abbildung 620) oder einer weiteren GLRD abgeschlossen.

Bei der „back to back"-GLRD kann der Spülflüssigkeitsraum mit Überdruck gegenüber dem Fördermedium beaufschlagt werden (er dient dann gleichzeitig als Schmiermittel für die Gleitfläche), die Tandem-Ausführung muss drucklos betrieben werden (falls sich ein Druck aufbauen würde, könnte der Gegenring aus seinem Sitz gedrückt werden).

Beachtet werden muss, dass GLRD zum Teil drehrichtungsabhängig gefertigt werden. Der Gleitring und der Gegenring können mit einer Verdrehsicherung ausgerüstet sein.

Die in Abbildung 623 gezeigten Bauformen können konstruktiv sehr unterschiedlich sein und werden meist herstellerspezifisch gestaltet. Bei der Pumpenauswahl muss deshalb auch an die Instandhaltung gedacht werden.

Detaillierte Hinweise sind den Druckschriften und Internetseiten der Hersteller zu entnehmen [490].

Elektr. Antriebe und Pumpen

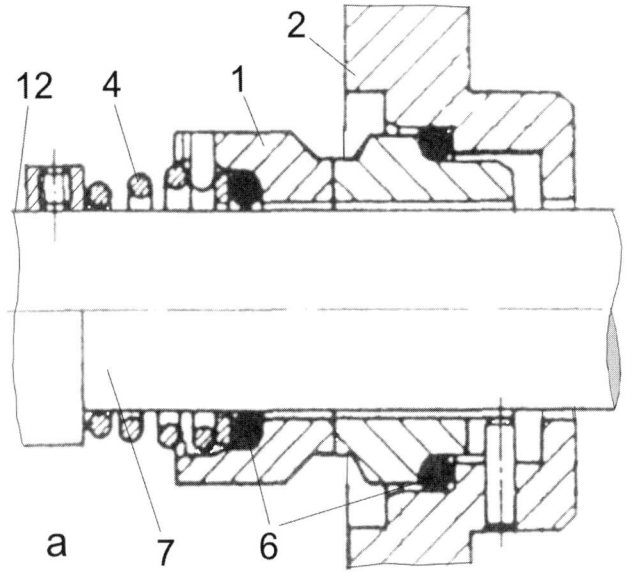
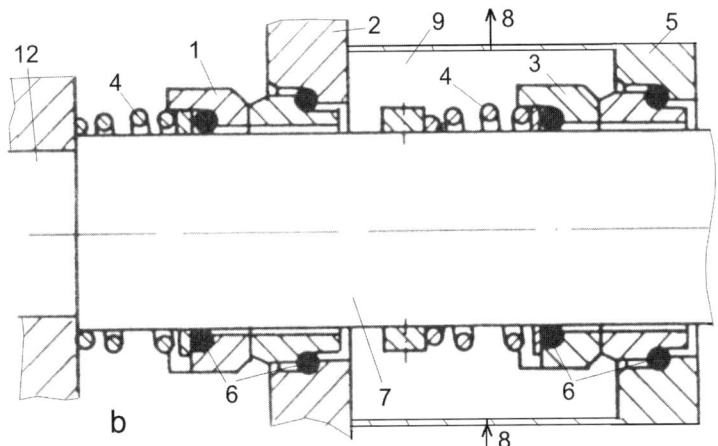

Abbildung 623 Bauformen der Gleitringdichtung (GLRD), schematisch
a einfache GLRD
b GLRD in back to back-Ausführung
c GLRD in Tandem-Ausführung   (Seite 908)
d GLRD mit Quench   (Seite 908)

1 Gleitring, produktseitig **2** Gehäuse, produktseitig **3** Gleitring 2 **4** Druckfeder **5** Gehäuse mit Spülung **6** Nebendichtung (O-Ring; Synonyme: Rundring, Runddichtring)
7 Pumpenwelle **8** Spül-Flüssigkeit **9** Spülflüssigkeitsraum **10** Wellendichtring
11 Quench-Raum **12** Laufradseite der Pumpenwelle

Füllanlagen

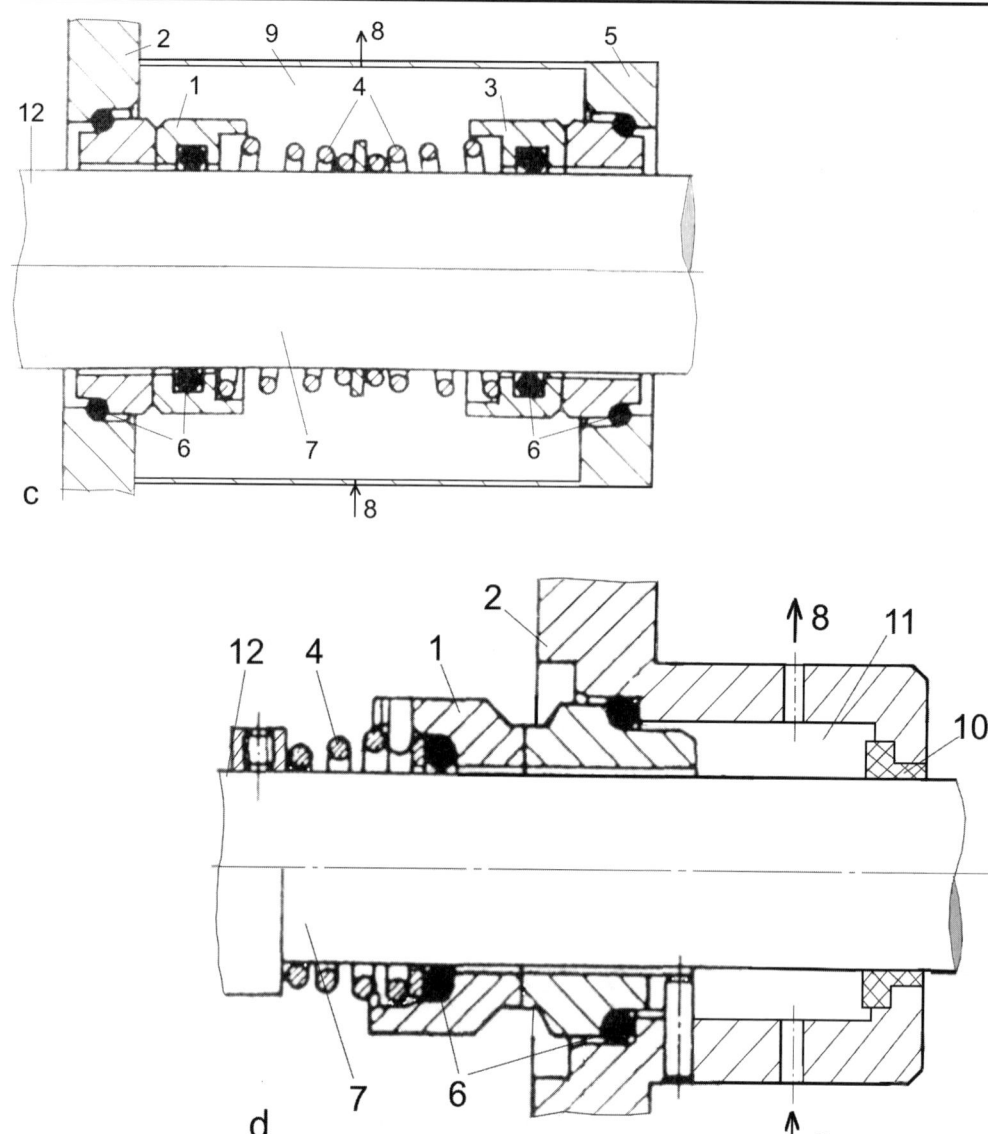

Legende siehe Seite 907

Der Spülanschluss

Der Spülanschluss für den Quench bzw. die doppelte GLRD erfolgt von unten (selbst entlüftend). Der Austritt erfolgt oben entweder als freier Überlauf bei druckloser Arbeitsweise (Abbildung 624; damit bleibt der Quench-Raum immer gefüllt) oder über ein Überströmventil bei Arbeit unter Überdruck. Das Sperrsystem kann auch einen geschlossenen Kreislauf bilden, in den ein mit Druckgas beaufschlagter Behälter integriert ist (Abbildung 625; in der Getränkeindustrie im Allgemeinen nicht erforderlich). Die Umwälzung kann nach dem Thermosiphonprinzip erfolgen oder mittels einer Umwälzpumpe. Die Spülflüssigkeit muss auch die Kühlung der GLRD übernehmen.

Elektr. Antriebe und Pumpen

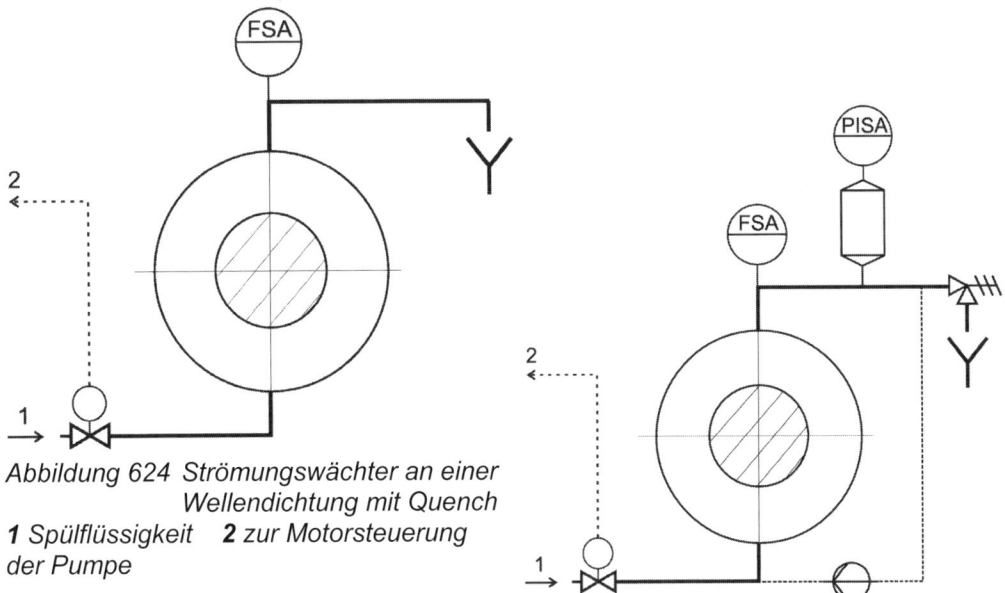

Abbildung 624 Strömungswächter an einer Wellendichtung mit Quench
1 Spülflüssigkeit **2** zur Motorsteuerung der Pumpe

Abbildung 625 Spülung einer doppelten GLRD unter Überdruck; **1** Spülflüssigkeit **2** zur Motorsteuerung der Pumpe

39.3.4.6 Anforderungen an eine Wellendichtung

Wichtige Forderungen an die Wellendichtung einer Pumpe in der Gärungs- und Getränkeindustrie sind:
- Funktionssicherheit über lange Zeiträume;
- Lange Haltbarkeit;
- Geringe Investitionskosten und Betriebskosten;
- Einfache Montage;
- Keine oder minimale Leckage;
- Schmierung durch das Medium oder durch die Sperrflüssigkeit;
- Die CIP-Fähigkeit muss gegeben sein;
- Korrosionsbeständigkeit gegenüber dem Produkt und den CIP-Medien;
- Ggf. Sterilisierfähigkeit;
- Die sterile Prozessführung wird angestrebt (Hefereinzuchtanlage);
- Unempfindlichkeit gegen eventuelle Feststoffe im Fördermedium, Druckschläge.

Einige der genannten Forderungen schließen sich nahezu aus. Eine gute Wellendichtung ist ein Kompromiss der Forderungen!

> Zur Funktionssicherheit einer GLRD kann der Betreiber beitragen, indem er die leichte Verschiebbarkeit des Gleitringes auf der Welle sichert, ggf. durch regelmäßige manuelle Reinigung und Auftrag eines Gleitmittels (z.B. Siliconfett in Lebensmittelqualität).
> Ebenso wichtig sind der sorgsame Umgang mit den Dichtflächen und die exakte Montage der GLRD.

39.3.5 Kavitation

Bei der Anlagenplanung muss der kavitationsfreie Betrieb der Pumpen Priorität besitzen. Diese Problematik wird bei der Förderung von CO_2-haltigen oder heißen Fluiden oft unterschätzt. Unter Kavitation wird die Bildung und Auflösung von Hohlräumen in Flüssigkeiten durch Druckschwankungen verstanden.

Es werden zwei Grenzfälle unterschieden, zwischen denen es viele Übergangsformen gibt. Bei der Dampfkavitation oder harten Kavitation enthalten die Hohlräume kein oder wenig Gas, sondern nur Dampf der umgebenden Flüssigkeit. Solche Hohlräume fallen unter Einwirkung des äußeren Drucks per Blasenimplosion zusammen. Bei der weichen Kavitation oder Gaskavitation sind die Hohlräume mit dem in der Flüssigkeit gelösten Gas gefüllt. Sie lösen sich durch Diffusion der Blase in die Flüssigkeit allmählich auf.

Die häufigste Ursache für Kavitation sind schnell bewegte Objekte im Wasser wie zum Beispiel Laufräder von Kreiselpumpen. Nach dem Gesetz von *Bernoulli* ist der Druck in einer Flüssigkeit umso geringer, je höher die Geschwindigkeit ist. Falls die Geschwindigkeit so hoch ist, dass der statische Druck unter den Verdampfungsdruck der Flüssigkeit fällt, bilden sich Dampf- oder Gasblasen. Mit dem Ansteigen des statischen Drucks kondensiert der Dampf in den Hohlräumen schlagartig (Implosion). Dabei treten extreme Druck- und Temperaturspitzen auf.

Die Ursache von Kavitation sind insbesondere bei Kreiselpumpen die örtlichen Druckabsenkungen im Schaufelkanaleintritt des Laufrades, die unvermeidlich mit der Umströmung der Schaufeleintrittskanten und der Energieübertragung von den Laufradschaufeln auf die Förderflüssigkeit verbunden sind. Kavitation kann aber auch an anderen Stellen der Pumpe, an denen der Druck örtlich absinkt, wie z.B. an den Eintrittskanten von Leitradschaufeln, Gehäusezungen, Spaltringen usw., auftreten.

Weitere Ursachen sind entweder das Ansteigen der Temperatur der Förderflüssigkeit, das Absinken des Druckes auf der Eintrittsseite der Pumpe, die Vergrößerung der geodätischen Saughöhe oder die Verkleinerung der Zulaufhöhe.

Zur Vermeidung von Kavitation können beitragen:
- ❏ Berücksichtigung des NPSH-Wertes der Pumpe bei der Anlagenplanung;
- ❏ Geringe Fließgeschwindigkeiten und Druckverluste in der Saugleitung;
- ❏ Sicherung einer genügend großen Zulaufhöhe (bei Bedarf muss die Pumpe tiefer aufgestellt werden mit allen damit verbundenen Problemen) bzw. eines genügend großen Überdruckes in der Saugleitung.

39.3.6 Vakuum-Pumpen

Vakuumpumpen werden zur Evakuierung von geschlossenen Räumen und zur Gasförderung eingesetzt. Beispiele für den Einsatz in der Getränkeindustrie sind die Vorevakuierung von Flaschen vor der CO_2-Vorspannung, Vakuumfüllmaschinen, die Entgasung des Wassers und Etikettiermaschinen mit Vakuum-Etikettenzylinder bzw. -Greifer.

Für diese Aufgabe werden insbesondere eingesetzt:
- Seitenkanalpumpen (s.a. Kapitel 39.3.3);
- Schraubenpumpen;
- Drehschieber-Vakuumpumpen;
- Seitenkanalgebläse.

Weitere Bauformen sind: Drehkolbengebläse (Bauart *Roots*, auch dreiflügelige Rotoren) und Spiralverdichter (*Scroll*-Verdichter). Alle genannten Bauformen können ölfrei ausgeführt werden.

Da der Wirkungsgrad nicht allzu groß ist, muss relativ viel Wärme durch das Kühlwasser abgeführt werden. Vakuumpumpen können relativ hohe Betriebstemperaturen erreichen ($\leq 150...200$ °C).

Ein Teil der Vakuumpumpen kann nicht nur für die Vakuumerzeugung (30... 500 mbar) eingesetzt werden, sie können auch umgekehrt für die Druckerzeugung (600...1000 mbar) genutzt werden.

Alle Vakuumpumpen sollten mit einem wirkungsvollen Flüssigkeits- bzw. Schaumabscheider betrieben werden. Diese müssen in das CIP-System mit eingebunden werden.

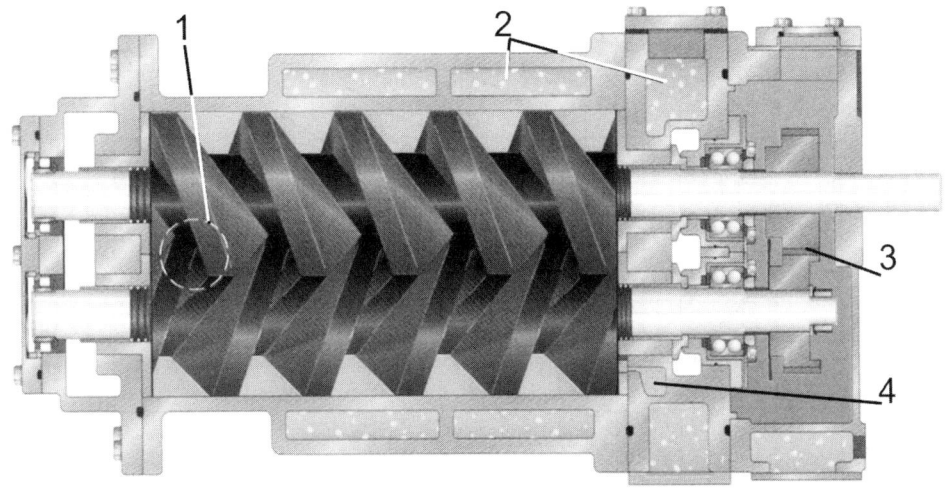

Abbildung 626 Schraubenpumpe als Vakuumpumpe (nach Busch, Maulburg)
1 Ansaugöffnung **2** Kühlwasser **3** Getriebe **4** Auslassöffnung

Schraubenpumpen

Diese Pumpen sind ölfreie Trockenläufer. Die Rotoren werden außerhalb des Förderraumes gelagert (Abbildung 626). Die möglichen Volumenströme liegen im Bereich ≤ 700 m³/h bei ≥ 1 mbar. Bei größerem Vakuum reduziert sich der Durchsatz.

Füllanlagen

Es sind auch getriebelose Schraubenpumpen im Gebrauch, bei denen jede Schraube einen eigenen Motor besitzt, deren Drehzahlen elektronisch synchronisiert werden [491].

Seitenkanalpumpen können für Durchsätze von ≤ 1600...2000 m³/h gefertigt werden. Das erreichbare Vakuum kann ≥ 30 mbar, meist ≥ 100 mbar, betragen.

Seitenkanalpumpen benötigen laufend Kühlwasser, das belastet die Betriebskosten. Bei Umlaufkühlung liegt der Wasserbedarf ca. 50 % niedriger.

Seitenkanalpumpen können CIP-fähig gestaltet werden.

Einsatzgrenzen: Der temperaturabhängige Dampfdruck des Wassers limitiert das erreichbare Vakuum (Abbildung 627). Unterhalb der Kavitationsgrenze ist das Absaugen nicht mehr möglich. Mit steigender Wassertemperatur geht der Liefergrad bei gleichem Energiebedarf stark zurück. Bei einer Wassertemperatur von 35...40 °C müssten im Prinzip bereits zwei Vakuumpumpen installiert werden, um den Volumenstrom einer Pumpe, die mit 15 °C Wassertemperatur betrieben wird, zu erreichen. Deshalb muss versucht werden, das Betriebswasser der Pumpe im Kreislauf zu fördern und zu kühlen.

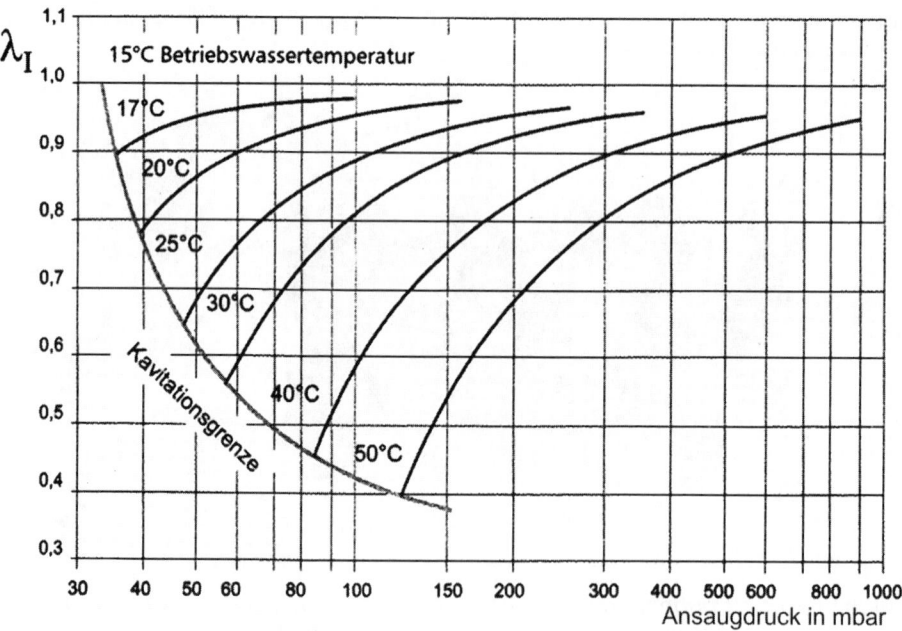

Abbildung 627 Verringerung der Saugleistung einer Seitenkanal-Vakuumpumpe als Funktion der Wassertemperatur (zit. nach [492])

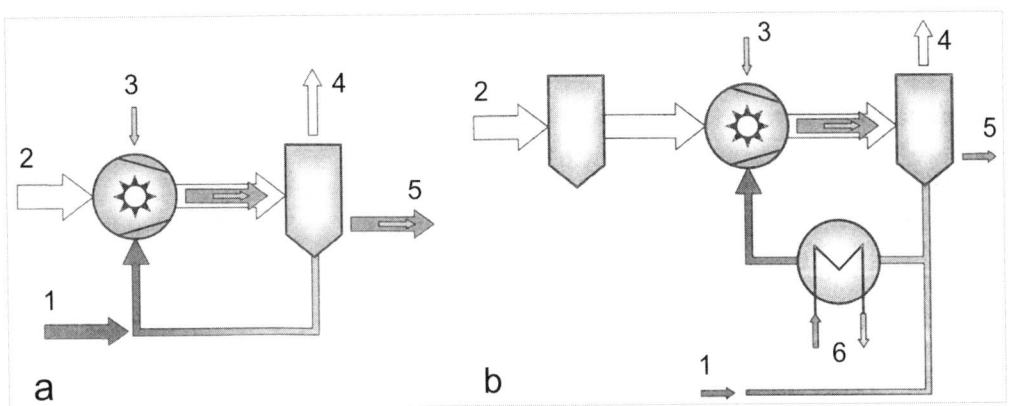

*Abbildung 628 Kühlung einer Seitenkanal-Vakuumpumpe mit Frischwasser (**a**) oder durch Rückkühlung (**b**) (nach [492])*
1 Frischwasser als Kühl- und Ergänzungswasser **2** Saugseite **3** Antriebsenergie
4 Abluft **5** Abwasser **6** Kühlmedium

Die Kühlung kann durch Frischwasser erfolgen (Abbildung 628 a; nicht geeignet bei hohen Wasser- und Abwasserkosten) oder durch Rückkühlung (Abbildung 628 b). Auch bei Rückkühlung muss eine kleine Wassermenge laufend ersetzt werden, die durch Verdunstung verloren geht. Die Verlustmenge ist von der Temperatur und dem erreichten Vakuum abhängig.

Bei der Variante nach Abbildung 628 b kann das Kühlmedium Frischwasser, Rückkühlwasser oder ein Kälteträger sein. Eine Entscheidung für die eine oder andere Variante kann nur bei Kenntnis der Kosten für Wasser, Abwasser und Elektroenergie getroffen werden. Je kälter das Betriebswasser ist, desto geringer sind der Wasserverbrauch und der Energiebedarf des Antriebes.

40. Verbrauchswerte, Kennzahlen

Die spezifischen Verbrauchswerte sind naturgemäß von der Anlagenkonfiguration und den Randbedingungen des Füllanlagenbetriebes, insbesondere der Anlagengröße, dem Ausnutzungsgrad, der Ausstattung und dem Gebindesortiment, abhängig und können nur bei Kenntnis dieser Zusammenhänge ermittelt werden.

Deshalb ist es nicht möglich, allgemeingültige, belastbare spezifische Verbrauchswerte anzugeben.

40.1 Elektroenergie

Bezüglich der Flaschenreinigungsmaschine werden in Tabelle 37, Kap. 12.9 Angaben gemacht.

Der spezifische Verbrauch an Elektroenergie kann als Richtwert im Bereich von:

0,80...1,65 kWh/hl-VB bei Füllanlagen,
0,65...0,85 kWh/hl-VB bei der Lüftungsanlage und
0,25...0,35 kWh/hl-VB bei der Beleuchtung

liegen, also insgesamt bei 1,7...2,85 kWh/hl-VB.

40.2 Wärme

Wärme für Flaschenreinigung Tabelle 37, Kap. 12.9
Wärme für Pasteurisation
Gesamt-Wärme für FFA
Heizung

40.3. Wasser und Abwasser

Wasser: 1,1...1,5 hl/hl-VB
Abwasser: wie Wasser

40.4 Kälte

40.5 Sonstige Verbrauchsmittel

Reinigungsmittel
CO_2
Druckluft
Klebstoffe

41. Unfallverhütung, technische Sicherheit, Hygiene

Die EG-Richtlinien haben zum großen Teil die nationalen Vorschriften abgelöst. Sie sind in nationales Recht umgesetzt worden bzw. werden umgesetzt. Eine Übersicht zu den aktuell zu beachtenden Vorschriften ist aus dem Informationsmaterial der Berufsgenossenschaft zu entnehmen, das jährlich aktualisiert wird [411].

Zu Fragen der Organisation des Arbeitsschutzes und der zu beachtenden Vorschriften ist die Berufsgenossenschaft BGN Ansprechpartner. Die wichtigen Unterlagen sind auf einer CD-ROM zusammengefasst, die jährlich aktualisiert wird [411].

Eine sehr zu empfehlende Quelle für wichtige und zu beachtenden Normen, Regeln, Vorschriften und gesetzliche Grundlagen ist der „DIN-Katalog" für technische Regeln" [440], der jährlich aktualisiert wird. Der Katalog erscheint in Papierform und als CD.

Allgemeine Hinweise für die Beschaffung von Gesetzestexten, Verordnungen, TR usw. s.a.: http://bundesrecht.juris.de/bundesrecht/GESAMT_index.html

Auskünfte zur Gültigkeit von Normen usw. siehe beim Beuth-Verlag, Berlin, unter: www.beuth.de

41.1 Europäisches Recht und nationale gesetzliche Grundlagen

Wichtige Unterlagen zum Europäischen Recht, zu nationalen Gesetzen und Verordnungen, Technischen Regeln sowie den Vorschriften der Berufsgenossenschaft siehe im Kapitel 36.6.

41.2 Unterweisung der Mitarbeiter

Der Unternehmer hat die Versicherten vor der erstmaligen Aufnahme ihrer Tätigkeit und in angemessenen Zeitabständen, jedoch mindestens einmal jährlich über:
- die Gefahren beim Umgang mit den Anlagen,
- die Sicherheitsbestimmungen und
- das Verhalten bei Unfällen oder Störungen und die dabei zu treffenden Maßnahmen zu unterweisen.

Die Unterweisung muss durch Unterschrift dokumentiert werden.

Der Unternehmer darf Versicherte an Anlagen oder in Maschinenräumen nur beschäftigen, wenn die Versicherten unterwiesen sind und zu erwarten ist, dass sie ihre Aufgabe zuverlässig erfüllen.

41.3 Hygiene

Wichtige Informationen zur Hygiene in der Lebensmittelproduktion gibt die ASI 8.21 „Grundsätze einer hygienischen Lebensmittelherstellung" [411] (s.a. Kapitel 36.6; z.B. LFGB und LMHV).

Dazu gehören natürlich auch die hygienische Berufsbekleidung (s.a. [493]), die beispielsweise auch vom Handel gefordert wird (s.a. International Food Standard IFS).

41.4 Betriebsanweisungen

Die Erarbeitung von Betriebsanweisungen wird empfohlen, soweit sie nicht ausdrücklich von den Berufsgenossenschaften oder dem Gesetzgeber gefordert werden. Wichtig sind folgende Hinweise:

- Der Unternehmer sollte für die Anlagen unter Berücksichtigung der Betriebsanleitung der Hersteller eine Betriebsanweisung erstellen und den Versicherten bekannt geben;
- Der Unternehmer sollte eine Kurzfassung der Betriebsanweisung in der Nähe der Anlage anbringen.
  Die Kurzfassung sollte enthalten:
    - zulässige Betriebsüberdrücke,
    - Anweisungen über das An- und Abstellen der Anlage,
    - Anweisungen über Abstellen im Notfall,
    - Gefahren- und Sicherheitshinweise,
    - Hinweis auf den Gebrauch von persönlichen Schutzausrüstungen,
    - Hinweise auf das Verhalten bei Verletzungen (Erste Hilfe).

Es wird außerdem empfohlen, dass das Betreiberpersonal der Anlagen bereits bei den Montagearbeiten der Anlage zugegen ist, vor allem bei den Sicherheitsprüfungen, den Funktionstests und der Inbetriebnahme, und auch bei den Wartungsarbeiten durch qualifizierte Fachfirmen.

41.5 Ladungssicherung

Die Verladung von Getränken muss sorgfältig erfolgen, die Ladung darf ihre Position während der Fahrt nicht verändern. Die Verladung und die Ladungssicherung ist also ein sicherheitsrelevantes Thema.

Die Fragen der Ladungssicherheit werden in der BGV D 29 „Unfallverhütungsvorschrift Fahrzeuge" und der VDI-Richtlinie 2700 behandelt. Hier ist es vor allem die VDI-RL 2700-12 „Ladungssicherung von Getränkeprodukten". Über die VDI-Richtlinie 2700-12 berichtet *Heyer* [494].

41.6 Betrieb von Staplern

Flurförderzeuge dürfen nur von ausgebildetem Personal bedient werden (BGV D 27 und BGG 925). Besondere Aufmerksamkeit erfordert in diesem Zusammenhang der Umgang mit Flüssiggas und anderen Kraftstoffen.
Weitere wichtige Dokumente siehe auch [411].

41.7 Lichtschranken und Endschalter

Lichtschranken werden in der Automatisierungstechnik als Sensoren für erreichte Positionen bei translatorischen und rotatorischen Bewegungen eingesetzt.

In der Sicherheitstechnik werden optische Sicherheitsschalter, Lichtgitter und Lichtvorhänge (zahlreiche parallele Lichtschranken) benutzt, um die menschliche

Arbeitskraft vor Körperschaden zu bewahren (Gefahrstellenabsicherung) und um Produktionsabläufe vor unbefugten Eingriffen (Zugangsabsicherung) zu schützen.

Optische Schutzeinrichtungen lassen sich so installieren, dass die freie Zugänglichkeit zu der Anlage erhalten bleibt.

Sicherheitsgerichtete optische Sensoren lassen sich im Gegensatz zu elektromechanischen Endschaltern nicht überbrücken. Damit steigt die Sicherheit.

Bei Lichtschranken können Sender und Empfänger in einem Gehäuse angeordnet sein. In Verbindung mit einem Reflektor wird auf diese Weise eine Unterbrechung des Lichtstrahls detektiert. Diese Bauform wird Reflektionslichtschranke genannt.

Sind Sender und Empfänger räumlich voneinander getrennt installiert, spricht man von einer Einweglichtschranke. Entlang der optischen Achse, die z.B. durch Spiegel umgelenkt werden kann, müssen die beiden Bauteile zueinander ausgerichtet werden.

Endschalter werden in der Automatisierungstechnik im Allgemeinen für Positionsabfragen eingesetzt. Die gebräuchlichsten Typen sind induktive Näherungsschalter, kapazitive Näherungsschalter und mechanisch betätigte Schalter. Alle Varianten liefern ein binäres Schaltsignal.

Die Schalter werden in sehr vielen unterschiedlichen Größen, Materialien und Eigenschaften angeboten.

Füllanlagen

42. Glossar

Anlage:
Arbeitsmittel zur Herstellung von Produkten. Sie stellen ein System gekoppelter Ausrüstungselemente zur Realisierung eines Verfahrens dar.

Anlagenelemente:
Kleinste funktionelle Bestandteile einer Anlage, die nicht weiter unterteilt werden können.

Apparat:
Anlagenelement, das der Zufuhr oder dem Entzug von Stoff oder Energie in Bezug auf ein zu behandelndes Gut dient und im Wesentlichen aus unbewegten Teilen besteht.

Apparatetechnik:
Vermittelt die Grundlagen für die Gestaltung und Berechnung von Apparateelementen Baugruppen und Apparaten.

Arbeitsorgan:
Es ist durch seine Geometrie, seinen Werkstoff, seine kinematischen und energetischen Parameter beschrieben und dient der unmittelbaren Funktionserfüllung an der Wirkstelle.

Gebinde:
Sammelbegriff für Packungen und Behältnisse vor allem für Getränke, der ohne weitere Spezifikation nicht aussagefähig ist. (Ursprünglich für Fässer aus Holz).

Kennwert:
Verarbeitungsgutspezifische quantitative Angabe, die unabhängig vom Arbeitsorgan ist.

Maschine:
Sie dient zur Verrichtung mechanischer Arbeit (Arbeitsmaschine). Sie ist ein Anlagenelement, das Kraftwirkungen auf das zu behandelnde Gut überträgt und im Wesentlichen aus bewegten Teilen besteht, die sich gesetzmäßig bewegen.

Maschinentechnik:
Vermittelt die Grundlagen für die konstruktive Gestaltung und Berechnung von Maschinenelementen, Baugruppen und Maschinen.

Prozess:
Auch Vorgang genannt, stellt den Verlauf der energetischen, zeitlichen und räumlichen Einwirkung auf das Verarbeitungsgut und die dabei erzielten Veränderungen dar.

Stoffwandlung:
Veränderung stofflicher Eigenschaften auf physikalischem, chemischem oder biologischem Wege, Oberbegriff zu Stoffveränderung (chemisch, enzymatisch, biologisch) und Stoffumwandlung (physikalisch).

System:
Stellt eine Menge von Elementen dar, die miteinander definiert gekoppelt sind. Ein System besitzt Systemgrenzen mit Ein- und Ausgangsparametern (stofflich, energetisch und zeitlich).

Technologie:
Sie ist die Wissenschaft von der Anwendung naturwissenschaftlich-technischer Gesetzmäßigkeiten zum Zwecke der Produktion von Gütern.
Umgangssprachlich wird der Begriff Technologie in der Regel im Sinn von „Verfahren" benutzt.

Verarbeitungstechnik:
„Die V. ist eine ingenieurwissenschaftliche Disziplin, die sich mit der Analyse, Synthese und industriellen Realisierung aller stoffformenden, form- und lageabhängigen Prozesse im Bereich der Stoffwirtschaft befasst. Die V. wird zunehmend wesentliches Element sowohl für die Gestaltung der technologischen Verfahren als auch für die Auslegung und den Betrieb der dazu erforderlichen Maschinen und Anlagen" [495].

Verfahren:
Es umfasst die Gesamtheit der Prozesse zur Vorbereitung der Einsatzprodukte auf die Reaktion, die Reaktionsprozesse und Prozesse der Aufbereitung der Reaktionsprodukte einschließlich der hiermit verbundenen Prozesse der Energie- und Hilfsstoffversorgung und diejenigen zur Realisierung weiterer Hilfsfunktionen. Es besteht aus mehreren oder auch vielen Prozesseinheiten. Der zugehörige ausrüstungstechnische Begriff lautet Anlage.

Verfahrensstufe:
Sie ist ein Teil eines Verfahrens und beinhaltet eine charakteristische Stoffwandlung.

Verfahrenstechnik:
Sie umfasst die Analyse, Synthese und industrielle Realisierung aller Prozesse der chemischen und enzymatischen/biologischen Stoffwandlungen und der physikalischen Stoffänderungen, bei denen die makrogeometrische Form keine Bedeutung besitzt.

Wirkpaarung:
Sie ist das Elementarsystem einer Prozesseinheit/Maschine, in dem eine verarbeitungstechnische Funktion durch Zufuhr von Energie realisiert wird. Es besteht aus den Elementen Verarbeitungsgut und Arbeitsorgan.

Wirkstelle:
Ort, an dem die Wechselwirkung zwischen Arbeitsorgan und Verarbeitungsgut stattfindet.

Stichwortverzeichnis

A

Abwasserabgabengesetz	861
Abwasser-Verordnung	861
Abwasser-Verwaltungsvorschriften	861
ACF	486
AfG-Herstellung	766
Anlagen	766
Dosierung der Komponenten	791
Dosierung und Mischung	792
Qualitätskontrolle/Messtechnik	793
Verfahren zur Haltbarmachung	793
Wasseraufbereitung	767
Wasserentgasung	778
After-Sales-Geschäft	888
After-Sales-Service	841
Agraffe	139
Aluminium	63
Aluminium-Flaschen	73
Anerkannte Regeln der Technik	857
Anlagen	
CO_2-Versorgung	803
Druckluftversorgung	803
Elektroenergieversorgung	801
Entsorgung	803
Kälteversorgung	802
Ver- und Entsorgung	801
Wärmeversorgung	801
Anlagen für die Ausstattung	570
Anlagen für die Entfernung von Verschlüssen	272
Anlagen für die Grundstofflagerung	768
Anlagen für die Kennzeichnung	570
Anlagen für die Reinraumtechnik/Steriltechnik	497
Aufstellungsvarianten	501
Isolator-Aufbau	499
Mini-Isolator	503
Neckring-Isolator-Sterilisator/Aktivator	504
Reinräume	498
Schwebstofffilter	498
Sterilbetrieb	497
Sterilluftfilter	497
Anlagen zur Foliierung	620
Anlagen zur Verdrahtung	630
Anlagenplanung	856
Änderungsgenehmigung	858
Angebotseinholung	868
Antragsunterlagen	859
Aufgabenstellung	868
Auftraggeber	867
Auftragnehmer	867
Auftragsvergabe	871
Ausführungsplanungen	870
Baurechtliche Genehmigungen	856, 860
Beschaffung aktueller Informationen	854
Beste-Verfügbare-Technik	849
Betriebsplanung	870
Bundes-Immissionsschutz-Gesetz	851, 856
Dienstleister für die Planung	870
Durchführung der Anlagenplanung	867
Emissionserklärung	857
Entsorgung von Abfällen	856
Europäisches Recht	850
ganzheitliche Planung	867
Genehmigung	858
Genehmigungen nach BImSchG	856
Generalplanung	870
Gesetze und Verordnungen	850
Gesetzliche Grundlagen	849
Grundfälle der Anlagenplanung	863
Grundsätze der Anlagenplanung	864
Haftungsausschlüsse	869

Füllanlagen

Informationsbeschaffung	872
Leistungs- und Liefervertrag	870
Leistungsbeschreibung	868
Liefer- und Leistungsbeschreibung	868
nach BImSchG	870
Pflichtenheft	868
Projektleitung	871
Projektunterlagen	876
Regelwerk AD 2000	852
Technische Ausschreibung	868
Technische Regeln	852
Teilgenehmigung	858
turn-key plant	872
turn-key project	872
Überwachungsbedürftige Anlagen	856, 861
Umweltverträglichkeitsprüfung	857
Variabilität	867
Vertragsstrafen	869
Vorbescheid	858
Vorgespräch	859
Vorschriften der Berufsgenossenschaften	852
Wasserrechtliche Erlaubnisse	861
Wasserrechtliche Genehmigungen	856
Anlagensimulation	880
Annolyte®	323
Antislip-Beschichtung	146
Antriebe für Förderer	222
Arbeitsplatzgrenzwert	565
Aseptic Cold Filling	486
Aseptische Füllung	486
Desinfektionsmittel	488
Füllmaschinen	487
Isolator-Prinzip	487
Sterilisation der Packmittel	489
Sterilisieren der Anlage	487
Varianten	486
Aseptische Kaltfüllung	486
Aufzüge	819
Ausbringung	
Durchschnitts-Ausbringung	47
Effektiv-Ausbringung	47
Einstell-Ausbringung	47
Garantie-Ausbringung	47
Nenn-Ausbringung	47
Ausleiteinrichtungen	357
Ausleitsysteme	
Drehriegelsterne	362
Klemmsterne	362
Linearsysteme	357
Multisegmentsysteme	357
Pusher	357
rotierende Systeme	357
Verteilersysteme	357
Ausstattung mit Schmuckkapseln	623

B

Bag-In-Box-System	124
Bandmundstück	90
Bandschmieranlagen	223
Bandschmiermittel	223
Barriereschicht	481
Beer-In-Box-System	124
Behälterglas	55
Berufsgenossenschaft	843
Arbeitssicherheits-Informationen	853
BG-Informationen	853
Regeln der BG	853
Unfallverhütungsvorschriften der BG	853
Betrieb von Staplern	916
Betriebsanweisungen	847
Betriebsdatenerfassung	889
Betriebshandbuch	847
Betriebsmanagement	871
Bierpasteurisation	645
Biertransport	760
Bierdrive-System	761
Kellertanksysteme	761
Tank-Container	761
Tankwagen	760

Stichwortverzeichnis

BImSchG
    Anlagen 857
    Emissionen 857
    Immissionen 857
    Luftverunreinigungen 857
Blasmaschine 478
Blockung 191, 196, 199, 223, 369, 484, 508, 833
Bodengestaltung 71
    Champagnerflaschen-Boden 71
    Petaloid-Boden 71
Bottle-Burst-Erkennung 351

C

CAF 486
Chemikalienlager 804
Chromopapier 64
CIP-Anlagen 799
    Anlagenreinigung 800
    Behälterreinigung 799
    Rohrleitungsreinigung 799
CO_2-Versorgung 774
Cold Aseptic Filling 486
Container 122
CoolKeg® 115

D

Desinfektionsmittel 488
Deutsche Pfandsystem GmbH 66
Dichtungen 813
    O-Ring 813
    Rundring 813
    Sterildichtung 813
DIN-Katalog 854
Dokumentation
    Betriebsanweisungen 841
    Betriebshandbuch 841
    Ersatz- und Verschleißteile 841
    Instandhaltungshandbuch 841
    Schulungen des Personals 841
    Sicherheitsdatenblätter 841
    Wartungsanleitung 841
Dosenabräumer 250

Dosenflasche 102
Dosenfüllmaschine 459
    Füllorgane 461, 462
    Niveaufüllung 463
    Zubehör 465
Dosenpresse 466
Dosen-Verschlussfolie 622
Dosierung 411
    Klebstoff 590
    Maßfüllung 411
    nach Masse 412, 766
    nach Volumen 766
Dosierung und Mischung 792
    Chargenweise 792
    Kontinuierlich 792
DPG 66
DSD 66
Duales System Deutschland 66

E

EAN 637
EAN 128-Code 246
EAN-128-Datenstandard 638
Eichordnung 117
Einweg-Keg
    DraughtKeg® 121
    DraughtMaster™ 121
    KeyKeg® 120
    PerfectDraft® 121
Elektrische Antriebe 894
    Effizienzklasse 894
    Energiesparmotor 894
    Getriebemotor 896
    Hygieneausführung 896
Entfernung
    Etiketten 274
    Kronenkorken 272
    Rundum-Etiketten 274
    Schraubverschlüsse 272
    Sleeve-Etiketten 274
Entkeimung der Packmittel 334
    Desinfektionsmittel 336
    Nassverfahren 334

Füllanlagen

Trockenverfahren	334	Klebstoffpalette	595
Entsorgung		Klebstoffpumpe	615
Abfälle	862	Klebstoffverbrauch	143
Abfallverbringungsgesetz	862	Klebstoffwalze	592
Kreislaufwirtschafts- und		Linearmaschine	571, 574
Abfallgesetz	862	Modulbauweise	571
Reststoffe	862	Nass-Etikettierung	574
Ersatzteillisten	841	Rundlaufmaschine	571, 575
Etiketten	130	Rundum-Etikettierung	601
Fullbody-Sleeves	574	Selbstklebeetiketten	607
mit EAN-128-Code	632	Shrink-Sleeve-Etikettierung	613
Prüfkriterien	134	Sleeve-Etikettierung	610
Schlauch-Etikett	574	Solomaschine	571
Selbstklebe-Etiketten	136	Spendeaggregat für	
Sleeve-Etikett	574	Selbstklebeetiketten	607
Sondereffekte	131	Stretch-Sleeve-Etikettierung	611
Etiketten aus Kunststofffolien	136	Überzug eines	
Etiketten aus Papier	133	Schlauch-Etiketts	574
Etikettenarten	130	Zubehör	615
Etikettendruck	131	Etikettierung	570
Etikettenlagerung	135	Faltschachteln	632
Etikettenpapier	64, 133	Grundvarianten der	
Etikettenpresse	327	Etikettierung	573
Etikettieranlage	571	Kästen	632
Etikettierklebstoffe	140	Europalette	96
Etikettiermaschine	571		
Baugruppen	576	**F**	
Bedruckung des Behälters	574	Fass	
Behälterführungsgarnituren	584	aus Holz	696
Datierung	616	aus Metall	698
Einteilschnecke	583	Eichung	707
Etikett mit Sonderfunktion	618	Keg	696
Etikettenanpressung	585	Fassbehandlung	696
Etikettenbehälter	586, 592	Fassfüller	701
Etikettenmagazin	616	Fassfüller ohne Getränkekessel	702
Etikettieraggregat	580	Fassfüllmaschine	702
Etikettierung mit		Fassfüllorgane	704
Klebstoffauftrag	574	Fassfüllung	696
Etikettierung mit		Füllorgan	714
Selbstklebe-Etiketten	574	mit Rundlaufmaschine	710
Greiferzylinder	598	Sauerstoffaufnahme	706
Heißkleber-Aggregat	616	Verschließen der Fässer	706
Klebstoffdicke	592	Fassfüllung, klassisch	700

Stichwortverzeichnis

Fassfüllung, modern	708
Fassreinigung	696, 697
Verbrauchswerte	700
Fassreinigungsmaschinen	698
Linearmaschinen	698
Rundlaufmaschinen	698
Fertigpackungsverordnung	33, 66, 418
Nennfüllmenge	418
first in, first out	830
Fitting	113
Flach-Fitting,	113
Kombi-Fitting	113
Korb-Fitting	113
Softdrink-Fitting	113
Flächen- und Raumbedarf für Füllanlagen	833
Flächenmodul	94
Flaschen	
Fabrikationsfehler	68
Kunststoffflaschen	69
Leerraumvolumen	68
Prüfkriterien	68
Flaschen aus Glas	66
Flaschenausstattungen	138
Flaschenfüllmaschine	363
Antrieb	378
Bau- und Funktionsgruppen	371
Behälter-Dusche	450
Betätigung der Füllorgane	389
Druckentlastung	407
Druckniveau der Füllung	412
Flaschenein- und Auslauf	374
Füllhöhenkorrektur	410
Füllmaschinenkessel	382
Füllmaschinenkessel Zubehör	386
Füllmaschinenrotor	379
Füllorgan	391, 408
Füllorgan-Bauformen	402
Füllorgansteuerung	406
Füllprinzipien	366
Hochdruckeinspritzung	449
Huborgan	380
Huborganträger	379
Isobarometrische Füllung	367
Linear-Füllmaschinen	453
Maßfüllung	366, 410, 411
Medienverteiler	388
Nenndurchsatz	364
Niveaufüllung	366, 410
Niveausteuerung	386
Reihenfüllmaschinen	453
Reinigung/Desinfektion	457
Sauerstoffaufnahme	391
Scherbendusche	450
Störquellen	453
Überschwallung	451
Vorevakuierung	393
Vortisch	374
Zentriertulpe	417
Zubehör	449
Flaschenhalsfolien	137
Flaschenkästen	94
Flaschenmündung	73, 74
Flaschenreinigungsanlagen	283
Flaschenreinigungsmaschine	283
Antriebsgestaltung	300
Ausspülverhalten der Flaschen	321
Baugruppen	287
Beheizung	301
Brennwerttechnik	302
Desinfektionsmittel	323
Einend-FRM	283
Einweg-Behälter	328
Etikettenaustrag	293, 294
Flaschenabgabe	289
Flaschenaufgabe	287
Flaschenträgerkette	290
Flaschenzellen	291
Flaschenzellenträger	290
Grenzflächenspannung	322
Medienverschleppung	300, 312
Mehrweg-Kunststoffflaschen	326
Parameter der Flaschenreinigung	309
Pumpen	299
Reinigungsmittel	308

Füllanlagen

Scherbenaustrag	291, 293	Förderer für Paletten		209
Sonderbauformen	305	für Kunststoffflaschen		177
Spiragrip®	327	Gebindeverteiler		189
Spritzrohre	296	Gebindewender		184
Spritzrohre, drehend	298	Gurtbandförderer		202
Spritzzonen	296	Hängebahn		152
Standzeit der Reinigungslauge	317	Horizontalförderer		152
Stein- und Belagbildung	318	Kastenförderung		202
Temperatur-Zeit-Diagramme	306	Klammerstern		183
Tenside	321	Kunststoff-Mattenbänder		174
Verbrauchswerte	324	Linienverteiler		188
Verfahrenstechnische Aspekte	308	Luftkissen-Prinzip		181
Vorspritzung	291	Lufttransporteur		179
Vorweiche	291	Plattenbandketten-Förderer		168
Wärmebedarf	305	Pufferstrecke		191
Wärmedämmung	303	Rollenbahn		202
Weichbad	292	Scharnierbandketten-Förderer		168
Zubehör	304	Seiltransport		181
Zweiend-FRM	283	Stahlband-Förderer		168
Flaschenverschluss	76	Stauförderketten-Förderer		168
Fließbild	876	Tragketten-Förderer	202,	204
Grundfließbild	876	vertikale Förderung		176
RI-Fließbild	876	Wellenformierer		188
Verfahrensfließbild	876	Förderer für Kartons		209
zu beachtende Normen	877	Förderketten		
Folien	100, 145	Kunststoff-Mattenband		174
Schrumpf-Folien	145	Plattenbandkette		173
Shrink-Folien	145	Röllchenkette		173
Stretch-Folien	145	Scharnierbandkette		172
Wickel-Folien	145	Fremdstoffinspektion im		
Folienetiketten	145	MW-Leergut		356
Foliierung	570, 620	Füllanlagen	33,	35
Foliierung von der Rolle	622	Abnahme		881
mit Folienzuschnitten	620	AnlagenInformationsSystem		889
Rundfoliierung	620	Anlagen-Leit-System		889
Spitzfoliierung	620	Anlagensteuerungen		893
Verschluss-Sicherung	622	Arena-Aufstellung		35
Förderanlage		Aseptische Füllung		486
Auseinanderführen von		Aufstellungsvarianten	35,	878
Gebinden	187	Ausnutzungsgrad		47
drucklose Zusammenführung	186	Becher		795
Fingerkette für Dosen	183	Betriebsdatenerfassung		889
Förderer für Dosen	181	Beutel		795

Stichwortverzeichnis

Blockung	36
Doypack	796
Durchsatzabstufung	879
Durchsatzabstufung der Maschinen	194
Elektrische Antriebe	894
Entwicklungstrends	49
Großdosen	757
Investitions- und Betriebskosten	875
Kamm-Aufstellung	35
Kapazitätsberechnung	873
Kapazitätsermittlung	873
kombinierte Aufstellung	35
Kontrolle der Füllhöhe	891
Kostencontrolling	890
Kunststoffflaschen	798
Liefergrad	47
Linien-Aufstellung	36
Nassteil	35
Nutzung von Formeln	874
Partydosen	753
Produkthaftungsgesetzes	892
Pumpen	897
Qualitätssicherung	892
Sonstige Packungen	794
Standard-Pflichtenheft für BDE-Systeme	889
Stehbeutel	796
Struktur	33
Trockenteil	35
Verbrauchswerte	914
Weithals-Gläser	794
Wirkungsgrad	47
Zeitbegriffe	48
Füllanlagen-Abnahme	
Ausnutzungsgrad	885
Auswertung der Abnahme	886
Durchführung	883
Durchschnittsausbringung	884
Effektivausbringung	884
Einstellausbringung	884
Ergebnis	884
Füllmaschinen-Effizienz	881
Gewährleistungen	887
Liefergrad	884
Nennausbringung	884
OEE	881
OPI	882
Verbrauchswerte	885
Vorbereitung	883
Wirkungsgrad	885
Füllmaschinen für Getränkedosen	459
Füllmaschinen für Kunststoffflaschen	467
Behältertransport	468
Besonderheiten	472
Füllorgane	468
Füllmenge	353, 410, 418
Nennfüllmenge	418
Füllventil	
Füllorgan für Maß-Füllung	429
Füllorgan für Niveau-Füllung	426
Füllorgane für die Flaschenfüllung	447
Füllorgane für die Füllung bei Überdruck	435
Füllrohrloses Füllventil	441
Hochvakuum-Füllorgan	434
Langes Füllrohr	444
Mechanisch gesteuertes Füllorgan	445
Niveaufüllung	439
Normaldruck-Füllventil	424
Sondensteuerung	443
Spülbehälter	450
Vakuum-Füllorgan	430
Vorevakuierung	441
Gabelstapler	148
Einsatzkriterien	149
Lastaufnahme	150
Tragmasse	150
Gaslöslichkeit	
Technischer Löslichkeitskoeffizient	778
Gaspermeation	58
Gefacheinteilung	94
Gesetz von *Dalton*	787

Füllanlagen

Gesetz von *Henry*	392, 786
Gesetzestexte	915
Getränkedose	102
aus Aluminium	103
aus Weißblech	103
Deckel	103
Dose aus PET	103
Leerdosen-Transport	105
Wedge	103
Widgets	103
Getränke-Kartonverpackung	123
Getränkeschankanlagen	763
Arbeitsschutz	763
Hygienische Aspekte	764
Schankanlagenrecht	763
Getränkeschankanlagen-verordnung	763
Gewährleistungen	841, 844, 881
Glas	
Lichtschutz	56
UV-Schutz	57
Gleitende Planung	865
Greiferkopf	
Klemmleisten	262
Packtulpen	262
Vakuumgreifer	262
Grenzflächenspannung	322
Grundsätze der Anlagenplanung	
Grundsatz der Projekttreue	865
Stufengrundsatz	864
Variantengrundsatz	864
Vereinheitlichungsgrundsatz	866
Gültigkeit von Normen	
DIN-Katalog	915

H

Haltbarkeit, biologisch	642
Haltbarkeitsverbesserung	643
Chemische Konservierung	695
Heißabfüllung	690
Hochdruckbehandlung	694
KZE-Anlage	649
KZE-Verfahren	649
Pasteurisier-Einheit	645
Sterilfiltration	692
Thermische Verfahren	643
Tunnelpasteur	650
Heißabfüllung	690
Heißendvergütung	55
Heizung, Lüftung/Klimatisierung	815
Hi-Cone®	102
Hitzeresistenz	643
Abtötungskurve	646
D-Wert	644
z-Wert	644
Hochdruckbehandlung von Getränken	694
Hochregallager	
Satelliten-Systeme	160
Holzfass	108, 696
Hygiene	915
Hygienic Design	505

I

IFS	633
Imprägnierung	786
Gesetz von *Dalton*	787
Gesetz von *Henry*	786
Partialdruckberechnung	787
Inbetriebnahme	843
Berufsgenossenschaft	843
Betreiberpersonal	843
Checklisten	844
Externe Gutachter	844
Garantie-Abnahme	844
Genehmigungs-Bescheid	843
Leistungsfahrt	844
Montageende	843
Probebetrieb	843
Probebetriebskosten	843
Technische Abnahme	844
Inkjet-Anlage	634
Inspektionsanlagen	340
Instandhaltung	806, 807
Inspektion	806
Instandsetzung	807

Stichwortverzeichnis

Schmierstoffversorgung	809
Wartung	806
Instandhaltungsgarantie	841
Instandhaltungshandbuch	848
International Food Standard	633
Isobarometrisches Prinzip	33

K

Kaltaseptische Füllung	486
Kälteanlagen	
Schmierstoffwechsel	807
Kaltendvergütung	55
Karton	64
Karton-Etikettierung	632
Kartonverpackung	797
Kasten-Drehvorrichtung	207
Kastenkennzeichnung	95
Kasten-Kontrolle	362
Kastenreinigungsanlagen	338
Kastenwender	338
Kavität	478, 829
Kavitation	910
Keg	111
Bauformen	111
CoolKeg®).	115
DAVID-System	115
Dichtheitskontrolle	731
Easy Draft	115
Eco-Keg	115
Eichung	707
Fitting-Inspektion	732
freshKEG	114
Keg-Muffe	112
Kegreparatur	119
Kennzeichnung	117
smartDraft-System	115
Sonderbauformen	114
Zapfköpfe	119
Keg-Anlage	717
CIP-Verfahren	733
Entpalettieren	722
Keg-Außenreinigung	724
Keg-Eingangskontrolle	728
Keg-Förderung	723
Keg-Hauptreinigung	728
Keg-Reinigung	734
Keg-Vorreinigung	728
Linearmaschine	718, 720, 728
Palettieren	722
Rundlauf-Anlage	719, 722, 730
Verbrauchswerte	753
Vollgutkontrolle	730
Wenden der Kegs	724
Zubehör	753
Keg-Füllmaschine	747
Keg-Füllung	717, 746
Direct Flow Control®	750
Füllgeschwindigkeit	750
Füllkopf	747
Sauerstoffaufnahme	752
Verfahrenstechnische Grundlagen	746
Zentraler Medienverteiler	749
Keggy®	114
Keggy®-System	753
Keg-Reinigung	717, 734
Behandlungsstation	735
Behandlungszeiten	744
Keg-Kontrolle	745
Reinigungsregime	740
Verfahrenstechnische Grundlagen	740
Kennzeichnung	67
EAN-128-Transportetikett	637
Glasflaschen	67
Inkjet-Anlage	634
Laser-Datierung	635
RFID-Systeme	640
Rückverfolgbarkeit	633
Tintenstrahldrucker	634
Kennzeichnung der Fertigpackung	633
Kennzeichnung mit Etikett	637
Kennzeichnung von Paletten	246
Kennzeichnungsanlagen	633
Klebebänder	146
Klebstoffarten	141

Füllanlagen

Klebstoffe	140	Komponenten		
Casein-Klebstoffe	142	Dosierung mit		
Dextrin-Leim	140	Durchflussmessgeräten	791
Dispersionsklebstoff	141	Dosierung nach Masse	791
Haft-Klebstoff	141	Dosierung nach Volumen	791
Leim	140	Kontrollanlagen	568
Schmelzklebstoffe	144	Etikettenkontrolle	568
Viskosität	143	Kennzeichnung	568
Klebstoffhandel und -lagerung	144	Vollzähligkeit	569
Klebstoffverbrauch	143	Korrosion der Flaschenwerkstoffe	321
Kohlensäure		Kosten-Controlling	840
Acetaldehyd	776	Kronenkork	78
Analysenverfahren	774	Krupp-Fass	110
Anforderung	774	Kunststoffe	
Aromatische		Barriereeigenschaften	63
Kohlenwasserstoffe	776	Gaspermeation	58
Carbonisierung	774	Kunststoffflaschen	69
Carbonylsulfid	776	Acetaldehyd	70
COS	777	Barriereschicht	481
Cyanwasserstoff	776	Bodenform	481
Drucktaupunkt	774	Einweg	71
EIGA-Spezifikation	775	Mehrweg	70
Eigengewinnung	774	Monolayer-Flasche	69
Eingangskontrolle	775	Monolayer-Flaschen	481
Geruch	774	Multilayer-Flasche	69
Geschmack	774	Packstoff	69
H_2S	777	Kunststoffflaschenherstellung	474
Handels-Kohlensäure	774	Actis^{TM}-Prozess	481
Keimgehalt	775	Blasstation	479
Kohlenmonoxid	776	Kavität	479
Kohlenwasserstoffe	776	Medienversorgung	485
Leitungssystem	775	Preform	474
Nichtflüchtige Bestandteile	776	Streckblasmaschine	478
O_2-Gehalt	774	Vorformling	474
Öl	776	Kunststoffkasten	94
Ölgehalt	774	Kurzzeit-Erhitzung	677
Phosphine	776	An- und Abfahren der Anlage	689
Qualitätsanforderungen	776	Anlagenelemente	677
Schwefelwasserstoff	776	Druckreduzierventil	681
Sensorik	774	Erhitzerkreislauf	680
Wareneingangskontrolle	774	Heißhalter	679
Kommissionierung	165	Heißhaltetemperatur	648
		Heißhaltezeit	648

Puffertank	681
Regelung der PE-Einheiten	687
Temperatur und Heißhaltezeit	685
Wärmebedarf	686
KZE	677
KZE-Verfahren	649

L

Ladehalle	166
Ladesystem	
AutoLOAD-System	163
Heckladesystem	162
Ladekran	164
Portalkran	165
Ladungssicherung	66, 246, 916
Antislip-Beschichtung	146
Folienhaube	146
Foliierung	146
Umreifung	146
Lagerräume	804
Lagersystem	153
Blockfließlager	155
Blockstapellager	154
Durchlaufregallager	156
Freifläche	161
Hochregallager	156
Kapazitätsberechung	161
Lagervarianten	831
Prinzip: „first in" - „first out"	153
Verschiebe-Regallager	154
Lärmpegel	816
Lärmprognose	816
Lärmverringerung	816
Laser-Datierung	635
Dot-Matrix-Verfahren	636
Maskenverfahren	636
Vektorlaser	637
Lastenheft	868
Leerdoseninspektion	355
Leerflascheninspektion	340
Bodeninspektion	341
Codierungserkennung	343
Gewindekontrolle	341
Linearmaschine	346
Mündungsfehler	344
Restflüssigkeitskontrolle	341
Rundlaufmaschine	346
Scuffing-Erkennung	341
Seitenwandkontrolle	340
Testflaschen	349
Limitmaschine	34
Linienverteiler für Kästen	205
Löslichkeitskoeffizient	778

M

Maßbehältnis	33, 67
Mehrstück-Packung	102
Mehrwegflaschen	66
Membranzellenelektrolyse	323
Metallfass	108, 109, 698
MHD	832
Mindest-Innendruckfestigkeit	68
Mineralwasserflasche	70
Mischung der Getränke	789
Modulbauweise	571
Multilayer-Technik	69

N

Nennausbringung	34
Nennfüllmenge	418
Neuglasabheber	248
Neuglasabschieber	248
Normen	853

O

O_2-Gehalt	774
Oberflächenbeschaffenheit	821
Öffnen von Bügelverschlüssen	274

P

Packanlagen	252
Antriebsvarianten für Packer	253
Auspackmaschinen	252
Einpackmaschinen	252
Flaschenausrichtung	264

Füllanlagen

Flaschendrehvorrichtungen		264	EURO-Palette	125
Gefacheinsetzer		266	Gitterbox-Palette	126
Heißklebeanlagen		264	Halb-Palette	127
Kartonverpackungsanlage		271	Industrie-Palette	126
Mehrstückpackungen		266, 267	Kennzeichnung	125
Multipacks		266	Pool-Palette	125
Packanlagen für			Tausch-Palette	125
Einweg-Behälter		266	Viertel-Palette	127
Packkopf		261	Palettenförderung	251
Packkopfantrieb		256	Aufgabe-/Abgabe-Stationen	219
Packkopfwechsel		262	Drehtisch	215
Packmaschine		253	Eckumsetzer	215
Sammelpackmaschinen		268	Elektrohängebahn	213
Tragegriffspender		269	Hängebahn-Förderer	212
Tray-Packer		268	Ketten-Förderer	211
Wrap-Around-Packer		271	Rollenbahn-Förderer	209
Packhilfsmittel		51, 130	Schleppketten-Förderer	211
Packmittel		33, 51, 53, 66	Verschiebewagen	217
Beschichtungen		60	Zentrieranlage	219
Beschichtungsvarianten		62	Palettensicherung	100
Flaschen		66	Schrumpf-Folienhaube	245
Kunststoffe		57	Stretch-Folienhaube	245
Packmittelprüfungen		146	Umreifung	244
Packstoffe		51, 53	Umwicklung	244
Papier		64	Palettieranlage	35
Pappe		64	Knickarmroboter	241
Packung			Ladeköpfe	234
Dosen		102	Palettendoppler	244
DOYPACK-Beutel		123	Palettenkontrolle	241
Faltschachtel		97	Palettenmagazin	243
Mehrstückpackungen		97	Palettenstapelanlage	243
Sammelpackung		97	Palettenstapler	244
Schlauchbeutel		123	Palettenwechsler	244
Tray		97	Palettierroboter	237
Wrap-Around-Packung		99	Portalroboter	238
Palette		125	Säulenroboter	238
4-Wege-Kreuzrahmen-Palette		126	SCARA-Roboter	238
4-Wege-Kufen-Palette		125	Sicherung der Palettenladung	244
Brauerei-Palette		126	Verschiebeplattformen	236
Brunnen-Palette		126	Palettierung	227
CHEP-Palette		127	Antriebstechnik	228
Düsseldorfer-Palette		127	Grundprinzipien	229
Einweg-Palette		126	Säulenpalettierung	228

Stichwortverzeichnis

Schichtenstapelpalettierung	231
Schichten-Verfahren	228
Partydose	106
EasyKeg	107
Partyfass	106
Partyfässchen	114
Pasteurisation	
Behälterleerraum	672
Innendruck im Behälter	672
Kurzzeit-Erhitzung	677
PET-Flaschen	675
Wärmebedarf	675
Pasteurisationstemperatur	663
Permeationskoeffizienten	61
PETCycle®	70
PE-Wert-Berechnung	645, 667
Pinolenkasten	95
Pläne	876
Planung	
Anlagenkosten einer Füllanlage	834
Be- und Entladezeiten	832
Bereitstellungsförderer	831
Betriebsgröße	824
Dosenfüllung	830
Fassfüllung	826
Flächen- und Raumbedarf für Leer- und Vollgut	835
Flaschenfüllung	826
Füllanlagen	823
Großgebinde-Füllung	826
Hochregal-Lager	831
Keg-Abfüllung	826
Kunststoff-Flaschenfüllung	829
Lohnabfüllbetrieb	823
Palettenetikettierung	832
Schwerpunkte	824
spezifischer Flächenbedarf	833
Standort	824
Tanktransport	832
Voll- und Leergut-Stapelung	830
Planung von Füllanlagen	824
Porzellanknöpfe	91
Präsentationssystem	129
Dolly-System	128
IFCO-Systems	129
Logipack-System	128
Preformherstellung	70
Preforms	69
Produktionsraum	
Beleuchtung	818
Brandschutz	820
Elektroanschlüsse	820
Ex-Schutz	820
Fenster	819
Fußbodengestaltung	817
Nachrichtentechnik	820
Türen	819
Wandgestaltung	817
Wasserzapfstellen	820
Projekt	837
Projektabschluss	845
Betriebsanweisungen	848
Emissionserklärungen	848
Handbücher	845
Mängel	845
post-Projektphase	845
Projekt-Auswertung	846
Projektdokumentation	846
Prüfzertifikate	845
revidierte Zeichnungen	845
Übernahmeprotokoll	845
Projektbausteine	866
Projekt-Controlling	840
Projektdokumentation	846
Archivraum	846
Projektleiter	837, 839
Projektmanagement	837
Aufgaben	838
Aufgabenfelder	839
Berichtswesen	840
Konflikt-Management	838
Qualitätsüberwachung	838
Schnittstellen-Management	838
Tagebuch	841
Vertragsgestaltung	841

Füllanlagen

Projektteam	837
Projektunterlagen	
Arbeitsanweisungen	876
Aufstellungspläne	876
Ausrüstungslisten	876
Bedienungsanleitungen	876
Fließbild	876
Inbetriebnahme	876
Lagepläne	876
Montagezeichnungen und -pläne	876
Personal- und Schulungspläne	876
Rohrleitungspläne	876
Schmierpläne	876
Trassenpläne	876
Verfahrensbeschreibung	876
pry-off-Kronenkork	78
Pufferstrecke	191
Bypass-Speicher	192, 199
Dynamische Speicher	196
Fließtisch-Speicher	192
Mechanische Blockung	199
Parallelspeicher	191
Parallel-Speichersystem Accuflow	196
Speicherberechnung	194
Pumpen	897
Gleitringdichtung	904
Kavitation	910
Kreiselpumpen	897
Schraubenpumpen	911
Seitenkanalpumpen	899
Sternradpumpe	899
Stopfbuchse	902
Vakuum-Pumpen	911
Wellendichtung	901

R

Raumgestaltung	815
Füllanlagen	815
Lärmprognose	816
Produktionsräume	815
Reihenfüllmaschine	369

Reinigung und Desinfektion	370, 457, 527, 671, 701, 764, 765, 799, 821
Reinraumtechnik/Steriltechnik	497
RFID	113, 131, 640
Rinser	328
3-Kanal-Rinser	332
aseptische Füllung	334
Greiferkopf	331
linearer Spülkanal	328
Reinigungsmedien	334
Rundlaufmaschinen	328
Rotationsfüllmaschine	369

S

Scavenger	69
Scharnierbandketten	172
Schimmelwachstum	70
Schmelzklebstoffe	144, 265
Schmierstoffwechsel	807
Schmuckkapseln	623
Kunststoffkapseln zum Schrumpfen	629
vorgefertigten Kapseln	623
Schrumpffolie	100, 101
Schrumpffolien	245
Schrumpf-Folienhauben	245
Schutzarten elektrischer Ausrüstungen	895
Schwankhalle	697
Scuffing	56
Sektschleife	622
Sicherheitstechnik	
Endschalter	916
Lichtschranke	916
Siphonflasche	123
Softdrink-Container	117
Sortieranlagen	276
Ausleiteinrichtungen für Kästen	281
Behälter	278
Flaschen	276
Kästen	276, 278
prinzipielle Varianten	276
Robotersysteme	279

Stichwortverzeichnis

Sortierkriterien für Flaschen	278
Sortierkriterien für Kästen	278
Speicher	220
für Kästen	220
für Paletten	220
Spezielle Technische Liefer- und Bezugsbedingungen	51
Stand der Technik	857
Stapelflächenbedarf	835
Sterilbetrieb	497
Sterilfilter	775
Sterilisation der Packmittel	
Keimreduktion	490
mit H_2O_2 und Heißluft	490
mit Peressigsäure-Lösung	490
Nassverfahren	490
Testkeime	491
Trockenverfahren	489
USA	496
UV-Strahlen	491
Sterilluftfilter	497
STLB	51, 823
Stretchfolie	100
Stretch-Folienhauben	245
Süßungsmittel	771
Systemfass	111

T

Tankwagen	122, 775
Technische Sicherheit	915
Technischen Regeln für Getränkeschankanlagen	763
Tenside	308, 321
Tintenstrahldrucker	634
Toiletten	805
Tragegriffspender	269
Trägersysteme	102
Tragkette	204
Förderketten aus Kunststoff	204
Röllchenkette	204
Scharnierbandkette	204
Scharnierbandkette aus Edelstahl	204
Scharnierbandkette aus Kunststoff	204
Transport	
Gabelstapler	148
Leerguttransport	147
Palettensteuerung	148
Schienentransport	147
Translift-System	147
Vollguttransport	147
Transport-, Umschlag- und Lager-Prozesse	147
Transportanlagen	167, 225
Reinigung	225
Transportbehälter für Verschlüsse	560
Transportfass	108
Transportverpackung	147
Treppen	819
Trinkwasserverordnung	861
Trockenbandschmierung	225
Tunnelpasteur	650
Bauformen	650
Baugruppen	653
Behältertransport	654
Beheizung	657
Betrieb eines Tunnelpasteurs	670
Central Heat Exchanger Supply System (CHESS)	662
Kontrolle des Pasteurisiereffektes	666
Pasteurisationsregime	664
Pasteurisationstemperatur	663
PE-Wert-Berechnung	667
Pilgerschritt-Verfahren	654
Wanderrost	656
Wasserkreislauf	657
Wasserverteilung	660

U

Unfallverhütung	915
Untere Wasserbehörde	862
UV-Schutz	67

Füllanlagen

V

Vakuum-Pumpen	452
VDMA-Einheitsblätter	854
Verbesserung der biologischen Haltbarkeit	642
Verfahrensschema	42, 876
Verkehrswege	819
Verpackungen für Kronenkorken	81
Verpackungswesen	51
Begriffe	51
Verschließknöpfe	91
Verschließmaschine	508
Dosenfalz	554
Falzstationen	551
für Aluminium-Kappen	566
für Anrollverschlüsse	538
für Bügelverschlüsse	542
für Dosen	550
für Kronenkorken	509
für Naturkorken und Stopfen	544
für Schraubverschlüsse	527
Unterdeckelbegasung	556
Verschließelemente	532
Verschließorgane	515
Verschließmaschinenzubör	
Verschluss-Entkeimung	563
Verschluss-Förderanlagen	559
Verschlusskontrolle	562
Verschluss	
„Twist-off"-Kronenkork	76
3-K-Knopf	92
Abblasverhalten	79
Aluminium-Anrollverschluss	76, 86
Aufreißverschluss	88
Aufreiß-Verschluss	76
Bügelverschluss	76, 91
Dichtungseinlage	78
Drehkronenkorken	76, 81
Einteilige Verschlüsse	84
Gelenkverschluss	77
Hebelverschluss	76, 92
Korken	76, 88
Kronenkork	76
Kunststoff-Schraubverschluss	84
Kunststoff-Schraubverschluss mit Sicherungsring	76
Kurze Schraubkappe	85
Mündungsgewinde	73
Nockendrehverschluss	76
Nockenverschluss	73
Nomacorc®	89
Öffnungsverhalten	73
Permeation	79
Porzellanknöpfe	91
Scavenger-Schichten	79
Sicherungsring	86
Sperrschichten	79
Vent-Slots	73
Verschließknöpfe	91
Verschlusskappe	77
Verschlussstopfen	77
Vino-lok®	89
Zweiteilige Verschlüsse	84
Verschluss-Entkeimung	563
Nassverfahren	563
Trockenverfahren	563, 564
Verschlusssicherungen	139
Versicherungen	
Versicherungsfragen	842
Vertrag	
Dienstvertrag	841
Gewährleistungen	841
Kaufvertrag	841
Leistungsbeschreibung	841
Lieferung nach dem neuesten Stand von Wissenschaft und Technik	841
Rechtsmängelfreiheit	841
Vertragsbedingungen	841
Vertragsgegenstand	841
Werkvertrag	841
Vertragsbedingungen	842
Anzahlungen	842
Bankbürgschaft	842
Einkaufsordnung	843
Fertigstellungsbürgschaft	842

Stichwortverzeichnis

Funktionsproben	842
Garantien	842
Gewährleitungsfristen	842
Haftungsauschluss	842
Instandhaltungsgarantien	842
kommerzielle Vereinbarungen	842
kostenlose Bankbürgschaft	842
Leistungsort	842
Muster-Formular	843
Nachbesserungen	842
Regressansprüche	842
Sanktionen	842
Sicherheiten	842
Sicherheitsbetrags-Einbehalt	842
Sicherheitseinbehalte	842
Sicherheitsübereignung	842
Teilzahlungen	842
Termine	842
Übernahme der Kosten	842
Zahlungsbedingungen	842
Zahlungsfristen	842
Zahlungsmoral	842
Vollflascheninspektion	350
Fremdkörper	350
Füllhöhe	350
Kontrolle der Ausstattung und Vollständigkeit	355
Kontrolle der Füllhöhe	353
Verschlussfunktion	350
Verschlusskontrolle	351
Vollpappe	64

W

Wartung	806
Wasch- und Reinigungsmittelgesetz	861
Wasseraufbereitung	
Entcarbonisierung	768
Enteisenung, Entmanganung	767
Filtration	767
Vollentsalzung	768
Wasserentkeimung	768

Wasserentgasung	778
Chemische Sauerstoffentfernung	785
Druck-Entgasung	779
Entgasung mittels Membranen	782
Katalytische Entgasung	785
Löslichkeitskoeffizienten	778
Thermische Entgasung	781
Vakuum-Entgasung	779
Wasserhaushaltsgesetz	861
Wellpappe	64
Werkstattbücher	841
Werkstätten	804
Werkstoff	811
austenitischer Stahl	811
Dichtungswerkstoffe	813
Edelstahl, Rostfrei®	811
EPDM	813
Kalrez®	813
Mittenrauhwert	812
NBR	813
Nichtrostende Stähle	812
Oberflächenbeschaffenheit	812
Oberflächenzustand	812
PTFE	813
Silicongummi	813
Teflon®	813
Viton®	813
VMQ	813
Werkstoffnummern	811
Wickelstretchfolien	245

Z

Zapfköpfe	119
Zier- und Schmuckkapseln	139
Zucker	
Lagerung	769, 772
Silozellen	772
Transport	772
Zuckerarten	769
Zuckerlösung	769, 773

Füllanlagen

Quellennachweis

1	Manger, H.-J.	Füllanlagen für Getränke, Lehrbriefe 1 bis 6
		Lehrbriefe für das Hochschulfernstudium
		Dresden: Zentralstelle für das Hochschulfernstudium, 1985-1988
2	Kunze, W.	Technologie für Brauer und Mälzer, 8. Aufl.,
		Berlin: Verlag der VLB, 1998
		9. Aufl. 2007
3	Schumann, G.	Alkoholfreie Getränke, 9. Aufl.,
		Berlin: PR- und Verlagsabteilung der VLB, 2002
4	Foitzik, B.	Abfüllanlagen für die Getränkeindustrie
		Landsberg/Lech: verlag moderne industrie, 2000
5	Troost, G.	Handbuch der Getränketechnologie
		Technologie des Weines, 6. Aufl.,
		Stuttgart: Verlag E. Ulmer, 1988
6	Troost, G., H.P. Bach und O.H. Rhein:	Handbuch der Getränketechnologie
		Sekt, Schaum- und Perlwein, 2. Aufl.,
		Stuttgart: Verlag E. Ulmer, 1995
7	Kolb, E. (Hrsg.):	Spirituosentechnologie, 6. Aufl., (vorm.: Wüstenfeld, H.
		und G. Haeseler, Trinkbranntweine und Liköre)
		Hamburg: Behr's Verlag, 2002
8	Schobinger, U.	Handbuch der Getränketechnologie
		Frucht- und Gemüsesäfte, 3. Aufl.,
		Stuttgart: Verlag E. Ulmer, 2001
9	Spreer, E.	Technologie der Milchverarbeitung, 8. Aufl.,
		Hamburg: Behrs Verlag, 2006
10	Autorenkollektiv	Getränkeflaschenfüllung in Übersichten, 2. Aufl.,
		Leipzig: VEB Fachbuchverlag, 1981

11 Fehrmann, K. und M. Sonntag: Mechanische Technologie der Brauerei, 2. Aufl.,
 Berlin: Paul Parey, 1962
12 Ruff, D. G. und K. Becker: Bottling and Canning of Beer, übersetzt von
 Stadler, H. und F. Zeller: Die Flaschen- und Dosenfüllerei
 Frankfurt/Main: Verlag K.G. Lohse, 1958
13 Petersen, H. Brauereianlagen, 2. Aufl., Nürnberg: Verlag Hans Carl, 1993
14 Bückle, J. u. D. Leykamm: Handbuch der Etikettiertechnik, 6. Aufl.,
 Hrsg.: V. Kronseder, KRONES AG, 2001
15 Blüml, S. u. S. Fischer: Handbuch der Fülltechnik, Hamburg: Behr's Verlag, 2004
16 Bückle, J. und W. Huber: Handbuch der Pack- und Palettiertechnik
 Hamburg: Behr's Verlag, 2005
17 Bleisch, G., Goldhahn, H. u. G. Schricker: Lexikon Verpackungstechnik
 Heidelberg: Verlag Hüthig, 2003
18 Fraunhofer Gesellschaft e.V. (Hrsg.): Verpackungstechnik (Lose-Blatt-Sammlung;
 zurzeit 17. Ergänzungslieferung, 04-2008)
 Heidelberg: Verlag Hüthig, seit 1996 ff.
19 Umweltbundesamt (Hrsg.): Ökobilanz für Getränkeverpackungen II;
 Zwischenberichte 2000 und Oktober 2002;
 Postfach 33 00 22, 14191 Berlin; www.umweltbundesamt.de
20 Verordnung über die Vermeidung und Verwertung von Verpackungsabfällen
 (Verpackungsverordnung - VerpackV), s.a. Richtlinie 94/62/EG

21 DIN 8782   Getränke-Abfülltechnik; Begriffe für Abfüllanlagen und einzelne Aggregate (05/84)
   DIN 8783   Getränke-Abfülltechnik; Untersuchungen an abfülltechnischen Anlagen (06/86)
   DIN 8784   Getränke-Abfülltechnik; Mindestangaben und auftragsbezogene Angaben (11/93)
22 Manger, H.-J.   Planung von Anlagen für die Gärungs- und Getränkeindustrie Berlin: PR- und Verlagsabteilung der VLB-Berlin, 1999
23 DIN 8743   Verpackungsmaschinen und Verpackungsanlagen - Zeitbezogene Begriffe, Kenngrößen und Berechnungsgrundlagen (2004-06)
24 DIN 55 405,   Verpackung - Terminologie - Begriffe (11/2006)
25 MEBAK Methodensammlung: Brautechnische Analysenmethoden Band V; Gebinde- und Produktausstattungsmittel; 1. Aufl., 2002 Freising-Weihenstephan: Selbstverlag der MEBAK
26 LFGB   Lebensmittel-, Bedarfsgegenstände- und Futtermittelgesetzbuch i. d. Fassung vom 1. Sept. 2005 (BGBl. I S. 2618, 3007)
27 BedGgstV   Bedarfsgegenständeverordnung von 1992
28 DIN-Katalog für technische Regeln; in der jeweils aktuellen Ausgabe Berlin: Beuth Verlag bzw. mittels www.beuth.de
29 Heye-Firmenschrift   Das Heye-EPB-Verfahren, etwa 1980
30 Eckle, R.   Vermeidung von Scuffing durch chemische Maßnahmen bei der Flaschenreinigung Brauwelt **137** (1997) 31/32, S. 1269-1270
31 Achermann, E.   Lichtschutzwerte bei Bierflaschen Brauerei-Rundschau **92** (1981) 10, S. 244-245
32 Glasbrenner, B.   Einfach kompostieren - Flaschen aus biologisch abbaubarem Material, Getränkeindustrie **59** (2005), 10, S. 20-21
33 Pfaff, S.   Kompostierbare Verpackungen - ist das ein Widerspruch? GTM **12** (2007) 4, S. 18-21
34 Proksch, K.-H.   PLA - eine Alternative für die Getränkeindustrie? Vortrag zur VLB-Fachtagung Getränkeverpackung 21.01.2008 in Dresden; s.a. www.polyone.com
35 Müller, K.   Einfluss von Sauerstoff und Licht auf die Lebensmittelqualität; 11. Flaschenkellerseminar, TU München, 2004
36 Hertlein, J.   Eigenschaftsprofile von Packstoffen und Verpackungen aus Kunststoff Brauwelt **135** (1995) 4, S. 140-150
37 Piringer, O.-G. und A. L. Baner: Plastic Packaging Materials for Food Weinheim: Wiley-VCH, 2000
38 Dörr, Chr.   Neue Entwicklungen für Kunststoff-Einwegflaschen Seminarunterlagen 7. Flaschenkellerseminar, TU München, 2000
39 Piringer, O. G.   Verpackungen für Lebensmittel: Eignung, Wechselwirkungen, Sicherheit Weinheim: VCH Verlagsgesellschaft, 1993
40 Schaper, M.   Qualitätsanforderungen und Gasbarriereeigenschaften von Polyesterflaschen für Bier; Brauerei-Forum **15** (2000) 3, S. 72-73
41 Hertlein, J., Bornarova, K. und H. Weisser: Eignung von Kunststoffflaschen für die Bierabfüllung; Brauwelt **137** (1997) 21/22, S. 860-866
42 Müller, K.   persönl. Mitteilung vom 11.05.2007
43 Müller, K.   Verbesserung der Barriereeigenschaften von Kunststoffflaschen durch Beschichten Sem.-Unterlg. 7. Flaschenkellers. TUM 2000

Quellennachweis

44 Boutoy, N. — Die Gewährleistung einer gleichmäßigen Sperrqualität bei PET-Bierflaschen, Brauwelt **147** (2007) 3, S. 56-58

45 Neuhäuser, M. u. K. Vogel: Plasmax - das neue SIG Plasma-Beschichtungssystem, PETpointer Nr. 13, S. 12-15; Hrsg.: SIG Corpoplast, 2003

46 Orzinski, M., Embs, F. W., Schneider, J., Weber, I. u. K. Fritsch — Monolayer-Barriere-Blend-PET-Flaschen, Brauindustrie **91** (2006) 11, S. 50-57

47 Coelhan, M. — Nachweis des Fungizids ortho-Phenylphenol in Dosenbier Brauwelt **147** (2007) 50, S. 1451-1453

48 Verordnung (EG) Nr. 2023/2006 der Kommission vom 22. Dezember 2006 über gute Herstellungspraxis für Materialien und Gegenstände, die dazu bestimmt sind, mit Lebensmitteln in Berührung zu kommen

49 FertigPackV — Verordnung über Fertigpackungen (Fertigpackungsverordnung) in BGBl. I, 1981, Nr. 59, S. 1585 – 1620, zuletzt geändert am 18.12.1992 durch LMKennzVÄndV 5

50 N.N: — Wiederherstellung klarer Strukturen - Einführung des bundeseinheitlichen Pfandsystems Getränkeindustrie **60** (2006) 4, S. 28-31

51 Weber, I. u. A. Nieroda — Qualitätssicherung der 0,5-l-Verbandsflasche der deutschen Brauwirtschaft Brauwelt **146** (2006) 51/51, S. 1573-1577

52 Danzl, W. — UV-Filter in Lebensmittelverpackungen ref. d. Brauwelt **146** (2006) 34/35, S. 993

53 Bundesverband Glasindustrie e.V.: Standardblätter

54 DIN 6129 — Packmittel - Flaschen und Hohlkörper aus Glas - Teil 1: Allgemeintoleranzen vollautomatisch gefertigter Flaschen Packmittel - Flaschen und Hohlkörper aus Glas - Teil 2: Volumen

55 Störk, A., Seidel, B. und G. Bärwald — Affenschaukel, Orangenhaut und andere Glasdefekte, Getränkeindustrie **52** (1998), 8, S. 529-537

56 Neuling, I.: Exklusiv, hochwertig und aus Glas; Brauindustrie **93** (2008) 8, S. 26-28

57 Humele, H. — Was ist, wie wirkt ein Scavenger? Brauwelt **144** (2004) 29, S. 889-890

58 Sidel-Info — Technologie für die Heißabfüllung von PET AFG-Wirtschaft **56** (2003) 3, S. 12-14

59 Friedlaender, T. — Erste PET-Recyclinganlage nach URRC-Verfahren in Betrieb; Getränke! **7** (2002) 3, S. 26-28; -30

60 PET - vielseitig, hochwertig, recyclingfähig GTM (Getränke! Technologie & Marketing) **12** (2007) 4, S. 6-10

61 Schröder, T. — Vorformlinge für die Herstellung von Behältern für geschmacksempfindliche Füllgüter, Aufsatz 2001; Fa. Netstal Maschinen AG, ref. d. www.petnology.com

62 N.N. — Wie leicht ist noch vertretbar? Getränkeindustrie **60** (2006) 5, S. 16-18

63 Below, A. — Die Beziehung der Preform zur Flasche Getränkeindustrie **60** (2006) 5, S. 19-21

64 Ein Hauch von Flasche; Getränkeindustrie **61** (2007) 9, S. 18-19

65 PET-Flaschen weiter im Vormarsch; Brauwelt **148** (2008) 3, S. 51-53

66 Die Zukunft der Bio-Flasche; Getränkeindustrie **61** (2007) 11, S. 22-25

67 N.N. — Alles Alu? Verpackungsalternativen Getränkeindustrie **59** (2005) 9, S. 92-93

68 — Mehr als nur eine Dose; Getränkeindustrie **61** (2007) 12, S. 10-12

69 www.bpf.co.uk/bpfgroups/PET_Bottle_Group.cfm
70 www.cetie.org
71 www.metallverpackungen.de
72 www.bevtech.org/isbt/links.html
73 Fa. Bericap   Infomaterial zum Verschluss Supershorty PCO 1881
74 DIN 6099   Packmittel - Kronenkorken
75 Mitteilung der Warsteiner Brauerei Haus Cramer, Abt. Technik   Test von Kronen-
       korken mit Compoundmassenprofilen 916 bzw. 923; 03/1999
76 Vogelpohl, H.   Bedeutung von Kronenkorkverschlüssen für
       Bierflaschen, Brauwelt **131** (1991) 42, S. 1866-1870
77 Vogelpohl, H.   in „Handbuch Brauerei", Kapitel Verpackung
       Hamburg: Behrs-Verlag, in Vorbereitung
78 Piroué, P.   Moderne Verschlusssysteme für Bierflaschen
       Brauerei-Forum **15** (2000) 10, S. 284-285
79 Rieblinger, K.   Aktive O_2-Barriere-Packstoffe, Seminarunterlagen
       11. Flaschenkellerseminar, TU München, 2004
80 Wanner, T. u. K. Müller: So gut wie seine Verpackung - O_2-Scavenger in PET-
       Flaschen; Getränkeindustrie **58** (2004) 9, S. 30-33
81 Brauer, L. (Fa. Bericap): Verschlusssysteme für Bier in Kunststoffflaschen -
       Vorstellung innovativer Verschlusssysteme, Vortrag
       91. Frühjahrstagung der VLB, 2004
82 DIN EN 541   Aluminium und Aluminiumlegierungen - Walzerzeugnisse für
       Dosen, Verschlüsse und Deckel - Spezifikationen
83 Kettern, W.:   Nicht nur eine Frage des Geschmacks
       Getränkeindustrie **54** (2000) 11/12, S. 664-667
84 DIN EN 12726   Bandmundstück mit einem Eingangsdurchmesser von
       18,5 mm für Naturkorken und Kapseln als Originalitätssicherung
85 DIN 6094-3   Packmittel-Mündung; Lochmundstücke (10/2003)
86 DIN 7750   Flaschenscheiben aus Gummi für Bügel- und Hebelverschlüsse
87 Franke, P.:   Die mechanischen Flaschenverschlüsse und das Bier- und
       Mineralwassergeschäft in Berlin 1875-1914
       Technikgeschichte Band 65 (1998) 3, S. 207-231
88 Uphoff, S. (ref.d. Arndt, G.) Prüfverfahren für Bügelverschlüsse ; Vortrag VLB-Tagung
       Getränkeverpackung, Bremen, 2003
       Brauwelt **143** (2003) 17/18, S. 519
89 Vogelpohl, H.:   Dichtigkeitsprüfung von Bügelverschlussflaschen
       Seminarunterlagen 11. Flaschenkellerseminar TU München, 2004
90 Pelliconi Group: Infoblatt: SOLAR - Verschluss-Prototyp für Kronenkorken-Mündungen
91 DIN 55412-1   Packmittel; Bierflaschen-Stapelkasten 400 mm x 300 mm
       aus Kunststoff für 20 Bierflaschen (Euroform 2) von 0,5 l
       Nennvolumen in linearer Anordnung
92 DIN 55412-2   Packmittel; Bierflaschen-Stapelkasten 400 mm x 300 mm
       aus Kunststoff für 24 Bierflaschen (Vichyform) von 0,33 l
       Nennvolumen in linearer Anordnung
93 Orttmann, Fa. Oberland: Vortrag VLB Fachtagung Dresden, 29.01.2008
94 Kasprzyk, A.:   Der Transportkasten für Flaschenbier im Wandel der
       Zeiten; Brauwelt **146** (2006) 29/30, S. 882-885
95 Delbrouck, A.: Innovative Flaschenkästen - Multifunktional; Vortrag zur VLB-Fachtagung
       Getränkeverpackung 21.01.2008 in Dresden; www.delbrouck.de

Quellennachweis

96	DIN 55511-1	Packmittel; Schachteln aus Voll- oder Wellpappe abgestimmt auf 600 mm × 400 mm (Flächenmodul); Faltschachteln mit Boden- und Deckelverschlussklappen
97	www.hi-cone.com	
98	Honstetter, H. K.	Die Entwicklung der Bierdose in „Jahrbuch der GGB"; 1983, S. 194-216, Berlin: Verlag der VLB
99	Ball Packaging Europe Holding GmbH, Ratingen: Praktisch: wiederverschließbare Getränkedosen; Brauwelt **148** (2008) 21/22, S. 596-597	
100	Frischekapsel in der Dose; Brauindustrie **92** (2007) 3, S. 56	
101	Kruszewski, M.	CanPET-Innovation, Fa. Invento; Vortrag VLB - Symposium Beverage Packaging – PET; Februar 2007
102	Nebel, F. R.	CrazyCan - die erste wiederverschließbare PET-Getränkedose für den Massenmarkt; Vortrag zur VLB-Fachtagung Getränkeverpackung 21.01.2008 in Dresden, s.a. www.chezroger.de
103	Fehrmann, K.	Mechanische Technologie der Brauerei Berlin: Paul Parey, 1950
	Fehrmann, K. u. M. Sonntag: Mechanische Technologie der Brauerei, 2. Aufl., Berlin: Paul Parey, 1962	
104	Gesetz über das Mess- und Eichwesen (Eichgesetz), veröffentlicht im Bundes-Gesetzblatt T I, zuletzt Nr. 17, 1992	
	sowie: Gesetzliche Messwesen - Allgemeine Regelung (GM-AR), gültig ab 01. Juni 2001	
105	DIN 6647-1	Packmittel - Zylindrische Getränke- und Grundstoffbehälter - Teil 1: Zulässiger Betriebsüberdruck bis 3 bar, Nennvolumen bis 50 Liter
	DIN 6647-2	Packmittel - Zylindrische Getränke- und Grundstoffbehälter – Teil 2: Zulässiger Betriebsüberdruck bis 7 bar, Nennvolumen bis 50 Liter
	DIN 6647-3	Packmittel - Zylindrische Getränke- und Grundstoffbehälter – Teil 3: Zulässiger Betriebsüberdruck bis 3 bar, Nennvolumen größer 100 Liter
	DIN 6647-4	Packmittel - Zylindrische Getränke- und Grundstoffbehälter – Teil 4: Einwegverpackung mit zulässigem Betriebsüberdruck bis 3 bar, Nennvolumen bis 60 Liter
106	Firmendruckschrift der Fa. Schäfer Werke GmbH, Neunkirchen	
107	Zapfsystem Easy Draft	Fa. Franke, Kreuztal (www.bc.franke.com)
108	Niederer, W.	Fassfrisch zapfen; Brauindustrie 89 (2004) 7, S. 16-17
109	N.N.	Coolkeg-Abfüllung bei Tucher Bräu, Nürnberg Brauwelt **141** (2001) 27/28, S. 1062-1063
110	Eco-Keg	Infomaterial der Fa. Schaefer-container-systems www.schaefer-container-systems.de
111	Zeitschrift „Bier-Zeit"; Hrsg.: Original Ittinger Klosterbräu (www.ittinger.ch), Ausgabe Sommer 2004	
112	KeyKeg	Infomaterial der Lightweight Containers B.V./NL www.keykeg.com
113	Jahrestagung des Fraunhofer-IVV: Lebensmittelverpackung und EU-Gesetzgebung; Brauwelt **147** (2007) 33, S.898	
114	Huhtamaki stellt neues Verpackungskonzept vor. Getränkeindustrie **62** (2008) 4, S. 10-12 www.huhtamaki.com	
115	www.beerinbox.net	
116	www.ankerbrauerei.de	
117	Gütegemeinschaft Paletten e.V.; www.gpal.de und www.epal-paletts.org	
118	Informationsmaterial	CHEP-Deutschland GmbH, Köln, s.a. www.chep.com

Füllanlagen

119 KHS: Neues Dolly-Anlagenkonzept trifft „Nerv derZeit"; Brauwelt **147** (2007) 28, S.773
120 Berberich, M. im Interview: Mehrweg einfach machen; Brauindustrie **91** (2006) 9, S. 38-39
121 www.ifcosystems.de
122 Bentz, M. Kühles Bier in warmer Hand - Outlast bringt Temperatur regulierendes Etikett auf
    den Markt; Brauindustrie **92** (2007) 11, S. 114-115
123 Bückle, J. und D. Leykamm: Handbuch der Etikettiertechnik - Grundlagen und
    Praxis erfolgreicher Produktausstattung, 6. Aufl.,
    Neufassung, Hrsg.: V. Kronseder
    Neutraubling: KRONES AG, 2001
124 Biebelrieder Kreis (c/o W. Wachenheim; e-mail wolfgang.wachenheim@epost.de)
    Folienetikettierung - Qualitätssichernde Maßnahmen
125 www.clever-etiketten.de
126 Schreyer, Th. und M. Thönnießen: Innovativ etikettieren - ein Klebstoffsystem
    ohne Casein; Getränkeindustrie **55** (2001) 8, S. 62-63
127 Eticycle für verbessertes PET-Recycling Brauwelt **147** (2007) 15/16, S. 406
128 Onusseit, H.   Palettensicherungssysteme: Ökonomisch & ökologisch; Klebstoffe
    zur Sicherung palettierter Ladeeinheiten; GTM 4/2006, S. 30-33
129 Brun, M.   Unbemannt - ein fahrerloses Transportsystem für
    die Getränkeindustrie, Getränkeindustrie **56** (2002) 1, S. 18-19
130 N.N.   Neue Anlagen im Blickpunkt: FTS für die
    Getränkeindustrie, Brauwelt **142** (2002) 18/19, S. 654-656
131 Fördersystem Power & Free, Fa. Eisenmann AG (www.eisenmann.de)
132 Blom, H. und F. Gremm: Im 30-Minuten-Takt, das Logistikzentrum der
    Veltins Brauerei, Brauindustrie **83** (1998) 12, S. 843-849
133 Westfalia Lagersysteme Infomaterial (www.westfaliaeurope.com)
134 Prospektunterlagen TransStore® (www.transsstore.de)
135 Prospektunterlagen der Fa. Westfalia-WST-Systemtechnik GmbH &Co. KG
136 Unterstein, K.   Stapelhallen, Brauwelt **136** (1996) 12, S. 551-569
137 UTC Uebach Technologie Consulting GmbH, Niederfischbach (www.utc-log.de)
138 Rädler, Th. und H. Weisser: Standfest? Das Fördern von Kunststoffflaschen -
    Physikalische Rahmenbedingungen und Scuffing
    Getränkeindustrie **52** (1998) 5, S. 307-312
139 Kather, A.   Neue Regelungsstrategien für Massentransporteure
    Seminarunterlagen 12. Flaschenkellerseminar, TU München, 2005
140 Sorgatz, A.:   Entwicklung eines neuen Sensorsystems zum Behälterzählen im
    Pulk;
    Seminarunterlagen 14. Flaschenkeller-Seminar, TU München, 2007
141 Vogelpohl, H.   „Pufferoptimierung in Flaschenfüllanlagen", Seminarunterlagen
    8. Flaschenkeller-Seminar, TU München, 2001
142 Rädler, Th.   Modellierung und Simulation von Abfülllinien
    Diss. TU München, 1999; erschienen:
    Fortschr.-Ber. VDI Reihe 14, Nr. 93, Düsseldorf: VDI Verlag, 1999
143 Voigt, T.   Neue Methoden für den Einsatz der Informationstechnologie bei
    Getränkeabfüllanlagen; Diss. TU München, 2004; erschienen:
    Fortschr.-Ber. VDI Reihe 14, Nr. 118,
    Düsseldorf: VDI Verlag, 2004
144 Glebe, W.   Flaschen auf der Autobahn
    Getränkeindustrie **60** (2006) 11, S. 114-117
145 N.N.   Grundlagen der Pufferberechnung bei Abfüllanlagen,
    KHS-Journal 1/95, S. 30-37

146 Hahn, W.	die richtige Transporttechnik für Glas- und PET-Kombi-Anlagen Brauerei-Forum **15** (2000) 1, S. 4-7
147	Antriebslösung für Elektrohängebahnen - Flaschentransport und -sortierung bei C.& A. Veltins; GTM **11** (2006) 3, S. 4-5
148	Prospekt Eisenmann Conveyor Systems (www.eisenmann.de)
149	Prospekt Eisenmann: EMS in the Beverage industry; Referenzanlage Oy Sinebrychof AB, Kerava, Finnland
150 Dörr, Chr.	PET-Flaschen für die Bierabfüllung; Seminarunterlagen 8. Flaschenkellerseminar, TU München, 2001
151 Falter, W.	Transportband-Hygienesysteme, Brauwelt **129** (1989) 34, S. 1576-1592
152	Fa. Magris, Santa Lucia, (I): Prospekt Scharnierbandketten
153	Fa. Regina, Cernusco Lombardone (I) Prospekt Ketten
154	Eschbach, B. u. T. Buining: Praxiserfahrungen mit der neuen Generation von wasserfreien Bandschmiermitteln im Abfüllbereich; Vortrag 95. Brau- und Maschinentechnische Arbeitstagung der VLB in Kulmbach, 2008 (www.calvatis.com)
155	www.johnsondiversey.com: „Dry Tech 1"
156	Fa. Ro-ber Prospektangaben Typ FP 300
157 N.N.	Folienverpackung von Palettenladeeinheiten Getränkeindustrie **59** (2005) 9, S. 64-69
158	Prospekt BEUMER stretch hood® Die kraftvolle Lösung für Ihre Verpackung (www.beumer.com)
159	Produktinformation MSK Verpackungs-Systeme GmbH (www.mskcovertech.com)
160	Auf einen Klipp alles im Griff - der neue Bottle Carrier für Einweg-Multi-Packs Getränkeindustrie **62** (2008) 1, S. 8-10
161 Töpfer, H.-H.	Die umweltfreundliche Etikettenentfernung Brauwelt **127** (1987) 13, S. 550, 565-566
162	Möller-Hergt, G. u. T. Nösner: Inline-Sortierroboter; Brauwelt **143** (2003), 45, S. 1531-1536
163 Glebe, W.	Die Guten ins Töpfchen, die Schlechten ins Kröpfchen - Neue Sortieranlage bei Veltins; Brauindustrie **90** (2005) 8, S. 42-47
164 Sliva, F.	Leergutsortierung als praktisches Beispiel im Brauereibetrieb Brauerei Forum **17** (2002) 10, S. 266-269
165 Severin, H.-G.	Staus quo Automatisierung der Leergutsortierung - Systeme und deren praktische Anwendungen; Seminarunterlagen 91. Brau- und maschinentechnische Arbeitstagung der VLB in Saarbrücken, 2004
166 Oppermann, K.	Hohe Anforderungen an die Mehrweg-Sortierung Brauerei Forum **20** (2005) 7, S. 184-185 und Seminarunterlagen 91. Brau- und maschinentechnische Arbeitstagung der VLB in Enschede, 2005
167 Voigt, T.:	Konzepte zur Leerflaschensortierung; Vortrag zum 14. Flaschen-kellerseminar 4./5. 12. 2007 TU München
168 Leiter, T.	Sortieranlagenkomplexe in der Praxis; Vortrag TWA Anlagen und Betriebstechnik, 94. Oktobertagung der VLB-Berlin, 2007 www.leergutleiter.de
169	www.intercycle.de
170 Spiegelmacher, K.:	Ordnung schaffen - Erkennung von Relief-Flaschen in Mehrwegkästen; Getränkeindustrie **61** (2007) 11, S. 54-55
171	Vollautomatische Leergut-Sortierung bei der Brauerei C. & A. Veltins; Infoschrift der Fa. Eisenmann Anlagenbau GmbH & Co. KG, Böblingen
172	www.recop.de

173 Molitor, B.: Innovationen für die Reinigung; Triple-i-drive-Antrieb der FRM
KHS-Journal 3/2002, S. 46-47 und 1/2006, S. 40-42
174 Schneider, J. u. M. Orzinski: Exemplarische Studie - Mechanische Effekte bei Flaschenreinigungsmaschinen mit Geradstrahl- und Drehrohrspritzung
Brauindustrie **90** (2005) 8, S. 48-52
175 Tedden, E. Tageszeitung für Brauerei **70** (1973) 34/35, S. 177-182
176 Simon, St.; Direktbeheizung einer Flaschenwaschmaschine mit Brennwerttechnik; Vortrag zur 95. Brau- und Maschinentechnischen Arbeitstagung der VLB-Berlin in Kulmbach, 10.-12. 03.2008
177 Evers, H. (Projektleiter): Ausarbeitung eines Verschmutzungsstandards für Bierflaschen zur Überprüfung von Reinigungsmaschinen, Abschlussbericht R 375 der Wissenschaftsförderung der deutschen Brauwirtschaft e.V., 2001
178 Wackerbauer, K., Evers, H. u. K. Soltau Überprüfung der Wirkleistung von Flaschenreinigungsmaschinen, Brauwelt **143** (2003) 51/52, S. 1756-1761
179 Wenk, G., Weber, I. u. M. Orzinski: Ablöseverhalten von Getränkeflaschen-Etiketten aus Papier von Glas-Mehrwegflaschen,
Brauwelt **146** (2006) 31/32, S. 922-925
180 Schneider, J., Schröder, G., Kerwitz, Y., Weber, I. u. M. Orzinski: Wirkung von Additiven auf die chemische und tribologische Glaskorrosion bei der Reinigung von Glasflaschen, Brauwelt **145** (2005) 51/52, S. 1642-1650
181 Schlüßler, H.-J. u. H. Mrozek: Praxis der Flaschenreinigung
Düsseldorf: Henkel & Cie GmbH, 1969
182 Kompetenzforum Getränkebehälter: Praxishandbuch für die Reinigung von Mehrwegflaschen aus Glas und PET, 2. Aufl., Berlin: VLB Berlin, 2005
183 Pahl, M. H., Wöhler, M. u. H. Bosch (Hrsg.): Flaschenreinigung in Brauereien
Aachen: Shaker Verlag, 2000
184 Rüppell, Christian M. Die Optimierung der Flaschenreinigungstechnik in der Brau- und Getränkeindustrie, Diss. TU Berlin, 1984/1985
185 Ruff, D. G. und K. Becker: Bottling and Canning of Beer;
übersetzt von Stadler, H. und Zeller, F.:
Die Flaschen- und Dosenfüllerei
Frankfurt/Main: Verlag K. G. Lohse, 1958
186 Schlüßler, H.-J. Zur Kinetik von Reinigungsvorgängen an festen Oberflächen
Brauwissenschaft **29** (1976) 9, S. 263-268
187 Evers. H.: Flaschenreinigung auf dem Prüfstand; Seminarunterlagen
14. Flaschenkellerseminar, TU München, 2007
188 Tonn, H. Laugenkonzentrationsveränderung in Flaschenreinigungs-Anlagen infolge der Verschleppung von Flüssigkeiten
Monatsschrift f. Brauerei **14** (1961) 4, S. 57-60
189 Best, P. Verschleppung und Rückstandsproblematik bei der Flaschenreinigung, Brauindustrie **82** (1997) 9, S. 596-598
190 Molitor, B. u. J. C. Nielebock: Herbsthäuser Brauerei mit neuer Flaschenreinigungsmaschine
Brauindustrie **92** (2007) 11, S. 110-113
191 Schlüßler, H.-J. Ziermaterial aus Aluminium - ein Problem bei der Flaschenreinigung, Brauwelt **105** (1965) 79, S. 1457-1465
192 Probst, R. Chemisches Scuffing-Untersuchungen zur Wirksamkeit von Anti-Scuffing-Maßnahmen, Brauwelt **141** (2001) 39, S. 1711-1715
193 Theyssen, H. Hazing und Stress-Cracking
Getränkeindustrie **53** (1999) 11, S. 722-723
194 Pahl, M. H., M. Wöhler: Deutung der Grenzflächenspannung in der gereinigten Bierflasche
Brauwelt **138** (1998) 31/32, S. 1424-1428

195 Pahl, M. H., M. Wöhler:	Bestimmung von Entschäumern in Mehrwegflaschen und Reinigungsanlagen, Brauwelt **139** (1999) 24/25, S. 1111-1117
196 Momsen, J.:	Membran-Filtrationssystem bei Flaschenreinigungsmaschinen (System „Parcival", KRONES) Brauwelt **147** (2007) 40, S. 1098-1100
197 Innowatech Imaca®, Horb a.N.; www.innowatech.de	
198 Aquagroup AG, Regensburg; www.aquagroup.com	
199 Wolf, D.:	Bewertung der Einsatzmöglichkeiten der Membranzellen-Elektrolyse bei Abfülllinien; Vortrag zur 95. Brau- und Maschinentechnischen Arbeitstagung der VLB-Berlin in Kulmbach, 10.-12. 03.2008
200 Kunzmann, Chr.:	Innovative Wasserdesinfektion - analytische und technologische Aspekte; Vortrag zur 95. Brau- und Maschinentechnischen Arbeitstagung der VLB-Berlin in Kulmbach, 10.-12. 03.2008
201 Saefkow, M.:	Genug geschwallt? Reinigungs- und Desinfektionsverfahren mit erweiterten Einsatzmöglichkeiten in Brauerei und Flaschenkeller; Brauindustrie **93** (2008) 4, S. 10-12
202 Grund, H.:	Sichere und effiziente Desinfektion mittels Membranzellen-Elektrolyse - 2 Jahre Praxiserfahrung bei der Stiegl Brauerei Vortrag zur 95. Brau- und Maschinentechnischen Arbeitstagung der VLB-Berlin in Kulmbach, 10.-12. 03.2008 (www.innowatech.de)
203 Kunzmann, Chr., Schneider, J., Schildbach, St. u. A. Ahrens:	Wasserrecycling bei der Flaschenreinigungsmaschine Brauwelt **145** (2005) 21, S. 624-631
204 Kunzmann, Chr., Orzinski, M., Schildbach, St. u. A. Ahrens:	Einsparpotenziale in der Flaschenreinigungsmaschine, Teil 1: Methodik Brauwelt **144** (2004) 41/42, S. 1240-1246
205 Prospekt Spiragrip	Fa. Krones AG
206 Rung, J.	Neuer Rinser mit ionisierter Luft für PET-Einwegflaschen Brauindustrie **85** (2000) 7, S. 384-385
207 Fischer, S.	Flaschen- und Verschlussentkeimung mit Wasserstoffperoxid zur aseptischen Abfüllung in PET- und HDPE-Flaschen; Seminarunterlagen 12. Flaschenkellerseminar, TU München, 2005
208 Schindlbeck, A.	Kaltaseptik bei Adelholzener Alpenquellen für EW-PET KRONES-Magazin 1/2001, S. 25-31
209 Geiser, A. u. M. Schneider:	keimfreie Verschlüsse im Trockenverfahren Brauwelt **143** (2003) 46/47, S. 1574-1579
210 Murannyi, P. u. J. Wunderlich:	Plasma-Entkeimung - eine zündende Innovation Brauwelt **145** (2005) 4/5, S. 101-103
211 Neijssen, P. J. G.	Gammasterilisation von Verpackungsmaterialien neue verpackung 1991, 9, S. 20-25
212 Schuh, C.	Es liegt was in der Luft, mögliche Gefahren bei der Desinfektion mit Peressigsäure und Wasserstoffsuperoxid; Getränkeindustrie **58** (2000) 11, S. 69-71
213 Schober, S.:	Inspizierbarkeit von Glasflaschen; Vortrag VLB-Fachtagung Getränkeverpackung, Dresden, 20.12.2007
214 Prospekt Druckkontrolle HEUFT sonic, Fa. Heuft, Burgprohl	
215 Horst, M.:	Zuverlässig dicht? Die Bedeutung der Dichtheitskontrolle für die Qualitätssicherung; Getränkeindustrie **61** (2007) 6, S. 34-36
216 Zöller, U.	Lineares Ausleitsystem für PET-Flaschen Brauindustrie **87** (2002) 2, S. 30-31
217 Schmidt, M., Eder, C., Benning, R. und A. Delgado:	Schwingende Kästen - Automatische Selektion von Mehrwegkästen mittels Neuronumerik, Getränkeindustrie **59** (2005) 10, S. 37-39

218 Verordnung über Fertigpackungen (Fertigpackungsverordnung) vom 18. Dezember 1981 in d. Fassung vom 8. März 1994; zuletzt geändert 25.11.2003

219 Eichgesetz — Gesetz über das Mess- und Eichwesen (Eichgesetz; EichG) vom 22. Februar 1985 in der Fassung von 1992

220 Roesicke, J. — Verbesserung der Hygiene im Füllerumfeld
Brauwelt **138** (1998) 22/23, S. 1019-1021

221 Broll, A. — Probleme des Gaskontaktes und des Gasaustausches bei der Abfüllung kohlendioxidhaltiger Getränke
Diss., Humboldt-Universität zu Berlin, 1990

222 MEBAK — Band 4, 3. Aufl., 1993: Sauerstoffbestimmung im Flaschenbier: Kapitel 2.37; Selbstverlag der MEBAK

223 Paukner, E. — Über die Löslichkeit von Kohlensäure, Stickstoff und Sauerstoff in Bier und Wasser, Diss. TU München, 1953

224 Guggenberger, J. — Untersuchungen zum Verfahren der Heißabfüllung von Bier und anderen kohlensäurehaltigen Getränken
Diss. Hochschule für Bodenkultur Wien, 1962

225 Rammert, M. — Zur Optimierung von Hochleistungsabfüllanlagen für CO_2-haltige Getränke; Diss., Universität-GH Paderborn, 1993

226 KHS: Verfahren zum Abfüllen eines flüssigen Füllgutes in Flaschen oder dgl. Behälter; DE 44 29 594 A1, 1994

227 Mecafill VKPV-CF mit automatischer Füllhöhenverstellung, Krones-Magazin 2005, Heft 4, S. 86

228 Verordnung über Fertigpackungen vom 18.12.1981 (FertigPackV), zuletzt geändert 25.11.2003

229 Bezug der Schablonen beispielsweise durch die Verpackungsprüfstelle der VLB Berlin, Seestraße 13, 13353 Berlin; vp@vlb-berlin.org

230 Weber, E. — Grundriss der biologischen Statistik, 9. Aufl., Jena: VEB Gustav Fischer Verlag, 1986

231 Blüml, S. u. S. Fischer: Handbuch der Fülltechnik, 1. Aufl., S. 76-85

232 Krones-Magazin 2005, Heft 4: Wein füllen - ruhig und schnell, S. 86-87

233 Rammert, M., Clüsserath, L. und J. Roesicke: Keimarmes Füllen biologisch empfindlicher Flaschenbiere, Brauwelt **134** (1994) 17, S. 766-773

234 Rentel, A. — Entwicklung des KHS-Dampf-Füllverfahrens (DF)
Vortrag KHS-Symposium in der Bitburger Brauerei, 08.06.1994

235 Back, W. — Sekundärkontaminationen im Abfüllbereich
Brauwelt **134** (1994) 16, S. 686-695

236 Clüsserath, L. — Bierabfüllung in Kunststoffflaschen,
Brauwelt **144** (2004) 45, S. 1475-1478

237 Krones-Magazin 2005, Heft 4: Neue Konusdichtung aus Edelstahl, S. 90

238 Krones Prospekt — KRONES F1 - Volumetic VODM-PET

239 Schmidt, D. — Vom Granulatkorn zur Preform,
Getränkeindustrie **58** (2004) 9, S. 12-17

240 Krones Prospekt — Streckblasmaschine Krones Contiform S

241 Glebe, W. — Actis, die Gasbarriere von PET-Flaschen
Getränkeindustrie **58** (2004) 3, S. 28-33

242 Boutoy, N. — Die Gewährleistung einer gleichmäßigen Sperrqualität bei PET-Bierflaschen, Brauwelt **147** (2007) 3, S. 56-58

243 Getränkeverpackungen: Sparen im Block; Getränkeindustrie **62** (2008) 2, S. 12-12

244 Evers, H. und H.-J. Manger: Druckluft in der Brauerei
Berlin: Verlagsabteilung der VLB Berlin, 2001

245	Weisser, H.	Cold Aseptic Filling; Seminarunterlagen 7. Flaschenkellerseminar , TU München, 2000 Lehrstuhl Brauereianlagen und Lebensmittel-Verpackungstechnik
246	Schmoll, W.	Vergleichende Darstellung der nass- und trockenaseptischen Abfüllung; Seminarunterlagen 11. Flaschenkellersem.; TUM, 2004
247	Fischer, U.	ACF schlägt alle; KHS-journal 2004, H 1, S.34-36
248	Geiser, A.:	Verschlussentkeimung ohne Chemikalien; Getränkeindustrie **61** (2007) 4, S. 12-14
249	Evers, H., Michl, M. u. D. Wolf:	Das Multitalent - ACF mit Kondensation KHS-journal 2007, H 1, S. 16-19
250	Engelhard, P.	Inaktivierung von Mikroorganismen auf festen Oberflächen mittels Atmosphären aus feuchter Luft/Wasserstoffperoxid und IR-Behandlung; Diss. TU München, 2005; erschienen: München: Verlag Dr. Hut, 2006
251	Fischer, S.	Flaschen- und Verschlussentkeimung mit Wasserstoffperoxid zur aseptischen Abfüllung in PET- und HDPE-Flaschen; Seminarunterlagen 12. Flaschenkellerseminar, TU München, 2005
252	Gschwendner, M.	Naß- oder Trockensterilisation? Getränkeindustrie **60** (2006) 7, S. 17-19
253	Neijssen, P.J.G.	Gammasterilisation von Verpackungsmaterialien neue verpackung 1991, 9, S. 20-25
254	Muranyi, P.	Plasma-Entkeimung - eine zündende Innovation Brauwelt **145** (2005) 4/5, S. 101-103
255	Geiser, A. und M. Schneider:	Keimfreie Verschlüsse im Trockenverfahren Brauwelt **143** (2003) 46/47, S. 1574-1579
256	Reuter, H.	Aseptisches Verpacken von Lebensmitteln und Stand der Technik Chem.-Ing.-Techn. **58** (1986) 10, S. 785-793
257	Bong-Ho, Han	Abtötung von Mikroorganismen auf festen Oberflächen Diss., Universität (TH) Karlsruhe, 1977
258	Halfmann, H., Deilmann, M. u. P. Awakowicz:	Der Weg zur veredelten PET-Flasche Brauwelt **148** (2008) 20, S. 548-550
259	VDI 2083 Blatt 2	Reinraumtechnik; Bau, Betrieb und Instandhaltung (02/1996)
260	DIN EN ISO 14644-1	Reinräume und zugehörige Reinraumbereiche; Klassifizierung der Luftreinheit
261	DIN EN 1822-1	Schwebstofffilter (HEPA und ULPA); Klassifikation
262	Hauser, G.:	Hygienische Produktion; Band 1: Hygienische Produktionstechnologie. Band 2: Hygienegerechte Apparate und Anlagen Weinheim: Wiley-VCH, voraussichtlich 2008
263	N.N.	Ein zeitgemäßes, zukunftsausgerichtetes Füllaggregat Brauwelt **136** (1996) 40/41, S. 1898-1901
264	Prospektmaterial „Bügelverschließmaschinen" der Firmen Enzinger und Jagenberg	
265	AMS Getränketechnik GesmbH: Bügelverschließer	
266	RICO-Maschinenbau Max Appel KG: Bügelverschließer	
267	Angaben der Fa. Ferrum, Ruppersswill/CH	
268	Handbuch der Getränkedose, Fa. Schmalbach-Lubeca, Braunschweig	
269	MEBAK, Band 5	
270	Fischer, S.	Flaschen- und Verschlussentkeimung mit Wasserstoffperoxid zur aseptischen Abfüllung in PET- und HDPE-Flaschen; Seminarunterlagen 12. Flaschenkellerseminar, TU München, 2005

Füllanlagen

271 Hager, H. Emissionen im Abfüllprozess;
Getränkeindustrie **59** (2005) 7, S. 18-19
272 Manger, H.-J. Kompendium Messtechnik, Berlin: VLB-Berlin, 2006
273 Prospekt InScan 300: KRONES AG
274 Bückle, J. und D. Leykamm: Handbuch der Etikettiertechnik - Grundlagen und Praxis erfolgreicher Produktausstattung, 6. Aufl., Hrsg.: KRONES AG
275 Veröffentlichungen des „Kompetenzforum Getränkebehälter" (www.bevcomp.org): „Praktikerhandbuch für die Etikettierung und Ausstattung", „Qualitätssichernde Maßnahmen - Etikettierung, Getränkeverpackung, Ausstattung", „Wirkungszusammenhänge bei der Etikettierung"
276 Prospekt SOLAR-Hochleistungsetikettiermaschinen, Fa. Jagenberg, Düsseldorf.
277 Prospekte der Fa. Akerlund & Rausing Verpackung GmbH/ Hochheim am Main:
Hochleistungs-Bandetikettiermaschine LB 350
(25.000 Etiketten/Rolle)
278 Vandevoorde, D. Sleeves: Überblick über Anlagentechnik und Folien für Schrumpf- und Stretch-Sleeves, Vortrag Fachtagung Etikettierung in der Getränkeindustrie, VLB-Berlin, 12/2006
279 Prospekt Kapselanrollmaschine, Fa. Sick-International®, Emmendingen.
280 Prospekt REKTOMAT Sektkapselaufsetz- und Anfaltmaschine,
Fa. Sick-International®, Emmendingen.
281 Prospekt Kapselaufsetz- und Schrumpfmaschine, Fa. Sick-International®, Emmendingen.
282 Prospekt DRATOMAT, Fa. Sick-International®, Emmendingen.
283 http://bundesrecht.juris.de/index.html
284 Fontaine, J., Scharlach, A. u. I. Pankoke: Innerbetriebliche Logistik,
Brauwelt **144** (2004) 44, S. 1416-1419
285 Baron, K. u. W. Künnemann: International Food Standard - Anforderungen an die Getränkeindustrie, die weit über die Gesetzgebung hinausgehen. Brauerei-Forum **20** (2005) 4, S. 101-103
286 Janker, M. IFS - International Food Standard - Version 4
Brauwelt **146** (2006) 25/26, S. 746-748
287 Innovativer Mittelstand gut gerüstet für die Zukunft; Brauwelt **148** (2008) 11, S. 299-300
288 Pankoke, I. RFDI in der Getränkelogistik, in
Getränke! (GTM) **9** (2004) 5, S. 80-81
289 Bollenbacher, H. Transponder-Anwendung in der Getränke- und Brauindustrie
Brauindustrie **90** (2005) 12, S.18
290 Kather, A.: Patentlösungen für die Logistik oder überschätzte Technologie?
Brauwelt **147** (2007) 14, S. 357-361
291 Wagner, W.: Grundlagen der RFID-Technologie (Vortrag vom 04.12.2007)
TU München, Logistik-Innovations-Zentrum, Prof. Dr. W.A. Günthner
292 Lange, V.: Stand und Perspektiven der Anwendung von RFID im Verpackungswesen; Vortrag zur 17. Dresdner Verpackungstagung 06./07.12.2007 (Fraunhofer Institut Materialfluss und Logistik)
293 Voigt, T. Anforderungen an die Rückverfolgbarkeit im Getränkeabfüllbetrieb; Seminarunterlagen 11. Flaschenkellerseminar, TU München, 2004
294 Manger, H.-J. Technische Möglichkeiten zur sauerstoffarmen Arbeitsweise bei der Bierherstellung; Brauwelt **137** (1997) 18, S. 696-701
295 Annemüller, G., Manger, H.-J. u. P. Lietz: Die Hefe in der Brauerei, S. 223
Berlin: Verlag der VLB Berlin, 2004

296 Schade, W., Jährig, A., Kalunjanz, K.A. u. J. V. Kapterewa: Beiträge zur Problematik der thermischen Abtötung von Hefen der Art Saccharomyces cerevisiae
Wiss. Zeitschrift d. Humboldt-Univ. zu Berlin, Mat.-Nat. Reihe XXXIV , Berlin 1985, Heft 10, S. 977-982

297 Autorenkollektiv Beer pasteurisation: Manual of good practice, produced by the EBC Technology and Engineering Forum
Nürnberg: Hans Carl Getränke-Fachverlag, 1995

298 Westphal, G., Buhr, H. u. H. Otto: Reaktionskinetik in Lebensmitteln
Berlin-Heidelberg-New York: Springer-Verlag, 1996

299 Röcken, W. Aktuelle Gesichtspunkte zum Thema Pasteurisation;
Brauwelt **124** (1984) 42, S. 1826-1832

300 Del Vecchio, H. W. , Dayharsh, C. A. and F. C. Baselt: Thermal Death Time Studies on Beer Spoilage Organisms-I;
A.S.B.C. Proceedings 1951, S. 45-50

301 Fricker, R. The Flash Pasteurisation of Beer
J. Inst. Brew. **90** (1984) 3, S. 146-152

302 Dorton, J. K. u. Q. Nguyen: Informationsunterlagen Pasteurisationstechnik, Sander Hansen

303 Rößler, P. Vortrag KZE von Bier, TWA der VLB-Berlin, 11.03.2002

304 Brauwelt-Brevier 1988: S. 339, Nürnberg: Brauwelt-Verlag

305 Andreasen, J. G. Langstreckensieger unter den Tunnelpasteuren - das Marathon-Band, Brauwelt **145** (2005) 11, S. 318-319

306 Prospekt Innopas C, KHS

307 Prospekt Sharc Pasteur (safe hygienic active regenerative control), KRONES/Sander Hansen

308 Stadler-Zeller Die Flaschen- und Dosenfüllerei, S. 143
Frankfurt am Main: K. G. Lohse-Verlag, 1958

309 Infomaterial: Der Kanalpasteur; PE-Regelung; Sander Hansen

310 Emschermann, H.-H., Fuhrmann, B. u. D. Huhnke: Druck- und Temperaturmessung in Bierflaschen während der Durchlaufpasteurisation
Brauwissenschaft **29** (1976) 6, S. 161-164

311 Prospekt Haffmans-Redpost PE-Monitor, Fa. Haffmans B.V., Venlo/NL

312 Gaedke, J. und C. Weber: Wasserqualität bei der Pasteurisation von Bier- und Getränkedosen, Brauwelt **141** (2001) 25, S. 961-963

313 Kremkow, C. u. P. Kremkow: Der Einfluß des Kohlendioxides, des Freiraumvolumens, des Luftanteils im Freiraum, der Temperatur und der Abfülltemperatur auf den Überdruck in Bierflaschen
Monatsschrift für Brauwissenschaft **42** (1989) 10, S. 398-413

314 Tonn, H. Ermittlung der maximalen Drücke in Glasflaschen mit CO_2-haltigen Füllungen bei der Pasteurisations-Endtemperatur
Tageszeitung für Brauerei **62** (1965) 73/74, S. 458-460

315 Tonn, H. Einfluß der Rüttelentgasung vor der Verschließung auf den Druck in der Flasche bei der Pasteurisation;
Monatsschrift für Brauerei **13** (1960) 11, S. 149-155

316 Berg, F. u. W. Schmauder: Über die Druckentwicklung in abgefüllten CO_2-haltigen Getränken, Brauwissensch. **30** (1977) 3, S. 77-82 und 4, S. 111-117

317 Weißenbach, M. u. H. Wille: Rund um den Pasteur;
Teil 1 Brauwelt **110** (1970) 67/68, S. 1253-1260
Teil 2 Brauwelt **110** (1970) 83/84, S.1576-1581,
Teil 3 Brauwelt **110** (1970) 93/94, S. 1789-1793,
Teil 4 Brauwelt **111** (1971) 12, S. 187-189, 192-195,

		Teil 5 Brauwelt **111** (1971) 28, S. 534-542
		Teil 6 Brauwelt **111** (1971) 83, S. 1852-1859
318	Pirzer, F. X.	Beiträge zur Frage der Pasteurisation von Flaschenbier Diss., TH München, 1955
319	Kasprzyk, A., Orzinski, M. u. R. Pahl:	Pasteurisation kohlensäurehaltiger Erfrischungsgetränke in PET-Flaschen; Brauwelt **146** (2006) 45, S. 1382-1388
320	Petersen, H.	Brauereianlagen, 2. Aufl., Nürnberg: Verlag Hans Carl, 1993
321	Wagner, W.	Wärmetauscher; 3. Aufl., Vogel-Fachbücher (Kamprath-Reihe) Würzburg: Vogel-Buchverlag, 2005
322	Manger, H.-J.	Maschinen, Apparate und Anlagen für die Gärungs- und Getränkeindustrie, Teil 10 (in Vorbereitung), vormals Lehrbriefreihe „Maschinen, Apparate und Anlagen der Fermentationsindustrie", LB 9, 1. veränd. Ausgabe; Dresden: Zentralstelle für das Hochschulfernstudium, 1983
323	Prospekt Bier-Pasteurisierung, Fa. Alfa-Laval/Schweden, 1969	
324	Manger, H.-J.	Kompendium Messtechnik Berlin: Verlagsabteilung der VLB-Berlin, 2006
325	Manger, H.-J.	Unveröffentlichte Versuchsergebnisse, 1982/1989; 1992/1994
326	Zufall, C.	Der Einfluss der Kurzzeiterhitzung auf die Zusammensetzung und Qualität des Bieres; Diss., TU Berlin, FB 15, 1997
327	Borrmann, K. u. W. Steinhilper:	Pasteurisierung mit Plattenwärmeaustauschern Brauwelt **116** (1976) 20, S. 606-613
328	Guggenberger, J.	Untersuchungen zum Verfahren der Heißabfüllung von Bier und anderen kohlensäurehaltigen Getränken; Diss., Hochschule für Bodenkultur Wien, 1962
329	Richter, T. u. H.-Chr. Langowski:	Hochdruckbehandlung von verpackten Lebensmitteln; Der Weihenstephaner **73** (2005) 2, S. 83-86
330	Fischer, S., Ruß, W. u. R. Meyer-Pittroff:	Haltbarmachung von Getränken durch Hochdruck-Überblick; Der Weihenstephaner **73** (2005) 2, 87-92
331	Bleier, B., Fischer, S. u. R. Meyer-Pittroff:	Hochdruckbehandlung - eine Chance für die PET-Pasteurisierung hochwertiger Getränke Getränkeindustrie **59** (2005) 9, S. 70-79
332	Schumann, G.	Alkoholfreie Getränke, Kapitel 3.4; 9. Aufl., Berlin: Verlagsabteilung der VLB-Berlin, 2002
333	Verordnung über die Zulassung von Zusatzstoffen zu Lebensmitteln zu technologischen Zwecken (ZZulV), 1998	
334	Fehrmann, K.	Mechanische Technologie der Brauerei Berlin: Paul Parey, 1950
335	Fehrmann, K. u. M. Sonntag:	Mechanische Technologie der Brauerei, 2. Aufl., Berlin: Paul Parey, 1962
336	Englmann, J.	Aspekte einer modernen Fasskellers, Brauwelt **126** (1986) 7, S. 202-206
337	Heidenreich, R.	Untersuchungen an verschiedenen Kegs Brauwelt **125** (1985) 23, S. 1356-1361
338	Faltin, E.	Druck-Volumen-Verhalten von Kegs Brauwelt **142** (2002) 20/21, S. 690-694
339	Rust, U. u. A. Monzel	Hightech-Abfüllung bei Bauchfässern, Brauerei Forum **18** (2003) 12, S. 329-332
340	Schenzer, D.	Bauchfass-Linie mit einer Leistung von 600 Fass/h; Vortrag im TWA der VLB Berlin, 2003

341	Spiegelmacher, K.	Vollautomatische Keg-Inspektion bei der Krombacher Brauerei Brauwelt **147** (2007) 46/47, S. 1373-1374
342	Monzel, A.	„One 4 Two" ; Brauwelt **147** (2007) 11, S. 279-280
343	Wagner, F.	Verfahrenstechnische Aspekte der Behandlung von Systemfässern der Getränkeindustrie, Diss., TU München 2003
344	Litzenburger, K.	Keg-Anlagen - Vorzüge und Probleme Brauwelt **133** (1993) 6, S. 238-243
345	Petersen, H.	Brauereianlagen; Kapitel 4.2.6, S. 146; 2. Aufl., Nürnberg: Hans Carl, 1993
346	Evers, H.	Abnahme von Keganlagen - Erfahrungsbericht Vortrag Frühjahrstagung der VLB, 2003
347	Bier muss fließen	Brauindustrie **91** (2006) 6, S. 52-54
348	TRSK	Technische Regeln für Getränkeschankanlagen; Hrsg.: Verband der Technischen Überwachungs-Vereine e.V.; Vertrieb: Carl Heymanns Verlag KG, Luxemburger Str. 449, 50939 Köln
349	Dörsam, K.	Das geänderte Schankanlagenrecht; Brauindustrie **91** (2006) 1, S. 29
350	DIN-Katalog für technische Regeln; in der jeweils aktuellen Ausgabe	Berlin: Beuth Verlag bzw. mittels www.beuth.de
351	Informationen der Berufsgenossenschaft Nahrungsmittel und Gaststätten:	zurzeit BGN 11 als CD-ROM, 2007 (www.bgn.de)
352	Deutscher Brauer-Bund e.V.: www.brauer-bund.de	
353	Fries, O., Hövel, A., Lohre, G., Steinl, G., Taschan, H. und N. Tessin:	Getränkeschankanlagen, Handbuch und DIN-Normen, 2. überarbeitete und erweiterte Aufl., 2008. Berlin: Beuth Verlag, 2008, ISBN 978-3-410-16732-7
354	Schumann, G.	Alkoholfreie Getränke, 9. Aufl., Berlin: PR- und Verlagsabteilung der VLB Berlin, 2002
355	Handbuch Erfrischungsgetränke, Stand 2000; Hrsg.: Südzucker AG	
356	Ertl, S.:	Vortrag zur Entfernung von unerwünschten Verbindungen aus Trink-, Heil- und Mineralwasser; (www.hydroisotop.de) ref.d. Getränkeindustrie **61** (2007) 11, S. 64-65
357	Manger, H.-J. u. H. Evers: Kohlendioxid und CO_2-Gewinnungsanlagen, 2. Aufl.,	Berlin: VLB-Berlin, 2006
358	Rammert, M.	Zur Optimierung von Hochleistungsfüllanlagen für CO_2-haltige Getränke; Diss., Universität-Gesamthochschule Paderborn, 1993
359	D'Ans/Lax	Taschenbuch für Chemiker und Physiker, 3. Aufl., Band 1, S. 1203 Heidelberg-Berlin-New York: Springer-Verlag, 1967
360	Bohne, G.	Da geht dem Sauerstoff die Puste aus Getränkeindustrie **58** (2004) 10, S. 62-64
361	Mette, M.	Druckentgasung, Getränkeindustrie **54** (2000) 9, S. 526-531
362	Freier, R. K.	Kesselspeisewasser, 2. Aufl. Berlin: Walter de Gruyter & Co., 1963
363	Autorenkollektiv	Grundwissen des Ingenieurs, 10. Aufl., S. 628 Leipzig: Fachbuchverlag, 1981
364	Daebel, U., Koukol, R. u. B. Brauner: Energieoptimierter Betrieb - Wasserentgasung	mittels hydrophober Membranen Brauindustrie **90** (2005) 9, S. 82-86
365	Rammert, M. und M. H. Pahl: Die Löslichkeit von Kohlendioxid in Getränken	Brauwelt **131** (1991) 12, S. 488-499

366 Pahl, M. H. und M. Rammert: Die manometrische Bestimmung des CO_2-Gehaltes in Getränken, Teil 1 und 2; Brauwelt **131** (1991) 50, S. 2402-2413 und **132** (1992) 1/2, S. 15-30
367 Firma HAFFMANS, Venlo/NL: Berechnung des CO_2-Gehaltes, Unterlagen zum CO_2-Messgerät
368 Info-Material der Fa. Inotec GmbH zum Rührsystem Visco-Jet; www.viscojet.com
369 Manger, H.-J. Kompendium Messtechnik, Berlin: Verlag der VLB Berlin, 2006
370 Fraunhofer Gesellschaft e.V. (Hrsg.): Verpackungstechnik - Mittel und Methoden zur Lösung der Verpackungsaufgabe; Loseblatt-Samml.; seit 1996; Aktuell ist zurzeit die 17. Ergänzungslieferung (04-2008); ISBN 3-7785-2354-6; Heidelberg: Hüthig Verlag GmbH &Co. KG
371 Bleisch/Goldhahn/Schwicher/Vogt: Lexikon Verpackungstechnik; Heidelberg: Hüthig Verlag GmbH &Co. KG, 2003
372 www.sig.biz
373 www.elopak.com -und www.elopak.de
374 www.tetrapak.com
375 Schlüßler, H.-J. Zur Kinetik von Reinigungsvorgängen an festen Oberflächen Brauwissenschaft **29** (1976) 9, S. 263-268
376 Wildbrett, Gerhard [Hrsg.]: Reinigung und Desinfektion in der Lebensmittelindustrie, 2. Aufl., Hamburg : Behrs Verlag, 2006
377 Kessler, H.-G. Lebensmittel- und Bioverfahrenstechnik - Molkereitechnologie, Kapitel 21.5; München: Verlag A. Kessler, 1996
378 Manger, H.-J. CIP-Anlagen: Stapelreinigung oder verlorene Reinigung Brauwelt **146** (2006) 21, S. 606-611
379 Manger, H.-J. Produktrohrleitungen in der Brauerei - ein Problem? Brauerei-Forum **18** (2003) 7, S. 193-195, 9, S. 246-249, 10, S.275-277
380 Manger, H.-J. Maschinen, Apparate und Anlagen (MAA) für die Gärungs- und Getränkeindustrie, Teil 9: MAA für die Reinigung und Desinfektion in Vorbereitung
381 DIN 11483 Milchwirtschaftliche Anlagen; Reinigung und Desinfektion; Teil 1 Berücksichtigung der Einflüsse auf nichtrostenden Stahl (Ausgabe 01/83) Teil 1 A1, dito; Änderung 1 (Ausgabe 01/91) Teil 2 Berücksichtigung der Einflüsse auf Dichtungsstoffe (Ausgabe 02/84)
382 Manger, H.-J. Planung von Anlagen für die Gärungs- und Getränkeindustrie Berlin: Verlagsabteilung der VLB, 1999
383 Annemüller, G., Manger, H.-J. u. P. Lietz: Die Hefe in der Brauerei, Kapitel 5.8 Berlin: PR- und Verlagsabteilung der VLB Berlin, 2005
384 Kunzmann, Ch. et al.: Der Einsatz von Chlordioxid bei der Füllerhygiene; Getränkeindustrie **62** (2008) 6, S. 8-13
385 Liebl, K., Eisenblätter, F. und K. Fischer: Das Ionisationsverfahren in der Getränkeindustrie Brauwelt **148** (2008) 28/29, S. 804-8047, s.a. www.luwatec.de
386 Illberg, V.. Praktische Erfahrungen bei der Überprüfung einer CIP-Anlage in einem modernen Abfüllbetrieb; Vortrag Seminarunterlagen 14. Flaschenkellerseminar, TU München, 2007
387 Nitzsche, F.W.: Hygienekontrollen in Getränkeabfüllanlagen; Getränkeindustrie **62** (2008) 5, S. 22-25
388 Lehmann, H. Handbuch der Dampferzeugerpraxis, 4. Aufl., Gräfelfing: Verlag Dr. Ingo Resch GmbH, 2000

Quellennachweis

389 Mayr, F. u. W. Linke: Handbuch der Kesselbetriebstechnik, 11. Aufl., Gräfelfing: Verlag Dr. Ingo Resch GmbH, 2005

390 Manger, H.-J.: Kälteanlagen in der Brau- und Malzindustrie Berlin: PR- und Verlagsabteilung der VLB-Berlin, 2006

391 Evers, H. u. H.-J. Manger: Druckluft in der Brauerei Berlin: PR- und Verlagsabteilung der VLB-Berlin, 2001

392 Manger, H.-J. u. H. Evers: Kohlendioxid und CO_2-Rückgewinnungsanlagen, 2. Aufl. Berlin: PR- und Verlagsabteilung der VLB-Berlin, 2006

393 DIN 31051 Grundlagen der Instandhaltung

394 DIN EN 13306 Begriffe der Instandhaltung

395 Mexis, N. D.: Reparaturchaos - die Wende einer fehlgeschlagenen Instandhaltungspolitik; Getränkeindustrie **61** (2007) 5, S. 8-12

396 Mexis, N. D.: Reparatur: die Insolvenzerklärung der Instandhaltung; Ursachen beseitigen, nicht Störungen reparieren; [erfolgreiche Instrumente zur Kostensenkung und Unternehmenssicherung] Mannheim: Institut für Analytik und Schwachstellenforschung, 2007

397 Hartmann, Ed. H.: TPM : effiziente Instandhaltung und Maschinenmanagement; Stillstandzeiten verringern, Maschinenleistungen steigern, Betriebszeiten erhöhen; Übers. aus dem Engl. von Dagmar Beese, 3., akt. u. erw. Aufl.; Landsberg am Lech: mi, 2007
TPM: Total Productive Maintenance bzw. Total Productive Manufacturing bzw. Total Productive Management

398 DIN EN 10088: Nichtrostende Stähle (zurzeit gilt Ausgabe 06/93)
Teil 1: Verzeichnis der nichtrostenden Stähle
Teil 2: Technische Lieferbedingungen für Blech und Band für allgemeine Verwendung
Teil 3: Technische Lieferbedingungen für Halbzeug, Stäbe, Walzdraht und Profile für allgemeine Verwendung

399 Informationsstelle Edelstahl Rostfrei®: Edelstahl Rostfrei – Eigenschaften Druckschrift MB 821, 2. Aufl., Ausgabe 1997 (Anschrift s. [400])

400 Informationsstelle Edelstahl Rostfrei®: Die Verarbeitung von Edelstahl Rostfrei Druckschrift MB 822, 3. Aufl., Ausgabe 1994; Informationsstelle Edelstahl Rostfrei, Sohnstr. 65 in 40237 Düsseldorf

401 DIN 17455: Geschweißte kreisförmige Rohre aus nichtrostenden Stählen für allgemeine Anforderungen - Technische Lieferbedingungen (02/1999)

DIN 17456: Nahtlose kreisförmige Rohre aus nichtrostenden Stählen für allgemeine Anforderungen - Technische Lieferbedingungen (02/1999)

402 DIN 11866: Rohre aus nichtrostenden Stählen für Aseptik, Chemie und Pharmazie - Maße, Werkstoffe (2003-01)

403 DIN 11850: Rohre für Lebensmittel, Chemie und Pharmazie - Rohre aus nichtrostenden Stählen - Maße, Werkstoffe (1999-10)

404 Bobe, U. und K. Sommer: Untersuchungen zur Verbesserung der CIP-Fähigkeit von Oberflächen Brauwelt **147** (2007) 31/32, S. 844-847

405 Lehrstuhl Maschinen und Apparatekunde der TU München: Werkstoffoberflächen, Haftung, Reinigung; Brautechnik; Brauwelt **143** (2003) 20/21, S. 632-635

406 Schmidt, R., Beck, U., Weigl, B., Gamer, N., Reiners, G. und K. Sommer: Topographische Charakterisierung von Oberflächen im steriltechnischen Anlagenbau Chem.-Ing.-Techn. **75** (2003)4, S. 428-431

Füllanlagen

407 DIN 11483-2 — Milchwirtschaftliche Anlagen; Reinigung und Desinfektion; Berücksichtigung der Einflüsse auf Dichtungsstoffe
408 Probst, R.: — Einwirkungen von Reinigungs- und Desinfektionsmitteln auf elastomere Dichtungsmaterialien; Brauindustrie **93** (2008) 2, S. 12-17
409 Neyses, M. u. P. Rietschel: Neuartiges Lüftungskonzept in der Verladehalle der Bitburger Brauerei; Fachinformationen der BGN, Akzente, 2003
410 Richtlinie 2003/10/EG über Mindestvorschriften zum Schutz von Sicherheit und Gesundheit der Arbeitnehmer vor der Gefährdung durch physikalische Einwirkungen (Lärm)
411 Informationen der Berufsgenossenschaft Nahrungsmittel und Gaststätten: zurzeit BGN 11 als CD-ROM, 2007 (www.bgn.de)
412 BGR 181 — Fußböden in Arbeitsräumen und Arbeitsbereichen mit Rutschgefahr
413 Richtlinie 94/9 EG — Geräte und Schutzsysteme zur bestimmungsgemäßen Verwendung in explosionsgefährdeten Bereichen (ATEX 100a) und
RL 1999/92/EG — Explosionsfähige Atmosphäre (ATEX 137) und Leitfaden zur RL
414 DIN 8782 — Getränke-Abfülltechnik; Begriffe für Abfüllanlagen und einzelne Aggregate (05/84)
415 DIN 8783 — Getränke-Abfülltechnik; Untersuchungen an abfülltechnischen Anlagen (06/86)
416 DIN 8784 — Getränke-Abfülltechnik; Mindestangaben und auftragsbezogene Angaben; (mit Anhang A bis R) (Ausgabe 11/93)
417 Flad, W. u. S. Vey — Planung von Flaschenabfüllanlagen Brauwelt **134** (1994) 13/14, S. 552-558
418 Grabrucker, R. u. H. Weisser: Kapazitätsberechnung von Füllanlagen Brauindustrie **83** (1998), 8, S. 475-482
419 Unterstein, K. — Kriterien für die Planung oder Erweiterung einer Brauerei Brauwelt **147** (2007) 4/5, S. 84-89; s.a. Brauwelt **141** (2001) 17, S. 622-630, 639
420 Rädler, T. u. H. Weisser: Technische Ausschreibung und Abnahme von Abfüllanlagen; Brauwelt **138** (1998) 20/21, S. 932-935
421 Voigt, T., Grabrucker, R. u. H. Vogelpohl: Abnahmeversuche bei Getränkeabfüllanlagen; Der Weihenstephaner **71** (2003) 3, S. 110-116
422 DIN-Taschenbuch 135 Packstoffe, Anforderungen und Prüfungen Berlin: Beuth Verlag, 3. Aufl., 1989
423 DIN-Taschenbuch 136 Verpackung, Packmittel und Packhilfsmittel Berlin: Beuth-Verlag, 3. Aufl., 1989
424 DIN-Taschenbuch 239 Verpackung, Terminologie, Prüfung, Maßordnung, Markierung, Kennzeichnung, Lieferbedingungen Berlin: Beuth-Verlag, 1. Aufl., 1991
425 STLB — Spezielle Technische Lieferbedingungen; Herausgeber: Deutscher Brauer-Bund e.V., Berlin in Verbindung mit den jeweiligen Fachverbänden
426 Flad, W. und S. Vey — Flächen- und Kostenbedarf für Brauereineubauten Brauwelt **134** (1994) 50, S. 2680-2686
427 Vogelpohl, H. u. R. Grabrucker: Auslegung und Planung von Getränkeabfüllanlagen Vortrag, Seminarunterlagen 13. Flaschenkellerseminar, TUM, 2006
428 DIN 69901 — Projektwirtschaft; Projektmanagement; Begriffe, (Ausgabe 08/87)
DIN 69902 — Projektwirtschaft; Einsatzmittel; Begriffe (Ausgabe: 08/87)
DIN 69903 — Projektwirtschaft; Kosten und Leistung, Finanzmittel; Begriffe (Ausgabe: 08/87)
DIN 69904, — Projektwirtschaft - Projektmanagementsysteme - Elemente und Strukturen (Ausgabe: 11/2000)

	DIN 69905	Projektwirtschaft - Projektabwicklung - Begriffe (Ausgabe: 05/1997)
429	Aggteleky, B.	Fabrikplanung Band 1 Grundlagen, Zielplanung, Vorarbeiten, unternehmerische und systematische Aspekte, 2. Aufl., 1987 Band 2 Betriebsanalyse und Feasibility-Studie, techn.-wirtschaftl. Optimierung von Anlagen und Bauten, 2. Aufl., 1990 Band 3 Ausführungsplanung und Projektmanagement, 1990 München: Carl Hanser Verlag
430	Aggteleky, B. und Bajna, N.:	Projektplanung Handbuch: Grundlagen, Anwendung, Beispiele München: Carl Hanser Verlag, 1992
431	Wischnewski, E.	Modernes Projektmanagement, 4. Aufl. Braunschweig/Wiesbaden: Fr. Vieweg & Sohn, 1993
432	Burghardt, M.	Projektmanagement - Leitfaden für die Planung, Überwachung und Steuerung von Entwicklungsprojekten, 3. Aufl. Erlangen: Publicis MCD Verlag, 1995
433	Litke, H.-D.	Projektmanagement, 3. Aufl.; München: Carl Hanser Verlag, 1995
434	Ullrich, H.	Wirtschaftliche Planung und Abwicklung verfahrenstechnischer Anlagen, 2. Aufl.; Essen: Vulkan-Verlag, 1997
435	Hirschberg, H.-G.	Handbuch Verfahrenstechnik und Anlagenbau Berlin-Heidelberg-New York: Springer Verlag, 1997/98
436	Bernecker, M.	Handbuch Projektmanagement; München: Oldenbourg, 2003
437	Weber, K.-H.	Inbetriebnahme verfahrenstechnischer Anlagen: Vorbereitung und Durchführung; Düsseldorf: VDI-Verlag, 1996
438	Beste-Verfügbare-Technik-(BVT)-Merkblätter zur europäischen IVU-Richtlinie	www.bvt.umweltbundesamt.de/kurzue.htm
439	Integrierte Vermeidung und Verminderung der Umweltverschmutzung; Merkblatt über die besten verfügbaren Techniken in der Nahrungsmittel-, Getränke- und Milchindustrie; Dezember 2005 mit ausgewählten Kapiteln in deutscher Übersetzung; zurzeit etwa 714 Seiten! Hrsg.: Umweltbundesamt [438]	
440	Deutsches Informationszentrum für technische Regeln im DIN, Deutsches Institut für Normungen e.V. (Hrsg.): „DIN-Katalog für technische Regeln" (jährliche Neuausgabe); Berlin: Beuth-Verlag GmbH	
441	http://bundesrecht.juris.de/bundesrecht/GESAMT_index.html	
442	Staatliches Umweltamt Hagen (Hrsg.): Leitfaden zum Genehmigungsverfahren nach dem BImSchG, 2. Aufl., 1995 UmweltZentrum Dortmund GmbH, 44227 Dortmund, Emil-Figge-Str. 80	
443	N.N.	Antragsunterlagen und Erläuterungen für Genehmigungsanträge nach dem BImSchG Hrsg.: Min. f. Umwelt, Naturschutz und Raumordnung des Landes Brandenburg, Abt. Immissionsschutz und CO_2 - Minderung und Senatsverwaltung für Stadtentwicklung, Umweltschutz und Technologie des Landes Berlin, Referat Öffentlichkeitsarbeit, 1996
444	Lell, O.	Zuständigkeits- und Koordinationsregelungen für die Anlagenzulassung im Anwendungsbereich der IVU-Richtlinie, (Texte 20/97); Hrsg.: Umweltbundesamt, 14191 Berlin, Postfach 33 00 22, 1997

445 Baugesetzbuch	z.B. ISBN 3-89817-363-1, 2004; Bundesanzeiger-Verlag
446 VDI-Richtlinien	Hrsg. Verein Deutscher Ingenieure, Düsseldorf, Vertrieb: Beuth Verlag GmbH, Berlin
447 LAS-Merkblätter	Hrsg. Bayerisches Landesinstitut für Arbeitschutz, München
448 AD-Merkblätter	Hrsg. Verband der Techn. Überwachungs-Vereine e.V. Vertrieb: Beuth-Verlag GmbH, Berlin
449 VdTÜV-Merkblätter	Hrsg. Verband der Techn. Überwachungs-Vereine e.V., Vertrieb: Verlag TÜV Rheinland GmbH, Köln
450 Baunutzungsverordnung (BauNVO): Verordnung über die bauliche Nutzung der Grundstücke (Baunutzungsverordnung), 1990, ref. d. [45]	
451 Brauerei-Adressbuch	Brauereien, Mälzereien, Fachschulen, Verbände und Unternehmensberater in Deutschland in der jeweils letzten Auflage (z.B. 17. Aufl., 1992) Nürnberg: Verlag Hans Carl
452 DIN EN ISO 10628	Fließschemata für verfahrenstechnische Anlagen - Allgemeine Regeln (03/2001); vordem:
DIN 28 004	Fließbilder verfahrenstechnischer Anlagen Teil 1: Begriffe, Fließbildarten, Informationsinhalt (05/88) Teil 2: Zeichnerische Ausführung (05/1988) Teil 3: Graphische Symbole (05/1988) Teil 4: Kurzzeichen (05/1977)
453 DIN 19227	Teil 1: Leittechnik; Graphische Symbole und Kennbuchstaben für die Prozessleittechnik, Darstellung von Aufgaben (10/1993)
454 DIN 1356	Bauzeichnungen, Teil 1: Grundregeln, Begriffe Teil 6: Bauaufnahmezeichnungen
455 DIN 2425	Planwerke für die Versorgungswirtschaft, die Wasserwirtschaft und für Fernleitungen; Teil 1: Rohrnetzpläne der öffentlichen Gas- und Wasserversorgung, Teil 2: Rohrnetzpläne der Fernwärmeversorgung, Teil 3: Pläne für Rohrfernleitungen, Techn. Regeln, Teil 4: Kanalnetzpläne, öffentl. Abwasserleitung, Teil 5: Karten und Pläne der Wasserwirtschaft, Teil 7: Leitungspläne für Stromversorgungs- und Nachrichtenanlagen,
456 DIN 2429	Graphische Symbole für technische Zeichnungen, Rohrleitungen, Teil 1: Allgemeines Teil 2: Funktionelle Darstellung Teil 2-Beiblatt: Funktionelle Darstellung; Beispiele für die Darstellung von freiem oder gesperrtem Durchfluss
457 DIN 2481	Wärmekraftanlagen, Graphische Symbole
458 DIN ISO 1219	Fluidtechnik; Graphische Symbole und Schaltpläne; Teil 1: Graphische Symbole und
E DIN ISO 1219-1	Fluidtechnik - Graphische Symbole und Schaltpläne Teil 1: Graphische Symbole für konventionelle und datentechnische Anwendungen
DIN ISO 1219-2	Fluidtechnik - Graphische Symbole und Schaltpläne Teil 2: Schaltpläne
459 DIN ISO 5456	Technische Zeichnungen; Projektionsmethoden; Teil 1: Übersicht,

	Teil 2: Orthographische Darstellungen,
	Teil 3: Axonometrische Darstellungen
460 DIN ISO 6412	Technische Zeichnungen; Vereinfachte Darstellung;
	Teil 1: Allgemeine Regel und orthogonale Darstellung,
	Teil 2: Isometrische Darstellung,
	Teil 3: Zubehörteile für Lüftungs- und Entwässerungsanl.
461 Vogelpohl, H. u. R. Grabrucker:	Auslegung und Planung von Getränkeabfüllanlagen
	Vortrag 13. Flaschenkellerseminar, 2006
462 Grabrucker, R.	Vortrag 7. Flaschenkellerseminar 2000
463 Voigt, T.	Vortrag 10. Flaschenkellerseminar 2003
464 Rädler, Th.	Modellierung und Simulation von Abfülllinien
	Fortschritt-Berichte VDI: Reihe 14, Landtechnik/Lebensmittel
	technik; 93; Düsseldorf : VDI-Verl., 1999
465 Hoffmann, P.	Genial geplant - KHS-Simulationssystem liefert detaillierte
	Planungsdaten, KHS-Journal 2004/2, S. 37-39
466 Sedlaczek, J.	Simulation und Optimierung von Anlagen
	KRONES-Magazin 2000/2, S. 72-73
467 Lehrstuhl Lebensmittelverpackungstechnik, TU München (www.wzw.tum.de/lvt)	
468 Forschungsinstitut für Maschinen- und Verpackungstechnik (FMV) der	
	VLB Berlin (www.vlb-berlin.org)
469 Forschungszentrum Weihenstephan für Brau- und Lebensmittelqualität	
	der TU München (www.blq-weihenstephan.de)
470 Evers, H.:	Betrachtungen zur Abnahme von Füllanlagen
	Vortrag VLB-Frühjahrstagung Regensburg, 2006
471 Voigt, T.:	Computergestützte Abnahmeversuche - Ermitteln von
	Garantieleistungen und Optimieren bestehender Anlagen;
	Seminarunterlagen 10. Flaschenkellerseminar, TU München, 2003
472 Voigt, T.:	Kennzahlen zur Bewertung der Abfülleffizienz; Seminarunterlagen
	13. Flaschenkellerseminar, TU München, 2006
473 Winkler, St.:	Kann Automatisierung Verpackungsprozesse effizienter gestalten?
	Vortrag 17. Dresdner Verpackungstagung 06./07.12.2007
	Fa. Bosch Rexroth AG, Lohr am Main
474 DIN 40041:	Zuverlässigkeit; Begriffe
475 Voigt, T., Rädler, Th. u. H. Weisser:	„Standard-Pflichtenheft für BDE-Systeme
	innerhalb von Getränkeabfülllinien", Stand: 2000; STLB für die BDE-
	Vorbereitung von Maschinen zur Getränkeabfüllung:
	Bonn: Gesellschaft für Öffentlichkeitsarbeit der deutschen
	Brauwirtschaft e.V. 2001
476 Kather, A. u. T. Voigt:	Weihenstephaner Standards für die Betriebsdatenerfassung
	Lehrstuhl Lebensmittelverpackungstechnik, TU München
	(www.wzw.tum.de/lvt)
477 Kather, A., Voigt, T. u. H.-Chr. Langowski:	Effektive Datenerfassung im Flaschenkeller;
	Der Weihenstephaner **73** (2005) 2, S. 78-82
478 Kather, A. und T. Voigt:	Künstliche Intelligenz - Effizienzsteigerung durch automatische
	Datenanalyse; Getränkeindustrie **62** (2008) 2, S. 22-26
479 Heßelmann, W.:	Mehr als nur Überwachung - Anlageninformationssystem für die
	Betriebsdatenerfassung; Brauindustrie **92** (2007) 8, S. 34-37
480 Bissbort, H.	Mehr Output, KRONES-Magazin 2006/3, S. 25-27
481 Manger, H.-J.:	Kompendium Messtechnik; Online-Messgrößen in Brauerei,
	Mälzerei und Getränkeindustrie; Berlin: VLB Berlin, 2005
482 Böhm, W.	Elektrische Antriebe, 5. Aufl., (Kamprath-Reihe)
	Würzburg: Vogel-Verlag, 2002

Füllanlagen

483 Brosch, P. F.   Praxis der Drehstromantriebe (Kamprath-Reihe)
Würzburg: Vogel-Verlag, 2002
484 Grote, K.-H. u. J. Feldhusen (Hrsg.): Dubbel: Taschenbuch für den Maschinenbau,
20. Aufl., 2004; Berlin-Heidelberg-New York: Springer-Verlag,
485 Grollius, H.-W.   Grundlagen der Hydraulik, 3. Aufl.,
Leipzig: Fachbuchverlag Leipzig im Carl Hanser Verlag, 2006
486 Grollius, H.-W.   Grundlagen der Pneumatik
Leipzig: Fachbuchverlag Leipzig im Carl Hanser Verlag, 2006
487 Ruppelt, E.   Druckluft-Handbuch, 4. Aufl., Essen: Vulkan-Verlag, 2002
488 Wagner, W.   Kreiselpumpen und Kreiselpumpenanlagen, 2. Aufl.,
Würzburg: Vogel-Verlag, 2004
489 Manger, H.-J.   Pumpen in der Gärungs- und Getränkeindustrie
Brauerei-Forum **21** (2006), 9, S. 13-16; 10, S. 14-17;
22 (2007) 1, S. 22-25; 2, S. 15, 16, 21, 22; 3, S. 23-26;
4, S. 16-19; 5, S. 16-19; 6, S. 18-22
490 GLRD sind z.B. zu finden unter: www.billi-seals.de, www.burgmann.com,
www.gpm-merbelsrod.de;
www.wlw.de/rubriken/gleitringdichtung.html
491 Prospekt Trockenlaufende Vakuumpumpen, Fa. Sterling SIHI GmbH;
www.sterlingfluidsystems.de
492 Muszinski, O.   Vakuumpumpe Eco: 97,5 % Wassereinsparung
Brauwelt **146** (2006) 14, S. 412-414
493 DIN 10524   Lebensmittelhygiene - Arbeitsbekleidung in Lebensmittelbetrieben
494 Heyer, N.   VDI-Richtlinie zur Ladungssicherung: Einspruchsfrist endete
im Oktober; Brauerei Forum **21** (2006) 7, S. 27-29
495 Autorenkollektiv   „Verarbeitungstechnik"; Lehrwerk Verfahrenstechnik, 1. Aufl.,
Leipzig: VEB Deutscher Verlag für Grundstoffindustrie, 1978